GÜNTHER HERRMANN

**Handbuch der
Leiterplattentechnik**

Handbuch der Leiterplattentechnik

Laminate · Manufacturing · Assembly · Test

Herbert Bruch
Paul J. Bud
und Peter E.J. Müller
Karl Alexander Egerer
Wolfgang Ganter
Günther Herrmann
Manfred Hummel
Manfred Kayser
Ernst F. Lechner

Klaus Neubert
Gerd Niklassowski
Theodor Passlick
Werner Peters
Claus-Werner Ruff
Hans-Gerd Scheer
Igor Schovanka
Lothar Velte

Zweite Auflage
mit 602 Abbildungen und 48 Tabellen

EUGEN G. LEUZE VERLAG · D-7968 SAULGAU/WÜRTT.

Alle Rechte, einschließlich das der Übersetzung und der Veranstaltung einer fremdsprachlichen Ausgabe, von den Inhabern der Verlagsrechte vorbehalten. Nachdruck, auch auszugsweise, ohne Genehmigung des Verlages und der Verfasser verboten.

Eugen G. Leuze Verlag, D-7968 Saulgau/Württ., Germany

Erste Auflage 1982

Unveränderter Nachdruck 1989

ISBN 3-87480-005-9

Die erste Auflage dieses Buches erschien 1978 unter dem Titel „Leiterplatten, Herstellung und Verarbeitung, Advanced Technology"

Die Bearbeitung dieser zweiten Auflage lag wieder in den Händen von Herrn Dr. Günther Herrmann, der die Koordinierung der verschiedenen Buchkapitel übernahm und außerdem verschiedene Abschnitte des Buches bearbeitete.

Autoren dieses Buches	Kapitel des Buches
Dr. Herbert Bruch	24, 27, 28
Dipl-Ing. Paul J. Bud und Peter E.J. Müller	20
Dr. Ing. Karl Alexander Egerer	1, 15, 17
Ing. (grad.) Wolfgang Ganter	26
Dr. Günther Herrmann	14, 16, 18, 30
Chem. Ing. (grad.) Manfred Hummel	21, 22, 23, 29
Manfred Kayser	3
Ing. Ernst F. Lechner	25
Ing. Klaus Neubert	4, 12
Gerd Niklassowski	2
Ing. Theodor Passlick	13
Ing.-Chem. (grad.) Werner Peters	7
Chem.-Ing. (grad.) Claus-Werner Ruff	9, 10, 11, 19
Ing. (grad.) Hans-Gerd Scheer	6
Ing. (grad.) Igor Schovanka	8
Chem-Ing. (grad.) Lothar Velte	5

Satzarbeiten: Vpa Verlag politisches Archiv, D-8300 Landshut 2
Druck: Lorenz Senn GmbH & Co. KG, D-7992 Tettnang/Württ.
Bindearbeiten: Großbuchbinderei Moser, D-7987 Weingarten/Württ.

Vorwort

Anregungen aus der Fachwelt führten dazu, den Inhalt dieses Buches neu zu konzipieren. Es wurden nicht nur völlig neue Fachgebiete, wie z.B. Leiterplatten für Mikrogeräte und Mikroverbindungstechnik aufgenommen, sondern das Buch wurde auch so gestaltet, daß es dem Einkäufer, dem Hersteller, dem Anwender und den mit der Leiterplatten-Technik befaßten Kreisen alle wesentlichen Informationen vermittelt. Dadurch erfüllt es seine Aufgabe nicht nur als Handbuch, sondern auch als Lehrbuch und Nachschlagewerk. Das Buch findet durch seine Gestaltung und seinen kompletten Inhalt auf internationaler Ebene nicht seinesgleichen.

Die Bearbeitung der einzelnen Kapitel wurde ausgewählten internationalen Spezialisten übertragen. Im Jahre 1978 erschien die erste Auflage unter dem Titel ,,Leiterplatten''; sie fand eine weltweite Anerkennung. Die vorliegende zweite Auflage wird dem neuen Titel ,,Handbuch'' durch eine erhebliche Erweiterung des Buchinhaltes und die Mitarbeit von 17 Autoren gerecht. Dr. Herrmann übernahm die sorgfältige Gliederung des umfangreichen Stoffes und die Koordinierung der Arbeit des Autoren-Teams. Allen Mitarbeitern, die an der Herausgabe beteiligt waren, sei für ihre sorgfältige Arbeit gedankt.

Das ,,Handbuch der Leiterplattentechnik'' ist ein Kompendium für die zur Herstellung von Leiterplatten eingesetzten Verfahren, Einrichtungen und Materialien. Dem Leser wird nicht nur der neueste Stand der Technik geboten, es werden darüber hinaus auch Herstellverfahren beschrieben, die für die Praxis neu sind oder sich gerade im Zeitpunkt der Einführung befinden. Die stürmische Entwicklung auf dem Gebiet der Elektronik findet in den Beschreibungen des Buches ihren Niederschlag. Besonderer Wert wurde auf ein umfangreiches Bildmaterial zur Anschauung und Erläuterung der Abhandlungen gelegt.

Praktische Erfahrungen ziehen sich wie ein roter Faden durch alle Buchkapitel, die dem aufgeschlossenen Fachmann zugute kommen. Er kann damit Erkenntnisse auswerten, die in Jahren erarbeitet und gesammelt wurden. Schon ein einziger Hinweis dieser Art kann das Studium des Buches vielfach lohnen. Abschließend sei darauf hingewiesen, daß die Beschreibung von Verfahren, Einrichtungen und Erzeugnissen ohne Rücksicht darauf erfolgte, ob Patentschutz besteht oder nicht, bzw. ob ein solcher beantragt wurde.

Saulgau *Heinz Leuze*
EUGEN G. LEUZE VERLAG

Inhaltsverzeichnis

1. **Geschichte der Leiterplatten**   19

2. **Basismaterial für die Subtraktiv- und die Additiv-Technik**
   - 2.1. **Basismaterial für die Subtraktiv-Technik** 25
     - 2.1.1. Herstellung von Basismaterial 25
     - 2.1.2. Typen und Anwendungsbereiche 30
     - 2.1.3. Eigenschaften des Basismaterials 31
       - 2.1.3.1. Elektrische Eigenschaften 31
       - 2.1.3.2. Thermische Eigenschaften 32
     - 2.1.4. Spezifikationen, Standards und Tests 35
       - 2.1.4.1. Spezifikationen und Standards 35
       - 2.1.4.2. Tests – Verarbeitungstechnische Kennwerte 41
   - 2.2. **Basismaterial für die Additiv-Technik** 49
     - 2.2.1. Anforderungen und Eigenschaften 49
   - 2.3. **Basismaterial für flexible Schaltungen** 51
     - 2.3.1. Basismaterial 51
     - 2.3.2. Eigenschaften und Tests 51
     - 2.3.3. Vorteile und Anwendungsbereiche 52

3. **Basismaterial zur Herstellung von Multilayern**
   - 3.1. **Kupferkaschierte Laminate für Multilayer** 53
     - 3.1.1. Laminatstärke und Toleranzen 54
     - 3.1.2. Dimensionsstabilität 55
     - 3.1.3. Kett- und Schußrichtung 55
     - 3.1.4. Konstruktion der Laminate 56
     - 3.1.5. Kupfer-Folien 57
     - 3.1.6. Haftfestigkeit 57
     - 3.1.7. Spezialfolie für Multilayer-Innenlagen 58
   - 3.2. **Prepreg oder Verbundfolie für die Herstellung von Multilayern** 58
     - 3.2.1. Prepreg-Typen 58
     - 3.2.2. Harzanteil 58
     - 3.2.3. Harzfluß 59
     - 3.2.4. Gelierzeiten 59
     - 3.2.5. Rückstände an flüchtigen Stoffen 60
     - 3.2.6. Lagerung von Prepregs 60

4. Vorlagenerstellung

- 4.1. Werdegang vom Stromlaufplan zum Druckwerkzeug ... 61
  - 4.1.1. Manueller Weg zum Druckwerkzeug ... 61
    - 4.1.1.1. Kleben und Anreiben ... 62
  - 4.1.2. Verarbeitung manuell erstellter Layouts mittels DV-Einsatz ... 63
    - 4.1.2.1. Layout-Erstellung ... 64
    - 4.1.2.2. Digitalisierung ... 64
  - 4.1.3. Entflechtungs-Systeme ... 66
  - 4.1.4. Vollautomatische Entflechtung ... 67
- 4.2. Druckvorlage (Reprotechnik) ... 68
  - 4.2.1. Fotoplotter ... 68
  - 4.2.2. Mehrfach-Nutzen ... 68
  - 4.2.3. Repromaterial ... 69
  - 4.2.4. Kontrollen ... 70
- 4.3. Anforderungen an das Druckwerkzeug ... 71
- 4.4. Raumbedingungen ... 71
- 4.5. Entscheidungskriterien ... 72

5. Mechanische Bearbeitung von Basismaterial

- 5.1. Schneiden und Sägen ... 73
- 5.2. Bohren von Leiterplatten ... 75
  - 5.2.1. Bohrmaschinen ... 76
  - 5.2.2. Bohrer ... 77
  - 5.2.3. Programme für das Bohren ... 78
  - 5.2.4. Arbeitsrichtlinien für das Bohren ... 79
- 5.3. Fräsen von Leiterplatten ... 82
  - 5.3.1. Fräswerkzeuge ... 84
  - 5.3.2. Arbeitsrichtlinien für das Fräsen ... 84
  - 5.3.3. Sonderanlagen ... 85
- 5.4. Stanzen von Leiterplatten ... 86
  - 5.4.1. Stanzwerkzeuge ... 87
  - 5.4.2. Lochen und Konturenschneiden ... 87
  - 5.4.3. Schnittspiel bei Stanzwerkzeugen ... 89

6. Siebherstellung und Siebdruck

- 6.1. Einleitung ... 90
- 6.2. Siebherstellung ... 90
  - 6.2.1. Gewebe, Typen und Eigenschaften ... 91
    - 6.2.1.1. Polyestergewebe ... 94
    - 6.2.1.2. VA-Stahlgewebe ... 94
    - 6.2.1.3. Metallisierte Polyestergewebe ... 95
    - 6.2.1.4. Einflüsse des Gewebes auf die relative Maßgenauigkeit im Siebdruck ... 95
    - 6.2.1.5. Einflüsse des Gewebes auf die Randschärfe des Druckbildes und auf die Druckbarkeit feiner Leiter- und Isolationsabstände ... 96
    - 6.2.1.6. Einflüsse des Gewebes auf die Dicke des Farb- oder Pastenauftrages ... 99

6.2.2.	Siebrahmen	102
6.2.3.	Spanngeräte	102
6.2.4.	Spannungsmeßgeräte	104
6.2.5.	Der Spannvorgang	106
6.2.6.	Herstellung der Druckform	107
6.2.6.1.	Einflüsse aus dem Querschnitt der Schablone auf die qualitative und kapazitive Leistungsgrenze des Siebdrucks	110
6.2.6.2.	Die Belichtung	112
6.2.6.3.	Klimatische Einflüsse auf die Druckqualität und die kapazitive Druckleistung der Schablone	114
6.2.6.4.	Entschichten	115
6.2.7.	Einrichtung für die Siebherstellung	115
6.3.	**Der Druckvorgang**	117
6.3.1.	Einflüsse auf die relative Maßgenauigkeit des Siebdrucks aus dem Druckvorgang	118
6.3.2.	Siebdruckanlagen	121
6.3.3.	Siebdruckfarben	123
6.3.4.	Farbtrocknungsanlagen	124

7. Siebdrucklacke für den Schaltungsdruck

7.1.	**Zusammensetzung der Siebdrucklacke**	125
7.1.1.	Siebdruck	125
7.2.	**Vorreinigung**	127
7.3.	**Auswahl der Siebdrucklacke**	127
7.3.1.	Ätzreserven	127
7.3.1.1.	Ätzreserven, konventionell trocknend	128
7.3.1.2.	Ätzreserven, lötbar	128
7.3.1.3.	Ätzreserven, UV-härtend	128
7.3.2.	Galvano-Resists	129
7.3.2.1.	Lösemittel-entfernbare Galvano-Resists	129
7.3.2.2.	Alkalisch-entfernbare Galvano-Resists	130
7.3.2.3.	UV-härtende Galvano-Resists	130
7.3.3.	Lötstopplacke	131
7.3.3.1.	Lötstopplacke, 1-Komponenten-Systeme	131
7.3.3.2.	Lötstopplacke, 2-Komponenten-Systeme	131
7.3.3.3.	UV-härtende Lötstopplacke	132
7.3.3.4.	Abziehbare Lötstopplacke	133
7.3.4.	Kennzeichnungs-Signierlacke	133
7.3.4.1.	Signierlacke, 1-Komponenten, physikalisch trocknend	134
7.3.4.2.	Signierlacke, 1-Komponenten, ofentrocknend	134
7.3.4.3.	Signierlacke, 2-Komponenten	134
7.3.4.4.	Signierlacke, UV-härtend	134
7.3.5.	Isolationsdrucklacke	134
7.3.6.	Allgemeine Vorteile und Nachteile der UV-härtenden Schaltungsdrucklacke	135
7.3.7.	Hilfsprodukte für den Schaltungsdruck	136
7.3.7.1.	Verdünnung	136
7.3.7.2.	Verzögerer	136
7.3.7.3.	Reinigungsmittel	136
7.3.7.4.	Verlaufmittel	136
7.3.7.5.	Antistatikmittel	137
7.3.7.6.	Sieböffner	137
7.3.7.7.	Sonstige Hilfsprodukte	137

7.4.	Trocknungsanlagen		137
	7.4.1. Umlufttrockner		137
	7.4.2. Durchlauftrockner mit Warmluft		137
	7.4.3. Infrarot-Trocknungsanlagen		138
	7.4.4. UV-Härtungsanlagen		138
	7.4.5. Sicherheits-Vorschriften		138
7.5.	Desoxidation, Konservierung und Trocknung der Leiterplatten		139
	7.5.1. Anlagen zur Desoxidation		139
	7.5.2. Chemikalien für die Desoxidation		139
	7.5.3. Konservierung von Leiterplatten durch Lackieren (Lötschutzlackierungen)		140
		7.5.3.1. Konservierung mit wasserverdrängenden Systemen	141
		7.5.3.2. Wasserverdränger	141
		7.5.3.3. Wasserverdrängungslack	141
	7.5.4. Konservierung mit Lötlacken		141
		7.5.4.1. Tauchverfahren mit Lötlack	142
		7.5.4.2. Walzlackierverfahren mit Lötlack	143
		7.5.4.3. Spritzlackierverfahren mit Lötlack	143
	7.5.5. Konservierung mit Wasserverdränger in Kombination mit Lötlack		143
	7.5.6. Trocknungseinrichtung		144
7.6.	Kontrolle / Qualitätssicherung von Siebdrucklacken und Schutzlacken		144
7.7.	Vorschriften und Verordnungen, Arbeitssicherheit		145
	7.7.1. Feuer- und Explosionsgefahren		145
	7.7.2. Gesundheitsgefahren		146
	7.7.3. Umweltschutz		147
	7.7.4. Rechtsvorschriften (Lagerung, Abfüllung)		147
	7.7.5. Rechtsvorschriften (Arbeitsschutz)		148
	7.7.6. Rechtsvorschriften (Umweltschutz)		149

8. Fotoresiste und ihre Verarbeitung

8.1.	Flüssig-Resiste	152
8.2.	Trocken-Resiste	152
8.3.	Verfahrenstechnik bei der Verarbeitung	153
	8.3.1. Vorreinigung	153
	8.3.2. Beschichten	154
	8.3.3. Laminieren	155
	8.3.4. Belichten/ Registrieren	155
	8.3.5. Entwickeln	156
	8.3.6. Strippen oder Entschichten	157
8.4.	Trocken-Resiste für Sonderanwendungen	157
	8.4.1. Lötstoppmasken (Solder Mask)	157
	8.4.2. Phototape-Technik mit Festresisten	158
8.5.	Maschinen und Anlagen	158

9. Ätztechnik für starre und flexible Schaltungen

9.1.	Vorreinigung	165
9.2.	Ätzen	168

9.2.1.	Ätzen mit Eisen (III)-chlorid (FeCl$_3$)	169
9.2.2.	Ätzen mit Kupferchlorid (CuCl$_2$)	170
9.2.3.	Ätzen mit Ammoniumpersulfat (NH$_4$)S$_2$O$_8$	171
9.2.4.	Wasserstoffperoxid (H$_2$O$_2$)-Schwefelsäure (H$_2$SO$_4$)	172
9.2.5.	Alkalische Ätzmedien	173
9.2.6.	Elektrolytisch-chemisches Verfahren	173
9.3.	**Verfahren und Anlagen zur Regeneration für saure Ätzmittel**	175
9.4.	**Verfahren und Anlagen zur Regeneration alkalischer Ätzmedien**	180
9.5.	**Ätzmaschinen**	182
9.6.	**Unterätzung von Leiterzügen**	185
9.7.	**Desoxidieren und Schutzlackieren**	186

10. Kombinierte Subtraktiv-Additiv- und Resisttechnik

10.1.	**Kombinierte Subtraktiv-Additiv-Technik**	188
	10.1.1. Basismaterial	188
	10.1.2. Foto- und Ätzprozeß	188
	10.1.3. Mechanische Bearbeitung	189
	10.1.4. Maskendruck und chemische Metallabscheidung	189
10.2.	**Tenting-Technik**	189
	10.2.1. Verfahrensbeschreibung	189
10.3.	**Metallresist-Technik**	191
	10.3.1. Verfahrensablauf	192
	10.3.2. Nickeltechnik	196
	10.3.3. Anlagen zur Resist-Technik	196

11. Das Semiadditiv-Verfahren

11.1.	**Auswahl der Basismaterialien**	197
11.2.	**Beschichtung mit Haftvermittler**	199
11.3.	**Beizen des Haftvermittlers**	201
	11.3.1. Die Rückgewinnung von Chromsäure aus Beizlösungen	203
11.4.	**Aktivieren**	204
11.5.	**Chemische Verkupferung**	206
	11.5.1. Verschiedene Badtypen für die chemische Verkupferung	208
	11.5.2. Automatische Badüberwachung	210
	11.5.3. Physikalische Eigenschaften chemisch abgeschiedener Kupferschichten	212
11.6.	**Galvanischer Aufbau des Leiterbildes**	213
11.7.	**Differenzätzung (Quick-Etch-Verfahren)**	214
11.8.	**Qualitative und wirtschaftliche Betrachtung der Semiadditiv-Technik im Vergleich zur Metallresist-Technik**	215
	11.8.1. Qualitative Vorteile	215
	11.8.2. Wirtschaftliche Vorteile	216
	11.8.3. Nachteile des Verfahrens	216

12. Multilayer-(ML-)Fertigung

12.1. Begriff Multilayer	217
12.2. Anwendung	217
12.3. Fertigung	217
12.3.1. Fertigungsunterlagen	217
12.3.2. Materialien	219
12.3.3. Multilayer-Fertigung	221
12.3.3.1. Multilayer-Kern-Herstellung	221
12.3.3.2. Laminieren	223
12.3.3.3. Lochreinigung	225
12.3.3.4. End-Oberflächen	226
12.4. Fertigungseinrichtungen	227
12.4.1. Multilayer-Presse	227
12.4.2. Schwärzen	229
12.4.3. Smear-Entfernung	229
12.5. Prüfungen	229
12.5.1. Fertigungsüberwachung	229
12.5.2. Produkt-Prüfung	231
12.6. Sonderverfahren	232
12.7. Verarbeitung	233

13. Fein- und Feinstleitertechnik

13.1. Das Erstellen der Druckbildunterlagen	234
13.1.1. Die Anwendung der Feinleitertechnik	235
13.1.2. Einseitige Schaltungen ohne metallisierte Löcher	236
13.1.3. Zweiseitige Schaltungen ohne metallisierte Löcher	236
13.1.4. Zweiseitige Schaltungen mit metallisierten Löchern und galvanischer Behandlung vor dem Ätzen	236
13.1.5. Zweiseitige Schaltungen mit stromlos metallisierten Löchern	236
13.1.6. Zweiseitige Schaltungen mit metallisierten Löchern und galvanischer Behandlung nach dem Ätzen	237
13.2. Herstellverfahren	237
13.3. Verfahrensbedingte Toleranzen	238
13.3.1. Leiterbreite und -abstand	238
13.3.1.1. Ätzverfahren ohne galvanische Plattierung der Leiterbahnen	238
13.4. Auswahl des Basismaterials	239
13.5. Prüfung	239
13.6. Prioritäten	240

14. Standard-Volladditiv-Verfahren

14.1. Einführung in die Volladditiv-Technik	241
14.2. Basismaterial und Haftvermittler	244
14.3. Verfahrensablauf und Einrichtungen	248
14.3.1. Standard-Zweiseitenvolladditiv-Verfahren	248
14.3.2. Multilayer-Volladditiv-Technik bis vier Ebenen	249
14.3.2.1. Verbindung im Loch und auf der Fläche	249
14.3.2.2. Einfache Verbindung im Loch	250
14.3.3. Eineinhalbseiten-Volladditiv-Technik	252
14.3.4. Einrichtungen für die Volladditiv-Technik	253

14.4. Chemie des Metallabscheidens ohne äußere Stromquelle 254
    14.4.1. Eigenschaften von chemisch komplexen, reduktiv arbeitenden Metallisierungsbädern... 254
    14.4.2. Arbeitsweise der reduktiv arbeitenden Metallisierungsbäder 255
    14.4.3. Die chemisch-thermodynamischen Vorgänge bei reduktiven Metallisierverfahren, im besondern beim Verkupfern 257
    14.4.4. Der stabile Arbeitsbereich 259
    14.4.5. Das Abscheiden von weiteren Metallen (außer Kupfer) ohne äußere Stromquelle 261
    14.4.6. Katalysatoren für Kupferbäder ohne äußere Stromquelle 261
14.5. Industriell angewandte Badtypen 262
14.6. Badführung, Meß- und Regeltechnik 263
    14.6.1. Notwendigkeit des Einführens von kontinuierlich arbeitenden Meßverfahren und Regelanlagen 263
    14.6.2. Messen der Abscheidegeschwindigkeit und der Schichtdicke 263
    14.6.3. pH-Wert-Messung und Regelung 266
    14.6.4. Metallionenkonzentrationsregelung 267
    14.6.5. Cyanidkonzentrationsregelung 267
    14.6.6. Reduktionsmittelkonzentrationsregelung 269
    14.6.7. Geräte und Einrichtungen für die Meß- und Regeltechnik 271

15. Fotoadditiv-Verfahren

15.1. Allgemeines 274
    15.1.1. Foto-elektrochemischer Aufbau katalytisch wirksamer Flächen 275
15.2. Typische Verfahren 275
    15.2.1. Das Zinndruck-Verfahren 275
    15.2.2. Das PD-R-Verfahren 277
    15.2.3. Photoforming-Verfahren 277
15.3. Qualität von fotoadditiv hergestellten Leiterplatten 279

16. Multiwire®-Technik

16.1. Entwicklung der Multiwire-Technik 284
16.2. Eigenschaften, Zuverlässigkeit und Prüfergebnisse von Multiwire-Platten 286
16.3. Das Anfertigen der Trägerplatte 291
16.4. Multiwire-EDV-Programme 294
16.5. Verfahrensablauf 300
16.6. Weiterentwicklung der Multiwire-Technik für höchste Packungsdichten 302
16.7. Multiwire-Verlegemaschinen für mittlere Packungsdichten 304
16.8. Multiwire-Verlegemaschinen für höchste Packungsdichten 309
    16.8.1. Maschinenaufbau 309
    16.8.2. Verlegekopfkonstruktion für Multiwire-Platten höchster Packungsdichte . 309
    16.8.3. Leistungsdaten der T14-Maschinen 311

17. Metallkern-Leiterplatten

- 17.1. Allgemeines und Anwendungsgebiete ... 313
- 17.2. Metallträger und deren Beschichtung ... 317
  - 17.2.1. Wirbelsinterverfahren ... 319
  - 17.2.2. Kern-Laminierprozeß ... 321
  - 17.2.3. Porzellan-Beschichtung ... 323
  - 17.2.4. Elektrostatische Beschichtung ... 323
  - 17.2.5. Elektrophoretische Beschichtung ... 324
  - 17.2.6. Tauchbeschichtungs-Verfahren ... 324
- 17.3. Leiterbildaufbau ... 325
  - 17.3.1. Subtraktiv-Technik ... 325
  - 17.3.2. Leitpasten-Druck-Technik ... 326
  - 17.3.3. Semiadditiv-Technik ... 326
  - 17.3.4. Volladditiv-Technik ... 326
    - 17.3.4.1. Volladditive Technik mit katalysierter Siebdruckfarbe ... 326
    - 17.3.4.2. Volladditiv-Technik mit katalysiertem Beschichtungsmaterial ... 327
    - 17.3.4.3. Volladditiv-Technik mit resistfreiem Leiterbilddruck-Verfahren ... 327
  - 17.3.5. Multiwire™ Metallkern-Leiterplatten ... 328

18. Besondere Herstellverfahren für Leiterplatten

- 18.1. Kopierverfahren auf der Drehmaschine ... 330
- 18.2. Kombiniertes Fräs- und Bohrverfahren zur Herstellung von kompletten Leiterplatten ... 331
  - 18.2.1. Verfahrensablauf ... 331
  - 18.2.2. Schablonen- und NC-geführte Maschinen ... 332
  - 18.2.3. Computer-Entwurf ... 333
- 18.3. Leiterplattenherstellung mit dem Pulverpreßverfahren ... 334
- 18.4. Stanz-Preß-Verfahren ... 334

19. Oberflächenveredelung

- 19.1. Die elektrolytische Metallabscheidung ... 337
  - 19.1.1. Vorbehandlung (Entfetten, Aktivieren, Dekapieren) ... 337
  - 19.1.2. Kupfer ... 338
  - 19.1.3. Nickel ... 343
  - 19.1.4. Gold ... 344
    - 19.1.4.1. Verfahren zur Vergoldung direkter Steckverbindungen und Kontakte auf kupferkaschiertem Basismaterial ... 349
    - 19.1.4.2. Anlagen zur Vergoldung ... 353
  - 19.1.5. Zinn ... 354
    - 19.1.5.1. Whiskerbildung ... 356
  - 19.1.6. Zinn-Blei ... 357
  - 19.1.7. Silber ... 359
  - 19.1.8. Platinmetalle ... 360
- 19.2. Die chemische (stromlose) Metallabscheidung ... 362
  - 19.2.1. Prinzip der Metallabscheidung ohne äußere Stromquelle ... 362

20. Aufschmelzen und Heißverzinnen Verfahren und Anlagen

- 20.1. Einführung ... 365
  - 20.1.1. Lötbarkeit und Korrosionswiderstand von Kupferleitern ... 368
  - 20.1.2. Oberflächenschutz durch Zinn und Zinn-Blei ... 369
  - 20.1.3. Eigenschaften und Charakteristika von umschmolzenen und heißverzinnten Leiterplatten ... 369
- 20.2. Das Umschmelzen von Zinn-Blei-galvanisierten Leiterplatten ... 370
  - 20.2.1. Umschmelzen mit einer heißen Aufschmelzflüssigkeit ... 371
  - 20.2.2. Durchlauf-Anlage ... 372
  - 20.2.3. Umschmelzen mit Infrarot-Strahlung ... 373
  - 20.2.4. Umschmelzen nach der Vapor Phase-Technik ... 376
  - 20.2.5. Das Umschmelzen von Leiterplatten mit heißer Luft ... 379
- 20.3. Heißverzinnen von gedruckten Schaltungen ... 379
  - 20.3.1. Walzverzinnen ... 379
  - 20.3.2. Heißverzinnen mit Schichtdicken-Ausgleich ... 380
  - 20.3.3. Prozeß und Anlagen ... 383
  - 20.3.4. Das Endprodukt ... 385
  - 20.3.5. Trends der zukünftigen Entwicklung ... 386

21. Qualitätssicherung durch gezieltes Gestalten, Wertanalyse und Verfahrensauswahl

- 21.1. Funktionen der Qualitätssicherung ... 389
- 21.2. Konstruktionsrichtlinien ... 391
- 21.3. Konstruktionsunterlagen für einfachere Leiterplatten ... 391
  - 21.3.1. Lötaugen ... 393
  - 21.3.2. Leiterzüge ... 396
  - 21.3.3. Aufrastern von Masseflächen ... 400
  - 21.3.4. Lochdurchmesser ... 400
  - 21.3.5. Lötstoppbild ... 403
  - 21.3.6. Servicebild-Kennzeichnung ... 404
  - 21.3.7. Mehrfachnutzen ... 404
  - 21.3.8. Kupfer-Oberflächenschutz ... 406
  - 21.3.9. Kontakte ... 409
- 21.4. Labormusterplatten ... 410
- 21.5. Vorserie ... 411
- 21.6. Standardverfahren ... 412
- 21.7. DIN-Normen ... 412

22. Zuverlässigkeit der Grundfertigungsschritte

- 22.1. Filmvorlagen ... 414
- 22.2. Subtraktiv-Verfahren Siebdruck ... 415
  - 22.2.1. Siebdruck als Ätzresist ... 416
  - 22.2.2. Siebdruck als Galvanoresist ... 417
  - 22.2.3. Lötstoppdruck ... 418
  - 22.2.4. Service-Montagedruck ... 419
- 22.3. Subtraktiv-Verfahren Fotodruck ... 419
  - 22.3.1. Entwickeln und Strippen ... 419
  - 22.3.2. Photoresist als Ätz- und Galvanoresist ... 419
- 22.4. Ätzprozeß ... 420

22.5. Durchkontaktierte Leiterplatten ... 423
22.5.1. Haftvermittler ... 424
22.5.2. Bohren/Stanzen ... 424
22.6. Chemische Kupferbäder ... 425
22.7. Galvanische Kupferbäder ... 426
22.8. Verzinnen ... 427
22.9. Galvanische Zinn-Blei-Bäder ... 428

23. Organisation der Qualitätskontrolle
23.1. Aufbau der Qualitätskontrolle ... 430
23.2. Wareneingangskontrolle ... 431
23.2.1. Eingangskontrolle des Basismaterials ... 431
23.2.2. Eingangskontrolle von Chemikalien und Farben ... 431
23.2.3. Eingangskontrolle von Hilfsmaterialien ... 432
23.3. Fertigungskontrolle ... 432
23.4. Betriebslabor ... 435
23.4.1. Badprüfung ... 435
23.4.2. Kontrolle abgeschiedener Metallschichten ... 435
23.4.3. Kontrolle von Druckfarben, Fotolacken und Schutzlacken ... 438
23.5. Endkontrolle ... 439
23.5.1. Optische Vollprüfung ... 439
23.5.2. Elektrische Vollprüfung ... 441
23.5.3. Prüfen auf Lötbarkeit ... 442

24. Bestückung der Leiterplatten von Hand und mit Automaten
24.1. Handbestückung Bauteile ... 444
24.2. Handbestückung-Materialbereitstellung ... 447
24.3. Handbestückung-Beschneidetechnik ... 450
24.4. Planung manueller Bestückungseinrichtungen ... 452
24.5. Automatische Bestückung von Leiterplatten ... 453
24.6. Automatische Bestückung axialer Bauteile ... 455
24.6.1. Maschinelle Bestückung axialer Bauteile in stehender Form ... 457
24.7. Automatisches Bestücken von Bauelementen mit radialen Anschlüssen ... 459
24.8. Automatische Bestückung von Chip-Bauteilen ... 461
24.8.1. Automatische Bestückung von MELF–Bauteilen ... 464
24.9. Automatische Bestückung integrierter Schaltkreise ... 465

25. Steckverbinder für Leiterplatten
25.1. Allgemeines ... 466
25.2. Bauformen ... 467
25.2.1. Direktes Steckprinzip ... 467
25.2.1.1. Leiterplatte als Steckelement ... 467
25.2.1.2. Federleiste für Direktsteckung von Leiterplatten ... 469
25.2.2. Indirektes Steckprinzip ... 470
25.2.2.1. Federkontakte ... 473
25.2.2.2. Einzelsteckverbinder ... 474
25.3. Anforderungen und Prüfungen ... 476
25.4. Zuverlässigkeit ... 476

26. Leiterplatten für Mikrogeräte, Verbindungstechnik Ausführung und Verarbeitung

- 26.1. Einleitung 478
- 26.2. Besondere Anforderungen an Leiterplatten für Mikrogeräte 478
  - 26.2.1. Formgebung, Rastermaße 479
  - 26.2.2. Packungsdichte, Integration von Bauelementen in die Leiterplatte 479
  - 26.2.3. Maßgenauigkeit, Toleranzen 480
  - 26.2.4. Mech. Festigkeit 480
  - 26.2.5. Gratbildungen, Kantenfestigkeit 481
- 26.3. Leiterplattentechnologien in Mikrogeräten 481
  - 26.3.1. Leiterplatten aus Cu-beschichteten Schichtpreßstoffen 481
    - 26.3.1.1. Wichtige Materialanforderungen 481
  - 26.3.2. Filmschaltungsträger 482
    - 26.3.2.1. Filme (Tapes) 483
    - 26.3.2.2. Anforderungen an das Trägermaterial 483
    - 26.3.2.3. Abmessungen von Filmträgermaterialien 483
    - 26.3.2.4. Erreichbare Lagetoleranzen 484
    - 26.3.2.5. Aufbau von Filmschaltungen 485
  - 26.3.3. Kunststoffumspritzte Metallgitter (Lead-Frame) 486
    - 26.3.3.1. Materialien für Metallgitter 486
    - 26.3.3.2. Materialien für die Umspritzung 487
- 26.4. Verbindungstechnologien 488
  - 26.4.1. Löten 489
    - 26.4.1.1. Impulsbügellöten 490
    - 26.4.1.2. Heißgaslöten 490
  - 26.4.2. Kleben (leitfähig) 491
  - 26.4.3. Schweißen 491
  - 26.4.4. Bonden 492
    - 26.4.4.1. Chipbonden 492
    - 26.4.4.2. Drahtbondverfahren (Wire-Bonding) 492
    - 26.4.4.3. Thermokompressionsverfahren 492
    - 26.4.4.4. Ultraschallverfahren 492
    - 26.4.4.5. Ultraschallbonden mit Aluminiumdraht 493
    - 26.4.4.6. Ultraschallbonden mit Golddraht Thermosonic-Bondverfahren 493
    - 26.4.4.7. Auswahl von Werkstoffen und Bondverfahren beim Drahtbonden 493
    - 26.4.4.8. Anforderungen an Bondverbindungen 494
    - 26.4.4.9. Simultanbondverfahren (Gang Bonding) 494
    - 26.4.4.10. Flip-Chip-Verfahren 494
    - 26.4.4.11. TAB-Verfahren 495
    - 26.4.4.12. Reflow-Bonden 495
    - 26.4.4.13. Thermokompressionsbonden (simultan) 496

27. Löttechnik

- 27.1. Definition des Lötvorganges 497
- 27.2. Lote für die Massenlötung 497
- 27.3. Flußmittel 499
- 27.4. Partielles Löten 500
- 27.5. Lötkrätze 500
- 27.6. Lötbedingungen 500
- 27.7. Handlöttechnik 502

27.8. Maschinelle Lötverfahren 506
    27.8.1. Das Schlepplötverfahren zum automatischen Löten von Leiterplatten.... 507
    27.8.2. Das Wellenlötverfahren zum maschinellen Löten von Leiterplatten...... 512
    27.8.3. Der Aufbau einer automatischen Wellenlötanlage 512
27.9. Beurteilung des Lötbildes... 518

28. Elektrische Prüfung bestückter Leiterplatten

28.1. Die statische Prüfung mit speziell entwickelten Prüfgeräten 520
28.2. Die dynamische Prüfung mit speziell entwickelten Prüfgeräten.............. 524
28.3. Automatische Testsysteme für bestückte Leiterplatten mit analogen und
    digitalen Komponenten.. 526

29. Das Planen einer Leiterplattenfertigung

29.1. Versorgung... 534
    29.1.1. Direktversorgung.. 535
    29.1.2. Zentralversorgung... 536
29.2. Entsorgung... 538
    29.2.1. Entsorgung der Luft.. 538
    29.2.2. Ätzlösungen 540
    29.2.3. Entsorgung von verbrauchten Konzentraten 543
    29.2.4. Entsorgung von Abfallschlämmen 544
    29.2.5. Edelmetallrückgewinnung 545
    29.2.6. Abfallbörse 545
29.3. Abwasseraufbereitung und Kreislaufanlagen............................. 546
    29.3.1. Anfallende Schadstoffe 547
    29.3.2. Methoden der Abwasseraufbereitung.............................. 548
29.4. Materialfluß.. 550
29.5. Fertigungssteuerung 550

30. Leiterplattenauswahlkriterien für Entwickler, Anwender und Hersteller. Entscheidungsmatrix zur Verfahrensauswahl

30.1. Einseitentechnik 555
30.2. Zweiseitentechnik 556
30.3. Zweiseitentechnik mit Durchmetallisierung 556
30.4. Semiadditivtechnik 557
30.5. Volladditivtechnik... 558
30.6. Multilayertechnik 558
30.7. Multiwiretechnik.. 559
30.8. Besondere Verfahren 559
30.9. Entscheidungsmatrix zur Verfahrensauswahl............................ 560

Alphabetisches Sachverzeichnis 561
Anzeigenteil
Alphabetisches Firmenverzeichnis zum Anzeigenteil

1. Geschichte der Leiterplatten

Jede Erfindung und Technologie hat ihre Zeit. Kommt sie zu spät, so ist es oftmals schwierig und nicht selten unmöglich, die zwischenzeitlich etablierte Technik trotz Überlegenheit des neuen Konzepts zu ersetzen. Kommt sie vor ihrer Zeit, so wird ihr Anerkennung und vor allem kommerzieller Erfolg so lange versagt bleiben, bis die allgemeine Entwicklung einen echten Bedarf bzw. eine Notwendigkeit für sie entstehen läßt.

Für eine Erfindung, die zu spät kam, ist die *Nernst*-Lampe bzw. der dieser zugrunde liegende *Nernst*-Stift ein Beispiel. Diese Lampe stellte zweifellos einen Fortschritt gegenüber der allgemeinen Technik für derartige Leuchtkörper dar. Sie war jedoch durch die Einführung der Wolframglühdraht-Lampen in den Augen der damaligen Zeit überholt und damit bedeutungslos geworden.

Leiterplatten und ihre Abwandlungen von einfachen sogen. Druck- und Ätzplatten und flexiblen Schaltungen bis hin zu Vielebenen-Schaltungen mit zahlreichen Leiterzugebenen und sogenannten „*Multiwire^R*"-Schaltungen sind aus der Technik unserer Zeit nicht mehr wegzudenken. Die Leiterplattentechnik hatte im letzten Vierteljahrhundert eine außergewöhnlich schnelle Entwicklung, was ihre Anwendung ebenso wie ihre Sophistizierung angeht, erlebt. Diese Technologie hat sehr zahlreiche Vorläufer, die bis in das erste Viertel unseres Jahrhunderts zurückreichen. Für eine lange Zeitspanne bestand jedoch weder ein echter Bedarf für Leiterplatten, noch gab es für die Praxis brauchbare Vorschläge zu deren Herstellung. Obwohl die Vorschläge, insbesondere in Kombination miteinander und gesehen mit den Augen unserer Zeit, die Grundideen für die Leiterplatten-Technologie bereits vorweggenommen zu haben scheinen, hat die Übersetzung in ein für die Praxis geeignetes technisches Konzept geraume Zeit auf sich warten lassen und Platz für eine Anzahl grundlegender Erfindungen gelassen.

Die Zeit vor der Leiterplatte war charakterisiert durch die relativ geringen Anforderungen an die Verbindungsnetzwerke zwischen Bauelementen in elektrischen, späterhin als elektronische Geräte bezeichneten Apparaten. Die anfangs benutzten Isolierbrettschaltungen mit Verbindungsleitungen aus blankem oder isoliertem Draht wurden im Laufe der Entwicklung durch Metallchassis ersetzt, wobei die Einzelverdrahtung, also das schrittweise Anbringen der Verdrahtungen, unverändert bleib.

Die Einzelverdrahtung macht den Einsatz von besonders ausgebildeten Arbeitskräften erforderlich und ist notwendigerweise zeitaufwendig. Eine Prüfung der Verdrahtung auf einwandfreie Verbindungswege ist hierbei grundsätzlich erst nach Fertigstellung möglich. Diese offensichtlichen Nachteile haben schon sehr früh zu Überlegungen zur Vereinfachung der Verdrahtungsarbeit und damit zu Vorläufern und ersten Vorschlägen für Leiterplatten geführt.

Bereits am 2. März 1925 reichte *Charles Ducas* ein Patentgesuch beim amerikanischen Patentamt ein, in welchem er unter anderem vorschlug, „zur Vereinfachung der Konstruktion von elektrischen Apparaten elektrolytische Metallniederschläge in Form von Leiterzügen direkt auf Isolierstoffplatten anzubringen". Zum Herstellen der Leiterzüge diente eine Schablone. Diese wurde auf die Isolierstoffplattenoberfläche gelegt und eine leitfähige Paste durch die den gewünschten Leiterzügen entsprechenden Aussparungen der Schablone auf der Isolierstoffoberfläche angebracht. Nach dem Entfernen der Schablone wurden die Leiterzüge durch galvanische Metallabscheidung bis zur gewünschten Dicke verstärkt. Selbst die Verbindung zwischen Leiterzügen in verschiedenen Ebenen durch mit galvanisch abgeschiedenem Metall gefüllte Löcher wurde bereits von *Ducas* damals vorgeschlagen. Als Vorteil seiner Erfindung führte er aus, daß „das gleichzeitige Aufbauen von Leiterzügen vermittels galvanischer Abscheidung auf der Isolierstoffplatten-Oberfläche, ein einfacher und von ungelernten Kräften durchführbarer Vorgang ist und damit das Herstellen elektrischer Apparate wesentlich vereinfacht wird". *Ducas* schlug übrigens auch das Herstellen von Induktivitäten in Form von gedruckten Spulen vor [1].

Nur 17 Tage später ging beim amerikanischen Patentamt ein Patentgesuch von *Francis T. Harmon* ein. Dieses stellt einen ersten Vorläufer der Ätztechnik dar und schlug vor, Radiospulen dergestalt herzustellen, daß Metallblech zunächst mit einem chemisch resistenten Material überzogen wird, daß sodann dieses Maskierungsmaterial von bestimmten Oberflächenbezirken entfernt und schließlich das Metall vermittels einer Ätzlösung in den freigelegten Bezirken entfernt wird [2]. Allerdings schlug *Harmon* sein Konzept nicht ausdrücklich für Leiterbahnen auf Isolierstoffträgern vor, sondern für die Fertigung von „Radiospulen".

Wiederum nur 8 Tage später, am 27. März 1925, reichte *M. César Parolini* ein Patentgesuch in Frankreich ein, das bereits am 17. April 1926 erteilt und am 22. Juli 1926 veröffentlicht wurde [3]. Gegenstand seiner Erfindung war ein „Verfahren zum Herstellen von Isolierstoffplatten, die mit einem System von Verbindungen zur Verwendung in Radioapparaten ausgestattet sind". *M. Pasolini's* Verfahren bestand zunächst darin, die Oberfläche einer Isolierstoffplatte mit einem gewünschten Leiterzugmuster, beispielsweise jenem eines Radiogerätes, zu bedrucken. Hierzu sollten eine Druckschablone, beispielsweise ähnlich einem Gummistempel, und eine Haftvermittler-Eigenschaften aufweisende Druckfarbe auf Schellack-Basis oder dergleichen benutzt werden. Die Druckschablone sah vor, daß, wo immer sich zwei Leiterzüge, die nicht miteinander verbunden werden sollten, kreuzen, ein Leiterzug unterbrochen ist. Anschließend wurde das Leiterzugbild aus Haftvermittlerdruckfarbe mit Kupfer- oder einem anderen Metallpuder bestäubt und der Metallpuder von allen nicht mit Haftvermittlerdruckfarbe ausgestatteten Bezirken entfernt, beispielsweise abgebürstet. Die oben erwähnten Unterbrechungen in den Leiterzügen an Kreuzungspunkten wurden mit U-förmigen Brücken versehen, und anschließend wurde 1 bis 2 Stunden galvanisch Kupfer oder ein anderes Metall zum Aufbau der Leiterzüge und Verankern des Metallpuders abgeschieden.

Am 12. September 1928 reichte *Samuel Charles Ryder* ein australisches Patentgesuch ein, das sich auf die Anfertigung von Induktionsspulen für Radioempfänger oder andere elektrische Apparate bezog und zu deren Anfertigung er vorschlug, eine dielektrische Unterlage direkt mit einer Leitfarbe zu bedrucken bzw. zu besprühen [4].

Herbert C. Arlt's amerikanisches Patentgesuch vom 20. Juli 1935 stellt zunächst als Ziel ausdrücklich das Vermeiden von Schaltdraht heraus. Statt dessen sollen die Verbindungen direkt auf der Isolierstoffplatte angebracht werden, und zwar vorzugsweise durch Metallaufspritzen, „shopping" genannt. Die so aufgebrachten Leiterzüge sollten an den Verbindungsstellen zu Bauelementen Verbreiterungen aufweisen, um so die Kontaktierung zu erleichtern. *Arlt* schlägt auch bereits vor, Leiterzüge auf der Rückseite der Trägerplatte anzubringen und diese mit entsprechenden Leiterzügen auf der Vorderseite durch Lötösen zu verbinden [5].

Das am 31. Mai 1937 eingereichte deutsche Patentgesuch der *N.V. Philips Gloeilampenfabrieken* bezieht sich auf ein wesentlich anderes Verfahren, das gleichfalls keinen Eingang in die Praxis hat finden können. Nach diesem sollten die Leiterzüge durch einen Formgießvorgang hergestellt werden, wobei vorzugsweise die Verbindungen zu Bauelementen nicht durch Löten, sondern dadurch hergestellt werden sollten, daß die Anschlußenden an den entsprechenden Stellen in Anschlußpunkte des gegossenen Leiterzugmusters eingeführt und durch die Volumensänderung des Leiterzugmaterials während des Abkühlens mit diesem elektrisch und mechanisch fest verbunden werden sollten [6].

Mit einer in Deutschland am 2. September 1938 eingereichten Patentanmeldung beanspruchte *Philips* eine verbesserte Verfahrensweise, bei der zunächst die mit entsprechenden Montagelöchern versehene Isolierstoffplatte mit den Komponenten bestückt, anschließend in einem Formgießprozeß die Leiterzüge auf der von Komponenten freien Seite der Platte hergestellt und zugleich Verbindungen zu den Bauelement-Anschlußdrähten hergestellt werden [7].

Mit seinem deuschen Patentgesuch vom 8. Juni 1939 schlug *Rudolf Lüderitz* ein Verfahren vor, bei dem zunächst ein Isolierstoffträger, vorzugsweise aus Keramik, mit schmalen, den Leiterzügen entsprechenden Vertiefungen versehen wird, alsdann die gesamte Oberfläche mit einer dünnen Schicht aus Metall überzogen und dieses Metall von den nicht vertieften Gebieten wieder entfernt wird [8].

Im britischen Patentgesuch vom 6. Februar 1942 schlägt *Philips* vor, eine dielektrische Trägerplatte, vorzugsweise aus Phenolaldehyd-Harz, zunächst mit einer aushärtbaren Lackschicht zu versehen, auf die so vorbereitete Oberfläche eine Zinkschicht im sogenannten „*shoop*"-Verfahren aufzusprühen und die Lackschicht durch Wärmeeinwirkung auszuhärten. Anschließend wird die verankerte Zinkpuderschicht beispielsweise in eine geschmolzene Legierung von Blei, Zinn und Kadmium getaucht und so mit einem Metallüberzug versehen. Der Zweck dieses Verfahrens war offensichtlich nicht das Herstellen von Leiterzugmustern, sondern der Aufbau von Abschirmflächen und dergleichen [9].

Schließlich reichte *Albert W. Franklin* am 24. März 1946 beim amerikanischen Patentamt ein Patentgesuch ein, in dem er ein Verfahren zum Herstellen von Antennen für Radios beansprucht, das darin besteht, entsprechend vorgeformte Metall-Leiterzüge auf einer Isolierstoffplatte zu verankern [10].

In seinem ausführlichen Bericht aus dem Jahre 1947 versuchte *Cledo Brunetto* zusammen mit *Roger W. Curtis* einen Überblick über die Leiterplattentechnik der damaligen Zeit zu geben. Im Vorwort weist er darauf hin, daß seit 1946, als das *Army Ordonance Department* den Siebdruck von Leitlacken für das Herstellen von Annäherungs-Bombenzündern freigegeben hatte, das Interesse an gedruckten Leiterplatten ständig stieg. Um dem allgemein großen Interesse zu entsprechen, unternahmen die beiden Verfasser den Versuch, die ihnen wesentlich erscheinenden Techniken zum Herstellen von Leiterplatten zu beschreiben. Die entsprechenden Kapitel beziehen sich auf das Aufbringen von Leitlacken, das Aufsprühen von Metallen, die chemische Abscheidung, die Vakuumabscheidung und Leiterplatten mit gestanzten Leiterzügen sowie solche mit aufgepuderten Leiterzügen, wobei interessant ist, daß die chemische Abscheidung von Metall, „obgleich in großem Umfang für die Herstellung von Spiegeln und dergleichen benutzt, zur Zeit als noch unentwickelte Laboratoriumsmethode" bezeichnet wird.

Immerhin sahen die Verfasser erstaunlich klar die zukünftige Entwicklung voraus und stellten fest, daß, ähnlich wie bei Vakuum-Prozessen, auch hier eine schnelle Entwicklung sehr wohl möglich sei [11].

Interessanterweise beziehen sich alle eingangs beschriebenen Vorschläge, mit Ausnahme des von *Francis T. Harmon* vorgeschlagenen Verfahrens zum Herstellen von Radiospulen, auf Verfahren, die von blanken Isolierstoffträgerplatten ausgehen, also nach der heutigen Terminologie zur Klasse der „*Additiv*"-Verfahren zu zählen sind.

Nach dem von *Francis T. Harmon* vorgeschlagenen Verfahren war das Ausgangsmaterial für die Radiospulen Metallblech; zum Ausbilden der Spule diente eine Abdeckmaske aus ätzfestem Material und ein Metallätzverfahren. Bei diesem aus dem Jahr 1925 stammenden und in keinem späteren Verfahren weitergeführten Vorschlag fehlte allerdings die für die Leiterplatte typische Trägerplatte aus einem geeigneten Dielektrikum.

Das Verdienst von *Paul Eisler* war es, vorzuschlagen, als Ausgangsmaterial für die Leiterplatten-Herstellung mit Kupferfolie kaschiertes, plattenförmiges Isolierstoffmaterial, insbesondere auf Phenolharz basierende Preßschichtstoffe, zu verwenden. Nach *Eisler* wird die Oberfläche der Kupferkaschierung mit einer den Leiterzügen entsprechenden Abdeckmaske bedruckt und das freiliegende Metall durch Ätzen entfernt. *Eisler* erkannte auch bereits, daß sich derart hergestellte, gedruckte Leiterplatten, die mit Montagelöchern für Bauelement-Anschlußdrähte und Lötaugen-mäßigen Verbreiterungen der Leiterzüge um derartige Löcher versehen sind, für die Massenfertigung besonders eignen, da sie beispielsweise gestatten, im Tauchlötverfahren in einem Verfahrensschritt alle Lötverbindungen herzustellen.

Eisler schlug auch bereits vor, Leiterzüge auf beiden Seiten des mit Kupferfolie kaschierten Trägermaterials herzustellen, wobei Verbindungen zwischen Leiterzügen auf verschiedenen Seiten vermittels Lötösen bewerkstelligt werden sollten.

Eisler's Beitrag war offenbar von ausschlaggebender Bedeutung für die praktische Einführung der Leiterplatte. Sein Vorschlag ermöglichte die einfache Herstellung von Leiterplatten und deren wirtschaftliche Weiterverarbeitung und erfüllte damit alle Ziele, die seinen Vorgängern vorgeschwebt hatten.

Aus bisher unklaren Gründen war *Eisler* überzeugt, daß die Verwendung galvanischer Metallabscheidungsprozesse und insbesondere darauf fußende Verfahren zum Herstellen von Verbindungen zwischen Leiterzügen auf verscheidenen Seiten eines Trägers durch metallisierte Lochwandungen überflüssig seien und einen Irrweg darstellten. Damit blieb ihm versagt, an der weiteren, schnellen Entwicklung auf dem Leiterplattengebiet aktiv Anteil zu nehmen. Nachdem anfangs weite Anwenderkreise – entsprechend *Eislers* Vorstellungen – Lötösen als vollkommen adäquates Verbindungselement für Leiterzüge auf verschiedenen Plattenseiten betrachteten und Leiterplatten mit den sogenannten durchmetallisierten Lochwandungen als grundsätzlich unzuverlässig und schwer herstellbar ablehnten, hat sich die gesamte weitere Entwicklung auf dem Leiterplattengebiet auf der Erarbeitung verläßlicher Verfahren zum Herstellen von metallisierten Lochwandverbindungen aufgebaut.

Das Katalysieren von Lochwandungen und das Herstellen einer ersten ohne äußere Stromzufuhr abgeschiedenen Kupferschicht und deren galvanische Verstärkung hat sich als wesentlicher Verfahrensschritt bei der Fertigung sogenannter zweiseitiger Leiterplatten und insbesondere bei der Fabrikation von Mehrebenen-Schaltungen ganz allgemein eingeführt.

Aufbauend auf Konzepten zur Katalysierung und Metallisierung ohne äußere Stromzufuhr und Entwicklung von Haftvermittlerschichten entwickelten sich parallel zu den oben erwähnten, als „*Subtraktiv*"-Verfahren bezeichneten Herstellmethoden *Additiv*-Verfahren, die wiederum wie zu Beginn der gesamten Entwicklung, von nichtkupferkaschiertem Basismaterial ihren Ausgang genommen haben.

Während für Leiterplatten ohne Verbindung zwischen Leiterzügen verschiedener Leiterebenen das Druck- und Ätzverfahren, soweit übersehbar, seinen Platz unverändert behaupten wird, findet das Additiv-Verfahren in steigendem Ausmaß Eingang in das Gebiet der Massenproduktion von zweiseitigen Leiterplatten mit durchmetallisierten Lochwandungen.

Geschichte der Leiterplatten

Zum Abschluß der Einführung mag es nützlich sein, sich der Frage nach den Zukunftsaussichten für die Leiterplattentechnik zuzuwenden.

Aufgrund derzeit verfügbarer Informationen kann davon ausgegangen werden, daß die Leiterplattenindustrie nicht nur nicht in Gefahr ist, durch andere Technologien ersetzt zu werden; sie stellt vielmehr zur Zeit einen der am schnellsten wachsenden Industriezweige dar. Das außerordentliche Wachstum ist eine der Folgen der Halbleiter-„Revolution", die es der Elektronik gestattet, in zahlreiche Gebiete einzudringen und neue Produkte auf dem Markt einzuführen.

Das weiterhin zu erwartende Wachstum für gedruckte Leiterplatten wird verständlich, wenn man sich vor Augen hält, daß diese nicht nur dazu dienen, aktive und passive Bauelemente zu verbinden. Diese Funktion wird wahrscheinlich in steigendem Maß zum Teil von „chips" und in verschiedenen Fällen von Dünn- und Dickfilm-Schaltungen übernommen werden. Leiterplatten kommt jedoch in kompletten Systemen eine Anzahl anderer wesentlicher Funktionen zu: sie dienen dazu, die verschiedenen bisher existierenden oder zu erwartenden neuen Generationen zuzurechnenden Bauelemente miteinander, und diese vermittels geeigneter Anschlußelemente mit anderen Systemen und schließlich mit der Umwelt zu verbinden. Weiterhin dienen sie als Träger für mechanische, elektronische und elektromechanische Bauteile und schließlich in besonderen Ausführungsformen und in immer stärkerem Ausmaß dazu, Wärme von den Bauelementen abzuleiten. Soweit absehbar, werden diese Funktionen auch in Zukunft und unabhängig vom Grad der Sophistizierung der elektronischen Bauelemente erforderlich sein und bleiben.

Die derzeit existierenden und in der überschaubaren Zukunft zu erwartenden Bauelemente verlangen eine immer höhere Leiterzugdichte. Vor etwa 15 Jahren wiesen Leiterplatten hoher Qualität Leiterabstände und Leiterbreiten von etwa 3/10 mm auf. Seither ergab sich eine Reduzierung um etwa 5/100 mm innerhalb von nur 5-Jahresperioden. Zur Zeit werden Leiterplatten mit zwei Leiterzügen zwischen im 2,54 mm Koordinatennetz angeordneten Lochungen weitgehend verwendet; Leiterplatten mit drei solchen Leiterzügen werden für bestimmte Techniken bereits gefertigt.

Eine Einsicht in die Lebenserwartung von Leiterplatten und verwandten Technologien mag die Betrachtung einzelner Leiterplatten-Technologien und Ausführungsformen zugänglich machen. Der Beginn der praktischen Anwendung von Vielebenen-Schaltungen kann etwa in die Mitte der sechziger Jahre gelegt werden, wobei allerdings zu jener Zeit kein schnelles Anwachsen des Bedarfs erwartet wurde. Erst in neuerer Zeit hat sich der Einsatz von Vielebenen-Schaltungen außerordentlich gesteigert. Betrachtet man eine den bisherigen Bedarf in den Jahren seit 1965 darstellende Kurve mit den Marktvorhersagen, so ergibt sich, daß Vielebenen-Schaltungen sich zur Zeit noch im steilen Wachstumsteil der Zykluskurve für die Kommerzialisierung von Technologien befinden und damit mit Sicherheit mehr als 15 Jahre nützlicher Lebenserwartung vor sich haben dürften.

Parallel zu den etablierten Herstellverfahren für Vielebenen-Leiterplatten zeichnet sich zunehmendes Interesse an Vielebenen-Schaltungen ab, bei denen die einzelnen Lagen, eine auf der anderen aufbauend, also sequentiell, hergestellt werden. Die „Multiwire^{RM}"-Technologie, bei der die Leiterzüge aus isoliertem Draht bestehen und Verbindungen zur Außenwelt vermittels Lochwandmetallisierung realisiert werden, ermöglicht das Herstellen von Leiterplatten hoher Zuverlässigkeit mit außerordentlicher Leiterzugdichte pro Leiterzugebene. Diese Technologie ist viel jünger. Ihre Anwendung befindet sich in einem steilen Anstieg.

Ganz allgemein erscheint es berechtigt, davon auszugehen, daß Leiterplatten in ihren verschiedenen Ausführungsformen und künftigen Weiterentwicklungen für lange Zeit ein wesentliches Bauelement in der Elektronik darstellen werden, dessen Bedeutung und steigender Wertanteil am Gesamtprodukt kaum überschätzbar sein dürften. Es ist reizvoll zu spekulieren, wann eine neue die bisherigen Leiterplatten-Technologien ersetzende Technologie in Erscheinung treten wird und welche diese sein könnte. Zur Zeit sind keine Anzeichen zu erblicken, die einen Hinweis darauf geben könnten, wenn man von der Anwendung von Lichtleitern auf bestimmten, begrenzten Gebieten absieht.

Literaturverzeichnis zu Kapitel 1

[1] Charles Ducas: Electrical Apparatus & Method of Manufacturing the Same. US-Pat. 1 563 731

[2] Francis T. Harmon: Radiocoil and Process of Making Same. US-Pat. 1 582 683

[3] César Parolini: Procédé d'Obtention de Plaques d'Ebonite Pour Poste de T.S.F., Munies du Réseau de Connexions. FR-Pat. 608 161

[4] Samuel Charles Ryder: Inductance Coil Particularly Adapted for use with Radio Tuning Devices. AUS-SN-Pat. 339 939, US-Pat. 1 837 678

[5] Herbert G. Arlt: Wiring Device. US-Pat. 2 066 511

[6] N.V. Philips: Improvements in Conductors for Electric Apparatus. UK-Pat. 515 354

[7] N.V. Philips: Electrical Apparatus. US-Pat. 2 244 009

[8] Rudolf Lüderitz: Radio Frequency Coil and Electrostatic Shield. US-Pat. 2 297 488

[9] N.V. Philips: Improvements in and Relating to the Application of Metallic Layers to Non-Metallic Surfaces. UK-Pat. 555 297

[10] Albert W. Franklin: Structural Unit. US-Pat. 2 401 472

[11] A.Cledo Brunetti & Roger W. Curtis: Printed Circuit Techniques. National Bureau of Standards, Circular 468 vom 15.11.47 (US Department of Commerce)

[12] A. Cledo Brunetti: Printed Electronic Circuits. Electronics, April (1946) S. 104–108

[13] J.A. Sargrove: New Methods of Radio Production. Journal of the British Institute of Radio Engineers, Vol. VII, No. 1, Jan./Feb. (1947) S. 2–33

2. Basismaterial für die Subtraktiv- und die Additiv-Technik

2.1. Basismaterial für die Subtraktiv-Technik

Die Entwicklung der Verfahren zum Herstellen von Schichtpreßstoffen setzte etwa um die Jahrhundertwende ein. Ausgangspunkt waren zunächst Anwendungen der Elektro-Isolier-Industrie. Bereits ab 1893 wurde unter der Bezeichnung ,,Micanit" ein Preßstoff aus Glimmer und isolierenden Bindemitteln hergestellt. In der Folgezeit wurden Dielektrika unter Verwendung von Papier und Naturharzen verpreßt. Als im Jahre 1908 L.H. Bakeland (USA) die Bedeutung der Phenolformaldehydharze für die Laminatherstellung erkannte, wurde die großtechnische Entwicklung der Schichtpreßstoffverfahren eingeleitet.

In den darauffolgenden Jahren wurden bereits Verfahren zum Herstellen von Hartgeweben unter Druck und Temperatur in den USA patentiert.

Die stetige Entwicklung der Elektronik und die ständige Ausdehnung ihrer Einsatzgebiete stellen immer differenziertere Anforderungen an die Leiterplatten. Die Übernahme wichtiger Funktionen als Bauelement hat die Entwicklung einer Vielzahl von Basismaterialien notwendig gemacht, die nicht nur als fertige Schaltung im Gerät sondern bereits bei der Schaltungsherstellung besonders harten Beanspruchungen ausgesetzt sind.

2.1.1. Herstellung von Basismaterial

Rohstoffe, die üblicherweise zur Herstellung von hochwertigen Basismaterialien eingesetzt werden:

Papier: Als Rohstoffbasis zur Herstellung von Phenol- und Epoxidharz-Papierschichtpreßstoffen werden ausschließlich Baumwoll-Linters oder andere hochwertige Zellulose-Papiere eingesetzt. Da die elektrischen und mechanischen Eigenschaftswerte dieser Papiere entscheidenden Anteil an den Eigenschaftswerten des fertigen Laminates haben, ist eine sorgfältige Auswahl und gründliche Kontrolle dringend notwendig.

Glasgewebe: Als Glasträgerbahnen werden nur Spezialgewebe aus alkaliarmem Glas, genannt E-Glas, eingesetzt. Dabei ist es von besonderer Wichtigkeit, die zum Harzrezept passenden Benetzungsmittel zu wählen. Diese Benetzungsmittel, genannt Finishs, sorgen für einen guten Verbund von Harz und Glas.

Bindemittel: Bindemittel für die Trägermaterialien sind warmhärtende Kunstharze, die in den meisten Fällen aus Phenol, Kresol und Epoxiden unter verschiedenen Bedingungen hergestellt werden.

Kupferfolie: Die Folien, die für die kupferkaschierten Schichtpreßstoffe eingesetzt werden, sind ausschließlich galvanisch niedergeschlagene Folien mit einem Reinheitsgrad von mindestens 99,5 %.

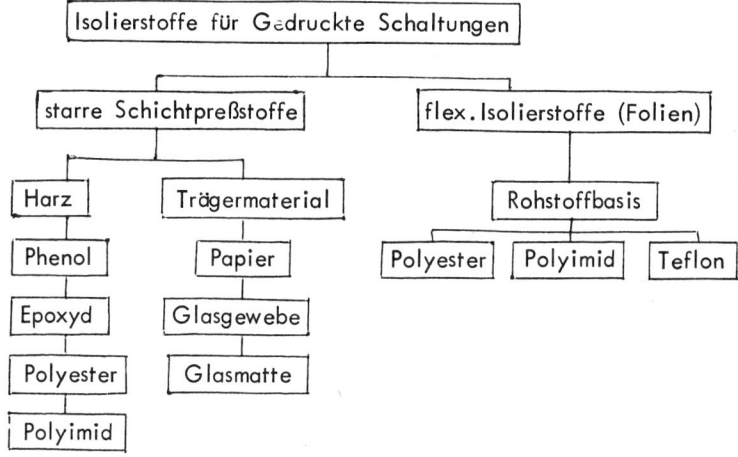

Abb. 2.1.: Schemadarstellung Isolierstoffe

Bei der Herstellung der Folien ist besonders zu beachten, daß Stromstärken und Abscheidegeschwindigkeiten so aufeinander abgestimmt sind, daß man eine Folie erhält, die eine möglichst feine Kristallstruktur aufweist. Die Abscheidung erfolgt kontinuierlich auf einer als Kathode geschalteten großen Stahltrommel.

Galvanische Kupferfolien sind erhältlich in 5, 10, 18, 35, 70, 105, 175 und 210 μm Stärke.

Materialgruppen

In jedem Falle handelt es sich bei den Basismaterialien für gedruckte Schaltungen um Kombinationsmaterialien, die aus einem Isolierstoff und einer Metallfolie – vornehmlich einer Kupferfolie – bestehen.

Die Kombinationsmöglichkeiten der verschiedenen Trägermaterialien mit den Harzen sind aus der Schemadarstellung zu erkennen *(Abb. 2.1.)*

Für das Herstellen von Leiterplatten haben sich im wesentlichen Trägermaterialien aus verschiedenartigen Papieren und Glasseidengeweben, laminiert mit Phenol- und Epoxidharzen, durchgesetzt.

Die flexiblen Basismaterialien (Folien), unter denen man im technischen Sprachgebrauch heute ausschließlich metallkaschierte Chemie-Folien versteht, nehmen unter den Werkstoffen für gedruckte Schaltungen eine Sonderstellung ein. Unter Kapitel 2.3. wird auf diese gesondert eingegangen.

Herstellung

Den weitaus größten Marktanteil nehmen die kupferkaschierten Schichtpreßstoffe ein. Für die in der Leiterplattenfertigung überwiegend eingesetzten Produkte

- Phenolharz-Hartpapier (PF-CP)
- Epoxidharz-Hartpapier (EP-CP)
- Epoxidharz-Glashartgewebe (EP-GC)

Abb. 2.2.: Fertigungsablauf bei der Herstellung von Schichtpreßstoffen

wird der Fertigungsablauf schematisch dargestellt und die einzelnen Produktionsschritte beschrieben.

Träger⎯⎯⎯⎯⎯⎯⎯⎯⎯⎯⎯⎯⎯⎯> Imprägnieren-Verlegen-Pressen-Besäumen-Kontrolle
Bindemittel

Der Träger, d.h. die Papier- und Glasgewebebahnen, werden in horizontalen oder vertikalen Imprägniermaschinen mit Harz (Bindemittel) imprägniert.

Von „Imprägnieren" spricht man, wenn das Trägermaterial voll mit Harz durchtränkt worden ist.

Um den Papier- oder Gewebeträger mit dem Harz zu tränken, sind verschiedene Imprägnierverfahren möglich.

In der Praxis haben sich 2 Methoden bewährt:

Verfahren 1:
Die Harzdosierung auf dem Füllstoffträger wird als Tauchlackierung durchgeführt, d.h. man erreicht die Harzdosierung durch genaue Abstimmung der Harzviskosität und der Abzugsgeschwindigkeit der Trägerbahnen aus dem Harzbad.
Diese Methode läßt sich ausschließlich auf Vertikalmaschinen anwenden und wird z.B. bei der Imprägnierung von Glasgewebeträgerbahnen mit Epoxidharz angewandt.

Verfahren 2:
Die Füllstoffträgerbahnen werden in Lacktauchwannen mit Harz getränkt, und die Dosierung erfolgt durch 2 sehr genau geschliffene Stahlwalzen, die in ihrem Durchgangsspalt so eingestellt worden sind, daß die überschüssigen Harzmengen aus dem Trägerstoff wieder herausgequetscht werden.

Bei beiden Verfahren werden die in langen Bahnen vorliegenden Trägerstoffe in einem kontinuierlichen Arbeitsgang mit Harz imprägniert. Dieses Harz liegt in flüssiger Form, im sogenannten A-Zustand vor *(Abb. 2.3.)*.

Abb. 2.3.: Imprägniermaschine mit Horizontaltrockner für Hartpapier und Hartgewebe (Werkfoto: Felten & Guilleaume Dielektra AG)

Unmittelbar nach der Imprägnierung durchläuft der Trägerstoff dann einen Heißluft-Trockenkanal. Während des Durchlaufes durch den Trockenkanal werden die Bahnen so weit getrocknet, daß sich das imprägnierte Material ohne zu Verkleben aufwickeln und schneiden läßt. Bei diesem Trocknungsprozeß werden nicht nur die für die Imprägnierung benötigten Lösungsmittel abgedampft, sondern in dem Trockenkanal wird auch durch entsprechend gesteuerte Zufuhr von Wärme der für die Weiterverarbeitung des imprägnierten Materials (Prepreg) notwendige, jeweils spezifische Kondensations- bzw. Polymerisationsgrad des Harzes eingestellt. Dieser Harzzustand wird im allgemeinen als B-Zustand bezeichnet. Das heißt ganz einfach: das Harz ist noch nicht voll ausgehärtet.

Während der Lackierung werden in regelmäßigen Abständen Messungen an dem sehr gleichmäßig und spezifisch eingestellten Prepreg durchgeführt. Gemessen werden:

- Harzauftrag
- Fließverhalten
- Gelzeit
- Substanzverlust
- Schmelzpunkt

Den Harzgehalt kann man einstellen über die Viskosität des Lackes, Lackiergeschwindigkeit und Walzenspalt. Die anderen 4 Prepreg-Kenndaten ergeben sich dann aus der Reaktivität des Lackes, der Lackiergeschwindigkeit und der Temperaturkurve im Trokkenkanal. Die endlos lackierten Bahnen werden auf Querschneidern zum gewünschten Tafelformat zugeschnitten.

Während der überwiegende Teil der Laminate in einem einmaligen Imprägniervorgang hergestellt wird, besteht auch die Möglichkeit der Mehrfachimprägnierung. Hierbei erhält das Produkt nicht sofort den gewünschten Endharzgehalt sondern wird nach dem Aufwickeln auf Rollen erneut imprägniert. Dieses Verfahren wird zum Erzeugen spezieller Eigenschaften angewendet.

Basismaterial für die Subtraktiv-Technik   29

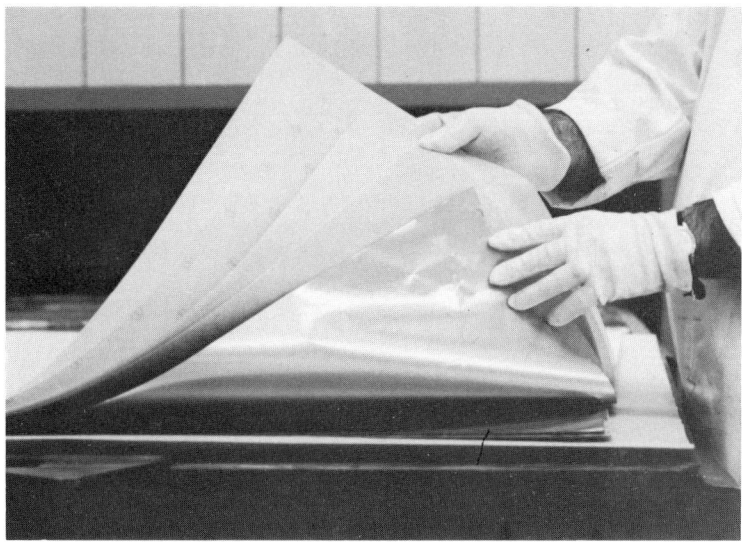

Abb. 2.4.: Verlegen eines kupferkaschierten Hartpapiers
(Werkfoto: Felten & Guilleaume Dielektra AG)

Die in den erforderlichen Formaten zugeschnittenen Papier- bzw. Gewebe-Prepregs werden verlegt. Entsprechend der geforderten Stärke des Basismaterials wird eine über Lackier- und spezifisches Gewicht ermittelte Anzahl imprägnierter Bogen zusammengelegt *(Abb. 2.4.)*.

Die Bogenanzahl wird jeweils durch Nachwiegen überprüft, um gegebenenfalls durch Austausch von Bogen mit unterschiedlichem Verlegegewicht die richtige Stärke des Endproduktes zu erhalten.

Anschließend erfolgt das Weiterverarbeiten der verlegten Papier- und Gewebe-Prepregs in Mehrfachpressen *(Abb. 2.5.)*.

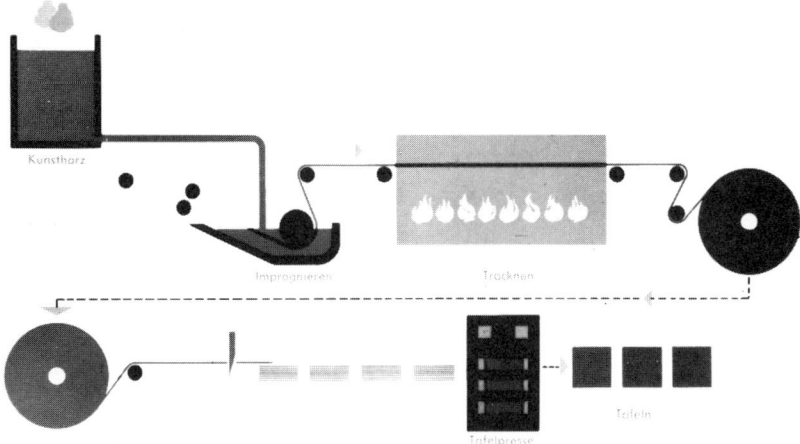

Abb. 2.5.: Elektronisch gesteuerte Presse zur Fertigung von Basismaterial
(Werkfoto: Isola Werke AG, Düren)

Die Preßbedingungen liegen entsprechend dem vorgegebenen Produkt und der Materialstärke bei Temperaturen von 130–180 °C und Preßdrücken von 50–200 kp/cm². Die Pressen weisen zahlreiche Preßlagen auf, wobei jede Preßlage wieder mehrere Schichtpreßstoffplatten enthalten kann. Ein solches Tafelpaket wird pro Preßlage in der Regel mit einem Polster versehen, das zu einer gleichmäßigeren Wärme- und Druckverteilung führt.

Die Prepregs erweichen während des Preßvorgangs bei steigender Temperatur, wobei unter dem Preßdruck eine vollständige, nicht mehr reversible Aushärtung der Harze erfolgt. Das Harz befindet sich nun im sogenannten C-Zustand, dem ausgehärteten Zustand. Von dem Grad der Aushärtung nach dem Verpressen hängen die Eigenschaften des Basismaterials wesentlich ab. Das Erreichen eines definierten Aushärtegrades ist nur durch die vollautomatische Steuerung der Temperatur, Zeit und der Durchführung möglich.

Nach Ablauf dieses Vorganges werden die Etagenpressen unter Druck gekühlt und die Preßpakete aus den Pressen entnommen. Die fertigen Schichtpreßstoff-Tafeln werden, nachdem sie von den Preßblechen getrennt worden sind, besäumt.

Für das genaue Einhalten der Stärke des Basismaterials ist es außerdem wichtig, daß die beheizten Preßplatten, zwischen denen sich die verlegten Papier- oder Gewebe-Prepregs mit Preßblechen befinden, absolut plan sind. Gleichzeitig müssen die Preßbleche, die die Oberfläche der einzelnen Tafeln formen, in der Planheit und der Oberflächenrauhigkeit sehr eng toleriert sein.

Nach einer an jeder Preßcharge durchgeführten Endprüfung im Prüffeld (u.a. mechanische und elektrische Messungen, Cu-Oberflächenkontrolle, Dicken- und Maßkontrolle) wird das Basismaterial dem Schaltungshersteller als ganze Tafel oder als Zuschnitt zur Weiterverarbeitung zur Leiterplatte angeliefert.

2.1.2. Typen und Anwendungsbereiche

Phenolharz-Hartpapier

Das Hartpapier aus Phenolharzbasis wird heute noch von den Cu-kaschierten Schichtpreßstoffen in Europa am meisten verarbeitet. Dieses Material hat sein größtes Einsatzgebiet in der sogenannten Unterhaltungselektronik, wie Rundfunk, Fernsehen etc. Günstige Preisstellung bei ausreichend elektrischen und mechanischen Werten, vor allem verbunden mit einer guten Bearbeitbarkeit (dabei denkt man besonders an die Stanzbarkeit) machen es hier zu einem bevorzugten Material.

Spezielle Entwicklungen auf dem Gebiet des Cu-kaschierten Phenolharz-Basismaterials erschlossen diesen Qualitäten wieder Einsatzgebiete, die man längst verloren glaubte. Hierbei sind zu erwähnen die unterschiedlichen Brennbarkeitsklassifizierungen sowie die Phenolharz-Hartpapiere, die gegen Kriechströme und Lichtbögen resistent sind.

Epoxidharz-Hartpapier

Diese Hartpapiere werden dort eingesetzt, wo höhere Forderungen an die elektrischen Eigenschaften (Tuner etc.) gestellt werden, oder wo hochkomplizierte Stanzschnitte nur noch mit diesem Material realisierbar sind.

Dieser Schichtpreßstoff zeichnet sich gegenüber dem traditionellen Hartpapier auf Phenolharzbasis durch bessere Kaltstanzbarkeit und hohe Flammwidrigkeit aus.

Epoxidharz-Glashartgewebe

Epoxid-Glashartgewebe wird hauptsächlich in der sogenannten „professionellen" Technik eingesetzt (Computer, Meßtechnik, Wehrtechnik, Raumfahrt), also dort, wo selbst unter ungünstigen Einsatzbedingungen niedrige elektrische Verluste, hohe mechanische Festigkeit, gute Dimensionsstabilität und große Konstanz der Werte gefordert werden.

Composite-Materialien
Diese Materialien sind Kombinationen von Epoxidharz-Hartpapier oder Epoxidharz-Glasvlies als Kern und Epoxidharz-Glashartgewebe als Abdeckung. Diese Materialien sind preiswerter als reine Epoxidharz-Glashartgewebe und erfüllen trotzdem noch die wichtigsten Normwerte für diese Qualität.

2.1.3. Eigenschaften des Basismaterials

In den nachfolgenden Kapiteln werden Beurteilungskriterien für verschiedene Einsatzgebiete gegeben. Erfahrungsgemäß läßt sich die Vielzahl der Produkte nicht ohne weiteres auf ihre Eignung für bestimmte Verwendungszwecke beurteilen. Im Anwendungsfall ist die Kenntnis der

- elektrischen Eigenschaften
- thermischen Eigenschaften
- verarbeitungstechnischen Eigenschaften

der Basismaterialien wichtig, um optimale Qualitäten einsetzen zu können.

2.1.3.1. Elektrische Eigenschaften

Von Isolierstoffen – Dielektrika –, zu denen die Basismaterialien gehören, wird eine Vielzahl von Eigenschaften verlangt. Dazu gehören die verschiedenen Gleichstromwiderstände, wie Oberflächen- und Durchgangswiderstand.

Das Verhalten des Basismaterials im Wechselspannungsfeld wird durch den Verlustfaktor gekennzeichnet. Die Kriechstromfestigkeit ergibt eine Aussage über die Gebrauchsfähigkeit bei Einwirkung von Oberflächenverunreinigungen. Unter Wärmeeinwirkung können sich Eigenschaftsänderungen ergeben, die zu einer Funktionsbeeinträchtigung bzw. Ausfall der betreffenden Leiterplatte führen. Zur Vermeidung derartig qualitativer Mängel ist die Kenntnis des Langzeitverhaltens von Schichtpreßstoffen unter Temperatureinfluß notwendig.

Elektrischer Widerstand
Der Oberflächenwiderstand R_o wird durch die Größe des Widerstandes der Oberfläche und der darunterliegenden Schicht gekennzeichnet. (Meßmethode nach DIN 53482)
Die erhaltenen Meßwerte hängen von der jeweils verwendeten Elektrodenanordnung ab. Um vergleichende Ergebnisse zu erhalten, ist eine Abstimmung über die Prüfmethodik unerläßlich.
Der spezifische Durchgangswiderstand σ_d ist die Kenngröße des Widerstandes durch das Basismaterial ohne Berücksichtigung des auf der Oberfläche fließenden Stromes. Als probenunabhängiger Wert wird der spezifische Durchgangswiderstand in Ohm mal cm angegeben. Die Messung der Kennwerte erfolgt in der Regel bei unterschiedlichen Klimabedingungen, wie trockene oder feuchte Wärme. (Meßmethode nach DIN 53482)
Phenol- und Epoxidharz-Hartpapiere sind den Produkten mit Glasgewebeträgern in den elektrischen Widerstandswerten unterlegen.

Zwischen den spannungsführenden Leitern einer Leiterplatte können durch Verunreinigungen oder durch die Bildung von Feuchtigkeitsfilmen Kriechströme entstehen. Diese Ströme können zur Zerstörung der Oberfläche führen. Durch die lokale Bildung von Lichtbögen wird eine thermische Zersetzung des Basismaterials und damit das Entstehen einer Kriechspur eingeleitet, die letzlich zum Kurzschluß zweier Leiter führt. Entscheidend für die Kriechstromfestigkeit des Basismaterials ist die Rußbildung bei der thermischen Zersetzung. Die Widerstandsfähigkeit gegenüber dieser Beanspruchung wird als Kriechstromfestigkeit bezeichnet. (Die Messung erfolgt nach DIN 53480)

Dielektrische Eigenschaften

Als Kennwert für die dielektrischen Eigenschaften werden in der Regel die ermittelten Werte der Dielektrizitätszahl ε_r und des dielektrischen Verlustfaktors tan δ angegeben.
Die Bestimmung der Werte ist genormt und gilt für einen Frequenzbereich von 15 Hz bis 10.000 MHz. Die Durchführung der Messung erfolgt bei 1 MHz.
Die relative Dielektrizitätszahl ε_r eines Basismaterials ist der Quotient aus der Kapazität eines Kondensators, bei dem der Raum zwischen den Elektroden völlig mit dem Dielektrikum ausgefüllt ist und der Kapazität desselben mit Luft zwischen den Elektroden.
Der dielektrische Verlustfaktor tan δ des Basismaterials ist das Maß für den Strom- bzw. Energieverlust, der in einem mit diesem Material gefüllten Kondensator auftritt, wenn eine Wechselspannung anliegt. Infolge des hohen Vernetzungsgrades der Harze und der damit verbundenen geringen Beweglichkeitszunahme der einzelnen Molekülgruppen bei der Einwirkung von höheren Temperaturen ist die Abhängigkei der dielektrischen Werte von der Größe der Feuchtigkeitsaufnahme festzustellen. Epoxidharz-Hartpapiere weisen hierbei gegenüber Phenolharz-Hartpapieren günstigere Eigenschaften auf.
Die Dielektrizitätszahlen der Epoxidharz-Glashartgewetypen werden von dem Verhältnis des Glas- zum Harzanteil bestimmt. Bedingt durch die niedrige Feuchtigkeitsaufnahme dieser Materialtypen ist die Veränderung der dielektrischen Werte praktisch feuchtigkeitsunabhängig. Bei Epoxidharz-Glashartgewebe-Produkten erfolgt jedoch bei höheren Temperaturen (größer 100 °C) eine Zunahme der Dielektrizitätszahlen. Aufgrund der bereits aufgeführten Abhängigkeit der Werte von der Feuchtigkeitsaufnahme des Basismaterials wird die Prüfung der dielektrischen Kennwerte in der Regel nach einer Klimabehandlung durchgeführt. (Gemessen wird z.B. nach DIN 53483)

2.1.3.2. Thermische Eigenschaften

Für die Anwender von Basismaterial ist ebenso die Kenntnis einiger wichtiger temperaturabhängiger Faktoren, die zu Werkstoffänderungen führen können, notwendig. Faktoren, wie Ausdehnungskoeffizient, Schrumpfung und Entflammbarkeit führen bereits zu einer Einengung bei der Auswahl des Materials für den definierten Anwendungsfall.

Wärmeausdehnung

Schichtpreßstoffe dehnen oder verkürzen sich unter Temperatureinwirkung. Die Längenänderung $\triangle$ 1 bei 1 °C Temperaturänderung, bezogen auf die Urspungslänge l_0 bezeichnet man als linearen Ausdehnungskoeffizienten. In der Anwendungstechnik der Basismaterialien ist allerdings zu berücksichtigen, daß durch die Inhomogenität der Materialien verschiedene lineare Ausdehnungskoeffizienten bestehen. Die Ursache für die unterschiedliche lineare Ausdehnung der drei Richtungen ist im Trägermaterial des Laminates zu sehen. Papier- bzw. Glasgewebeträger hindern das Harz mit dem größeren

Ausdehnungskoeffizienten daran, sich in Längs- bzw. Querrichtung auszudehnen. Polykondensationsprodukte, wie Phenolharze, sind den Additionsprodukten (Epoxide) in der Maßänderung unter Temperatureinfluß unterlegen. Die Wärmeausdehnung ist in der Regel über einen weiten Temperaturbereich linear und reversibel.

Schrumpfung und Wölbung

Wird bei Basismaterialien eine Temperaturschwelle überschritten, so treten irreversible Längenänderungen auf. Es handelt sich in der Regel um eine negative Längenänderung. Diese Schrumpfung kann u.a. auf den Verlust flüchtiger Bestandteile, Umorientierung von Molekülgruppen oder Nachhärtung zurückzuführen sein.

Damit es zu keinen qualitativen Störungen beim Herstellen der Leiterplatten kommt, kann durch Tempern des Materials diese Maßänderung vor den eigentlichen Verarbeitungsprozessen vorweggenommen werden.

Der Einfluß der Faserrichtung bei Hartpapieren macht sich speziell bei der Schrumpfung des Basismaterials bemerkbar. Bedingt durch die vorhandene Anisotropie der Fasern beim Herstellen des Papiers ist die Schrumpfung quer zur Faser in der Regel um die Hälfte niedriger als längs zur Faser. Der Basismaterialhersteller kennzeichnet deshalb die Faserrichtung durch Einbringen eines nicht entfernbaren Symbols im Deckbogen des Hartpapiers. Ähnliches gilt bei Hartgeweben für die Kett- und Schußrichtung. Dort gibt das Symbol (in Leserichtung) die Schußrichtung an.

Anhand der nächsten beiden Diagramme wird das Schrumpf- und Dehnverhalten unterschiedlicher Basismaterialtypn gegenübergestellt.

Im *Diagramm 2.6.* sind die Hartpapiere auf Phenolharzbasis in ihrem Verhalten den Hartpapieren auf Epoxidharzbasis und den Glashartgewebe-Laminaten auf Epoxidharzbasis gegenübergestellt. Es ist leicht ersichtlich, daß die mit FR-2 bezeichneten Phenolharz-Hartpapiere das stärkste Schrumpfverhalten zeigen. Gleichzeitig sieht man jedoch, in welch großem Bereich das Schrumpfverhalten der Phenolhaz-Hartpapiere liegen kann. Vor einigen Jahren konnte man generell davon ausgehen, daß sämtliche Phenolharz-Hartpapiere an der oberen Grenze des hier gezeigten Streufeldes lagen. Inzwischen wurden durch geeignete Harz- und Papierkombinationen und verfeinerte Herstellungsverfahren Hartpapiere auf Phenolharzbasis gezüchtet, die bei gleichzeitiger Kaltstanzbarkeit und Planheit Schrumpfwerte zeigen, die in der Größenordnung der Epoxidharz-Hartpapiere (FR-3) und der „schlechteren" Glas-Epoxid-Laminate (FR-4) liegen.

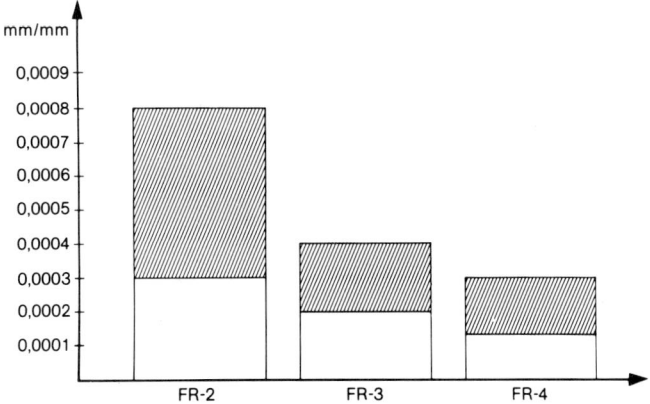

Abb. 2.6.: Schrumpfverhalten nach Wärmeeinwirkung. 10' 130 °C

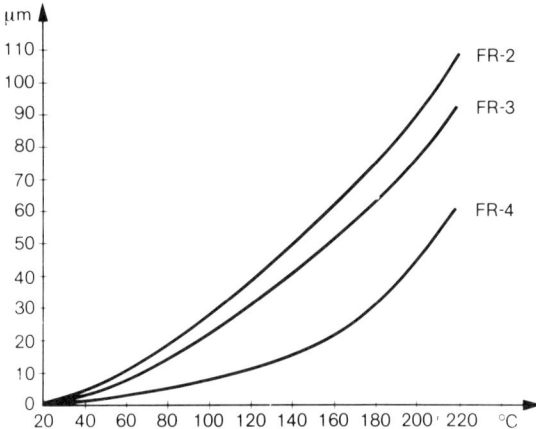

Abb. 2.7.: Ausdehnung in z-Richtung. Laminatdicke 1,5 mm

Diese Schrumpfungen in Länge und Breite des Materials stellen nicht das einzige Problem bei der Leiterplattenfertigung dar, da bei der Herstellung von durchplattierten Schaltungen die Ausdehnung in der z-Achse (Dicke) ebenfalls stark in die Qualität der Leiterplatten mit eingeht. Hierzu ist die Ausdehnung in z-Richtung von den drei Basismatrialgrundtypen, wie Phenolharz-Hartpapier, Epoxidharz-Hartpapier und Epoxidharz-Glashartgewebe, bis zu Temperaturen, die in etwa den Lötbedingungen entsprechen, dargestellt.

Das Reißen der Kupferhülsen in durchkontaktierten Löchern bei Hartpapier läßt sich sofort durch die wesentlich stärkere Ausdehnung gegenüber Glas-Epoxid-Laminaten bei den Lötbedingungen erklären. Die altbekannte Tatsache, daß Kupferhülsen von durchplattierten Phenolharz-Hartpapier-Leiterplatten wesentlich duktiler sein müssen als die durchplattierten Glas-Epoxid-Leiterplatten, findet sich in diesem Schaubild bestätigt.

Noch größer ist der Unterschied in der Ausdehnung bei Temperaturen um ca. 100 °C.

Die Zuverlässigkeit von Leiterplatten wird bei vielen Firmen durch Wechselbeanspruchungen im Temperaturbereich von – 40 °C bis + 100 °C erprobt. Die im Gegensatz zum Glas-Epoxid-Laminat beim Phenolharz-Hartpapier wesentlich stärkere Ausdehnung führt schneller zur Versprödung und somit zu kürzerer Lebensdauer und geringerer Zuverlässigkeit. Hier ist den Glas-Epoxid-Laminaten der größte Teil des Einsatzgebietes von durchkontaktierten Leiterplatten vorbehalten.

Brennbarkeit

Heute werden Basismaterialien eingesetzt, die durch entsprechende Zusätze flammwidrig eingestellt sind. Dies ist zum Vermeiden von Bränden bei Kurzschluß und ähnlichen Belastungen notwendig geworden.

Ursprünglich wurde das Brennverhalten nach ASTM-D-635 ermittelt. Durch die Vielfalt der Anforderungen hat sich die Zahl der Prüfmethoden jedoch gesteigert. Im Bereich der Unterhaltungselektronik haben folgende Prüfverfahren die größte Anwendungsbreite und Bedeutung erlangt:

    NEMA LI-1
    UL-Subject 94
    VDE 0860 H

Wird Basismaterial im internationalen militärischen Bereich eingesetzt, so ist die Prüfung der Entflammbarkeit nach MIL-P-13949 vorzunehmen. Für den nationalen Einsatz sind jeweils die Vorschriften der Zulassungsbehörden zu erfüllen.

Generell kann gesagt werden, daß praktisch alle auf dem Markt befindlichen Basismaterialien in der technisch notwendigen flammwidrigen Einstellung erhältlich sind.

Temperatur-Zeit-Verhalten

Richtlinien für das Ermitteln der Grenztemperatur sind in DIN 53446 und VDE 0304 aufgeführt. Zur näheren Erläuterung werden einige Begriffserklärungen gemacht.
- Gebrauchsdauer ist die Zeit, in der ein Werkstoff die an ihn gestellten Anforderungen erfüllt.
- Grenztemperatur ist die Temperatur, mit der der Werkstoff einem festzulegenden Zeitraum belastet werden kann, ohne daß dabei die Gebrauchsdauer unterschritten wird.
- Die Temperatur-Zeit-Grenze eines Werkstoffes ist durch diejenige Temperatur bei lang dauernder Wämeeinwirkung bestimmt, die der Werkstoff ohne zusätzliche Beanspruchung einen bestimmten Zeitraum aushält, ohne daß die betrachteten Eigenschaften einen bestimmten Grenzwert unter- bzw. überschreiten.

Aus den oben angeführten Definitionen ergeben sich für jede Eigenschaft in Verbindung mit der Festlegung des Grenzwertes und der Zeitspanne verschiedene Temperatur-Zeit-Grenzen.

Sind für den Einsatz des Basismaterials mehrere Eigenschaften für die Funktionstüchtigkeit wichtig, so ist als Grenztemperatur die Temperatur-Zeit-Grenze der Eigenschaft mit dem niedrigsten Wert anzugeben. In der Regel wird für den Grenzwert 50 % des ursprünglichen Wertes und Zeitspannen von 25.000, 40.000 und 100.000 Stunden für die Anforderungen angegeben. Zur Ermittlung der Grenztemperatur werden Kurzzeitversuche bei Temperaturen, die oberhalb der zu erwartenden Temperatur-Zeit-Grenze liegen, durchgeführt. Die Grenztemperatur wird dann durch Extrapolieren in der sogenannten Arrhenius-Kurve ermittelt. Als sinnvolles Auswahlkriterium bei Basismaterial hat sich die Eigenschaft Biegefestigkeit und die Zeitspanne von 25.000 Stunden erwiesen. Die elektrischen Eigenschaften wurden bei der Alterung des Basismaterials wenig oder überhaupt nicht beeinflußt.

2.1.4. Spezifikationen, Standards und Tests

Die Qualität einer bestimmten Leiterplatte hängt außer von der Konstruktion und den Bauelementen nicht zuletzt von der Güte des Basismaterials ab. Für die jeweilige Schaltung muß das Basismaterial so ausgewählt werden, daß seine Eigenschaften den durch den Herstellungsprozeß und Funktion gestellten Anforderungen genügen.

2.1.4.1. Spezifikationen und Standards

Die Grundeigenschaften des Basismaterials sind in den verschiedenen nationalen und internationalen Normen festgelegt, wobei festzustellen ist, daß durch die Zunahme der wirtschaftlichen Verflechtungen und der internationalen Zusammenarbeit die Unterschiede zwischen den einzelnen nationalen Normen erfreulicherweise immer mehr abgebaut werden.

Die gebräuchlichsten Normen für kupferkaschierte Basismaterialien sind:
- DIN – Deutsche Industrienorm (DIN 40 802)
- BS   – British Standard (BS 4584)
- IEC – International Electrotechnical Commission (IEC-249)
- MIL – Military Specification, USA (MIL-P-13949)
- NEMA – National Electrical Manufacturers Association, USA (LI-1)
- Anforderungen nach
  UL   Underwriters Laboratories Inc., USA

In Deutschland sind die Kenndaten für die Basismaterialien für gedruckte Schaltungen in DIN 40 802, Teil 1 und 2, festgelegt. Diese Norm wurde neu überarbeitet und ist voll mit IEC-249 harmonisiert.

Der Fachmann weiß jedoch, daß Normen immer nur dann aufgestellt werden, wenn die zu normenden Erzeugnisse dem „allgemeinen" Stand der Technik entsprechen. Deshalb wird es sich nicht ganz vermeiden lassen, daß zusätzlich zu den gültigen Normen noch Hausvorschriften vorhanden sind. Im Prinzip kann man sagen, daß die Hausvorschriften von heute die Normen von morgen sind.

In Deutschland hat der Fachnormenausschuß Kunststoffe (FNK) und der Fachnormenausschuß Elektrotechnik (FNE) in Gemeinschaft mit Herstellern, Verarbeitern, Anwendern und den entsprechenden staatlichen Prüfinstituten DIN-Normen für Kunststoffe in der Elektrotechnik erarbeitet.

An dieser Stelle sollen nur diejenigen Normen Erwähnung finden, die sich mit dem Basismaterial für Leiterplatten befassen. Für technische Schichtpreßstoffe sind die Eigenschaften und Prüfverfahren in DIN 7735 und DIN 40 802 enthalten. DIN 7735 beinhaltet im wesentlichen Lieferform, Typisierung und Mindestanforderungen an die Eigenschaften von Hartpapier und Hartgeweben. Eine Erweiterung der DIN 7735 stellt DIN 40 802 „Metallkaschierte Basismaterialien für Gedruckte Schaltungen" dar. Diese Norm ist zwar für Metallkaschierungen der verschiedensten Art ausgelegt, Herstellung der Prüfkörper und Typisierung der Produkte beziehen sich jedoch ausschließlich auf kupferkaschierte Basismaterialien.

> In Teil 1 dieser Norm-Prüfungen- wird das Erstellen der Probekörper sowie die Durchführung der verschiedenen elektrischen und mechanischen Prüfungen genormt. Teil 2 enthält die Typisierung nach Harzbasis, Harzträger, Metallkaschierung, Anforderungen an die Eigenschaften
>
> Zur Vermeidung von Irrtümern bei Verwendung von an Hersteller gebundenen Produktkennungen wurde gleichzeitig die Bezeichnung der verschiedenen Typen genormt.

Abb. 2.8. (Tabelle): Bezeichnung von kupferkaschierten Basismaterialien nach verschiedenen Normen

Zusammensetzung Harzbasis Träger	Phenol Papier	Epoxid Papier	Epoxid Glasgewebe	Epoxid Glasgewebe	Epoxid Glasgewebe	Epoxid Glasgewebe
Bezeichnung nach						
DIN 40 802	PF-CP 02	EP-CP 01	EP-GC 01	EP-GC 01	EP-GC 02	EP-GC 02
IEC 249-2	249-2-6 IEC	249-2-3 IEC	249-2-4 IEC	249-2-4 IEC	249-2-5 IEC	249-2-5 IEC
	PF-CP-Cu	EP-CP-Cu	EP-GC-Cu	EP-GC-Cu	EP-GC-Cu	EP-GC-Cu
NEMA-LI-1	XXXPC FR-2	FR-3	G 10	G 11	FR-4	FR-5
MIL-P-13949	– –	PX	GE	GB	GF	GH

Bezeichnung einer Tafel aus kupferkaschiertem Basismaterial des Typs EP-CP 01 mit einer Dicke von 1,5 mm und mit Kupferfolie der Dicke 35 μm einseitig kaschiert: Tafel EP-CP 01 DIN 40 802 – 1,5 Cu 35/0.

Bezeichnung einer Tafel aus kupferkaschiertem Basismaterial des Typs PF-CP 02 mit einer Dicke von 1,0 mm, beidseitig mit einer Kupferfolie 70 μm kaschiert: Tafel PF-CP 02 DIN 40 802 – 1,0 Cu 70/70.

Auf den Zusammenhang der Bezeichnungen mit den Klassifizierungen internationaler Normen wird in *Abb. 2.8. (Tabelle)* hingewiesen.

In DIN 40 802 sind keine Anforderungen enthalten, die sich auf die Beanspruchung bei der Herstellung von Leiterplatten nach dem Additiv-Verfahren beziehen. Auch haben verarbeitungstechnische Kennwerte keinen Eingang in die DIN 40 802 gefunden. Hier müssen jeweils Vereinbarungen zwischen Hersteller und Anwender die Spezifikationen ersetzen.

Die IEC-249 wurde bis auf einige Ausnahmen in die DIN 40 802 übernommen, so daß hier die nationale Norm weitgehend der internationalen Standardisierung angepaßt wurde. Während NEMA LI-1 und BS 4584 allgemeinen Normen entsprechen, werden von UL neben einigen Kurzzeiteigenschaften, die in der Regel der NEMA-Spezifikation entsprechen, Anforderungen hinsichtlich des Langzeitverhaltens von Basismaterialien gestellt und überwacht. Underwriters Laboratories (UL) haben spezielle Prüfungen und Prüfmethoden entwickelt und vorgeschrieben, die die brand- und selbstverlöschenden Eigenschaften von Werkstoffen in allen Bereichen der Technik beinhalten.

Flammwidrig eingestellte Basismaterialien werden z.B. bei UL in die Brennbarkeitsklassen V0 und V1 eingestuft.

V0: Der Mittelwert der Verlöschzeiten von 10 durchgeführten Brennbarkeitsprüfungen (Probengröße und Methode genormt) muß kleiner/gleich 5 Sekunden betragen, der Maximalwert der Verlöschzeit einer Prüfung darf 10 Sekunden nicht überschreiten.

V1: Der Mittelwert der Verlöschzeiten von 10 durchgeführten Brennbarkeitsprüfungen muß kleiner/gleich 15 Sekunden betragen, der Maximalwert der Verlöschzeit einer Prüfung darf 30 Sekunden nicht überschreiten.

Wird Basismaterial in militärischen Bereichen eingesetzt, so unterliegt es MIL-P-13949 und den jeweiligen Abnahmevorschriften. Es werden für den Einzelfall Prüfzeugnisse und Zulassungsurkunden erstellt. In Deutschland ist für die Erteilung der Zulassung die Musterprüfstelle der Bundeswehr für Luftfahrtgeräte (MBL) sowie das Bundesamt für Wehrtechnik und Beschaffung zuständig.

Trotz weitgehender internationaler Standardisierung und Harmonisierung ist es sinnvoll, sich im Anwendungsfall jeweils mit den betreffenden Normen zu befassen, da z.B. trotz der gleichen Anforderungen

- die Vorbehandlung und
- die Prüf- und Meßmethodik

differieren können. Zur Verdeutlichung dieser Aussage wurden in den *Tabellen der Abb. 2.9.* verschiedene Anforderungen an die Eigenschaften gegenübergestellt.

Die entsprechende Vorbehandlung, die zur Ermittlung der einzelnen Werte führt, wurde durch Kennbuchstaben angegeben. In der *Tabelle Abb. 2.9.* bedeuten:
C – Vorbehandlung in feuchtem Klima
D – Vorbehandlung in destilliertem Wasser
E – Vorbehandlung in trockener Wärme
des – Trocknung über Trockenmittel

Abb. 2.9. (Tabelle): Normwerte versch. Spezifikationen für flammhemmend eingestellte Phenolharz-Hartpapiere (Werte beziehen sich auf die Basismaterialdicke 1,5 mm)

Norm Bezeichnung	DIN 40 802 PF-CP 02		NEMA-LI 1 XXXPC/FR-2		249-2-6 IEC PF-CP-Cu	
Einheit	Vorbehandlung	Wert	Vorbehandlung	Wert	Vorbehandlung	Wert
Biegefestigkeit Längs N/mm²	–	–	–	84	–	–
Quer	–	80	–	74	–	80
Wasseraufnahme %	–	–	E-1/105+ des	0,75	–	–
mg	E-24/50+ des D-24/23	40	–	–	E-24/50+ des D-24/23	40
Oberflächenwiderstand Ω	C-96/40/92	10^9	C-96/35/90	10^9	C-96/40/92	10^9
Dielektrizitätszahl ϵ_r bei 1 Mhz	C-96/40/92+ C-1/35/75	5,5	D-48/50	5,3	C-96/40/92+ C-1/23/75	5,5
Dielektrischerverlustfaktor tan δ · 10^{-3} b. 1 MHz	C-96/40/92+ C-1/35/75	50	D-48/50	50	C-96/40/92 C-1/23/75	50

Die hinter den Buchstaben folgenden Zahlen geben an erster Stelle die Dauer der Vorbehandlung in Stunden an. An zweiter Stelle folgt die Temperaturangabe in °C und an dritter Stelle die relative Luftfeuchtigkeit in Prozent.

Die Vorbehandlung E-24/50 + D-24/23 entspricht einer Lagerung des Prüfkörpers von 24 Stunden bei 50 °C plus anschließender Lagerung von 24 Stunden in destilliertem Wasser mit einer Temperatur von 23 °C.

Gleichzeitig ermöglichen die Tabellen der *Abb. 2.10. bis 2.12.* eine Vorauswahl des für die Leiterplattenherstellung zu verwendenden Produktes anhand der aufgeführten Kriterien. Eine endgültige Wahl ist in der Regel erst nach Kenntnis der vollständigen Normwerte und den verarbeitungstechnischen Kennwerten möglich.

Zur Vereinheitlichung wurden die Materialstärken genormt. Die *Tabelle Abb. 2.12.* weist die in der Leiterplattenfertigung am häufigsten eingesetzten Nenndicken für kupferkaschierte Basismaterialien aus. Unter Nenndicke ist das Maß einschließlich Kupferkaschierung zu verstehen. Müssen Produkte abweichend von den genormten Dicken verwendet werden, so gilt die jeweils zulässige Toleranz der nächst größeren Materialstärke.

Der Bezug der Basismaterialien erfolgt im allgemeinen in Tafeln oder Zuschnitten aus diesen Tafeln. Folgende Standardgrößen haben sich durchgesetzt:
– Europa-Format   1065 mm x 1155 mm (42" x 45,5")
– US-Format   920 mm x 1220 mm (36" x 48")
Die daraus resultierenden Halbformate sind:
                    1065 mm x 575 mm (42" x 22,5")
                     920 mm x 610 mm (36" x 24")

Zuschnitt-Beispiel:

Das Europa-Karten-Format (160 mm x 100 mm oder 233,4 mm x 160 mm) oder ein Vielfaches davon führt zu dem üblichen Tafelformat von 1065 mm x 1155 mm.

Wirtschaftlich sinnvoll ist es, die Tafel- oder Zuschnittformate an die oben genannten Standardgroßformate anzulehnen. Man spart die erhöhten Kosten

   a) durch geringeren Verschnitt (bei Zuschnitten) und
   b) für eine teure Sonderformat-Fertigung

Abb. 2.10. (Tabelle): Normwerte für Epoxidharz-Hartpapier verschiedener Spezifikationen (Werte beziehen sich auf Basismaterial der Dicke 1,5 mm bzw. 1/16")

Norm Bezeichnung		DIN 40 802 EP-CP 01		NEMA-LI 1 FR-3		MIL-P-13949 PX		249-2-3 IEC EP-CP-Cu	
	Einheit	Vorbehandlung	Wert	Vorbehandlung	Wert	Vorbehandlung	Wert	Vorbehandlung	Wert
Biegefestigkeit Längs	N/mm²	—	110	—	140	—	140	—	115
Biegefestigkeit Quer	N/mm²	—	—	—	110	—	105	—	—
Wasseraufnahme	%	E-1/105+des D-24/23	40	E-1/105+des D-24/23	0,65	E-1/105+des D-24/23	0,65	E-24/50+ D-24/23	40
	mg								
Brennbarkeit Mittlere Brennzeit	s	—	10	—	15	—	15	—	15
Oberflächenwiderstand	Ω	C-96/40/92; C-96/40/92 C-1/35/75	$2\cdot10^9$; 5	C-96/35/90 D-24/23	10^{10}; 4,8	MIL-Std. 202 D-24/23	10^{10}; 4,8	C-96/40/92 C-96/40/92 C-1/23/75	$2\cdot10^9$; 5
Dielektrizitätszahl E_r bei 1 MHz									
Dielektrischerverlustfaktor $\tan\delta \cdot 10^{-3}$ b. 1 MHz		C-96/40/92+ C-1/35/75	45	D-24/23	40	D-24/23	40	C-96/40/92+ C-1/23/75	50

Abb. 2.11. (Tabelle): Normwerte für flammhemmend eingestelltes Epoxidharz-Glashartgewebe verschiedener Spezifikationen (Werte beziehen sich auf Basismaterial der Dicke 1,5 mm bzw. 1/16")

Norm Bezeichnung		DIN 40 802 EP-GC 02		NEMA-LI 1 FR-4		MIL-P-13949 GF		249-2-4 IEC EP-GC-Cu	
	Einheit	Vorbehandlung	Wert	Vorbehandlung	Wert	Vorbehandlung	Wert	Vorbehandlung	Wert
Biegefestigkeit Längs	N/mm²	—	300	—	420	—	350	—	300
Biegefestigkeit Quer	N/mm²	—	—	—	350	—	280	—	—
Wasseraufnahme	%	E-24/50+ des D-24/23	20	E-1/105+des D-24/23	0,25	E-1/105+des D-24/23	0,35	E-24/50+ des D-24/23	20
	mg								
Brennbarkeit Mittlere Brennzeit	s	—	10	—	15	—	15	—	10
Oberflächenwiderstand	Ω	C-96/40/92 C-96/40/92+ C-1/35/75	10^{10}; 5,5	C-96/35/90 D-24/23	10^{10}; 5,4	MIL-STD 202 D-24/23	10^{10}; 5,4	C-96/40/92 C-96/40/92+ C-1/23/75	10^{10}; 5,5
Dielektrizitätszahl E_r bei 1 MHz									
Dielektrischerverlustfaktor $\tan\delta \cdot 10^{-3}$ b. 1 MHz		C-96/40/92+ C-1/35/75	35	D-24/23	35	D-24/23	30	C-96/40/92 C-1/23/75	35

TYP	Nenndicke mm	DIN 40 802 Normal ± mm	DIN 40 802 eingeengt ± mm	IEC normal ± mm ± in.	IEC eingeengt ± mm ± in.	NEMA Li-1 Klasse I ± mm²) ± in.	NEMA Li-1 Klasse II ± mm²) ± in.	MIL-P-13949¹) Klasse I ± mm²) ± in.	MIL-P-13949¹) Klasse II ± mm²) ± in.	MIL-P-13949¹) Klasse III ± mm²) ± in.
PF-CP 01 PF-CP 02 PF-CP 03 EP-CP 01	0,8	0,09	–	0,09 0,0035	–	0,11 0,0040	0,08 0,0030	0,11 0,0045	0,10 0,0040	0,08 0,0030
	1,0	0,11	–	0,11 0,0045	–	–	–	–	–	–
	1,2	0,12	–	0,12 0,0045	–	0,14 0,0050	0,09 0,0035	–	–	–
	1,5³)/1,6	0,14	–	0,14 0,0055	–	0,15 0,0055	0,10 0,0040	0,15 0,0060	0,13 0,0050	0,08 0,0030
	2,0	0,15	–	0,15 0,0060	–	–	–	–	–	–
	2,4	0,18	–	0,18 0,0070	–	0,18 0,0070	0,13 0,0050	0,19 0,0075	0,18 0,0070	0,10 0,0040
EP-GC 01 EP-GC 02	0,8	0,15	0,09	0,15 0,0060	0,09 0,0035	0,17 0,0065	0,10 0,0040	0,17 0,0065	0,10 0,0040	0,08 0,0030
	1,0	0,17	0,11	0,17 0,0065	0,11 0,0045	–	–	–	–	–
	1,2	0,18	0,12	0,18 0,0070	0,12 0,0045	0,19 0,0075	0,13 0,0050	–	–	–
	1,5³)/1,6	0,20	0,14	0,20 0,0080	0,14 0,0055	0,19 0,0075	0,13 0,0050	0,19 0,0075	0,13 0,0050	0,08 0,0030
	2,0	0,23	0,15	0,23 0,0090	0,15 0,0060	–	–	–	–	–
	2,4	0,25	0,18	0,25 0,0100	0,18 0,0070	0,23 0,0090	0,18 0,0070	0,23 0,0090	0,18 0,0070	0,10 0,0040

1) Gilt nur für Basismaterial auf Epoxidharzbasis. 2) Werte gerundet 3) Die Materialstärke 1,5 mm ist in NEMA und MIL nicht genormt

Abb. 2.12. (Tabelle): Dicken und zulässige Abweichungen von kupferkaschiertem Basismaterial nach verschiedenen Spezifikationen

Die Nennmaße und die zulässigen Abweichungen sind nach DIN nicht festgelegt. Toleranzen sind jeweils zwischen Hersteller und Anwender zu vereinbaren.

2.1.4.2. Tests – Verarbeitungstechnische Kennwerte

Trotz weitgehender Normung ist für den Hersteller und Anwender von Basismaterial die Kenntnis verschiedener Verarbeitungskriterien außerhalb dieser Normen notwendig. Zum Ermitteln der praktischen Verarbeitbarkeit sind fertigungsnahe Prüfmethoden in Anlehnung an genormte Prüfverfahren entwickelt worden. Der Anwender ist durch Verwendung dieser Prüfverfahren in der Lage, die Fertigungsreife des Materials, abgestimmt auf die vorhandene Technologie, schnellstmöglich zu beurteilen.

Lochen von Basismaterial:

IC's haben mittlerweile ihren Siegeszug nicht nur in der kommerziellen Elektronik, sondern auch im Bereich Radio, Fernsehen angetreten. Die Anschlußtechnik des dual-in-line-Gehäuses war konzipiert für gebohrte Glashartgewebe-Platten. Solche Bauelemente in gestanzte und durchmetallisierte Hartpapier-Platten einzubringen ist eine Leistung, die u.a. auch nur durch die Fortentwicklung der Hartpapier-Basismaterialien ermöglicht worden war.

Hier stand und steht im Vordergrund die laufend weitergetriebene Kaltstanzbarkeit. Sie wurde außerdem noch forciert durch den Übergang zur rationelleren Fertigung in immer größeren Nutzen und durch die Notwendigkeit der automatischen Bestückung. Heißstanzen verbietet sich angesichts der engen Toleranzen von Loch- und Leiterbildkonfiguration. Das Problem der Kaltstanzbarkeit war somit nicht einfach dadurch zu lösen, daß man die Laminate nur weicher machte, sie mußten zudem dimensionsstabil bleiben und, wegen immer mehr automatisierter Fertigungsabläufe bei der Herstellung und engeren Packung in den Geräten, auch verwindungsfreier.

Kaltstanzbarkeit, Dimensionsstabilität und Verwindungsfreiheit des kupferkaschierten Hartpapiers waren in den letzten fünf Jahren die vordringlichsten Forderungen der Industrie und werden es sicherlich auch bleiben.

Einer der wichtigsten Kennwerte beim Verarbeiten von Basismaterial ist die Ermittlung der Stanzbarkeit. Eine Möglichkeit ist die Durchführung der Prüfung nach DIN 53 488. In dieser Norm ist die Ausführung des Werkzeuges genau festgelegt. Das Testwerkzeug besteht aus neun Lochstempeln mit einem quadratischen Querschnitt und der entsprechenden Lochplatte.

Der Abstand zwischen den Kanten zweier gegenüberliegender Lochstempel wächst um jeweils 0,5 mm. Der kleinste Abstand zwischen den Lochstempeln beträgt 0,5 mm, der größte 4,0 mm.

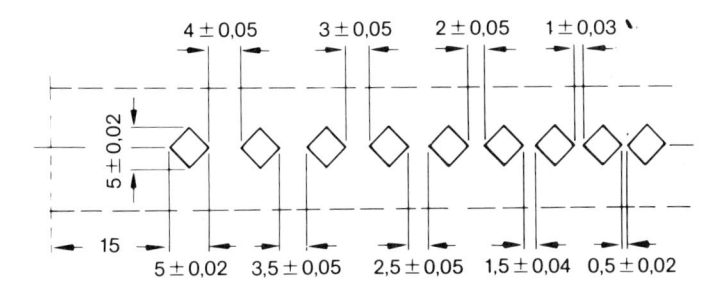

Abb. 2.13.: Schnittwerkzeug nach DIN 53 488

An den gelochten Probestreifen werden die Abstände zwischen den quadratischen Löchern auf beiden Seiten der Probekörper durch Betrachten mit der Lupe auf Beschaffenheit geprüft. An jedem Probekörper wird derjenige Steg zwischen zwei Löchern ermittelt, der noch nicht gerissen ist. Anschließend wird durch Division ein Stanzkennwert ermittelt. Die einwandfreie Stegbreite wird durch die Materialdicke geteilt. Als gut stanzbar soll ein Material gelten, wenn dieser Kennwert bei Stanztemperatur (max. 40 °C) den Wert 2 nicht nennenswert überschreitet. Die Erfahrung lehrt jedoch, daß dieser Probeschnitt nach DIN 53 488 für die weichgemachten Produkte, wie sie heute benötigt werden, in seiner Aussagefähigkeit äußerst begrenzt ist.

Es ist allenfalls ein Maßstab für die Möglichkeit, Konturen sauber zu stanzen und die Kerbwirkung in einem Schnitt zu beurteilen. Für die Prüfung, inwieweit komplizierte und enge Lochgruppen, z.B. im Raster von 2,5 mm, gestanzt werden können, bedarf es entsprechend anders gestalteter Werkzeuge. Hier hat sich eine Vielzahl von firmeneigenen Prüfschnitten in den Abnahmevorschriften der Verbraucher eingeführt *(Abb. 2.14.)*.

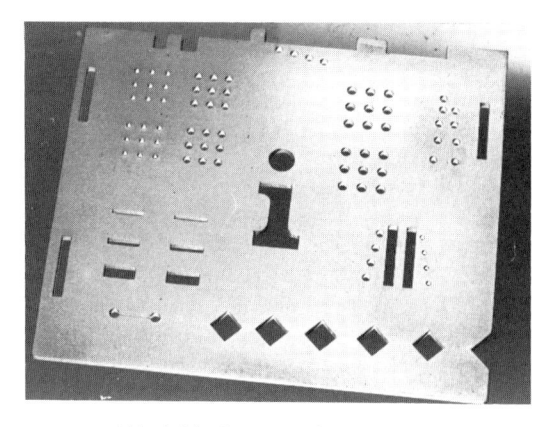

Abb. 2.14.: Stanz-Prüfschnitt (Isola)

Abb. 2.15.: Erweiterter Prüfschnitt (Isola) 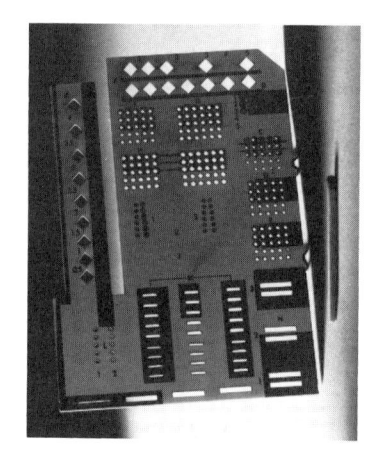   Abb. 2.16.: Prüfschnitt (Isola)

Die Forderung, auch IC-Lochreihen zu stanzen, brachte die Notwendigkei mit sich, diesen Prüfschnitt noch um die IC-Lochreihen zu ergänzen *(Abb. 2.15.)*.

Ein Prüfschnitt mit ähnlichem Schwierigkeitsgrad, wie er bei einem Leiterplatten-Hersteller zur Anwendung kommt zeigt *Abb. 2.16.*.

Im übrigen scheinen auch einige Gesetzmäßigkeiten aus der klassischen Hartpapier-Stanzerei außer Kraft gesetzt zu sein. Mit zunehmender Weichmachung der Laminate gilt nicht mehr so ohne weiteres die goldene Regel, daß je schärfer der Schnitt und je kleiner die Schnittluft ist, desto bessere Stanzergebnisse zu erzielen sind. Dies gilt ganz besonders für die bis jetzt am besten stanzbaren Laminate, für die Epoxidharz-Hartpapier-Laminate vom Typ FR-3. Beim heutigen Stand der Technik sind diese Laminate gerade mit etwas mehr Schnittluft besser stanzbar und dies nicht nur deshalb, weil der Schnitt durch das Epoxidstanzmehl bei engen Schnitten verbackt. Es ist offensichtlich eine Grenze überschritten, die neue Erfahrungen erforderlich macht.

Es wäre sicherlich nützlich, wenn für den Problemkreis Kaltstanzbarkeit eine erneute Normungsarbeit eingegangen würde, damit die Begriffe und vor allem auch die Prüfschnitte harmonisiert werden.

Bekanntlich geht die Dicke des Basismaterials sehr stark in das Stanzergebnis ein. Die neue IEC-Norm sieht für 1,5 mm dicke Laminate eine Dickenabweichung von ± 0,14 mm vor, d.h. wenn in der Minustoleranz gefertigt wird, könnte man mit Laminaten von 1,4 mm rechnen. Dies kommt der Stanzbarkeit entgegen. Einige Hersteller von Leiterplatten sind in kritischen Fällen von 1,5 mm Laminatdicke auf 1,35 mm zurückgegangen, um die stanztechnischen Probleme zu überwinden, die bei einer Dicke von 1,5 mm nicht mehr zu überwinden waren.

Ferner ist der Trend zur FR-3 und ähnlichen Laminaten fast ausschließlich aus Gründen der Verarbeitbarkeit in den letzten Jahren unverkennbar gewesen. Dieser Trend zu dünneren Laminaten und zur FR-3 wird sich noch verstärkt fortsetzen. Dabei ist es nicht unbedingt erforderlich, daß es Laminate sein werden, die genau der FR-3 entsprechen, die aber in ihrem Stanzverhalten eine ähnliche Charakteristik ausweisen.

Prüfung des Verbundes Kupferfolie-Basismaterial

Die Qualität des Verbundes zwischen Laminat und der Kupferfolie wird durch die Ermittlung des Haftvermögens bestimmt.

Für die Durchführung der Prüfung werden streifenförmige Probekörper verwendet. Die Kupferfolie wird mit einer bestimmten Geschwindigkeit abgezogen und die dabei aufgewendete Kraft als Haftvermögen angegeben.

Die Prüfung des Haftvermögens ist in den verschiedenen Spezifikationen genormt. In DIN 40 802 werden diese Prüfungen jedoch nur nach verschiedenen chemischen bzw. thermischen Vorbehandlungen durchgeführt.

Es ist sinnvoll, die Prüfung des Verbundes bereits im Anlieferungszustand des Materials durchzuführen. Hierbei ist die Reproduzierbarkeit der Messungen sowie die Vergleichbarkeit, z.B. zwischen Hersteller und Anwender, gewährleistet. Vor Durchführung der Prüfung ist jeweils die Form der Prüfkörper, Abschälgeschwindigkeit usw. zu vereinbaren.

Abb. 2.17. zeigt die Prüfung des Haftvermögens an einem Probekörper mit einer Breite von 25 mm. Die Angabe des Haftvermögens erfolgt in der Regel in Newton pro 25 mm oder in Newton pro 1 mm. Werden andere Streifenbreiten gemessen, so kann die Abzugskraft auf 25 mm umgerechnet werden. Probekörper mit einer Breite von kleiner als 3 mm sollten

Abb. 2.17.: Prüfung des Haftvermögens der Kupferfolie
(Werkfoto: Felten & Guilleaume Dielektra)

nach Möglichkeit nicht verwendet werden, da hier Toleranzfehler der Breite das Meßergebnis verfälschen können.

Das Haftvermögen der Kupferfolie ist selbst bei miniaturisierten Leiterbahnen kein ernsthaftes Problem mehr. Von je her reichte in der Regel die Haftfestigkeit bei Raumtemperatur oder Betriebstemperatur der Geräte aus. Die Haftfestigkeit war unter Lötbedingung, d.h. bei 260 °C, von Interesse. Dabei sei darauf hingewiesen, daß zwischen der Haftfestigkeit bei Raumtemperatur und der Haftfestigkeit der Löttemperatur infolge der unterschiedlichen Klebesysteme keine Korrelation gegeben ist.

In *Abb. 2.18.* ist die Haftfestigkeit einer Kupferfolie in Abhängigkeit von der Temperatur für zwei verschiedene Klebesysteme dargestellt. Man sieht, daß ein Klebesystem trotz des höheren Wertes bei niedriger Temperatur bei der Löttemperatur wesentlich geringere Werte aufweist. Deshalb sollte also bei der Forderung an die Haftfestigkeit das Augenmerk auf die Werte bei höherer Temperatur gerichtet werden.

Die in der Vergangenheit erzielten Verbesserungen wurden in erster Linie dadurch möglich, daß die Kupferfolienlieferanten neue Treatments herausbrachten. Es handelt sich um versiegelte Treatments, die heute Stand der Technik sind und die Haftfestigkeit um über 1 kp/inch gegenüber den alten Treatments vorangebracht haben. Nicht nur das Haftvermögen der Kupferfolie wurde verbessert, sondern auch die Gefahr des Übertragens von Kupferoxidteilchen von der Folie auf den Isolierstoff wurde vermindert. Selbst geringe Oxidmengen führten leicht zur Braunfärbung des Isolierstoffes.

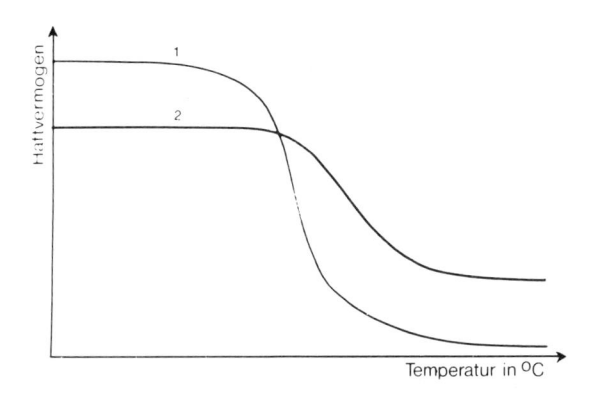

Abb. 2.18.: Temperaturabhängigkeit des Haftvermögens einer Kupferfolie (Isola)

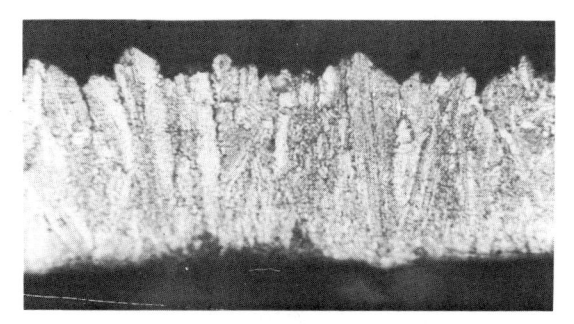

Abb. 2.19.: Schliff durch eine Kupferfolie (Isola)

Abb. 2.20.: Cu-Folienrückseite mit Treatment (1000 x)

Abb. 2.21.: Cu-Folienrückseite ohne Treatment (5000 x)

Abb. 2.22.: Cu-Folienrückseite mit Treatment (5000 x)

Lötverhalten

Das Verhalten kupferkaschierter Schichtpreßstoffe beim Löten wird durch die Lötbadbeständigkeit gekennzeichnet. Die Lötbadbeständigkit ist sowohl national als auch international als „Blasenbildung nach Wärmeschock" genormt. Hierbei erfolgt die Prüfung bei einer Wärmebelastung in Siliconöl. Abweichend zu dieser Prüfung wird eine praxisnahe Durchführung des Tests wie folgt vorgeschlagen:

Geprüft wird auf einem Lötzinnbad. Die Proben werden je nach Anforderungsbedingungen bis zu 30 Sekunden lang mit der Kupferseite dem Lötbad zugewandt auf dieses gelegt. Nach dem Abkühlen darf das Basismaterial weder Blasen noch Delaminationen aufweisen. Bei Epoxidharz-Glashartgeweben darf keine „Fleckenbildung" eintreten. Gleichfalls soll sich der Verbund Kupferfolie – Basismaterial nicht lösen oder Blasen zeigen. Für eine einwandfreie, reproduzierbare Durchführung des Tests müssen folgende Voraussetzungen erfüllt bzw. vereinbart werden:

- Lötbadtemperatur, z.B. 260 ± 2 °C
- definierte Lötbadzusammensetzung
- Entfernen von Oxiden im Bad (Abrakeln der Oberfläche)

Verbund Epoxidharz – Glasgewebe

Durch mechanische oder thermische Beanspruchung kann sich das Harz vom Glasgewebe lösen. Dies erfolgt insbesonders an den Kreuzungspunkten von Kett- und Schußfäden und führt zu verminderter mechanischer Belastbarkeit der Leiterplatte. Zur Prüfung des Verbundes bei Raumtemperatur kann z.B. wie folgt verfahren werden:

Eine Stahlkugel von 10 mm Durchmesser wird in die zu prüfende Tafel gemäß nachfolgender Abbildung auf einem Gesenk 3 mm tief eingedrückt. Kupferseite gegen Kugel – bei beidseitig kaschiertem Basismaterial ist eine Kupferfolie zu entfernen *(Abb. 2.23. und 2.24.)*.

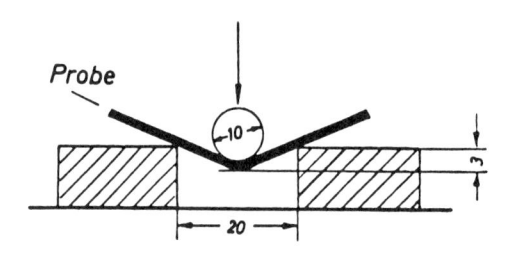

Abb. 2.23.: Prüfvorrichtung zur Ermittlung der Güte der Lagenbindung (Siemens-Norm SN 57032). Auflagekante gratfrei, aber nicht gebrochen

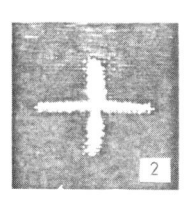

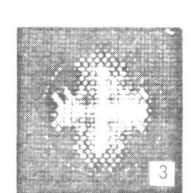

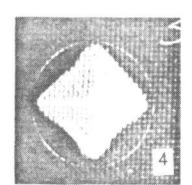

Abb. 2.24.: Probenauswertung (Isola) 1 und 2: brauchbar, 3 und 4: unbrauchbar

Die Hauptbeanspruchung verläuft hierbei in Richtung der Kett- und Schußfäden des Gewebes. Bei gutem Harz-Gewebeverbund werden beide nur in der Nähe der Hauptbeanspruchungslinien getrennt. Bei schlechter Haftung bildet sich eine weiße Fläche, die durch das Ablösen des Harzes von den Kreuzungspunkten des Glasgewebes entsteht.

Dieses Verfahren ist in keiner Norm zu finden. Es erlaubt jedoch auf einfache Weise im Relativvergleich für die Praxis aufschlußreiche Aussagen zu geben.

Measlingfestigkeit

Beim Verarbeiten können sich durch Temperaturschocks beim Löten Flecken im Gewebe bei ungenügender Haftung des Harzes bilden. Diese Haftverminderung wird in den meisten Fällen beim Verarbeiten durch das Einwirken von Chemikalien, Feuchtigkeit oder mechanische Belastung ausgelöst. Die Fleckenbildung wird im Sprachgebrauch als ,,Measling" bezeichnet. Ursachen für eine Feuchtigkeitsanlagerung an den Glasfasern im Laminat können sein:
- chemisch unbrauchbarer und mangelhaft aufgebrachter Finish auf dem Glasgewebe
- mangelnde Benetzung von Glas und Harz
- mangelnde Harzschicht auf der äußeren Glasgewebelage
- Diffusion von Feuchte in das Laminat bei nicht hinreichend chemikalienfesten Harzsystemen

Ob Epoxidharz-Glashartgewebe-Produkte zur Measling-Bildung neigen, kann durch folgenden Test geprüft werden: Der Probekörper wird zunächst 30 Minuten in Wasser gekocht. Anschließend lagert man den Prüfling 30 Minuten bei – 65 °C und danach 20 Sekunden auf einem Lötbad von 260 °C. Nach dieser Prüfung sollte keine Fleckenbildung eingetreten sein.

Das angeführte Prüfverfahren wurde vom IPC *(Institute of Printed Circuits)* entwickelt. Für das Prüfen auf Measling-Bildung sind weitere Prüfverfahren möglich. Eines dieser neuen Prüfverfahren zur Ermittlung der Measling-Festigkeit stammt aus den USA und bedeutet eine außerodentliche Verschärfung der Testbestimmungen. Er nennt sich ,,High-Pressure-Boiling-Test".

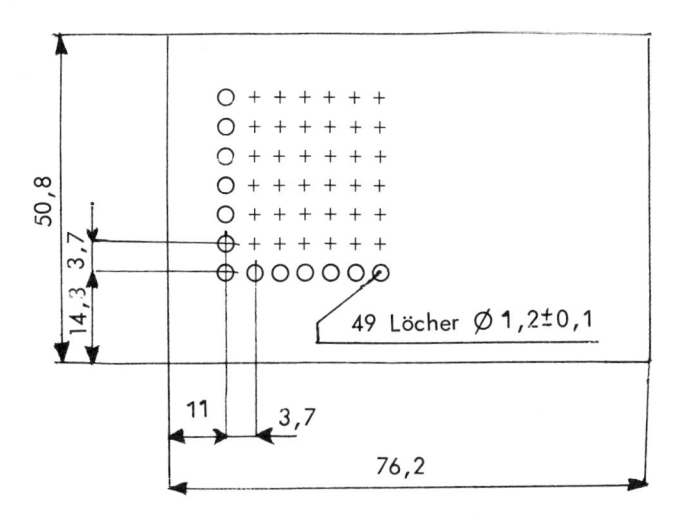

Abb. 2.25.: Prüfanordnung für den ,,High-Pressure-Boiling-Test" nach GTE/ ATEA, Spezif. Nr. 1600, Ausgabe 1

5 Prüflinge werden aus der Mitte und von jeder Ecke der Tafel entnommen, gebohrt, geätzt und anschließend für 2 Stunden in einer Wasserdampfatmosphäre von 121 °C (Hochdruckautoklav) gelagert. Anschließend werden die Prüflinge kurz abgetrocknet und sofort 20 Sekunden auf ein Lötbad von 260 °C gelegt. Hierbei darf keine Measling-Bildung oder Delamination auftreten. Dieser Test wird bisher nur von sehr wenigen Basismaterialien gehalten *(Abb. 2.25.)*.

Wölbung und Verwindung

Die Ursachen für die Wölbung sind sowohl bei dem Laminat – als auch bei dem Schaltungshersteller größtenteils erkannt. Beim Schaltungshersteller können in der Art des Lay-out Fehler gemacht werden. Diese Fehler können auftreten im Zusammenhang mit den Konfigurationen der Leiterbahnen sowie ebenfalls mit der Schichtdicke und des Aushärtegrades von z.B. Lötstopplacken. Die Temperatur und die Zeitdauer des Lötvorganges sind ebenfalls ausschlaggebend für die Planheit der Leiterplatten. Beim Hersteller des Basismaterials sind folgende Parameter zur Erzielung von planen Tafeln und planen Leiterplatten zu beachten:

– rechtwinklig gewebtes Glasfilamentgewebe
– symmetrischer Lagenaufbau
– vollständige Aushärtung des Harzsystems

Bei Beachtung dieser drei Punkte ist die Gewähr für ein verzugsfreies, planes Laminat gegeben.

Bohrbarkeit

Bekanntlich hat die Qualität der Bohrung einen großen Einfluß auf den Erfolg der Durchmetallisierung und damit auf die Zuverlässigkit der Schaltungen. Wenngleich die meisten fehlerhaften Durchkontaktierungen auf fehlerhaftes Bohren zurückzuführen sind, kann ein Schichtpreßstoffhersteller dennoch viel zur guten Bohrbarkeit seiner Epoxidharz-Glashartgewebe beitragen. Das Ziel ist:

a) – eine geschlossene Bohrlochwandung und Bohrlochränder
b) – kein Schmierfilm von Harz im Bohrloch
c) – möglichst geringer Bohrerverschleiß

Die Forderungen zu a) werden durch das optimale Zusammenspiel von einem mechanisch und chemisch festen Harz mit gut gefinishtem und damit gut benetzbarem Gewebe erreicht. Ist die Verbindung von Glasfasern und Harz mangelhaft, kommt es zu Ausbrüchen an den Glasfasern oder gar zu Kapillaren entlang der Fasern. Die Ausbrüche

Abb. 2.26.: Bohrloch

und Kapillaren sitzen in der Regel voller Flüssigkeit, die schlagartig beim Lötvorgang verdampft und zu den bekannten Zinneruptionen aus den Löchern führt.

Die Forderung zu b) nach Vermeidung von Harzschmierfilmen wird durch die Optimierung der mechanischen Eigenschaften des Harzes bei hohen Temperaturen erreicht. Bekanntlich sind die Harzschmierfilme gefährlich, weil sie die Aktivierung der Bohrlochwandung mit Metallisierungskeimen behindern. Leider sind nicht schmierende Harze nicht immer gleichzeitig bohrerschonend, so daß zwischen den Forderungen b) und c) ein Kompromiß gefunden werden muß.

2.2. Basismaterial für die Additiv-Technik

Gedruckte Schaltungen additiv herzustellen war von jeher der Wunsch der hiermit befaßten Industrie. Im Vordergrund stand dabei die Erwartung, daß es billiger sein müßte, das Kupfer nur dorthin zu bringen, wo man es auch als leitende Verbindung braucht, anstatt das Kupfer aus einer geschlossenen Oberfläche herauszulösen, wo es nicht notwendig ist. Zugleich verband man damit die Vorstellung, daß man als Substrat wesentlich billigere Laminate verwenden könnte. Diese Überlegungen waren geprägt aus den Peisverhältnissen der 50er Jahre, als kupferkaschiertes Basismaterial noch um ein Mehrfaches teurer war als im Vergleich zu unkaschierten Laminaten.

Das Verlangen nach additiven Methoden wurde noch größer als sich doppelseitig durchmetallisierte Schaltungen immer mehr einführten, zu deren Herstellung zumindest eine stromlose Verkupferung der Lochwandung in dem Kunststoff notwendig war.

Die ersten technischen Lösungen hierzu wurden im Jahre 1963 bekannt. Schrittmacher war die Firma *Photocircuits* mit ihrem CC4-Verfahren. Im Zuge der langjährigen Entwicklung hat sich eine Zahl von Verfahren herausgebildet, die sehr unterschiedliche Anforderungen an das Basismaterial stellen.

2.2.1. Anforderungen und Eigenschaften

Im Prinzip werden hier die selben Trägermaterialien und Harzkombinationen wie bei den kupferkaschierten Produkten verwendet. Die elektrischen Anforderungen sind ebenfalls den kaschierten Produkten gleichzusetzen.

Die Qualitätsanforderungen an das Basismaterial für die Additiv-Techniken liegen weit über denen der herkömmlichen kupferkaschierten Laminate. Dies gilt zunächst für die Anforderungen an die Qualität der Oberflächen. Ferner wird eine bessere Stanzbarkeit gefordert, weil durch das Fehlen der Kupferfolie die Stanztechnik noch diffiziler wird, zumal das Lay-out ohnehin kritischer ist. Die Stanztechnik stellt die Basismaterialhersteller vor ganz neue Probleme. Mit dem Anwärmen ist es bei engeren Toleranzen nicht zu lösen. Dabei geht es nicht darum, daß man die Laminate immer weicher macht, indem man die Anteile der Weichmacher erhöht, sondern man will Verzugsfreiheit, d.h. ein stabiles Laminat, welches alle Prozeßstufen so optimal durchläuft, daß das Lay-out in der Dimension erhalten bleibt.

Additiv-Materialien sind generell dimensionsstabiler als kupferkaschierte Basismaterialien für den Subtraktiv-Prozeß. Dies ist begründet im Wegfall des Schrumpfens während des sonst üblichen Ätzens. Beim Vergleich beidseitig mit 35 μm kaschierter Basismaterialien mit Additiv-Materialien ergeben sich Werte gemäß *Abb. 2.27.*

Hartpapier auf Phenolharzbasis:	ca. 50% Verbesserung
Hartpapier auf Epoxidharzbasis:	ca. 20% Verbesserung
Glashartgewebe auf Epoxidharzbasis:	kaum Veränderung

Abb. 2.27.: Verbesserung der Dimensionsstabilität beim Additiv-Material gegenüber kaschiertem Material

Um den Additiv-Prozeß produktionsreif zu machen, mußten drei grundsätzliche Probleme gelöst werden:
– Die Schaffung eines Haftgrundsystems, das eine lötfeste Verbindung des stromlos abgeschiedenen Kupfers mit dem Substrat ermöglicht.
– Die Schaffung von Aktivierungssystemen, die bei den verschiedenen Additiv-Prozessen eine sichere Kupferabscheidung ermöglichen.
– Die Schaffung von gut steuerbaren chemischen Kupferbädern, die einen zuverlässigen Niederschlag von duktilem Kupfer gewährleisten.

Alle drei Probleme sind gelöst, so daß heute hochwertige Schaltungen wirtschaftlich nach dem Additiv-Verfahren hergestellt werden können. Gleichgültig, ob man
– das CC4-Verfahren,
– das Fotoforming-Verfahren oder
– das Unclad-Semiadditiv-Verfahren

anwendet, man braucht zunächst einen zuverlässigen Haftgrund. Hier bietet sich der Weg über die für diese Verfahren speziell entwickelten Haftgrundsysteme an. Der Haftgrund läßt sich nach drei Technologien auftragen:
– Aufgießen
– Tauchen
– Transferbeschichten

Das Aufgießen des Haftgrundes mittels einer Gießmaschine ist unproblematisch. Nachteilig ist, daß man die Nutzen zweimal behandeln muß, einmal auf der Ober- und einmal auf der Unterseite.

Da der Haftgrund beim ersten Durchgang angetrocknet werden muß, ergeben sich für die beiden Seiten Unterschiede in der Härtung des Haftvermittlers, was als Nachteil zu werten ist. Die Gleichmäßigkeit der Schichtdicke und die notwendige Sauberkeit können bei entsprechender Einrichtung zum Gießen als voll akzeptabel angesehen werden.

Beim Tauchen hat man die Schwierigkeiten der unterschiedlichen Aushärtung nicht. Stattdessen können sich jedoch Probleme einer geringfügigen Wulstbildung an der Austauchkante und an den Befestigungen am Tauchgestell oft nicht vermeiden lassen. Dies sind jedoch, wie die Praxis gezeigt hat, keine wesentlichen Nachteile.

Während beide Verfahren, sowohl das Gießen als auch das Tauchen, eine besondere Behandlung der Nutzen als zusätzlichen Arbeitsgang erfordern, bot sich für eine Großproduktion die Transferbeschichtung an. Hier wird zunächst eine Trägerfolie mit dem Haftvermittler beschichtet und vom Hersteller des Basismaterials zugleich bei der Herstellung der Laminate in der Etagenpresse in einem Arbeitsgang aufkaschiert. Der Kleberauftrag ist bei dieser Methode außerordentlich gleichmäßig.

Es hat sich eingebürgert, Hartpapier-Laminate ohne Transferfolien zu versenden, d.h. in diesem Fall hat der Basismaterialhersteller die Folie bereits abgezogen. Hingegen werden Epoxidharz-Glashartgewebe-Laminate mit Trägerfolie geliefert, damit auch beim Bohren der Schutz noch erhalten bleibt. Allerdings bereitet das Abziehen der Transferfolie nach dem Bohren gewisse Schwierigkeiten. Deshalb hat sich die Praxis darauf eingestellt, die Trägerfolie abzuätzen. Dazu wird zweckmäßigerweise, um Abätzzeiten zu sparen, für diese Materialien eine dünne Aluminiumfolie oder Kupferfolie eingesetzt.

2.3. Basismaterial für flexible Schaltungen

2.3.1. Basismaterial

Eine Ergänzung zur starren Leiterplatte ist die flexible Schaltung. Sie ist eine Alternative zur konventionellen Verdrahtung mit Drähten oder Litzen. Je nach Einsatzbereich haben sich dünne

- Epoxidharz-Glashartgewebelaminate,
- Polyesterfolien,
- Polymidfolien und
- Teflonfolien

als Träger durchgesetzt. Bei den drei letztgenannten Trägern wird mittels eines temperaturbeständigen Klebers die Kupferfolie endlos aufgebracht. Wenn auch hier 35 µm als Standarddicke bei der kathodisch abgeschiedenen Kupferfolie gelten können, so werden doch öfter auch 12, 17,5 (20), 35, 70 und 105 µm angewendet.

Für im Betrieb bewegte Leiter werden Kupferfolien (35, 70 µm) mit einer höheren Duktilität (Walzkupfer) eingesetzt. Die zur Anwendung kommenden Trägermaterialien weisen eine Dicke von beispielsweise 25, 36, 50, 75, 100 oder 125 µm (ohne Kaschierung) auf. Für die Berechnung der Gesamtdicke einschl. Kupferfolie ist für den Kleber normalerweise eine Dicke von 15 µm je Kaschierung zu berücksichtigen.

2.3.2. Eigenschaften und Tests

Bedingt durch die unterschiedlichen Eigenschaften der Basismaterialien für flexible Schaltungen sind bei deren Einsatz besonders folgende Gesichtspunkte zu berücksichtigen:

- Betriebstemperaturbereich
- Verarbeitungstemperatur (Löten, Schweißen)
- mechanische Beanspruchung (statisch und dynamisch)
- erforderliche Dimensionsstabilität
- dielektrische Werte (besonders kleine und konstante Dielektrizitätszahl, kleine Verluste)
- Falzbarkeit
- Abriebbeständigkeit
- chemische Beständigkeit
- und die Kosten.

Allgemein kann gesagt werden:

Teflon-Folie zeigt höchste Beständigkeit gegen Wechselbiegebeanspruchung, hohe Temperaturbeständigkeit und hat hervorragende dielektrische Werte. Neigt aber zu Kaltfluß.

Polyimid-Folie hat eine hohe Temperaturbeständigkeit, gute Formstabilität, aber niedrigere dielektrische Werte im Vergleich zur Teflon-Folie.

Epoxidharz-Glashartgewebe hat eine hohe Temperatur- und Formbeständigkeit, gute elektrische Werte, hohe mechanische Festigkeit, mäßige Flexibilität, jedoch hohe Haftfestigkeitswerte der Kupferfolie.

Polyesterfolie ist die preiswerteste Folie mit guten mechanischen und elektrischen Werten, aber mäßiger Temperaturbeständigkeit, weswegen beim Löten besondere Sorgfalt anzuwenden ist.

Neben den genannten kupferkaschierten Trägermaterialien stehen auch Abdeckfolien in verschiedenen Stärken zur Verfügung. Bei den Abdeckfolien aus Epoxidharz-Glashartgewebe wird in der Regel ein No-flow-Prepreg eingesetzt. Alle anderen Folien sind mit einem thermoplastischen Klebersystem, mit hoher Widererweichungstemperatur, beschichtet. Um ein Verkleben der Lagen auf der Rolle zu vermeiden, wird eine Trennfolie mit eingewickelt, die vor dem Laminieren entfernt werden muß.

Die Abdeckfolie hat die Aufgabe, die gedruckte Schaltung gegen mechanische Beschädigung, oxidative Einflüsse, Kurzschluß und Berührung zu schützen. Außerdem erhöht sie bei im Betrieb bewegten Leitungen das „Flexlife", also die Lebensdauer der einzelnen Flachleiter bei Walkbeanspruchung, da diese zwischen zwei Abdeckfolien eingebettet und somit fest im Verband liegen.

Die Flexlife-Prüfung wird mit dem in IPC-FC-240 beschriebenen Gerät durchgeführt. Der Biegeradius von 18 in Reihe geschalteten Leitern beträgt 3,2 mm. Die Flachleiter werden zehnmal je Minute in axialer Richtung bewegt und müssen nach dieser Prüfvorschrift ohne Abdeckfolie mindestens 250 und mit Abdeckfolie mindestens 750 Walkungen aushalten. Der Test ist beendet, sobald ein Leiter bricht und somit die Stromführung für ein Relais, über das der Antriebsmotor geschaltet ist, unterbrochen wird.

2.3.3. Vorteile und Anwendungsbereiche

Die Vorteile der flexiblen Schaltung liegen u.a.

- in der Abstimmung der Leiterbahnen auf die feststehenden Anschlußpunkte. Schaltfehler werden damit praktisch ausgeschlossen.
- Einsparung an Raum und Gewicht
- sie können gefalzt, gerollt, gebogen und verwunden werden und sich dadurch optimal an die mechanischen Gegebenheiten anpassen
- Servicefreundlichkeit

Die Anwendungsmöglichkeiten sind vielseitig; hier nur einige Beispiele für die zur Zeit häufigsten Einsatzgebiete:

- Verbindungsleitungen zwischen starren Leiterplatten und Geräten, also sogenannte Flachbandleitungen
- Schaltungen in elektronisch arbeitenden Kameras
- Kabelbäume zum Verbinden von Bauelementen
- selbsttätig aufrollende Flachleitungen in der Datenverarbeitung
- Armaturenbrettverdrahtungen in Automobilen
- Flachleitungen und Kabelbäume im Flugzeug- und Raketenbau.

3. Basismaterial zur Herstellung von Multilayern

Die zur Anfertigung von Multilayer-Leiterplatten benötigten Laminate sind
- unkaschierte Laminate
- einseitig kaschierte Laminate
- zweiseitig kaschierte Laminate
und
- Prepregs

in verschiedenen Stärken. Diese Speziallaminate werden modifiziert zur Standard-Laminatherstellung erzeugt, um den hohen Qualitätsanforderungen zu genügen *(Abb. 3.1.)*. Von besonderer Bedeutung sind das Verhältnis Glas zu Harz und beim Prepreg der Stand der teilweisen Aushärtung. Bedingt durch die hohen Anforderungen wird die Produktion von Multilayer-Laminaten zum Teil in Reinsträumen durchgeführt.

Abb. 3.1.: Multilayer, Epoxid-Glasgewebe, 16 Lagen

3.1. Kupferkaschierte Laminate für Multilayer

Laminate für Multilayer werden nach folgenden Spezifikationen hergestellt:
MIL-13949F   TL-GE   TL-GF
NEMA L / 1-1971   G 10 UT   FR 4 UT
IPC-L-108   TL-GE4   TL-GF4
DIN 40802   EP-GC 01   EP-GC 02
Zum Aufbau von Multilayern werden zu 90 % Laminate auf der Basis Glasgewebe und Epoxidharz eingesetzt *(Abb. 3.2.)*. Die Fertigung dieser Laminate läuft im Prinzip wie die

Abb. 3.2.: Multilayer-Laminate, Prepreg- und Maßlamination-Muster

Standardmaterialfertigung der Stärken 1,5 – 1,6 mm ab, wobei einige wesentliche Eigenschaften, die für die Weiterverarbeitung unbedingt erforderlich sind, erfüllt werden müssen.

3.1.1. Laminatstärke und Toleranzen

Bedingt durch die Anzahl der Kupfer-Ebenen und die Endstärke des zu fertigenden Multilayers, werden Laminate von 0,05 mm bis 0,8 mm benötigt. Es ist praktisch möglich, jede Stärke zwischen 0,05 und 0,8 mm in der entsprechenden Dickentoleranz zu fertigen.

Bis zu einer Stärke von 0,3 mm können Abstufungen von 0,025 mm produziert werden. Über 0,3 mm bis 0,8 mm werden die Abstufungen aufgrund der Dickentoleranz 0,05 mm.

Die Laminatstärke wird durch das Glasgewebe und den Harzgehalt bestimmt. Der Harzgehalt in ML-Laminaten liegt je nach Stärke und Konstruktion zwischen 40 und 65 %. Es werden Glasgewebe von 20 g/m² bis 200 g/m² eingesetzt.

Die Glasgewebetypen gemäß *Tabelle 3.1.* haben sich aufgrund ihrer Eigenschaften als die am geeignetsten Gewebe für Multilayer-Laminate bewährt.

Tabelle 3.1.: Glasgewebetypen

Typ	Fadenzahl*	Gewicht	Dicke
104	118 x 102	20 g/m²	0,030 mm
108	118 x 93	49 g/m²	0,051 mm
113	118 x 126	84 g/m²	0,076 mm
1675	83 x 61	96 g/m²	0,102 mm
116	118 x 114	106 g/m²	0,102 mm
7628	87 x 63	200 g/m²	0,178 mm

*) Fadenzahl per 5 cm

Die Glasgewebe werden je nach Laminatdicke einzeln, mehrfach und kombiniert eingesetzt. Bei unterschiedlichen Glasgewebetypen in einem Laminat ist ein symmetrischer Aufbau zu wählen, um Verbiegungen oder Verwindungen in Multilayern zu vermeiden.

Tabelle 3.2.: Dickentoleranzen für ML-Laminate

Materialdicke ohne Kupferfolie		Toleranzen ±			
		Klasse I		Klasse II	
mm	inch	mm	inch	mm	inch
0,05 –0,114	.002 –.0045	0,025	.001	0,019	.00075
0,116–0,152	.0046–.0060	0,038	.0015	0,025	.0010
0,155–0,305	.0061–.0120	0,051	.0020	0,038	.0015
0,307–0,504	.0121–.0200	0,064	.0025	0,051	.0020
0,510–0,762	.0201–.0300	0,076	.0030	0,064	.0025

Es können engere Dickentoleranzen gefertigt werden, als in *Tabelle 3.2.* verzeichnet. Diese müssen jedoch mit dem Hersteller abgesprochen werden.

3.1.2. Dimensionsstabilität

Die Dimensionsstabilität oder die maßlichen Veränderungen in X- und Y-Richtung der Multilayer-Laminate sind ein Kriterium und müssen in der Weiterverarbeitung beachtet werden. Die Fertigung von stabilen Laminaten mit bestimmbaren Schrumpfungs- und Dehnungswerten ist mit den z.Zt. eingesetzten Grundmaterialien und der Technologie noch nicht möglich.

Es treten in der Weiterverarbeitung schon nach dem Ätzen maßliche Veränderungen auf, die jedoch nicht zu Problemen führen. Erst wenn der Glasumwandlungspunkt überschritten wird (bei Epoxidlaminaten in FR 4 Qualität 120 °C–135 °C), kommt es zu Dimensionsveränderungen.

Es ist in der Kettrichtung (warp) zu 99 % mit einer Schrumpfung zu rechnen, die je nach Laminatstärke und Konstruktion zwischen 0,02 und 0,05 % liegt. In der Schußrichtung (fill) können Schrumpfungen sowie Dehnungen auftreten. Die Durchschnittswerte liegen bei 0,03 %. Aufgrund der relativ großen Streuungen innerhalb einer Materialcharge, selbst innerhalb einer Tafel (Rand-Mitte) ist es ratsam, bei kritischen Multilayern das Laminat nach dem Zuschneiden einem Temperprozeß von 3–4h bei 135–140 °C auszusetzen.

Neben den Dimensionsveränderungen in X- und Y-Richtung, die hauptsächlich durch das Glasgewebe beeinflußt werden, ist die thermische Ausdehnung in Z-Richtung, gegeben durch das Epoxidharz, zu beachten. Bei der Herstellung von Multilayer-Laminaten kann dieser Wert nur durch den Harzanteil gering beeinflußt werden.

3.1.3. Kett- und Schußrichtung

Für die Weiterverarbeitung von Multilayer-Laminaten ist es erforderlich, die Kett-(warp) und Schußrichtung (fill) zu kennen. Werden Zuschnitte aus Tafeln geschnitten, sollte das längere Maß in der Kettrichtung liegen.

Wird die Materialrichtung nicht beachtet, kann es zu Problemen bezüglich Dimensionsverhalten, Verbiegung sowie Verwindung führen. Normalerweise kann der Verarbeiter davon ausgehen, daß das längere Tafelmaß die Kettrichtung ist. Es sind jedoch auch Multilayer-Laminate auf dem Markt, bei denen es umgekehrt ist. Eine Absprache mit dem Lieferanten ist jeweils erforderlich.

3.1.4. Konstruktion der Laminate

Der Aufbau der Multilayer-Laminate, d.h. Glasgewebetyp und Harzgehalt, werden je nach Anwendungsfall bestimmt, um Forderungen zur Verbesserung verschiedener Eigenschaften zu erfüllen. Generell entsprechen die Laminate den bekannten Normen wie MIL, NEMA, IPC usw. In vielen Fällen müssen bestimmte Eigenschaften jedoch verbessert werden, um d[n stetig steigenden Anforderungen gerecht zu werden.

Folgende Punkte können durch die Konstruktion (Glasgewebetyp-Harzgehalt) positiv, aber auch negativ beeinflußt werden:

- Dickentoleranz
- Dimensionsstabilität X und Y
- Chemikalienbeständigkeit
- Oberflächenbeschaffenheit
- Thermische Ausdehnung Z-Richtung
- Dielektrizitätskonstante
- Verlustfaktor und
- Kosten

Das folgende Beispiel zeigt, wie unterschiedliche Konstruktionen Verbesserungen und gleichzeitig aber auch Verschlechterungen bringen können.

Laminatstärke: 0,2 mm (.008")

Aufbau I: Eine Lage Glasgewebe 7628, 200 g/m², ca. 43 % Harzgehalt

Vorteile: Gute Dimensionsstabilität *X-Y*. Niedrige thermische Ausdehnung Z-Richtung. Kostengünstig.

Nachteile: Geringe Chemikalienbeständigkeit, Dickentoleranzschwankungen, rauhe Oberfläche.

Aufbau II: 2 Lagen Glasgewebe 113, 84 g/m², 55 % Harzgehalt

Vorteile: Gute Chemikalienbeständigkeit, gute Dickentoleranz, gute Oberfläche, gute elektrische und dielektrische Eigenschaften.

Nachteile: Höhere thermische Ausdehnung Z-Richtung, geringere Dimensionsstabilität *X-Y*, höhere Kosten.

Aufbau III: 3 Lagen Glasgewebe 108, 49 g/m², 62 % Harzgehalt

Vorteile: Sehr gute Chemikalienbeständigkeit, sehr enge Dickentoleranz, sehr gute elektrische und dielektrische Werte.

Nachteil: Hohe Kosten.

Die Eigenschaften der Multilayer-Laminate werden natürlich nicht nur durch Glasgewebe und Harzgehalt beeinflußt, sondern auch durch den Fertigungsprozeß, Maschinen und Einrichtungen sowie Qualität der eingesetzten Rohstoffe *(Abb. 3.3.)*.

Die in dem Beispiel aufgeführten verschiedenen Konstruktionen sind in fast allen Stärken möglich. Deshalb ist ein technisches Gespräch zwischen Multilayer-Hersteller und Laminathersteller von Vorteil, um für kritische Anwendungsfälle die richtigen Laminate einzusetzen.

3.1.5. Kupferfolien

Es ist theoretisch möglich, Multilayer-Laminate mit allen auf dem Markt erhältlichen Kupferfolien zu kaschieren. Praktisch werden für die Innenlagen 35 und 70 µm und für die Außenlagen 35, 17,5 µm eingesetzt *(Tabelle 3.3.)*.

Abb. 3.3.: Kontrolle von geätzten Multilayerinnenlagen

Tabelle 3.3. Technische Daten der Kupferfolien

Dicke	Gewicht	
mm	g/m$_2$	oz./Ft^2
0,005	44	1/8
0,009	80	1/4
0,012	106	3/8
0,018	153	1/2
0,035	305	1
0,070	610	2
0,105	915	3

Unterschiedliche Kupfer-Kaschierungen, wie z.B. 17,5/35 µm, sind lieferbar, eine Absprache über die jeweilige Kennzeichnung ist notwendig. Werden stärkere Folien als 105 µm benötigt, sollte der Hersteller befragt werden.

3.1.6. Haftfestigkeit

Um die in den Normen vorgeschriebenen Haftfestigkeiten besser zu erreichen, werden die Folien mit einem Treatment versehen. 35 µm Folien liegen bei 5,2 kp/inch; 17,5 µm bei 4,8 kp/inch, gemessen bei Raumtemperatur.

Bei erhöhter Temperatur, z.B. Multilayer-Preßtemperatur von 175 °C, liegt die Haftfestigkeit ca. 40 % unter den genannten Werten. Für die Innenlagen in der Multilayer-Fertigung können Kupferfolien mit beidseitigem Treatment eingesetzt werden, der übliche Oxidationsprozeß, der bei normalen Folien erforderlich ist, entfällt.

3.1.7. Spezialfolie für Multilayer-Innenlagen

Die thermische Ausdehnung der verpreßten Epoxid-Multilayer in Z-Richtung beim Löten oder Umschmelzen kann zu Rissen in den inneren Kupferleiter-Ebenen führen. Ursache sind die relativ niedrigen Dehnungswerte der Standardfolien bei erhöhter Temperatur (ca. 0,5 %). Um das Problem zu lösen, sind Folien entwickelt worden, die bei 180 °C noch min. 2 % Dehnung aufweisen. Die Rißbildung ist mit diesen Folien beseitigt worden.

3.2. Prepreg oder Verbundfolie für die Herstellung von Multilayern

Neben den kupferkaschierten Multilayer-Laminaten sind die Prepregs ausschlaggebend für eine problemlose Multilayerfertigung. Beim Imprägnieren *(Abb. 3.4.)* der verschiedenen Glasgewebe werden durch spezifizierten Harzgehalt, Flußwerte und der Gelierzeit die Voraussetzungen für die spätere Verpressung geschaffen. Es haben sich für den gesamten Multilayerbereich praktisch sechs Prepregsorten durchgesetzt, die bis auf wenige Ausnahmen (Prepregs nach Kundenspezifikationen) verwendet werden.

3.2.1. Prepreg-Typen

Neben den in *Tabelle 3.4.* aufgeführten Glasgeweben können auch die Typen 1080, 2112, 2113 und 2116 eingesetzt werden.

Tabelle 3.4.: Prepreg für Multilayer

Glasgewebe	Harzanteil	Harzfluß	Gelierzeiten
104	60–80 %	35–55 %	100–250 s
106	60–80 %	35–55 %	100–250 s
108	55–70 %	30–45 %	100–250 s
112	50–65 %	25–40 %	100–250 s
113	50–65 %	25–40 %	100–250 s
116	40–55 %	20–35 %	100–250 s

3.2.2. Harzanteil

Die in *Tabelle 3.4.* aufgeführten Harzanteile sind als Bereich für die jeweiligen Prepregtypen anzusehen. In der Praxis werden Nominalwerte mit den entsprechenden Toleranzen gefertigt. Es können beim Harzanteil ohne Probleme ± 3 % eingehalten werden.

Der Harzanteil im Prepreg ist ausschlaggebend für das einwandfreie Ausfüllen der geätzten Innenlagen und die verpreßte Endstärke je Prepregtyp *(Tabelle 3.5.)*. Die angegebenen Dicken sind abhängig vom Harzfluß und reduzieren sich, wenn mehrere Prepregs verpreßt werden.

Tabelle 3.5.: Dicke nach dem Verpressen je Prepreg

Typ	Harzanteil	Verpreßte Dicke in mm
104	60–80 %	0,030–0,060
106	60–80 %	0,035–0,070
108	55–70 %	0,050–0,080
112	50–65 %	0,075–0,105
113	50–65 %	0,075–0,105
116	40–55 %	0,075–0,127

Abb. 3.4.: Vertikalimprägnieranlage für Prepregs

3.2.3. Harzfluß

Beim Verpressen der Multilayer ist ein bestimmter Harzfluß für die homogene, luftfreie Verpressung erforderlich. Zu hoher Harzfluß führt zu Dickenschwankungen in Verbindung mit Harzarmut und Lufteinschlüssen, hauptsächlich im Randbereich der Multilayer. Zu niedriger Harzfluß führt zu Lufteinschlüssen, hauptsächlich im mittleren Bereich der Multilayer. Voraussetzung ist natürlich die erforderliche Harzmenge und die Anzahl der Prepregs, um die Hohlräume in den Innenlagen auszufüllen.

Der eingestellte Harzfluß der Prepregs ist durch den Temperaturanstieg beim Verpressen kontrollierbar und kann durch schnelleres oder langsameres Aufheizen sehr gut geregelt werden.

3.2.4. Gelierzeiten

Es können (wie unter 3.2.1. aufgeführt) Gelierzeiten von 100–250 s in den entsprechenden Toleranzen eingestellt werden. Bis 150 s können Toleranzen von ± 15 s, über 150 s ± 20 s eingehalten werden. Ausschlaggebend für die richtige Wahl der Gelierzeiten sind die Pressen und der Multilayer selbst.

Dampfbeheizte Pressen liegen im Bereich 80–150 s, öl- und elektrisch beheizte Pressen liegen bei 140–250 s. Bei entsprechender Temperatursteuerung können natürlich auch Prepregs mit längeren Gelierzeiten auf dampfbeheizten Pressen eingesetzt oder verpreßt werden.

Der Multilayer selbst, d.h. das Format, die Lagenzahl, die Kupferfolien-Dicke der Innenlagen und die Packungsdichte, verlangt außerdem Prepregs mit längeren Gelierzeiten und dementsprechend höheren Flußwerten.

Beim Verpressen dieser sogenannten high-flow-Prepregs muß mit Kontaktdruck entsprechend der Gelierzeit gearbeitet werden. Größtenteils wird bis auf die o.g. Ausnahmen mit Einstufen-Prepregs gearbeitet. Die Gelierzeiten liegen bei 140–180 s und die Flußwerte je nach Prepreg bei 25–40 %.

3.2.5. Rückstände an flüchtigen Stoffen

Ein oft vernachlässigter Punkt in der Weiterverarbeitung ist die Beachtung der flüchtigen Bestandteile in Prepregs. Ein zu hoher Feuchtigkeitsanteil kann zu großen Problemen beim Verpressen und in den nachfolgenden Prozessen führen. Normalerweise liegen die Werte zwischen 0,2 und 0,5 %, wobei Harzgehalt und Fluß berücksichtigt werden müssen. Steigen die Werte über 0,7 % hinaus, entweder durch falsche Lagerung oder falsche Behandlung, kann es zu Measling und Delaminationen führen.

3.2.6. Lagerung von Prepregs

Epoxid-Prepregs sollten eingeschweißt und in Klimaräumen bei max. 50 % Luftfeuchtigkeit und 18–20 °C gelagert werden. Vor dem Verpressen ist das Prepreg einige Stunden offen zu lagern, um evtl. vorhandene Temperaturschwankungen auszugleichen. Eine längere Lagerung im unverpackten Zustand in nicht klimatisierten Räumen ist zu vermeiden.

4. Vorlagenerstellung

4.1. Werdegang vom Stromlaufplan zum Druckwerkzeug

Die Umsetzung des Stromlaufplanes, der einer elektronischen Baugruppe zugrunde liegt, und die Konstruktion einer Leiterplatte (Entflechtung) führen zu Druckvorlagen in Form von Film- oder Glasdias, die als Werkzeuge zur Fertigung von Leiterplatten benötigt werden. Die technische Ausführung und die geforderte Qualität einer Leiterplatte, der Herstellprozeß und die Einrichtungen bestimmen die Ausführung und Genauigkeit der Fertigungsunterlagen.

4.1.1. Manueller Weg zum Druckwerkzeug

Ein überwiegender Teil der Fertigungsunterlagen für Leiterplatten wird heute noch auf manuellem Wege erstellt. Durch zunehmende Leiterbahndichten, kleinere Leiterbahnbreiten und größere Leiterplattenformate sind jedoch die Grenzen einer manuellen Originalstellung vorgegeben.

Der manuelle Weg führt vom Stromlaufplan über die Entwurfsskizze zum Original, das mit Hilfe von Reprokameras zum Original-Dia umgewandelt wird.

Die geforderte Genauigkeit des Druckwerkzeuges und die Bearbeitungstoleranzen für dessen Erstellung ergeben, daß in einem vergrößerten Maßstab gearbeitet werden muß und bestimmen die Anwendungsgrenzen des manuell erstellten Dias.

Toleranzen einzelner Parameter:
  Rasterfolie   ± 0,10 mm
  manuelles Kleben   ± 0,20 mm
  Reprofotografie   ± 0,01 mm
Toleranz bei Dia in Feinätztechnik
  Positionsgenauigkeit   ± 0,05 mm

In der Praxis hat sich ein Maßstab von 4:1 als meistgebräuchlich erwiesen. Bereits in diesem vergrößerten Maßstab wird die Entwurfsskizze erstellt. Auf dieser Skizze werden Bauteile-Anordnung, Leiterbahnführung, mechanische Bearbeitungen wie Durchbrüche oder Steckerkonturen und Beschriftungen festgelegt.

An das Material für die Entwurfsskizze werden keine besonderen Maßhaltigkeitsforderungen gestellt. Vorteilhaft ist für den nächsten Schritt jedoch die Benutzung von Zeichnungsträgern mit Rastergittern.

Anhand der Entwurfsskizze wird das Original erstellt. Hier kommt es auf möglichst hohe Maßhaltigkeit an, um die gewünschte Dia-Genauigkeit zu erzielen. In der Praxis hat sich eine Polyesterfolie, vorzugsweise 0,20 mm stark, einseitig mattiert und mit einem Rasteraufdruck versehen, bewährt. Auf dieser kann auf verschiedene Weise das Leiterbild aufgebracht werden und zwar durch:

- Zeichnen
- Schneiden (= Strippen)
- Kleben und Anreihen

Zeichnen

Die Originalerstellung durch Zeichnen mit geeigneter Tusche ist sehr zeitaufwendig und Korrekturen sind schwierig durchzuführen, so daß diese Methode heute kaum noch Anwendung findet.

Schneiden

Die Schneide- oder Stripptechnik setzt einen Sandwichpolyesterträger voraus. Die farblose Polyesterfolie ist mit einer roten Acetatfolie beschichtet. Durch Einschneiden und Abziehen der Acetatfolie erhält man das gewünschte Original. Für die Leiterplatte kommt diese Technik selten zur Anwendung.

4.1.1.1. Kleben und Anreiben

a) Klebetechnik schwarz/weiß

Am weitesten hat sich die Erstellung von Originalen durch Kleben und (oder) Anreiben von schwarzen Folien- oder Krepp-Symbolen auf rasterbedruckte Polyesterfolien, etwa 0,20 mm dick, verbreitet. Diese selbstklebenden Zuschnitte werden in vielen Leiterbahnbreiten, Lötaugenabmessungen und anderen Symbolen angeboten. Änderungen oder Korrekturen lassen sich durch Ablösen oder Neuaufbringen der Klebesymbole leicht durchführen.

Bei der Herstellung von system- oder firmenspezifischen Originalen mit immer wiederkehrenden Leiterbahnstrukturen (z.B. Stromversorgung) oder Bauteilen (z.B. Anschlußstecker) bietet es sich an, die Polyester-Trägerfolie für diese Originale beim Hersteller bereits mit dem entsprechenden Druck versehen zu lassen. In diese „Vordrucke" können auch verarbeitungs- und fertigungsspezifische Details eingearbeitet werden, wie z.B. Paßmarken, Meßstrecken, Firmenzeichen.

Besondere Sorgfalt setzt die Originalerstellung für zweilagige (durchkontaktierte) Leiterplatten voraus. Von besonderer Bedeutung ist die Deckungsgleichheit der Lötaugen beider Seiten, da je Leiterplattenseite ein separates Original zu erstellen ist. Die nötige Deckungsgleichheit der Lötaugen kann auf folgende Weise erreicht werden:

1) Mit Hilfe der Entwurfsskizze wird ein Original erstellt, das ausschließlich sämtliche Lötaugen enthält.
2) Hiervon werden dann zwei maßhaltige Kopien 1:1 gezogen, wovon die eine mit den Leiterbahnen der Bauteilseite und die andere mit den Leiterbahnen der Lötseite durch „Kleben" mit den entsprechenden Symbolen versehen wird.

b) *Klebetechnik rot-blau*

Eine Variante der Klebetechnik ist die rot-blau Technik. Mit dieser werden die bereits genannten Probleme zweiseitiger Originale vermieden und außerdem muß nur ein gemeinsames Original für beide Seiten erstellt werden. Es soll jedoch nicht verschwiegen werden, daß die Vorteile der Originalerstellung mit Schwierigkeiten bei der Reprofotografie erkauft wird. Das Verfahren:

- Alle Teile einer Leiterplatte, die auf *beiden Seiten deckungsgleich* vorhanden sind, z.B. Lötaugen von Durchkontaktierungen, werden mit *schwarzen* Klebesymbolen erstellt.
- Alle Leiterbahnen, ggf. Beschriftungen u.a. der *Lötseite* werden mit einer *blauen*, transparenten Klebefolie ausgeführt.
- Alle Leiterbahnen, ggf. Beschriftungen u.a. der *Bauteilseite* werden mit einer *roten*, transparenten Klebefolie hergestellt.

Die Farbe des Rasterdruckes der Polyester-Trägerfolie muß dem sich anschließenden fotografischen Prozeß angepaßt sein. Die mittels der Klebetechnik schwarz-weiß oder rot-blau erhaltenen Originale werden mit Hilfe der Reprofotografie in Dias umgesetzt und man erhält damit die Druckwerkzeuge.

Auf hierfür verwendete Filme oder Glasplatten und deren Verarbeitung wird in Abschnitt 4.2.3. näher eingegangen, da dies auch für die Kopier- und Plotterarbeiten zutrifft.

Besonderheiten für die Klebetechnik rot-blau:

Vorteilhaft ist der Aufbau der Reprokamera als Zweiraumkamera, da hierdurch die Handhabung des Filmmaterials erleichtert wird und bei Einstellungen über die Mattscheibe keine Blendungen durch die Beleuchtung auftreten. Eine Durchlicht-Vorlagenbeleuchtung mit möglichst gleichmäßiger, rein weißer Ausleuchtung ist erforderlich.

Die fotografische Trennung der ,,roten" von der ,,blauen" Lage erfolgt durch folgende Arbeitsweise:

Als lichtempfindliches Material kommen panchromatische Filme zur Anwendung. Für die Handhabung dieser Filme ist eine völlig abgedunkelte Dunkelkammer Voraussetzung. Zur Belichtung der ,,roten" Leiterbahnebene wird ein Blaufilter (z.B. Agfa Filter Nr. U 449 c) eingelegt. Analog erhält man das Negativ der ,,blauen" Leiterebene einschließlich der schwarzen Teile durch Ausfilterung mit einem roten Filter (z.B. Agfa Nr. L 622 c).

4.1.2. Verarbeitung manuell erstellter Layouts mittels DV-Einsatzes

Die Entwicklung immer höher integrierter Bauteile und die damit verbundene höhere Leiterbahndichte (engere Leiterbahnabstände und schmalere Leiterbahnbreiten) hat zur Folge, daß die nötigen engen Toleranzen in den Druckwerkzeugen mit den manuellen Methoden nicht mehr erreicht werden *(Tab. 4.1.)*.

Tabelle 4.1.: Erstellung der Druckoriginale

Leiterbahnbreite/ Abstand		Reprofotografie	Fotoplotter
> 0,50	einseitig	+	+
	durchkontaktiert	+	+
≥ 0,30	einseitig	bedingt	+
	durchkontaktiert	bedingt	+
	Multilayer	−	+
< 0,30	durchkontaktiert	−	+
	Multilayer	−	+

Der erkennbare Trend zu Leiterplatten größeren Formats setzt der manuellen Originalerstellung ebenfalls Grenzen. Auch der steigende Einsatz von Bestückungsautomaten fordert Leiterplatten mit enger tolerierten Positionen für die Bauteilaufnahme-Löcher. Das bedeutet: Höhere Genauigkeit für Druckwerkzeug (Film) ist erforderlich.

Viel genauere Druckwerkzeuge (Filme, Glasplatten) lassen sich mit Hilfe numerisch gesteuerter Lichtzeichenmaschinen (= Fotoplotter) erstellen *(Abschnitt 4.2.1.)*.

Die Zeichen-Informationen bekommt der Plotter in Form eines Plotterprogramms, das in einfachster Form durch „Digitalisierung" eines manuell erstellten Layouts erhältlich ist.

4.1.2.1. Layout-Erstellung

Grundlage eines Layouts ist, wie bei der manuellen Originalerstellung, die Entwurfsskizze. Die Ausführung des Layouts hängt von mehreren Faktoren ab, z.B. vom Digitalisiersystem, der Leiterbahndichte (Leiterbahnabstand oder -breite 0,30/0,30 – 0,15/0,15 mm).

Als Material wird vorzugsweise eine etwa 0,10 mm dicke mattierte Polyesterfolie verwendet. Wie bei der manuellen Originalerstellung hat sich auch hier für Standard-Leiterplatten (Leiterbahnbreiten oder -abstände 0,30 mm) eine Vergrößerung von 4:1 bewährt. Auf dieser Folie, nach Bedarf mit einem Arbeitsraster bedruckt, werden die Lötaugen einzeln oder in Gruppen (z.B. IC's, Stecker u.a.) aufgerieben, wobei die unterschiedlichen Lötaugenabmessungen, zum besseren Erkennen beim späteren Digitalisieren, durch entsprechende Ausführung sich deutlich unterscheiden sollen.

Die Leiterbahnführungen können mit schnelltrocknenden Filzschreibern gezeichnet werden, je Leiterbahnebene eine Farbe, z.B. Lötseite rot und Bauteilseite blau. Unterschiedliche Leiterbahnbreiten können durch geeignete Zeichnung deutlich gekennzeichnet werden.

Entscheidenden Einfluß auf die Durchführung einer Layout-Digitalisierung und auf das erzielbare Ergebnis hat das hierfür benutzte Digitalisierungssystem.

4.1.2.2. Digitalisierung

Die ersten verwendeten Digitalisierungs-Einrichtungen bestanden aus einem Koordinaten-Lesegerät mit digitaler Datenausgabe und angeschlossenem Lochkarten- oder Lochstreifen-Stanzer. Mit Hilfe dieser Einrichtungen wurden die Layouts in digitale Steuerinformationen umgewandelt, mit denen Fotoplotter oder NC-Bohrmaschine betrieben wurden. Daraus entwickelten sich die komfortablen Rechner-gekoppelten Digitalisier-Systeme, die heute verwendet werden.

Das Beispiel einer Systemkonfiguration zeigt *Abb. 4.1*.

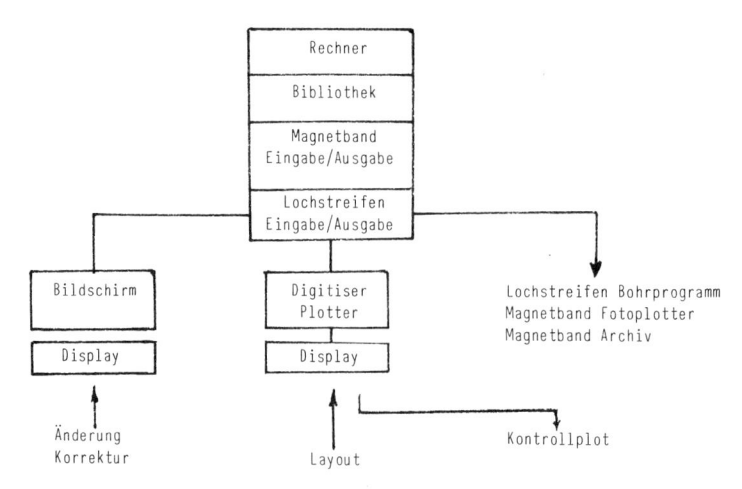

Abb. 4.1.: System-Konfiguration

Mit diesem hat sich folgender Arbeitsablauf bewährt:
Das nach 4.1.2.1. erstellte Layout wird auf dem Digitiser ausgerichtet und mit Klebestreifen befestigt. Darüber wird eine transparente, einseitig mattierte Polyesterfolie für den späteren Kontroll-plot gespannt und befestigt. Die Digitalisierung wird schrittweise durchgeführt *(Abb. 4.2.)*.

```
                    LAYOUT
                       ↓
            Festlegung des Rasters
                       ↓
           Festlegung des Ø Punktes
                       ↓
       Kompensation evtl. Layout-Verzuges
                       ↓
   Abruf und Positionierung der Symbole und Bauteile
                aus der DV-Bibliothek
                       ↓
        digitalisieren der übrigen Lötaugen
                       ↓
    digitalisieren der Verbindungen Bauteilseite
                       ↓
      digitalisieren der Verbindungen Lötseite
                       ↓
              Eingabe Text/Beschriftung
```

Abb. 4.2.: Schrittweise Digitalisierung

Damit ist der eigentliche Digitalisiervorgang abgeschlossen. Eine große Arbeitserleichterung und Zeitersparnis ergibt sich aus der Benutzung der anwenderspezifischen Symbol- und Bauteilbibliothek. Die hierfür gespeicherten Bauteilbeschreibungen enthalten nicht nur die geometrischen Daten eines Bauteils, z.B. eines IC's, wie Abmessung und Abstände der Lötaugen, sondern auch die spezifischen Angaben wie Bohrdurchmesser, Beschriftung (Bauteilanschlüsse) und Positionsdruck. Bei der späteren Generierung von Steuerprogrammen werden diese unterschiedlichen Daten entsprechend zugeordnet und sortiert.

Nach Beendigung der Digitalisierarbeit werden zu Kontrollzwecken die erfaßten, im Rechner abgespeicherten Daten auf einem Zeichenplotter ausgezeichnet. Bei der hier beschriebenen Anlage erfüllt der Digitiser zusätzlich die Aufgabe eines Zeichenplotters mit dem großen Vorteil, daß besonders bei großformatigen Layouts schrittweise digitalisiert und geplottet werden kann.

Das abschnittsweise Digitalisieren und Auszeichnen (Plottern) führt durch bessere Übersichtlichkeit zu einer geringeren Fehlerquote bei diesem Arbeitsgang. Die bei der Prüfung des Kontroll-plots gegen den Stromlaufplan ggf. entdeckten Fehler können sehr einfach und schnell auf dem als zweites Terminal arbeitenden grafischen Bildschirm korrigiert werden (z.B. Entfernen oder Hinzufügen von Leiterbahnen, Änderung von Lötaugenabmessungen und Bohrdurchmessern).

Nach Abschluß dieser Arbeiten werden mit Hilfe von DV-Programmen (Sortierprogramme) die gewünschten Steuerprogramme erstellt und auf geeigneten Programmträgern ausgegeben, wobei es auch möglich ist, z.B. den Fotoplotter zur Filmherstellung direkt d.h. on-line zu steuern:

    Programm für Fotoplotter auf Magnetband: Film Lötseite
                                                           Film Bauteilseite
                                                           Film Lötstopabdeckung
                                                           Film Positions- oder
                                                                      Servicedruck
    Programm für NC-Bohrmaschine auf Lochstreifen

Zur Ausgabe der erwähnten Steuerprogramme werden die ursprünglich im Maßstab 4:1 erfaßten Daten des Layouts durch Eingabe des Umbrechungsfaktors auf den Maßstab 1:1 umgerechnet. Es ist jedoch jeder andere Maßstab, auch getrennt für die x- und y-Koordinate, möglich. Das ist für spezielle Anwendungsfälle besonders wichtig (s. Kapitel Multilayer).

Abschließend soll noch erwähnt werden, daß die in digitaler Form vorliegenden Daten einer Leiterplatte leicht auf Magnetband gespeichert werden können und dadurch eine sichere, schnell zugängliche Archivierung mit geringem Platzbedarf möglich ist. Ein Magnetband von 600 m Länge kann z.B. die Daten von ca. 120 Leiterplatten des Europaformats aufnehmen.

4.1.3. Entflechtungs-Systeme

Die preisgünstigen, gut bedienbaren CAD-Entflechtungssysteme (CAD = Computer Aided Design) und die eingangs erwähnte Forderung nach zusätzlichen Fertigungs- und Prüfprogrammen, verbunden mit dem Zwang, Durchlaufzeiten zu verkürzen, haben zu einem wachsenden Einsatz dieser Systeme geführt.

Im Gegensatz zu einer manuellen Original- oder Layouterstellung, bei der Bauteilplazierung und Leiterbahnwege durch den Entflechter „gesucht" werden und zur Entwurfsskizze führen, werden bei Benutzung eines CAD-Systems der Stromlaufplan (in Form von Bauteil- und Verbindungslisten), Geometrie der Leiterplatte und weitere Angaben wie z.B. Leiterbahnabstände und -breiten, Sperrbereiche u.a. vorgegeben.

Das Beispiel einer mittleren CAD-Anlage zeigt *Abb. 4.3.. Die Abb. 4.4. und 4.5.* veranschaulichen Anlage und Arbeitsablauf.

 Mit Hilfe eines CAD-Entflechtungssystems können folgende Fertigungsunterlagen erstellt werden:
 1) Bohrprogramm mit Bohrwegoptimierung
 2) Plotterprogramme für sämtliche Filmoriginale
 3) Plotterprogramme für Bohrzeichnung
 4) Prüfprogramm für die Leiterplatten-Prüfung mit Hilfe von Verdrahtungsprüfautomaten
 5) Programm für automatische Leiterplatten-Bestückung
 6) Ausgabe der Leiterbahnfläche für galvanische Bearbeitung
 7) Systembedingt: Zeichnung, Stromlaufplan, Stückliste u.a.

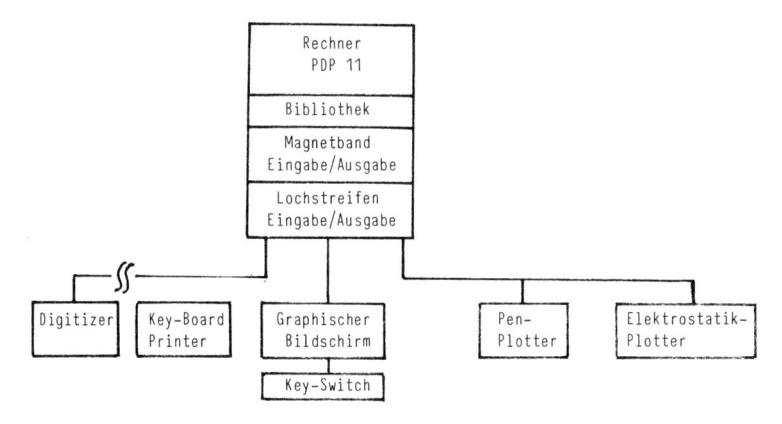

Abb. 4.3.: Beispiel einer mittleren CAD-Anlage

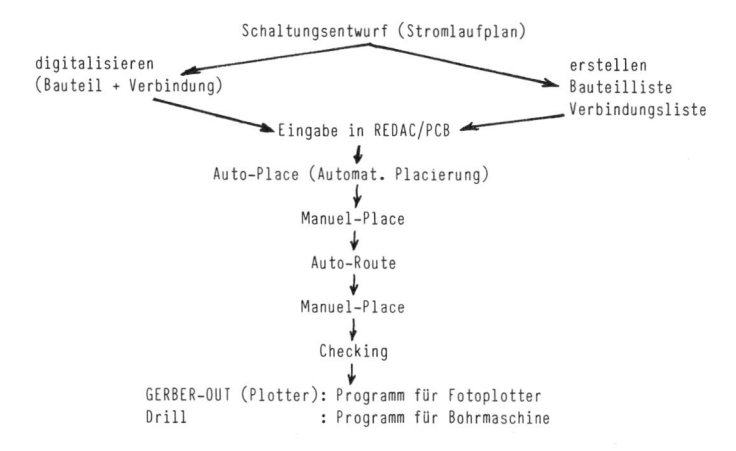

Werdegang vom Stromlaufplan zum Druckwerkzeug 67

```
                    Schaltungsentwurf (Stromlaufplan)
   digitalisieren  ╱                            ╲  erstellen
   (Bauteil + Verbindung)                          Bauteilliste
                    ╲                            ╱  Verbindungsliste
                     → Eingabe in REDAC/PCB ←
                              ↓
                     Auto-Place (Automat. Placierung)
                              ↓
                        Manuel-Place
                              ↓
                         Auto-Route
                              ↓
                        Manuel-Place
                              ↓
                          Checking
                              ↓
   GERBER-OUT (Plotter): Programm für Fotoplotter
   Drill               : Programm für Bohrmaschine
```

Abb. 4.4.: Fließbild REDAC

Abb. 4.5: CAD-Arbeitsplatz „Redax-Maxi" (Foto: Siemens AG, Nürnberg. Anlagenhersteller: Redac-Racal-Elektronik, München)

4.1.4. Vollautomatische Entflechtung

Die computerunterstützte Entflechtung (CAD) bedingt je nach System mehr oder weniger manuelle Nachhilfe in dem Entflechtungsablauf, was in vielen Fällen auch gewünscht wird.

Seitdem die Datenverarbeitung in der Entflechtung angewendet wird, besteht der Wunsch nach einer vollautomatischen, hundertprozentigen Entflechtungsmöglichkeit. Die bisher in der Praxis zu findenden Systeme sind im allgemeinen Spezial-Lösungen für eng begrenzte Anwendungen. Ein für die am häufigsten vorkommenden Schaltungen anwendbares DV-System scheint in absehbarer Zeit nicht realisierbar zu sein.

4.2. Druckvorlage (Reprotechnik)

Neben anderen Fertigungsunterlagen (z.B. Bohr- und Prüfprogramm) ist die Druckvorlage das Werkzeug bei der Leiterpattenfertigung, das am nachhaltigsten Qualität und Ausschuß beeinflußt. Wie in Abschnitt 4.1.2. erwähnt, lassen sich die geforderten Toleranzen von einer bestimmten Leiterplattenausführung an durch manuelle Verfahren nicht mehr erreichen.

4.2.1. Fotoplotter

Abhilfe schafft hier der Einsatz hochpräziser, numerisch gesteuerter Lichtzeichenmaschinen (Fotoplotter). Für unterschiedliche Anwendungsfälle stehen solche Anlagen in verschiedener Ausführung zur Verfügung (z.B. max. Format, Zeichengenauigkeit u.a.). Siehe *Abb. 4.6. und 4.7.*

Abb. 4.6.: Gerber-Plotter, Modell 32 B
(Werkfoto: Gerber Scientific Instruments, München)

Abb. 4.7.: Fotokopf zum Gerber-Plotter

Das durch Reprotechnik erzeugte (geplottete) Film- oder Glas-Dia wird man nur in Ausnahmefällen direkt als Druckwerkzeug für die Leiterplattenherstellung verwenden. Im allgemeinen wird von diesem Original-Dia eine entsprechende Einzel- oder Mehrfachkopie (Nutzen) erzeugt.

4.2.2. Mehrfach-Nutzen

Durch Anordnung mehrerer gleicher Leiterplatten auf einem optimal großen Materialzuschnitt können Leiterplatten wirtschaftlich gefertigt werden. Hierfür benötigt man entsprechende Nutzen-Dias, die mit Hilfe von Schrittkopiergeräten *(Steprepeater)* erstellt werden. Das einzeln vorliegende Dia-Original (Negativ oder Positiv) wird im Kopierrahmen justiert und mit dem Schrittkopiergerät wird ein entsprechend großer Film (oder

Glasplatte) schrittweise belichtet. Die mit der Leiterplattenfertigung abgestimmten Schrittlängen in x- und y-Richtung müssen genau eingehalten werden.

Je nach Forderungen an Genauigkeit und Kapazität können verschiedene Geräte eingesetzt werden. Die manuelle Einstellung und Positionierung der Schritte erfordert einen hohen Zeitaufwand und die erreichbare Genauigkeit ist von der Genauigkeit des Maschinentyps und von der individuellen Genauigkeit der Bedienperson stark abhängig.

Durch automatische, programmgesteuerte Schrittfolge und Schrittlänge wird die Nutzenherstellung rationeller durchgeführt. Abhängig von den angewandten Meßsystemen werden dadurch weitgehend manuelle Bedienungseinflüsse ausgeschaltet und eine hohe Genauigkeit erreicht.

Der gewünschte Nutzenaufbau (Zahl und Länge der Schritte in x- und y-Achse) kann in Form einer Lochkarte oder über Dekadenschalter (Fabrikat Becker) in die numerische Steuerung eingegeben werden *(Abb. 4.8. und 4.9.)*.

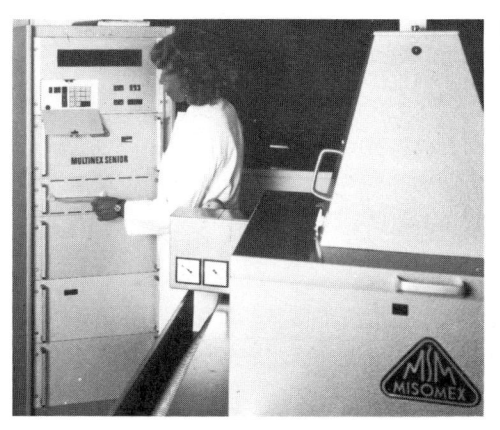

Abb. 4.8.: Schrittkopierautomat (Foto: Siemens AG, Nürnberg. Peter Walch, Lochham b. München)

Abb. 4.9.: Schrittkopiergerät (Werkfoto: Hans G. Becker, Offenbach a.M.-Bieber)

4.2.3. Repromaterial

Für die Herstellung von Filmoriginalen und -Druckwerkzeugen werden von den Firmen Materialien und auf diese abgestimmte Entwicklungsverfahren angeboten. Alle Trägermaterialien sind auf der Basis Polyester aufgebaut.

Als lichtempfindliche Emulsionen kommen Lithemulsionen und Lineemulsionen zur Anwendung. Lithemulsionen bieten durch eine stärkere Emulsionsschicht höhere Abriebfestigkeit und weisen eine bessere Kantenschärfe auf, haben jedoch gegenüber den Lineemulsionen geringere Auflösung und einen engeren Belichtungs- und Entwicklungsspielraum. Die Entscheidung, ob Lith- oder Linefilm verwendet wird, hängt weitgehend von den gewünschten Eigenschaften der Filmdias ab *(Tabelle 4.2.)*.

Tabelle 4.2.

	Lithfilm	Linefilm
Auflösung	–	+
Kontrast	+	–
Kantenschärfe	+	–
Verarbeitungsspielraum	–	+
Verschleißfestigkeit	+	–

+ besser   – schlechter

Die Qualität und Genauigkeit des Produktes Film-Dia wird im wesentlichen von den Parametern

- Lichtmenge
- Entwicklung + Fixierung = Naßprozeß
- Klima

beeinflußt. Die Parameter Lichtmenge und Naßprozeß bestimmen z.B. die fotografische Wiedergabe von Leiterbahnbreiten, während Film- bzw. Abbildungsdimensionen durch das Klima vor und nach der Verarbeitung beeinflußt werden *(Tabelle 4.3.)*.

Tabelle 4.3.

Material	Temperatur-Koeffizient		Feuchte-Koeffizient	
	vor Belichtung	nach Entwicklung	vor Prozeß	nach
PC 7	0.0014	0.0014	0.0014	0.0011
EN 4	0.0014	0.0014	0.0015	0.0012
EN 7	0.0014	0.0014	0.0013	0.0011
Glas	0.0005		0.0001	

Zwischen 35 und 65 % Restfeuchte

Die Lichtmenge kann durch Lichtmengendosiergeräte je Filmbelichtung konstant gehalten werden. Der *Naßprozeß*, Entwickeln und Fixieren des Films, wird vorteilhaft in Durchlauf-Entwicklungsmaschinen mit automatischer Chemikalien-Dosierung durchgeführt.

Das *Raumklima* spielt, wie aus *Tabelle 4.3.* zu ersehen, für die Dimensionsstabilität eine überragende Rolle (s. auch Abschnitt 4.5.).

4.2.4. Kontrollen

Die besprochenen Methoden und Einrichtungen ermöglichen es, Druckwerkzeuge mit den geforderten Genauigkeiten herzustellen. Zum Erhalt einer gleichmäßigen Qualität ist es nötig, die einzelnen Prozesse und Geräte kontinuierlich zu überwachen.

Die Entwicklung von Filmen oder Glasplatten beeinflußt (bei konstanter Lichtmenge) entscheidend Leiterbahnbreiten und optische Dichte. Die Arbeitsbedingungen von Durchlauf-Entwicklungsautomaten können relativ einfach durch Benutzung von Test-Strips und anschließendes Messen der erreichten optischen Dichte mit einem Densimeter (Dichtemesser) geprüft werden. Die Prüfung ist mindestens einmal täglich durchzuführen.

Schrittkopierer und Fotoplotter können routinemäßig dadurch überwacht werden, daß mit Hilfe eines Testprogramms ein Kontrollfilm (besser: Glasplatte) erstellt und ausgemessen wird. Abhängig von der Benutzung sollte diese Kontrolle etwa einmal monatlich durchgeführt werden.

Das Druckwerkzeug „Dia" selbst muß vor seiner Verwendung besonders kritisch kontrolliert werden: Neben der Kontrolle auf Kratzer und Staubeinflüsse müssen optische Dichte und Abbildungsschärfe sowie Leiterbahnbreiten und Maßgenauigkeit geprüft werden. Diese Kontrollen müssen bei *jedem* Film- oder Glas-Dia durchgeführt werden.

4.3. Anforderungen an das Druckwerkzeug

Bereits am Beginn dieses Kapitels wurde gesagt, daß die Ausführung des Druckwerkzeuges die Qualität und die Wirtschaftlichkeit (Ausschuß!) einer Leiterplattenfertigung maßgebend beeinflussen. Folgende Faktoren sind zu beachten:
Die Genauigkeit wird beeinflußt durch das zur Werkzeugerstellung angewandte Verfahren und die verwendeten Geräte.
Das Trägermaterial eines Druckwerkzeugs – Film oder Glasplatte – bestimmt die *Dimensionsstabilität.*
Da Filmmaterialien durch Schwankungen der relativen Luftfeuchte verhältnismäßig große Dimensionsänderungen erfahren, können diese nur bis zu einem bestimmten Grad und unter Einsatz aufwendiger Klimatisierung der Anwendungsräume eingesetzt werden. Bei höheren Forderungen an die Dimensionsstabilität müssen Glasplatten benutzt werden.
Die Verwendung des Druckwerkzeugs für den „Foto-Druck" setzt eine *Haltbarkeit* der Foto (Emulsions)-Schicht für möglichst viele Belichtungen voraus. Bei einer zu dünnen Emulsionsschicht oder deren nicht ausreichender Härtung können sich z.B. durch Abrieb lichtdurchlässige Fehlstellen in den geschwärzten Schichten bilden, Folge davon sind Löcher oder Unterbrechungen in Leiterbahnen der gedruckten Schaltung.
Abhilfe kann durch die Abdeckung der Emulsionsschicht mit einer selbstklebenden, glasklaren Schutzfolie geschaffen werden. Dabei ist zu beachten, daß diese Abdeckung absolut blasen- und spannungsfrei aufgebracht werden muß. Dieses Verfahren ist für Glasplatten besser geeignet als für Filme, da bei diesen die Gefahr der Dimensionsänderung besteht. Auf jeden Fall muß bei Anwendung einer Schutzfolie eine Kompensation der Leiterbahnbreiten durchgeführt werden, da durch den zusätzlichen Abstand Unterstrahlung und dadurch eine Veränderung der Leiterbahnbreite eintritt.

4.4. Raumbedingungen

Wie bereits mehrfach erwähnt, werden an das Druckwerkzeug Film oder Glasplatte bei der Leiterplattenfertigung steigende Genauigkeitsforderungen gestellt. Diese Forderungen können jedoch nur erfüllt werden, wenn die notwendigen Raumbedingungen für die eingesetzten Geräte vorhanden sind.
Grundsätzlich ist für die Aufstellung von Reprokamera, Steprepeater und Fotoplotter ein weitgehend vibrations- und schwingungsfreier Aufstellungsort Bedingung, um verwacklungsfreie Dias erzeugen zu können. Bei Verwendung von *Filmen* als Druckwerkzeug – auch bei deren späterer Verwendung in der Leiterplattenfertigung – muß je nach Genauigkeitsforderung ein Konstantklima in den Räumen aufrechterhalten werden. Das

gilt dann für alle Räume, in denen Filme gelagert (Archiv), verarbeitet oder benutzt werden. *Siehe auch Tabelle 4.3. in Abschnitt 4.2.3. dieses Buches.*

Hohe Ansprüche erfüllt ein Konstantklima mit:

$$21\,°C \pm 1\,°C$$
$$50\,\% \pm 3\,\% \text{ Raumfeuchte}$$

In der Praxis hat es sich als vorteilhaft erwiesen, die Luftführung in den klimatisierten Räumen möglichst laminar von der Decke (Zuluft) zum Boden (Abluft – Doppelboden) anzulegen. Vorteile davon sind:

- Auch hohe Luftwechsel bis zu 20fach je Stunde werden als zugfrei und damit als nicht störend empfunden
- es kann dadurch eine sehr wirksame *Entstaubung* der Räume erreicht werden.

Der in den Räumen vorhandene Staub wird sich mit zunehmender Feinheit der Leiterplattenstrukturen und Leiterbahndichte durch erhöhten Retuschieraufwand bemerkbar machen. Das kann soweit führen, daß bestimmte Technologien nicht mehr mit vertretbarem Aufwand durchgeführt werden können. In diesen Fällen kann durch sinnvollen Einsatz staubarmer Räume (Reinräume oder Reinsträume) die notwendige Raumbedingung geschaffen werden.

4.5. Entscheidungskriterien

Der Einsatz der aufgeführten Möglichkeiten zur Herstellung von Druckwerkzeugen hängt weitgehend von der zu fertigenden Leiterplatte ab.

Der Trend zu großformatigen Leiterplatten mit hoher Leiterbahndichte und zu Mehrlagenschaltungen (Multilayer), aber auch der Zwang, die Zeiten für die Umsetzung Stromlaufplan-Leiterplatte zu verkürzen, beschleunigt den steigenden Einsatz computerunterstützter Entflechtungssysteme. Dieser Trend wird noch dadurch unterstützt, daß moderne Leiterplattenfertigungen mehr als nur ein Dia und ein Bohrprogramm benötigen, um wirtschaftlich, sicher und zukunftsorientiert fertigen zu können.

5. Mechanische Bearbeitung von Basismaterial

Elektrische und chemische Eigenschaften bestimmen das Basismaterial für den Anwendungsfall. Mechanische Eigenschaften spielen oft eine untergeordnete Rolle, sie sind jedoch von Bedeutung für die wirtschaftliche und qualitativ einwandfreie Verarbeitung der Basismaterialien. In der Leiterplattenfertigung sind folgende mechanische Bearbeitungsverfahren im Einsatz:
- Schneiden und Sägen
- Bohren
- Fräsen
- Stanzen

Die richtige Auswahl der Bearbeitungstechnik bietet die Gewähr für eine kostengünstige und qualitativ hochwertige Leiterplatte.

5.1. Schneiden und Sägen

Ausgehend von einem gelieferten Großformat muß der Verarbeiter von Basismaterial dieses Format in eine fertigungsgerechte Arbeitsgröße umarbeiten. Aus rationellen Gründen sollte die Zahl der in einer Leiterplattenfertigung verarbeiteten Zuschnittgrößen so klein wie möglich sein. Kann durch optimale Ausnutzung der Leiterplattenflächen in einem entsprechenden Nutzen mit 1 bis 2 Einheitsdrucktafelgrößen gearbeitet werden, so ist dies die wirtschaftlichste Fertigungsart. Das ist jedoch nur in seltenen Fällen zu erreichen.

Schneiden mit der Schlagschere
Die auf dem Markt befindlichen Materialqualitäten lassen sich alle bis zu einer Materialstärke von 2 mm einwandfrei auf einer Schlagschere verarbeiten. Bei verschiedenen Hartpapiertypen muß vor dem Schneiden angewärmt werden, um saubere Schnittkanten zu erhalten.
Die Schlagscheren sind mit einem Federkraftniederhalter ausgerüstet. Dieser drückt die Tafel unmittelbar an der Messerkante gegen den Scherentisch. Bei nicht ausreichendem Niederhaltedruck (ca. 30 bis 50 % der Schneidkraft) ergibt sich ein „Säbelverzug", der zu Maßabweichungen und unsauberen Schnittkanten führt. Unter- und Obermesser stehen in einem Winkel von 1 bis 1,5° zueinander. Das Obermesser soll einen rechtwinkligen Querschnitt ergeben, während das Untermesser einen Freiwinkel bis 7° aufweisen kann. Zum Erreichen einwandfreier Schnittkanten ist ein Schnittspiel zwischen den Messern von 0,02 mm am günstigsten. Die Zuschnittgenauigkeit liegt etwa bei 0,2 bis 0,4 mm. Durch Verwendung von Schlagscheren mit präzisionsfotoelektrischen Abtastkontrollen werden Genauigkeiten von ± 0,05 mm erreicht. Im Verbund mit automatischen Vorschubeinrichtungen sind hohe Schnittgeschwindigkeiten mit gleichbleibenden Genauigkeiten möglich.

Abb. 5.1.: Schlagschere mit photoelektrischer Abtast- und automat. Servokontrolle
(Werkfoto: Fa. Lea-Ronal, Pforzheim)

Mit einer Schlagschere lassen sich in einer Stunde ca. 300 bis 500 kg Basismaterial verarbeiten. Der Durchsatz ist jedoch, bedingt durch eine Vielzahl von kleinen Zuschnittgrößen, in der Praxis niedriger.

Schneiden mit der Rollenschere

Werden größere Mengen Basismaterial mit gleichen Abmessungen benötigt, so ist eine Rollenschere wirtschaftlich. Zwei gegenläufig angetriebene Rollen (Durchmesser ca. 200 mm bei Materialstärken bis 2 mm) mit rechteckigem Querschnitt übernehmen den Schneidvorgang. Der Rollenabstand beträgt etwa 1/3 der zu verarbeitenden Materialstärke. Der Schichtpreßstoff wird beim Schneidvorgang an jeder Rolle zu einem Drittel „angeschnitten".

Der eigentliche Trennvorgang erfolgt durch „Brechen" des Materials in der Mitte. Die Standzeit der Messer aus chromlegiertem Stahl liegt beim Schneiden von Hartpapieren bei ca. 1000 h, während bei Hartgeweben mit ca. 300 h bis zum Nachschleifen der Messer gerechnet werden muß. Bei günstigem Fertigungsablauf kann mit einer Schneidleistung von 700 bis 1000 kg/h gerechnet werden.

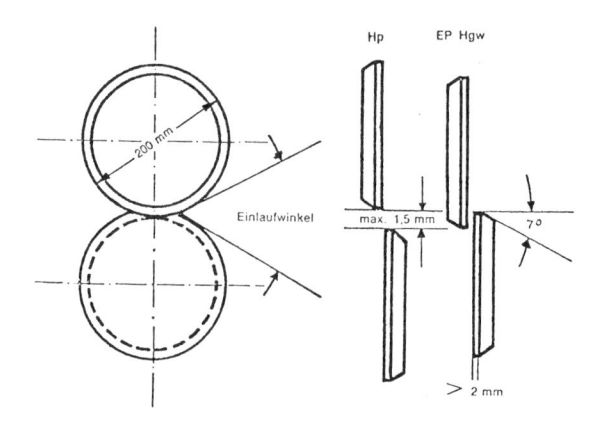

Abb. 5.2.: Messeranordnung einer Rollenschere

Sägen von Basismaterial

Das Sägen von Zuschnitten aus Großformaten hat sich speziell beim Hersteller von Basismaterial als wirtschaftlich erwiesen *(Abb. 5.3.)*. Hartpapiere werden mit Sägeblättern aus Schnellschnittstahl oder mit hartmetallbestückten Sägeblättern bearbeitet. Die besten Ergebnisse werden mit Sägeblättern von 300 bis 500 mm Durchmesser und einer Schnittgeschwindigkeit von 2000 bis 3000 U/min bei SS- oder HSS-Materialien erreicht. Bei hartmetallbestückten Sägeblättern liegt die günstigste Schnittgeschwindigkeit zwischen 2500 bis 6000 U/min.

Für Hartgewebe eignen sich aufgrund des hohen Glasanteiles Sägeblätter wegen ihrer Abnutzung nicht. Hier empfiehlt es sich, Trennscheiben zu verwenden. Bewährt haben sich gezahnte und ungezahnte Diamanttrennscheiben. Durch Variation der Körnung und des Vorschubes lassen sich, abgestimmt auf die zu bearbeitende Materialtype, optimale Ergebnisse erzielen.

Abb. 5.3.: Sägemaschine für Basismaterial (Werkfoto: Smid, Mühlhausen/ Frankreich)

5.2. Bohren von Leiterplatten

Bei der Leiterplatten-Herstellung hat das Bohren seinen festen Platz. Gestiegene Qualitätsanforderungen bei hohen Packungsdichten der Bauelemente, Lochdurchmesser < 50 % der Materialstärke und der vermehrte Einsatz von Epoxid-Glashartgewebe machen den Einsatz von Bohrmaschinen zwingend notwendig. Die Vorteile des Bohrens sind:
- erhöhte Fertigungsflexibilität durch schnelle Programmerstellung oder Änderung im Gegensatz zu typengebundenen Stanzwerkzeugen
- optimaler Einsatz von CAD-Systemen
- geringe Programmkosten und Lagerung
- gute und gleichbleibende Lochqualität
- einwandfreie Durchkontaktierbarkeit bei Hartgeweben

5.2.1. Bohrmaschinen

Für das Bohren von Leiterplatten entwickelte Bohrmaschinen haben einen hohen technischen Stand erreicht. Welcher Maschinentyp für eine Fertigung geeignet ist, kann nur im Anwendungsfall entschieden werden. Die Hersteller bieten daher mehrere Maschinenvarianten an. Folgende Systeme befinden sich auf dem Markt:
- Bohren von Hand nach Schablone oder optischer Sichtkontrolle
- NC-gesteuerte 1-Spindel- oder Mehrspindelbohrmaschinen
- CNC-gesteuerte Mehrspindel-Bohrmaschinen mit oder ohne Fräseinrichtung

Dem Bohren von Hand kommt nur noch eine geringe Bedeutung zu. Aufgrund der begrenzten Positionier- und Wiederholgenauigkeit befinden sich derartige Anlagen nur in der Kleinstserienfertigung im Einsatz. Sie bieten durch den von unten nach oben arbeitenden Bohrer den Vorteil einer guten Spanabführung. Die Bohrvorlage (Dia oder Schablone) befindet sich hierbei auf dem Leiterplattenzuschnitt.

Numerisch gesteuerte Einspindel-Bohrmaschinen sind eine Weiterentwicklung der vorgenannten Anlagen. Mit ihnen ist eine konstante Wiederholgenauigkeit zu erreichen. Sie weisen jedoch nur eine geringe Produktionsrate auf und werden für das Bohren einzelner Leiterplatten eingesetzt. Für eine wirtschaftliche Fertigung mit hohen Produktionsraten werden CNC-gesteuerte Mehrspindel-Bohrmaschinen eingesetzt. Die Verwendung von CNC-Bohr/Fräsmaschinen mit 3 bis 5 Stationen hat sich durchgesetzt. Maschinen mit mehr als 5 Stationen erfordern übergroße und schwere Arbeitstische. Das führt zu erheblichen Toleranzproblemen. Die Produktionsrate wird durch erhöhte Be- und Entladezeiten, höhere Wartungszeiten und größere Reparaturanfälligkeit herabgesetzt.

Bohrmaschinen der neueren Generation weisen eine Durchschnittshubzahl von > 150/min auf. Die Bearbeitung der Leiterplatten erfolgt im Paket in Formaten von ca. 300 x 600 mm pro Station. Maschinenstillstandszeiten für Bohrer- und Leiterplattenwechsel sollten auf ein Minimum reduziert sein. Die schnelle und einfache Zugänglichkeit im Reparaturfall zu allen Maschinenteilen muß gewährleistet sein.

Abb. 5.4.: CNC-gesteuerte 3-Spindel-Bohrmaschine (Werkfoto: El-Me-Te, Bensberg)

Allgemeine Maschinenbeschreibung

Eine Bohrmaschine besteht im wesentlichen aus 2 Hauptbestandteilen:
- dem Maschinenteil, der die mechanichen Funktionen übernimmt und
- der NC-(numeric control) oder CNC-(computer-numerical control) Steuerung, welche die mechanischen Funktionen steuert

Das Zusammenwirken beider Maschinenteile erfolgt mit hoher Geschwindigkeit und großer Zuverlässigkeit. Die Positioniergeschwindigkeit in X, Y und Z-Achse steht im direkten Verhältnis zur Produktionsleistung der Bohrmaschine. Der Maschinenteil beinhaltet die Lagerung und den Antrieb des Arbeitstisches, sowie die Bohrspindeln mit Antrieb und Halterung. Die Positionierung des Arbeitstisches kann gleichzeitig in X- und Y-Richtung vorgenommen werden, wobei die Bohrspindeln fest an einer Traverse montiert sind und nur eine Z-Achsenbewegung durchführen. Diese Form der Positionierung wird überwiegend verwendet. Eine andere Möglichkeit ist die Positionierung durch getrennte Achsenbewegungssysteme (Split Axis Design). Bei diesen Maschinentypen sind die an einem Schlitten montierten Spindeln einseitig an einem Querbalken befestigt und werden mit der entsprechenden Geschwindigkeit in Bohrposition gefahren.

Um den Anforderungen Lagegenauigkeit der Löcher zu entsprechen, müssen folgende Maschinentoleranzen eingehalten werden:

– Rechtwinkeligkeit der Achsen	0,005 mm auf 300 mm
– Rechtwinkeligkeit der Z-Achsenbewegung zur Arbeitstischoberfläche	0,005 mm auf 25 mm
– Absolute Positioniergenauigkeit des Arbeitstisches	± 0,005 mm
– Wiederholgenauigkeit	± 0,0025 mm

Die Auslegung der Bohrspindeln erfolgt jeweils abgestimmt auf den Maschinentyp. Es handelt sich in der Regel um wassergekühlte Hochfrequenzspindeln. Zum Abbau von Rüstzeiten können die Spindeln für den Einsatz automatischer Bohrerwechseleinrichtungen ausgerüstet werden *(Abb. 5.4. und 5.5.)*.

Abb. 5.5.: CNC-gesteuerte 4-Spindel-Bohrmaschine (Werkfoto: Fa. Cooper, Westhausen)

5.2.2. Bohrer

Die Auswahl des Bohrers ist für ein gutes Bohrergebnis entscheidend. Durch den überwiegenden Anteil von Hartgeweben hat sich der Einsatz von Vollhartmetallbohrern durchgesetzt. Bohrer aus HSS-Material (Hochleistungsschnellstahl) werden bei Hartpapieren kaum mehr verwendet. Vollhartmetallbohrer bestehen überwiegend aus Wolfram- und Kobaltkarbiden. Sie werden in zwei Hauptgruppen unterteilt:

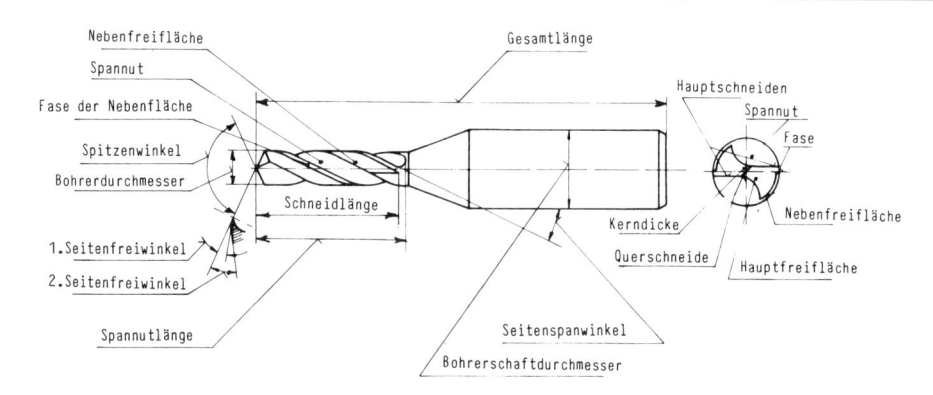

Abb. 5.6.: Bezeichnungen am Spiralbohrer (Werkfoto: Fa. Hawera Probst GmbH & Co.)

- Bohrer mit gleichem Nenn- und Schaftdurchmesser
- Bohrer mit verstärktem Zylinderschaft

Die Bezeichnungen eines Spiralbohrers sind in *Abb. 5.6.* dargelegt.

Für das Bohren von Leiterplatten kann folgende Schneidengeometrie der Bohrer empfohlen werden:

Hartpapiere
Seitenspanwinkel	25– 35°
Spitzenwinkel	90–115°
1. Seitenfreiwinkel	15°
2. Seitenfreiwinkel	30°

Epoxid-Glashartgewebe
Seitenspanwinkel	25– 35°
Spitzenwinkel	118–130°
1. Seitenfreiwinkel	15°
2. Seitenfreiwinkel	30°

Vollhartmetallbohrer müssen höchste Präzision im Außendurchmesser, genaue Spitzenmittigkeit und höchste Schliffgüte im Außendurchmesser an der Führungsfase, in der Spannut und am Spitzenwinkel aufweisen. Ein Nachschleifen der Bohrer ist nur auf Spezialanschleifmaschinen möglich.

5.2.3. Programme für das Bohren

Jede Bohrmaschine arbeitet nur so genau, wie es die Eingabedaten zulassen. Aus diesem Grund ist das Erstellen der Bohrprogramme mit besonderer Sorgfalt durchzuführen. Stehen dem Leiterplattenhersteller CAD-Systeme (Computer-Aided-Design) zur Verfügung, so wird in der Regel beim Erstellen des Layouts bereits das Bohrprogramm mitgeliefert. Hierbei ist die Deckungsgleichheit zwischen Leiterbild und Lage des Bohrloches gewährleistet.

In den meisten Fällen ist jedoch das Erstellen des Lochstreifens zum Bohren manuell durchzuführen. Es stehen Anlagen zur Verfügung, die ein optisches Abfahren der Vorlage (Dia oder Glasvorlage) mit hoher Genauigkeit ermöglichen. Die X-, Y-Koordinaten werden über eine Lochstreifenstanzeinrichtung auf das Lochband übertragen *(Abb. 5.7.)*

Vor Aufnahme der Produktion ist es sinnvoll, eine Musterplatte zu bohren, um evtl. kurzfristig Korrekturen vornehmen zu können.

Abb. 5.7.: Anlage zum Erstellen von Lochstreifen für Bohrmaschinen
(Werkfoto: Fa. Cooper, Westhausen)

5.2.4. Arbeitsrichtlinien für das Bohren

Für das Bohren von Leiterplatten können nur Richtwerte genannt werden. Folgende Faktoren bestimmen die optimalen Maschinendaten:
- welches Basismaterial wird gebohrt
- wie viele Leiterplatten werden auf einmal gebohrt
- welche Bohrmaschine steht zur Verfügung
- welcher Loch-ø wird mit welchen Anforderungen gebohrt

Abb. 5.8. zeigt als Diagramm die Schnittgeschwindigkeit, abhängig von Drehzahl und Bohrerdurchmesser. Daneben sind allgemeine Richtwerte angegeben.

Beim „High-Feed-Bohren" wird der für das übliche Bohren geltende maximale Vorschubwert von 0,06 bis auf 0,2 mm/U erhöht (in Abhängigkeit vom Loch-Durchmesser). Die erhöhten Vorschubwerte führen zu einer deutlichen Erhöhung der Bohrkapazität. Die Verhältnisse Vorschub, Spindel UPM und Bohrerdurchmesser müssen genau abgestimmt sein. *Tabelle 5.1.* zeigt Erfahrungswerte, die zu guten Durchkontaktierungsergebnissen führen (FR 4; 1,5 mm Dicke, 2 x 35 µm Kupfer).

Tabelle 5.1.: Erfahrungswerte

Bohrer ø	Vorschub/ Umdrehung	Spindel UPM	Vorschub/ Z-Achse
0,4 mm	0,06 mm	70 000	4,0 m/min
0,7 mm	0,12 mm	53 000	6,3 m/min
1,0 mm	0,16 mm	48 000	7,5 m/min
1,3 mm	0,17 mm	40 000	7,0 m/min
1,7 mm	0,20 mm	32 000	6,3 m/min

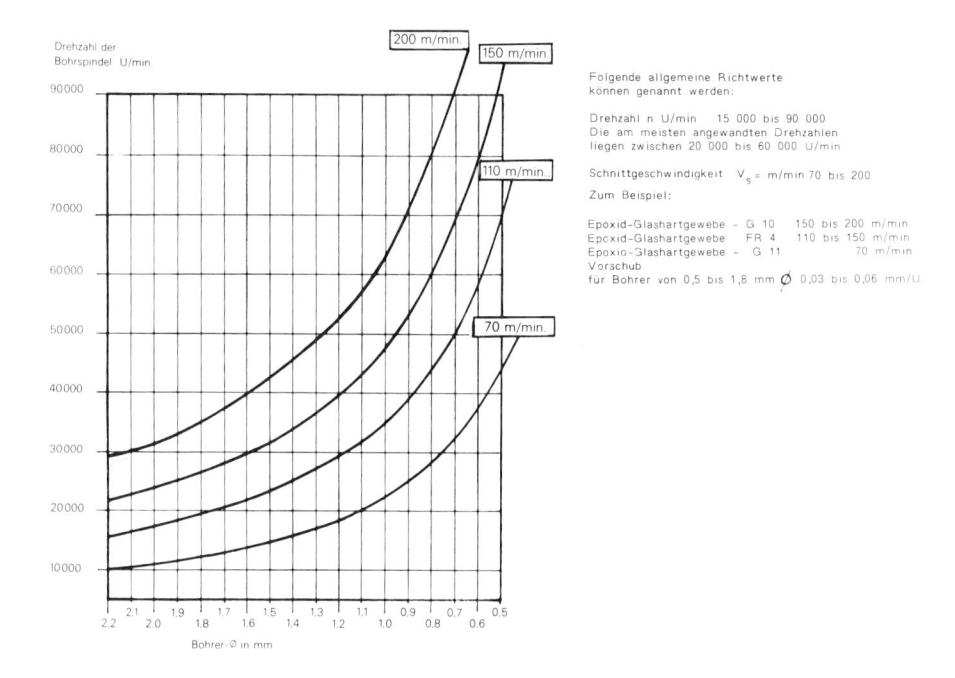

Abb. 5.8.: Schnittgeschwindigkeit in Abhängigkeit von der Drehzahl und dem Bohrdurchmesser (Werkfoto: Fa. Hawera Probst GmbH & Co.)

Durch das Erhöhen des Anpreßdruckes beim Bohren auf etwa 25–30 kp und das Verwenden von Abdeckmaterial wurde die Gratbildung und der Bohrerverlauf stark abgebaut. Als Abdeckmaterial empfiehlt es sich Aluminium, aluminiumkaschiertes Hartpapier oder Phenolharzhartpapier einzusetzen.

Verhältnis Bohrerdurchmesser zu Bohrtiefe
Der wirtschaftliche Einsatz von Bohrmaschinen erfordert das Bohren von Leiterplattenpaketen. Die Anzahl der Leiterplatten pro Paket wird bestimmt durch den kleinsten noch zu bohrenden Lochdurchmesser und die geforderte Bohrlochgenauigkeit. Um Bohrerbruch und schlechte Lochwandqualität durch zu geringe Spanabfuhr zu vermeiden, soll die Bohrtiefe maximal den achtfachen Bohrer-Nenndurchmesser nicht überschreiten.

Beispiel:
Bohrer-ø	1,0 mm
Maxim. Bohrtiefe	8,0 mm
Materialstärke	1,5 mm
Anzahl Leiterplatten pro Paket	5
Bohrtiefe	7,5 mm
Auslaufplatte	0,5 mm

Beim Verwenden von Vollhartmetall-Bohrbuchsen und Bohrer mit gleichem Nenn- und Schaftdurchmesser läßt sich das Verhältnis Bohrer-ø zu Bohrtiefe auf 1:10 erhöhen. Die Bohrerablenkung ist beim Bohren von Leiterplattenpaketen in der obersten Leiterplatte natürlich geringer als in der untersten Lage. Der Verlauf ist abhängig von der Bohrtiefe und dem zu bohrenden Material *(Abb. 5.9.)*. Vollhartmetallbohrer mit einer Kernstärkenzu-

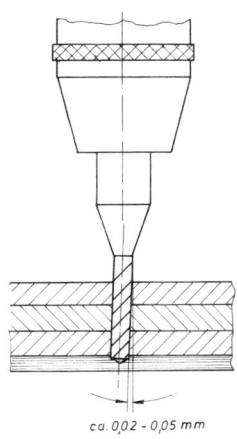

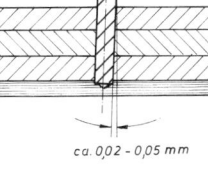

Abb. 5.9.: Bohrerverlauf beim Bohren von 5 mm Bohrtiefe eines Leiterplattenpaketes

Abb. 5.10.: Fanglochbohr- und Verstiftautomat (Werkfoto: Fa. Excellon Europa GmbH, Sprendlingen)

nahme von 0,25 mm ± 0,02 mm auf 10 mm Länge und einer auf den Durchmesser abgestimmten Spannutlänge ergeben einen Verlauf von 0,006–0,01 mm.

Die Leiterplattenpakete werden mit Preßstiften in vorgelochte Pilotlöcher mit Preßsitz verstiftet. Halbautomatische Maschinen für das gleichzeitige Bohren von Pilotlöchern und Verstiften werden zum Erhöhen der Passergenauigkeit eingesetzt *(Abb. 5.10.)*.

Die Pakete werden auf den Arbeitsstationen der Bohrmaschine in einem Buchse/Schlitz-System aufgenommen. Die Leiterplatten müssen während des Bohrvorganges absolut plan und ruhig liegen.

Bohrerstandzeit

Unter Standzeit versteht man die Anzahl gebohrter Löcher zwischen zwei Spitzenanschliffen eines Bohrers. Sie ist abhängig vom Material, den technischen Werten der Bohrmaschine, Bohrtiefe usw. Eine genaue Standzeit ist nur durch Versuche zu ermitteln.

Allgemein wird die Standzeit durch hohe Schnittgeschwindigkeit stark reduziert. Der wirtschaftliche Einsatz der Bohrmaschine ist also ein Kompromiß zwischen hoher Drehzahl (verstärkter Bohrerverschleiß, kurze Bohrzeit) und normaler Drehzahl. Bei Mehrspindel-Bohrmaschinen ist dies von besonderer Bedeutung, da erhebliche Rüstzeiten anfallen können. Ein vollständiger Wechsel aller Bohrer ist sinnvoll, auch wenn die Verschleißerscheinungen einzelner Bohrer unterschiedlich sind. Für Epoxid-Glashartgewebe können folgende Richtwerte angegeben werden:

1-,2-seitig kaschierte FR-4/G-10 Produkte ca. 50 m Bohrtiefe

1-,2-seitig kaschierte FR-5/G-11 Produkte ca. 25 m Bohrtiefe

Multilayer ca. 25 m Bohrtiefe.

Durch das High-Feed-Bohren ist eine Bohrerstandzeiterhöhung bis zu 25 % erreichbar.

Bohren mit Bohrbuchsen

Beim Bohren von Leiterplattenpaketen mit durchgehend zylindrischen Bohrern ist der Einsatz von Bohrbuchsen aus Vollhartmetall zu empfehlen. Der Vorteil liegt im

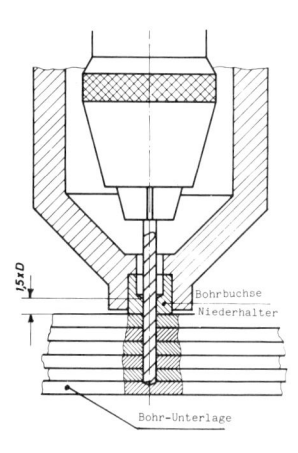

Abb. 5.11.: Bohren eines Leiterplattenpaketes mit Hilfe einer Bohrbuchse (Werkfoto: Fa. Hawera Probst GmbH & Co.)

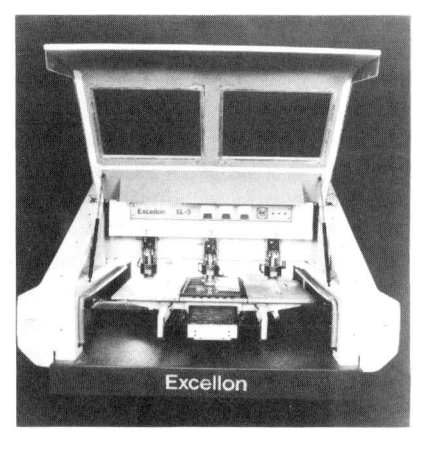

Abb. 5.12.: Computergesteuerte Fräs- und Bohrmaschine (Werkfoto: Fa. Excellon Europa GmbH, Sprendlingen)

Vermeiden von Gratbildung, bzw. Deformieren der Kupferschicht, da die Bohrbuchse gleichzeitig als Niederhalter wirkt. Beim Bohren ist ein genaues Anzentrieren der Bohrungen gewährleistet. Ein weiterer Vorteil liegt im Ausnutzen der Bohrerspirale, es können mehr Leiterplatten auf einmal gebohrt werden. Eine genaue Abstimmung des Bohrerdurchmessers zur Buchse ist notwendig, da sonst ein hoher Verschleiß der Führungsfase und den Schneidkantenecken auftreten können. Gleichzeitig muß die Führungslänge der Bohrbuchse auf den jeweiligen Bohrerdurchmesser abgestimmt werden. In der Regel soll die Führungslänge den 1,5-fachen Wert des Bohrernenndurchmessers nicht übersteigen *(Abb. 5.11.)*.

Automatischer Bohrerwechsel

CNC-gesteuerte Mehrspindel-Bohrmaschinen werden zunehmend mit einer automatischen Bohrerwechselstation versehen. Die Vorteile dieser Zusatzeinrichtung sind:

- vorbestückte Bohrermagazine, vorprogrammierte Spindelvorschübe schalten Bedienungsfehler aus
- kein Zeitverlust durch mehrmaligen Bohrerwechsel
- die Bedienungskraft kann mehrere Anlagen gleichzeitig bedienen, bzw. das Vorbereiten der Pakete übernehmen

Der Vorteil der automat. Wechselstationen ist also im Fertigungsablauf zu sehen; die Bedienungskraft muß nicht gerade zum richtigen Zeitpunkt an der Maschine sein, um Bohrer zu wechseln. Es läßt sich eine Produktionssteigerung bis zu 20 % erreichen.

5.3. Fräsen von Leiterplatten

Zum Erarbeiten der äußeren Form einer Leiterplatte – der Kontur – werden zunehmend Fräsmaschinen eingesetzt. CNC-gesteuerte Anlagen haben solche, die nach Schablonen fräsen, weitestgehend ersetzt. Es gibt zwei Möglichkeiten des Fräsens von Leiterplatten:

Fräsen von Leiterplatten 83

Abb. 5.13.: Kombinierte CNC-gesteuerte Bohr- und Fräsmaschine
(Werkfoto: Fa. Cooper, Westhausen)

- nach dem Bohren, Galvanisieren, Drucken und Ätzen bei durchkontaktierten Leiterplatten
- nach dem Drucken und Ätzen erfolgt das Bohren und Fräsen in einem Arbeitsgang bei nichtdurchkontaktierten LP's. mit einer kombinierten Bohr/Fräsmaschine.

Die wirtschaftliche Auslastung einer „nur" Fräsmaschine ist bestenfalls bei Einsatz mehrerer CNC-Bohrmaschinen gegeben. Eine kombinierte Bohr- und Fräsmaschine gibt dem Anwender die Möglichkeit des Fräsens und schafft zusätzliche Bohrkapazität. Diese Maschinen sind allerdings beim Bearbeiten von Leiterplatten in durchkontaktierter Ausführung nur beschränkt verwendbar, da zunächst durchkontaktierte Löcher gebohrt und anschließend alle weiteren Löcher, sowie Schlitze und Kontur, erarbeitet werden müssen.

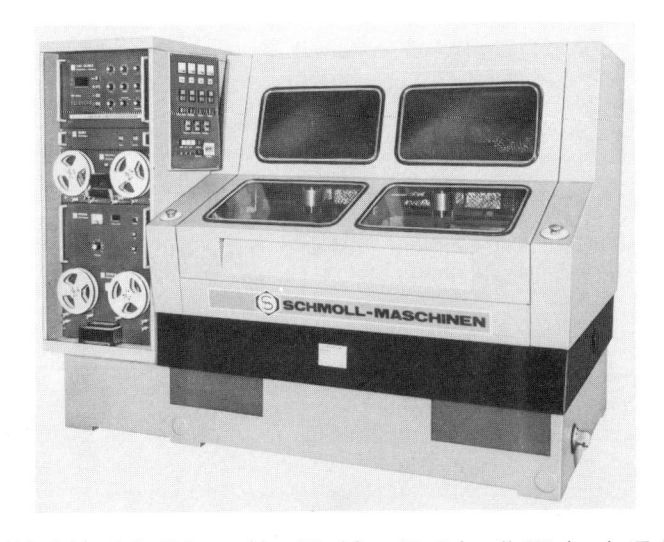

Abb. 5.14.: Bohr-Fräsmaschine (Werkfoto: Fa. Schmoll, Königstein/Ts.)

Im Prinzip entsprechen die Fräsmaschinen im Aufbau einer Bohrmaschine. Lediglich die Steuerung ist geändert, damit vorprogrammierte Geraden und Radien gefahren werden können. Vollautomatische Fräsmaschinen bringen die gleichen Vorteile wie die im Abschnitt 5.2. beschriebenen Bohrmaschinen.

5.3.1. Fräswerkzeuge

Fräser bestehen aus Vollhartmetall. Die am häufigsten verwendeten Fräser sind mit einem Spitzenanschliff zum Einstechen versehen. Mit dieser Fräsergeometrie ist es möglich, Aussparungen innerhalb einer Leiterplatte ohne zusätzliches Bohren zu fräsen.

Fräser mit Durchmesser zwischen 2 bis 2,5 mm zeigen bezüglich Kantenqualität und Ablenkung die besten Produktionsergebnisse. Größere Durchmesser ergeben rauhere Kanten, erhöhte Ablenkung von der Fräskante durch größeren Seitendruck und stärkere Belastung der Frässpindelmotore.

5.3.2. Arbeitsrichtlinien für das Fräsen

Für das Fräsen von Leiterplatten können wie beim Bohren nur Richtwerte angegeben werden. Das Fräsen kann ebenfalls im Paket erfolgen. Hier ist eine direkte Abhängigkeit vom Fräserdurchmesser zur Paketstärke gegeben, z.B. sollte mit einem 1mm-Fräser nur eine Platte von 1,5 mm Dicke gefräst werden, während mit einem 3mm-Fräser vier Platten mit einer Gesamtstärke von 6 mm ohne weiteres bearbeitet werden können.

Die zu wählenden Vorschübe und Frässpindelumdrehungen sind auf den Fräserdurchmesser, die geforderte Genauigkeit, sowie auf das zu bearbeitende Material abzustimmen. Als Richtwerte können für FR 4 Material, 1,5 mm Dicke die in *Tabelle 5.2.* angegebenen Werte gelten:

Tabelle 5.2.

Fräser	Platten (Paket)	UPM	Fräservorschub
3,0 mm	4	20–25 000	1,5 m/min
2,4 mm	4	31 000	1,5 m/min
1,6 mm	3	42 000	1,5 m/min
1,3 mm	2	48 000	1,3 m/min
1,0 mm	1	52 000	1,0 m/min
0,8 mm	1	57 000	0,8 m/min

Der Arbeitstisch hat ohne Fräsen eine Fahrgeschwindigkeit von etwa 10 bis 15 m/min. Die Fräserstandzeit für Fräserdurchmesser von 2,0 bis 2,4 mm liegt zwischen 100 bis 150 m Schnittweg bei FR 4 Basismaterial.

Das Positionieren der Leiterplatten muß über mindestens zwei Paßlöcher erfolgen. Die Referenzlöcher können außerhalb der Kontur im Abfall (externe Verstiftung) oder innerhalb der Kontur liegen. Die Aufnahme der Leiterplatten erfolgt auf einer ca. 10 mm starken Phenolharzhartpapier-Arbeitsplatte. In diese Hilfsplatten werden mit der Fräsmaschine Aufnahmelöcher gebohrt, wobei die Koordinatenwerte aus dem Bohrprogramm übernommen werden. Die verstifteten Leiterplattenpakete werden in die vorgebohrten Aufnahmelöcher eingesetzt.

Die Leiterplatten dürfen auf keinen Fall nur mit einem Stift fixiert werden, da durch die auftretenden Kräfte beim Fräsen ein Verzug eintritt. Beim Fräsen von Einzelteilen aus einem Mehrfachnutzen muß der Fahrweg so programmiert werden, daß der Zuschnitt auch beim letzten Teil größtmögliche Stabilität aufweist.

Der Verfahrweg für einen sich im Uhrzeigersinn drehenden Fräser sollte beim Fräsen der Außenkontur entgegen dem Uhrzeigersinn und im Uhrzeigersinn beim Fräsen der Innenkonturen programmiert sein. Damit wird die bessere Schnittkante an der Leiterplatte erzielt, gleichzeitig werden Späne und Staub nicht in die Kontur gedrückt.

Bei einwandfreiem Fräsermaterial und guter Programmierung der Wege wird beim Fräsen von Leiterplattenpaketen eine Genauigkeit der Kontur von ± 0,08 mm erreicht.

5.3.3. Sonderanlagen

Für das Fräsen von Muster- und Kleinstserien sind verschiedene Sondermaschinen auf dem Markt. Zum schnellen Anfertigen von Labormustern werden Schablonenfräsmaschinen *(Abb. 5.1.15.)* eingesetzt.

Abb. 5.15.: Schablonenfräsmaschine für Prototypen und Kleinserienfertigung (Werkfoto: Fa. Excellon Europa GmbH, Sprendlingen)

Abb. 5.16.: Rolltisch zur paketweisen Bearbeitung von Aussparungen und Kodierschlitzen (Werkfoto: Fa. Walther AG, Zöllikofen/ Schweiz)

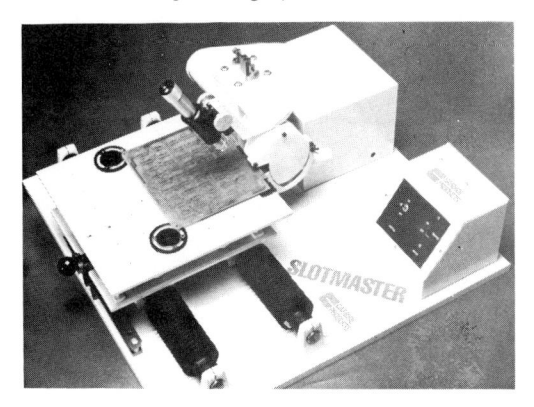

Abb. 5.17.: Schlitzmaschine Carbide (Werkfoto: Fa. Moderne elemat, Stuttgart)

Abb. 5.18.: Facettiermaschine für die Leiterplattenfertigung (Werkfoto: Fa. Excellon Europa GmbH, Sprendlingen)

Das Einbringen von Kodierschlitzen, Aussparen von Ecken usw. wird auf Maschinen durchgeführt, die je nach Wunsch mit Rolltischen, Projektor usw. ausgerüstet werden können *(Abb. 5.16.)*. In zunehmendem Maße ist das Abkanten von Steckerleisten bei hochwertigen Leiterplatten erforderlich. Dazu werden Facettiermaschinen eingesetzt *(Abb. 5.18.)*.

5.4. Stanzen von Leiterplatten

Das Stanzen ist die klassische Methode der Formgebung und der Herstellung von Löchern in Leiterplatten für die Massenproduktion. Beim Einsatz von Hartpapieren bietet dieses Verfahren zum Herstellen der Löcher, von Ausschnitten und Außenkonturen bei hohen Stückzahlen die Gewähr für eine kostengünstige Fertigung. Phenolharz- und Epoxidharzhartpapiere sind in unkaschierter und in kaschierter Form unter Beachtung ihrer mechanischen Eigenschaften für Leiterplatten der Unterhaltungselektronik bei ausreichender Wiederholgenauigkeit einwandfrei stanzbar. Sie sind in der Regel bei Raumtemperatur stanzbar. Bedingt durch spezielle Anforderungen an das Material oder durch thermische Bearbeitungsprozesse in der Fertigung muß gegebenenfalls ein Erwärmen der zu stanzenden Leiterplatten erfolgen.

Aus Gründen der Rationalisierung, Automatisierung und der Maßbeständigkeit sind kaltstanzbare Qualitäten den sogenannten lau-stanzbaren (60°C bis 80°C) vorzuziehen. Beim Stanzen werden überwiegend Excenterpressen mit 100 bis 200 Hüben/min eingesetzt. Man arbeitet mit geringen Hubhöhen, da komplizierte Leiterplatten eine möglichst geringe Auftreffgeschwindigkeit der Stanznadeln verlangen. In speziellen Fällen werden hydraulische Pressen mit gutem Erfolg eingesetzt. *Abb. 5.19.* zeigt eine Leiterplattenstanzerei mit den notwendigen Schallschutzeinrichtungen.

Abb. 5.19.: Blick in eine Leiterplattenstanzerei mit Schallschutzeinrichtungen (Werkfoto: Fa. Grundig AG, Nürnberg)

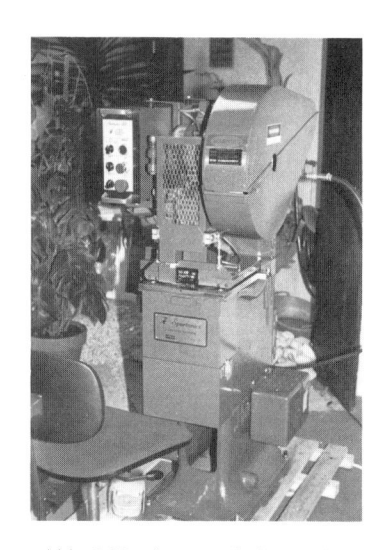

Abb. 5.20.: Automatisch zentrierende Referenzloch-Stanzpresse (Werkfoto: Fa. Lea-Ronal, Pforzheim)

Für das Herstellen von Referenzlöchern haben sich Stanzpressen mit optischen Sensoren bewährt. Bei diesen Anlagen wird im Auflicht oder im Durchlicht mit Infrarot gearbeitet. Über eine Elektronik wird die Positionierung vorgenommen. Eine Mittengenauigkeit von ± 0,01 bis 0,02 mm ist je nach Material erreichbar. *Abb. 5.20.).*

5.4.1. Stanzwerkzeuge

Der Schwierigkeitsgrad der Bauteile auf der Leiterplatte und die herzustellende Stückzahl sind die Kriterien für die Auswahl der Werkzeugtypen. Zum Stanzen von Leiterplatten werden folgende Werkzeugbauarten eingesetzt:

- Komplettschnitte und
- Folgeschnitte

Beim Komplettschnitt erfolgt das Stanzen der Löcher und das Schneiden der Kontur in einem Arbeitsgang. Der Hauptstempel, der die Außenform der Leiterplatte schneidet, ist gleichzeitig Schnittplatte für die eingesetzten Stempel (Stanznadeln). Komplettschnitte benötigen eine sehr genaue Führung und werden meist in Säulenführungsgestelle eingebaut.

Säulenführungsschnitte mit Vorlocher werden überwiegend beim Stanzen kleinerer Leiterplatten eingesetzt. Der Vorteil dieser Werkzeugkonzeption besteht im Unterbringen vieler Stempel in einer Schnittplatte. Im ersten Schritt werden beim Stanzen nur bestimmte Lochgruppen oder je nach geforderter Lochzahl alle Löcher gestanzt. Danach wird die Leiterplatte im Werkzeug um ein Raster verschoben und beim zweiten Hub die Kontur ausgeschnitten, wobei gleichzeitig der Lochvorgang in der nächsten Leiterplatte durchgeführt wird.

Das Positionieren des Zuschnittes im Werkzeug erfolgt entweder über Einhängestifte oder mit Sucherstiften. Einhängestifte müssen fest in der Schnittplatte verankert sein. Sie sind pilzförmig gedreht und in Herstellung und Einbau kostengünstig. Bei Führungsschnitten mit Vorlochern genügen oftmals Einhängestifte den Anforderungen an die Zentrierung nicht. Durch ungenaues Vorschieben der Zuschnitte und durch Spiel in den Referenzlöchern können Stanzfehler entstehen. Diese Fehler werden beim Einbau von Sucherstiften weitgehend vermieden. Die Sucherstifte greifen beim Herunterfahren des Werkzeuges in die vorgegebenen Referenzlöcher und positionieren die Leiterplatte. Erst dann erfolgt das Stanzen der Löcher.

Der Einbau von Niederhaltern vermeidet die sogenannte Hofbildung um Löcher und Schlitze. Die Niederhaltekraft ist bei Hartpapieren so auszulegen, daß sie ca. 50 % der notwendigen Stanzkraft entspricht. Runde Lochstempel können gehärtet und geschliffen von einschlägigen Firmen bezogen werden. Sie werden mit oder ohne Kopf geliefert und können mit durchlaufendem Durchmesser oder abgesetzt sein. Die Durchmesser sind z.B. nach Toleranzfeld h 6 geschliffen. Bei abgesetzten Stanznadeln wird eine Rundlaufgenauigkeit von 5 µm verlangt. Als Material wird hochwertiger Cr-Ni-Stahl oder Hartmetall verwendet.

5.4.2. Lochen und Konturenschneiden

Beim Stanzen von Leiterplatten unterscheidet man

- Lochen und
- Konturenschneiden

Unter Lochen versteht man das Einbringen von Löchern, Schlitzen und ähnlichen Profilen in die Leiterplatte. Der Vorgang läuft wie folgt ab:

Die aufsetzende Stanznadel verursacht zunächst Scherkräfte im Basismaterial. Das Material wird komprimiert und weicht seitwärts aus. Die Zunahme der Scherkraft erfolgt, bis die Scherfestigkeitsgrenze des Laminates erreicht ist und der Stempel es durchdringt. Nach dem Abklingen der Druckkräfte verursacht das Material Haltekräfte an der Stanznadel, die durch die Niederhaltekraft beim Zurückfahren der Stempel überwunden werden müssen. Nach dem Zurückziehen der Stempel drängt das Material in das gestanzte Loch zurück. Dieser Vorgang – die Rückfederung – führt zu einer Lochverengung. Je nach Einstellung des Basismaterials ist dieser Wert ca. 60mal so groß wie die Dimensionsänderung beim Anwärmen oder Abkühlen *(Abb. 5.21.)*.

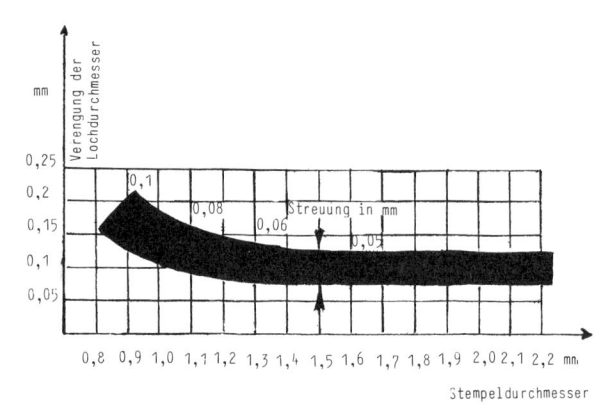

Abb. 5.21.: Rückfederverhalten beim Stanzen, bezogen auf den Stempeldurchmesser bei 1.5 mm dickem Basismaterial (Werkfoto: Fa. Dynamit Nobel AG, Troisdorf)

In der Praxis werden bei einem Epoxidharzhartpapier Werte von ± 0,05 mm gemessen, d.h. bei einem Stempeldurchmesser von 1,0 mm, Schnittluft 0,1 mm kann ein Lochdurchmesser von 0,9 ± 0,05 mm erwartet werden.

Bei Phenolharzhartpapieren, die vielfach erwärmt gestanzt werden, wird unter gleichen Stanzbedingungen ein Lochdurchmesser von 0,9 + 0,05 und -0,10 mm in der Fertigung zu erzielen sein.

Müssen genauere Lochdurchmesser erreicht werden, so ist entweder mit einem doppelten Stanzhub oder mit zwei Stempeldurchmessern zu arbeiten. Ein Lochdurchmesser von 1,5 mm wird zunächst mit 1,3 mm vorgestanzt und anschließend mit einem 1,5 mm Stempel nachgearbeitet. Die Rückfederung kann hierbei vernachlässigt werden.

Auftretende Keilkräfte beim Lochen können eine Rißbildung zwischen benachbarten Löchern oder Lochgruppen hervorrufen. Diese tritt in Faserrichtung des Hartpapieres stärker auf als in Querrichtung. Ein Reißen zwischen den Löchern läßt sich vermeiden, wenn eng nebeneinanderliegende Löcher oder Schlitze möglichst quer zur Faserrichtung angeordnet werden. Notfalls ist eine Aufteilung der Lochgruppen in Locher 1 und Locher 2 notwendig. Es ist sinnvoll, Ecken von Schlitzen leicht abzurunden oder bei sehr feinen Schlitzen (z.B. Leiterbahnunterbrechungen als Funkenstrecken) die Enden mit einem Lochstempel vorzuarbeiten, um Rißbildung zu vermeiden.

Beim Schneiden der Kontur wird die Leiterplatte aus dem Fertigungszuschnitt entfernt. Das Randgitter muß während des Arbeitsvorganges stabil bleiben, damit ein ungehinderter Transport innerhalb des Stanzwerkzeuges möglich ist. In der Regel sind im Stanzgitter die Referenzlöcher für das einwandfreie Positionieren der Teile untergebracht.

5.4.3. Schnittspiel bei Stanzwerkzeugen

Dem Schnittspiel zwischen Stanznadel und Schnittplatte kommt der Ausbildung der Lochform eine große Bedeutung zu. Der Schnittspalt bei Leiterplattenstanzwerkzeugen sollte z.B. beim Verarbeiten von 1,5 mm dicken Hartpapieren 0,05 mm nicht überschreiten. Dieser Wert entspricht einem Schnittspiel (Schnittluft) von 0,1 mm. Durch Variation des Schnittspieles läßt sich die Form des Loches, die aus bestückungstechnischen Gründen gewünscht wird, beeinflussen.

Mit steigender Schnittluft wird der Anteil der zylindrischen Länge des Loches verkleinert. Bei entsprechend großer Schnittluft ist es möglich, auch warmstanzbare Materialqualitäten kalt zu stanzen. Generell ist anzumerken, daß die Variation der Schnittluft nur bei Phenol- und Epoxidharzhartpapieren sinnvoll ist. Bei Glasgewebeprodukten verursachen Faserrückstände des Gewebes unsaubere Lochwandungen. Werden zylindrische Lochdurchmesser gefordert, die auch beim Verringern des Schnittspieles nicht erzielt werden, so müssen diese Löcher gebohrt werden.

Literaturverzeichnis zu Kapitel 5.

[1] B. Gerlach: NC-Leiterplattenbearbeitungszentrum. Werkstatt und Betrieb 109 (1976) 8, S. 464–466.
[2] G. Weng: Bohren von gedruckten Schaltungen, EIPC Conference on Printed Circuit Manufacturing, 19./20.2.1970, Horgen/-Schweiz.
[3] G. Weng: Bohren von Multilayer-Leiterplatten, EIPC Conference on Printed Circuit Manufacturing, 19./20.2.1970, Horgen/-Schweiz.
[4] EIPC Manufacturing Equipment Committee, Investigation of Drilling Tolerances and Quality of Holes in Printed Boards, EIPC Publication MEC 002 (1974) 12.
[5] Bernet: Computergesteuertes Leiterplatten-Konturenfräsen, Werkschrift der Fa. Excellon Europa GmbH, Sprendlingen, Leiterplattenseminar 1976.
[6] Haller: Das Leiterplattenbohren und die Vorteile computergesteuerte Bohrmaschinen, Werkschrift der Fa. Excellon Europa GmbH, Sprendlingen, Leiterplattenseminar 1976.
[7] Haller: Das „High Speed Bohren" von Leiterplatten, Werkschrift der Fa. Excellon Europa GmbH, Sprendlingen, Leiterplattenseminar 1977.
[8] Lehnert: Der Werkzeugbau, Verlag Europa-Lehrmittel, Wuppertal
[9] Trolitax Produktinformation, Verarbeitung und neue Techniken, Werkschrift der Fa. Dynamit Nobel AG, Troisdorf.

6. Siebherstellung und Siebdruck

6.1 Einleitung

In der weltweiten Evolution der Leiterplattentechnik hat der Siebdruck eine bedeutende Stellung unter den Fertigungsmethoden eingenommen.

Mit der Wirtschaftlichkeit aus einer relativ hohen kapazitiven Leistungsfähigkeit entspricht der Siebdruck den fundamentalen Bedürfnissen industrieller Produktionstechniken. Die Erfüllung steigender Anforderungen an die qualitative Leistungsfähigkeit und die Optimierung der Produktionssicherheit vorausgesetzt, wird der Siebdruck an Bedeutung gewinnen.

In diesem Kapitel werden Materialien, Geräte und Verfahrensschritte mit wesentlichen Einflüssen auf die qualitative Leistungsfähigkeit des Siebdrucks abgehanelt. Der Schwerpunkt liegt auf der Druckform, der Siebdruckschablone, kurz auch Sieb genannt, deren Eigenschaften das Druckergebnis bestimmen.

Die Befriedigung höherer Anforderungen an die qualitative Druckleistung und die Produktionssicherheit bedingt eine Verbesserung spezifischer Eigenschaften der Drucksiebe.

6.2. Siebherstellung

Die Druckform des Siebdrucks besteht aus:
- dem Schablonenrahmen
- dem Schablonengewebe
- dem Schablonenfilm

Der Rahmen hat die Funktion, den Schablonenträger, das Schablonengewebe, spannungsstabil zu tragen.

Das Schablonengewebe erfüllt die fundamentale Funktion, den Schablonenfilm dimensionsstabil zu tragen, übernimmt die weitere Funktion der Farbsteuerung, beeinflußt weitgehend die Grenzwerte druckbarer Leiterbreiten und Isolationsabstände und die Randschärfe des Druckbildes.

Der Schablonenfilm, d.h. das fotosensitive Kopiermaterial, übernimmt die Funktion der fotochemischen Übertragung der Kopiervorlage in die Schablonenkopie, beeinflußt mit dem Schablonengewebe die Grenzwerte druckbarer Leiterbreiten und Isolationsabstände, die Dicke des Farbauftrages und die Standfestigkeit der Schablone.

Nach den Kriterien der Druckaufgaben in der Leiterplattenfertigung aufgegliedert, steht die relative Maßgenauigkeit der Schablone in Abhängigkeit zu:

- den Festigkeitseigenschaften des Schablonenrahmens
- den physikalischen Eigenschaften des Schablonengewebes
- der Funktionstüchtigkeit des Gewebe-Spanngerätes
- der Spannmethode
- Temperatur- und Feuchtigkeitseinflüssen

Die relative Maßgenauigkeit des Druckbildes ist abhängig von:

- den Maßverhältnissen zwischen den Rahmeninnenabmessungen, den Abmessungen des Kopierbildes, der Breite der Druckrakel, der Rakelstrecke, der Absprunghöhe und der Rakelpression
- Temperatur- und Feuchtigkeitseinflüssen

Die Dicke des Farbauftrages steht unter dem Einfluß:

- des Schablonengewebes
- des Kopiermaterials
- der Verarbeitung des Kopiermaterials
- der Druckfarbe
- der Shore-Härte des Rakelblattes
- des Anstellwinkels der Druckrakel
- der Rakelpression
- der Rakelgeschwindigkeit

Die Druckbarkeit feiner Linienbreiten und die Randschärfe im Druckbild sind abhängig von:

- der Qualität der Kopiervorlage
- Typ und Feinheit des Schablonengewebes
- der Art des Kopiermaterials
- der Verarbeitung des Kopiermaterials
- der Druckfarbe
- der Einstellung der Druckmaschine
- der Oberflächenstruktur des Druckträgers

Jedes Kriterium aus einer Anforderungsstellung an die Siebdruckschablone steht in einer komplexen Wechselbeziehung zu den Eigenschaften der Materialkomponenten, den Arbeitsvorgängen der Schablonenerstellung und den Einstellwerten der Druckmaschine. Die Ursache für unbefriedigende Druckergebnisse resultiert mehrheitlich aus der Summe vielzähliger Einflußfaktoren mit bestimmbaren und unbestimmbaren Einflußgrößen.

Demnach müssen die Materialkomponenten der Siebdruckschablone nach den Kriterien der Druckaufgabe ausgewählt werden. Die Arbeitsvorgänge bei der Siebherstellung und die Einstellung der Druckmaschine sind auf die Kriterien abzustimmen.

6.2.1. Gewebe Typen und Eigenschaften

Für die Herstellung von Siebdruckschablonen in den Druckaufgaben der Leiterplattenfertigung kommen vorwiegend folgende Gewebetypen zum Einsatz:

- monofile Polyestergewebe
- VA-Gewebe
- metallisierte monofile Polyestergewebe

Vereinzelte Spezialaufgaben werden auch mit monofilen Nylongeweben abgewickelt.

Die vorgenannten Gewebetypen werden je in einem umfangreichen Sortiment mit unterschiedlichen Fadenzahlen, Fadendicken, Maschenweiten und Gewebedicken hergestellt. Mit diesem breiten Angebot kann jede Anforderung der Druckaufgabe an das Schablonengewebe erfüllt werden.

Abb. 6.1.: Siebdruckgewebe (Werkfoto: Seidengace Zürich)

Hauptkriterien für die auf die Druckaufgabe zu beziehende Auswahl des Gewebes sind:
- Anforderungen an die Maßgenauigkeit
- Anforderungen an die Dicke des Farbauftrages
- die Feinheit der Leiterzüge bzw. der Zeichnung in der Kopiervorlage
- Anforderungen an die Randschärfe des Druckbildes
- die Oberflächenstruktur des Druckträgers
- die Korngröße der Druckpaste

Die Maßhaltigkeit der Schablone ist von der Dehnungs-Elastizität und vom Spannungszustand des Gewebes abhängig.

Die Dicke des Farbauftrages wird primär durch die technischen Werte für die Gewebenummer (Fadenzahl/cm), die Fadendicke (d), die Maschenweite (w), die offene Siebfläche (Fo) und die Dicke des Gewebes (a) bestimmt. Das Produkt aus Gewebedicke (a) und offener Siebfläche (Fo) ergibt annähernd das theoretische Farbvolumen (V_G in cm^3/m^2) des Gewebes. Das theoretische Farbvolumen ist ein guter Bezugs- und Relationswert für die gewebebezogene Dicke des Farbauftrages.

Tabelle 1: Vergleichstabelle theoretisches Farbvolumen (V_G in cm^3/m^2)

Nr. = Fadenzahl/cm		36	48	68	77	95	120	130
Gewebetyp								
Polyester	S	–	–	–	35	–	21	19
	T	71	57	39	35	29	22	20
	HD	72	55	36	26	27	21	18
VA-Gewebe	S	–	–	–	–	–	–	–
	T	83	65	47	48	32	28	27
	HD	–	57	–	42	33	–	25
Polyester metallisiert	S	–	–	–	31	–	19	–
	T	–	52	34	29	27	18	–

Die druckbare Feinheit von Leiterbahnen und Isolationsabständen und die Randschärfe des Druckbildes werden durch das Verhältnis aus der Fadenzahl, der Fadendicke und der Maschenweite beeinflußt. Unter diesem Auswahlkriterium lassen sich die Gewebe in drei Gruppen aufgliedern:

    a) in Gewebe, deren Maschenweite größer ist als die Fadendicke (w > d)
    b) in Gewebe mit Gleichwertigkeit der Maschenweite und Fadendicke (w = d)
    c) in Gewebe, deren Maschenweite kleiner ist als die Fadendicke (w < d)

Tabelle 2: Vergleichstabelle Fadendicke, Maschenweite in µm

Nr. = Fadenzahl per cm		36		48		68		77		95		120		130	
		d	w	d	w	d	w	d	w	d	w	d	w	d	w
Gewebetyp																
Polyester	S	–	–	–	–	–	–	48	80	–	–	30	54	30	47
	T	90	170	70	135	54	89	54	74	38	67	33	51	33	44
	HD	–	–	77	125	70	73	63	60	48	59	38	45	38	38
VA-Gewebe	T	90	180	63	140	50	100	40	87	36	63	32	56	30	50
	HD	–	–	90	125	–	–	50	80	40	63	–	–	36	43
Polyester metallisiert	T	–	–	–	–	–	–	53	75	–	–	36	50	–	–
	HD	–	–	75	130	60	85	60	68	44	64	38	46	38	40

Unter Berücksichtigung der für den Zusammenhalt feiner Schablonenkopien erforderlichen Fadenzahl ist die Druckbarkeit feiner Leiter und die Randschärfe im Druckbild bei Geweben der Gruppe a) optimal. In diesem Zusammenhang sollten Gewebe der T-Qualität, auf Grund der besseren Verhältnisse zwischen Fadendicke und Maschenweite gegenüber der HD-Qualität, bevorzugt eingesetzt werden.

Um der Druckfarbe oder -paste einen guten Durchgang durch das Gewebe zu ermöglichen, muß die Maschenweite (w) umd das 2.5–3-fache größer sein als die Korngröße der Farbe.

Druckträger mit einer relativ groben Oberflächenstruktur wie bei relativ dicken Leitern und galvanisch veredelten Leitern, die mit einem Lötstoplack überdruckt werden, oder der Kennzeichnungsdruck auf dem Lötstoplack erfordern den Einsatz eines Gewebes mit einer guten Elastizität. Gewebe ohne Elastizität, wie VA-Gewebe, passen sich der Oberflächenstruktur nicht an und führen somit zu Druckproblemen.

Die gebräuchlichsten Gewebetypen werden mehrheitlich in den Qualitäten S, T und HD hergestellt. In einer Gewebenummer (Fadenzahl/cm) ist die S-Qualität durch einen dünnen, die T-Qualität durch einen mittleren und die HD-Qualität durch einen dicken Fadendurchmesser gekennzeichnet.

Bei allen Gewebetypen ist die Dicke (a), die Gleichmäßigkeit und das Dehnungs-Elastizitätsverhalten von Fabrikat zu Fabrikat unterschiedlich. Die einzelnen Werte sind weitgehend von der Webtechnik und der Nachbehandlung abhängig. Auch in den S-, T- und HD-Qualitäten sind die Fadendicken in den einzelnen Gewebenummern von Fabrikat zu Fabrikat unterschiedlich. Demnach müssen die Tabellen 1–3 relativ gewertet werden. Für einen echten Vergleich der technischen Daten sind die technischen Listen der Gewerbehersteller maßgebend.

Tabelle 3: Vergleichstabelle S – T – HD (Fadendicke in µm)

Nr. = Fadenzahl/cm		36	48	68	77	95	120	130
Gewebetyp								
Polyester	S	–	–	–	48	–	30	30
	T	90	70	54	54	38	33	33
	HD	100	77	70	63	48	38	38
VA-Gewebe	S	–	–	–	–	–	30	–
	T	90	63	50	40	36	36	30
	HD	–	90	–	50	45	40	36
Polyester metallisiert	S	–	–	–	53	–	36	38
	T	–	75	60	60	44	38	

6.2.1.1. Polyestergewebe

Monofile Polyestergewebe verfügen über ein gutes Dehnungs-Elastizitäts-Verhalten. Erfolgt die Ausspannung unter exakter Einhaltung der Spanninstruktionen führender Gewebehersteller, ist eine gute Maßhaltigkeit gewährleistet. Ein hochprozentiges Erholungsvermögen (100 % bei 2 % Dehnung) vermeidet das Eintreten bleibender Deformationen aus der Dehnungsbelastung aus dem kontaktlosen Druckvorgang und aus der Siebanhebung bei Siebdruckmaschinen mit einem automatischen Absprung.

Der Nachteil der Elastizität: Die Druckstreckung, d.h. die Längung des Gewebes bzw. der Schablone unter der Rakelfriktion im Druckvorgang, kann durch eine sorgfältig eingestellte Rakelpression und ein gutes Verhältnis zwischen dem Rahmenformat, den Abmessungen des Kopierbildes und der Absprunghöhe in tolerierbaren Werten gehalten werden.

6.2.1.2. VA-Stahlgewebe

Die geringe, praktisch nicht vorhandene Elastizität von V2A- und V4A-Geweben bietet eine optimale Maßhaltigkeit. Die im Siebdruck erforderliche Absprungdistanz zwischen der Druckform und dem Bedruckstoff setzt aber ein entsprechendes Elastizitätsverhalten des Schablonengewebes voraus. Die fehlende Elastizität bei VA-Geweben ist mit einer

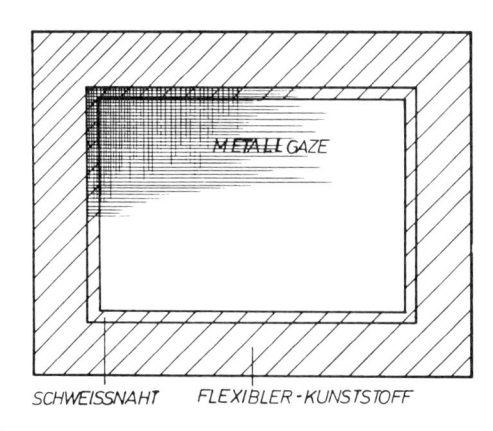

Abb. 6.2.: Einschweißen von Metallgace in Kunststoffmaterial

hohen Deformationsempfindlichkeit, d.h. mit einer bleibenden Deformation aus der Dehnungsbelastung im Druckvorgang verbunden. Dieser die Maßhaltigkeit der Schablone negativ beeinflussende Nachteil kann durch eine elastische Gewebeaufhängung im Schablonenrahmen aufgefangen werden (*Abb. 6.2.*).
Nicht durch Kalandern oder durch Vorrecken nachbehandelte VA-Gewebe unterliegen einer Streckung unter dem Rakelvorgang. Hierbei wird der Festigungszustand oft erst nach einigen hundert Rakelzügen erreicht.
VA-Gewebe müssen mit größter Sorgfalt nach den Vorschriften der Hersteller verarbeitet und mit kleinsten Absprunghöhen eingesetzt werden. (*Abb. 6.2. + 6.3.a + b*).

Abb. 6.3a. (links): Siebdruckgewebe mit unterschiedlicher Schußdrahtdicke.
Abb. 6.3b (rechts): SD-Gewebe aus toleranzfreiem Draht
(Werkfoto: G.Bopp & Co.AG, Zürich)

6.2.1.3. Metallisierte Polyestergewebe

In der Dehnungselastizität, der wichtigsten Gewebeeigenschaft in Hinsicht auf die Maßgenauigkeit des Siebdrucks, sind metallisierte Polyestergewebe zwischen monofile Polyestergewebe und VA-Gewebe einzustufen. Dieser Gewebetyp ist dehnungsfester als Polyestergewebe, besitzt aber eine höhere Elastizität als VA-Gewebe. Ein sorgfältiges Ausspannen nach den Spannempfehlungen des Herstellers vorausgesetzt, ist die Maßgenauigkeit bei metallisierten Polyestergeweben auch unter den Einflüßen aus dem Druckvorgang gut, wenn der Absprung nicht zu hoch eingestellt wird.
Das gegenüber Polyester- und VA-Geweben geringere theoretische Farbvolumen (V_G in cm^3/m^2), aus der größeren Fadendicke metallisierter Polyestergewebe (*siehe Tabelle 3 unter 6.2.1.*), führt zu einer geringeren Farbauftragsdicke. Diese Eigenschaft wird mit Vorteil bei der Verwendung von UV-härtenden Siebdruckfarben genutzt.
Der bei Drucklegung dieses Buches noch bestehende Nachteil liegt darin, daß metallisierte Polyestergewebe nur in der Gewebebreite von etwa 104 cm verfügbar sind.

6.2.1.4. Einflüsse des Gewebes auf die relative Maßgenauigkeit im Siebdruck

Unter dem Einfluß des Gewebes ist die relative Maßgenauigkeit im Siebdruck von der Dehnungselastizität des Gewebes abhängig.
Im Siebdruck liegt die Druckform oder das Sieb in einem unbestimmten Abstand über dem Bedruckstoff. Mit dem Rakelvorgang wird ein Linienkontakt zwischen dem Sieb und dem Bedruckstoff eingestellt. Hiermit ist zwangsläufig eine plastische Deformation des Gewebes bzw. der Schablone verbunden. Das Gewebe und der Schablonenfilm müssen die Dehnungsbelastung aus dem Rakelvorgang mit einem der Längenausdehnung entsprechenden reversiblen Elastizitätsverhalten auffangen, um eine bleibende Deformation und in der Folge nicht tolerierbare Verzerrung im Druckbild zu vermeiden.

Der elastische oder reversible Dehnungsbereich eines Gewebes wird durch die diesbezüglichen Eigenschaften des Draht- oder Fadenmaterials, den Webprozeß und die Folgeprozesse in der Gewebeherstellung bestimmt. In genauer Kenntnis der Gewebeeigenschaften legt der erfahrene und qualitätsbewußte Gewebehersteller die Sollwerte für den Spannungszustand in einen Streckbereich, in welchem die dem Gewebe verbleibende Restelastizität eine definierte Dehnungsbelastung aus dem Druckvorgang schadlos aufnehmen kann. Führt die Dehnungsbelastung aus einem überhöhten Absprung oder anderen Einflüssen zu einer Überdehnung, d.h. wird die elastische Streckgrenze des Gewebes überschritten, tritt eine plastische Deformation ein.

Bei VA-Geweben liegt die Streckgrenze im elastischen Dehnungsbereich bei einer Ausdehnung von etwa 1 %, bei monofilen stabilisierten Polyestergeweben bei etwa 3 % und bei metallisierten Polyestergeweben bei etwa 2.5 %.

Zusammenfassend ist die relative Maßgenauigkeit im Siebdruck unter dem Einfluß des Gewebes abhängig von:

- der exakten Einhaltung der Spannvorschriften und Spannwertangaben des Gewerbeherstellers
- einem auf den Gewebetyp abzustimmenden Verhältnis zwischen Rahmenformat, Abmessungen des Kopierbildes, Rakelbreite, Rakelweg und Absprunghöhe (siehe 6.3.1. „Einflüsse auf die relative Maßgenauigkeit des Siebdrucks aus dem Druckvorgang")

Alle Gewebetypen sind einer Verbrauchsermüdung unterworfen. Der Zeitumfang ist von der Belastung des Gewebes abhängig. Allgemeine Richtlinien lassen sich nicht aufstellen.

Unter Wechselbedingungen des Klimas werden die ausgespannten Gewebe praktisch kaum beeinflußt. Bleiben Änderungen in der Temperatur unter +/−15 °C und Feuchtigkeitswechsel unter +/−20 %, bleiben Dimensionsänderungen bei Polyestergeweben mit einem Wasseraufnahmevermögen von 0.4 % unter 0.015 %.

6.2.1.5. Einflüsse des Gewebes auf die Randschärfe des Druckbildes und auf die Druckbarkeit feiner Leiter- und Isolationsabstände

Der mit der Druckform festgelegte Grenzwert kopier- und druckbarer Strichfeinheiten im Siebdruck liegt bei etwa 70 µm. In diesem Wert sind die Einflüsse auf den Grenzwert schablonentechnischer Möglichkeiten aus dem Schablonengewebe, dem Kopiermaterial und der Verarbeitung des Kopiermaterials zusammengefaßt.

Das Schablonengewebe beeinflußt den Grenzwert druckbarer Strichfeinheiten und „Verzahnungen" in den Konturen des Druckbildes mit dem Verhältnis zwischen der Fadenzahl, der Fadendicke, der Maschenweite und der offenen Siebfläche. Die Einflußgröße aus dem Schablonengewebe auf die Randschärfe des Druckbildes ist mit *Abb. 6.4. a+b* dokumentiert. Unter *a* ist das Druckbild mit dem monofilen Polyestergewebe 95 T, unter *b* das Druckbild mit der gleichen Gewebenummer in der HD-Qualität wiedergegeben. Die Wertunterschiede in der Fadendicke (d) und der Maschenweite (w) beider Gewebe können der *Tabelle 2* unter *6.2.1.* entnommen werden.

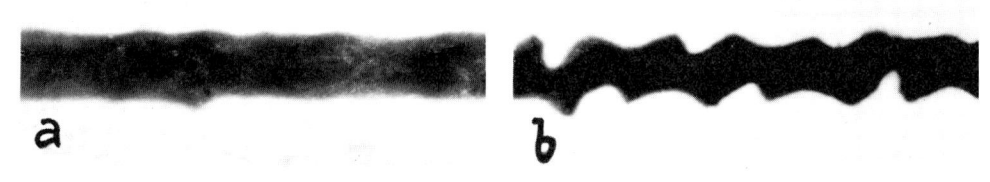

Abb. 6.4a. und b: Randschärfe des Druckbildes (Werkfoto: Züricher Beuteltuchfabrik-AG, Rüschlikon)

Optimale Randschärfen im Druckbild bedingen den Einsatz eines Gewebes mit einer auf die Feinheit des Druckbildes ausgerichteten Fadenzahl, einem niedrigen Wert für die Fadendicke (d) und einem hohen Wert für die Maschenweite (w) (w > d!).

Regel: Der negative Einfluß auf die Randschärfe des Druckbildes und auf die Druckbarkeit feiner Leiter verhält sich proportional zum Wert für die geschlossene Siebfläche (reziproker Wert der offenen Siebfläche F_o in %).

Der Grenzwert von etwa 70 µm für die Druckbarkeit feiner Strichbreiten im Siebdruck bedingt den Einsatz eines Gewebes mit einem guten Verhältnis zwischen der Fadenzahl und der offenen Siebfläche und eine bestimmte Winkellage der Schablonenkopie zum Fadenlauf des Gewebes.

Bei der Normalkopie, d.h. wird die Lineatur der Leiter parallel zum Fadenlauf des Gewebes oder in Winkellagen zwischen 0 bis etwa 10° einkopiert, verschiebt sich der Grenzwert auf etwa 200 µm. Der Einfluß des Kopierwinkels auf die Druckbarkeit feiner Leiter ist mit den *Abb. 6.5–7* dokumentiert. Wie aus den Abbildungen ersichtlich, wird die Druckbarkeit von Leitern unter 200 µm sehr stark durch das Gewebe beeinflußt, wenn die Linien der Schablonenkopie parallel mit den Fäden des Gewebes verlaufen oder mit einer Fadenrichtung einen Winkel zwischen 0 bis etwa 10° bilden. Dieser Einfluß vergrößert sich mit abnehmendem Wert für die offene Siebfläche des Gewebes wie auch mit der Feinheit der Leiter, Bei der Winkellage von 45° – siehe *Abb. 6.6.* – schneidet die Schablonenkopie die Kreuzungspunkte der Fäden oder Drähte des Gewebes regelmäßig an. Hiermit ist eine starke Verzahnung in den Konturen des Druckbildes und eine regelmäßig auftretende Verengung in der Leiterbreite verbunden.

Nach intensiven Laboruntersuchungen des Verfassers wird der kleinste gewebebezogene Grenzwert druckbarer Leiterbreiten und eine optimale Randschärfe im Druckbild mit einem Kopierwinkel von 22.5° erzielt *(siehe Abb. 6.7.)*.

Wird das Schablonengewebe zweckmäßig in einem Winkel von 22.5° auf den Schablonenrahmen aufgespannt, ist der drucktechnische Vorteil auch bei halb- und vollautomatischen Siebdruckmaschinen problemlos nutzbar.

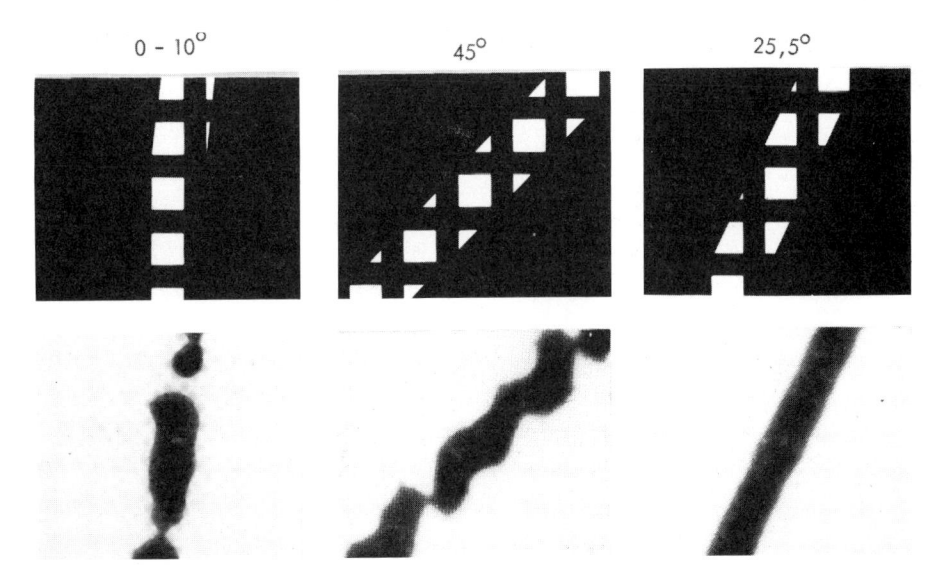

Abb. 6.5., 6.6., 6.7.: Einfluß der Kopierwinkel auf die Druckbarkeit feiner Leiter

Die 22.5°-Aufspannung ist mit einem weiteren, die relative Maßgenauigkeit des Siebdrucks positiv beeinflussenden Vorteil verbunden. Gegenüber der normalen Aufspannung, mit einer Parallellage der Fadenrichtungen zu den Rahmenschenkeln, verteilt sich die Dehnungsbelastung des Gewebes an den Rakelenden im Druckvorgang auf eine höhere Fadenzahl (*Abb. 6.8.a und b*).

Mit dem höheren Belastungswiderstand aus der größeren Fadenzahl und dem Verkettungseffekt der Fäden wird die Druckstreckung in der X- und Y-Achse der Schablone verringert (siehe 6.3.1. „Einflüsse auf die relative Maßgenauigkeit des Siebdrucks aus dem Druckvorgang").

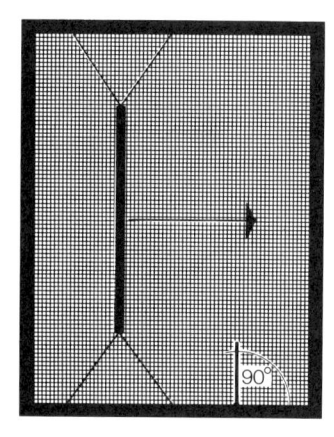

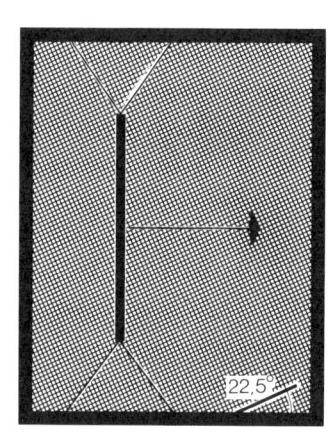

Abb. 6.8.: Maßgenauigkeit beim Siebdruck

Tabelle 4: Gewebebezogene Grenzwerte druckbarer Leiterbreiten

Gewebe-Nr. = Fadenzahl/cm	Leiterbreite in µm					
	Normal-Kopie		45°-Kopie		22.5°-Kopie	
	Pos.-Druck	Neg.-Druck	Pos.-Druck	Neg.-Druck	Pos.-Druck	Neg.-Druck
90 HD	400	400	400	400	400	400
95 T	175	150	150	125	100	100
100 T	200	175	200	175	200	175
120 T	175	150	150	125	80	60
140 T	250	175	200	175	175	150

Die Tabelle zeigt:
- Die äußersten Grenzwerte werden mit den Gewebenummern 95 T und 120 T bei einem Kopierwinkel von 22.5° erreicht.
- Für den Negativ-Druck liegen die gewebebezogenen Grenzwerte tiefer als für den Positiv-Druck.
- Gewebe in der T-Qualität führen bei gleicher Fadenzahl zu einem niedrigeren Grenzwert als Gewebe in der HD-Qualität.

In dieser Tabelle sind die Einflüsse auf den Grenzwert druckbarer Leiterbreiten und Isolationsabstände aus dem Kopiermaterial, der Druckfarbe und der Oberflächenstruktur des Bedruckstoffes nicht berücksichtigt. Der Schablonenquerschnitt, das Fließverhalten der Druckfarbe und die Oberflächenstruktur des Bedruckstoffes beeinflussen den Negativ-Druck feiner Leiter und Isolationsabstände in einem weit größeren Umgang als den Positiv-Druck.

Wie mit den Werten der *Tabelle 4* und den Schattenriß-Darstellungen in *Abb. 6.9.* verdeutlicht, erhöhen sich die Grenzwerte druckbarer Leiterbreiten bei Geweben mit weniger als 95 und mehr als 120 Fäden auf Grund der Verhältnisse zwischen Fadenzahl, Fadendicke und Maschenweite.

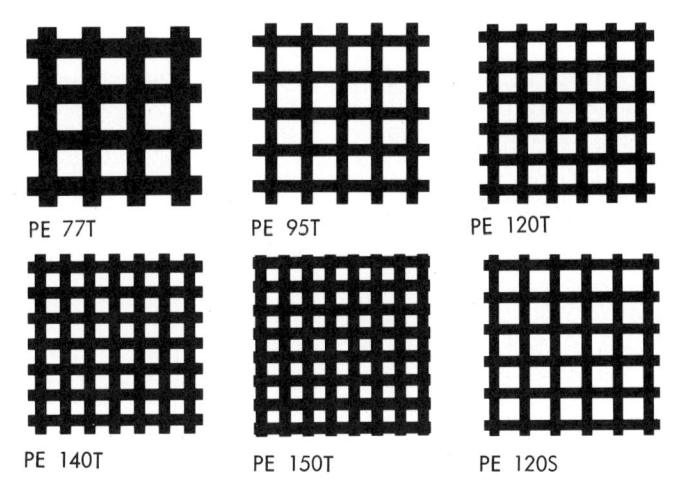

Abb. 6.9.: Fadenzahl, Fadendicke und Maschenweite

Gewebe in der S-Qualität haben durch den relativ niedrigen Wert der Fadendicke das bessere Verhalten in der Druckbarkeit feiner Leiter und in der Randschärfe des Druckbildes, werden aber auf Grund der gegenüber T- und HD-Geweben reduzierten mechanischen Belastbarkeit in der Leiterplatten-Herstellung weniger eingesetzt.

Es sei noch vermerkt, daß die 22.5°-Kopie praktisch nur beschränkt anwendbar ist, da die vorteilhafte Nutzung eine Parallelität und eine 90°-Richtungsänderung der Leiterzüge voraussetzt. Wo diese Geometrie gegeben ist oder im Layout der Leiterplatte Berücksichtigung findet, kann die 22.5°-Kopie zur Optimierung der qualitativen Leistungsfähigkeit des Siebdrucks beitragen.

6.2.1.6. Einflüsse des Gewebes auf die Dicke des Farb- oder Pastenauftrages

Neben der Auswahl des Gewebes nach den Kriterien aus den Anforderungen an die Maßgenauigkeit, die Feinheit und Randschärfe des Druckbildes, stellt die Leiterplatten-Herstellung die Anforderung an einen definierten, mit einer hohen Genauigkeit wiederholbaren Wert für die Dicke des Farbauftrages.

Im Siebdruck ist die Dicke der aufgedruckten Farbe im wesentlichen abhängig von:
- dem Gewebe
- der Schablonenart
- der Farbpaste
- der Härte des Rakelblattes
- dem Druckwinkel der Rakel
- der Rakelgeschwindigkeit
- der Oberflächenstruktur und Saugfähigkeit des Bedruckstoffes

Die vielzähligen Einflußfaktoren mit bestimmbaren und unbestimmbaren Größen machen eine exakte Vorausbestimmung der Farbauftragsdicke unmöglich. Aus den Hauptfaktoren lassen sich aber bestimmte Größen erfassen und in relative, für die Praxis brauchbare Werte umsetzen.

Unter allen Faktoren ist das Gewebe ein Hauptfaktor. Die Menge der durch das Gewebe gerakelten Druckfarbe ist von der Fadenzahl, der Fadendicke (d) und der Maschenweite (w) abhängig. Der die Einzelwerte zusammenfassende Bezugswert für die gewebebezogene Farbauftragsdicke ist das theoretische Farbvolumen des Gewebes V_G in cm^3/m^2.

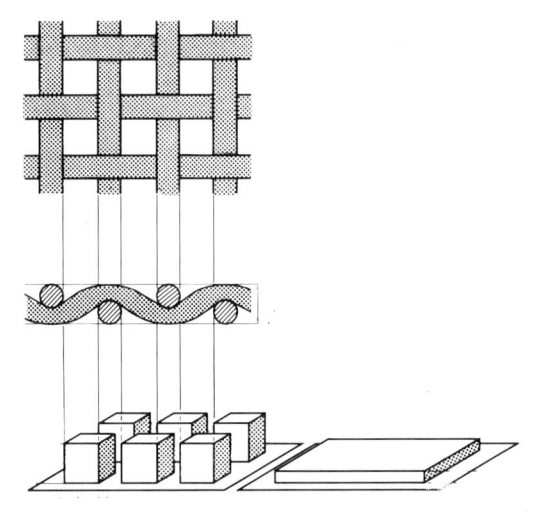

Abb. 6.10.: Aufbau des Farbfilmes im Siebdruck über drei Phasen

Wie mit *Abb. 6.10.* illustriert, baut sich der Farbfilm im Siebdruck über drei Phasen auf:

1. Die Druckphase

In der Druckphase werden Farbkuben auf den Bedruckstoff übertragen, deren Abmessung und Zwischenräume theortisch den Werten der Maschenweite, der Dicke und der Fadendicke des Gewebes entsprechen.

2. Die Verlauf- oder Schließphase

In der zweiten Phase werden die durch die Fäden des Gewebes verursachten Leer- oder Zwischenräume zwischen den Farbkuben mit Farbe aufgefüllt. Es bildet sich ein geschlossener Farbfilm wobei die Höhe der Farbkuben um den Teil abgebaut wird, der für die Auffüllung der Leer- oder Zwischenräume erforderlich ist.

Nach der Verlauf- oder Schließphase ist der für die theoretische Vorausbestimmung der Farbauftragsdicke wichtige Zwischenwert, die gewebebezogene Naß-Film-Dicke, gegeben.

Unter der Voraussetzung, daß die Maschen des Gewebes durch das Vorrakeln oder Fluten der Farbe im Druckvorgang mit Druckfarbe gefüllt sind und eine gute Siebauslösung ohne Farbrückstände im Gewebe erfolgt, ist die Naßfilmdicke ähnlich dem Wert für das theoretische Farbvolumen des Gewebes (Naßfilmdicke in um $\approx V_G$ cm^3/m^2).

Im einzelnen ist der Umfang der Farbschließung vom Verhältnis zwischen der Fadendicke und der Maschenweite des Gewebes, den Fließeigenschaften der Druckfarbe und der Oberflächenstruktur und der Saugfähigkeit des Bedruckstoffes abhängig. Eine nicht oder nur zum Teil erfolgte Farbschließung – bei groben Geweben mit dem Auge, bei feinen unter dem Mikroskop erkennbar – kann zu Durchschlägen im Ätz- oder Galvanoprozeß führen.

3. Die Trocknungsphase

In der Trocknungsphase wird die Naßfilmdicke der aufgedruckten Farbe um den Prozentwert flüchtiger Farbanteile auf die trockene Farbdicke reduziert.

Mit Kenntnis des Prozentwertes flüchtiger Farbbestandteile bzw. des reziproken Wertes (Festkörpergehalt der Druckfarbe in Prozent) kann ein theoretischer Annäherungswert der praktischen Farbauftragsdicke unter dem Einfluß des Schablonengewebes wie folgt berechnet werden:

$$\frac{V_G \, cm^3/m^2}{100}$$

Festkörpergehalt der Druckfarbe in %

Beispiel: Ein Gewebe mit $V_G = 22 \, cm^3/m^2$ führt in Verbindung mit einer Druckfarbe mit einem Festkörpergehalt von 60 % zu einer Farbdicke von etwa 13 µm

Für die Praxis ist die theoretische Ermittlung eines Gewebes für den Druck einer bestimmten Farbdicke von größerer Bedeutung. Mit Kenntnis über den Festkörpergehalt der Druckfarbe kann das Gewebe für den Druck einer bestimmten Fardicke wie folgt ermittelt werden:

$$\frac{\text{Sollwert der Farbdicke in µm}}{\text{Festkörpergehalt der Farbe in \%}} \cdot 100 = V_G$$

Beispiel: Gesucht wird ein Gewebe für den Druck einer Farbdicke von 20 µm. Der Festkörpergehalt der Druckfarbe ist 55 %.

$$V_G = \frac{20}{55} \cdot 100 = 36$$

Den technischen Listen der Gewebehersteller ist die Gewebenummer nach dem rechnerisch ermittelten Farbvolumen oder mit einem dem ermittelten Wert angenäherten Farbvolumen zu entnehmen. Im Beispiel könnte das gesuchte Gewebe ein Polyestergewebe 68 HD mit $V_G = 36 \, cm^3/m^2$ oder 73 T mit $V_G = 35 \, cm^3/m^2$ sein *(siehe 6.2.1. Tabelle 1)*.

Bei Leiterbreiten und Isolationsabständen mit und weniger als 3 mm wird die Dicke des Farbauftrages durch den Schablonenquerschnitt (Gewebequerschnitt + Querschnitt der Filmschicht) beeinflußt. Wird ein Gewebe mit $V_G = 22 \, cm^3/m^2$ beispielsweise mit einer Kopierlösung derart beschichtet, daß die trockene Filmschicht, auf der Druckseite der Schablone gemessen 15 µm über der Dicke des Gewebes liegt, ist die theoretische Naßfilmdicke:

V_G + Dicke der Filmschicht in µm = 22 + 15 = 37 µm

Hieraus ergibt sich bei einer Druckfarbe mit einem Festkörpergehalt von 60 % ein theoretischer Wert für die trockene Fardicke von:

$$\frac{\frac{V_G + \text{Dicke der Filmschicht}}{100}}{\text{Festkörpergehalt der Druckfarbe}} = \text{etwa 22 µm}$$

Das Beispiel zeigt, daß mit der Dicke der Filmschicht bei Leiterbreiten um und weniger als 3 mm die Farbdicke sehr stark beeinflußt werden kann. In der praktischen Nutzanwendung ist die Farbdicke mit dem Schablonengewebe und der Dicke der Filmschicht in einem großen Umfang steuerbar und jeder Aufgabenstellung anzupassen. Unerläßlich ist hierbei die absolute Beherrschung der Schablonenherstellungsmethode in Hinsicht auf einen kontrollierten Aufbau des Schablonenquerschnittes und dessen Wiederholgenauigkeit.

Weitestgehende Konstanz in der Härte des Rakelblattes, im Druckwinkel der Rakel, in der Rakelgeschwindigkeit und in der Rakelpression vorausgesetzt, können die theoretischen Berechnungsmöglichkeiten in Verbindung mit individuellen Erfahrungswerten in der Praxis nutzbar angewendet werden.

6.2.2. Siebrahmen

Aus der Funktion, den relativ hohen Spannungszustand des Gewebes stabil zu tragen, müssen Sieb- oder Schablonenrahmen eine im Verhältnis zu den Rahmenabmessungen starke Profilierung aufweisen. In der Herstellung von Leiterplatten kommen sogenannte selbstspannende Rahmen und Aufspannrahmen aus hohlprofilierten Alu- und Stahlrohren zum Einsatz.

Selbstspannende Rahmen empfehlen sich für die elastische Aufhängung von VA-Geweben und können für das Ausspannen von metallisierten Geweben eingesetzt werden. Polyester- und Nylongewebe sollten mit Hilfe eines Spanngerätes ausgespannt und auf Aufspannrahmen geklebt werden. Je nach dem Funktionsprinzip des Spanngerätes *(siehe 6.2.3.)* sind auch metallisierte Polyestergewebe in Verbindung mit Aufspannrahmen einzusetzen.

Aufspannrahmen aus hohlprofilierten Quadrat- oder Rechteckrohren aus Stahl sind auf Grund der höheren Festigkeitseigenschaften und der geringeren Längenausdehnung unter Temperaturschwankungen Aluminiumrahmen vorzuziehen.

Abb. 6.11 (Tabelle):

Rahmenwerkstoff	Δl µm bei $l = 100$ mm, $\Delta \vartheta = +10$ grd
Stahl	10.8
Aluminium	21.6

Neben der Anforderung an die Durchbiegungsfestigkeit der Siebrahmen, die auf eine Zugbelastung von 10 und mehr kp/cm ausgerichtet sein muß, sind hohe Anforderungen an die Torsionsfestigkeit und an die Planparallelität zu stellen. Die Durchbiegungsfestigkeit handelsüblicher Schablonenrahmen liegt aus Verarbeitungsgründen (Rahmengewicht) vielfach unter dem Belastungswert.

Für die Produktionssicherheit ist auch das Adhäsionsverhalten der Rahmenoberfläche gegenüber dem Schablonenkleber zu beachten. Besonders bei Alu-Rahmen, mit einem relativ schlechten Adhäsionsverhalten, schützt eine Spritzverzinkung der Rahmenoberfläche vor Schablonenausfällen durch eine vorzeitige Ablösung des Gewebes während der Siebherstellung und des Druckvorgangs.

In Hinsicht auf die relative Maßgenauigkeit des Siebdrucks ist auch das Flächenverhältnis zwischen der Schablonenkopie und dem Schablonenrahmen von nicht zu unterschätzender Bedeutung *(siehe 6.3.1. „Einflüsse auf die relative Maßgenauigkeit des Siebdrucks aus dem Druckvorgang")*.

6.2.3. Spanngeräte

Das fachgerechte Ausspannen der Gewebe ist ein Arbeitsvorgang mit großer Bedeutung auf die Druckeigenschaften der Schablone. Der Spannungszustand des Gewebes bestimmt

Siebherstellung

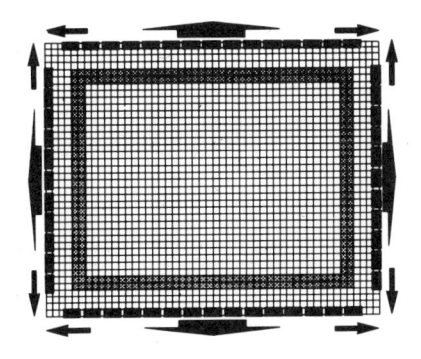

Abb. 6.12.: Faden- und drahtgerade Flächenspannung

Abb. 6.13.: Spanngerät

die Druckstreckung der Schablone in der Druckachse, das Moment der Siebabhebung aus dem aufgedruckten Farbfilm und hiermit die einstellbare Absprunghöhe, die im wesentlichen den Umfang elastischer Deformationen in der X- und Y-Achse der Schablone im Druckvorgang beeinflußt. Je höher die Absprungdistanz, desto ungenauer ist das Maßverhalten.

Ein gutes Druckergebnis und eine produktionssichere Druckabwicklung setzen eine richtige Spannung des Gewebes voraus. Das Gewebe ist richtig gespannt, wenn

- der Spannungszustand nach der Spannempfehlung des Gewebeherstellers eingestellt wird
- eine hohe Gleichmäßigkeit in der Flächenspannung besteht
- ein stabilisierter Spannungszustand erreicht ist

Die Erfüllung dieser Grundbedingungen ist abhängig von der Funktionstüchtigkeit des Spanngerätes und der Sorgfalt bei der Ausführung des Spannvorganges. Ein funktionsgerechtes Spanngerät ist durch einzelne Spannklammern mit einer leichten Roll- oder Gleitbewegung in der Parallelebene der Rahmenschenkel gekennzeichnet. Die Einfaßbreite der Klammer sollte so schmal wie möglich bemessen sein. Nur auf diesem Funktionsprinzip ist eine gleichmäßige und weitgehend faden- oder drahtgerade Flächenspannung zu erzielen (*siehe Abb. 6.12.*).

Mechanische Spanngeräte mit diesem Konstruktionsmerkmal, (*siehe Abb. 6.13.*) haben den Nachteil, daß der Schablonenrahmen im Moment der Spannentlastung des Spanngerätes schlagartig die relativ hohen Zugkräfte des Gewebes aufnehmen muß. Hierbei biegen sich die Rahmenschenkel, bei einer ungenügenden Durchbiegungsfestigkeit, konkav ein. Die Spannung des Gewebes fällt ab.

Pneumatische Kluppen-Spanngeräte normaler und meist gebräuchlicher Bauart nach *Abb. 6.14.* haben den Vorteil, daß die sich gegen die Rahmenschenkel abstützenden Spannelemente – siehe *Abb 6.15.* – eine ungenügende Durchbiegungsfestigkeit der Rahmenschenkel kompensieren (Ausgleich zwischen Zug- und Druckkraft).

Mit diesem Vorteil bleibt der Spannungszustand des Gewebes nach der Spannentlastung des Spanngerätes erhalten. Der Nachteil dieser Spanngeräte ist die starr zu nennende Gewebehalterung. Die für eine gleichmäßige Flächenspannung erforderliche Beweglichkeit der einzelnen Spannelemente in der Parallelebene der Rahmenschenkel ist nicht oder nur ungenügend gegeben. Auch der Reibungswiderstand aus dem Kontakt des Gewebes mit der Rahmenoberfläche im Spannvorgang führt zu einer ungleichen linearen Ausdehnung des Gewebes über die Mittel- und Randzonen des Rahmens. Demnach gleicht das Spannungsbild der schematischen Darstellung in *Abb. 6.16.*

Abb. 6.14.: Spanngerät, betrieben mit Preßluft

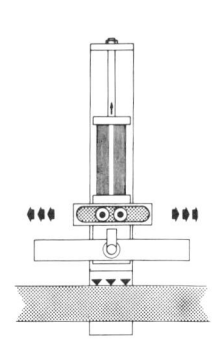

Abb. 6.17.: Spannungselemente

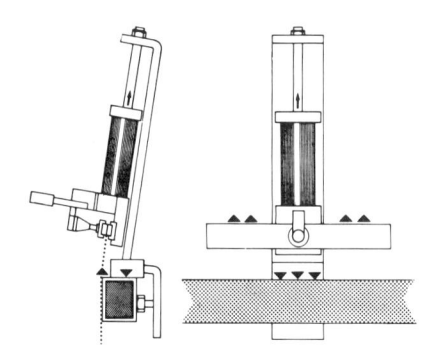

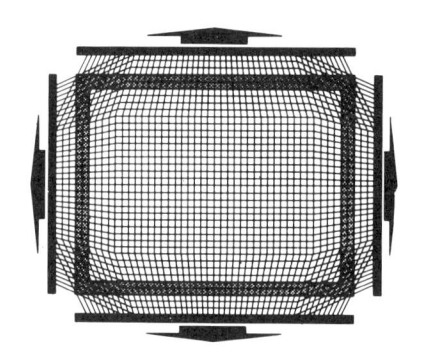

Abb. 6.15.: Spanngeräte beim Siebdruck

Abb. 6.16.: Spannungsbild, schematisch

Der Funktion besser gerecht werden pneumatische Kluppen-Spanngeräte, deren Spannelemente nach *Abb. 6.17.* konstruiert sind. Mit der Seitenbeweglichkeit der einzelnen Gewebehalterungen wird eine höhere Gleichmäßigkeit in der Flächenspannung erzielt.

6.2.4. Spannungsmeßgeräte

Mit dem durch den Spannwert des Gewebeherstellers festgelegten Spannungszustand ist ein Ausdehnungsgrad definiert, bei welchem die dem Gewebe verbleibende Restelastizität die Dehnungsbelastung aus dem Druckvorgang ohne bleibende Verformung aufnehmen kann. Aus einer Mißachtung der Spannwerte des Gewebeherstellers können folgende Probleme auftreten:
- eine schlechte Siebabhebung hinter der Druckrakel und hiermit ein unsauberes, verschmiertes Druckbild
- eine relativ hohe Druckstreckung der Schablone unter der Rakelpression und dem Rakelvorschub mit hieraus resultierenden Form- und Lageänderungen im Druckbild
- eine irreversible Gewebedeformation mit an Umfang zunehmenden Bildverzerrungen im Auflagendruck

Der nur auf das wesentliche beschränkte Hinweis auf anfallende Druckschwierigkeiten aus dem Spannungszustand des Gewebes soll verdeutlichen, daß eine kontrollierte, d.h. gemessene Spannung eine Grundvoraussetzung für das Einhalten von Toleranzen und einen sicheren Fertigungsablauf ist.

Spannungsmeßgeräte mit einem elektronischen Meßprinzip und einer absoluten Meßwertanzeige in Newton per cm (N/cm) sind hierfür bestens geeignet (*Abb. 6.18.*).

Weniger genau, aber für relative Vergleichsmessungen brauchbar, sind mechanische Meßuhren mit der Anzeige eines relativen Meßwertes (*Abb. 6.19.*). Weiter bieten sich Spannungsmeßgeräte auf dem Meßuhr-Prinzip mit dem Anzeigewert ≈ N/cm an. Das Modell «Tetkomat W» mit einem Meßbereich von 16 N/cm bis 40 N/cm ist für die Spannungskontrolle von VA-Geweben, das Modell «Tetkomat F» – siehe *Abb. 6.20.* – mit einem Meßbereich von 7–20 N/cm, für das Messen der Spannung von Nylon-, Polyester- und metallisierten Polyestergeweben ausgerichtet. Die *Tetkomat*-Modelle ermöglichen eine sichere und einfache Kontrolle der Gewebespannung. Eine einfache Funktionskontrolle und schnell durchführbare Justierung, wenn die Zeigerstellung vom Eichpunkt auf der Meß-Skala abweicht, gewährleisten einen problemlosen Einsatz.

Mit den vorgenannten Spannungsmeßgeräten kann der Spannungszustand des Gewebes nach den Spannwertangaben der Gewebehersteller in N/cm in beiden Webrichtungen gleichmäßig eingestellt werden.

Nicht zu empfehlen ist die Kontrolle der Gewebespannung über den bar-Wert bzw. in kp/cm² des Manometers pneumatischer Spanngeräte. Der lineare Ausdehnungswert des Gewebes bei einem bestimmten Manometerwert ist abhängig von

- dem Kolbendurchmesser des Luftzylinders
- der Einfaßbreite der Spannklammer
- der Anzahl der für die Bespannung der Rahmengröße erforderlichen Spannelemente
- der Spannzeit

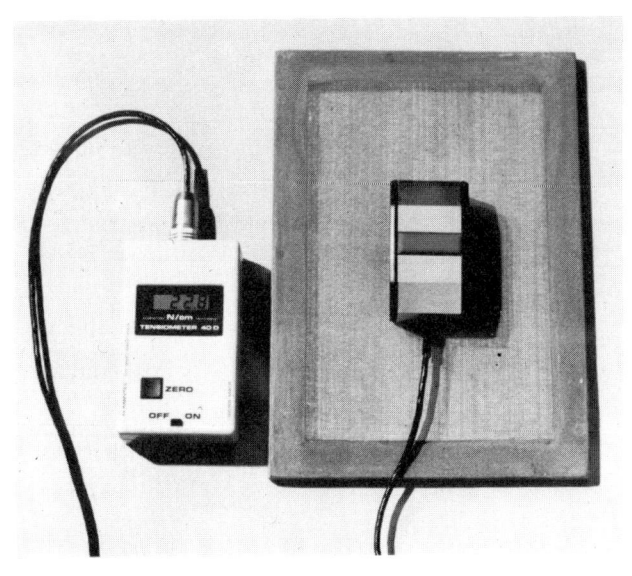

Abb. 6.18.: Spannungsmeßgerät (Werkfoto: Heinrich Mantel, Wädenswil/Schweiz)

Abb. 6.19.: Meßuhr (Werkfoto: Seriplastica GmbH, München)

Abb. 6.20.: Meßuhr für die Spannungskontrolle (Werkfoto: Züricher Beuteltuchfabrik AG)

Aus einem relativ hohen Manometerwert und einer sehr kurzen Spannzeit ergibt sich praktisch der gleiche Ausdehnungswert wie aus einem niedrigen Manometerwert und einer langen Spannzeit.

Die Spannzeit beeinflußt das Stabilitätsverhalten der Gewebespannung und ist somit ein wichtiger Faktor des Spannvorgangs.

6.2.5. Der Spannvorgang

Für eine optimale Gewebespannung müssen folgende Voraussetzungen erfüllt werden:
- Gewebe fadengerade in den Spannklammern befestigen
- Den Endwert für den Spannungszustand (Spannwertangabe des Gewebeherstellers) langsam, d.h. mit zeitgleichen Spannpausen in einer Spannzeit von minimal 15 Minuten aufbauen
- Durch wiederholte Meßkontrollen in beiden Webrichtungen auf Gleichmäßigkeit der Kett- und Schuß-Spannung und der Flächenspannung achten
- Ein funktionsgerechtes Spannungsmeßgerät mit direkter Anzeige in N/cm oder ≈ N/cm einsetzen
- Bei pneumatischen Spanngeräten ist das Gewebe sofort auf den Rahmen zu kleben, wenn der Endwert für den Spannungszustand über eine minimale Spanndauer von 15 Minuten eingestellt ist.

Mit der Spannwertangabe des Gewebeherstellers ist der Spannungszustand des Gewebes aus dem Spannvorgang mit einer Spannzeit von 15 Minuten definiert. Der Wert für den Spannungszustand aus dem Spannvorgang ist nicht identisch mit der Gebrauchsspannung des Gewebes.

Die einzelnen Gewebearten unterliegen einem Spannungsabfall unterschiedlicher Größe. Bei monofilen Polyestergeweben liegt der Spannungsabfall bei 2–3 N/cm. In den ersten vier Stunden nach Ende des Spannvorganges fällt die Spannung relativ steil ab, verflacht mehr und mehr und erreicht nach 48 Stunden den Endwert. Erst nach 48 Stunden hat sich der Spannungszustand stabilisiert. Da der Spannungsabfall zwischen 24 und 48 Stunden unter 1 N/cm liegt, können die bespannten Rahmen nach aber nicht vor 24 Stunden weiterverarbeitet werden.

Weiter ist zu beachten, daß alle Schablonengewebe ein unterschiedliches Dehnungsverhalten in den beiden Webrichtungen (Kett- und Schußrichtung) aufweisen. Herstellungstechnisch bedingt ist die Kettrichtung (Längsrichtung) von VA-Geweben dehnungsfester als die Schußrichtung (Breite des Gewebes). Bei monofilen Polyestergeweben und metallisierten Polyestergeweben ist das unterschiedliche Dehnungsverhalten reziprok, hier ist die Schußrichtung (Breite des Gewebes) dehnungsfester als die Kett- oder Längsrichtung des Gewebes. Unter Berücksichtigung der unterschiedlichen Dehnungsbelastung in der X-Achse (Druckachse) und Y-Achse (Querachse) der Schablone im Druckvorgang – *siehe 6.3.1.* – sollte das Gewebe derart in das Spanngerät eingelegt bzw. auf dem Rahmen aufgespannt werden, daß die Webrichtung mit der höheren Dehnungsfestigkeit in der Druckachse liegt. Mit dieser Maßnahme wird die Druckstreckung der Schablone unter der Rakelpression und dem Rakelvorschub reduziert und die höhere Dehnungsbelastung in der Y-Achse mit der höheren Elastizität aufgefangen.

6.2.6. Herstellung der Druckform

Siebdruckschablonen werden nach der Art des Kopiermaterials und der Herstellungsmethode in vier Gruppen aufgegliedert. Man unterscheidet zwischen:

- der direkten Fotoschablone
- der indirekten Fotoschablone
- der kombinierten Fotoschablone
- der Direkt-Film-Fotoschablone

„Direkt-Schablone" ist der Fachbegriff für die Schablonenart, die mit einer Kopierlösung hergestellt wird. Die Kopierlösung wird manuell mit einer Beschichtungsrinne oder mit einem Beschichtungsautomaten auf das Gewebe aufgetragen.

Die Bezeichnung „Indirekt-Schablone" ist vom Kopiermaterial, ein indirekter Schablonenfilm, abgeleitet worden. Im Gegensatz zu den Kopiermaterialien, die im Verbund mit dem Gewebe kopiert werden, geht die Schablonenkopie und das Entwickeln der Schalonenkopie eines indirekten Filmes der Verbindung mit dem Gewebe voraus.

Die „Kombi- oder kombinierte Schablone" ist eine Kombination aus einem Schablonenfilm und einer Kopierlösung. Der Schablonenfilm wird mit der Kopierlösung an das Gewebe übertragen und im Verbund mit dem Gewebe kopiert.

Die „Direkt-Film-Schablone" – eine Neu-Entwicklung – unterscheidet sich von der Kombi-Schablone durch eine direkte Übertragungsmöglichkeit des Filmes an das Gewebe ohne Kopierlösung. Die ausgezeichnete Haftung basiert auf der Quellung der Filmoberfläche, herbeigeführt durch das mit Wasser benetzte Gewebe (*Abb. 6.21. und 6.22.*).

Die Auswahl der Schablonenart richtet sich nach den Kriterien der Druckaufgabe. Im Auflösungsvermögen, d.h. in den einkopierbaren Strichfeinheiten, besteht bei qualitativ hochwertigen Kopiermaterialien zwischen den vier Schablonenarten kein wesentlicher Unterschied. Die Unterscheidungsmerkmale sind durch den mit der Schablonenart aufbaubaren Schablonenquerschnitt und durch die Auflagenfestigkeit gekennzeichnet. Einflüsse aus der Herstellung, den klimatischen Verhältnissen im Arbeitsraum und aus den Druckbedingungen führen zu größeren Schwankungen in der Druckqualität und in der Auflagenfestigkeit einer Schablone.

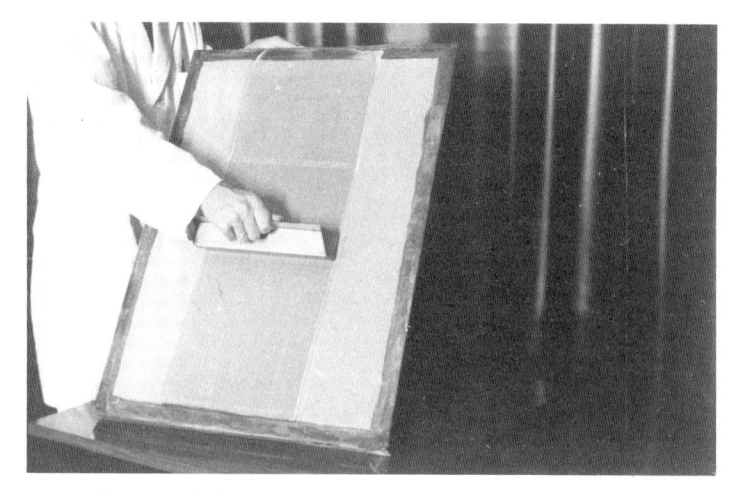

Abb. 6.21.: Auftragen von Kopierschichten auf Siebdruckrahmen

Abb. 6.22.: Anbringen eines Pigmentfilmes auf den mit Sensibilisator versehenen, mit Polyester bespannten Geweberahmen

Aus praktischen Erfahrungswerten liegt die duchschnittliche Auflagenfestigkeit einer indirekten Schablone zwischen etwa 2000–4000 Drucken, die der Kombi- und Direkt-Film-Schablone bei etwa 60000–80000 und die der direkten Schablone zwischen etwa 5000 bis über 100000 Drucken. Der große Wertbereich in der Auflagenfestigkeit von Direkt-Schablonen ergibt sich aus dem mit der Art der Gewebebeschichtung erzielten Schablonenquerschnitt.

Feine Leiterbreiten und Isolationsabstände sind bei der Schablonenkopie aller Schablonenfilme, die im Verbunde mit dem Gewebe kopiert werden, einer Unterstrahlung unterworfen. Im Kopiervorgang wird das Licht der Kopierlampe von den Fäden synthetischer Gewebe reflektiert. Die reflektierenden Strahlen härten den Schablonenfilm unter der Zeichnung der Kopiervorlage. Die Unterstrahlung führt zu einer Verengung positiver und zu einer Verbreiterung negativer Linienzüge der Kopiervorlage. Im äußersten Fall kopieren feine Positiv-Linien zu, d.h. die Linien lassen sich nicht mehr auf- oder auswaschen. Demnach ist der Einsatz eines Nylon- oder Polyestergewebes mit einem hohen Unterstrahlungsschutz – einer die Funktion optimal erfüllende Rot-Einfärbung – eine Voraussetzung für die problemlose Verwendung einer Direkt-, Kombi- oder Direkt-Film-Schablone für den Druck feiner Leiter und Isolationsabstände.

Für Druckaufgaben mit wechselnden Anforderungen an die Dicke des Farbauftrages ist die Direkt-Schablone von Vorteil. Über die Beschichtungsdicke des Gewebes mit der Kopierlösung kann praktisch jeder dem Sollwert der Farbdicke entsprechender Schablonenquerschnitt aufgebaut werden. Ein Nachteil liegt allerdings in der nicht unproblematischen Repetierbarkeit einer definierten Beschichtungsdicke aus den Unzulänglichkeiten der manuellen Gewebebeschichtung. Ein neu entwickelter Beschichtungsautomat kombiniert den Vorteil der Direkt-Schablone aus der großen Bereichauswahl einstellbarer Filmdicken mit einer optimalen Flächengleichmäßigkeit und einer hohen Wiederholgenauigkeit einer bestimmten Filmdicke. Mit dem Beschichtungsautomaten *Typ H 41* *(Abb. 6.23.)* kann über eine entsprechende Programmeingabe das Gewebe beidseitig, druckseitig, rakelseitig und in einer Kombination dieser Möglichkeiten ein- bis mehrfach beschichtet werden. In Verbindungen mit einer stufenlos regelbaren Beschichtungsgeschwindigkeit und der Möglichkeit, die Beschichtung aufwärts oder abwärts durchzuführen, kann praktisch jede Filmdicke mit in sehr engen Toleranzen liegender Flächengleichmässigkeit und Wiederholgenauigkeit eingestellt werden. Der Beschichtungsautomat H41 ist für alle Rahmenformate, die in der Leiterplattenherstellung zum Einsatz kommen, geeignet. Den hohen Anforderungen an die Rahmenbeschichtung in der Dickfilmtechnik wird das Tischmodell *Typ H 45* gerecht *(Abb. 6.24.).*

Indirekte Schablonenfilme mit einer durchschnittlichen Ursprungsdicke von 25 μm vergrößern den Gewebequerschnitt um etwa 8–10 μm. Bei diesen niedrigen Werten ist die Wiederholgenauigkeit relativ hoch, der Einfluß der Filmdicke auf die Dicke des Farbauftrages jedoch sehr gering.

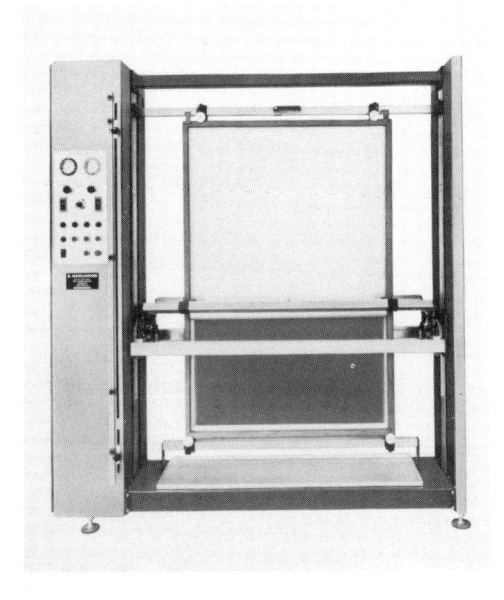

Abb. 6.23.: Automat. Beschichtungsanlage (Werkfoto: E. Harlacher, Urdorf/Schweiz, Typ H 41)

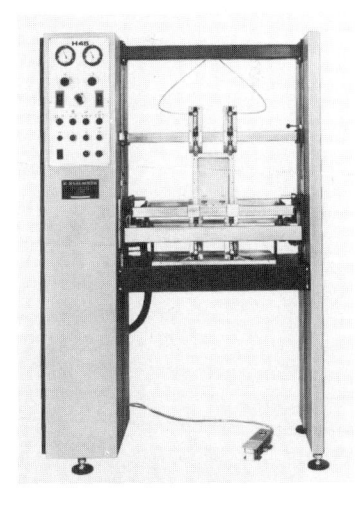

Abb. 6.24.: Automat. Beschichtungsanlage, speziell für Dickschicht-Siebe (Werkfoto: E. Harlacher, Urdorf/Schweiz, Typ H 45)

Kombi- und Direkt-Schablonenfilme mit den gebräuchlichen Ursprungsdicken zwischen 28 und 34 µm vergrößern den Gewebequerschnitt um etwa 12–20 µm. Unter der Voraussetzung einer richtigen Filmverarbeitung ist auch bei diesen Schablonenarten der Schablonenquerschnitt mit relativ kleinen Abweichungen repetierbar. Bei Druckaufgaben mit wechselnden Anforderungen an die Dicke des Farbauftrages liegt der Nachteil der Indirekt-, Kombi- und Direkt-Film-Schablone in der Beschränkung variierbarer Filmdicken.

6.2.6.1. Einflüsse aus dem Querschnitt der Schablone auf die qualitative und kapazitive Leistungsgrenze des Siebdrucks

Die qualitative Druckleistung der Schablone, d.h. die Druckbarkeit feiner Leiter und die Randschärfe des Druckbildes, ist neben den Einflüssen aus dem Schablonengewebe (*siehe 6.2.1.5.*) vom Querschnitt der Schablone abhängig. Der Schablonenquerschnitt bestimmt die von den Flanken oder den Druckschultern der Schablonenkopie abhängige Farbbegrenzung im Druckbild. In *Abb. 6.25.* ist die sich aus dem Filmquerschnitt ergebende Druckschulter einer Indirekt-Schablone dargestellt. Bei der Kombi- und Direkt-Film-Schablone liegen die Verhältnisse ähnlich, nur ist hier die Druckschulter auf Grund des höheren Filmquerschnittes stärker ausgeprägt. Durch die Übertragung einer festen Filmschicht auf die Druckseite des Gewebes erhält man mit der Indirekt-, Kombi- und Direkt-Film-Schablone gut ausgeprägte Flanken oder Druckschultern in der Schablonenkopie mit einer randscharfen Farbbegrenzung im Druckbild.

Bei der Direkt-Schablone liegen die Verhältnisse anders. Wird nur das Querschnittvolumen des Gewebes mit Kopierlösung aufgefüllt, trocknet die Filmschicht konkav in den Maschen des Gewebes ein (*Abb. 6.26.*).

Abb. 6.25.: Druckschulter einer Indirekt-Schablone

Abb. 6.26.: Oben Naßfilm, unten Trockenfilm

Die in der elektronischen Industrie gebräuchlichen Kopierlösungen haben einen Festkörpergehalt zwischen etwa 30 und 40 %. Wird beispielsweise das Maschenvolumen eines Gewebes mit einer Dicke von 60 µm mit einer Kopierlösung mit einem Festkörpergehalt von 30 % ausgefüllt, so reduziert sich die Naßfilmdicke von 60 µm auf eine trockene Filmdicke von 18 µm. Nach *Abb. 6.27.* führt der konkave Filmquerschnitt in den Maschen des Gewebes zwangsläufig auch zu einem konkaven Eintrocknen der Filmschicht in den Konturen der Schablonenkopie. Infolge der zu wenig ausgeprägten, im Druckvorgang nicht auf dem Bedruckstoff aufliegenden Druckschultern unterwandert die Druckfarbe die Konturen der Schablonenkopie. Die Folge, ein Verschmieren bis Zudrucken negativer Linien im Druckbild (feine Leiter beim Subtraktiv- oder Isolationsabstände beim Subtraktiv-Verfahren) und unsaubere verzahnte Druckkonturen, ist besonders in der Druckrichtung stark ausgeprägt (*Abb. 6.28.*).

Die für ein qualitativ gutes Druckergebnis im Siebdruck erforderliche Druckschulter in der Schablonenkopie ist bei der Direkt-Schablone mit der Beschichtungsdicke des Gewebes aufzubauen. Nach der Faustregel sollte die Filmschicht 25 % über der Dicke des beschichteten Gewebes liegen (*Abb. 6.29.*). Ausgehend von einer Kopierlösung mit dem relativ hohen Festkörpergehalt von 45 %, muß ein Gewebe mit einer Dicke von 60 μm mit einer Naßfilmdicke von etwa 170 μm beschichtet werden, um einen Schablonenquerschnitt von 75 μm (60 μm Gewebedicke + 25 %) zu erzielen.

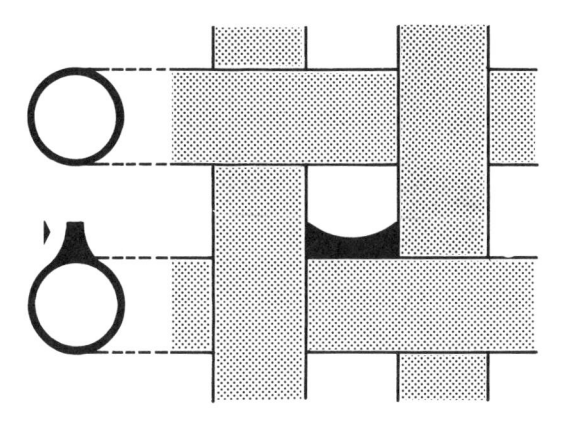

Abb. 6.27.: Konkaves Eintrocknen der Filmschicht

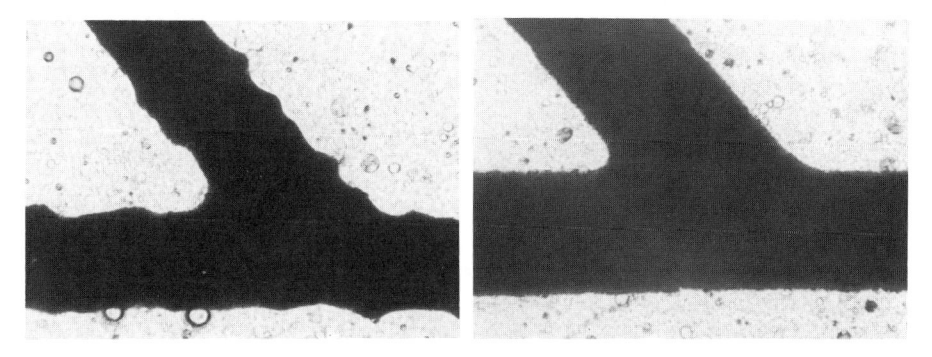

Abb. 6.28.: links: Druckbild nach einer dünn beschichteten Direkt-Schablone, rechts: nach einer korekten Direkt-Schablone (Werkfotos der Züricher Beuteltuchfabrik AG)

Abb. 6.29.: Nach der Faustregel sollte die Filmschicht 25 % über der Dicke des beschichteten Gewebes liegen

Ohne eine mehrfache Naß-in-naß-Beschichtung oder eine Beschichtungsfolge mit Zwischentrocknungen ist der für eine optimale Druckqualität erforderliche Schablonenquerschnitt nicht zu erzielen. Der Schablonenfilm muß auf der Druck- oder Unterseite der Schablone aufgebaut sein. Mit einer Erstbeschichtung der Druckseite, einer Folgebeschichtung der Rakelseite des Gewebes und einer waagerechten Trocknungslage, mit untenliegender Druckseite, wird diese Voraussetzung erfüllt. Eine exakte Kontrolle der Beschichtungsdicke wird mit einem Dickenmeßgerät mit einem zerstörungsfreien Meßprinzip durchgeführt. Nur eine exakte Kontrolle bietet die Gewähr für eine hohe Wiederholgenauigkeit des Schablonenquerschnittes und der hieraus resultierenden Dicke des Farbauftrages.

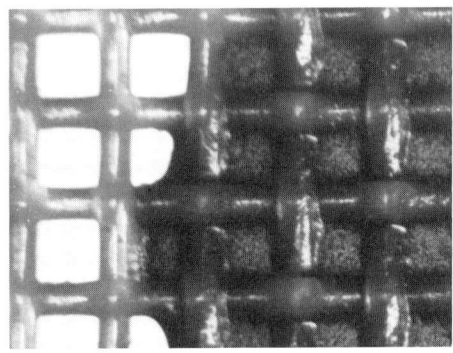

Abb. 6.30.: Filmschicht ist zu dünn (Werkfoto: der Züricher Beuteltuchfabrik AG)

Eine einfache Kontrolle der qualitativen Druckeigenschaft der Schablone aus der Dicke der Gewebebeschichtung kann mit einer etwa 40-fach vergrößernden Lupe vorgenommen werden. Sind die Fäden oder Drähte des Gewebes auf der Druckseite der Schablone nicht in die Filmschicht eingebettet – *siehe Abb. 6.30.* – ist die Filmschicht zu dünn. Mit dieser einfachen und schnell durchführbaren Kontrolle der Beschichtungsdicke lassen sich Schablonenausfälle vermeiden. Zeigt die Kontrolle eine zu dünne Filmschicht, kann dieser Fehler durch Nachbeschichtung korrigiert werden.

Die kapazitive Druckleistung einer Direkt-Schablone ist auch vom Aufbau der Filmschicht abhängig. Je mehr das Gewebe in die Filmschicht eingebettet ist, desto höher ist die Standzeit der Schablone.

6.2.6.2. Die Belichtung

Eine gute Schablonenkopie bedingt einen absoluten Kontakt der Kopiervorlage mit dem Schablonenfilm und eine richtige Belichtungszeit. Eine Kopieranlage, bestehend aus einem Vakuum-Kopierrahmen und einer Metall-Halogenid-Kopierlampe mit einer Lichtleistung von 5000 Watt, bietet ideale Voraussetzungen. (*Abb. 6.31.*).

Die Belichtung hat einen großen Einfluß auf die qualitative und kapazitive Druckleistung der Schablone.

Indirekte Schablonenfilme sind so zu belichten, daß etwa zwei Drittel der Ursprungsdicke gehärtet oder vernetzt werden. Liegt der Härtungsumfang wesentlich unter diesem Wert, wird der Film zu dünn, um der mechanischen Belastung im Druckvorgang widerstehen zu können. Eine Härtung von mehr als zwei Drittel des Filmquerschnittes, aus einer zu langen Belichtung, verschlechtert das Haftvermögen am Gewebe und führt somit zu Problemen bei der Übertragung des Films an das Schablonengewebe und bei der Auflagenfestigkeit.

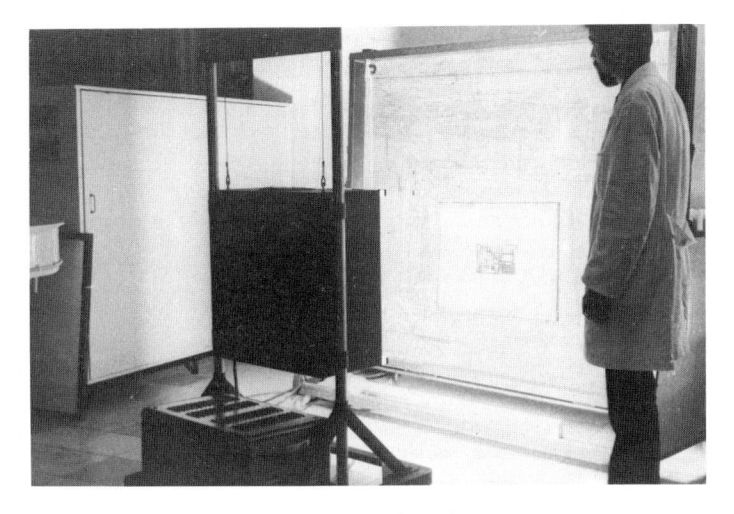

Abb. 6.31.: Kopieranlage

Bei Kombi-, Direkt-Film- und Direkt-Schablonen ist die Belichtungszeit auf eine absolute Durchhärtung des Filmquerschnittes auszurichten. Wird nach der Darstellung in *Abb. 6.32.* aus der Belichtungszeit nur ein Teil des Filmquerschnittes gehärtet, spült man den ungehärteten Teil beim Auswaschen der Schablonenkopie ab. Der durch die zu kurze Belichtungszeit reduzierte Filmquerschnitt gleicht dem Filmquerschnitt aus einer zu dünnen Beschichtung des Gewebes. Bei Kombi-, Direkt- Film- und Direkt-Schablonen erkennt man Unterbelichtungen an der An- und Ablösung der Filmschicht auf der Rakelseite der Schablone beim Auswaschen der Schablonenkopie.

nicht gehärtet

gehärtet

Abb. 6.32.: Filmschicht

Nach einer optimalen Durchhärtung der Filmschicht ist die relative Wasserfestigkeit auf der Druck- und Rakelseite gleich.

Kopiermaterialien, deren Lichtempfindlichkeit auf einem Chromat basiert, sollten unmittelbar nach der Trocknung belichtet werden. Chromate führen zu einer Dunkelreaktion, d.h. zu einer einsetzenden und fortschreitenden Vernetzung der Filmschicht unter Lichtabschluß. Bei Kopiermaterialien auf Diazo-Basis wird die Vernetzung erst unter Lichteinfluß ausgelöst. Mit diesem Vorteil können Kopiermaterialien auf Diazo-Basis, mit dem Gewebe verbunden, vor Lichteinfluß geschützt, über einen längeren Zeitraum gelagert und nach Bedarf kopiert werden.

Alle Filmschichten des Siebdrucks, deren Schablonenkopie mit Wasser ausgewaschen wird, haben die höchste Lichtempfindlichkeit in einem optimalen Trocknungszustand. Mit zunehmendem Wassergehalt aus einer ungenügenden Trocknung oder aus den klimatischen Bedingungen der Arbeitsräume nimmt die Lichtempfindlichkeit ab.

6.2.6.3. Klimatische Einflüsse auf die Druckqualität und die kapazitive Druckleistung der Schablone

Klimatische Einflüsse, insbesonders Feuchtigkeitseinflüsse, können den Zustand der Filmschicht und somit die qualitative und quantitative Druckleistung der Schablone stark verändern. Filmschichten, deren Schablonenkopie mit Wasser ausgewaschen werden, sind hydrophil, d.h. nehmen Wasser oder Wasserdampf aus der Umgebungsluft auf. Diese Eigenschaft wird auch mit der Vernetzung oder der Lichthärtung nicht ganz aufgehoben.

Das Aufnahmevermögen von Wasser oder Wasserdampf ist von den Grundstoffen des Kopiermaterials und dem Vernetzungsgrad aus der Belichtung abhängig. Der Trocknungszustand der Filmschicht vor der Schablonenkopie beeinflußt die Lichtempfindlichkeit und folglich den Vernetzungsgrad aus der Belichtung. Demnach stellt die Trocknung der Fimschichten gewisse Bedingungen an das Raumklima. Ideal wäre ein Klima mit einer relativen Luftfeuchtigkeit von etwa 20 %. Dieser Wert ist in der Praxis kaum gegeben. In einem normalen Klima, mit einer Temperatur von 20°C und einer relativen Luftfeuchtigkeit zwischen etwa 50 und 60 %, werden die Druckqualität und die Standfestigkeit der Schablone praktisch nicht beeinflußt, wenn die Filmschichten vor der Schablonenkopie in einen der vorherrschenden Luftfeuchtigkeit entsprechenden Trocknungszustand gebracht werden.

Bei einer relativen Luftfeuchtigkeit von 70 % und höher wird die Druckqualität und Standfestigkeit der Schablone negativ beeinflußt, selbst dann, wenn die Trocknung der Filmschicht in einem Trockenschrank erfolgt. Nach der Entnahme aus dem Trockenschrank stellt sich zwischen der Filmschicht und der Umgebungsfeuchtigkeit sehr schnell ein Gleichgewichtszustand ein. Trockenschränke für das Trocknen von Filmschichten erfüllen nur dann ihre Funktion, wenn eine schnelle und ausreichende Abführung der eingeführten Luftmenge gewährleistet ist. Bei ungenügender Abführung der in den Trockenschrank eingeleiteten Luftmenge reichert sich diese sehr schnell mit Wasserdampf an. Auch sollte der Trockenschrank nicht in den Arbeitsräumen plaziert sein, wo das Entfetten, Auswaschen und Entschichten der Schablonen zu einer Feuchtigkeitsanreicherung der Umgebungsluft führen.

Eine höhere relative Luftfeuchtigkeit in den Druckräumen führt zu einer Quellung der Filmschicht. Hierbei werden die positiv druckenden Linienbreiten in der Schablonenkopie verengt, die negativ druckenden Linienbreiten verbreitert, und die Standzeit der Schablone wird reduziert.

Auch hydrophile Lösungsmittel, d.h. Lösungsmittel, die Wasser aus der Umgebungsluft aufnehmen und mit Wasser mischbar sind, wie Aethylglykol, Aethylglykol-Azetat, Butylglykol-Azetat, Diaceton-Alkohol und andere, können ein Anquellen der Filmschichten und somit Schablonendefekte auslösen.

Eine niedrige relative Luftfeuchtigkeit in den Druckräumen führt zu Druckproblemen aus der elektrostatischen Aufladung der Schablone (Reibungselektrizität). Für eine problemlose Druckabwicklung sollte die relative Luftfeuchtigkeit in den Arbeitsräumen nicht unter 50 % und nicht über 65 % liegen.

Größere Änderungen in der Temperatur beeinflussen das relative Maßverhalten der Schablone. Unter normalen Arbeitsbedingungen sind höhere Schwankungen in der Temperatur eher selten. Bei der Schablonenkopie, insbesondere bei der relativ langen Belichtung von Kombi- Direkt-Film- und Direkt-Schablonen sind jedoch die Kopiervorlage und die Schablone einer relativ hohen Temperatur-Belastung ausgesetzt. Bei einer Raumtemperatur von 20°C wird die Glasscheibe des Vakuum-Kopierrahmens bei der Schablonenkopie bis auf etwa 60°C erwärmt.

Der durchschnittliche Dezimalwert des prozentualen Temperaturkoeffizienten von Kopiervorlagen mit einem Zeichnungsträger auf Polyesterbasis, wie *„Cronar"*, *„Estar-Film"*, *„Mylar"*, u.a., ist 0.000025 (0.0025 %).

Nach der Gleichung: Temperatur-Koeffizient x Filmformat x Temperatur-Differenz = Maßänderung (mm), führt ein Temperaturanstieg von 20°C auf 60°C bei einem Filmformat von 500 mm zu einer theoretischen Maßänderung der Kopiervorlage von 0.5 mm. Soll eine Filmtoleranz von +/-0.025 mm bei einem Filmformat von 500 mm eingehalten werden, liegt die zulässige Temperaturdifferenz bei 2°C. Die Einhaltung einer Toleranz von 0.05 mm erlaubt eine Temperaturdifferenz von 4°C.

Eine Kühlung der Glasscheibe des Kopierrahmens auf die für das Filmformat und die Filmtoleranz zulässige Temperaturdifferenz ist eine absolute Voraussetzung in der Schablonenherstellung. Die Kühlung kann mit Luft oder mit einer Wasserberieselung der Glasscheibe des Kopierrahmens durchgeführt werden. Je nach der für den täglichen Fertigungsablauf erforderlichen Schablonenanzahl bietet sich alternativ ein zweiter Kopierrahmen für eine wechselnde Einsatz- und Abkühlfolge an.

6.2.6.4. Entschichten

Nach Schablonendefekten oder nach Beendigung der Druckauflage können die Schablonen entschichtet, d.h. die Filmschichten vom Schablonengewebe abgelöst werden. Die Entschichtung erfolgt durch eine oxidative Reduktion mit Entschichterlösungen wie Enzyme für indirekte Schablonenfilme und Natriumhypochlorit oder Perjodate für Kombi-, Direkt-Film- und Direkt-Schablonen. Enschichter auf Perjodat-Basis stehen auch als Pasten zur Verfügung.

Vor und während der Entschichtung ist folgendes zu beachten:
- Die Filmschichten müssen gründlich von Farbrückständen gereinigt werden.
- Entschichter-Lösung oder -Paste auf beide Seiten der Schablone auftragen und ca. 10 Minuten einwirken lassen.
- Die angelöste Filmschicht mit einem starken Wasserstrahl ausspritzen.
- Bei Kopiermaterialien auf Diazo-Basis sollte ein „Hochdruck-Entschichtungsgerät" mit einer Leistung von etwa 40–50 bar zum Einsatz kommen.
- Entschichter auf Perjodat-Basis nicht auf der Filmschicht eintrocknen lassen. Mit dem Eintrocknen härtet die Filmschicht auf Grund einer reziproken Reaktionswirkung des Entschichters.
- Entschichter gründlich mit Wasser ausspülen. Verbleibende Rückstände eines Entschichters auf Perjodat-Basis auf dem Gewebe führen zu einer Reaktionshärtung der Filmschicht bei der Wiederverwendung des Gewebes.

6.2.7. Einrichtung für die Siebherstellung

Eine Siebdruckschablone wird über folgende Arbeitsgänge hergestellt:

1) Spannen des Gewebes
2) Entfetten des Gewebes
3) Trocknen des Gewebes
4) Übertragen des Kopiermaterials an das Gewebe
5) Trocknen der Filmschicht
6) Belichten (Kopieren)
7) Auswaschen der Schablonenkopie
8) Trocknen der Schablonenkopie
9) Qualitätskontrolle mit anfallenden Retuschen

In der Wiederverwendungsfolge des Gewebes schließen sich folgende Arbeitgänge an:
10) Reinigen der Schablone von Farbresten
11) Entschichten (Ablösen der Filmschichte vom Gewebe)
12) Trocknen des Gewebes
13) Kontrollieren des Spannungszustandes

Die „nassen" Arbeitgänge unter den Positionen 2), 7), 10) und 11) sollten möglichst räumlich getrennt von den anderen Arbeitgängen durchgeführt werden.

Den Herstellungsabläufen folgend werden an Geräten und Anlagen für die Siebherstellung benötigt:
1) Funktionsgerechtes Spanngerät
   Spannungsmeßgerät
2) Entfettungsbecken mit durchleuchteter Rückwand und temperaturgesteuerter Wassermischbatterie
   Hochdruck-Reinigungsanlage
3) Trockenschrank
4 a) Arbeitstisch
   Den Rahmenformaten entsprechende, einseitig aufgerauhte Glasscheiben als Arbeitsunterlage für die korrekte Übertragung indirekter, Kombi- und Direkt-Filme auf das Gewebe
4 b) Stativ für die winkelrichtige Lagefixierung der mit Kopierlösung zu beschichtenden Rahmen
   Den Rahmenformaten entsprechendes Breitensortiment funktionsgerechter Beschichtungsrinnen
4 c) Automatische Beschichtungsanlage
   Turbo-Viscosimeter für die Viskositätskontrolle der Kopierlösung
   Schichtdickenmeßgerät mit einem zerstörungsfreien Meßprinzip für die Kontrolle der Beschichtungsdicke
5) Funktionsgerechter Schablonen-Trockenschrank (möglichst getrennt vom Trockenschrank unter den Positionen 3) und 12)
6) Kopieranlage, bestehend aus
   einer Kopierlampe (Metall-Halogenid 5000 Watt) und Kopierrahmen (Vakuum-Rahmen)
   Lichtdosiergerät
7) Waschbecken mit durchleuchteter Rückwand (Gelblicht) und temperaturgesteuerter Wassermischbatterie (kann mit Position 2) kombiniert werden)
8) Trockenschrank
   wie unter Position 3)
9) Leuchttisch
10) Manuelle oder automatische Farbreinigungsanlage
11) Manuelle oder automatische Entschichtungsanlage
12) Trockenschrank
   wie unter Position 3)

Abb. 6.34.: Vollautomatische Siebwaschanlage (Werkfoto: H. Mantel, Wädenswil/Schweiz)

Abb. 6.33.: Vollautomatische Siebwaschanlage (Werkfoto: Reno, Wuppertal)

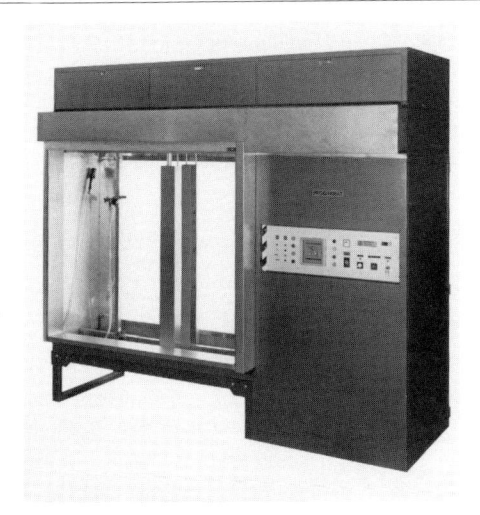

Abb. 6.35.: Vollautomatische Sieb-Entschichtungsanlage
(Werkfoto: H. Mantel, Wädenswil/ Schweiz)

6.3. Der Druckvorgang

Der Siebdruck ist ein Schablonier- oder Durchdruckverfahren. Die Druckfarbe wird mit einer Druckrakel durch das Sieb oder die Schablone auf den Bedruckstoff übertragen.
In der Herstellung von Leiterplatten liegt der Vorteil des Siebdrucks in
- der Wirtschaftlichkeit aus der kapazitiven Leistungsfähigkeit
- der relativ einfachen Möglichkeit, das Leiterbild im Positiv- und Negativ-Druck mit Strichfeinheiten (Leiter und Isolationsabstände) von 200 µm und weniger auf das Basismaterial zu übertragen

Gegenüber anderen Druckverfahren hat die Druckform im Siebdruck keinen Flächenkontakt mit dem Bedruckstoff. Die Druckform ist in einer einstellbaren Paralleldistanz, der sogenannten Absprungdistanz, über dem Bedruckstoff angeordnet.
In Hinsicht auf die relative Maßgenauigkeit des Druckbildes ist die Absprungdistanz ein Hauptkriterium im Druckvorgang.
Durch die Absprungsdistanz wird der Schablone die Abhebung aus der Druckfarbe ermöglicht (*Abb. 6.36.*). Die Abhebung der Schablone aus der Druckfarbe unmittelbar hinter der Druckrakel ist von entscheidender Bedeutung für die Druckqualität. Ein schlechter Siebabsprung nach der schematischen Darstellung in *Abb. 6.37.* führt zu einem Druckbild mit unsauberen, verschmierenden Konturen.

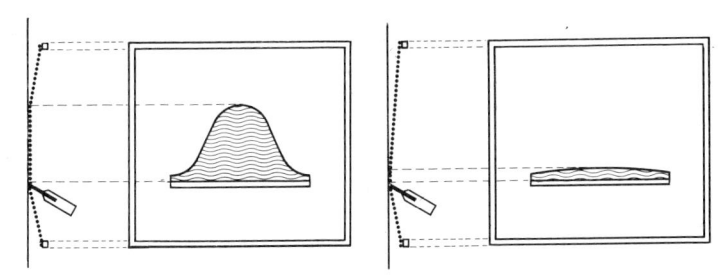

Abb. 6.36. und 6.37.: Abhebung der Schablone beim Druck

In Hinsicht auf die relative Maßgenauigkeit des Siebdrucks ist der kontaktlose Druck nachteilig. Bei der Einstellung des Linienkontaktes zwischen der Schablone und dem Bedruckstoff durch die Druckrakel wird die Schablone im Verhältnis zu der eingestellten Absprungsdistanz elastisch deformiert.

6.3.1. Einflüsse auf die relative Maßgenauigkeit des Siebdrucks aus dem Druckvorgang

Mit den nachfolgenden Toleranzbetrachtungen werden Form- und Lageverzerrungen im Druckbild aus dem Druckvorgang verdeutlicht.

Durch den drucktechnisch bedingten Abstand – der Absprungsdistanz – zwischen der Druckform und dem Bedruckstoff ist die Druckform einer reversiblen, bei einem überhöhten Absprung einer bleibenden Dehnung unterworfen. Der Umfang der prozentualen Verzerrung in der X- und Y-Achse des Druckbildes ist proportional der prozentualen Dehnung der X- und Y-Achse der Schablone.

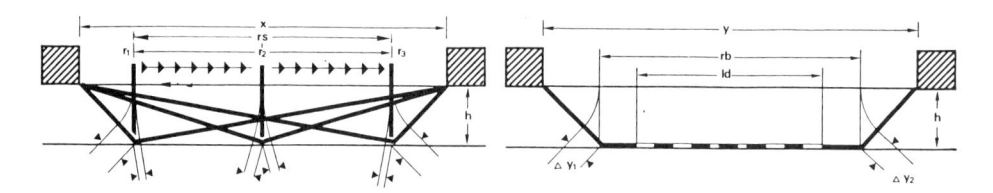

Abb. 6.38.a und b: Gesamtdehnung der Schablone

Nach den schematischen Darstellungen in den *Abb. 6.38. a+b* ist die Gesamtdehnung in der X- und Y-Achste der Schablone abhängig von:
- der Absprunghöhe (h)
- den Maßverhältnissen zwischen der Schablonenlänge (x), der Länge des Druckbildes in der Schablonenkopie (ld) und der Rakelstrecke (rs)
- den Maßverhältnissen zwischen der Schablonenbreite (y), der Seitenlänge der Schablonenkopie (ld) und der Rakelbreite (rb)

In der X- oder Druckachse der Schablone ist der Wert einer Bildverzerrung gleich der Summe aus dem Wert für die Verzerrung der Schablonenkopie aus der absprungbedingten Deformation und dem Wert aus der Druckstreckung. Mit dem Fachbegriff „Druckstreckung" ist die Dehnung der Schablone unter der durch den Rakeldruck verursachten Reibungskraft definiert. Die Größe der Reibungskraft und der Umfang der hiermit verbundenen Verzerrung des Druckbildes sind von einer Vielzahl von Faktoren, wie der Art des Gewebes, der Art der Druckfarbe, der Härte der Rakel und den Hauptfaktoren Spannungszustand des Gewebes und Rakelpression, abhängig.

Die aus der Summe zahlreicher Faktoren, mit unbestimmbarer Größe, beeinflußte Verzerrung des Druckbildes in der Druckachse macht eine exakte Werterfassung oder eine Festlegung bestimmter Toleranzgrenzen unmöglich.

In der Y-Achse der Schablone kann die Größe der Bildverzerrung im Druckbild aus der Höhe des Absprungs, den Maßverhältnissen zwischen der Schablonenbreite, der Seitenlänge der Schablonenkopie und der Rakelbreite annähernd berechnet werden.

Form- und Lageabweichungen in der Druckachse (X-Achse) des Druckbildes sind nicht linear. Nach der schematischen Darstellung in *Abb. 6.39.* verläuft die Druckstreckung der Schablone aus der Nullstellung, unter der Einsatzlinie des Rakelvorschubes, in an Größe zunehmenden Radien, bis zum Maximalwert, unter der Endlinie der Rakelstrecke. Hiermit sind folgende Kriterien gegeben:

- Lageabweichungen in der Druckachse des Druckbildes, unter der Druckstreckung der Schablone, stehen im Verhältnis zur Länge der Schablone, Rakelstrecke, der Plazierung der Schablonenkopie in der Schablonenfläche, Rakelpression.
- Zwischen den Bezugspunkten x und x_2 in der schematischen Darstellung der *Abb. 6.39.* ist der Dehnungswert größer als zwischen den Bezugspunken x und x_1 und x und x_3.
- Eine ungleichmäßige Kraftverteilung der Rakelpression über die Rakelbreite, eine nicht in die Schablonenfläche eingemittete Schablonenkopie und Abweichungen der Mittelachse der Druckrakel von der Mittelachse der Schablone führen zu unterschiedlichen Lageabweichungen zwischen den Bezugspunkten x und x_1 und x und x_3.

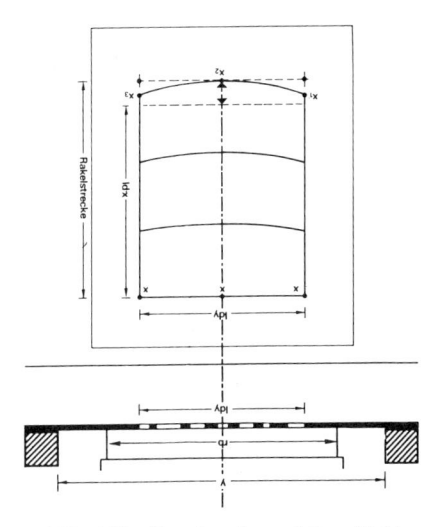

Abb. 6.39.: Drucksache und Druckbild

Die Druckstreckung der Schablone und die Absprungdistanz sind die wesentlichen Parameter im Druckvorgang.
Nach der Gleichung:
$$P_2 = \left(\frac{h_2}{h_1}\right)^2 \cdot P_1 = 4 \cdot P_1$$
muß der Rakeldruck (P) im Quadrat der veränderten Absprunghöhe eingestellt werden, um gleichwertige Druckverhältnisse zu erhalten.
Eine Verdoppelung der Absprunghöhe vervierfacht den Wert für den Schablonenverzug aus der Verformung der Schablone.
Die Einhaltung enger Form- und Lagetoleranzen unter der den Siebdruck beeinflußenden Toleranzkette aus dem Druckvorgang erfordert die Beachtung folgender Regeln:

- Je höher der Absprung desto größer sind die Verzerrungen im Druckbild.
- Je größer die Distanzen von den Innenkanten der Schablonenrahmen zu den äußeren Rakelkanten und zur Einatz- und Endlinie der Rakelstrecke, desto kleiner sind die Verzerrungen im Druckbild.
- Je größer die Rakelpression und je länger die Rakelstrecke, desto größer wird die Druckstreckung und die hiermit verbundene Bildverzerrung in der Druckachse.

Empfehlungen:
- Immer die kleinstmögliche Absprunghöhe einstellen.
- Die Schablonenfläche im Verhältnis zur Fläche der Schablonenkopie und der hiermit gegebenen Rakelbreite und Rakelstrecke so klein wie möglich halten.
- Die Rakelpression nicht zu hoch einstellen und auf eine gleichmäßige Verteilung der Rakelpression über die Rakelbreite achten.
- Die Schablonenkopie in der Y-Achse mit gleichwertigen Abständen zwischen den Seitenkanten und den quer zur Druckrichtung liegenden Innenkanten der Rahmen plazieren.
- In der X- oder Druckachse sollte die Schablonenkopie nicht in die Schablonenfläche eingemittet, sondern asymmetrisch, d.h. mit einem kürzeren Abstand zum Rahmenschenkel nahe der Einsatzebene der Rakel plaziert werden (geringere Druckstreckung).
- Die Druckachse möglichst immer in Richtung der kurzen Rahmenschenkel legen.
- Die Rakelbreite muß auf die Schablonenkopie und die Duckachse der Schablone eingemittet sein.

Folgende Tabellen mit theoretisch ermittelten Relativwerten verdeutlichen den Umfang der Bildverzerrung aus den zuvor behandelten Einflußfaktoren:

Tabelle 5.:

x mm	k mm	RS mm	h mm	Rakelstellung	$\triangle x$ µm	$\triangle x$ %	$\triangle k$ µm	$\triangle k$ %
500	250	370	5	65 : 435 mm	220	.044	55	.022
500	250	370	5	250 : 250 mm	100	.019	25	.009
500	250	370	2,5	65 : 435 mm	55	.011	14	.005
500	250	370	2,5	250 : 250 mm	25	.005	6	.0025
500	250	370	10	65 : 435 mm	880	.176	220	.088
500	300	310	5	95 : 405 mm	160	.032	58	.019
500	150	160	5	170 : 330 mm	110	.022	10	.006

x = Schabloneninnenmaß in der X-Achse (Druckachse)
k = Länge der Schablonenkopie in der X-Achse
RS = Rakelstrecke
h = Absprunghöhe
$\triangle x$ = Dehnung der Schablone
$\triangle k$ = Dehnung der Schablonenkopie

Tabelle 6. zeigt Gegenüberstellung relativer Verzugswerte in der X- und Y-Achse der Schablone. Zwecks Verbesserung der Aussagekraft über den unterschiedlichen Wertumfang der Bilverzerrungen in der X- und Y-Achse bei gleicher Absprunghöhe (h) wurde der Tabelle Maßgleichheit in der X- und Y-Länge der Schablone, in der Länge und Breite der Schablonenkopie, in der Rakelstrecke und in der Rakelbreite zugrundegelegt.

Tabelle 6.:

x = y mm	$k_x = k_y$ mm	RS = RB mm	h mm	$\triangle x$ µm	$\triangle y$ µm	$\triangle k_x$ µm	$\triangle k_y$ µm
500	250	370	5	220	385	55	130
500	250	370	2,5	55	95	14	32
500	150	160	5	110	147	10	28

x = Innenmaß der Schablone in der X-Achse (Druckachse)
y = Innenmaß der Schablone in der Y-Achse
k_x = Maß der Schablonenkopie in der X-Achse
k_y = Maß der Schablonenkopie in der Y-Achse
RS = Rakelstrecke
RB = Rakelbreite
h = Absprunghöhe
$\triangle x$ = Schablonenverzug in der X-Achse
$\triangle y$ = Schablonenverzug in der Y-Achse
$\triangle k_x$ = Schablonenverzug in der X-Achse
$\triangle k_y$ = Schablonenverzug in der Y-Achse

Die der Verdeutlichung dienenden Relativ-Werte der *Tabellen 5. und 6.* können nicht auf die unter Fertigungsbedingungen auftretenden Bildverzerrungen übertragen werden. Nach den schematischen Darstellungen A–D in *Abb. 6.40.* sind die Lageverschiebung in der Druckachse des Druckbildes unter dem Anfangs- und Endbereich der Rakelstrecke größer als im Mittelbereich. Bei Siebdruckmaschinen mit einer automatischen Siebanhebung (Absprung), nach dem Funktionsschema in *Abb. 6.40. E.* können partielle, bis über die ganze Länge des Druckbildes gehende Lageverkürzungen in der Druckachse auftreten. Mit der größeren Dehnung der Schablone aus der hinteren Siebanhebung über einen vorne liegenden Drehpunkt verkürzt sich das Druckbild in Richtung Einsatzebene der Druckrakel.

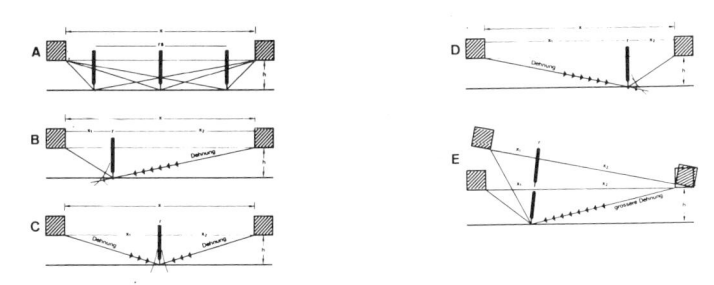

Abb. 6.40.: Lageverschiebung in der Druckachse

6.3.2. Siebdruckanlagen

Siebdruckmaschinen für die Herstellung von Leiterplatten müssen auf die Kriterien der Druckaufgaben und auf industrielle Fertigungsmethoden ausgerichtet sein (*Abb. 6.41.– 6.48.*).

Unter dem Kriterium Maßgenauigkeit sind die Art und Konstanz der Positionierung des Bedruckstoffes auf dem Drucktisch, die gleichmäßige Kraftverteilung der Rakelpression auf die Rakelbreite und die Rakelstrecke, die Repetierbarkeit einer bestimmten Rakelpression und das Funktionsprinzip der automatischen Siebanhebung die wichtigsten Faktoren.

Die qualitative Druckleistung ist von der Gleichmäßigkeit des Rakelvorschubes, dem stufenlosen Regelbereich der Rakelgeschwindigkeit und der Parallelität der Schablonenebene zur Aufnahme-Ebene des Bedruckstoffes abhängig.

Abb. 6.41.: Siebdruck-Halbautomat, Modell ESM I (Werkfoto: H. Höllmüller, Herrenberg)

Abb. 6.42.: Siebdruck-Halbautomat „Micromat" (Werkfoto: Albert, Frankenthal)

Abb. 6.43.: Siebdruck-Halbautomat für Feinleitertechnik, Modell Svecia SS-PC (Werkfoto: Svecia GmbH, Nürnberg)

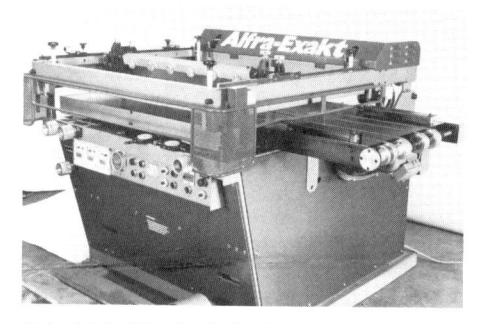

Abb. 6.44.: Siebdruck-Dreiviertelautomat, Modell Alfra Exakt (Werkfoto: Albert, Frankenthal)

Das Positionierungssystem des Bedruckstoffes, die Konstruktionsart der Rahmenaufhängung, die Befestigungsart der Vor- und Druckrakel und die parallele Einstellbarkeit der Absprungdistanz sind wesentliche Faktoren für die Länge der Rüstzeiten.

Siebdruckmaschinen gliedern sich in

- Halb-, Dreiviertel- und Vollautomaten
- Maschinen mit Winkel- und Parallel-Rahmenauslegung
- Maschinen mit einem pneumatischen, hydropneumatischen und elektromechanischen Rakelantrieb

Bei Halbautomaten wird der Bedruckstoff manuell an- und abgelegt.

Dreiviertelautomaten sind mit einem Greifer ausgerüstet, der die bedruckte Platte auf ein Transportband ablegt. Das Einlegen der Platte erfolgt manuell.

Vollautomaten verfügen über ein An- und Ablegesystem, mit dem die Platten automatisch der Bedruckung zugeführt, positioniert und nach dem Druck auf das Transportband eines Durchlauftrockners abgelegt werden.

Nicht ohne Probleme ist das Festhalten der Platte in der Positionierung auf dem Drucktisch während des Druckvorganges. Bei einer Vakuumhalterung können keine vorgelochten Platten (durchkontaktierte Leiterplatten) mit Dreiviertel- oder Vollautomaten bedruckt werden.

Die kapazitive Druckleistung einer Maschine wird primär durch die der Druckaufgabe und der Druckfarbe untergeordnete Rakelgeschwindigkeit bestimmt.

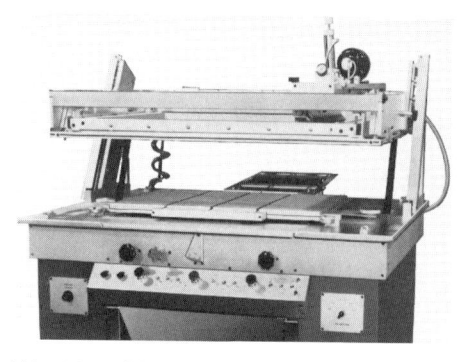

Abb. 6.45.: Siebdruck-Halbautomat für Feinleitertechnik, Modell Svecia SS-PC (Werkfoto: Svecia GmbH, Nürnberg)

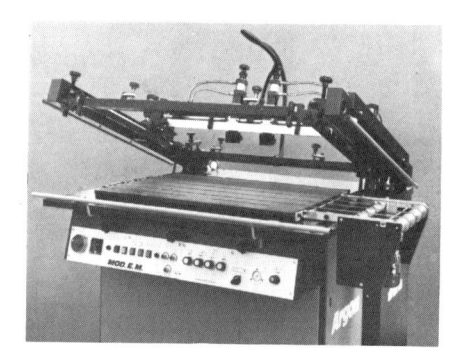

Abb. 6.46.: Siebdruck-Dreiviertelautomat, Modell Argon E.M. (Werkfoto: Argon Service, Milano)

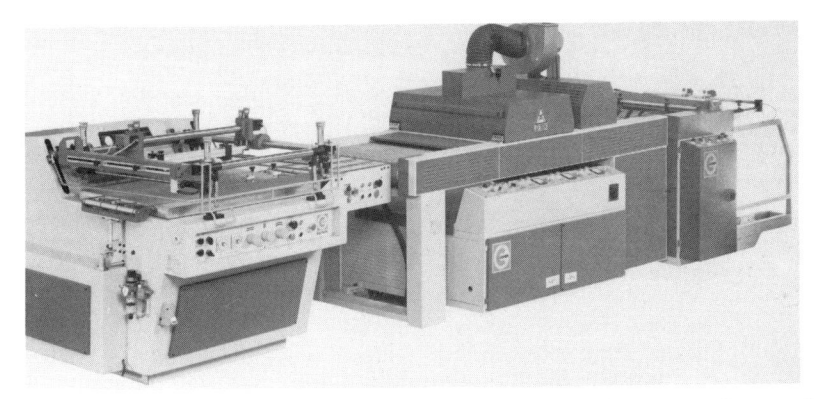

Abb. 6.47.: Siebdruck-Dreiviertelautomat, Modell Cugher mit UV-Trockner und Endstapler (Werkfoto: J. Sekinger, Oberkirch)

Abb. 6.48.: Siebdruck-Vollautomat, Modell Cugher MAC mit UV-Trockner und Endstapler (Werkfoto: J. Sekinger, Oberkirch)

6.3.3. Siebdruckfarben

(Ausführliche Beschreibung siehe in *Kapitel 7.*)
Siebdruckfarben gliedern sich nach dem Anwendungszweck in

- ätzbeständige (etching resist)
- galvanobeständige (plating resist)
- Lötstoplacke (solder resist)
- Löt- oder Schutzlacke (protective lacquer)
- Markierungs- und Kennzeichnungsfarben (marking inks)

Nach der Trocknungsart unterscheiden sich die Farben durch physikalisch und chemisch trocknende.
Die physikalische Farbtrocknung basiert auf der Verdunstung der flüchtigen Farbanteile (Lösungsmittel), die chemische auf chemischen Reaktionen wie

- Oxidation (Vernetzung des Bindemittels durch Aufnahme von Sauerstoff)
- Polykondensations- oder Polyadditions-Vernetzung bei Zwei-Komponentenfarben
- Polymerisation (radikalische Vernetzung bei UV-härtenden Farben)

Siebdruckfarben mit Ätz- und Galvanobeständigkeit werden nach ihrer Löslichkeit (Strippbarkeit) in alkalisch- und lösungsmittel-lösliche unterteilt.
Die einzelnen Farbtypen haben eine unterschiedliche Beständigkeit gegenüber den Ätzmedien bzw. galvanischen Bädern und sind nach ihren Druckeigenschaften als

"Positiv"-Farbe für die Subtraktiv-Technik oder als "Negativ"-Farbe für die Additiv-Technik aufgebaut.

UV-härtende Farben sind relativ schwer löslich. Das Strippen von ätz- und galvanoresisten UV-Farben erfolgt in Fladen und macht den Einbau eines Bandfilters in das Stripp-Modul erforderlich. Der Vorteil UV-härtender Farbsysteme liegt in einer schnellen Trocknung auf kleinster Durchlauflänge.

6.3.4. Farbtrocknungsanlagen

Industriellen Fertigungsmethoden entsprechend muß die relativ langsame Trocknung konventioneller Siebdruckfarben (ca. 24 Stunden bei Zweikomponenten-Farben) beschleunigt werden. Hierfür dienen:
- Duchlauftrockner mit Warmluft
- Durchlauftrockner mit Infrarotstrahlern
- Kammertrockenöfen
- UV-Trockner

Duchlauftrockner mit einer maximalen Wärmeleistung von etwa 80–90°C sind zum beschleunigten Trocknen von Ätzresist, Galvanoresists und physikalisch trocknenden Kennzeichnungfarben geeignet.

Durchlauftrockner mit Infrarotstrahlern mit einer Wärmeleistung bis etwa max. 180°C werden in der Trocknung von ofentrocknenden Siebdruckfarben und zum Vortrocknen von Zweikomponenten-Löststoplacken verwendet.

Kammertrockenöfen sind im Prinzip für alle Farbtrocknungsarten, ausgenommen UV-härtende, geeignet, dienen aber vorwiegend der Trocknung relativ langsam trocknender Farben wie oxidativ trocknende Einkomponenten- und chemisch trocknende Zweikomponenten-Farben.

UV-Trockner: Als Spezialtrockner mit UV-Brennern ausgerüstete Durchlauftrockner werden für die Trocknung UV-härtender Siebdruckfarben eingesetzt.

In der Praxis finden auch Kombinationstrockner, d.h. Trockner mit meist zwei, nach Wahl einzusetzender Trocknungssysteme, Verwendung.

Die Auswahl des Trocknungssystems ist von den zum Einsatz kommenden Siebdruckfarben und den Fertigungsmengen abhängig.

Abb. 6.49.: Stapelautomat Vacumat zum vollautomatischen Einlegen bzw. Entnehmen der Platten in/aus Durchlaufanlagen (Werkfoto: Gebr. Schmid, Freudenstadt).

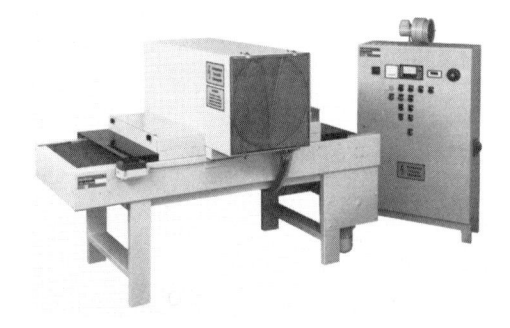

Abb. 6.50.: UV-Trockner, Modell Höllmüller UE 600–I (Werkfoto: H. Höllmüller, Herrenberg)

7. Siebdrucklacke für den Schaltungsdruck

Die Herstellung von Leiterplatten erfolgt entweder im Fotodruck- oder im Siebdruckverfahren. Für die Anwendung sind sowohl wirtschaftliche als auch technische Anforderungen entscheidend. Unter der Voraussetzung, daß die Siebherstellungskosten einer angemessenen Stückzahl gegenüberstehen und die im Siebdruck beherrschbaren Feinheiten den Anforderungen genügen, ist die Herstellung von Leiterplatten im Siebdruckverfahren das gebräuchlichste und kostengünstigste Verfahren.

Das Aufbringen des Leiterbildes im Siebdruckverfahren ist auf relativ einfache Weise möglich, und das Leiterbild kann beliebig oft und exakt zum Abdruck kommen.

Es kommen sowohl Positiv- als auch Negativ-Drucke (für galvanisch veredelte Leiterplatten) zur Anwendung, wobei Feinheiten und Abstände der Leiterzüge im Bereich von 0,2 bis 0,3 mm möglich sind.

7.1. Zusammensetzung der Siebdrucklacke

Siebdrucklacke bestehen aus Lackbindemitteln, Farbpigmenten (oder auch Farbstoffen/Füllstoffen), Lösungsmitteln und Lackadditiven, wie z.B. Verlaufmittel, Trocknungsbeschleuniger, Haftverbesserer u.a. Je nach Anwendungsbereich erfolgen verschiedene Einfärbungen und auch verschiedene Einstellungen von Viskosität und Struktur-Viskosität (Thixotropie).

Aufgrund der Gesetzgebung bezüglich Umweltschutz ist ein starker Trend zu lösungsmittelarmen bzw. lösungsmittelfreien Lacken zu beobachten. Im Schaltungsdruck sind üblich:

- physikalisch trocknende
- oxidativ trocknende
- durch Wärmeanwendung härtende
- reaktiv härtende (2-Komponenten-Systeme)
- UV-härtende

Siebdrucklacke, die entsprechend ihrer spezifischen Zusammensetzung unterschiedlich zur Trocknung bzw. Härtung gebracht werden müssen.

7.1.1. Siebdruck

Der Aufdruck des Siebdrucklackes wird mit Siebdruck-Schablonen in Siebdruckmaschinen (Handdrucktische, halb- oder vollautomatische Siebdruckmaschinen, *Abb. 7.1.*), durchgeführt.

Dabei wird der auf der Oberseite des Siebes liegende Lack mit einer Rakel unter Druck und Zug durch das Siebgewebe an den von der Schablone nicht abgedeckten Flächen (*Abb. 7.2.*) auf den Druckträger aufgebracht, so daß ein Druckbild entsteht.

Abb. 7.1.: Schaltungsdruck-Vollautomat (Werkfoto: Svecia GmbH, Nürnberg)

Gute Druckergebnisse lassen sich erzielen, wenn Gewebeauswahl, Siebspannung, Schablonenherstellung, Rakeldruck, Rakelgeschwindigkeit und Absprunghöhe des Siebes sorgfältig aufeinander abgestimmt sind. Siebdrucklacke sollten nicht von Hand, sondern möglichst mit einem Rührwerk (ex-geschützt) gemischt werden. Eine als ideal erkannte Viskositätseinstellung sollte zur jederzeitigen Reproduzierbarkeit vermerkt werden.

Zur besseren Haftung der aufgedruckten Ätzreserven bzw. Galvano-Resists sollte zweckmäßig eine Vorreinigung erfolgen. Sofern erforderlich und auch möglich, sollte auch vor dem Lötstopplack-Druck eine Vorreinigung in Form eines leichten Bürstprozesses vorgesehen werden.

Abb. 7.2.: Siebdruckschablone (Werkfoto: Seidengaze Zürich)

7.2. Vorreinigung

Der Druck sollte grundsätzlich nur auf einem sauberen, schmutz-, fett- und oxidfreien Druckträger erfolgen. Basismaterial, welches für den einfachen subtraktiven Ätzdruck im Siebdruck verwendet wird, kann nach verschiedenen Verfahren vorgereinigt werden, z.B.
- Reinigen mit Bürst-Automaten in oder auch ohne Lösemittel (*Abb. 7.3.*)
- Sprüh-Reinigen im Durchlaufsystem mit desoxidierenden Medien (*Abb. 7.4*)
- Kombiniertes Reinigen in Bürst-Modulen mit nachfolgender Sprühdesoxidierung

Allen drei Verfahren ist eine Trocknung nachgeschaltet, so daß die so behandelte Platine anschließend mit den Siebdrucklacken gut haftend bedruckt werden kann.

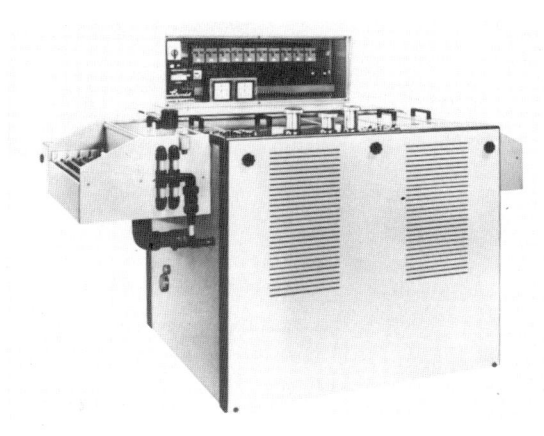

Abb. 7.3.: Bürstmaschinen-Kompaktmodul, kombinierbar mit Modulsystemen zur Sprüh-Desoxidation (Werkfoto: Gebr. Schmid, Freudenstadt)

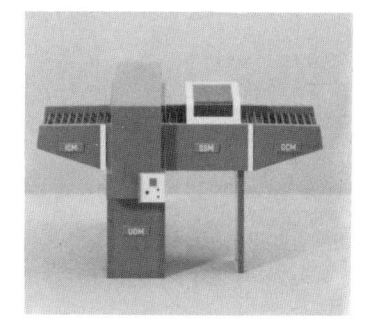

Abb. 7.4.: Vorreinigungs-Einheit im Modulsystem, bestehend aus Einlauf, Sprühmodul betrieben mit Frischwasser und Auslaufmodul (Werkfoto: Chemcut, Solingen)

7.3. Auswahl der Siebdrucklacke

Die Auswahl der Siebdrucklacke für den Schaltungsdruck richtet sich nach fünf möglichen Anwendungsarten:
1) Ätzreserven für die normale Leiterplattenanfertigung
2) Galvano- oder Plating-Resists für die Herstellung galvanisch veredelter Leiterplatten (Additiv- und Semi-Additiv-Verfahren)
3) Lötstopplacke für die Selektiv-Lötung
4) Isolationsdrucklacke für den Isolationsdruck auf der Bauteileseite
5) Kennzeichnungs-/Signierdrucklacke zur Beschriftung mit Buchstaben, Ziffern, Symbolen (Kodierung der Leiterplatte).

7.3.1. Ätzreserven

Ätzreserven kommen im Positiv-Druck zur Anwendung, sie werden auf die Stellen des kupferkaschierten Basismaterials gedruckt, die nach dem Ätzvorgang und dem sich daran anschließenden Strippen der Ätzreserve das Leiterbild ergeben. Ätzreserven sind geeignet für ein- und doppelseitige Leiterplatten, und sie können sowohl in Lösungsmitteln strippbar oder in alkalischen Medien, z.B. 3 bis 5 %iger Natronlauge, auflösbar sein.

Im Hinblick auf den Umweltschutz kommen bevorzugt alkalischlösliche Ätzreserven zur Anwendung. Sie sind gegen saure Medien beständig und lassen sich im alkalischen pH-Bereich einwandfrei entfernen. Alkalisch entfernbare Ätzreserven sind in ihrer Anwendung wirtschaftlich, da keine teuren Lösungsmittel benötigt werden, und die beim Strippen in Alkalien sich bildenden Harzseifen nach den derzeit geltenden Bestimmungen ohne zusätzliche Reinigung oder Ausfällung in das Abwasser abgelassen werden können. Es muß aber darauf geachtet werden, daß die Stripbäder durch Neutralisation auf den vorgeschriebenen pH-Wert (je nach Bundesland verschieden) von 6,5 bis 8,5 eingestellt werden.

7.3.1.1. Ätzreserven, konventionell trocknend

In der Regel handelt es sich bei diesen Ätzreserven um physikalisch trocknende Lacksysteme, d.h., daß die Trocknung nach dem vollständigen Abdunsten der Lösungsmittel abgeschlossen ist. Zur schnelleren Abdunstung der Lösungsmittel kann zusätzlich Wärmeanwendung vorgenommen werden. Alkalisch entfernbare Ätzreserven sind außerdem im „halbnassen" Zustand ätzbar. Die aufgedruckte Ätzreserve muß vor dem Ätzprozeß nicht unbedingt vollständig ausgetrocknet sein.

Da in der Praxis automatische Ätzmaschinen mehr und mehr Anwendung finden, werden bevorzugt neuere Ätzreserven verwendet, die sowohl gegen saure, als auch gegen schwachalkalische Ätzbäder im Bereich von pH 1 bis pH 10 beständig sind, und die dann anschließend im alkalischen Bereich von pH 11 bis pH 14 vollöslich gestript werden können.

Im Ätzvorgang wird das für den Aufbau des Leiterbildes nicht benötigte Kupfer weggeätzt, wobei die Ätzdauer abhängig ist von der Dicke der Kupferauflage, von der Art des Ätzmittels, von der Temperatur und vom Ausnutzungsgrad des Ätzmittels. Beständigkeit und Haftfestigkeit sind in der Regel so gut, daß Unterätzungen zwischen Lack und Kupfer nahezu ausgeschlossen sind.

7.3.1.2. Ätzreserven, lötbar

Diese Ätzreserven kommen in der Regel dann zur Anwendung, wenn relativ einfache Leiterplatten hergestellt werden, die keinen Lötstopplack-Druck erhalten. Sie sind gegen alle sauren Ätzbäder beständig und bilden zugleich ein antikorrosives Lötmittel, d.h., sie sind gleichzeitig Ätzreserve und auch Lötlack, so daß ein Strippen dieser Typen nach dem Ätzprozeß nicht notwendig ist. Der verbleibende Lackfilm übernimmt die Konservierung des Kupferleiterzuges.

7.3.1.3. Ätzreserven, UV-härtend

Bei UV-härtenden Lack-Systemen handelt es sich um eine relativ neue Lacktechnik, bei der die anfänglichen Schwierigkeiten in letzter Zeit weitgehend überwunden werden konnten.

Nachdem nun UV-Ätzreserven zur Verfügung stehen, die in alkalischen Medien voll auflösbar sind, finden diese Ätzreserven eine breitere Anwendung.

Die wesentlichen Vorteile der UV-Lacke, wie z.B. Lösungsmittelfreiheit, geringe Umweltbelastung, geringe Explosionsgefahr, sehr schnelle Aushärtung u.a., sind auch für UV-Ätzreserven zutreffend.

Aufgrund des hohen Festkörpergehaltes (100 %) muß mit feineren Sieben gedruckt werden, damit dünnere Lackschichten resultieren, die sich problemlos aushärten lassen.
Wesentliche Anforderungen der Praxis an UV-Ätzreserven, wie z.B. kurze Aushärtezeiten, hohe Oberflächenhärte und damit gute Stapelfähigkeit, gute Ätzbeständigkeit und zugleich gute Strippbarkeit bei totaler Auflösung in alkalischen Medien, dürfen nach dem derzeitigen Stand der Entwicklung als gelöst betrachtet werden, so daß UV-Ätzreserven auch für automatische Ätzmaschinen geeignet sind. Zusätzliche Filtereinrichtungen sind nicht mehr notwendig.

7.3.2. Galvano-Resists

Galvano-Resists kommen überwiegend im Negativ-Druck zur Anwendung, wobei die Teile des Leiterbildes abgedeckt werden, die bei einer weiteren galvanischen Oberflächenbehandlung in den entsprechenden Techniken keine Metallabscheidung annehmen dürfen.

Da die galvanische Oberflächenbehandlung im Fertigungsprozeß gedruckter Schaltungen ein teurer Arbeitsvorgang ist, werden an Galvano-Resists sehr hohe Anforderungen gestellt. Die wichtigsten Kriterien sind daher:
- gute Beständigkeit gegenüber sauren und alkalischen Elekrolyten während teilweise sehr langer Expositionszeiten
- sehr feine Konturenzeichnung bei gleichzeitig relativ dickem Lackauftrag
- gute Haftfestigkeit als Voraussetzung für das Arbeiten mit hohen Stromdichten und hohen Stromausbeuten
- hohe Porendichte des Lackfilms; Porosität kann leicht zu Durchschlägen bzw. Metallablagerungen führen („Grießbildung")
- insgesamt gute dielektrische Eigenschaften
- gute Relation von Fließ-Viskosität und Struktur-Viskosität, damit beim Druck gute Konturenschärfe und gleichzeitig ein gutes Stehvermögen des Lackes an den Druckrändern, insbesondere bei höheren Leiterzügen, möglich ist.

Zur Verbesserung der Haftfestigkeit sollte grundsätzlich nur auf sorgfältig druckvorbereitete, möglichst gebürstete Leiterplatten gedruckt werden.

7.3.2.1. Lösemittel-entfernbare Galvano-Resists

Die mit Lösungsmitteln entfernbaren Galvano-Resists haben die weitaus beste Beständigkeit gegen alle in den Bädern auftretenden chemischen Einwirkungen. Sie sind sowohl im sauren als auch im alkalischen Bereich beständig und können auch von Desoxidationsmitteln, die im alkalischen Bereich arbeiten (z.B. alkalische Entfettungsbäder sowie Neutral-Reiniger), nicht angegriffen werden.

Die Trocknung erfolgt zweckmäßig in Infrarot-Durchlauföfen. Es ist darauf zu achten, daß die Trocknung vollständig erfolgt, d.h., es dürfen keine Lösungsmittel-Rückstände verbleiben, da dies zu Fehlern bei der galvanischen Behandlung führen kann.

Um ferner Fehler bei Verwendung von Galvano-Resists in galvanischen Bädern zu vermeiden, ist es wichtig, auf folgende Punkte zu achten:
- konturenscharfen Druck anstreben
- ausreichend dicke Lackschicht vorsehen, evtl. zweimal drucken oder etwas weicheren Rakel mit ca. 65 bis 70 Shore Härte verwenden
- für chemisch reine, aktivierte Metalloberfläche als Voraussetzung für gute Metall-zu-Metall-Haftung Sorge tragen
- Beschädigungen des Galvano-Resists vermeiden
- da stärkere Wasserstoffbildung die Lackhaftung negativ beeinflussen kann, evtl. die Stromdichte/Stromausbeute zurücknehmen.

Die Lackentfernung erfolgt mit Lösungsmitteln, in der Regel mit chlorierten Kohlenwasserstoffen, z.B. Trichloräthylen oder Methylenchlorid und zwar in Stripanlagen, wie sie auch zum Entfernen von Foto-Resists Verwendung finden. Bewährt haben sich Durchlauf-Stripanlagen, die zusätzlich mit gegenläufigen Nylonbürsten bestückt sind.

7.3.2.2. Alkalisch-entfernbare Galvano-Resists

Im Prinzip gibt es keine typisch alkali-löslichen Galvano-Resists, denn es handelt sich bei diesen Lacksystemen im wesentlichen um die unter Punkt 7.3.1.1. beschriebenen Ätzreserven. Sie enthalten ähnlich aufgebaute Lackbindemittel, sind aber zusätzlich plastifiziert, bzw. elastischer eingestellt.

Werden solche Galvano-Resists verwendet, dann dürfen alle nachfolgenden Behandlungsprozesse nur im sauren Bereich, also unterhalb pH 7, erfolgen. Dies ist in vielen Fällen ohne weiteres möglich, da es saure Beiz-Entfetter gibt, die meisten Desoxidationsmittel ohnehin im sauren Bereich arbeiten und auch bei den galvanischen Bädern saure Elektrolyt-Typen verwendet werden können.

Da aber zwangsläufig alkalisch-entfernbare Galvano-Resists nicht die hohe Porendichtigkeit, die gute Haftfestigkeit und nicht immer eine ausreichend große Elastizität aufweisen, wie z.B. lösungsmittel-entfernbare Galvano-Resists, hängt der Erfolg bzw. Mißerfolg bei Anwendung von alkalischen Galvano-Resists von folgenden Kriterien ab:

– besonders gründliche mechanische oder chemische Vorbehandlung der Leiterplatte
– hohe Lackschichtdicke und Geschlossenheit der Lackschicht anstreben
– der Badzusammensetzung selbst (unbedingt nur saure Bäder verwenden)
– möglichst geringe Badtemperatur
– möglichst kurze Galvanisierzeiten vorsehen
– ebenfalls möglichst geringe Stromdichte bzw. Stromausbeute vorsehen

Die Anwendung solcher alkali-löslichen Galvano-Resists ist aber wirtschaftlich sowie auch umweltfreundlich, denn sie können wie Ätzreserven in alkalischen Medien, z.B. 3 bis 5 %iger Natronlauge, gestrippt werden, und das Stripbad kann nach erfolgter Neutralisation in das Abwasser gelassen werden.

7.3.2.3 UV-härtende Galvano-Resists

Analog zu den konventionellen Galvano-Resists stehen auch bei den UV-härtenden Galvano-Resists verschiedene Systeme zur Verfügung:

– mit Beständigkeit im gesamten pH-Bereich, von pH 1 bis pH 14, und Auflösbarkeit in chlorierten Kohlenwasserstoffen, z.B. Methylenchlorid, oder
– mit Beständigkeit gegen saure Bäder und Auflösbarkeit in alkalischen Medien.

Aufgrund des 100 %igen Festkörpergehaltes werden nach dem Druck zwar dickere Lackschichten mit besserer Porendichtigkeit erreicht; da sich aber dickere Lackschichten bei UV-Bestrahlung schwieriger aushärten lassen, muß in der Praxis ein Kompromiß bezüglich transparenterer Einfärbung, Lackfilmdicke und Durchlaufgeschwindigkeit in der UV-Härtungsanlage gefunden werden.

Während sich alkali-lösliche UV-Galvano-Resist-Lacke in alkalischen Medien total auflösbar strippen lassen, ist bei lösungsmittel-strippbaren Typen noch immer nachteilig, daß sie sich in den Stripper-Medien, z.B. Methylenchlorid, nicht total auflösen lassen, sondern die Auflösung in mehr oder weniger kleinen Schuppen erfolgt. Zusätzliche Filtereinrichtungen, zweckmäßig sogenannte Bandfilter, sind daher notwendig.

7.3.3. Lötstopplacke

Nach DIN 40 804 sind Lötstopplacke wärmebeständige Abdecklacke, mit denen ausgewählte Flächen einer Leiterplatte festhaftend abgedeckt werden, damit sich beim später folgenden Lötvorgang dort kein Lötzinn absetzt. Lötstopplacke ermöglichen somit, ebenfalls nach DIN 40 804, die Komplettlötung, bei der viele Lötverbindungen in einem Arbeitsgang hergestellt werden können.

Mit diesen Definitionen sind zugleich die wichtigsten Qualitätsanforderungen an Lötstopplack aufgezeigt, nämlich gute Lötbadbeständigkeit und gleichzeitig feste Haftung auf der Leiterplatte, sowohl auf dem Basismaterial als auch auf allen üblichen Metallunterlagen. Durch das Bedrucken mit Lötstopplack ergeben sich weiterhin folgende Vorteile:
- Einsparung von Lötzinn beim Lötprozeß
- Wärmeschutzschild als Abschirmung der bestückten Bauelemente gegen die beim Löten auftretende Hitzeeinwirkung
- Lötstopplacke übernehmen gleichzeitig die Funktion des Isolationsdruckes, wobei 2-Komponenten-Lötstopplacke aufgrund ihrer insgesamt guten dielektrischen Eigenschaftswerte besonders gut geeignet sind.

Um möglichst dicke Lackschichten zu erreichen, sollten Lötstopplacke, sofern es die Konturenschärfe erlaubt, so grobmaschig wie eben möglich verdruckt werden.

Die Einfärbungen bei Lötstopplacken sind überwiegend grün-transparent, rot-transparent, seltener farblos, oder auch farbig-deckend, z.B. blau oder weiß. In der Foto- bzw. Kameratechnik und Optoelektronik werden Lötstopplacke mit schwarz-deckender Einfärbung und, wegen des äußerst geringen Reflexionsvermögens, mit matter Lackfilmoberfläche bevorzugt verwendet. Aufgrund ihrer verschiedenartigen Zusammensetzung und Bindemittel-Systeme sind die Qualitätsanforderungen und Qualitätsmerkmale zwangsläufig ebenso unterschiedlich.

7.3.3.1. Lötstopplacke, 1-Komponenten-Systeme

In der Regel handelt es sich bei diesen Lack-Systemen um Kombinationen aus Alkyd-Melamin-Harz oder Phenol-/Alkyd-/Melamin-Harz, die durch Wärmeanwendung, bevorzugt durch Infrarot-Trocknung zur Aushärtung/ Trocknung gebracht werden.

Da gesetzliche Vorschriften bezüglich Immissionsschutz, Arbeitsstoff-Verordnung (Arb-StoffV) und EG-Richtlinien (Umweltbelastung, Explosionsgefahr) die Anwendung von lösungsmittel- und phenolhaltigen Lacken ständig weiter einschränken, ist bei der Anwendung von Lötstopplacken ein recht deutlicher Trend in Richtung 2-Komponenten-Lacken bzw. UV-härtenden Lacken festzustellen.

Wegen der nicht immer ausreichenden Eigenschaften auf Zinn bzw. Blei/Zinn, der für diese Technik meist ungenügenden Schichtdicken und der relativ langen Trocknungszeiten sind 1-Komponenten-Lötstopplacke für Leiterplatten in Zinn-Ausführung kaum bzw. nicht geeignet.

7.3.3.2. Lötstopplacke, 2-Komponenten-Systeme

Die Bindemittelzusammensetzung dieser Lack-Systeme besteht meist aus Epoxidharzen mit verschiedenen Härtern, z.B. Polyisozyanaten, Polyamiden oder Aminen. 2-Komponenten-Lötstopplacke sind lösungsmittelarm bzw. fast lösungsmittelfrei, und mit diesen Lack-Systemen lassen sich die in der Praxis gestellten Qualitätsanforderungen, wenn auch mit einigen Kompromissen, auf einem sehr hohen Qualitätsniveau realisieren.

Die Aushärtung erfolgt durch chemische Vernetzung (Polyaddition) der einzelnen Komponenten und muß bei sogenannten Warm- bzw. Heißhärtern durch Wärmeanwendung (z.B. Infrarot-Durchlaufanlagen) vorgenommen werden.

2-Komponenten-Lötstopplacke sind besonders für den Druck auf Zinn bzw. Blei/Zinn geeignet. Die bei dieser Technik nach dem Aufmetallisieren vorliegenden Leiterzüge, mit bis zu 70 µm und teilweise noch höheren Leiterzügen, erschweren in Verbindung mit sehr engen Leiterabständen die Applikation von Lötstopplacken.

Aufgeschmolzene und dadurch unebene Zinn-Oberflächen beeinträchtigen zusätzlich die Druckqualität, so daß, wenn in der Praxis ein Höchstmaß an Sicherheit beim Druck auf Zinn bzw. Blei/Zinn erreicht werden soll, mit folgenden Parametern gearbeitet werden sollte:

- Bei der Gestaltung der Leiterplatte möglichst schmale Leiterzüge und kleine Zinnflächen vorsehen
- Im Fertigungsprozeß der Leiterplatte darauf achten, daß die Metallauflage des Zinns, und das gilt in noch stärkerem Maße für Blei/Zinn, so gering wie möglich gehalten wird.
- Die Druckvorbereitung muß sehr sorgfältig sein, d.h., die Metallauflage muß frei von Staub und allen möglichen Rückständen sein; sofern akzeptabel, leichten Bürstprozeß vorschalten
- Grobmaschige Siebe mit etwa 40 bis 70 Fäden/cm verwenden, damit möglichst dicker Lackfilm erreicht wird
- Flexible Gewebe mit hoher Spannqualität, Rakel mit etwa 65 bis 70 Shore Härte und langsame Rakelgeschwindigkeit mit nicht zu großem Absprung bei optimalem Rakeldruck verwenden.

7.3.3.3. UV-härtende Lötstopplacke

Seit einigen Jahren werden bei der Herstellung von Leiterplatten auch UV-härtende Lötstopplacke verwendet. Diese sind lösungsmittelfrei, und man erreicht daher größere Lackfilm-Trockenschichtdicken, so daß mit feineren Sieben (etwa 120 Faden/cm) gedruckt werden kann.

Da generell an Lötstopplacke sehr hohe Anforderungen gestellt werden, zeigen sich hier auch am auffälligsten die den UV-Lacken zur Zeit noch anhaftenden Nachteile:

- Generell schlechtere Haftfestigkeit auf allen Druckträgern, was sich besonders beim Lötprozeß zeigt, so daß UV-härtende Lötstopplacke für den Druck auf Glanzzinn bzw. Blei/Zinn nur bedingt brauchbar sind
- Die ebenfalls schlechtere Überdruck- bzw. Überlackierbarkeit, die sich in nicht immer ausreichender Haftfestigkeit nachfolgender Drucke mit Kennzeichnungsdrucklack bzw. bei einer Lötlack-Lackierung zeigt
- Oftmals unzureichende Durchhärtung in den Tälern zwischen sehr hohen Leiterzügen und das nicht immer genügende Elastizitätsverhalten, z.B. beim Gitterschnitt (*Abb. 7.5.*).

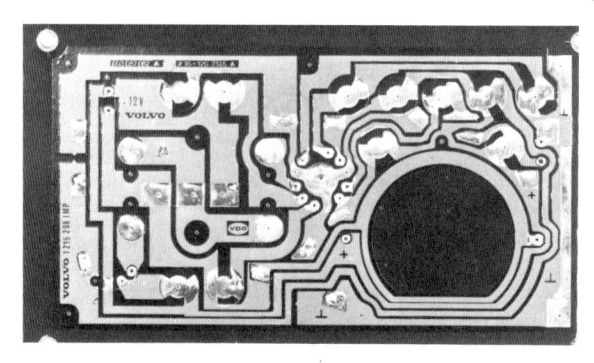

Abb. 7.5.: Leiterplatte für Pkw-Armaturenbrett auf schwarzem Basismaterial, geätzt mit alkalisch entfernbarer Ätzreserve, bedruckt mit UV-trocknendem Lötstoplack, anschließend rollenverzinnt

7.3.3.4. Abziehbare Lötstopplacke

Da der überwiegende Teil aller Leiterplatten maschinell gelötet wird, müssen bei einem Großteil der Leiterplatten Kontaktfinger, Steckerleisten, Drehkontakte oder sonstige Kontaktstellen so abgedeckt werden, daß an diesen Stellen beim Lötprozeß kein Lötzinn angenommen wird und nach dem Lötprozeß die Lötabdeckung wieder entfernbar ist.

Abziehbare Lötstopplacke (*Abb. 7.6.*) machen ein Abkleben mit Klebebändern, bei denen nach dem Lötvorgang meistens ein zu entfernender Kleberückstand verbleibt, nicht nur überflüssig, sondern es können auch Kontakte, die sich nur aufwendig abkleben lassen, sicher abgedeckt werden. Darüber hinaus werden damit Lötstellen, die erst später von Hand zu löten sind, gegen das Maschinenlöten gesichert (*Abb. 7.7.*).

Abziehbare Lötstopplacke sind 1-Komponenten-Lacke und härten durch Wärmeanwendung, zweckmäßig durch Infrarot-Bestrahlung, aus. Sie lassen sich nach dem Lötvorgang durch einfaches Abziehen rückstandslos entfernen.

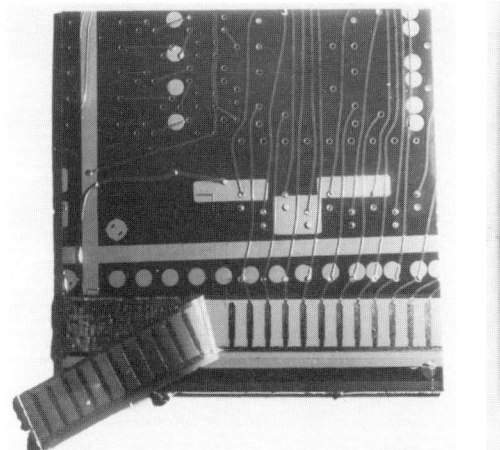

Abb. 7.6. und 7.7.: Abziehbarer Lötstoplack (Werkfoto: Niederrheinische Lackfabrik, Krefeld)

7.3.4. Kennzeichnungs-/Signierlacke

Diese Lack-Systeme werden in der Regel nach dem Lötstopplackdruck zur Beschriftung von Buchstaben, Ziffern und Zeichen auf die Leiterplatte aufgedruckt. Mit diesem Druck werden Prüfpunkte und die Bestückung symbolisch dargestellt, einschließlich der Bezeichnung der einzelnen Bauelemente aus der Stückliste und ggf. auch deren elektrische Verbindungen.

Der Druck erfolgt sowohl auf die Bauteile-Seite (B-Seite) als Kennzeichnungs- oder auch Positionsdruck, als auch auf die Lötseite (L-Seite) als sogenannter Servicedruck, wodurch die Fehlersuche bei eventuell später notwendigen Reparaturen erheblich erleichtert wird. Da beim Druck auf die Lötseite sehr gute Beständigkeit gegen Fluxmittel, Fluxlacke und gute Lötbadbeständigkeit erforderlich ist, werden hierfür vorwiegend 2-Komponenten-Lacke verdruckt.

Wichtige Anforderungen sind bei Kennzeichnungslacken generell:
- gute Haft- und Scheuerfestigkeit
- gute Beständigkeit gegen Fluxmittel, Fluxlacke, Lötlacke, Lösungsmittel sowie die allgemein gute Beständigkeit gegen Reinigungsmittel, Wasser/Feuchtigkeit.

Die Einfärbung ist meistens weiß, gelb oder schwarz. Andere Einfärbungen sind grundsätzlich möglich.

7.3.4.1. Signierlacke, 1-Komponenten, physikalisch trocknend

Die Anwendung dieser Lacke ist vornehmlich bei solchen Leiterplatten möglich, bei denen keine nachfolgende Behandlung in Waschprozessen mit aggressiven Lösungsmitteln (Reinigungsmitteln), z.B. Chlorkohlenwasserstoff, erfolgt. Die Basis dieser Kennzeichnungslacke ist normalerweise PVC-Kunststoff, die Trocknung erfolgt bereits bei Raumtemperatur und ist nach vollständigem Verdunsten der Lösungsmittel abgeschlossen. Die Anwendung von Warmluft in Durchlauftrocknern beschleunigt die Trocknung.

7.3.4.2. Signierlacke, 1-Komponenten, ofentrocknend

Der Aufbau dieser Lacke entspricht weitgehend den ofentrocknenden 1-Komponenten-Lötstopplacken. Die Trocknung erfolgt vorteilhaft in Infrarot-Trocknungsanlagen, und die Beständigkeit gegen Lösungsmittel und Reinigungsmittel ist allgemein gut.

7.3.4.3. Signierlacke, 2-Komponenten

Diese Lacke, die in ihrer Zusammensetzung 2-Komponenten-Lötstopplacken weitgehend entsprechen, kommen dann zur Anwendung, wenn höchste Anforderungen bezüglich Haftfestigkeit, Lötbadbeständigkeit und Lösungsmittelbeständigkeit gestellt werden. Es gelten die gleichen Hinweise bezüglich Trocknung wie für 2-Komponenten-Lötstopplacke.

7.3.4.4. Signierlacke, UV-härtend

Schwarz-Pigmente absorbieren sehr stark im UV-Bereich, Weiß-Pigmente verhindern das Eindringen der UV-Strahlung, daher haben UV-härtende Signierlacke nicht die gleich hohe Deckfähigkeit, wie sie bei allen anderen Signierlacken erreichbar ist. Die Verankerungsmöglichkeit von UV-Lacken zu anderen Lacken, besonders aber beim Druck auf bereits vorhandenem UV-härtendem Lötstopplack, ist erheblich geringer, so daß die Haftfestigkeit gegenüber konventionellen Lacken nicht immer voll ausreichend ist.

Der Druck mit UV-härtenden Signierlacken kann daher etwas problematisch sein und bedarf einer sorgfältigen Prüfung.

7.3.5. Isolationsdrucklacke

Aufgrund der immer kleiner werdenden Leiterplatte und den damit verbundenen hohen Packungsdichten der Bauelemente sind die Elektronik-Konstrukteure gezwungen, die Leiterbahnbreiten und auch die Abstände zu verringern. Um gute dielektrische Eigenschaftswerte, mechanische Widerstandsfähigkeit, Korrosionsfestigkeit sowie auch gute Kriechstromfestigkeit zu erzielen, müssen die Leiterzüge auch auf der Bauelementeseite abgedeckt werden.

Auf der L-Seite übernimmt der Lötstopplack die Funktion des Isolationsdrucks, auf der B-Seite erfolgt der Isolationsdruck entweder ebenfalls mit 2-Komponenten-Lötstopplacken oder mit farbig-deckenden Isolationsdrucklacken auf der Basis von 2-Komponenten-Lacken.

Applikation und Trocknung erfolgen wie bei 2-Komponenten-Lacken, auch die Eigenschaften entsprechen diesen Lack-Systemen.

7.3.6. Allgemeine Vorteile und Nachteile der UV-härtenden Schaltungsdrucklacke

Diese neue Verfahrenstechnik bringt gegenüber den konventionellen Verfahren teils beachtliche Fertigungs-Vorteile:
- kürzere Härtungszeiten
- geringerer Energieaufwand
- geringerer Platzbedarf
- schnelle Betriebsbereitschaft, höhere Betriebssicherheit sowie einfachere Bedienung und Wartung
- kostengünstigere Produktion durch einfacheres Handling
- bedingt durch die kurzen Aushärtezeiten ist optimalere Fließbandarbeit möglich
- schnellere Stapelbarkeit und dadurch auch schnellere Weiterverarbeitung doppelseitiger Leiterplatten.

Bei den UV-Lacken selbst ergeben sich folgende System-Vorteile:
- UV-Lacke sind lösungsmittelfrei; hierdurch geringere Umweltbelastung, gesetzliche Vorschriften bezüglich Immissionsschutz lassen sich besser erfüllen
- Durch die Abwesenheit von Lösungsmitteln ergibt sich, daß UV-Lacke auf dem Sieb nicht an- bzw. eintrocknen; die Einsparung von Reinigungsmitteln und Reinigungszeiten kann dadurch erheblich sein
- UV-Lacke haben keinen bzw. einen sehr hohen Flammpunkt; daher deutlich verminderte Explosionsgefahr
- Die Lackkonsistenz bleibt über einen sehr langen Zeitraum konstant, und die Zugabe von Verdünner ist daher nur in Ausnahmefällen notwendig; eine Zugabe von Verzögerer entfällt
- UV-härtende Siebdrucklacke haben einen Festkörpergehalt von etwa 100 %, in einem Arbeitsgang lassen sich daher dickere Lackfilmschichten erreichen; die Naßfilmdicke entspricht nahezu der späteren Trockenfilmdicke, so daß mit feineren Sieben gedruckt werden kann bzw., in manchen Anwendungsfällen sogar, werden muß.

Die aufgezählten Vorteile bringen mehr Sicherheit und Automationsmöglichkeiten im Schaltungsdruck, so daß sich Lohn- und Betriebskosten reduzieren lassen. Um die UV-Technik richtig zu nutzen, sollte aber auch auf die noch vorhandenen *Probleme und Nachteile* hingewiesen werden:
- Bildung von Ozon durch UV-Strahlen und daher entsprechende Absaugung von Kühlluft und Ozon
- Begrenzte Lebensdauer der UV-Strahler
- UV-Strahlen sind gefährlich für Haut und Augen! Abschirmung der UV-Strahlen vornehmen und Schutzbrille tragen
- Direkte UV-Einstrahlung aus Sonnenlicht und Leuchtstofflampen kann zur Aushärtung des Siebdrucklackes in den Drucksieben führen; daher Abschirmung dieser Strahlen durch UV-Filter-Folien und/oder Sicherheitslicht (gelbe Leuchtstofflampen) vorsehen
- Möglichst klimatisierte Räume vorsehen; bezüglich Sauberkeit sind wesentlich höhere Anforderungen zu stellen
- UV-Lacke unterliegen bei der Aushärtung einer starken Abhängigkeit von Schichtstärke und Einfärbung; dickere Lackschichten und stark-deckende Einfärbung benötigen längere Bestrahlungszeiten

- Die Haftfestigkeit von UV-Lacken ist geringer, was sich beim Überdrucken bzw. beim Überlackieren mit nachfolgenden Lacken, z.B. Lötlack, zeigt
- Die Lagerfähigkeit ist begrenzt und gegenüber konventionellen Lacken haben UV-Lacke einen höheren Preis.

7.3.7. Hilfsprodukte für den Schaltungsdruck

Hilfsmittel erfüllen wichtige Funktionen bei der Anwendung von Siebdrucklacken. Die in der Praxis manchmal auftretenden Schwierigkeiten können mit solchen Hilfsmitteln oft schon bei relativ kleinen Zugabemengen beseitigt werden. Das Wissen um die Theorie vom Material und dessen Eigenschaften gibt dem Siebdrucker bessere Möglichkeiten zur Fehlerbeseitigung. Bei Zusätzen, das gilt generell für alle Hilfsprodukte, sollte im Vorversuch die genaue Zugabemenge erprobt werden. Nach der Zugabe muß für eine gleichmäßige Verteilung Sorge getragen werden.

7.3.7.1. Verdünnung

Verdünnung, auch Verdünner genannt, besteht meist aus mehreren Lösungsmitteln. Die Zusammensetzung solcher Gemische entspricht etwa derjenigen, der bereits im Lack vorhandenen Lösungsmittel. Bei Universal-Verdünnungen ist die Zusammensetzung so gewählt, daß mit möglichst einer Verdünnung eine Vielzahl von Lackprodukten verdünnt werden kann. Zu beachten ist, daß bei größeren Zugabemengen die Trockenzeit verlängert werden muß. Gleichzeitig wird die Viskosität und der Festkörpergehalt erniedrigt, und man erhält zwangsläufig geringere Lackschichtdicken.

7.3.7.2. Verzögerer

Verzögerer sind Lösungsmittel-Gemische, die das Antrocknen der Siebdrucklacke in den Sieben verzögern. Sie kommen zur Anwendung bei relativ hoher Umgebungs-Temperatur, wenn feinere Details mit sehr feinen Sieben gedruckt werden müssen und wenn „Fadenzug" beim Druck, meist wegen zu schneller Antrocknung, auftritt. Gegenüber Verdünnung enthalten Verzögerer Lösungsmittel, die einen höheren Siedepunkt (Mittelsieder, Hochsieder) und damit zugleich langsamere Verdunstungszeiten (hohe Verdunstungszahl) aufweisen. Das sonstige Verhalten ist den Verdünnungsmitteln ähnlich.

7.3.7.3. Reinigungsmittel

Reinigungsmittel enthalten vorwiegend schnell verdunstende Lösungsmittel mit guter und intensiver Reinigungswirkung und hohem Lösevermögen bei möglichst schneller und rückstandsloser Verdunstung aus den Sieben. Deren Anwendung erfolgt zur Lackentfernung von Sieben, Arbeitsgeräten und auch bei Fehldrucken. Im Schaltungsdruck sollten möglichst Reinigungsmittel verwendet werden, die universell für 1- und 2-Komponenten-Lacke gleichermaßen gut geeignet sind.

7.3.7.4. Verlaufmittel

Verlaufmittel beseitigen Kraterbildung, Bläschenbildung und sonstige Verlaufsstörungen, wie sie beim Siebdruck durch mancherlei Ursachen auftreten können. Da sehr geringe Mengen eine hohe Wirkung zeigen und Überdosierungen zu anderen Fehlern (z.B. Haftschwierigkeiten) führen können, sollte die Zugabemenge sehr sorgfältig zuvor erprobt werden.

7.3.7.5. Antistatikmittel

Antistatikmittel beseitigen die beim Siebdruck durch Reibung auf Kunststoffsieben (Polyester/Nylon) mit Kunststoff-Rakel (Polyurethan) entstehende statische Aufladung. Die Zugabe erfolgt entweder durch direktes Einrühren in den Siebdrucklack oder durch Besprühung auf Lack, Sieb und Rakel aus der Spraydose. Aufgrund des hohen Wirkungsgrades ist auch hier vorsichtige Dosierung angebracht.

7.3.7.6. Sieböffner

Sieböffner sind spezielle Lösungsmittel-Gemische, die besonders aktiv in ihrer Lösewirkung eingestellt sind und daher bei verstopften Sieben schnell und sicher wirken. Sie kommen vor und nach Arbeitsunterbrechungen zum Einsatz und verhindern das Antrocknen der Siebdrucklacke im Sieb. Die Anwendung erfolgt in der Regel als „Screen-Spray" aus der Spraydose.

7.3.7.7. Sonstige Hilfsprodukte

- *Verdickungsmittel*, verdicken bzw. thixotropieren mit leichter Gel-Struktur, so daß Neigung zum Laufen gestoppt werden kann. Anwendung erfolgt bei zu dünn eingestellten Lacken und zur besseren Kantenabdeckung bei überhöhten Leiterzügen.
- *Antischaummittel*, die Blasen und Schaumbildung beseitigen und meist mit den bereits erwähnten Verlaufmitteln identisch bzw. sehr ähnlich sind
- *Haftverbesserer*, bei denen es sich um Mittel verschiedenster Zusammensetzungen handeln kann. Durch Zugabe wird die Haftung und oft auch die Elastizität verbessert
- *Trockner/Sikkative*. Hierbei handelt es sich meist um hochkonzentrierte Mischungen von Metallsalzen verschiedener Fettsäuren; sie wirken als Katalysator und beschleunigen die Trocknung oxidativ trocknender Lacke. Im Schaltungsdruck haben sie kaum noch Bedeutung.

7.4. Trocknungsanlagen

Für die Trocknung von Schaltungsdrucklacken, Wasserverdrängungslacken und Lötlacken sind Trocknungsanlagen notwendig, die je nach anfallender Produktionsmenge als Konvektionstrocknungsanlagen oder Durchlaufanlagen gebaut sein können.

7.4.1. Umlufttrockner

Konvektionstrocknungsanlagen sind reine Umlufttrockner, die entweder als Kammeröfen, nur mit natürlicher Belüftung durch Warmauftrieb, oder Umluftöfen, die mit künstlicher Luftbewegung arbeiten. Hierunter fallen auch Kammeröfen, die mit einem Ventilator in der Abluftleitung arbeiten. Umluftöfen gibt es in verschiedensten Größen, von Labor-Trockenöfen bis zu Betriebsgrößen, in denen man mit Leiterplatten beschickte Wagen einfahren kann. Umlufttrockner sind nahezu universell verwendbar.

7.4.2. Durchlauftrockner mit Warmluft

Diese Anlagen bestehen aus Warmzonen, die über Gebläse Luft an Thermo-Elemente vorbeiführen. Die Beheizung erfolgt elektrisch oder auch indirekt durch Gas- bzw.

Ölheizung. Die Leiterplatten befinden sich auf einem Transportband. Die erreichbare Wärme beträgt etwa 80 bis 100 °C, teilweise auch darüber. Durchlauftrockner werden zur Trocknung von Ätzreserven, Galvano-Resists, physikalisch trocknenden Kennzeichnungslacken sowie für Wasserverdrängungslacke und Lötlacke verwendet.

7.4.3. Infrarot-Trocknungsanlagen

Bei diesen Anlagen werden je nach der Anzahl der eingesetzten Infrarot-Strahler Temperaturen bis maximal 180 °C erzielt. Die wesentlichen Vorteile sind die schnellere Erwärmung des auszuhärtenden Materials und die dadurch bedingten relativ kurzen Durchlaufzeiten. Solche Anlagen dienen hautpsächlich zur Trocknung ofentrocknender 1- und 2-Komponenten-Lacke. Da eine relativ hohe Strahlungswärme auftritt, muß bei Leiterplatten aus Phenolharz-Basismaterial wegen des möglichen Verzugs durch die Anzahl der Strahler und über den Abstand der Strahler die Temperaturführung so vorgenommen werden, daß 130/140 °C nicht überschritten werden.

7.4.4. UV-Härtungsanlagen

UV-Härtungsanlagen sind als Durchlaufstrecken ausgelegt. Die Durchlaufgeschwindigkeit ist stufenlos regelbar und liegt meistens im Bereich von 1,5 bis 20 m/min. Die eigentliche Härte- bzw. Polymerisationsstrecke ist ein allseitig geschlossenes Lampengehäuse, in dem spezielle UV-Lampen angebracht sind. Die bedruckten Leiterplatten werden im Abstand von etwa 60 bis 100 mm unter der Strahlungsquelle hindurch transportiert, wobei das Licht mittels Reflektoren gerichtet wird. Regulierbarkeit des Strahlerabstandes zum Druckgut sollte möglich sein. In der Regel sind zwei, häufig auch drei UV-Lampen eingesetzt, wobei es sich im allgemeinen um Quecksilberdampf-Hochdrucklampen mit 80 Watt pro cm Lichtbogenlänge handelt. Strahlungsenergie unter 200 Nanometer führt verstärkt zur Umwandlung von Luftsauerstoff in Ozon, das in höherer Konzentration gesundheitsschädlich ist und durch Absaugung mit der Kühlluft abgeführt werden muß. UV-Anlagen sollen möglichst mit einer sogenannten Halblastschaltung ausgerüstet sein. Bei vorübergehender Nichtbenutzung der Anlage hilft sie, Strom einzusparen, bringt schnellste Betriebsbereitschaft, wobei gleichzeitig die Luftmengen reduziert werden.

Um den Leistungsabfall der UV-Lampen, was etwa nach ca. 1000 bis 1500 Betriebsstunden bei z.B. 80 W/cm-Lampen mit etwa 20 % der Fall ist, rechtzeitig feststellen zu können, ist das Anbringen eines Betriebsstundenzählers angezeigt. Da der Spannungsabfall zwischen den Elektroden der Röhren ungefähr proportional zur Emissionseinbuße steht, läßt sich der Alterungszustand der Lampen auch durch Spannungs-Meßgeräte mit entsprechenden Übertragern feststellen. Aufzeichnung oder Überwachung der Betriebsstunden ist, will man unzureichende Aushärtung und damit verbundene Fehler vermeiden, unbedingt zu empfehlen. Wird ein Leistungsabfall der Lampen nicht rechtzeitig erkannt, so steht für die vollständige Polymerisation nicht genügend Energie zur Verfügung. Die Folgen, gerade im Schaltungsdruck, z.B. Abplatzen der Lackschicht bei den ohnehin dickschichtigen Lackfilmen beim Druck von Lötstopplack, können sehr groß sein.

7.4.5. Sicherheits-Vorschriften

Die VBG 23 vom 1.4.1979 mit dem Titel „Verarbeiten von Anstrichstoffen" einschließlich der dazugehörigen Durchführungsanweisung (DA) ist für die Aufstellung der Lacktrockenöfen bestimmend.

Lacktrockenöfen (Sammelbegriff für alle Öfen, die für die Lacktrocknung eingesetzt werden), die nach VBG 24 konzipiert und betrieben werden, gelten im Sinne dieser Vorschrift im Innenraum als explosionssicher. Äußerer Explosionsschutz wird zusätzlich gefordert, wenn sich am Aufstellungsort gefährliche explosionsfähige Atmosphären bilden können.

Alle Lacktrockenöfen dürfen nur betrieben werden, wenn sie den Vorschriften entsprechen. Diese besagen, daß die Luftführung so ausgelegt sein muß, daß maximal 0,8 VOL% Lösemittel geführt werden dürfen. Die „Berufsgenossenschaft Druck und Papier" hat diese Maßnahme bei Siebdruck-Trocknungsanlagen, und das gilt auch für Leiterplatten, sogar um die Hälfte, also auf 0,4 VOL% verringert. Es ist darauf zu achten, daß bei Aufstellung von Lacktrockenöfen die Bestimmungen von vornherein eingehalten werden.

Beachtet werden sollte auch die DIN 57 165 (Juni 1980) bzw. die textgleiche VDE 0165/6.80 „Errichten elektrischer Anlagen in explosionsgefährdeten Betrieben". Die oft nicht ganz einfache Beurteilung, ob im jeweiligen Aufstellungsfall nur ein „feuergefährdeter" oder bereits ein „explosionsgefährdeter Bereich" gegeben ist, obliegt bei Unklarheiten stets der zuständigen Aufsichtsbehörde, die der Betreiber vor einer geplanten Aufstellung ansprechen sollte.

7.5. Desoxidation, Konservierung und Trocknung der Leiterplatten

Bei Leiterplatten ohne galvanische Veredelung (Sn, Sn/Pb, Au, Ag usw.) wird durch die Wärmetrocknung der aufgedruckten Löststopplacke und Kennzeichnungssiebdrucklacke das Kupfer an den freien Stellen oxidiert. Um später eine einwandfreie Lötung erzielen zu können, ist es daher unbedingt notwendig, daß die Leiterplatten desoxidiert und konserviert werden.

7.5.1. Anlagen zur Desoxidation

Durchlauf-Anlagen zur Desoxidation arbeiten nach dem gleichen Prinzip wie Ätzanlagen. Man kombiniert sie aus Sprüh- und Sumpfunterbau-Modulen oder Sprüh-Kompakt-Modulen und nachfolgenden Trocknungs-Modulen, damit die desoxidierten Leiterplatten anschließend sofort in die Walzlackieranlagen eingefahren werden können, wodurch eine erneute Oxidation der Lötaugen verhindert wird.

Auch beim Desoxidieren von Leiterplatten werden in die Spül-Module Kupferionen eingeschleppt, und man kann hier auch durch Anwendung der Kaskaden-Spülung abwasserfrei arbeiten. Außerdem ist es möglich, diese mit Kupfer versetzten Spülwasser in einer Bypass-Leitung den Regenerieranlagen zuzuführen und in das Recycling einzubeziehen.

7.5.2. Chemikalien für die Desoxidation

Für das Desoxidieren eignen sich alle sauren Medien, die in der Lage sind, Kupferoxid (CuO) von der Oberfläche des kupferkaschierten Basismaterials zu entfernen, ohne das Kupfer selbst zu stark anzugreifen bzw. abzutragen. Hierfür verwendet man Medien aus 5-10 % Ammonium- oder Natriumpersulfat in schwefelsaurer Lösung sowie Schwefelsäure und Salzsäure in Konzentration zwischen 10 und 15 %.

Im allgemeinen gibt man dem Natriumpersulfat in schwefelsaurer Lösung den Vorzug, weil sich als Abbauprodukte im Spülwasser nur Natriumsulfat und Kupfersulfat bilden können, jedoch kein Tetramin-Komplex, der beim Ammoniumpersulfat auftreten kann. Verbrauchte Desoxidatonslösungen können dem Verarbeitungsprozeß wieder zugeführt werden, indem sie den Konzentraten von Kupferchlorid oder der ammoniakalischen Ätzlösung beigemischt werden.

Bevorzugt eignen sich zum Desoxidieren von Leiterplatten handelsübliche Produkte, sogenannte Cleaner/Desoxidizer, die teilweise auch eine entfettende und passivierende Wirkung auf die Oberfläche des Kupfers ausüben. Sie sind in der Regel auf der Basis organischer Säuren aufgebaut und entfetten, entoxidieren und beseitigen oftmals hartnäckige Fingerabdrücke, ohne daß dabei Kupfer abgetragen wird.

7.5.3. Konservierung von Leiterplatten durch Lackieren (Lötschutzlackierungen)

Damit sehr empfindliche Bauteile nicht zu stark erwärmt werden, muß das Einlöten sehr schnell durchgeführt werden. Die mechanische Festigkeit der Lötverbindungen sollte so sicher sein, daß auch bei stärkeren Belastungen eine zuverlässige Verbindung bestehen bleibt. Die gute Lötbarkeit der Lötaugen und der durchkontaktierten Löcher ist daher von größter Wichtigkeit.

Reines Kupfer überzieht sich bereits bei Lagerung in normaler Atmosphäre sehr schnell mit einer Oxidschicht. Da sich diese Schicht während des Lötprozesses äußerst passiv gegenüber dem Lot verhält und zu sogenannten „kalten Lötstellen" führen kann, wobei die mechanische Festigkeit der Lötverbindung stark beeinträchtigt wird, müssen zur Erhaltung der guten Lötbarkeit die Lötflächen und bei durchkontaktierten Löchern auch die Löcher selbst wirksam geschützt werden.

Bei der späteren Weiterverarbeitung der Leiterplatten ist eine gute Lötbarkeit, insbesondere auch nach einer längeren Lagerzeit, ein wichtiger Qualitätsfaktor. Der Verfahrenstechnik „Konservierung" sollte daher bei der Leiterplattenfertigung besondere Aufmerksamkeit gewidmet werden.

Neben der Konservierung durch das Aufschmelzen galvanisch abgeschiedener Blei-/Zinn-Schichten mittels flüssiger Medien bzw. Infrarot-Strahlung, dem Walzverzinnen und dem Heißverzinnen (Hot-Air-Leveling) kommt der Konservierung durch Lackieren eine besondere Bedeutung zu. Bei allen Schutzüberzügen, gleichgültig ob Metall- oder Lackabdeckung, ist unabdinglich, daß die Abdeckung dicht und porenfrei ist, d.h., der Leiterzug muß vollständig abgeschlossen sein. Bei Abdeckung mit Zinn bzw. Blei/Zinn zeigt die Praxis, daß bei längeren Lagerzeiten und auch bei ungünstigen Lagerungsbedingungen eine zusätzliche Lackkonservierung angebracht sein kann.

Bei ein- oder doppelseitigen Leiterplatten erfolgt nach dem Aufdruck von Lötstopplack und Kennzeichnungs-Lack und der dann folgenden Desoxidation als letzter Arbeitsgang die Konservierung der nicht abgedeckten Leitflächen.

Die Lackkonservierung, die eine breite Anwendung gefunden hat, kann vorgenommen werden

    1) mit wasserverdrängenden Lacksystemen
    2) mit Lötlacken
    3) durch Kombination dieser beiden Systeme, was besonders bei hohen Stückzahlen angebracht ist.

Je nach Ausführung der Leiterplatte und auch Auflagengröße kommen entsprechend unterschiedliche Lackierverfahren zur Anwendung.

7.5.3.1. Konservierung mit wasserverdrängenden Systemen

Mit wasserverdrängenden Systemen können Leiterplatten in einem Arbeitsgang entwässert, getrocknet und konserviert werden. Die Anwendung erfolgt ausschließlich im Tauchverfahren. Wasserverdrängende Systeme sind für alle Metalle bzw. Metallauflagen geeignet und sind universell verwendbar bei unterschiedlichen Fertigungsgrößen und Ausführungen (ein- oder doppelseitige Leiterplatten).

7.5.3.2. Wasserverdränger

Noch triefendnasse Leiterplatten können, direkt aus dem letzten Spülbad kommend, unmittelbar in Wasserverdränger eingetaucht werden. Diese Arbeitsweise unterbindet jede Oxidbildung, und die so geschützten Leiterplatten sind daher gut lötbar. Bei sehr hohem Durchsatz an Leiterplatten und dem dadurch erhöhten Einschleppen von Wasser ist eventuell ein zweites Tauchen in einem weiteren Becken empfehlenswert.

Bei der Konservierung mit Wasserverdrängern verbleibt ein relativ dünner Schutzfilm, der einen temporären Korrosionsschutz für etwa 4 Wochen bewirkt.

7.5.3.3. Wasserverdrängungslack

Wasserverdrängungslacke werden wie Wasserverdränger angewandt. Gegenüber Wasserverdrängern ist die Schutzwirkung erheblich länger und beträgt etwa zwischen 6 und 10 Monate. Nachteilig kann ein weißliches Anlaufen der Lackschicht beim späteren Waschprozeß (Fluxmittelentfernung) mit Reinigungsmitteln sein, die einen hohen Anteil an polaren Lösungsmitteln (z.B. Alkoholen) aufweisen. Da zudem die Anforderungen an die Lötbarkeit immer höher werden, wird mehr und mehr die Konservierung mit Lötlacken bevorzugt.

Bei hohem Durchsatz an Leiterplatten und der dabei verstärkt anfallenden Wassermenge sollte auf keinen Fall ein zweimaliges Tauchen in Wasserverdrängungslack, sondern eine erste Tauchung in Wasserverdränger und ein unmittelbar daran anschließendes Tauchen in Wasserverdrängungslack vorgesehen werden. Wichtig ist, um ein Einschleppen vorausgegangener chemischer Bäder zu vermeiden, den letzten Spülprozeß vor Anwendung von Wasserverdränger bzw. Wasserverdrängungslack sehr intensiv, u.U. als zusätzliche Sprühspülung, durchzuführen. Ebenso wichtig ist laufende Kontrolle des Wasserverdrängungslackes (*siehe Abschnitt 7.6. – Kontrolle/Qualitätssicherung*).

Die Anwendung von Wasserverdränger bzw. Wasserverdrängungslack erfolgt bei Raumtemperatur in Tauchbecken aus nichtrostendem Stahl oder verzinntem Eisenblech mit Wasserstandsanzeige und Ablaufmöglichkeit für das anfallende Wasser, Absaugung ist empfehlenswert.

Die Behandlungszeit beträgt etwa 1 bis 3 min. Die Trocknung ist rein physikalisch, d.h., nach vollständigem Verdunsten der Lösungsmittel ist die Trocknung abgeschlossen. Bei Raumtemperatur von etwa 20 °C beträgt die Endtrockenzeit bei Wasserverdränger ca. 5 min und bei Wasserverdrängungslack ca. 15 bis 20 min.

7.5.4. Konservierung mit Lötlacken

Ständig steigende Anforderungen in der gesamten Elektronik bezüglich Schutzwirkung, Stanzbarkeit, Lötbarkeit, Verträglichkeit mit Reinigungsmitteln u.a., aber auch höhere Anforderungen an rationellere Fertigungsmethoden führten zur Entwicklung moderner Lötlacksysteme. Lötlacke waren anfangs relativ einfach aufgebaute Kolophoniumlacke, die aufgrund des relativ niedrigen Schmelzpunktes beim Stanzen und Bohren zum Verkleben neigten.

Neuere Lacksysteme, die auf der Basis modifizierter und lötaktivierter Kunstharze aufgebaut sind, weisen diese Nachteile nicht mehr auf. Sie sind aufgrund der relativ hohen Erweichungspunkte gut stanzbar, neigen nicht zur Haarrißanfälligkeit und zeigen sehr gute Löteigenschaften auch nach Lagerzeiten von mehr als 9 Monaten. Nach dem Löten können diese Lacke mit Lösungsmitteln entfernt werden (*Abb. 7.8.*).

Lötlacke sollen wegen der möglichen Feuersgefahr und der zu schnellen Verdunstung frei von Äthylalkohol (Spiritus) und Isopropylalkohol sein. Dadurch entfällt auch eine Zuordnung nach der Verordnung über brennbare Flüssigkeiten (VbF).

Die Verarbeitung von Lötlacken erfolgt

       1) im Tauchverfahren
       2) im Walzlackierverfahren
       3) im Spritzlackierverfahren.

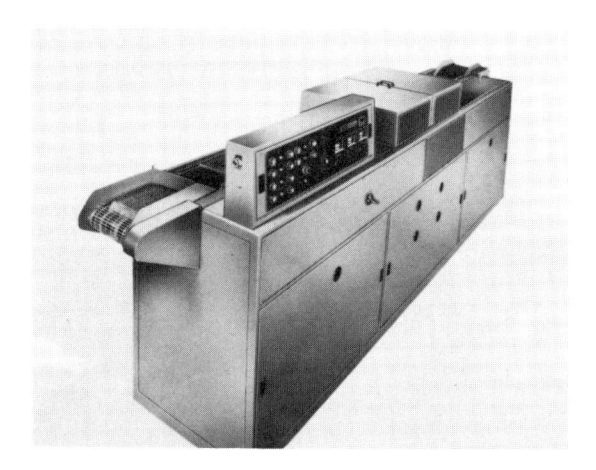

Abb. 7.8.: Durchlauf-Leiterplatten-Reinigungsanlage (Werkfoto: KLN-Ultraschallgesellschaft, Heppenheim/Bergstr.)

7.5.4.1. Tauchverfahren mit Lötlack

Die Entwicklung dieser Lacksysteme hat eine wesentliche Rationalisierung der Leiterplattenfertigung gebracht. Das Tauchverfahren kommt überwiegend bei durchkontaktierten Leiterplatten zur Anwendung. Der Lötfluß in den Löchern wird deutlich verbessert. Um möglichst gute Lötbarkeit zu erzielen, sollte die Tauchlackierung unmittelbar nach der Trocknung (meistens mit Warmluft) der Leiterplatten erfolgen. Für eine rationelle Fertigung hoher Stückzahlen ist die kombinierte Anwendung Wasserverdränger/Lötlack empfehlenswert.

Tauchbecken können aus Polyäthylen oder Polypropylen sein und sollten, wenn möglich, Absaugung haben. Die Verarbeitung erfolgt bei Raumtemperatur und die Tauchzeiten sind etwa 1 bis 3 min. Die Trocknung erfolgt bei Raumtemperatur und ist rein physikalisch, und die Endtrockenzeit ist nach ca. 15 bis 20 min erreicht. Wärmeanwendung führt zur schnelleren Trocknung.

Die Schutzwirkung beträgt etwa 9 Monate. Für Leiterplatten mit starker Anhäufung sehr enger Lochung und für Zinn- bzw. Blei/Zinn-Leiterplatten ist es empfehlenswert, durch Verdünnen die Viskosität der Tauch-Lötlacke zu erniedrigen.

7.5.4.2. Walzlackierverfahren mit Lötlack

Das Walzlackierverfahren, auch *„Roller-Coating-Verfahren"* genannt, wird fast ausschließlich bei einseitigen Leiterplatten angewandt. Die Verarbeitung bzw. das Aufbringen der Lötlacke erfolgt im Durchlaufsystem mit Walzlackier-Maschinen. Die Steuerung des Lackauftrages erfolgt durch entsprechende Sonderausrüstungen, wie z.B. kontinuierliche Viskositätsbestimmung, laufende Zuführung des Lötlackes, wie sie bei modernen Lackieranlagen üblich sind.

Die Lackfilmdicke ist abhängig vom Festkörpergehalt des Lackes, von der Viskosität, der Einstellung des Druckes vom Stahlzylinder und Auftragswalze sowie von der Durchlaufgeschwindigkeit.

Im Prinzip sind Lötlacke für die Walzlackierung ähnlich aufgebaut wie die Tauchlötlacke. Die Lösungsmittelzusammensetzung sollte so eingestellt sein, daß keine Anlösegefahr für die Gummi- bzw. Kunststoffwalzen der Lackiermaschine eintreten kann.

Wichtig und unbedingt beachtet werden sollte weiterhin, daß der noch nasse Lötlackfilm, und das gilt gleichermaßen für die Tauch- und Walzlackierung, aufgrund der alkoholischen Lösungsmittel, die ja mit Wasser mischbar sind, durch Wasserdampf oder bei Luftfeuchtigkeit (Gewitter, Seenähe) weiß anlaufen kann. Bei der Verarbeitung von Lötlacken ist es daher empfehlenswert, grundsätzlich Trocknungsanlagen (Umluft, Durchlauftrockner oder Infrarottrockner) vorzusehen.

Auf eine weitere mögliche Fehlerquelle sollte noch hingewiesen werden: manche Lötlackanwender glauben, über eine dicker aufgetragene Lötlackschicht einen besseren Korrosionsschutz und ein optisch besseres Aussehen der lackierten Leiterplatte erreichen zu können, und bedenken dabei nicht, daß bei zu dick aufgetragener Lackschicht das Lot innerhalb der relativ kurzen Lötzeit den zu dicken Lackfilm nicht einwandfrei durchdringen bzw. wegschwemmen kann. Lackfilmschichten von 2–5 µm sind für einen guten Korrosionsschutz ausreichend, und bei Schichtdicken oberhalb 10 µm können sich bereits schon Schwierigkeiten beim Lötprozeß einstellen.

7.5.4.3. Spritzlackierverfahren mit Lötlack

Das Spritzlackierverfahren ist nur sinnvoll bei Muster- und Kleinserienfertigung. Wenn keine anderen Auftragsvorrichtungen zur Verfügung stehen, dann sollte aus Kostengründen eine Spritzlackierung nur als Übergangslösung vorgesehen werden. Da zudem das Einhalten einer genau definierten Schichtdicke beim Spritzlackieren nur mit Spritzautomaten, nicht aber mit der Spritzpistole, möglich ist, kann es zu unterschiedlichen Lötergebnissen führen.

Für die Anwendung von Lötlack im Spritzlackierverfahren werden zweckmäßig Lötlacke verwendet, die aufgrund ihrer Viskositätseinstellung für das Tauchverfahren geeignet sind, eventuell ist in einem Vorversuch die notwendige Viskositätseinstellung zu testen.

Für Null-Serienfertigung und für Reparatur-Lötungen ist das Aufbringen von Lötlack aus Spraydosen empfehlenswert.

7.5.5. Konservierung mit Wasserverdränger in Kombination mit Lötlack

Bei hohem Durchsatz an Leiterplatten ist die kombinierte Konservierung mit Wasserverdränger und anschließender Tauchlackierung mit Lötlack angebracht. Dieses Verfahren ist nicht nur wirtschaftlich, sondern ergibt auch optimale Qualitätsmerkmale. Der Verfahrensablauf:

1) Lötaktivierung, z.B. mit einem Reinigungs- und Entoxidationsmittel
2) sorgfältiger Spülprozeß, evtl. zusätzliche Spritzspülung
3) unmittelbar aus dem Spülbad kommend, Eintauchung in Wasserverdränger und anschließend gutes Abtropfen
4) kurzes Antrocknen (endgültige Trocknung muß nicht abgewartet werden) und dann anschließend
5) Konservierung durch Eintauchen in Lötlack mit Viskositätseintellung für Tauchanwendung
6) anschließend Trocknung bei Raumtemperatur, zweckmäßig aber mit Wärmeanwendung.

7.5.6. Trocknungseinrichtung

Wasserverdränger, Wasserverdrängungslacke und Lötlacke trocknen durch Abdunstung der Lösungsmittel bei Raumtemperatur. Die Trocknung kann durch Wärmeanwendung beschleunigt werden. Bei der Konservierung mit Lötlack im Walzlackierverfahren kommen Infrarot-Trockner oder Umluft-Trockner in Betracht, die unmittelbar nach der Walzlackiermaschine installiert sein können.

Wenn die Lötlacke als Lösungsmittel ausschließlich mit Wasser mischbare Alkohole enthalten, genügt eine Ausrüstung der Trocknungsanlage im „feuergefährdeten Bereich"; explosionsgeschützte Ausführung ist nicht erforderlich.

7.6. Kontrolle/Qualitätssicherung von Siebdrucklacken und Schutzlacken

Zur Qualitätssicherung sollten sowohl die angelieferten, als auch die im Einsatz befindlichen Lacke kontrolliert werden. Zum Thema „Qualitätssicherung" und „Organisation der Qualitätskontrolle" wird in den *Kap. 21. und 23.* näher eingegangen. Für Siebdrucklacke und Schutzlacke können folgende Prüfungen angewandt werden:

Visuelle und Geruchs-Kontrolle

Die Beurteilung von Aussehen, Farbton und Geruch ist eine einfache Möglichkeit der ersten Wareneingangs-Kontrolle, wobei gleichzeitig auf die richtige Typenbezeichnung und Beklebung der entsprechenden Warn-Etiketten geachtet werden sollte.

Viskositäts-Kontrolle

Dünnflüssige Lacke, wie z.B. Wasserverdrängungslacke und Lötlacke, werden nach DIN 53 211 mit einem DIN-Auslaufbecher gemessen, wobei je nach Viskositätsbereich eine 2- oder 4-mm-Düse verwendet wird. Hochviskose bzw. strukturviskose Lacke, wie z.B. Siebdrucklacke, werden mit Rotations- bzw. Turboviskosimetern gemessen (DIN 53 214).

Spezifisches Gewicht

Das spezifische Gewicht (oder auch Dichte) von Flüssigkeiten (Lacke, Verdünnungen, Reinigungsmittel) wird nach DIN 51 757 bestimmt.

Bindemittelgehalt/Festkörpergehalt

Die Begriffe Bindemittelgehalt/Festkörpergehalt sind in DIN 55 945 festgelegt. Die Bestimmung des Bindemittelgehaltes für Klarlacke (ohne Pigmente, ohne Füllstoffe) erfolgt nach DIN 53 182. Die Bestimmung des Festkörpergehaltes für pigmentierte Lacke (mit Pigmenten, mit Füllstoffen) erfolgt nach DIN 53 216.

Flammpunkt
Die Flammpunktbestimmung erfolgt: a) für Flammpunkte bis +65 °C nach Abel-Pensky (DIN 51 755), b) für Flammpunkte über +65 °C nach Pensky-Martens (DIN 51 758).

Kornfeinheit-Bestimmung
Wenn die Feinheit (Kornfeinheit) von Siebdrucklacken überprüft werden soll, dann erfolgt diese Ausprüfung mit einem Grindometer nach *Hegman* (DIN 53203).

Farbtonvergleich
Bei wasserabstoßenden Systemen (Wasserverdränger bzw. Wasserverdrängungslack) kann durch Einschleppen vorausgegangener Ätzbadrückstände etc. eine erhebliche Farbtonabweichung festgestellt werden, wodurch gleichzeitig die wasserabstoßende Wirkung nachlassen kann. Ein Farbtonvergleich mit Wasserverdränger bzw. Lack im Anlieferungszustand zeigt bei stärkerer Verfärbung an, daß ein sorgfältiger Spülprozeß notwendig ist.

7.7. Vorschriften und Verordnungen, Arbeitssicherheit

Siebdrucklacke, Lötlacke, Fluxlacke, Kleber, Verdünnungen, Verzögerer etc. enthalten in vielen Fällen brennbare organische Lösungsmittel. Daher sind bei der Lagerung und Verarbeitung solcher Produkte eine Vielzahl von Gesetzen und Verordnungen zu beachten. Besonders in den letzten Jahren ist eine kaum überschaubare Zahl komplizierter Gesetze und Rechtsvorschriften in Kraft getreten, so daß die nachfolgenden Ausführungen dem Verarbeiter helfen sollen, sich in der Vielzahl der Paragraphen zurechtzufinden.
Für eingehende Informationen werden Hinweise auf die Fachliteratur gegeben.

7.7.1. Feuer- und Explosionsgefahren

Mit Ausnahme einiger chlorierter Kohlenwasserstoffe sind alle organischen Lösemittel brennbar. Arbeitsräume, in denen Lacke zur Verarbeitung kommen, gelten je nach Einstufung der Flammpunkte als feuergefährdet oder als explosionsgefährdet. Daher sind neben den chemischen und physikalischen Kennzahlen auch die sicherheitstechnischen Daten der Lösemittel und Lackprodukte zu beachten.

Flammpunkt
Der Flammpunkt gibt Auskunft über den Grad der Feuergefährlichkeit brennbarer Flüssigkeiten. Er ist die niedrigste Temperatur, bei der sich aus der zu prüfenden Flüssigkeit unter festgelegten Bedingungen Dämpfe in solcher Menge entwickeln, daß sie mit der Luft über dem Flüssigkeitsspiegel durch Fremdzündung ein entflammbares Gemisch ergeben (siehe auch DIN 51 755, DIN 53 213). Der Flammpunkt ist Kennzahl für die Einteilung nach der Verordnung über brennbare Flüssigkeiten (siehe VbF).

Zündgruppen/Temperaturklassen
Die Zündtemperatur eines brennbaren Stoffes ist nach DIN 51 794 die in einem Prüfgerät ermittelte niedrigste Temperatur einer erhitzten Wand (z.B. Oberfläche aus Glas, Keramik), an der sich der brennbare Stoff im Gemisch mit Luft durch Auftropfen entzündet (Selbstentzündung). Diese Temperatur wird auch Tropfzündpunkt genannt.
Anhand der Zündtemperatur werden *Zündgruppen/Temperaturklassen* (VDE 0165/6.80) unterschieden, die u.a. für den Einsatz elektrischer Betriebsmittel von Bedeutung sind.

Die Art und Ausführung elektrischer Anlagen (Schalter, Stecker, Motoren, Transformatoren etc.) in exploxionsgefährdeten Räumen, d.h. in Räumen, in denen mit brennbaren Lösemitteln gearbeitet wird, richtet sich nach den VDE-Vorschriften VDE 0165, 0170 und 0171.

Explosionsgrenzen (Zündgrenzen)

Mit Explosionsgrenzen wird der Konzentrationsbereich bezeichnet, in dem ein Lösemitteldampf/Luftgemisch explosionsfähig ist. Für die meisten technischen Lösemittel liegen die Explosionsgrenzen etwa zwischen 1 und 10 Vol.-%.

Zündquellen

Sowohl im Betrieb als auch im Laboratorium gibt es zahlreiche Möglichkeiten der Zündung von Lösemitteldampf/Luftgemischen und als mögliche Zündquellen sind u.a. zu nennen:

Offene Flammen und Feuerungen, glimmender Tabak, Reib- und Schlagfunken, elektrische Funken, z.B. Lichtschalter, Entladungsfunken statischer Elektrizität, heiße Oberflächen von Betriebsmitteln, elektrischen Geräten, Selbstentzündung gebrauchter Putzlappen u.a.

Diese Aufzählung macht deutlich, welche Gefahren und Gefahrenquellen vorhanden und entsprechende Sicherheitsmaßnahmen, wie z.B. Explosionsschutz, Rauchverbot, zu ergreifen sind.

7.7.2. Gesundheitsgefahren

Alle Lösemittel, teils auch einige Lackrohstoffe, Kunststoffe und Pigmente besitzen eine mehr oder weniger ausgeprägte Wirkung auf den menschlichen Körper.

Zum Schutz von Personen, die mit solchen Stoffen Umgang haben, ist eine Reihe von Gesetzen und Verordnungen erlassen, von denen die „Verordnung über gefährliche Arbeitsstoffe" (ArbStoffV) wohl zu den wichtigsten gezählt werden kann.

MAK-Wert

Der MAK-Wert (Maximale-Arbeitsplatz-Konzentration) ist die höchstzulässige Konzentration eines Arbeitsstoffes (Gas, Dampf oder Schwebstoff) in der Luft am Arbeitsplatz bei einer Dauereinwirkung von täglich 8 Stunden bzw. wöchentlich bis zu 45 Stunden. Die MAK-Werte sind keine endgültigen Werte und werden in einer Liste von der Deutschen Forschungsgemeinschaft (DFG) jährlich neu herausgegeben.

TRK-Wert

Für einige gefährliche Arbeitsstoffe (z.B. krebserregende Stoffe) können noch keine toxikologisch abgesicherten Grenzwerte angegeben werden. Um einen Anhaltspunkt für die erforderlichen Schutzmaßnahmen zu haben, wird ein sogenannter TRK-Wert (technische Richtkonzentration) festgelegt. Die Einhaltung soll das Risiko einer Beeinträchtigung der Gesundheit vermindern.

LD_{50} (Dosis Letalis, 50 %)

Dieser toxikologischer Begriff ist eine Kennzahl für die Giftigkeit von chemischen Stoffen, bei denen nach Verabreichung einer Dosis pro kg Körpergewicht 50 % aller Versuchstiere sterben.

Für chemiche Stoffe gelten z.Zt. etwa folgende Abstufungen:
LD_{50} von 0 –   25 mg/kg Körpergewicht: sehr giftiger Stoff
             25 – 200 mg/kg Körpergewicht: giftiger Stoff
            200 – 2000 mg/kg Körpergewicht: gesundheitsschädlich
Bei gasförmigen Stoffen wird der LC_{50}-Wert angegeben.

7.7.3. Umweltschutz

Bei der Erstellung neuer Betriebe bzw. bei Einführung neuer Verfahren kann die Frage des Umweltschutzes oft zu einer technischen Herausforderung werden und setzt erhebliche Investitionen voraus. Nachfolgende Definitionen sind zu beachten:

Emissionen
Luftverunreinigende Stoffe, die beim Verlassen einer Anlage in die Atmosphäre gelangen.

Immissionen
Luftverunreinigende Stoffe in der Atemluft in Bodennähe.

MEK-Wert
Maximale Emissions-Konzentrationen. Die vom VDI empfohlenen Emissions-Grenzwerte entsprechen dem jeweiligen Stand der Technik und werden jeweils nach den neuesten Erkenntnissen festgelegt.

MIK-Wert
Maximale Immissions-Konzentrationen fremder Stoffe. Höchstkonzentrationen an luftverunreinigenden Stoffen in bodennahen Schichten, die nach heutiger Erfahrung für Menschen, Tiere und Pflanzen noch als unbedenklich gelten.

7.7.4. Rechtsvorschriften (Lagerung, Abfüllung)

Für Lagerung, Abfüllung, Verarbeitung und Beförderung brennbarer Stoffe sind zahlreiche Rechtsvorschriften zu beachten, und es ist besonders in letzter Zeit zu beobachten, daß die staatlichen Gewerbeaufsichtsämter und auch die Berufsgenossenschaften auf die Einhaltung dieser Vorschriften verstärkt achten.

Verordnung über brennbare Flüssigkeiten (VbF)
Die wohl wichtigste Verordnung ist die „Verordnung über die Errichtung und den Betrieb von Anlagen zur Lagerung, Abfüllung und Beförderung brennbarer Flüssigkeiten" vom 27. Februar 1980, kurz auch „Verordnung über brennbare Flüssigkeiten" (VbF) genannt.

Nach dieser Verordnung werden die brennbaren, flüssigen Stoffe nach Gefahrenklassen eingeteilt:

Flammpunkt	Wassermischbarkeit bei +15 °C	Gefahrenklasse
unter +21 °C	begrenzt bzw. nicht beliebig	A I B
+21 °C – +55 °C	begrenzt bzw. nicht beliebig	A II fällt nicht unter die VbF
+55 °C – +100 °C	begrenzt bzw. nicht beliebig	A III fällt nicht unter die VbF

Organische Flüssigkeiten mit einem Flammpunkt über +100 °C sowie lösemittelhaltige, viskose Produkte (oberhalb bestimmter Konzentrationsgrenzen und Viskositätswerte) sind nicht von der VbF betroffen.

Technische Regeln für brennbare Flüssigkeiten (TRbF)
Anlagen, in denen Lösemittel und lösemittelhaltige Produkte gelagert werden, die der VbF unterliegen, müssen den „Technischen Regeln für brennbare Flüssigkeiten" (TRbF), aufgestellt vom Bundesminister für Arbeit und Sozialordnung vom 12. Juli 1980, entsprechen. Geregelt werden Schutzzonen und Sicherheitsabstände für oberirdische Tankläger sowie abgestufte Maßnahmen für den Explosionsschutz.

Verordnung über Anlagen zum Lagern, Abfüllen und Umschlag wassergefährdender Stoffe (VLwF)
Hierbei handelt es sich noch um einen Entwurf der Länderarbeitsgemeinschaft Wasser (1979), der zum Schutz der Gewässer Bedeutung erlangen wird und bei Planung, Neu- und Umbau beachtet werden sollte.

7.7.5. Rechtsvorschriften (Arbeitsschutz)

Für den Umgang mit brennbaren und in einigen Fällen auch „gefährlichen" Arbeitsstoffen treffen zahlreiche Verordnungen des präventiven Arbeitsschutzes zusammen. Die nachfolgende Aufzählung vermittelt eine Übersicht über die z.Zt. wichtigsten Rechtsvorschriften.

Arbeitsstätten-Verordnung (Arb.Stätt.V)
In dieser Verordnung vom 20. März 1975 sind detaillierte Vorschriften für die Raumbeleuchtung, über Lärmschutzmaßnahmen, Be- und Entlüftung, Gestaltung sanitärer Räume u.a. zusammengestellt, deren Beachtung mehr und mehr erforderlich wird.

Unfallverhütungsvorschriften (UVV)
Beim Umgang mit leichtentzündlichen oder selbstentzündlichen Stoffen und für Räume, in denen u.U. explosionsfähige Gase, Dämpfe oder Stäube auftreten können, sind die §§ 43 und 44 des 1. Abschnittes der UVV unbedingt zu beachten. Ferner sollten beachtet werden:

    UVV 1: Allgemeine Vorschriften (VBG1)
    UVV 24: Verarbeiten von Anstrichstoffen (VBG23)
    UVV 25: Lacktrockenöfen (VBG24)
    UVV 51: Betriebsärzte (VBG123)

Verordnung über gefährliche Arbeitsstoffe (ArbStV)
Zum Schutz von Personen, die „gewerbsmäßig mit gefährlichen Stoffen umgehen", ist hauptsächlich die „Verordnung über gefährliche Arbeitsstoffe" (ArbStV) vom 19. September 1971, in der Neufassung vom 29. Juli 1980 maßgebend.
Im § 12 werden die allgemeinen Schutzmaßnahmen festgelegt, so u.a. die Verpflichtung
    – die jeweils gültigen Arbeitsschutz- und Unfallverhütungsvorschriften zu beachten,
    – die vom Hersteller von gefährlichen Arbeitsstoffen mitgelieferten Sicherheitsratschläge zu berücksichtigen
    – die Mitarbeiter über die beim Umgang mit gefährlichen Stoffen entstehenden Gesundheitsgefahren zu unterrichten
    – den Arbeitnehmern geeignete Schutzausrüstungen zur Verfügung zu stellen.

Die Arbeitnehmer selbst sind verpflichtet, die Schutzmaßnahmen zu befolgen und die Schutzausrüstungen zu benutzen.

Sonstige Rechtsvorschriften (Arbeitsschutz)
Beim Umgang mit brennbaren Stoffen sind weiter zu beachten:
- „Verordnung über elektrische Anlagen in explosionsgefährdeten Räumen" vom 15. August 1963, mit Änderungen vom 25. August 1965 und 29. Januar 1968, sowie
- „Explosionsschutz und Richtlinien" (EX-RL) der Berufsgenossenschaft.

Für Heizungen, Belüftungen, Notausgänge, Wareneinrichtungen usw. gelten darüber hinaus noch zahlreiche DIN-Vorschriften und VDE-Richtlinien, die hier nicht im einzelnen aufgeführt werden können. Sie sind in der „UVV-Herstellung von Anstrichstoffen" ausführlich beschrieben. Diese UVV liegt z. Zt. erst im Entwurf vor (VBG86a).

7.7.6. Rechtsvorschriften (Umweltschutz)

Der Gesetzgeber hat auch auf dem Gebiet des Umweltschutzes zahlreiche Rechtsvorschriften erlassen, die sich nach der Art und der Intensität der bei der Verarbeitung entstehenden Umweltbelastungen richten. Nachfolgende Vorschriften müssen beachtet werden:

Bundesimmissionsschutzgesetz (BImSchG)
Dieses Gesetz vom 15. März 1974 limitiert u.a. die Schadstoff-Mengen und -Konzentrationen, die einzuhalten sind. Je nach Art des emittierten Schadstoffes werden in der „Technischen Anweisung Luft" (TALuft) drei verschiedene Stoffgruppen unterschieden.

Sonstige Rechtsvorschriften (Umweltschutz)
Als weitere Rechtsvorschriften sind zu beachten:
- „Wasserhaushalts-Gesetz" (WasHG) vom 26. April 1976
- „Abwasser-Abgabe-Gesetz" (AbwAG) vom 13. September 1976
- „Abfallbeseitigungs-Gesetz" (AbfG) vom 5. Januar 1977
- „Abfallnachweis-Verordnung" (AbfNachV) vom 2. Juni 1978.

Mit dieser Darstellung sind die wichtigsten, aber bei weitem nicht alle Rechtsvorschriften und Richtlinien aufgezählt. In den zuständigen Gremien und in der Öffentlichkeit werden besonders in der letzten Zeit stark diskutiert:
- „Umwelt-Chemikalien-Gesetz"
- „Störfälle-Verordnung"
- „EG-Zubereitungs-Richtlinien"
- „EG-Lack-Richtlinien".

Die Verabschiedung dieser „EG-Lack-Richtlinien" ist in Bälde zu erwarten. Sie regelt insbesondere die Kennzeichnung von Lacken, Klebstoffen und Druckfarben, die in irgendeiner Hinsicht als „gefährlich" einzustufen sind. Darüber hinaus ist zu erwarten, daß diese Lack-Richtlinien in die Arbeitsstoffverordnung eingearbeitet werden.

Literaturverzeichnis zu Kapitel 7

[1] Handbuch für den Siebdruck. Verlag: Der Siebdruck, Lübeck

[2] Siebdruck – Schaltungsdruck. Verlag: Sieb und Rakel, Freiburg

[3] Gedruckte Schaltungen in der Ätztechnik. Werkschrift (Datenblatt 10.102) der Firma Hans Kolbe & Co, Gittelde

[4] W. Dornbierer: Siebdruck in der Elektronik. IS + L, Industrieller Siebdruck und Leiterplattentechnik 1/80. Verlag: Der Siebdruck, Lübeck

[5] Karl-Heinz Marquardt und Klaus Beator: Einsatz von UV-Ätzlack für den Leitungsdruck. IS + L, Industrieller Siebdruck und Leiterplattentechnik 3 (80) und 4 (80)

[6] Die Evolution der Lötstoppmaske. Werkschrift der Firma Zbinden & Co, CH-Derendingen

[7] Wiederhold Information. „Electronica 74"

[8] Wiederhold Information. „Electronica 76"

[9] SN-Siebdrucknachrichten. 5/79, Werkschrift der Firma Wiederhold, Nürnberg

[10] E. Lendle: Die UV-Trocknung und ihre Anwendung in der Elektronikfertigung. Metalloberfläche 1(78)

[12] W. Peters: UV-härtende Siebdrucklacke für die Fertigung gedruckter Schaltungen. Metalloberfläche 10 (78)

[13] UV-härtende Siebdrucklacke für den Schaltungsdruck. Technische Information Nr. 15/5, Werkschrift der Niederrheinischen Lackfabrik Werner Peters KG, Krefeld

[14] Abziehbare Lötstopplacke. Technische Information Nr. 15/7, Werkschrift der Niederrheinischen Lackfabrik Werner Peters KG, Krefeld

[15] W. Peters: Lötstopplacke, Qualitätsanforderungen – Qualitätsmerkmale. VDI-Berichte Nr. 387, VDI-Verlag GmbH, Düsseldorf

[16] Dr. Günther Hencken: Einfluß der Pigmentierung auf das Trocknungsverhalten von UV-vernetzenden Druckfarben und Lacken. Farbe + Lack 10 (75)

[17] H. Kittel: Lehrbuch der Lacke und Beschichtungen, Band 3. Verlag: W.A. Colomb, Berlin-Oberschwandorf

[18] Lösemittel Hoechst. 6. Auflage, Handbuch für Laboratorium und Betrieb, Werkschrift der Firma Hoechst AG, Frankfurt/Main

Zu den Untertiteln 7.4. bis 7.6.

[19] Das Löten in Theorie und Praxis. Informationsdienst der Firma Hans Kolbe & Co, Gittelde

[20] Lötbarkeit von Leiterplatten. „Elektronik – Produktion und Prüftechnik" 3 (80)

[21] Weichlöten in der Elektronik. Fachverlag Schiele + Schön, Berlin

[22] Konservierung von Leiterplatten durch Lackieren. Technische Information Nr. 15/6, Werkschrift der Niederrheinischen Lackfabrik Werner Peters KG, Krefeld

[23] E. Lendle: Trocknungsanlagen und ihre Systeme. Der Siebdruck 5 (80)

[24] Technische Information E.W., 3/80. Werkschrift der Firma W.C. Heraeus, Hanau

[25] Explosionsgeschützte Trockenöfen in Laboratorien und Industriebetrieben. Sonderdruck aus „Sicher ist Sicher", 10 (78) Werkschrift der Firma W.C. Heraeus, Hanau

[26] Leitfaden für den Lackierbetrieb, 21. Auflage, 1980. Werkschrift der Firma Eisemann, Böblingen

Zu den Untertiteln 7.7. bis 7.7.6.

[27] Jeiter/Nöthlichs: Explosionsschutz elektrischer Anlagen. Erich-Schmidt-Verlag, Berlin-Bielefeld-München (1980)

[28] Arbeitsstoffverordnung, einschließlich Gesetz über gesundheitsschädliche oder feuergefährliche Stoffe. Erich-Schmidt-Verlag, Berlin-Bielefeld-München

[29] Leithe: Umweltschutz aus der Sicht der Chemie Leithe. Wissenschaftliche Verlagsgesellschaft mbH, Stuttgart

[30] Schulze: Umweltreport. Umschau-Verlag, Frankfurt (1972)

[31] Winnacker/Küchler/Teske: Umweltschutz. Chemische Technologie, Band 7, Carl-Hanser-Verlag, München

[32] Klee: Reinigung industrieller Abwässer. Franck Verlagsbuchhandlung, Stuttgart (1970)

[33] Meinck/Stoof/Weldert: Indutrie-Abwässer. Verlag Fischer, Berlin

[34] Pallasch/Triebel: Lehr- und Handbuch der Abwassertechnik. Verlag Ernst, Berlin/Stuttgart (1969–1974)

[35] Gässler/Sander: Betrieblicher Immissionsschutz. Verlag Erich Schmidt, Berlin (1979)

[36] Knop/Heller/Lahmann: Technik der Luftreinhaltung. Krausskopf-Verlag, Mainz (1972)

[37] Leithe: Analyse der Luft und ihrer Verunreinigungen, 2. Auflage. Wissenschaftliche Verlagsgesellschaft mbH, Stuttgart (1974)

[38] Feld/Knop: Technik der Abfallbeseitigung. Krausskopf-Verlag, Mainz (1967)

[39] Schäfer: Arbeitsschutz in der chemischen Industrie. Carl-Hanser-Verlag, München (1975)

Literaturverzeichnis zu Kapitel 7

[40] Undeutsch: Sicherheit im Betrieb. Arbeitsring der Deutschen Chemischen Industrie e.V. (1970)

[41] Quellmalz: Verordnung über gefährliche Arbeitsstoffe. WEKA-Verlag, Kissing (1975)

[42] Weinmann/ Thomas: Arbeitsstoffverordnung, Technische Regeln (TRgA) und ergänzende Bestimmungen. Loseblattsammlung. Carl-Heymanns-Verlag, Köln (1976)

[43] Deutsche Forschungsgemeinschaft DFG: Maximale Arbeitsplatzkonzentrationen. Harald-Bold-Verlag, Boppard

[44] Hommel: Handbuch der gefährlichen Güter. Axel-Springer-Verlag, Berlin (1974)

[45] Kühn/ Birett: Merkblätter – gefährliche Arbeitsstoffe. Verlag Moderne Industrie, München

[46] Roth/ Daunderer: Die Giftliste. Verlag Moderne Industrie, München (1978)

[47] Wirth/ Hecht/ Gloxhuber: Toxikologie-Fibel. Thieme-Verlag, Stuttgart (1967)

[48] Nabert/ Schön: Sicherheitstechnische Kennzahlen brennbarer Gase und Dämpfe, 2. Auflage. Deutscher Eich-Verlag, Braunschweig (1970)

[49] TÜV Essen: Tankbestimmungen für brennbare Flüssigkeiten. Carl-Heymanns-Verlag, Köln

[50] Charbonnier/ Stachels: Betrieb und Umwelt, Rechtsvorschriften für Betrieb und umweltrelevante Produkte in systematischer Übersicht. Erich-Schmidt-Verlag, Berlin (1977)

8. Fotoresiste und ihre Verarbeitung

Zum besseren Verständnis soll zunächst eine Definition des Begriffes „*Fotoresist*" gegeben werden. Fotoresiste sind lichtempfindliche Materialien unterschiedlicher Dicke, die in flüssiger Form (Flüssig-Resiste) oder als Folie (Trocken-Resiste) dem Anwender zur Verfügung stehen und in der Lage sind, durch Polymerisation ungesättigter Monomere Fotovorlagen zu reproduzieren. Man unterscheidet zwischen positiv und negativ arbeitenden Resisten.

Mit Fotoresisten ist man in der Lage, auch bei Leiterbahnbreiten von weniger als 150 µm (drei Leiterbahnen zwischen zwei Lötaugen von 2,54 mm) Leiterplatten von hoher Qualität und Genauigkeit reproduzierbar herzustellen.

Flüssig- und Trocken-Resiste sind leicht zu verarbeiten und erfordern geringen Kontrollaufwand, so daß in der Produktion auch angelernte Arbeitskräfte eingesetzt werden können. Da diese Produkte UV-empfindlich sind, ist ihre Verarbeitung unter Gelblicht unbedingt erforderlich. Außerdem ist für möglichst große Staubfreiheit in den Verarbeitungsräumen zu sorgen.

Wichtige Maßnahmen dazu sind:
- Erzeugung eines definierten Überdruckes in den Verarbeitungsräumen
- Regelmäßige Reinigung von Raum und Maschinen
- Tragen von fusselfreier Kleidung.

8.1. Flüssig-Resiste

Die Flüssig-Resiste sind die ältere Form der Fotoresiste. Es handelt sich um in organischen Lösungsmitteln gelöste Fotopolymere. Nach dem Verdampfen des Lösungsmittels wird der Resist durch UV-Licht unter Verwendung geeigneter Fotovorlagen in den belichteten Teilen polymerisiert.

Belichtete Bildteile von Negativ-Resisten werden durch die Fotopolymerisation in Kohlenwasserstoffen unlöslich. Bei Positiv-Resisten handelt es sich um Polymere, bei denen durch fotochemische Reaktion Karbonsäuren gebildet werden, die wiederum mit alkalischen Lösungsmitteln herausgelöst werden können. Flüssig-Resiste können gewöhnlich bei 21 °C bis zu 12 Monaten ohne Empfindlichkeitsverluste gelagert werden.

8.2. Trocken-Resiste

Dieser Filmresist-Typ ist seit 1968 auf dem Markt. Es handelt sich um ein Produkt, das als Film auf die Platinen laminiert wird. Trockenresiste werden bei Temperaturen von 0–

30 °C und einer relativen Luftfeuchtigkeit zwischen 30 und 65 % horizontal gelagert. Unter diesen Bedingungen sind Lagerzeiten von mindestens einem Jahr möglich.

Trocken-Resiste werden in Schichtdicken zwischen 18 und 100 µm und Breiten von 10–16 cm hergestellt. Grundsätzlich unterscheidet man lösungsmittellösliche und wäßrig-alkalische Resiste. Gemeinsam ist allen Filmtypen die Anordnung als sogenanntes Sandwich. Das bedeutet, die Resistschicht ist zwischen zwei Schutzfolien, einer Polyolefinfolie und einer Polyesterfolie eingebettet.

Zur Zeit haben die lösungsmittellöslichen Resiste größere Bedeutung. Sie sind schon länger auf dem Markt, und die notwendigen Verarbeitungsmaschinen sind den Anwendern bestens vertraut.

Durch die ständig steigenden Lösungsmittelpreise und die hohen Anforderungen für die Einhaltung der Umweltschutzgesetze finden aber die wäßrig-alkalischen Resiste zunehmendes Interesse.

8.3. Verfahrenstechnik bei der Verarbeitung

Die Verfahrenstechnik setzt sich aus folgenden Schritten zusammen:
- Vorreinigung der Platinen-Oberfläche
- Beschichten bzw. Laminieren mit dem Fotopolymer-Resist
- Registrieren
- Belichten (Polymerisation der ungesättigten Monomeren durch UV-Licht)
- Entwickeln (Auswaschen der unbelichteten Resistflächen)
- Galvanisieren oder Ätzen (s. *Kapitel 9. bzw. 19.*)
- Strippen (Entschichten der verbliebenen Resistflächen).

Die Verfahrensschritte ab dem Laminieren bzw. Beschichten bis nach dem Entwickeln sind unbedingt in Gelblichträumen vorzunehmen.

8.3.1. Vorreinigung

Nur eine gut gereinigte Oberfläche der Platine gewährleistet eine optimale Resisthaftung. Das bedeutet, daß anhaftende Fette, Oxide oder auch Feuchtigkeit entfernt werden müssen. Ebenso ist es wichtig, bei Einsatz von Bürstautomaten eine Rauhtiefe von 2–4 µm einzuhalten; andernfalls könnte das zu einer Haftungsverminderung führen. Für die Vorreinigung gibt es chemische und mechanische Verfahren.

In der industriellen Fertigung verwendet man Bürstautomaten, in denen die Oberfläche naß mit oszillierenden Schleifvlieswalzen behandelt wird. Diese Walzen bestehen aus Siliziumkarbid oder Aluminiumoxid, die in Kunststoff gebunden sind und eine mechanische Aufrauhung der Platine bewirken.

Wichtig ist bei dieser Methode eine gute Wasserspülung, damit alle Vlies- und Kupfer-Rückstände von der Oberfläche und aus den Bohrungen entfernt werden.

Platinen mit unterschiedlichen Metalloberflächen, z.B. Cu oder Pb/Sn erfordern jeweils separate Bürsten, um eine Kontamination zu vermeiden.

An chemischen Methoden wären das Anätzen mit Ammoniumpersulfat oder Kupferchlorid sowie eine vorgeschaltete Behandlung mit Entfettern zu nennen.

Hat man Leiterplatten mit Chemisch-Kupferoberflächen zu verwenden, so sind chemische Reinigungsmethoden erforderlich, z.B. einfaches Säuretauchen in Schwefel- oder Zitronensäure. Auf jeden Fall erfordern chemische Vorreinigungsmethoden eine anschließende Reinigung mit Wasser (Entfernung von Peroxiden).

Für die folgende Trocknung haben sich die Ofen- und Infrarot-Trocknung sowie die *Freon*-Trocknung bewährt. Die vorgereinigten und getrockneten Platinen sollten innerhalb von 1–4 Std. weiterverarbeitet werden, sonst kann die bereits wieder einsetzende Oxidation zu Haftungsproblemen führen.

8.3.2. Beschichten

Für das Beschichten stehen verschiedene Verfahren zur Verfügung: Schleuderbeschichtung, Tauchbeschichtung, Sprühbeschichtung und Walzbeschichtung. Die beiden letztgenannten Verfahren eignen sich hauptsächlich für größere Produktserien.

Die zu wählende Schichtdicke ist abhängig von der Auflösung und den folgenden Prozessen. Dünne Schichten führen zu hoher Auflösung, dicke Schichten dagegen erleichtern einen kontrollierten Galvanoaufbau.

Schleuderbeschichtung

Die Leiterplatte wird einer kreisförmigen Bewegung unterzogen. Vor Beginn wird der flüssige Resist aufgebracht. Durch die Zentrifugalkraft wird die Flüssigkeit gleichmäßig verteilt. Dabei bewirken hohe Umdrehungszahlen dünnere Schichten, niedrige dagegen dickere Schichten. Der Höhe der Umdrehungszahl sind physikalisch-chemische Grenzen gesetzt, da ab einer bestimmten Geschwindigkeit Lösemittel verdampft. Die Schleuderbeschichtung bietet sich in erster Linie dann an, wenn äußerst dünne Schichtdicken verlangt werden.

Tauchbeschichtung

Die Methode der Tauchbeschichtung ist besonders geeignet, wenn Leiterplatten auf beiden Seiten gleichzeitig beschichtet werden sollen. Die Schichtdicken-Schwankung beträgt ± 10 %. Um besonders starke Schichten auf beiden Seiten auftragen zu können, müssen die Leiterplatten zweimal getaucht und bei dem zweiten Tauchen um 180° gedreht werden. Damit vermeidet man den sogenannten Keil-Effekt, d.h. einen keilförmigen Zulauf bei der Erstbeschichtung.

Von großer Bedeutung ist dabei die Viskosität des Resistes, da diese die Schichtdicke direkt beeinflußt.

Spritzbeschichtung

Bei der Spritzbeschichtung verwendet man Spritzpistolen. Der Resist wird mit Druckluft aus einer Entfernung von 30–35 cm auf die Platine gesprüht. Um ungleichmäßige Zerstäubungsmuster zu vermeiden, die im Zusammenhang mit eingetrockneten Resist-Rückständen in den Kanälen und Düsen entstehen können, sollte man täglich nach Gebrauch die Spritzpistolen mit Entwicklerlösung reinigen.

Walzbeschichtung

Die Walzbeschichtung, auch „*Roller Coating*" genannt, wird von Firmen mit hohem Produktionsvolumen verwendet. Der Resist wird durch eine Auftragswalze auf die Platine aufgetragen. Die Methode bietet ein schnelles, sparsames und gleichmäßiges Beschichten glatter Oberflächen. Jedoch ist nur eine einseitige Beschichtung möglich.

Gewisse Anwendungsbereiche können eine Doppelbeschichtung erforderlich machen. Dabei sollte die zweite Schicht immer in einem Winkel von 45–90° zu der ersten Beschichtung aufgetragen werden. Das führt zu gleichmäßigerer Beschichtung. Eine Trocknung der ersten Schicht vor dem zweiten Durchlauf ist im allgemeinen nicht nötig.

8.3.3. Laminieren

Beim Laminieren wird auf die vorgereinigte und aufgerauhte Oberfläche der Leiterplatte der Polymer-Resist unter Druck und Wärme im Durchlauf aufgebracht. Dazu wird zunächst vom *„Resist-Sandwich"* die obere Schutzfolie (Polyolefinfolie) abgezogen und der jetzt auf einer Seite freiliegende Resist über eine Heizrolle geführt.

Bei Temperaturen zwischen 90 und 120 °C weist der Resist das zu einer optimalen Haftung notwendige Fließverhalten auf. Die Laminiergeschwindigkeit ist abhängig von dem Laminator und beträgt üblicherweise max. 1,8 m/s.

Durch das Erhitzen wird der Resist fließfähiger und kann dadurch besser in die aufgerauhte Oberfläche der Leiterplatte einfließen. Man unterscheidet einseitiges und doppelseitiges Laminieren. Zu erheblichen Störungen können noch vorhandene Staubpartikel führen, die durch statische Auflagungen der Kupferschicht, des Laminats und der Polyesterfolie angezogen und vom Resist eingeschlossen werden. Das führt zu Leiterbahneinschnürungen oder -unterbrechungen. Darum verwendet man Laminatoren, die mit Bürsten, einem Absaugsystem und einer antistatischen Entladungsvorrichtung ausgerüstet sind. Durch diese Systeme werden nahezu alle Staubpartikel eliminiert.

Die Notwendigkeit solcher Vorrichtungen ist besonders bei dünnen Resisten und feinen Leiterbahnen erforderlich.

8.3.4. Belichten/Registrieren

Belichten bedeutet, daß die Stellen des Resistes polymerisieren, die durch die Fotovorlage von UV-Licht durchstrahlt werden. Dabei werden die monomeren Bestandteile vernetzt und somit vor dem folgenden Entwicklungsprozeß unlöslich.

Fotopolymere haben gewöhnlich bei UV-Licht der Wellenlängen 300–400 nm die höchste Empfindlichkeit. Licht kürzerer Wellenlängen kann man nicht verwenden, da in diesem Bereich die noch vorhandene Polyester-Schutzschicht als Filter wirkt.

Für eine einwandfreie Übertragung werden an die Fotovorlagen spezielle Anforderungen gestellt. An den opaken Stellen der Vorlage, an denen kein UV-Licht durchtreten soll, ist eine Mindestdichte von 2,5 (log D) notwendig. Ist die Dichte geringer, kann eine Teilpolymerisation erfolgen, die den Folgeprozeß erheblich stört. Hohe UV-Transparenz wird dagegen an den Stellen der Vorlage gefordert, wo die Polymerisation stattfinden soll.

Man stellt Fotovorlagen hauptsächlich auf Silberhalogenidfilmen her. Sie bieten gegenüber den ebenfalls eingesetzten Diazofilmen wesentlich höhere Sicherheiten in allen Bereichen. Bei allen Fotopolymerresisten ist die Qualität der Reproduzierbarkeit abhängig von der Dicke des Resists.

Ein wichtiges Hilfsmittel für die Einstellung der Belichtungsparameter ist ein in der industriellen Fotografie häufig verwendeter Graukeil. Er enthält eine Dichte-Abstufung, die mit steigender optischer Dichte entsprechend ihrer Schwärzung unterschiedliche Lichtmengen absorbiert. Der Graukeil wird zusammen mit dem Arbeitsfilm belichtet. Aufgrund der unterschiedlichen Lichtdurchlässigkeit des Graukeils erfolgt dabei eine graduelle Abstufung in der Polymerisation und damit eine unterschiedliche Auswaschung beim folgenden Entwickeln. Die letzte noch auf der Kupferoberfläche ablesbare Stufe muß sich innerhalb des für den eingesetzten Fotopolymer-Resistfilm empfohlenen Belichtungsbereiches befinden. Diese werden von den Herstellern üblicherweise in ihren Datenblättern genannt.

Eine Kontrolle der Belichtungsbedingungen mit Hilfe des Graukeils sollte – ebenso wie eine Überprüfung der Fotovorlagen – regelmäßig erfolgen.

Eine genaue Registrierung der Fotovorlage auf dem Basismaterial ist unbedingt erforderlich. Man kann visuell justieren, was jedoch bei großen Serien nicht zweckmäßig ist. In solchen Fällen gibt es die Möglichkeit, halbautomatische Registrierrahmen zu verwenden, die im Belichtungsgerät eingebaut sind.

8.3.5. Entwickeln

Beim Entwickeln werden die nach dem Belichten unpolymerisiert gebliebenen Resistflächen von der Kupferoberfläche abgewaschen. Dazu ist es zunächst einmal erforderlich, manuell die verbliebene Polyesterschutzschicht zu entfernen. Anschließend werden die Leiterplatten in Durchlaufmaschinen beidseitig mit Lösungsmittel (organisch oder wäßrig-alkalisch) besprüht. Vorzugsweise werden dazu Edelstahlmaschinen mit mehreren Sprühkammern verwendet, wobei in der letzten Kammer durch intensive Wasserspülung die noch anhaftenden Reste sowie die Entwicklerlösung abgewaschen werden. Wichtig für eine einwandfreie Weiterverarbeitung ist es, rückstandslos auszuentwickeln. Sollen feine Bahnen ausgewaschen werden, ist es prinzipiell besser, etwas längere Entwicklungszeiten anzusetzen. Infolge der großen Verarbeitungsbreite der Resiste stört auch eine bis 100 %ige, bei wäßrig-alkalilöslichen Resisten bis 50 %ige Überentwicklung die Folgeprozesse nicht.

Als Entwicklerlösung wird bei lösungsmittellöslichen Fotopolymerresisten oft stabilisiertes 1.1.1-Trichloräthan verwendet. Will man kostengünstig arbeiten, sollte ein Destilliergerät mit der Entwicklungsmaschine im Kreislauf betrieben werden. Da die Entwicklungszeit eine Funktion von Resistdicke und Temperatur der Entwicklerlösung ist, muß diese Temperatur durch ein Kühlsystem im Bereich von 16–20 °C gehalten werden.

Wäßrige alkalilösliche Resiste werden mit 1 %iger Sodalösung entwickelt. Die Entwicklungstemperatur beträgt hier zwischen 25 und 45 °C. Da man diese Lösungen nicht aufarbeiten kann, wurden Regeneriersysteme entwickelt, die ständig frische Sodalösung zudosieren können. Damit sind eine kontinuierliche Beladung der Entwicklungsmaschine sowie eine höhere Produktivität gewährleistet.

Ein wichtiger Parameter für die Qualität des Resists und der Entwicklung ist die Flankenform an den ausgewaschenen Stellen. Die Skizzen verdeutlichen den Verlauf dieser Flankenform.

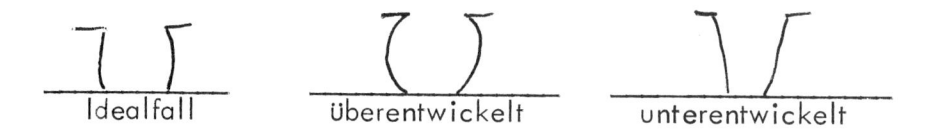

Idealfall — überentwickelt — unterentwickelt

Unter- und Überentwicklung erschweren die Weiterverarbeitung, da in beiden Fällen die Leiterbahnen nicht mehr die notwendigen Ausmaße haben, sie werden entweder zu breit oder zu schmal.

Bei den Flüssig-Resisten richtet sich die Auswahl der geeigneten Entwicklerlösung danach, ob man Positiv- oder Negativ-Resiste verwendet hat. Weitere bekannte Entwicklungsverfahren sind die Küvetten-Entwicklung für kleine Serien sowie die Tauch-Entwicklung.

8.3.6. Strippen oder Entschichten

Bei diesem Verfahrensschritt wird der nach dem Ätzen oder Galvanisieren nicht mehr benötigte Flüssig- oder Fest-Resist abgewaschen. Prinzipiell lassen sich hierfür Methoden verwenden wie für das Entwickeln.
Man unterscheidet auch hier zwischen Lösungsmittel-Strippen mit chlorierten Kohlenwasserstoffen (z.B. Methylenchlorid-Methanol-Mischung) oder wäßrig-alkalischem-Strippen (z.B. KOH). Bei letzterem lassen sich die Strippzeiten noch durch Zugabe organischer Stoffe, wie z.B. Butylcarbitol, verkürzen. Man verwendet Durchlaufmaschinen, die aber mit höherem Sprühdruck als die Entwicklungsmaschinen arbeiten. Auch das Entschichten durch Tauchen ist möglich.

8.4. Trocken-Resiste für Sonderanwendungen

8.4.1. Lötstopmasken (Solder Mask)

Durch die Weiterentwicklung der Fest-Resiste stehen Lötstopmasken auf der Basis von Festresisten zur Verfügung. Es handelt sich um wärmebeständige, elektrisch isolierende Schutzschichten, die vor dem Bestücken auf die fertige Leiterplatte aufgetragen werden. Im Gegensatz zu Siebdrucklötstopmasken, bei denen die Positionierung des Maskenbildes über Siebe übertragen wird, erfolgt die Übertragung des Maskenbildes mit Festresisten auf fotografischem Wege. Das bedeutet auch auf Feinleiterplatten eine präzise, optimal positionierte Lötstopmaske.
Vom Aufbau her sind die Festlötstopresiste den anderen handelsüblichen Festresisten gleich. Auch hier ist die Resistschicht zwischen je 25 µm starken Schutzfolien aus Polyester und Polyolefin eingebettet. Die Verarbeitung kann parallel in den gleichen Anlagen und Räumlichkeiten zu den konventionellen Trockenresisten erfolgen.
Auf die wesentlichen Unterschiede soll im folgenden eingegangen werden.

Laminieren:
Da Lötstop-Resiste auf reliefartige Oberflächen aufgetragen werden, ist die in *Kap. 8.3.3.* bereits beschriebene Laminier-Technik nicht mehr ausreichend. Zuverlässiger arbeiten Vakuum-Laminatoren, die die Lötstopmaske unter allen Bedingungen einwandfrei anpassen.
Anschließend wird in den gleichen Maschinen – wie für Trockenresiste üblich – belichtet und entwickelt.

Backen:
Dies dient zur Verbesserung der Haftung des Lötstop-Resistes. Die Platten werden hierbei für ca. 1 Stunde in einem Trockenschrank mit Frischluftzufuhr bei 120–130 °C gelagert.

Nachpolymerisieren mit UV-Licht
Wie schon die Bezeichnung andeutet, ist dieser Schritt erforderlich, um die Beständigkeit des Resistes zu gewährleisten. Man arbeitet dabei mit sogen. UV-Curern, die Lichtenergien von $\geqslant 5 \text{ J/cm}^2$ liefern.

8.4.2. Phototape-Technik mit Festresisten

Diese Technik wird u.a. verwendet, um partiell galvanisch Metalle oder Metallkombinationen wie Steckkontakte und Schleif-Kontaktflächen auf den Schaltungen herzustellen, die die Kosten für externe Schalter einsparen, was zu einer kompakten Bauweise der Schaltung führt.

Die hohen Anforderungen, die an solche Direkt-Steckkontakte und auch an die Schleif-Kontaktflächen gestellt werden, sind häufig nur durch Goldschichten zu erfüllen. Früher wurden die gesamten Gedruckten Schaltungen vergoldet. Der Anstieg der Goldpreise erforderte die Entwicklung von Verfahren, deren Vorteil ist, daß Gold oder andere Metalle nur auf den Kontaktflächen abgeschieden werden.

Neben den Techniken der Maskierung mit galvanobeständigen Klebebändern, durch das Siebdruckverfahren oder durch Eintauchen in galvanobeständige Tauchlacke gibt es auch die Möglichkeit des doppelten Laminierens mit Festresisten. Dazu wird zunächst die Leiterplatte mit einer Sn/Pb-Galvanoauflage fertiggestellt. Die Leiterplatte wird dann noch einmal laminiert und so belichtet, daß beim Entwickeln nur die Stellen ausgewaschen werden, an denen die Steckkontakte anschließend vergoldet werden sollen. Die an diesen Stellen bereits vorhandene Sn/Pb-Auflage wird gestrippt und im Anschluß daran wird mit Nickel und Gold galvanisiert.

Zur endgültigen Fertigstellung der Leiterplatte muß im Anschluß daran noch der Resist gestrippt werden. Die Verarbeitung erfolgt in den gleichen Maschinen, die auch für andere Festresiste verwendet werden. Nur im Laminator ist ein zusätzliches *Phototape-System* erforderlich. Dabei handelt es sich um einen Luftzylinder, der den Druck auf die Laminierrollen auf ca. 2 bar verstärkt. Das Laminieren sollte auch mit verringerter Vorschubgeschwindigkeit (max. 1,1 m/min) erfolgen, um eine exakte Einkapselung der bereits vorhandenen Leiterzüge zu erreichen.

8.5. Maschinen und Anlagen

Vorreinigungsmaschinen

Zur Vorreinigung werden Bürstmaschinen aus Edelstahl oder Hart-PVC eingesetzt. Sie verfügen in der Regel über zwei hintereinander angeordnete Rollen aus in Kunststoff gebundenem Siliziumkarbid oder Aluminiumoxid mit Gegendruckwalzen.

Die Drehrichtung der Rollen ist entgegengesetzt der Laufrichtung der Leiterplatten. Zusätzlich oszillieren sie waagrecht zu deren Laufrichtung. Wichtig ist außerdem eine sehr ergiebige Wassersprühung. Die Leiterplatten werden bei einer Geschwindigkeit von 2–3 m/min gebürstet. Der Anpreßdruck der Walzen ist variierbar.

Um Kupfer- und Bürstenrückstände von den Platinen zu entfernen, ist noch eine Hochdruckwasserspülkammer nachgeschaltet, die mit 8–10 bar Wasserdruck arbeitet, anschließend folgt eine Trockenzone.

Laminatoren

Beim Laminieren unterscheidet man zwischen den Rollenlaminatoren und den Vakuum-Laminatoren. Hot Roll-Laminatoren bestehen aus je zwei Resist-Aufnahme-Rollen, Polyolefin-Aufnahme-Rollen sowie den Heizrollen, zwischen denen der Laminiervorgang bei ca. 110 °C stattfindet. Weiterhin sind diese Laminatoren mit einer Vorrichtung zur Eliminierung von elektrostatischer Aufladung versehen, die beim Abziehen der Polyolefinfolie auftreten und vorhandene Staubpartikel anziehen kann.

Trocken-Resiste für Sonderanwendungen 159

Abb. 8.1.: Laminator für Fest-Resist (Werkfoto: Du Pont, Dreieich-Sprendlingen)

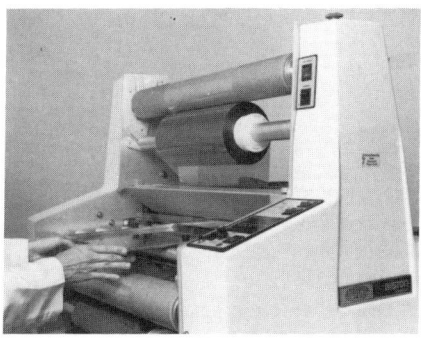

Abb. 8.2.: Laminator-Teilansicht (Werkfoto: Du Pont, Dreieich-Sprendlingen)

Abb. 8.3.: Laminierautomat (Werkfoto: BASF, Mannheim)

Bei gebräuchlichen Laminatoren steht auch das bereits erwähnte Phototape-System zur Verfügung, das für die *Phototape*-Technik oder zum Laminieren von sehr dünnem Basismaterial eingesetzt wird.

Vakuum-Laminatoren bestehen im wesentlichen aus einer luftdicht schließenden beheizbaren Kammer, dem Vakuumsystem und dem automatischen Resist-Transportsystem nebst elektronischer Steuerung der Einzelabläufe *(Abb. 8.1., 8.2., 8.3.).*
Der Arbeitsvorgang läßt sich folgendermaßen beschreiben: Die vorgereinigten Leiterplatten werden automatisch in ein doppelschaliges Unterdruckkammersystem transportiert. Dort erfolgt das Aufheizen auf ca. 80 °C Kammertemperatur sowie das Evakuieren auf 1–5 Torr. Das eigentliche Laminieren wird durch kurzzeitiges Belüften mit atmosphärischem Druck der oberen Kammer bewirkt.

Belichtungs-Registrier-Einheiten
Wie bereits beschrieben, werden beim Belichten die ungesättigten Monomere vernetzt. Die gebräuchlichen Fotoresiste sind gegenüber UV-Licht mit 320–400 nm Wellenlänge emp-

findlich. Belichtungseinheiten sind deswegen mit Quecksilber-Mittel- oder Quecksilber-Hochdrucklampen ausgerüstet, die in diesem Bereich UV-Licht emittieren. Um eine optimale Auflösung zu erreichen, sollte das Belichtungsgerät folgende Eigenschaften haben:
- Hohe Parallelität der Lichtstrahlen
- Hohe Lichtintensität
- Gleichmäßige Lichtintensität über die gesamte Fläche.

Um das zu erreichen, sind die UV-Strahler in Parabolspiegel eingebaut. Fotovorlage und Basismaterial kommen in die Belichtungsrahmen, von denen zwei wechselweise benutzt werden. Diese sind oben mit einer Folie, unten mit Glas verschlossen und evakuierbar. Dadurch wird ein exakter Kontakt des zu belichtenden Materials mit der Fotovorlage erreicht und gleichzeitig das Auftreten von Streulicht vermieden.

Sind große Serien mit jeweils derselben Fotovorlage zu verarbeiten, so kann in den Belichtungsrahmen eine Registriereinheit eingebaut werden. Der Rahmen enthält dann einen Registrierblock mit zwei quer einstellbaren Aufnahmestiften für die Fixierung der Leiterplatte. Der gesamte Registrierblock ist horizontal und vertikal verstellbar *(Abb. 8.4. und 8.5.).*

Entwicklungsmaschinen/Destilliereinheiten

Zum Entwickeln verwendet man Durchlaufgeräte aus rostfreiem Stahl oder lösungsmittelfestem Kunststoff. Die Platinen werden mit Geschwindigkeiten zwischen 0,2 und 2 m/min durch die Maschinen transportiert. Dabei wird beidseitig Entwicklerlösung aufgesprüht. Der Sprühdruck beträgt maximal 2 bar.

Entwicklungsmaschinen für Lösungsmittelfilme sind mit Kühlaggregaten ausgerüstet, um die Temperatur des Lösungsmittels auf 16–20 °C zu halten. Bei wäßrig-alkalischen Resisten wird dagegen bei 30–40 °C entwickelt, so daß die Maschinen mit Heizeinrichtung

Abb. 8.4.: Belichtungsautomat PC-Printer 30 (Werkfoto: Du Pont, Dreieich-Sprendlingen)

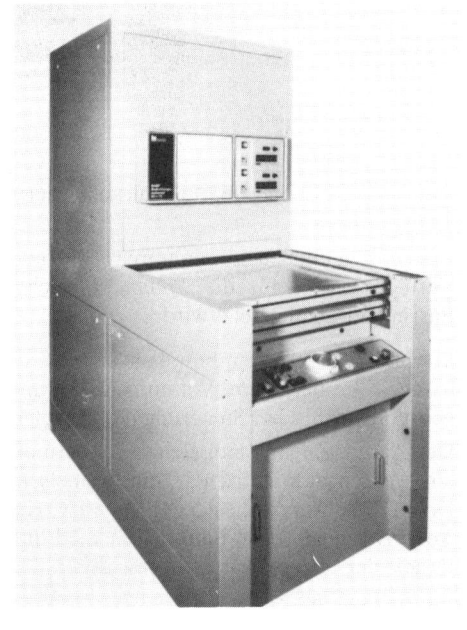

Abb. 8.5.: Belichtungsautomat (Werkfoto: BASF, Mannheim)

Abb. 8.6.: Entwicklungsautomat (Werkfoto: Du Pont, Dreieich-Sprendlingen)

ausgerüstet werden müssen. Grundsätzlich sind den sogenannten Entwicklungskammern eine Wasserkammer sowie eine Trockeneinheit nachgeschaltet.

Die heutigen Lösungsmittelpreise und Umweltschutzbestimmungen erfordern eine Aufbereitung der Lösungsmittel durch Destillationsapparaturen.

Strippmaschinen

Strippmaschinen dienen zum rückstandsfreien Entschichten von Leiterplatten im Durchlaufverfahren. Sie sind aus rostfreiem Stahl gefertigt. Der Aufbau ist dem der Entwicklungsgeräte sehr ähnlich, jedoch wird ein anderes Lösungsmittel verwendet, und eine abschließende Wasserspülung ist nicht erforderlich. Eine Aufbereitung von Lösungsmitteln mittels Destillation ist auch hier zu empfehlen *(Abb. 8.7.)*.

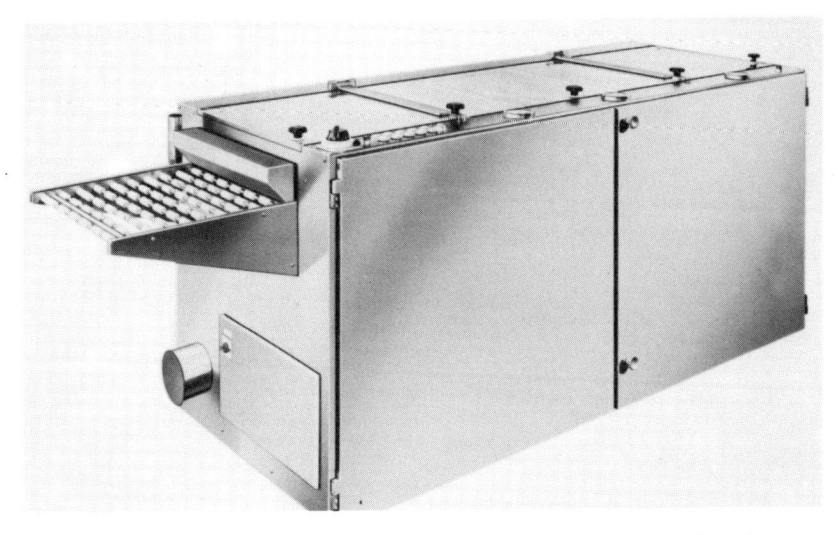

Abb. 8.7.: Strippmaschine (Werkfoto: Du Pont, Dreieich-Sprendlingen)

9. Ätztechnik für starre und flexible Schaltungen

Leiterplatten nach dem Subtraktivverfahren können im Sieb-oder Fotodruck gefertigt werden. Das gewünschte Leiterbild wird mit einer alkali-oder lösemittellöslichen Ätzreserve *(s. Kap. 7)* auf das kupferkaschierte Laminat aufgebracht und das freie Kupfer abgeätzt. Wird eine spezielle galvanische Veredelung der Leiterplatte gewünscht, wird das Leiterbild (Negativdruck) so aufgebracht, daß die späteren Leiterzüge freibleiben. Diese freien Flächen werden galvanisch mit einer metallischen Ätzreserve (Sn,Sn/Pb,Au) versehen. Nach dem Entfernen des Galvanoresists wird das Leiterbild freigeätzt *(s. Kap. 9.2.)*. Die Wahl geeigneter Ätzreserven und Galvanoresists wird unter Berücksichtigung der eingesetzten Ätzmedien und nachfolgender chemischer und galvanischer Behandlungsschritte getroffen.

Neben den sog. ,,starren" Leiterplatten auf der Basis von Phenolharz-Epoxidharzhartpapier und Epoxidharz-Glashartgewebe werden auch flexible Leiterplatten, bzw. flexible Verbindungen aus kupferkaschierten Polyester- und Polyimidfolien hergestellt *(s. Kap. 3)*. Bei der Verarbeitung flexibler Basismaterialien sind zwar gleiche Verfahrensschritte aber andere Fertigungskriterien zugrunde zu legen als bei der Fertigung von starren Leiterplatten nach dem Subtraktivverfahren, der sog. ,,Ätztechnik" deren Leiterzüge bzw, direkte Steckverbindungen je nach Verwendungszweck noch glavanisiert werden können *(Abb. 9.1.)*.

Bei der Verarbeitung flexibler Laminate ist besonders bei großformatigen Fertigungsnutzen auf sorgfältiges ,,handling" zu achten, da es sonst zu Quetschfalten oder Rissen kommen

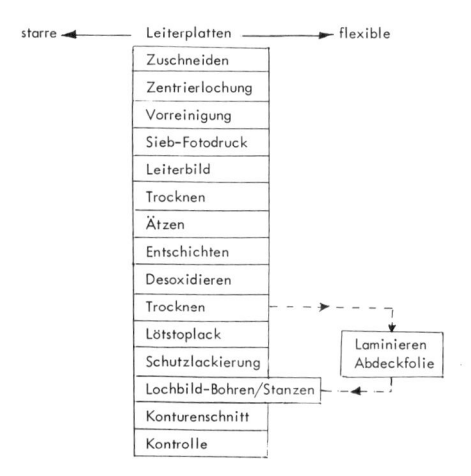

```
                starre ◄──── Leiterplatten ────► flexible
                         ┌─────────────────────┐
                         │ Zuschneiden         │
                         │ Zentrierlochung     │
                         │ Vorreinigung        │
                         │ Sieb-Fotodruck      │
                         │ Leiterbild          │
                         │ Trocknen            │
                         │ Ätzen               │
                         │ Entschichten        │
                         │ Desoxidieren        │
                         │ Trocknen            ├ ─ ─ ┐
                         │ Lötstoplack         │   ┌─────────────┐
                         │ Schutzlackierung    │   │ Laminieren  │
                         │ Lochbild-Bohren/Stanzen ├─┤ Abdeckfolie │
                         │ Konturenschnitt     │   └─────────────┘
                         │ Kontrolle           │
                         └─────────────────────┘
```

Abb. 9.1.: Schematischer Verfahrensablauf für starre und flexible Leiterplatten nach dem Subtraktiv-Verfahren

kann, die diese Schaltungen unbrauchbar machen. Deshalb ist das Aufteilen der Fertigungsnutzen nach Möglichkeit auf mit Niederhalter versehenen Handschlagscheren, deren Schnittwinkel 1° nicht überschreiten sollte, vorzunehmen.

Beim Drucken des Ätzresists ist zu beachten, daß die Nutzen mittels eines Vakuums plan auf das Druckbett fixiert werden. Ist das Druckbett größer als der Nutzen, so sind die freien Stellen mit Folien abzudecken. Alkalisch lösliche Siebdrucklacke lassen sich nach dem Ätzen in 3–5 %-iger Natronlauge einwandfrei entfernen, wobei der Kleber zwischen Träger und Kupferschicht nicht angelöst wird. Kritisch ist das Strippen von lösemittellöslichen Siebdrucklacken und Fotoresisten, da der Kleber leicht durch Methylenchlorid angelöst werden kann. Die Trocknung kann bei Raumtemperatur auf Gitterrostwagen erfolgen. Steht ein Durchlauf-Warmlufttrockner zur Verfügung darf die Trockentemperatur 50 °C nicht überschreiten.

Bei den meisten Arbeitsgängen ist es notwendig, eine 2,5 mm dicke Führungsplatte als Unterlage zu verwenden, um Verformungen zu vermeiden. So werden z.B. beim Ätzen die Nutzen mittels eines etwa 30 mm breiten Klebebandes direkt am Einlauf der Ätzmaschine miteinander verbunden. Beim Einsatz von Modul-Ätzmaschinen wird im Arbeitsablauf geätzt (max. 50 °C), gespült, gestrippt, gespült und mittels Luftmesser das restliche Wasser verdrängt. Vorhandene Abquetschwalzen sollten nicht zur Anwendung gelangen, da die Gefahr von Materialquetschfalten in Laufrichtung besteht. Anschließend werden die Klebebänder abgezogen und die Nutzen auf Gitterrostwagen abgelegt.

Das Aufbringen von Lötschutzlacken reicht in manchen Fällen zum Schutze der Leiterbahnen aus. Nachteil: Zeitlich begrenzte Lötfähigkeit.

Deshalb wird meistens eine Isolier- oder Deckfolie auflaminiert, wobei die freien Zonen vorher abgeklebt werden müssen. Sie schützen vor Korrosion, Verschmutzung, vermeiden Kurzschlüsse, erhöhen die Spannungsfestigkeit und ermöglichen größere mechanische Belastungen. Optimal ist die Abdeckung mit einer Folie gleichen Materialtyps und Dicke wie die des Basismaterials. Gebräuchliche Materialien sind: Polyimid-, Polyester- und Glasfaser-Epoxidharz-Deckfolien. Sie werden z.B. bei einer einseitigen Schaltung mit auflamierter Deckfolie die Leiterbahnen in die neutrale Faser verlegt und damit günstigere Bedingungen für eine dynamische Biegebeanspruchung geschaffen. Die Abdeckfolie kann partiell oder komplett, ein- oder beidseitig mit der Schaltung verklebt werden. Gleichmäßiger Druck der Abdruckrollen und exakte Studie der Temperaturverhältnisse sind Voraussetzungen für ein faltenfreies Laminieren *(Abb. 9.2.)*.

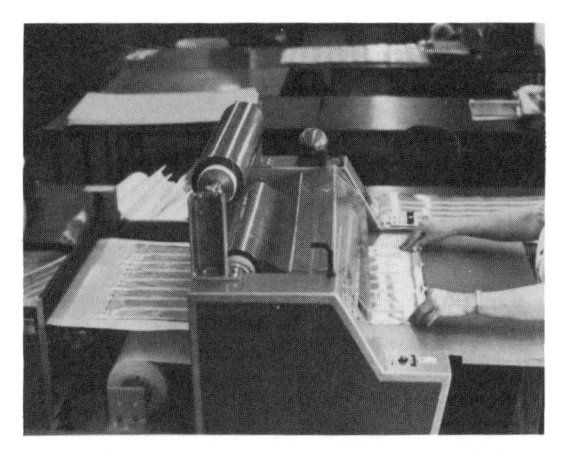

Abb. 9.2.: Laminieren von Leiterbändern

Soll partiell vergoldet oder verzinnt werden, so wird die Isolationsfolie gleichzeitig als Galvano-Abdeckmaske benutzt. Je nach Funktionsbereich werden die Enden der Leiterbänder ca. 40-70 mm mit Schutzfolie ausgespart. Um sicherzustellen, daß die Folie flüssigkeitsdicht anliegt, muß das Laminieren besonders sorgfältig durchgeführt werden. So sollte mindestens eine der elektrisch beheizten Walzen mit temperaturbeständigem Gummi beschichtet sein, damit sich die Deckfolie beim Laminiervorgang den Konturen der Leiterbahnen gut anpassen kann. Führungsschienen für genaues Anlegen der flexiblen Nutzen, rechtwinkelig zu den Kaschierwalzen, sind notwendig. Trotz sorgfältiger Laminierung ist nicht immer gewährleistet, daß die Übergangszone-Basismaterial/Deckfolieausreichend abgedichtet ist, was dazu führt, daß bei der anschließenden galvanischen Bearbeitung Elektrolytreste unter die Isolationsfolie wandern und zu Kurzschlüssen führen können. Die Verwendung von zusätzlichem hochelastischen Galvanoabdeckband – unter Druck auf die Übergangszone aufgebracht – bringt nur bedingt Abhilfe.

Eine absolut dichte Zone wird durch Verschweißen der Schutzfolie mit dem Basismaterial bzw. den Leiterzügen im Bereich der Übergangszone erreicht (120 °C beheizte Leiste mit 2,5 – 3 bar Anpreßdruck). Die zum Verschweißen festgelegten Arbeitsbedingungen sind unbedingt einzuhalten, da die Kleberschicht auf der Schutzfolie durch zu hohen Anpreßdruck herausgedrückt wird und auf den zu galvanisierenden Steck- und Lötverbindungen kleben kann. Da der Kleber transparent ist, sind diese Stellen erst nach dem Galvanisieren, durch Fehler im Zinn- oder Goldüberzug, zu erkennen.

Vorausgesetzt, daß die Übergangszone Schutzfolie/Basismaterial bzw. Kupferkaschierung von Kleberückständen frei sind, läßt sich die galvanische Verzinnung problemlos durchführen. Zum Verzinnen werden die Fertigungsnutzen an einer durchgehenden Kontaktleiste angeklemmt; lange Bänder werden zum partiellen Verzinnen vorher zusammengerollt. Die Trocknung sollte im Durchlauftrockner erfolgen.

Aufgrund der vielfach geforderten hohen Flexibilität von flexiblen Schaltungen wird die Nickelschicht auf maximal 2-3 µm beschränkt. In Sonderfällen wird auf Nickel wegen seiner hohen Härte ganz verzichtet, um die geforderte Biegebeanspruchung noch zu verbessern, wobei die Goldauflage entsprechend erhöht werden muß. Nickelschichten aus handelsüblichen Glanznickelbädern haben eine Härte von $HV^{0,05}$= 400-500 kp/mm². Nickelschichten aus diesen Elektrolyten von > 3 µm bewirken bei einer 70 µm dicken Polyesterfolie mit 35 µm Kupferkaschierung nach dreimaliger Biegebeanspruchung über einen Radius von 5 mm bereits ein Brechen der 35 µm dicken Leiterzüge. Zahlreiche Untersuchungen haben ergeben, daß sich Nickelschichten aus modifizierten Watt'schen Nickelbädern, ohne organische Zusätze, in ihrem Härte- und Duktilitätsverhalten auch nach Monaten nur unwesentlich verändern. Die Vergoldung kann in einem kobalthaltigen sauren Goldelektrolyten *(s. Kap. 19.1.4.)* durchgeführt werden. Bei einer Schichtdicke von 2,5 µm Gold und einer Härte des Niederschlages von ca. $HV^{0,05}$= 130-150 kp/mm², können ca. 50 Steckungen durchgeführt werden bis es zum Durchreiben der Goldschicht kommt.

Die Vorteile des Einsatzes flexibler Leiterplatten voll auszunutzen bedeutet auch, bereits vor der Montage eine Formgebung bzw. Verformung des flexiblen Materials vorzunehmen. Gewünschte Abwicklungen, gefaltete oder aufgerollte Leiterbänder lassen sich herstellen, indem man die flexible Schaltung in entsprechende Formen einbringt und dann bei 120 °C für ca. 25 Minuten im Ofen lagert. Nach dem Tempern bleibt die vorgegebene Form erhalten. Bei solchen Verformungsvorgängen, insbesondere beim Aufrollen, ist darauf zu achten, daß die Leiterbänder nicht zu stark vorgespannt werden. Die Verwendung von Drehmomentschlüsseln ist vorzusehen, um Überdrehungen, die bis zum Reißen der Leiterbänder führen können, zu vermeiden. Wichtig ist auch, daß die Kanten innerhalb des Backwerkzeuges sauber abgerundet und poliert werden, um Knickstellen auszuschließen. Das Stanzen von Löchern, Ausschnitten und Konturen wird prinzipiell von der

Kupferfolienseite her vorgenommen. Die Schnittluft von Stempel zu Matrize oder von Stempel zu Niederhalteplatte sollte 20 µm nicht überschreiten. Vielfach können mehrere Schaltungen übereinander gleichzeitig bei Raumtemperatur gestanzt werden.

9.1. Vorreinigung

Starre und flexible Basismaterialien können nach verschiedenen Systemen vorgereinigt werden:
- Kombiniertes Reinigen in Bürstmaschinen mit anschließender Sprüh-Desoxidierung
- Sprüh-Reinigen im Durchlaufsystem mit desoxidierenden Medien
- Reinigen in Bürstmaschinen mit Lösungsmittel

Bürstmaschinen arbeiten nach dem Endlos-Durchlaufprinzip, vergleichbar in der Art einer Durchlauf-Ätzmaschine. Plattenbreite und Materialstärke sind begrenzt. Die Durchlaufbreite der Anlagen beträgt vorzugsweise 600 oder 450 mm.
In der Bürstmaschine sind drei Systemstufen integriert:
- Bürstzone
- Spülzone
- Trockenzone

In der Bürststation werden die horizontal durchlaufenden Platten von einer mit eigenem Antrieb versehenen Bürstwalze bearbeitet. Die Bürstwalzen können sowohl oben und unten angeordnet sein. Vorteilhaft ist es, wenn jeweils zwei Bürstwalzen oben und zwei unten hintereinander geschaltet sind. Dies hat weiterhin den Vorteil, daß mit wechselnder Drehrichtung der Walzen gearbeitet werden kann. Wichtig ist, daß die Bürstwalze mit der gesamten Breite gleichmäßig die zu bearbeitenden Platten erfaßt. Hierzu sind eine präzise Lagerung und eine exakt parallel wirkende Ab- und Zustellung der Bürstwalzen unbedingt Voraussetzung. Ferner ist es wichtig, daß die Bürstmaschinen mit Oszillationsantrieb versehen sind.
Bei Arbeiten ohne Oszillation ergeben sich Nachteile in der Oberflächenstruktur und Walzenabnutzung. Die Einstellung des Anpreßdruckes der Bürstwalzen wird in den meisten Fällen durch Watt- oder Amperemeter vorgenommen. Diese Art der Anzeige ist dann zuverlässig, wenn über den gesamten Breitenbereich der Bürstwalze gearbeitet wird. Ist dies jedoch nicht der Fall, ist es ratsam, die Einstellung manuell und visuell vorzunehmen. Dem Bedienungspersonal ist dann Anweisung zu geben, daß bei entsprechenden Einstellwerten die Entgratung oder mechanische Vorreinigung zu erfolgen hat. Neben der Entfernung von Bohrgraten und einer metallisch sauberen Oberfläche wird bei Verwendung von Trockenresist oder Siebdrucklacken eine bestimmte Rauhtiefe (1,5 – 3. µm) verlangt. Bei Flüssigresisten und dünnflüssigen Siebdrucklacken mit wenig Standvermögen wird eine Rauhtiefe um 1,5 µm empfohlen. Rauhtiefen um 5 µm und größer sind zu vermeiden, da bei der Weiterverarbeitung, beispielsweise von Trockenresist, eine zu große Oberflächenspannung die Folie bricht, wodurch es zu Unterätzungen kommt.
Die Haftung von Siebdrucklack und Trockenresist hat primär eine physikalische Ursache. Je größer die Anzahl der Rillen oder Poren pro Flächeneinheit ist, desto besser ist die Haftung. Bei Reinigungsmaschinen, die Bims- oder Quarzmehl verwenden ist zu berücksichtigen, daß z.B. Rückstände auf der relativ weichen Kupferoberfläche zurückbleiben und bei Folgeprozessen zu ernsthaften Störungen führen können. Voraussetzung für eine gute Oberflächenqualität sind ferner die Schnittgeschwindigkeit der Bürstwalze, Oszillationsfrequenz, Oszillationshub, Transportvorschub und Anstelldruck der Bürstwalze.

Trotz Einführung des Hochgeschwindigkeitsbohrens ist ein völlig gratfreies Bohren kaum möglich. Das Entfernen der Bohrgrate unter größtmöglicher Beibehaltung der geometrischen Maßhaltigkeit der Lochkanten ist daher von Wichtigkeit. Die richtige Wahl der Bürstwalze ist davon abhängig, welcher maximale Bohrgrat bei der oberen und unteren Platte entsteht. Da spezielle Schleifvlies- Entgratungswalzen oft eine zu hohe Rauhtiefe erzeugen, ist eine nachträgliche Einebnung durch Verwendung feinerer Bürstwalzen in der Regel unerläßlich. Für die Entfernung leichter bis mittelstarker Bohrgrate < 25 µm stehen Bürstwalzen zur Verfügung, die sowohl den Grat entfernen als auch eine brauchbare Rauhtiefe für die Beschichtung mit Siebdrucklack oder Fotoresist liefern. Oftmals erfolgt ein Bürstprozeß der geätzten Leiterplatten aus optischen Gründen oder zur Verbesserung der Haftung von Lötstoplacksystemen. Dieser Arbeitsschritt erfolgt manchmal auf Kosten von Qualitätsverlusten. Wenn er schon angewandt wird, ist eine Bürstwalze mit geringer Eigenrauhigkeit zu verwenden, die Transportgeschwindigkeit auf ein Maximum und der Bürstenandruck auf eine Minimum einzustellen.

Die Bürstwalzen und das zu bearbeitende Plattengut müssen ausreichend und gleichmäßig im Bereich der gesamten Walzenbreite mit Wasser besprüht werden. Dadurch werden Trockenschmiereffekte vermieden und die Selbstreinigungswirkung der Bürste bleibt erhalten.

Viele Fehler resultieren aus einer ungenügenden oder mangelhaften Benetzung der Bürstwalzen. Oft sind die Sprühdüsen zugesetzt oder verkalkt. Eine Bürstwalze mit Trockenschmiereffekt (Verseifung) führt mit Sicherheit zu einer zu feinen Oberflächenstruktur, so daß bei der Weiterverarbeitung Haftungsprobleme nicht zu vermeiden sind. In diesem Fall ist es erforderlich, die Bürstwalze abzuschleifen: dies kann mittels Schmirgelblech in der Bürstmaschine erfolgen. In Einzelfällen wird auch die Walze ausgebaut und mit einer Diamantscheibe überdreht. Dies ist vor allem dann erforderlich, wenn die Walze ungleichmäßig abgetragen wurde.

Bürstmaschine und Bürste können nur in ihrer optimalen Zusammenstellung auch beste Ergebnisse gewährleisten. Daher sollen in diesem Zusammenhang die Arten der Bürstwalzen und ihr konstruktiver Aufbau näher beschrieben werden:

Bei den Bürstwalzen unterscheidet man zwischen Borsten- und Schleifvlies-Besatz (Schmirgelschwamm). Borstenwalzen werden in der Leiterplattenfertigung nur vereinzelt, z.B. für die mechanische Reinigung feinster Schichten zur Entfernung von Staubrückständen, eingesetzt. Ein Materialabtrag erfolgt hierbei nicht. Borstenwalzen mit Perlonbesatz (schwarz oder weiß, Perlonfaden 0,3 glatt oder gewellt) kommen in erster Linie bei der Anwendung von Quarzbimsmehl- Aufschlemmungen zum Einsatz. Borsten-Schleifwalzen, teilweise bekannt als Brushlon-Bürsten bringen in der Oberflächenstruktur keine Vorteile gegenüber Schleifvlies-Walzen.

Zu erwähnen wären noch Borstenwalzen mit Besatzmaterial wie Neusilber, oder Phosphorbronze-Draht zur Entfernung von Zinn-Überhängen und Rückständen nach dem Ätzen und Strippen. Diese Bürstenwalzenausführung sollte für die mechanische Vorbehandlung nicht eingesetzt werden, da kein definiertes Schleifbild erreicht wird.

Bei den Walzen mit Schleifvlies-Besatz handelt es sich um Schleifmaterialien wie Aluminiumoxid oder Siliziumkarbid. Dieses Schleifkorn wird durch ein Kunstharz untrennbar mit dem Faservlies verbunden.

Für die Leiterplattenfertigung werden folgende Schleifwalzen-Typen empfohlen:
- *Schleifvlies-Lamellen-Walzen* haben Schmirgelvlies-Lamellen, die längs eines wasserfesten Hartpapierrohres befestigt werden. Je nach Anzahl der verarbeiteten Lamellen erhält man Walzen unterschiedlicher Härte. Anwendung: Feinschleifen von Basismaterial (Finish). Rauhtiefe: Bei Cu ca. 2 µm.

- *Schleifvlies-Lamellen-Walzen imprägniert* haben das Vliesmaterial zusätzlich mit Kunstharz verdichtet. Dies bewirkt eine Versteifung des Besatzmaterials und folglich eine größere Härte. Ein besonderer Vorteil dieser imprägnierten Lamellen-Walzen ist der, daß ein „Ausbröseln" des Faservlies praktisch verhindert wird. Bei unimprägnierten Materialien kann es vorkommen, daß in den Bohrungen bei unzureichender Spülung durch Abrieb des Faservlies Rückstände zurückbleiben. Speziell bei der Verwendung von Trockenresist bringt dieser Walzentyp Vorteile, da durch die höhere Zerspanung eine höhere Mikrorauhigkeit erzielt wird. Anwendung: Feinschleifen, Entfernen leichter Bohrgrate. Rauhtiefe: Bei Cu ca. 2-2,5 µm.
- *Schleifvlies-Scheibenwalzen (imprägniert):* Hierbei sind Einzelvliesronden auf einen Metallkern (Edelstahl) aufgepreßt. Anwendung: Feinschleifen. Entfernen leichter bis mittelstarker Bohrgrate; Rauhtiefe: Bei Cu ca. 3 µm (Universalwalze).
- *Gewickelte und geschäumte Schleifvlieswalzen:* Bei diesem Walzentyp wird das Vliesmaterial spiralförmig in Walzenbreite um den Kern gewickelt und zusätzlich mit Kunstharz verdichtet. Anwendung: Entfernen starker Bohr- und Stanzgrate. Rauhtiefe: Bei Cu ca. 4-6 µm.

Lamellen-Walzen mit oder ohne Imprägnierung und Scheibenwalzen werden bei der Herstellung von Leiterplatten am meisten eingesetzt. Grundsätzlich ist nicht jede Maschine für die gleiche Art der Bürsten geeignet, da die Maschinendaten, wie Anstelldruck,- Drehzahl, Oszillationsfrequenz, Oszillationshub, unterschiedlich ausgelegt sind. Die Schnittgeschwindigkeit, eine Funktion aus Bürstendrehzahl und Walzendurchmesser sollte in keinem Fall > 12m/s betragen. Eine beliebige Erhöhung der Schnittgeschwindigkeit ist nur in Abstimmung mit dem Maschinenhersteller und unter Brücksichtigung des vorgesehenen Walzentyps vorzunehmen, da insbesondere wegen der Maschinenlagerung und eventueller Unwucht der Schleifvlies-Walzen grundsätzliche Untersuchungen erforderlich sind *(Abb. 9.3.).*

Abb. 9.3.: Doppelseitige Kompakt-Auftischbürstmaschine Typ BM3 mit Frischwasser-Spül- und Trockenstation (Werkfoto: FSL Deutschland GmbH, Münster/Dieburg)

Aufgrund der beschriebenen Anwendungen ist noch anzumerken, daß Gemischtoperationen unbedingt zu vermeiden sind, d.h. unter keinen Umständen z.B. Bleizinn und Kupfer mit einer Walze gebürstet werden dürfen. In diesem Fall würden beim erneuten Bürsten von Kupferoberflächen feinste Partikel des viel weicheren Bleizinns übertragen und mit Sicherheit zu erheblichen Haftungsproblemen führen.

Die kontrollierbare Entgratung und mechanische Vorreinigung mittels Schleifvlies-Walzen ist gegeben bei Schichtstärken bis ca. 8 µm Auflage. Bei Basismaterial mit Dünnschicht-Elektrolytkupfer (5 µm) ist die mechanische Bearbeitung wie das Bürsten nicht zu

Abb. 9.4.: Festkupfer-Ausfiltrierung über Zentrifuge
(Werkfoto: Gebr. Schmid, Freudenstadt)

empfehlen. Hier muß die Entgratung, sofern erforderlich, und die Reinigung auf chemischem Wege erfolgen.

Die nachfolgende Sprühspülung der gebürsteten Platten hat die Aufgabe, die während des Bürstvorganges gebildeten Schmutzpartikel oder Walzenabriebe zu entfernen. Die Spülstation sollte unmittelbar nach der Bürststation angeordnet sein, wobei der Spüldruck mindestens 10 bar (bei Lochreinigung bis zu 60 bar) betragen sollte. Die Spülung erfolgt stets beidseitig.

Die abschließende Trocknung basiert auf einem Zweistufensystem. Zuerst wird der größte Teil des Wassers aufgesaugt wobei unter Verwendung spezieller rückstandsloser Saugwalzenbeläge auch in den Bohrungen ein Saug- und Pumpeffekt erzeugt wird. In der zweiten Stufe wird dann die noch verbleibende Restfeuchtigkeit in einem fast drucklosen vorgewärmten Luftstrom verdunstet. Es ist darauf zu achten, daß die angesaugte Luft nicht unmittelbar dort entnommen wird, wo Öldämpfe auftreten können.

Kupfer (auch kolliodal) darf nicht in die Kanalisation geleitet werden. Aus diesem Grunde werden die Bürstmaschinen weitgehend mit Kreislaufwasser über ein Kupferabscheidesystem (Zentrifuge) betrieben, das in der Lage ist, den Kupferabrieb aus dem Abwasser zu eliminieren und das gereinigte Wasser wieder der Bürstmaschine zuzuführen. Über einen Bypaß werden der Zentrifuge kontinuierlich einstellbare Mengen Frischwasser zugeführt. Dies hat zwei Vorteile *(Abb. 9.4.)*:

- die an das Umlaufwasser durch den Einsatz von Hochdruckpumpen und das Bürsten abgegebene Wärme, wird durch die Frischwasserzugabe eliminiert.
- das Wasser, das den Kupferabscheider verläßt, hat weniger als 1 mg Cu/l und liegt somit unter dem gesetzlich vorgeschriebenen Grenzwert.

9.2. Ätzen

Bei der Fertigung von Leiterplatten ist der Ätzprozeß ein wichtiger Verfahrensschritt und somit ein wesentliches Kriterium für die Qualität der Leiterplatte. Bei der Auswahl des

RESIST \ ETCHANT	CUPRIC CHLORIDE	ALKALINE ETCHANT
SCREEN RESIST	X X	X X EXCEPT SOME TYPES
PHOTO RESIST (LIQUID)	X X	X X EXCEPT SOME TYPES
PHOTO RESIST (DRY FILM)	X X	X X EXCEPT SOME TYPES
SOLDER PLATE	▬	X X
TIN PLATE	▬	X X
TIN-NICKEL PLATE	▬	X X
GOLD PLATE	X	X X
NICKEL PLATE	▬	X X
RHODIUM PLATE	X	X X
SILVER PLATE	X	X X
▬ Not suitable	X suitable	X X recommended

Abb. 9.5.: Arten und Anwendung regenerierter Ätzmittel

Ätzverfahrens sind u.a. folgende Faktoren zu berücksichtigen *(Abb. 9.5.)*:

- Abdeckschichten (Fest- Flüssigresist, metallische Ätzreserven Sn/ Pb, Sn,Au, Sn/ Ni etc.)
- Ätzmedien (alkalisch, neutral, sauer)
- Ätzprinzip (Tauch- Sprühsystem)
- hohe Kupferaufnahme
- Gleichmäßige Ätzgeschwindigkeit
- Regenerierbarkeit der Ätzmedien
- kontinuierliche Prozeßführung
- Unterätzung
- Leiterbahnbreite- u. abstand
- Wirtschaftlichkeit
- Entsorgung

9.2.1. Ätzen mit Eisen (III) -chlorid ($FeCl_3$)

Für das Ätzen einseitiger und doppelseitiger nicht durchkontaktierter Leiterplatten im Subtraktiv- Verfahren, wird das vor Jahren typische Ätzmittel „Eisenchlorid" kontinuierlich durch Kupferchlorid ersetzt. Selbst die bekannten Vorteile beim Ätzen mit $FeCl_3$ – geringe Unterätzung, Konturenschärfe und relativ lange Haltbarkeit der Ätzlösung – kompensieren keinesfalls die Nachteile dieses Verfahrens wie:

- geringe Ätzgeschwindigkeit (Cu-Konz. 50 g/ l)
- max. Kupferaufnahme (ca. 60-80 g/ l.)
- Neutralisation der Ätzlösung
- Rückgewinnung des Kupfers
- Regeneration durch Chlorgas

Reaktionsgleichung:
$Cu + 2 FeCl_3 \rightarrow CuCl_2 + 2 FeCl_2$

Die Regerierung des $FeCl_2$ durch Chlorgas ($2 FeCl_2 + Cl_2 \rightarrow 2FeCl_3$) kann nur unter erheblichem Aufwand durchgeführt werden und ist daher nur in Großanlagen oder im Labor wirtschaftlich vertretbar.

9.2.2. Ätzen mit Kupferchlorid (CuCl$_2$)

Das Ätzen von Kupfer mit CuCl$_2$ bringt gegenüber dem Ätzmedium FeCl$_3$ wesentliche Vorteile:

- konstante Ätzgeschwindigkeit
- automatische Prozeßführung
- keine Kristallisation und Schlammbildung in der Ätzkammer
- hohe Kupferaufnahme (ca. 150 g/l.)
- geringer Spülwasserverbrauch
- hohe Wirtschaftlichkeit
- einfache Abwasseraufbereitung

Kupfer(II)-chloridlösungen greifen bei Anwesenheit von Salzsäure (HCl) metallisches Kupfer an. Dabei bildet sich Cu(I)-chlorid (CuCl). Das für den Ätzvorgang unwirksame und schwer lösliche Kupfer(I)-chlorid kann mit H$_2$O$_2$ in Gegenwart von Salzsäure oxidiert werden:

Ätzen: CuCl$_2$ + Cu → 2 CuCl$_2$

Um 1 kg Kupfer abzuätzen werden ca. 3,8 l HCl (32 %) und 1,7 l H$_2$O$_2$ (35 %) verbraucht. In der Praxis führen Ausschleppungsverluste und Verdünnen durch Spülwasser oft zu einem höheren Verbrauch *(Abb. 9.6.)*.

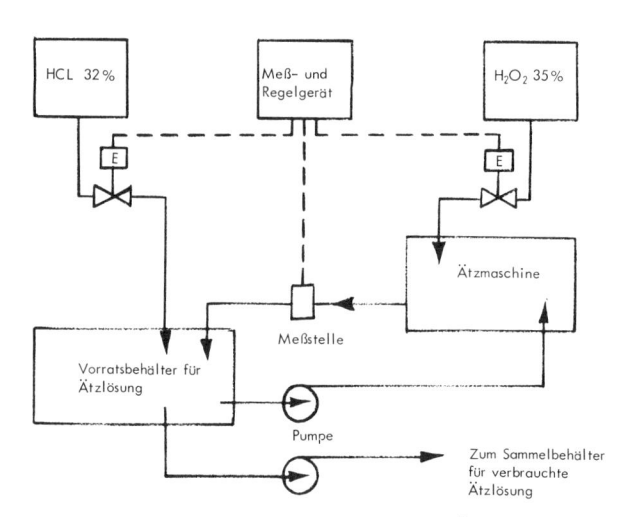

Abb. 9.6.: Funktionsschema einer CuCl$_2$-Ätzanlage

Die Ätzlösung sollte beim Neuansatz ca. 30 gr. Cu/l in Form von CuCl$_2$ enthalten, da dieses Chlorid das eigentliche Ätzmedium ist.

Betriebswerte:

HCl-Gehalt:	290 ± 10 ml (32 Gew. %) pro l Ätzlösung
Cu-Gehalt:	90 – 120 g/l
Temperatur:	45 – 50 °C
Ätzgeschwindigkeit:	35 µm Cu = ca. 60 s
Redoxpotential:	750 mV

9.2.3. Ätzen mit Ammoniumpersulfat $(NH_4)S_2O_8$

Neben $CuCl_2$ und Fe (III) Cl_3 wird APS als weiteres saures Ätzmedium eingesetzt. Außer für die Ätzung von Kupferschaltungen mit Siedrucklacken und Festresist als Ätzreserve kommt APS für die Ätzung von Pb/Sn, Au, Rhodium und Silberschichten nur bedingt in Betracht. Nicht anwendbar ist APS bei Glanzzinn und Nickel als Metallresist.

Betriebswerte:
200 – 250 g/l APS
5 – 7 mg/l Quecksilber(II)-chlorid
(Vorsicht, giftig!)
Temperatur: 40 – 45 °C

Verbrauchswert:
1 kg Cu ≙ 6,5 kg APS

Die angegebene kupferfreie Lösung ätzt Kupferschichten von 35 µm in ca. 50 – 70 s. (ohne Katalysator beträgt die Ätzzeit unter gleichen Bedingungen ca. 3,5 – 4 min.)

Zum Ätzen von lotplattierten Schaltungen wird noch 1,5 Vol% konz. H_2SO_4 oder besser 1 Vol% Phosphorsäure (d = 1,7) der Ätzlösung zugesetzt. Die wirksamste Betriebstemperatur liegt bei 42°C. Die Reaktionswärme führt zu einer Erhöhung der Badtemperatur. Bei nicht kontinuierlichem Betrieb der Ätzmaschine hat die durch das Auflösen des Kupfers frei werdende Wärme keine nachteiligen Folgen. Dagegen werden bei einer automatischen Ätzlinie Kühlvorrichtungen mit Badtemperaturkontrolle erforderlich, die aber in den handelsüblichen Ätzmaschinen schon werkseitig vorgesehen sind. Bei Temperaturen oberhalb 60°C zersetzt sich APS in Anwesenheit von Kupfersalzen. Es ist wichtig, eine lokale Überhitzung der Lösung während der Anheizzeit zu vermeiden. Deshalb ist für eine ausreichende Badbewegung zu sorgen.

Da bei diesem Verfahren nur lösliche Reaktionsprodukte entstehen, können alle Ätzrückstände leicht mit Wasser entfernt werden. Nach der Reaktionsgleichung:

$$Cu + (NH_4)_2S_2O_8 \rightarrow (NH_4)_2SO_4 + CuSO_4$$

nimmt die Ätzgeschwindigkeit mit zunehmendem Kupfergehalt der Ätzlösung ab.

Durch ein patentgeschütztes Rückgewinnungsverfahren des Kupfers können bis zu 40% des APS wieder verwendet werden. Bei Abkühlung (+ 2 °C/ -3 °C) der verbrauchten Ammoniumpersulfat-Ätzlösung kristallisiert das salzförmige Reaktionsprodukt Kupferammo-

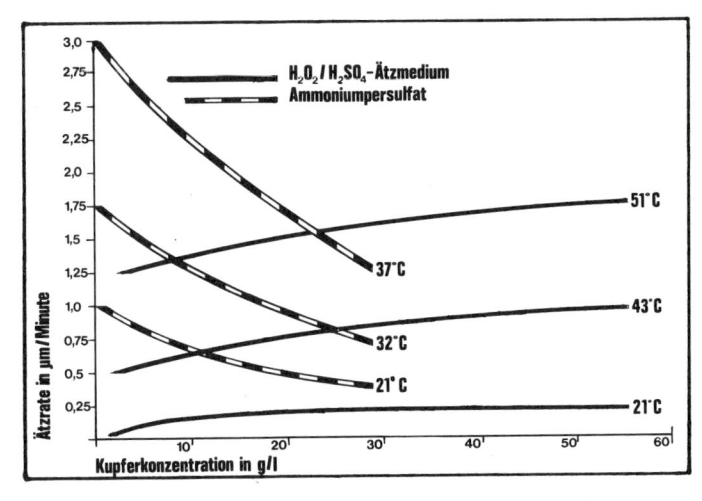

Abb. 9.7.: Abhängigkeit der Ätzrate von der Kupferkonzentration

niumsulfat-Hexahydrat aus. Dieses Salz, das mittels Filtration von der Lösung getrennt wird, hat einen Kupfergehalt von ca. 15 % und kann verwertet werden. Die verbleibende klare Lösung enthält noch erhebliche Mengen an nicht verbrauchter APS, dessen Konzentration sich analytisch leicht bestimmen läßt. Durch Zugabe von neuem APS kann der Anfangsgehalt von 200 – 250 g APS/1 wieder eingestellt werden. Es ist sicherlich eine Frage der betrieblichen Gegebenheiten, ob man die Ätzlösung reaktiviert oder sie insgesamt abtransportieren läßt *(Abb. 9.7.)*.

9.2.4. Wasserstoffperoxid (H_2O_2) – Schwefelsäure (H_2SO_4)

Die Verwendung einiger oxidierender Säuren als Ätzmedien war, auf Grund der Instabilität der verwendeten Oxidationsmittel, nicht möglich. Mit der Entwicklung von Anätzmedien für die Vorbehandlung in der Durchkontaktierung auf der Basis von H_2O_2/H_2SO_4 wurden geeignete Stabilisatoren entwickelt, das Kupfer kontinuierlich zu ätzen. Die Praxis zeigte, daß selbst bei Alterung dieses Ätzmediums eine konstante Anätzung erzielt wurde.

Diese Alternative zu APS, NaPS, $CuCl_2$ hat außer der gleichbleibenden Ätzrate mit steigendem Kupfergehalt auch noch den Vorteil, daß aus den verbrauchten Ätzlösungen durch einfache Regeneration Kupfer als reines $CuSO_4 \times 5\ H_2O$ ausgefällt werden kann. Das Prinzip dieses Anätzmediums, das primär im Tauchverfahren angewendet wird, verläuft nach folgender Reaktion:

$$\begin{aligned} \text{a) } & Cu + H_2O_2 \rightarrow CuO\ H_2O \\ \text{b) } & CuO + H_2SO_4 \rightarrow CuSO_4 + H_2O \\ \hline & Cu + H_2O_2 + H_2SO_4 \rightarrow CuSO_4 + 2\ H_2O \end{aligned}$$

Bei der Anwesenheit von Metall, in diesem Fall das abgeätzte Kupfer, ist der Wasserstoffperoxid-Verbrauch wesentlich größer als im äquivalenten Verhältnis zum gelösten Kupfer. Durch Zugabe geeigneter Stabilisatoren wird dieser erhöhte Verbrauch in wirtschaftlich vertretbaren Grenzen gehalten. Das Ätzen von Kupfer mit H_2O_2/H_2SO_4 ist eine exotherme Reaktion (Hydrolyse des H_2O_2). Um eine gleichmäßige Ätzung bzw. konstante Unterätzfaktoren zu erreichen, ist eine kontinuierliche Kühlung bzw. Temperaturkontrolle mit einer max. Toleranz von ± 5 °C vorzusehen. Bei Temperaturen > 50 °C steigt zwar die Ätzgeschwindigkeit stark an, doch sind diese Temperaturbereiche nicht zu empfehlen, da ab 54 °C H_2O_2 stark zersetzt wird und damit eine höhere Dosierung erforderlich würde.

Betriebswerte:
35 – 40 g/l · H_2O_2
160 g/l · H_2SO_4
40 – 80 g/l · Cu
Temp. 45 ± 5 °C

Verbrauchswert:
1 kg Cu ≙ 3 l H_2O_2 + 1,2 l H_2SO_4

Durch Erhöhung der Kupferkonzentration in der Lösung nimmt der Verbrauch an H_2O_2 entsprechend zu.

Prinzipiell sind alle negativ arbeitenden Trockensysteme, positive und negative Fotolacke, Siebdrucklacke (incl. UV-härtbare) Blei/Zinn- und chemische Zinnschichten als Ätzreserven verwendbar. Durch den Zusatz spezifischer Stabilisatoren zur Ätzlösung werden Pb/Sn, Glanzzinn und chem. Zinnschichten nicht bzw. minimal angegriffen, wobei die Aufschmelzeigenschaften der Schicht ohne Nachbehandlung durch Aufheller vor dem Aufschmelzen erhalten bleiben.

9.2.5. Alkalische Ätzmedien

Alkalische Ätzmittel verschiedener Zusammensetzung wurden primär für die Ätzung von Leiterplatten mit metallischen Ätzreserven entwickelt (Sn/Pb, Sn/Ni, Sn,Ni,Ag,Au- und Goldlegierungen) die in sauren Medien mehr oder weniger angegriffen werden. Positive und negative Fotolacke und nicht alkalilösliche Siebdrucklacke können als Abdeckschichten ebenfalls verwendet werden, wo kontinuierlich geätzt wird, da diskontinuierliches Ätzen leicht zur Zersetzung der Ätze führen kann.

Betriebswerte:
Cu-Gehalt: = 150 – 170 g/l
Chlorid-Gehalt = 4 – 4,5 mol/l
AT = 20 °C – 45 °C
pH-Wert = 8 – 9,5
Ätzrate = 5 – 20 µm/min.

Verbrauchswert:
1 kg Cu ≙ 1,7 kg NH_4Cl

Die u.a. eingesetzten Ammoniumsalze (Chlorid, Sulfat, Carbonat etc.) zeigen unterschiedliche Vorteile in Ihrer Anwendung. $(NH_4)CO_3$ besitzt gute Pufferwirkung im optimalen pH-Bereich der Ätzlösung, bringt aber bei der Aufarbeitung der Lösung zur Rückgewinnung des Kupfers gewisse Schwierigkeiten. $(NH_4)_2SO_4$ erleichtert die Aufarbeitung, kann aber, wenn der Ammoniakgehalt der Ätzlösung nicht exakt kontrolliert wird, zur Ausfällung kupferhaltiger Niederschläge führen. Die Verwendung von NH_4Cl ergibt erfahrungsgemäß eine hohe Kupferkapazität und leichtere Aufarbeitung der Ätzlösung als $(NH_4)_2CO_3$. Hierdurch wird naturgemäß der Arbeitsablauf erheblich erleichtert. Andererseits muß auch in diesem Fall der pH-Wert der Ätzlösung beobachtet werden, da die pH-puffernde Wirkung von NH_4Cl gering ist.

Vereinfachte Reaktionsgleichung:
$$[Cu(NH_3)_4]^{++} + Cu \rightarrow 2\ [Cu(NH_3)_2]^{+}$$

Während der Ätzung entsteht die doppelte Menge an inaktivem Diaminkupfer (I)-Komplex $[Cu(NH_3)_2]^{+}$ aus metallischem Cu und dem Tetraaminkupfer(II)-Komplex $[Cu(NH_3)_4]^{++}$.

Das Ätzen mit alkalischen Ätzmedien läßt sich sowohl nach dem Sprüh- als auch Tauchverfahren durchführen. Wegen der Geruchsbelästigung durch NH_3 ist eine Absaugung an der Ätzmaschine bzw. im Arbeitsraum notwendig. Ein zu starker Sog ist wegen der damit verbundenen Verluste an Ammoniak und Wasserdampf zu vermeiden, weil u.U. die Ätze zu konzentriert wird, und zur Abscheidung unerwünschter Beläge auf den Platten (evtl. chem. Angriff auf metallischen Ätzreserven) oder in den Maschinen führen kann. Aus diesen Gründen kann auch nicht das Ätzen bei höherer Temperatur zur Steigerung der Kupferkonzentration empfohlen werden.

9.2.6. Elektrolytisch-chemisches Verfahren

(ELO-CHEM-Verfahren)
In der *Kernforschungsanlage Jülich* wurde ein elektrochemisches Ätzverfahren entwickelt, das die Nachteile der konventionellen chemischen Verfahren weitgehend beseitigt *(Abb. 9.8.)*.

Das *ELO-CHEM-Verfahren* arbeitet mit einer im Kreis umlaufenden Suspension in welcher mikroskopisch kleine Aktivkohle-Teilchen (Gr. ca. 10 µm) eingelagert sind. Die Kohleteilchen werden zunächst elektrisch aufgeladen und dann von einer Pumpe über eine

Anodische Metallauflösung —

Kathodische Metallrückgewinnung

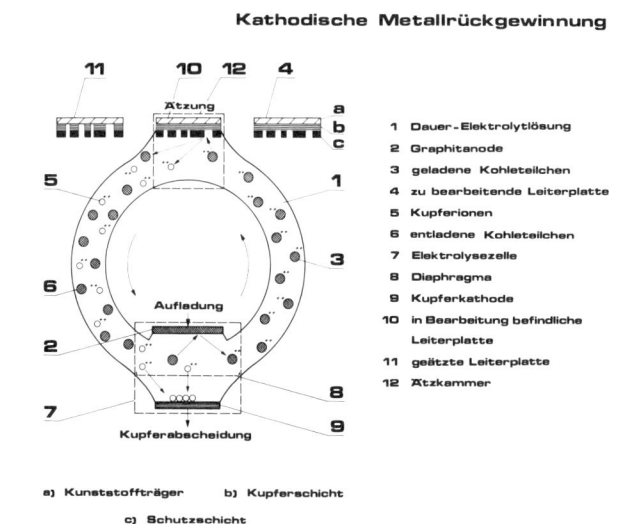

1 Dauer-Elektrolytlösung
2 Graphitanode
3 geladene Kohleteilchen
4 zu bearbeitende Leiterplatte
5 Kupferionen
6 entladene Kohleteilchen
7 Elektrolysezelle
8 Diaphragma
9 Kupferkathode
10 in Bearbeitung befindliche Leiterplatte
11 geätzte Leiterplatte
12 Ätzkammer

a) Kunststoffträger b) Kupferschicht
c) Schutzschicht

Abb. 9.8.: Funktionsprinzip des ELO-CHEM-Verfahrens
(Kernforschungsanlage Jülich)

Vielzahl von Düsen auf die zu ätzenden Flächen gesprüht. Dabei wird die Ladung an das abzuätzende Kupfer abgegeben, wobei das Kupfer in Lösung geht. Die freigesetzten Kupferionen gelangen in der Suspension zu einer Elektrolysezelle, in der sie durch eine nur für die Ionen durchlässigen Membrane zu einem Kathodenblech (Cu) wandern, auf dem das Kupfer elektrolytisch abgeschieden wird. In der Elektrolysezelle werden die Kohleteilchen an der Graphitanode wieder aufgeladen, bevor sie im Kreislauf von neuem auf die zu ätzenden Flächen gesprüht werden (*Abb. 9.9.*).

Reaktionsgleichungen:
Anode: $Gr - 2ne^- \rightarrow Gr^{2n+}$
Kathode: $nCu^{2+} + 2ne^- \rightarrow nCu$
Werkstück: $Gr^{2n+} + nCu \rightarrow Gr + nCu^{2+}$

wobei Gr ein Graphitteilchen mit der Ladungskapazität von 2n Ladungsäquivalenten bedeutet.

Das Verfahren wurde zwischenzeitlich in zahlreichen Laborversuchen getestet. Pilotanlagen befinden sich seit kurzem im experimentellen Betrieb. Im Vergleich zu konventionellen Ätzverfahren zeichnet sich das elektrochemische Ätzverfahren durch folgende Vorteile aus:

– sehr gute Konturenschärfe der geätzten Kupferbahnen infolge begrenzter Unterätzung und steiler Flanken
– genau reproduzierbare Ätzverhältnisse durch konstante Zusammensetzung der Elektrolytlösung bei konstantem Redoxpotential,
– universelle Anwendbarkeit verschiedener Ätzreserven wie Fotolacke, Siebdrucklacke, Sn, Sn/Pb, etc.
– kostspielige Lagerhaltung, Überwachung und Entgiftung bzw. Transport verbrauchter Ätzmedien entfallen,
– hohe Wirtschaftlichkeit, da ein Verbrauch von teuren Chemikalien entfällt und das abgeätzte Kupfer quantitativ in der Anlage zurückgewonnen wird,

Abb. 9.9.: Querschliff einer geätzten Leiterplatte
(ELO-CHEM-Verfahren) Ätzzeit = 3 min.

- Ätzgeschwindigkeiten sind – bei Auswahl geeigneter Elektrolyte – vergleichbar mit konventionellen Ätzverfahren.

Wird die zu erwartende Betriebssicherheit und Wirtschaftlichkeit dieses Verfahrens durch die Praxis bestätigt sowie die Planung und Konstruktion der Anlagen, insbesondere die Elektrolysezelle optimiert, so ist dieses Verfahren sicherlich eine echte Alternative zu den bekannten Ätzverfahren.

9.3. Verfahren und Anlagen zur Regeneration für saure Ätzmittel

Regenerierte Ätzmittel und solche Ätzmedien, die durch Regel- bzw. Dosiersysteme in einem Zustand konstanter Verfahrensbedingungen gehalten werden, bewirken eine konstante Ätzzeit, da die Dichte und Ätzfähigkeit stets auf einem gleichbleibenden Niveau gehalten wird *(Abb. 9.10.)*. Die Regenerationsanlage übt im wesentlichen folgende Funktionen aus:

- Konstanthaltung des Redox-Potentials der Ätzlösung durch Zugabe von Regenerationsmittel (Cl_2, $NaClO_3$/HCl, H_2O_2/HCl),
- Konstanthaltung des spezifischen Gewichts der Lösung durch Zugabe von Wasser,
- Konstanthaltung des Badvolumens durch Auspumpen des überschüssigen Ätzmittels.

Reaktionsgleichung:

$$2\,CuCl + H_2O_2 + 2\,HCl \rightarrow 2\,CuCl_2 + 2\,H_2O$$
$$\text{oder}$$
$$2\,CuCl + Cl_2 \rightarrow 2\,CuCl_2$$
$$\text{oder}$$
$$6\,CuCl + NaClO_3 + 6\,HCl \rightarrow 6\,CuCl_2 + 3\,H_2O + NaCl$$

Der Reaktionsmechanismus, der zwischen den Reaktionspartnern stattfindet, ist komplizierter als hier dargestellt, aber es würde zu weit führen, an dieser Stelle eine detaillierte Betrachtung anzustellen.

Abb. 9.11. zeigt das Arbeitsprinzip dieses Systems. Das Ätzmittel wird kontinuierlich zwischen der Ätzkammer und der Regenerationsanlage umgepumpt. Von der Pumpe aus

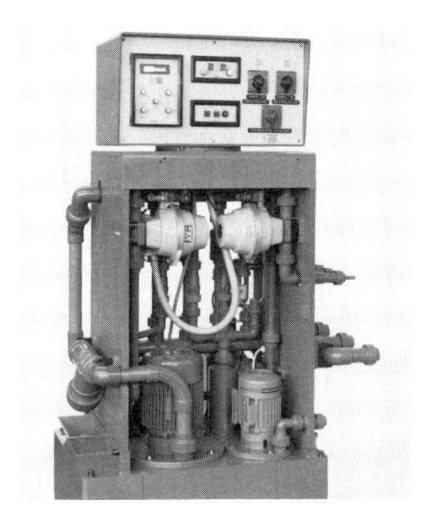

Abb. 9.10.: Regel- und Dosieranlage für CuCl$_2$ mit automatischer Dosierung von H$_2$O$_2$, HCl und Wasser (Werkfoto: Höllmüller, Herrenberg)

gesehen befindet sich stromabwärts ein Venturirohr. Eine Ätzmittelprobe wird an einer Redox-Potential-Elektrode (Platin/ Kalomel-Elektrode) vorbeigeleitet, die die Ätzfähigkeit in Form des Reduktions-Oxidations-Potentials in Millivolt mißt. Eine Abweichung vom Sollwert des Redox-Potentials zu niedrigeren Werten bewirkt das Öffnen eines Magnetventils zur Zugabe von Wasserstoffperoxid durch den Saugeffekt des Unterdruckes im Venturirohr für eine vorgewählte Zeitdauer. Nach einer bestimmten Zeitpause öffnet ein anderes Magnetventil zur Zugabe von Salzsäure ebenfalls aufgrund des Saugeffektes des Venturirohrs für eine vorgewählte Zeitdauer. Die Öffnungzeit für das Magnetventil für Salzsäure wird durch einen Faktorschalter in Relation zur Öffnungszeit des Magnetventils für Wasserstoffperoxid eingestellt, so daß diese beiden Öffnungszeiten in einem bestimmten Verhältnis zueinander gewählt werden.

Das spezifische Gewicht der Ätzlösung muß, wie bereits erwähnt, ebenfalls konstant gehalten werden. Das wird über eine automatische Dichtesteuerung durch Zugabe von

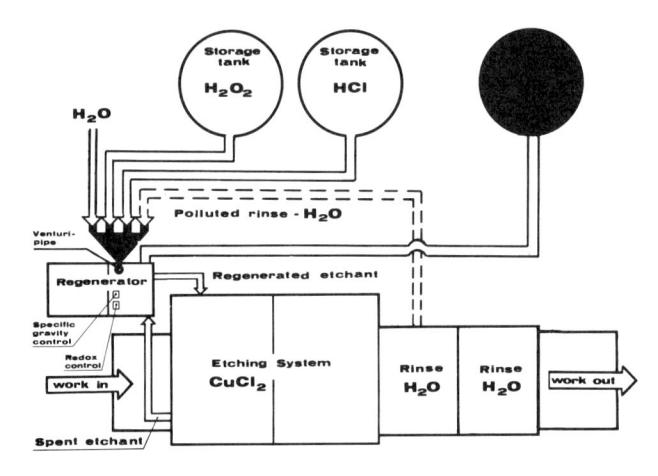

Abb. 9.11.: Blockschaltbild für die Regeneration mit H$_2$O$_2$ und HCl

Wasser erreicht. Der Tauchkörper (Aräometer) besitzt ein eingeschmolzenes Metallband, das abhängig von der Eintauchtiefe einen Näherungsinitiator aktiviert, der dann wiederum das Magnetventil für die Wasserzugabe schaltet.

Das Abwasserproblem im Bereich des Spülwassers nach der Ätzstation wird beträchtlich verringert, wenn das bereits verwendete Spülwasser anstelle von Frischwasser dem Kupferchlorid zugeführt wird, um auf diese Weise die Dichte des Ätzmittels konstant zu halten. In diesem Fall wird das Spülwasser in der der Ätzkammer folgenden Wässerungskammer ständig in einem geschlossenen Kreislauf umgepumpt, und jedesmal, wenn die automatische Dichtesteuerung Wasser verlangt, wird über ein Magnetventil und mit Hilfe des Venturi-Effekts verschmutztes Spülwasser aus dieser Spülstation automatisch abgesaugt und dem Kupferchlorid zugeführt. Mit Hilfe eines Schwimmerschalters und eines Magnetventils wird ein identisches Volumen an Frischwasser dieser Wässerungsstation wiederum zugeführt.

Durch die Zugabe von Wasserstoffperoxid, HCl und Wasser wird das Ätzvolumen vergrößert, so daß es notwendig wird, ein gleich großes Volumen an Ätzmittel in einen Sammeltank abzupumpen. Das wird mit Hilfe eines Schwimmerschalters in der Ätzkammer, eines Reed-Schalters und eines Magnetventils in einer Abzweigleitung erreicht.

Das Redox-Potential, das identisch der elektromotorischen Kraft E ist, kann gemäß der *Nernst*'schen Formel wie folgt berechnet werden:

$$E = E_O + \frac{R \cdot T}{z \cdot F} \cdot \ln \frac{\text{(oxidierter Zustand)}}{\text{(reduzierter Zustand)}}$$

Darin bedeuten:
E_O = Standard-Potential, was in diesem Fall das Potential des Systems bedeutet, wenn die Konzentrationen einwertiger und zweiwertiger Kupferionen gleich sind
R = Gaskonstante
T = Temperatur in Grad Kelvin
z = Ladungsäquivalent
F = Faraday Konstante

Bezogen auf diesen Anwendungsfall lautet die Gleichung:

$$E = E_O + 0,059 \cdot \log \frac{Cu^{++}}{Cu^+}$$

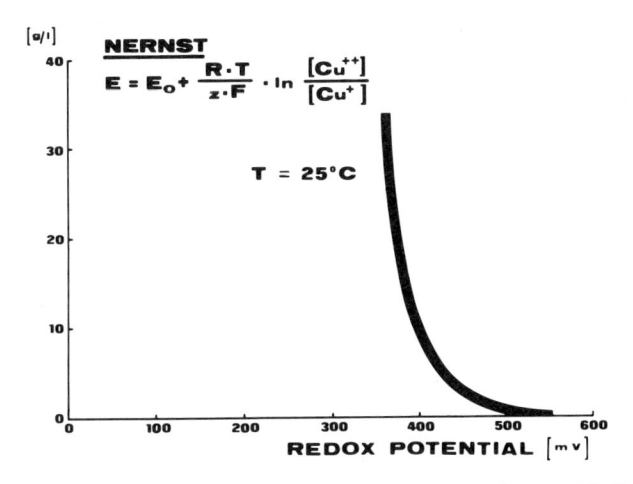

Abb. 9.12.: Redox-Potential, berechnet für 120 g Cu/l bei unterschiedlicher Kupferionenkonzentration

Eine Kupfer(I)-ionen-Konzentration (Cu⁺) > 4 g/l führt zu einer erheblichen Verringerung der Ätzgeschwindigkeit. Aus diesem Grunde ist es ratsam die Kupfer(I)-Ionen-Konzentration < 4 g/l zu halten, vorzugsweise weniger und das Kupfer(I)-chlorid so schnell wie möglich zu Kupfer(II)-chlorid aufzuoxidieren. Wie *Abb. 9.12.* zeigt, ist in diesem sehr niedrigen Bereich der Kupfer(I)-Ionen-Konzentration die Änderung des Redox-Potentials beträchtlich. Diese Tatsache macht es relativ leicht, die Kupfer(I)-Ionen-Konzentration sehr klein zu halten und ein sensibles Steuersystem zu bekommen.

Als weiteres Oxidationsmittel für die Kupferchloridregeneration wird Chlorgas eingesetzt. Neben dem Chlorgas wird noch eine geringe Menge Salzsäure dem System zugeführt, um die Schlammbildung zu verringern, wobei die Salzsäure nicht in die chemische Reaktion eingeht. Die HCl wird zugegeben, um den pH-Wert des Systems im Bereich von 1 bis 3 zu halten, damit auf den zu bearbeitenden Platten keine Ablagerung von Kupfer-Oxidchlorid, das sich aus Kupferoxid bei Gegenwart von Chlorgas bilden kann, entsteht. Die erforderliche Salzsäuremenge ist somit abhängig von dem Umfang der Oxide auf den Platten und variiert von Zeit zu Zeit und von Installation zu Installation.

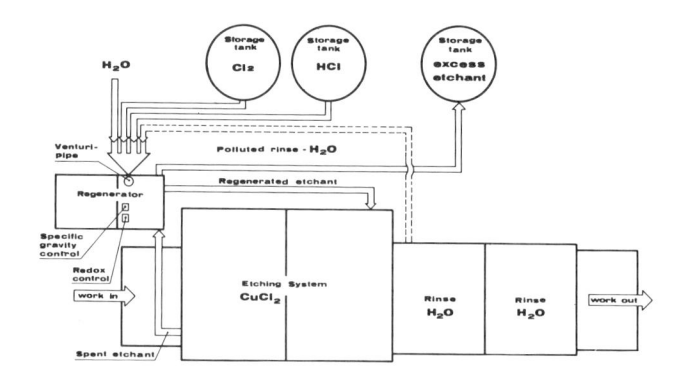

Abb. 9.13.: Blockschaltbild der $CuCl_2$-Regeneration mit Chlorgas

Abb. 9.13. zeigt, daß das Kupferchlorid-Ätzmittel wieder kontinuierlich zwischen der Ätzmaschine oder dem Ätzsystem und der Regenerationsanlage rezirkuliert wird. Die Chlorgaszugabe erfolgt unter Vakuum zum Venturirohr und dort in den Ätzmittelstrom. Die chemische Reaktion findet spontan bei gründlicher Mischung des Chlorgases mit dem Ätzmittel statt. Die Tatsache, daß Chlorgas unter Vakuum angesaugt wird, hat den Vorteil, daß bei einer eventuellen Leckage Luft von außen in das Rohrleitungssystem hineingesaugt wird, jedoch kein Chlorgas aus dem Rohrleitungssystem austreten kann. Die Zugabe von konzentrierter Salzsäure erfolgt simultan zur Chlorgaszugabe und über die gleiche Zeitspanne.

Die Regenerationsanlage selbst ist bis auf zwei Unterschiede mit derjenigen identisch, die H_2O_2/HCl als Oxidationsmittel einsetzt. Sie enthält eine größere Pumpenleistung und ein Venturirohr höherer Kapazität, so daß die Saugfähigkeit vergrößert wird, da bei der Verwendung von Chlorgas als Oxidationsmittel ein größeres Volumen zugegeben werden muß als bei H_2O_2/HCl, um gleiche Regenerationskapazitäten zu erzielen. Trotz dieser konstruktionsbedingten teilweisen Kompensation besteht noch immer zwischen beiden Anlagen eine Kapazitätsdifferenz. Das mit Chlorgas arbeitende System verfügt über eine Regenerationskapazität von ca. 34 kg/Std. abgeätztem Kupfer, während bei H_2O_2/HCl eine Maximalkapazität von ca. 100 kg/Std. erreicht wird.

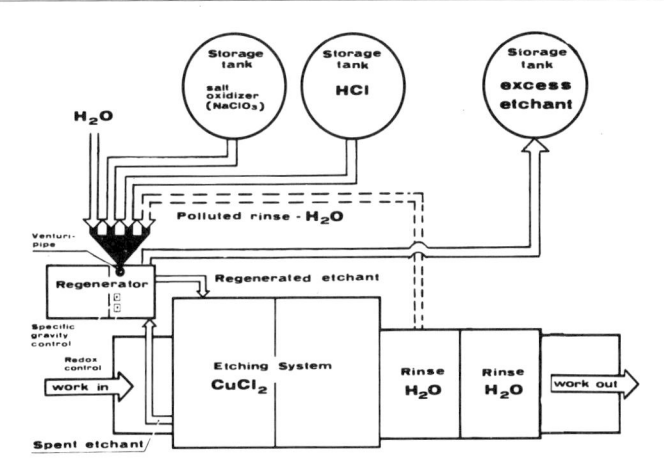

Abb. 9.14.: Regenerationssystem für CuCl$_2$ mit NaClO$_3$ und HCl

Die Regeneration von Kupferchlorid mit Natriumchlorat als Oxidationsmittel wird nicht in Europa eingesetzt, jedoch in den USA, wobei dies patentrechtlichen Gründen zuzuschreiben ist. Das in *Abb. 9.14.* dargestellte Blockdiagramm illustriert die Arbeitsweise dieses Regenerationssystems, das dem vorher beschriebenen sehr ähnlich ist. Das Äztmittel wird auch hier kontinuierlich zwischen den Ätzkammern und der Regenerationsanlage rezirkuliert; die Oxidationslösung, Salzsäure und Wasser werden zugegeben und das überschüssige Kupferchlorid in einen Sammeltank abgepumpt.

Die Tatsache, daß die Oxidationslösung angesetzt und gemischt werden muß, bedeutet einen gewissen Nachteil. Ein weiterer Nachteil ist darin zu sehen, daß das überschüssige CuCl$_2$, Natriumchlorid(Salz) enthält, das einige Firmen, die das überschüssige Kupferchlorid aufkaufen und weiterverarbeiten, nicht tolerieren können.

Die Handhabung der verschiedenen, hier erwähnten Oxidationsmittel ist nicht ungefährlich. Bei der Verwendung von Chlorgas müssen bestimmte Sicherheitsvorkehrungen erfüllt werden und das Bedienungspersonal speziell ausgebildet sein. Auch bei flüssigen Medien, die von vielen Firmen bevorzugt werden, müssen ebenfalls gewisse Vorsichtsmaßnahmen beachtet werden. Wasserstoffperoxid kann sich unter bestimmten Bedingungen schnell zersetzen und Sauerstoff freisetzen und sogar explosiv wirken. Chloratlösungen haben die gleiche Eigenschaft, bei Zersetzung Sauerstoff freizusetzen. Sie bilden brennbare und explosive Gemische, wenn sie in Holz, Papier, Stoffe etc. eindringen und trocknen können.

Wenn man einen Kostenvergleich zwischen den verschiedenen Regenerationsverfahren für CuCl$_2$ durchführt, so ist zu berücksichtigen, daß die Prozeßzeiten im Vergleich zu den Anlagenkosten nur geringfügig differieren. Die Kosten für die Regenerationschemikalien sind dagegen sehr unterschiedlich.

Auf der Basis einer Einkaufsmenge von jeweils 1 t bzw. 5 t Regenerationschemikalien ergeben sich folgende Zahlenverhältnisse für die drei verschiedenen Möglichkeiten der CuCl$_2$-Regenerationen pro kg abgeätztes Kupfer:

$$Cl_2 : (NaClO_3/HCl) : (H_2O_2/HCl) = 1 : 1{,}65 : 2{,}2$$
$$bzw. = 1 : 1{,}55 : 1{,}95$$

Die Angaben können in Abhängigkeit von der geographischen Lage des Betriebes variieren. Bei dieser Betrachtung ist die Vergütung für das überschüssige CuCl$_2$ nicht berücksichtigt.

9.4. Verfahren und Anlagen zur Regeneration alkalischer Ätzmedien

Die in *Abb. 9.15.* gezeigte Regenerationsanlage für alkalische Ätzmedien erfüllt folgende Funktionen:
- Konstanthaltung des spezifischen Gewichtes der Lösung durch Zugabe von Replenisherlösung
- Konstanthaltung des pH-Wertes der Lösung durch Zugabe von Ammoniakgas
- Konstanthaltung des Badvolumens durch Auspumpen des überschüssigen Ätzmittels.

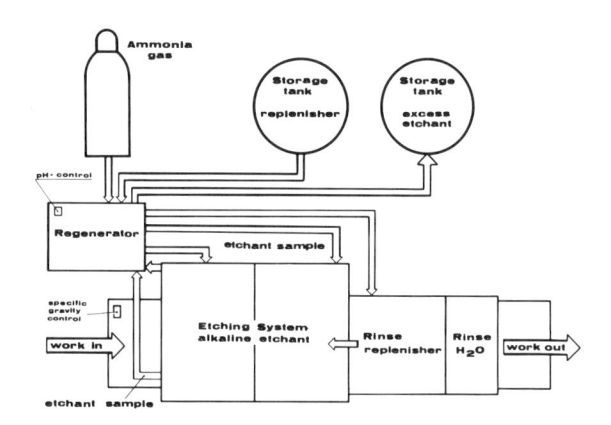

Abb. 9.15.: Regenerationssystem für das alkalische Ätzen

Bei der Regeneration ammoniak-alkalischer Ätzmittel verläuft der Prozeß nach folgender Reaktionsgleichung ab:

$$2\,[Cu(NH_3)_2]^+ + 2NH_3 + 2NH_4^+ + 1/2\,O_2 \rightarrow 2\,[Cu(NH_3)_4]^{++} + H_2O$$

Eine Ätzmittelprobe wird kontinuierlich zu Meßzwecken zwischen dem Ätzsystem und der Regenerationsanlage rezirkuliert. Über die Dichtesteuerung wird Ergänzungslösung zudosiert, die in einem Vorratstank zur Spülstation für Ergänzungslösung, die sich im Anschluß an die Ätzstation befindet, gepumpt wird, von wo aus sie nach der Spülung der Leiterplatten der Ätzkammer zugeführt wird, um dort das Ätzmittel wieder zu erneuern.

Über ein pH-Meßgerät wird die Alkalität des Ätzmittels konstant gehalten. Sinkt der pH-Wert während des Ätzprozesses, bedingt durch Ammoniakverbrauch und Verdunstungsverluste, unter den eingestellten Sollwert, so wird Ammoniakgas dem Ätzmittel durch ein Magnetventil und poröse Schläuche, die auf dem Boden der Ätzkammer installiert sind, zugegeben. Das Ätzmittelvolumen wird durch einen Niveauschalter in der Ätzanlage überwacht, der bei Überschreiten einer bestimmten Niveauhöhe eine Pumpe einschaltet, so daß das überschüssige Ätzmittelvolumen in einen Sammeltank abgepumpt wird.

Mit dieser Regenerationsanlage können prinzipiell alle marktgängigen Ätzmittel und Replenisherlösungen und auch aus handelsüblichen Chemikalien selbst angesetzte Ätzlösungen eingesetzt werden. Im ersten Fall wird zusätzlich zur bekannten „Steady State-Technologie" noch der pH-Wert separat durch Zugabe von Ammoniakgas konstant gehalten, was in anderen Systemen, die mit Ergänzungslösung arbeiten, im allgemeinen nicht durchgeführt wird. Dies hat einmal den Vorteil einer genaueren Prozeßkontrolle, was sich besonders bei hohen Leiterzugdichten positiv bemerkbar macht und zum anderen bei nicht kontinuierlich genutzten, also bei intermittierend arbeitenden Ätzanlagen den Vorteil, daß unabhängig von der Kupferaufnahme im Ätzmittel der pH-Wert konstant gehalten wird. Bei solchen Anlagen wird natürlich zur Vermeidung von Geruchsbelästigung das Abluftsystem ständig betrieben, wobei Ammoniakverluste entstehen. Diese können jedoch nicht durch die Zugabe von Replenisherlösung kompensiert werden, da kein Kupfer abgeätzt wird und somit die automatische Dichtsteuerung keine Replenisherlösung abruft. Die Folge ist eine zunehmende Verarmung an Ammoniak, ein Absinken des pH-Wertes, ein Ausschlammen des Ätzmittels und eine stärkere Unterätzung. Die unabhängige pH-Wert-Steuerung durch Zugabe von Ammoniakgas eliminiert diese Nachteile und resultiert in einer besseren Prozeßführung und einer höheren Ätzqualität.

Im zweiten Fall wird Replenisherlösung durch Lösen von Ammoniumchlorid $(NH_4)Cl$ und Ammoniumcarbonat $(NH_4)_2CO_3$ selbst hergestellt. Zum Ansetzen der Ergänzungslösung können entweder Frischwasser oder verschmutztes Spülwasser eingesetzt werden. Wie bereits angedeutet, wird zunächst die Ergänzungslösung in die Spülstation gepumpt, die sich an die Ätzstation anschließt. In dieser Spülstation werden die gerade geätzten Leiterplatten mit Ergänzungslösung besprüht, die durch Wasser schwierig zu entfernenden Salze gelöst, so daß sich keine Kupfer-Ammoniumchlorid-Kristalle ansetzen. Diese Verfahrensweise eliminiert anschließende potentielle Lötschwierigkeiten und nachträgliche Korrosion.

Zur Vereinfachung der Wartung, Reinigung und Justierung der Elektroden haben alkalische Regenerationsanlagen einen transparenten Halteblock installiert. In der Regel erfordern solche Elektroden eine gute Wartung, regelmäßige Reinigung und Justierung. Sehr oft wird diesen Forderungen nicht die entsprechende Aufmerksamkeit geschenkt, so daß die pH-Elektroden defekt werden.

Durch Betätigen entsprechender Drucktaster werden die Elektroden zunächst zu Reinigungszwecken mit Ergänzungslösung umspült, dann mit entionisiertem Wasser gereinigt und schließlich mit einer Referenzlösung eines bekannten pH-Wertes umspült, so daß eine erneute Justierung des Meßgerätes durchgeführt werden kann. Das entionisierte Wasser und die Referenzlösung werden in kleinen Behältern aufbewahrt. Dadurch erübrigt sich die Notwendigkeit, die Elektroden aus ihren Haltevorrichtungen herauszunehmen, was sonst sehr oft zum Bruch oder zur Beschädigung der Elektroden führt.

Werden die Ätzlösungen aus handelsüblichen Chemikalien selbst angesetzt, so ist ein Vergleich gegenüber fertig bezogenen Ergänzunglösungen nur unter der Berücksichtigung der Entsorgung verbrauchter Ätzlösungen möglich.

Die Angaben beziehen sich auf 1 kg abgeätztes Kupfer bei einer Bezugsmenge von ca. 5.000 l Ergänzungslösung, wobei je nach geographischer Lage und Bezugsmenge sich das Zahlenverhältnis ändert.

    Eigenansatz : Fremdbezug = 1 : 2,5

Dieser Kostennachteil wird im wesentlichen dadurch ausgeglichen, daß der Lieferant von alkalischen Ergänzungslösungen das verbrauchte Ätzmedium zurücknimmt, wobei die Kosten für Transport und Entsorgung bereits im Preis der Ergänzungslösung enthalten sind – dies ist definitiv ein großer Vorteil.

Dagegen hat der Anwender bei Selbstansatz der Ergänzungslösung für eine Entsorgung bzw. vorschriftsmäßige Aufbereitung des verbrauchten Ätzmittels selbst zu sorgen, Kosten die keineswegs zu unterschätzen sind.

9.5. Ätzmaschinen

Für das Ätzen von Leiterplatten in sauren und alkalischen Ätzmedien werden Labor- und Durchlauf-Ätzmaschinen aus PVC und Titan gebaut.

Labor-Ätzmaschinen:

Für das Ätzen von einseitigen Leiterplatten kommt als einfachste Ausführung die Schaufelrad-Ätzmaschine in Betracht. Mit Hilfe eines Paddels wird das Ätzmedium auf die befestigte Leiterplatte geworfen *(Abb. 9.16.).*

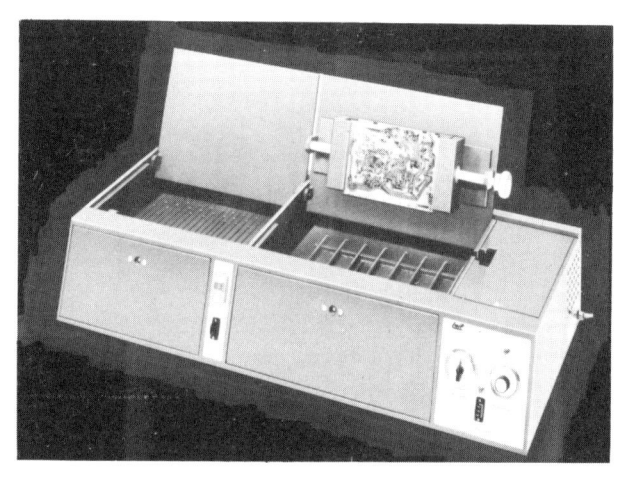

Abb. 9.16.: Kleinätzgerät mit Spüleinrichtung (Werkfoto: Laif Elektronic GmbH, Hennef/Sieg)

In dem Kleinätzgerät gemäß *Abb. 9.16.* wird die Ätzflüssigkeit durch Lufteinblasung über einen eingebauten Kompressor mit Druckluftzufuhr von maximal 3 atü ständig bewegt und mit einer Titanheizung bis zu 40 °C beheizt. Die Ätzzeit wird über eine in der Frontplatte eingebaute mechanische Zeituhr eingestellt. Nach Ablauf der eingestellten Zeit schaltet der Kompressor automatisch ab. Die Leiterplatte wird in zwei mit Nuten versehene PVC–Halter mit einer von außen einstellbaren Endlosschraube eingespannt. Das Gerät ist beidseitig mit einem Absaugstutzen zum beidseitigen Anschluß an einen Ventilator, ausgestattet. Die Sprühkammer ist an die Ätzkammer angebaut und mit einem Sprührohr mit Düsen ausgestattet. Der Wasserzulauf erfolgt über ein Magnetventil das durch ein eingebautes Zeitrelais einstellbar ist.

Durchlauf-Ätzmaschinen:

Physikalische und chemische Prozesse, wie sie bei der Herstellung von Leiterplatten üblich sind, werden fast ausschließlich mit Anlagen in Modulbauweise durchgeführt. So können bei Durchlauf-Ätzmaschinen durch Bei- oder Umstellung von Modulen zusätzliche Fertigungskapazitäten geschaffen und veränderte Fertigungsmethoden berücksichtigt werden *(Abb. 9.17.).*

Das Einlaufmodul besteht aus einer abgetrennten Zone mit doppelten Quetschrollenpaaren und einem integrierten Absaugkanal mit Drosselklappe. Den Eingang der Ätzkammer bildet wieder ein doppeltes Quetschrollenpaar, das ein Zurückfließen der Ätzlösung auf die Ätzware in dem Einlauf verhindert. Für durchkontaktierte Leiterplatten sind oszillierende Düsenstöcke unerläßlich, da nur so eine gleichmäßige und schnelle Ätzung, geringste Unterätzung und gerade Durchbruchlinie erreicht werden kann.

Ätzmaschinen

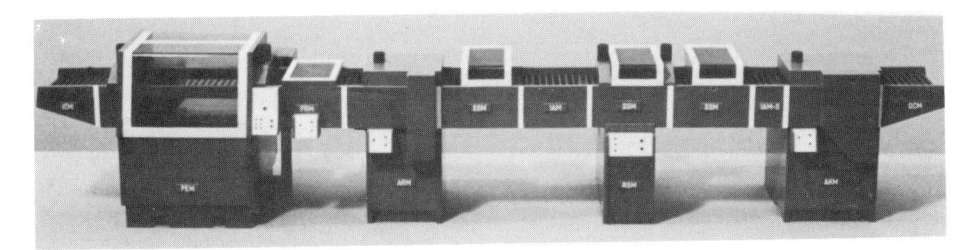

Abb. 9.17.: Alkalisches Ätzsystem einschließlich Aufhell- und Trockenstation (von links nach rechts): Einlauf-Ätzen-Spülen mit Replenisherlösung-Sparspülen-Spülen-Aufhellen-Spülen-Trocknen-Auslauf. (Werkfoto: Chemcut, Solingen)

Vorteilhaft sind Düsenstöcke mit kombinierter Parallel-Schwingoszillation, bestückt mit Rundstrahldüsen. Zum Nachätzen sind die Düsenstöcke von außen zur Hälfte abstellbar.

Die Ätzkammern der Anlage gemäß *Abb. 9.18.* enthalten Titanheizungen und Titankühlschlangen, Temperaturrregelung, Übertemperaturschutz, Trockengehschutz, und meist auf der Rückseite aufgebaute dichtungslose Ätzmittelpumpen. Der Druck der Düsenstöcke sollte für den oberen und unteren Düsenstock mit einer Manometerkontrolle gesondert einstellbar sein. Da die Ätzkammer bei alkalischen Ätzmedien wegen des beträchtlichen Verlusts an Ammoniak nicht abgesaugt werden sollte, hat sich die Ausführung mit doppelter, transparenter Abdeckung und dazwischenliegender Absaugung am besten bewährt.

Ein wesentliches Kriterium beim Ätzen mit ammoniakalkalischen Ätzlösungen sind die dabei entstehenden Kupfertetraaminkomplexe, die in der Abwasserbehandlung erhebliche Probleme bereiten *(s. Kap. 9.4.).* Eine Mehrfachkaskadenspülung im Gegenstrom mit Replenisher (Frischätzmittel) und eine darauffolgende Mehrfachkaskade mit Wasser haben sich gut bewährt. Da über die Dichtesteuerung das Ätzmittel ständig mit Replenisher verdünnt werden muß, wird dieses nicht direkt in die Ätzkammer, sondern am Ende der Kaskade eingespeist. Die Platten werden in den einzelnen Kammern über Umwälzpumpen und Dosierrohre so besprüht, daß eine laufende Verdünnung des abgewaschenen Ätzmit-

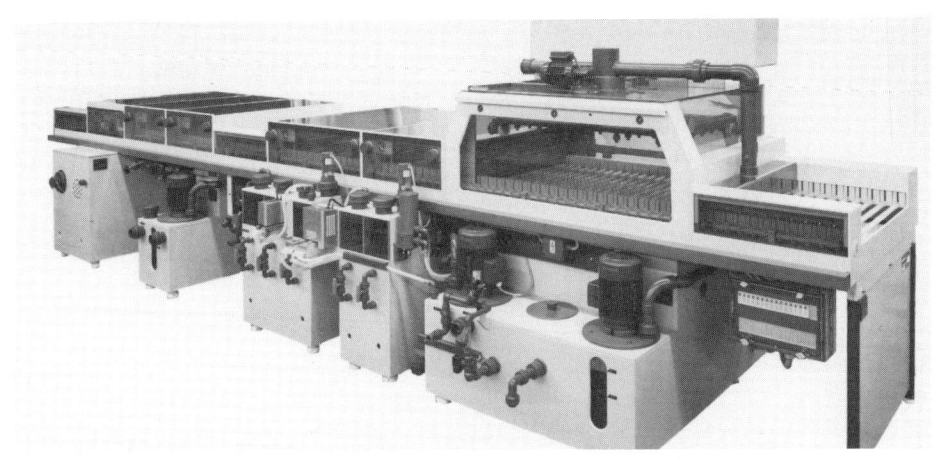

Abb. 9.18.: Durchlauf-Ätzmaschine mit Einlauf-Ätz-Spül-Kontroll-Entschichtungs-Trocken- und Auslaufstation (Werkfoto: Gebr. Schmid, Freudenstadt)

Abb. 9.19.: TRANSACO-Ätzanlage in Modulbauweise: Einlauf- 1x Doppelätzmodul- 2x Ätzmodul- 3x Kaskadenspülmodul-Kontroll-Stripp-Spül-Neutralisation-Desoxidation-Spül-Trockenmodul und separat stehendes Kontrollmodul (Werkfoto: Transaco Maschine Co AB Schweden)

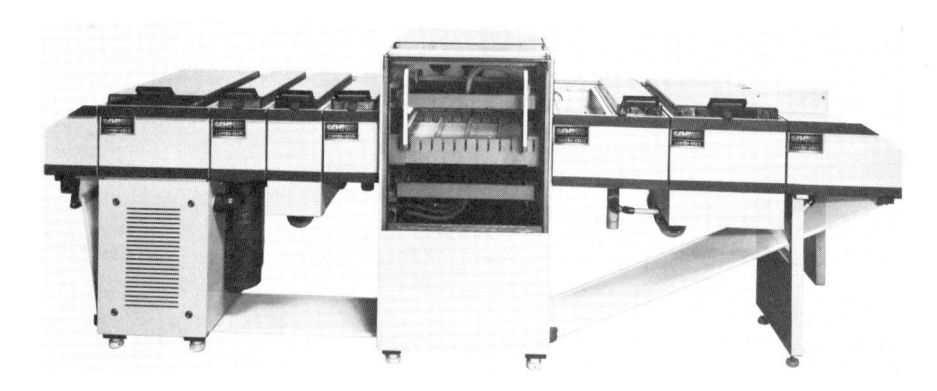

Abb. 9.20.: Ätzmaschine im Modulsystem, Spezialausführung mit Schleppnetz für den Transport kleiner Teile oder für Formätzteile (Werkfoto: Gebr. Schmid, Freudenstadt)

tels erfolgt. Bei Dauerbetrieb der Ätzmaschine ist im Replenisher eine Kühlung nötig, um Ammoniakverluste zu vermeiden. Bei richtig ausgelegtem Replenisher und Wasserkaskade kann das darauf folgende Spülwasser ohne weitere Behandlung in die Kanalisation abgeleitet werden, da die Werte für Kupfer und Ammoniak unter den gesetzlichen Grenzwerten liegen.

Nach der Wasserspülung sollte eine oben offene Kontrollzone vorgesehen werden, vorteilhaft mit untenliegender Beleuchtung, um fehlerhaft geätzte Leiterplatten rechtzeitig zu eliminieren.

Wird Pb/Sn als Ätzresist verwendet, so wird es durch die meisten alkalischen Ätzmittel leicht schwarz gefärbt. Eine Spülung mit Pb/Sn-Aufheller in Verbindung mit einer gründlichen Wasserspülung ist deshalb vorzusehen. *Abb. 9.19. und 9.20.* zeigt weitere Anlagen-Beispiele.

Zur Trocknung der Platten werden Hochleistungstrockner eingebaut, die mit Viledaquetschrollen, Bohrlochabsaugung und Heißlufttrocknung ausgerüstet sind. Über ein Auslaufmodul verlassen die fertigen Platten die Maschine.

Die gesamte elektrische Installation sollte in einem separaten, an jeder beliebigen Stelle aufstellbaren Schaltschrank erfolgen. Die Verkabelung erfolgt in einem an der Rückseite der Maschine in einem durchgehenden Absaugkanal installierten Kabelkanal.

9.6. Unterätzung von Leiterzügen

Durch die steigenden Qualitätsanforderungen und die ständige Verfeinerung des Leiterbildes sind die Ätzfehler in der Subtraktivtechnik nicht mehr zu vernachlässigen. Beim Ätzen einer Leiterplatte wird nicht nur das freiliegende Kupfer geätzt, sondern es erfolgt auch ein Angriff des Ätzmediums auf die Kupferflanken des Leiterzuges. Je kleiner das Leiterbild und je enger die Leiterzugdichte angeordnet sind, umso größer ist die prozentuale Unterätzung der Leiterbahnen. Um das Ausmaß dieser Unterätzung genau zu bestimmen, wird der sog. „Unterätzfaktor" festgelegt.

a) Ätzware (ohne galvanischen Aufbau)
Das kupferkaschierte Basismaterial wird mit einem Ätzresist versehen und das Leiterbild freigeätzt. Der Unterätzfaktor (F) wird durch das Verhältnis Ätztiefe (d) zur Verminderung der Leiterzugsbreite (s) nach dem Ätzen definiert *(Abb. 9.21.)*.

Selbst wenn gilt: $F = \frac{d}{s}$ = konstant, nimmt die prozentuale Schwächung eines Leiterzuges zu, je schmaler er ausgelegt wird. Damit wächst seine Empfindlichkeit gegenüber mechanischer und thermischer Beanspruchung.

b) Leiterplatte mit galvanischer Metallauflage
Soll der Unterätzfaktor an einem galvanisch aufgebauten Leiterzug gemessen werden, so wird anstelle der Zinn oder Blei/Zinn-Schicht eine ca. 10 µm dicke Nickelschicht aufgebaut. Dabei ist zu beachten, daß der gesamte galvanische Schichtaufbau des Leiterzuges im „Kanal" erfolgt, d.h. daß der Fotoresist eine höhere Schichtdicke besitzen sollte als die Kupfer- und Nickelauflage. Nach dem Strippen des Fotoresists wird das Leiterbild freigeätzt.
Der Unterätzfaktor (F) wird bestimmt durch das Verhältnis Ätztiefe zu geringstem Leiterbahndurchmesser *(Abb. 9.22.)*.

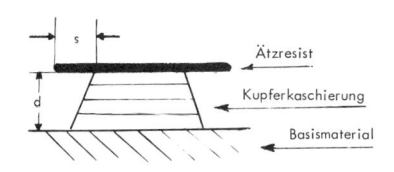

Abb. 9.21.: Bestimmung des Unterätzfaktors für Leiterplatten in Ätztechnik. Unterätzfaktor $F = \frac{d}{s}$

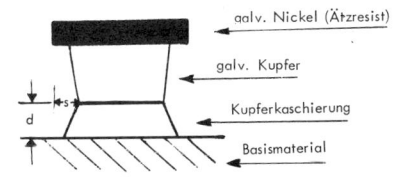

Abb. 9.22.: Bestimmung des Unterätzfaktors (F) bei galvanisch verstärkten Leiterplatten. Unterätzfaktor $F = \frac{d}{s}$

Unter guten Ätzbedingungen beträgt der Unterätzfaktor > 2. Das Aufbringen einer Zinn- oder Zinn/Blei-Schicht *(s. Kap. 19.)* hat auch den Nachteil, daß beim Abätzen des Kupfers zwischen den Leiterbahnen auch die Leiterzüge an den Flanken angeätzt werden. Das hat zur Folge, daß die Zinn- oder Zinn/Blei-Schicht als Überhang über den Leiterzug hinausragt, bei mäßiger Beanspruchung abbricht und zwei benachbarte Leiterzüge kurzschließt. Dieser Überhang wird als Unterschnitt definiert und ist die Summe aus Überwuchs und Unterätzung. In diesem Hohlraum können sich trotz intensiver Spülung Reste des Ätzmittels halten, die nach einiger Zeit zur Korrosion und zur Ablagerung von Korrosionsprodukten führen.

Um Zinnüberhänge nach dem Ätzprozeß zu vermeiden, müssen folgende Bedingungen erfüllt werden:
- die zur Verstärkung des Leiterzuges aufgebrachte Kupferschicht muß gleich oder größer sein als die abzuätzende Kupferschicht. Ist dies nicht gegeben, so wird die galvanisch abgeschiedene Kupferschicht während des Ätzvorganges seitlich weiter abgeätzt. Das wiederum bewirkt, daß das Kupfer unter der Zinnschicht ausgeätzt wird und es verbleiben frei überstehende Zinnüberhänge
- die zur Verstärkung der Leiterzüge eingesetzten Kupferelektrolyte müssen runde Überzüge von Leiterzug-Oberseite zur Flanke ergeben. Dieser Flankenverlauf ist im Sieb- und Fotodruck notwendig. Der runde Übergang gewährleistet, daß bei der nachfolgenden galvanischen Abscheidung des Zinns ein Teil der Kupferflanke mit bedeckt werden kann. Diese seitliche Metallauflage gibt beim Ätzprozeß einen Flankenschutz. Ferner müßte, damit die Zinnschicht frei liegt, daß Kupfer von unten ausgeätzt werden
- die an der Leiterzugsflanke abgeschiedene Zinnschicht muß ausreichend dick sein; d.h., daß die Wahrscheinlichkeit der Unterätzung der Zinnschicht um so geringer ist, je dicker die abgeschiedene seitliche Schicht gewählt wird

9.7. Desoxidieren und Schutzlackieren

Bei Leiterplatten ohne galvanische Veredelung, wird durch das Einbrennen bzw. Trocknen des Lötstoplackes und der Kennzeichnungs-Siebdruckfarbe das Kupfer an den Lötaugen unterschiedlich stark oxidiert. Um eine gute Lötbarkeit sicherzustellen, müssen die Leiterplatten desoxiert werden.

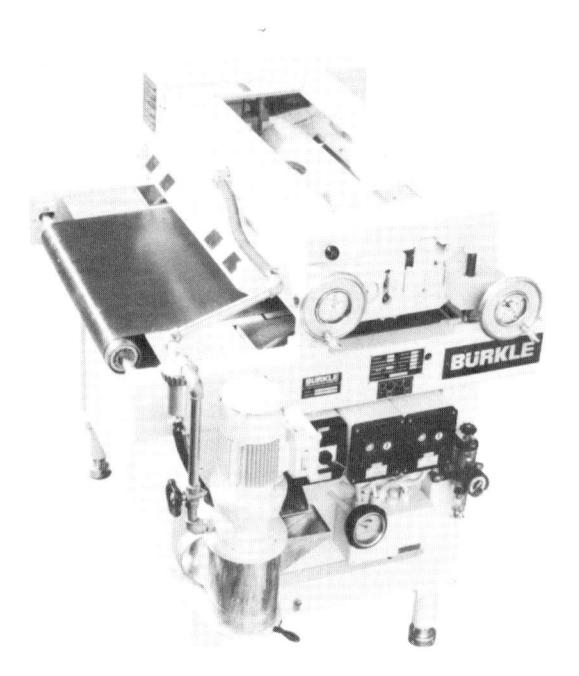

Abb. 9.23.: Walzenauftragmaschine für Schutzlacke und Flüssigresiste
(Werkfoto: Bürkle, Freudenstadt)

Durchlaufanlagen zur Desoxidation arbeiten nach dem gleichen Prinzip wie Ätzanlagen. Kombiniert werden Einlauf-, Sprüh-Kompakt-Module und Trocknungsmodule mit der sich direkt anschließenden Walzenschutzlackierung.

Für das Desoxidieren eignen sich alle sauren Medien, die Kupferoxid lösen, ohne das Kupfer selbst zu stark anzugreifen. Verwendet wird 5–10 %-iges Ammonium- oder Natriumsulfat in schwefelsaurer Lösung. Im allgemeinen wird Natriumpersulfat ($Na_2S_2O_8$) bevorzugt, weil sich als Abbauprodukt im Spülwasser nur Natriumsulfat und Kupfersulfat bilden kann, das im Gegensatz zu Ammoniumpersulfat [$(NH_4)_2S_2O_8$] keine Probleme an die Abwasseraufbereitung stellt. Neben Natrium- und Ammoniumpersulfat werden auch handelsübliche Produkte eingesetzt, die zusätzlich eine entfettende und passivierende Wirkung haben. Nach dem Desoxidieren erfolgt als letzter Arbeitsgang vor dem Stanzen oder Sägen der Auftrag des Lötschutzlackes. Der Schutzlack *(s. Kap. 7)* sollte so gewählt werden, daß durch kurze Trockenstrecken die Walzenlackierung direkt in Verbindung mit der Desoxidation durchgeführt werden kann *(Abb. 9.23.)*

Die Walzenbeschichtung sichert einen gleichmäßigen, über eine Dosierwalze fein dosierten Lackauftrag, konstante Viskosität über ein Viskositätsregelgerät, geringe Lösungsmittelverluste durch vollständige Walzenabdeckung, reproduzierbaren über Meßuhr einstellbaren Lackauftrag und schnelle Reinigung der Maschine, zu.

Literaturverzeichnis zu Kapitel 9

[1] W. Alberth: Die Bestimmung des Unterätzfaktors. Galvanotechnik 70 (1979), Nr. 9, S. 929;

[2] W. Schiller: Neue Wege in der Ätztechnik. Galvanotechnik 70, (1979) Heft Nr. 9;

[3] W. Faul, B. Kastening, J. Divisek: Ein neues Verfahren zur Kupferätzung bei der Leiterplattenherstellung. Galvanotechnik 65 (1974) Heft Nr. 9;

[4] G. Decker: Qualitätsverbesserung und Wirtschaftlichkeit beim Sprühätzen und Sprühentwickeln. Galvanotechnik 70 (1979), Nr. 11, S. 1100–1108;

[5] I. Rapp: Mechanische Vorbehandlung von Leiterplatten. Galvanotechnik 70 (1979) Nr. 10, S. 965–979;

[6] G.H. Beyer: Probleme bei der Galvanisierung von flexiblen Basismaterialien. Metalloberfläche 32 (1978) 11, S. 509–513;

10. Kombinierte Subtraktiv-Additiv- und Resisttechnik

10.1. Kombinierte Subtraktiv-Additiv-Technik

Im Gegensatz zur klassischen Subtraktivtechnik wird bei der kombinierten Subtraktiv-Additiv-Technik das Leiterbild im Druck- und Ätzverfahren hergestellt und anschließend durch fremdstromlose (chemische) Metallabscheidung in den Bohrungen miteinander verbunden.

10.1.1. Basismaterial

Die zur Herstellung von Leiterplatten für das kombinierte Subtraktiv-Additiv-Verfahren verwendbaren Basismaterialien wurden bereits in *Kap. 2.* besprochen. Vorzugsweise werden Hartpapierlaminate der Type FR2 mit einer doppelseitigen Kupferfolie von 35 µm verwendet. Die kernkatalysierten Basismaterialien enthalten im Inneren bereits den zur stromlosen Metallabscheidung erforderlichen Katalysator in feindisperser Verteilung, so daß der für die Durchkontaktierung nach dem Bohren übliche Aktivierungsprozeß entfallen kann.

10.1.2. Foto- und Ätzprozeß

Die Qualitätsanforderungen an die Leiterplatten nehmen in bezug auf den Feinheitsgrad des Leiterbildes ständig zu, was sich primär bei durchkontaktierten Leiterplatten auswirkt. Der Trend zu kleinen Bohrungen bis zu 0,3 mm Durchmesser und Leiterbahnbreiten und -abständen von < 0,3 mm verlangen zur Vermeidung von Ausschußteilen bei der Fertigung eine Reduzierung der Arbeitsformate (Mehrfachnutzen) in ihrer Größe. Die Übertragung des Leiterbildes erfolgt nach dem in *Kap. 8.* beschriebenen Fotoverfahren, wobei sowohl Fotolacke als auch Fotoresiste verwendet werden. Das preisgünstigere Siebdruckverfahren kann aus Gründen der hohen Präzision des Leiterbildes nur begrenzt angewendet werden.

Die Ätzung des Leiterbildes (Positivdruck) kann im Prinzip sowohl mit sauren als auch mit alkalischen Ätzmitteln erfolgen. Das Ätzen mit Kupferchlorid ist aus wirtschaftlichen Gründen vorzuziehen und erfolgt bei kontinuierlicher Regeneration des Ätzmediums in den in *Kap. 9.* beschriebenen Durchlaufätzmaschinen.

10.1.3. Mechanische Bearbeitung

Nach dem Entfernen der Fotomaske (*vgl. Kap. 8.*) werden die zur Durchkontaktierung und Aufnahme von Bauelementen bestimmten Bohrungen auf CNC-gesteuerten Mehrspindel-bohrmaschinen gebohrt (*vgl. Kap. 5.*). Um einen homogenen Übergang von Lochwandung zu Leiterzug zu erhalten, kommt der mechanischen Bearbeitung besondere Bedeutung zu. Mittelharte Lamellenbürsten (*vgl. Kap. 9.*) der Klasse 7 in Verbindung mit einer Hochdruckwasserspülung haben sich sehr gut bewährt. Leicht abgerundete Lochkanten sind Voraussetzung für eine optimale Verbindung des auflaminierten Kupfers mit der stromlos abgeschiedenen Kupferschicht in der Bohrung.

Durch das Bohren wird der Katalysator in den Lochwandungen freigelegt, womit die Voraussetzung für eine stromlose reduktive Kupferabscheidung gegeben ist.

10.1.4. Maskendruck und chemische Metallabscheidung

Vor Beginn der fremdstromlosen (chemischen) Durchkontaktierung wird das Leiterbild so abgedruckt (≙ Lötstoplack), daß die Lötaugen und Bohrungen freibleiben. Durch die langen Expositionszeiten im chemischen Kupferbad können nur Lacksysteme zum Einsatz kommen, die in Haftung und Elastizitätsverhalten ein Höchstmaß an Sicherheit garantieren.

Zur Durchkontaktierung werden die Leiterplatten in Körbe paketiert und nach entsprechender Vorbehandlung, wie Dekapieren und Spülen, in das chemische Kupferbad eingehängt. In den meisten Fällen ist eine Kupferschicht von 20–25 µm im Lochzylinder ausreichend.

Zum Abscheiden fremdstromloser (chemischer) Kupferschichten sind verschiedene Badzusammensetzungen bekannt. Einzelheiten über Ansatz des Bades, Ausrüstung und Überwachung ist in den Betriebsanleitungen der Fachfirmen enthalten und in den *Kap. 11. und 14.* beschrieben.

Nach dem stromlosen Verkupfern werden die Leiterplatten intensiv gespült, in 10 %iger Schwefelsäure neutralisiert und nach nochmaliger Spülung ca. 2. Stunden bei 120 °C im Umluftofen getrocknet. Zur Entfernung der beim Tempern entstandenen Oxidschicht des Kupfers werden die Leiterplatten in einer Lösung aus 10–15 % Natriumpersulfat ($Na_2S_2O_8$) und 2 % Schwefelsäure desoxidiert und mit einem handelsüblichen Lötschutz-Tauchlack (*vgl. Kap. 7.*) konserviert.

Das Zuschneiden der Leiterplatte durch Sägen oder Fräsen ist der letzte Arbeitsschritt vor einer optischen und elektrischen Prüfung.

10.2. Tenting-Technik

Im Gegensatz zur Metallresist-Technik, bei der normalerweise galvanisch abgeschiedene Glanzzinn- oder Bleizinnschichten als Ätzreserve Verwendung finden, übernehmen in der Tenting-Technik organische Resiste diese Funktion.

Für die Tenting-Technik kommen nur hochwertige Basismaterialien, wie Epoxid-Glas-Hartgewebe mit einer beidseitigen Kupferfolie von 17,5 oder 35 µm, Teflon, Polyimide und ähnliche zum Einsatz (*vgl. Kap. 2. und 3.*)

10.2.1. Verfahrensbeschreibung

Die gebohrten und gebürsteten Arbeitsformate (Fertigungsnutzen) werden nach der chemischen Durchkontaktierung im galvanischen Kupferbad über die gesamte Oberfläche auf die geforderte Endschichtdicke verstärkt. Zu beachten ist, daß die abgeschiedene Kupferschicht eine möglichst gleichmäßige Verteilung aufweist.

Nach der galvanischen Verkupferung erfolgt die Beschichtung mit einem ca. 50 µm starken Festresist mit anschließender Belichtung des Leiterbildes. Der dabei verwendete Film, die Maske, erzeugt nach dem Entwicklungsvorgang ein Bild, das in den Bereichen der Leiterzüge und Lötaugen Resist aufweist. Die Bohrungen werden beidseitig durch den Resist überdeckt, wobei die Lötaugen als Dichtflächen dienen und auf diese Weise das Eindringen von Ätzmedium verhindert wird. Dieser Fotoresist überspannt die einzelnen Bohrungen wie ein Zeltdach. „Tent" steht im englischen Sprachgebrauch für Zelt. Die *Tenting*-Technik verdankt diesem Umstand ihre Namensgebung.

Die Vorteile der ausschließlich aus Kupfer bestehenden Leiterzüge und Bohrungen der in Tenting-Technik gefertigten Leiterplatten sind:

- ausgezeichnete Lötbadbeständigkeit der Lötstopmaske (kein Orangenhaut-Effekt), da die Leiterbahnen nicht mit Zinn oder Bleizinn abgedeckt sind und eine Verflüssigung des Metalls im Verbundbereich während des Lötvorgangs nicht eintreten kann
- keine Lötbrücken, auch bei extrem kleinen Leiterbahnabständen, da die Leiterzüge mit einer Lötstopmaske abgedeckt sind und ausschließlich die Lötaugen und Bohrungen mit dem Lot in Berührung kommen
- Haarrisse auf Leiterbahnen sind sichtbar
- keine Zinnfäden und Zinnflitter, welche zu Kurzschlüssen führen können
- Herstellung sog. Feinleiter-Prints mit Leiterbahnabstand < 0,2 mm möglich

Ein wesentliches Kriterium für die Fertigung ist die Präzision, mit der diese Technik arbeiten muß. Neben der Einhaltung enger Maßtoleranzen durch Klimakontrolle und Reinraumtechnik können nur plottergesteuerte Unterlagen verwendet werden.

Wird diese Forderung nicht beachtet, so können Restringbreiten von > 0,1 mm nicht mehr garantiert werden – die Dichtflächen für die Restringabdeckung werden zu klein, und eine Durchätzung der Lochwandung ist die Folge. Qualitativ lassen sich mit der Tenting-Technik hochwertige Leiterplatten fertigen, doch muß auch erwähnt werden, daß der Herstellungsprozeß aufwendig und kostenintensiv ist (Verkupfern der gesamten Plattenoberfläche – dicke Resistschicht – lange Ätzzeit).

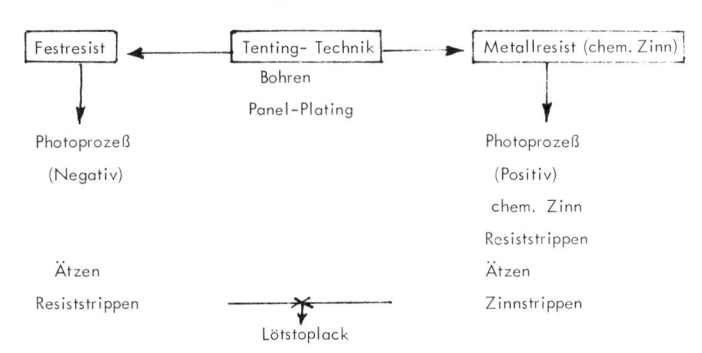

```
         ┌───────────┐     ┌──────────────────┐     ┌──────────────────────────┐
         │ Festresist│ ◄───│ Tenting- Technik │───► │ Metallresist (chem. Zinn)│
         └───────────┘     └──────────────────┘     └──────────────────────────┘
               │                  Bohren                          │
               │              Panel-Plating                       │
               ▼                                                  ▼
         Photoprozeß                                         Photoprozeß
         (Negativ)                                           (Positiv)
                                                            chem. Zinn
                                                            Reststrippen
         Ätzen                                              Ätzen
         Reststrippen         ────────✱────────             Zinnstrippen
                                  Lötstoplack

              Lötschutzlackierung oder Hot Air Leveling
```

Abb. 10.1.: Schematischer Vergleich der Prozeßschritte im Tenting-Verfahren mit Fest- und Metallresist (chem. Zinn)

Zur Vermeidung von Durchätzungen, speziell in den durchkontaktierten Bohrungen, wird in einem modifizierten Verfahren der *Tenting*-Technik das gesamte Leiterbild (Lötaugen, Bohrungen und Leiterzüge) ca. 1 µm chemisch verzinnt. Die Übertragung des Leiterbildes erfolgt unter Verwendung von festem oder flüssigem Fotoresist, d.h. die zu metallisierenden Bereiche bleiben nach dem Entwickeln resistfrei.

Die nach dem Ätzen auf dem Leiterbild zurückbleibende Zinnschicht wird in geeigneten Strippern entfernt, wobei unbedingt auf eine quantitative Ablösung zu achten ist, da sonst beim Löten Entnetzungen zu erwarten sind. Besondere Vorteile bietet der Einsatz von chemisch Zinn dann, wenn der Warentransport durch alle Prozeßschritte, wie chemische Verzinnung, Reststrippen, Ätzen, Zinnstrippen und Trocknen, in Körben vorgenommen werden kann.

Der Einsatz von chemisch abgeschiedenem Zinn innerhalb einer modifizierten *Tenting*-Technik bietet sicherlich eine größere Verfahrenssicherheit im Vergleich zur klassischen Methode, insbesondere dann, wenn die technischen Voraussetzungen für eine Präzisionsfertigung fehlen.

10.3. Metallresist-Technik

Das bekannteste Verfahren, doppelseitig durchkontaktierte Leiterplatten nach der Subtraktivmethode herzustellen, ist die Metallresist-Technik. Im Gegensatz zur Semiadditiv- oder Additivtechnik (*vgl. Kap. 11., 14., 15.*), wo der Aufbau des Leiterbildes auf das unkaschierte Basismaterial erfolgt, wird die Metallresist-Technik allgemein als Subtraktiv-Verfahren unter den möglichen Durchkontaktierungstechniken bezeichnet, da die doppelseitige Kupferfolie des Isolierträgers von 17,5 oder 35 µm im Ätzprozeß abgetragen werden muß.

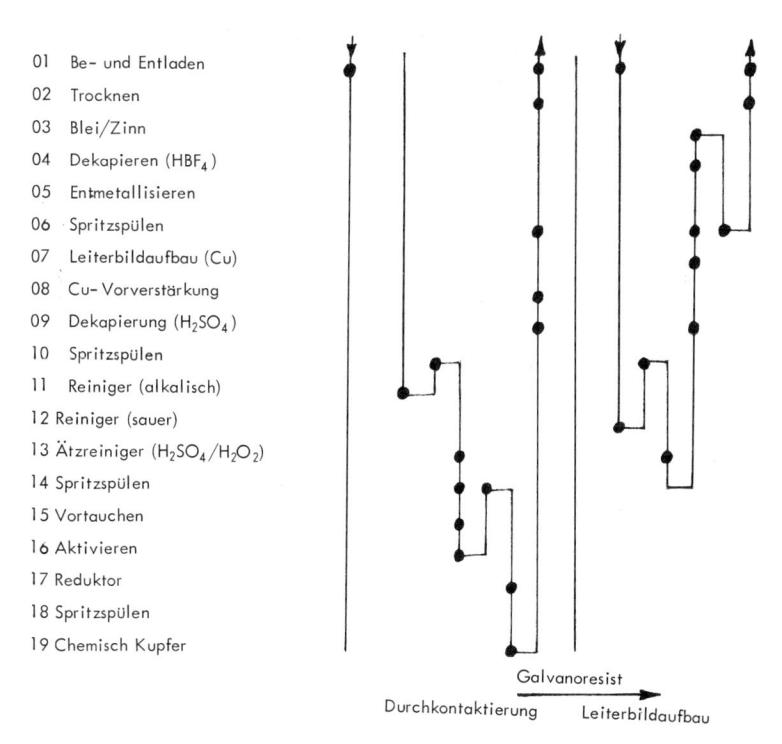

01 Be- und Entladen
02 Trocknen
03 Blei/Zinn
04 Dekapieren (HBF_4)
05 Entmetallisieren
06 Spritzspülen
07 Leiterbildaufbau (Cu)
08 Cu-Vorverstärkung
09 Dekapierung (H_2SO_4)
10 Spritzspülen
11 Reiniger (alkalisch)
12 Reiniger (sauer)
13 Ätzreiniger (H_2SO_4/H_2O_2)
14 Spritzspülen
15 Vortauchen
16 Aktivieren
17 Reduktor
18 Spritzspülen
19 Chemisch Kupfer

Abb. 10.2.: Verfahrensschritte (Automat) zur Metallresist-Technik

Als Basismaterialien können in der Metallresist-Technik grundsätzlich alle zur Durchkontaktierung geeigneten Isolierträger (*vgl. Kap. 2., 3.*) eingesetzt werden.

Für hochwertige durchkontaktierte Leiterplatten werden aus Gründen der Korrosionsbeständigkeit und der guten Lötbarkeit Metallüberzüge wie Zinn oder Bleizinn gefordert. Der Metallüberzug, der primär als Ätzresist dient, wird entsprechend seinem späteren Verwendungszweck ausgewählt. Als Ätzresist eignen sich neben Zinn oder Bleizinn Nickel, Silber, Gold, Rhodium.

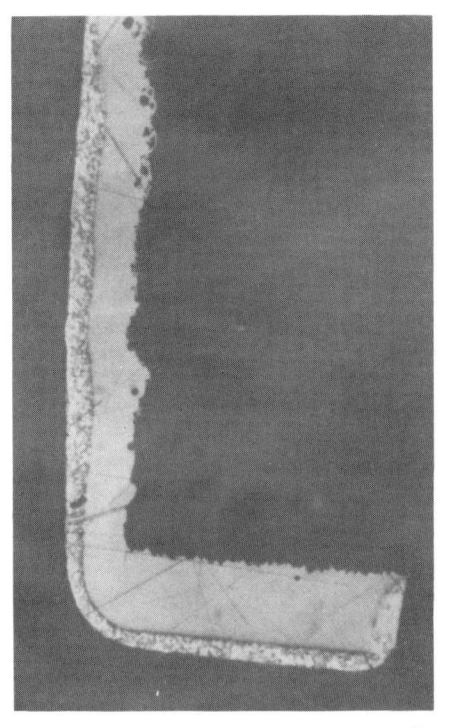

Abb. 10.3.: Querschliff einer durchkontaktierten Leiterplatte. Übergang Leiterzug/Bohrung, mit aufgeschmolzener Bleizinn-Schicht Material FR4, Bohrdurchmesser 0,9 mm (Werkfoto: Fa. Revox-Studer, Bonndorf)

10.3.1. Verfahrensablauf

Nachdem das kupferkaschierte Basismaterial (17,5 bzw. 35 µm) dem Leiterbild entsprechend gebohrt oder gestanzt und mechanisch durch Bürsten gereinigt ist, erfolgt als erster Schritt die chemische Entfettung in einem alkalischen, sauren oder neutralen Reiniger. Die Reiniger sind meist komplexbildnerfrei und haben einen guten Reinigungs- und Benetzungseffekt an der Bohrlochwandung und auf der Kupferoberfläche. Der beste Wirkungsgrad wird bei alkalischen Reinigern bei Temperaturen zwischen 60 °C bis 70 °C erzielt. Dem Entfetten schließt sich eine Ätzreinigung an, in der die Oxidhaut der Kupferkaschierung entfernt wird. Der Ätzreiniger ersetzt das bisher übliche Ammonium- bzw. Natriumpersulfat und ist auf Schwefelsäure-Wasserstoffperoxidbasis aufgebaut. Stabilisatoren sorgen für eine hohe Standzeit der Lösung. Der Ätzreiniger ermöglicht die Einsparung der nachfolgenden Schwefelsäuredekapierung und gewährleistet bis zu einer Aufnahme von ca. 50 g Kupfer/l eine fast gleichbleibende Ätzrate.

Für die Aktivierung kann der bekannte salzsäurehaltige Palladiumaktivator oder das auf ionogener alkalischer Basis arbeitende Aktivatorensystem eingesetzt werden (*vgl. Kap. 11.*) Der im pH-Bereich 12 arbeitende Aktivator bietet eine hohe Belegungsdichte und damit eine hohe Sicherheit bei der Durchkontaktierung.

Für die chemische Verkupferung haben sich die Gestelltechnik und die Korbtechnik durchgesetzt. Bei der Gestelltechnik werden die Fertigungsnutzen einzeln auf elektrisch leitende Gestelle geklemmt oder geschraubt und die chemische Kupferschicht von ca. 0,5 µm auf ca. 4–6 µm elekrolytisch verstärkt. Bei der Korbtechnik erfolgt der Warentransfer in Körben, wobei die Platten im Abstand von 10–15 mm paketweise die Metallisierungsanlage durchlaufen. In diesem Fall werden die Zuschnitte auf ca. 3–5 µm chemisch verkupfert, so daß die elektrolytische Verstärkung entfällt.

Die Vorbehandlung bis zum chemischen Kupfer kann für die Korb- und Gestelltechnik gleich sein. Wirtschaftlich gesehen sind bei der Korbtechnik die Chemikalienkosten höher als bei der Gestelltechnik, dafür sind Anlagen- und sonstige Kosten niedriger.

Nach der chemischen Durchkontaktierung erfolgt die Übertragung des Leiterbildes (Negativ-Bild), d.h. Leiterbahnen, Lötaugen und Bohrungen bleiben resistfrei, im Foto- oder Siebdruckverfahren. Im nächsten Arbeitsschritt werden die Platten in einem sauren Reiniger entfettet und desoxidiert, ohne daß der Galvanoresist angegriffen oder unterwandert wird. Man sollte in der gesamten Vorbehandlung im sauren Bereich arbeiten, um den Einsatz alkalilöslicher Reside zu ermöglichen. Außerdem lassen sich Konzentration, Expositionszeit und Temperatur variieren, so daß auch empfindlichere Siebdrucklacke in einem ausreichend sicheren Bereich verarbeitet werden können. Lösemittellösliche Galvanoresiste bereiten in dieser Hinsicht keine Probleme. Fotolacke kommen wegen ihrer geringen Beständigkeit in galvanischen Bädern kaum zum Einsatz.

Das anschließende Anätzen erfolgt wieder im Ätzreiniger, wobei die Expositionszeit

Abb. 10.4.: Automatische Anlagen für die Fertigung von Leiterplatten in Metallresist-Technik (Werkfoto: Fa. Dr.-Ing. Max Schlötter, Geislingen)
1) Durchkontaktierungsautomat in Gestelltechnik für die chemische Verkupferung und galvanische Vorverstärkung. 2) Galvanisierautomat zum Aufbau des Leiterbildes (Kupfer, Bleizinn). Leistung je Automat: 10,5 m^2 Leiterplaten pro Stunde

kürzer und die Temperatur niedriger gewählt werden, um ein Durchätzen der 3–5 µm starken Kupferschicht im Bohrloch auszuschließen.

In diesem Zusammenhang noch einige Anmerkungen zur Spültechnik zwischen den einzelnen Prozeßschritten: Leiterplatten eignen sich wegen ihrer geometrischen Form sehr gut für eine Spritzspülung. Prinzipiell können nur die Bohrungen zu Problemen bei der Spritzspülung führen, und zwar dann, wenn die Lochdurchmesser im Verhältnis zur Plattendicke extrem klein werden. Untersuchungen haben gezeigt, daß ab einer Plattendicke von 3 mm und Bohrungen < 0,6 mm mit Badrückständen in den Bohrungen gerechnet werden muß, wenn nur spritzgespült wird. Wenn der Anteil an Leiterplatten mit derartigen Verhältnissen nur gering ist, können die Vorteile der Spritzspültechnik voll wahrgenommen werden.

Um die unterschiedliche Flächenverteilung von Bauteile- und Lötseite des Leiterbildes einer Leiterplatte zu berücksichtigen, erfolgt die Einstellung der Stromdichte für jede Gestellseite über eine Flächenvorgabe, vorgewählte mittlere Stromdichte und automatische Einstellung und Konstanthaltung der Stromstärke.

Die galvanische Verkupferung des Leiterbildes auf die gewünschte Endschichtdicke (in der Regel 20–30 µm) erfolgt fast ausschließlich in stark sauren Kupferbädern auf der Basis Kupfersulfat, Schwefelsäure und Chlorid (*vgl. Kap. 19.*). Fehler, wie z.B. Kantenschwäche im Bereich der Bohrlochkante, ein Step-Plating, bzw. eine reliefartige Abscheidung müssen vermieden werden.

Siebdruck- und Fotolacke sind als Galvanoresiste in der Metallresist-Technik wenig geeignet, da wegen der geringen Lackschichtdicke das elektrolytisch abgeschiedene Metall keine seitliche Begrenzung findet und es so zu Überplattierungen oder pilzförmigen Leiterbahnquerschnitten kommt. Durch die Verwendung von Festresisten wird die Gefahr der Überplattierung vermieden, da die Resiststärke entsprechend der Dicke des Kupferleiters und des Metallresists gewählt wird.

Abb. 10.5.: Dyna-Plus-Galvanisierautomat zur Herstellung von Leiterplatten mit Dyna-Tron-Steuerung. Über ein Bildschirmgerät werden u.a. der Betriebszustand der Anlage und Soll/Ist-Vergleiche sichtbar angezeigt. Mehrphasen-Spritzspültechnik bringt bessere Spülwirkung und Platzersparnis (Werkfoto: Fa. Schering AG, Berlin)

Nach der galvanischen Kupferabscheidung wird das Leiterbild mit Glanzzinn, Bleizinn, Gold oder einem anderen Metallüberzug beschichtet (*vgl. Kap. 19.*). Diese Metallschicht dient primär als Ätzresist, später als Korrosionsschutz bei der Lagerung und als Löthilfe beim Einlöten der Bauelemente. Die Lötfreudigkeit wird durch das Aufschmelzen der

Abb. 10.6.: Vollautomatische, programmgesteuerte Kupfer-, Mattnickel, Zinn- und Goldanlage für Leiterplatten mit Hängetransportwagen

Technische Daten: Kupfer 25 µm, Nickel 10–12 µm, Zinn 6–8 µm, Gold 3 µm.
Kapazität: 7800 m^2 Leiterplatten/Jahr im 2-Schicht-Betrieb
Programme: 1) Cu Ni Sn: Au = Rhythmus 1:1
2) Cu Ni Sn
3) Cu Ni Au

(Werkfoto: Fa. Friedrich Blasberg, Solingen-Merscheid)

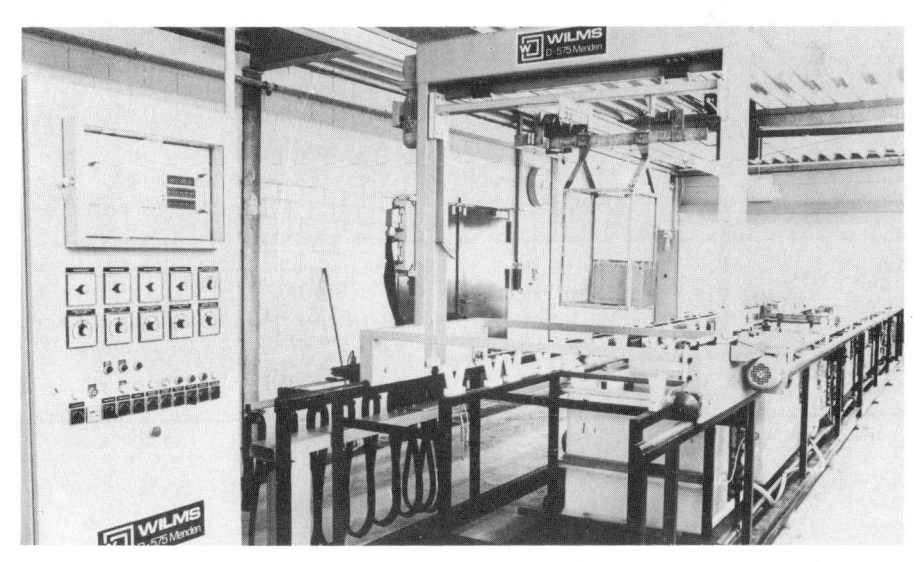

Abb. 10.7.: Durchmetallisierungsanlage für Leiterplatten in Korbtechnik
(Werkfoto: Fa. Wilms GmbH, Menden/Westfalen)

Bleizinn-Legierung erhöht und durch Beseitigung der beim Ätzen entstehenden Bleizinnüberhänge die Gefahr eines Kurzschlusses eliminiert.

Nach dem Entfernen der Galvanomaske wird das Schaltbild mit einem alkalischen Ätzmittel geätzt. Der Ätzprozeß entspricht dem in *Kap. 9.2.5. und 9.4.* beschriebenen Verfahren. Wenn nicht noch eine selektive Vergoldung z.B. der Steckerleisten erfolgt, wird das Leiterbild mit einem 2-Komponenten-Lötstoplack abgedeckt und die Leiterplatte durch Sägen oder Fräsen fertiggestellt.

10.3.2. Nickeltechnik

In Abwandlung zur Metallresist-Technik wurde eine Reihe von Verfahren entwickelt, bei denen die Leiterplatten nach dem Subtraktiv-Verfahren gefertigt werden, die Leiterbahnen nicht verzinnt sind, jedoch die Lötaugen und Durchkontaktierungshülsen zur besseren Lötbarkeit verzinnt oder bleiverzinnt werden.

Bei der Nickeltechnik wird zunächst das Leiterbild aufgekupfert und anschließend vernickelt. Nach dem Vernickeln werden die Leiterbahnen abgedeckt, Lötaugen und Bohrungen verzinnt oder bleiverzinnt. Neben seiner Funktion als Ätzresist hat Nickel den Vorteil, daß beim Löten die Oberfläche nicht deformiert wird und der Lötstoplack sich abhebt.

Nachteilig ist die zweimalige Bearbeitung in der Galvanik und ein zusätzlicher Druckvorgang. Haftfestigkeits- und Lötprobleme können auftreten, wenn das Nickel vor der galvanischen Verzinnung nicht einwandfrei aktiviert wurde. Dazu ein praktischer Hinweis, wie man diese Schwierigkeit umgehen kann: Nach dem Aufkupfern des Leiterbildes und der anschließenden Vernickelung werden auf die Nickelschicht noch ca. 5 µm Kupfer aufgebracht, bevor das Leiterbild gestrippt, die Leiterbahnen erneut mit einer Galvanomaske abgedeckt und die Lötaugen verzinnt werden.

Dieses Kupfer wird beim Ätzen problemlos von den Leiterbahnen abgeätzt, während es, geschützt durch die Zinn- oder Bleizinnschicht, in den Bohrungen und auf den Lötaugen verbleibt.

10.3.3. Anlagen zur Resist-Technik

Anlagen zur chemischen und galvanischen Bearbeitung von Leiterplatten sind weitgehend automatisiert. Die Steuerung übernehmen Microcomputersysteme, deren Leistungsfähigkeit weit größer ist, als es für die in der Galvanik erforderlichen Aufgaben notwendig ist. Bei Kleinanlagen kann ein Microcomputersystem die Steuerung beider Prozesse, nämlich der Durchkontaktierung und galvanischen Bearbeitung, unabhängig voneinander übernehmen. Die Errechnung von Stromstärken aus den eingegebenen Flächen und der gewählten Stromdichte, die Einstellung und Konstanthaltung der Stromstärken für jede Gestellseite, die Protokollierung und Abfrage von Betriebsdaten sind weitere Aufgaben, die diese Systeme übernehmen.

Durch die Ausstattung der Anlagen mit integrierter Entmetallisierung für die Gestelle, das Strippen des Galvanoresists oder das Ätzen der Leiterplatten im Tankätzen werden die Verfahren weiter vereinfacht.

Literaturverzeichnis zu Kapitel 10.

[1] J. Anschütz: „Neue Wege in der Tenting-Technik, Werkstoffe und ihre Veredelung. Jahrgang 1 (1979) Nr. 4 (Oktober), S. 15–17.
[2] H. Hartmann: „Herstellung von durchmetallisierten Leiterplatten mit Kupferoberfläche". VDI-Berichte 387 (1980), S. 69–72.

11. Das Semiadditiv-Verfahren

Aus der Vielzahl chemischer und galvanotechnischer Verfahren ist die Semiadditiv-Technik eine weitere Variante zur Durchkontaktierung von Leiterplatten. Technische Vorteile bietet das Semiadditiv-Verfahren gegenüber dem Metallresist-Verfahren dann, wenn Leiterplatten mit extrem schmalen Leiterzügen (< 0,3 mm) gefertigt werden müssen und der Unterätzungsgrad nicht mehr vernachlässigt werden kann.

An die Stelle des 17,5 μm kupferkaschierten Laminats tritt eine als galvanische Leitschicht stromlos aufgebrachte Kupferschicht von maximal 5 μm, bei der das Leiterbild nach dem Aufbringen der Sieb- oder Fotomaske um den Betrag der Grundkaschierung stärker aufgebaut wird. Dieses Verfahren läßt die Anwendung der Differenzätzung ohne jeden Ätzschutz zu. Die Verwendung geeigneter Haftvermittler erhöht nicht nur den Oberflächenwiderstand, sondern verleiht den Kupferleitern eine Haftfestigkeit, wie sie von kaschierten Laminaten kaum erreicht wird.

In Verbindung mit Metallschichten wie Zinn, Zinn-Blei, Nickel, Gold, Rhodium finden Leiterplatten in dieser Verfahrenstechnik in allen Bereichen der Elektronik eine breite Anwendung.

11.1. Auswahl der Basismaterialien

Für die Fertigung von Leiterplatten im Semiadditiv-Verfahren eignen sich nicht alle Basismaterialien. Viele Materialtypen, insbesondere die kaltstanzbaren, enthalten oft erhebliche Anteile an Weichmachern und Zusätzen, die u.U. beim Aushärten der Haftvermittlerschicht hindurchdringen und sich auf der Oberfläche ausbreiten können. Dadurch werden die aktiven Zentren blockiert und inhibiert, so daß nur eine Metallisierung ohne jede Haftung möglich ist. Ferner besteht die Gefahr, daß sich die Metallschicht beim Löten unter Blasenbildung abhebt. Papier- bzw. Glasgewebeträger hindern das Harz mit dem größeren Ausdehnungskoeffizienten daran, sich in Längs- bzw. Querrichtung auszudehnen. Aus diesem Grund kann der Ausdehnungskoeffizient in Z-Richtung (Dicke) um einen Faktor von 2–5 größer sein als in Längs- oder Querrichtung. Dieser Punkt ist unbedingt zu berücksichtigen.

Alle Additiv-Verfahren arbeiten nach dem derzeitigen Stand der Technik in der Weise, daß die Haftung des Kupfers auf dem Substrat über einen Kleber (Haftvermittler) erreicht wird, der auf das Laminat möglichst gleichmäßig und staubfrei aufgebracht und unter definierten Bedingungen ausgehärtet wird. Die Laminathersteller garantieren eine konstante Qualität, wobei Lieferformate von 1050 x 1060 mm wahlweise mit oder ohne Aluminiumschutzschicht zur Verfügung stehen.

Die Qualitätsanforderungen an das Basismaterial liegen weit über denen der kupferkaschierten Laminate. Dies gilt zunächst für die Qualität der Oberflächen. Als Laminate können FR2, FR3, FR4, G10 eingesetzt werden.

Wichtig ist, daß gerade bei Additiv-Verfahren Lösungsmittel, Säuren und Laugen die elektrischen und mechanischen Eigenschaften des Basismaterials nicht beeinflussen. In jedem Fall ist eine entsprechende Eignungsprüfung durchzuführen.

Schematischer Verfahrensablauf – SEMIADDITIV/VERFAHREN

```
Zuschneiden
Zentrierlochung
Bohren – Stanzen
Vorreinigung
Beizen des Haftvermittlers
Aktivieren
chemisch Kupfer
```

↙ ↘

Siebdruck-Leiterbild (Negativmaske) — Fotodruck-Leiterbild (Negativmaske)

```
Galvan. Kupfer
Aufbau-Leiterbild
Entfernen des Galvanoresists
Differenzätzung
Tempern
Lötstop-Bestückungsdruck
Desoxidieren
```

↙ ↘

Hot Air-Leveling — Lötaktivierung

↘ ↙

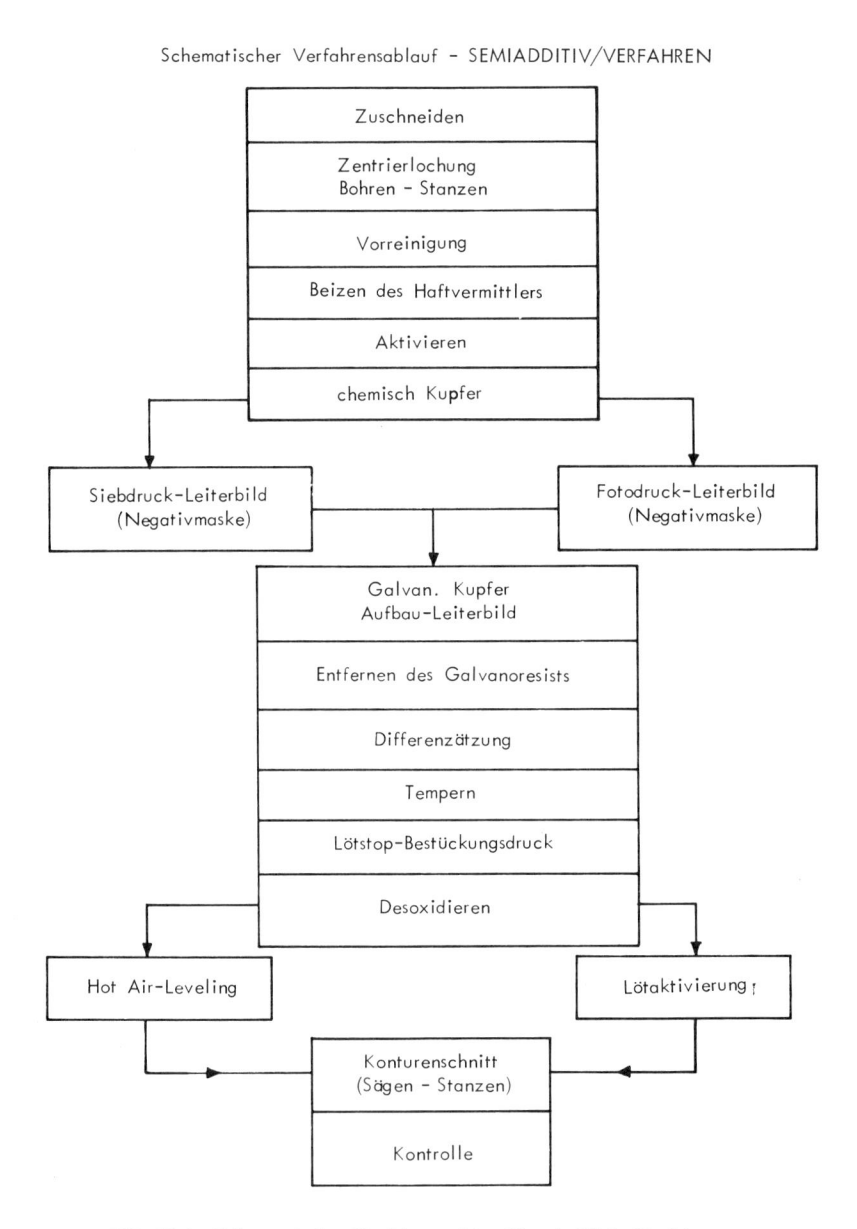

Konturenschnitt (Sägen – Stanzen)

Kontrolle

Abb. 11.1.: Schematischer Verfahrensablauf Semiadditiv-Verfahren

11.2. Beschichtung mit Haftvermittler

Der Haftvermittler ist ein thixotropes Einkomponenten-Substrat, dessen ausgezeichnete Verlaufeigenschaften trotz hoher Viskosität die Ausbildung einheitlicher und gleichmäßiger Schichten gewährleisten. Auftrund der Thixotropie des Haftvermittlers, worunter man die Erniedrigung der Viskosität für die Dauer der mechanischen Beanspruchung versteht, bildet sich eine Schicht aus, deren Dickenunterschied innerhalb sehr enger Toleranzgrenzen variiert. Bei der Aushärtung des Haftvermittlers polymerisiert das Substrat in einem Maß, das ihm einen beachtlichen Wert an Elastizität sichert, mit deren Hilfe die unterschiedliche Ausdehnung von Basismaterial und Metall ausgeglichen wird.

Als Haftvermittler werden bisher ausschließlich Kleber auf ABP-Basis (Acrylnitril-Butadien-Phenol), eventuell auch mit Epoxidharzen modifiziert, eingesetzt. Die Verwendung von Klebern anderer chemischer Zusammensetzung, z.B. auf Polyurethanbasis oder Polyester, hat bisher noch keine positiven Ergebnisse gebracht.

Die Technik beginnt mit der Beschichtung des Substrates mit einem geeigneten Haftvermittler (Kleber), z.B.

- nach dem Tauchverfahren
- nach dem Gießverfahren
- nach dem Transferbeschichten

Alle diese Beschichtungsarten zeigen Vor- und Nachteile. Die Reinigung des Basismaterials zur Entfernung der an der Oberfläche der Laminate haftenden Trennmittel bzw. Fingerabdrücke oder Staubpartikel, ist unumgänglich. Das Naßbürsten bietet sich neben einer Entfettung in Trichloräthylen oder Perchloräthylen am besten an.

Die einfachste Art der Beschichtung mit Kleber ist das Tauchverfahren

Bei Verwendung von Tauchapparaturen sind die Platten ruck- und erschütterungsfrei mit einer definierten Auszugsgeschwindigkeit aus dem viskosen Substrat zu entfernen. Dabei wird eine Dunstzone passiert, in der eine hohe Lösungsmittelkonzentration (Methyläthylketone) dafür sorgt, daß nicht die Gleichmäßigkeit der Schicht durch vorzeitige Hautbildung beeinträchtigt wird. Um zu gewährleisten, daß besonders in engen Räumen eine maximale Arbeitsplatzkonzentration (MAK-Wert) des Lösungsmittels von 200 cm^3/m^3 nicht überschritten wird, ist die Haftvermittlerbeschichtung in einem separaten Raum durchzuführen.

Für die zur Entfernung der im Haftgrundgemisch befindlichen Lösungsmittel eignen sich normale Luft-Trockenschrank- oder Kanaltrocknung.

Bei Anwendung von kurzzeitig höheren Einbrenntemperaturen muß eine genügende Abluftzeit eingehalten werden. Nach dem Ablüften wird der Haftvermittler bei einer Temperatur von ca. 135°C–140°C, 2–2,5 h ausgehärtet. Höhere Temperaturen sollten vermieden werden, da das Basismaterial sonst zu stark versprödet. Eine gewisse Keilwirkung, die sich beim Tauchverfahren durch einen Schichtdickenunterschied zwischen Ober- und Unterkante ergibt, kann bis maximal 5 µm toleriert werden. Der Film des Haftvermittlers beträgt dann im Trockenzustand ca. 25–30 µm.

Für eine relativ einfache und genaue Messung der Trockenfilmdicke des Klebers empfiehlt sich der Dickenmesser der *Fa. Erichsen*. Das Meßprinzip besteht darin, daß der Höhenunterschied zwischen Beschichtungsoberfläche und freigelegtem Untergrund durch einen freibeweglichen Taster einer mit zwei Füßen auf die Schichtoberfläche aufgesetzten Meßuhr bestimmt wird. Der Vorteil des Tauchverfahrens liegt darin, daß in einem Arbeitsgang beidseitig beschichtet und anschließend getrocknet werden kann. Die Haftung der galvanischen Kupferschicht ist eine Funktion der Trockenfilmdicke. Nach dem

Aushärten verfügt das Basismaterial über elektrische Kennwerte, die denjenigen von Epoxidharz entsprechen.

Eine weitere Methode ist die Beschichtung auf Gießkopfmaschinen. Bei der Beschichtung müssen folgende Parameter beachtet werden:
- Viskosität des Haftvermittlers
- Temperatur des Haftvermittlers
- Festkörpergehalt des Klebers
- Durchlaufgeschwindigkeit der Platten
- Spaltbreite der Gießlippen

Auf Transportbändern unterqueren die Platten eine Gießrinne, aus der ein gleichmäßiger Vorhang des Haftvermittlers austritt. Zur Erzielung einer definierten Schichtdicke lassen sich Laufgeschwindigkeit, Viskosität und Gießrinnenspaltbreite variieren. Nach dem Vortrocknen der einen wird die andere Seite beschichtet und dann die gesamte Platte bei ca. 140°C eingebrannt. Bei diesem Verfahren der Beschichtung liegt der Vorteil in der Gleichmäßigkeit der Beschichtung und der Möglichkeit zur Fertigung großer Stückzahlen *(Abb. 11.2)*.

Abb. 11.2.: Reverse-Walzenauftragmaschine für Haftvermittler und flüssige Fotoresiste
(Werkfoto: Robert Bürkle, Freudenstadt)

Nachteilig ist sicherlich die Gefahr einer unterschiedlichen Aushärtung der Haftvermittlerschichten beider Laminatseiten, ferner kann es durch zu hohe elektrostatische Aufladungen zu Lackierfehlern und Verschmutzungen kommen. Kleberbeschichtete Platten sollten kurze Zeit abgelagert werden, damit beim Stanzen oder Bohren Gratbildungen bzw. ein Ausfransen des zu frischen Klebers an den Lochrändern vermieden werden, was sonst leicht zu fehlerhafter Durchmetallisierung führen kann.

Die dritte Methode, die Transferbeschichtung, hat den Vorteil, daß die Beschichtung gleichzeitig mit der Aushärtung des Kernlaminates vorgenommen werden kann, und zwar gleich beidseitig. Damit werden nicht nur Härtungsunterschiede an beiden Oberflächen vermieden, sondern es wird auch die Herstellung von vollformatigen Tafeln ermöglicht, wobei der sonst übliche Aufwand in Form besonderer Sauberkeit, Reinigen der Zuschnitte vor dem Beschichten, nachträgliches Abschneiden von Wülsten usw. entfällt.

Wenn die Preßbeschichtung als Transferbeschichtung mit Alufolie als Träger vorgenommen wird, kann die Alufolie als Schutz der Haftvermittlerschicht auf der Oberfläche verbleiben und dient als Schutz gegen mechanische Beschädigungen in der Fertigung, zum anderen als Bohrhilfe beim Paketbohren, indem sie Verschmierungen des Haftvermittlers verhindert (Ableiten der Wärme). Nach dem Bohren wird die ca. 60 µm dicke Folie abgeätzt.

Ein weiterer Vorteil des so hergestellten Laminates liegt in seiner Oberflächenqualität. Basismaterialien, die nach dem Preßverfahren mit einem Haftvermittler beschichtet werden, sind in der Oberflächenstruktur so eben, daß sich dieses Material besonders zur Erstellung von Kontaktflächen eignet. Kleberbeschichtete Hartpapiere werden, wenn die Löcher gestanzt werden, ohne Alufolie geliefert, da beim Stanzen die Alufolie nachteilig ist.

Technisch nachteilig bei der Transferbeschichtung ist grundsätzlich, daß eine Beeinflussung des Haftvermittlers durch das Harz des Kernlaminates schwer zu vermeiden ist. Sie ist gegeben z.B. durch das Eindiffundieren von Spaltprodukten aus Polykondensationsharzen oder durch mechanische Vermengung und Ineinanderdiffundieren an der Grenzfläche Haftvermittler/Laminierharz. Hinzu kommt, daß die Härtung unter Luftabschluß einen anderen Reaktionsverlauf nimmt als bei normaler Trocknung an der Luft, wofür die Haftvermittler ursprünglich entwickelt worden sind. Eine Folge davon ist die erhöhte Klebrigkeit des Haftvermittlers bei der Preßbeschichtung. Das nachträgliche Auflaminieren von vorgetrockneten Kleberfilmen befindet sich noch im Versuchsstadium.

11.3. Beizen des Haftvermittlers

Nach dem Zuschneiden der Arbeitsformate und Erstellen der zu metallisierenden Löcher durch Stanzen oder Bohren *(s. Kap. 5)* sowie einer gründlichen Reinigung der Oberfläche durch Perlonbürsten und Hochdruckspülung erfolgt das Beizen des Klebers.

Der Haftvermittler enthält Bestandteile, die einem oxidativen chemischen Aufschluß zugängig sind und gegenüber dem übrigen Gerüst bevorzugt angegriffen werden. Durch die chromathaltige Beize wird die Oberfläche aufgerauht, d.h. die hydrophobe Haftvermittleroberfläche in einen hydrophilen Zustand versetzt. Der oxidative Angriff der im Haftvermittler noch vorhandenen C=C-Doppelbindungen führt zu Verbindungen in der Oberfläche, die folgende Funktionelle Gruppen enthalten können:

$$-C\overset{O}{\underset{O-H}{\diagup}} \qquad -\overset{|}{\underset{|}{C}}=O \qquad -\overset{|}{\underset{|}{C}}-\overline{O}-H$$

Über die während des Beizprozesses ablaufenden physikalischen und chemischen Reaktionen besteht noch keine einheitliche Auffassung. Aber alle auf diesem Gebiet erzielten Untersuchungsergebnisse deuten darauf hin, daß ein Zusammenspiel von echten chemischen Bindungen durch Polarisation bestimmter Molekülgruppen des Klebers und durch adsorbtive Phänomene die Voraussetzung für die in den nachfolgenden Schritten erfolgende katalytische Aktivierung der Haftvermittleroberfläche schafft. Die Haftfestigkeit ist sowohl von der absoluten Beizsalzkonzentration als auch vom Cr (VI)-Gehalt abhängig. Um die Verhältnisse einer ausgearbeiteten Beize naturgetreu darzustellen und auch den Einfluß des entstandenen Cr (III) zu berücksichtigen, wurden sinkendem Cr (VI)-Gehalt steigende Mengen Cr (III) zugeordnet, so daß die Gesamtkonzentration an Chrom konstant ist und derjenigen eines Neuansatzes entspricht *(Abb. 11.3.)*.

Der in etwa parallele Kurvenverlauf ermöglicht die Fixierung des Arbeitsbereiches, innerhalb dessen eine optimale Beizwirkung erzielt wird, die bis zur unteren Bereichsgrenze praktisch gleichbleibende Haftfestigkeiten gewährleistet. Es ist klar, daß der Aufrau-

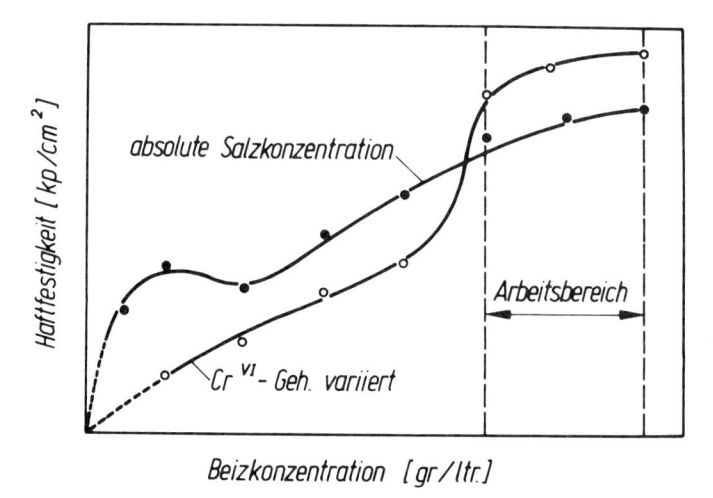

Abb. 11.3.: Haftfestigkeit in Abhängigkeit von der Beizsalzkonzentration

hungsgrad von der Beizzeit abhängig ist und in bestimmten Grenzen gehalten werden muß. Cr (III)-Salze haben keinen Einfluß auf die Wirksamkeit der Beize.

Als Beispiel für eine Beizlösung kann folgender Ansatz gelten:

    6,5 – 9,5 g/l Cr^{6+}
    700 ± 50 g/l H_2SO_4
    Betriebstemperatur: 36 ± 2°C
    Expositionszeit = 10 min

Als Badbehälter eignen sich Edelstahl (V4A) – besser noch Stahlblechwannen, die mit Blei ausgekleidet sind. Die Standzeit dieser Beizlösung kann erhöht werden, wenn man darauf achtet, daß möglichst wenig Feuchtigkeit in die Beize eingeschleppt wird. Deshalb sollte man den Beizbehälter bei Nichtgebrauch abdecken. Die von den Fachfirmen ausgearbeiteten Analysenvorschriften ermöglichen eine exakte Fertigungsüberwachung.

Nach dem Beizen ist darauf zu achten, daß ein Verschleppen der Beize unterbleibt, da dort, wo Beizreste an der Ware verbleiben, keine Metallisierung stattfinden kann. Deshalb wird neben einer Standspülung in einer ca. 10 %igen Natriumbisulfit ($NaHSO_3$)-Lösung das im Spülwasser enthaltene Cr (VI) zu dreiwertigen Chromverbindungen reduziert. Diese Lösung sollte öfters erneuert werden, um eine einwandfreie Reduktion zu gewährleisten. Verbrauchte Beizreduktionslösungen sollten weder unmittelbar dem Abwasser zugeführt noch direkt in die Entgiftungsanlage eingebracht werden. Am besten erfolgt die Behandlung zusammen mit erschöpften Beizen, zu deren Verdünnung sie zusammen mit Spülwasser geeignet ist *(Abb. 11.4.–11.6.).* Unbefriedigend ist zweifellos die Technologie dieser Kleberaufrauhung schon aus Umweltschutzgründen. Z. Zt. sind diese Kleber noch nicht ersetzbar. Die zukünftigen Entwicklungsziele bei haftvermittlerbeschichteten Laminaten sind folgende:

- Haftvermittler, die einen umweltfreundlicheren Aufschluß gestatten. Dies ist allerdings keine leichte Aufgabe, da das jetzige Medium Chromschwefelsäure eben nicht nur den Haftvermittler aufrauht und anquellen läßt, sondern gleichzeitig oxidativ wirkt, und gerade darin ist die Ursache einer guten Haftung zu suchen.
- einen Haftvermittler zu finden, der neben einem umweltfreundlicheren Aufschlußverfahren auch noch lagerbeständig ist, so daß der Verarbeiter ein bereits aufgeschlossenes Basismaterial angeliefert bekommt, das ohne Beizen direkt aktiviert werden könnte.

Abb. 11.4.: Haftvermittler – ungebeizt

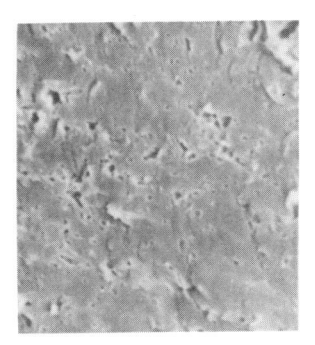

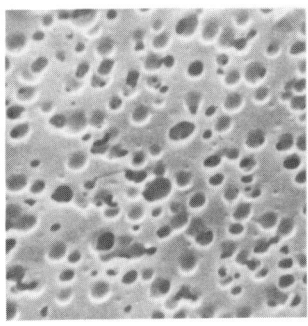

Abb. 11.5.: Haftvermittler – normal gebeizt

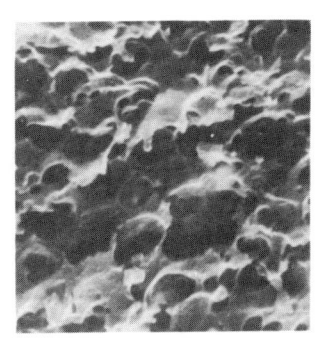

Abb. 11.6.: Haftvermittler – überbeizt

11.3.1. Die Rückgewinnung von Chromsäure aus Beizlösungen

Zwischenzeitlich wurde ein Verfahren entwickelt, das es erlaubt, mit Hilfe des elektrischen Stromes die in der Beize entstandenen Cr (III)-Verbindungen zu Cr (VI)-Verbindungen zu oxidieren *(Abb. 11.7.)*.

Es handelt sich dabei um eine Weiterentwicklung des Prinzips der Elektrodialyse. Anoden- und Kathodenraum sind durch ein Keramikdiaphragma spezieller Porenweite getrennt. Während an speziellen Bleianoden bei Stromdichten zwischen 1 und 3 Ampere/dm^2 die Oxidation von Chrom (III) zu Cr (VI) abläuft und gleichzeitig ein großer Teil organischer Ballastsubstanzen durch Oxidation bis zu CO_2 und H_2O abgebaut wird, wandern in den Kathodenraum störende Fremdmetallionen, wie z.B. Kupfer, und werden dort zu metallischem Kupfer reduziert *(Abb. 11.8.)*.

Das Aggregat wird so ausgelegt, daß es einen weiten Bereich von Konzentrationsunterschieden innerhalb der verschiedenen Beizen abdeckt. Die jeweils optimale Anodenfläche

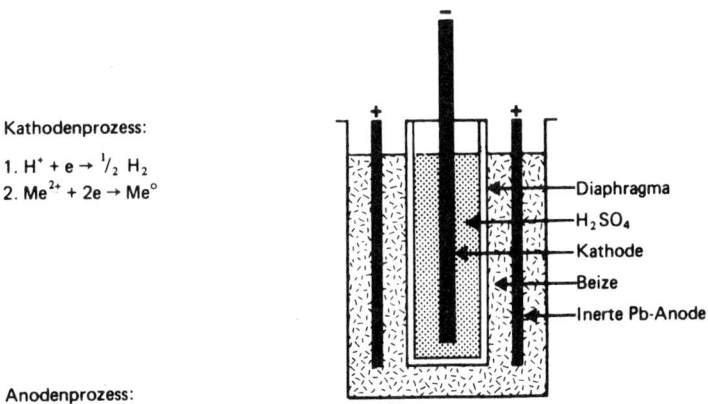

Kathodenprozess:

1. $H^+ + e \rightarrow \frac{1}{2} H_2$
2. $Me^{2+} + 2e \rightarrow Me^°$

Anodenprozess:

1. $2\,Cr^{3+} + 21\,H_2O - 6e \rightarrow Cr_2O_7^{2-} + 14\,H_3O^+$
2. $H_2O - 2e \rightarrow \frac{1}{2} O_2 + 2H^+$
3. Org. Bestandteile + $xe \rightarrow CO_2$ + Abbauprodukte

Abb. 11.7.: Schematische Darstellung einer Regenerierzelle

Abb. 11.8.: Regenerierzelle mit Diaphragma für die elektrolytische Rückgewinnung von Chromsäure (Werkfoto: Schering AG, Berlin)

Abb. 11.9.: Amperestunden-Verbrauch pro m² gebeizter Oberfläche

läßt sich aus der Tagesproduktion, der Stromdichte und der Stromausbeute und dem Verbrauch von Cr (VI)-Verbindungen pro m² gebeizter Oberfläche berechnen.

Über die Wirtschaftlichkeit des Verfahrens läßt sich in *Abb. 11.9.* eine Aussage machen. Aus dem Diagramm geht der Ah-Verbrauch pro m² gebeizter Oberfläche hervor. Der kWh-Verbrauch errechnet sich dann aus dieser Zahl, multipliziert mit der Badspannung. Der große Vorteil dieses Verfahrens liegt darin, daß man mit der Beize eine mindest fünffach so lange Standzeit erzielen kann. Alle Folgekosten wie Entgiftung, Neutralisation, Deponie usw. werden ebenfalls verringert.

11.4. Aktivieren

Während früher die Aktivierung noch in zweistufigen Verfahren über eine ionogene Sn (II)-Chlorid-Salzsäure-Sensibilisierung und Palladiumchlorid-Aktivierung erfolgte, werden heute fast ausschließlich kolloidale Aktivatorensysteme eingesetzt:
a) Palladiumhaltige Aktivierungen, die neben Palladium, Zinn als Reduktionsmittel und Schutzkolloid enthalten,
b) Aktivierungen, die Palladium, organische Reduktionsmittel sowie organische Schutzkolloide enthalten.

Die Stabilität dieser Lösungen ist einmal vom pH-Wert, von den Konzentrationsverhältnissen der angegebenen Badkomponenten, sowie von den in das Bad eingeschleppten

Verunreinigungen jeder Art abhängig. Aktivatoren der unter a) erwähnten Art benötigen das Zinn in zweiwertiger Form. Ihre Zuverlässigkeit und Wirkungsweise hängen von einem bestimmten Konzentrationsverhältnis Pd : Sn^{II} ab, das innerhalb gewisser Grenzen zu halten ist. Der Oxidation muß also durch ständige Ergänzung der Sn^{II}-Verbindungen Rechnung getragen werden. Die restlose Entfernung dieser Zinnverbindungen von der Oberfläche erfordert besondere Aufmerksamkeit, damit nicht Rückstände der Adsorptionsschicht die Haftfestigkeit der später aufgetragenen Metallauflage beeinträchtigen. Die Reaktivierung der Substratoberfläche erfolgt in einem Accellerator, indem die Hydrolyseprodukte von der Oberfläche entfernt werden und nur noch das kolloide Palladium adsorbiert bleibt.

Bei den zinnhaltigen Aktivierungen wurden inzwischen wesentliche Verbesserungen erreicht. So wurde der Salzsäuregehalt auf ein Minimum reduziert, dadurch konnten die starken Korrosionsschäden im Anlagenbereich weitgehend beseitigt werden. Der Einfluß von Salzsäure zwischen Glasfaser und Harz, der zu starken Veränderungen der elektrischen Kenndaten führen kann, wurde stark reduziert. So wurden je nach benutzter Aktivierung unterschiedliche Widerstandswerte zwischen den Leiterbahnen gemessen; bei zinnhaltigen Palladiumaktivatoren ca. 3×10^4M Ohm, bei Aktivatoren, die organische Kolloide enthalten, dagegen 10^8M Ohm. Vor der Messung wurden die Platten ca. 24 Stunden im Feuchtraum gelagert.

Inzwischen hat sich für die Aktivierung ein neuartiges System durchgesetzt, das auf die Ausbildung einer zinnhaltigen Adsorptionsschicht verzichtet, d.h. das Palladium direkt und in einer einzigen Verbindung auf der Oberfläche fixiert. Man geht im Prinzip von organisch-chemischen Komplexbildern aus, in erster Linie Verbindungen die Stickstoff enthalten. Komplexbilder dieser Art müssen die Voraussetzungen für einen Aktivator in zweierlei Hinsicht erfüllen:

a) Die Adsorption ist so fest, daß auch durch intensive Spülprozesse eine Wiederablösung des Edelmetalles nicht erfolgt.

b) Das Komplexbildungsvermögen ist so groß, daß bei der Aktivierung der Bohrungen z.B. kupferkaschierten Basismaterials keine Zementation des Palladiums erfolgt, die in Gegenwart von Kupfer ausgelöst werden könnte.

Diese Methode hat den Vorteil, daß durch die für die Reduktion zur Verfügung stehenden Aldehydgruppen kleine Palladiumpartikel entstehen und damit die Umhüllung viel weniger voluminös ist als bei zinnhaltigen Schutzkolloiden.

Während die zinnhaltigen Adsorptionsschichten pH-Wert-empfindlich sind – die Zersetzung des Kolloides beginnt bei pH = 1 – sind die organisch-chemischen Palladiumpräparate hinsichtlich ihrer Stabilität pH-unempfindlich.

Palladiumaktivatoren, die organische Schutzkolloide enthalten, sind wesentlich feinkörniger, was auf der Substratoberfläche zu einer hohen Belegungsdichte und folglich hohen Sicherheit bei der Durchmetallisierung führt. Gleichzeitig kann wegen der hohen katalytischen Aktivität mit geringeren Konzentrationen gearbeitet werden. Im Hinblick auf die Wirtschaftlichkeit solcher Präparate bewirkt dies eine bemerkenswerte Senkung der Herstellkosten. Die chemischen Kupferbäder arbeiten meist im pH-Bereich von 12. Der bei zinnhaltigen Aktivierungen auf der Substratoberfläche vorhandene Flüssigkeitsfilm enthält mehr oder weniger starke Säurereste, die zuerst durch Diffusion und Neutralisation auf den Arbeits-pH-Wert gebracht werden müssen. Erst dann kann die reduktive Kupferabscheidung auf der aktiven Oberfläche beginnen. Auch in diesem Zusammenhang sind die im höheren pH-Bereich arbeitenden Aktivatoren vorteilhafter.

Die praktische Nutzung eines solchen Aktivators kann in der gewohnten Weise erfolgen, verfahrenstechnische Besonderheiten sind nicht erforderlich. Der Aktivator löst sich klar in Wasser und wird mit Stabilisierungs- und Puffersubstanzen bei pH = 10 betrieben. Die

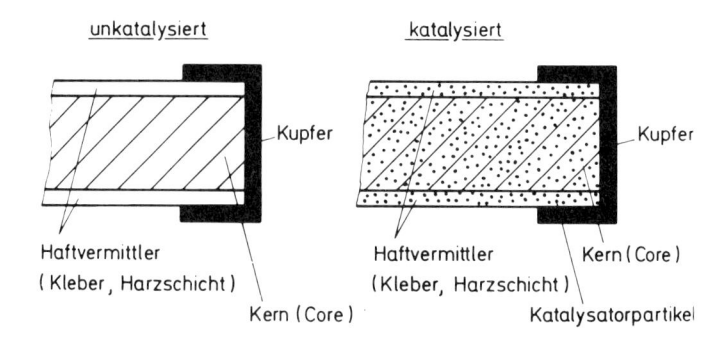

Abb. 11.10.: Grundsätzlicher Aufbau eines unkatalysierten und kernkatalysierten Basismaterials

Expositionszeit der Platten beträgt bei 25–30 °C und unter mäßiger Warenbewegung ca. 5–7 Minuten. Für die Praxis ist eine einfache Instandhaltung und Fertigungsüberwachung besonders vorteilhaft, die sich auf den Ausgleich etwaiger Verdunstungsverluste und auf die gelegentliche Ergänzung verbrauchten Edelmetalles durch Zugabe von Konzentrat beschränkt. Neben der hohen Belegungsdichte des Palladiums ist ferner die Wirtschaftlichkeit durch entsprechend lange Standzeiten und hohen Ausarbeitungsgrad zu sehen. Alle zukünftigen Arbeiten auf dem Gebiet der Edelmetallkatalysatoren haben eine Verringerung der Herstellkosten des Katalysierungsschrittes für die stromlose Metallabscheidung zur Zielsetzung. Ein wesentliches Limit für eine Kostenreduzierung stellt allerdings der relativ hohe Preis des Edelmetalles dar. Neue Untersuchungen gehen in die Richtung, an Stelle von Edelmetallösungen geeignete Salze von katalytisch wirksamen Nichtedelmetallen zu benutzen.

Nach dem Aktivieren der Ware wird bei ca. 35 °C in einem starken Reduktionsmittel nachbehandelt, wobei der an der Oberfläche haftende Komplex unter Freilegen elementaren Palladiums zerstört wird. Dabei bilden sich ausschließlich wasserlösliche Reaktionsprodukte, die bei intensivem Spülvorgang leicht von der Ware entfernt werden.

Grundsätzlich besteht in der Semiadditiv-Technik die Möglichkeit, den Aktivierungsprozeß unter Verwendung eines kernkatalytischen Basismaterials, zu umgehen. Man versteht darunter ein Basismaterial das mit einem katalysierten Kleber beschichtet ist. Durch den chemischen Beizaufschluß bzw. Stanzen oder Bohren wird dieser Katalysator freigelegt *(Abb. 11.10.)*.

11.5. Chemische Verkupferung

Nach dem Durchlaufen der Beiz- und Aktivierungszone erfolgt die chemische Verkupferung (Leitkupferschicht).

Die stromlose Verkupferung hat drei spezielle Aufgaben zu erfüllen:
- sie dient als Leitkupferschicht und muß die Lochwandung gleichmäßig abdecken;
- die Schichtdicke muß ausreichend stark sein, um den nachfolgenden Reinigungs- und Galvanisierungsprozessen standzuhalten;
- das stromlose Kupfer muß am Haftvermittler so haften, daß die Grenzschicht zwischen Kleber und galvanischer Kupferschicht unter thermischer Belastung (Löten) nicht reißt oder bricht.

Die stromlose Verkupferung basiert im Prinzip auf der chemischen Reduktion komplex gebundener Kupferionen und auf einer katalytischen Oberfläche. Durch Ladungsaustausch wird das Kupfer aus der zweiwertigen Form zum Metall reduziert. Das primäre Reduktionsmittel ist der entstehende Wasserstoff aus der katalytischen Zersetzung des Formaldehyds. Dabei wird das Formaldehyd zu Ameisensäure oxidiert. Diese katalytische Zersetzung des Formaldehyds würde so lange fortgesetzt werden, bis der pH-Wert durch die entstandene Ameisensäure so weit abgesenkt ist und ein Gleichgewicht eintritt. Um dies zu vermeiden, muß für einen genügenden Nachschub an freiem Hydroxid gesorgt werden. Als sekundäres Reduktionsmittel kann die Wärmeenergie angesehen werden.

Neben Palladium, Gold, Silber und Platin ist auch Kupfer ein Katalysator für die Reduktionsreaktionen. Daher ist es möglich, dicke Kupferschichten durch autokatalytische Prozesse abzuscheiden.

Die in der Leiterplattenfertigung eingesetzten chemischen Kupferbäder arbeiten durchweg mit Formalin als Reduktionsmittel, es sind praktisch Varianten der bekannten *Fehling'-schen* Lösung. Solche Bäder enthalten im Prinzip vier Grundkomponenten:
– Kupfersalze ($CuSO_4$, $CuCl_2$), wobei das Kupfer in zweiwertiger Form vorliegt.
– Komplexbildner (Verbindungen aus der Reihe der Aminopolycarbonsäuren und Hydroxycarbonsäuren), damit das Kupfer in seiner zweiwertigen Form erhalten bleibt.
– Alkali (z.B. NaOH), zur Abpufferung der überschüssigen Wasserstoffionen und damit zur Erhaltung des pH-Wertes.
– Reduktionsmittel, z.B. Formalin.

Daneben erhält der Elektrolyt noch Zusätze für die Stabilität (z.B. stickstoff- und schwefelstoffhaltige Aliphate und Aromate) und Duktilität (z.B. Polymeradditive). Netzmittel wirken neben ihrer eigentlichen Funktion auch badstabilisierend und duktilitätsfördernd. Zusätze z.B. an Alkalicarbonaten bewirken eine gewisse Stabilität des pH-Wertes.

Die chemische Verkupferung kennt zahlreiche Möglichkeiten zur Steigerung der Leistungsfähigkeit der Bäder und bedient sich sowohl chemischer als auch verfahrenstechnischer Maßnahmen. Gleichzeitig berücksichtigt sie die erhöhten Anforderungen in bezug auf Kupferqualität, Bedeckungstendenz, Konstanz der Abscheidungsgeschwindigkeit, Automatisierbarkeit, höhere Badbelastung, Schnellabscheidung, Werkstoffrückgewinnung usw.

Die Vorgänge, die sich in einem chemischen Verkupferungsbad abspielen, sind relativ kompliziert und formal durch folgende Hauptreaktion gekennzeichnet:

$$Cu^{++} + 2\,HCHO + 4\,OH^- \rightarrow Cu^\circ + 2\,HCOO^- + H_2 + 2\,H_2O \quad (1)$$

Daneben laufen zahlreiche Nebenreaktionen ab, die die gezielte Kupferabscheidung negativ beeinflussen. Die bekannteste Nebenreaktion ist die sog. Cannizzaro-Reaktion

$$2\,HCHO + NaOH \rightarrow HCOONa + CH_3OH, \quad (2)$$

die um so rascher abläuft, je höher die Temperatur und die Alkalikonzentration bei gegebener Formaldehyd-Konzentration sind.

Die Reduktion verläuft nicht so eindeutig, wie unter (2) formal beschrieben, sie erfolgt vielmehr in mehreren Stufen unter Bildung von einwertigem Kupfer:

$$2\,Cu^{++} + HCHO + 5\,OH^- \rightarrow Cu_2O + HCOO^- + 3\,H_2O \quad (3)$$

Das entstandene Kupfer(I)-Oxid hat sich entsprechend

$$2\,Cu^+ + 2\,OH^- \rightarrow Cu_2O + H_2O \quad (4)$$

aus einwertigen Kupferionen gebildet und unterliegt der Disproportionierung:

$$Cu_2O + H_2O \rightarrow Cu^\circ + Cu^{++} + 2\,OH^-, \quad (5)$$

wodurch unter Rückbildung von zweiwertigem Kupfer auch elementares Kupfer entsteht.

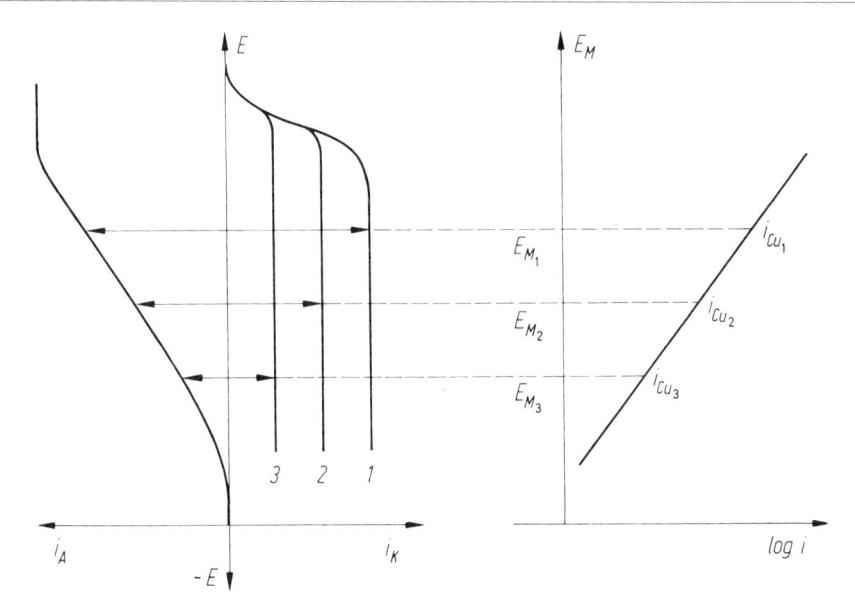

Abb. 11.11.: Verlauf der Stromdichte-Potentialkurve bei unterschiedlicher Metallionenkonzentration

Schließlich laufen durch Edelmetall wie Kupfer und/oder Palladium katalysierte Nebenreaktionen ab, wie z.B.

$$HCOONa + NaOH \xrightarrow{Katalysator} Na_2CO_3 + H_2 \quad (6)$$

Alle Systeme der autokatalytischen Metallabscheidung haben gemeinsam, daß ihre jeweilige kathodische und anodische Teilreaktion ($i_a = i_k = i_M$) gleichzeitig bei demselben Potential, dem Mischpotential, abläuft. Zu diesem Potential gehört eine Mischstromdichte, die kathodisch und anodisch den gleichen Wert aufweist. Das Mischpotential kann man direkt messen, indem man das Potential einer katalysierten Platinelektrode gegen eine gesättigte Kalomelelektrode in der Verkupferungslösung bei 50°C bestimmt. Nach ca. 15 Min. erhält man einen festen Wert für das Mischpotential. Der pH-Wert wird bei Raumtemperatur gemessen. Die Mindeststromdichte ist zu berechnen nach dem Faradayschen Gesetz aus den Analysenwerten der umgesetzten Stoffe, insbesondere des Metalles *(Abb. 11.11.)*

Die kathodische Stromdichte, also im wesentlichen die Konzentration des Kupfers, bestimmt die Abscheidungsrate. Ändert man den anodischen Kurvenverlauf durch Erhöhung der Formaldehydkonzentration oder des pH-Wertes, so erreicht die Abscheidungsrate bald einen konstanten Wert. Nur bei geringerer Konzentration an HCHO bzw. niedrigerem pH-Wert ist der anodische Vorgang geschwindigkeitsbestimmend.

11.5.1. Verschiedene Badtypen für die chemische Verkupferung

Neben den Schichteigenschaften und der Stabilität chemischer Verkupferungsbäder ist die Abscheidungsgeschwindigkeit ein wichtiges Kriterium für die Wirtschaftlichkeit im Betrieb. Die Abscheidungsrate wird von folgenden Faktoren bestimmt:

- generell von der Badzusammensetzung,
- der Konzentration, absolut und relativ, der einzelnen Badkomponenten zueinander,
- Zusätzen, wie Stabilisatoren, Beschleuniger, Netzmittel, etc.,
- Verhältnis von Badvolumen zur zu metallisierenden Fläche,
- Art der katalysierten Oberfläche,
- Warenbewegung und Badumwälzung,
- Temperatur und pH-Wert,
- Verunreinigung mit Fremdstoffen.

Die reduktiv abgeschiedenen Kupferschichten setzen einen Abscheidungsmechanismus voraus, der so gesteuert wird, daß es nicht oder doch fast nicht zu Fremdeinschlüssen kommt. Dazu werden u.a. Stabilisatoren verwendet, die bestimmte Kriterien erfüllen müssen. Ihre Adsorption muß statistisch gesehen gleichzeitig mit ständiger Desorption verlaufen, bevor die wachsende Kupferschicht sie umschließt und ganz oder teilweise umhüllt.

Es liegen ausgereifte Stabilisatoren vor, die diese Forderung erfüllen. Sie gewährleisten über lange Zeit konstante Abscheidungsgeschwindigkeiten zwischen 1,5 und 2,5 µm/h bei einer Belastbarkeit von ca. 2,5 dm^2/l. und erweisen sich als weitgehend unabhängig vom Einfluß dissoziierender Salze. Solche Badtypen werden für die Durchkontaktierung von kupferkaschiertem Basismaterial eingesetzt, deren chemisch aufgebrachte Schicht von 0,5 µm auf ca. 5 µm galvanisch verstärkt werden soll *(Abb. 11.12. Tabelle)*.

In anderen Verkupferungsbädern können wesentlich größere Flächen je Volumeneinheit durchgesetzt werden. Hochbelastbare Bäder mit hoher Abscheidungsrate von ca. 5–7 µm/h verkupfern 2–10 dm^2/l. Natürlich muß dem vermehrten Verbrauch eine entsprechend raschere, am besten kontinuierliche Dosierung gegenüberstehen. Solche Badtypen werden besonders in der „Korbtechnik" eingesetzt, d.h. mit einer Schichtdicke von 3 bis 5 µm versehen und ohne galvanische Verstärkung direkt bedruckt bzw. laminiert.

Die beschleunigte Kupferabscheidung wird meist von einer starken Wasserstoffentwicklung begleitet. Tenside bewirken in sehr geringen Konzentrationen eine mäßige Erniedrigung der Oberflächenspannung ohne unerwünschte Nebenwirkungen, wie z.B. Versprödung. Der nicht vollständig eingeschlossene Wasserstoff ist dagegen durch Tempern oder Eintauchen in heißes Wasser leicht zu entfernen. Schnell abscheidende Bäder werden u.a. auch aus diesem Grund bei erhöhter Temperatur betrieben.

Die Tensidwahl muß bei Bädern hoher Abscheidungsrate mit besonderer Umsicht getroffen werden, denn die forcierte Kupferabscheidung mit meistens stärkerer Wasserstoffentwicklung bewirkt ihrerseits eine intensivere Schaumbildung. Die Lamellen des feinblasigen Schaumes müssen leicht zusammenbrechen. Nur dann verhindern sie die Entstehung von Schaumnestern im Inneren von Lochwandungen und damit Durchkontaktierungsfehler.

Abb. 11.12. (Tabelle): Abscheidungsrate, Arbeitstemperatur und Anwendungen verschiedener chemischer Kupferbäder

Elektrolyt-Typ	max. Schichtdicke (µm)	Temperatur (°C)	Rate (µm/h)
Metallisierung „Gestelltechnik"	0,5	20	1–2
Metallisierung „Korbtechnik"	3–5	20–55	4–7
Additivbäder	70	65–70	1–5

Neuartige Verkupferungsbäder zeichnen sich durch eine sehr gute Bedeckungstendenz aus. Damit ist die Eigenart gemeint, mit der sich ein aktiviertes Teil auf seiner Oberfläche mit einer ersten zusammenhängenden Kupferschicht überzieht. Dieser Vorgang setzt im Idealfall von allen Keimpunkten gleichzeitig und nach allen Richtungen ein und ist nach ca. 30 Sek. abgeschlossen. Durch die Stabilisatoren erfolgt auf der Warenoberfläche eine gewisse zeitweise Blockierung, die dort am stärksten sein muß, wo die Adsorption und die Bildung von Metallkeimen ohnehin am meisten erschwert wird: am Glas der Lochwandung bei glasfaserverstärktem Epoxidharz. Hier liegen Oberflächenbedingungen ganz unterschiedlicher Materialien dicht nebeneinander vor, von denen das Harz, das Glas und mit Schlichte bedecktes Glas die wichtigsten sind. Das Harz kann je nach Bohrqualität rauh oder extrem glatt sein, das Glas liegt als Glasmehl vor, und die Schlichte bedeckt die Glasfaserteile, die durch den Bohrprozeß nicht vollständig zerstört wurden. Früher war man darauf angewiesen, daß durch das Schichtwachstum bereits verkupferter Nachbarpartien schließlich auch die Glasfasern überwachsen würden. Neuzeitliche Bäder sind in der Lage, allen Unterschieden des Basismaterials Rechnung zu tragen und die Metallschicht von überall her gleichmäßig wachsen zu lassen.

Allerdings kann dieser Effekt nur in Verbindung mit der Aktivierung beurteilt werden, da die Flächenbelegung mit Edelmetallkeimen, abgesehen von allen übrigen Bedingungen, bereits von der Art des Aktivators abhängig ist *(s. Kap. 11.4.)*.

11.5.2. Automatische Badüberwachung

Im Gegensatz zu galvanischen Bädern ändert sich in chemischen die Badzusammensetzung durch das Metallisieren der Ware stärker, da das abgeschiedene Metall aus dem Bad ausgearbeitet wird. Die oben angeführten Punkte zeigen deutlich, wie wichtig es technisch und wirtschaftlich ist, mit konstanten Parametern zu arbeiten, was daher für eine automatische Regelung spricht *(Abb. 11.13.)*.

Der pH-Wert, der die Abscheidungsgeschwindigkeit der chemischen Bäder beeinflußt, wird über eine Präzisionsmessung erfaßt. Man verwendet eine Glaselektrode, die im stark alkalischen Bereich noch zu konstanten Meßergebnissen führt. Zu beobachten ist, daß der pH-Wert unter Verwendung eines Zwischenelektrolyten (3,5 n KCl) gemessen wird, damit die Referenzelektrode nicht verunreinigt wird. Als Bezugselektrode dient eine zweite Glaselektrode bzw. als Bezugslösung ein Puffer, der in der Nähe der Sollwerte für den pH-

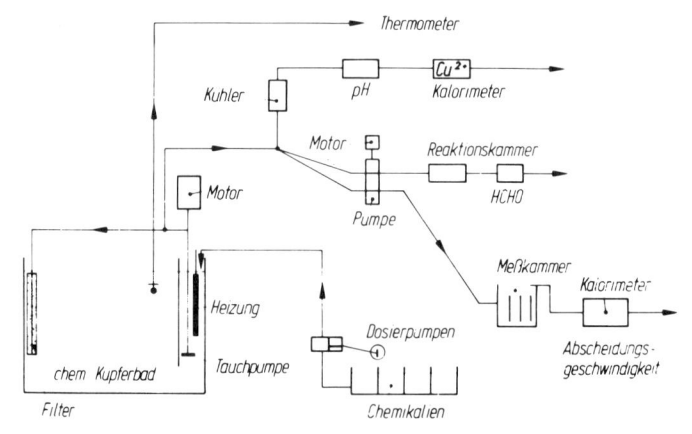

Abb. 11.13.: Schematische Darstellung über den Ablauf einer automatischen Badüberwachung

Wert der Anlage liegt. Über einen 6-Farbenpunktschreiber läßt sich die Meßgröße pH-Wert aufzeichnen. Eine exakte Messung des pH-Wertes von ± 0,05 pH-Einheiten ist deshalb notwendig, da die kolorimetrische Messung zur Bestimmung der Metallionenkonzentration eine Verschiebung des Absorptionsmaximums bei pH-Veränderungen zur Folge hat. Die Leistung eines solchen Elements ist sehr gering (10^{-14} Watt). Deshalb muß ein Impedanzwandler benutzt werden, um diese Spannung meßbar zu machen. In der Praxis wird hier die Spannung mit einer einstellbaren Referenzspannung verglichen. Man erreicht eine Meßgenauigkeit bis zu 1 % Abweichung. Bei einem Unterschreiten des Sollwertes wird die Dosierpumpe für die Natronlauge eingeschaltet.

Die kontinuierliche Messung der Reduktionsmittelkonzentration wird über eine stetig laufende Titration gelöst. Über eine Präzisionsmehrkanalpumpe wird eine Probe im bestimmten Mengenverhältnis zum Reagens in eine Reaktionskammer gepumpt und eine entsprechende Durchmischung ermöglicht. Als Folge der Reaktion tritt eine Änderung des pH-Wertes auf. Diese pH-Wert-Änderung steht im direkten Zusammenhang mit der Konzentration des Reduktionsmittels, wenn der pH-Wert der Probe konstant bleibt. Bei Sollwertveränderungen im pH-Wert wird über ein Autonomisierungsnetzwerk diese Veränderung des pH-Wertes, die als Fehler der Messung der Formaldehydkonzentration überlagert ist, eliminiert.

Reaktionsgleichung:
$$HCHO + Na_2SO_3 + H_2O \rightarrow CH_2(OH)-SO_3Na + NaOH$$

Die Abscheidungsgeschwindigkeit wird erfaßt durch den Differentialquotienten ds/dt, das ist der Schichtdickenzuwachs pro Zeiteinheit. Sie kann in ähnlicher Weise wie das Reduktionsmittel gemessen werden. In einer Meßkammer werden Metallplatten von der Badlösung umspült. Aufgrund der Abscheidung von Metall auf der Oberfläche der Platten wird die Kupferionenkonzentration und damit die Farbintensität der Probe verändert. Die Verringerung der Metallionenkonzentration wird über ein Kolorimeter gemessen.

Eine wichtige Einflußgröße bei der chemischen Metallisierung ist die Strömungsgeschwindigkeit an der Oberfläche der Ware. Die Strömungsgeschwindigkeit muß klein gehalten werden, da sonst die Abscheidungsgeschwindigkeit stark absinkt. Andererseits darf die Strömungsgeschwindigkeit nicht zu niedrig sein, da durch eine zu geringe Badumwälzung die Konzentration der Badkomponenten zu unregelmäßig wird. In Annäherung läßt sich die relative Konzentrationsänderung nach folgender Gleichung berechnen:

$$\frac{\Delta c}{c} = \frac{F \cdot d \cdot s}{M \cdot c}$$

M = Badumwälzung in l/min
F = Warenoberfläche in dm²
d = Abscheidungsgeschwindigkeit in µm/min
c = Metallkonzentration in g/l
s = Spezifisches Gewicht des Metalles in g/cm³

Weiterhin muß beim Zudosieren der einzelnen Komponenten beachtet werden, daß die Entfernung zwischen den Dosiermischbehältern und dem Regelschrank kurz ist, da die Zeitverzögerung zwischen Probeentnahme und Analyse ein Überdosieren der Chemikalien zur Folge haben kann. Die Dosierpumpen müssen entstört sein, um Störeinflüsse auf die Messungen zu vermeiden.

Die Eigenschaften chemischer Kupferbäder lassen sich durch die Prozeßparameter des Bades in weiten Grenzen beeinflussen. Deshalb müssen die Prozeßdaten empirisch optimal eingestellt und dann automatisch in engen Grenzen konstant gehalten werden. Die grundlegenden Arbeiten von *G. Herrmann* über Meßverfahren und deren regeltechnische Anwendung für die kontinuierliche stromlose Metallisierung führten zwischenzeitlich zur Entwicklung und Erprobung weiterer Geräte der Firmen *Schering, Photocircuits, Mac Dermid, Shipley, Philips, Siemens, Bell Telephone* usw.

Die Geräte sind allerdings nur so gut, wie ihre sorgfältige Installation (Erdung, Kontaktgebung, Kopplung) und ihre gewissenhafte Wartung (Elektroden, Reagenzien, Pufferlösungen) durchgeführt werden.

11.5.3. Physikalische Eigenschaften chemisch abgeschiedener Kupferschichten

Das Kornwachstum stromlos abgeschiedener Kupferschichten hat einen bedeutenden Einfluß auf die Haftfestigkeit. Zwischen chemisch und elektrolytisch aufgetragenem Kupfer besteht, bedingt durch physikalische und chemische Unterschiede im Abscheidungsprozeß, ein prinzipieller Unterschied im kristallinen Aufbau.

Die Eigenschaften der abgeschiedenen Schichten werden beeinflußt von der Topographie des Substrates, der Badtemperatur, der Abscheidungsgeschwindigkeit, ferner von Reaktionsprodukten, Inhibitoren, Stabilisatoren und anderen Adsorbaten, die teilweise im abgeschiedenen Metall inkorporiert werden. So bewirkt eine Erhöhung der Abscheidungsgeschwindigkeit bei konstanter Arbeitstemperatur eine Verringerung der Duktilität *(Abb. 11.14.)*.

Dagegen nimmt bei konstanter Abscheidungsgeschwindigkeit die Duktilität mit Erhöhung der Arbeitstemperatur zu, d.h. man sollte möglichst bei höheren Temperaturen arbeiten *(Abb. 11.15.)*.

Inzwischen kann der gleiche Effekt auch durch spezifische Zusätze zum chemischen Kupferbad erreicht werden. Der günstige Einfluß der höheren Arbeitstemperatur auf die Duktilität wird auf die größere Bewegungsgeschwindigkeit der Kupferatome bei der Abscheidung zurückgeführt. Dies ermöglicht den Aufbau einer stabileren Struktur, und die inneren Spannungen der Niederschläge werden größtenteils vermindert. Vergleichbare

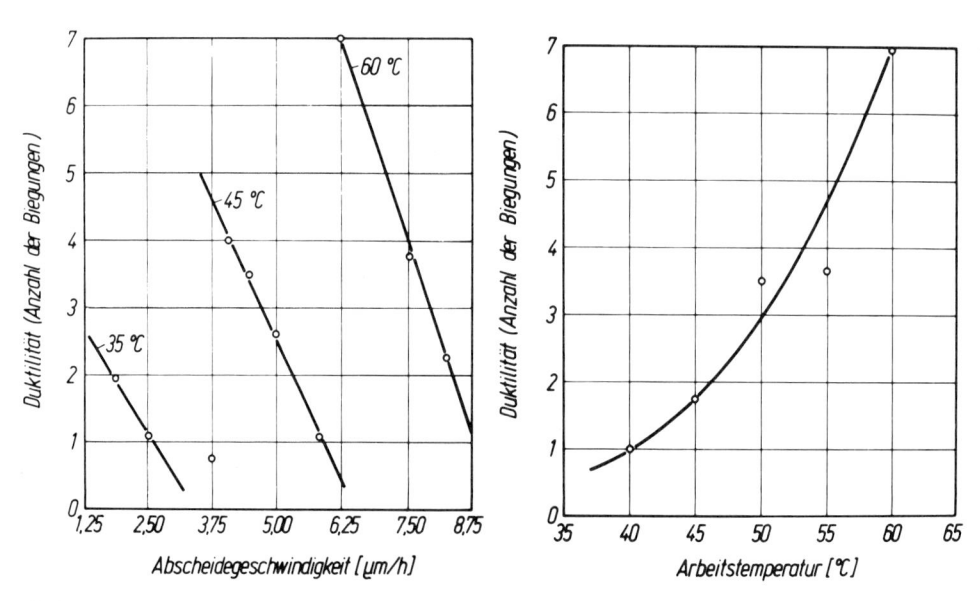

Abb. 11.14.: Abhängigkeit der Duktilität von der Abscheidungsgeschwindigkeit

Abb. 11.15.: Einfluß der Arbeitstemperatur auf die Duktilität

Feststellungen können über den Einfluß von geringeren Abscheidungsgeschwindigkeiten bei gegebener Arbeitstemperatur gemacht werden. Tatsächlich können Atome bei geringerer Abscheidungsgeschwindigkeit leichter eine relativ spannungsfreie Konfiguration einnehmen, bei gleichzeitig geringeren Strukturfehlern.

Es gibt eine Anzahl von Prüfmethoden für die mechanisch-technologischen physikalischen und chemischen Eigenschaften der Überzüge, darunter auch Vorschläge, die ganz speziell auf die besondere Problematik der Leiterplattenfertigung eingehen. Angesichts dieser Vielfalt waren bisher Meßwerte häufig nicht sehr aussagekräftig, weil sich die einen Ergebnisse nur schwer mit denen auf andere Weise erhaltenen vergleichen ließen. Inzwischen haben sich drei Meßmethoden durchgesetzt, die reproduzierbar sind und auch keinen besonderen Aufwand erfordern:

1. Die Bruchelongation als Maß für die Duktilität. Zu ihrer Messung dient der Wölbungstest, wonach man eine Prüffolie bekannter Schichtdicke hydraulisch so lange steigendem Druck aussetzt, bis die entstandene Kalotte reißt. Das Volumen der Kalotte im Moment der Rißbildung wird registriert und ist nach mathematischer Umrechnung ein Maß für die Dehnbarkeit des Kupfers.

2. Der spezifische elektrische Widerstand als stark struktur- und gefügeabhängige Größe. Er wird auf einer Folie bekannter Schichtdicke an vier Elektroden bestimmt, von denen über die beiden äußeren ein elektrischer Gleichstrom durch die Probe geführt wird. An den beiden inneren Elektroden wird der Spannungsabfall bei zwei verschiedenen Temperaturen bestimmt. Aus den Meßwerten kann auf den Restwiderstand geschlossen werden.

3. Die Haftfestigkeit, deren Bestimmung bei der Kunststoffgalvanisierung schon lange praktiziert wird und in DIN 53494 in einer direkt auf die Leiterplattenfertigung übertragenen Methode festgehalten worden ist.

11.6. Galvanischer Aufbau des Leiterbildes

Nach der ganzflächigen chemischen Verkupferung des kleberbeschichteten Substrates wird das Leiterbild negativ, mit einer Sieb- oder Fotodruckmaske, aufgebracht. Der galvanische Aufbau der Leiterzüge und Bohrungen beginnt mit der Reinigung, bei der Oxidschichten und organische Rückstände entfernt werden. In der Praxis haben sich saure Entfetter bewährt, da gegen sie alle Siebdruckfarben resistent sind. Die sog. Neutralreiniger haben den Nachteil, daß sie im pH-Bereich von ca. 6,5–8 eingesetzt werden, was leicht zu einem Anlösen der Siebdruckfarben führen kann.

Die galvanische Metallabscheidung dient der an den nicht leitenden Lochwandungen stromlos abgeschiedenen Kupferschicht als mechanische und elektrische Verstärkung.

Saure Kupferelektrolyte auf der Basis von Kupfersulfat und Schwefelsäure haben bei der Herstellung von Leiterplatten die früher überwiegend eingesetzten Pyrophosphatelektrolyte weitgehend verdrängt. Durch die ausgezeichnete Metallverteilung der aus hochschwefelsauren Elektrolyten abgeschiedenen Kupferauflagen erreicht man bei der Durchkontaktierung von Leiterplatten selbst bei einem Verhältnis von Plattendicke zu Bohrdurchmesser wie 4 : 1, daß die Kupferauflagen in den Bohrhülsen noch 75–80 % der Auflage auf der Leiterplattenoberfläche betragen *(s. Kap. 19.)*.

Wie dieses Verhältnis zu realisieren ist, hängt neben der Beschaffenheit und den Eigenschaften der eingesetzten Elektrolyte noch davon ab, wie der Entwickler das Layout des Schaltbildes gestalten kann, damit die Flächenaufteilung der zu galvanisierenden Leiterplatten von Bestückungs- und Lötseite möglichst gleichmäßig ist. Größere Massenflächen sollten aufgerastert werden. In der Praxis zeigt es sich immer wieder, daß aufgrund der ungünstigen Flächenaufteilung der Einsatz von Stromblenden notwendig wird und damit der Kostenaufwand steigt *(Abb. 11.16.)*.

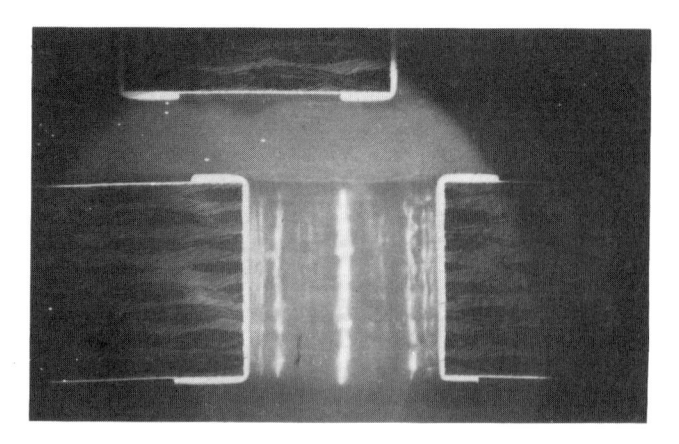

Abb. 11.16.: Durchmetallisierung nach dem Semiadditiv-Verfahren:
Bohrdurchmesser = 1,1 mm; Basismaterial = FR4

11.7. Differenzätzung (Quick-Etch-Verfahren)

Nach der galvanischen Verkupferung kann eine zusätzliche Abdeckung mit Metallen erfolgen, deren Art sich nach Güte und Anwendungszweck der Schaltung richtet. Mit Hilfe der Semiadditiv-Technik können somit durchkontaktierte Leiterplatten mit reinen Kupferleitern ohne Fremdmetallauflage gefertigt werden, was aus elektrischen und löttechnischen Gründen vorteilhaft sein kann und in manchen Fällen – insbesondere im militärischen Bereich – immer mehr gefordert wird.

Manche Anwender bestehen dennoch auf einem metallischen Überzug, den sie im wesentlichen mit einem erhöhten Korrosionsschutz, höherer mechanischer Widerstandsfähigkeit, geringerem Übergangswiderstand usw. begründen. Nicht weniger bedeutend sind die fertigungstechnischen Vorteile der kleberbeschichteten Laminate: eine Kombination mit der Heißluftverzinnung *(s. Kap. 20.)* in Verbindung mit UV-Lötstoplacken *(s. Kap. 7.)* hat in der Praxis eine breite Anwendung gefunden.

Die geringe Leitkupferschicht von ca. 5 µm läßt die Anwendung der Differenzätzung in saurer Kupferchloridätzlösung zu, bei der das Leiterbild einfach um den Betrag des Basiskupfers stärker aufgekupfert wird und danach ohne jeden Ätzresist abgetragen wird. Kantenabbrüche, Unterätzung und somit pilzförmige Verformung des Leiters gibt es bei diesem Verfahren nicht. Vorbedingung für die Anwendung der Differenzätzung ist allerdings eine absolut gleichmäßige Schichtdickenverteilung des galvanisch abgeschiedenen Kupfers sowohl auf der Oberfläche als auch in den Bohrungen.

Da bei Fertigung von Leiterplatten nach dem Semiadditiv- oder Volladditiv-Verfahren *(s. Kap.14.)* das Aufbringen einer ätzresistenten Metallschicht *(s. Kap. 9.)* entfallen kann, stehen für die Beurteilung der Lötfähigkeit hier besonders die Löteigenschaften des abgeschiedenen Kupfers selbst zur Diskussion.

Die überragende Lötfähigkeit von reinstem Elektrolytkupfer steht an sich außer Frage. Wenn das elektrolytisch abgeschiedene Kupfer nach dem galvanischen Prozeß bzw. einer Aktivierung (Natrium- bzw. Ammoniumpersulfat) sofort mit einem Schutzlack geschützt wird und dieser Schutzlack unmittelbar vor dem Löten problemlos entfernt werden kann, ist mit hervorragenden Lötergebnissen zu rechnen. Gute Ergebnisse werden mit einem Schutlack auf Wasserverdrängerbasis erreicht. Das in hohem Maße lötaktive Kupfer wird dabei noch in nassem Zustand geschützt *(s. Kap. 7.).* Vor dem Löten geht der Schutzlack mit dem Fluxmittel (es genügt in Spiritus gelöstes DIN-Kolophonium) in Lösung. Allerdings muß beachtet werden, daß viele derartige Schutzlacke bei stärkerer Erwärmung aushärten und dann vom Fluxmittel nicht mehr angelöst werden. Die Leiterplatte lötet dann nicht einwandfrei ohne eine spezielle Behandlung (Aufweichen oder Ablösen des Schutzlackes bringt keine Verbesserung), obwohl die unter dem Lack befindliche Kupferschicht nach wie vor lötfreudig ist. Unter normalen Lagerbedingungen bleibt die Lötfähigkeit für ca. 6 Monate erhalten.

11.8. Qualitative und wirtschaftliche Betrachtung der Semiadditiv-Technik im Vergleich zur Metallresist-Technik

11.8.1. Qualitative Vorteile

Unterätzung

Da nur 2–5 µm Kupfer (Leitkupferschicht) abgeätzt werden, wird eine Unterätzung der Leiterzüge mit Sicherheit vermieden – damit kein Abbrechen von Zinn bzw. Zinn/Blei-Flanken, was über die Brückenbildung leicht zu Kurzschlüssen führen kann. Wegen der praktisch fehlenden Unterätzung bietet dieses Verfahren spezielle Vorteile beim Bondern und in der Feinleitertechnik.

Frei wählbare Leiterbahnstärke

Es besteht nicht immer eine technische Notwendigkeit, die standardmäßigen Kupferschichtdicken von 17,5, 35 bzw. 70 µm einzusetzen, die Kupferstärke des Leiterbildes ist sowohl nach oben wie nach unten frei wählbar.

Schichtdickenrelation

Lochwandung und Leiter: Die Schichtdicke der Leiterbahnen und Kupferhülsen in den Bohrungen sind bei der Semiadditiv-Technik annähernd gleich. Bei der MR-Technik ist die Schichtdicke der Leiter um die Dicke der Kupferkaschierung des Basismaterials größer.

Homogener Schichtdickenaufbau

Leiterbild, Lötauge, und Lochwandung werden homogen in einem einzigen Galvanisierprozeß aufgebracht. Das Kupfer ist spannungsarm und weich und fängt deshalb Längenänderungen beim Biegen oder Löten der Leiterplatten gut auf. Die stets kritische Verbindung von Lötauge und Kupferhülse ist bei der Semiadditiv-Technik wesentlich sicherer.

Stanzen und Bohren

Beim Semiadditiv-Verfahren wird das unkaschierte Material gestanzt oder gebohrt *(s. Kap. 11.2.).* Dadurch entfallen die Probleme der Gratbildung oder Schwächung der Kupferschicht am Lochrand, die bei kupferkaschierten Laminaten entstehen können.

Haftfestigkeit

Ein wichtiges Kriterium für die Fertigung von Leiterplatten nach dem Semiadditiv-Verfahren ist die hohe Haftfestigkeit von 8 bis maximal 12 kp/inch, also doppelt so hoch wie die DIN-Mindestforderung. Daneben ist die absolute Haftfestigkeit einer nach diesem Verfahren gefertigten Leiterplatte wegen der größeren Querschnittsfläche (fehlende Unterätzung) größer. Bei geeignet gewähltem Haftvermittler steigt die spezifische Haftfestigkeit nach dem Temperprozeß (z.B. nach dem Löten) durch weiteres Aushärten dieses Haftvermittlers nochmals an. Für die Praxis muß gefordert werden, daß die gegebenen

Haftfestigkeitswerte ein wiederholtes Aus- und Einlöten von Bauteilen gestatten, ohne daß ein Ablösen von Leiterbahnen oder gar von Lochhülsen auftritt.

11.8.2. Wirtschaftliche Vorteile

Ätzen

Die Kosten zum Ätzen von ca. 40 bis 60 % der 35–40 µm starken Kupferkaschierung können eingespart werden, da das Leiterbild der fertigen Leiterplatte oft nur 60 bis 40 % der Gesamtkupferfläche beträgt.

Aufgrund der 2–6 µm starken Leitkupferschicht kann ein metallischer Ätzresist in Form von Zinn oder Zinn/Blei entfallen. Damit erübrigt sich auch ein Zweikomponenten-Lötstoplack und die mit dem Ätzen von Zinn oder Zinn/Blei verbundene aufwendige Abwasseraufbereitung alkalischer Ätzmedien.

Der Anfall von Kupferätzlösungen und der Verbrauch von Ätzchemikalien geht auf ca. 1/5 bis 1/8 zurück. Die Ätzzeit kann um ein Vielfaches reduziert werden.

Wiederverwertung von Ausschuß

Wichtig ist hierbei die Möglichkeit der Reparatur, d.h. die Wiederholung des Prozesses bei Bildfehlern. Nach dem Strippen der Abdeckmaske wird das gesamte Kupfer abgeätzt und der Prozeß von vorne mit dem Seedern gestartet. Material und Bohrkosten sind ein wesentlicher Kostenanteil am Fertigprodukt und fallen nicht erneut an.

11.8.3. Nachteile des Verfahrens

- chemisch starke Beanspruchung des Basismaterials
- sämtliche Verfahrensschritte verlangen äußerste Sorgfalt und Kontrolle z.T. durch geschultes Personal
- zusätzliche Arbeitsgänge z.B. durch Beschichten mit Haftvermittler, Trocknen, Beizen usw.
- erhöhte Anforderungen an Abwasseraufbereitung und Umweltschutz (Beizen, Kleberbeschichtung)
- höhere Investitionskosten im Anlagenbereich durch zusätzliche Verfahrensschritte.

Literaturverzeichnis zu Kapitel 11

[1] J. Anschütz: Ist die Korbtechnik wirtschaftlich? Galvanotechnik 69 (1978) Nr. 7, S. 611–617

[2] Dr. N. Ferenczy: Stand und Entwicklungstendenzen für die Herstellung von gedruckten Schaltungen. Galvanotechnik 70 (1979) Nr. 10, S. 946–951

[3] Dr. H.J. Ehrich: Aktivierungssysteme für gedruckte Schaltungen. Galvanotechnik 66 (1975) Nr. 1

[4] Dr. H.J. Ehrich: Moderne Aspekte der chemischen Verkupferung zur Herstellung von gedruckten Schaltungen. Metalloberfläche 68 (1977) S. 960–977

[5] Grunwald, H. Rhodenizer, L. Slomanski: Physikalische Eigenschaften stromlos abgeschiedener Kupferniederschläge. Galvanotechnik (1972) Nr. 12

[6] B. Mason: Verfahren zur Herstellung von durchkontaktierten Schaltungen nach Additiv-Techniken. Galvanotechnik (1972) Nr. 11

[7] C.W. Ruff: Die Semiadditiv-Technik in Theorie und Praxis. Metalloberfläche 29 (1975) Nr. 10, S.497–505

[8] C.W. Ruff: Fachgespräche über gedruckte Schaltungen. Metalloberfläche 32 (1978) Nr. 10/11

[9] C.W. Ruff: Additiv-Technik, die Leiterplattentechnik der Zukunft. Metalloberfläche 33 (1979) Heft 10, S. 399–413, Heft 11, S. 447–455

12. Multilayer-(ML-) Fertigung

12.1. Begriff Multilayer

Die Entwicklung moderner elektronischer Geräte einerseits und die ständig wachsende Funktionsdichte der elektronischen Bauteile anderseits haben eine stetig größer werdende Leiterbahndichte zur Folge. Diese Forderung nach höherer Leiterbahndichte läßt sich aber nur zum Teil und nur mit hohem Aufwand bei der Fertigungsunterlagen-Erstellung und in der Fertigung – bis zu einer gewissen Grenze erfüllen (z.B. Leiterbahnbreite und -abstand: 0,08 mm / 0,08 mm). Eine andere Möglichkeit, hohe Leiterbahndichten zu erreichen, ergibt sich, indem die Leiterbahnen auf mehrere Ebenen verteilt werden, was zu den Mehrlagenschaltungen oder Multilayern führt; Kurzbezeichnung: ML.

12.2. Anwendung

Durch die hohe Packungsdichte und die exakte Reproduzierbarkeit elektrischer Eigenschaften (z.B. Wellenwiderstände) haben Multilayer einen breiten Einsatz in der Elektronik gefunden. Bei Beachtung verschiedener Regeln und Einsatz der richtigen Fertigungs-Einrichtungen und -Verfahrensschritte ist es heute möglich, Multilayer wirtschaftlich, in relativ kurzer Zeit und mit einem hohen Maß an technischer Zuverlässigkeit herzustellen.

In diesem Kapitel sollen die Fertigungsschritte behandelt werden, die zusätzlich zur Herstellung durchkontaktierter Leiterplatten nötig und typisch für die Multilayer-Herstellung sind *(Abb. 12.1.)*.

12.3. Fertigung

Die Fertigung von Multilayern (ML) wird bereits durch die Entflechtung bzw. Konstruktion entscheidend beeinflußt. Dazu sind bestimmte Kenntnisse über Materialeigenschaften und Fertigungsmethoden nötig, um mit optimalen Fertigungsunterlagen die Voraussetzung für die wirtschaftliche und möglichst reibungslose Fertigung von Multilayern zu schaffen.

12.3.1. Fertigungsunterlagen

Der Aufbau eines Multilayers hängt von den elektrischen Eigenschaften ab: Leiterbahndichte, Wellenwiderstände, Isolationsabstände, Kapazitäten u.a. bestimmen die Zahl- und Folge der ML-Lagen. Der Lagenaufbau sollte jedoch immer geradzahlig und symmetrisch sein, um ein Verwinden des Multilayers (z.B. beim Löten) zu vermeiden.

Aus den elektrischen und den zusätzlichen mechanischen Eigenschaften, z.B. der Gesamt-(End-) Dicke, ergibt sich der Lagenaufbau. Aus der Kenntnis der verfügbaren Multilayer-Halbzeuge in Verbindung mit den oben angeführten Parametern wird dem Konstrukteur der Lagenaufbau vorgegeben *(Kap. 13.3.2.)*.

Zur Vermeidung aufwendiger Kopier- und Montagearbeiten an den Dia-Sätzen empfiehlt es sich, die für eine Fertigungs- und Produktsicherung benötigten Test-Coupons bereits in den Original-Dias (mit) zu integrieren.

Im Laufe des Fertigungsprozesses erfährt der Multilayer beim Laminiervorgang *(Abschnitt 12.3.3.2.)* eine Dimensionsänderung, die typisch abhängig ist von:

- Halbzeughersteller
- Fertigung
- Multilayer-Aufbau
- Unterschieden, die durch Kette und Schluß bedingt sind

Abb. 12.2. veranschaulicht mögliche Dimensionsänderungen, die durch Schuß und Kette des Gewebes vom Kern bedingt sind und durch entsprechende Korrekturen in den Dias der Innenlagen kompensiert werden müssen.

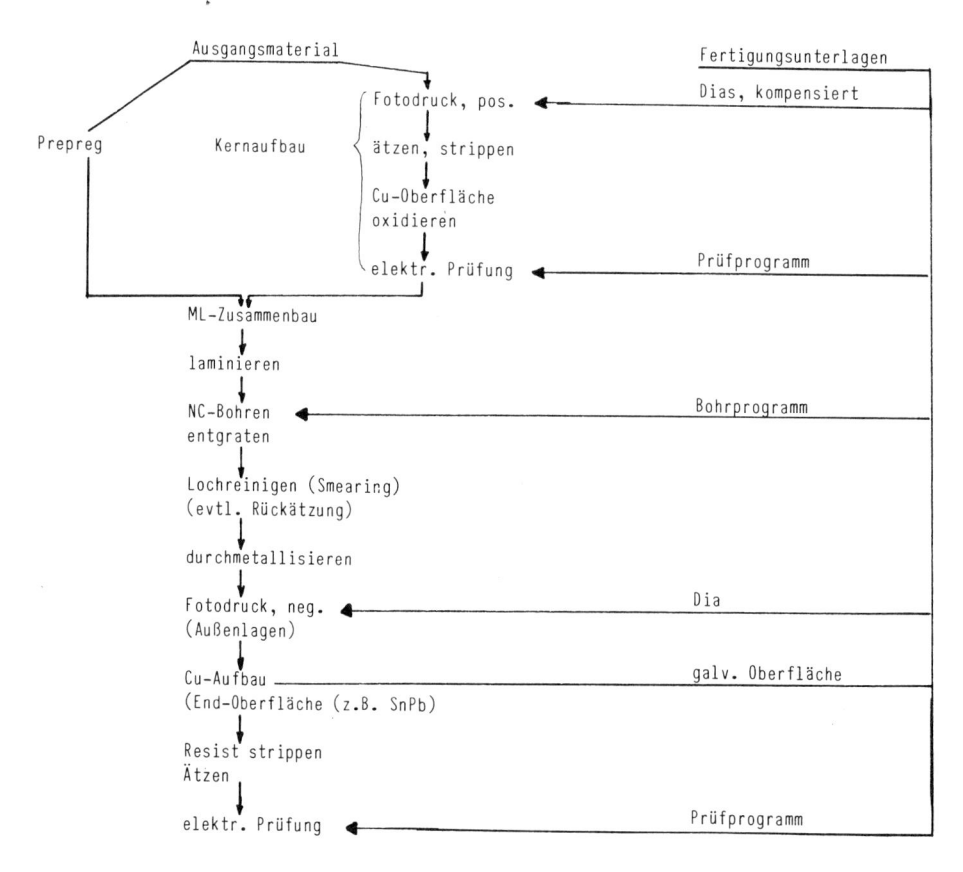

Abb. 12.1.: Prinzip der Multilayer-Herstellung

Fertigung

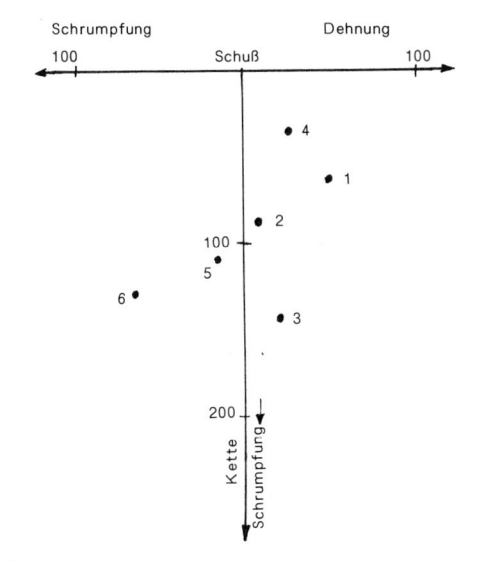

Halbzeug-Hersteller	Kernart	Kerndicke		Halbzeug-Hersteller	Kernart	Kerndicke
1	1	Sig/Sig	A	4	2	Pot/Pot	A
2	1	Pot/Pot	A	5	2	Sig/Sig	B
3	2	Sig/Sig	A	6	2	Sig/Sig	C

Abb. 12.2.: Dimensionsänderung eines Multilayers während des Laminiervorganges in Abhängigkeit unterschiedlicher Kernaufbauten (in μm/ 100 mm)

12.3.2. Materialien

Zur Herstellung von Multilayern werden überwiegend glasfaserverstärkte Epoxidlaminate der Ausführung G10 oder FR4 verwendet. Für Sonderanwendungen (z.B. hohe Temperaturbelastung) kommen auch Harzsysteme wie Polyimid zum Einsatz.

Die eingesetzten Materialien unterscheiden sich grundsätzlich in a) ausgehärtete Dünnschicht-Laminate, ein- oder beidseitig kupferkaschiert und b) sog. „Prepregs", mit nicht ausgehärtetem Epoxidharz beschichtete Glaslaminate. Die verwendeten Laminate bestimmen weitgehend die Eigenschaften des daraus gefertigten Multilayers:

- Dickentoleranz
- Dimensionsstabilität, x und y
- Dielektrizitätskonstante und Verlustfaktor
- Chemische Beständigkeit
- Ausdehnung in Z-Achse
- Verwindung
- Kosten

Bei Betrachtung der angeführten Eigenschaften eines Multilayers muß jedoch beachtet werden, daß zwischen den einzelnen aufgeführten Eigenschaften Abhängigkeiten bestehen:

Beispiel:

	Erhöhung des Glasanteils →	
niedrige Dielektrizitätskonstante		Dimensionsstabilität
bessere Chemikalienbeständigkeit	← Erhöhung des Harzgehaltes	enge Dickentoleranz, geringe Z-Achsenausdehnung

Für die Multilayer-Fertigung stehen für die unterschiedlichen Anwendungen Laminate ab einer Dicke von 0,05 mm (ohne Kupfer gemessen) in zwei Toleranzklassen zur Verfügung *(Tabelle 12.1.)*.

Tabelle 12.1.: Laminate, kupferkaschiert
Dicken und Toleranzen nach MIL-P-55617 B ohne Cu-Kaschierung

Basismaterialdicke		Klasse I		Klasse II	
inch	mm	± inch	± mm	± inch	± mm
0,002 –0,0045	0,05–0,11	0,0010	0,025	0,00075	0,019
0,0046–0,006	0,12–0,15	0,0015	0,038	0,0010	0,025
0,0061–0,012	0,15–0,32	0,0020	0,051	0,0015	0,038
0,013 –0,020	0,33–0,52	0,0025	0,064	0,0020	0,051
0,021 –0,030	0,53–0,76	0,0030	0,076	0,0025	0,064

Die Laminate sind mit Kupferkaschierungen in den üblichen Schichtdicken ab 5 µm bis 105 µm erhältlich. Es sind für besondere Anwendungsfälle Kombinationen unterschiedlicher Kupfer-Schichtdicken (z.B. 35/70 µm Cu) möglich. Eine spezielle Ausführung von kupferkaschierten Laminaten für die Multilayer-Herstellung sind beidseitig treatmentierte Laminate *(Kap. 3.3.1.)*.

Die in *Tabelle 12.1.* aufgeführten Prepregs unterscheiden sich einmal in ihrem Aufbau (Glastyp, Stärke, Harzgehalt); im besonderen jedoch durch unterschiedliche Verarbeitungseigenschaften. Man unterscheidet hier Zweistufen- und Einstufen-; High-Flow-, Low-Flow- und No-Flow-Prepregs.

Das *High-Flow-Prepreg* setzt einen zweistufigen Preßzyklus mit Vor- bzw. Kontaktdruck und Enddruck voraus; es handelt sich hier um einen Zweistufen-Prepreg. Als nachteilig kann sich bei diesem Prepreg-Typ der relativ hohe Anteil flüchtiger Bestandteile erweisen. Besondere Beachtung muß der exakten Bestimmung der Gelierzeit (Gel-time) und der entsprechenden Vordruckzeit gewidmet werden. Ein zu frühes Umschalten auf Enddruck hat einen zu hohen Harzfluß zur Folge, ein zu spätes Umschalten bringt Lufteinschlüsse durch zu geringen Fluß mit sich.

Low-Flow-Prepregs zeichnen sich durch einen geringeren Anteil flüchtiger Bestandteile und einen geringeren Harzfluß aus. Dieser Prepreg-Typ wird sowohl als Zweistufen-Prepreg als auch als Einstufen-Prepreg gefertigt und zur ML-Fertigung eingesetzt.

Für spezielle Anwendungsfälle kommt das *No-Flow-Prepreg* zum Einsatz. Dieser Prepreg-Typ ist entwickelt worden, um harzflußfreie Verbindungen fertigen zu können, z.B. Freihaltung von Leiterflächen (= Steckkontakte).

Alle Prepreg-Materialien haben nur eine begrenzte Lagerfähigkeit, da sie durch Umweltbedingungen einer Alterung und Aushärtung unterworfen sind. Aus diesem Grunde sollten die Lagerbedingungen streng kontrolliert und konstant gehalten werden.

Lagerung/ Prepreg 20 °C
(max. 3 Monate) 50 % Restfeuchte
geschützt vor UV-Strahlen

Eine erhebliche Verlängerung der möglichen Lagerzeit erreicht man durch Benutzung von Kühlschränken oder -räumen. Durch Feuchtigkeitseinwirkung infolge von Kondenswasser oder Betauung können größere Verarbeitungsprobleme entstehen. In jedem Fall ist eine ständige Kontrolle der Verarbeitungsparameter (Harzfluß, Gel-time) vor dem jeweiligen Einsatz durchzuführen *(Kap. 5.1.).*

Tabelle 12.2.: Prepreg-Eigenschaften

Norplex Pre-Preg Grade	MIL-G-55636B Typ Bezeichnung	Glasgewebe Typ	Prepreg-Dicken Anlieferung	Prepreg-Dicken verpreßt	Harzanteil	Harzfluß	Gel-Zeit	Rückstände an flüchtigen Stoffen	Flammbarkeit Brennzeit	Flammbarkeit Brennlänge
			mil/μm		%	%	Sek. (s)	%	Sek. (s)	Inch/mm
BG-1	PC-GE	104	2.5/ 64	1.8/ 46	75 ± 5	45 ± 5	B, C, D	0,70	–	–
BG-1,5	–	106	3.5/ 89	2.5/ 64	75 ± 5	45 ± 5	B, C, D	0,70	–	–
BG-2	PC–GE	108	4.0/102	3.0/ 76	62 ± 5	37 ± 5	B, C, D	0,55	–	–
BG-3	PC–GE	113	5.5/140	4.0/102	55 ± 5	28 ± 5	B, C, D	0,45	–	–
BG-4	PC–GE	116	6.0/152	4.3/109	47 ± 5	28 ± 5	B, C, D	0,40	–	–
BG-7	PC–GE	7628	9.5/240	7.0/178	43 ± 5	23 ± 5	B, C, D	0,40	–	–
BG-1 FR	PC–GF	104	2.5/ 64	1.8/ 46	75 ± 5	45 ± 5	B, C, D	0,70	2	1/25
BG-1,5 FR	–	106	3.5/ 89	2.5/ 64	75 ± 5	45 ± 5	B, C, D	0,70	2	1/25
BG-2 FR	PC–GF	108	3.8/ 97	3.0/ 76	62 ± 5	37 ± 5	B, C, D	0,65	1	1/25
BG-3 FR	PC–GF	113	5.5/140	3.8/ 97	55 ± 5	28 ± 5	B, C, D	0,60	0	0
BG-4 FR	PC–GF	116	5.8/147	4.3/109	47 ± 5	28 ± 5	B, C, D	0,50	0	0
BG-7 FR	PC–GF	7628	9.0/230	7.0/178	43 ± 5	23 ± 5	B, C, D	0,45	–	–
BG-1530	–	106	3.5/ 89	2.5/ 64	75 ± 5	45 ± 5	–*	3,5	–	–
BG-230	PC–GI	108	3.8/ 97	3.0/ 76	60 ± 5	35 ± 5	–*	3,3	–	–
BG-330	PC–GI	113	5.5/140	4.0/102	55 ± 5	30 ± 5	–*	3,3	–	–
BG-430	PC–GI	116	5.8/147	4.5/114	47 ± 5	23 ± 5	–*	3,0	–	–

Klasse B: 61–100 Sekunden, C: 101–150 Sekunden, D: größer als 150 Sekunden.

12.3.3. Multilayer-Fertigung

Voraussetzung für eine bezüglich Qualität, Technik, Wirtschaftlichkeit und hohen Ansprüchen genügende Multilayer-Fertigung ist u.a. ein geeignetes, nahtloses Passersystem, das sich von der Dia- oder Nutzenerstellung über Laminieren und Bohren bis hin zur Endprüfung erstreckt. Dieses Passersystem gewährleistet, daß alle Arbeitsgänge, wie die Herstellung der einzelnen Kerne, das Laminieren, Bohren, Fotodruck, Außenlagen usw., in genauer Deckung zueinander durchgeführt werden. Eine unzulässige Abweichung bei auch nur einem dieser Arbeitsgänge würde zum Ausschuß führen.

12.3.3.1. Multilayer-Kern-Herstellung

Die Fertigung eines Multilayers beginnt im allgemeinen mit der Herstellung der entsprechenden Innenlagen (Kerne). Aus Gründen der einzuhaltenden Fertigungstoleranzen werden die Innenlagen im Fotodruckverfahren und durch anschließendes Ätzen und Strippen hergestellt. Für den späteren Laminiervorgang ist die Beschaffenheit der Kupferoberfläche von entscheidendem Einfluß. Eine ausreichende Haftung zwischen Kupfer und Epoxidharz, die auch nach Streßbelastungen (s. 12.5.2.) zu keiner Delamination führt, ist nur mit oxidierten Kupferoberflächen zu erreichen *(Tabelle 2.3.)*. Die Oxidation der Kupferoberflächen geschieht nach entsprechender Reinigung, naßchemisch im Tank- oder im Durchlaufverfahren, wobei darauf zu achten ist, daß der Prozeß so geführt wird, daß die Oxidbildung in möglichst kurzen, festhaftenden Kristallen erfolgt. Eine typische Zusammensetzung eines Oxidationsbades zeigt folgendes Beispiel:

Na_3PO_4	10 g/l
NaOH	5 g/l
$NaClO_2$	30 g/l
Temperatur	ca. 90 °C

Behandlungszeit: 3 bis 5 min.

Die Einwirkung der stark alkalischen Oxidationslösung muß zeitlich kontrolliert werden, um einen Angriff der Harzoberfläche so gering wie möglich zu halten (Gefahr der Measlingbildung). Großer Wert ist auf die gründliche Entfernung der Oxidationslösung durch intensives Spülen und gute Trocknung der Innenlagen zu legen, um Blasenbildung während des Laminiervorgangs zu vermeiden. Als abschließende Kontrolle der Innenlagen-Herstellung empfiehlt sich die elekrische Prüfung auf Durchgang und Kurzschluß, da nicht erkannte Fehler am fertigen Multilayer nicht mehr reparabel sind und Ausschuß ergeben.

Tabelle 12.3.: Oberflächenbehandlung und Haftfestigkeit

Kupfer gebürstet	0,2 N/mm
Kupfer angeätzt	0,4 N/mm
Kupfer oxidiert	0,8 N/mm
Kupfer-Kaschierung mit Treatment	1,0 N/mm

Als Alternative zur Oxidation der Kupferoberfläche bietet sich die Verwendung eines beidseitig treatmentierten Laminates an. Insbesondere bei Verwendung eines UV-lichtempfindlichen Epoxidlackes, z.B. *Probimer 48* ®der Fa. *Ciba-Geigy,* ergeben sich fertigungstechnische Vorteile *(Abb. 12.3.)*.

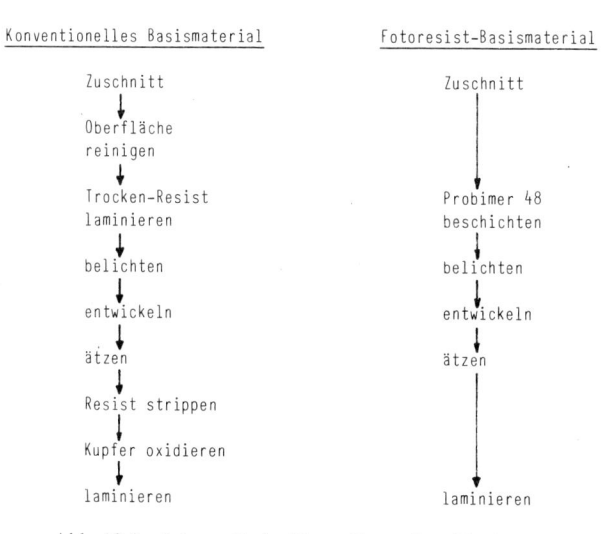

Konventionelles Basismaterial	Fotoresist-Basismaterial
Zuschnitt	Zuschnitt
↓	↓
Oberfläche reinigen	
↓	
Trocken-Resist laminieren	Probimer 48 beschichten
↓	↓
belichten	belichten
↓	↓
entwickeln	entwickeln
↓	↓
ätzen	ätzen
↓	↓
Resist strippen	
↓	
Kupfer oxidieren	
↓	↓
laminieren	laminieren

Abb. 12.3.: Schematische Darstellung einer Fertigung

Der entscheidende Vorteil ist, daß der für den Fotodruckprozeß benutzte Epoxidlack auf den Leiterzügen verbleiben kann, da er sich beim Verpressen des Laminats mit dem Harz des Prepregs verbindet. Eine weitere Vereinfachung der „Kern-"Herstellung läßt sich durch Verwendung bereits mit Fotoresist beschichteter, beidseitig getreateter Laminate (z.B. *NG 1048* der Fa. *Norplex Europa*) erzielen. Als Nachteil muß jedoch genannt werden, daß auf diesem Weg hergestellte Innenlagen elektrisch nicht prüfbar sind.

12.3.3.2. Laminieren

Die einzelnen „Kerne" werden nun unter Zwischenlage von Prepregs miteinander verpreßt. Zur genauen, deckungsgleichen Positionierung der einzelnen Kerne zueinander dienen Preßwerkzeuge mit geeigneten Aufnahmestiften für das jeweils gewählte Paßsystem *(Abb. 12.4.)*

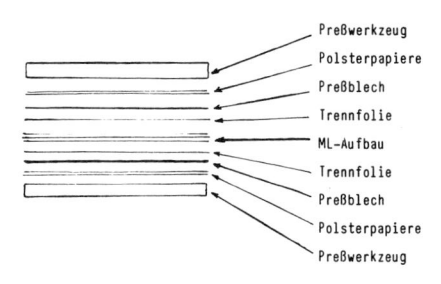

Abb. 12.4.: Typischer Aufbau für den Laminiervorgang

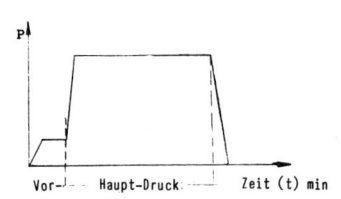

Abb. 12.5.: Druckverlauf, zweistufig

Der „Zusammenbau" des Multilayers muß unter staubarmen Bedingungen erfolgen. Eingeschlossene Partikel können zu Funktionsstörungen führen, außen einwirkende Partikel können Kerben in der Cu-Oberfläche erzeugen oder zu Ätzschwierigkeiten führen (z.B. Harzstaub aus den Prepregs!). Der Laminiervorgang erfolgt abhängig von den eingesetzten Material-Typen und dem Multilayer-Aufbau bei geeigneten Druck-Temperaturbedingungen. Außer durch die materialtypischen Eigenschaften werden die Laminierbedingungen u.a. durch das Alter der Prepregs beeinflußt (Gel-time, Harzfluß). Diese Parameter müssen ständig kontrolliert *(Kap. 12.5.1.)* und die Laminierbedingungen entsprechend angepaßt werden *(Abb. 12.5.).*

Die eingesetzten Preßwerkzeuge, Preßbleche, Preßplatten und die Multilayer-Presse müssen bezüglich Planität sehr eng-toleriert sein, da diese Ungenauigkeiten sich als Dickentoleranzen am fertigen Multilayer bemerkbar machen. Als Preßwerkzeug kommen 6 bis 10 mm dicke, geschliffene Platten aus rostfreiem Stahl zum Einsatz.

Um Verwindungen durch unterschiedliches Temperaturverhalten an den Ecken der Multilayer auszuschließen, werden die Preßwerkzeuge in Länge und Breite etwa 30 bis 40 mm größer als der zu verpressende Multilayer-Aufbau gewählt. Die Heizplatten der ML-Presse sollten mindestens 100 mm größer als die Preßwerkzeuge sein, um eine gleichmäßige Temperaturverteilung im ML zu erreichen.

Der für optimale Laminier-Ergebnisse erforderliche Temperaturverlauf kann durch die Verwendung von Polster- (Kraft-) Papier beeinflußt und erreicht werden *(Abb. 12.6.).*

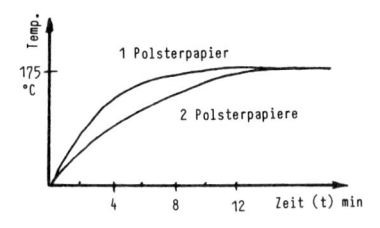

Abb. 12.6.: Temperaturverlauf

Nach dem Laminiervorgang erfolgt das NC-Bohren des Multilayer-Preßlings *(Abb. 12.7.)*. Hierbei bestimmen folgende Parameter das Bohrergebnis, wie z.B. Nagelkopfbildung und Grad der Harzverschmierung (Smearing) des Bohrloches:
- Aushärtung des Epoxidharzes
- Bohrbedingungen wie Drehzahl, Vorschub und Schnittgeschwindigkeit
- Art des Bohrers
- Alter des Bohrers (= Hübe) u.a.

Das „Smearing", speziell der anzukontaktierenden Innenlagen, muß entfernt werden, um Fehlerquellen zu vermeiden, wie:
- Schlechte oder fehlende Ankontaktierung (= hoher Übergangswiderstand) und
- Abrisse bei thermischer Belastung (löten!)

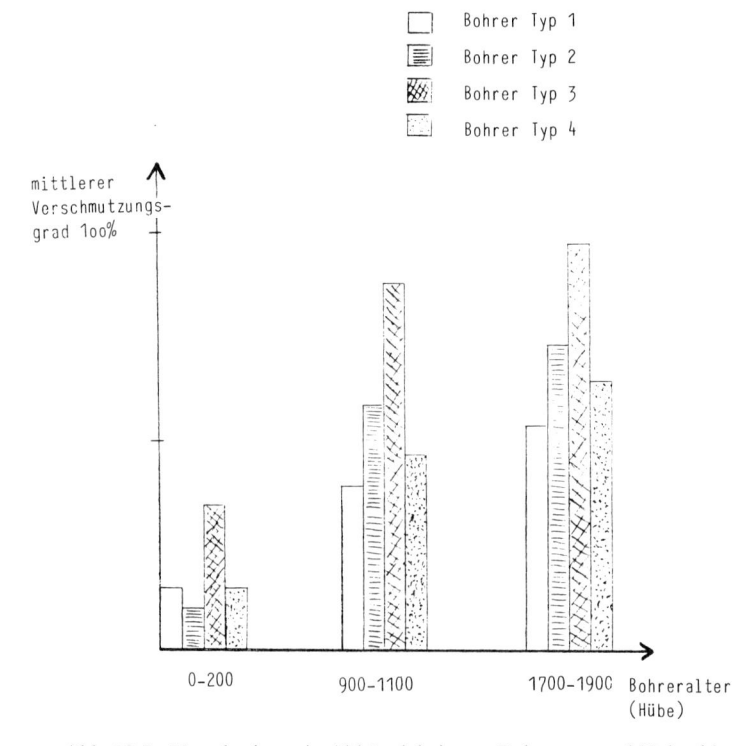

Abb. 12.7.: Verschmieren in Abhängigkeit von Bohrertyp und Hubzahl

Nach dem NC-Bohren kann durch Röntgen eine Kontrolle auf Lagengenauigkeit der einzelnen Innenlagen zueinander und zum Bohrbild durchgeführt werden. *(Abb. 12.8.)*.

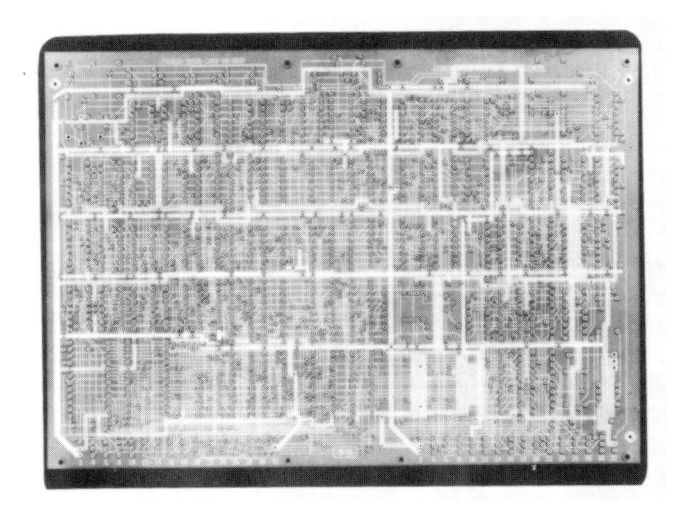

Abb. 12.8.: Röntgenaufnahme ML-Rohling nach dem NC-Bohren

12.3.3.3. Lochreinigung

Zum Entfernen des Epoxidsmear sind verschiedene Verfahren im Einsatz. Bewährt hat sich ein *naß-chemisches Rückätzverfahren* mit konzentrierter Schwefelsäure. Schwefelsäure in einem Konzentrationsbereich zwischen 98 bis mindestens 85 % ist in der Lage, Epoxidsmear zu lösen. Die Rückätzung mit Hilfe von konzentrierter Schwefelsäure wird vorteilhaft in einer speziellen, geschlossenen Durchlaufanlage durchgeführt, um Verfahrensparameter (wie Rückätzreste) und Arbeitssicherheit unter Kontrolle zu halten.

Ein neueres Verfahren zum Entfernen des Epoxid-Smear ist das Plasmaätzen. Diesem Verfahren kommt eine besondere Bedeutung bei kombinierten Harzsystemen zu, z.B. bei Epoxid/Polyimid (z.B. starr-flexible Schaltungen) oder bei flexiblen Schaltungen.

Die bisher beschriebenen Methoden zum Entfernen des Epoxid-Smear dienen nur der Lochwandreinigung. In der MIL-STD-429 wird (für entsprechende Anwendungsfälle) ein chemischer Abtrag von Epoxidharz *und* Glasfiber verlangt, um einen dreiflächigen elektrischen und mechanischen Kontakt zwischen Leiterbahn und Hülse der Durchmetallisierung zu erreichen. Die Tiefe des Angriffs ist in MIL-P-55640 definiert *(Abb. 12.9.)*.

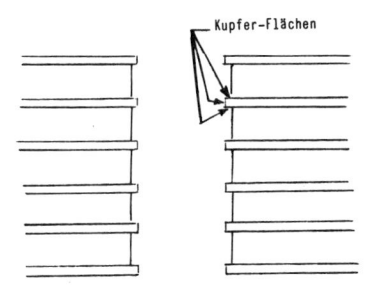

Abb. 12.9.: Etchback nach MIL-P-55640 min. 7,5 µm, max. 75 µm

Zur Rückätzung des Harzes und der Glasfasern sind in der Praxis verschiedene Rezepturen im Einsatz. Als Beispiel ein Arbeitsablauf mit den eingesetzten Chemikalien.

1) Tauchen in H_2SO_4 94 bis 97 %ig   1 min.
2) Tauchen in einer Lösung aus:
   $NH_4(HF)_2$ 70 bis 110 g/l
   HCl   200 bis 300 ml/l   1 min.
   Rest: elest. H_2O
3) Tauchen in CrO_3-Lsg.   900 bis 960 g/l   30 s.
4) Tauchen in einem Reduktionsmittel

Zwischen den einzelnen Arbeitsgängen ist gründlich zu spülen.

Die sich anschließenden Arbeitsgänge, wie Entgraten, Durchmetallisieren, Leiterbilddruck der Außenlagen usw., entsprechen im wesentlichen denen für durchkontaktierte, zweiseitige Leiterplatten.

Besondere Beachtung ist den Eigenschaften des galvanisch abgeschiedenen Kupfers zu widmen. Um Abrisse der Innenlagen, Risse der Hülse durch Ausdehnung in Z-Richtung, z.B. beim Löten, möglichst zu vermeiden, ist auf ausreichende Duktilität des abgeschiedenen Kupfers zu achten. Eine Möglichkeit zur Überwachung der Duktilität des galvanisch abgeschiedenen Kupfers bietet der Duktilomat: Eine aus dem zu prüfenden Kupferelektrolyt abgeschiedene Kupferfolie wird in dem Gerät so eingespannt, daß durch Anlegen und Erhöhen eines Wasserdruckes die Folie zum Bersten gebracht wird. Aus dem Volumen der entstandenen Kalotte wird die Kalottenhöhe berechnet, aus der wiederum die Dehnbarkeit der Folie errechnet werden kann *(Abb. 12.10. und 12.11.).*

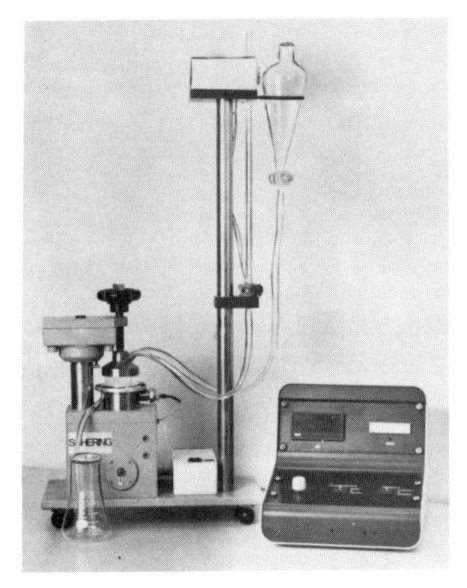

Abb. 12.10.: Duktilomat
(Werkfoto: Schering AG)

Abb. 12.11.: Geborstene Folie nach der Prüfung mit dem Dikolomat
(Werkfoto: Schering AG)

12.3.3.4. End-Oberflächen

Als End-Oberflächen können alle zur Zeit bekannten Oberflächen ausgeführt werden. Mit gewisser Vorsicht müssen jedoch mit Hilfe von IR-Anlagen umgeschmolzene PbSn-Oberflächen angewandt werden; für mehrlagige Multilayer kann die thermische Belastung zur Delamination führen.

12.4. Fertigungseinrichtungen

Außer der Einrichtung zur Fertigung von durchkontaktierten Leiterplatten werden zur Multilayer-Fertigung zusätzliche spezielle Geräte benötigt.

12.4.1. Multilayer-Presse

Zum Verpressen oder Laminieren der Multilayer dienen heizbare Etagen-Pressen, die je nach gewünschter Kapazität ein- oder mehretagig aufgebaut sein können. Die Presse kann entweder mit Dampf, Thermoöl oder elektrisch beheizt werden. Die Beheizung mit Thermoöl hat den Vorteil der schnellen Aufheizzeit und der extrem gleichmäßigen Temperaturverteilung über die Preßplatte. Die aufgeführten Eigenschaften gelten allgemein für jede ML-Pressen-Ausführung:

1) Temperaturkonstanz $\pm$ 3 °C
2) Temperaturverteilung
   auf der Heizplatte $\pm$ 3 °C
3) Druckkonstanz während
   des Preßzyklus $\pm$ 1 %
4) Planparallelität $\pm$ 0,02 mm

Die konventionelle Art, einen Multilayer zu verpressen, geschieht mit Hilfe einer Heiz- und Kühlpresse. Der eigentliche Laminiervorgang und die sich anschließende Abkühlung geschehen in der gleichen Presse *(Abb. 12.12., 12.13. und 12.14.)*.

Für die Reproduzierbarkeit und Gleichmäßigkeit der Preßergebnisse sind genaue Meß- und Regeleinrichtungen zur Druck- und Temperatursteuerung von großer Wichtigkeit. Die Meßwerte werden zweckmäßig mit Schreibern festgehalten.

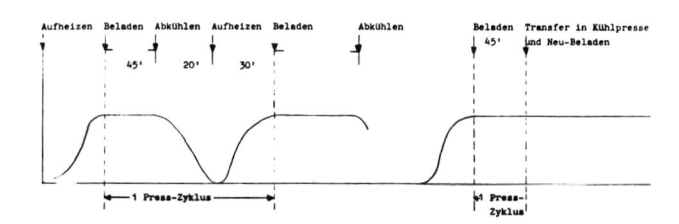

Abb. 12.12.: a) Heiz-Kühl-Presse (links) b) Transferpresse (rechts)

Abb. 12.12.a zeigt den zeitlichen Ablauf eines Preßzyklus in einer Heiz- und Kühlpresse. Für jeden Preßzyklus muß die Presse neu aufgeheizt und wieder abgekühlt werden. Neben den hohen Energiekosten ergibt sich eine relativ lange Gesamtzeit pro Zyklus. Schon vor Jahren entstanden Pressenkombinationen. Das sind separate Heiz- und Kühlpressen mit zusätzlichem Transportmechanismus. Bei der Benutzung solcher *Transferpressen* muß die Heizpresse nur einmal pro Schicht aufgeheizt werden. Danach wird die Temperatur konstant gehalten.

Das Abkühlen der Multilayer erfolgt in einer separaten Kühlpresse. Die für einen Preßzyklus benötigte Zeit reduziert sich erheblich. Bei geeigneter Konstruktion und Anordnung der Transferpresse läßt sich der Laminiervorgang weitgehend automatisieren.

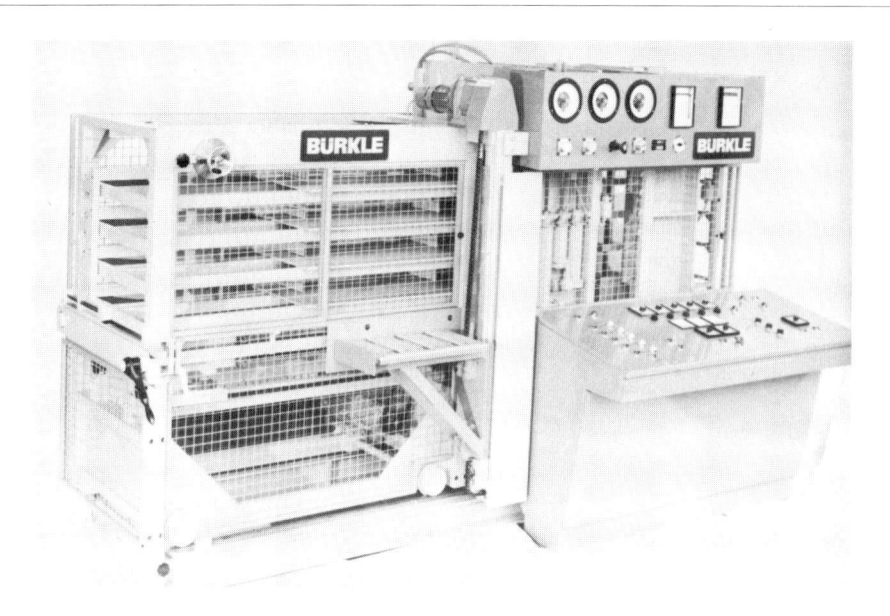

Abb. 12.13.: Multilayerpresse Mod.MHK. Transfer-, Heiz- u. Kühlpresse
(Werkfoto: Robert Bürkle, Freudenstadt)

Abb. 12.14.: Vollautomatische Multilayerpressenanlage, bestehend aus separater Heiz- und Kühlpresse mit Beschickung, Transfer und Entnahme (Werkfoto: Maschinenfabrik Lauffer/ Horb)

12.4.2. Schwärzen

In Abschnitt 12.3.3.1. wurde die Oxidation der Kupferoberfläche zwecks guter Haftung zum Epoxidharz beschrieben. Optimale Ergebnisse können mit Durchlaufanlagen *(Abb. 12.15.)* erreicht werden. Eine ideale Maschinenkombination setzt sich aus Vorreinigung, Bürststation, Blackening-Zone, Nachreinigung (Spülen) und Trockner zusammen.

Abb. 12.15.: Durchlaufanlage zum Oxidieren (Schwärzen) von Kupferoberflächen
(Werkfoto: Resco, Milano/Italien)

12.4.3. Smear-Entfernung

Wie in Abschnitt 12.3.3.3. beschrieben, müssen die gebohrten Preßlinge von Smear befreit werden. Die naß-chemische Lochwandreinigung kann zwar durch Tauchen erfolgen, jedoch lassen sich in Durchlaufanlagen besser reproduzierbare und gleichmäßigere Ergebnisse erzielen.

12.5. Prüfungen

Die Qualität und Zuverlässigkeit eines Multilayers wird, wie bereits beschrieben, durch Fertigungsmethoden und die Verarbeitungsparameter der Ausgangsmaterialien bestimmt. Deshalb sind Prüfungen zu Fertigungs- und Produktionsüberwachung erforderlich.

12.5.1. Fertigungsüberwachung

Die Fertigungsüberwachung beginnt mit der Prüfung der Basismaterialien. Die Prüfkriterien sind in den DIN-, MIL- und NEMA-Normen enthalten.

Für den Verarbeitungsprozeß ist für kupferkaschierte Epoxid-Glashartgewebe neben den üblichen Eigenschaften besonders die Dimensionsstabilität von Bedeutung. Diese Prüfung läßt sich nur durch Erstellung von Prüf-Multilayern unter Fertigungsbedingungen durchführen mit meßtechnischer Überwachung. Zur Prüfung der Prepregs gehören folgende Werte, die einen Einfluß auf den Fertigungsprozeß haben:

- Feststellung des Harzgehaltes
- Messung des Harzflusses
- Messung der Gelierzeit
- Messung des Substanzverlustes

Der *Harzgehalt* wird gravimetrisch durch Veraschung geeigneter Prüfmuster festgestellt. Dazu werden Proben mit einer Kantenlänge von etwa 100 mm aus der Mitte der Prepregsplatte ausgeschnitten. Von den Proben müssen alle losen Teilchen und abstehenden Fasern entfernt werden. Für jede Bestimmung werden Proben (etwa 2 g) in einem Porzellantiegel mit einer Genauigkeit von 1 mg eingewogen. Die Veraschung erfolgt zunächst bis zur Verkohlung der Proben über der Flamme eines Bunsenbrenners. Anschließend wird 60 min. bei 550 ± 20 °C geglüht. Abkühlung auf Raumtemperatur erfolgt in einem Eksikkator.

Das als Rückstand verbleibende rein-weiße Glasgewebe (Grautöne deuten auf nicht vollständig abgebauten Kohlenstoff hin) wird zurückgewogen und der Harzgehalt nach folgender Gleichung errechnet:

$$\text{Harzgehalt} = \frac{\text{Gewichtsverlust} \cdot 100}{\text{Einwaage}} \%$$

Bestimmung des Harzflusses

Aus dem zu untersuchenden Prepreg werden so viele quadratische Einzellagen mit der Seitenlänge 100 ± 1 mm zugeschnitten, daß man ein Gesamtgewicht von 20 bis 30 g erhält. Die Proben werden aus dem Prepreg so herausgeschnitten, daß die Diagonalen der Quadrate in Richtung von Kette und Schuß des Glasgewebes liegen. Keine Probe darf aus einer Stelle herausgeschnitten werden, die näher als 25 mm an einer Kante des Prepregs liegt. Die Proben müssen aus Stellen entnommen werden, die gleichmäßig über den Bogen verteilt sind. Alle losen Teile und vorstehenden Fasern werden entfernt.

Die Proben werden sorgfältig aufeinander gestapelt und auf 1 mg genau gewogen (Einwaage). Der Stapel wird dann unter Verwendung eines der Harzart entsprechenden Trennmittels zwischen zwei Platten aus nichtrostendem Stahl gebracht, die mindestens 125 mm x 125 mm groß und etwa 1,6 mm dick sind. Die Planparallelität soll 0,03 mm betragen.

Die Preßplatten werden auf 170 ± 3 °C vorgeheizt und das Preßpaket in die Presse eingelegt. Innerhalb von max. 5 Sekunden soll ein Druck von 15 ± 1,5 bar erreicht sein. Dieser Druck wird so lange gehalten, bis der Harzfluß beendet ist, jedoch mindestens 15 min.

Das ausgehärtete Laminat wird dann aus der Presse genommen und auf Raumtemperatur abgekühlt. Aus der Mitte des Laminates wird ein kreisförmiges Stück von 50 cm^2 Fläche (Durchmesser 79,8 ± 0,3 mm) herausgeschnitten und auf 1 mg genau gewogen (Auswaage). Der Harzfluß wird wie folgt berechnet:

$$\text{Harzfluß} = \frac{(\text{Einwaage} - 2 \cdot \text{Auswaage}) \cdot 100}{\text{Einwaage}} \%$$

Bestimmung der Gelierzeit

Durch Walken herausgelöstes, glasfaserfreies Imprägnierharz (0,2 bis 0,3 g) wird auf eine vorgewärmte Heizplatte (170 ± 1,5 °C) aufgebracht und sofort auf eine Fläche von 25 mm Durchmesser verteilt. Die schmelzende Probe bleibt die Hälfte der geforderten Sollzeit unberührt liegen. Danach wird die aufgeschmolzene Harzprobe mit einem angespitzten Holzstab gleichmäßig gerührt. Die Viskositätsänderung wird durch Ziehen von etwa 50 mm langen Fäden aus der Schmelze beobachtet. Die Prüfung ist beendet, wenn die Fäden abreißen, sich somit keine Fäden mehr ziehen lassen. Die mit einer Stoppuhr ermittelte Zeitspanne (in Sekunden) vom Aufbringen des Harzes auf die Platte bis zum Abreißen der Fäden ist die Gelierzeit.

Bestimmung des Substanzverlustes

100 mm x 100 mm große Proben werden an einer Ecke gelocht und auf 1 mg genau gewogen. Die vorbereiteten Proben werden an ein Drahtgestell gehängt und in einen auf 163 ± 2,5 °C aufgeheizten Trockenschrank gegeben. Nach 15 min. werden die Proben herausgenommen und im Eksikkator mit Trockenmittel auf Raumtemperatur abgekühlt. Die Rückwägung erfolgt wieder auf 1 mg genau.

$$\text{Substanzverlust} = \frac{\text{Gewichtsverlust} \cdot 100}{\text{Einwaage}} \%$$

Die *Lagendeckung* und die *Bohr-Positioniergenauigkeit* am laminierten und gebohrten Multilayer-Preßling kann mit Hilfe der Röntgentechnik geprüft werden *(Abb. 12.5.).*

Zur Durchführung zerstörender Prüfungen während der Fertigung werden vorteilhaft mitgefertigte ,,Test-Coupons" benutzt. Diese Test-Coupons können durch Stanzen von dem Multilayer-Nutzen abgetrennt werden.

12.5.2. Produkt-Prüfung

Die Güteprüfung des fertigen Multilayer kann zu einem großen Teil durch zerstörende Prüfungen am mitgefertigten Test-Coupon geschehen.

Folgende Prüfungen sollten durchgeführt werden:
- Wärmebeständigkeit – 4 h 155 °C
  – 2 x schwimmende Lagerung auf Lötbad 270 ± 5 °C á 10 s.
- Lötbarkeit
- Beschaffenheit nach thermischer Belastung
  - keine Beschädigung des Basismaterials (z.B. Blasen, Wölbungen, Delaminierungen)
  - keine Beschädigungen der Durchkontaktierungen und Ankontaktierungen (Padlifting, Corner-Cracking, Ankontaktierungs-Fehlstellen, Durchkontaktierungs-Unterbrechungen)

Eine anschließende Kontrolle des fertigen Multilayers ist die elektrische Prüfung auf Durchgang und Isolation. Der Prüfling wird hierzu mit Hilfe von Nadel-Adaptern kontaktiert und mit Hilfe eines Rechner-Prüfautomaten in Verbindung mit dem vorgegebenen Prüfprogramm auf etwaige Kurzschlüsse oder Unterbrechungen getestet.

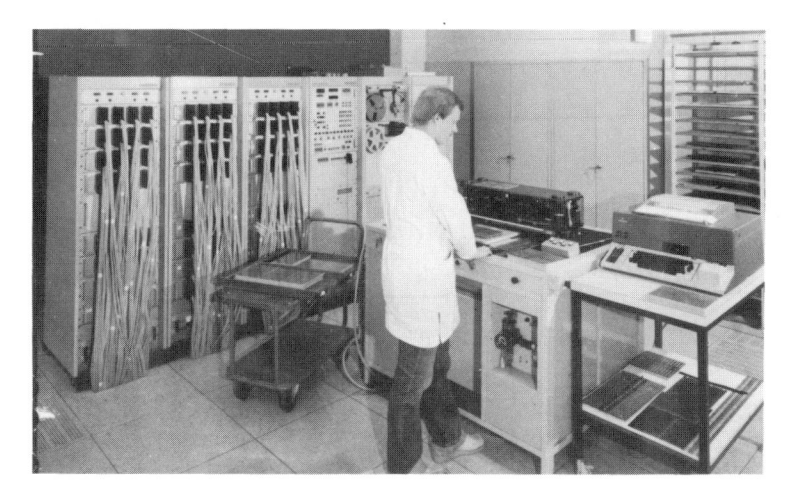

Abb. 12.16.: Verdrahtungsprüfautomat (Fa. Siemens)

Zur Zeit sind hierfür Prüfautomaten *(Abb. 12.16.)* mit unterschiedlichen Meß-Spannungen und maximal prüfbaren Isolationswerten im Einsatz. Aufgrund von Erfahrungen fordern viele Anwender von Multilayern Prüfbedingungen mit min. 200 V Prüfspannung und 50 M Ω Isolationswiderstand (entsprechend MIL-Standard).

12.6. Sonderverfahren

Für die Fertigung speziell 4-lagiger Multilayer mit Potential-Innenlagen bietet sich als elegantes preisgünstiges Verfahren die Mass-Lamination, auch Mass Moulding genannt, an. Dieses Verfahren wird in der Regel vom Basismaterial-Hersteller durchgeführt und umfaßt im Prinzip die Herstellung der geätzten Innenlagen bis zum Verpressen des Multilayer-Rohlings.

Daraus ergeben sich folgende Vorteile:
- durch Verwendung der üblichen Prepregs und Benutzung der normalen Multilayer-Pressen (der Basismaterialherstellung), Anwendung rel. großer Formate (z.B. UOP max. 570 x 775 mm), sind auf diesem Wege hergestellte ML-Kerne ca. 15 bis 20 % billiger
- die Verlagerung der Innenlagenherstellung und des Preßzyklus bedeutet eine Entlastung des Multilayer-Herstellers

Ausgehend von der vom (späteren) Multilayer-Hersteller beigestellten Druckvorlage, welche wegen der großen Formate vorteilhaft als Glas-Druckvorlage ausgeführt sein sollte, werden durch Fotodruck und anschließendes Ätzen Innen-Kerne hergestellt. Unter kontrollierten Prozeßbedingungen kann eine wirtschaftliche Kernherstellung durch Einsatz von Fotolack in Verbindung mit Korbtechnik erreicht werden *(Abb. 12.17.)*. Die relativ dünnen Fotoresist-Schichten von ca. 0,5 – 1 µm setzen ein Entwicklungsverfahren voraus, das eine Beschädigung dieser Schicht durch Transportsysteme in Durchlaufanlagen vermeidet *(Abb. 12.18.)*.

Abb. 12.17.: Beschichten der Multilayer-Kerne mit Fotoresist in Korbtechnik (Werkfoto: UOP Norplex)

Abb. 12.18.: Entwickeln der Fotoresistschicht (Werkfoto: UOP Norplex)

Die für optimale Haftung notwendige Schwärzung des Kupfers kann wieder in Korbtechnik durchgeführt werden. Zum Verpressen werden die Multilayer-Teile zusammengelegt *(Abb. 12.19.)*. Abweichend von der üblichen Technik wird der Multilayer-Aufbau nicht durch Paßstifte arretiert (schwimmende Lagerung). Daraus ergibt sich, daß die in der Randzone des Kernes eingebrachten (kundenspezifischen!) Referenz-Fanglöcher freigehalten werden. Die Preßbedingungen werden in Verbindung mit den eingesetzten Prepregs so gewählt, daß

- das ausfließende Harz die Referenzlöcher nicht zusetzt –
- die Luft mit Sicherheit aus dem ML transportiert wird.

Die weitere Verarbeitung erfolgt beim Leiterplattenhersteller.

Abb. 12.19.: Multilayer-Aufbau zum Verpressen (Laminieren)
(Werkfoto: UOP Norplex)

12.7. Verarbeitung

Aufgrund unterschiedlichster Konstruktionsmerkmale (z.B. große Masseflächen als Innenlagen, Zahl der Lagen, Gesamtstärke u.a.) verlangen ML gegenüber durchmetallisierten Leiterplatten eine individuellere Einstellung der optimalen Lötparameter.

Multilayer können konstruktionsbedingt zum Delaminieren und/oder Gasen beim Löten neigen. Eine Abhilfe schafft die Lagerung vor der Verarbeitung bei 155 °C und 10^{-2} Torr.

Das Ein- und Auslöten von Bauteilen zu Reparaturzwecken sollte auf maximal zwei Lötungen begrenzt werden, um Beschädigungen der Ankontaktierung bzw. Durchkontaktierung zu vermeiden.

13. Fein- und Feinstleitertechnik

Durch die vermehrte Anwendung von integrierten Bauteilen (IC's, LSI) wird die Anforderung an die Packungsdichte auf den Leiterplatten immer höher.

Des weiteren erlaubt die Anwendung von Mikroprozessoren in manchen Fällen die Herstellung von elektronischen Geräten mit einer einzigen Leiterplatte und sehr geringen Kosten pro Funktion.

Während vor Jahren der Hauptanteil der verwendeten Leiterplatten mit Leiterbreiten- und Abständen von 0,35 mm bestand, wird der Anteil von Gedruckten Schaltungen in der Fein- und Feinstleitertechnik immer höher. Leiterplatten mit relativ groben Leiterzügen waren problemlos im Siebdruckverfahren sowohl für die Herstellung des Leiterbildes als auch für die Aufbringung des Stoplackes zu fertigen.

Bei der Anwendung der Feinleitertechnik gestalten sich die Leiterplattenverbindungen dichter, die Abstände werden geringer, und demzufolge müssen auch die Toleranzen immer enger werden.

Die seit Jahren angewendete und ständig verbesserte Fotodrucktechnik nimmt einen zunehmend größeren Anteil bei der Herstellung der Leiterplatten ein.

Damit können Leiterbreiten und -abstände zwischen 0,3 mm bis 0,1 mm erzielt werden. Bei der Anwendung bestimmter Verfahren lassen sich auch heute schon Leiterbreiten bis 0,07 mm auf Leiterplatten wirtschaftlich fertigen.

Es ist der Leiterplattenindustrie gelungen, die Kosten für das Herstellen von Feinleiterplatten in einem wirtschaftlich vertretbaren Rahmen zu halten.

Mit der erwähnten Umstellung vom Siebdruck zum Fotodruck ist es selbstverständlich alleine nicht getan. Die Qualität einer Leiterplatte kann immer nur so gut sein, wie die Qualität der Fotomaster.

13.1. Das Erstellen der Druckbildunterlagen

Während für Leiterplatten mit gröberen Leiterbildern das Anfertigen der Unterlagen noch relativ einfach war, erfordert die Feinleitertechnik eine viel höhere Präzision. Es genügten im Siebdruckverfahren Entwürfe im Maßstab 2 : 1 oder 4 : 1 auf normaler Kartonage. Klebearbeiten für Feinleitertechnik sollten, wenn überhaupt, nur im Maßstab 10 : 1 durchgeführt werden.

Noch besser ist das Erstellen der Unterlagen durch MCS, Fotoplotter oder durch das Anwenden der Laser-Technik. Die Toleranzen dürfen bei den Unterlagen im Mittel nicht größer als 0,02 mm sein.

Bei zweiseitigen Schaltungen sind Deckungsfehler zwischen Vorder- und Rückseite größer als 0,05 mm nicht mehr zu tolerieren.

Beim Anfertigen und Einsatz der Filme, speziell bei großformatigen Schaltungen, ist in den Räumen ein entsprechendes Klima zu garantieren. Die Temperaturschwankung sollte ± 2 °C nicht übersteigen, und die relative Luftfeuchtigkeit sollte sich im Bereich von 53–60 % bewegen.

Die Anforderungen an die Kopiervorlagen bezüglich Maßbeständigkeit und Kratzfestigkeit sind sehr hoch. Während des Fotodrucks ist die Deckungsabweichung zwischen den Kopiervorlagen der Vorder- und Rückseite kleiner als max. 0,1 mm zu halten.

Wenn sich die Toleranzen in der Kopiervorlage und in der Deckungsgenauigkeit zufällig addieren, ergibt sich bei großen Leiterplatten rein rechnerisch bereits eine Abweichung der Lochposition von Vorder- zu Rückseite von 150 µm.

Mit der Packungsdichte und der vermehrten Anzahl Leiter pro dm^2 verkleinern sich notwendigerweise auch die Bohrungen.

Ebenfalls kleiner sind auch die Lötaugen. Hier sind mehrere Gesichtspunkte zu beachten. Der Lötaugendurchmesser soll klein genug sein, um ausreichenden Raum für die Leiterführung zwischen den Lötaugen zu lassen. Der Durchmesser muß aber auch groß genug sein, um unter Berücksichtigung aller Toleranzen noch eine zuverlässige Verbindung zwischen Lötauge und Lochdurchmetallisierung zu gewährleisten und eine gute Durchlötung zu erlauben.

Beim Bohren oder Stanzen der Löcher ist zu berücksichtigen, welche Schichtdicken die Durchplattierung erhalten soll.

Außerdem muß beachtet werden, daß beim Bohren der Löcher ein Versatz bis max. 0,05 mm entstehen kann. Hierbei spielt die Dicke des Bohrpaketes eine wichtige Rolle. Je geringer der Bohrerdurchmesser, um so mehr Abweichung vom Zentrum kann entstehen.

13.1.1. Die Anwendung der Feinleitertechnik

Leiterplatten in Feinleitertechnik werden im wesentlichen in der doppelseitigen, durchplattierten Technik angewandt.

Bei der Konzeption des Leiterbildes legt man die Leiter bevorzugt auf der einen Seite in der X- und auf der anderen Seite in der Y-Richtung an.

Hierdurch werden die Entwurfsarbeiten wesentlich erleichtert. Die Programmierung der Plotter ist entsprechend angelegt.

Sollte sich beim Entwurf eines Leiterbildes herausstellen, daß man trotz Miniaturisierung die geforderte Anzahl der Schaltungen auf der zur Verfügung stehenden Fläche nicht unterbringen kann, muß die Konzipierung einer Multilayer- oder einer Multiwireschaltung überlegt werden.

Eine zu feine Miniaturisierung auf zwei Ebenen kann teurer werden als die Herstellung und Anwendung von Multiwire-, bzw. Multilayer-Schaltungen.

Die Ausschußrate steigt bei der Feinstleitertechnik im Verhältnis zu der Anzahl der Verbindungen überproportional an.

Anwendung findet die Feinleitertechnik sowohl bei einseitigen und zweiseitigen Schaltungen ohne Durchmetallisierung als auch bei zweiseitigen Schaltungen mit Durchmetallisierung.

Bevorzugte Anwendungsmöglichkeiten für die einzelnen Schaltungsarten werden nachfolgend geschildert.

13.1.2. Einseitige Schaltungen ohne metallisierte Löcher

Solche Schaltungen werden unter anderem für einfachere Hochfrequenzfilter und -weichen verwendet, wenn Leiterkreuzungen umgangen werden können und keine oder nur wenige Bauelemente hinzugefügt werden müssen *(Abb. 13.1.)*.

Meist werden diese Schaltungen mit einer Stoplackmaske überzogen und dadurch die Leiter in Kunstharz eingebettet, womit Kurzschlüsse und Feuchtigkeitsschäden weitgehend verhindert werden.

Die Stoplackaufbringung findet meist auch mit Hilfe von Fototrockenresist oder flüssigem Fotoresist statt.

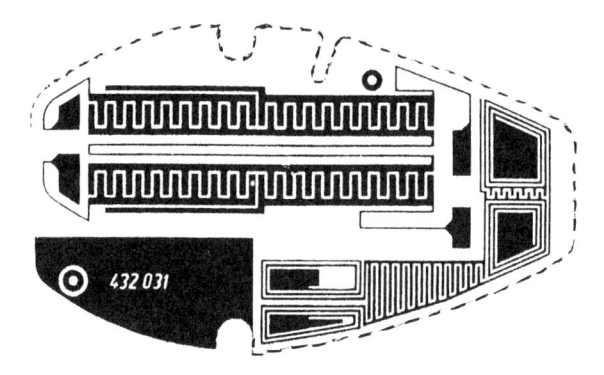

Abb. 13.1.: Einseitige Schaltung ohne Löcher

13.1.3. Zweiseitige Schaltungen ohne metallisierte Löcher

Diese Art Schaltungen werden vorwiegend für umfangreiche Filterschaltungen verwendet, wenn die Bauteile hauptsächlich auf einer Seite angeordnet sind und die zweite Seite vornehmlich Spulen trägt. Dann werden nur wenige Verbindungen durch die Löcher benötigt, die sich wirtschaftlich auch von Hand herstellen lassen ohne die zusätzlichen Fertigungsgänge der Durchmetallisierung.

13.1.4. Zweiseitige Schaltungen mit metallisierten Löchern und galvanischer Behandlung vor dem Ätzen

Diese Verfahrensvariante stellt das Standardverfahren für solche durchmetallisierten Schaltungen dar, für die ein Zinn/Blei- oder auch Silber- bzw. Goldüberzug auf den Leitern vorgesehen ist.

Durch die beim Galvanoprozeß entstehende unterschiedliche Schichtdickenverteilung sind enge Toleranzen nicht ohne weiteres einzuhalten, besonders dann, wenn die Oberflächenverteilung durch die Leiterführung zu punktuell unterschiedlichen Stromdichten (Ampere/dm^2) führt.

13.1.5. Zweiseitige Schaltungen mit stromlos metallisierten Löchern

Dieses Verfahren erlaubt geringe Toleranzen, weil nach dem Ätzen keine Metallisierung mehr aufgebracht wird, welche die Kanten der Leiter – in nicht genau definierbarer Weise – verbreitert.

Alle Leiterbahnen werden unmittelbar nach dem Ätzen mit einer Maske im Trocken- oder Naßverfahren beschichtet, die nur die vorgesehenen Löt- oder Kontaktflächen freiläßt.

Durch relativ genau definierte Leiterbreiten und Leiterabstände lassen sich Hochfrequenzspulen- und -kondensatoren sowie Wellenleitungen, oder aber auch die einfachen Schalt- und Koppelkapazitäten mit sehr geringen Abweichungen von Schaltung zu Schaltung herstellen. Es werden nur die Lochwandungen und die Lötaugen zusätzlich verkupfert. Diese Verkupferung erfolgt stromlos.

Die vorgenannten Masken verhindern nicht nur eine Verbreiterung und Verdickung der Leiter während der Metallisierung der Lochwandungen, sie schützen auch die Leiterbilder während der Verarbeitung und dienen bei der Bestückung auch als Lötstopmaske. Im Gebrauch verhindern sie Korrosion und Kurzschlüsse.

Die Lötaugen und Lochhülsen werden entweder mit einem Korrosionsschutzlack versehen oder mit einem Heißverzinnungsverfahren behandelt.

13.1.6. Zweiseitige Schaltungen mit metallisierten Löchern und galvanischer Behandlung nach dem Ätzen

Dieses Verfahren bietet die Vorteile des unter *13.1.5.* genannten Verfahrens.

Es unterscheidet sich darin, daß Lötaugen, Lochwandungen und Kontaktflächen mit galvanischen Auflagen versehen werden unter der Voraussetzung, daß alle genannten Teile galvanisch angeschlossen werden können *(Abb. 13.2.)*.

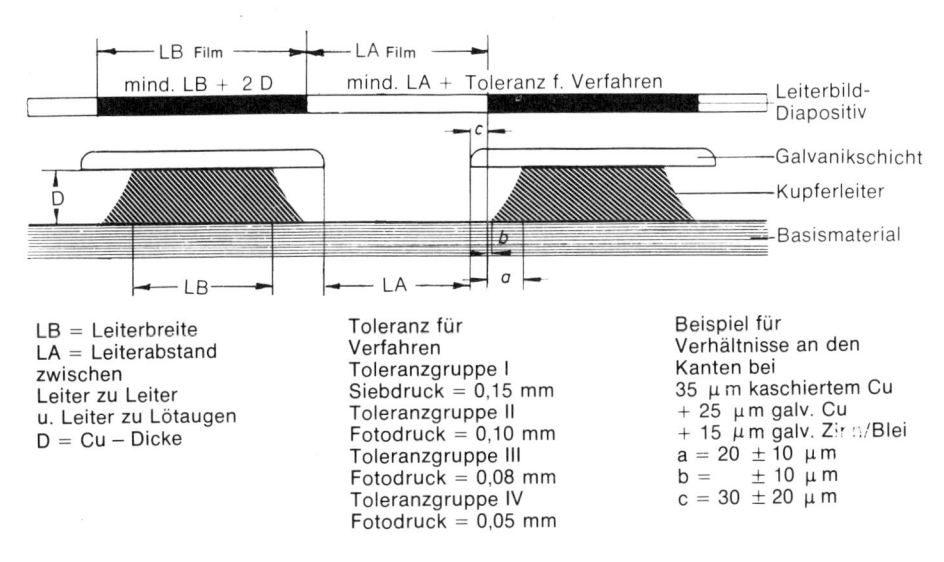

| LB = Leiterbreite
LA = Leiterabstand
zwischen
Leiter zu Leiter
u. Leiter zu Lötaugen
D = Cu – Dicke | Toleranz für
Verfahren
Toleranzgruppe I
Siebdruck = 0,15 mm
Toleranzgruppe II
Fotodruck = 0,10 mm
Toleranzgruppe III
Fotodruck = 0,08 mm
Toleranzgruppe IV
Fotodruck = 0,05 mm | Beispiel für
Verhältnisse an den
Kanten bei
35 μm kaschiertem Cu
+ 25 μm galv. Cu
+ 15 μm galv. Zinn/Blei
a = 20 ± 10 μm
b = ± 10 μm
c = 30 ± 20 μm |

Abb. 13.2.: Zweiseitige Schaltung, schematisch

13.2. Herstellverfahren

Für Konstrukteure und Entwickler, die Feinleiterschaltungen entwerfen, ist es wichtig, einiges über die Fertigungsverfahren dieser Schaltungen zu wissen.

Sie können dann nämlich im Entwurf und in der Druckvorlage fertigungsbedingte Abweichungen vorausschauend berücksichtigen. Solche Abweichungen entstehen beispielsweise durch Unterätzung oder galvanische Metallisierung.

Das folgende Ablaufschema für die obigen Verfahrensvarianten enthält nur die abweichenden Arbeitsgänge, um die Unterschiede möglichst deutlich zu machen *(Abb. 13.8.)*. Die nicht genannten Arbeitsschritte sind deswegen keineswegs weniger wichtig.

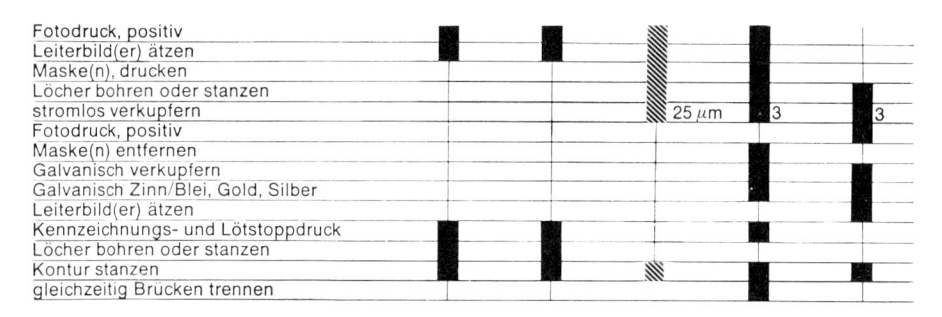

Fotodruck, positiv						
Leiterbild(er) ätzen						
Maske(n), drucken						
Löcher bohren oder stanzen						
stromlos verkupfern				25 μm	3	3
Fotodruck, positiv						
Maske(n) entfernen						
Galvanisch verkupfern						
Galvanisch Zinn/Blei, Gold, Silber						
Leiterbild(er) ätzen						
Kennzeichnungs- und Lötstoppdruck						
Löcher bohren oder stanzen						
Kontur stanzen						
gleichzeitig Brücken trennen						

Abb. 13.3.: Herstellverfahren

13.3. Verfahrensbedingte Toleranzen

Die hohe Präzision, die von Feinleiterschaltungen gefordert wird, zwingt dazu, alle Fertigungsschritte mit äußerster Sorgfalt und Präzision durchzuführen. Dies ist notwendig, weil von den ohnehin geringen Toleranzen jeder Arbeitsgang nur einen Bruchteil in Anspruch nehmen darf.

Einer der wichtigsten Fertigungsschritte in dieser Beziehung ist der Entwurf und die Herstellung der Druckvorlage. Bei doppelseitigen Schaltungen haben die Positionen der Lötaugen für durchmetallisierte Löcher auf der ganzen Plattenfläche nur sehr geringe Toleranzen. Nur ein Druckoriginal im Maßstab 10 : 1, Fotoplotter, einschlägige Erfahrungen und genauestes Arbeiten führen, wie bereits zu Anfang ausgeführt, zu brauchbaren Unterlagen.

Der Einsatz eines CAD *(Computer Aided Design)* -Systems gibt hier die beste Garantie für geringste Toleranzen und geringe Ausschußraten.

13.3.1. Leiterbreite und -abstand

Die Entwurfsarbeiten sollen unter Berücksichtigung folgender verfahrensbedingter Toleranzen durchgeführt werden.

13.3.1.1. Ätzverfahren ohne galvanische Plattierung der Leiterbahnen.

Bei der Konzeption einer Leiterplatte mit Leiterdurchführungen zwischen zwei Lötaugen sollte der Lötaugendurchmesser 1,4 mm nicht überschreiten, während der Lochdurchmesser bei 0,8 + 0,1 + 0,05 mm betragen sollte *(Abb. 13.4.)*.

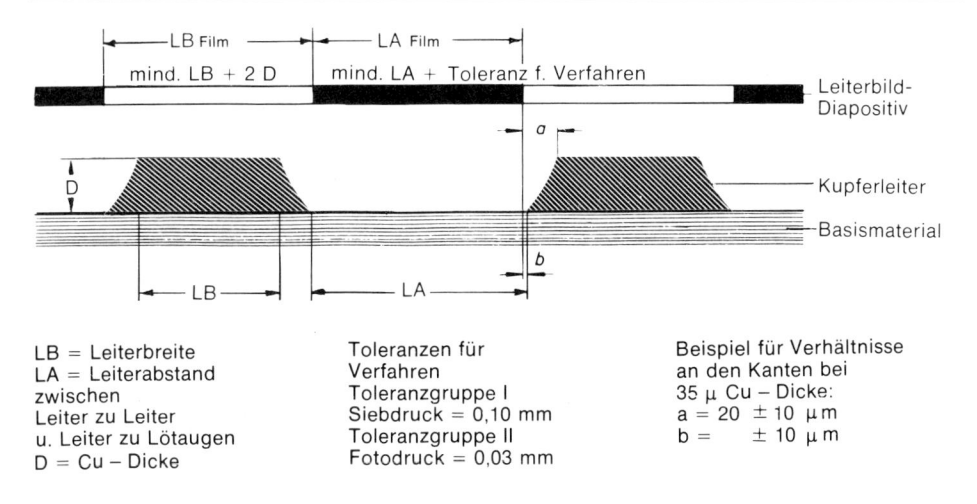

LB = Leiterbreite
LA = Leiterabstand
zwischen
Leiter zu Leiter
u. Leiter zu Lötaugen
D = Cu – Dicke

Toleranzen für
Verfahren
Toleranzgruppe I
Siebdruck = 0,10 mm
Toleranzgruppe II
Fotodruck = 0,03 mm

Beispiel für Verhältnisse
an den Kanten bei
35 μ Cu – Dicke:
a = 20 ± 10 μm
b =   ± 10 μm

Abb. 13.4.: Leiterbreite und -abstand

13.4. Auswahl des Basismaterials

Für die Feinleitertechnik können alle bekannten Basismaterialien verwendet werden. An ihre Qualität sind hohe Anforderungen zu stellen, da sie die Zuverlässigkeit der fertigen Schaltung wesentlich bestimmen.

Bezüglich der Verarbeitung ist zu beachten, daß Schaltungen mit durchmetallisierten Löchern aus Epoxidglashartgewebe nicht gestanzt werden sollten, wenn sie stärker als 0,5 mm sind. Bei stärkerem Material sind Stempelbrüche und Zerstörungen des Materials die Folge.

13.5. Prüfung

In der fertigen Baugruppe oder dem fertigen Gerät stellt die Leiterplatte oft nur einen geringen Kostenanteil dar.

Dennoch sind hohe Qualitätsanforderungen an sie zu stellen, und zwar deswegen, weil die Fehlerfeststellung nach der Bestückung meistens Ausschuß sowohl für die Leiterplatte, als auch für alle Bauteile bedeutet. Gerade integrierte Bauteile lassen sich sehr schwer auslöten. Reparaturen sind nicht immer sicher durchführbar, weil eine einwandfreie Kontrolle der Verbindungen oft nicht möglich ist. Auch wenn eine Reparatur möglich sein sollte, sind die Reparatur- und zusätzlichen Prüfkosten sehr hoch.

Eine hohe Betriebszuverlässigkeit ist deswegen für Leiterplatten unabdingbar.

13.6. Prioritäten

Beim Einkauf von komplizierten Leiterplatten *(Abb. 13.5. und Abb. 13.6.)*, zum Beispiel Feinstleitertechnik, sollten die Prioritäten deswegen wie folgt gesetzt werden:
1. Qualität
2. Liefertreue
3. Preis

Immer mehr Anwender fordern zu Recht die elektrische Prüfung für Leiterplatten. Es gibt Leiterplattenprüfgeräte mit Universaladapter, wobei hier die Voraussetzung besteht, daß alle Prüfpunkte einem Rastersystem zugeordnet sind.

Neueste Entwicklungen erlauben jedoch auch geringe Rasterabweichungen von einigen Prüfpunkten. Die Investitionen für elektrische Prüfgeräte sind zwar relativ gesunken, aber dennoch immer noch sehr hoch. Gerade hohe Packungsdichten erfordern notwendigerweise immer mehr die elektrische Endkontrolle.

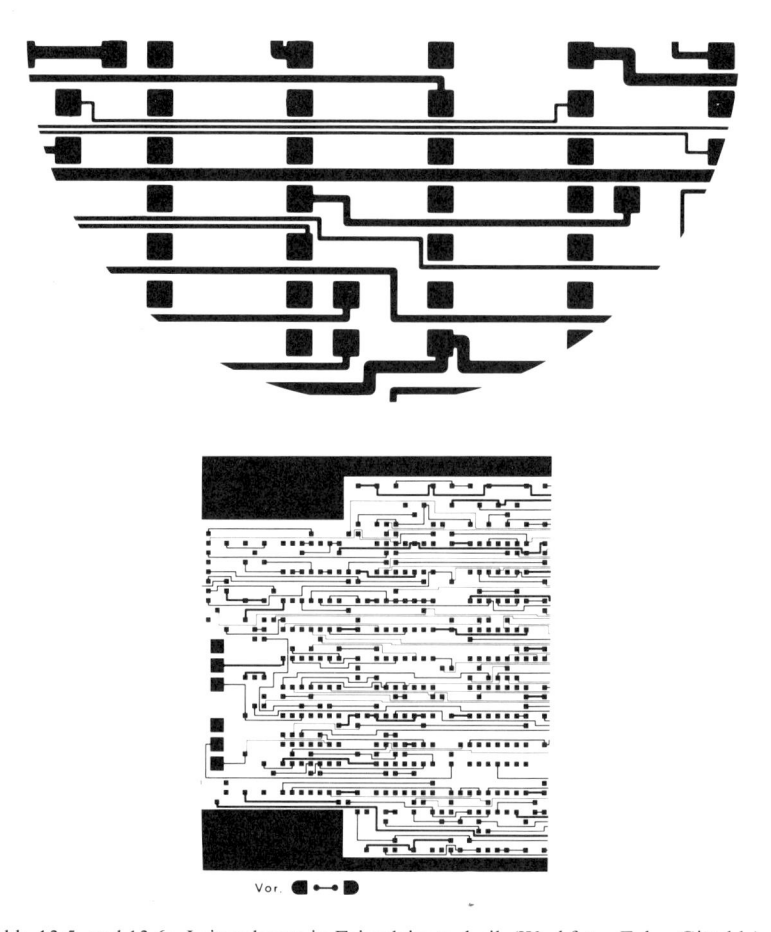

Abb. 13.5. und 13.6.: Leiterplatten in Feinstleitertechnik (Werkfoto: Fuba, Gittelde)

14. Standard-Volladditiv-Verfahren

14.1. Einführung in die Volladditiv-Technik

Die Leiterplatte war der wesentliche Katalysator für das schnelle Wachstum der Elektronik, da sie neben dem elektrischen Verbinden auch das mechanische Tragen der Bauelemente ermöglichte und die Montagekosten drastisch reduzierte. Schon im Jahr 1950 wurden Packungsdichten auf Leiterplatten realisiert, die die durchmetallisierten Löcher erforderten. Den Zwei-Ebenen-Schaltungen folgten 1960 die Mehr-Ebenen-Schaltungen *Multilayer*. Frühzeitig stellten Entwickler und Verarbeiter die Grenzen des konventionellen Durchmetallisierens fest. Die Nachteile sind:

Unterätzen

Das Unterätzen begrenzt die Leiterbreite und damit die Qualität der Hochfrequenzübertragungseigenschaften. Die Haftung der Leiterbahn wird reduziert. Für Feinstleiter kann nur Basismaterial mit einer Kupferfolie unter 10 µm Stärke verwendet werden.

Schichtdickenunterschiede in den Löchern

In den galvanischen Bädern erreicht man eine nicht immer ausreichende Feldstreuung im Loch. Die Folgen sind Dickenschwankungen, d.h. hohe Abscheidung von Metall an den Lochrändern und weniger in der Lochmitte, insbesondere bei Lochdurchmessern, die im Verhältnis zur Materialdicke gering sind.

Verhältnis Lochtiefe zu -durchmesser ist begrenzt

Bei Lochdurchmessern, die erheblich unter der Materialstärke liegen, ist, wie oben erwähnt, die galvanisch abgeschiedene Schicht in der Lochmitte geringer. Daraus ergibt sich eine definierte Grenze für den kleinsten Lochdurchmesser.

Schichtdickenunterschiede auf den Leiterbahnen

Die Leiterbahnen in den Randzonen der Platte und in Gebieten mit geringer Leiterbahndichte werden viel stärker metallisiert als Bahnen in der Mitte und in Gebieten mit hoher Leiterdichte. Unterschiedliche Leiterdichten von Vorder- zur Rückseite zeigen die gleiche Erscheinung.

Breitere Leiterbahnen und größere Lötaugen

Leiterbahnen und Lötaugen sind um die Unterätzungsrate größer anzulegen. Dadurch verringert sich die mögliche Leiterbahndichte.

Metallresist-Abbrüche

Nach dem Aufbringen der Schutzmetallschicht ist es notwendig ca. 17 µm, in vielen Fällen zwischen 35 µm und mehr Kupfer abzuätzen. Daraus ergibt sich, daß die Schutzmetallschicht einen Überhang an der Unterätzungsstelle aufzeigt, der durch mechanische Belastung abbricht und zu Kurzschlüssen führt. Als Problemlösung hierfür wurde das

Aufschmelzen eingeführt, das jedoch zu einer hohen Temperaturbelastung des Laminates und damit auch zu einer Verschlechterung der Qualität der Durchmetallisierung bei nicht hinreichender Überwachung führen kann.

Die genannten Nachteile führten schon 1955 zu Überlegungen und Entwicklungen, die die Volladditiv-Technik zum Ziele hatten. Die Vorstellung war, den Isolierstoff rein chemisch und selektiv auf der Oberfläche und in den Löchern zuverlässig zu metallisieren. Das erste für Großserienfertigung vorgesehene Verfahren wurde 1963 vorgestellt und war geeignet für das Herstellen von Leiterplatten in Ein-, Zwei- und Mehrlagen-Technik. Es konnte angewendet werden auf Isolierstoffen aus:

- Phenolharz-Papier
- Epoxidharz-Papier
- Epoxidharz-Glasvlies
- Polyester-Glas
- Mylar-Folien
- Teflon-Folien
- Keramik
- Plastikteilen und
- isolierten Metallplatten

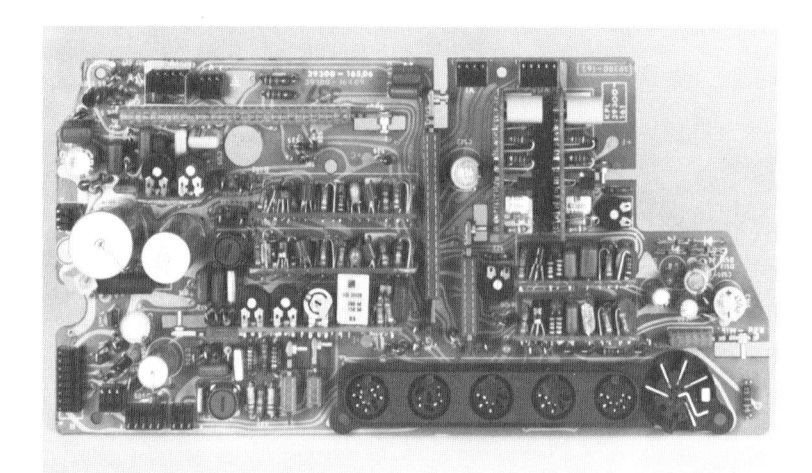

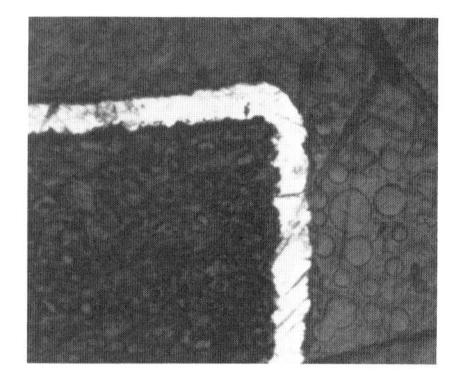

Abb. 14.1.: Leiterplatte, nach dem Volladditiv-Verfahren hergestellt mit Schliffbildern eines gebohrten (b) und eines gestanzten (c) Loches

und ergab eine chemische Lochverkupferung, die in der Stärke der Verkupferung der Leiterbahnen entsprach. Dieses Verfahren verwirklichte die elementare Idee des Volladditiv-Verfahrens: Die Leiterbahnen, Lötaugen und Lochmetallisierungen wurden direkt auf dem Isolierstoff hergestellt, anstatt über das Abätzen einer auflaminierten Kupferfolie. Das Verfahren erfüllte alle notwendigen Eigenschaften von Volladditiv-Verfahren:

- duktiles chemisches Kupfer
- elektrisch und löttechnisch geeignetes Kupfer
- adäquate Haftfestigkeit auf dem Isolierstoff
- effiziente und präzise Masken zum Bilden der Leiterbahnen
- Eignung für Großserienfertigung und günstiges Verhältnis zwischen Qualität und Kosten

Die entscheidenden Bestandteile der Volladditiv-Technik sind das chemische Metallisierungsbad und das Haftvermittlersystem. Die ersten bekannten Metallisierungsbäder waren *Batch*-Bäder, die diskontinuierlich betrieben wurden. Kontinuierliche, stabile Bäder für das chemische Metallisieren wurden entwickelt, sie werden heute rund um die Uhr betrieben und scheiden pro Stunde 1,5–2 µm Kupfer ab. Die Bäder sind so eingestellt, daß ein selektives Metallisieren möglich ist, nur Stellen, an denen Leiterbahnen, Lötaugen und Durchmetallisierungen aufzubauen sind, erhalten einen Kupferniederschlag. An den übrigen Stellen wird der Isolierstoff nicht metallisiert und behält seine Eigenschaften als Dielektrikum *(Abb. 14.1.)*. Für die Additiv-Technik wurde ein Haftvermittlersystem entwickelt, das dem chemisch abgeschiedenen Kupfer eine Haftfestigkeit verleiht, die minimal bei der Haftfestigkeit von aufkaschierten Kupferfolien liegt. Die Haftfestigkeit ist grundsätzlich in der Form zu sehen:

Schälhaftfestigkeit

Eine Normleiterbahn vorbestimmter Breite und Dicke wird senkrecht zur Isolierstoffplatte abgezogen. Die erforderliche Abzugskraft ist ein Maß für die Güte des Haftvermittlers.

Warmhaftfestigkeit

Auf die Leiterbahnen wird beim manuellen Anlöten von Verbindungen eine Abzugskraft in noch heißem Zustand des Haftvermittlers ausgeübt. Das Prüfen der Warmhaftfestigkeit geschieht mit einer Kreisfläche von 3 mm Durchmesser. Auf ihr wird ein Lötvorgang von 20 s Dauer und 250 °C ausgeführt. Nach dem Erstarren des Lötzinns (ca. 180 °C) wird bei 150 °C die Kreisfläche abgerissen. Die dazu erforderliche Kraft ist ein Maß für die Qualität des Haftvermittlers in warmem Zustand *(Abb. 14.2.)*.

Abb. 14.2.: Prüfgerät für die Warmhaftfestigkeit

14.2. Basismaterial und Haftvermittler

Für die Additiv-Technik sind eine Reihe der Isolierstoffmaterialien, die in den Kapiteln 2. und 3. beschrieben sind, geeignet. Der Prozeß des Kupferauflaminierens kann chemisch in jeder Schichtstärke und mit äquivalenter (in vielen Fällen höherer) Haftfestigkeit nachvollzogen werden. Sind auf der Leiterplatte Löcher durchzumetallisieren, so werden, wie bei den anderen Techniken, an den Isolierstoff besondere Anforderungen gestellt. Von hervorragender Bedeutung ist die Ausdehnung des Materials in der Dicke (z-Achse) während des Lötvorgangs. Gerade diese Ausdehnung, die wesentlich höher liegt als die des Kupfers, führt am 35 µm starken Kupferzylinder zu An- und Abrissen. In der Volladditiv-Technik können auf ausgewählten Materialien der Spezifikationen FR 4, G 10, FR 3 Durchmetallisierungen hoher Qualität hergestellt werden. Bei katalytischem Material ist die elektrische Leitfähigkeit zu prüfen und zu beachten. Der Oberflächenwiderstand kann durch den Katalysator herabgesetzt werden. Dabei ist gerade das gebohrte Loch dem gestanzten überlegen.

Beim Einsatz von FR 2 (Phenolharz)-Laminaten ist bei der Auswahl des Materials größte Sorgfalt anzuwenden. Die Zahl der Anbieter ist gering, deshalb ist vor jedem Einsatz ein umfangreiches Testprogramm durchzuführen. Das Basismaterial wird für die Volladditiv-Technik mit Katalysatoren dotiert, die das erste Abscheiden des stromlos reduzierbaren Kupfers auslösen. Das Dotieren erfolgt in zwei Verfahren:

- Das Tauchen in Katalysatorlösungen, die die Keime in kolloidaler und komplexierter Form oder in organischen Lösungsmitteln gelöst enthalten
- der Katalysator ist als chemische, nicht leitende Verbindung in das Basismaterial eingearbeitet

Bei Leiterplatten mit durchzumetallisierenden Löchern werden im ersten Fall alle Löcher vor dem Tauchen gestanzt oder gebohrt. Im zweiten Fall (kernkatalysiertes Basismaterial) erfolgt das Herstellen der Löcher erst nach dem Kleberbeschichten.

Die Haftfestigkeit des chemisch abgeschiedenen Kupfers zum Basismaterial hin wird durch Klebersysteme erzeugt. Je nach Eignung des Klebers ergeben sich Haftfestigkeiten, die zwischen den 1- und 3-fachen DIN-Werten liegen. Zu Beginn der Volladditiv-Technik verwendete man Kleber, die im Siebdruck-Verfahren auf das Basismaterial aufgebracht wurden. Der Kleberdruck entsprach dem Leiterbild. Im chemischen Kupferbad hat sich das Kupfer auf den siebgedruckten Leiterbahnen und in den Löchern abgeschieden – teilweise aber auch auf den Basismaterialien. Dieses unkontrollierte Abscheiden führte zu Kurzschlüssen. Sie konnten durch einen Negativdruck, der den Kleberdruck und damit das Leiterbild aussparte, behoben werden *(Abb. 14.3.)*. Mit diesem Verfahren war die Voraussetzung für die Serienfertigung in der Volladditiv-Technik gegeben. Als Nachteil

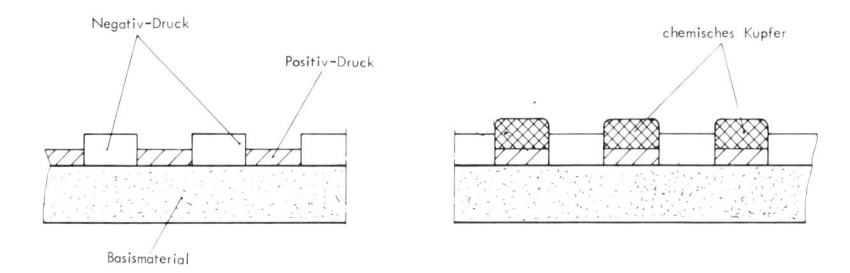

Abb. 14.3.: Positiv-Negativ-Druck für die Additiv-Technik

war nur noch die niedrige Haftfestigkeit, die beim DIN-Wert lag, vorhanden. Sie konnte mit diesem Verfahren nicht wesentlich verbessert werden.

Folgerichtig wurden ständig neue Kleber entwickelt und ausprobiert, um die zu geringe Haftfestigkeit zu beseitigen. Die ganzflächige Kleberbeschichtung stellte den entscheidenden Schritt zu hohen Haftfestigkeiten dar. Mit dieser Beschichtung und den Klebern, die eine große Mikrorauhigkeit nach dem Aktivieren aufweisen, ergeben sich Haftwerte von über 50 N/Zoll. Die Kleberschichtstärke soll minimal bei 20 µm liegen. Das Überschreiten von 35 µm bringt keine höhere Haftfestigkeit. Als Auftragsverfahren wird in erster Linie das Gießen über eine Vorhang-Gießmaschine angewendet *(Abb. 14.4.)*. Das Tauchbeschichten und Beschichten mit Walzenlackiermaschinen sowie das Transferbeschichten sind ebenfalls im Gebrauch. Die beschichteten Platten laufen durch einen Ofen, der den Kleber bei 150 °C aushärtet und zur Teilpolymerisation führt.

Abb. 14.4.: Vorhanggießmaschine (Werkfoto: R. Bürkle, Freudenstadt)

Für Leiterplatten mit hoher Leiterbahndichte wurde ein neues Transferbeschichtungs-Verfahren für das Aufbringen der Kleberschicht entwickelt. Der Kleber wird auf eine Kunststoff-Folie mit einer Vielkopffilmgießmaschine gegossen. Die Kleberschichtstärke liegt bei 30 ± 2,5 µm und weist eine sehr ebene Oberfläche auf. Nach dem Gießen und Trocknen wird die beschichtete Folie aufgerollt. Die Rollen werden in verschiedenen Breiten hergestellt und können auf den Laminatoren für Festfilmresist eingesetzt werden. Das Laminieren des Basismaterials kann einseitig oder zweiseitig erfolgen *(Abb. 14.5.)*. Die Laminiertemperatur liegt zwischen 120 und 150 °C. Neben den Vorteilen des einfachen Handhabens für den Leiterplattenhersteller ergeben sich weitere Vorteile:
- keine Lösungsmittel in der Fertigung
- staubfreie, ebene und durch Trägerfolie geschützte Kleberoberfläche
- gleichmäßiges Aushärten auf beiden Seiten der Leiterplatte
- größere Flexibilität in der Lagerhaltung von Basismaterialien

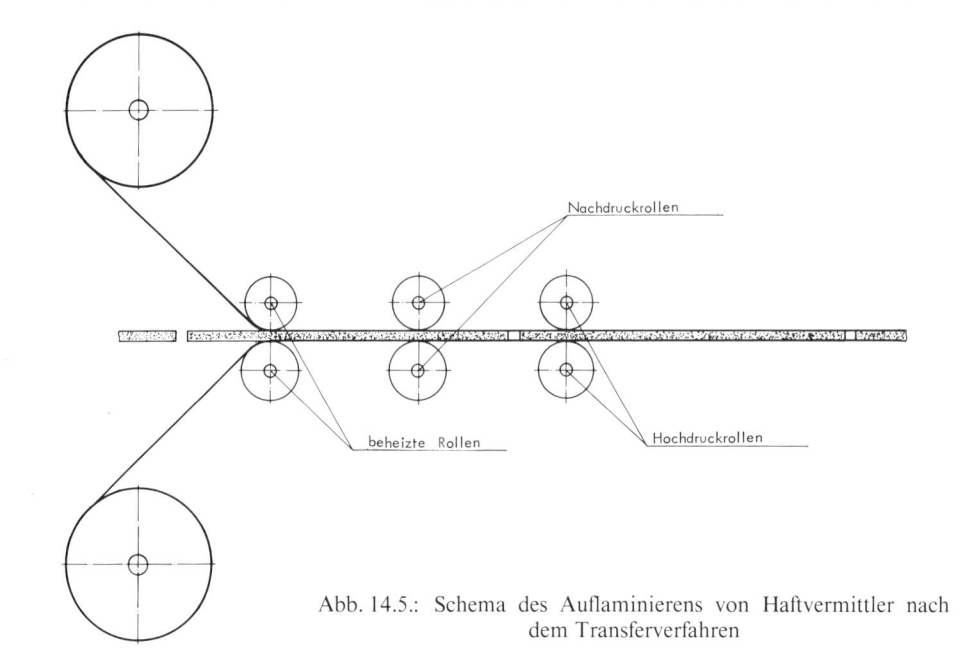

Abb. 14.5.: Schema des Auflaminierens von Haftvermittler nach dem Transferverfahren

Die Oberfläche der Kleberschicht ist hydrophob und relativ glatt, so daß eine ausreichende Haftfestigkeit des Kupfers in diesem Zustand nicht zu erreichen ist. Die Kleberoberfläche muß behandelt werden, um sie hydrophil zu machen. Die Behandlung soll auch eine erhebliche Vergrößerung der Verbindungsoberflächen liefern, die den Metallniederschlag in engen Kontakt – auf Molekular-Abstand – mit dem aufgerauhten Kleber bringen. Die Voraussetzungen für die Adhäsion in der Größenordnung von 50 N/Zoll und mehr werden durch das Behandeln der Kleberoberfläche mit wäßrigen, oxidierenden Lösungen geschaffen. Dieser Oxidationsprozeß wandelt die vorliegende, schwach elektropositive Oberfläche, die überwiegend aus Kohlenstoff-Wasserstoffverbindungen besteht, in eine hochgradig polarisierte Oberfläche mit starken elektronegativen Gebieten und geringeren schwächeren elektropositiven Gebieten um. Die hochgradig negativen Flächen ziehen positiv geladene Metalle, Metallkomplexe und Metallionen durch Dipol- oder Ionenkopplung an und führen zu engem Kontakt und guter Adhäsion.

Die Zusammensetzung der Kleberschicht ist für die Vergrößerung der Oberfläche ausschlaggebend. In den Klebern werden Stoffe eingebaut, die sich chemisch leicht oxidieren lassen und damit aus dem übrigen Klebergerüst ausgelöst werden können. Dieser Ätzvorgang führt zur Mikrorauhigkeit, zu den Mikroporen und vergrößert die verfügbare Kleberoberfläche wesentlich.

Die für Additiv-Verfahren patentierten Kleber sind so gestaltet, daß sie nach dem Aushärten oder Polymerisieren eine Zweiphasen-Struktur erreichen. Die chemische Zusammensetzung erzeugt zähe und harte, chemisch resistente Matrixverbindungen, in die der Zusatz, der chemisch schnell angegriffen und ausgeätzt werden kann, eingelagert ist. Um die feste Matrixverbindung des Klebers zu erreichen, wählt man organische Polymere, wie Epoxidharz, Epoxidharzvarianten und Epoxid-Phenolharzkombinationen aus, die eine hohe Wärmebelastbarkeit, Lösungsmittelbeständigkeit und gute elektrische Eigenschaften haben. Für das Herstellen von geeigneten Mischklebern werden Polymere ausgewählt, die Ketten mit konjugierten Doppelbindungen haben. Für die Volladditiv-

Technik wird z.B. ein Kleber eingesetzt, der aus einem Phenol-Epoxidharzgemisch und einem Acrylnitrilbutadien-Gummi-Vorpolymer zusammengesetzt ist. Die Eigenschaften des Klebers sind in *Abb. 14.6.* dargestellt. Die Ergebnisse zeigen, daß er sowohl für die Phenolharzpapierlaminate, Polyesterglaslaminate als auch Epoxidpapier- und Epoxidglaslaminate geeignet ist.

In der Volladditiv-Technik ist noch eine Verfahrensvariante, die EDB-Technik *(Electroless Direct Bond)* anzuführen. Als Haftvermittler dient eine 30 µm dicke Epoxidharzschicht, die beim Herstellen des Laminates auf den Oberseiten der Deckbögen erzeugt wird. Laminat und Harzschicht sind katalysiert. Die nicht zu metallisierenden Stellen werden durch eine Zweikomponenten-Maske abgedeckt. Das Kupfer scheidet sich auf den freiliegenden und chemisch aufgerauhten Epoxidharzflächen und in den Löchern ab.

Eigenschaften und Testergebnis	auf Phenol-Basis	auf Polyester-Glas-Basis	auf Epoxid-Glas-Basis
Haftfestigkeit lb/in (NEMA L-I-10)	13	10	15
Brennbarkeit (NEMA L-I-10-20)	selbstverlöschend	selbstverlöschend	selbstverlöschend
höchste Dauerarbeitstemperatur	105°C	105°C	105°C
Dielektrizitätskonstante bei 1MHz	4,5	5,6	4,92
Verlustfaktor bei 1MHz	0,036	0,081	0,021
Wasseraufnahme % (ASTM D-150)	0,60	0,30	0,09
Isolationswiderstand (Ohm)	10^{12}	$8,5 \cdot 10^{11}$	$8 \cdot 10^{12}$
nach 96h, 35°C, 90% rel. Luftfeuchtigkeit	$4 \cdot 10^{11}$	$3 \cdot 10^{10}$	$2 \cdot 10^{12}$

Abb. 14.6.: Eigenschaften eines Klebers für Volladditiv-Technik

14.3. Verfahrensablauf und Einrichtungen

14.3.1. Standard-Zweiseitenvolladditiv-Verfahren

Es wird der Ablauf zum Herstellen von Leiterplatten mit Durchmetallisierungen nach einem bekannten Volladditiv-Verfahren beschrieben *(Abb. 14.7.)*. Auf weitere Abläufe wird bewußt verzichtet, da die Modifikationsmöglichkeiten begrenzt sind und auch die Verständlichkeit darunter leidet. Die Arbeitsschritte der Sieb- und Fotodrucktechnik sind:

– *Zuschneiden des Basismaterials* auf Format (zweckmäßigerweise wird schon hier ein Standardformat genormt, da alle folgenden Prozeßschritte wirtschaftlicher durchgeführt werden können)
– *Reinigen der Zuschnitte* mit Trichloräthylen in einer Durchlaufreinigungsanlage; 20 °C, 6 m/min; Trocknen mit Frischluft; Tri-Rückgewinnung über Aktivkohle
– *Gießen des Haftvermittlers* mit Vorhanggießmaschine, 95 m/min, Viskosität 350–400 cps bei 20 °C, Naßfilmstärke 110 ± 10 µm. Erste Seite gießen und Vortrocknen im Durchlaufinfrarottrockner und dann zweite Seite gießen und trocknen mit IR, 2,5 m/min
– *Vorhärten des Haftvermittlers* im Umluftofen, 60 min bei 160 °C. Trockenfilmschicht des Haftvermittlers > 25 µm
– *Stanzen der Pilotlöcher* als Bezugslöcher für alle rastergebundenen Arbeitsschritte
– *Bohren und Stanzen* der durchzumetallisierenden Löcher, NC-Bohrmaschine mit 1–5 Spindeln oder hydraulische Presse mit typengebundenem Stanzwerkzeug
– *Mechanisches Aufrauhen und Reinigen* des Basismaterialzuschnittes. Bimsmehlbürstmaschine, 4,3 m/min, 40 l H_2O, 0,5 l Trinatriumphosphat, 10 l Bimsmehl, Trocknen mit Heißluftgebläse

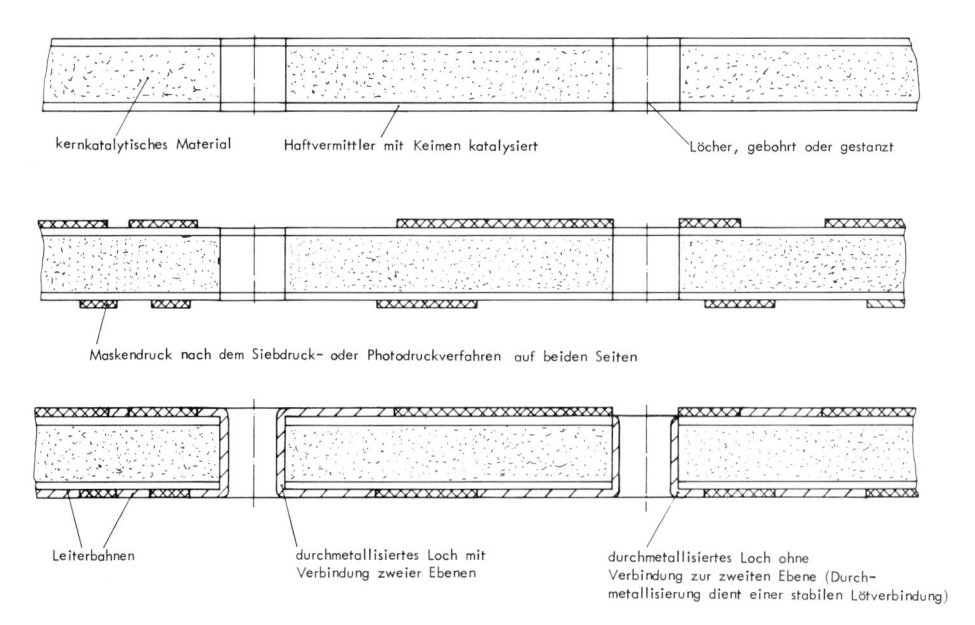

Abb. 14.7.: Verfahrensablauf der Additiv-Technik

- *Drucken des Leiterbildes* im Negativdruck mit einer 2-Komponenten-Maske. Stahlsiebgewebe verwenden wegen statischer Aufladung; 120 Faden pro cm. Trockenzeit: 30 min bei 120 °C. Nach dem Drucken der zweiten Seite Einbrennen 40 min 140 °C
- *Im Fotoprozeß:* Auflaminieren des Festresists auf beiden Seiten, Belichten, Entwickeln und Aushärten
- *Einbringen der Platten in Gestelle,* die auf einem Warenträger aufgehängt und einem Galvanisierautomaten übergeben werden
- *Aktivieren des Haftvermittlers* in Borfluorwasserstoffsäure und Natriumbichromat bei 40 °C, 15 min, Warenbewegung
- *Chromentgiftung* mit Natriumbisulfit 20 min
- *Kaskadenspülung*
- *Einbringung ins chemische Kupferbad,* pH = 12,6, Dichte 9 °Bé, 7 g/l $CuSO_4 \cdot 5\ H_2O$, 60 mg/l NaCN, 6,5 ml/l HCHO, 25 g/l AeDTA, Badtemperatur 68 ± 1 °C, Warenbewegung, Lufteinblasen und Badumwälzen. Expositionszeit 20–24 h für ca. 35 µm Kupferschichtdicke
- *Spülen* im Stand- und Kaskadenspülbad
- *Dekapieren* in H_2SO_4, 5 %ig, 5 min, 30 °C
- *Kaskadenspülen*
- *Im Fotoprozeß: Entfernen der Festresistschicht* in der Durchlaufentfernungsanlage
- *Aushärten der Leiterplatten,* 60 min, 160 °C
- *Drucken* des Lötstop- und Bestückungsdruckes und Einbrennen
- *Desoxidieren der Kupferleiter* in Durchlaufbeizanlage, 2 m/min, 22 % Natriumpersulfatlösung, 2 % Schwefelsäure
- *Schützen der Kupferflächen* mit Lötschutzlack, kollophoniumhaltig, verdünnt mit Isopropylalkohol, oder Tauchen in Wassertauchlack, 1 min Verweilzeit, Abtropfen 9 min, Ausfahrgeschwindigkeit 7 cm/min, Temperatur 20 °C. Rütteln, um Bohrungen durchgehend zu schützen
- *Stanzen der Ausschnitte, Löcher und Kontur,* Materialtemperatur bei 65–70 °C
- *Kontrolle der fertigen Leiterplatten* optisch oder elektrisch über Prüfautomaten

14.3.2. Multilayer-Volladditivtechnik bis vier Ebenen

Die Volladditivtechnik ist nicht nur auf zweiseitige Leiterplatten beschränkt, auch Multilayer bis vier Ebenen können unter Anwendung dieses Verfahrens hergestellt werden *(siehe Patentschrift DBP 1540297).* Mit der Anwendung der Volladditiv-Multilayertechnik haben sich verschiedene Herstellvarianten ergeben, die in diesem Abschnitt beschrieben werden *(Abb. 14.8.).*

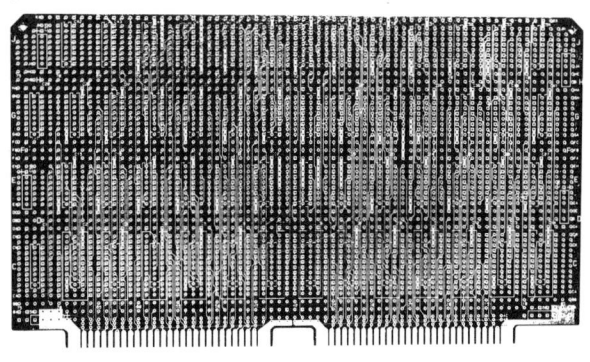

Abb. 14.8.: Volladditiv-Multilayer-Leiterplatte (Werkfoto: PCK-Technology Glen Cove)

14.3.2.1. Verbindung im Loch und auf der Fläche

Die Leiterbahnebenen werden paarig auf der Vorder- und Rückseite hergestellt. Nach dem Herstellen des ersten Paares (eine Ebene auf der Vorder- und eine auf der Rückseite) wird auf beiden Seiten eine Isolationsschicht im Siebdruckverfahren aufgebracht. Danach folgt eine Haftschicht, auch im Siebdruckverfahren.

Beide Schichten lassen die Lötaugen und die Stellen, auf denen eine flächige Verbindung geschaffen werden soll, frei. Die Haftschicht wird chemisch aufgerauht, nachdem im Negativdruck das Leiterbild der dritten und vierten Ebene aufgebracht wurde. Das freiliegende Kupfer wird angebeizt, um eine einwandfreie Verbindung der Ebenen zu erhalten. Anschließend verkupfert das chemische Kupferbad die Leiterplatten auf Soll-schichtstärke. Kann auf die flächige Verbindung verzichtet werden, so empfiehlt es sich, die Verbindung der Lagen im Loch zu schaffen. In diesem Fall wird die Isolationsschicht und die Haftvermittlerschicht nur an den Löchern ausgespart, alle anderen Flächen sind ganzflächig isoliert. Die *Abb. 14.9.a. und 14.9.b.* zeigen diese Art von Multilayerschaltungen im Schnittbild.

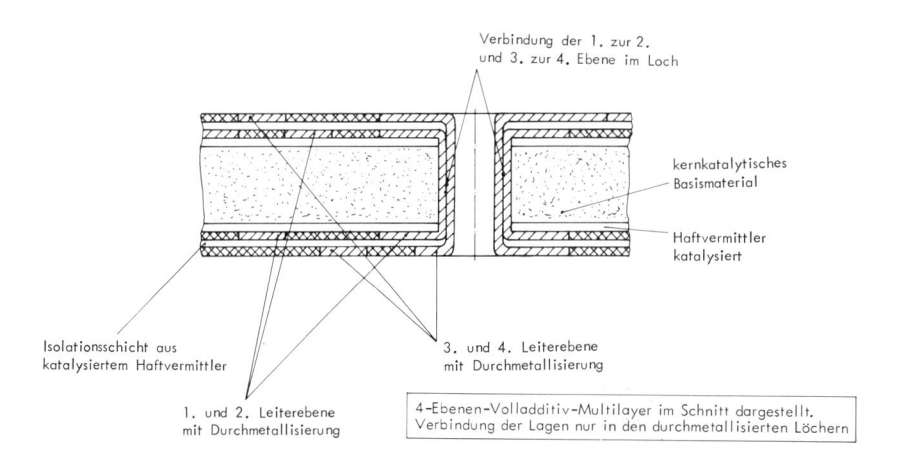

Abb. 14.9.a: Volladditiv-Multilayer. Verbindung mit Loch

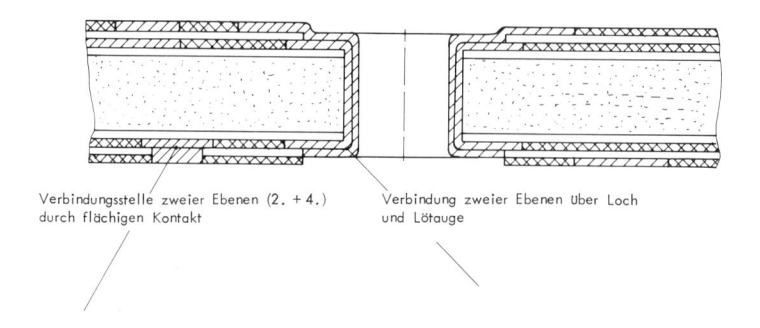

Abb. 14.9.b.: Volladditiv-Multilayer. Verbindung mit Loch und am Lötauge

14.3.2.2. Einfache Verbindung im Loch

Der Verzicht auf die Verbindung auf der Fläche und auf die Durchmetallisierung der ersten zwei Lagen bringt einige Vorteile bei der Herstellung und in der Qualität:

- bessere Isolation der Ebenen untereinander
- keine Probleme beim Aufbringen der Isolationsschicht, da die Registrierung entfällt
- Alternativen bei der Auswahl der Werkstoffe für die Isolationsschicht
- Vereinfachung im Verfahrensablauf und
- ebenere vier-Lagen Multilayerplatte

Für die ersten beiden Ebenen kann das Leiterbild additiv, oder aber subtraktiv hergestellt werden. Die Löcher, die die Verbindung der Lagen liefern, werden in einem später folgenden Arbeitsgang gebohrt oder gestanzt. Zur umfassenden Information ist im folgenden der Fertigungsablauf aufgezeigt. Der Einfachheit halber wird nur die Fertigung eines Multilayers mit subtraktiv hergestellten inneren Lagen beschrieben.

Fertigungsablauf:

- Zuschneiden des beidseitig mit Kupfer kaschierten kernkatalytischen Basismaterials. Materialstärke nach Bedarf (typisch 0,5 bis 0,8 mm)
- Leiterbild auf beiden Seiten im Sieb- oder Fotodruck herstellen
- Strippen des Ätzresists und Oxidieren des Kupfers
- Auflaminieren von kernkatalytischen Prepregs in der erforderlichen Stärke als Isolationsschicht
- Beschichten der Oberflächen mit Haftvermittler und Aushärten des Haftvermittlers
- genaues Stanzen oder Bohren der Passerlöcher, die optisch im geätzten Leiterbild zentriert werden
- Bohren der durchzumetallisierenden Löcher
- Drucken des Leiterbildes für die dritte und vierte Ebene im Sieb- oder Fotodruck
- chemisches Aufschließen des Haftvermittlers und Desoxidieren des Kupfers in den Löchern
- Verkupfern im chemischen Kupferbad auf Sollschichtstärke
- Drucken der Lötstopmaske auf beiden Seiten
- Desoxidieren und Konservieren des Kupfers
- Kontrollieren und Bestücken

Abb. 14.10.: Kleinanlage für die Volladditiv-Technik
(Werkfoto: Grundig)

14.3.3. Eineinhalbseiten-Volladditivtechnik

Die Lötverbindung zwischen dem Bauelementeanschlußdraht und dem Lötauge einer einseitigen Leiterplatte ist eine Schwachstelle in allen elektronischen Geräten (siehe auch *Kapitel 30.*). Auch deshalb sind den Lötanlagen die Lötstellenkontrolle und das Nachlöten nachgeschaltet. Zu der mangelhaften Lötstelle kommt noch die begrenzte mechanische Festigkeit der Lötaugen am Basismaterial dazu. Diese weitere Schwachstelle kann besonders bei Geräten, die im mobilen Einsatz stehen, zu einem frühzeitigen Ausfall führen.

Es ist deshalb bei einer einseitigen Leiterplatte vorteilhaft, zusätzlich im Loch eine Lötverbindung zu schaffen. Die Löcher werden durchmetallisiert. Diese Technik, die Eineinhalbseitentechnik, erhöht die Betriebszuverlässigkeit durch die zusätzliche Lötung im Loch und liefert einwandfreie Lötstellen. Mit diesem Verfahren ist es, besonders bei hoher Leiterbahndichte, möglich, die Lötung in das Loch hineinzulegen und auf das Lötauge zu verzichten. Es ergeben sich dadurch folgende Vorteile:

– hohe statische Belastbarkeit der Lötverbindung
– hohe dynamische Belastbarkeit der Lötverbindung
– keine halboffenen oder kalten Lötstellen
– kleinere Lötaugen und keine Brückenbildung beim Löten
– keine Haftungsverringerung durch das Nachlöten
– wesentlich gesteigerte Zuverlässigkeit im Langzeiteinsatz
– das mechanische Befestigen schwerer Bauelemente entfällt

Leiterplatten in Eineinhalbseitentechnik können nach verschiedenen Verfahren hergestellt werden. Als besonders gut geeignet hat sich jedoch die Volladditivtechnik herausgestellt. Der Verfahrensablauf beinhaltet die nachstehend aufgeführten Schritte:

Abb. 14.11.: Großanlage für die Volladditiv-Technik (System Schering)

- Zuschneiden von kernkatalytischen Phenol- oder Epoxidharz-Papier-Laminaten
- Beschichten mit Haftvermittler auf der Leiterbahnseite
- Stanzen oder Bohren der Löcher und Reinigen
- ganzflächiges Aufbringen der Maske auf der freien Seite
- Maske im Sieb- oder Fotodruck auf Leiterseite drucken
- Aktivieren des Haftvermittlers
- chemisches Verkupfern der Leiter und Löcher auf 35 µm
- Lötstop drucken, Desoxidieren und Konservieren
- Bestücken und Löten

14.3.4. Einrichtungen für die Volladditiv-Technik

Die Einrichtungs- und Anlagentechnik ist auf zwei Bereiche, die Kleinserien- und die Großserienfertigung, abzustimmen. Die Kleinanlagen sind in Baukastenform ausgelegt. Die Grundstufe ist mit einem 500 l Tank für das chemische Kupferbad bestückt *(Abb. 14.10.)*. Die Vor- und Nachbehandlung hat eine Kapazität für 4 x 500 l chemisches Kupferbad. Damit ist es mit einem 24 Stunden-Bad möglich, 50 m^2 Leiterplatten/Tag herzustellen. Die Kleinanlagen werden mit Zweipunktregelung betrieben, können aber auch mit dem PID-Regler ausgerüstet sein.

Großanlagen mit einer Tageskapazität von 100 m^2 aufwärts werden analog zu den bekannten Galvanisierautomaten aufgebaut *(Abb. 14.11.)*. Die Tanks für die Vor- und Nachbehandlung stehen in Reihe mit den Tanks für das chemische Metallisieren. Über den Tanks fahren lochstreifen- oder rechnergesteuerte Laufwagen, die die Warenträger mit den Leiterplattenpaketen Arbeitsschritt für Arbeitsschritt unter Einhaltung der Behandlungszeiten befördern. Damit ist eine qualitativ sichere Produktion mit reduzierten Lohnkosten möglich. Die Badumwälzung für das chemische Kupferbad führen Zentrifu-

Abb. 14.12.: Rohrsystem aus Glas (Schott)

galpumpen aus Glas aus. Ebenso ist das Tauscherrohrsystem aus Glas *(Abb. 14.12.)*. Tauschersysteme aus Edelstahl und Teflon sowie Dampfinjektionssysteme werden neuerdings eingesetzt. Die PID-Regler arbeiten auf eine Pumpenstation, die die Chemikalien in den Kreislauf über Glaseinspritzdüsen fördert *(Abb. 14.13.)*. Die Wärmetauscher sind z.B. aus einem Teflonrohrbündel, das vom Bad umströmt wird, zusammengefügt. In den Rohren zirkuliert Wasser mit einer über 68 °C liegenden Vorlauftemperatur.

Für das Aufbringen der Haftvermittlerschicht werden Einkopfgießanlagen, die die Leiterplattenzuschnitte durch einen Klebervorhang fördern, verwendet *(Abb. 14.4.)*. Eine Vortrockneranlage ist nachgeschaltet, damit wird erreicht, daß sofort nach dem Durchlauf der ersten Seite die zweite Plattenseite mit Kleber beschichtet werden kann. Das Aushärten des Klebers erfolgt in zeitgesteuerten Kammeröfen.

Abb. 14.13.: Pumpenstation (Werkfoto: Grundig)

14.4. Chemie des Metallabscheidens ohne äußere Stromquelle

14.4.1. Eigenschaften von chemisch komplexen, reduktiv arbeitenden Metallisierungsbädern

Reduktiv (chemisch) arbeitende Metallisierungsbäder unterscheiden sich von galvanischen Bädern durch die chemische Zusammensetzung und durch das Fehlen von elektrischen Feldern. Bei den stromlosen Metallisierungsverfahren sind die zu metallisierenden Gegenstände, die aus leitenden oder nicht leitenden Werkstoffen bestehen können, nicht als Elektroden in einem elektrolytischen Stromkreis geschaltet. Dadurch treten auch keine elektrischen Felder auf, wie sie beim galvanischen Metallisieren die Voraussetzung für den Stofftransport bilden. Die örtliche Verteilung der Feldstärke an der Kathode in galvanischen Bädern, die ein Maß für die örtliche Metallschichtdicke darstellt und durch Form und Abstand von Kathoden und Anoden bestimmt ist, ist bei reduktiven Bädern als konstant zu betrachten.

Bei stromlosen Metallisierungsbädern ist deshalb die Metallschichtdicke an allen Stellen gleich, sofern für einen ausreichenden Nachschub an Badlösung gesorgt wird. Das stromlose Metallisieren wird deshalb für Metallisierungsprobleme eingesetzt, bei denen eine Lösung mit Hilfe von galvanischen Verfahren nicht mehr oder nur noch mit hohem Aufwand erzielt werden kann.

Das Konstanthalten der Konzentration der Badkomponenten ist für die Qualität ausschlaggebend. Das Abweichen einzelner und mehrerer Komponenten von den Sollwerten führt entweder zum Passivieren des gesamten Bades oder zu einer spontanen Reduktion, d.h. das in Form von Kupfersulfat eingebrachte Kupfer fällt unkontrolliert mit hoher Geschwindigkeit ($> 1,5\,\mu m/h$) aus. Diese beiden Grenzeinstellungen des reduktiven Metallisierungsbades haben zur Folge, daß die Chargen durch das Passivieren oder durch den spontanen Ausfall teilweise wertlos sein können.

Wenn infolge der Badzusammensetzung der schmale Stabilbereich zwischen Passivität und spontaner Reduktion nicht eingehalten wird, so ist die gesamte Produktion, die sich in den Bädern befindet, qualitativ weitestgehend negativ beeinflußt.

Das Passivieren ist ein Zeichen dafür, daß durch das Abweichen von den Sollwerten der Badzusammensetzungen die Abscheidungsgeschwindigkeit partiell gegen Null geht. Bei geringen Abscheidungsgeschwindigkeiten wird nicht nur die Verweilzeit verlängert, sondern es bilden sich auf der Metalloberfläche Oxidschichten, die das weitere Ablagern von Metallatomen unterbinden. An diesen Stellen ist es dann, trotz Einstellen der Badkomponenten auf den Sollwert, nicht mehr möglich, die erforderlichen Schichtdicken aufzubringen. Wenn Passivierungen auftreten, was teilweise durch optische Kontrolle und sehr gut durch das Messen der Schichtdicke nachzuweisen ist, dann muß die gesamte, im Bad befindliche Produktion ausgefahren, die Metalloberfläche durch Anätzen und damit Entfernen der Oxidschicht reaktiviert werden. Nach diesem Vorgang, der zu erheblichen Kapazitätsverlusten führt, kann auf der verbleibenden Restmetallschicht der Aufbau in den meisten Fällen fortgesetzt werden.

Die spontane Reduktion der Metallionen, die auf den Leiterbahnen, die Keime enthalten oder bereits metallisiert, und auf isolierten Flächen, auf denen kein Niederschlag erfolgen darf und bei normaler Badfunktion auch nicht erfolgt, stattfindet, führt zum totalen spontanen Metallisieren der eingebrachten Produktion und der Anlage.

14.4.2. Arbeitsweise der reduktiv arbeitenden Metallisierungsbäder

Die Arbeitsweise der Metallisierungsbäder ohne äußere Stromquelle wird mit Hilfe der thermodynamischen Kinetik beschrieben. Für das Berechnen der stofflichen, chemischen und energetischen Reaktionen werden die thermodynamisch-elektrochemischen Grundlagen herangezogen. Das Metallabscheiden in reduktiv arbeitenden Metallisierungsbädern (ohne äußere Stromquelle) wird als Oxidationsvorgang

$$R^{n+} \rightarrow R^{(n+1)+} + e \tag{1}$$

(R = Reduktionsmittel)

dargestellt, der die für die Elektrodenreaktion der Metallabscheidung erforderlichen Elektronen liefert:

$$Me^+ + e \rightarrow Me \tag{2}$$
(Me = Metall)

Für die Bezugsspannungen an den Elektroden (bezogen auf Wasserstoffspannung U_H) gilt folgende Beziehung:

$$U_{Ha} < U_{Hk} \tag{3}$$
U_{Ha} (V) Anodenbezugsspannung
U_{Hk} (V) Kathodenbezugsspannung

Die Werte für U_{Ha} und U_{Hk} lassen sich nach der *Nernst*-Gleichung berechnen. Nur dann, wenn die Bedingung (3) gilt, kommt es zum freiwilligen Abscheiden von Metallen. Die energetische Begründung ist durch die elektrochemische Affinitätsbeziehung gegeben:

$$A_a = 23\,060\,n\,\Delta U_a \text{ (kcal)} \tag{4}$$
$$A_k = 23\,060\,n\,\Delta U_k \text{ (kcal)} \tag{5}$$
n (1) = pro Mol umgesetzte Elektrizitätsmenge, Elektrodenreaktionswertigkeit
U_a, U_k (V) = anodische, respektiv kathodische Überspannung

Für das kathodische Metallabscheiden ist Bedingung, daß die elektrochemische Affinitätsdifferenz $A_k - A_a$ einen positiven Wert der chemischen Affinität ergibt:

$$A = 23\,060\,n\,(U_{Hk} - U_{Ha}) \text{ (kcal)} \tag{6}$$

Die stofflich möglichen Elektrodenreaktionen lassen sich aus dem Gleichgewichtsspannungs-Stromausbeute-Diagramm für die Abscheidung der einzelnen Metalle in Stoffsystemen Metall/wäßrige Lösung und Reduktionsmittel/wäßrige Lösung ableiten *(Abb. 14.14.)*. Die zugehörigen Überspannungen ΔU_a und ΔU_k können auch aus dem Diagramm entnommen oder direkt mit der *Nernst*schen Gleichung ermittelt werden (siehe Beispiel Kupferabscheidung).

$$U_a = U_H - U_{Ha} \text{ (V)} \tag{7}$$
$$U_k = U_H - U_{Hk} \text{ (V)} \tag{8}$$

Da definitionsgemäß $U_H = 0$ ist, sind die oben angegebenen Überspannungen gleich den Abweichungen der Bezugsspannung von der Gleichgewichtsspanung der Normal-Wasserstoffelektrode.

Finden an der zweifachen Elektrode die Reaktionen mit den Überspannungen ΔU_a (J) und ΔU_k (J) statt, wobei ΔU_a (J) ≠ ΔU_k (J) und ΔU_k (J) < 0; ΔU_a (J) > 0 ist, so stellt sich an dieser zweifachen Elektrode eine Bezugsspannung U_{Hb} ein. Die Lage der Bezugsspannung ist durch eine Ungleichung definiert:

$$U_{Ha} < U_{Hb} < U_{Hk} \tag{9}$$

Eine kathodische Metallabscheidung ist nur dann möglich, wenn diese Ungleichung erfüllt wird.

Liegt die Bezugsspannung U_{Hb} zwischen U_{Ha} und U_{Hk} dann gilt die Neutralreaktion:

$$Me^+ + R^{n+} \rightarrow Me + R^{(n+1)+} \tag{10}$$

Chemie des Metallabscheidens ohne äußere Stromquelle

anodisch: $HCHO + H_2O \longrightarrow HCOOH + 2H^+ + 2e$

kathodisch: $Cu(OH)_2 + 2H^+ + 2e \longrightarrow Cu + 2H_2O$

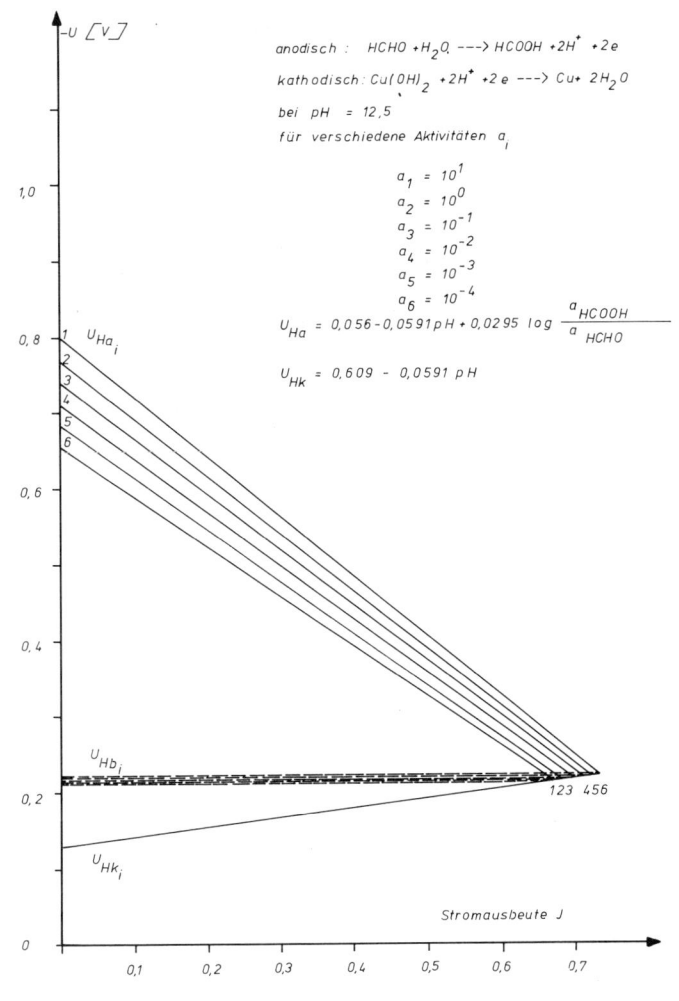

bei pH = 12,5

für verschiedene Aktivitäten a_i

$a_1 = 10^1$
$a_2 = 10^0$
$a_3 = 10^{-1}$
$a_4 = 10^{-2}$
$a_5 = 10^{-3}$
$a_6 = 10^{-4}$

$U_{Ha} = 0,056 - 0,0591\,pH + 0,0295 \log \dfrac{a_{HCOOH}}{a_{HCHO}}$

$U_{Hk} = 0,609 - 0,0591\,pH$

Abb. 14.14.: Spannungs-Stromausbeute-Diagramm

14.4.3. Die chemisch-thermodynamischen Vorgänge bei reduktiven Metallisierverfahren, im besondern beim Verkupfern

Zum Abscheiden von Kupfer auf dem reduktiven Wege sind verschiedene Badzusammensetzungen bekannt und in Anwendung. Das Reduktionsmittel ist überwiegend Formaldehyd, HCHO. Die Reduktionswirkung des Formaldehyds wird wie folgt dargestellt:

$$Cu^{2+} + HCHO + 3OH^- \rightarrow Cu + HCO_2^- + 2H_2O \qquad (11)$$

Diese Reaktion verläuft unter Verbrauch von OH^--Ionen, so daß der pH-Wert der Lösung absinkt, wobei gleichzeitig der Kupferniederschlag entsteht; Affinität > 0. Bei einem Abfall des pH-Wertes vermindert sich die Abscheidegeschwindigkeit. Es ist deshalb erforderlich, bei alkalischen Bädern den pH-Wert durch Zugabe von Laugen auf dem Wert für die optimale Abscheidegeschwindigkeit zu halten. Beim Entstehen des Kupferniederschlags setzt sich die Reaktion mindestens aus zwei gleichzeitig ablaufenden Elektrodenreaktionen zusammen:

anodisch: $HCHO + 3 OH^- \rightarrow HCO_2^- + 2 H_2O + 2 e$ (12)
$n_a = +2$

kathodisch: $Cu^{2+} \rightarrow Cu - 2\,e$
$n_k = -2$ (13)

Das Kupferabscheiden läßt sich jedoch nicht nur auf eine Einzelreaktion mittels einer zweifachen Elektrode zurückführen. In den Bädern treten eine Reihe von Reaktionen auf, die unter Umständen über Mehrfachelektroden laufen. Es läßt sich eine große Zahl von Neutralreaktionen aufstellen, die mit positiver Affinität A > 0 ablaufen, aber nicht in allen Fällen zu einer Abscheidung führen. Im Nachfolgenden werden die Kriterien aufgezeigt, die das Kupferabscheiden definieren lassen.

Marković u.a. bringen Beispiele für über Zweifach-Elektroden ablaufende Neutralreaktionen zum Abscheiden von Kupfer und ebenso Reaktionen ohne Abscheidung von Kupfer, die über Einzelektroden ablaufen. Es liegt nahe, die stöchiometrischen Voraussetzungen für den Ablauf dieser Reaktion zu schaffen und zu versuchen, unter diesen Bedingungen ein Metallisieren gesamtstromlos durchzuführen. In der Praxis zeigt sich jedoch, daß unter bestimmten stöchiometrischen Bedingungen, die spezifisch für eine Reaktion gelten, kein brauchbares stromloses Metallisieren durchzuführen ist.

Im Folgenden sind einige mögliche Neutralreaktionen im reduktiven Kupferbad aufgeführt, die aus Zweifach-Elektroden bestehen, d.h. der eine Ablauf besteht in einer kathodischen Reaktion, während der andere Reaktionsablauf in einer anodischen Reaktion besteht. Beide Teilreaktionen miteinander verknüpft, führen zum stromlosen Metallabscheiden im Kupferbad. Darüber hinaus ist es noch möglich, zum stromlosen Metallabscheiden über Mehrfachelektroden zu kommen.

Mögliche anodische Reaktionen:
$HCHO + H_2O \rightarrow HCOOH + 2 H^+ + 2\,e$ (14)
$HCHO + H_2O \rightarrow HCO_2^- + 3 H^+ + 2\,e$ (15)
$HCHO + 2 H_2O \rightarrow H_2CO_3 + 4 H^+ + 4\,e$ (16)
$HCHO + 2 H_2O \rightarrow HCO_3^- + 5 H^+ + 4\,e$ (17)
$HCHO + 2 H_2O \rightarrow CO_3^{2-} + 6 H^+ + 4\,e$ (18)

Kathodische Teilreaktion:
$(Cu_8(C_4H_4O_6)_6(OH)_{10})^{6-} + 16\,e \rightarrow$
$\rightarrow 8\,Cu + 6(C_4H_4O_6)^{2-} + 10\,OH^-$ (19)

Die anodischen und kathodischen Überspannungen für die genannten Reaktionen verlaufen nach den genannten Gleichungen und sind abhängig vom pH-Wert und von der Aktivität.

In der *Abb. 14.15.* ist die anodische Teilreaktion (14):

$HCHO + H_2O \rightarrow HCOOH + 2 H^+ + 2\,e$

und die kathodische Teilreaktion (19):

$Cu(OH)_2 + 2 H^+ + 2\,e \rightarrow Cu + 2 H_2O$

dargestellt.

Ähnliche Ergebnisse in anodischen und kathodischen Überspannungen U_{Ha}, U_{Hk}, Mischspannung U_{Hb} und Affinität A, abhängig von den Parametern pH-Wert und Aktivität, bringen die Reaktionen (15) bis (19).

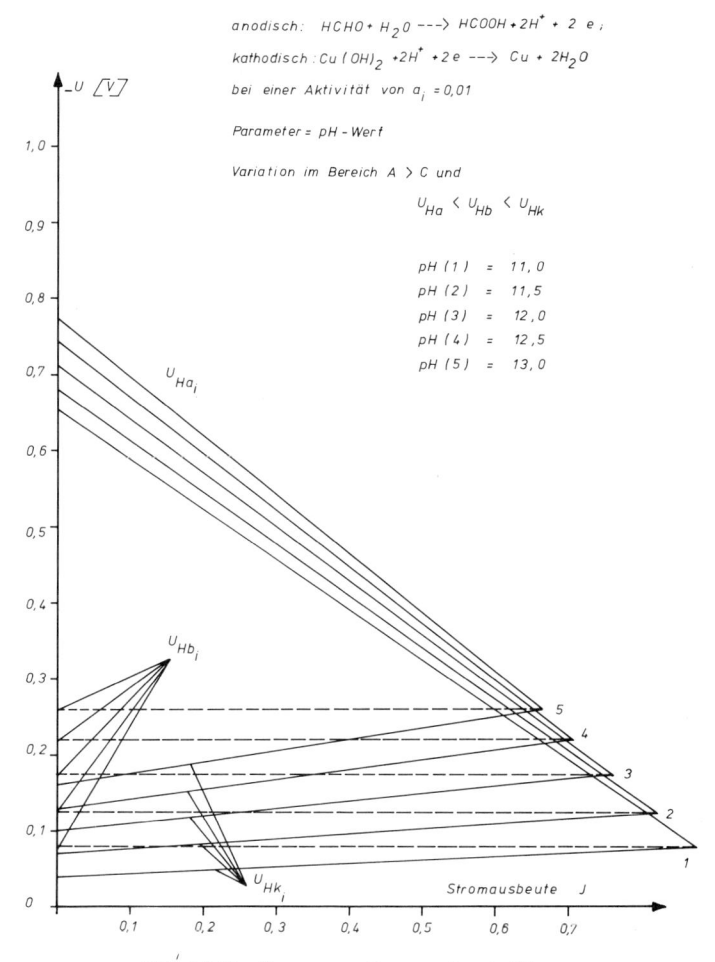

Abb. 14.15.: Spannungs-Stromausbeute-Diagramm

Der technische Arbeitsbereich, der für reduktive Kupferbäder gewählt wird, liegt im pH-Wert zwischen $11 < pH < 13$. Alle Reaktionen, wie z.B. in *Abb. 14.16.* dargestellt, erfüllen in den Aktivitätsbereichen $10^{-4} < a_i < 10^1$ die Bedingungen (6) und (9). Demnach laufen alle vorgenannten Teilreaktionen über eine Zweifach-Elektrode ab und führen zum Abscheiden von metallischem Kupfer im reduktiven Metallisierungsbad.

Eine stöchiometrische und damit mathematische Analyse der reduktiven Metallabscheidung ist deshalb nicht durchführbar. Es ist notwendig, mit Hilfe von geeigneten Meß- und Regelverfahren die metallische Abscheidung zu optimieren.

14.4.4. Der stabile Arbeitsbereich

Der stabile Arbeitsbereich wird durch die untere Grenze, das Selbstpassivieren des Kupfers an der Oberfläche der Werkstücke und die obere Grenze, den spontanen Ausfall des Kupfers im Bad, beschrieben. Das Selbstpassivieren des Kupfers wird auf die Oxidation

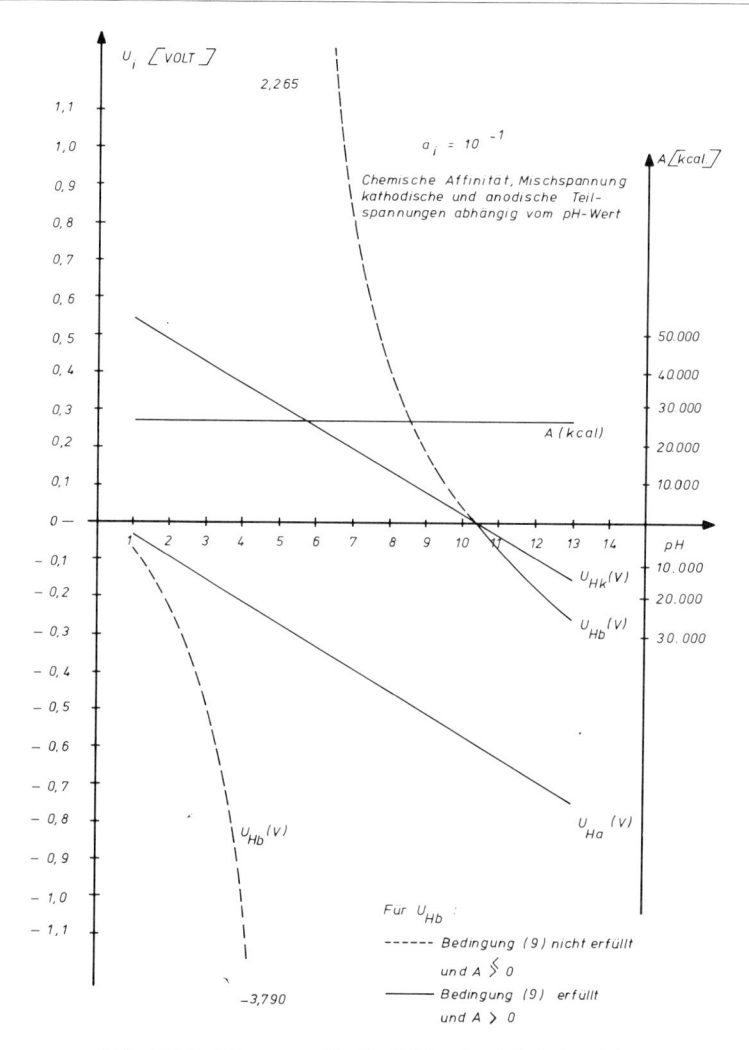

Abb. 14.16.: Diagramm für das Prüfen des Arbeitsbereiches

des metallischen Kupfers zum Kupferoxydul zurückgeführt. An diesen Stellen der Passivierung bildet sich eine Doppeldeckschicht-Elektrode von:

$Cu\ /\ Cu_2O\ /\ Cu(OH)_2$

mit der Primärschicht Cu_2O am Metall. Diese primäre Doppeldeckschicht-Elektrode wird durch Umwandlungsreaktionen in die sekundäre Doppeldeckschicht-Elektrode

$Cu\ /\ CuO\ /\ Cu(OH)_2$

überführt. Das durch den oben genannten Vorgang hervorgerufene Passivieren läßt kein weiteres Kupferabscheiden an den passivierten Stellen zu.

Die obere Grenze des Arbeitsbereiches, das spontane Abscheiden des Kupfers und der Ausfall, wird über die Phase des rapide zunehmenden Abscheidens erreicht. Das Kupferabscheiden erfolgt hier nicht mehr selektiv an den mit Keimen versehenen oder bereits vorverkupferten Stellen, sondern ganzflächig an allen Stellen. Der Zustand des spontanen Abscheidens bringt Aufwachsungen auf Isolationsflächen, das Zuwachsen von Trennungsabständen und einen hohen Verbrauch von Chemikalien mit sich.

Zum genauen Beurteilen der Arbeitsweise ist es notwendig, den Parameter Abscheidegeschwindigkeit zu definieren und meßtechnisch zu erfassen. Sie läßt das Beurteilen des augenblicklichen Zustandes im Bad zu, und durch ihre Einstellung kann die Arbeitsweise, entsprechend den Anforderungen, gewählt werden. Bei feinen Strukturen wird der selektive Aufbau genauer und sicherer mit niedriger Abscheidegeschwindigkeit und hoher Badexpositionszeit erreicht. Beim strukturlosen (totalen) Verkupfern kann mit hoher Geschwindigkeit in kürzerer Zeit die Aufkupferung auf die Sollschichtstärke durchgeführt werden.

14.4.5. Das Abscheiden von weiteren Metallen (außer Kupfer) ohne äußere Stromquelle

Die chemische Silberabscheidung beruht auf einer Reaktion, die 1835 von *Liebig* entdeckt wurde. Heute sind verschiedene *Batch*-Silberbäder bekannt. Die chemischen Nickelbäder werden ebenfalls als *Batch*-Bäder für das Metallisieren von Leiterplatten eingesetzt. Als kontinuierliche Bäder mit einer Gesamtabscheidung > 20 µm haben sie keine Bedeutung, da das Löten auf Nickel ausscheidet. Das Abscheiden von Kobalt wird für das Erzeugen von Impedanzen angewendet (Kombination mit Nickel möglich). Chemisches Verchromen findet Anwendung in der Kunststoff-Metallisierung. Über das chemische Vergolden gibt es einige Arbeiten, die die Eignung der reduktiven Goldbäder aufzeigen. Nach wie vor wird aber bevorzugt partiell und ganzflächig galvanisch vergoldet. Für weitere unedle Metalle liegen Veröffentlichungen über chemische Bäder vor, haben aber technisch noch keine Bedeutung für die Leiterplattenfertigung erlangt.

14.4.6. Katalysatoren für Kupferbäder ohne äußere Stromquelle

Die chemischen Kupferbäder stellen größtenteils modifizierte *Fehling*sche Lösungen dar. Für das Metallisieren von Isolierstoffen ist es notwendig, das Abscheiden auszulösen. Dazu werden sogenannte Katalysatoren (SEEDER) oder Aktivatoren eingesetzt. Es eignen sich dafür:

- Palladium
- Platin
- Gold
- Silber
- Kupfer

Der Katalysator wird als wäßrige oder organische Lösung durch das Benetzen der Leiterplatte auf die Oberfläche und in den Löchern aufgebracht. Dabei sind einstufige und zweistufige Katalysatoren in Anwendung. Für den einstufigen ist eine Reduktion zum Metallnuklid nicht erforderlich, während der zweistufige vor dem Metallisieren der Leiterplatte chemisch reduziert werden muß. Als Katalysatormetall werden überwiegend Palladium und Kupfer verwendet. Palladiumverbindungen sind auch in fester Form zu erhalten und werden als Pulver bei der Herstellung von Laminaten in das Harz mit eingearbeitet (Anteil 4–10 Gewichtsprozent zum Harz). Aus wirtschaftlichen Gründen wurden neue *Seeder*-Systeme auf Kupferbasis entwickelt, die sich inzwischen großtechnisch bewährt haben und durch Kostensenkung auszeichnen. Damit ist im Tauchverfahren bei geringen Kosten eine hohe Keimdichte zu erreichen, was zu einem Verkürzen der Anspringzeit führt.

14.5. Industriell angewandte Badtypen

Für die Volladditiv-Technik ist ein *duktiles* stromlos abgeschiedenes Kupfer erforderlich. Weist das Kupfer nicht die notwendige Duktilität auf, so entstehen beim Löten der bestückten Leiterplatten An- und Abrisse am Loch-Leiterübergang. Die *Batch*-Bäder scheiden deshalb nicht nur wegen der höheren Kosten, sondern auch infolge der meistens zu geringen Duktilität aus. Hinreichend duktiles Kupfer liefern die kontinuierlich betriebenen und mit Konzentrationsregelungen versehenen Langzeitbäder *(Abb. 14.17.)*. Als Standard-Langzeitbad mit einer Abscheidegeschwindigkeit von ca. 1,5 µm Kupfer pro Stunde ist z.B. das von der Firma *Photocircuits-Kollmorgen Corporation,* Glen Cove, New York, entwickelte CC4-Bad bekannt. Das Bad wird mit Konzentrationsregelung betrieben und besitzt unter diesen Bedingungen eine unbegrenzte Lebensdauer. Es kann in verschiedenen Modifikationen betrieben werden, die jeweils dem Einsatz angepaßt werden. Eine lang erprobte Modifikation ist im Folgenden aufgezeigt, sie möge als Beispiel einer Badzusammensetzung gelten:

pH-Wert	: 12,65 eingestellt mit NaOH
Dichte	: 9 – 10 °Bé eingestellt mit H_2O
$CuSO_4 \cdot 5H_2O$	: 7 g/l hochreines Kupfersalz (< 7 ppm Fe)
HCHO (37 %)	: 6,5 ml/l als Reduktionsmittel
NaCN	: 60 mg/l als Duktilitätsförderer
AeDTA	: 25 – 30 g/l als Komplexierungsmittel
Temperatur	: 68 ± 1 °C
Umwälzung	: > 1/h
Warenbewegung	: über Stangenexzenter und über Lufteinblasung

Das Bad kann in Kleinanlagen (200 – 2.000 l Volumen) betrieben werden. Große Anlagen für chemisches Metallisieren haben CC4-Standardbäder mit 20.000 l Kapazität. Dieses Standardbad hat mit der Abscheidegeschwindigkeit von 1,5 µm/h eine Zykluszeit für die Leiterplatten von 20 – 24 Stunden, um die Kupferschicht von 35 µm aufzubauen. Die Verfahrenstechnik hat zum Reduzieren der Verweilzeit im Bad, die auch durch den hohen pH-Wert eine extreme Belastung für das Basismaterial, Masken und Resist darstellt, zwei Richtungen eingeschlagen:

- Entwicklung von schnellen Reduktionsbädern mit einer Abscheidegeschwindigkeit von > 2,5 µm/h
- Herabsetzen der Kupfer-Schichtdicken auf den Leiterplatten von 35 µm auf 20 µm

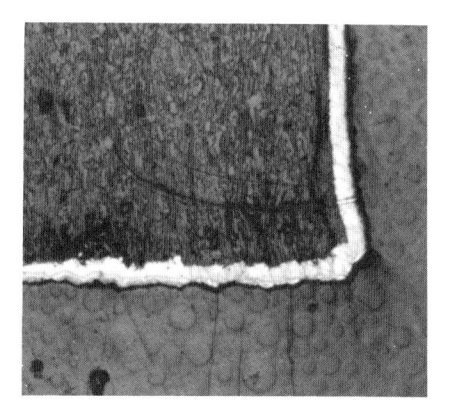

Abb. 14.17.: Gestanztes Loch mit duktilem Kupfer

Das Herabsetzen der Schichtdicke von 35 µm auf 20 µm hat gezeigt, daß weder in Qualität noch in der Verarbeitung und im Einsatz der 20 µm-Leiterplatten Nachteile vorhanden sind. Die meisten Platten werden nicht in der Leistungselektronik eingesetzt, sondern dienen in erster Linie der Signalverarbeitung. Hat jedoch eine Leiterplatte hohe Leistungen zu verarbeiten, so ist es zweckmäßig, die Leiterbahnen und Löcher nicht nur mit 35 µm Kupfer zu verkupfern, sondern im Volladditiv-Verfahren 70 µm Kupfer abzuscheiden.

Die Entwicklung von schnellen und duktilen chemischen Kupferbädern ist in vollem Gang. Im Handel ist z.B. ein duktiles Langzeitbad erhältlich (AP 480, Fa. *Photocircuits-Kollmorgen*), das eine Abscheidegeschwindigkeit von 2,5 µm/h bringt.

Die wesentlichen Betriebsdaten dieses Bades sind als Beispiel nachstehend aufgeführt:

    ph-Wert   : 12,6 eingestellt mit NaOH
    $CuSO_4 \cdot 5H_2O$: 10,5 g/l hochreines Kupfersalz (< 7 ppm Fe)
    HCHO (37 %)   : 3,5 ml/l als Reduktionsmittel
    NaCN   : 26 mg/l als Duktilitätsförderer
    AeDTA   : 17,5 g/l als Komplexierungsmittel
    Temperatur   : 53 ± 1 °C

Neue Erkenntnisse aus der Elektrochemie führten zu chemischen Langzeitbädern mit Abscheidegeschwindigkeiten zwischen 5 und 30 µm. Die sich hieraus ergebenden Stromdichten nähern sich den Stromdichten des galvanischen Metallisierens. Die Duktilität dieser ultraschnellen Bäder liegt bei der von galvanischen Überzügen. Kombiniert man die 20 µm-Technik und diese Bäder für das Herstellen von Leiterplatten, so wird durch den dann möglichen 8 Stunden-Betrieb eine wesentliche Kosteneinsparung mit der Volladditiv-Technik erreicht werden können.

14.6. Badführung, Meß- und Regeltechnik

14.6.1. Notwendigkeit des Einführens von kontinuierlich arbeitenden Meßverfahren und Regelanlagen

Das Anwenden von reduktiven, komplexen Metallisierungsbädern für Metallisierungsaufgaben mit hohen Expositionszeiten ist nur bei hinreichend qualifiziertem Überwachen wirtschaftlich durchführbar. Die Anlagen sind mehrparametrig und haben einen schmalen Stabilbereich. Ohne Regelung ist eine Optimierung nicht durchführbar. Bei schnellen reduktiven Bädern (Abscheidegeschwindigkeit > 5 µm/h) ist ein Betrieb ohne Meß- und Regeltechnik unmöglich.

Die Aufgabe der Meß- und Regeltechnik besteht darin:

- Den Istwert der einzelnen relevanten Komponenten hinreichend genau und stetig zu erfassen und den Regelgeräten zuzuführen
- die Sollwerte der Badkomponenten konstant zu halten
- die Konzentrationsschwankungen der Komponenten festzustellen
- die Abscheidegeschwindigkeit des reduktiven Bades aufzuzeigen
- die notwendige Expositionszeit zu bestimmen

14.6.2. Messen der Abscheidegeschwindigkeit und der Schichtdicke

Mit den kontinuierlichen Meßverfahren und deren Trendanalyse ist nur eine partielle Aussage über das Metallabscheiden von reduktiven Metallisierungsbädern möglich. Deshalb besteht die Notwendigkeit, das Metallisieren dieser Bäder mit einer hierfür geeigneten Meßmethode zu erfassen. Die Abscheidegeschwindigkeit beinhaltet den augenblicklichen Einfluß aller Parameter und zeigt außerdem die Lage des Arbeitspunktes der Anlage an.

Das diskontinuierliche Messen der Abscheidegeschwindigkeit wird mit hinreichender Genauigkeit mit handelsüblichen Schichtdickenmeßgeräten durchgeführt. Hiermit kann nur der Differenzenquotient, die mittlere Abscheidegeschwindigkeit, gemessen werden. Mit Hilfe einer kontinuierlichen Meßanlage kann zu jedem Zeitpunkt der Differentialquotient:

$$\frac{dS}{dt} = \frac{d\,(Schichtstärke)}{dt} = Abscheidegeschwindigkeit$$

gebildet werden. Für das Messen der Abscheidegeschwindigkeit gibt es verschiedene Konzepte. Ein Komparator-Meßsystem ist so aufgebaut, daß die Metallisierung in der Anlage stetig erfaßt und das fremdstromlose Abscheiden von Metallen simultan nachgebildet wird.

In die Metallisieranlage wird an geeigneter Stelle eine Meßplatte definierter Fläche eingebracht. Der Komparator erfaßt den geringen Gewichtszuwachs durch die Gleichung:

$$\frac{dG}{dt\,(1\,\mu m\,Cu/h)} \triangleq 25\,\mu g\,Cu/dm^2 \cdot s$$

Das Prinzip des Komparators beruht auf einer simultanen Nachbildung der reduktiv abgeschiedenen Metallmenge mit einem Präzisionssilbercoulometer. Die Gewichtszunahme der Platte im Präzisionscoulometer ist dem galvanischen Strom direkt proportional; dieser wiederum der Abscheidegeschwindigkeit. Daraus ergibt sich die Gleichung:

$$Abscheidegeschwindigkeit \frac{dG_{red}}{dt} = K \cdot J_{galv}$$

Eine weitere Methode ist die Ultraschallverzögerungsmessung. Sie geht davon aus, daß ein Schallsignal durch einen Glaskörper geschickt wird und an einer oder mehreren Reflexionsflächen reflektiert und wieder empfangen wird. Die Reflexionsfläche wird im chemischen oder galvanischen Metallisierungsbad metallisiert. Dadurch verlängert sich der Weg des Signals und damit wächst die Laufzeit an. Dieser Laufzeitzuwachs ist direkt der Schichtdicke proportional, da die Schallgeschwindigkeit im Glas und Metall und die Temperatur während der Messungen konstant bleiben:

$$dM(t) = 0{,}5 c_M \cdot t_M(t) \cdot \cos\alpha$$

d_M = Metallschichtstärke
c_M = Schallgeschwindigkeit im Metall
α = Einfalls- und Reflexionswinkel
t_M = Laufzeit des Signals

Beide oben beschriebenen Verfahren zeigen jedoch eine relativ geringe Meßempfindlichkeit und erfordern vom Praktiker einen hohen anlagentechnischen Aufwand. Da das Messen von Schichtstärken nach dem Beta-Rückstreu-Verfahren heute in vielen Betrieben eingeführt ist, wurde eine Entwicklung auf Basis des Beta-Rückstreu-Verfahrens vorgenommen. Dazu wurde ein Radionuklid in einer Tauchsonde so montiert, daß die Abscheidegeschwindigkeit im Prozeß direkt, ohne äußere Störungen, durch die Sonde erfaßt werden kann.

Es ergibt sich dann für diesen Abscheideprozeß eine Auswertemöglichkeit nach dem Beta-Rückstreu-Verfahren, das folgende mathematische Formel als Basis hat:

$$V_A = \frac{dD}{dt} = \frac{1}{t_2 - t_1} \cdot V_A(t) \cdot dt$$

V_A = Abscheidegeschwindigkeit
D = Momentanschichtstärke
t = Zeit

Badführung, Meß- und Regeltechnik   265

Die Sonde wird zweckmäßig aus Edelstahl gefertigt. In der Sonde ist das Radionuklid wasserdicht untergebracht und direkt mit der Membran kontaktiert *(Abb. 14.18.)*. Die Membran trägt eine sensibilisierte Oberfläche, die das Abscheiden der Metallionen auslöst.

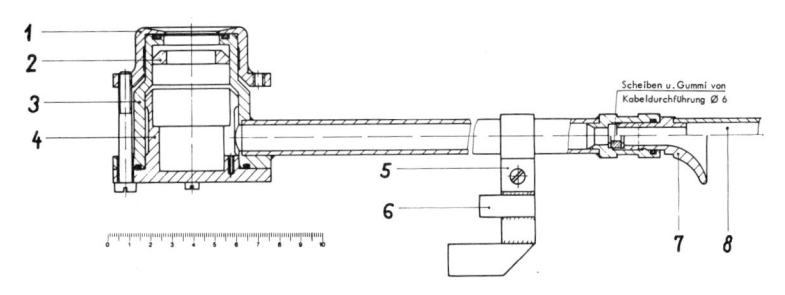

Abb. 14.18.: Meßsonde für Abscheidegeschwindigkeits-Messung (System Grundig)

Die meßtechnischen Anwendungen sind sehr vielseitig. Im folgenden werden einige Fälle aufgezeigt:

– Erfassen von Passivierungen
– Erfassen des spontanen Abscheidens
– Prozeßführung; die Abscheidegeschwindigkeit dient als übergeordnete Führungsgröße
– Messen der Gesamtschichtdicke an den Werkstücken
– Minimierung der Chemikalienkosten

Zur Sicherung der Aussagen wurden Messungen nach der diskontinuierlichen Methode mit dem Beta-Rückstreu-Verfahren simultan zur Messung mit der Sonde nach dem kontinuierlichen Beta-Rückstreu-Verfahren gemacht. Die Ergebnisse zeigen die Eignung der Meßmethode *(Abb. 14.19.)*.

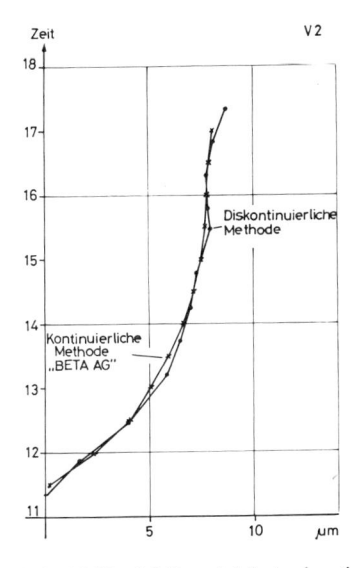

Abb. 14.19.: Meßvergleich der kontinuierlichen zur diskontinuierlichen Meßmethode

14.6.3. pH-Wert-Messung und -Regelung

Das direkte ph-Wert-Messen im reduktiv arbeitenden Metallisierungsbad ist nur auf begrenzte Zeit möglich. Beim kontinuierlichen Messen im aktiven Bad kommt es an der Glaselektrode zu einem Kupferniederschlag. Die Probe ist deshalb kontinuierlich dem Bad zu entnehmen und in einer Meßanlage zu konditionieren. Eine Meßanlage mit PID-Regler ist in *Abb. 14.20.* wiedergegeben. Als Grundlage dienen die Anforderungen an Meßmethodik und Meßaufbau für Präzisionsmessungen, wie sie *K. Schwabe* im Buch „ph-Meßtechnik" aufzeichnete.

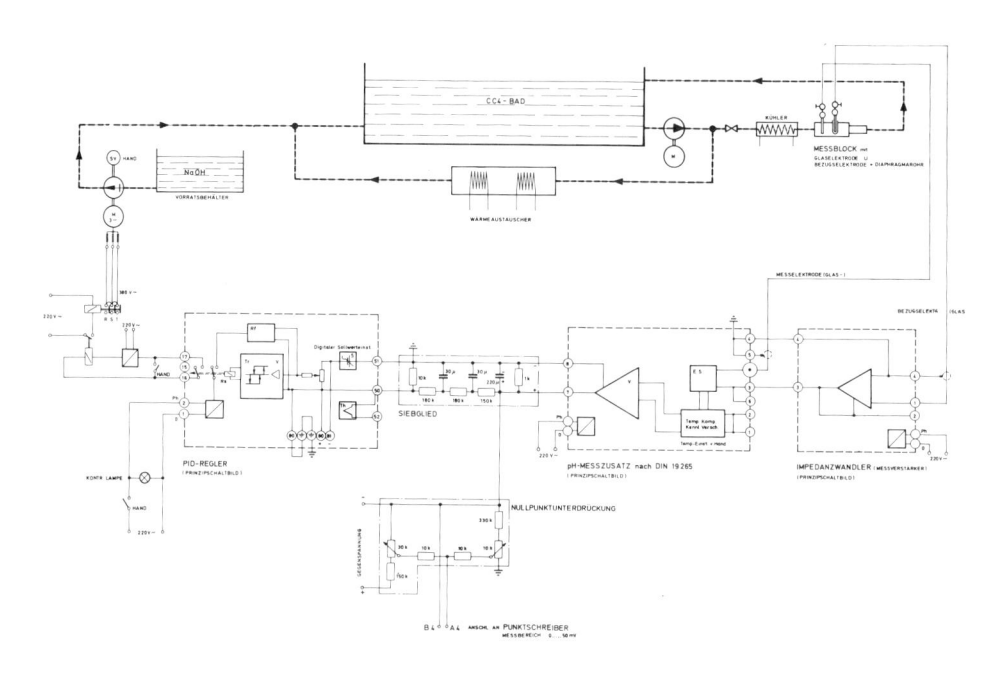

Abb. 14.20.: pH-Wert-Regelung

Die Probe wird über einen Durchflußkühler passiviert und in die Meßzelle eingebracht. In der Meßzelle befinden sich die Glaselektrode und das Bezugssystem. Das Bezugssystem besteht aus einer galvanischen Verbindung mit der Probe, einer Pufferbrücke, die auf einem hohen pH-Wert liegt und über ein Diaphragma mit der Probe verbunden ist. In die Pufferlösung taucht eine weitere Glaselektrode ein. Die Glaselektrode des Bezugssystems hat auch einen Innenwiderstand von $R_i > 5 \cdot 10^8$ Ohm. Zum Aufbereiten des Bezugspotentials muß deshalb ein Impedanzwandler vorgeschaltet werden, der das Potential linear verstärkt und niederohmig dem pH-Verstärker zuleitet. Das gemessene Potential, bezogen auf ein Offsetpotential, wird direkt vom Verstärker auf den Schreiber und über ein Siebglied auf den PID-Regler gegeben. Am Regler wird digital der Sollwert eingestellt und mit dem Meßwert verglichen.

Die Ergebnisse dieser PID-Regelungen der Komponenten pH-Wert, $CuSO_4$, NaCN, HCHO und Temperatur sind aus *Abb. 14.21.* zu ersehen. Die Regelung ist in der Lage, den pH-Wert auf ± 0,02 pH langfristig konstant zu halten.

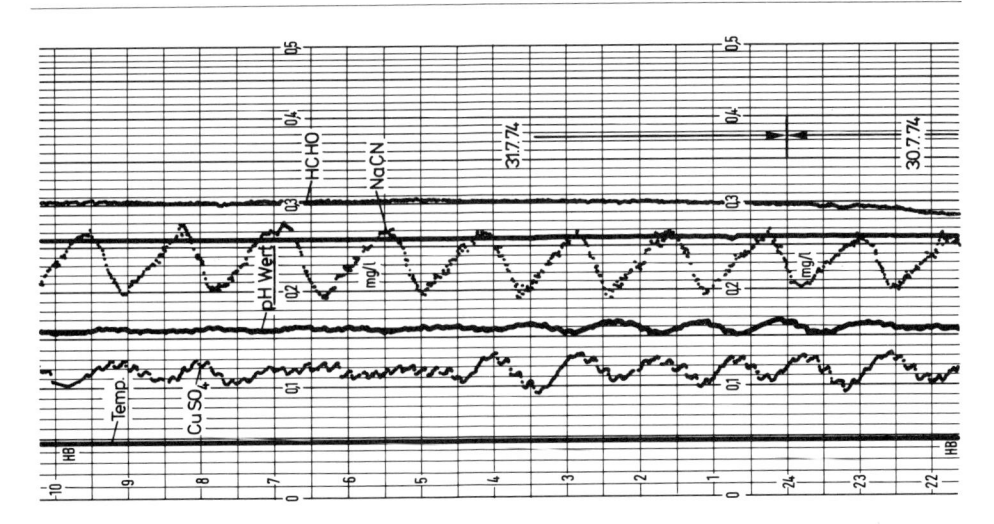

Abb. 14.21.: Schreibprotokoll der geregelten Größen

14.6.4. Metallionenkonzentrationsregelung

Die Farbintensität des reduktiven Metallisierungsbades ist unter bestimmten Voraussetzungen eine Meßgröße für die Metallsalzkonzentration. Zum kolorimetrischen Messen der Kupfersulfatkonzentration wird eine Probe aus dem reduktiven Bad entnommen. Sie wird in eine Meßküvette geführt, die im Strahlengang einer Lichtquelle liegt. Am Ende des Strahlenganges ist ein Fotowiderstand angebracht. Da es sich um eine Farbintensitätsmessung handelt, wird vor dem Fotowiderstand das Licht gefiltert und nur der Spektralbereich, der für die Messung interessant ist, auf den Fotowiderstand gegeben. Um Beleuchtungsschwankungen der Lampe durch die Stromversorgung oder das Altern auszuschließen, wird eine Differenzmessung durchgeführt. Das Differenzbilden im Lichtstrahl wird dadurch herbeigeführt, daß ein zweiter Strahlengang über eine Vergleichsküvette laufend, einen zweiten Fotowiderstand beleuchtet. Die gemessenen Lichtwerte werden über einen Differenzverstärker erfaßt und der Meßwertanzeige sowie dem PID-Regler zugeführt. Der Regler arbeitet auf eine Kolbenpumpe, deren Fördermenge stufenlos einstellbar ist. Die Kolbenpumpe fördert aus dem Kupfersulfatspeicher die notwendige Menge, um die Konzentration konstant zu halten. Die *Abb. 14.22.* zeigt den Gesamtablauf mit PID-Regler. Die erreichte Genauigkeit ist $\pm$ 0,1 g/l $CuSO_4 \cdot 5H_2O$. Sie liegt bei 10 % der zulässigen Schwankungsbreite.

14.6.5. Cyanidkonzentrationsregelung

Ionensensitive Elektroden sprechen direkt auf die Aktivität und damit auf die Konzentration an Cyaniden an. Für das absolute Messen der Konzentration in einer unbekannten Lösung geht man, wie bei pH-Messungen, von Pufferlösungen mit bekannten Konzentrationswerten aus. Bei kontinuierlichen Messungen ist die Durchflußgeschwindigkeit in der Meßküvette konstant zu halten. Der Meßbereich von ionensensitiven Elektroden für Cyan liegt im Bereich der molaren Konzentrationen von:

$10^{-6} < m < 10^{-2}$

Abb. 14.22.: CuSO$_4$-Regelung

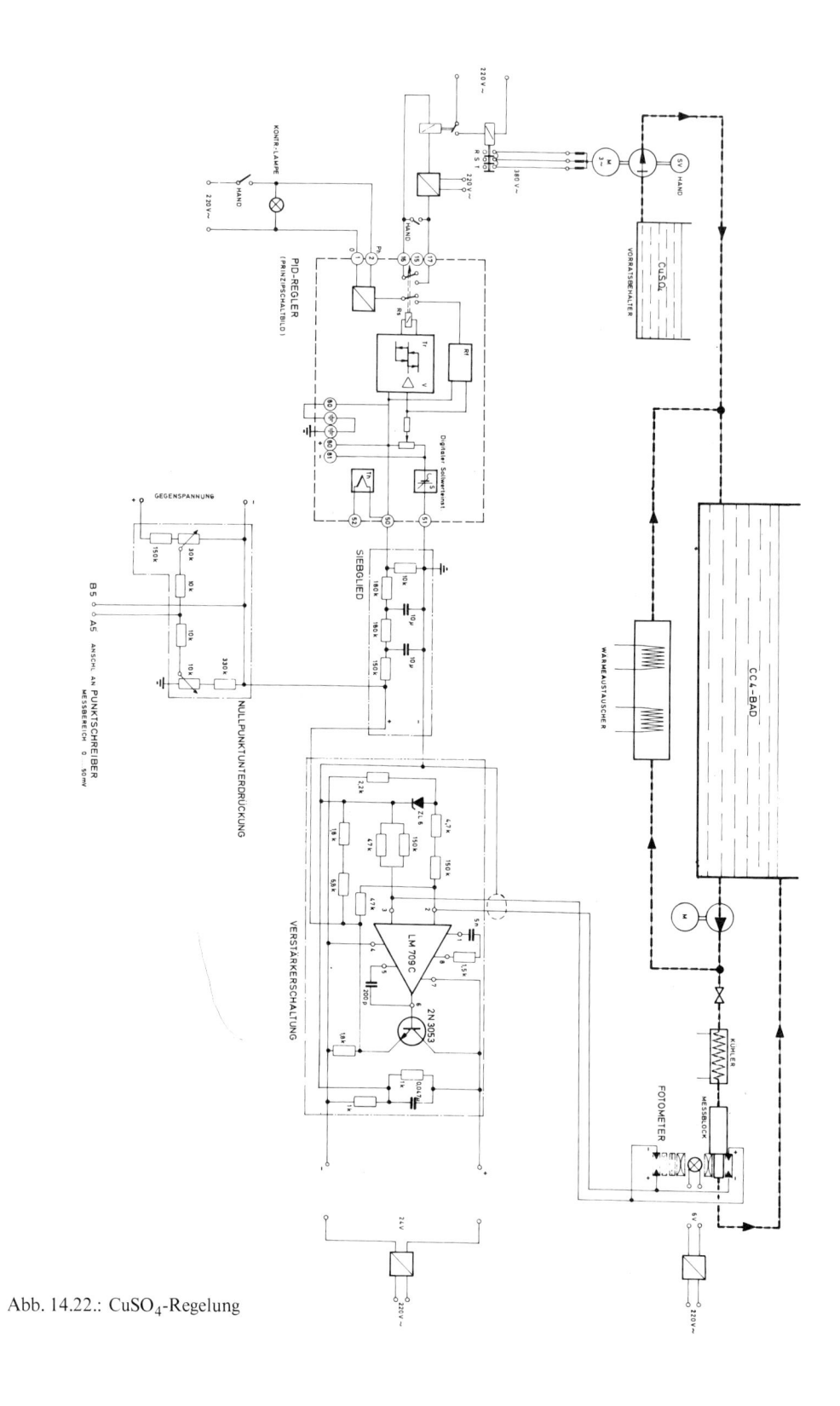

Die chemische Wirkung der ionensensitiven Elektrode besteht in der Verbindung der Cyanidionen mit den gering löslichen Silbersalzen der Membranoberfläche.
Diese Reaktion läuft wie folgt ab:

$$AgX + 2 CN^- \rightarrow Ag(CN)_2^- + X^-$$

und führt an der Elektrode zu einem Potential von

$E = K_1 \cdot \ln a_{CN^-}$ (V)
K_1 = konstanter Faktor

bei konstanter Temperatur und Durchflußgeschwindigkeit. Der Zusammenhang zwischen Cyanidkonzentration und Potential ist in *Abb. 14.23.* dargestellt.

Das Messen mit der ionensensitiven Elektrode im kontinuierlichen Betrieb erfordert eine besonders angefertigte Meßkammer. Diese Kammer nimmt die Elektrode horizontal auf. Neben der guten Umspülung bringt dieses Anordnen die Sicherheit, daß keine Gasbläschen die wirksame Detektorfläche verringern. Als Vergleichselektrode wird eine Kalomelbezugselektrode eingesetzt. Das Signal wird über den Verstärker und das Siebglied dem Schreiber und dem PID-Regler analog zum pH-Wert zugeführt. Die Regelabweichung ist ± 5 mg/l beim Einsatz der PID-Regelung.

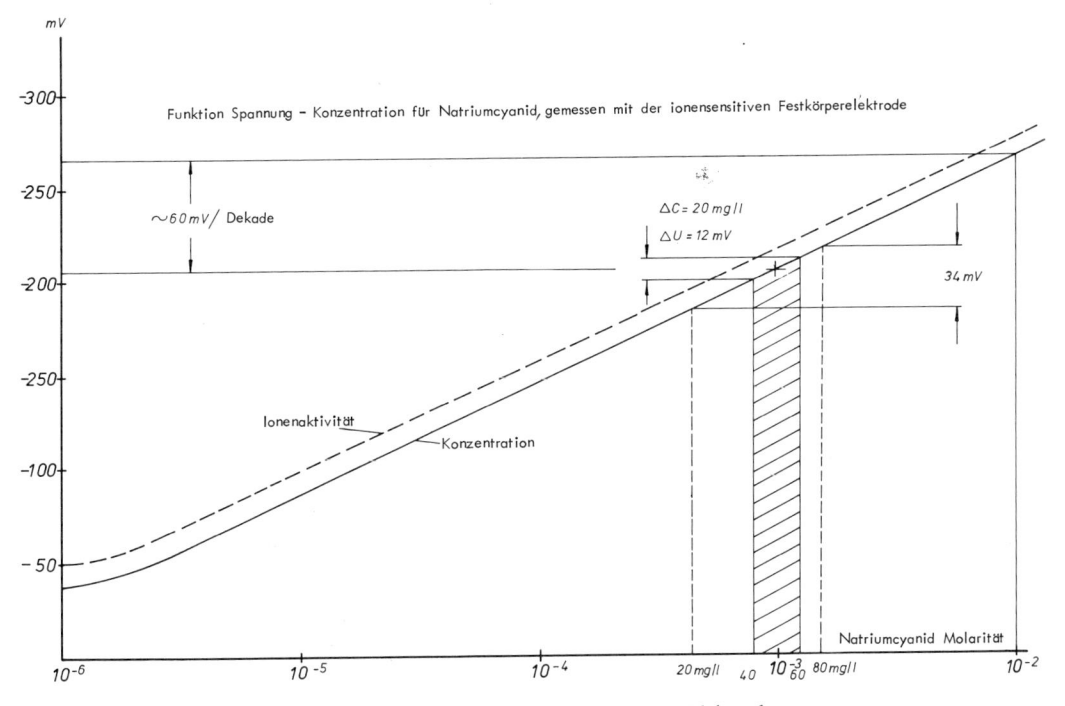

Abb. 14.23.: Funktion der ionensentiven Elektrode

14.6.6. Reduktionsmittelkonzentrationsregelung

Für das Erfassen des Reduktionsmittelgehaltes wird die kontinuierlich laufende Titration eingesetzt. Die Badprobe wird mit der pH-Regelung auf einen konstanten pH-Wert eingestellt. Sie wird dann über eine Präzisions-Mikrodosier-Pumpe mit einer festen Menge Na_2SO_3 vermischt. Nach dem Segmentieren mit Luft wird die so aufbereitete Probe mit der gleichen Pumpe mit H_2SO_4 versetzt. Die in einem festen Mengenverhältnis gemischten

Bestandteile: Probe, Reagenz und H_2SO_4 werden nach erneutem Mischen in der Meßkammer der Potentialmessung zum Feststellen der Reduktionsmittelkonzentration unterzogen. Der Analyse liegt folgende Reaktion zugrunde:

$$HCHO + SO_3^{2-} + H_2O \rightarrow HCH(OH)OSO_2^- + OH^-$$

Die Meß- und Regelanlage ist in *Abb. 14.24.* dargestellt. Der Formaldehydwert wird innerhalb $\pm$ 0,5 ml/l HCHO konstant gehalten.

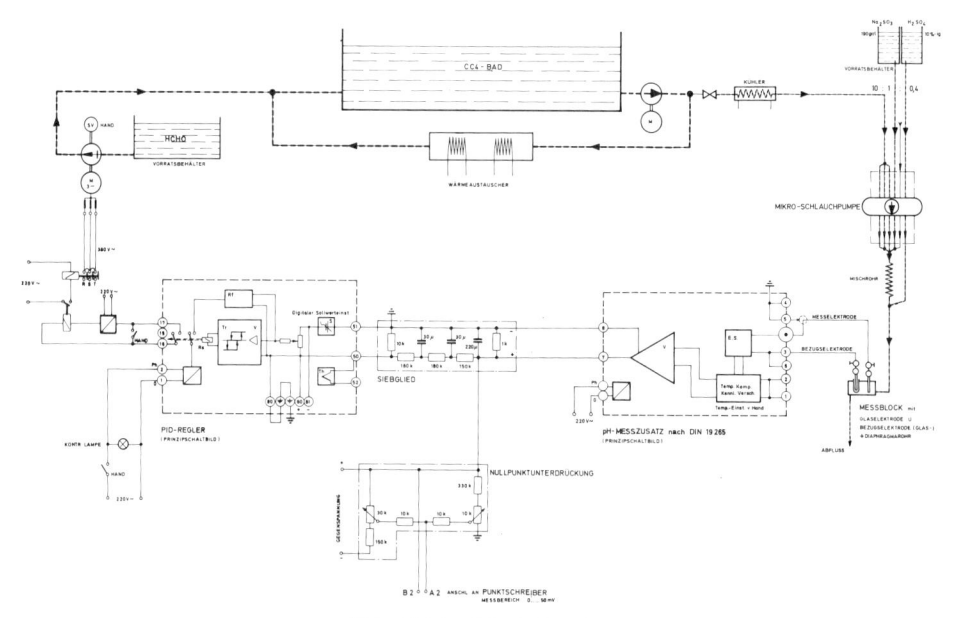

Abb. 14.24.: HCHO-Regelung

Abb. 14.25.: Erste Regelanlage für Additivbäder

14.6.7. Geräte und Einrichtungen für die Meß- und Regeltechnik

Für die kontinuierlich laufenden Bäder werden die Meß- und Regelanlagen zur Badführung eingesetzt. Die erste Anlage dieser Art wurde 1969 von der *Fa. Grundig AG,* Fürth, entwickelt *(Abb. 14.25.).* 1971 hat die *Fa. Photocircuits-Kollmorgen Corporation,* Glen Cove, New York, die Serienfertigung dieser Anlagen aufgenommen. Ein kompakter Schrank mit Elektronik, verbunden mit dem Analysenteil, ist als die Standardanlage, Typ Mark IV, bekannt *(Abb. 14.26.).* Für Kleinmetallisierungsanlagen wird eine kombinierte Anlage, Typ Mark V, hergestellt *(Abb. 14.27.).*

Die Weiterentwicklung der Anlage Mark V ist in Abbildung 14.28. dargestellt. Hier handelt es sich um eine bedienungsfreundliche Anlage, die an großen Bädern und auch an kleinen chemischen Bädern *(Abb. 14.29.)* zum Einsatz kommt.

Abb. 14.26.: Mark IV-Regelanlage (Photocircuits)

Abb. 14.27.: Kleinregelanlage in Baukastenform
(Photocircuits-Kollmorgen)

Abb. 14.28.: Meß- und Regelanlage „Mark IV"
(Werkfoto: Photocircuits-Kollmorgen, New York)

Abb. 14.29.: Chemisches Metallisierungsbad mit
Steuereinrichtungen (System Holland)

Literaturverzeichnis zu Kapitel 14

J. Barton: CC-4 (R) Additive Multilayer Printed Circuits Boards, Photocircuits – Kollmorgen Corp., Glen Cove, New York, 1976.

Hideaki Kobuna: Takao Sato, Setsuo Noguchi, Reliability of Copper-Plated-Through-Hole Printed Wiring Board, NEC Research Development, April 1976, Nr. 41, pp. 38–49.

A. Adler, D.W. Powers: The Use of Catalytic Basis Materials and Ductile Electroless Copper Deposition in the Manufacture of Printed Wiring, Plating, (1969) 8.

F.M. Donahue: Der Mechanismus der chemischen Metallabscheidung, Oberfläche, 13 (1972) 12, S. 301 ff.

G. Messner, D.W. Powers: Additive Processes for large Volume Circuit Board Manufacture, Proceedings of National Electronic Packaging and Production Conference New York, N.Y., Juni 1971.

G. Herrmann: Meßverfahren und deren regeltechnische Anwendung für kontinuierliche, stromlose Metallisierungsanlagen, Dissertation, TU Clausthal, Febr. 1972.

G. Herrmann: Moderne Fertigungstechnik, Grundig Technische Information März 1975.

G. Herrmann: Die pH-Wert-Messung und -Regelung in chemischen Kupferreduktionsbädern mit langen Expositionszeiten, Metalloberfläche, 29 (1975) 9, S. 455 ff.

G. Herrmann: Das kontinuierliche Messen und Regeln von Cyanidkonzentrationen, Messen u. Prüfen Dez. 1975, S. 310 ff.

G. Herrmann: Das Messen der Abscheidegeschwindigkeit in chemischen und galvanischen Metallisierungsbädern, Galvanotechnik, 68 (1977) 4, S. 305 ff.

W. Goldie: Metallic coating of plastics, Electrochemical Publications Limited, Hatch-End (1968).

J. Heyrovski, J. Kuta: Grundlagen der Polarographie, Akademie-Verlag, Berlin (1965).

N. Semjonow: Einige Probleme der chemischen Kinetik und Reaktionsfähigkeit, Akademie-Verlag, Berlin (1961).

G. Kortüm: Lehrbuch der Elektrochemie, Verlag Chemie, Weinheim (1962).

G. Bleisteiner: W.V. Mangoldt, Handbuch der Regeltechnik, Springer Verlag, Berlin (1961).

G. Hässler, E. Hölzer: Regler- und Regelungsverfahren der Nachrichtentechnik, Verlag Oldenburg, München (1958).

Hengstenberg, Sturm, Winkler: Messen und Regeln in der chemischen Technik, Springer Verlag, Berlin.

E. Philippow: Taschenbuch der Elektrotechnik, VEB-Verlag Technik, Berlin (1963).

L. Merz: Regelungstechnik, Verlag Oldenburg, München (1963).

K. Lang: Die stromlose Vernickelung, Galvanotechnik 56 (1965) 6, S. 347–358.

T. Marković: Thermodynamische Kinetik der Metallabscheidung ohne äußere Stromquelle, Galvanotechnik 56 (1955) 5, S. 394–398.

Marković: Ahmedbasic, Arismendi, Thermodynamische Kinetik der gesamtstromlosen Kupferabscheidung, Metalloberfläche 23 (1969) 1, S. 8–11.

K. Vetter: Elektrochemische Kinetik, Springer-Verlag.

U. Schwabe: pH-Meßtechnik (1963) 3. Auflage, Verlag Th. Steinkopff Dresden/Leipzig.

Coombs jr.: Printed Circuits Handbook (1967) McGraw Hill Bock Company, New York.

P. Eisler: Gedruckte Schaltungen (1961) Carl Hanser Verlag, München.

Orion: Orion Research Incorporated – Instruction (1970) Cambridge, Mass., USA.

15. Fotoadditiv-Verfahren

15.1. Allgemeines

Vorschläge für die selektive Metallisierung von Oberflächen mittels resistfreier Verfahren wurden seit geraumer Zeit und an verschiedenen Stellen gemacht [1, 2]. Da bei diesen Fotodruckverfahren keinerlei Maskenmaterialien benutzt werden, sind die Kosten für das Herstellen des Leiterzugmusters gering. Sie liegen nur wenig über den vergleichbaren Kosten für Siebdruckverfahren und weit unter jenen, wie sie sich bei der Benutzung von Trockenfilm- oder auch flüssigen Fotoresisten ergeben.

Resistfreie Verfahren zeichnen sich weiterhin durch außerordentlich hohes Auflösungsvermögen des Abbildungsvorganges aus. Sie eignen sich sowohl für starre als auch für flexible Substrate. Aus dem Verfahrensablauf ergibt sich der einheitliche Aufbau von Lochwandmetallisierung und Leiterzügen bei Leiterplatten mit durchmetallisierten Lochverbindungen. Ebenso ermöglichen diese Verfahren die Herstellung von einseitig mit Leiterzügen versehenen Schaltungsplatten, deren Lochwandungen metallisiert sind. Derartige gedruckte Leiterplatten finden, wegen der damit erzielten verbesserten Lötstellen-Qualität, steigendes Interesse.

Kennzeichnend für resistfreie Fotoadditiv-Verfahren ist, daß das Leiterbild direkt auf dem Basismaterial in Form von auf die stromlose Metallabscheidung katalytisch wirkenden, auf der Oberfläche fest verankerten Keimen erzeugt wird. Verfahren, die ohne äußere Stromzufuhr Metallschichten aufbauen, sind richtungsunabhängig. Das Wachstum der Metallschicht erfolgt damit im gleichen Umfang sowohl vertikal als auch horizontal. Das Auflösungsvermögen der UV-empfindlichen Fotoadditiv-Beschichtung entspricht dem fotografischer Verfahren. Das Auflösungsvermögen der gedruckten Schaltung selbst, also des Leiterzugmusters aus stromlos aufgebauten Leiterzügen, wird damit praktisch allein durch das Schichtwachstum in allen Richtungen bestimmt. Mit zunehmender Schichtdicke tritt eine Verbreiterung der Leiterzüge ein. Dies bedingt beispielsweise bei einer Abscheidung von 10 µm Kupfer, also einer Leiterzugdicke von 10 µm, ein seitliches Anwachsen von maximal 20 µm *(Abb. 15.1.)*.

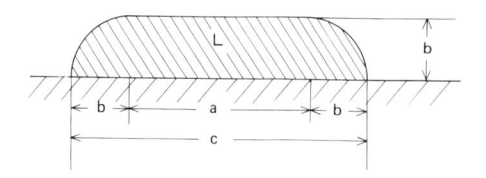

Abb. 15.1.: a = bei der UV-Belichtung durch die Fotodruck-Vorlage gebildetes für die stromlose Kupferabscheidung katalytisch wirksames Leiterzugbild ... 40 m
b = Schichtdicke des stromlos abgeschiedenen Kupferleiterzuges L ... 10 m
c = a + 2b Breite des Leiterzuges L ... 60 m
L = Leiterzug
S = Haftvermittelnde Oberfläche des Basismaterials

Fotoadditiv-Verfahren ermöglichen es, eine homogene Katalysierung der Oberfläche und der Löcher beim Belichtungsvorgang zu erzielen. Dies führt zu einem gleichmäßigen Anwachsen der Kupferschicht mit weitgehend einheitlicher Kristallstruktur. Die einheitliche Kristallstruktur am Übergang vom Loch zum Leiterzug bewirkt eine sehr hohe Stabilität etwa im Lötbad-Test bzw. in thermischen Testen nach MIL-Spezifikationen. Die Verwendung geeigneter, stromloser Verkupferungsbäder führt weiterhin zu einer außerordentlichen Benetzungsfähigkeit der Kupferschicht mit Lötzinn und damit zur hohen Lötfreudigkeit.

Das Anwendungsspektrum für nach dem Fotoadditiv-Verfahren hergestellte Leiterplatten umspannt ein Gebiet, das von im Siebdruck bzw. Fotodruck in Subtraktiv-Technik hergestellten Schaltungen auf starren bzw. flexiblen Materialien bis zu solchen reicht, die nach bisherigen Verfahren der Volladditiv-Technik hergestellt sind. Fotoadditiv hergestellte Schaltungen eignen sich auch besonders gut für die Fertigung von Leiterplatten, deren Leiterzüge unter aufgedruckten Lötmasken nur aus Kupfer bestehen und Lochwandungen sowie Lötaugen aufweisen, die nach üblichen Verfahren mit Lötzinn beschichtet sind.

15.1.1. Foto-elektrochemischer Aufbau katalytisch wirksamer Flächen

Im Grundsatz wird bei Fotoadditiv-Verfahren die Strahlung geeigneter Wellenlänge dazu benutzt, entweder in einem Beschichtungsmaterial für die stromlose Metallabscheidung katalytische Zentren aufzubauen oder aber in dieser Schicht bereits befindliche derartige Zentren katalytisch unwirksam zu machen.

15.2. Typische Verfahren

15.2.1. Das Zinndruck-Verfahren

Dieses Verfahren ist ein typischer Vertreter des *PSMD*-Konzepts *(photoselective metal deposition)* [3]. Hierbei wird ein fotosensitives Salz benutzt, das entweder bei Belichtung elektrochemisch aktiv oder inaktiv wird. In einem zweiten Schritt wird die Oberfläche mit einer Lösung in Kontakt gebracht, die nach Reaktion mit dem Fotosensitizer in einer elektrochemisch aktiven Form auf die stromlose Metallabscheidung katalytisch wirksame Keime bildet. Beim Zinndruckverfahren wird durch die Belichtung inaktiviert. Hierzu wird eine geeignete Oberfläche, beispielsweise ein mit Haftvermittler beschichtetes, in üblicher Weise mikroporös und benetzbar gemachtes Basismaterial in einer Lösung von 0,05 m $SnCl_2$ in 0,1 m Salzsäure behandelt.

Bei Belichtung mit geeigneter Strahlung (Wellenlänge < 300 nm) wird das von der Strahlung getroffene Sn^{++} in Sn^{++++} verwandelt, während in den nicht belichteten Gebieten das Sn^{++} unverändert bleibt.

Wird die Oberfläche nach der Belichtung mit einer Lösung von 0,01 m Palladiumchlorid oder Platinchlorid oder Silbernitrat behandelt, so reagiert das in den unbelichteten Gebieten unverändert gebliebene $SnCl_2$, beispielsweise mit Palladiumchlorid unter Bildung von hochwirksamen Keimen, die für eine stromlose Metallabscheidung die Voraussetzung sind. In den belichteten Gebieten, d.h. zwischen Sn^{++++} und Palladiumchlorid, unterbleibt diese Reaktion.

Wird nach entsprechenden Spülvorgängen die Oberfläche einem, ohne äußere Stromzufuhr arbeitenden (stromlosen) Verkupferungsbad ausgesetzt, so bildet sich auf den Stellen

Fotoadditiv-Verfahren

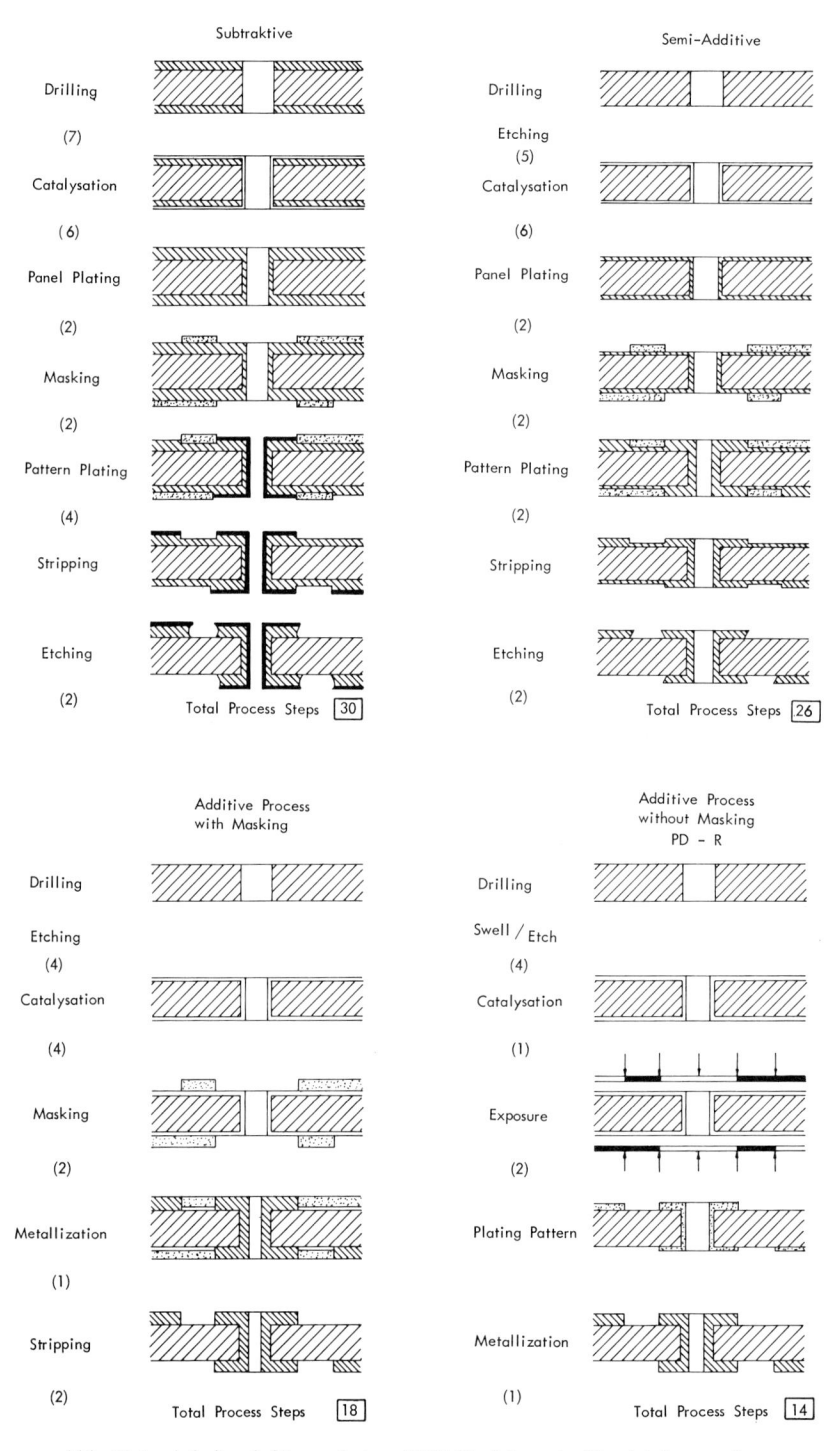

Subtraktive

Drilling (7)
Catalysation (6)
Panel Plating (2)
Masking (2)
Pattern Plating (4)
Stripping
Etching (2)

Total Process Steps: 30

Semi-Additive

Drilling
Etching (5)
Catalysation (6)
Panel Plating (2)
Masking (2)
Pattern Plating (2)
Stripping
Etching (2)

Total Process Steps: 26

Additive Process with Masking

Drilling
Etching (4)
Catalysation (4)
Masking (2)
Metallization (1)
Stripping (2)

Total Process Steps: 18

Additive Process without Masking PD-R

Drilling
Swell/Etch (4)
Catalysation (1)
Exposure (2)
Plating Pattern
Metallization (1)

Total Process Steps: 14

Abb. 15.2.: Arbeitsschritte nach dem PDR-Verfahren im Vergleich zu anderen Verfahren (Philips, Eindhoven)

der Oberfläche, die nicht der Strahlung ausgesetzt waren, ein dem Negativ der Belichtungsvorlage entsprechendes Abbild aus Kupfer.

Anstelle von Zinn(II)chlorid kann auch $PdCl_2$ oder $TiCl_2$ benutzt werden. Die Auflösung des Abbildungsvorganges wird bei diesem Verfahren theoretisch durch die Wellenlänge der Strahlung begrenzt. In der Praxis wird man mit einem Auflösungsvermögen von besser als 4 µm rechnen können.

Nachteilig ist, daß schon bei der Lagerung eine Oxidation des Zinns auftritt, was zur Verringerung bzw. Zerstörung der Lichtempfindlichkeit führt. Andererseits ist es schwierig, sicherzustellen, daß in den belichteten Bezirken alles Sn^{++} in Sn^{++++} übergeführt wird. Anwendung in die Praxis hat der Zinndruck nicht gefunden.

15.2.2. Das PD-R-Verfahren

Dieses Verfahren *(physical development reduction)* [4, 5] beruht auf den fotophysikalischen Eigenschaften von Titandioxid. Absorbierte Fotonen produzieren Elektronen, die ihrerseits dazu benutzt werden, entsprechende Metallionen zu wirksamen Metallkeimen zu reduzieren [6], welche die Grundlage für die stromlose Metallabschichtung sind. Als Basismaterial für das PD-R-Verfahren dient ein mit Titandioxid gefülltes Epoxidglaslaminat.

In einem üblichen Vorbehandlungsprozeß wird die Oberfläche mikroporös und benetzbar gemacht und gleichzeitig in der Oberfläche befindliche Titandioxidpartikel freigelegt. Der Herstellvorgang wird bei diesem Basismaterial derart geführt, daß die Oberfläche eine glasgewebefreie Oberflächenschicht besitzt, die aus Titandioxid-gefülltem Epoxidharz ausreichender Dicke besteht und als Haftvermittler dient [7].

Das Basismaterial wird nach dem Freilegen des Titandioxids in der Oberflächenschicht mit einer Sensibilisierungslösung behandelt, die geeignete Metallionen enthält, vorzugsweise mit einer Palladiumchlorid-Lösung. Grundsätzlich geeignet sind auch Platin(II)- oder Gold(I)-Lösungen.

Wird die so vorbereitete Oberfläche durch eine entsprechende Vorlage belichtet, so löst die am Titandioxid absorbierte Strahlung Elektronen aus., die ihrerseits Palladium(II) zu katalytisch wirksamen Palladiumkeimen reduziert. Nach dem Entfernen des ionogenen Palladiums aus den nicht belichteten Bezirken unter Anwendung einer Lösung, die einen Komplexbildner für ionogenes Palladium enthält, (beispielsweise Aminoessigsäure und Triäthanolamin) [7], wird das Leiterbild mittels stromloser Kupferabscheidung aus geeigneten Badlösungen aufgebaut.

Abb. 15.2. zeigt die Arbeitsschritte nach dem *PD-R-Verfahren* im Vergleich zu subtraktiven und volladditiven Resist-Verfahren. Es ist für Fotoadditiv-Verfahren ohne Resistabdeckung typisch, daß dafür gesorgt werden muß, alle Palladiumreste auf der Oberfläche zu entfernen, wo kein Leistungsmuster vorhanden ist. Das muß vor dem Einbringen in das Verkupferungsbad erfolgen.

15.2.3. Photoforming-Verfahren

Dieses beruht auf einer Fotoredox-Reaktion, bei der ionogenes Kupfer in metallische Kupferkeime umgewandelt wird, die ihrerseits als katalytische Zentren für die stromlose Metallabscheidung dienen. Hierbei wird die Ausbeute der Fotoredox-Reaktion mittels eines Fotoinitiators (z.B. Antrachinon) gegenüber der direkten Fotoredox-Reaktion von geeigneten Kupfersalzen zu Kupfer größenordnungsmäßig gesteigert. Die Ultraviolettstrahlung wird vom Fotoinitiator absorbiert und von den angeregten Initiatormolekülen an das Kupferionen enthaltende Salz als Akzeptor weitergegeben. An den belichteten Stellen entsteht ein sichtbares Abbild aus feinverteilten, für die stromlose Metallabscheidung wirksamen Kupferkeimen. Dieses wird in einem Verstärkungsvorgang stabilisiert. Hierzu wird ein nach dem Prinzip der stromlosen Metallabscheidung arbeitendes Bad benutzt.

Als Ausgangsmaterialien für das *Photoforming*-Verfahren können alle üblichen, mit Haftvermittler beschichteten Laminate, flexible Schaltungsträger, mit geeigneten Isolierschichten ausgerüstete Metallkernplatten und geeignete Kunststoffe benutzt werden.

Die Tafeln aus dem benutzten Basismaterial werden zunächst routinemäßig mit dem Lochmuster versehen und in üblicher Weise mit einer Oxidationsmittel-Lösung behandelt, um die Oberfläche benetzbar und mikroporös zu machen. Als solche Lösung eignet sich z.B. eine Chromschwefelsäure-Lösung, die 100 g/l Chromtrioxid und 300 ml/l Schwefelsäure enthält. Badbewegung sorgt für den nötigen Austausch der Chromschwefelsäure-Lösung an den Oberflächen der Leiterplatten und dient zum Entfernen von Gasblasen aus den Löchern. Die Behandlungsdauer hängt von der Badtemperatur ab; sie beträgt z.B. bei 45 °C etwa 10 Minuten. Da der Prozeß exotherm verläuft, muß bei großem Baddurchsatz ein Aufheizen (Kühlschlangen) verhindert werden. Nach dem Spülen mit Wasser werden die Platten von Oxidationsmittelresten durch eine Natriumsulfit- oder Hydrazinhydrat-Lösung neutralisiert. Zweckmäßig wird die Neutralisierung in zwei Stufen vorgenommen. In der ersten Stufe werden die Platten 3 Minuten bei Raumtemperatur behandelt, wobei Chrom(IV) zu Chrom(III) reduziert und weitgehend entfernt werden. Die zweite Stufe, in der die Platten für etwa 5 bis 10 Minuten in der Natriumsulfit-Lösung verbleiben, beseitigt noch vorhandene Reste. Der Natriumsulfit-Lösung wird zweckmäßig ein Netzmittel zugesetzt. Nach sorgfältigem mehrstufigem Spülen, abschließend in deionisiertem Wasser, werden die Platten im staubfreien Raum getrocknet.

Zur Fotosensibilisierung dient eine als „*Photosensitizer*" bezeichnete Badlösung. Diese wird entweder durch Tauchen oder mit einer Walzenbeschichtungsmaschine derart aufgebracht, daß sowohl die Oberfläche als auch die Lochwandungen ausreichend benetzt werden. Nach dem Entfernen des Überschusses an *Photosensitizer,* insbesondere aus den Löchern, werden die Platten bei 60 bis 80 °C und 40 bis 50 % relativer Luftfeuchtigkeit getrocknet. Anschließend wird in einem Raum mit gleicher Luftfeuchtigkeit bei Raumtemperatur mindestens 5 Minuten lang „normalisiert". Nach dem Trocknen und Normalisieren werden die Tafeln durch eine negative Druckvorlage der UV-Kopierstrahlung ausgesetzt. Als Fotovorlage dient ein mit Akrylharz beschichteter Film, der paßgenau zu den Aufnahmelöchern aufgelegt wird. Zur Belichtung werden in der Leiterplattenfertigung übliche Geräte verwendet. Um sicherzustellen, daß genügend Energie auch die Lochwandungen erreicht, wird vorteilhaft mit bewegter Lichtquelle gearbeitet.

Beim Belichtungsvorgang entsteht in den bestrahlten Bezirken ein genaues Bild des gewünschten Leitungsmusters, das aus katalytisch aktiven Kupferkeimen besteht. Mit *Photosensitizer* beschichtete Arbeitsplatten sind vor aktiver Strahlung geschützt und bei einer Luftfeuchtigkeit von < 40 bis 50 % lagerfähig.

Nach dem Belichtungsvorgang werden Reste des *Photosensitizers* von den nicht belichteten Stellen entfernt. Das im Belichtungsvorgang gebildete Bild der Leiterplatte ist von ausreichendem Kontrast, um eine Kontrolle zu gestatten.

Die Lagerfähigkeit wird durch Feuchtigkeit und Oxidation der sehr aktiven Kupferkeime an der Luft begrenzt. Ohne besondere Vorkehrungen sollte die Weiterverarbeitung innerhalb von zwei Stunden erfolgen. Die Lagerfähigkeit wird wesentlich verbessert, wenn die Arbeitsplatten bei kontrollierter und geringer Luftfeuchtigkeit aufbewahrt werden.

Sollen die Arbeitstafeln über einen längeren Zeitraum gelagert werden, so wird das Kupferkeimbild durch selektive stromlose Kupferabscheidung stabilisiert. Hierzu wird ein speziell hierfür entwickeltes, bei Raumtemperatur arbeitendes Bad verwendet, dessen

Arbeitskonzentration mittels automatischer Analyse und Chemikalienzugabe kontrolliert wird. Eine Behandlungsdauer von etwa 10 Minuten reicht zur Bildstabilisierung aus. Nach dem Spülen mit Wasser und dem Trocknen können derart stabilisierte Leiterplatten praktisch unbeschränkt gelagert werden.

Soll die Herstellung der Leiterplatte nach dem Stabilisieren nicht unterbrochen werden, erübrigt sich der Trockenvorgang. Als nächster Schritt werden die Arbeitstafeln in ein hochstabiles stromloses Kupferbad gebracht. Dieses wird kontinuierlich betrieben, wobei die Konzentration und andere Badparameter automatisch analysiert und auf den vorgegebenen Sollwerten gehalten werden. Zusammensetzung und Badführung des autokatalytischen Verkupferungsbades sind bestimmend für das Vermeiden von Metallabscheidungen außerhalb des Leiterplattenbildes. Moderne Badlösungen gestatten es, Leiterbilder üblicher Dicke im Einschichtbetrieb herzustellen.

15.3. Qualität von fotoadditiv hergestellten Leiterplatten

Da die Kupferschicht sowohl auf der Plattenoberfläche als auch auf den Lochwandungen unter gleichen Bedingungen aufgebaut wird, weist sie eine große Gleichmäßigkeit auf und führt damit zu hoher Qualität der durchmetallisierten Lochverbindungen. *Tabelle 15.1.* gibt eine Übersicht über die Qualität der abgeschiedenen Kupferschichten.

Tabelle 15.1.

Eigenschaft	Sollwert nach AM-372	Photoforming Kupfer	Einheit
Dichte	8,8 ± 0,1	8,8 (Mittelwert)	g/cm^3
Reinheit	99,2 Cu Min.	99,85 "	%
Spez. Widerstand	1,9 max.	1,795 "	cm bei 20°C
Zugfestigkeit	30 000	36 500 "	psi
Dehnung	3 (Min.)	3,5 "	%

Tabelle 15.2. enthält typische Kenndaten von nach dem Photoforming – Verfahren hergestellten Leiterplatten.

Tabelle 15.2.

Eigenschaft	
Abzugfestigkeit	10 lbs/inch
Blasenfestigkeit im Löttest (2 in. ø Scheibe 260 °C, schwimmend)	20 Sek.
Oberflächenwiderstand zwischen Leiterzügen	
Zustand A	10^7 M
Zustand B	$> 10^5$ M
Zustand C	10^7 M

Abb. 15.3. bis 15.6. zeigen die Änderung des Ohmschen Widerstandes eines Netzwerkes von durchmetallisierten Lochwandungen beim Temperatur/Feuchtigkeits-Test *(Abb. 15.3.)*, Feuchtkammer-Test *(Abb. 15.4.)*, Hochtemperatur-Zyklus-Test *(Abb. 15.5.a und 15.5.b)* und beim Temperatur-Schock-MIL-Test *(Abb. 15.6.) [10]. Abb. 15.7.* zeigt das Schliffbild einer *Photoforming*-Platte. *Abb. 15.8.* zeigt das Ergebnis eines von *T. Okamura* (Hitachi Shimodate Werk) ausgeführten Vergleichstests. *Tabelle 15.2.* enthält außerdem das Ergebnis eines Testes, bei dem die Leiterplatten bei einer Tauchzeit von 5 bzw. 10 Sekunden heißem Öl von 260 °C ausgesetzt und sodann in Öl von Zimmertemperatur abgekühlt wurden. Dieser Test lief über 20 Zyklen. Die Prüfung nach dem MIL-Thermalschock-Test setzt die Platten abwechselnd Temperaturen von −50 °C und +125 °C aus. Die Zahl der geprüften Löcher lag zwischen 2000 und 5000. Die Materialstärke betrug bis zu 1,6 mm, die Lochdurchmesser 0,9 bis 1,4 mm. Der MIL-Test wurde bis zu 206 Zyklen durchgeführt.

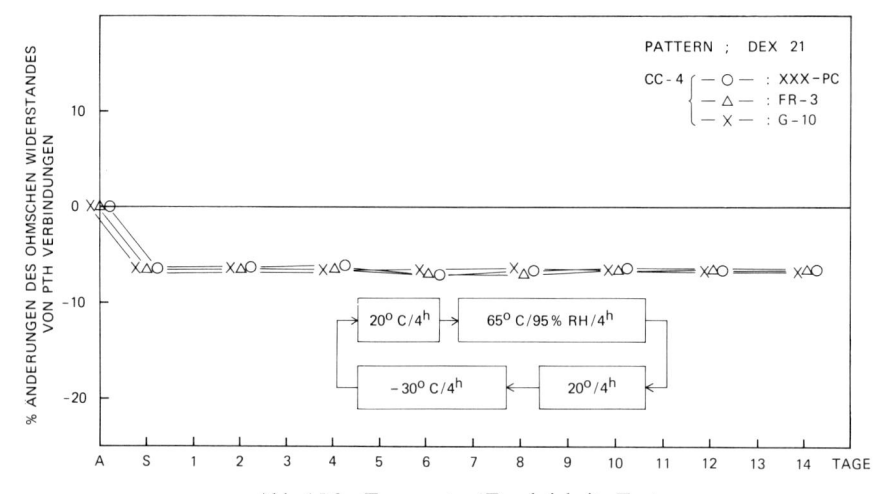

Abb. 15.3.: Temperatur/Feuchtigkeits-Test
A = Kondition A; S = Lötung

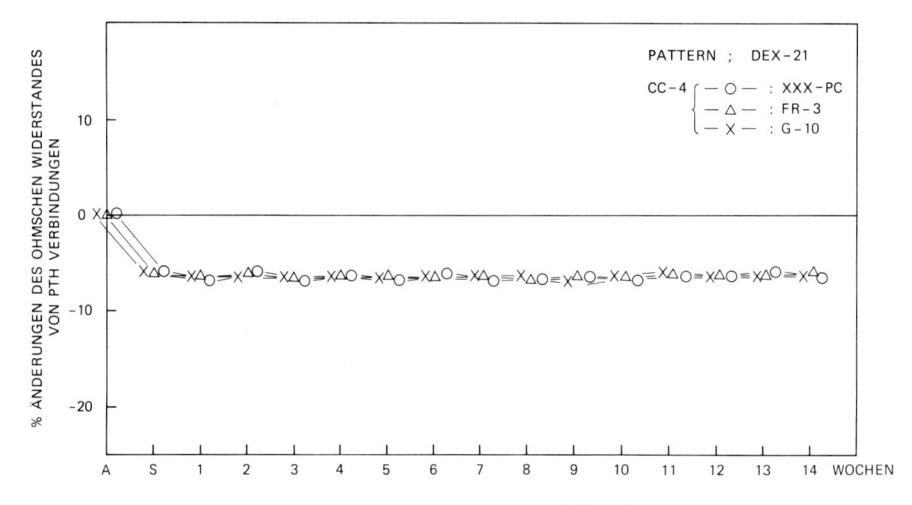

Abb. 15.4.: Feuchtkammer-Test: 40°C, 90 % RH

Die hohe Qualität der nach dem *Photoforming*-Verfahren hergestellten Leiterplatten dürfte darauf zurückzuführen sein, daß die Verteilung der Katalysatorkeime im Loch und auf der Oberfläche außerordentlich gleichmäßig ist. Dadurch ergibt sich eine gleichmäßige Schichtdicke des Kupfers auf Lochwandungen, auf der Leiterbahn und am Übergang vom Loch zur Leiterbahn.

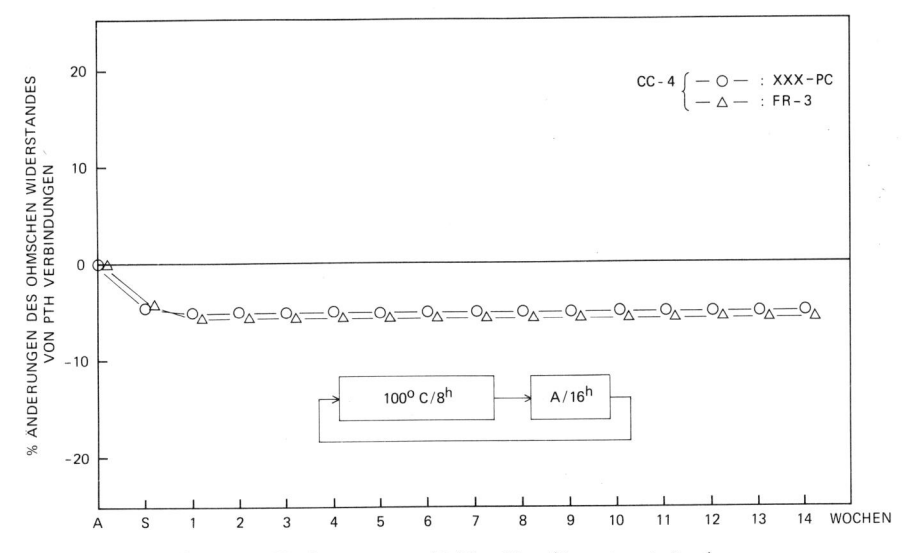

Abb. 15.5a.: Hochtemperatur-Zyklus-Test für gestanzte Lochungen

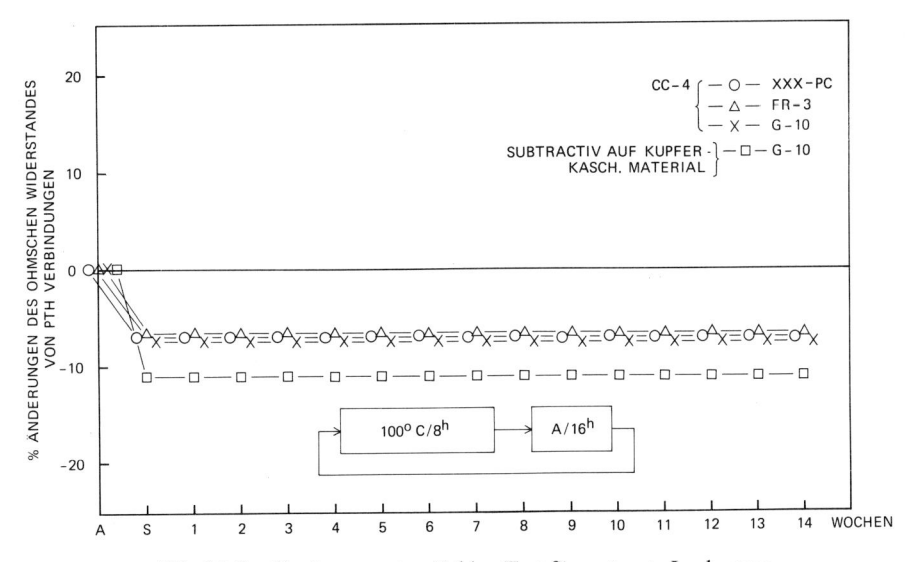

Abb. 15.5b.: Hochtemperatur-Zyklus-Test für gestanzte Lochungen

Tabelle 15.3. zeigt einen Vergleich bestimmter Merkmale für Leiterplatten, die nach der Subtraktiv-Technik und nach zwei resistfreien, additiven Verfahren hergestellt sind.

Tabelle 15.3.

Kenndatum	Herstellvorgang			
	Subtraktive Verfahren		resistfreie additive Verfahren	
	35 µm Cu-kasch. Basismaterial	Ultra-dünn Cu-kasch. Basismaterial	PD-R	Fotoform
Basismaterial	alle Nemo-Typen	FR4/CEM	FR4	alle Nemo-Typen
Bearbeitbarkeit	Stanzen Bohren	Bohren	Bohren	Stanzen Bohren
Ätzkosten	hoch	niedrig	keine	keine
Unterätzung	beträchtlich	sehr gering	keine	keine
Wiederverarbeitbarkeit	nein	nein	ja	ja
Leiterzüge nur aus Cu	schwierig	ja	ja	ja
Anwendung	geringe bis große Stückzahlen	geringe bis große Stückzahlen	hohe Stückzahlen	geringe bis hohe Stückzahlen

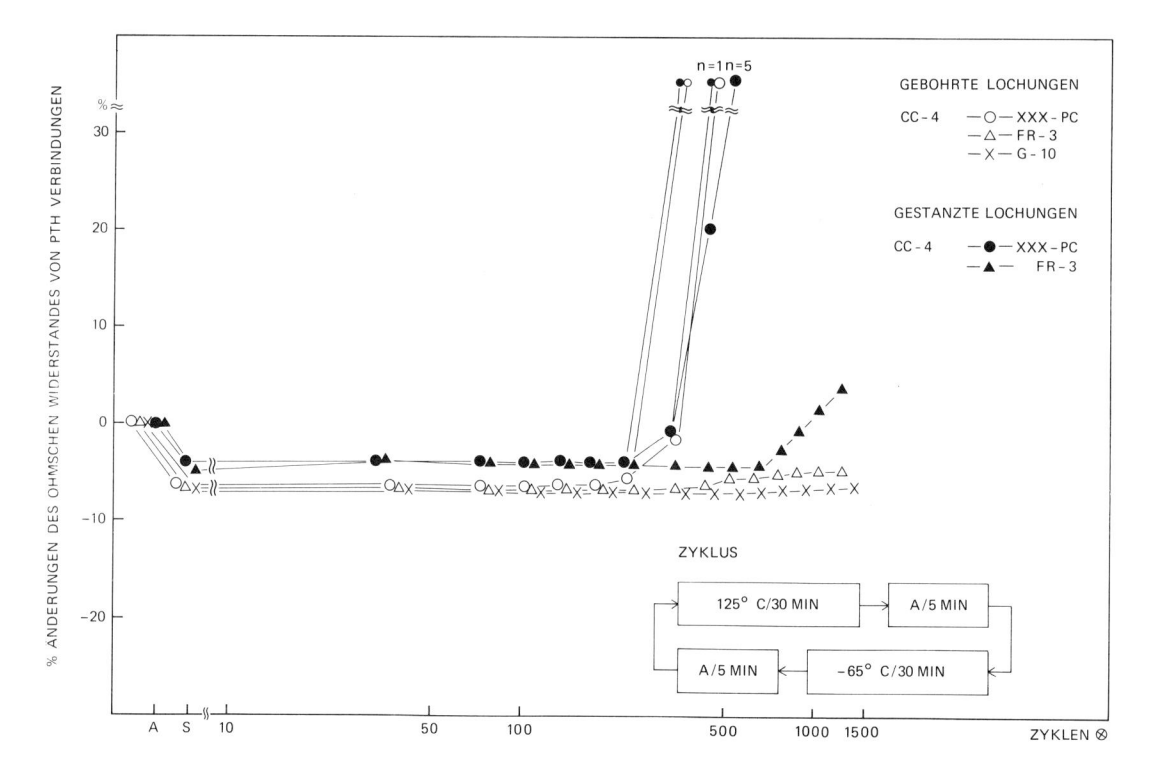

Abb. 15.6.: Mil-Spec. Temperatur-Schock-Test
A = Kondition A; S = Zeitpunkt der Lötwelle

Qualität von Leiterplatten

Abb. 15.7.: Schliffbild einer Photoforming-Platte

Verfahren	Basismaterial	Kupfer auf Leiter und in den Löchern	Test in 260 °C Öl				Mil-Thermal Test Mil-Std. 202-107 c	
			Tauchzt. 10 s		Tauchzt. 5 s			
			Gut	Ausfall	Gut	Ausfall		
			Zyklen	Zyklen	Zyklen	Zyklen	Zyklen	Zyklen
Photo-Forming	Phenolharzpap.	CC - 4	5-8	7-10	15	20	206	—
	Epoxy-Glas	CC - 4	20	—	20	—	206	—
Konventionelle Durchplattierungsverfahren	Phenolharzpap. ca. 35 µm Cu	Pyro-Kupfer	Ergebnisse durchgeh. negativ				—	
	Epoxy-Glas	Pyro-Kupfer	20	—	20	—	100	—

Abb. 15.8.: Zuverlässigkeitsvergleich nach Mil-Spezifikationen

Literaturverzeichnis zu Kapitel 15.

[1] D.J. Sharp: Plating 58, 786 (1971)
[2] B.K.W. Baylis, N.E. Hedgecock und M. Schlesinger: J. Electrochem. Society 124, 346 (1977)
[3] J.F.D. Amico und M.A. de Angelo: J. Electrochem. Society 120, 1469 (1973)
[4] C.J.G.F. Janssen, H. Jonker und A. Molenaar: Plating 58, 42 (1971)
[5] J.F. Mansveld und J.M. Jans: Plating & Surface Finishing 66, 14 (1979)
[6] P.D. Fleischauer in A.W. Adamson & P.D. Fleischauer: Concepts of Inorganic Photochemistry, J. Wiley & Sons, New York 1975, S. 402
[7] J.J. Kelly und J.K. Vondeling: J. Electrochem. Society 122, 1103 (1975)
[8] George Messner: A new lowcost image formation process for high density printed circuit patterns. IPC Conference, Washington D.C., April 1975
[9] Weiterentwicklung der Additiv-Technik für Leiterplatten, Galvanotechnik 67, S. 986–907 (1976)
[10] Hitachi Chemical Report: "Results od Reliability Tests on CC4 printed circuit boards", Tokyo, Oktober 1980

16. Multiwire®-Technik

16.1. Entwicklung der Multiwire-Technik

Die Transistorisierung und die Integration führten zu einem hohen Informationsfluß auf kleinstem Raum. Diese Informationsdichte war nicht mehr auf ein- und zweiseitigen Leiterplatten zu realisieren. Daraus ergab sich die Entwicklung der *Multilayer*-Leiterplatten und auch der *Wire Wrap*-Technik. Mit diesen beiden Technologien wurden höchste Packungsdichten erreicht. Das *Multilayer*-Verfahren wird von vielen Herstellern praktiziert, da die meisten Verfahrensschritte aus der herkömmlichen Leiterplattenfertigung abgeleitet werden konnten. Die Zuverlässigkeit, die anfangs nicht ausreichend war, wurde von der Industrie optimiert, und die Qualitätsnormen werden alle erfüllt. Dennoch waren Ingenieure und Techniker mit den Punkten ,,Anfertigungszeit'' und ,,Kosten'' nicht zufrieden. Die Folge war, daß das *Wire Wrap*-Verfahren als flexible und schnelle Technik

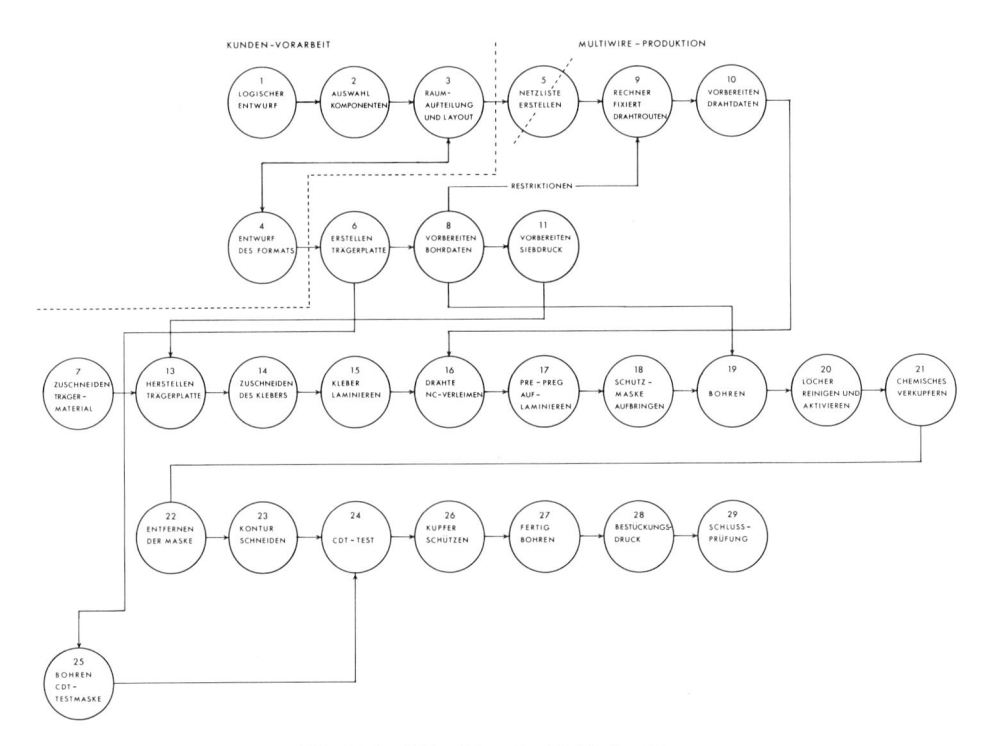

Abb. 16.1.: Ablaufplan für Multiwire-Platten

im großen Umfang eingeführt wurde. Diese Technik hat neben vielen Vorteilen, insbesondere der leichten und schnellen Durchführbarkeit, nur den Nachteil, daß sie in der Reproduzierbarkeit den Anforderungen der Impuls- und Hochfrequenztechnik nur teilweise genügt (zusätzlich benötigt *Wire-Wrap* größeres Volumen und hat höheres Gewicht).

Die Fa. *PCK, Technology Division of Kollmorgen,* New York, stellte sich die Aufgabe, die Vorteile der *Wire Wrap*-Technik mit der hervorragenden Reproduzierbarkeit des *Multilayers* zu verbinden. Das Ergebnis dieser Arbeiten ist das *Multiwire*-Verfahren. Die erste Forderung, die Reproduzierbarkeit, wurde dadurch erfüllt, daß der Draht auf einer Trägerplatte fixiert wird. Dieser Vorgang ist automatisch durchführbar. Ein Kupferdraht mit hoher Duktilität und einer hitzebeständigen Polyimid-Isolation wird in den Heißkleber auf der Oberfläche der Trägerplatte eingebettet. Die zweite Forderung, kurze Anfertigungszeit, fand ihre Lösung im *CAD (Computer-Aided-Design)* und *CAM (Computer Aided Manufacturing)*. Für die *Multilayer*-Technik sind pro Ebene die Druckvorlagen für das Leiterbild zu entwerfen und aufeinander abzustimmen. Nach dem Herstellen der „Layer" folgt das Laminieren mit „Prepregs" und das Bohren der Löcher mit anschließendem Durchmetallisieren. In der *Multiwire*-Technik *(Abb. 16.1.)* wird mit Hilfe des speziellen *Multiwire*-Rechnerprogrammes in einem Arbeitsgang ausgeführt:

1. das Verdrahtungsprogramm für die NC-Drahtverlegemaschine
2. das Bohrprogramm für die Löcher
3. das Prüfprogramm für den Test der fertigen *Multiwire*-Platten

Im Gegensatz zur *Multilayer*-Technik, bei der jeder „Layer" serienweise gefertigt wird (bei 500 Platten Auftragsgröße pro „Layer" 500 Stück plus Ausschuß), handelt es sich in der *Multiwire*-Technik um eine Einzelstückfertigung. Daraus ergibt sich eine kurze Anfertigungszeit, verbunden mit großer Flexibilität *(Abb. 16.2.a.)*.

Anfertigungszeit- vergleich:		Entwurf (Wochen)	Herstellung (Wochen)	Gesamt (Wochen)
Kleine, einfache Schaltungen	MWB	1,5	3,0	4,5
	PCB	3,0	3,0	6,0
Große, umfangreiche Schaltungen	MWB	2,0	3,0	5,0
	PCB	6,0	4,0	10,0
Sehr große, komplexe Schaltungen	MWB	3,0	3,0	6,0
	MLB	11,0	6,0	17,0

Abb. 16.2.a.: Zeitvergleich für Leiterplattenanfertigung zwischen Multiwireschaltungen (MWB), Standard-Leiterplatten (PCB) und Multilayerschaltungen (MLB) von Yaskawa Electric.

Die Polyimid-Isolation läßt häufiges Kreuzen der Drähte zu. In der *Abb. 16.2.b.* ist eine Gegenüberstellung der charakteristischen Kenngrößen der drei vergleichbaren Verfahren gegeben.

Zu jeder Entwicklung und neuen Technologie stellt sich die Frage, wo liegen die Nachteile. Den Vorteilen wird breiter Raum gegeben, jedoch erhalten Hersteller und Anwender selten die Information über Schwachstellen. Der Draht „Wire" aus Kupfer stellt keine Schwachstelle dar, da er mit seinem Durchmesser von 0,15 mm praktisch einen Quer-

	Zweiseitige gedruckte Leiterplatten	Multilayer-Platten	Wirewrap-Platten	Multiwire-Platten
Entwurf-Werkzeugkosten	hoch	sehr hoch	niedrig	niedrig
Entwurf-Werkzeugzeiten	lang	sehr lang	kurz	kurz
Anfertigungszeit der 1. Platte	kurz	lang	kurz	kurz
Plattenkosten bei geringen Mengen	mittlere	hohe	hohe	mittlere
Plattenkosten bei Produktionsmengen	niedrige / mittlere	hohe	hohe	mittlere / hohe
Zweidimensionale Packungsdichte	mittel	hoch	hoch	hoch
Dreidimensionale Packungsdichte	mittel	hoch	mittel	hoch
Gewicht	niedrig	niedrig	hoch	niedrig
Durchführbarkeit von Änderungen	hinreichend	schlecht	ausgezeichnet	gut
Eigenschaften bei Hochfrequenz	hinreichend	ausgezeichnet	hinreichend bis schlecht	ausgezeichnet
Auswechselbarkeit mit anderen Techniken	ausgezeichnet	ausgezeichnet	hinreichend	sehr gut ausgezeichnet
Reparierbarkeit	ausgezeichnet	schlecht	ausgezeichnet	gut
Gleichbleibende Impedanz	gut	gut	schlecht	gut
Elektrische Zuverlässigkeit	gut	mittel	mittel	gut

Abb. 16.2.b: Übersicht über die Eigenschaften der vergleichbaren Leiterplatten-Herstellverfahren

schnitt eines Leiters von 0,5 mm Breite und 35 µm Stärke bietet. Die Durchmetallisierung entspricht der herkömmlichen Durchmetallisierung in den bekannten Verfahren und ist damit ebenso sicher. Es bleiben für den Hersteller, der eine *Multiwire*-Fertigung plant, als Probleme:

Aufbau einer Abteilung, die sich das Multiwire-spezifische Wissen erarbeitet und in der Produktion umsetzt in die wirtschaftliche Fertigung von Multiwire-Platten;

Anfangsinvestitionen für Rechner und Rechnerprogramme in Multiwire CAD (Computer-Aided-Design) und CAM (Computer Aided Manufacturing);

die Investitionen einer Multiwire-CNC (Computer-Numerical-Control)-Drahtverlegemaschine (vergleichbar der Investition einer CNC-Bohrmaschine).

Für den Anwender ergeben sich beim Einsatz von *Multilayer*- oder *Multiwire*-Platten keine Unterschiede in der Verarbeitung. Die Vorteile einer *Multiwire*-Platte werden in *Kapitel 16.2.* erwähnt.

16.2. Eigenschaften, Zuverlässigkeit und Prüfergebnisse von Multiwire-Platten

Die *Multiwire*-Technik zeichnet sich dadurch aus, daß beim Herstellen der Leiterzüge keine

- Unterätzungen
- Einschnürungen
- Verbindungen

entstehen können. Der Draht ist entweder verlegt oder nicht vorhanden. Die Drahtführung kann so ausgeführt werden, daß häufig Kreuzungen stattfinden; die Isolation gewährleistet einen hohen Sicherheitswert in bezug auf die elektrische Durchschlagsfestigkeit. Der Draht ist duktil und kann Biegungen und Vibrationen der Platte ohne Qualitätseinbußen überstehen. Die kritische Stelle jeder durchmetallisierten Leiterplatte ist die Durchmetallisierung der Löcher und der Übergang vom Loch zur Leiterbahn. Gemäß *Abb. 16.3.* wurde ein *Multiwire*-Testverdrahtungsmuster für den Lochtest entworfen. Mit diesem Testverdrahtungsmuster wurden die Übergänge nach den Military-Standards geprüft und eine hohe Zuverlässigkeit erreicht. Die *Multiwire*-Platte kann bei eingebauter Masse als eine Hochfrequenzleitung gebaut werden, bei der die Leiterbahnen eine konstante Impedanz über ihre Länge aufweisen. Damit ergibt sich eine gute Eignung im Höchstfrequenzbereich. In diesem Frequenzbereich ist die *Wire-Wrap*-Technik wenig geeignet, die *Multilayer*-Technik erfordert einen sehr aufwendigen Entwurf, der bei Änderungen und bei Reparaturen zu Schwierigkeiten führt. Bei den *Multiwire*-Platten werden serienmäßig die Löcher optisch geprüft und die Schichtstärke der chemischen Kupferschicht in den Löchern gemessen. Die Abätzung der Polyimid-Isolation an den Drähten wird ebenso einer Kontrolle unterzogen. Lötbarkeitsprüfungen erfolgen über die normalen Lötbäder mit Schaum- oder Sprühfluxer, einer Vorheizstrecke mit 80–100 °C, einer Lötwellentemperatur zwischen 255 und 260 °C und einer Eintauchbreite von 7–8 cm. Die Transportgeschwindigkeit liegt bei 0,6 bis 1 m/min. Gemessen werden weiterhin der Oberflächenwiderstand der Platten und die Leiterbahnwiderstände einschließlich der Durchmetallisierung. Zur Prüfung der Qualität der durchmetallisierten Löcher wird die Auszugskraft gemessen. Dabei wird ein Draht 5mal eingelötet und wieder ausgelötet. Anschließend wird der Draht des Bauelementes mit einer Federwaage ausgezogen. Die Auszugskraft liegt in allen Fällen über 9 kg, bei einem Loch von 1 mm Durchmesser; in den meisten Fällen jedoch reißt der Draht bei 15–20 kg Zugkraft ab.

Die Haftfestigkeit der in Heißkleber eingebetteten Drähte wird dadurch erhöht, daß über die Drähte ein „Prepreg" auflaminiert wird. Wird eine Haftfestigkeitsprüfung der Drähte nach MIL-Spezifikation MIL-P-13949 durchgeführt, so ergibt sich eine Haftfestigkeit von

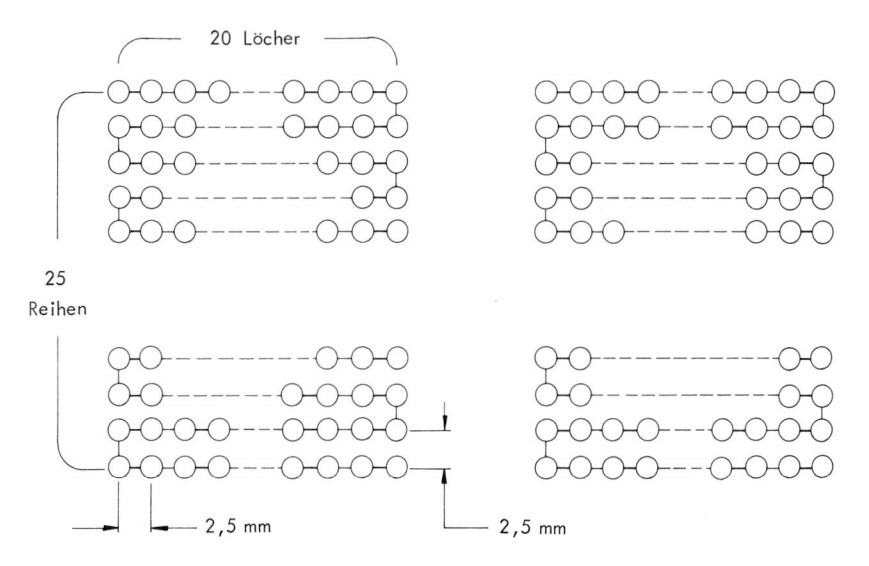

Abb. 16.3.: Multiwire-Verdrahtungsmuster für den Lochtest

> 13 kg/inch Leiterbreite. Neben dem Klimatest laufen Prüfungen über die Wölbung und Dimensionsstabilität der Platte. Ein besonderer Test wurde für die Verbindungsarten der *Multiwire*-Leiterplatte entworfen. *Abb. 16.4.* zeigt die Verbindungsarten, die folgendermaßen gestaltet sein können:

    Verbindungsart 1.1: abgebohrter Draht, über chemisch Kupfer verbunden
    Verbindungsart 1.4: *Multiwire*-Draht der einen Leiterplattenseite wird über chemisch Kupfer mit dem Draht der anderen Seite verbunden
    Verbindungsart 1.2: der *Multiwire*-Draht wird verbunden mit einer Stromversorgungsebene, die mit dem Ätzprozeß hergestellt wurde
    Verbindungsart 1.3: die Stromversorgungsebene, mit der verbunden wird, liegt auf der gegenüberliegenden Seite der Leiterplatte

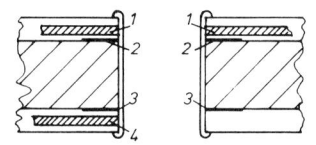

Abb. 16.4.: Verbindungsarten für Multiwire-Platten

Die Qualität der Verbindung zwischen chemisch Kupfer und *Multiwire*-Draht hängt, ebenso wie bei anderen Durchmetallisierungsverfahren, von der Qualität der Oberfläche des chemisch zu verbindenden Materials ab. Die größten Fehler entstehen, wenn Harzrückstände beim Bohren über die Kupferoberfläche des Drahtes oder des Leiters gezogen werden. Diese Trennschichten haben eine Größenordnung von ca. 10 µm. Neben diesem *Smear*-Effekt gibt es auch Trennschichten in der Größenordnung von ca. 1 µm, die ihre Ursache in Kleberrückständen haben. Trennschichten unter 1 µm entstehen durch das *Seedern* der Metalloberflächen mit Edelmetallseeder, z.B. Palladiumchlorid-Seeder. Zum Erreichen von einwandfreien Durchmetallisierungen werden die Bohrer nach 4000 Bohrungen gewechselt, damit entstehen keine Trennschichten in der Größenordnung von 10 µm.

Zum Vermeiden von Rückständen aus Klebeverschmutzungen werden die Platten mit Lösungsmitteln angebeizt. Seeder-Trennschichten können dadurch vermieden werden, daß kernkatalytische Basismaterialien verwendet werden. Bei der *Multiwire*-Platte werden nur kernkatalytische Basismaterialien verwendet. Beim Austauschen von Bauelementen und ICs hat sich gezeigt, daß bei der *Multiwire*-Platte kein Unterschied zur *Multilayer*-Platte besteht.

Durch das Anwenden des Polyimid-isolierten Drahtes ist es möglich, eine unbegrenzte Zahl von *Multiwire*-Draht-Kreuzungen auszuführen. Die Qualität der Kreuzungen muß hier besonders behandelt werden. Der Draht ist mit einer Polyimid-Schicht der Stärke von 18 um isoliert, d.h. in einem Kreuzungspunkt beträgt die Isolierung ca. 36 um. Daraus ergibt sich eine Durchschlagsspannung, die über 2000 V liegt. Ein Kreuzungspunkt ist in einem Schliffbild *(Abb. 16.6.)* dargestellt. Zum Erhärten dieser oben genannten Durchschlagsspannung wurde ein Test bei 40 °C, relativer Luftfeuchtigkeit von 95 %, Lagerzeit 96 h, durchgeführt. Das Ergebnis war eine Durchschlagsspannung von minimal 2900 V und maximal 4100 V. Nach dieser Prüfung wurden die Platten mit Salz besprüht. Die Lösung war 5 %ig angesetzt, die Lagerzeit betrug 96 h bei 35 °C. Nach dieser Lagerung wurde erneut die Durchschlagsspannung ermittelt, sie betrug minimal 2600 V, maximal 3900 V.

Bei Zuverlässigkeitsprüfungen zeigte sich, daß die *Multiwire*-Technik in allen Punkten die Zuverlässigkeit der *Multilayer*- und *Wire-Wrap*-Technik erfüllt. In einem Vergleich zwischen einer *Wire-Wrap*-Platte und einer *Multiwire*-Platte für einen Speicherbaustein stellt das Labor von *E. Kruzoff,* Radiation Systems Division, Deer Park, Long Island, New York, fest, daß die *Multiwire*-Platte dem *Wire-Wrap*-Baustein überlegen ist. Seine Aussage ist, daß die *Multiwire*-Platte zuverlässiger sein wird als die *Multilayer*- und die *Wire-Wrap*-Technik, da die Kreuzungen problemloser sind als einzelne Layer oder zusätzliche Durchmetallisierungen und Verbindungspunkte. Die im folgenden angeführten Tests wurden von *Kruzoff* durchgeführt; die *Multiwire*-Platten haben die Testbedingungen voll erfüllt:

Durchschlagsfestigkeitsprüfung, Methode 301 nach Military Standard 202, Spannung 1000 V, Dauer 30.s.

Isolationswiderstandsmessung Methode 302 nach MIL STD 202, Test B, Dauer 1 min, Fortsetzung nach Feuchtigkeitswiderstandstest.

Feuchtigkeitswiderstandsmessung Methode 106 nach MIL STD 202, Messung der Ausgangswerte, Schritte 7A und 7B, Endwerte und Prüfung nach dem Test.

Haftfestigkeitsmessung der durchmetallisierten Löcher.

Haftfestigkeitsmessung der Leiterbahnen (Drahtverbindungen).

Prüfen der Lötbarkeit und Reparaturfreundlichkeit.

Rütteltest mit

   20 – 500 Hz, Beschleunigung   2 g über 2 h
   20 – 500 Hz, Beschleunigung   5 g über 2 h
   20 – 500 Hz, Beschleunigung 10 g über 1/2 h

Tieftemperaturprüfung bei minus 54 °C über 90 min.

Hochtemperaturprüfung bei plus 71 °C über 90 min.

Prüfung unter Temperaturzyklen von minus 54 bis plus 71 °C bei 3 Zyklen innerhalb von 4 h.

Die Hochfrequenzübertragungseigenschaften der *Multiwire*-Platte sind, da die Leiterbahnen von Platte zu Platte definiert verlegt sind, vergleichbar mit jenen der *Multilayer*-Technik und haben den Vorteil, daß die Verbindungen durch Kreuzungen kürzer gehalten werden können. Die Impedanz der *Multiwire*-Drahtführung beträgt:

$$Z_o = \frac{60}{\varepsilon_r} \ln(4\frac{h}{d}) \text{ (Ohm)}$$

Impedanz   = Z_o (Ohm)
Dielektrizitätskonstante = ε_r
Durchmesser des Drahtes = d
Abstand Massefläche   = h
zum Drahtmittel

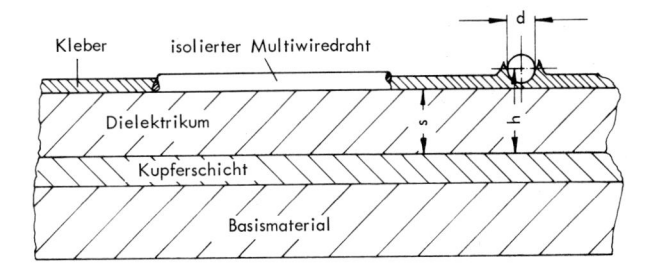

Abb. 16.5.: Vereinfachte Darstellung für das Ermitteln der Impedanz

In *Abb. 16.5.* ist die *Multiwire*-Platte vereinfacht dargestellt, um die Impedanz zu ermitteln. Wird das Dielektrikum als G 10-Material angesetzt, dann ergibt sich für die Impedanz folgende Näherungsgleichung:

$$Z_0 = 23{,}8 \ln(h\,(\mu m)) - 62 \text{ (Ohm)}$$

Die Voraussetzung für diese Gleichung ist, daß $h \approx d$ ist (in µm) und $d = 0{,}15$ mm Stärke hat.

Um eine durchgehende Impedanz von 50 Ohm zu erhalten, ergibt sich eine Stärke s des Dielektrikums von 0,11 mm; für eine 90 Ohm-Leitung eine Stärke des Dielektrikums von 0,5 mm.

Der Vorteil der *Multiwire*-Platte, über Kreuzungen mit dem isolierten Draht zu kurzen Verbindungen zu kommen, wirft die Frage auf, ob an diesen Kreuzungsstellen große Koppelkapazitäten entstehen. In *Abb. 16.6.* ist eine Drahtkreuzung dargestellt. Aus der Messung der Durchschlagsfestigkeit geht hervor, daß diese Kreuzung Spannungen von über 2000 V serienmäßig aushält. Für den Einsatz in Hochfrequenzschaltungen muß die Kreuzungskapazität ermittelt werden. Sie beträgt 0,026 pF und entsteht an jedem Kreuzungspunkt, wie es *Abb. 16.7.* zeigt. Die Kopplungskapazität von parallel laufenden *Multiwire*-Drähten ist wesentlich geringer als bei normalen Schaltungen, da der Draht nur 0,15 mm Durchmesser hat und in der Regel in einem Abstand von 1,27 mm liegt. Außerdem führt die oben genannte Verringerung der Leiterlänge automatisch zu einer geringeren Kopplung.

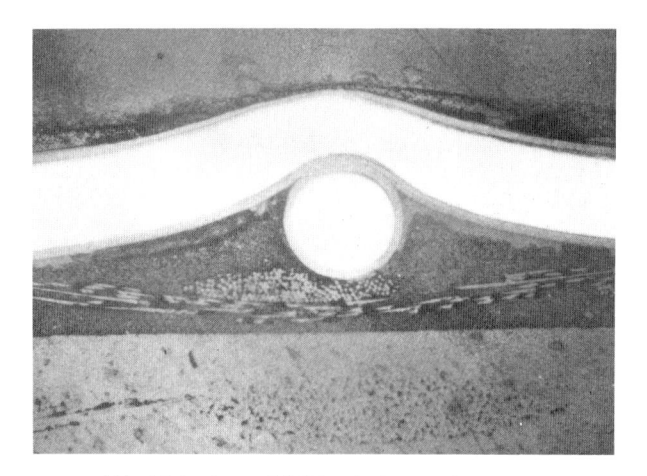

Abb. 16.6.: Querschliff durch eine Drahtkreuzung

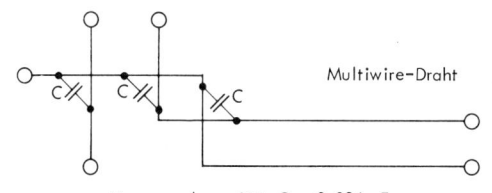

Kreuzungskapazität C = 0,026 pF

Abb. 16.7.: Kreuzungskapazitäten der Multiwire-Platten

16.3. Das Anfertigen der Trägerplatte

Die *Multiwire*-Trägerplatte besteht in der Regel aus Epoxidglasgewebebasismaterial der Qualität FR 4 oder G 10. Nur in besonderen Fällen wird Metall als Basismaterial verwendet. Es hat die Eigenschaft, siehe *Metal-Board*-Technik, daß die Wärmeabführung hier besonders bei Leistungsbauelementen zu einer günstigeren Leiterplattenkonzeption führt. Das Epoxidbasismaterial ist grundsätzlich kernkatalytisch und kann auch flexibel in einer Stärke von 0,2 mm eingesetzt werden. Starre Leiterplatten können bis zu einer Stärke von 6 mm verwendet werden. Bei diesen Materialstärken ist besonders der Lochdurchmesser für die Durchmetallisierung zu beachten, da bei 6 mm Bohrdurchmesser um 1 bis 2 mm dazu führen, daß der Badaustausch im Loch sehr gering ist und damit auch die Qualität der Durchmetallisierung leidet. Bevorzugt wird Basismaterial der Stärke 1,5 mm eingesetzt. Es ist unkaschiert oder weist eine ein- oder zweiseitige 35 µm starke Kupferkaschierung auf. Die Kupferkaschierung wird in der Oberfläche besonders behandelt, um eine hervorragende Haftung der Heißkleberschicht auf ihr zu ermöglichen. Kupferkaschierungen werden besonders dann angewendet, wenn Abschirmungen oder Stromversorgungen auf der *Multiwire*-Platte notwendig sind. Ebenso werden sie für die direkte Steckverbindung herangezogen und aus ihr die vergoldeten Kontaktfinger herausgeätzt.

Der Geräteentwickler macht für die Trägerplatte eine Bleistiftskizze *(Abb. 16.8.)*, die die Stromversorgungsbahnen und die Kontaktfinger zeigt. Aus dieser Skizze wird eine

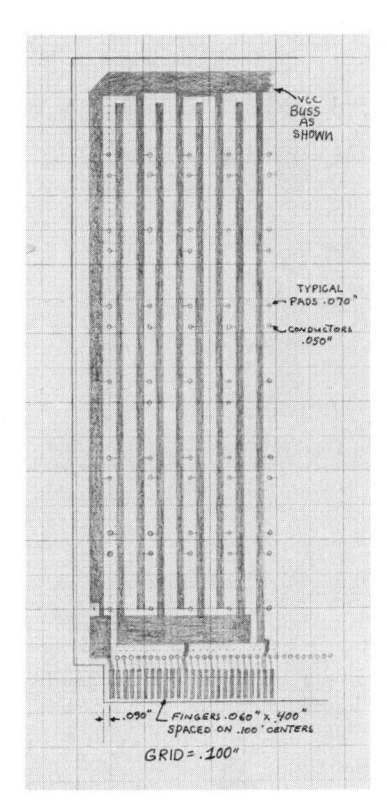

Abb. 16.8.: Bleistiftskizze für das Layout

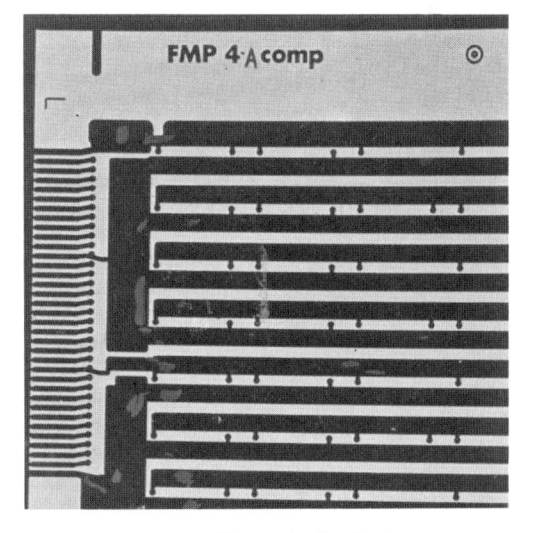

Abb. 16.9.: Filmmaske für das Layout

Filmmaske gefertigt, die in *Abb. 16.9.* dargestellt ist. Diese Zeichnungen sollen grundsätzlich auf Raster liegen und das 1,27 oder 1,25 mm Raster verwenden. Was nicht auf dem Raster liegt, muß genau vermaßt werden. Als Lochdurchmesser wird bevorzugt ein Loch von 1,0 mm Stärke verwendet. Die Leiterbreiten für die Stromversorgungsebenen haben minimal 0,6 mm, ebenso beträgt der Abstand minimal 0,6 mm. Auf dem Entwurf werden die Positionen in den Koordinaten X und Y für alle Bauelemente genau angegeben. Die Anschlüsse werden präzise identifiziert und die Verbindungen zu den Kontakten und Testpunkten festgelegt.

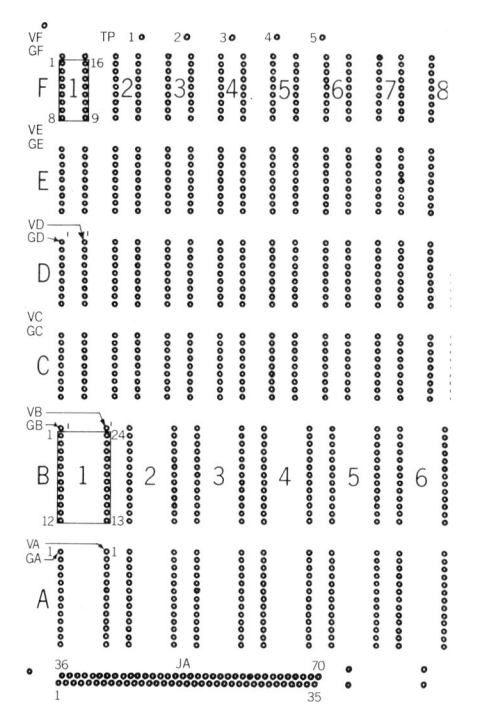

Abb. 16.10.: Anordnung der Bauelemente und Steckerverbindungen

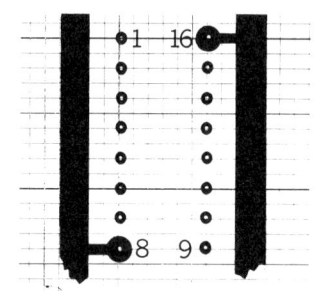

Abb. 16.11.: Direkte Stromversorgung der IC's

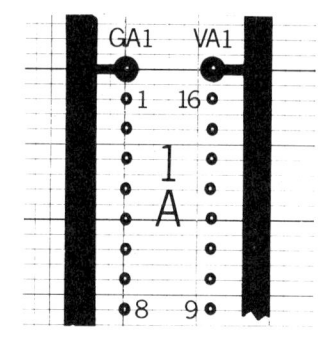

Abb. 16.12.: Indirekte Stromversorgung der IC's

Ein derartiges Layout ist in *Abb. 16.10.* dargestellt. Diese Abbildung zeigt auch, daß jeder Punkt alpha-numerisch definiert ist. Für das Layout wird vorab festgelegt, ob die Bauelemente (ICs) direkt über die geätzten Leiterbahnen mit Strom versorgt werden *(Abb. 16.11.)* oder ob die Versorgung über *Multiwire*-Verbindungspunkte und *Multiwire*-Draht geschieht *(Abb. 16.12.)*. Die *Multiwire*-Trägerplatte wird anschließend nach dem normalen Subtraktiv-Leiterplatten-Herstellverfahren gefertigt, die Steckverbindungen werden vernickelt und vergoldet. Zum Festlegen der Leiterplattenkontur bestehen für die *Multiwire*-Technik Vorschläge der Firmen *Photocircuits, Hitachi, Autophon* und *Fuba* *(Abb. 16.13., 16.14., 16.15.)*. Zusätzlich zur Kontur werden folgende Kenngrößen festgelegt:

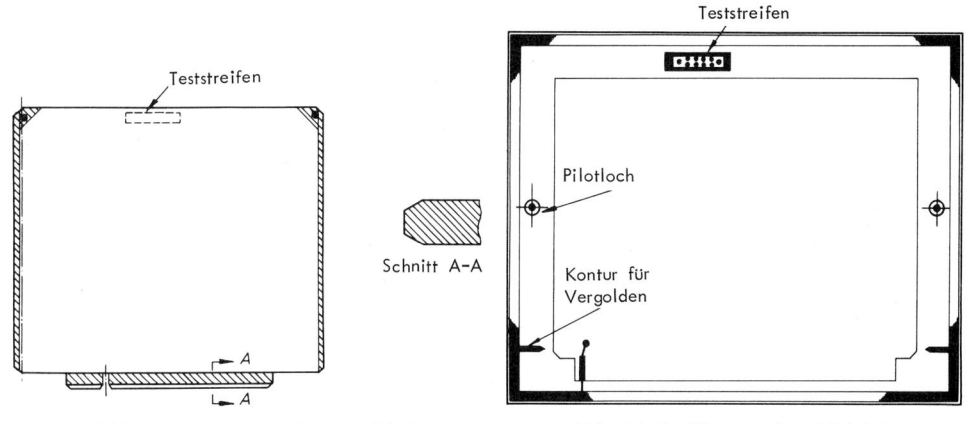

Abb. 16.13.: Kontur einer Multiwire-
Leiterplatte (Photocircuits)

Abb. 16.14.: Kontur einer Multiwire-
Leiterplatte (Autophon)

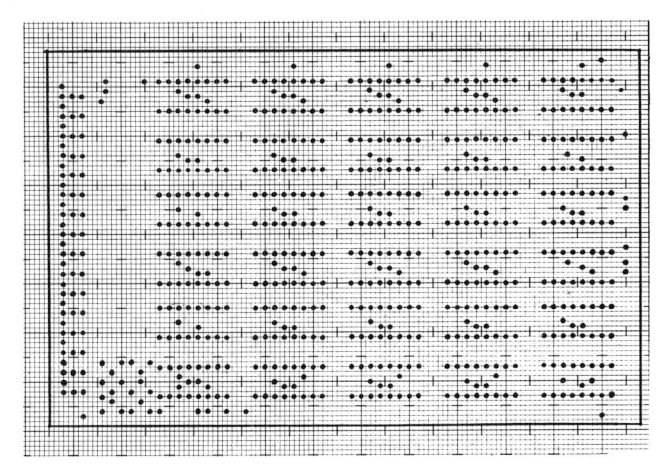

Abb. 16.15.: Kontur einer Multiwire-Leiterplatte (Fuba)

- Materialstärke
- *Multiwire*-freie Zonen
- Passer-System gegen Verdrehen
- Aufnahmelöcher für Druckprozesse
- Teststreifen
- Steckverbindungsausführung, z.B. 5 µm Gold oder 2 µm Gold auf 5 µm Nickel
- Lochdurchmesserangaben (der Lochabstand ist mit 2,54 mm fixiert)
- Bestückungsdruck
- Lötbarkeitsschutz

Die Trägerplatten werden so entworfen, daß die geätzten Steckverbinder und Stromversorgungen für eine Reihe von Anwendungsfällen geeignet sind *(Abb. 16.16.)*. Es gibt dafür Standard-Layouts. Nach dem Herstellen der Trägerplatte wird diese mit einem Heißkleber (RC 205) in einer Stärke von 0,2 mm beschichtet. Dieses Beschichtungsverfahren erfolgt nach dem Transferprinzip. Eine Epoxidglasträgerschicht trägt den Heißkleber, und nach dem Zusammenfügen dieses Klebers mit der Trägerplatte wird unter Druck und Temperatur (150 °C, 10 min) in einer Presse der Bogen verpreßt.

Abb. 16.16.: Geätztes Layout der Stromversorgung und der Steckverbinder

16.4. Multiwire-EDV-Programme

Die *Multiwire*-Technik ist eine Technik, die von der Entwicklung einer Schaltung bis zur fertigen Leiterplatte, die in Serie produziert wird, nur eine kurze Zeitspanne benötigt. Gerade für komplexe Schaltungen ist diese Tatsache von großer Bedeutung. Damit ist der Entwickler in der Lage, mit seinen Projekten zügig voranzukommen und bei Verbesserungen unmittelbar einzugreifen. Drei wesentliche Ursachen für die schnelle Verfügbarkeit von *Multiwire*-Platten sind zu nennen:

kein grafisches Layout ist notwendig (auch die Trägerplatte kann ohne Leiterbahnen sein; die Verbindung erfolgt über einen eingelöteten Steckverbinder)

der Entwickler fertigt sofort nach Entwicklungsabschluß einen Lageplan für die Bauelemente und einen *Verdrahtungsplan* (Netzliste) an

Verlege-, Bohr- und Prüfprogramme werden über einen Rechner erstellt und in NC-Maschinen zum Ausführen der Arbeitsschritte eingesetzt.

Für die Schritte bis zur fertigen Leiterplatte ist auf der Programmierseite ein bestimmter Ablauf einzuhalten. In *Abb. 16.17.* ist ein Beispiel gegeben. Eine Schaltung (in der Abb. links oben) wird auf einem Rasterblatt bauelementebezogen aufgelöst. Nach dem Lokalisieren der einzelnen Bauelemente und dem damit verbundenen Fixieren der Anschlußpunkte (Löcher in der Platte) wird die Netzliste (Drahtverbindungsliste) handschriftlich

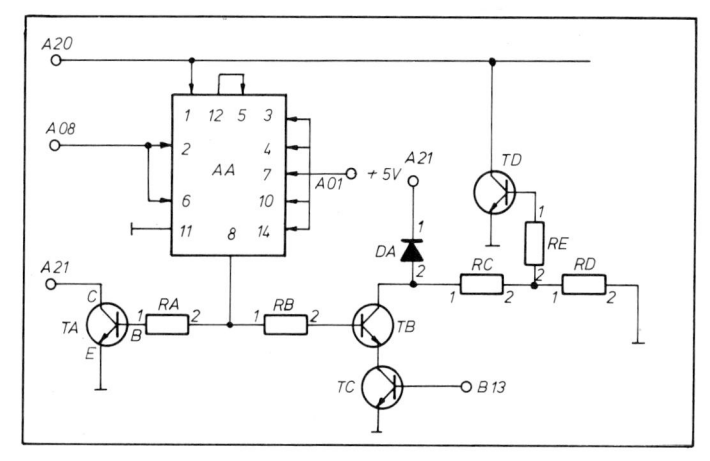

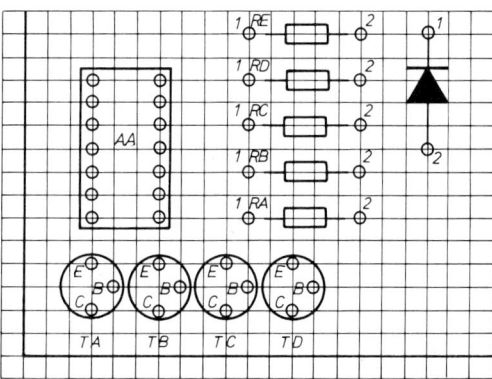

Multiwire-Netzliste für

Kriterium	Netz Nr.	Draht - Verbindungspunkte				
+5V	1	A 01	AA 04	AA 03	AA 07	AA 10 / AA 14
GND	2	A 03	AA 11	TAE	TCE	TDE / RD 02
+15V	3	A 21	DA 01	TAC		
	4	AA 05	AA 12			
	5	AA 02	AA 06	A 08		
	6	AA 08	RA 02	RB 01		
	7	TAB	RA 01			
	8	RB 02	TBB			
	9	TBE	TCC			
	10	TBC	DA 02	RC 01		
	11	TCB	B 13			
	12	RC 02	RD 01	RE 02		
	13	RE 01	TDB			
	14	A 20	AA 01	TDC		

Abb. 16.17.: Schaltbild, Bauelementelokalisierung und Netzliste (Autophon)

aufgestellt. Alle Schritte, die bis zum Einsatz der numerisch gesteuerten Maschinen ablaufen, sind in einem Flußdiagramm *(Abb. 16.18.)* dargestellt. Der stufenweise Ablauf zeigt den Übergang von der handschriftlichen Ausarbeitung über Lochkarten zum Lochstreifen. Im Einzelnen:

Stufe 1: Rasterskizze mit genauer Lokalisierung der Bauelemente und der Anschlußpunkte. Netzliste von Hand für die Verbindungen in symbolischer Form und in X-Y-Form.

Stufe 2/3: Die Ausarbeitung wird auf Lochkarten übertragen und für Löcher und Verdrahtung in X-Y-Form standardisiert.

Stufe 4: Im Rechner wird das X-Y-Programm umgesetzt auf den Code der spezifischen NC-Bohrmaschine.

Für die Drahtverlegung werden Lochprogramm und Netzliste in X-Y-Form im Rechner zusammengeführt. Der Rechner arbeitet einen Drahtverlegungsplan unter Berücksichtigung der Löcher und anderer Randbedingungen aus.

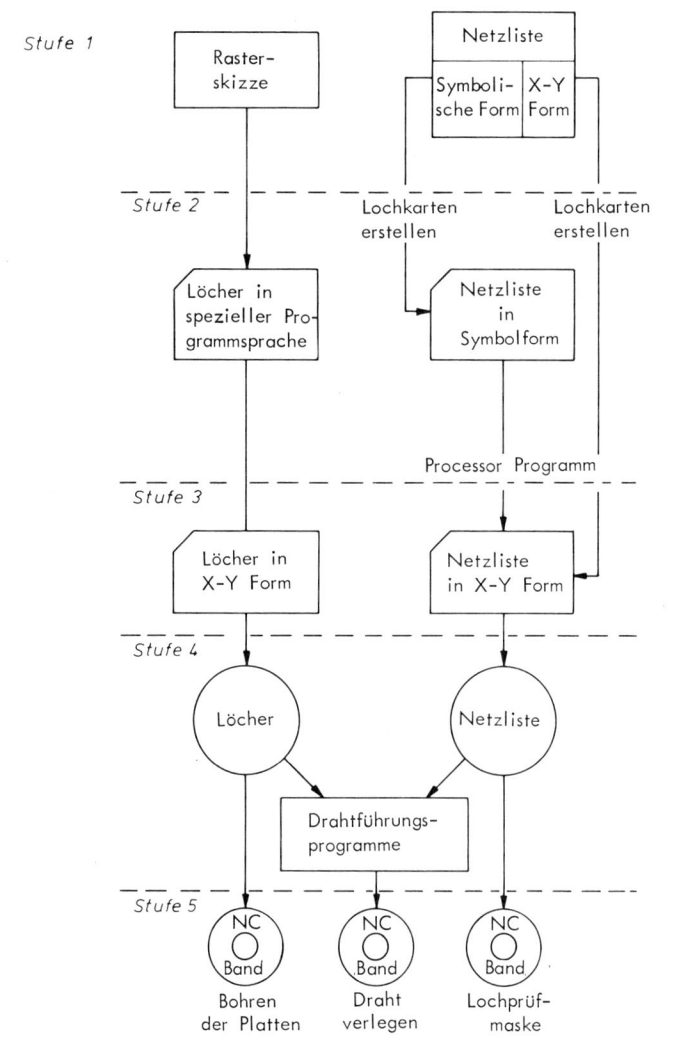

Abb. 16.18.: Flußdiagramm der Multiwire-Plattenherstellung

Multiwire-EDV-Programme

Stufe 5: Als Ergebnis liegen aus dem Rechner Lochstreifen zum Einsatz in NC-Maschinen für:
- das Bohren der Löcher
- das Verlegen der Drähte und
- das Herstellen der Prüfmaske vor.

Anhand eines Beispieles werden die relativ einfachen Operationen, die vom Entwickler ausgeführt werden, gezeigt. Die Rasterskizze *(Abb. 16.19.)* mit den alpha-numerisch codierten Anschluß- und Verbindungspunkten dient als Vorlage für die Netzliste. Die in *Abb. 16.19.* gezeigte Verbindung wird in der Netzliste wie folgt erfaßt:

```
Netz 001:   CA02   01A04   01B11
            RB02   VB02
```

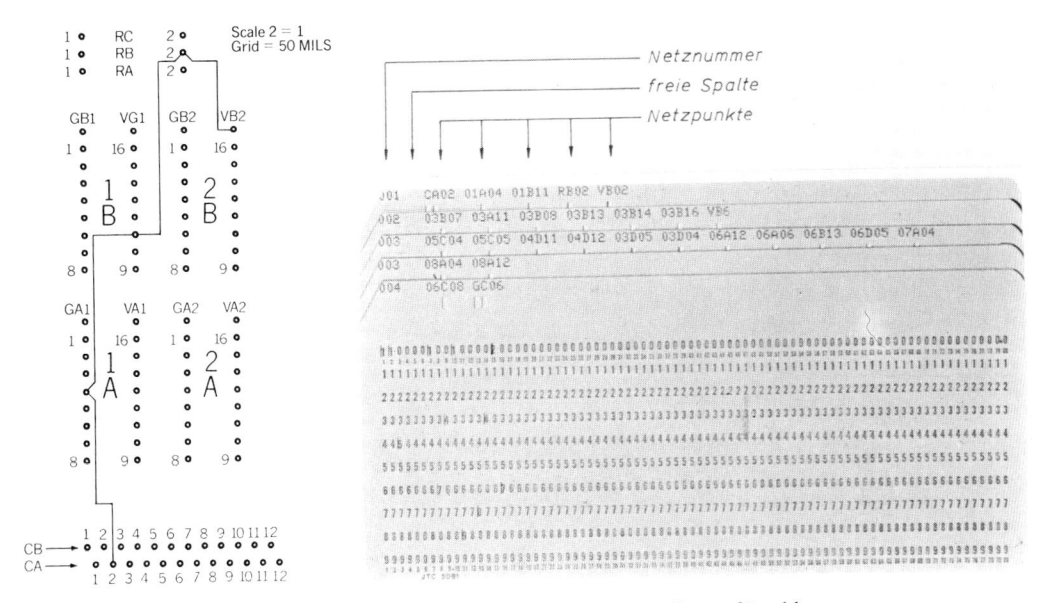

Abb. 16.19.: Verbindungslinien eines Netzes

Abb. 16.20.: Netzliste auf Lochkarten

Dieses Netz 001 ist gleichzeitig der Signalfluß. Jeder Punkt darf nur in einem Netz vorkommen. Nach dem Fertigstellen der Netzliste wird diese auf Lochkarten übertragen *(Abb. 16.20.)*.

Im zweiten Schritt wird jedes Netz in seinen X- und Y-Koordinaten pro Netzpunkt auf Lochkarten übertragen. Dazu wird die Rasterskizze im Maßstab 1 : 1 für beide Achsen ausgezeichnet oder mit einem Normraster (Gitter) versehen *(Abb. 16.21.)*. Für das Netz 001 ergeben sich hierbei zwei Möglichkeiten der Koordinaten-Zuordnung:

- in 1/1000 Zoll-Zuordnung

```
Netz 001:  650X/400Y  – 500X/1400Y –
           800X/2300Y – 1100X/3350Y –
           1400X/2900Y
```

– in Rasterzuordnung
Netz 001: 13X/8Y – 10X/28Y – 16X/46Y –
22X/67Y – 28X/58Y

Auf Lochkarten übertragen stellt sich der Vorgang, wie in *Abb. 16.22.*, dar.

Der Rechner verarbeitet die Daten aus der Netzliste und die Lochpositionen. Er versucht für ein Netz in dem das Netz umschreibenden Rechteck unter Einhalten der Restriktionen (z.B. Drahtabstand – Lochabstand) die Drahtverlegung auszuführen. Die Programme sind so angelegt, daß der kürzeste Weg ausgewählt wird. Das Finden der Drahtbahnen stellt der Rechner auf einem Bildschirm dar, findet er keine Bahn, so gibt er dem Operator diese Information. Der Operator hat nun die Möglichkeit, in der interaktiven Rechnerkommunikation eine Lösung zu finden. Im einfachsten Fall gibt der Operator dem Rechner einen „Außenpunkt" (der außerhalb des Netz-umschreibenden Rechtecks liegt), damit kann der Rechner im größeren Feld eine Route finden. Dieser schnell ablaufende Vorgang wird mit dem Begriff *„Computer-Routing"* bezeichnet. In Fällen hoher Packungs- und Verbindungsdichte wird der Rechner wesentlich weniger als 90 % aller Netze auf einer *Multiwire*-Plattenseite unterbringen (eine Seite *Multiwire* entspricht 4–6 *Multilayer*-Ebenen). Der Operator wird dann nur begrenzt interaktiv eingreifen, er gibt dem Rechner die zweite Seite der *Multiwire*-Platte zum Verdrahten frei. Damit erhält der Rechner die doppelte Zahl an möglichen Routen und gestaltet im umschriebenen Rechteck die restlichen Netze.

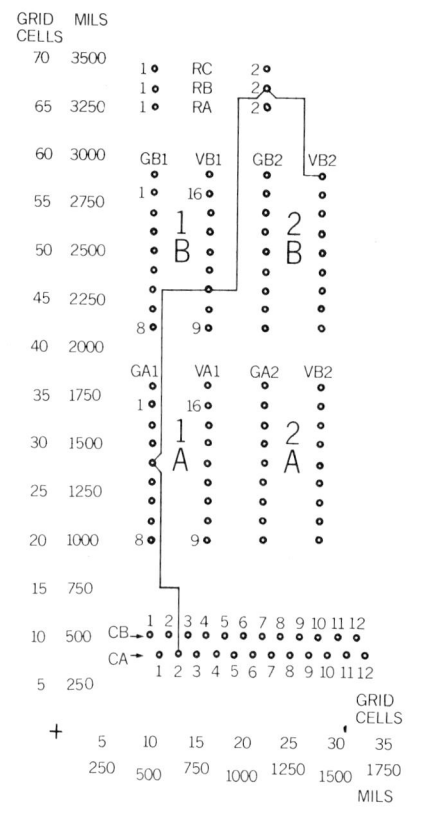

Abb. 16.21.: Vermaßte Rasterskizze

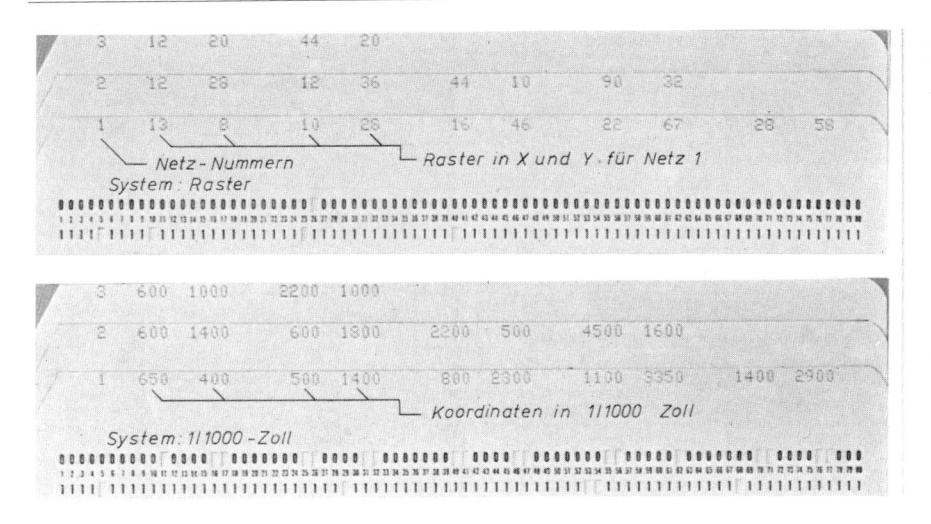

Abb. 16.22.: Koordinaten auf Lochkarte

Für das Prüfen der fertigen *Multiwire*-Platte erstellt der Rechner, wie in *Abb. 16.18.* dargestellt, ein Prüfprogramm. Dabei werden alle Verbindungen auf der Platte, auch die durchmetallisierten Löcher, getestet. Das Prüfverfahren läuft über eine elektro-chemische Reaktion und setzt sich wie folgt zusammen:

Eine Mylar-Folie in der Größe der *Multiwire*-Leiterplatte wird nach dem aus *Abb. 16.18.* gewonnenen Programm auf einer Bohrmaschine mit Löchern versehen. Diese werden an den Anfangspunkten eines jeden Netzes gebohrt.
Die Mylar-Folie wird auf die Oberseite der *Multiwire*-Platte deckungsgleich mit den Löchern in der Platte gelegt.
Unter die *Multiwire*-Platte kommt ein chemisch-sensibilisiertes Papier *(Abb. 16.23.)*.
Das so gebildete Paket wird zwischen zwei mit Kohlestaub angericherte Vliese gelegt. Durch Pressen wird ein inniger Kontakt der Schichten erreicht.
Die Anfangspunkte der Netze werden mit Gleichstrom beaufschlagt.
Jedes Loch, durch das Strom fließt, ergibt auf dem chemisch-sensibilisierten Papier eine Reaktion, die durch das Verfärben des Papieres sichtbar wird.
Löcher, die durch Unterbrechungen keinen Strom weiterleiten, ergeben diese Reaktion nicht. Wird eine schwarze Prüfmaske *(Abb. 16.24.)* über das chemisch-sensibilisierte Papier gelegt, so kann auf einen Blick festgestellt werden, ob alle Verbindungen intakt sind.

Der Test wird der chemische Entladungstest genannt („Chemical Discharge Test", „CDT") und hat sich im Laufe der Jahre bewährt. Neben dem beschriebenen Prüfprogramm werden weitere Prüfungen durchgeführt. Zu diesem Zweck ist an jeder Leiterplatte, die nach dem *Multiwire*-Verfahren gefertigt wird, ein Teststreifen außerhalb der endgültigen Kontur angebracht. Dieser Teststreifen weist eine Reihe von Drahtverbindungen und Bohrungen auf. Durch Schliffe der Löcher des Teststreifens kann ohne Zerstörung der *Multiwire*-Platte die Qualität jeder Platte festgestellt werden.

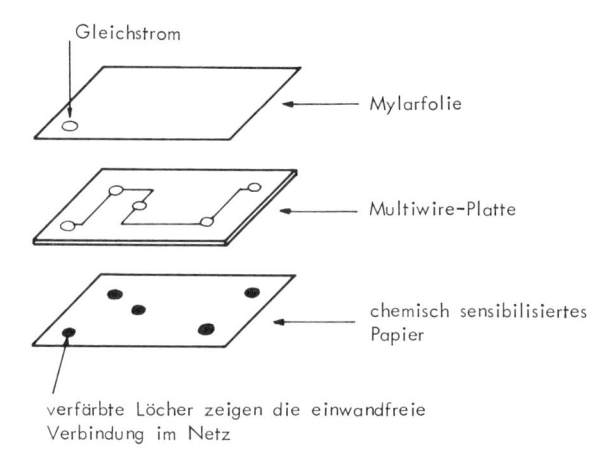

Abb. 16.23.: Prüfverfahren für Multiwire-Platten

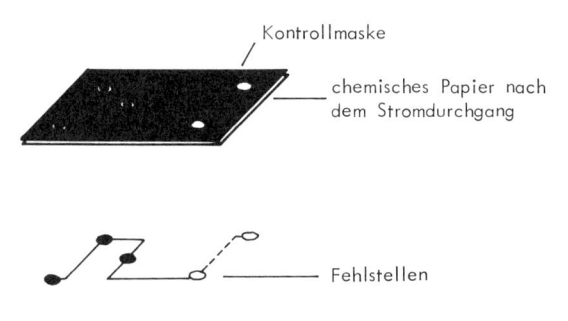

Abb. 16.24.: Aufgelegte Kontrollmaske

16.5. Verfahrensablauf

Nach dem Anfertigen der Trägerplatte, *Kapitel 16.3.*, und dem Aufbringen des Haftvermittlers wird auf der *Multiwire*-NC-Drahtverlegemaschine nach dem Computer-Programm das Leiternetz in Form von Drähten verlegt. Der isolierte Draht wird mit dem ultraschallbeaufschlagten Verlegekopf in den Heißkleber eingebettet. Zur besseren Verankerung und zum Schutz der Drähte wird über die verlegten Drähte ein „Prepreg" (Folie aus Epoxidglasgewebe 0,1 mm stark, kernkatalytisch) mit niedrig schmelzendem Epoxidharz auf die Oberfläche der Platte auflaminiert. Eine spezielle Variante wurde von der Firma *Fuba,* Gittelde, entwickelt. Hierbei wird eine einseitig mit Kupfer kaschierte Prepreg-Folie auflaminiert. Dabei ist es möglich, eine galvanische Veredelung der durchmetallisierten Löcher und der Lötaugen anzubringen. In besonderen Anwendungsfällen wird diese Ebene sogar zum Erstellen zusätzlicher Leiterbahnen (Verbindungen) verwendet. Die „Prepreg"-Folien und die Haftvermittler-Schicht werden gemeinsam ausgehärtet. Dieser Vorgang ergibt einen hervorragenden Schutz der *Multiwire*-Drähte *(Abb. 16.25.).*

Zum Schutz vor chemischen Einflüssen wird auf die Platte beidseitig eine temporäre Maske der Stärke 0,12 mm, bestehend aus Polyäthylen, aufgebracht. Mit den aus dem Computer-Programm gewonnenen Daten werden die Löcher auf einer NC-Bohrmaschine gebohrt. Sie liegen an den Punkten des Netzes, die die Verbindungen nach außen ergeben, den Draht mit Stecker und Bauelementen verbinden und an Stellen, die die geätzten Leiterbahnen, die die Stromversorgung darstellen, mit den Bauelementen kontaktieren.

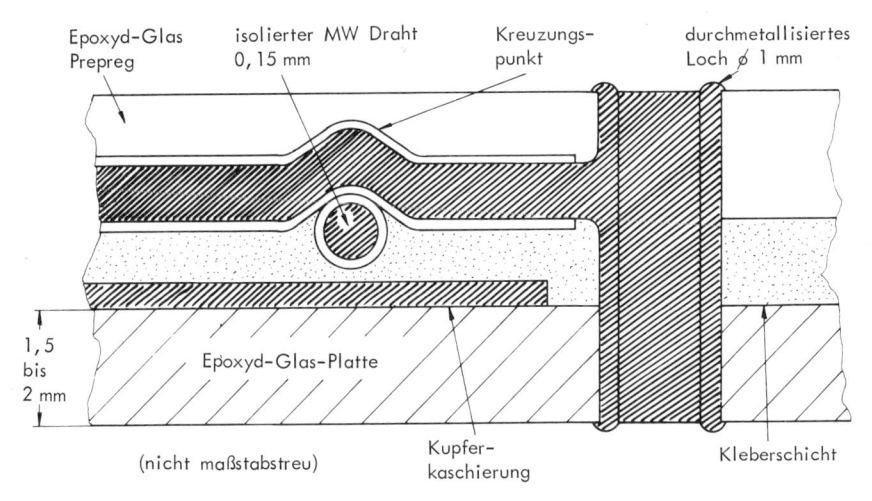

Abb. 16.25.: Einseitige Multiwire-Platte in vereinfachter Darstellung

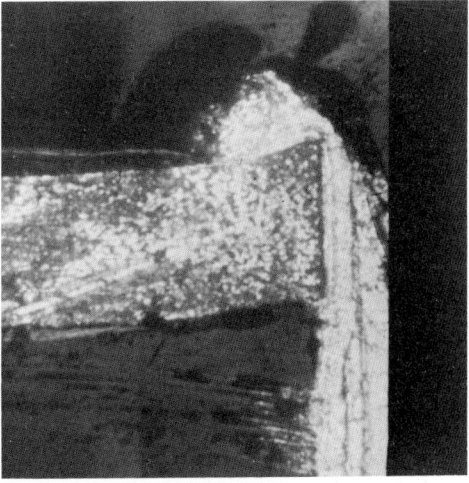

Abb. 16.26.: Hinterätzung des Multiwire-Kupferdrahtes, dargestellt durch das Umgreifen des chemisch abgeschiedenen Kupfers

Abb. 16.27.: Multiwire-Draht (von links) mit chemischer Verkupferung (von unten) durch das Loch und Wall (oben Mitte)

Anschließend an das Bohren werden die Bohrlöcher in einer Ätzlösung gereinigt. Diese Lösung entfernt aus den Löchern die Bohrrückstände, die mit Harz verschmierten Wände der Bohrung werden aufgerauht und die Polyimid-Isolation des Drahtes an den Stellen, an denen der Draht ins Loch stößt, ca. 50 µm tief abgeätzt. Diese Hinterätzung, die das Kupfer nicht angreift, läßt ein Umwachsen des Drahtes mit chemisch abgeschiedenem Kupfer zu *(Abb. 16.26.)*.

Das freiliegende Kupfer der Drahtenden und der Stromversorgungsebenen wird in einem Aktivierungsprozeß von Oxiden und Deckschichten befreit und in einem chemischen, stromlosen Verkupferungsbad verkupfert. Die Verkupferung findet auch im Loch an den freiliegenden Schichten des Laminates statt, da diese kernkatalytisch sind und die Abscheidung von Kupfer durch den Katalysator hervorrufen. Beim chemischen Metallisieren bildet sich am Lochübergang zu den Oberflächen ein kleiner Wall, der beim Löten den Wärmekontakt und das Durchlöten fördert *(Abb. 16.27.)*. Das Drucken des Bestückungsdruckes, Einbrennen, Desoxidieren und Schützen des Kupfers zum Erhalten der Lötfähigkeit schließen den Herstellprozeß der *Multiwire*-Platten ab. Die Schutzfolie *(Poly-Spot-Stick)* wird nach dem chemischen Verkupfern mit einer Vorrichtung abgezogen.

16.6. Weiterentwicklung der Multiwiretechnik für höchste Packungsdichten

Die Standardmultiwiretechnik hat den Anforderungen an die Verbindungskapazität in den 70er Jahren genügt. Sie ermöglichte pro Schaltungsseite eine Verbindungsdichte, die einem sechslagigen Multilayer entsprach. Daraus ergaben sich, bei beidseitigem Belegen der Leiterplatte mit Multiwire, Schaltungen, die zwölflagigen Multilayern entsprachen. Die enorme Steigerung der Leistungsfähigkeit von integrierten Schaltungen und das gleichzeitige Erscheinen von IC's der

LSI-Technik (Large Scale Integration) und
VLSI-Technik (Very Large Scale Integration)

lösten Entwicklungen in der Multiwiretechnologie aus, die auch den angekündigten IC-Bauelementen der ULSI-Technik *(Ultra Large Scale Integration)* genügen. Mit den neuen Schaltkreisen steigt nicht nur die Zahl der Anschlüsse pro Chip, sondern auch die Anschlußdichte pro Flächeneinheit erhöht sich erheblich, da sich die Grundfläche pro Bauelement deutlich verringert. Aus diesen Trends ergibt sich eine Versechsfachung der erforderlichen Verbindungskapazität (Leiterbahndichte) pro Flächeneinheit. Dieser Trend ist deutlich aus der *Abb. 16.28.* zu entnehmen.

Gegenüber der alten Technologie, die einen 0,16 mm starken Multiwiredraht verwendet und eine Leitungsdichte von 16 cm/cm² bringt, wird in der neuen ein Draht von 0,1 mm Stärke eingesetzt und über den Computer die Verlegegeometrie verbessert. Das hat zur Folge, daß eine Leitungsdichte von 40 cm/cm² erreicht wird. Diese Dichte genügt bei zwei Multiwireebenen à 40 cm/cm² den laut *Abb. 16.28.* gegebenen höchsten Anforderungen von 85 cm/cm².

Die Verbindungsdichte erhöht sich in der modernen Elektronik auch aus den folgenden Gründen:

- Aufbau eines kompletten Gerätes auf einer Leiterplatte
- Prüfschaltungen für die Funktionsdiagnose werden auf der einen Platte mit integriert
- Leitungslängen werden für Verbindungen mit ultrakurzen Schaltzeiten oder durch höchste Frequenzen verkürzt und
- definierte Impedanzen sind für eine Verbindung erforderlich

Abb. 16.28.: Erforderliche Verbindungskapazität für verschiedene Packungsdichten von G. Messner, PCK Technology Division, Kollmorgen)

Fall	Bauelemente- und Anschlußdichte pro Flächeneinheit	Mittlere Zahl von Anschlüssen	Erforderliche Verbindungskapazität in cm/cm²	Erforderliche Zahl von Leiterebenen bei:		
				1,27 mm Raster	0,64 mm Raster	0,50 mm Raster
1	Ein DIP mit 16 Anschlüssen pro Quadratzoll	15/6,5 cm²	13	2	1	1
2	Ein DIP mit 22 Anschlüssen auf Ein-Zoll-Zentrum	20/6,5 cm²	18	2–3	1–2	1
3	Zwei DIP mit 16 Anschlüssen pro Quadratzoll	30/6,5 cm²	26	3–4	2	2
4	Ein DIP mit 40 Anschlüssen auf Ein-Zoll-Zentrum	20/6,5 cm²	18	2–3	1–2	1
5	Ein Chip mit 24 Anschlüssen auf 0,7-Zoll-Zentrum	50/6,5 cm²	44	6	3	2–3
6	Ein Chip mit 24 Anschlüssen auf 0,5-Zoll-Zentrum	96/6,5 cm²	85	11	6	5
				8 cm/cm²	16 cm/cm²	20 cm/cm²
					Verbindungskapazität pro Ebene in (cm/cm²)	

Dem Entwickler sind, um die Forderungen zu erfüllen, zwei Möglichkeiten gegeben:

- Verkleinern der Leiterbreiten und -abstände und
- Erhöhen der Zahl der Lagen

Wie er sich auch entscheidet, in jedem Fall handelt er sich Handicaps ein. Wählt er die Feinleitertechnik, so sind Hunderte von Metern Feinleiterbahnen pro Platte in Serienfertigung einwandfrei herzustellen. Geht er den Weg zum Multilayer, so steigen die Lagenzahlen von 10 auf 15–20, um die Verbindungsdichten der Zukunft umzusetzen. Entscheidet er sich für die Multiwiretechnik, so hat er sich und seine Fertigung mit einem neuen Verfahren vertraut zu machen.

In der neuen Multiwiretechnologie kann das Ziel in Stufen erreicht werden. Mit

- 2 Drahtebenen ergibt sich eine Verbindungsdichte von   80 cm/cm²
- 3 Drahtebenen ergibt sich eine Verbindungsdichte von   120 cm/cm²
- 4 Drahtebenen ergibt sich eine Verbindungsdichte von   160 cm/cm²

Die neue Technologie reduziert außerdem das Drahtraster von 1,3 mm auf 0,65 mm und mit einem Verlegealgorithmus an kritischen Stellen sogar auf 0,46 mm. Als Drähte finden der 0,16 mm und der 0,1 mm starke Draht Einsatz.

16.7. Multiwire-Verlegemaschinen für mittlere Packungsdichten

Der wesentliche Fertigungsschritt des *Multiwire*-Verfahrens liegt im Verlegen des Polyimid-isolierten Drahtes. Hierfür ist eine Verlegemaschine einzusetzen, die die Steuerungsfunktionen übernimmt:

- Streckensteuerung für die X-Achse
- Streckensteuerung für die Y-Achse
- Winkelsteuerung und Werkzeugbefehle für den *Multiwire*-Verlegekopf

Die *Multiwire*-Drahtverlegungsmaschinen werden von der Fa. *Photocircuits,* New York, und *Hitachi Seiko,* Japan, gebaut. Als Verlegeeinheit wird in beiden Maschinen der von *Photocircuits* entwickelte Legekopf verwendet. Die Wirkungsweise ist in *Abb. 16.29.* schematisch dargestellt. Der mit Polyimid isolierte Draht wird in einer Drahtführung (dem Drahtdurchmesser angepaßtes Metallröhrchen) an den Preßfuß herangeführt. Beim Beginn des Verlegens eines Drahtnetzes fördert eine Vorschubeinheit den Draht durch die

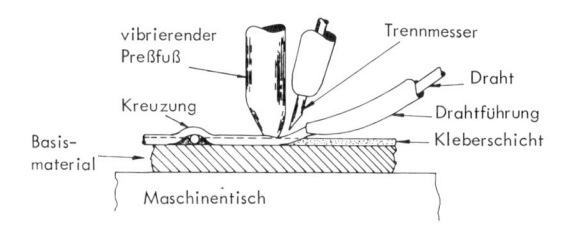

Abb. 16.29.: Vereinfachte Darstellung des Legekopfes

Abb. 16.30.a: Verlegekopf der Photocircuits-Maschine

Abb. 16.30.b: Multiwire-Kopf beim Verlegen über einem Netz mit hoher Leiterdichte. Deutlich sichtbar sind Hunderte von Kreuzungen

Führungshülse unter den Preßfuß. Das über Speicher eingelesene Programm bestimmt die geometrische Position des Tisches mit den kleberbeschichteten Platten und dreht den Legekopf in die Startposition *(Abb. 16.30.a. und b.)*. Anschließend wird der Preßfuß abgesenkt und preßt den Draht auf den Heißkleber. Der Preßfuß wird zusätzlich mit Ultraschall in Schwingungen versetzt, die sich über den Draht auf den Heißkleber übertragen und diesen zum Schmelzen bringen. Der unter dem Fuß verflüssigte Heißkleber nimmt den Draht auf und umfließt ihn zum Teil. Während der Fuß mit Ultraschall den Klebevorgang ausführt, bewegt sich der Tisch unter dem Kopf in beiden Achsen (X, Y) und baut so das Netz auf. Die Schwenkbewegungen (Richtungsänderungen des Drahtverlaufes) werden simultan mit dem Verlegevorgang ausgeführt. Am Ende des Netzes trennt ein Messer den Draht. Die Frequenz des Ultraschallgenerators wird laufend auf die Resonanzfrequenz des Preßfußes abgestimmt. Während des Verlegevorganges erwärmt sich der Fuß und verändert damit seine Resonanzfrequenz.

Damit wird die Leistungsabgabe des Preßfußes durch Anpassung optimiert und konstant gehalten. Das Ultraschallbeaufschlagen erfolgt in Pulsen, die in der Länge abhängig von der Verlegegeschwindigkeit moduliert werden. Die vom Programm gesteuerten Funktionen des Kopfes sind:
- Senken des Kopfes
- Ultraschall an – aus
- Druck des Preßfußes niedrig – hoch
- Drahtvorschub
- Halten des Drahtes
- Draht schneiden
- Heben des Kopfes
- Schwenken des Kopfes 0°, 45°, 90° etc.

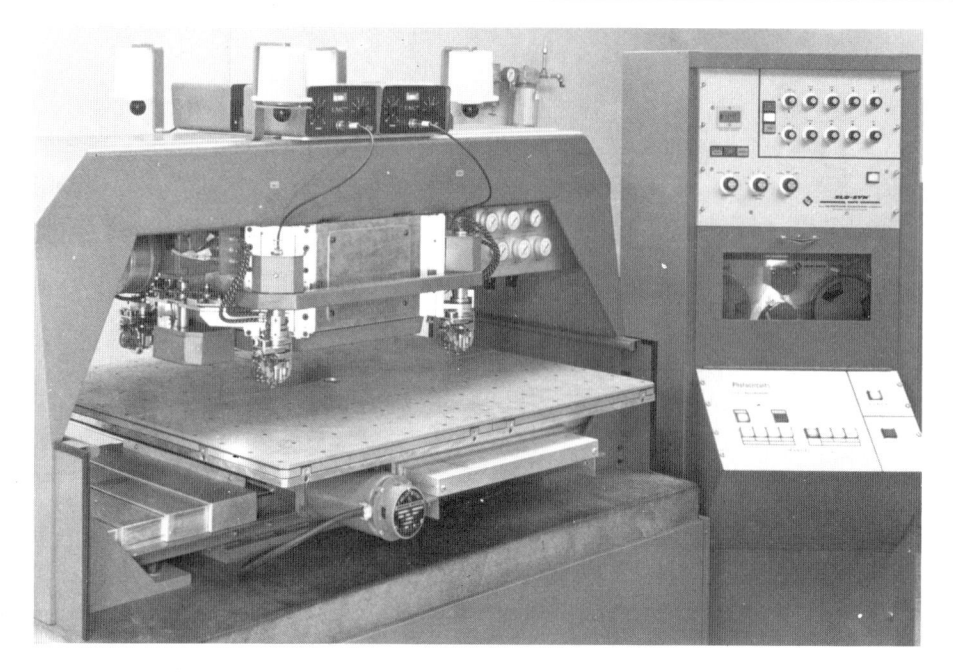

Abb. 16.31.: Multiwire-Verlegemaschine (Werkfoto: Photocircuits)

Abb. 16.32.: Multiwire-Verlegemaschine (Werkfoto: Hitachi Seiko)

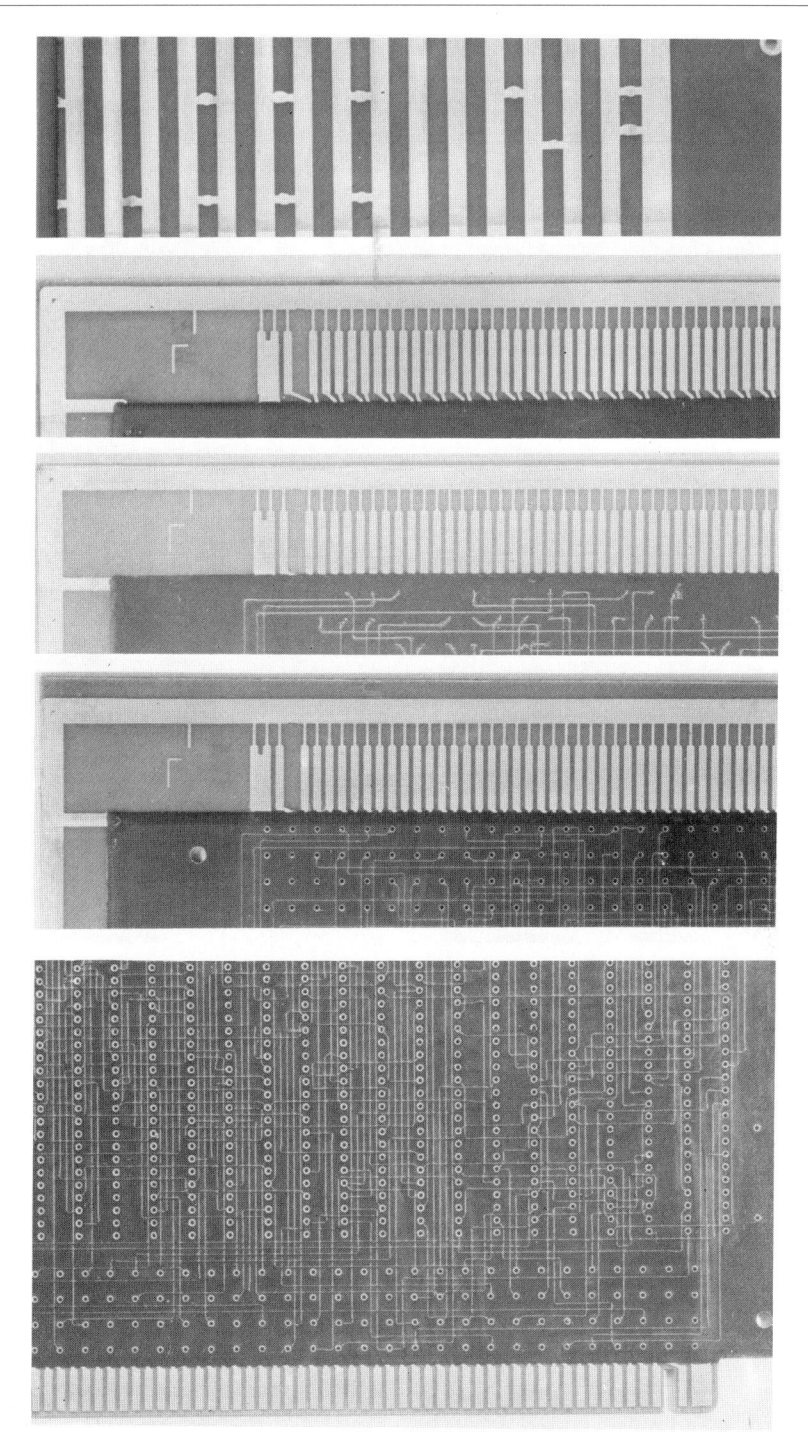

Abb. 16.33.: Multiwire-Leiterplatten in den verschiedenen Bearbeitungsstufen mit direkter Steckverbindung

Der Verlegekopf und der Maschinentisch werden von einem Micro-Computer gesteuert (PDP 11/03). Die Steuerdaten sind auf einem Plattenspeicher *(Floppy-Disk)* aufgegeben und enthalten die Startpunkte, Wendepunkte und weitere Punkte des Verdrahtungsmusters. Der Micro-Rechner verarbeitet diese Daten und erzeugt die Befehle für die:

– Bewegung in der X- und Y-Achse
– Geschwindigkeit in beiden Achsen
– Kopfdrehung und
– Kopffunktionen

Die Arbeitstische nehmen 4 Platten in der Größe von 400 x 500 mm auf *(Abb. 16.31., 16.32.)*. Der Tisch verfügt über eine Vakuumeinrichtung, die die Platte genau positioniert hält. Vier im Rechteck oder in Reihe *(Hitachi)* angeordnete Verlegeköpfe verdrahten simultan die vier Platten. Der Tisch wird in Schritten von 0,025 mm in einer oder gleichzeitig in beiden Richtungen bewegt. Die maximale Tischgeschwindigkeit liegt bei 6 m/min. Zum Erreichen der erforderlichen Positioniergenauigkeit werden vorgespannte Kugelumlaufspindeln verwendet. Als Antriebsmotoren sind Gleichstromservomotoren im Einsatz, die über ein Gebersystem die Position rückmelden.

Die Kapazität der Maschinen hängt im wesentlichen von der Länge des Netzes und ihrer Zahl ab. Als Orientierungsgröße kann für eine Schaltung von 20 bis 40 Dual-In-Line-ICs (DIPs) mit je 14 Anschlußpunkten eine Verdrahtungszeit von 12 bis 25 min gegeben werden. Die *Abb. 16.33.* zeigt *Multiwire*-Platten in verschiedenen Bearbeitungsstufen. Die fertige *Multiwire*-Platte *(Abb. 16.34.)* wird von Hand oder automatisch bestückt und über konventionelle Lötmaschinen verlötet.

Abb. 16.34.: Bestückte und gelötete Multiwire-Platte

16.8. Multiwire-Verlegemaschinen für höchste Packungsdichten

16.8.1. Maschinenaufbau

Die neue *Multiwire*-Verlegemaschine T 14, *Abb. 16.35.*, kann als ein Präzisionsplotter bezeichnet werden. Nicht nur die Funktionen wurden erheblich erweitert und verbessert, sondern auch die Genauigkeit gesteigert. Die X- und die Y-Achse sind auf der Maschine geteilt. Der Arbeitstisch überstreicht die X-Achse. Über dem Tisch sind die vier Verlegeköpfe in Reihe angeordnet und überstreichen simultan die Y-Achse. Beide Achsen werden durch optische Präzisionsmaßstäbe kontrolliert und die Bewegung durch Gleichstromservomotoren ausgeführt. Ein dritter Gleichstrommotor bewegt den Kopf mit einer Auflösung von 200 Inkrementen pro eine Umdrehung (gegenüber der alten Ausführung mit 45°-Teilung eine deutliche Verbesserung).

Abb. 16.35.: Multiwire-Verlegemaschine für höchste Packungsdichten
(Werkfoto: Photocircuits-Kollmorgen)

Alle Funktionen werden von einem Master-Computer *(PDP-11/03)* und zwei 8-bit-Mikrocomputern *(Motorola 6800)* gesteuert und kontrolliert. Die Befehle sind in Programmen auf Doppel-Floppy-Plattenspeichern, die einen schnellen Zugriff gestatten, gespeichert.

Der Arbeitstisch hat eine Schnellwechselvorrichtung, die den Rahmen mit den vier Platten ohne Zeitverlust aufnimmt und die Fixierung über Vakuum zusätzlich verbessert. Die Schnellwechselrahmen minimieren die Maschinenwartezeiten. Die Maximalgeschwindigkeiten sind gegenüber den Standardverlegemaschinen verdoppelt worden. Die maximale Plattengröße beträgt 600 x 600 mm (alt: 400 x 500 mm). Außerdem ist im Computer eine Quarzzeitbasis vorhanden, die die Kopfdrehung im gewünschten Takt steuert.

16.8.2. Verlegekopfkonstruktion für Multiwire-Platten höchster Packungsdichte

Den weiterentwickelten Verlegekopf hält eine neuartige Aufhängung schwebend über der Platte. Diese Luft-Feder-Aufhängung ermöglicht ein reibungsarmes Verlegen des Drahtes, auch an Kreuzungsstellen. Nur der im Ultraschallbereich schwingende Verlegestift beaufschlagt den Multiwiredraht mit Kräften, die zum Erhitzen des Heißklebers führen. Durch die gleichbleibenden Kräfte auf den Draht und die verlegegeschwindigkeitsabhängige Pulslängenmodulation der Ultraschallschwingung erreicht der neue Verlegekopf, unter allen Betriebsbedingungen, eine gleichmäßige Einbettung des Drahtes in den

Heißkleber. Als weiterer Vorteil ergibt sich daraus eine exakte Positionierung des Drahtes im Abstand vom Trägermaterial (Z-Achse).

Das „Niederschreiben" des Multiwiredrahtes erfordert auch in der X-Y-Ebene eine hohe Präzision, insbesondere dann, wenn Platten mit sehr hohen Packungsdichten angefertigt werden. Dabei zeigten sich mit den ersten Verlegeköpfen folgende Verbesserungsanforderungen:

- Unterschiedliche Zugspannung beim Verlegen des Drahtes von der Drahtrolle her. Diese Spannungsschwankungen wirkten sich besonders an Wendepunkten aus. Entweder wurde der Draht aus dem Toleranzfeld durch zu hohe Zugspannung herausgezogen oder durch den Nachlauf übers Feld hinausgeschossen. Bei zu hohen Zugspannungen kann der Draht sogar aus dem Anschlußfeld eines Loches herausgezogen werden.
- In der Verlegestiftgeometrie am Arbeitsende waren entscheidende Verbesserungen zu erbringen, um die Führung des Drahtes in der X- und Y-Bewegung auf der Plattenoberfläche genauer zu erreichen.
- Die direkte Kopplung der Ultraschallenergie mit der Bewegung reichte nicht aus. Bei unterschiedlichen Geschwindigkeiten der Verlegung entstanden verschieden tiefe Drahteinbettungen und damit -haftfestigkeiten und Kleberüberhitzungen.

Die aus der laufenden Fertigung gewonnenen Erkenntnisse führten dann bei den neuen Maschinen zu entscheidenden Verbesserungen am Verlegekopf in den Bereichen:

- Drahtvorschub
- Verlegestiftgeometrie und
- verlegegeschwindigkeitsabhängige, pulslängenmodulierte Ultraschalleinbettung

Der Draht wird von den Rollen in den Kopf eingeleitet und von einem Teflonrohr bis kurz vor den Verlegestift geführt. Hier übernimmt ein Capstantrieb den Draht und schiebt ihn verlegegeschwindigkeitsabhängig vom Rechner gesteuert durch eine Führungsdüse in die Führungsrinne des Verlegestiftes. Während des Verlegevorganges kann mit dem Capstantrieb die Zugspannung über den Rechner stufenlos von Zug bis Schub vorgegeben werden. Dieses individuelle Einstellen über das Programm sichert ein genaues, reproduzierbares Positionieren des Multiwiredrahtes auf dem Trägermaterial.

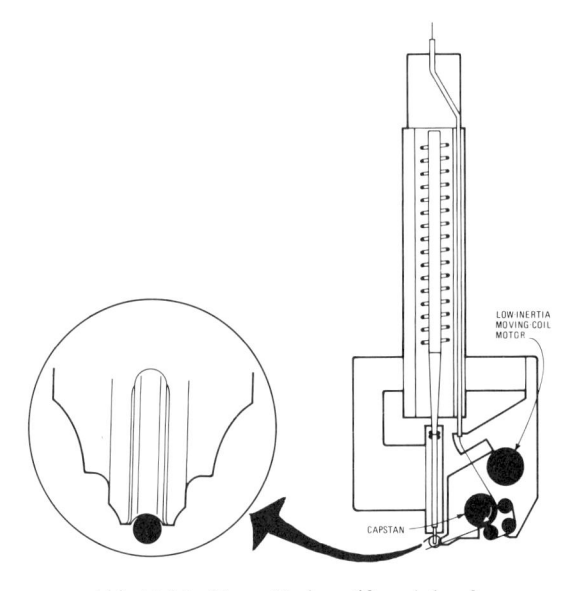

Abb. 16.36.: Neuer Verlegestift und -kopf

```
         |← 2,54 mm →|
          RASTER 0,63 mm
```

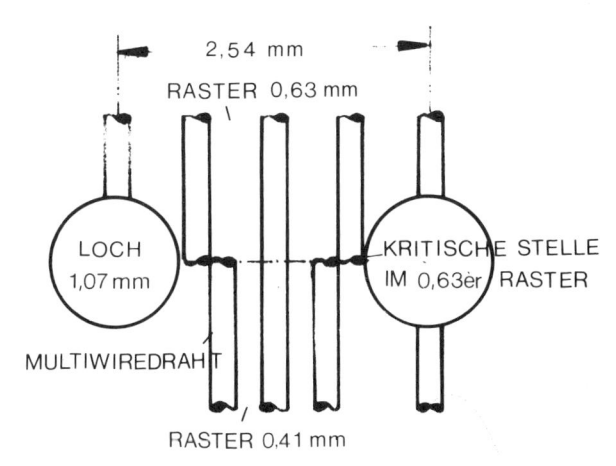

Abb. 16.37.: Reduzierte Drahtabstände zwischen zwei Löchern machen es möglich, daß 3 Leitungen zwischen den Löchern eingepaßt werden

Die Optimierung der Führungsrinne des Verlegestiftes erforderte eine Vielzahl von Experimenten. Am besten eignet sich ein Stift, wie in *Abb. 16.36.* dargestellt, der eine lange, tiefe Rinne hat, die den Draht während des Verlegens festhält. Nur damit ist es möglich, den Draht an den Wendepunkten in der notwendigen Form zu biegen. Diese aufwendige Stiftgeometrie macht es erst möglich, das Rastermaß der Drahtverlegung (Drahtabstand Mitte-Mitte) auf minimal 0,3 mm zu verkleinern *(Abb. 16.37.)*.

Mit der pulslängenmodulierten Ultraschalleinbettung des Drahtes werden zwei wesentliche Vorteile realisiert:

– die Ultraschallenergie, mit der der Draht pro Längeneinheit beaufschlagt wird, ist bei allen Verlegegeschwindigkeiten konstant, und
– es ist damit eine gleichmäßige Erhitzung des Klebers an jeder Stelle der Drahtverlegung zu erreichen. Eine Überhitzung des Klebers, die früher bei kurzen, verzwickten Verlegevorgängen möglich war, ist nicht mehr gegeben.

16.8.3. Leistungsdaten der T 14-Maschinen

Drahtstärken:	0,16 mm und 0,10 mm
Drahtabstände:	0,30 mm
	0,41 mm
	0,46 mm
	0,64 mm
	1,27 mm und größer
Drahtkapazität zwischen zwei Löchern im Abstand von 2,54 mm:	3 Drähte
Verlegegeschwindigkeit maximal:	6000 mm/min
Startsequenz für kurze Verbindungen:	1,5 s
davon: Kleberabkühlphase:	0,5 s
Kopfdrehphase:	0,1–0,4 s
Verlegephase:	0,1–0,4 s
Schlußphase (schneiden und kühlen):	0,5 s
Verlegekapazität pro Kopf:	600 Netze/h
Verlegekapazität pro Maschine:	2400 Netze/h
Verbindungskapazität pro Maschine:	3800 Verbindungen/h

(1 Netz entspricht 1,6 Verbindungen).

Literaturverzeichnis zu Kapitel 16

K. A. Egerer, G. Herrmann: Multiwire, ein neues Herstellungsverfahren für Leiterplatten, Galvanotechnik, 63 (1972) Nr. 11, Seite 1004 ff.

K. A. Egerer: Weiterentwicklung der Additivtechnik für Leiterplatten, Galvanotechnik, 67 (1976) Nr. 11, Seite 896 ff.

Multiwire Design Technology (Firmenschrift) Photocircuits, Div. of Kollmorgen, Glen Cove, New York.

High Frequency Propagation Characteristics of Multiwire Circuits Boards (Firmenschrift) Photocircuits, Div. of Kollmorgen, Glen Cove, New York.

Multiwire-Leiterplatten (Firmenschrift) Autophon, CH 4500 Solothurn.

Multiwire (Firmenschrift) Fuba, Hans Kolbe u. Co., 3371 Gittelde.

R. J. Clark: High Speed Logic Packaging Using Multiwire Interconnection Technology, General Electric Company, Syracuse, New York.

Autophon Multiwire Seminar, Bern 1978

George Messner, R. Page Burr: New Multiwire meets the challenge of Interconnecting chip-carriers Electronics, Dec. 20, 1979/ Seite 117 ff.

17. Metallkern – Leiterplatten

17.1. Allgemeines und Anwendungsgebiete

Als Basismaterial für Metallkern-Leiterplatten dient an Stelle der sonst für Leiterplatten üblichen Isolier-Schichtpreßstoffe eine Metallplatte deren Oberfläche einschließlich vorhandener Lochwandungen mit einer Isolierstoff-Schicht versehen ist.

Als Kern dient in der Regel Aluminium- oder Eisenblech. Die Isolierschicht kann aus einem Kunstharz- beispielsweise Epoxidharz-Überzug bzw. aus einer Emailleschicht bestehen oder durch Aufkaschieren eines Prepreg oder dergleichen gebildet werden, wobei ein Harzüberschuß im Prepreg dazu dient, Lochwandungen zu bedecken.

Geht man von der Konstruktionsweise elektronischer Geräte, wie sie vor der Einführung gedruckter Leiterplatten üblich war, aus, also von der Einzelverdrahtung der auf einem Metall-Chassis angebrachten Bauelemente, so ist es nachträglich zunächst verwunderlich, daß nicht Metallkern-Leiterplatten, sondern solche auf Isolier-Schichtpreßstoffen die bis dahin benutzte Technik ablösten. Der Übergang vom Metall-Chassis zur Isolierstoffplatte brachte den Verlust der Abschirmwirkung des ersteren mit sich und machte es erforderlich, die Bauelemente an die grundsätzlich anderen Verhältnisse anzupassen. Einer der Gründe für die Verwendung von gedruckten Schaltungen auf Isolierstoffplatten war offenbar das Fehlen geeigneter Techniken zum Aufbringen elektrisch brauchbarer Isolierstoffschichten auf Metallträger. Zum anderen dürfte hierfür verantwortlich sein, daß der Durchbruch zur gedruckten Schaltung überhaupt erst mit dem Vorschlag *Paul Eisler's* erfolgte, Phenolpapier oder dergleichen mit einer Kupferfolie zu kaschieren, auf der dann durch Drucken einer Maske und Ätzen das Leiterzugmuster hergestellt werden konnte [1].

Seither hat es in der Vergangenheit nicht an Vorschlägen für Metallkern-Leiterplatten gefehlt. Die wesentlichen Gründe hierfür waren höhere mechanische Festigkeit von Metallkern-Leiterplatten, Dimensionsstabilität des Kernmaterials, geringere Wasseraufnahme und geringerer Ausdehnungskoeffizient des Metallkern-Basismaterials, insbesondere auch in der Z-Achse.

Da bei der Verwendung von Stahlblech als Kernmaterial die Materialkosten für das Blech wesentlich geringer als jene für Isolier-Preßstoff sind, wurden und werden auch betriebswirtschaftliche Vorteile für Metallkern-Leiterplatten ins Feld geführt.

Bereits im Jahre 1964 begann *Western Electric* mit dem Großeinsatz von Metallkern-gedruckten Schaltungen im Telefon- und Nachrichtensektor [2]. Als Basismaterial diente Stahlblech, das nach dem Lochen im Wirbelsinterverfahren mit einer Isoliermaterial-Schicht versehen wurde. Zunächst wurde das Leiterzugmuster einschließlich zu metallisierender Lochwandungen mit einer für die stromlose Metallabscheidung katalytisch wirksamen Druckfarbe aufgebracht. Die Leiterzüge aus Kupfer wurden sodann durch stromlose Abscheidung duktilen Kupfers nach CC-4 Verfahren aufgebaut (*vergl. Kap. 14.*).

Im Laufe der Entwicklung wurde der Positiv-Druck in Annäherung an die Variante des CC-4 Verfahrens für Leiterplatten auf Schichtpreßstoffen durch ein Verfahren ersetzt, bei dem die Isolierstoffschicht zunächst katalytisch, mikroporös und benetzbar gemacht und anschließend mit einem dem Negativ des Leitermusters entsprechenden Maskendruck versehen wird. Zum Herstellen von Leiterplatten mit hoher Leiterdichte wird seit einiger Zeit das Leiterzugmuster nach dem Photoformation-Konzept bzw. nach einer von *Western Electric* mit FA-SPE bezeichneten Variante in einem Lichtdruckprozeß in Form katalytisch auf die stromlose Metallabscheidung wirksamer Keime aufgebracht [3] (*vergl. Kap. 15.*).

Seit der Einführung vor mehr als 1 1/2 Jahrzehnten wurden von und für *Western Electric* viele Millionen Metallkern-Leiterplatten in Volladditiv-Technik hergestellt und der Bedarf an derartigen Leiterplatten zeigt stark steigende Tendenz. Dennoch blieb dieser Leiterplatten-Variante bisher die allgemeine Einführung versagt. Auch hierfür dürfte eine Mehrzahl von Gründen verantwortlich sein.

Zunächst führt die schnelle Einführung der üblichen Leiterplatten auf Isolierstoffträgern dazu, daß Basismaterial für solche gedruckte Schaltungen in einer Vielzahl von Varianten dem Leiterplattenhersteller von Spezialbetrieben als Fertigfabrikat angeboten wird. Im Gegensatz dazu obliegt die zeitlich nach dem Anfertigen des Lochmusters angesiedelte Aufbringung der Isolierstoffschicht bei Metallkern-Platten dem Hersteller der gedruckten Schaltung (*Abb. 17.1.*).

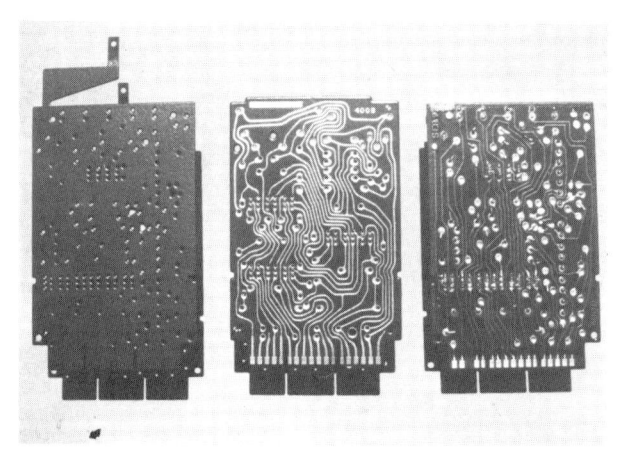

Abb. 17.1.: Metal-Board-Leiterplatten in den Stadien beschichtet, metallisiert und bestückt mit Durchlötung (von links nach rechts)

Das bislang im Fabrikationsumfang fast ausschließlich benutzte Wirbelsinterverfahren führt grundsätzlich zu den in *Abb. 17.2.* im Querschnitt dargestellten, stundenglasartigen Löchern. Um einwandfreie Verhältnisse bezüglich Durchschlagfestigkeit zu erzielen, bedarf es relativ dicker Schichten, da nur dann ausreichende Schichtdicken an den Lochrändern gesichert sind. Der damit pro Loch erforderliche Platzbedarf steht dem allgemeinen Trend zu hoher Leiter- und Komponenten-Dichte entgegen. Zwei weitere, uprünglich für *Western Electric* bedeutsame Eigenschaften von Metallkern-Leiterplatten haben zwischenzeitlich sowohl dort wie ganz allgemein ihre Bedeutung verloren bzw. im letzteren Falle nie besessen. Zur Zeit der Einführung erwies sich die hohe mechanische Festigkeit vorteilhaft, da sie das Montieren von Relais und anderen schweren Bauteilen auf den Leiterplatten gestattete. Derartige Bauteile wurden fast vollständig durch moderne Halbleiterbauelemente ersetzt. Bei der seinerzeitigen Einführung spielte auch eine Rolle, daß Metallkern-Leiterplatten neben offenbar größerer Robustheit wesentlich geringere

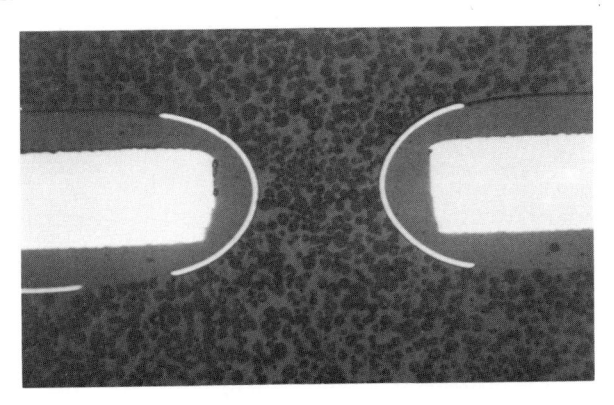

Abb. 17.2.: Schliff durch ein Loch einer Metal-Board-Platte

Möglichkeiten für Brände boten. Dies wiederum war für die Zulassung im Telefonnachrichtenwesen mit seinem 40-jährigen Lebenszyklus mit von Bedeutung. Da nirgendwo ähnliche Lebenserwartungsvorstellungen Bedeutung haben, war dieses Argument im Hinblick auf die allgemeine Einführung irrelevant.

Schließlich kann noch darauf hingewiesen werden, daß die Umstellung von gedruckten Schaltungen üblicher Art auf solche mit Metallkern eher noch größere Berücksichtigung beim Geräteentwickler und beim Bauelemente-Lieferant erfordert, als die seinerzeitige Umstellung vom Metallchassis und Einzelverdrahtung zur gedruckten Leiterplatte auf Isoliermaterialplatten.

In neuerer Zeit ist jedoch im verstärkten Maße, und zum Teil aus wesentlich anderen Gründen, wieder großes Interesse an Metallkern-Leiterplatten festzustellen. Sonderausführungen derartiger Schaltungen haben auch bereits Eingang in die Technik gefunden. Zumindest aus zwei Gründen besteht Berechtigung anzunehmen, daß der Metallkern-Leiterplattentechnik in Zukunft eine recht wesentliche Rolle zukommen wird.

Mit der Einführung von hochintegrierten Bauelementen und der im Hinblick auf schnelle Arbeitsgeschwindigkeit erforderlichen, hohen Bauelementen-Dichte pro Flächen-Einheit der die verbindenden Leiterzüge tragenden Leiterplatte, stellt die Abfuhr der in den Bauelementen gebildeten Wärme ein immer größeres Problem dar. Die ganz wesentlich höhere Wärmeleitfähigkeit des Metallkerns von damit ausgestatteten Leiterplatten bot sich zur Lösung der Aufgabe an.

Wie sich aus der Tabelle 17.1. ergibt, würde auch Berylliumoxid als Basis für gedruckte Leiterplatten von der Wärmeleitfähigkeit her von Interesse sein. Sein hoher Preis und die sehr begrenzten Maximalabmessungen (etwa zur Zeit 100 x 100 mm) stehen seiner Anwendung jedoch als wesentliche Hindernisse entgegen.

Tabelle 17.1.: Relative Wärmeleitfähigkeit verschiedener Materialien

Kupfer	100 %
Aluminium	60 %
Berylliumoxid	55 %
Aluminiumoxid (96 %)	8 %
Rostfreier Stahl	4 %
Glasfaserverstärkter Epoxischichtpreßstoff	0.07%

Tabelle 17.2.: Vergleichsdaten

Material	Max. Temp. des Transistors	Wärmeleitfähigkeit W/cm °C
Glas-Epoxy Laminat	70 °C	0.03
Stahl-Kern	23 °C	0.8
Aluminium-Kern	14 °C	2.4

Tabelle 17.2. zeigt das Resultat eines Vergleichsversuches. Bei diesem wurde ein Leistungstransistor mit 2.2 W Ausgangsleistung einmal in der Mitte einer 250 x 200 mm messenden Platte aus glasfaserverstärktem Epoxidharzschichtpreßstoff und zum anderen in der Mitte einer 1 mm dicken, im Wirbelsinterverfahren mit einer 0.23 mm dicken Isolierschicht versehenen Aluminium- bzw. Stahlplatte gleicher Abmessungen montiert [4].

Wie sich auch aus *Abb. 17.3.* ergibt, führten Metallkerne nicht nur zur drastischen Verringerung der Temperatur am Transistor, sondern auch zu einer wesentlich gleichmäßigeren Temperaturverteilung.

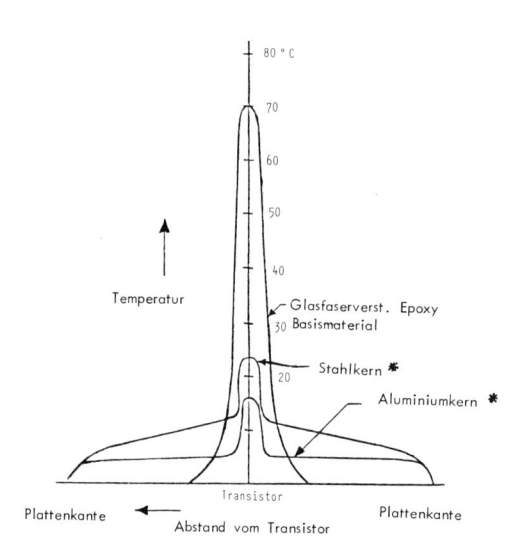

Abb. 17.3.: Wärmeverteilung für verschiedene Basismaterialien im Wirbelsinterverfahren mit Isolierschicht versehen

Ein weiterer Vorteil der Metallkern-Leiterplatten ist, daß der Metallkern als Referenzelektrode wirkt und damit eine solche in separater Form überflüssig macht.

Im Gegensatz zu Isolier-Schichtpreßstoff-Trägern für gedruckte Schaltungen zeigen Metallkern-Leiterplatten notwendigerweise keine Verwerfungen als Folge von Temperaturbelastungen im Leiterplatten-Fertigungsprozeß. Mit der immer höheren Bestückungsdichte kommt dieser Eigenschaft insbesondere für die automatische Bestückung große Bedeutung zu.

Seit einiger Zeit werden mehr und mehr Bauelemente für direkte Montage auf der Leiterplattenoberfläche angeboten und benutzt. Dies nicht zuletzt, weil durch den Wegfall der Lochungen mit metallisierten Wandungen als Anschlußstellen für die Bauelemente beträchtlicher Platz eingespart werden kann. Bei einer solchen Technik ist es allerdings Voraussetzung, daß die Wärmeausdehnungskoeffizienten von Bauelement und Leiterplatte nicht zu unterschiedlich sind. Diese Bedingung ist bei der Verwendung von Metallkern-Material wesentlich eher zu erzielen als bei üblichen Basismaterialien.

Obgleich Untersuchungsergebnisse an verschiedenen Stellen das Auftreten von Rissen in Lochmetallisierungen als ohne praktische Bedeutung für die Funktion darstellen, besteht für die technische Anwendung der Wunsch nach auch unter schweren thermischen Belastungen rißfrei bleibenden Lochwandmetallisierungen. Daran ändert auch die Überlegung nichts, daß nach dem Bestücken und dem Massenlötvorgang die Lochungen mit Lötzinn ausgefüllt sind und damit die Verbindungsbrücke zwischen gerissenen Kupferbezirken genau wie zwischen der Lochwandmetallisierung und dem Anschlußdraht des Bauelementes mit Lötzinn bewerkstelligt wird.

Die hohe Stabilität bei Wärmebelastungen und der wesentlich geringere thermische Ausdehnungskoeffizient von Metallkern-Leiterplatten führt zu einer wesentlichen Verringerung von Kupferrissen auf Lochwandungen. Von größerer praktischer Bedeutung ist, daß Metallkern-Leiterplatten auch zu einer beträchtlichen Verringerung von Lötstellenfehlern bei Wärmebelastung führen. Dies wird auf die verringerte, mechanische Belastung der Lötstellen beim Wärmezyklus im Hinblick auf den geringeren thermischen Ausdehnungskoeffizienten zurückgeführt.

Abb. 17.4. zeigt die Ergebnisse für Epoxid-Glasmaterial (FR-4) im Vergleich mit Metallkernplatten aus „Dumet" (Stahllegierung 42) als Kernmaterial und einer Kunstharzisolierstoff-Überzugsschicht beim Wärmeschock-Test nach MIL-P 551100 (30 Minuten bei minus 65 °C, in 2 Minuten von minus 65 °C auf plus 125 °C und nach 30 Minuten bei 125 °C, in 2 Minuten zurück auf minus 65 °C ist ein Zyklus). Zum Vergleich sei noch darauf hingewiesen, daß Epoxy-Kevlar™ Basismaterial gleichzeitig ausgezeichnetes Verhalten beim MIL-Zyklus Test zeigt, allerdings wesentlich kostspieliger ist als Metallkern-Material. Zudem fehlt die ausgezeichnete Wärmeleitfähigkeit der Metallkernplatten.

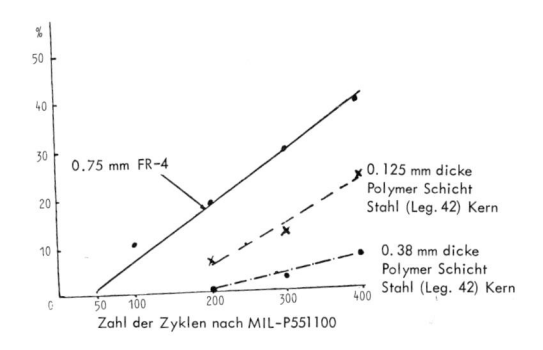

Abb. 17.4.: Lötverbindungsfehler-Häufigkeit als Prozentsatz der Zahl geprüfter Leiterplatten

17.2. Metallträger und deren Beschichtung

Als Kernmaterial werden bevorzugt Stahl bzw. Aluminium etwa in Dicken von 0.2 mm bis 2 mm benutzt. Andere Metalle wie Kupfer und Messing sind grundsätzlich für

Metallkernleiterplatten verwendbar; einer Anwendung steht jedoch in der Regel die Kostenfrage entgegen.

Für Sonderzwecke bieten sich auch Kerne, die in Sachwich-Technik hergestellt sind und beispielsweise aus zwei dünnen Stahlblechen und einer Zwischenlage aus einem Duroplast oder dergleichen bestehen, an (*Abb. 17.5.*).

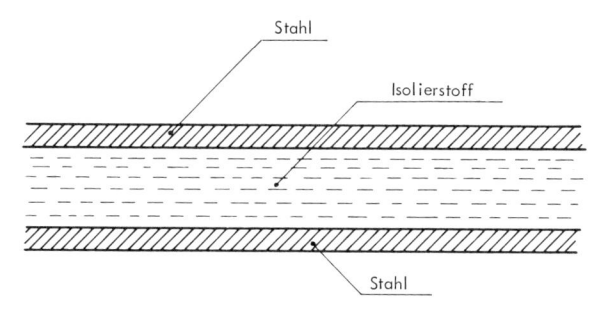

Abb. 17.5.: Sandwichtechnik

Stahlblechträger bieten sich aus Kostengründen und im Hinblick auf mechanische Festigkeit an. Das Blech kann von der Vorratsrolle bearbeitet werden; es wird zweckmäßig sofort nach dem Richten mit Passerlochungen versehen, die zur Positionierung für den Druck und weitere Bearbeitungsschritte dienen.

Für die Massenfertigung kann der Träger im Nutzen-Konzept vorgefertigt werden. Dabei wird der Umriß der herzustellenden Leiterplatte weitgehend vorgeformt, so daß nur dünne Verbindungsstege nachträglich zu entfernen sind. Gleichzeitig wird so erreicht, daß beim Beschichten des Kernmaterials mit Isoliermaterial nur schmale Kantenbereiche unbedeckt bleiben und nachträglich geschützt werden müssen. (*Abb. 17.6.*).

Aluminium als Kernmaterial hat bei relativ günstigem Preis die Vorteile des geringen Gewichts und der wesentlich besseren Wärmeleitfähigkeit.

Für das Beschichten des Metallkern-Materials wurde eine Vielzahl von Verfahren vorgeschlagen. Wesentliche zu lösende Probleme beziehen sich einmal auf die Notwendigkeit vollkommener Porenfreiheit der Isoliermaterialschicht und zum anderen auf die

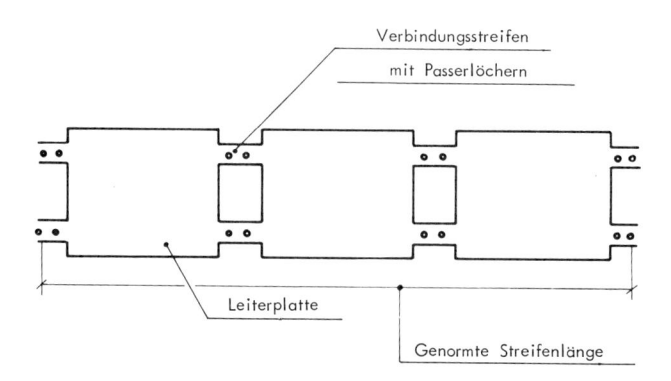

Abb. 17.6.: Streifentechnik

Beschichtung der Lochwandungen und das Vermeiden von Dünnstellen in den Lochkanten-Bezirken und damit ungenügender elektrischer Durchschlagfestigkeit.

17.2.1. Wirbelsinterverfahren

Das Wirbelsinterverfahren wurde als erstes Verfahren für die Massenfertigung eingesetzt; es wurde vor fast zwei Jahrzehnten von *Western Electric Company* zur Serienreife gebracht und wird seither dort im großen Umfange eingesetzt.

Beim Wirbelsintern wird ein Epoxidharz-Pulver mit bestimmten Schmelzpunkt-, Aushärte- und Verwirbelungs-Eigenschaften benutzt. Dieses Pulver enthält in der Regel Härter für das Epoxidharz, Beschleuniger für den Härtevorgang, Zusätze zur Kontrolle des Fließens und Pigmente. Bei der Rezeptur muß darauf geachtet werden, daß die ausgehärtete Harzschicht durch entsprechende Behandlung mikroporös und benetzbar gemacht werden kann, um so die feste Verbindung der darauf abgeschiedenen Metallschicht sicherzustellen. Zugleich ist erforderlich, daß jene Schicht resistent gegenüber Metallisierungs- und anderen Behandlungsbädern ist.

Das für den Wirbelsinterprozeß geeignete Epoxidharzpulver wird in einem Behälter, dessen Boden mit einem Filtervlies oder dergleichen ausgestattet ist, um den Durchsatz des Pulvers mit Luft zu ermöglichen, verwirbelt.

Abb. 17.7. ist eine schematische Darstellung einer Wirbelsinteranlage für Metallkernplatten. An einem Träger befestigte Metallplatten werden zunächst in einer Vorwärmzone auf eine Temperatur gebracht, die ausreicht, um beim nachfolgenden Eintauchen der erhitzten

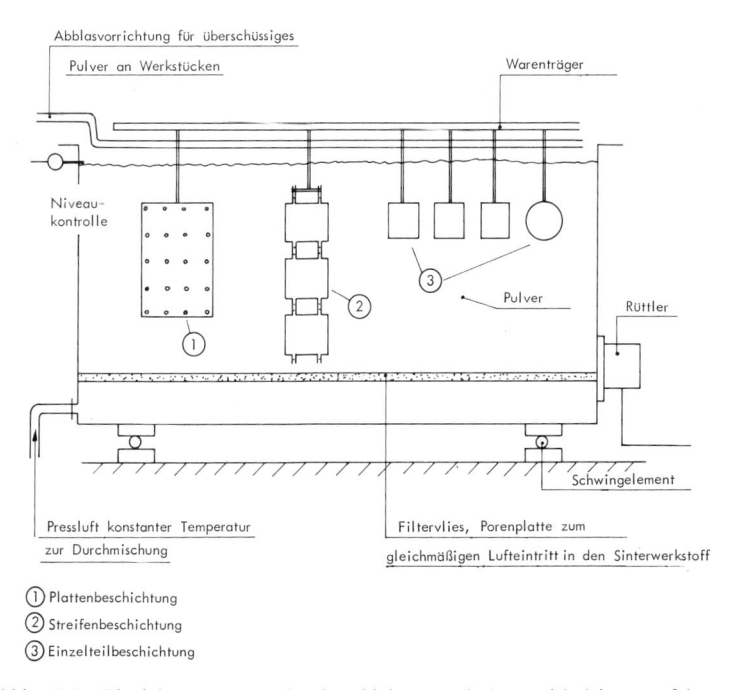

Abb. 17.7.: Einrichtung zum Pulverbeschichten nach dem Wirbelsinterverfahren

Tabelle 17.3.: Eigenschaften von Wirbelsinterpulver

Eigenschaften	Corvel	Rilsan
Topfzeit	unbegrenzt	unbegrenzt
Kantenschichtdicke	besser 50 %	besser 50 %
Durchschlagfestigkeit	40 kV/mm	10–40 kV/mm
Dielektrizitätskonstante	4	4
Verlustwinkel (1 MHz)	0.082	0.02–0.03
Wasseraufnahme	0.8	0.5–1 %

Platten in das Wirbelsinterbett eine ausreichende Menge an Epoxidpulver aufzuschmelzen und festzuhalten. In einer Nachhärteregion wird der Kunstharzbelag auf eine Temperatur gebracht, die sicherstellt, daß der Belag gleichmäßig aufgeschmolzen und ausgehärtet wird. Derart aufgebrachte Wirbelsinterschichten zeigen eine auch für Fotodruck adäquate Ebenheit der Oberfläche und widerstehen der dielektrischen Durchbruchspannungs-Prüfung bei 1000 Volt.

Geeignete Wirbelsinterpulver werden auf dem Markt beispielsweise unter den Bezeichnungen *Corvel Eca* 1283 *Epoxyd* und *Rilsan* angeboten.

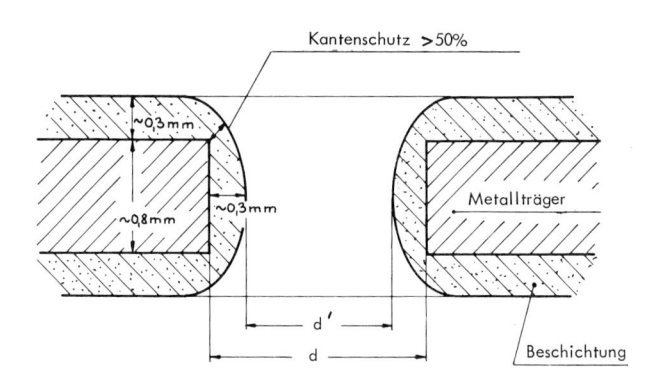

Abb. 17.8.: Wirbelsinterschicht auf Metallträger

Abb. 17.8. zeigt den typischen Querschnitt durch eine Wirbelsinterschicht auf einem Metallträger. Verfahrensbedingt nimmt die Schichtdicke im Kantenbereich ab. Geeignete Wirbelsinter-Pulver liefern in Kantennähe Schichtdicken, die größer sind als 50 % der Schichtdicke auf der Oberfläche bzw. in Lochmitte.

Die unterschiedliche Beschichtung führt zu der stundenglasartigen Form des Lochquerschnittes. Neben dem Nachteil, daß die Oberflächenschichtdicke wesentlich höher gewählt werden muß als erforderlich, um sicherzustellen, daß eine ausreichende Schichtdicke im Kantenbereich erzielt wird, bedingt die Form der Lochwandauskleidung einen hohen Raumbedarf und steht damit der Anfertigung von Leiterplatten mit eng benachbarten Lochungen bzw. hoher Leiterdichte pro Flächeneinheit entgegen. In der Regel wird der Lochdurchmesser um etwa 0.6 mm größer auszulegen sein, um den endgültig für das Bauelement benötigten Lochdurchmesser zu erzielen. Bei gleichmäßiger Beschichtung würde hingegen ein Betrag von 0.3 mm wie im in der *Abb. 17.8.* dargestellten Beispiel genügen. Die verfahrensbedingte Lochverengung bedingt auch die Grenze bezüglich kleinster Lochdurchmesser. Lochungen mit 0.2 bis 0.4 mm Durchmesser sind bei einer Kernstärke von 0.6 bis 0.8 mm nach dem Wirbelsinterverfahren beim heutigen Stand nicht zuverlässig herzustellen. Löcher dieser Durchmesser neigen weiterhin zum Zufließen.

Um die ungenügende Dicke der Isolationsschicht im Lochkanten-Bereich zu vermeiden wurde vorgeschlagen [5], zunächst die vorgereinigte Kernmetallplatte mit einer Isolierschicht zu versehen, beispielsweise im Siebdruck, die lediglich jene Stellen, die gewünschten Lochungen entsprechen, freiläßt. Die Druckfarbe besitzt Isoliereigenschaften und ist gegen ausgewählte Ätzmittel für das Kernmetall resistent.

Anschließend wird das Lochmuster durch Ätzen hergestellt. Der Ätzvorgang wird solange fortgesetzt, bis das Metall seitlich in den Löchern in geringem Maße abgebaut ist, so daß ein Überhang aus dem Druckfarbenmaterial entsteht. Die Unterätzung wird derart bemessen, daß beim anschließenden Beschichten im Wirbelsinterverfahren sich im Kantenbereich aus der Addition der Dicke der überstehenden Druckfarbenschicht und jener der Wirbelsinterschicht eine Schichtdicke ergibt, die die für das Wirbelsinterverfahren allein typische Verdünnung in diesem Bereich verhindert (*Abb. 17.9.*).

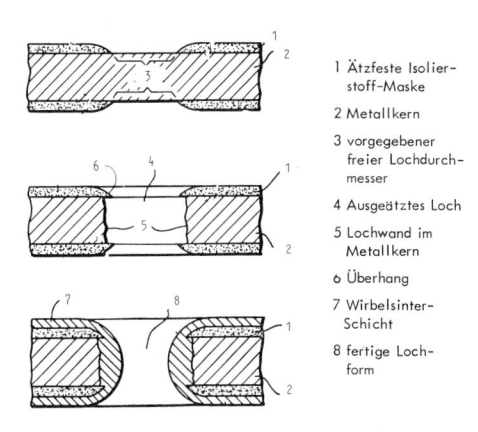

1 Ätzfeste Isolierstoff-Maske
2 Metallkern
3 vorgegebener freier Lochdurchmesser
4 Ausgeätztes Loch
5 Lochwand im Metallkern
6 Überhang
7 Wirbelsinter-Schicht
8 fertige Lochform

Abb. 17.9.: Schematische Darstellung

17.2.2. Kern-Laminierprozeß

Bei diesem Prozeß wird das Metallkern-Material zunächst gleichfalls mit allen Lochungen, deren Wandungen zu metallisieren sind, versehen. Anschließend wird die Oberfläche beidseitig mit der Isoliermaterial-Schicht versehen, wobei gleichzeitig die Lochungen mit diesem Material ausgefüllt werden. Schließlich werden die gefüllten Lochungen in einem weiteren Schritt mit Löchern der gewünschten Größe versehen, beispielsweise durch Bohren. Um eine ausreichende Schichtdicke auf den Lochwandungen zu erzielen, muß das Ausgangsloch im entsprechenden Übermaß hergestellt werden.

An Stelle der Anfertigung spezieller Lochmuster kann auch von im Rastermaß gelochten Kernplatten ausgegangen werden. Anschließend an das Beschichten und Ausfüllen der Lochungen werden nur die für die betreffende Schaltung erforderlichen Löcher im gewünschten Lochdurchmesser nachgelocht, in der Regel gebohrt. *Abb. 17.10.*

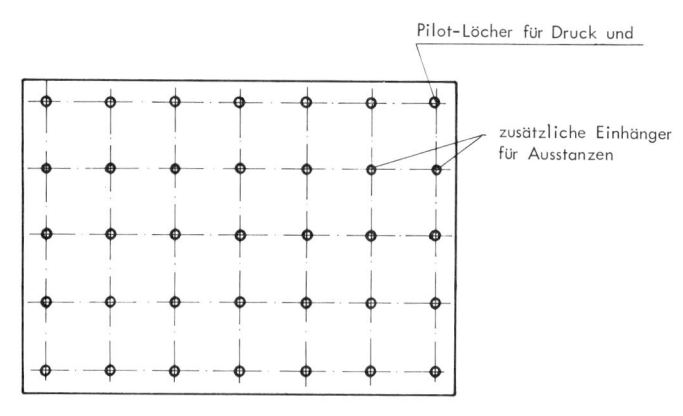

Abb. 17.10.: Einheitstafeltechnik

In einer Variante wird zunächst von einer Seite ein harzreicher Prepreg auflaminiert. Überschüssiges Harz fließt dabei in die Lochung und füllt diese aus. Anschließend wird sodann die zweite Seite des Metallkern-Materials mit einer Prepregschicht versehen.

An Stelle der Prepreg kann auch ein trägerfreier Harzfilm in ähnlicher Weise benutzt werden. Ebenso ist es möglich, zunächst die Lochungen in bekannter Weise mit Isoliermaterial zu füllen und daran anschließend den Oberflächenbelag aufzubringen.

Falls gewünscht, kann die Isolierstoffoberfläche auch mit einer Kupferfolie versehen werden, bzw. es kann ein einseitig kupferkaschierter Prepreg für die Durchführung des beschriebenen Verfahrens benutzt werden.

Dieses Verfahren wird für spezielle Anwendungszwecke benutzt und zwar sowohl mit Leiterzugmustern, die nach üblichen Verfahren der gedruckten Schaltungs-Technik hergestellt sind, als auch mit solchen in *Multiwireboard* [RM]-Technik. Es liefert einerseits die in Abschnitt 17.1. aufgeführten Vorteile, ist aber andererseits relativ kompliziert und kostenaufwendig. Als Vorteil verdient angemerkt zu werden, daß der Kern-Laminierprozeß ohne zusätzliche Investitionen in bestehenden Betrieben, die Vielebenenschaltungen fertigen, benutzt werden kann.

Beim Kern-Laminierprozeß, ebenso wie bei anderen Verfahren, bei denen Aluminium als Kernmaterial benutzt wird, hat es sich in bestimmten Fällen als zweckmäßig erwiesen, zunächst eine Eloxalschicht aufzubringen. Das gebildete Aluminiumoxid bildet seine erste, an sich hochwertige Isolierschicht. Wird diese anschließend mit einer Kunstharzschicht entsprechender Zusammensetzung bedeckt, so stört die Porosität der Eloxalschicht nicht. Gleichzeitig dient die Kunstharzschicht als Haftvermittler zum Kupferbelag (*Abb. 17.11.*).

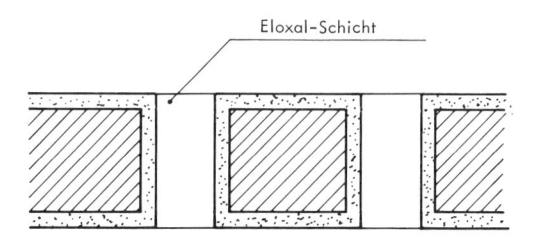

Abb. 17.11.: Doppelte Isolation durch Eloxieren

17.2.3. Porzellan-Beschichtung

Bei diesem Verfahren wird der Metallkern mit einer Porzellan-Glasurschicht ausgerüstet. Derart ausgestatteter Stahl ist seit langem bekannt. Seit einiger Zeit wurde versucht, dieses Material für die Leiterplattenfertigung und als Basis für Dickfilmschaltungen einzusetzen.

Was die Anwendung für Dickfilmschaltungen angeht, mangelt es bislang an geeigneten Cermet-Pasten die bei den relativ niedrigen für Prozellan-Glasur zulässigen Temperaturen (etwa 650 °C maximal) ausreichend ausgehärtet werden können. Jedenfalls ist es bislang nicht zur Anwendung dieses Materials in der Praxis gekommen.

Um eine einwandfreie Überzugs-Schicht herzustellen ist es erforderlich, alle Lochungen mit trichterförmigen, abgerundeten Kanten auszustatten. Dies bedingt relativ hohe Werkzeugkosten. In der Regel werden die Lochungen nach dem Entgraten einem Prägeprozeß auf Kalibrierpressen unterworfen. Die gereinigte und vorpräparierte Oberfläche einschließlich der Lochwandungen wird sodann, in der Regel vermittels Elektrophorese, mit dem Glasurmaterial beschichtet. Andere Aufbringeverfahren, wie Aufsprühen im elektrischen Feld, Aufspritzen und dergleichen, haben bisher zu weniger überzeugenden Resultaten geführt. Nach dem Trocknen wird die Glasur eingebrannt.

Bislang hat sich mit Porzellanglasur beschichtetes Metallkern-Material nur in wenigen, besonders gelagerten Fällen einsetzen lassen. Ein Anwendungsbeispiel ist der Schaltungsträger für Flash bars (Blitzlichtreihen). Hauptgrund dürfte sein, daß die üblichen Glasurschichten in ihren elektrischen Eigenschaften nur für anspruchslose Anwendungen genügen können und daß in der Regel das Bedecken der Lochwandungen mit Cermet-Paste im Siebdruck – oder Balldruckverfahren technisch wenig befriedigend ist.

Schließlich bringt das Erfordernis der trichterförmigen Lochungen mit abgerundeten Kanten mit sich, daß der Minimalabstand zwischen Lochmittelpunkten 2.5 mm beträgt. Des weiteren ist es bislang nicht gelungen, in wirtschaftlicher Weise fabrikationsmäßig glasierte Metallkern-Trägerplatten herzustellen, die frei von Poren sind. Damit aber ist die Verwendung dieses Materials für die semi- oder volladditive Anfertigung von Leiterplatten wenig geeignet.

17.2.4. Elektrostatische Beschichtung

Das elektrostatische Aufsprühen von Belägen ist für andere Anwendungszwecke wohlbekannt. Die direkte Übertragung auf das Beschichten von Metallkernen für Leiterplatten führt zu Lochwandbelägen, die zur Lochmitte hin stark verringerte Dicke aufweisen wie dies in *Abb. 17.12.* dargestellt ist. Im Unterschied zu den Verhältnissen beim Wirbelsintern nimmt die Schichtdicke mit der Entfernung von der Lochkante schnell ab. Dies wird durch die Feldabschirmung im Lochinneren bedingt und führt zu schwer beherrschbaren Verhältnissen.

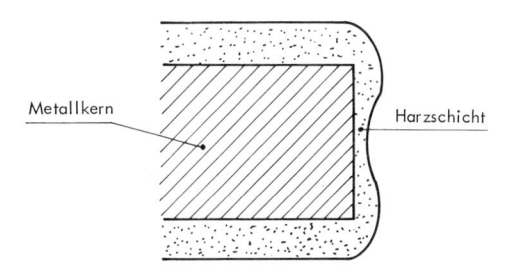

Abb. 17.12.: Elektrostatische Beschichtung

Ein Vergleich der *Abb. 17.12. und 17.8.* legt nahe, beide Verfahren zu kombinieren. Ergebnisse mit Wirbelsinteranlagen, bei denen der Pulverauftrag im elektrostatischen Feld erfolgt, haben erfolgversprechende Resultate gezeigt, konnten sich aber bislang für die Verwendung zum Herstellen von Metallkern-Leiterplatten nicht durchsetzen.

17.2.5. Elektrophoretische Beschichtung

Auch das elekrophoretische Aufbringen von Lack- und dergleichen Überzügen ist ein in der Technik, beispielsweise in der Kraftfahrzeug- und Küchenmöbelindustrie, wohl etablierter Prozeß. Seine Übertragung auf das Metallkern-Beschichten führt zu relativ porenfreien und gleichmäßigen Überzügen. Das Verfahren beruht auf der Beladung des Pigments, beispielsweise geeigneter Harzpartikel mit Ionen und der Wanderung der so geladenen Partikel im elektrischen Feld und Abscheidung an dem als eine Elektrode dienenden Metallkern.

Typische Verfahrensschritte sind, ausgehend von Stahlblech: Nach dem Lochen und Entgraten wird die Oberfläche einschließlich der Lochwandungen in einem Konverionsbeschichtungs-Verfahren und mittels einer Grundierung für die Anlagerung des elektrophoretisch erzeugten Niederschlages vorbereitet. Anschließend wird eine Schicht gewünschter Dicke, je nach Art des Pigmentes und dessen Beladung, kathodisch oder anodisch abgeschieden und schließlich durch Erhitzen verfestigt bzw. ausgehärtet [6].

Um die Wanderung der Pigment- beispielsweise Epoxidharz-Partikel zu ermöglichen, ist deren Beladung mit Ionen, in der Regel Säureresten, erforderlich. Dies wiederum erweist sich als problembehaftet im Hinblick auf die für Leiterplatten erforderlichen Qualitäten der Isolationsschichten, wie vor allem Volumen- und Oberflächen-Widerstand.

17.2.6. Tauchbeschichtungs-Verfahren

Einer der Gründe für die relativ geringe Anwendung von Metallkern-Leiterplatten ist darin zu sehen, daß die Beschichtungsverfahren nicht nur relativ aufwendig sind, sondern, abgesehen von dem besonders aufwendigen Kern-Laminierprozeß, zu nicht zylindrischen Lochwandungen und in der Regel zu ungenügenden Schichtdicken in Kantennähe führen.

Das nachfolgend beschriebene Tauchbeschichtungs-Verfahren soll diese Mängel vermeiden. Zunächst wird das Metallkern-Material, beispielsweise Stahl- oder Aluminium-Blech gelocht und entgratet. Nach der Reinigung wird die Metallkern-Platte in eine Kunstharzlösung getaucht, die maximal 50 % Feststoffgehalt und eine Viskosität von nicht mehr als 50 centipoise besitzt. Beim Herausziehen der Platte, das unter einem Winkel von 90° ± 30° in bezug auf die Achse der Lochungen und mit einer Geschwindigkeit, die 1000 mm/min nicht übersteigt, erfolgen soll, wird nicht nur die Oberfläche überzogen. Gleichzeitig werden infolge der Kapillarwirkung die Lochung mit der Kunstharzlösung gefüllt. Im Verlauf des nachfolgenden Trocken- und Härtevorganges schrumpft das Volumen der Harzlösung in den Löchern langsam, bedingt durch das Verdampfen des Lösungsmittels, mehr und mehr. Dieser Vorgang beginnt an den Öffnungen der Löcher und schreitet fort bis zur Bildung einer Kunstharz-Membrane in der Mittelregion der Lochungen. Schließlich bricht diese Membrane und formt einen Wandbelag nicht nur im Inneren der Löcher, sondern auch im Kantenbereich. Auf diese Weise wird in jenem Bereich eine Schichtverdickung erzielt und gleichzeitig ein praktisch zylindrischer Verlauf der Lochwandung erreicht [7]. *Abb. 17.13.* zeigt den Querschnitt durch eine Lochung, wie er sich nach diesem Verfahren ergibt.

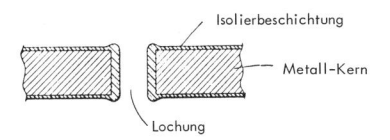

Abb. 17.13.: Querschnitte durch Metallkern-Platten

Innerhalb der eingangs erwähnten Grenzwerte für Harzgehalt und Viskosität ergibt sich der folgende Zusammenhang zwischen erzielter Dicke der Beschichtung und Konzentration der Lösung an Kunstharzen, sowie Durchmesser des Loches $S = 10 \times \frac{d}{4} \times c$, wobei S die Schichtdicke in μm, d der Lochdurchmesser in cm, c die Kunstharzkonzentration in Gewichtsprozent bedeuten.

Beträgt z.B. die Konzentration 1 % und der Lochdurchmesser 1 mm, so ergibt sich eine Lochwandbeschichtung von 2.5 μm Dicke. Die Viskosität der Lösung ist bestimmend für die Gleichmäßigkeit der ausgebildeten Schicht. Um bei Schichten größerer Dicke für deren Herstellung erforderliche relativ hohe Konzentration der Viskosität ausreichend niedrig zu halten, muß bei entsprechend höheren Lösungs-Temperaturen gearbeitet werden.

Als Beschichtungsmaterialien eignen sich z.B. Epoxid-Kompositionen bzw. solche, die nach Art der Haftvermittler zusammengesetzt sind.

Variationen des beschriebenen Verfahrens gestatten das zusätzliche Aufbringen einer weiteren Isolationsmaterial-Schicht auf die in der beschriebenen Weise beschichtete Kernmetall-Platte. Bedeutungsvoller ist eine andere Variante, bei der im ungelochten Zustand von auf beiden Seiten mit Isolationsmaterial beschichtetem Kernmetall-Blech ausgegangen wird. Nach dem Herstellen der Löcher wird dann die Oberfläche einschließlich der Lochwandungen, wie zuvor beschrieben, beschichtet. *Abbildungen 17.14. und 17.15.* zeigen Querschnitte durch nach diesen Varianten hergestellte Metallkern-Platten.

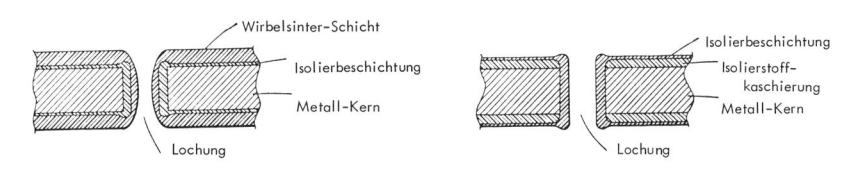

Abb. 17.14. und 17.15.: Querschnitte durch Metallkern-Platten

17.3. Leiterbildaufbau

Zum Aufbau des Leiterbildes sowie der Leiterzüge selbst können grundsätzlich die bekannten Methoden benutzt werden. Diese reichen vom Leitpastenaufdruck über Subtraktiv-, Semiadditiv- und Volladditiv-Verfahren bis zur Herstellung von *Multiwire*[RM]-Leiterplatten, deren Leiterzüge aus Draht bestehen.

17.3.1. Subtraktiv-Technik

Als Basismaterial dient im Kern-Laminierprozeß hergestelltes Metallkern-Laminat, das ein- oder beidseitig mit Kupferfolie kaschiert ist.

Die Fertigungsschritte entsprechen jenen zur Herstellung üblicher Leiterplatten mit metallisierten Lochwandungen praktisch vollständig. Auch Vielebenen-Schaltungen mit Metall-Kern können in bekannter Weise fabriziert werden.

17.3.2. Leitpasten-Druck-Technik

Praktisch alle unter 17.2. besprochenen Beschichtungsverfahren können zur Anfertigung von Leiterplatten benutzt werden, deren Leiterzüge im Siebdruck aufgebracht sind und aus Leitpaste bestehen. Bei Verwendung von Leitpasten mit entsprechenden Widerstandswerten können auch Widerstände aufgedruckt werden.

Die Auswahl der Leitpasten ist insofern begrenzt, da die Trocknung und Härtung bei Temperaturen erfolgen muß, die für die Isolierbeschichtung des Metall-Kerns zulässig sind.

Werden Cermet-Pasten benutzt, so muß eine Porzellan-Glasur-Beschichtung, zweckmäßigerweise auf eloxiertem Aluminium, benutzt werden.

17.3.3. Semiadditiv-Technik

Als Basismaterial für die Semiadditiv-Technik eignen sich nach praktisch allen beschriebenen Verfahren beschichtete Bleche. Besteht die Schicht aus einem Material, das mikroporös und benetzbar ist oder gemacht werden kann, so bedarf es keiner weiteren Beschichtung. Anderenfalls muß die Oberfläche der Isoliermaterialschicht zunächst mit einer Haftvermittlerschicht ausgerüstet werden.

Die in der Regel benutzten Kunstharz-Kompositionen auf Epoxid-Basis können analog zu Haftvermittlerschichten vorbehandelt werden, um sie mikroporös und benetzbar zu machen, sie bedürfen daher keiner weiteren Beschichtung mit einem Haftvermittler.

Die Arbeitsschritte zum Aufbau der Leiterzugmuster entsprechen vollkommen jenen der bekannten Anfertigung von gedruckten Leiterplatten aus Schichtpreßstoffen als Basismaterial.

17.3.4. Volladditiv-Technik

Auch für die Volladditiv-Technik zum Herstellen der Leiterzüge eignen sich grundsätzlich alle nach den beschriebenen Verfahren beschichteten Metallkern-Platten bzw. Bleche.

17.3.4.1. Volladditive Technik mit katalysierter Siebdruckfarbe

Dieses Verfahren wurde als erstes zur Massenproduktion von Metallkern-Leiterplatten verwendet. Als Ausgangsmaterial dienten im Wirbelsinterverfahren beschichtete Stahlblechplatten. Zunächst wurden die Wandungen der zu metallisierenden Lochungen im Balldruckverfahren mit katalytisch auf die stromlose Metallabscheidung wirkender Druckfarbe bedruckt. Bei diesem Verfahren werden Kugeln passender Größe in einem Werkzeug gehalten. Die freie Kugelfläche wird mit einer mit der Druckfarbe beschickten Fläche entsprechender Elastizität in Kontakt gebracht. Im nächsten Arbeitsgang wird die mit Druckfarbe beschichtete Kugelfläche in Kontakt mit der Wandung der Lochung gebracht. Nach dem Entfernen bleibt auf der Wandung genügend katalytisch wirksame Druckfarbe zurück, um den Aufbau der Metallschicht im ohne äußere Stromzufuhr arbeitenden Verkupferungsbad sicherzustellen. Um die Lochungen durchgehend mit metallisierten Wandungen zu versehen, muß das Balldruckverfahren von beiden Seiten der Platte ausgeführt werden.

Anschließend wird das Leiterzugmuster unter Benutzung der gleichen Druckfarbe im Siebdruck hergestellt. Nach dem Härten und gegebenenfalls nach erforderlicher Zwischenbehandlung zum Freilegen bzw. Aktivieren der katalytisch wirksamen Substanz in der Druckfarbe werden die Platten in bekannte, ohne äußere Stromzufuhr arbeitende, sog. stromlose Verkupferungsbäder gebracht und dort bis zum Erreichen der gewünschten Leiterdicke belassen.

Das Verfahren ist relativ aufwendig und wenig geeignet, um Feinleiterplatten herzustellen.

17.3.4.2. Volladditiv–Technik mit katalysiertem Beschichtungsmaterial

In der einfachsten Version wird die Oberfläche der Beschichtung des Metallkernes nach üblicher, der Behandlung von Haftvermittlerschichten entsprechenden Vorbehandlung in bekannter Weise, beispielsweise mittels einer Pd (II). Sn (II). Cl Lösung für die stromlose Metallabscheidung, katalysiert. Nach dem Trocknen wird eine Maske, die dem Negativ des gewünschten Leiterzugmusters entspricht, aufgebracht. Diese kann entweder im Siebdruck unter Verwendung von Farben, die in den stromlos arbeitenden Bädern nicht angegriffen werden, hergestellt werden oder beispielsweise im Fotodruck unter Benutzung geeigneter, handelsüblicher Lichtdrucklacke und Trockenfilm-Resiste.

Anschließend wird das Leiterzuggebilde, einschließlich Lochwandmetallisierungen, in bekannter Weise in autokatalytisch arbeitenden Bädern aufgebaut.

In einer anderen Version wird dem Beschichtungsmaterial für den Metallkern ein Stoff zugesetzt, der einerseits die elektrischen Eigenschaften der Beschichtung nicht ungünstig verändert und andererseits, ggfls. nach entsprechender Vorbehandlung, die aufgebrachte Schicht ohne Benutzung einer Katalysier-Flüssigkeit (Seeder) für die stromlose Metallabscheidung aus autokatalytischen Bädern katalytisch wirksam macht. Die Oberfläche der Beschichtung wird sodann entweder im Sieb- oder im Fotodruck mit einer permanenten oder wieder entfernbaren, dem Negativ des gewünschten Leiterzuggebildes entsprechenden Maskenschicht ausgerüstet und in das stromlos arbeitende Verkupferungsbad gebracht.

17.3.4.3. Volladditiv-Technik mit resistfreiem Leiterbilddruck-Verfahren

Bei diesem Verfahren wird von Metallkern-Material ausgegangen, dessen Isolierbeschichtung frei von Katalysatoren für die stromlose Metallabscheidung ist.

Nach üblicher Vorbereitung, um die Schicht mikroporös und benetzbar zu machen, wird sie nach dem *Photoformation*™-Verfahren weiterbehandelt.

Die vorbehandelte Oberfläche, einschließlich der Lochwandungen, wird hierbei zunächst bei gelbem Licht mit der Photoformation-Sensibilisierlösung behandelt und getrocknet. Beim anschließenden Fotodruck ensteht in den vom Licht einer geeigneten UV-Quelle getroffenen Gebieten ein sichtbares Bild aus katalytisch auf die stromlose Metallabscheidung wirksamen Metallkeimen, im wesentlichen Kupferkeimen. Nach dem Entfernen der Sensibilisierlösungs-Rückstände aus den unbelichteten Flächen wird der Aufbau des die Leiterzüge einschließlich Metallwandmetallisierung bildenden Kupferschicht durch Einbringung in das stromlos arbeitende Bad bewerkstelligt.

Da es sich bei diesem Verfahren um ein maskenloses handelt, wird zum Aufbau der Kupferschicht ein besonders konzipiertes Bad zur autokatalytischen Kupferabscheidung benutzt, das praktisch völlig frei von der Tendenz zur indiskriminierenden Kupferabscheidung ist. Solche Bäder bedürfen sorgfältiger Badführung, die in einfacher und zuverlässiger Weise mittels automatisch arbeitenden Kontroll- und Nachstelleinrichtungen für alle betriebswesentlichen Badparameter erreicht wird. Derartige Kontroll-Geräte bewirken zugleich die automatische Ergänzung der Verbrauchs-Chemikalien [8, 9].

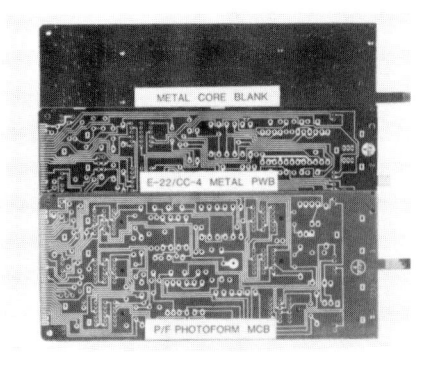

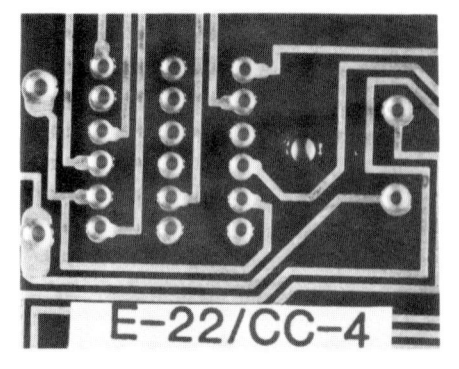

Abb. 17.16.:   Abb. 17.17.:

Abb. 17.18:

Abb. 17.16. zeigt einen Ausschnitt aus einer vorbereiteten Metallkern-Platte, einen Ausschnitt aus einer darauf volladditiv unter Verwendung einer permanenten Maske hergestellten Metallkern-Leiterplatte und einen Ausschnitt einer nach Photoformation-Verfahren angefertigten Metallkern-Leiterplatte mit gleichem Leiterzugmuster.

Abb. 17.17. stellt einen vergrößerten Ausschnitt der mit permanenter Maskenschicht angefertigten Leiterplatte und *Abb. 17.18.* einen solchen der nach dem Photoformation-Verfahren hergestellten Metallkern-Leiterplatte dar.

17.3.5. Multiwire™ Metallkern-Leiterplatten

Unterschiedlich zu den unter 17.3.3. und 17.3.4. beschriebenen Verfahren bestehen hier die Leiterzüge aus isoliertem Kupferdraht. Als Basismaterial dient in der Regel ein nach dem Metallkern-Laminierverfahren hergestelltes, auf dessen, mit einer geeigneten Haftvermittlerschicht ausgerüsteter Oberfläche wird zunächst, mit Hilfe einer *Multiwire*-Drahtlegemaschine, das Leiterzugmuster aus isoliertem Kupferdraht angebracht und dort eingekapselt. Anschließend werden an den vorbereiteten Stellen, an denen sich mit Epoxidharz ausgefüllte Lochung befinden, Bohrungen hergestellt, die die zugeordneten Kupferdrähte durchschneiden und deren Durchmesser so bemessen ist, daß im Metall-Kern eine Wandisolationsschicht genügender Dicke bestehen bleibt. Sodann wird die Lochwandbelegung und damit die elektrische Verbindung zu den zugeordneten Drahtleitern mittels stromloser Metallabscheidung allein oder in Verbindung mit einer galvanischen Abscheidung hergestellt [10, 11].

Leiterzüge können hierbei auf beiden Oberflächen des Metallkern-Basismaterials und, falls gewünscht, in analoger Weise zu der bei gedruckten Vielebenen-Schaltungen benutzten Technik in zusätzlichen Ebenen angeordnet werden.

Literaturverzeichnis zu Kapitel 17

[1] Paul Eisler: The Technology of Printed Circuits, London, Heywood & Company (1959)
[2] Donald Dinella: The Western Electric Engr., Vol. IX No. 3 (Juli 1965) S. 24–29
[3] Bill Beckenbaugh: Fully Additive Manufacture of Epoxy-Metal PWB's in Western Electric, IPC Annual Meeting April 1980
[4] H. Kikuchi & K. Szuki: Nippon Electric Comp. „Heat Dissipation Characteristics of Metal Core Boards", Private Mitteilung.
[5] Donald W. Finley & Robert B. Lewis: (Western Electric Comp.) US Patent No 4 145 460 (1979)
[6] H. Aizawa: Hitachi Kase, Shimodate Works, Privat Mitteilung
[7] Hiroshi Takahashi et al, (Hitachi Kasei), US Patent No 4 188 415 (1980)
[8] K.A. Egerer: Weiterentwicklung der Additivtechnik für Leiterplatten, Galvanotechnik 67 (1976) Nr. 11, S. 896–907
[9] George Messner: Application of Additive Technology to Metal Core Boards, Photocircuits Mitteilung 31
[10] K.A. Egerer & G. Herrmann: Multiwire, ein neues Herstellungsverfahren für Leiterplatten, Galvanotechnik 63 (1972) 11, 1004 ff.
[11] R.J. Clark: High Speed Logic Packaging Using Multiwire Interconnection Technology, General Electric Company, Syracuse. New York.

18. Besondere Herstellverfahren für Leiterplatten

Die Suche nach vielseitigen und einfacheren Herstellverfahren für Leiterplatten ist nach wie vor im Gange. Allein aus der Zahl der Patentanmeldungen ist ersichtlich, wieviel Aufwand und Entwicklungsarbeit in diese Aufgabe gesteckt werden. Jedoch nur wenige dieser Erfindungen bieten für den Anwender echte Vorteile. Die klassische Technik behauptet sich bis heute nach wie vor. Dennoch dürfen einige interessante, unter bestimmten Bedingungen wirtschaftliche und weiterführende Verfahren nicht übersehen werden. Sie sollen nachfolgend aufgeführt werden.

18.1. Kopierverfahren auf der Drehmaschine

Für Leiterplatten mit geringer Leiterbahndichte eignet sich das Kopierdrehverfahren. Auf der Trommel von ca. 30 cm Durchmesser einer Drehmaschine werden

- der flexible Träger, der mit 35µm Kupferfolie kaschiert ist, und
- das Layout als Film

nebeneinander aufgespannt. Eine Fotozelle tastet mit großer Auflösung den Film ab. An Stellen des Filmes, die keinen Leiterzug führen, ist der Film transparent, und der Lichtdurchgang löst über die Fotozelle den Vorschub für den Stichel aus, der am Support eingespannt ist.

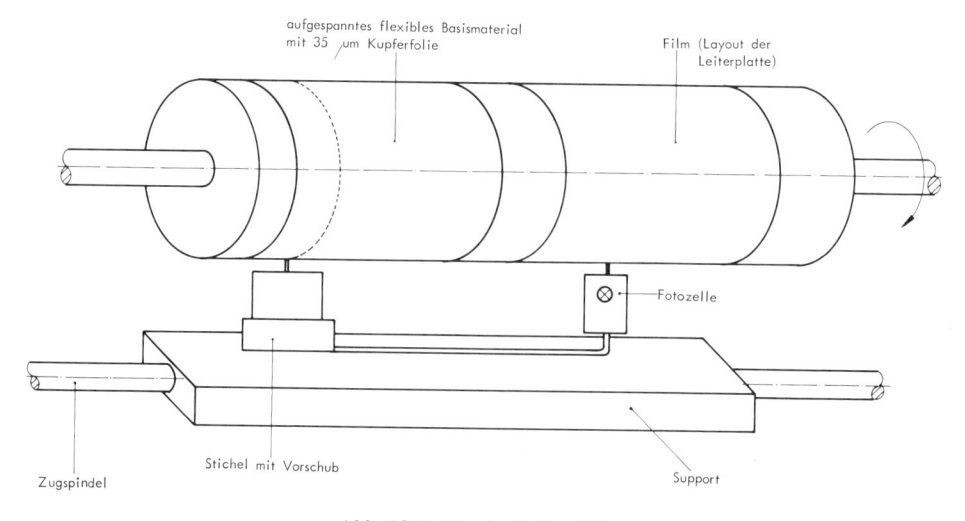

Abb. 18.1.: Kopierdrehverfahren

Fotozelle und Stichel befinden sich im festen Abstand auf dem Support. Nach dem Einschalten der Drehmaschine tastet die Fotozelle den rotierenden Film ab, der Stichel graviert, simultan gesteuert von der Fotozelle, die Information in die Kupferfolie. Die Einsatztiefe des Stichels wird so gewählt, daß an allen Stellen die Kupferfolie abgedreht wird.

Nach dem Einstellen der Arbeitstiefe des Stichels wird der Vorschub an der Zugspindel eingeschaltet, der die Fotozelle und den Stichel längs der Achse über Film und Basismaterial führt. Dadurch entsteht mit dem Kopierdrehverfahren ein Leiterbild. Nach diesem Arbeitsgang wird der flexible Träger auf einen starren Isolierstoff aufgeklebt und die Löcher durch Bohr- oder Stanzarbeitsgänge hergestellt *(Abb. 18.1.)*.

18.2. Kombiniertes Fräs- und Bohrverfahren zur Herstellung von kompletten Leiterplatten

18.2.1. Verfahrensablauf

Das Verfahren beinhaltet die Grundideen:
- in einem Arbeitsgang eine fertige Leiterplatte herstellen
- keine Filmvorlagen
- keine Druckvorgänge
- keine chemische Behandlung
- kein Abwasser
- nur mechanische Bearbeitung

Dieses Konzept wurde von der Fa. *LPKF Jürgen Seebach GmbH* maschinentechnisch ausgebaut und hat sich in einem begrenzten Anwendungsgebiet bewährt. Das Verfahren eignet sich besonders für starre Leiterplatten mit niedriger bis mittlerer Packungsdichte. Bei der Herstellung von flexiblen Leiterplatten nach diesem Verfahren darf das Trägermaterial eine Mindestdicke nicht unterschreiten. Die Leiterbahnführung ist einseitig und zweiseitig möglich. Die zweiseitige Lösung setzt voraus, daß auf der Plattenoberseite von Hand gelötet wird, oder daß spezielle Rohrniete in die durchzumetallisierenden Löcher eingesetzt werden, was nur bei Einzelstücken bis zu 5 Stücken wirtschaftlich ist *(Abb. 18.2.)*. Ist eine Durchmetallisierung auf chemischem Wege erwünscht, so ist dieses Verfahren nur noch bedingt zu empfehlen, da damit viele seiner Vorteile verlorengehen. Hieraus leitet sich andererseits seine gute Eignung für die Einseitentechnik ab.

Der Verfahrensablauf, den inzwischen auch Kleinrechner steuern, enthält nur wenige Prozeßschritte. Daraus ergibt sich eine extrem kurze Anfertigungszeit. Besonders bemerkenswert ist, daß Unternehmen, die Leiterplatten benötigen, aber keinen in der Chemie erfahrenen Mitarbeiterstab haben, ohne Startschwierigkeiten mit diesem rein mechanisch arbeitenden Herstellverfahren ihre einfachen Leiterplatten selbst anfertigen können.

Zum Herstellen von Leiterplatten nach diesem Verfahren mit dem manuell zu bedienenden Maschinentyp *LPKF 39* wird der Basismaterialzuschnitt auf den Maschinentisch gespannt. Der über dem Basismaterial angeordnete Fräskopf fräst in die mit Kupferfolie beschichtete Basismaterialoberfläche Furchen ein und teilt die Folie so auf, daß Leiterbahnen und Anschlußflächen entstehen. Der Abstand zwischen den Leiterbahnen ist durch den Fräserdurchmesser vorgegeben und bei Verwendung des Standardfräsers variierbar etwa zwischen 0,3 und 0,5 mm. Mit anderen Werkzeugen lassen sich größere Abstände

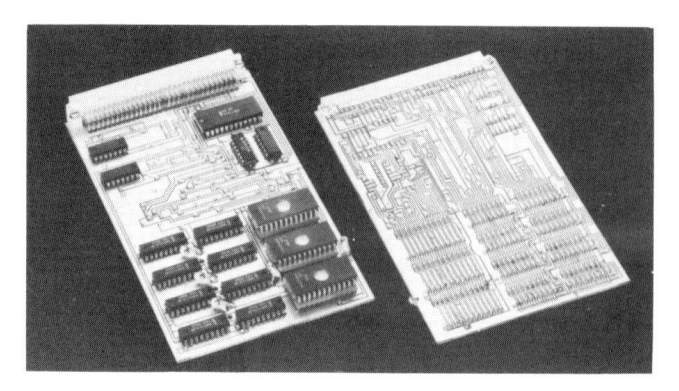

Abb. 18.2.: Leiterplatten nach dem Fräs-Bohr-Verfahren hergestellt. Doppelseitige Ausführung

erzielen. Konsequenterweise erhält man nach diesem Verfahren Leiterbahnen, die die maximale Breite, die erreichbar ist, aufweisen und keine ausgeprägten Lötaugen haben. Der daraus resultierende optische Eindruck unterscheidet sich erheblich von dem der Leiterplatten, die nach den bekannten Technologien hergestellt werden. Er kann jedoch an das übliche Erscheinungsbild durch das Aufbringen eines Lötstopdruckes angepaßt werden. Der Fräskopf bohrt auch die Löcher in das Basismaterial und erzeugt, wenn benötigt, Schriftzüge. Auch Konturenfräsen ist mit geeigneten Werkzeugen möglich.

Nach dem Fräsen und Bohren sollte die Kupferoberfläche mit einem Lötschutzlack beschichtet werden. Die Platte kann dann mit Bauelementen bestückt und gelötet werden.

Der vorstehend geschilderte Verfahrensablauf läßt sich mit der erwähnten Maschine für Einzelstücke im Entwicklungslabor verwirklichen. Bei der Maschine *LPKF 39* handelt es sich um eine Tischmaschine. Der Fräskopf ist über dem Maschinentisch an einem Ende eines X-Y-Verfahrsystems montiert. Am anderen Ende befindet sich ein Lichtmarkenprojektor, der auf einer ebenfalls auf dem Maschinentisch aufgespannten Leiterbildzeichnung eine Lichtmarke projiziert. Mit dieser Lichtmarke als Zeiger wird das Zeichnungsbild durch Führen des Verfahrsystems per Hand im 1 : 1 Maßstab auf das Leiterplattenmaterial mittels des Fräskopfes übertragen.

18.2.2. Schablonen- und NC-geführte Maschinen

Die einfachste Form des Anfertigens von kleinen Serien mit der erwähnten handgesteuerten Maschine ist die Verwendung einer Schablone. Als Schablone wird eine Leiterplatte verwendet, die zunächst, wie beschrieben, als Kopie einer Zeichnung angefertigt wird. In die Tischmaschine wird dann anstelle des Lichtmarkenprojektors ein Taststift eingesetzt, und anstelle der Zeichnung wird die nun als Schablone dienende Mutterplatine auf dem Maschinentisch befestigt. Der Taststift wird in die Furchen der Mutterplatine eingesetzt und in dieser Weise die Maschine geführt. Unter dem Fräskopf entstehen dann beliebig viele völlig gleichartige Platinen.

Für größere Stückzahlen bietet sich eine wirtschaftlichere Lösung an, das NC-Steuern des Fräskopfes in der X- und Y-Achse unter Einschluß der Fräskopfbefehle. Eine derartige Maschine trägt die Typenbezeichnung *LPKF 39-S* und kann mit bis zu 4 Fräsköpfen ausgerüstet werden. Diese numerisch gesteuerte Mehrspindelmaschine eignet sich für das Herstellen von mittleren Serien. Auch bei Änderungen in den Lochpositionen oder der

Leiterbahnführung haben diese NC-gesteuerten Maschinen gegenüber den Schablonen-abgetasteten Handmaschinen Zeit- und Kostenvorteile. Sie können außerdem auch als reine numerisch gesteuerte Bohrmaschinen verwendet werden.

Die Arbeitsweise ist ähnlich wie bei der beschriebenen manuell zu bedienenden Tischmaschine. Auf dem Maschinentisch, der jetzt durch Schrittmotore in die X-Y-Richtung verfahren werden kann, wird die Zeichnung des Leiter- und Lochbildes aufgespannt. Mit Hilfe eines Windrosenschalters *(Joystik)* und des Lichtmarkenprojektors als Zeiger, wird die Maschine über die Zeichnung geführt. Dabei setzt ein Lernvorgang des Computers durch ein entsprechendes Betriebsprogramm ein, so daß nach einmaligem Vormachen *(Teach-in)* durch den Bedienenden die Maschine das gewünschte Leiterbahn- und Lochbild beliebig oft und programmgesteuert wiederholen kann. Bei der Ausrüstung der Maschine mit 4 Bohrfräsköpfen entstehen so nach jedem Durchgang 4 komplette gebohrte Leiterplatten. Durch Eingabe von automatischen Wiederholungen ist auch das Arbeiten in größerem Nutzen möglich. Um eine komplette Leiterplattenfertigung nach diesem System auszubauen, ist lediglich die numerisch gesteuerte Anlage *(Abb. 18.3.)* erforderlich, ergänzt durch eine Bürstmaschine, eine Schneidemaschine und eine Einrichtung zum Einsprühen mit Schutzüberzügen. Je nach Anforderungen an die herzustellenden Leiterplatten käme noch eine Siebdruckanlage hinzu. Die Kapazität der Anlage richtet sich naturgemäß nach der Komplexheit der zu fertigenden Platinen. Der Raumbedarf einer solchen Produktion dürfte 16 m² kaum übersteigen.

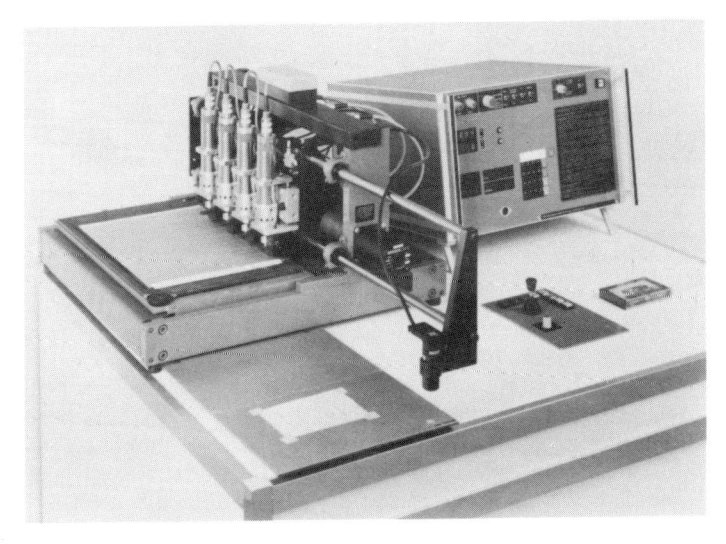

Abb. 18.3.: CNC-Fräsbohrmaschine mit 2–9 Fräsköpfen
(Werkfoto: Jürgen Seebach GmbH, Hannover)

18.2.3. Computer-Entwurf

Als logische Weiterentwicklung dieses Verfahrens, das ein kurzfristiges Anfertigen von Leiterplatten mit sich bringt, ist das Einbinden des Entwurfs der Leiterplatte über einen Computer-Dialog-Arbeitsplatz in die eigentliche Herstellung durch die beschriebene numerisch gesteuerte Maschine zu sehen. Derartige Verfahren sind bekannt und werden schon angewandt und angeboten.

Die Herstellung der Leiterplatten nach dem *LPKF*-Verfahren erlaubt nun, die an den Computer angeschlossenen Zeichenmaschinen zu ersetzen durch die Leiterplattenproduktionsmaschinen. Der von dem Computer ausgegebene Entwurf wird damit direkt in eine Leiterplatte umgesetzt bzw. in eine Leiterplattenproduktion bei Verwendung von mehrspindligen Produktionsmaschinen. So kann der Entwicklungsingenieur unmittelbar der eigentliche Hersteller seiner Platinen werden ohne das Zwischenschalten von weiteren Fachkräften.

Noch stärker zukunftsorientiert sind Computeranlagen, die Schaltpläne, mit geeigneter Symbolik gezeichnet, lesen können, diese für das *LPKF*-System entflechten und dann mittels der entsprechenden Produktionsmaschinen die Leiterplatten selbständig produzieren.

18.3. Leiterplattenherstellung mit dem Pulverpreßverfahren

Auch das ist ein Verfahren mit nur geringem Auflösungsvermögen. Auf das Basismaterial wird das Metallpulver in der notwendigen Dicke aufgebracht. Es besteht aus einer Dispersion von Pulver (Silber, Kupfer, etc.) und Epoxidharz. Ein beheizter Stempel, dessen erhabene Stellen dem Leiterbild der anzufertigenden Leiterplatte entsprechen, wird auf die Beschichtung gepreßt und bringt die Dispersion zum Schmelzen. Sie verbindet sich mit dem Basismaterial und bildet das Leiterbahnmuster. Die nicht angeschmolzene Dispersion wird abgebürstet. Das Verfahren hat neben der geringen Auflösung noch folgende Nachteile:

- keine Kantenschärfe der Leiterbahnen
- keine gleichmäßige Leiterbahndicke und damit unterschiedlichen Leitwert
- Probleme beim Einlöten der Bauelemente und geringe Haftfestigkeit der Lötstelle

18.4. Stanz-Preß-Verfahren

Das Herstellen von Leiterplatten nach dem Stanz-Preß-Verfahren ist aus den USA *(Stampede, Redmond, Washington)* und Japan *(Mitsubishi, Chiyoda-Ku, Tokyo)* bekannt. Es eignet sich im besonderen für Leiterplatten mit geringer bis mittlerer Leiterbahndichte und für Einzelplatten, die in hohen Stückzahlen (» 10.000 Stück) benötigt werden. Besonders kostengünstig wirkt sich aus, wenn die Leiterbahnführung nicht geändert werden muß, da jedes veränderte Layout ein neues Stanz-Preß-Werkzeug erfordert. Das Verfahren weist gute Haftfestigkeitswerte auf und ist dem klassischen Verfahren in Lötbarkeit und Verarbeitbarkeit ebenbürtig.

Der Schwerpunkt liegt in diesem Verfahren beim Herstellen des Stanz-Preß-Werkzeuges. Seine Ausführung bestimmt wesentlich das Erreichen der Qualitäts- und Kostenziele. Der Schnittstempel wird im Fotoätzverfahren (Chemical-Milling) mit mehrstufigen Masken erzeugt *(Abb. 18.4.)*.

Mit diesem Verfahren entstehen die Hinterätzungen, die der überschüssigen Kupferfolie das Ausweichen ermöglichen. Die Schneidekanten trennen den Leiter aus der Folie heraus und betten ihn in das Basismaterial ein. Der beheizte Stempel bringt den Heißkleber auf der Kupferfolie zum Schmelzen, und an den Schnittkanten verbindet der Kleber die Folie mit dem Basismaterial. Die Preßfläche verhindert das Aufstehen und Blasenwerfen der Kupferfolie.

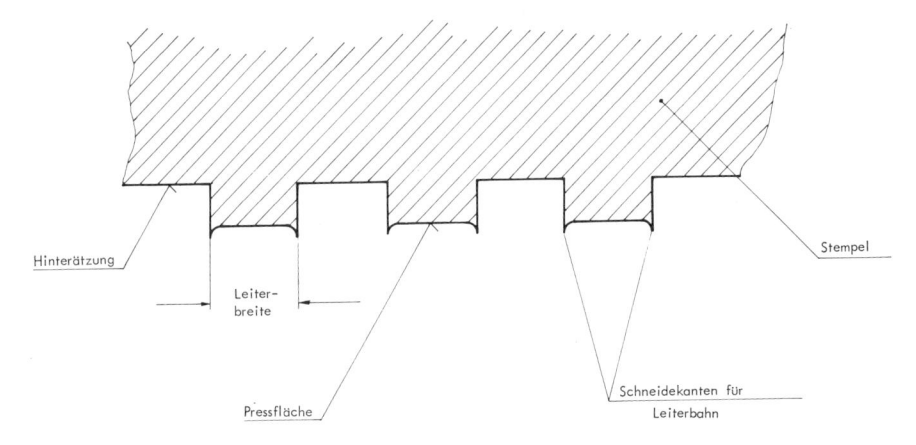

Abb. 18.4.: Stanz-Preß-Stempel (Werkzeichnung: Stampede, Redemond, Washington)

Abb. 18.5.: Leiterplatte nach dem Stampede-Verfahren hergestellt

Der Verfahrensablauf wird im folgenden dargestellt:
- Zuschneiden der kleberbeschichteten Kupferfolie auf Format
- Zuschneiden des Basismaterials (flexibel oder starr) auf Format, Reinigen und Auflegen der Kupferfolie
- Stanzen und Festlegen der Leiterbahnen auf dem Basismaterial mit dem Spezialwerkzeug
- Abziehen des Abfallkupfers von Hand
- Verpressen der Kupferfolie mit dem Basismaterial in einer Etagenpresse (analog Multilayertechnik)
- Deoxidieren der Kupferoberflächen und Schützen mit Lötschutzlack oder Walzverzinnen
- Stanzen der Löcher und der Kontur *(siehe Abb. 18.5.).*

Der kritische Arbeitsgang dieses Verfahrens ist das Ausstanzen der Leiterbahnen mit dem Spezialwerkzeug. Die Schnittiefe muß genau eingestellt werden (Voraussetzung ist, daß das Basismaterial keine Dickenunterschiede aufweist). Bei zu geringer Tiefe wird das Abfallkupfer nicht vollständig von den Leiterbahnen getrennt – es kann nicht abgezogen werden.

Wird der Hub zu groß, dann treten am Basismaterial durch das Eindringen der Schnittkanten Beschädigungen auf. Werden aus dem Werkzeug große Stückzahlen gefertigt, so tritt eine Abnützung der Schneiden auf. Eine genaue Angabe über die Standzeit kann nicht gemacht werden. Die Vorteile des Verfahrens sind:

- keine Ätzprozesse
- das Abfallkupfer liegt als Stanzgitter vor und kann vorteilhaft verkauft werden
- Eignung für Großserienfertigung

19. Oberflächenveredelung

Ausgehend von den Grundlagen der allgemeinen Galvanotechnik und der stetigen Innovation in der Leiterplattenfertigung wurden spezielle galvanotechnische und stromlose Verfahren zur Metallabscheidung entwickelt.

Chemische bzw. fremdstromlose Verfahren zur Metallabscheidung stehen keinesfalls im Wettbewerb zu galvanischen Metallisierungsverfahren, sondern bilden eine notwendige Ergänzung. Über die Anwendung der einen oder anderen Abscheidungsart werden in erster Linie technische und dann erst wirtschaftliche Kriterien entscheiden.

Bei der Wahl der Oberflächen von Leiterplatten gibt es verschiedene Möglichkeiten: Leiterplatten mit Kupfer, Zinn, Zinn/Blei, Zinn/Nickel oder Nickel/Gold-Oberflächen. Dazu kommt zunehmend die umgeschmolzene oder im Tauchverfahren *(S. Kap. 20)* aufgebrachte Zinn/Blei-Oberfläche. Eine generelle Aussage zugunsten eines dieser Verfahren läßt sich nicht machen, da einander oft widersprechende Forderungen bezüglich Fertigungssicherheit, Betriebskosten, Lagerbedingungen, Lagerfähigkeit, Einsatzbedingungen sowie Lötverfahren gegeneinander abgewogen werden müssen.

19.1. Die elektrolytische Metallabscheidung

19.1.1. Vorbehandlung (Entfetten, Aktivieren, Dekapieren)

Die chemische Vorbehandlung der nach dem Aufbringen des Siebdrucklackes oder Fotoresists galvanisch zu beschichtenden Metallflächen muß mit besonderer Sorgfalt durchgeführt werden.

Die Form der Metallabscheidung, ihre Haftung auf der Unterlage und ihr Verhalten bei der Nachbehandlung durch Aufschmelzen oder Löten wird dadurch entscheidend beeinflußt.

Die Vorbehandlung beginnt mit einer sauren Entfettung. Die Tauchbehandlung kann auch alternativ anodisch oder kathodisch erfolgen. Saure Entfetter haben die Aufgabe, Öl- und Fettfilme, Fingerabdrücke und oxidische oder sulfidische Anlaufschichten zu entfernen, ohne daß die Kupferschicht nennenswert abgetragen wird. In der Praxis haben sich saure Entfetter bewährt, da gegen sie alle Siebdruckfarben resistent sind. Die Neutralreiniger haben den Nachteil, daß sie im pH-Bereich von 6,5–8 eingesetzt werden, was leicht zu einem Anlösen der Siebdrucklacke führen kann.

Die für die Ablösung der oxidischen und sulfidischen Schichten notwendige Säuremenge und die Ausschleppung bestimmen im wesentlichen ihren Verbrauch, da die zu entfernenden Öl- und Fettspuren nur sehr gering sind. Zur Überwachung im laufenden Betrieb genügt daher eine einfache Titration mit Natronlauge.

Nach der sauren Entfettung und einer intensiven Spülung erfolgt die Aktivierung der Kupferoberfläche. Dazu werden meist schwefelsaure Persulfatlösungen oder auch salzsaure

Kupfer (II)-Chloridlösungen verwendet. Bei den sauren Alkalipersulfatlösungen ist das früher weitgehend verwendete Ammoniumpersulfat aus abwassertechnischen Gründen von Natriumpersulfat abgelöst worden. Der Kupfergehalt dieser Beize sollte nicht mehr als 25 g/l betragen, da sonst die Beizgeschwindigkeit deutlich zurückgeht. Legt man Wert auf eine konstante Beizgeschwindigkeit, z.B. im Automaten, dann sollte das verbrauchte Natriumpersulfat ($Na_2S_2O_8$) kontinuierlich ergänzt werden. (10 g abgeätztes Kupfer ≙ 20 g $Na_2S_2O_8$).

Wird salzsaure Kupferchloridlösung zur Aktivierung der Kupferoberfläche eingesetzt, so muß das sich dabei bildende Kupfer (I)-Chlorid durch Zugabe von H_2O_2 oxidiert werden. Die Beize kann dadurch bis zu relativ hohen Kupferkonzentrationen regeneriert werden. Eine Überwachung dieser Beizen ist durch Messung des Redoxpotentials des Systems Cu^+/Cu^{2+} möglich.

Saure Dekapierbäder sind in ihrer Konzentration unkritisch und werden deshalb nicht laufend kontrolliert. Durch einfache Titration mit Lauge läßt sich ihre Konzentration schnell feststellen.

In einigen Fällen ist eine Aktivierung mit Natriumpersulfat in Verbindung mit einer Dekapierung in verdünnter Salz- und Schwefelsäure nicht ausreichend. Das beim Unternickeln von Gold- oder Silberüberzügen abgeschiedene Nickel wird so reaktiv, daß es sich bereits beim Spülen in Wasser mit einer passivierenden Schicht überziehen kann, welche die Haftung des Edelmetalls vermindert. In diesen Fällen hat sich die Verwendung saurer Vorvergoldungs- oder Vorversilberungsbäder besonders bewährt. Der saure Charakter derartiger Elektrolyte und der nur geringe Metallgehalt ergeben im Zusammenwirken mit dem während der Metallabscheidung entstehenden, reduzierend wirkenden Wasserstoff eine Reaktivierung der Nickeloberfläche, wobei eine erneute Passivierung durch die sehr dünne (< 0,1 µm) Edelmetallschicht verhindert wird.

19.1.2. Kupfer

Die elektrolytische Kupferabscheidung dient primär der an den nicht leitenden Lochwandungen stromlos abgeschiedenen Kupferschicht als mechanische und elektrische Verstärkung. Erwünscht ist ein Abscheidungsverhältnis zwischen Lochwandung und Leiterzug von 1 : 1. Inwieweit dieses zu realisieren ist, hängt neben der Beschaffenheit und den

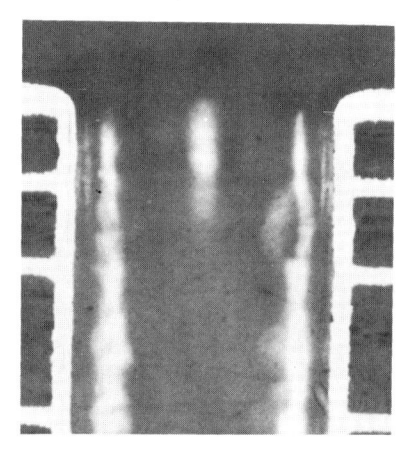

Abb. 19.1.: Querschliff einer Multilayer-Schaltung mit 40 µm Glanzkupfer und ca. 20 µm Glanzzinn

Eigenschaften der eingesetzten Elektrolyte noch wesentlich von der Gestaltung des Layouts ab, d.h. die Oberfläche des zu galvanisierenden Leiterbildes sollte möglichst gleichmäßig auf die Bestückungs- und Lötseite verteilt sein.

Galvanische Bäder arbeiten nur in einem bestimmten Stromdichtebereich optimal. Deshalb ist es wichtig, die zu galvanisierende Oberfläche einer Leiterplatte möglichst genau zu kennen. Diese Oberfläche besteht aus dem Leiterbild selbst und aus der durch die Bohrung gebildeten Oberfläche. Wenn man die Summe der Innenflächen addiert, so stellt man fest, daß diese Oberfläche nicht vernachlässigt werden kann und die Gesamtoberfläche der zu metallisierenden Ware entscheidend beeinflußt. So vergrößern z.B. 1000 Bohrungen von 1 mm Durchmesser bei einer Plattendicke von 1,6 mm die zu metallisierende Oberfläche um 0,5 dm^2.

Eine sehr einfache und schnelle Methode zur Bestimmung der aktiven Oberfläche einer Leiterplatte ist auf optischem Wege möglich. Sie kann bereits beim Vorliegen des zum Kopieren des Leiterbildes erforderlichen Films durchgeführt werden. Das hierfür verwendete Gerät bestimmt den Anteil des Lichtes, der bei der Durchleuchtung vor einer gleichmäßig ausgeleuchteten Scheibe entweder vom positiven oder negativen Bildanteil des Filmbildes absorbiert wird. Somit kann die Oberfläche des Leiterbildes bei kopierfähigen Filmen bis zu Abmessungen von 420 x 320 mm sowohl für Positiv- wie auch für Negativ-Vorlagen mit einer Genauigkeit von ± 0,1 dm^2 ermittelt werden. Unterschiede in der Flächenbelegung der Warenträger können je nach Fall durch stromlose oder stromführende Blenden ausgeglichen werden. Moderne Galvanikanlagen zur Durchkontaktierung von Leiterplatten haben eine getrennte Ansteuerung von Bestückung und Lötseite bei entsprechender Flächenvorwahl integriert.

In der Praxis werden primär schwefelsaure, vereinzelt Pyrophosphatkupferbäder seltener fluorboratsaure Elektrolyte zur Verstärkung der Leiterzüge und Lochwandungen eingesetzt. Eine Schichtdicke von 20–25 µm Kupfer im Loch ist deshalb erforderlich, weil unmittelbar nach der automatischen Lötung eine schnelle Wärmeabfuhr zur Oberfläche notwendig ist, um das Lot im Loch erstarren und nicht nach unten durchsacken zu lassen.

Beim schwefelsauren Badtyp mit geringem Metallgehalt und hohem Schwefelsäureanteil ist das Verhältnis zwischen der dünnsten Stelle der Kupferschicht in der Bohrung so stark der Schichtstärke auf der Plattenoberfläche angenähert, wie man es früher nur bei Pyrophosphatbädern kannte.

Zusammensetzung eines schwefelsauren Elektrolyten auf der Basis Kupfersulfat:

Cu^{2+}	15–25 g/l
H_2SO_4	170–200 g/l
Cl^-	50–60 mg/l
Arbeitstemperatur:	20–25 °C
Warenbewegung:	0,5–0,9 m/min

Um eine gute Verteilung der Kupferschicht, namentlich in den Bohrungen zu erreichen, ist eine Warenbewegung in Richtung von und zu den Anoden unbedingt erforderlich. Die optimale Einstellung der Warenbewegung muß durch Versuche ermittelt werden. Da aus strömungstechnischen Gründen die Bewegungsgeschwindigkeit der Ware limitiert ist, wählt man eine zusätzliche Elektrolytbewegung durch Einblasen ölfreier Luft. Die Rohre werden parallel zur Kathodenstange etwa 30–80 mm an den Wannenboden angebracht. Sie enthalten – je nach Art und Größe der Wanne – Bohrungen von etwa 3 mm Durchmesser im Abstand von 80–100 mm, versetzt im Winkel von 45 °C zum Wannenboden.

Zwecks besseren Elektrolytaustausches kann unter bestimmten Voraussetzungen, insbesondere bei wirksamer kontinuierlicher Filtration, auf eine Beutelung der Anoden verzichtet werden. Die Filterleistung sollte so ausgelegt sein, daß das Badvolumen mindestens einmal pro Stunde umgewälzt wird. Bei Bewegung des Elektrolyten durch Luft ist die Filtrationsleistung zu verdoppeln.

Als Anodenmaterial dürfen nur Spezial-Kupferanoden mit einem Phosphorgehalt von 0,02–0,06 %, benutzt werden. Dabei ist es gleichgültig, ob es sich um Knüppel- Plattenanoden oder Pellets handelt. Andere Anoden können zur Bildung eines schwer filtrierbaren Schlammes führen, der zu körnigen rauhen Niederschlägen führen kann.

In der Praxis haben sich Titanstreckmetallkörbe, die mit Kupferpellets gefüllt werden, gut bewährt. Neben einer optimalen Ausnutzung des Anodenmaterials müssen die Anoden nicht gewechselt werden, sondern können während des Betriebes in die Körbe nachgefüllt werden.

Der optimale kathodische Stromdichtebereich, in dem gleichmäßige glänzende Kupferschichten abgeschieden werden (Kontaktflächen zeigen bessere Abriebeigenschaften), liegt im allgemeinen zwischen 2,5 bis 3 A/dm^2 und ist von der Badtemperatur, der Warenbewegung, der Art, Aufhängung und Geometrie der Leiterplatten abhängig. Man erreicht bei Stromdichten von 2,5 A/dm^2 eine Abscheidungsrate von 25–30 µm/h. Die Anodenfläche wird so gewählt, daß die anodische Stromdichte 2 A/dm^2 nicht übersteigt.

Sollte aus verfahrenstechnischen Gründen eine galvanische Vorverstärkung (4–6 µm), nach der stromlosen Verkupferung notwendig werden, so ist auf seidenmatte, äußerst feinkörnige Niederschläge zu achten, die eine gute Verankerung bei Siebdrucklacken oder festen und flüssigen Fotoresisten sicherstellen *(Abb. 19.2. Tabelle)*.

Abb. 19.2. (Tabelle): Schichtdickenverhältnis von Bohrloch zu Leiterbild in Abhängigkeit von der Materialdicke und Lochdurchmesser

Verhältnis Plattendicke zu Lochdurchmesser	*Schichtdickenverhältnis Bohrung zu Leiterbild*
1 : 1	100%
2 : 1	96–98%
3 : 1	78–84%
4 : 1	< 75%

Diese Werte gelten für eine mittlere Stromdichte von 2,5 A/dm^2. Bei geringeren Stromdichten wird das Schichtdickenverhältnis noch günstiger.

Die galvanische Metallabscheidung setzt eine konsequente Überwachung und Optimierung der leicht kontrollierbaren Parameter, wie Waren- und Badbewegung, Stromdichte, Temperatur und ggf. des pH-Wertes voraus. Wenn diese Parameter konstant gehalten werden, so wird die Qualität der Metallauflage maßgeblich von den Badkomponenten bestimmt. Dies setzt neben einer richtigen Dosierung der organischen Zusätze auch die Einhaltung bestimmter Grenzen der anorganischen Badbestandteile wie Cu, H_2SO_4 und Chlorid voraus *(Abb. 19.3. Tabelle)*.

Entscheidenden Einfluß auf die Metallverteilung, den Glanz und das Kristallgefüge des abgeschiedenen Kupfers haben die organischen Zusätze. Kanten *(corner-cracking)*- und Hülsenrisse können bei einer Über- und Unterdosierung auftreten. Bei Unterdosierung ist die Gefahr besonders groß, da dann sowohl die Metallverteilung als auch die Duktilität negativ beeinflußt werden. Überdosierungen führen hauptsächlich dann zu Hülsenrissen- bzw. Kantenrissen, wenn sich die Abbauprodukte im Elektrolyten stark angereichert haben *(Abb. 19.4. und 19.5.)*.

Elektrolytische Metallabscheidung

Beim Einlöten von Bauelementen werden an die in den Bohrungen und auf den Leiterbahnen abgeschiedenen Kupferschichten hohe mechanische und thermische Anforderungen gestellt. An drei Beispielen sollen die möglichen Ursachen, die zu Kanten- oder Hülsenrissen führen können, aufgezeigt werden:

Risse in der Bohrung

Die Ursache ist im unterschiedlichen Ausdehnungsverhalten von Kupfer zum Basismaterial bei thermischer Belastung zu suchen. Beim Lötvorgang kommt die Leiterplatte mit

Abb. 19.3. (Tabelle): Glanzkupferbad

Sollwerte der Konzentration und Arbeitsbereiche	Negative Auswirkung bei Istwerten	
	> Sollwert	< Sollwert
Cu = 15–25 g/l	schlechte Metallverteilung	Anbrennen im hohen Stromdichtebereich, schlechte Einebnung;
H_2SO_4 = 170–200 g/l Cl^- = 50–60 mg/l	schlechte Einebnung schlechter Glanz im hohen Stromdichtebereich; Anodenpassivierung bei Cl^- 120 mg/l;	schlechte Metallverteilung; schlechter Glanz, ungleichmäßige, teils stufenförmige Abscheidung;
Glättungs- und Glanzzusatz	Gefahr von Kanten- bzw. Hülsenrissen, besonders bei hoher Konzentration an Abbauprodukten;	schlechte Metallverteilung, ungleichmäßige Abscheidung; Kanten- bzw. Hülsenrisse
Stromdichte 1–3 A/dm²	zu geringe Schichtdicke in der Lochwandung;	verschleierte bis matte Kupferauflagen; erhöhter Verbrauch an Glanzzusatz
Warenbewegung: 0,5–0,8 m/min	stufenförmige bzw. verschleierte Kupferabscheidung;	Anbrennungen an exponierten Stellen;

Abb. 19.4.: Kantenriß

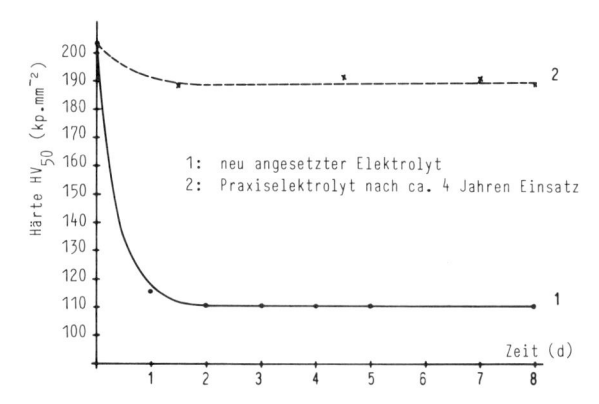

Abb. 19.5.: Härte-Zeitverhalten von Kupferniederschlägen aus schwefelsauren Elektrolyten

einem auf etwa 245–250 °C erhitzten Zinnbleilot in Berührung. Dabei erwärmt sie sich selbst auf ca. 200 °C. Bei dieser Erwärmung dehnt sich die Leiterplatte in ihrer Stärke je nach Art des Laminats um 2–4 % aus. Aufgrund der stärkeren Ausdehnung des Basismaterials zum Kupfer wird das Laminat durch das Lötauge an der freien Ausdehnung gehindert. Ist daher die durch die Temperaturerhöhung verursachte relative Längenänderung größer als das Dehnungsvermögen, so kommt es zum Riß des Kupfers. Auch eine zu starke Rauhigkeit im Vergleich zur Schichtdicke kann die Dehnbarkeit der Hülsen in den Bohrungen beeinträchtigen und muß vermieden werden. Man erhält nämlich pro Flächeneinheit einer Schnittebene keinen gleichmäßigen Spannungsverlauf, weil die Rauhigkeitsspitzen wie Kerben wirken, die eine Spannungserhöhung verursachen, die bei nicht ausreichender Schichtdicke zum Riß führen.

Peripherer Lochabriß

Durch die Ausdehnung des Basismaterials beim Löten kommt es vor, daß das Lötauge einer Bohrung angehoben wird, und zwar am äußeren Rand stärker als am inneren. Es entsteht praktisch ein Hebelarm, der eine Spannungsspitze verursacht, was zu einem peripheren Lochabriß führen kann. Es ist so zu verstehen, daß es von den ausgeübten Zugkräften auf die Hülse abhängt, ob die Bruchdehnung des Kupfers überschritten wird und es zu einem völligen ,,Abriß" kommt oder, ob die Bruchelongation nur an einer Stelle überschritten wird und es nur zu einem ,,Einriß" kommt. Man sollte in diesem Zusammenhang noch erwähnen, daß der elastische Bereich von Kupfer mit hohem Dehnungsvermögen im Vergleich zum plastischen Bereich sehr klein ist. Eine gedehnte Kupferhülse geht nur entsprechend dem elastischen Bereich geringfügig zurück und bleibt zum größten Teil plastisch verformt. Bei der Bruchdehnung muß mindestens ein Wert von 15 % gefordert werden, der somit deutlich über den sog. Ausdehnungswerten liegt.

Der völlige Bruch

Der Bruch einer metallisierten Bohrung kann dadurch verursacht werden, daß sich unter der Kupferhülse Elektrolytreste, organ. Lösungsmittel, Feuchtigkeit befinden, die beim Löten in die Dampfphase übergehen. Durch die starke Volumenexpansion wird auf die Kupferhülse ein so starker Druck ausgeübt, daß es zum völligen Bruch kommt.

Flüssigkeitsreste können durch die Metallisierung eingeschlossen sein, wenn in der Bohrung z.B. das Basismaterial delaminiert ist. Fehlerhaftes Stanzen oder Bohren, der fehlende Verbund der einzelnen Schichten des Laminats an einer solchen Stelle können die Ursachen sein.

Wird vor dem Druckverfahren eine zu dünne, d.h. noch nicht porenfreie Leitkupferschicht aufgetragen, so können organische Lösungsmittel, z.B. Fotolacke oder Entwickler eingeschlossen werden.

Geringe Eigenspannungen der abgeschiedenen Kupferschichten sind ein weiteres Kriterium für eine fehlerfreie Durchkontaktierung.

Makrospannung:
Spannungen, die über einen großen Flächenbereich gerichtet sind, müssen in engen Grenzen gehalten werden, weil z.B. bei größeren Flächen die auftretenden Zugspannungen „Haarrisse" verursachen können.

Mikrospannungen sind dagegen ungerichtete Spannungen innerhalb kleinster Volumina, die sich in größeren Bereichen gegenseitig aufheben. Mikrospannungen beeinflussen bekanntlich die Härte.

Bei der Durchkontaktierung von Leiterplatten besteht primär die Forderung, in den Bohrungen ausreichend dicke Kupferschichten als elektrische Verbindung der Ebenen zu bekommen. Aufgrund der unterschiedlichen Stromdichteverteilung, die sich an einer Leiterplatte in einem Elektrolyten beim Anlegen einer Gleichspannung ausbildet, wird prinzipiell in den Bohrungen weniger Kupfer abgeschieden als auf der Oberfläche. Durch spezifische Zusätze im Elektrolyten wird erreicht, daß Bereiche, in denen aufgrund der Stromdichte eine niedrigere Schichtdicke zu erwarten wäre, tatsächlich höhere Schichtdicken aufweisen – man nennt dies Makrostreuung, d.h., eine möglichst optimale Metallverteilung von Bohrwandung zu Leiterbild ist wichtig, da mit zunehmender Schichtdicke der Leiterbahnen der entstehende Überhang und damit die Unterätzung problematisch werden kann.

Die Mikrostreuung wird im Gegensatz zur Makrostreuung zur Kennzeichnung des Einebnungsvermögens der Rauhigkeit einer Oberfläche herangezogen. Eine gute Mikrostreuung ist für ein einwandfreies Aufsteigen des Lotes wichtig.

19.1.3. Nickel

Nickelschichten werden in der Leiterplattenfertigung wegen ihrer hohen Härte (> 400 kp/mm^2 HV) als Zwischenschichten eingesetzt. Ferner wirken Nickelschichten als Diffusionssperre zwischen dem Kupfersubstrat und der Goldschicht, welche die bei Temperaturen von > 70 °C mit zunehmender Geschwindigkeit ablaufende Diffusion von Kupfer in Gold und umgekehrt, verhindern. Elektrolytisch abgeschiedene Zinn- und Silberschichten neigen unter bestimmten Voraussetzungen zur Whiskerbildung. Nach einer entsprechenden Unternickelung konnte ein Whiskerwachstum von Zinn und Silber nicht nachgewiesen werden.

Fast alle Elektrolyte sind modifizierte Watts- oder Sulfamat-Nickelbäder. Um eine optimale Haftung der Goldauflagen zu erreichen, werden keine Glanzbäder sondern mattseidenmatt arbeitende Elektrolyte eingesetzt. Da die Konzentrationen an Nickel und Borsäure im Watt'schen Nickelbad relativ hoch sind, machen sich übliche Konzentrationsschwankungen kaum bemerkbar.

Wichtig für die Qualität der Nickelschichten ist die Reinheit der eingesetzten Nickelanoden. Der Einsatz von Elektrolytnickel-Anoden (97–99 % Ni) als Knüppel- oder Plattenanoden bzw. von Nickel-Pellets in Verbindung mit Titan-Anodenkörben ist möglich. Die Beutelung der Anoden bzw. Anodenkörbe ist neben einer regelmäßigen Filtration unumgänglich. Die Anodenoberfläche sollte mindestens doppelt so groß wie die Warenoberfläche sein, damit eine 100%-ige Löslichkeit garantiert ist und Passivierungserscheinungen vermieden werden. Der Elektrolyt muß frei bleiben von Schwebe- und Schmutzteilchen, da diese in den Überzug einwachsen und zu Rauhigkeiten und Poren führen können.

Fremdmetallverunreinigungen, insbesondere Kupfer und Zink, beeinträchtigen die Arbeitsweise des Elektrolyten stark. Deshalb sollte in gewissen Zeitabständen eine Selektivreinigung durchgeführt werden, wobei der Elektrolyt mit großer Kathodenoberfläche (Wellblech) und Stromdichten von 0,1 bis 0,3 A/dm^2 unter Warenbewegung durchgearbeitet wird.

Wird vor dem Vergolden unternickelt, so spielt der zeitliche Abstand zwischen Vernickelung und Vergoldung aufgrund der Passivierung des Nickels insofern eine Rolle, da bereits eine Unterbrechung > 15 s zur Bildung eines Oxidfilms auf der Nickeloberfläche ausreichen. Deshalb ist eine Nickelaktivierung vorzusehen, die dem sauren Vorvergoldungsbad vorzuschalten ist. Dadurch kann auch die Gefahr vermindert werden, daß sich Nickel im Hauptgoldbad löst. Eine Lösung von 5–8 Vol. % H_2SO_4, die mit 1,5–2 A/dm^2 bei Raumtemperatur und einer Expositionszeit von 30 bis 60 s gefahren wird, ist in jedem Fall wirkungsvoll.

Es ist zweckmäßig, vor Einsatz einer Nickelaktivierung zu prüfen, ob der Photoresist bzw. Siebdrucklack beständig ist.

Über Badbehälter, Ausrüstung und Ansetzen der Elektrolyte geben die Verfahrensvorschriften und Betriebsanleitungen der Fachfirmen Auskunft.

19.1.4. Gold

Elektrolytisch abgeschiedene Goldschichten erlangten aufgrund ihrer ausgezeichneten chemischen und physikalischen Eigenschaften auf dem Gebiet der Leiterplattentechnik schon früh eine relativ große Bedeutung. Dabei steht, wie in der gesamten Informationstechnik, zunächst die absolute Funktionssicherheit im Vordergrund.

Für den Praktiker sind für die Anwendung von Gold- und Goldlegierungsüberzügen folgende Eigenschaften wichtig:

- Härte, Verschleißfestigkeit
- Duktilität, Porosität, Lötbarkeit
- Steck- und Ziehkraft
- spezifischer elektrischer Widerstand
- Anlauf- und Korrosionsschutz
- Abriebfestigkeit

In reinem Zustand ist Gold sehr weich und liegt bei einer Härte von ca. 60 kp/mm (HV). Diese Überzüge können nur dort eingesetzt werden, wo keine mechanische Beanspruchung zu erwarten ist. Abriebbeständige Schichten, wie sie für Steckerleisten und Schalterkontakte gefordert werden, können durch Zulegierung von Kobalt und Nickel in sauren Bädern, Kupfer und Kadmium, sowie in geringem Umfang Silber in alkalischen und neutralen Elektrolyten, erreicht werden. So erhöht sich die Härte einer aus einem sauren Elektrolyten abgeschiedenen Goldschicht mit einem Legierungsanteil von 0,2 % Kobalt auf ca. 160–180 HV *(Abb. 19.6.)*.

Neben dem Einbau von Legierungszusätzen kann die Härte von Goldschichten auch durch Inkorporation organ. Zusätze beeinflußt werden. Dadurch lassen sich unter bestimmten

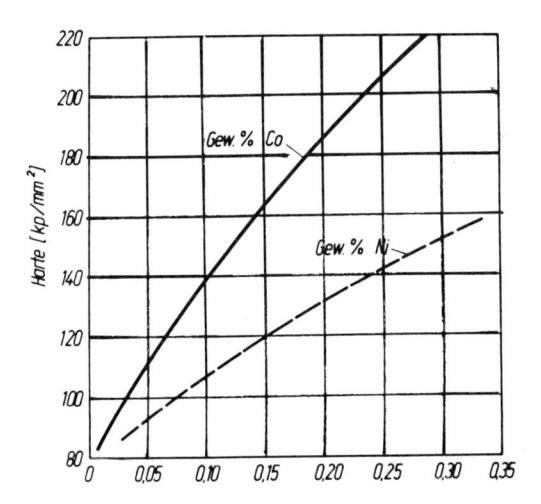

Abb. 19.6.: Härte in Abhängigkeit von der Konzentration an Kobalt und Nickel in Goldniederschlägen aus sauren Elektrolyten

Bedingungen Schichten mit einer Härte bis über 200 kp/mm² und mehr erzielen. Allerdings bleibt hier die Härte nicht konstant und nimmt im Laufe der Zeit ab. Durch entsprechendes Zulegieren von Fremdmetallen kann die Härte keineswegs beliebig erhöht werden. Man muß vielmehr berücksichtigen, daß mit Erhöhung des Fremdmetallanteils der spez. Widerstand der Schichten stark zunimmt und mit einer Abnahme der Korrosionsbeständigkeit gerechnet werden muß. Die Gefahr von Sprödbruch und ungenügender Haftfestigkeit bei starker mechanischer Beanspruchung kann sich dabei ebenfalls negativ auswirken. Härten zwischen 160–220 kp/mm werden in der Leiterplattentechnik als optimal angesehen.

Die untere Grenze der Goldüberzüge ist die Schichtdicke, bei der eine auftretende Porosität keinen genügenden Korrosionsschutz mehr gewährleistet. Die Porosität, oder besser gesagt, die Anzahl der Poren pro Flächeneinheit, ist ein wesentliches Kriterium für das Langzeitverhalten einer Goldschicht.

Die Porosität hängt mit dem Gefügeaufbau zusammen und kann u.a. folgende Ursachen haben:

- Einbau von im Elektrolyt vorhandenen Verunreinigungen (Staubpartikel, Gas, Spuren an Resist-Material und andere Verunreinigungen)
- Störungen im Kristallaufbau (in der Grenzfläche zwischen den abgeschiedenen Kristallen)
- Mechanische Fehler und Beschädigungen in der Goldschicht oder in den darunter liegenden Schichten

So verändern bereits Konzentrationen von 0,01 ppm H_2S die Oberfläche von Silber und Kupfer durch Bildung voluminöser und schlecht haftender Sulfide und Oxide. Diese Verbindungen haben u.a. die Tendenz, durch die Poren zu wachsen. Auf dem unter einer Pore freiliegendem Grundmetall wird durch Kapillarwirkung eine geringe Menge atmosphärischer Feuchtigkeit festgehalten. In dieser feuchten Zone lösen sich SO_2, H_2S und in geringem Maße auch Sauerstoff.

Mit dem edlen Gold und dem darunter liegenden unedleren Metall wird ein galvanisches Element gebildet. Die kleine, durch die Pore freiliegende Fläche des unedleren Metalles wird zur Anode, und mit Hilfe der großen Kathodenfläche des Goldüberzuges geht die Oxidation mit hoher Reaktionsgeschwindigkeit vor sich.

Die Porosität der Goldschicht ist auch verantwortlich für eine andere Korrosionsart, nämlich jene, welche im Zusammenhang mit Feststoffpartikeln auf der Oberfläche der Leiterplatte auftritt (Flußmittelreste, Rückstände aus Ätzlösungen, Fingerabdrücke). Alle diese Verbindungen bewirken bei Gegenwart von atmosphärischer Feuchtigkeit eine Korrosion durch die Poren. Dies kann bei Leiterplatten in Feinleitertechnik bis zu einem Unterbruch des Leiters führen oder, falls die Rückstände sich seitlich ansammeln, zu einem Kurzschluß zwischen zwei benachbarten Leitern. Diese Korrosion als Folge von festen Rückständen wird unterstützt durch den freiliegenden Kupferquerschnitt, welcher bei starker Unterätzung beträchtlich vergrößert werden kann und auch sehr schlecht spülbar ist. Das Phänomen zeigt sich vor allem beim Metallresist-Verfahren, praktisch kaum beim Volladditiv- oder Semiadditiv-Verfahren.

Weiter hängt die Porosität der Goldschicht von der Mikrostruktur der Unterlage ab. Je feiner die Struktur, desto geringer die Gefahr der Porenbildung. Das Auftreten von Poren ist am geringsten, wenn auf einer sehr glatten Unterlage Gold abgeschieden wird. *Abb. 19.7.* zeigt die Abhängigkeit der für eine Porendichte notwendigen Mindestschichtdicke von der Mikrorauhigkeit der Oberfläche.

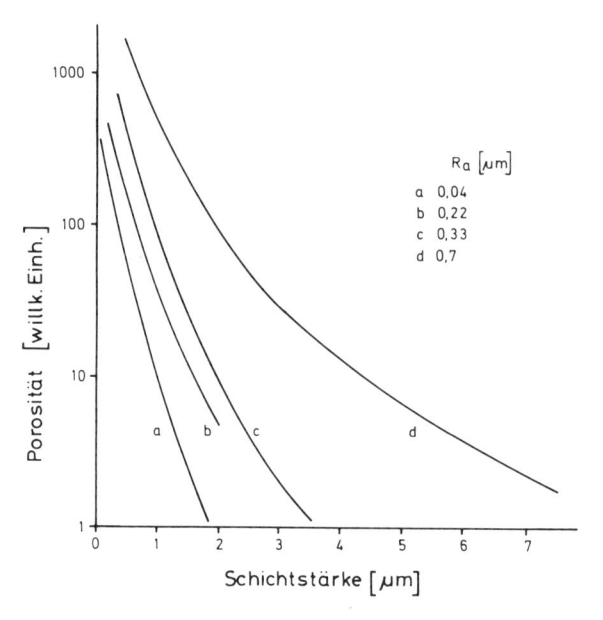

Abb. 19.7.: Porosität eines galvanischen Hartgold-Niederschlages in Abhängigkeit von der Schichtdicke und Rauhigkeit des Trägers

Was die Lötbarkeit dieser Goldschichten betrifft, bestehen unterschiedliche Ansichten. Man muß bei der Beurteilung der Lötbarkeit zwischen der Benetzbarkeit der Schichten und der Festigkeit der Lotverbindung unterscheiden. Dabei wird als Lötfehler primär eine schlechte Benetzung angegeben, was, einwandfreie Lötbedingungen vorausgesetzt, meist auf Fremdstoffe auf oder in der zu lötenden Schicht zurückzuführen ist. Berücksichtigt man nun, daß Gold sehr korrosionsbeständig ist und bei einer ansonsten sauberen Oberfläche mit einer Geschwindigkeit von 5 µm/s. im Lot in Lösung geht, stellt man bei genauer Betrachtung der Lötstelle in den meisten Fällen fest, daß die schlechte Benetzbarkeit auf Passivschichten oder Verunreinigungen auf der darunter liegenden Metallschicht (Nickel/Kupfer) resultiert. Die Fehlerursache ist dabei oft in einer mangelhaften galvanischen Vorbehandlung zu finden. Eine geringfügige Inkorporation von Polymeren in der Goldschicht, wie sie in sauren Hartgoldbädern in der Leiterplattenfertigung eingesetzt werden und sich in vielfacher Hinsicht bewährten, ist in diesem Zusammenhang unerheblich.

Etwas problematischer verhält es sich dagegen mit der Festigkeit der Lötverbindung. So geht Gold beim Löten unter Bildung einer intermetallischen Verbindung im Lot (Sn/Pb 40) in Lösung. Steigt dabei der Goldanteil in dieser Verbindung auf 3 % an, so führt dies zu einer starken Versprödung der Lötstelle und somit zur Gefahr des Bruchs der Lötverbindung bei mechanischer Belastung. Die Dicke der Goldschicht stellt deshalb ein wesentliches Kriterium dar und sollte in keinem Fall 5 µm überschreiten. Als reiner Lötschutz genügt in den meisten Fällen eine Schichtstärke von 1 µm. Schichtdicken von 5 µm werden auf Leiterplatten nur noch selten aufgebracht. Seit Jahren diesbezüglich bestehende Anforderungen, wie sie in Spezifikationen zu finden sind, wurden nicht zuletzt aus wirtschaftlichen Gründen stark reduziert.

Beim Pulse plating-Verfahren erfolgt die Metallabscheidung durch kurzzeitig kathodische Stromimpulse mit rechteckigem Zeitverlauf sehr hoher Frequenz und Stromdichte. Man geht dabei davon aus, daß die durch die relativ hohe Stromdichte enstehende Goldverarmung im Kathodenfilm durch Diffusionsvorgänge während der Ausschaltphase kompensiert werden können und gleichzeitig der beim Galvanisieren entstehende Wasserstoff, der sonst zumindest teilweise mit eingebaut wird, in den Elektrolyten zurückdiffundiert. Durch dieses Verfahren wird die Porosität erheblich verbessert, wobei mit einer bis zu 20 % niedrigeren Schichtdicke dieselben Verhältnisse erreicht werden konnten, wie unter Verwendung von Dauerstrom. Was die Duktilität betrifft sind die hierbei abgeschiedenen Goldschichten infolge der feinkörnigen Kristallisation wesentlich besser.

Im wesentlichen basieren die von den Fachfirmen angebotenen Hartglanzgoldbäder auf einem Kalium- oder Natriumgoldcyanid-Komplex, der im alkalischen und sauren Bereich (bis pH 5) beständig ist. In sauren Goldbädern werden als Legierungsmetalle vorzugsweise Kobalt und Nickel (0,1 bis 0,5 %) verwendet. Die relativ einfache Badführung und die ausgezeichnete Qualität der abgeschiedenen Schichten sind die Gründe für eine breite Anwendung in der Leiterplattenfertigung. Die Überzüge sind verschleiß- und korrosionsbeständig, der Feingehalt liegt bei 21–23,5 Karat. Auflagen in einer Stärke von > 8 µm sind nicht zu empfehlen, da derartige Überzüge leicht verspröden. Der pH-Bereich liegt zwischen 3–5 unter Verwendung verschiedenartiger Puffersubstanzen und die Arbeitstemperatur zwischen 20 °C und 50 °C.

Saure Hartglanzgoldbäder werden mit unlöslichen Anoden betrieben. Das aus den Bädern abgeschiedene Gold muß daher durch Zugabe von $KAu(CN)_2$ ergänzt werden. Das geschieht am besten in Abhängigkeit von der durchgesetzten Strommenge. Ein Amperestundenzähler sollte deshalb zur Ausrüstung jeden Goldbades gehören. Platinierte Titanstreckmetallanoden, die zur Erhöhung der Haltbarkeit in der Praxis oft mit einem galvanischen Feingoldüberzug versehen werden, eignen sich neben Edelstahlanoden am besten.

Die Stromausbeute dieser Elektrolyten ist nicht konstant. Sie hängt von dem Goldgehalt des Bades, der Badtemperatur und vom pH-Wert ab. Diese Parameter sollten kontinuierlich überwacht werden, um eine gleichbleibende Stromausbeute zu gewährleisten. Dadurch kann sichergestellt werden, daß innerhalb der vorgegebenen Expositionszeit immer gleich starke Goldauflagen abgeschieden werden. Zu hohe Auflagen sind aus wirtschaftlichen Gesichtspunkten unerwünscht, zu geringe Schichtdicken können zu einem Funktionsverlust der Goldauflagen führen. Die Dosierbreite der Glanzzusätze ist hinsichtlich der

Abb. 19.8. (Tabelle): Physikalische Eigenschaften von Gold- und Goldlegierungsüberzügen

Eigenschaften	Feingold-überzüge	Hartgold-überzüge	18-kt-Überzüge
Verschleißfaktor	8...15	0,5...2	0,3...4
Mikro-VICKERS-H.15 p [kp/mm²]	55...100	140...220	280...550
Spez. elektr. Widerstand [μΩcm]	2,5...3,2	3,3...5	12...16
Übergangswiderstand [mΩ]	0,3...1	0,4...1,5	1,3...3
Bruchelongation [%]	5...11	1,2...3	1,2...3,3
Anlaufbeständigkeit	sehr gut	sehr gut	gut
Korrosionsbeständigkeit	sehr gut	sehr gut	gut

Abb. 19.9. (Tabelle): Wirtschaftliche Betrachtungen verschiedener Goldlegierungsüberzüge bei gleicher Schichtdicke (2,5 μm/dm²)

Goldart	Dichte g/cm³	Gewicht d. Überz. mg	Gewicht Gold mg	Ersparnis gegenüber 24 Karat Au(%)
Feingold	19,2	480	480	
Hartgold (AuNi)	18,9	472	470	1,0
18 kt Gold (AuCuCd)	15,0	375	281	41,5

Glanzbildung sehr groß und unkritisch. Sollen jedoch die Goldauflagen in ihrem Härteverhalten gleich bleiben, so muß auf eine konstante Konzentration an Glanzzusatz geachtet werden.

Die alkalisch cyanidischen Goldbäder enthalten relativ viel freies Cyanid. Es wird sowohl zur Abscheidung von Feingold als auch von Legierungsniederschlägen, speziell auf der Basis Gold/Silber, Gold/Kadmium und Gold/Kupfer/Kadmium eingesetzt, wobei letztere Legierung in Verbindung mit niederkarätiger Abscheidung an Bedeutung zunimmt (*Abb. 19.8., 19.9.*).

Gewisse, für den technischen Einsatz unbedingt erforderliche Eigenschaften können nur mit hochlegierten (niederkarätigen) Goldschichten erreicht werden; darunter steht an erster Stelle: Hohe Verschleißfestigkeit. Hartgoldlegierungsbäder, aus denen ternäre Legierungen abgeschieden werden, arbeiten mit einem Goldgehalt von 1,5–1,9 g/l, einem Kupfergehalt von 14–17 g/l und einem Kadmiumgehalt von 50–100 mg/l. Der Niederschlag enthält etwa 75 % Gold, 22 % Kupfer und 3 % Kadmium. Bei niederkarätigen Goldschichten besteht bei erhöhten Temperaturen (80 °C) die Möglichkeit der Diffusion der unedleren Komponenten der Legierung an die Oberfläche. Die dabei auftretenden Entmischungserscheinungen der Schichten, sowie stark ansteigende Kontaktwiderstände können in den meisten Fällen nicht toleriert werden. Dieser Effekt kann durch eine dünne

Elektrolytische Metallabscheidung

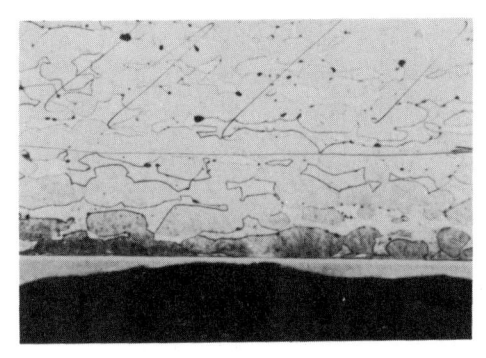

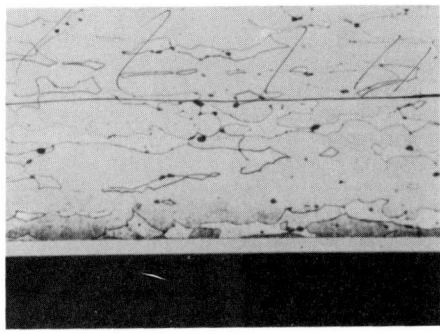

Abb. 19.10.: Querschliff eines Schleifringes nach Dauertest – die Hart-Vergoldung (18-karat) von ca. 8 µm weist keine Verschleißspuren auf

Abb. 19.11.: Querschliff wie Abb. 9.10. Hartgoldauflage = 16 µm; trotz doppelter Schichtdicke örtlicher Abtrag bis auf das Basismaterial

zusätzliche hochkarätige Goldschicht weitgehend eliminiert werden, wobei durch die Schmierwirkung dieser Deckschicht die Abriebeigenschaft noch verbessert werden kann (*Abb. 19.10., 19.11.*).

Die Zusammensetzung der abgeschiedenen Legierung wird nicht nur vom Verhältnis der Legierungsmetalle im Elektrolyten, sondern auch in hohem Maße von den Abscheidungsbedingungen, wobei der kathodischen Stromdichte der größte Einfluß zukommt, bestimmt. Außer vom pH-Wert des Elektrolyten und der Badtemperatur wird die Legierungszusammensetzung noch von der Art und Intensität der Bad- oder Warenbewegung beeinflußt. Die Abscheidung ternärer Legierungen bestimmter Zusammensetzung verlangt eine exakte Überwachung der Elekrolyte und der Metallauflagen. Alle diese Forderungen müssen in engen Grenzen konstant gehalten werden, wenn die Eigenschaften der abgeschiedenen Goldschichten in ihrem physikalischen und chemischen Verhalten untereinander vergleichbar sein sollen.

Um ein Abscheidungsoptimum zu erreichen, müssen die jeweiligen notwendigen Stromstärken möglichst genau einstellbar sein. Das bedeutet für die Auswahl der Gleichrichter, daß die Regelstufen für den Strom kleiner sein müssen als der maximal zulässige Fehler.

Für das Vergolden von Leiterplatten ist neben einer sorgfältigen Entfettung und Desoxidation eine Vorvergoldung zu empfehlen (*s. Kap. 19.1.1.*) Da es bei der Vergoldung um eine hohe Kapitalbindung geht, sind Badbehälter und Warengestelle so zu konstruieren, daß das Badvolumen und die Verschleppungsverluste möglichst klein gehalten werden. Aus Sicherheitsgründen ist es zu empfehlen, die Arbeitswanne in einer zweiten Auffangwanne zu installieren, um im Falle einer mechanischen Beschädigung der inneren Wanne nicht den Verlust des Elekrolyten zu riskieren. Auch die für den Badbetrieb notwendigen Filterpumpen sollten in einer Auffangwanne untergebracht werden.

19.1.4.1. Verfahren zur Vergoldung direkter Steckverbindungen und Kontakte auf kupferkaschiertem Basismaterial

1. Verfahren (Abb. 19.12.):
– Positionierung für Leiterbild/Lochbild
– Leiterplatte vorreinigen (Bürsten und Desoxidieren)
– Positive Sieb- oder Fotomaske für die Vergoldung
– Entfetten (sauer)
– Fließspülen (2 x)

- Aktivieren: 10 % Natriumpersulfat, 5 % konz. H_2SO_4, AT = 20 °C–25 °C Expositionszeit = ca. 1 min
- Fließpülen
- Dekapieren: 10 % H_2SO_4, Expositionszeit = 30 s
- Fließspülen
- Vernickeln: Matt- oder Halbglanzvernickelung, Schichtdicke 4–6 µm AT = 55–60 °C; Expositionszeit = ca. 12 min;
- Fließspülen
- Nickelaktivierung: 5 % H_2SO_4, Stromdichte = 1,5–2 A/dm^2, Expositionszeit = max. 30 s.
- Fließspülen (2 x)
- Vorvergolden: saurer Elektrolyt, ca. 0.1 µm, AT = 45–50 °C, Stromdichte = 1–1,5 A/dm^2
- Fließspülen (2 x)
- Vergolden: alkalisch-cyanidischer Elektrolyt, ca. 1-2,5 µm, AT = 55–60 °C
- Sparspüle I
- Sparspüle II
- Fließspülen
- Trocknen

- Lochbild – Stanzen oder Bohren
- Durchmetallisieren
- Sieb- oder Fotomaske für Leiterbild (Goldkontakte sind abgedeckt)
- Galvanischer Aufbau des Leiterbildes: Cu/Sn-oder Sn/Pb.
- Strippen
- Ätzen
- Lötstoplack
- Mechanische Endbearbeitung

Diese Vergoldungsmethode läßt erkennen, daß die Überlappung im Übergang Stecker-Leiterzug einen optimalen Schutz bildet. Weiterhin werden die Bohrungen und Leiterzüge durch Einwirkungen der Vernickelungs- und Vergoldungsprozesse in keiner Weise beeinflußt. Durch die chemische Verkupferung bleibt die Vergoldung während des gesamten Fertigungsprozesses geschützt und wird erst mit der abschließenden alkalischen Ätzung wieder freigelegt. Der Goldverbrauch ist auf die eigentlichen Steckerverbindungen und Schaltkontakte beschränkt und im Vergleich zu anderen Verfahren sehr wirtschaftlich. Das Abkleben der Steckerleisten bzw. Entfernen der freiliegenden Zinn oder Zinn/Blei-Schicht auf den Kontakten mit einem Metallstripper kann entfallen.

Den Vorteilen stehen aber auch Nachteile entgegen: So ist der Aufwand für Arbeitsgänge und Materialkosten je nach Repromethode höher. Das gilt insbesondere, wenn die Vergoldung nach dem Bohren vorgenommen wird (Trockenfilmverfahren im Tenting). Die Ätzflanken der Stecker sind nicht geschützt und es kann zu Haftungsproblemen des Kupfers auf dem Gold in der Überlappungszone kommen – auch hier kann das elektrochemische Verhalten beim Ätzen nachteilig wirken (*Abb. 19.12.*).

2. Verfahren (Abb. 19.13.):
- Leiterbild Bohren oder Stanzen (Positionierung)
- Leiterplatte vorreinigen (Bürsten und Desoxidieren)
- Negative Sieb- oder Fotomaske für das Leiterbild
- Galvanischer Aufbau des Leiterbildes: Cu/Sn oder Sn/Pb
- Strippen – Galvanoresist
- Ätzen
- Abdecken oberhalb der Steckverbindung (Klebeband oder Fotomaske)
- Zinn oder Zinn/Blei auf den Kontakten entfernen
- Mechanische und/oder chemische Reinigung der Kupferoberfläche
- Entfetten (sauer)
- weiterer Ablauf wie Verfahren 1

Als Vorteil kann gelten, daß der Goldverbrauch, abgesehen von der elektrischen Verbindung der Stecker untereinander, sich nur auf die zu vergoldende Oberfläche beschränkt. Zusätzlich ergibt sich ein seitliches Umschließen der Ätzkanten durch die Metallüberzüge – ausgenommen davon sind allerdings die an der Stirnseite liegenden Trennstellen der elektrischen Verbindungen, die je nach Auslegung der Leiterplatte durch anschließendes Anfasen z.T. noch vergrößert werden können.

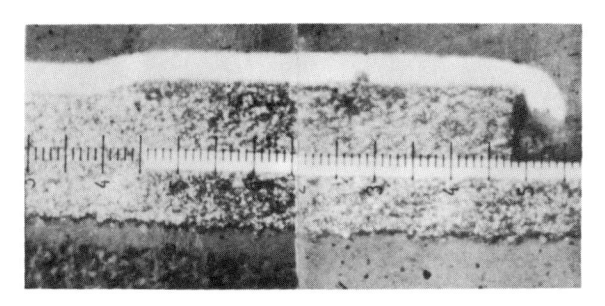

Abb. 19.12.: Querschliff-Übergangszone; Vergoldung vor der Durchkontaktierung und Leiterbahnaufbau

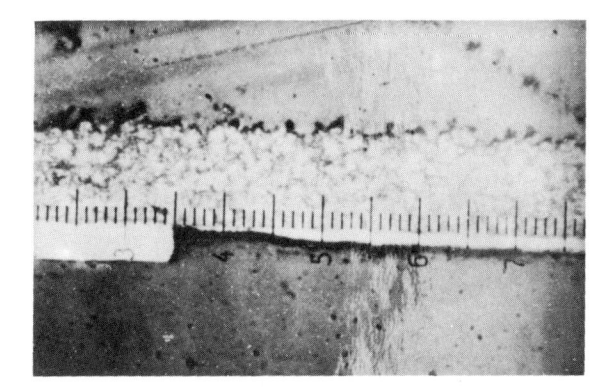

Abb. 19.13.: Querschliff-Übergangszone; Ätzresiststrippen mit anschließender
 - Vergoldung

Abgesehen von der Porosität, die leicht bei mechanischer Bearbeitung der Kupferoberfläche durch Bimsmehl auftritt, ist die Übergangszone Stecker-Leiterzug ein Kriterium besonderer Art, da sich oft erst im Mikroskop oder Klimatest die Unzulänglichkeit des Oberflächenschutzes zeigt.

Beim Strippen des Ätzresistes ist die Ablösung im Bereich des Übergangs Stecker-Leiterzug nicht immer gewährleistet und auch eine anschließende mechanische oder chemische Reinigung kann nicht verhindern, daß noch kleinste Reste von Zinn oder Zinn/Blei anhaften, die eine anschließende fehlerfreie Galvanisierung und Haftung auf dem Untergrund sicherstellen. Damit ist der Oberflächenschutz in der Übergangszone nicht gewährleistet und eine spätere Korrosion kann zu Leiterbahnunterbrechungen führen.

Weitere Nachteile liegen von Fall zu Fall im Hochkriechen der Stripperflüssigkeit durch Kapillarwirkung entlang der Leiterbahnen und einem dadurch bedingtem seitlichem Strippen in diesen Bereichen. Da die Strippzeit von den jeweiligen Konzentrationsverhältnissen, der Temperatur und der Stärke der Zinn- oder Zinn/Blei-Schicht abhängig ist und die meisten Metallstripper auch Kupfer angreifen, kann es zu einem unkontrollierten Ätzen der Kupferschicht kommen. Das elektrolytische Strippen (reverseplating) hat diese Nachteile in abgeschwächter Form.

3. Verfahren

- Leiterbild Bohren oder Stanzen (Positionierung)
- Leiterplatte vorreinigen (Bürsten und Desoxidieren)
- Negative Sieb- oder Fotomaske für das Leiterbild
- Entfetten (sauer)
- Fließspülen (2 x)
- Aktivieren: 10 % Natriumpersulfat, 5 % H$_2$SO$_4$, AT = 20 °C–25 °C, Expositionszeit = ca. 1 min
- Fließspülen
- Dekapieren: 10 % H$_2$SO$_4$, Expositionszeit = ca. 30 s
- Fließspülen
- *Galvanischer Aufbau des Leiterbildes: Kupfer = 20–25 µm*
- Vernickeln der Kontakte: Matt- oder Halbglanznickel. Schichtdicke 4–6 µm AT = 55–60 °C, Expositionszeit = ca. 12 min
- Fließspülen
- Nickelaktivierung: 5 % H$_2$SO$_4$, Stromdichte = 1,5–2 A/dm^2,
- Fließspülen (2 x), Expositionszeit = max. 30 s
- Vorvergolden: Saurer Elektrolyt, ca. 0,1 µm, AT = 45–50 °C, Stromdichte: 1–1,5 A/dm^2
- Fließspülen (2 x)
- Vergolden: alkalisch-cyanidischer Elektrolyt, Schichtdicke = 1–2,5 µm AT = 55–60 °C,
- Standspüle I/II
- Abdecken der vergoldeten Kontakte
- Entfetten (sauer)
- Fließspülen
- Aktivieren: NaPS/H$_2$SO$_4$
- Fließspülen
- Galvanische Verzinnung oder Zinn/Blei
- Strippen
- Entfernen der Goldabdeckung
- Ätzen

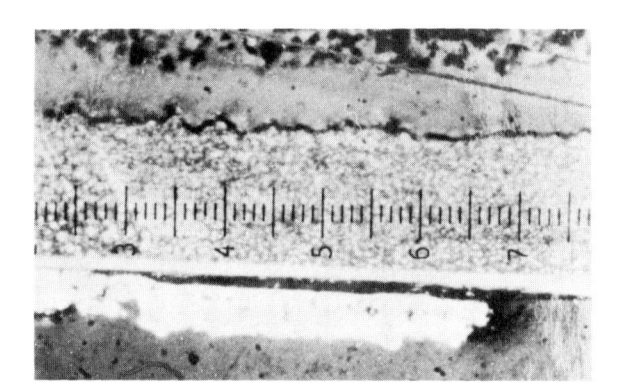

Abb. 19.14.: Querschliff-Übergangszone; Schutzabdeckung der Vergoldung vor Aufbau des Leiterbild-Ätzresists

Nach der galvanischen Verkupferung des Leiterbildes müssen die Leiterplatten auf spezielle Gestelle umgehängt und die Steckerleiste ca. 4–5 mm tiefer als die spätere Vergoldung vernickelt werden. In die Vergoldung müssen die Leiterplatten so eingehängt werden, daß eine Vergoldung der Übergangszone Nickel-Kupfer vermieden wird.

Bei diesem Verfahren ist eine elektrische Verbindung der Stecker untereinander nicht erforderlich, da der Ätzprozeß erst nach dem Galvanisieren erfolgt. Ferner ist ein ausreichender Oberflächenschutz in der Übgangszone gegeben, da das Zinn bzw. Zinn/Blei über dem Nickel/Gold durch das zurückverlegte Abkleben eine Überlappung ergibt. Diesen Vorteilen stehen doch erhebliche Nachteile gegenüber: So sind die Grenzen der Vernickelung und Vergoldung durch den Elekrolytspiegel bestimmt und in ihrem Maß nicht definiert. So kann es in diesem Bereich zu unterschiedlichen Stromdichten kommen, die zwangsläufig zu Legierungs- oder Fremdmetallabscheidungen führen können. In der Übergangszone führen sehr oft nicht gut haftende Zinn bzw. Zinn/Blei-Schichten beim anschließenden Ätzen der Leiterplatte zu Ätzfehlern. Das elektrochemische Verhalten beim gleichzeitigen Ätzen des Steckers und Leiterbildes ist unterschiedlich und kann zu Unterätzungen der Leiter führen – auch sind die Flanken bei diesem Verfahren nicht geschützt.

19.1.4.2. Anlagen zur Vergoldung

Elektrolytbehälter für die selektive Vergoldung mit den Anoden längs der Wannenseiten und der Kathode parallel hierzu in der Wannenmitte, sind leicht zu beschicken und bei manuellen Anlagen in Betrieb. Sie werden u.a. auch dann eingesetzt, wenn die Leiterplatten im Nutzen bearbeitet und erst nach dem Galvanisierprozeß getrennt werden. Sind dagegen nur einzelne Reihen von Steckerleisten zu vergolden, die sich meist am äußeren Rand der Arbeitsnutzen befinden, so werden die Arbeitsbehälter als schmale rinnenartige Gefäße ausgebildet. Die Warenbewegung erfolgt in der Regel parallel zu den Anoden. Die Anodenoberfläche kann dabei stetig verändert werden, um die Stromdichteverteilung entlang der Warenoberfläche zu optimieren. Die Flutung des Elekrolyten erfolgt über Verteilerrohre entlang des Behälterbodens. Dabei ist eine Vielzahl von Verteilerrohren erforderlich und eine kontinuierliche Zufuhr von frischem Elekrolyten in jedem Bereich der Warenoberfläche sicherzustellen. Es ist zu beachten, daß die Elektrolytzuführung nicht direkt auf die zu galvanisierende Oberfläche auftrifft, um ein ungleichmäßiges Aussehen der abzuscheidenden Goldschichten zu vermeiden.

Eine weitere Methode zur selektiven Vergoldung ist die Korbtechnik. Durch die hohe Beschickungsdichte an Leiterplatten bei relativ kleinem Badvolumen läßt sich die Kapazität wesentlich erhöhen. Bei dieser Technik sind die Anoden dachförmig, als nach oben gewölbte Bodenanoden, angeordnet. Diese Anordnung der Anode unterhalb der Leiterplatte am Boden des Behälters ist insofern kritisch, da die Anodenfläche mehr am Rand der Leiterplatte als dem insgesamt zu galvanisierenden Oberflächenbereich zugeordnet ist. Dabei können unterschiedliche Stromdichteverhältnisse auftreten, falls die Anodenabmessungen nicht korrekt dimensioniert werden. Der Anoden/Kathodenabstand und die Elektrolytbewegung sind für eine gute Schichtdickenverteilung ebenfalls von Bedeutung (*Abb. 19.15.*).

Wirtschaftliche Gründe und die Forderung nach verbesserter Qualität haben Anlagenbauer wie auch Anwender veranlaßt, sich mit neuen Wegen zur Vergoldung von Steckerverbindungen zu befassen, wie sie z.B. beim kontinuierlichen Draht- oder Bandgalvanisieren

Abb. 19.15.: Anlage zum Vergolden von Steckern in Paketfahrweise
(Werkfoto: Schering AG, Berlin)

üblich sind. Kontinuierliche Anlagen zur Vergoldung von Steckerleisten, wie sie für mittlere bis große Fertigungen gedacht sind, arbeiten nach folgendem Prinzip:

Zwei Gummibänder, die konstant als endlose Schlaufen über allen Bädern laufen, dienen als mitlaufende Abdeckmaske und Transportsystem. Das Be- und Entladen der Leiterplatten kann wie bei Galvanikautomaten zur Durchmetallisierung, vollautomatisch erfolgen, so daß eine Hilfsperson nur für den Nachschub und Abtransport zu sorgen hat. Das Bandtransportsystem führt die Leiterplatte zuerst in ein Strippbad. Zwischen jedem nachfolgend aufgeführten Arbeitsgang wie Bürsten, Anätzen, Vernickeln, Aktivieren, Vorvergolden, Vergolden wird spritzgespült, bevor die Ware getrocknet und abgelegt wird. Den Kontakt zu den einzelnen Leiterplatten übernehmen Metallbürsten, die oberhalb der Elekrolytbäder angeordnet sind. Abquetschwalzen sorgen an den kritischen Stationen für eine minimale Verschleppung. Die Elektrolysezellen in den Goldbädern sind so angeordnet, daß die Schichtdickentoleranzen innerhalb einer Steckerleiste in sehr geringen Grenzen gehalten werden. Außer der Goldeinsparung und dem Wegfall der Abdeckmaske ist die verringerte Ausschußquote, aufgrund des kontinuierlichen Prozesses, ein Hauptvorteil des Einsatzes einer solchen Anlage (*Abb. 19.16.*).

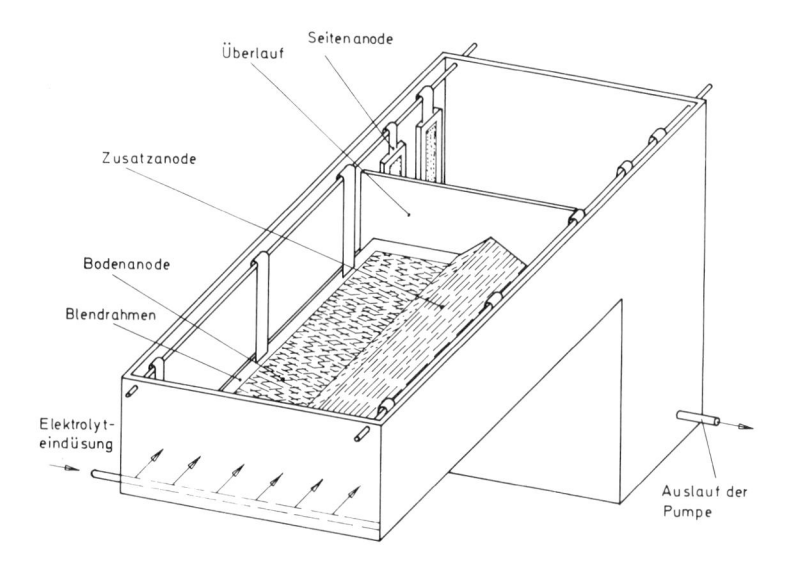

Abb. 19.16.: Behälter mit Anodenanordnung zur Selektiv- und Ganzvergoldung von Leiterplatten

19.1.5. Zinn

Zinn ist ein sehr weiches Metall, auch wenn es elektrolytisch abgeschieden wird. Bei einer Belastung von 50 p werden bei Mattzinnschichten Härten von 10–12 kp/mm^2 (HV) gemessen. Schichten aus Glanzzinnbädern sind härter und zeigen Werte von 25–30 kp/mm^2 (HV).

Die in der Leiterplattenfertigung eingesetzten sauren Glanzzinnbäder basieren auf Sulfat- oder Fluoroborsäure, wobei die Fluoroborsäureelektrolyte die Anwendung hoher Stromdichten zulassen. Im Gegensatz zu den alkalischen Stannatbädern wird Zinn aus sauren Elektrolyten in zweiwertiger Form abgeschieden.

Die Metallkonzentration (Sn^{2+}) liegt zwischen 15–25 g/l, bei einem Gehalt an freier Schwefelsäure von 150–190 g/l. Mit dieser Zusammensetzung können bei einer Badtemperatur von 18–25 °C kathodische Stromdichten bis 2,5 A/dm² erreicht werden. Bei einer kathodischen Stromdichte von 2 A/dm² wird mit praktisch 100 %iger Stromausbeute eine Abscheidungsgeschwindigkeit von 1 µm/min erreicht. Die Anodenfläche sollte so gewählt werden, daß die anodische Stromdichte keinesfalls 2–2,5 A/dm² übersteigt, da sonst die Gefahr besteht, daß die Anoden passiv werden und die Oxidation des zweiwertigen zu vierwertigem Zinn zunimmt.

Die anorganischen Badkomponenten, wie Zinn, Schwefelsäure und Chlorionen sollten analytisch überwacht werden, da nur bei Einhaltung optimaler Konzentrationen eine exakte Dosierung der Glanzzusätze und damit eine gleichmäßige, glänzende und duktile Zinnschicht in allen Stromdichtebereichen möglich ist. Der Kontrolle der Chlorionen kommt eine besondere Bedeutung zu, da eine höhere Chloridkonzentration zu einer starken Verschlechterung der Glanztiefenstreuung des Bades führt, die nur durch eine höhere Überdosierung des Glanzzusatzes kompensiert werden kann. Ab einer Konzentration von 0,8 g/l Chlorionen ist eine Korrektur mit organischen Zusätzen nicht mehr möglich. Unnötig hohe Konzentrationen an organischen Zusätzen führen nicht nur zu einem höheren Verbrauch, sondern beeinflussen durch die erhöhte Inkorporation die Lötbarkeit negativ.

Es ist unvermeidlich, daß sich beim Betrieb der Bäder durch den Sauerstoff der Luft vierwertige Zinnverbindungen bilden, die wegen der Hydrolyse der Zinn (IV)-Verbindungen zu Ausscheidungen von Zinn (IV) - Oxidhydrat führen. Diese Zinnverbindung entsteht in außerordentlich fein verteilter Form und setzt sich nur teilweise als Bodensatz ab. Durch die Abscheidung feinen Schlammes vierwertiger Zinnverbindungen können die Anodenbeutel für den Elektrolyten undurchlässig werden, wodurch es ebenfalls zu einer Passivierung der Anoden kommen kann. Die durch Ausscheidung vierwertiger Zinnverbindungen entstehende Trübung kann über eine Filtration nicht entfernt werden. Obwohl die Trübung ohne nachteiligen Einfluß auf die Arbeitsweise des Bades ist, sind mittels Flockungsmittel solche Elekrolyte leicht zu klären.

Alle sauren Elektrolyte, auch die Mattzinn- und Legierungsbäder, enthalten organische Inhibitoren, da nicht inhibierte Zinnelektrolyte in sehr starkem Maße zur Dentritenbildung neigen. Glanzzinnüberzüge zeigen gegenüber Mattzinnelektrolyten ein weitaus feinkörnigeres Gefüge, d.h., daß bei gleichbleibendem Kornwachstum die Kornbildungsgeschwindigkeit wesentlich größer ist. Die mittlere Kristallitgröße beträgt etwa 1 µm (Mattzinn = 15–20 µm). Die Oberfläche ist schon bei geringen Schichtdicken porenfrei und gut eingeebnet. Die Rauhtiefe liegt bei Schichtdicken von 20 µm kleiner als 0,5 µm.

Glanzverzinnte Leiterplatten haben eine deutlich bessere Griffestigkeit, d.h. sie sind unempfindlicher gegenüber Fingerabdrücken und können vor allem im Hinblick auf die Durchkontaktierung visuell besser geprüft werden. Weiterhin übernimmt die Zinnschicht die Funktion als Ätzresist für die selektive Ätzung.

Wesentlich für die positive Beurteilung einer galvanischen Zinnschicht ist ihre Lötbarkeit (*Abb. 19.17.*). Wenn diese Glanzzinnbäder auch problemlos zu führen sind, so muß doch auf die zu hohe Gefahr einer Konzentration an Glanzzusatz hingewiesen werden, weil es dadurch zu störender Entnetzung beim Löten kommen kann. In sehr starkem Maße geht auch die Schichtdicke des Niederschlages in das Lötverhalten ein. So kann gerade bei niedrigen Schichtdicken durch Diffusion des Kupfers an die Oberfläche eine einwandfreie Benetzung kaum noch erreicht werden. Die Diffusionsgeschwindigkeit wird außer von der Schichtdicke, von den Lagerbedingungen und der Struktur des Niederschlages beinflusst. Für besondere Anwendungen, wie in der Raumfahrttechnik und im militärischen Bereich, sind Zinnschichten nicht zugelassen, da unter extremen Klimabedingungen die Gefahr der

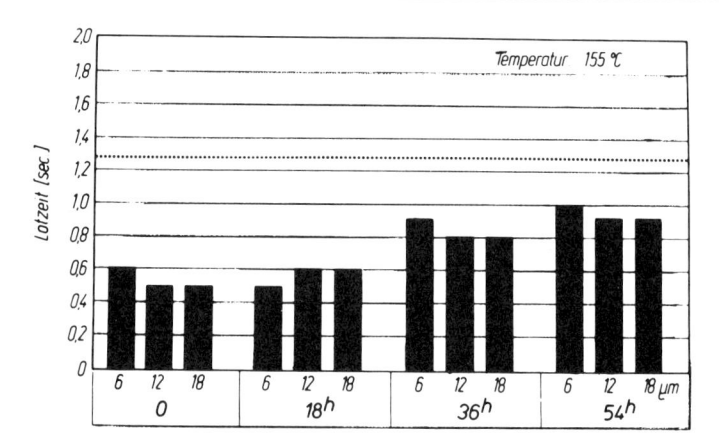

Abb. 19.17.: Lötbarkeit einer Glanzzinnschicht in Abhängigkeit von der Lagerzeit bei einer Temperatur von 155 °C und bei unterschiedlicher Schichtdicke

Whiskerbildung besteht. Wenn auch durch geringe Zulegierung von etwa 1-3 % Blei und entsprechenden Temperaturbehandlungen das Wachstum dieser Einkristalle stark reduziert wird, so ist speziell in der Feinleitertechnik eine Kurzschlußgefahr nicht auszuschließen.

19.1.5.1. Whiskerbildung

Das spontane Auftreten von Whiskern auf Leiterplatten, Kontaktelementen, Gehäuseteilen und in Bauelementen kann die Gefahr von Kurzschlüssen hervorrufen, die zum Ausfall elektronischer Geräte und zu Störungen ganzer Anlagen führen.

Zinn-Whisker sind Einkristalle mit einer bestimmten Wachstumsrichtung. Ihr Durchmesser liegt meist bei 1-2 µm, kann aber auch von 0,05 bis 6 µm variieren. Ihre Länge kann bis 10 µm betragen. Meist wachsen sie gerade, können aber auch die Wachstumsrichtung ändern und abgeknickt, spiralig oder verdrillt weiter wachsen. Die Temperatur beeinflußt das Wachstum der Zinn-Whisker merklich. Um 50 °C ist die Wachstumsrate am günstigsten, oberhalb 120 °C geht sie gegen Null. Bei niedrigen Temperaturen wird die Whiskerbildung nicht verhindert sondern nur verzögert. Auch bei –40 °C wurde die Bildung von Zinnwhiskern beobachtet.

Ein Wachstum dieser Whisker wird bei einer Vielzahl von Metallen und Legierungen beobachtet. Die Erscheinungs- und Wachstumsbedingungen sind jedoch unterschiedlich. Bei Kupfer und Silber z.B. ist die Anwesenheit von Schwefel oder schwefelhaltiger Materialien für das Whiskerwachstum bei normalen Temperaturen Voraussetzung, während bei anderen Werkstoffen die Rekristallisationstemperatur des betroffenen Metalles überschritten werden muß. Kupfer- und Silber-Whisker bestehen daher hauptsächlich aus Metallsulfiden und weniger aus dem reinen Metall, wie es z.B. bei Zinn-Whiskern der Fall ist.

Da die genaue Ursache und der Mechanismus des Zinn-Whiskerwachstums noch nicht völlig geklärt sind, existieren verschiedene Theorien: Mechanische Spannungen (Kaltverformungs-Unterschiede im Ausdehnungskoeffizienten zwischen Basismaterial und Zinnschicht-Einbau von Glanzbildern, Inhibitoren oder Wasserstoff bei der Elektrokristallisation des Zinns, Spannungen im Basismaterial) spielen bei Whiskerbildung und -wachstum eine wesentliche Rolle. So werden Zinn-Whisker sowohl an Massivmaterial als auch

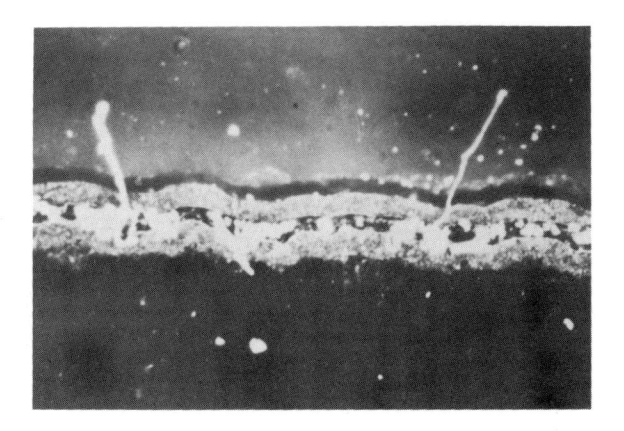

Abb. 19.18.: Whisker

insbesondere an aufgedampften und galvanisch abgeschiedenen Überzügen vorgefunden. So führen spannungsreiche Glanzkupferschichten unter dem Zinnüberzug zu einer merklichen Zunahme der Whiskerdichte. Dagegen sind aufgeschmolzenes Elekrolytzinn und Feuerzinn weniger anfällig gegen Whiskerbildung (*Abb. 19.18.*).

Wirksame Maßnahmen, die Ausbildung von Whiskern zu verhindern, können sein:
- Ersatz der Zinnschicht durch eine aufgeschmolzene Blei/Zinn-Legierung
- Wärmebehandlung zur Beseitigung der inneren Spannung
- Einhaltung einer Mindestschichtdicke von 5 μm Zinn
- eine 3–5 μm starke Mattvernickelung, bzw. Beschichtung mit einer dünnen Gold- oder Silberauflage.

Bei Verwendung des Zinns bei Temperaturen unter 0 °C besteht die Gefahr einer Umwandlung des als Beta-Zinn beständigen kompakten Metalls in das pulverförmige Alpha-Zinn. Da die Dichte des Beta-Zinns (5,77 g/cm^3) wesentlich geringer ist als die des Alpha-Zinns (7,29 g/cm^3), ist die Umwandlung von Beta-Zinn in Alpha-Zinn mit einer starken Volumenvergrößerung verbunden, die zum Zerfall des Metalls führt. Diese sog. „Zinnpest" kann wie die Whiskerbildung durch galvanische Blei/Zinn-Auflagen anstelle von Reinzinn-Schichten praktisch unterbunden werden.

19.1.6. Zinn-Blei

Die elektrolytische Abscheidung von Zinn/Blei-Legierungen bereitet keine besonderen Schwierigkeiten, weil die Normalpotentiale beider Metalle nur um etwa 20 mV auseinander liegen, wobei das Zinn um den genannten Betrag unedler ist als Blei.

Die zum Weichlöten in Anwendung kommenden Zinn/Blei-Lote orientieren sich an der eutektischen Zinn/Blei-Legierung mit 63 % Zinn. Der eutektische Punkt gewinnt beachtliche Bedeutung bei der Verwendung von Lötzinn. So ist er nicht nur der niedrigste Schmelzpunkt, sondern ist auch der Punkt, an dem der Korrosionswiderstand am größten ist, (*Abb. 19.19.*). Die unter *Kap. 19.1.6.* u.a. aufgeführten Eigenschaften des reinen Zinns haben innerhalb der Leiterplattenfertigung dazu geführt, bevorzugt Zinn/Blei-Schichten anstelle von Reinzinn-Schichten einzusetzen.

Wie alle Legierungsbäder erfordern auch Blei/Zinn-Bäder eine genaue Überwachung und

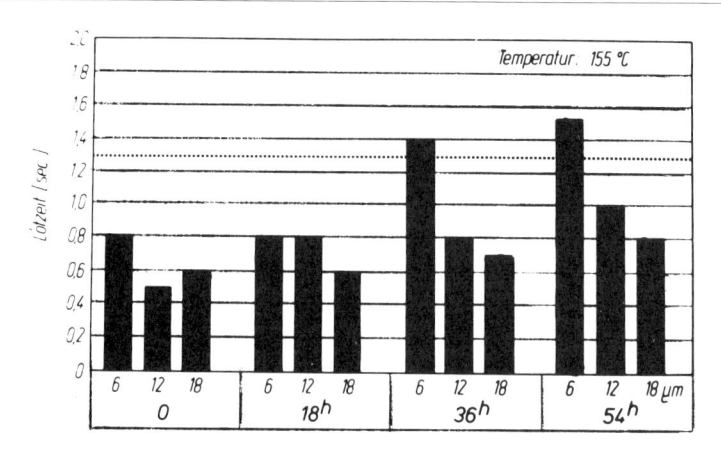

Abb. 19.19.: Lötbarkeit eines Sn/Pb-Überzuges auf Kupfer in Abhängigkeit von der Lagerzeit bei einer Temperatur von 155 °C bei unterschiedlicher Schichtdicke

Einhaltung der Abscheidungsparameter. Die Zusammensetzung der aus dem Blei/Zinn-Bad abgeschiedenen Überzüge ist ganz entscheidend von folgenden Faktoren abhängig:

- Konzentrationsverhältnis der Metalle und Elektrolyte
- Gesamtmetallgehalt (Sn + Pb)
- kathodische Stromdichte
- Warenbewegung
- Betriebstemperatur
- Anodenzusammensetzung

Zumindest sollte sichergestellt sein, daß die Zusammensetzung der abgeschiedenen Legierung an allen Stellen innerhalb der Grenzen von 60–70 % Sn liegt. Damit wird der Schmelzpunkt max. um nur ca. 4 % gegenüber der eutektischen Zusammensetzung erhöht.

Je nach Verwendung organischer Zusatzkomponenten sind elekrolytisch abgeschiedene Blei/Zinn-Überzüge grob- bis feinkristallin. Die Abscheidung der Blei/Zinn-Schichten erfolgt wegen der anschließenden Aufschmelzung (*Kap. 20*) überwiegend aus seidenmatt arbeitenden Elekrolyten. Nach dem Schmelzen sind die Überzüge völlig spannungsfrei, haben eine noch bessere Lagerfähigkeit wie Reinzinn-Oberflächen und bilden einen optimalen Kantenschutz der Ätzflanken. Die Mindestschichtdicke der Blei/Zinn-Überzüge sollte 10 µm nicht unterschreiten.

In der Praxis wurde festgestellt, daß vor allem an glänzenden Kupferüberzügen nur dann eine ausreichende Verankerung der Blei/Zinn-Überzüge und somit eine entnetzungsfreie Aufschmelzung bzw. Lötung zu erreichen ist, wenn die Kupferoberfläche vor dem Galvanisieren der Blei/Zinn-Schicht ausreichend intensiv aktiviert wird (*Kap. 19.1.1.*) Nach der Aktivierung muß in jedem Fall gründlich gespült und sauer dekapiert (10–15 %iger HBF_4) werden. Eine Spülung nach der Dekapierung bringt hinsichtlich der metallischen Verunreinigung des Bades durch Kupfer Vorteile, obwohl Kupfer im Blei/Zinnbad an den Anoden auszementiert und somit dem Elektrolyten entzogen wird. In jedem Fall kann durch eine Zwischenspülung die Anreicherung von Kupfer in Blei/Zinn-Elektrolyten unterbunden werden. Da das Kupfer im Anodenschlamm zu finden ist, empfiehlt es sich, die Anoden in Blei/Zinn-Bädern öfters gut abzubürsten.

Besonders kritisch ist die Verunreinigung des Bleizinnbades mit Sulfationen oder Chlorid, da die entsprechenden Bleisalze schwer löslich sind. So bewirken z.B. Sulfationen eine

Fällung von feinst verteiltem schwer filtrierbaren Bleisulfat, das in den Blei/Zinn-Überzug eingebaut wird, ohne daß es in jedem Fall visuell zu erkennen ist. Daher sind die Elekrolyte fast ausschließlich auf der Basis von Fluorborsäure aufgebaut.

Nach den Untersuchungen von *Korpiun* [11] wurden die Einflüsse verschiedener Abscheidungsparameter auf die Zusammensetzung galvanischer Blei/Zinn-Schichten dargestellt: Steigt das Verhältnis Sn : Pb im Elektrolyten oder wird die kathodische Stromdichte erhöht, so nimmt der Zinngehalt im Niederschlag zu – dagegen wird mit steigender Elekrolytbewegung die Bleiabscheidung begünstigt. Eine Erhöhung der Badtemperatur führt zu einer leichten Abnahme der Zinnkonzentration in der Blei/Zinn-Schicht.

Für die Abscheidung von Lötzinn mit ca. 60 bis 65 % Zinngehalt wird im Elektrolyten ein Bleigehalt von 11 g/l und ein Gehalt an zweiwertigem Zinn von 24 g/l bei einer Stromdichte von 2 bis 2,5 A/dm^2 und 20–22 °C empfohlen. Der Gehalt an freier Säure ist auf die Zusammensetzung der Metallabscheidung ohne Einfluß – eine hohe Konzentration an freier Säure (ca. 70 g/l Fluorborsäure) begünstigt die Streufähigkeit positiv. Grundsätzlich lassen sich auch Blei/Zinn-Legierungen mit noch höherem oder niedrigerem Zinngehalt herstellen, wenn entsprechend höhere oder niedrigere Zinnkonzentrationen im Elekrolyten eingestellt werden. Wird die Gesamtmetallkonzentration (Pb + Sn) im Elekrolyten mit 35 g/l konstant gehalten, dann verändert sich der Zinngehalt im Niederschlag in Abhängigkeit von der Zinnkonzentration im Bade. Der angegebene Gesamtmetallgehalt von 35 g/l stellt einen Kompromiß hinsichtlich der erreichbaren Stromdichten und der Tiefenstreuung dar.

Das Anoden-Kathodenverhältnis sollte mindestens 2 : 1 betragen. Sollte der Elektrolyt längere Zeit nicht zum Einsatz kommen, so sind die Anoden aus dem Bad zu entnehmen, um ein Ansteigen des Bleigehaltes zu verhindern. Um einheitliche Überzüge zu erhalten, muß der Elektrolyt kontinuierlich filtriert werden.

Blei/Zinn-Überzüge zeigen speziell nach dem Ätzen eine unansehnlich grauweiße Verfärbung der Oberfläche. Daher erfolgt oft noch eine Nachverzinnung in einem Sudzinnbad. Die dabei abgeschiedenen Zinnschichten sind zwar optisch ansprechend, leider zeigt sich aber, daß gerade stromlos abgeschiedene Zinnschichten stark zur Whiskerbildung neigen. Solche Schichtkombinationen sollten aus diesem Grund vermieden werden.

Neben Blei/Zinn-Legierungen werden auch Nickel/Zinn-Schichten für Leiterplatten eingesetzt. Ni/Sn-Auflagen bestehen ebenso wie die Elektrolyte aus etwa 65 % Zinn und 35 Gew. % Nickel. Die Zusammensetzung entspricht der intermetallischen Verbindung Nickel/Zinn. Sie haben einen relativ hohen elektrischen Widerstand, sind begrenzt lötbar und außerdem spröde, andererseits besitzen Zinn/Nickel-Legierungen sehr gute Korrosions- und Abriebeigenschaften.

19.1.7. Silber

Silber zählt neben Gold zu den wichtigsten Edelmetallen. Es besitzt eine hohe thermische und elektrische Leitfähigkeit und oxidiert unter normalen Bedingungen nicht. In der Leiterplattenherstellung hat Silber als Kontaktwerkstoff nur wenig Bedeutung, da es mit Schwefelverbidungen sulfidische Deckschichten bildet, die einen höheren Übergangswiderstand zur Folge haben. Der Übergangswiderstand hängt von der Belastungsdauer und dem Feuchtigkeitsgehalt der Sulfidschichten ab. Silberüberzüge auf Nickel oder Kupfer für schleifende Kontakte sind dagegen durchaus einsetzbar, da sie gegenüber Zinn oder Gold (unlegiert) eine höhere Abriebfestigkeit aufweisen. Der durch die Ausbildung von Sulfidschichten erhöhte Oberflächenwiderstand wird durch die reibende Ausführung des Kontaktes weitgehend eliminiert.

Ein der Whiskerbildung nahe verwandter Effekt ist die Bildung metallischer Dendrite, die primär durch die Silberwanderung (*silver migration*), in feuchter Atmosphäre verursacht, zu Kurzschlüssen führen kann.

Die Härte der Silberschichten aus zusatzfreien Elektrolyten beträgt nach Vickers ca. 80–100 kp/mm^2, Glanz- bzw. Hartglanzsilberschichten weisen je nach verwendeten Zusätzen Härten bis zu 180 kp/mm^2 und mehr auf. Die Härte der Silberniederschläge nimmt bei längerer Lagerung im Laufe der Zeit ab. Eine bleibende Härte der Schichten ergeben nur Elektrolyte, die Elemente wie z.B. Antimon oder Arsen enthalten. Die Lötbarkeit wird durch die Legierungsabscheidung nicht beeinflußt.

Die galvanische Silberabscheidung kann in cyanidischen und cyanidfreien Elektrolyten durchgeführt werden. Wichtig für eine gute Haftung der Silberschicht ist die Vorbehandlung der Leiterplatte vor dem Versilbern. Um eine Zementation des Silbers auf unedlem Metall, wie z.B. Kupfer, zu verhindern, hat sich die galvanische Vorversilberung gut bewährt.

Die in der Praxis eingesetzten Silberbäder sind weitgehend standardisiert, so daß weitere Einzelheiten wie Badbehälter, Anoden, Ansatz des Bades, Überwachung usw. in den Betriebsanleitungen der Fachfirmen zu finden sind.

19.1.8. Platinmetalle

Die Platinmetalle – Palladium, Rhodium, Platin, Ruthenium, Osmium, Iridium – zählen zu den Edelmetallen. Der unterschiedlich hohe Preis und die Initialkosten zur Herstellung der jeweiligen Elektrolytsubstanzen der Platinmetalle, rechtfertigen ihre Anwendung nur dann, wenn die speziellen Eigenschaften dieser Metalle ihren Einsatz unumgänglich machen. Bis auf wenige Ausnahmen arbeiten alle Elektrolyte im sauren Bereich.

Palladium

Das Palladium bietet nahezu die gleichen chemischen und elektrischen Eigenschaften wie die hochkarätigen Hartgoldschichten auf Au/Ni und Au/Co-Basis. Gerade was die Temperaturbelastbarkeit betrifft, so besitzt das Palladium gegenüber z.B. niederkarätigen Goldschichten Vorteile: Der Kontaktwiderstand liegt zwar bei diesem Metall grundsätzlich etwas höher, bleibt aber dagegen bei höheren Temperaturen absolut konstant. Die Überzüge mit einer Härte zwischen 250 bis 280 HV zeigen ein analoges Abriebverhalten zu den Hartgoldschichten. Sie sind trotz ihrer hohen Härte noch ausreichend duktil, so daß nur eine geringe Gefahr des Sprödbruches besteht. Mit Hartgold vergleichbar sind folgende Eigenschaften: Kontaktwiderstand, Korrosionsbeständigkeit, Duktilität, Porosität und Wrapbarkeit. Die Lötbarkeit des elekrolytisch abgeschiedenen Palladiums ist etwas schlechter als beim Gold; vorteilhaft ist die geringere Löslichkeit von Palladium im flüssigen Lot, auch wurden bisher nach dem Löten spröde intermetallische Phasen nicht in dem Maße wie beim Gold nachgewiesen.

Der entscheidende Nachteil des Palladiums ist seine große Affinität zu Wasserstoff, wobei Palladium den Wasserstoff absorbiert und bei höherer Temperatur als Gas wieder freisetzen kann. In der Elektrotechnik finden Kunststoffe z.B. als Kontakthalterung oder Isolierung starke Anwendung. Dabei neigen sie dazu, organ. Dämpfe abzugeben, ein Vorgang, der stark temperaturabhängig ist. Diese Dämpfe können von der Oberfläche der Kontakte adsorbiert werden. Bei Verwendung von Goldschichten als Kontaktwerkstoff sind solche Ausgasungen unkritisch. Dagegen hat man bei Palladium eine katalytische Aktivitität („*Braun-Powder-Effekt*") festgestellt, die organische Dämpfe bei ihrer Kondensation sogar polymerisiert. Folge dieser Aktivität sind Deckschichten, die bei geringen Kontaktkräften zu einem Kontaktausfall führen.

Rhodium

Rhodium läßt sich als weißglänzender, harter und relativ spröder Überzug aus stark sauren Elekrolyten abscheiden. Die aus Rhodiumbäder abgeschiedenen Schichten weisen hohe innere Spannungen (HV = 600–800 kp/mm^2) auf, die dazu führen, daß die rißfreie Abscheidung im allgemeinen auf wenige µm Schichtdicke begrenzt ist, Rhodiumschichten werden meist unternickelt, in speziellen Anwendungsfällen, wie z.B. in der Raumfahrttechnik, werden die Kontakte zuerst vergoldet oder versilbert und dann rhodiniert.

Die Anwendung von Rhodiumschichten in der Elektronik sind prinzipiell mit denen von Hartgold vergleichbar. Der niedrige Kontaktwiderstand, die hohe Korrosions- und Verschleißbeständigkeit machen Rhodium zu einem ausgezeichneten Kontaktwerkstoff. Kontaktflächen an häufig gesteckten Leiterplatten, hochbeanspruchte Gleitkontakte sowie miniaturisierte Schalter sind bevorzugte Anwendungen galvanischer Rhodiumschichten.

Eine Sonderstellung nimmt Rhodium bei der Fertigung von Reedschaltern ein. Die früher übliche Vergoldung der Zungen mit 10 µm Feingold ist heute weitgehend durch die Schichtkombination 2 µm Feingold/2 µm Rhodium abgelöst worden. Als nachteilig ist hier das gelegentliche Auftreten von dunklen, pulverförmigen Belägen zu nennen, die beim Schalten ohne Last, bei Reedkontakten mit Rhodiumbeschichtung auftreten, jedoch bei anderen Kontaktmaterialien noch nicht beobachtet wurden.

Platin, Ruthenium, Indium, Osmium und Iridium

Platin wird als glänzende, weißgraue Schicht aus sauren Elektrolyten abgeschieden. Die Überzüge sind hart (HV = ca. 600 kp/mm^2) und spröde. Platin hat als Kontaktmaterial keine, gegenüber den anderen Platinmetallen, herausragende Eigenschaft und wird daher als solches nicht eingesetzt. Ferner wirkt sich sein hohes spezifisches Gewicht von 21,4 g/cm^3 zwangsläufig auf die Metallkosten aus. Platinüberzüge finden z.B. als platinierte Titananoden in galvanischen Bädern Anwendung.

Ruthenium läßt sich als glänzendes, dunkelgraues Metall in Schichtdicken bis 2 µm rißfrei abscheiden. Die Härte des Überzuges beträgt ca. HV = 1000 kp/mm^2, die Schicht ist spröde. Anders als Rhodium ist Ruthenium bei höheren Temperaturen oxidationsempfindlich.

Indium ist extrem weich und duktil und neigt schon bei geringen Drucken (~0,1 kp/mm^2) zum Kaltverschweißen. Zu beachten ist, daß eine Diffusion und Legierungsbildung zwischen Kupfer und Indium eintreten kann. Als Diffusionssperre haben sich auch hier Nickelschichten bewährt.

Die elektrolytische Abscheidung von Osmium und Iridium hat bisher kaum Bedeutung, andererseits ist das Potential der „leichten" Platinmetalle Ruthenium und Rhodium noch nicht ausgeschöpft.

Bei der galvanischen Abscheidung der Platinmetalle werden nur die reinen Metalle abgeschieden. Der Vorgang verläuft unter einer hohen Polarisation, das bedeutet, daß bereits bei niedrigen Stromdichten Wasserstoff mit abgeschieden wird. Dies wirkt sich in Form einer hohen Härte und inneren Spannung der Überzüge aus, die damit in ihrer Schichtdicke begrenzt sind. Platinmetallbäder sind sehr empfindlich gegenüber eingeschleppten Verunreinigungen. Während organische Stoffe durch eine Aktivkohlereinigung entfernt werden können, läßt sich die Regenerierung eines durch anorganische Fremdstoffe (Metallsalze, Cyanide) verunreinigten Elektrolyten kaum durchführen.

19.2. Die chemische (stromlose) Metallabscheidung

Chemische bzw. stromlose Verfahren zur Metallabscheidung stehen keinesfalls im Wettbewerb zu galvanischen Metallisierungsverfahren, sondern stellen eine sinnvolle Ergänzung zur galvanischen Abscheidung dar. Über die Anwendung des einen oder anderen Verfahrens werden primär technische und erst in zweiter Linie wirtschaftliche Kriterien entscheiden.

Die Vorteile der stromlosen Metallabscheidung liegen in der gleichmäßigen Schichtdicke der Überzüge der gesamten Oberfläche der Leiterplatte (Bohrung-Leiterzug), unabhängig vom Layout und meist porenfrei. Durch geeignete Aktivierungsverfahren und anschließende stromlose Metallisierung werden die Voraussetzungen für eine nachfolgende galvanische Metallabscheidung erst geschaffen. Die Belastbarkeit der Bäder (dm^2/l) ist vergleichsweise zu galvanischen höher, der Investitionsaufwand für stromlose Anlagen im allgemeinen niedriger. Die Chemikalienkosten liegen für nicht kontinuierlich betriebene Bäder verhältnismäßig hoch.

19.2.1. Prinzip der Metallabscheidung ohne äußere Stromquelle

Bei der chemischen Metallabscheidung werden die zur Reduktion der Metallionen erforderlichen Elektronen durch die chemische Reaktion direkt in der wäßrigen Lösung erzeugt. Alle galvanotechnischen Verfahren stellen in chemischer Hinsicht Reduktionsverfahren dar.

Die anwendbaren Verfahren lassen sich in drei Gruppen einteilen:

a) Ionen-Ladungsaustausch, d.h. Abscheidung durch eine Reaktion des eingetauchten Metalles mit den Metallionen der Lösung.

Da diese Verfahren meist bei höherer Temperatur angewendet werden, bezeichnet man sie auch als „Sudverfahren". Auch die Bezeichnung „Tauchverfahren" ist im Sprachgebrauch anzutreffen – sie ist aber unspezifisch und sollte daher vermieden werden.

Voraussetzung: Metallische Unterlage – genügend große Potentialdifferenz
Charakteristik: Durch Ladungsaustausch mit dem unedleren Metall scheidet sich das edlere ab.

Beispiel mit Reaktionsablauf:

1. $Zn \rightarrow Zn^{2+} + 2\,e$ $\qquad\qquad$ $Zn/Zn^{2+} = -0,76$ V
   $Cu + 2\,e \rightarrow Cu_{met}$ $\qquad\qquad$ $\underline{Cu/Cu^{2+} = +0,35\ \text{V}}$
   $\qquad\qquad\qquad\qquad\qquad\qquad \Delta U \quad \cong 1\ \text{V}$

2. $Fe \rightarrow Fe^{2+} + 2\,e$
   $Cu^{2+} + 2\,e \rightarrow Cu_{met}$

Der Gesamtvorgang kann ebenso wie die Elektrolyse in einen kathodischen und anodischen Einzelvorgang zerlegt werden.

$\qquad$ Kathode: $Cu^{2+} + 2\,e \rightarrow Cu$
$\qquad$ Anode: $\ \ Fe \rightarrow Fe^{2+} + 2e$

Bringt man Eisen in Berührung mit einer Kupfersulfatlösung, so überzieht sich das Eisen bekanntlich mit Kupfer.

Theoretisch müßte sich für jedes sich bildende Metallion äquivalent ein Metallion abscheiden und der Vorgang müßte beendet sein, wenn sich eine monoatomare Schicht aus Metall ausgebildet hat. Tatsächlich kommt es jedoch zur Ausbildung poröser Schichten, da an der Oberfläche sich stets Potentialunterschiede ausbilden, d.h. durch die Ausbildung poröser Schichten können dickere Schichten erreicht werden. Die Folge ist die

Auflösung des Grundmetalls in den Poren, was wiederum ein Unterwandern und Ablösen der Schicht zur Folge hat. Dickere Schichten führen also beim Ionenaustausch-Verfahren zur lockeren, schwammigen Ausbildung des Niederschlages.

Chemisch abgeschiedene Zinnschichten finden in der Leiterplatten-Fertigung vereinzelt Anwendung, um die Lötfähigkeit galvanisch abgeschiedener Zinnschichten auf Kupfer neu zu aktivieren. Die chemische Vergoldung kann für Leiterplatten dann von Interesse sein, wenn bestimmte Bereiche des Leiterbildes nur schwierig galvanisch zu vergolden sind. Eine weitere Anwendung ist die Ausfällung (Zementation) von Edelmetallen aus unbrauchbar gewordenen Edelmetallbädern mit Zink(-staub).

b. Kontaktverfahren – dieses ist mit der elektrolytischen Metallabscheidung insofern vergleichbar, daß in beiden Fällen ein elektrischer Strom benötigt wird, der aber beim Kontaktverfahren durch chemische Reaktion erzeugt wird und nicht, wie bei den elektrolytischen Verfahren, durch eine äußere Stromquelle (Akku oder Gleichrichter) zugeführt wird.

Voraussetzung: Metallische Unterlage – elektronenabgebendes Kontaktmetall

Charakteristik: Der zu metallisierende, leitende Gegenstand muß mit einem anderen, unedleren (Hilfs-) Metall in Verbindung stehen, das unedler ist als das Metall, welches aus der Lösung abgeschieden werden soll, d.h. der zu metallisierende Gegenstand und das Hilfsmetall bilden ein galvanisches Element, bei dem letzteres Anode ist und sich löst. Ist die Anode im Verhältnis zur Kathode zu groß, so findet an kathodenfernen Stellen Ladungsaustausch statt.

Das Kontaktverfahren eignet sich nur zur Abscheidung dünner Schichten (0,1–1 µm), dickere Überzüge werden schwammig und neigen zum Abheben. Die praktische Bedeutung der Kontaktverfahren in der industriellen Praxis ist äußerst gering.

c) Reduktionsverfahren (vgl. Kap. 7, 14) – dabei müssen die gleichen elektrochemischen Voraussetzungen erfüllt sein wie bei den Verfahren nach dem Ladungsaustausch. Das Potential des Reduktionsmittels muß unedler sein als das des abzuscheidenden Metalls. So eignet sich z.B. das Reduktionsmittel Natriumhypophosphit für die Abscheidung von Nickel, dagegen nicht für die Abscheidung des edleren Kupfers. Für dieses Metall muß ein edleres Reduktionsmittel (Formaldehyd) verwendet werden. Auch für die Reduktionsmittel lassen sich elektrochemische Potentiale angeben. So betragen in alkalischer Lösung die Normalpotentiale für Natriumhypophosphit 1,65 V und für Formaldehyd 1,07 V.

Voraussetzung: Reduktionsmittel, Katalysatoren, Stabilisatoren

Charakteristik: Keine metallische Unterlage notwendig – die Reduktion wird durch Katalysatoren eingeleitet, danach arbeitet der Prozeß autokatalytisch weiter – es erfolgt kein Ladungsaustausch im elektrochemischen Sinne.

Die wesentliche Anwendung des Reduktionsverfahrens liegt in der chemischen Verkupferung zur Herstellung durchkontaktierter Leiterplatten und Kunststoffgalvanisierung. Gold, Silber und Palldium sind ebenfalls reduktiv abscheidbar, jedoch mit wesentlich geringerer technischen Bedeutung. In manchen Fällen wird die stromlose Abscheidung von Edel- und Platinmetallen eingesetzt, um durch Nachverdichten die Porosität dünner Schichten zu vermindern und damit die Verschleiß- und Lagerfähigkeit zu erhöhen.

Literaturverzeichnis zu Kapitel 19

[1] B. Endres: H. Golembka, Galvanische Edelmetallschichten auf Gedruckten Schaltungen, Galvanotechni, 70 (1979) Nr. 10, S. 952–957;

[2] K. Grah: Wege der Steckerleistenvergoldung, VDI-Berichte 387, S. 51–55;

[3] J.L. Jostan: Whiskerbildung, Galvanotechnik 71 (1980) Nr. 9

[4] F.H. Reid, William Godie: Das Vergolden von Leiterplatten, Galvanotechnik 71 (1980) Nr. 11;

[5] C.W. Ruff: Die Semiadditiv-Technik (II), Metalloberfläche 29 (1975) Heft 11;

[6] C.W. Ruff: Fachgespräche über Gedruckte Schaltungen, Metalloberfläche 32 (1978) Heft 10/11;

[7] G.K. Schwarz: Chemische Metallabscheidung, aus wäßrigen Lösungen, Galvanotechnik 62 (1972) Nr. 3;

[8] H.J. Steeg: Verfahrenssicherung in der Leiterplattenfertigung, Galvanotechnik 69 (1978) Nr. 7;

[9] G. Strube: Die Antwort auf steigende Qualitätsanforderungen: Glanzkupferbad PC-M; Leiterplatten-Seminar 1979;

[10] J.S. Stevenson: Praktische Betrachtungen zur Optimierung des Goldverbrauches sowie zur Schichtdickenreduzierung in der Leiterplatten- und Steckverbinder-Industrie, Galvanotechnik 71 (1980) Heft 1;

[11] J. Korpiun: Elekrolytische Abscheidung von Blei/Zinn-Schichten; Galvanotechnik 62 (1971) Nr. 9, S. 751;

20. Aufschmelzen und Heißverzinnen Verfahren und Anlagen

20.1. Einführung

Sinn und Zweck der Gedruckten Schaltung ist es, elektronische Bauelemente zu tragen und miteinander zu einer funktionellen elektronischen Schaltung zu verbinden. Mit wenigen Ausnahmen wird die Verbindung zwischen den Bauteilanschlußdrähten und den gedruckten Leitern durch Löten hergestellt. Das funktionelle Element, das diese Verbindung herstellt, ist die Lötstelle, welche den nötigen elektrischen und thermischen Kontakt zwischen den Metalloberflächen gewährleistet und der Baugruppe eine gewisse mechanische Festigkeit und Stabilität gibt.

Die Lötstelle
Zur Bildung einer verläßlichen Lötstelle muß das flüssige Lot die Metalloberfläche benetzen, durch Kapillarwirkung in die Zwischenräume der Lötstelle eindringen und dort bis zu seiner Erstarrung zurückgehalten werden. Bei der Ausführung der Lötstellen ist die Beachtung der thermodynamischen Lötgesetze eine weitere Vorbedingung [1] [2].

Von der IPC wird Benetzung beschrieben als „die Bildung eines gleichen, glatten, ununterbrochenen und anhaftenden Lotfilms auf dem Grundmetall" [3]. Hierzu ist das Kriterium eines leuchtenden und glänzenden Aussehens hinzuzufügen, das eine typische und allgemeine Charakteristik – mit nur ganz wenigen Ausnahmen – einer mit Lot gut benetzten Oberfläche ist *(Abb. 20.1.)*.

Im Schliffbild zeigt die metallurgische Struktur eines gut mit Lot benetzten Metalls eine Diffusionszone (intermetallische Zusammensetzung) in der Grenzfläche Lot-Grundmetall, die sich durch ihre weißliche Farbe und ihre metallurgische Struktur von den letzten beiden unterscheidet *(Abb. 20.2.)*. Die Anwesenheit dieser Diffusionszone ist charakteristisch für die Verbindung zwischen mit Zinn oder mit Weichloten (Zinn/Blei-Legierungen) bedeckten oder gelöteten Metallen. Ihre Stärke wird von der Art des Basismetalls,

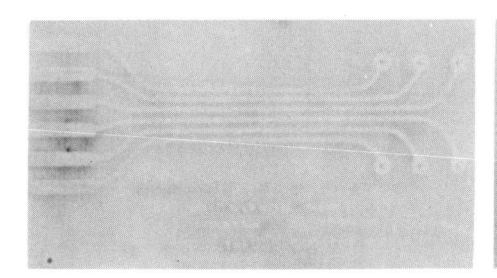

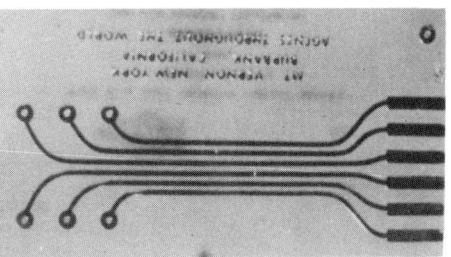

Abb. 20.1.: Eine durch Lötzinn gut benetzte Leiterplatte (rechts)

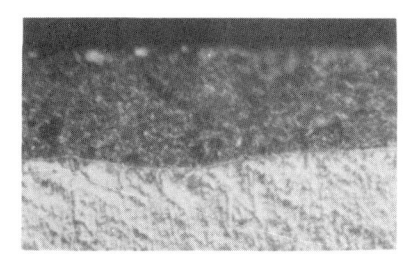

Abb. 20.2.: Querschnitt einer mit Lötzinn gut benetzten Leiterbahn mit Diffusionszone zwischen Kupfer und Abdeckschicht

vom Zinngehalt des Lötzinns und den verwendeten Lötparametern abhängen. Auf Kupfer ist sie einfacher nachzuweisen als auf Eisen oder Nickel und deren Legierungen. Das Vorhandensein dieser Diffusionszone, die als Folge einer Reaktion zwischen Zinn und dem Grundmetall entsteht, wird im allgemeinen als Kriterium einer verläßlichen Verbindung betrachtet [4]. *Abb. 20.3.* zeigt den Querschnitt einer gut und völlig benetzten Leiterbahn.

Das Phänomen des Benetzens
Der komplexe Mechanismus, durch welchen heißes flüssiges Lot eine Metalloberfläche benetzt und auf dieser nach dem Abkühlen und Erstarren fest und unabtrennbar haftet, konnte noch nicht ganz geklärt werden. Die Meinungen der Forscher gehen weit auseinander. Zweifellos stehen wir der komplexen Zusammenwirkung von physischen, chemischen und metallurgischen Kräften und Effekten gegenüber, die ihre Funktionen nur im Ångströmbereich ausüben. Um dies zu gewährleisten, ist die absolute Sauberkeit beider Oberflächen Voraussetzung.

Das Vorhandensein einer Verbindung (Diffusionszone) in der Lot-/Basismetall-Grenzschicht gibt dem Prozeß einen chemischen Charakter. Wiederum wird von Forschern der

Abb. 20.3.: Leicht gekrümmte, meniskusartige Konturlinie einer gut benetzten Leiterbahn

Einfluß von physikalischen Kräften hervorgehoben, die als Oberflächenenergien in Erscheinung treten, und die durch die ungesättigten atomaren Verbindungen entstehen. Es wird auch behauptet, daß ein gewisser Legierungsprozeß bei diesem Mechanismus vorhanden sei. Die gegenseitige Löslichkeit der flüssigen und festen Metalle wird die Verbindung beeinflussen. Andere Faktoren wie z.B. mechanische Verankerung können ebenfalls in Frage kommen. Die Wechselbeziehung zwischen der metallorganischen Struktur einer gut benetzten Oberfläche und ihrem Aussehen bietet Möglichkeiten für eine visuelle Prüfung der Benetzung.

Lötbarkeit
Nicht jedes Metall läßt sich metallurgisch von Zinn oder Zinn-Bleiloten benetzen. So wird z.B. Titan von Lot nicht benetzt. Die Lötbarkeit eines Metalles wird charakterisiert durch die Geschwindigkeit, den Umfang und den Grad der Benetzung. Hierbei spielen die Beschaffenheit der Oberfläche, der verwendeten Flußmittel, die Lötzinnkombination, Lötzeit und Löttemperatur eine Rolle.

Die IPC-Standardspezifikation für die Lötbarkeit von gedruckten Schaltungen (IPC-S-804) definiert Lötbarkeit als „die Eigenschaft einer Metalloberfläche, von Lot benetzt zu werden." In der Regel unterscheidet man zwischen perfekter Benetzung, Entnetzung und Nichtbenetzung *(Abb. 20.4.)*.

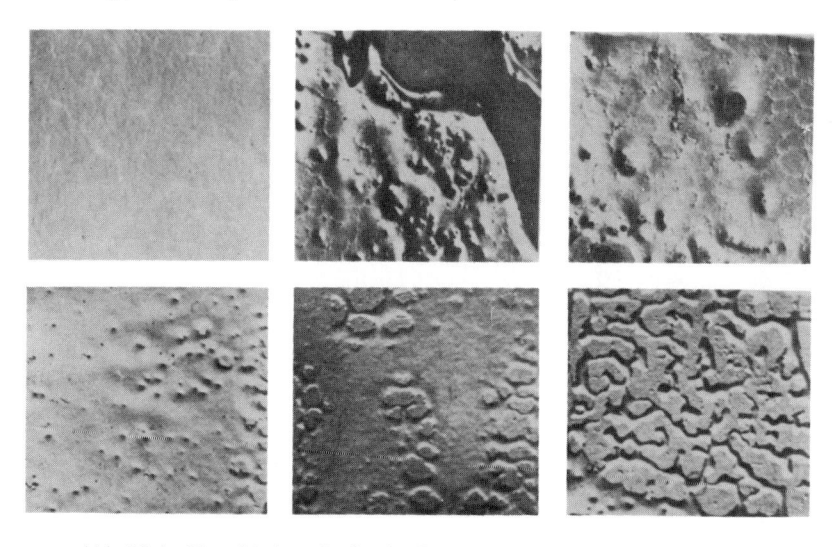

Abb. 20.4.: Verschiedene Stufen der Benetzung von Kupfer durch Lötzinn
(Foto: International Tin Research Institute)

Korrosion
Korrosion kann funktionelle Störungen in einer Schaltung verursachen oder diese völlig zerstören. Die Ursache kann im direkten atmosphärischen oder chemischen Angriff liegen (chemische Korrosion), sie kann durch elektrochemische Einwirkung entstehen, die das Vorhandensein einer Flüssigkeit erfordert (elektrolytische Korrosion).

Korrosion kann auch durch Kontakt verschiedener Metalle miteinander entstehen, wenn ein korrodierendes Medium oder eine Flüssigkeit (Elektrolyt) vorhanden sind (galvanische Korrosion) [5]. Das Vorhandensein ionischer Verunreinigungen in einer feuchten, nassen Umgebung wird die Korrosion beschleunigen.

Galvanisch veredelte Leiterplatten mit ungeschützten Unterätzungen erfordern besondere Aufmerksamkeit sowohl während der Lagerung – vor dem Bestücken – als auch während des späteren Einsatzes der gelöteten Baugruppe. Während durch den Lötvorgang der Plattierungsüberhang auf der Unterseite der Schaltung verschwindet, und die blanken Kupferkanten einheitlich mit Lot bedeckt werden, verbleibt die Oberseite im Originalzustand.

20.1.1. Lötbarkeit und Korrosionswiderstand von Kupferleitern

Das Basismaterial einer Leiterplatte ist Kupfer, unabhängig davon, ob das Leiterbild im Subtraktiv-, Semi-Additiv-, Volladditiv oder Photoadditiv-Verfahren hergestellt wird.

Chemisch reines Kupfer besitzt eine hervorragend gute Lötbarkeit, die nur in geringem Maße durch den Herstellungsprozeß der gedruckten Schaltungen beeinträchtigt werden kann. Durch die atmosphärische Umgebung wird jedoch diese gute Lötbarkeit negativ beeinflußt. Selbst in der kontrollierten Umgebung eines klimatisierten Raumes bildet sich schon bei Raumtemperatur auf einer soeben hergestellten Kupferoberfläche kurzfristig Oxid. *Hauffe* [6] weist darauf hin, daß der Aufbau einer Oxidschicht schnell eine Dicke von etwa 100 Å erreicht. Dadurch wird die Benetzbarkeit verringert.

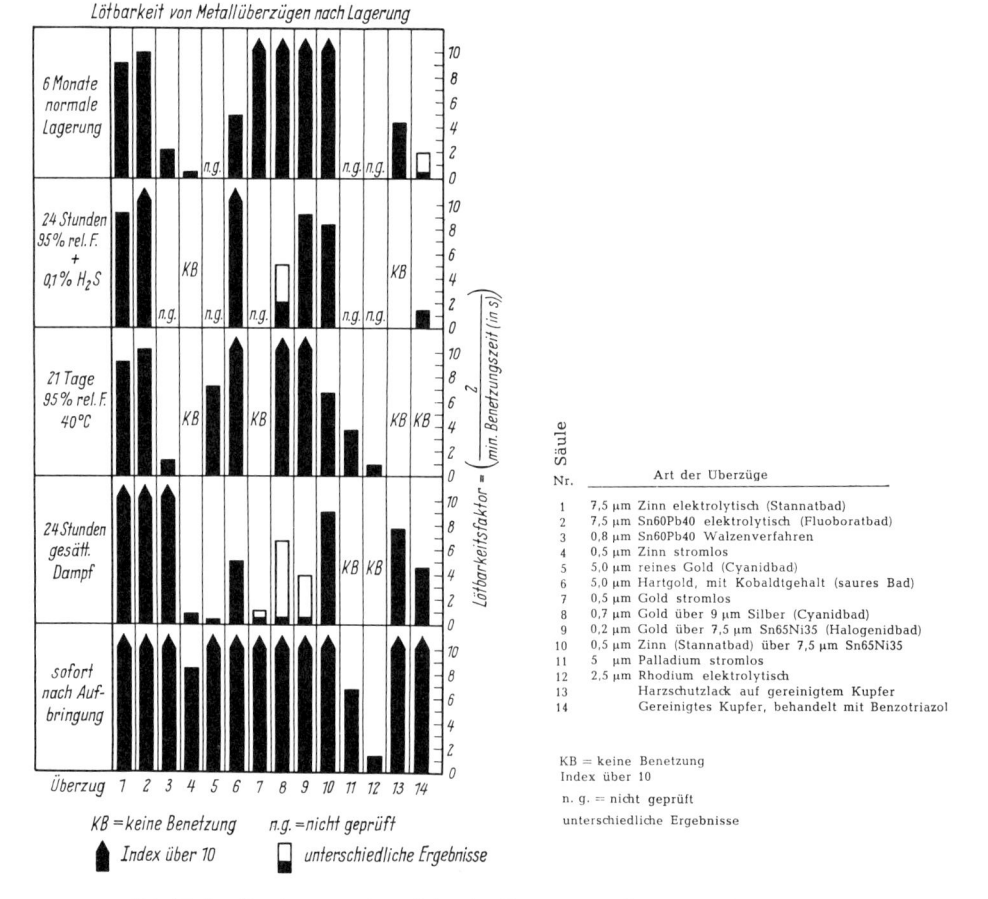

Säule Nr.	Art der Überzüge
1	7,5 µm Zinn elektrolytisch (Stannatbad)
2	7,5 µm Sn60Pb40 elektrolytisch (Fluoboratbad)
3	0,8 µm Sn60Pb40 Walzenverfahren
4	0,5 µm Zinn stromlos
5	5,0 µm reines Gold (Cyanidbad)
6	5,0 µm Hartgold, mit Kobaldtgehalt (saures Bad)
7	0,5 µm Gold stromlos
8	0,7 µm Gold über 9 µm Silber (Cyanidbad)
9	0,2 µm Gold über 7,5 µm Sn65Ni35 (Halogenidbad)
10	0,5 µm Zinn (Stannatbad) über 7,5 µm Sn65Ni35
11	5 µm Palladium stromlos
12	2,5 µm Rhodium elektrolytisch
13	Harzschutzlack auf gereinigtem Kupfer
14	Gereinigtes Kupfer, behandelt mit Benzotriazol

KB = keine Benetzung
Index über 10
n. g. = nicht geprüft
unterschiedliche Ergebnisse

Abb. 20.4a.: Bestimmung der minimalen Benetzungszeit an verschiedenen Metallüberzügen auf Kupfer nach verschiedenartiger Lagerung [7]

Bei beginnender Oxidation ist eine Kupferfläche immer noch gut lötbar, auch dann, wenn nur milde Flußmittel benutzt werden. In der täglichen Praxis haben wir jedoch damit zu rechnen, daß die Leiterplatten während der Handhabung oder der Lagerung aggressiven Einflüssen ausgesetzt sind. Diese mögen neben Sauerstoff, Stickstoff und Kohlensäure, Feuchtigkeit enthalten. Es kommen auch andere oxidbildende Gase und Dämpfe vor, wie z.B. Schwefeldioxid, Hydrogensulfid und Halogene. Durch solche Einflüße kann die Lötbarkeit beeinträchtigt werden. Die Korrosion kann einen Punkt erreichen, wo die Oberfläche nicht mehr lötbar ist.

20.1.2. Oberflächenschutz durch Zinn und Zinn-Blei

Um die Lötbarkeit einer gedruckten Schaltung zu erhalten, werden bei Schutzüberzügen gelegentlich zusätzliche Behandlungsprozesse angewandt. Dadurch können die Korrosionsbeständigkeit und die dauerhafte Lötbarkeit gesichert werden. Bestimmte Basismetalle von Bauteilanschlußdrähten oder -flächen sind mit milden Flußmitteln überhaupt nicht lötbar, ohne daß die Oberfläche entsprechend vorbehandelt oder beschichtet wird.

Von den metallischen Beschichtungen dienen die im Metallresistverfahren elektrolytisch abgeschiedenen Niederschläge drei Zielen: Als Ätzresist während der Herstellung des Leiterbildes, später als Sicherung der Lötbarkeit und Korrosionsbeständigkeit während der Lagerung und schließlich als Korrosionsschutz im Gebrauch.

Dr. Thwaites (International Tin Research Institute) beurteilt Zinn- und Zinn-Blei-Überzüge von annähernd eutektischer Zusammensetzung und 5–8 µm Dicke als den besten Schutz für Leiterplatten [7].

Lewis, Hermann, Bernier und andere stellten in der Praxis ebenfalls fest, daß Zinn-Blei-Überzüge und heißverzinnte Oberflächen eine gute Lötbarkeit und Korrosionsschutz von gedruckten Schaltungen gewährleisten. Auch amtliche Stellen in den USA schreiben vor, daß Leiterplatten vorzugsweise verzinnt oder zinn-blei-plattiert sein sollen, im letzeren Falle mit anschließendem Umschmelzen (MIL-STD-275) [8].

20.1.3. Eigenschaften und Charakteristika von umschmolzenen und heißverzinnten Leiterplatten

Die Bezeichnung "fused coatings" (umschmolzene Überzüge) bezieht sich auf Zinn- oder Lotüberzüge, die entweder durch einfaches Heißtauchen oder durch Umschmelzen von galvanisch aufgebrachten Bleizinn-Schichten hergestellt wurden. Beim Heißtauchen folgt normalerweise noch ein Nivellieren der Schichten.

Geschieht das Heißtauchen oder Umschmelzen sorgfältig und wird im letzten Fall die galvanische Schicht gründlich durchgeschmolzen, so bildet sich eine metallische Verbindung, die in der Grenzzone zwischen der Beschichtung und der Kupferoberfläche durch das Entstehen einer dünnen Diffusionszone (intermetallic compound layer) charakterisiert wird. Wenn das Umschmelzen richtig erfolgt, wird das flüssige Lot auch unter die Unterätzungen der Leiterzüge fließen, diese völlig bedecken und damit einen wirksamen Korrosionsschutz bieten. Beim Heißverzinnen werden die Kupferleiter ohnehin völlig bedeckt.

Dünn- und Dickschichten
Die Beurteilung einer umschmolzenen Schicht ist allgemein positiv. Bezüglich der Schichtdicke bestehen keine übereinstimmenden Beurteilungen. Die Industrie unterscheidet bei Leiterbahnen zwischen Dünnschichten ("thin fused coatings") mit einer Schicht-

dicke von weniger als 7,5 μm und Dickschichten ("thick fused coatings") mit einer Dicke von mindestens 7,5 μm. Beide können entweder durch Heißtauchen oder durch das Aufschmelzen (Umschmelzen) von galvanisch erzeugten Zinn-Blei-Schichten hergestellt werden. In Amerika spezifiziert die MIL-STD-275-D eine Mindestdicke vom 7,5 μm auf den Leiterzügen und von 2,5 μm auf der Bohrungswand für beide Typen der Beschichtung. Die Schicktdicke soll am Kamm des Meniskus gemessen werden. NASA ist die einzige Regierungsstelle, die Dünnschichten ("thin fused coatings") mit einer Mindestdicke von 1,5 μm vorschreibt, und zwar sowohl für umschmolzene Zinn-Blei-Beschichtungen als auch für heißgetauchte Zinnüberzüge (MSFC-STD-154A). Auch bei der NASA ist das Aufschmelzen von Zinn-Blei-Überzügen vorgeschrieben.

Lötbarkeit und Alterung

Bernier [10] stellte eine Verminderung der Benetzungszeit von 47 % auf umschmolzenen Leiterplatten gegenüber den äquivalenten zinn-blei-plattierten fest (4,25 s gegenüber 9,75 s), wenn diese 18 Tage lang künstlich bei 150 Grad Fahrenheit gealtert wurden (66 °C), 75 % relativer Luftfeuchtigkeit und 0,3–0,4 ppm (parts per million) Ozonkonzentration ausgesetzt waren (Umgebung von Los Angeles). Die vorerwähnten Vorteile vergrößern sich bei heißgetauchten Lotbeschichtungen [9].

Die Verwendung von heißgetauchten oder umschmolzenen Beschichtungen bietet auch den Vorteil einer zuverlässigen Qualitätsprüfung auf Lötbarkeit für Leiterplatten. Solche, die eine unbefriedigende Benetzung zeigen, können aussortiert oder neu bearbeitet werden. Abschließend soll noch darauf hingewiesen werden, daß die absolute Sauberkeit der Leiteroberflächen eine grundlegende Vorbedingung für die Anwendung von umschmolzenen oder tauchverzinnten Überzügen ist.

20.2. Das Umschmelzen von Zinn-Blei-galvanisierten Leiterplatten

Von der NASA gefördert und im breiten Rahmen in anderen Industrien – wie z.B. in der Weißblechfertigung – angewendet, erhielt das Umschmelzen einen echten Anstoß in der Leiterplattenindustrie, als es in den USA mit der *Mil-STD 275* vom Januar 1970 vorgeschrieben wurde.

Um die elektrolytisch abgeschiedene Zinn-Blei-Schicht auf der Leiterplatte aufzuschmelzen, wird diese bis zum Schmelzen heiß behandelt, wodurch sich die Schicht in eine Lotlegierung umwandelt. Dabei fließt sie über die Kanten der Kupferleiterflächen und bedeckt auch deren ungeschützte Flanken *(Abb. 20.5.)*. Ein mangelhaftes Umschmelzen erfaßt nur die obere Schicht des Niederschlages, was eine Art von "Skin Effect" ergibt, ohne daß die darunterliegenden Kupferflächen benetzt werden.

Grundsätzlich können sowohl starre als auch flexible, im Metallresistverfahren mit Zinnblei galvanisch überzogene Leiterplatten umgeschmolzen werden.

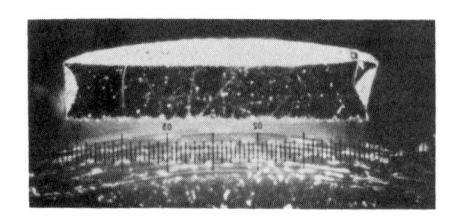

Abb. 20.5.: Zinn-Blei-galvanisierte Leiterbahn vor und nach dem Umschmelzen

Wärmequellen

Als Wärmequellen werden gegenwärtig bevorzugt heiße Flüssigkeiten oder Infrarotstrahler verwendet. Mit heißem Gas wurden Versuche durchgeführt. Als eine der letzten Entwicklungen wird die Verdampfungswärme einer Flüssigkeit als Wärmequelle verwendet.

20.2.1. Umschmelzen mit einer heißen Aufschmelzflüssigkeit

Beim Umschmelzen, Aufschmelzen oder Schmelzen und Aufhellen wird das zinn- oder zinnbleiplattierte Werkstück in ein Bad mit heißem Öl eingetaucht. Dabei kann es sich um Mineral-, pflanzliches oder synthetisches Öl handeln. Das Werkstück verbleibt im Bad so lange, bis die elektrolytische Beschichtung schmilzt und sich in einen glänzenden spiegelnden Überzug umwandelt [11].

In seiner einfachsten Art erfolgt das Aufschmelzen manuell durch Eintauchen der sauberen und mit entsprechenden Dekapierungs- oder Flußmitteln vorbehandelten Leiterplatte in ein heißes, flüssiges Bad. Bei durchmetallisierten Platten wird empfohlen, durch Hin- und Her-Bewegung der eingetauchten Platten das Eindringen der Flüssigkeit in die Bohrungen zu fördern. Danach werden die Leiterplatten gekühlt und gereinigt.

Das Aufschmelzen erfolgt zumeist in Durchlaufanlagen, in denen ein zweifaches Eintauchen der Leiterplatten in das heiße Öl vorgenommen wird. Eine Vor- und Nachreinigung kann Teil dieses mechanisierten Prozesses sein oder aber die Reinigung wird von Hand gesondert durchgeführt.

Bei zweifachem Eintauchen wird im ersten Bad die Leiterplatte vorgewärmt. Das Aufschmelzen erfolgt in dem mit einer höheren Temperatur gefahrenen zweiten Bad. *Dunn* [12] beschreibt einen typischen Arbeitsgang, bei dem das erste Bad mit einer Temperatur von 185 °C und das zweite Bad mit 205 °C gefahren wird. Die Verweilzeiten betrugen im ersten Bad 45 s und im zweiten 5 s.

Zum Aufschmelzen werden heute bevorzugt synthetische Öle verwendet (Polyäthylenglykol u.a.). Die Temperaturen betragen zwischen 220 und 260 °C.

Vor- und Nachreinigungsmaterialien

Während einige der anwendbaren Flüssigkeiten einen "Self-Fluxing" Charakter haben, wird die Anwendung einer milden, säurehaltigen Anbeizlösung (von z.B. verdünnter Salzsäure) oder ein handelsübliches Reinigungsmittel als Vorreinigung zum Deoxidieren der Plattierung und zum Aufhellen des Kupfers empfohlen. Es bildet sich ein dünner Oxidfilm auf der Zinnbleiauflage. Wird dieser nicht entfernt, so wird er die richtige Ausführung des Umschmelzprozesses beeinträchtigen. Die Nachreinigung erfolgt mit einem Lösungsmittel oder mit Wasser, je nach Art der angewandten Flüssigkeiten.

Kontrolle des Arbeitsablaufes

Die Temperatur im Tauchgefäß wird thermostatisch kontrolliert. Die Eintauchzeit kann von Hand kontrolliert werden. Wird ein mechanisiertes Transport- und Eintauchsystem verwendet, so kann der Arbeitsablauf programmiert werden. Die Wartung der Bäder erfordert regelmäßige Prüfungen und – falls erforderlich – eine Neueinstellung der Säure oder des pH-Wertes. Die Dichte der Anbeizlösung muß bei der Vorbehandlung ebenfalls geprüft und notfalls korrigiert werden. Umschmelzöle und Vorbeizen sind bei den einschlägigen Lieferfirmen erhältlich.

Die schon erwähnten Untersuchungen von *Dunn* [12] mit einem mechanisierten Zweibad-System, bestehend aus einem Vorbeiz- und Aufschmelzbad ergaben, daß die Qualität der umschmolzenen Beschichtung den Erfordernissen entspricht. Durch dieses Verfahren kann die übermäßige Wärmebelastung oder Überhitzung der Leiterplatten vermieden und eine gleichmäßigere und dickere Beschichtung auf den Kanten der durchmetallisierten Bohrungen erhalten werden, als dies in einem einfachen Bad möglich ist.

Zur Vervollständigung wird angeführt, daß *Schönthaler* von Western Electric [13] einen Anschmelzprozeß entwickelt hat, in dem die Aufschmelzflüssigkeit in Zirkulation gehalten wird. Dadurch verbessert sich die Wärmeweitergabe und beschleunigt sich das Aufschmelzen.

20.2.2. Durchlauf-Anlage

Bei der Anwendung des „Flüssig-Wellenprinzips" werden aus den angewandten Betriebsflüssigkeiten für das Aufschmelzen dimensionierte Wellen erzeugt, die in den Geräten eine dauerhaft zirkulierende Flüssigkeit in den Arbeitsprozeß einleiten. Während des Durchfahrens werden beide Seiten der Leiterplatten in die Welle eingetaucht, wodurch eine gleichzeitige Bearbeitung und Umschmelzung der beiden Seiten in einem einzigen Durchgang erreicht wird.

Das Herz der Anlage ist das Umschmelzmodul. Die Vor- und Nachreinigung kann in Zusatzmodulen oder von Hand durchgeführt werden. Die einzelnen Wellenmodulen können in eine automatische Durchlaufanlage mit mehreren Stationen zusammengesetzt werden *(Abb. 20.6.)*

Abb. 20.6.: Durchlaufanlage für das Umschmelzen von Zinn-Blei-galvanisierten Leiterplatten mit der Flüssigen-Welle (Werkfoto: Electrovert, Hamburg)

Verfahrensablauf

Die Leiterplatten werden von Hand in das Transportsystem eingegeben und fahren zunächst durch die Vorreinigungs- oder Anbeizstation, in der ein verdünntes mildes Ätzmedium bei Raumtemperatur angewendet wird. Dieses entfernt den Oxidfilm auf dem Zinn-Blei-Niederschlag und hellt gleichzeitig die blanken Kanten der Kupferleiter auf. Nach dem Entfernen der Anbeizflüssigkeit gelangt die Leiterplatte noch naß in die heiße Welle der Aufschmelzflüssigkeit. Diese schmilzt die Zinn-Blei-Plattierung gleichzeitig an beiden Seiten der Leiterplatte. Das Umschmelzbad wird mit einer Temperatur von 190–220 °C gefahren. Danach fahren die Platten durch eine Kühlstation, in der auch das Erstarren geschieht, an deren Auslauf eine mit Gummiabstreifern versehene Station vorgesehen ist. In der folgenden Waschstation wird das Werkstück mit warmem Wasser bei einer Temperatur von etwa 50–60 °C gereinigt. Nachfolgende Luftmesser blasen die Wasserreste von der gedruckten Schaltung ab.

Das Umschmelzöl ist ein wasserlösliches, biologisch abbaubares, synthetisch-organisches Mittel, das bei Temperaturen von 190–260 °C eingesetzt wird. Es hat bei kontrollierten Anwendungstemperaturen die Eigenschaft des langsamen Alterns. Das Vorreinigungsmedium in der Anbeizstation kann eine stark verdünnte Salzsäurelösung sein oder ein auf dem Markt erhältliches Mittel, das auf das verwendete Umschmelzöl abgestimmt sein muß.

Die nach dem Umschmelzen folgende Waschstation wird normalerweise mit handwarmem Stadtwasser betrieben. Als Alternative oder gelegentlich zur zusätzlichen Reinigung können handelsübliche Lösungsmittel wie z.B. chlorierte Lösungsmittel oder Alkohol verwendet werden.

Verfahrenskontrolle

Um auch über einen längeren Einsatz optimale und gleichmäßige Resultate zu erzielen und die Lebensdauer der Aufschmelzflüssigkeit zu verlängern, wird empfohlen, eine genaue Kontrolle der Temperatur der Flüssigkeit und den Grad ihrer Verschmutzung durch das Vorbeizmedium auszuüben. Ebenso ist der pH-Wert zu kontrollieren. Der Umschmelzprozeß sollte bei der niedrigst möglichen Bad-Temperatur durchgeführt werden. Durch richtige Einstellung der Luftmesser am Auslauf der Vorbeizstation wird die Verschleppung des Vorbeizmediums in die Umschmelzstation kontrolliert, wobei zu beachten ist, daß die Leiterplatten naß, d.h. von der Beizflüssigkeit benetzt, in die Umschmelzstation eintreten sollen.

Versuche von *Elliot* [14] haben gezeigt, daß durchmetallisierte Bohrungen bis zu einem Durchmesser von 0,5 mm nicht blockierten oder Schwierigkeiten bei der Bauteilebestückung hervorriefen, wenn sich die Schichtdicke der Zinn-Blei-Plattierung auf der Oberfläche der Leiterzüge zwischen 7,5 und 12,5 µm bewegte. Diese Dicke ist ausreichend, um zufriedenstellende Umschmelzresultate und eine komplette Bedeckung der Flanken der Kupfer-Leiterzüge zu erzielen. Leiterplatten und Multilayer mit 10 bis 14 Lagen können mit Leichtigkeit behandelt werden [15] *Abb. 20.7.*

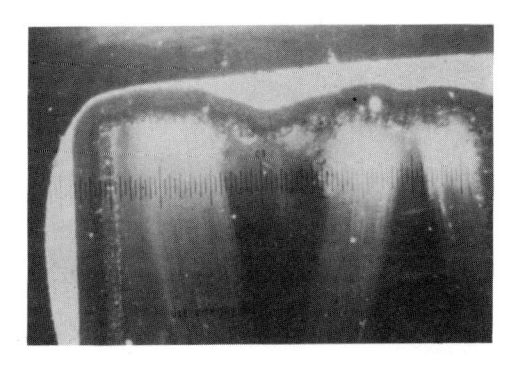

Abb. 20.7.: Schliffbild einer umgeschmolzenen durchmetallisierten Bohrung

20.2.3. Umschmelzen mit Infrarot-Strahlung

Infrarot unterscheidet sich von anderen Heizmethoden grundsätzlich dadurch, daß die Wärmeübertragung ohne die Vermittlung eines Wärmeträgers und ohne Kontakt zwischen Wärmequelle und Arbeitsstück erfolgt.

Das gesamte Wellen-Spektrum der Infrarot-Strahlung kann in „Nah-", „Mittleres-" und „Weit-Infrarot" aufgeteilt werden, von welchen uns hauptsächlich der „Nah-" und „Mittlere-Infrarot"-Bereich interessiert, definiert durch die Wellen-Bereiche von 7.000 bis 15.000 Ångström (0,7 bis 1,5 µm) bzw. 15.000 bis 56.000 Ångström (1.5 bis 5.6 µm).

Je nach Beschaffenheit der bestrahlten Werkstoffe wird Infrarot reflektiert, absorbiert oder durchdringt diesen.

Diese Eigenschaften der Infrarot-Strahlung und ganz besonders ihre Fähigkeit, einen bestrahlten Körper in dem Maße zu erwärmen, in welchem er die Strahlungsenergie absorbiert, bieten für die Leiterplatten-Technologie eine leistungsfähige, wirkungsvolle und schnell wirkende Wärmequelle. Zuerst wurde sie in „Durchlauf"-Lötanlagen zu Vor-Wärmezwecke angewandt. Danach kam es zu ihrer Verwendung für das Löten und schließlich für das Umschmelzen von elektrolytisch abgeschiedenen Zinn-Blei-Schichten [16].

Im Prinzip wird bei Infrarot-Aufschmelzen zunächst ein Flußmittel (besonders formuliertes "fusing fluid") aufgebracht, das einmal der Deoxidation der Zinn-Blei-Schicht und zum anderen dem Aufhellen (Reinigen) der unbedeckten Kupferflanken dient. Gleichzeitig soll es das Benetzen der Kupferflächen während des Aufschmelzprozesses fördern und dem der Wärmestrahlung ausgesetzten Laminat einen gewissen Schutz bieten. Dann werden die Platten vorgewärmt, umgeschmolzen, gekühlt, gereinigt und getrocknet.

Das Reinigen kann ein unabhängiger zusätzlicher Prozeß sein, oder „In-Line" mit dem Umschmelzprozeß geschehen. Im Hinblick auf die Eigenschaften der meisten "fusing fluids" wird eine sofortige Reinigung nach dem Umschmelzen empfohlen. Im Arbeitsablauf führt die Bedienungsperson in einer Durchlaufanlage *(Abb. 20.8.)* die Leiterplatten in die erste Station ein, wo beide Seiten einschl. Bohrungen mit dem "fusing fluid" (Flußmittel) beschichtet werden. Anschließend gelangen sie in einen Maschentransport, über den sie durch die Vorheizzone transportiert werden, wo sie von beidseitig diffuser Infrarot-Strahlung ausgesetzt werden. Hier werden die Leiterplatten progressiv vorgeheizt

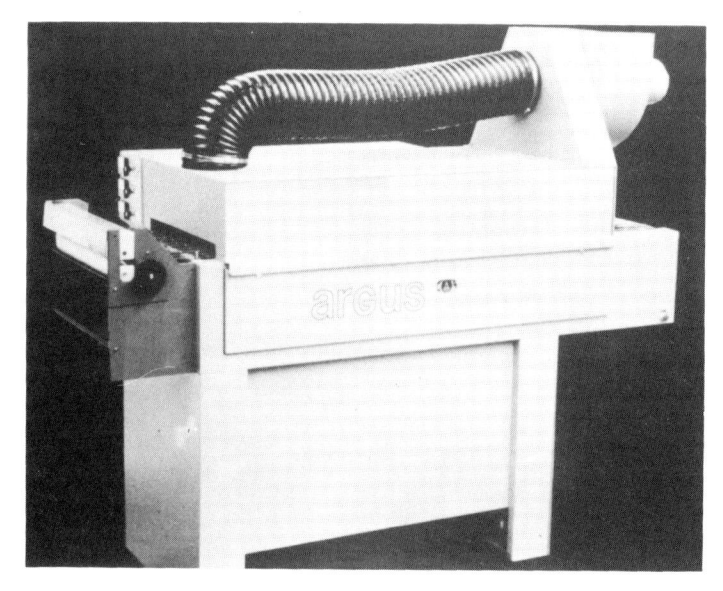

Abb. 20.8.: Infrarot-Durchlauf-Umschmelzanlage (Werkfoto: Argus International)

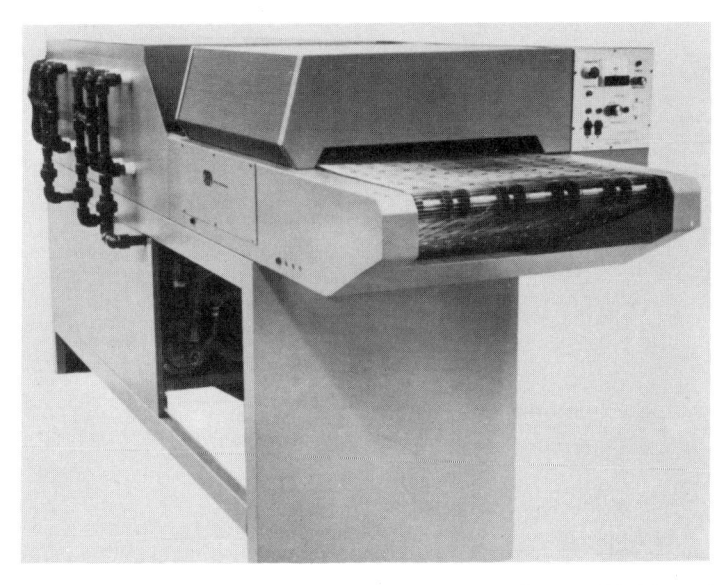

Abb. 20.9.: Durchlaufanlage für Nachreinigung und Trocknung (Werkfoto: Argus International)

und vorbehandelt bis zu einer Temperatur von 100–110 °C und bis zur Aufschmelztemperatur des Zinn-Blei-Niederschlages erwärmt, bevor sie direkt in die Umschmelzzone eintreten. Dann folgt eine Kühlzone, wo sie mit umlaufender Luft abgekühlt werden.

Das anschließende Waschen der Leiterplatten kann von Hand in einer separaten Wascheinrichtung erfolgen oder in die Anlage integriert werden. Eine Durchlauf-Wasch- und Trockenanlage *(Abb. 20.9.)* kann aus einer oder mehreren Waschzonen bestehen, versehen mit einer Kombination von Sprühdüsen und rotierenden Scheuerbürsten.

Die Wärmequelle und die Wärmezufuhr
Als Wärmequelle für das Umschmelzen von Zinn-Blei-galvanisierten Leiterplatten werden im allgemeinen röhrenförmige lineare Quarz-Infrarot-Lampen mit Wolfram-Glühfaden verwendet. Diese Lampen werden in Gruppen angeordnet und evtl. ergänzt durch diffuse Reflektoren, z.B. aus Keramik, Silikon oder Quarz, je nachdem, ob sie in der Vorheiz- oder in der Aufschmelzzone angewandt werden. Die diffusen Strahler arbeiten in dem mittleren Infrarot-Bereich.

Vor- und Nachreinigungsmittel
Das im Vorreinigungsprozeß angewandte Mittel ("fusing fluid") ist normalerweise ein modifiziertes, hochaktiviertes, wasserlösliches Flußmittel. Ein hoher Aktivierungsgrad ist besonders dort erforderlich, wo die unterätzten Leiterzüge beschichtet werden sollen. Dies erfordert natürlich eine sorgfältige Wasserreinigung (mit der eventuellen Beimengung von Zusatzmitteln), damit eine Verminderung des Oberflächenwiderstandes des Laminats verhindert wird. Das Reinigungsmittel soll auf das verwendete Flußmittel abgestimmt sein [17].

Die Qualität des Endproduktes
Die Qualität des Endproduktes hängt im wesentlichen von den Eigenschaften, der Reinheit und der Zusammensetzung der Plattierung ab. Die Reinheit der Kupferoberfläche vor der

Abb. 20.10.: Infrarot-Umschmelzanlage mit nachfolgender Reinigung und Trocknung
(Werkfoto: Radiant Technology Co.)

Galvanisierung spielt ebenfalls eine wesentliche Rolle. Die Auswahl und Aktivität des "fusing fluid" kann dafür entscheidend sein, ob das geschmolzene Lot über die Kanten der Leiter hinwegfließt und deren unterätzte Flanken bedeckt.

Wegen der unterschiedlichen Absorption, Reflexion und Transmittanz des Zinn-Blei-Niederschlages und der verschiedenen Laminatmaterialien in den einzelnen Wellenlängenbereichen muß der Auswahl der Infrarot-Strahlungsintensität, Strahlungsspektrum und der Bestrahlungszeit in den einzelnen Wärmezonen besondere Beachtung geschenkt werden [18].

20.2.4. Umschmelzen nach der Vapor Phase Technik

Vapor-Phase-Löten (VPS), auch als Kondensationslöten bezeichnet, ist eine Methode, die durch *Western Electric* zunächst für das Einlöten von wire-wrap Stiften in back panels entwickelt wurde [19]. In Zusammenarbeit mit *Bell Laboratories* wurde das Verfahren auch zum Umschmelzen von Leiterplatten, speziell von flexiblen Schaltungen, anwendbar gemacht.

Diese Technik beruht auf der Verwendung von Verdunstungswärme (latent heat of evaporation), einer gesättigten Dampfphase als Wärmequelle bei athmosphärischem Druck unter Verwendung einer ausgewählten Flüssigkeit. Diese Wärme wird freigesetzt, wenn der Dampf auf den Oberflächen eines Werkstücks, das in diesen eingetaucht wurde, kondensiert. Die so freigewordene Wärme schmilzt, z.B. das auf die Leiterplatte vorher aufgetragene Lot und verlötet die wire-wrap-Stifte. Das Lot kann als Pellets, Paste oder elektrolytisch abgeschiedener Zinn-Blei-Niederschlag vorher aufgetragen werden. Beim letzten Fall bietet sich auch prinzipiell die Möglichkeit, den Prozeß zum Umschmelzen von Zinn-Blei-plattierten gedruckten Schaltungen zu verwenden.

Schematischer Arbeitsablauf

Dieser ist in *Abb. 20.11.* dargestellt. Das gefluxte Werkstück wird in den gesättigten Dampf, der sich über einer auf Siedepunkt gehaltenen Flüssigkeit bildet, eingetaucht. Der vorher aufgetragene Lotüberzug schmilzt, und unter dem Einfluß der Wärme und des Flußmittels wird die Obefläche benetzt. Das Lot dringt in die durchmetallisierten Bohrungen ein und lötet die Verbindung.

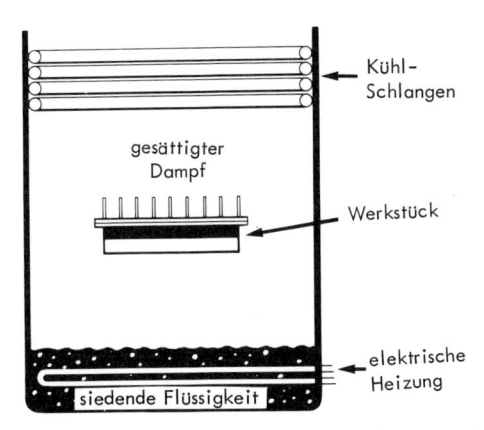

Abb. 20.11.: Das Prinzip des „Re-flow" Lötens und Umschmelzens mittels der Dampfphase (Foto: Western Electric)

Die wichtigste Vorbedingung ist die richtige Wahl der Arbeitsflüssigkeit, aus der die kontinuierlich erzeugte Dampfphase gesichert wird. Hierfür hat sich in den USA bevorzugt *Fluorinert FC 70* von der Firma *3M* bewährt. Diese Flüssigkeit weist folgende Eigenschaften auf:

- Siedetemperatur °C 215
- Dichte g/cm³; 25 °C 1,94
- Dampfdruck KPa; 25 °C 0,014
- Spez. Wärme kJ/kg K; 25 °C 1,05

Die inerte Flüssigkeit hat sich wegen ihrer hohen chemischen und thermischen Beständigkeit und ihrer Eigenschaften, ganz besonders für elektronische Bauteile und gedruckte Schaltungen, als ideal erwiesen. Sie läßt keine leitenden oder korrosiven Rückstände auf den Oberflächen zurück. Erfahrungen scheinen darauf hinzuweisen, daß sich der elektrische Isolationswiderstand der verlöteten Leiterplatten erhöht. Die Dichte des Dampfes beträgt ungefähr das 28-fache der Luft, was zur Verminderung von Verlusten beiträgt. Die niedrige Verdampfungswärme beschleunigt die Verdampfung von Kondensatresten auf der Oberfläche bei Raumtemperatur. Die Flüssigkeit ist nicht brennbar und nur sehr mild toxisch.

Mit Rücksicht auf die hohen Kosten dieser Arbeitsflüssigkeit und um irgendwelche Verluste durch Diffusion, Konvektion oder Verschleppung zu verringern, hat *Western Electric* eine sekundäre Dampfzone über der aus der Arbeitsflüssigkeit erzeugten Dampfzone verwendet [20]. Die sekundäre Zone soll über der primären Zone schweben und die Rolle einer Dampfdecke spielen. Für diesen Zweck hat sich Trichlorotrifluoroethane R 113 (bekannt als Freon-TF-eingetragenes Warenzeichen der Firma *E.I. DuPont de Nemours)* als nützlich erwiesen.

Das in der „Vapor Phase Technik" verwendete Flußmittel ist im allgemeinen ein mildes Kolophonium.

Abb. 20.12. zeigt schematisch eine solche Lötanlage, deren Technik auch Kondensations-Löten genannt wird.

Neue Bestrebungen richten sich auf die Entwicklung von Durchlaufanlagen und – wo möglich – das Löten ohne Flußmittel.

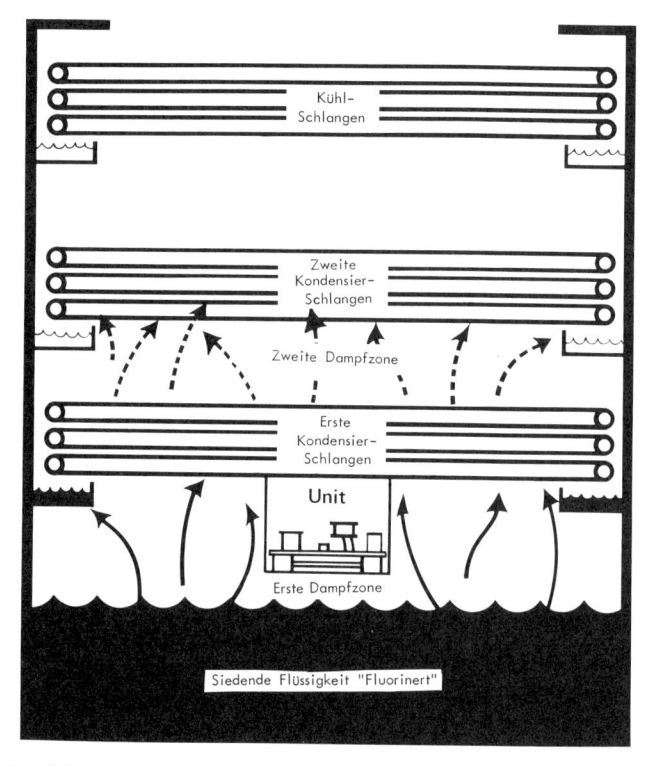

Abb. 20.12.: Schematische Darstellung des Arbeitsprinzips der Dampfphasen-Lötung mit doppelter Dampfphase (Foto: 3M Company)

Abb. 20.13.: Vollautomatische Durchlaufanlage mit Einzel-Dampfzone für das Umschmelzen von durchkontaktierten Zinn-Blei-galvanisierten Flexiblen-Schaltungen (Werkfoto: Western Electric)

Vapor-Phase-Technik für das Umschmelzen von Leiterplatten

Starre Leiterplatten: Die in die Dampfphase horizontal eingetauchten Leiterplatten schmelzen gut um. Die Anreicherung von Flußmittel in dem Flüssigkeitsbehälter bereitet aber Schwierigkeiten. *Western Electric* hat eine Methode entwickelt, wobei die Platten vor dem Umschmelzen erst mit einem Beizmittel – einer verdünnten Lösung von Salzsäure – vorgereinigt werden.

Flexible Schaltungen: Nach einem Verfahren, entwickelt bei *Bell Laboratories* und *Western Electric*, erfolgt das Umschmelzen von zinn-blei-galvanisierten flexiblen Schaltungen im Durchlaufverfahren, das sich in der Praxis schon ausgezeichnet bewährt. Für die betriebsmäßige Ausführung des Verfahrens wurde ein "single fluid condensation reflow apparatus" gebaut, der die Verwendung einer sekundären Dampfzone und – durch entsprechende Vor- und Nachbehandlung der Schaltungen – den Gebrauch von Flußmitteln vermeidet *(USA Patent No. 3.866.307)*.

Die Anlage ist schon seit geraumer Zeit in Betrieb *(Abb. 20.13.)*. Mit der Beschreibung befassen sich folgende Veröffentlichungen:

„*Solder Sliver Removal from Flexible Circuits by Condensation Reflow*", H.H. Amman and M.A. Dien, Bell Laboratories, Proceedings of NEPCON 78 Technical Program, und "*Advances in Flexible P.C.B. Production – high volume roll-to roll processing*", Circuits Manufacturing, November 1978.

20.2.5. Das Umschmelzen von Leiterplatten mit heißer Luft

Heiße Luft wurde auch in Betracht gezogen für das Umschmelzen von Leiterplatten *(nicht zu verwechseln mit "hot air leveling" von heißverzinnten Leiterplatten)*. Versuche wurden bei *Bell Laboratories* gemacht. Während das Hauptziel das Verlöten von wire-wrap-Stiften mit back panels war, hatte das entwickelte Verfahren und Gerät auch die Fähigkeit, Zinn-Blei-galvanisierte Platten umzuschmelzen und wurde angeblich gelegentlich auch für diesen Zweck angewandt. Mit Rücksicht auf den niedrigen Wärmeübertragungskoeffizienten von Luft im konvektiven Umlaufverfahren muß aber ein großes Luftvolumen gewärmt und zirkuliert werden. Das Verfahren dürfte heute wegen des hohen Heizstromverbrauchs kaum als wirtschaftlich betrachtet werden [21].

20.3. Heißverzinnen von gedruckten Schaltungen

20.3.1. Walzverzinnen

Nach vielen Bemühungen, das Problem des Beschichtens mit heißem Lot zu lösen, bot das Walzverzinnen die erste praktische Lösung. Trotz gewisser Einschränkungen und Unzulänglichkeiten wird das Verfahren noch heute angewendet.

Walz- oder Rollverzinnen bedeutet, daß eine gefluxte Leiterplatte zwei rotierende Rollen durchfährt, von denen die untere teilweise in Lot eintaucht und einen dünnen Lotfilm auf dem Leiterbild hinterläßt. Die obere Rolle gewährleistet die Führung der Schaltung und dient gleichzeitig dem Druckausgleich über die Fläche der Leiterplatte.

Die Drehgeschwindigkeit der Rollen ist konstant oder einstellbar. Normalerweise wird eutektisches Lot Sn 60 oder 63 im Zusammemhang mit wasserlöslichem oder Kollophonium-Flußmittel verwendet, außerdem ein aggressives Abdeckflux.

Die Leiterplatten werden nach dem Tauchprinzip gefluxt oder mit Bürsten und Rollflu-

380 Aufschmelzen und Heißverzinnen

Abb. 20.14.: Walzverzinn-Tischmodell (Foto: Fry's Metals)

xern behandelt und von Hand in die Anlage eingeschoben. Doppelseitige Schaltungen müssen zweimal durch die Verzinnungseinheit gefahren werden.

Tisch- und Standmodelle für Leiterplatten bis zu einer Breite von 610 mm werden von verschiedenen Firmen als Module oder als Komplettanlagen gebaut *(Abb. 20.14.)*.

Die Qualität des Endproduktes hängt wesentlich von der Einstellmöglichkeit und Konstanthaltung des verwendeten Rollendruckes ab. Dünne Beschichtungen im Bereich bis 2 µm gewährleisten nur einen relativ kurzen Schutz, der jedoch ausreichend sein kann. Es wird behauptet, daß mit Rollen mit Quernuten Verzinnungen von 2,5 µm oder dicker erreicht werden können. Es können gedruckte Schaltungen von jedwedem Laminat mit blanken Kupferleitern als auch Schaltungen, die mit Schutzlack oder Solder Mask behandelt wurden, bearbeitet werden.

20.3.2. Heißverzinnen mit Schichtdicken-Ausgleich

Heißverzinnen stellt heute den fortschrittlichsten Stand im automatischen Beschichten von gedruckten Schaltungen mit Lot dar. Das Verfahren gewährleistet hohe Sicherung der Lötbarkeit und einen guten Korrosionsschutz für das Leiterbild. Der Schichtdicken-Ausgleich erfolgt durch heiße Luft.

Das Verfahren wurde von den *Sandia Laboratories in Alberquerque,* New Mexiko, entwickelt. Die ursprüngliche Anwendung bezog sich auf das Beschichten und Ausgleichen der Kupferleiter von gedruckten Schaltungen mit Lot, die im Subtraktiv-Prozeß hergestellt wurden. Der Prozeß gewährleistet jedoch eine praktische und verläßliche Massenproduktion bei der Oberflächenbehandlung von gedruckten Schaltungen, die nach beliebigen Verfahren mit blanken Kupferleitern hergestellt wurden. Die Anwendung dieses Prozesses ist nicht nur auf den genannten Schaltungstyp begrenzt, sondern seine Anwendung bezieht sich praktisch auf die Sicherung der Lötbarkeit und des Korrosionsschutzes der gedruckten Schaltung ganz allgemein für alle Verwendungszwecke.

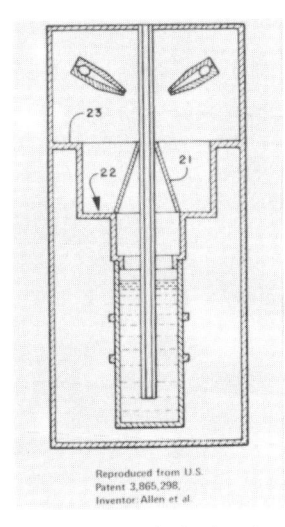

Abb. 20.15.: Prinzip des „hot air leveling" Verfahrens gem. U.S. Patent 3.865.298

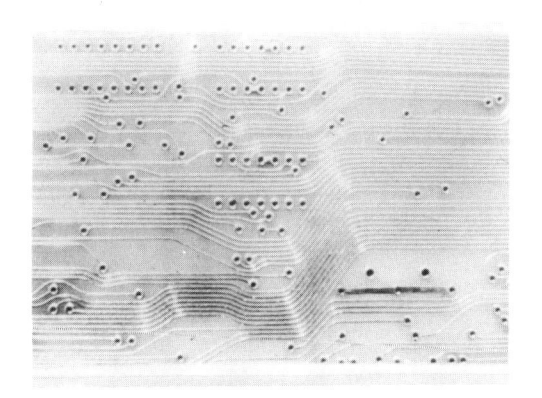

Abb. 20.16.: Mit „hot air leveling" heißverzinnte zweiseitige durchmetallisierte Leiterplatte

Abb. 20.15. zeigt das Prinzip des Heißverzinnens (gemäß Sandia-Patent Nr. 3.865.298 vom Jahre 1975) unter dem Titel "Solder Leveling", Auslandspatente erteilt oder angemeldet. Der Prozeß besteht daraus, daß eine gefluxte gedruckte Schaltung vertikal in ein heißes Lotbad eingetaucht wird und nach einer kurzen Verweilzeit schnell daraus herausgezogen wird. Gleichzeitig erfolgt Aktivierung mit Luftmessern. Die Luftmesser blasen eine heiße Druckluft auf beide Seiten der Schaltung. Dadurch werden die Löcher freigeblasen und der Überschuß von Lot von den Leitern abgeblasen. Es verbleibt eine gleichmäßige Lotfläche auf den Leitern. Verschiedene Hersteller haben Geräte in Lizenz der Sandia gebaut.

Eigenschaften der Beschichtung
In *Abb. 20.16.* ist die gute Qualität dieser Beschichtung zu sehen. Ihr gleichmäßiges, blankes und spiegelndes Aussehen gewährleistet eine ausgezeichnete Lötbarkeit auf der gesamten Oberfläche. Die Spiegelung und der metallische Glanz der Lotbeschichtung, auch innerhalb der Bohrungen, ist bemerkenswert. Mikrographische Prüfung zeigt eine feste metallurgische Verbindung zwischen der Beschichtung und dem Kupfer, sie ist homogen über die gesamte Fläche beider Seiten und bedeckt die Leiter völlig. Dadurch werden sehr gute Lötbarkeit und Korrosionsschutz gewährleistet. Die Leiterplatte bleibt selbst nach langer Lagerzeit lötbar, auch dann, wenn Harzflußmittel verwendet werden. Falls gewünscht, entspricht die so erreichte Beschichtung den MIL–STD 275.

Anwendungsbereiche und Möglichkeiten
Heißverzinnen bietet sichere und verläßliche Möglichkeit, im großen Rahmen gedruckte Schaltungen von hoher Qualität mit Lot zu bedecken, vor allem da, wo eine Verbesserung durch galvanische Beschichtung nicht möglich oder nicht praktisch ist. Leiterplatten, die im Volladditiv-, im kombinierten Subtraktiv-Additiv- und Semi-Additiv-Verfahren hergestellt wurden oder durch Differentialätzen mittels der Thin-Foil-Technik oder durch selektives Photo-Additiv-Verfahren hergestellt wurden, sind für das Verfahren besonders gut geeignet.

Leiterplatten, die auf einen Metallträger aufgebaut wurden und die nach dem Volladditiv-, Additiv-Substraktiv- oder Photoforming-Prozeß hergestellt wurden, können ebenfalls bearbeitet werden.

Leiterplatten, die nach dem Subtraktiv-Verfahren hergestellt wurden und zwar solche von der einfachsten "print and etch"-Art bis zu solchen, die im Spezialverfahren hergestellt wurden (z.B. auch solche nach dem Du Pont Riston-Trockenfilm-Tenting-Prozeß erzeugte), eignen sich außerordentlich gut für das "Hot-Air-Leveling-Verfahren". Ist die Qualität von Solder Mask mit den Anforderungen des Heißverzinnungsprozesses abgestimmt, eignen sich derart hergestellte Leiterplatten zum Heißverzinnen ausgezeichnet.

Der Anwendungsbereich des Heißverzinnens ist nicht nur auf Leiterplatten mit blanken Kupferleiterzügen beschränkt. Die galvanisch erzeugten Zinn- oder Zinn-Blei-Auflage auf substraktiv hergestellten Leiterplatten kann damit durch einen neuen Lotüberzug ersetzt werden. Diese Möglichkeit bietet sich als Alternative für das Umschmelzen an und gewährleistet beste Beschichtungsqualität.

Heißverzinnen kann auch zur Korrektur von zinn- oder zinn-blei-galvanisierten Schaltungen mit nicht zufriedenstellender Plattierung verwendet werden, Leiterplatten mit schlechter Lötbarkeit, die durch Altern bedingt ist, lassen sich ebenfalls aufarbeiten.

Heißverzinnen ist nicht nur auf starre Leiterplatten begrenzt. Bei der Firma *Diceon* in Kalifornien werden z.B. starre-flexible-starre Schaltungen ständig nach diesem Verfahren bearbeitet *(Abb. 20.17.)*. Es wurden auch Arbeitsweisen entwickelt, flexible Schaltungen zuverlässig und mit hoher Qualität zu verzinnen.

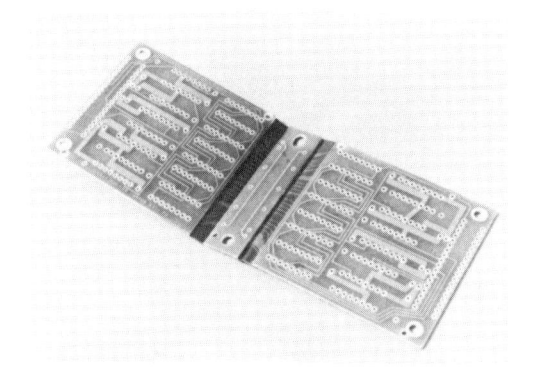

Abb. 20.17.: Heißverzinnte „starre-flexible-starre" Gedruckte Schaltung
(Foto: Diceon Co.)

Materialauswahl: Lot und Flußmittel

Die richtige Auswahl von Flußmittel und Lot ist von besonderer Wichtigkeit. Das Flußmittel kann auch einen Einfluß auf die Wartung der Anlagen ausüben. Es ist ein reines eutektisches Lot mit 63–37 oder 60–40 Prozent Zinn-Blei zu verwenden.

Bei der Entwicklung des Heißverzinnungsprozesses wurden Kollophonium-Flußmittel verwendet. Saubere oxid- und anlauffreie Kupferflächen gewährleisten mit diesen Flußmitteln gute Qualitäten.

Heute geht der allgemeine Trend dahin, wasserlösliche, auch wasserabwaschbare Flußmittel genannt, zu verwenden. Diese wirken schneller als Kollophonium-Flußmittel, reduzieren die Verweilzeit im Lot, verbessern die Benetzung und reduzieren die Verunreinigung

der Anlagen erheblich. Dadurch werden Störungs- und Wartungszeiten auf ein Mindestmaß reduziert. Schließlich entfällt der Einsatz von teuren Lösungsmitteln beim Nachreinigungsprozeß.
Die Verwendung von Wasser als Reinigungsmedium bringt außerdem erhebliche Kosteneinsparungen bei den Abwasserproblemen.

Einflüsse auf das Verfahren
Zur Sicherung der Qualität des Endproduktes ist eine präzise Überwachung aller Parameter erforderlich. Dazu gehören:
- Lotbadtemperatur
- Verweilzeit der Schaltungen im Lot
- Lufttemperatur
- Luftdruck
- Ausziehgeschwindigkeit
- Abstand der Luftdüsen vom Werkstück
- vertikale Einstellbarkeit der Düsen
- Düsenwinkel

Auch eine genaue Führung des Werkstückes in vertikaler Richtung ist wichtig. Der Luftdruck und die Düseneinstellung sollten an beiden Seiten der Fahrrichtung der Platte oder des Rahmens – falls ein solcher verwendet wird – individuell einstellbar sein.
Unter Voraussetzung der richtigen Auswahl von Lot und Flußmittel kann sich die Lottemperatur zwischen 210 und 230 °C, die Lufttemperatur zwischen 210 und 230 °C und der Luftdruck zwischen 1 und 3 kg/cm^2 bewegen. Die Verweilzeit hängt von der Kontruktion des Leiterbildes ab und von der Wärmeaufnahme. Sie kann zwischen 3 bis 6 Sekunden betragen. Die durchschnittliche Ausziehgeschwindigkeit bewegt sich zwischen 20 bis 40 m/Min. Abhängig von der Konstruktion und der gewünschten Lotschichtdicke können höhere oder niedrigere Werte angewendet werden. Die optimalen Parameter können, abhängig von der Konstruktion der Heißverzinnungsanlage, unterschiedlich sein.

20.3.3. Prozeß und Anlagen

Gerades Förderkonzept
In einer typischen Anordnung wird die Leiterplatte in die Aufnahmevorrichtung eines elektropneumatisch arbeitenden Fördersystems eingegeben, taucht in das Fluxbad, fährt nach hinten, taucht in ein mit einer Welle ausgerüstetes Lotbad, wobei vor dem Eintritt in die Welle eine Vorheizung erfolgt, wird schnell aus dem Lotbad herausgezogen, wobei in dieser Phase die Luftmesser aktiviert werden und kehrt in die Anfangsposition zurück. Hier werden die Leiterplatten aus der Halterung entnommen und in horizontaler Lage gekühlt und zum Erstarren gebracht.
Es sind Anlagen für die Bearbeitung von Leiterplatten oder Nutzen bis zu 450 x 610 mm oder 610 x 610 mm erhältlich. Unter Berücksichtigung einer durchschnittlichen Verweilzeit und einem normal programmierten Arbeitszyklus kann der Durchsatz zwischen 100 bis 120 einzelnen Leiterplatten oder Nutzen pro Stunde betragen. Bei *Grundig* in Nürnberg sind drei der beschriebenen Heißverzinnungsanlagen im Zwei-Schichten-Einsatz (14 Stunden pro Tag) in Gebrauch *(Abb. 20.18.).* Hier werden im Additiv-Verfahren hergestellte Nutzen mit einem Löt-Resist beschichtet, heißverzinnt. Der Ausstoß liegt bei ca. 140 Nutzen pro Stunde pro Gerät.

Die Abmessungen der größeren Anlage sind: 1753 mm breit, 1120 mm tief, und 2620 mm hoch. Die Anlagen sind auch für Handbedienung erhältlich. Kontroll- und Anzeigeinstru-

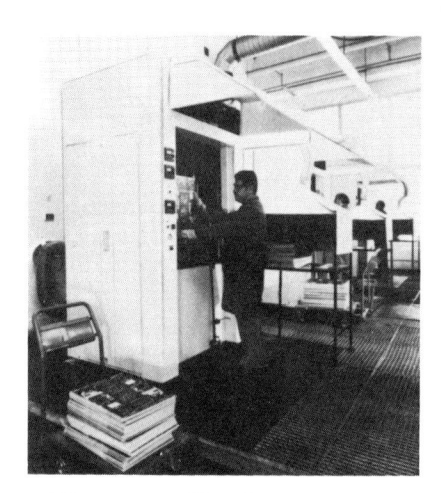

Abb. 20.18.: Heißverzinnungsanlagen in Großbetrieb (Werkfoto: Grundig; Anlagen von Electrovert Ltd.)

Abb. 20.19.: Automatische „hot air leveling" Heißverzinnungsanlage (Werkfoto: Gyrex)

mente zur Überwachung der beim Heißverzinnungsprozeß angewendeten Parameter wie Lottemperatur, Temperatur der Luftheizung und der Luft der Düsen sind vorhanden.

Preßluft wird von der Zuleitung über einen Filter und einen Hauptdruckregler den Luftheizungen zugeführt. Druckanzeigeinstrumente und Ventile erlauben eine exakte Einstellung der für beide Seiten der Leiterplatte benötigten Luftmenge und Druck. Ein By-Pass-System mit Kontrollventilen gewährleistet einen ununterbrochenen Durchfluß von Luft unter niedrigem Druck, so daß die Luftdüsen unter konstanter Temperatur gehalten werden, wenn sie nicht arbeiten. Gleichzeitig wird dadurch die Leiterplatte vorgewärmt. Die Lotwelle im Bad ist programmierbar.

Karussel-Fördersystem

Bei anderen *Sandia*-Anlagen wird ein automatisiertes Karussel-Fördersystem verwendet, das folgende Stationen aufweist: Eingabe der Leiterplatte in die Haltevorrichtung eines rotierenden Karussel-Fördermechanismus, welcher nach einer Rotation von 90° die Leiterplatte in die Flux- und Vorheizstation fördert; die nächste 90° Bewegung bringt die Plattine in die Loteintauch- und Heißluftausgleichstation sowie in die horizontale Kühl- und Erstarrungsstation. Bei der nächsten 90° Rotation kommt die Leiterplatte in die Nachreinigungsstation. Eine weitere Rotation um 90° bringt die Plattine in die Ladeposition zur Entnahme zurück. *Abb. 20.19.* zeigt die Heißverzinnungsanlage des vorbeschriebenen Prozesses.

Der Durchsatz der Anlage einschließlich der Reinigung beträgt 85 bis 120 Nutzen pro Stunde bei einer maximalen Abmessung von 560 x 610 mm.

Der modulare Aufbau der Maschine erlaubt es, zunächst mit einer Anlage zu beginnen, die einer kleinen Produktion entspricht, sie kann dann weiter ausgebaut werden durch Ausrüstung mit Lötbad, Luftmessern, Verkleidung und zwei Haltekammern. Alle weiteren Module und Zusatzeinrichtungen können also später in die Anlage integriert werden.

20.3.4. Das Endprodukt

Die heißverzinnte Schicht ist glänzend und spiegelnd, sie bedeckt alle Oberflächen der Leiterzüge und ist mit dem Kupfer fest verbunden. Im Schliffbild soll sie die Anwesenheit einer Diffusionszone zwischen den Kupferflächen und der Lotbeschichtung anzeigen. Die Bohrungen sollen freigeblasen sein. Die Schichtdicke hängt von den verschiedenen Bearbeitungsparametern ab.

Untersuchungen zeigen, daß bei einer sorgfältigen Auswahl der Parameter beim Heißverzinnen Leiterplatten hergestellt werden können, welche die Minimum-Lotschichtdicke von 7,5 µm – an der Spitze des Meniskus – erreichen, und somit der *MIL-STD-275 Rev. D* oder anderen nationalen Standards entsprechen (auf Leiterzügen mit einer Breite bis zu 2,5 mm). Die geforderte Schichtdicke von mindestens 2,5 µm auf der Wand der durchmetallisierten Bohrungen wird ebenfalls erreicht [22].

Will man eine dünnere Beschichtung von z.B. 1,25 µm erreichen – wie diese die *NASA-Spezifikation MSFC STD 154A* als Minimum-Schichtdicke vorschreibt – so ist dies auch möglich, ebenso eine dünne Beschichtung von 1 µm Dicke zum nachträglichen Zufügen von "Memory Cores". Eine Beschichtung von über 7 bis 8 µm Dicke, z.B. auf Lötflächen, auf denen durch das Reflow-Lötsystem Flat-Packs aufgebracht werden sollen, ist schließlich auch herstellbar. Die Anlage ist also in der Lage, sowohl Dicke (thick fused) als auch Dünne (thin fused) Beschichtungen zu fertigen.

Es sei nochmals darauf hingewiesen, daß das Freiblasen der Bohrungen bei diesem Verfahren einwandfrei erfolgt, wenn die Parameter richtig eingestellt werden und die Konstruktion der Leiterplatte für das Verfahren geeignet ist. Bohrungen bis zu 0,5 mm Durchmesser können normalerweise ohne Fehler freigeblasen werden. Bei Bohrungen mit noch geringerem Durchmesser muß man wählen zwischen der Lotschichtdicke auf den Leiterplattenoberflächen und den freigeblasenen Bohrungen [23].

MIL-STD-275 Rev. D erlaubt die Verwendung von Solder Mask unter der Voraussetzung, daß die Eigenschaften dieser Solder Mask mit den Anforderungen von IPC Spezifikationen IPC-SM-840 übereinstimmen. Die unmaskierten Kupferoberflächen, z.B. die Lötaugen, müssen mit Lot bedeckt sein. Das Heißverzinnen eignet sich besonders für die Behandlung von maskierten Leiterplatten. Goldplattierte Steckerleisten können für den Prozeß mit einem hochtemperaturresistenten Band bedeckt werden, um zu verhindern, daß Lot auf die Kontaktfinger gelangt.

Vor- und Nachbehandlung (Reinigung)

Nachreinigung bedeutet das Entfernen von Flußmittelresten nach dem Heißverzinnen der Leiterplatten. Diese ist unbedingt erforderlich und muß in jedem Fall als ein Bestandteil des Prozesses betrachtet werden. Das Nachreinigungsmedium für wasserlösliche Flußmittelreste ist Wasser. Sollten Kolophonium-Flußmittel benutzt werden, können industrielle Lösungsmittel oder wasserlösliche alkalische Zusätze als Reinigungsmedium verwendet werden. Das Säubern kann auch von Hand erfolgen. *Abb. 20.20.* zeigt eine Sprühreinigungsanlage, welche speziell für das Reinigen von Leiterplatten vor dem Heißverzinnen geeignet ist.

Abb. 20.20.: Durchlaufanlage für das Reinigen nach dem Heißverzinnen
(Werkfoto: Chemcut, Solingen)

Qualitätssicherung
Gute Lötbarkeit und Reinheit der zu verzinnenden Oberlächen ist eine grundsätzliche Forderung, um gute Heißverzinnungsresultate zu erzielen. Ist eine Vorreinigung erforderlich, kann diese von Hand erfolgen. Anschließend ist sorgfältig mit Frischwasser zu spülen. Alternativ dazu gibt es von den Herstellern entwickelte Vorreinigungsgeräte, die mit dem System „in line" eingesetzt werden können.

Praktisch ist das Heißverzinnen bei allen heute erhältlichen Plastik-Substrat-Materialien oder Leiterplattenarten einsetzbar. Zukünftige Trends in der Leiterplattentechnik weisen beim Einsatz von Solder Mask auf die vermehrte Anwendung des Hot-Air-Levelns in der Produktion hin. Wenn Solder Mask angewendet wird, ist es unbedingt erforderlich, daß sie auf den Heißverzinnungsprozeß abgestimmt ist und zwar sowohl im Hinblick auf das Material, als auch speziell auf das Aushärten.

20.3.5. Trends der zukünftigen Entwicklung

Entsprechend den Marktanforderungen nach weiterer Automatisierung und Vervollständigung der Heißverzinnung (Hot-Air-Leveling-Verfahren) wurde eine vollautomatische, rechnergesteuerte Großanlage entwickelt. Die Grundausführung besteht aus: Einlaufstation, Fluxer, Vorheizung, Heißverzinnungsstation mit Ausgleich der Schichtdicken durch Heißluft, Kühlstation und Auslaufstation *(Abb. 20.21.)*.

Das modular aufgebaute System gewährleistet gute Zugänglichkeit für Wartung und Reparatur. Das zuverlässige computergesteuerte elektrische System kontrolliert die benötigte Energiezufuhr und die Synchronisierung der Arbeitstakte, die als Herstellungsparameter eingegeben wurden.

Eine solche Anlage kann auch mit weiteren Bearbeitungsstationen zu einer Fertigungsstraße ausgebaut werden. Dazu gehören Ladestation einschl. Förderwagen, Vorreinigen, Nachreinigen, automatisches Entladen und Stapeln. Andere Kombinationen sind je nach Erfordernis der Produktion denkbar. *Abb. 20.23.* zeigt als Beispiel eine im Baukastensystem (Module) erstellte Durchlauf-Nachreinigungs- und Trockenanlage.

Abb. 20.21.: Vollautomatische, rechnergesteuerte Heißverzinnungsanlage
(Werkfoto: Electrovert, Hamburg)

Abb. 20.22.: Vollautomatische Heißverzinnungsanlage mit nachfolgender Durchlaufanlage für die Reinigung und Trocknung (System Gyrex, Bochum)

Abb. 20.23.: Durchlauf-Nachreinigungs- und Trocknungsanlage im Baukastensystem
(Werkfoto: Electrovert, Hamburg)

Abschließend sei auf das Urteil von *Dr. Thwaites* verwiesen, der als international geschätzter Fachmann für das Löten gilt: ,,Heißverzinnte Beschichtungen gewährleisten ein vorzügliches Finish, den besten Schutz und hervorragende Lötbarkeit" [24].

Literaturverzeichnis zu Kapitel 20:

[1] Bud, Paul J.: General Review of Soldering as a Joining Method; IPC Printed Circuit Assembly and Joining Handbook and Insulation/Circuits, March 1977.

[2] Bud, Paul J.: Latest Developments in Wavesoldering; C.D.I. Conference – Salon des Composants, Paris, 1975. (Reprints available from Electrovert Inc.)

[3] IPC–S–804. Standard Specification: Solderability Test Methods for Printed Wiring Boards. Proposal – January 1979 issue; IPC, Evanston, Illinois.

[4] Thwaites, Dr. Colin J.: The Solderability of Some Tin, Tin Alloy and Other Metallic Coatings. International Tin Research Institute; Publication No. 304.

[5] Tautscher, Carl J.: The Contamination of Printed Wiring Boards and Assemblies, OMEGA Scientific Services, Bothell, Washington (1976)

[6] Hauffe, Karl: Oxidation of Metals. Plenum Press, New York (1965).

[7] Thwaites, Dr. Colin J.: Die Erreichung bestmöglicher Lötbarkeit in der elektronischen Industrie. Metall, Heft 8, 21 Jahrg. 1967; also Thwaites, Dr. Colin J. The Solderability of Coatings for Printed Circuits – International Tin Research Institute, Publ. No. 361.

[8] MIL–STD–275D. Military Standard. Printed Wiring for Electronic Equipment. April 1978.

[9] MSFC–STD–154A. Printed Wiring Boards (Copper-Clad) – Design, Documentation and Fabrication, December 1965.

[10] Bernier, Dennis: Effects of Accelerated Aging and Environmental Pollution of Circuit Board Solderability. IPC Technical Review.

[11] Thwaites, Dr. Colin J. and Dinsdale, P. M.: The Flow-Melting of Electrodeposited Tin and Tin-Lead Coatings. International Tin Research Institute, Publication No. 560.

[12] Dunn, Barry D.: The Fusing of Tin-Lead Plating on High Quality Printed Circuit Boards. Transactions of the Institute of Metal Finishing, Vol. 58, 1980.

[13] Schoenthaler, David: Solder Fusing with Forced Convection Liquid Heating. The Western Electric Engineer, Vol. XIX, No. 2, April 1975.

[14] Elliott, D. A.: Explanations & Guidelines for (Solution and Identification of) Problems Encountered During Reflowing of Tin/Lead Electroplate on PC Boards. IPC P. C. Assembly & Joining Handbook, and Insulation/Circuits, April and May 1973.

[15] Rehbach, Norbert: Advanced Methods of Surface Treatment to Ensure Solderability on Printed Wiring Boards. EIPC Proceedings of Seminar on Solderability Testing, Horgen/ZH, November 1977.

[16] Costello, Bernard J.: Some Thermal Characteristics of Printed Wiring Board Processes. Argus International.

[17] Ball, Donald F.: Equipment Parameters for Aqueous Flux Removal after IR Reflow. Proceedings PC'79, International Printed Circuits Conference, New York.

[18] Schoenthaler, David: Solder Joining and Fusing with Radiant Heating. IPC P. C. Assembly and Joining Handbook.

[19] Chu, T. Y., Mollendorf, J. C. and Wenger, G. M.: Condensation Soldering: A New Mass Soldering Process. The Western Electric Engineer, Vol. XIX, No. 2, April 1975.

[20] Wenger, George M. and Mahajan, Roop L.: Condensation Soldering Technology. IPC P. C. Assembly and Joining Handbook and Insulation/Circuits, October-November 1979.

[21] Scagnelli, H. J., D'Erchia, F. J.: Wittenberg, A. M. Forced Hot Air Fusing of Solder Plated Circuits. Welding Journal (AWS), Vol. 54, October 1975.

[22] Elliott, Donald A. and Baronian, Berge: Hot Air Leveling for Solder Coated PC's. Electronic Packaging and Production, April 1977.

[23] Walls, Robert R. and Smith, Charles R.: Selective Solder Coating with Hot Air Leveling – A Versatile Production Technique. Proceedings PC'79 International Printed Circuits Conference, New York, 1979.

[24] Thwaites, Dr. Colin J.: Soft Soldering Handbook. Internat. Tin Research Institute, Publication No. 533

21. Qualitätssicherung durch gezieltes Gestalten, Wertanalyse und Verfahrensauswahl

21.1. Funktionen der Qualitätssicherung

Aus den Anfängen der Herstellung von Leiterplatten mit einfacher Leiterbahnführung, großen Lötaugen und breiten Leiterzügen sind im Laufe der letzten 10 Jahre sehr komplizierte Schaltungen hervorgegangen. Die Packungsdichte der Bauelemente stieg mit gleichzeitigem Kleinerwerden der Leiterplatten. Dabei wurden die Lötaugen zwangsläufig kleiner und die Leiterbahnabstände und Breiten enger.

Mit der Einführung der durchmetallisierten Platten gelang ein weiterer Schritt zur Erhöhung der Packungsdichte. Die Leiterplatte wurde zum zentralen Bauelement in allen elektronischen Geräten und Anlagen. Für die Leiterplattentechnik galt es, sich der neuen Konzeption und den geforderten Toleranzen anzugleichen, und umgekehrt mußten sich die Leiterplattenentwickler mit der Technik der Leiterplattenherstellung vertraut machen, um fertigungsgerechte Leiterplatten zu entwerfen.

Für das Erstellen der Leiterplatte ist es eine wichtige Voraussetzung, ein geeignetes Konzept zu finden, das in Funktion, Zuverlässigkeit und Wirtschaftlichkeit eine optimale Lösung aufzeigt. Der Leiterplattenentwickler muß rechtzeitig die Forderungen und Wünsche aller beteiligten Stellen sowie die praktischen Erfahrungen aus Vorgängertypen im Leiterplattenkonzept mit berücksichtigen.

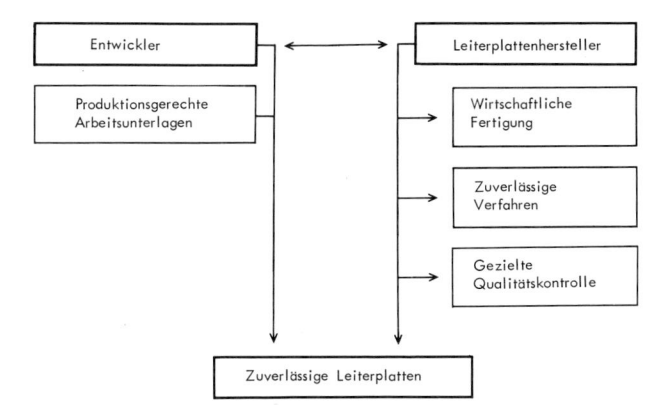

Abb. 21.1.: In Zusammenarbeit zwischen Entwickler und Leiterplattenhersteller werden zuverlässige Leiterplatten geplant

Die Arbeit sollte unter dem Motto „Gleich richtig ist wichtig" stehen.

Nur durch engste Zusammenarbeit zwischen Entwickler und Leiterplattenhersteller werden produktionsreife Arbeitsunterlagen geschaffen, mit welchen der Hersteller in geeigneten Verfahren, wirtschaftlicher Fertigung und gezielt eingesetzter Qualitätskontrolle zuverlässige Leiterplatten produzieren kann. (*Abb. 21.1.*)

Eine gut funktionierende Qualitätssicherung ist die weitere Voraussetzung, um dieses Resultat zu erzielen. Das Ergebnis der Qualitätssicherung ist: *Fehlerfrei.* Man nähert sich dieser Zielsetzung, indem man an jedem Arbeitsplatz jede Tätigkeit gleich beim ersten Mal richtig macht. Für die Qualität der Leiterplatte sind zwei Phasen von entscheidender Bedeutung:

Entwicklungs- u. Fertigungsphase

Zur Entwicklungsphase gehören der Entwurf und das Auslegen von Fertigungs- und Zeichnungsunterlagen unter Berücksichtigung der verfahrensbedingten Toleranzen. In der Entwicklungsphase werden in Zusammenarbeit zwischen Konstruktion, Leiterplattenentwickler und Fertigung die entscheidenden Vorarbeiten ausgeführt (*Abb. 21.2.*).

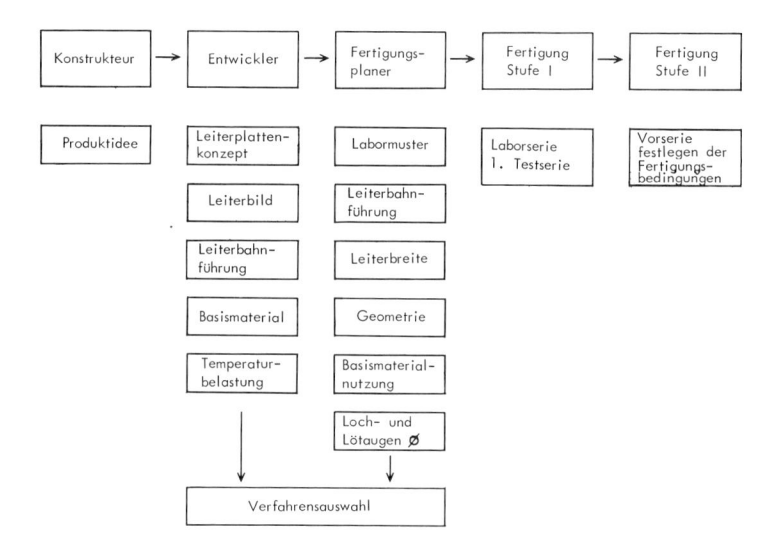

Abb. 21.2.: Entwicklungsphase einer Leiterplatte

Die Entwicklungsphase erstreckt sich bis zum Erstellen der ersten Vorserie. Jede Leiterplatte ist nach wertanalytischen Überlegungen zu gestalten. Zur Gruppe der Fertigungsphase zählt das Erstellen der Leiterplatte in der Leiterplattenfertigung. Mit Hilfe einer Fertigungs- und Qualitätskontrolle werden die Leiterplatten nach den von der Qualitätssicherung aufgestellten Richtlinien geprüft. Das Prüfen dient im wesentlichen zum Erkennen von Fehlern und Abweichungen und zur Informationsrückkopplung.

Die folgenden Kapitel sollen dem Entwickler und Fertigungsplaner die Hilfsmittel geben, die zu einer guten wertanalytischen Gestaltung der Leiterplatte führen.

21.2. Konstruktionsrichtlinien

Bevor ein Leiterplattenkonzept Wirklichkeit wird, liegt der mechanische Aufbau des Gerätes in den Grundzügen fest. Dem Entwickler sind alle Bauelemente bekannt, und er kennt den Schaltplan des Gerätes. Die Konstruktionsrichtlinien sollen dem Leiterplattenentwickler einen Überblick über die gebräuchlichsten Verfahren geben und ihm beim Entwerfen der Leiterplatte behilflich sein.

Der Entwickler wählt in Zusammenarbeit mit dem Arbeitsplaner der Leiterplattenfertigung das wirtschaftlichste und sicherste Verfahren. Für den Leiterplattenentwickler ist es notwendig, die verschiedenen Arten der Leiterplatten und deren Herstellungsverfahren zu kennen. Nur durch Kenntnis der Fertigungstechnik lassen sich die besten Ergebnisse erzielen. Folgende Arten der Leiterplatten mit Varianten sind gebräuchlich:

Ein- und zweiseitige starre Leiterplatten ohne Lochverkupferung
Ein- und zweiseitige sowie mehrlagige starre Leiterplatten mit Lochverkupferung
Flexible Leiterplatten
Formschaltungen
Multiwireschaltungen
Wire Wrap-Schaltungen

Zum Erstellen der Leiterplatten wählt der Entwickler aus einer Vielzahl von Verfahren aus, die sich in der Toleranz, den Kosten und Fertigungsanlagen sehr stark voneinander unterscheiden.

21.3. Konstruktionsunterlagen für einfachere Leiterplatten

(Für Spezialverfahren sind diese Ausführungen in den spezifischen Kapiteln enthalten.)

Die Qualitätsarbeit beginnt nicht in der Leiterplattenfertigung, sondern beim Entwurf des Leiterbildes. Bei der Anfertigung des Leiterbildoriginals sind äußerste Sorgfalt und Maßgenauigkeit erforderlich. Es müssen hohe Anforderungen an die Maßbeständigkeit des Leiterbildträgers gestellt werden. Dieser darf durch äußere Einflüsse wie Wärme und Luftfeuchtigkeit keine Maßveränderung erfahren. Die notwendigen Aufwendungen sind gerechtfertigt, da sich Ungenauigkeiten und Mängel des Originals unmittelbar auf die Qualität der Leiterplatte auswirken. Die Ungenauigkeiten des Leiterbildoriginals müssen sehr viel kleiner sein als die von der fertigen Leiterplatte geforderten Toleranzen. Beim Entwickeln des Leiterbildes müssen die Toleranzen der verschiedenen Arbeitsgänge des Leiterplattenherstellungsprogrammes berücksichtigt werden. Geht man beim Kleben des Leiterbildes vom theoretischen Rasterbild aus, so setzen sich die Toleranzen zum Beispiel zum Lötauge aus folgenden Werten zusammen:

Toleranz – Klebeband
- Kleben des Leiterbildentwurfes
- Verkleinern von der Originalvorlage auf Leiterplattengröße
- Filmverzug
- Kontaktkopie
- Siebgewebe
- Druckversatz
- Basismaterial
- Unterätzung, Ätzlösung
- Bohren/Stanzen der Lochgruppen
- Lochdurchmesser

Leiterplattenarten

Leiterplatten	Technik	Verfahren	Prozess
Ein- u. zweiseitige starre Leiterplatten *ohne* Lochverkupferung	Subtraktiv-Technik	Siebdruck	Positiv-Druck
			Negativ-Druck
			Negativ/Positiv-Druck
		Fotodruck	Positiv-Druck
			Negativ-Druck
Ein-, zweiseitige und mehrlagige starre Leiterplatten *mit* Lochverkupferung	Subtraktiv-Additiv-Technik	Metallresistverfahren	
		Siebdruck	Negativ-Druck
		Fotodruck	Negativ-Druck
		Semi-Additiv-Verfahren	
		Siebdruck	Negativ-Druck
		Fotodruck	Negativ-Druck
	Additiv-Technik	Rein-Additiv-Verfahren	
		Siebdruck	Negativ-Druck
		Fotodruck	Negativ-Druck
		Fotoforming + PDR Fotodruck	Positiv-Druck
		Tenting-Verfahren	Positiv-Druck
		Mehrlagen-Schaltung Fotodruck	Positiv-Druck
Flexible Leiterplatten	Subtraktiv-Technik und Additiv-Technik	Siebdruck	Positiv-Druck
			Negativ-Druck
			Positiv/Negativ-Druck
		Fotodruck	Positiv-Druck
			Negativ-Druck
Formschaltungen	Subtraktiv-Technik	Siebdruck	Positiv-Druck
			Negativ-Druck
		Fotodruck	Positiv-Druck
			Negativ-Druck
	Subtraktiv-Additiv-Technik	Metall-Resistverfahren	
		Semi-Additiv-Verfahren	
	Additiv-Technik	Rein-Additiv-Verfahren	
		Fotoforming	
Wire Wrap-Schaltungen	Verdrahtungstechnik *ohne* Lochverkupferung	Siebdruck	
		Fotodruck	
Multiwire-Schaltungen	Verdrahtungstechnik *mit* Lochverkupferung	Rein Additiv-Technik Semi Additiv-Technik	

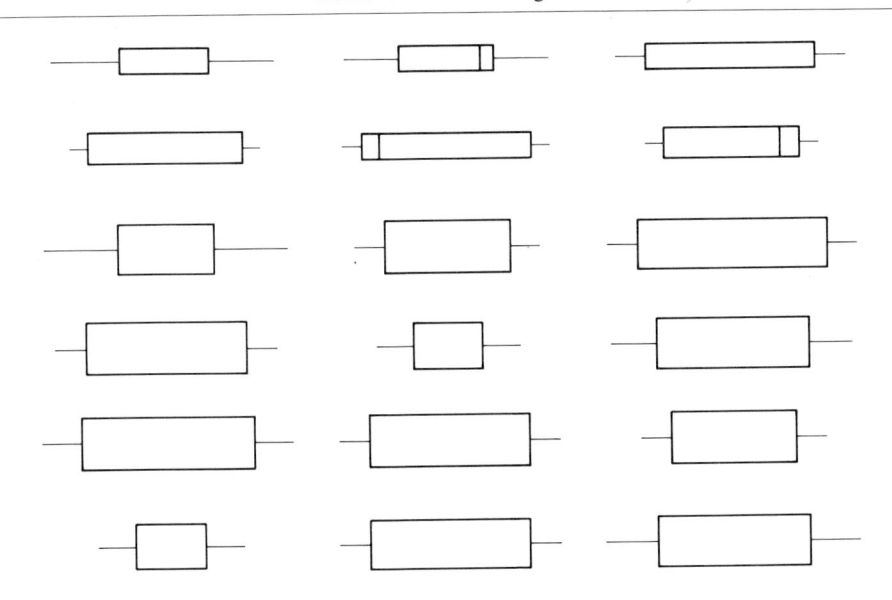

Abb. 21.3.: Axiale Bauteile sind bevorzugt in einer Richtung vorzusehen

21.3.1. Lötaugen

Beim Anlegen der Leiterbildzeichnung wird mit den Lötaugen begonnen; diese bestimmen die Anordnung der Bauteile. Es ist darauf zu achten, daß gleichartige Bauteile, z.B. axiale nebeneinander liegen, damit beim Bestücken mit Bestückungsmaschinen die kürzesten Fahrwege und somit kürzeste Durchlaufzeiten erreicht werden. Die auf der Leiterplatte zu bestückenden axialen Bauteile sind bevorzugt in einer Richtung, bei vorgegebenem Mindestabstand vorzusehen (*Abb. 21.3.*). Die Anordnung in zwei Richtungen im Winkel von 90° sollte nach Möglichkeit vermieden werden. Der durch die Bauteile bestimmte Lötaugenmittelpunkt liegt auf dem vorgegebenen Raster, dieser ist gleichzeitig der Lochmittelpunkt (*Kap. 5.*). Liegt das Loch auf dem theoretischen Raster, so ist beim Fertigen der Leiterplatte damit zu rechnen, daß das Loch nicht exakt auf dem Raster gebohrt oder gestanzt wird, da ein Versatz zwischen Loch und Raster auftreten kann. Gleichzeitig kommt zum Versatz zwischen Loch und Raster ein Versatz zwischen Loch und Lötauge (*Abb. 21.4.*).

Für die fertige Leiterplatte ist Bedingung, daß eine Mindest-Lötaugenbreite (siehe „B" in *Abb. 21.4.*) bestehen bleibt, damit die Bauelementanschlüsse völlig umlötet werden können und besonders bei schweren Bauelementen eine gute mechanische Festigkeit gewährleistet ist. Es muß auch genügend Kupfer beim Anschluß eines Leiters vorhanden sein. Grundsätzlich gilt: Wenn es die Platzverhältnisse erlauben, größtmögliche Lötaugen verwenden. Je größer die Lötaugen sind, desto geringer ist der Fertigungsausschuß durch offene Lötaugen.

Die Wahl des Lötaugendurchmessers hat nach drei Gesichtspunkten zu erfolgen: Der Lötaugendurchmesser soll klein genug sein, um ausreichend Platz für die Leiterführung zu lassen, er muß aber auch so groß sein, daß genügend mechanische Festigkeit der Bauelemente gegeben ist. Auch sind die Toleranzen der Leiterplattenfertigungsprozesse

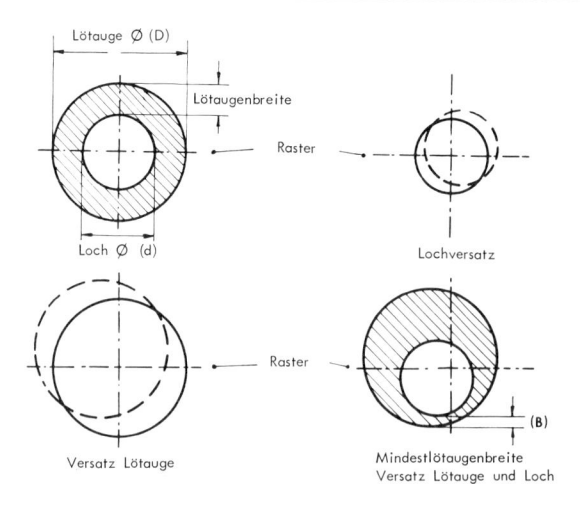

Abb. 21.4.: Toleranz Loch/Lötauge

und des Basismaterials zu berücksichtigen. Grundsätzlich gilt für das Berechnen des minimalen Lötaugendurchmessers bei vorhandenem Lochdurchmesser folgende Gleichung:

$D = B \times 2 + d$

D = Lötaugendurchmesser
B = Mindestlötaugenbreite
d = Lochdurchmesser

Beispiel:
Wie groß ist der minimale Lötaugendurchmesser bei einem Lochdurchmesser von 1,2 mm für den Siebdruckprozeß?

Die Mindestlötaugenbreite B beträgt für den Siebdruckprozeß 0,5 mm, für den Fotoprozeß 0,3 mm. In B sind alle Fertigungstoleranzen enthalten.

$B = 0,5$ mm
$d = 1,2$ mm
$D = B \times 2 + d$
$ = 0,5$ mm $\times 2 + 1,2$ mm
$D = 2,2$ mm

Ergebnis: Der Lötaugendurchmesser muß mindestens 2,2 mm betragen.

Der Leiterplattenentwickler sollte diese Formel nur in Grenzfällen heranziehen, im Normalfall sind die Lötaugen größer anzulegen. In der Praxis ist es günstiger, die Lötaugen größer anzulegen und dabei die angrenzenden Leiter zu verengen, damit die notwendigen Abstände gewährt werden. Die Lötaugen werden im Normalfall kreisrund ausgeführt. In kritischen Zonen können flaschenförmige Lötaugen angeordnet werden. Beim maschinellen Zeichnen erhält man viereckige Lötaugen. Eine Auswahl von Lötaugenformen zeigt *Abb. 21.5.*

Führt man Leiterbahnen an Lötaugen, wählt man im Normalfall scharfe, abgegrenzte Übergänge *(Abb. 21.6.).*

Werden bei geringem Abstand von Lötauge zu Lötauge und Lötauge zu Leiter große Lochdurchmesser benötigt, wählt man den flaschenförmigen Anschluß *(Abb. 21.7)*. Dieser hat den Vorteil, daß ein geringer Druckversatz noch keine offenen Lötaugen bildet. Auch

Konstruktionsunterlagen 395

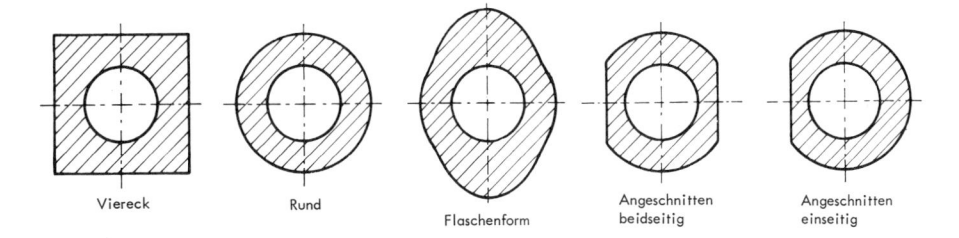

Viereck Rund Flaschenform Angeschnitten beidseitig Angeschnitten einseitig

Abb. 21.5.: Lötaugenformen

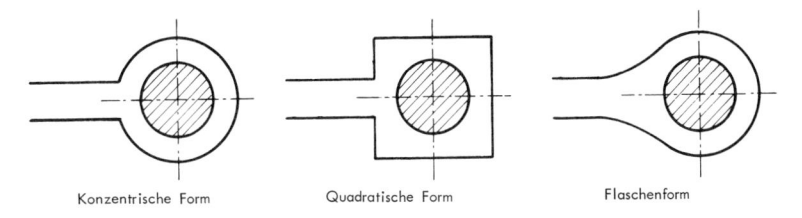

Konzentrische Form Quadratische Form Flaschenform

Abb. 21.6.: Anschlußmöglichkeiten Leiter an Lötauge

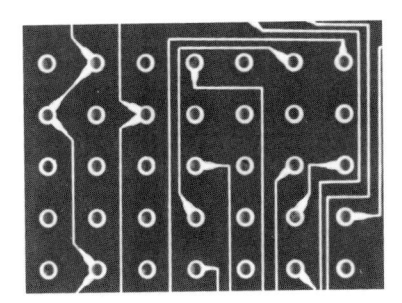

Abb. 21.7.: Flaschenförmiger Übergang von Leiter zu Lötauge

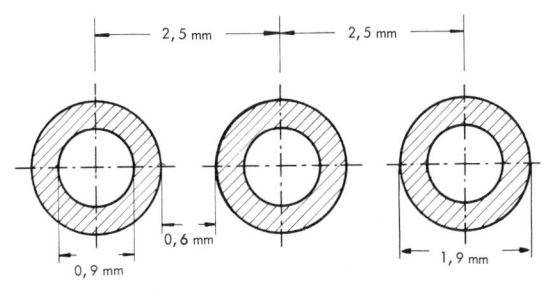

Abb. 21.8.: Minimaler Abstand von Lötauge zu Lötauge

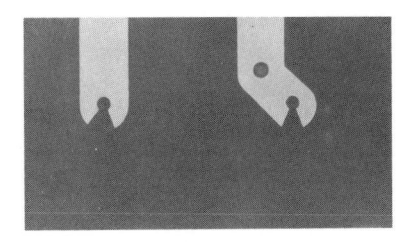

Abb. 21.9.: Eingeschnittene Lötaugen werden beim Tauchlöten nicht geschlossen

bei der flexiblen Schaltung wählt man den flaschenförmigen Übergang. Nach dem Einlöten der Komponenten wird das Lötauge starr, der Leiteranschluß bleibt flexibel. Die Bruchgefahr ist an diesen Übergangsstellen besonders groß, und das führt leicht zu Unterbrechungen in der Übergangsstelle. Es ist deshalb wichtig, durch konstruktive Maßnahmen der Fehlermöglichkeit entgegenzutreten.

Abstand von Lötaugen

Der Abstand zwischen zwei Lötaugen soll nicht unter 0,6 mm liegen. Anzustreben sind 1,0 mm. Je geringer der Abstand, desto größer ist die Lötbrückenbildung während des Lötprozesses. Bei Grenzfällen ist ein Lötstoplack aufzubringen (*Abb. 21.8.*).

Eingeschnittene Lötaugen

Werden Leiterplatten nach dem Tauchlöten noch nachträglich mit einem Bauteil von Hand bestückt, so sind die entsprechenden Lötaugen lötfrei zu halten. In diesen Fällen empfiehlt es sich, das Lötauge bereits in der Konstruktion so anzulegen, daß ein Abdecken nicht mehr erforderlich ist. Das Lötauge wird beim Tauchlöten nicht geschlossen, wenn ein 0,6 mm breiter Schlitz im Lötauge vorhanden ist. Durch diese Maßnahmen werden große Fertigungskosten eingespart (*Abb. 21.9.*).

21.3.2. Leiterzüge

Sind alle Lötaugen festgelegt, werden die Leiterbahnen aufgezeichnet. Die Leiterzüge dienen der elektrischen Verbindung zwischen Anschluß- und Kontaktflächen oder der Darstellung von Induktivitäten, Kapazitäten oder Widerständen. Für die Breite der Leiterzüge sind folgende Faktoren bestimmend:

- geforderte Strombelastbarkeit
- Schichtdicke des Kupfers
- maximal zulässige Erwärmung
- Unterätzung des Leiterzuges

Dem Entwickler ist eine gewisse Freizügigkeit bei der Leiterführung gegeben. Die Mindestleiterbreiten und -abstände sind aus elektrischen Werten vorgegeben. Das Anordnen der Leiterbahnen ist nicht starr an das Rastermaß gebunden. Bei der Leiterführung ist auf das Vermeiden von Engstellen zu achten. In diesen Zonen muß ein Leiter auf Mindestbreite verengt werden. Diese Stellen sind als erstes festzulegen, da sie das folgende Konzept bestimmen.

Um eine möglichst große Leiterdichte zu erreichen, geht die Tendenz zum Kleinerwerden der Leiterzüge. Hierbei ist zu beachten, daß die Fertigungskosten erheblich ansteigen. Der Schwierigkeitsgrad der Leiterplatte wird nach der fertigungstechnisch ungünstigsten Stelle des Leiterbildes festgelegt. Aus diesem Grunde sind die Engstellen möglichst zu vermeiden. Bei der Leiterbildgestaltung ist darauf zu achten, daß die Leiterzüge auf der Lötseite in bezug auf die Lötrichtung keine Schattenwirkung zeigen. Die Leiterzüge sollten, soweit möglich, der Lötrichtung angepaßt sein.

Führen Leiter direkt an einem Loch oder an Lochgruppen vorbei, so erhält man bei geringstem Druckversatz oder Lochversatz angeschnittene Leiter. Die minimale Leiterbreite wird unterschritten, oder der Leiter wird sogar ganz unterbrochen: 100 %iger Ausschuß kann entstehen. In solchen Fällen ist der Leiter um das Loch herumzuführen (*Abb. 21.10.*). Beim Anlegen der Leiter sind scharfe Ecken aus Gründen der Löttechnik zu vermeiden. (*Abb. 21.11.*).

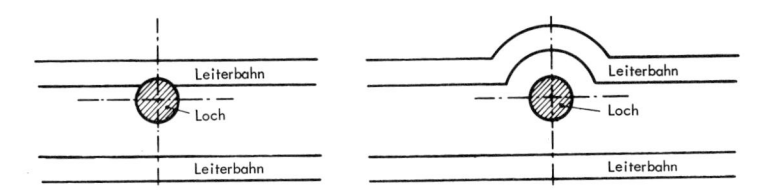

Abb. 21.10.: Stößt eine Leiterbahn an ein Loch, so ist die Leiterbahn um das Loch zu führen

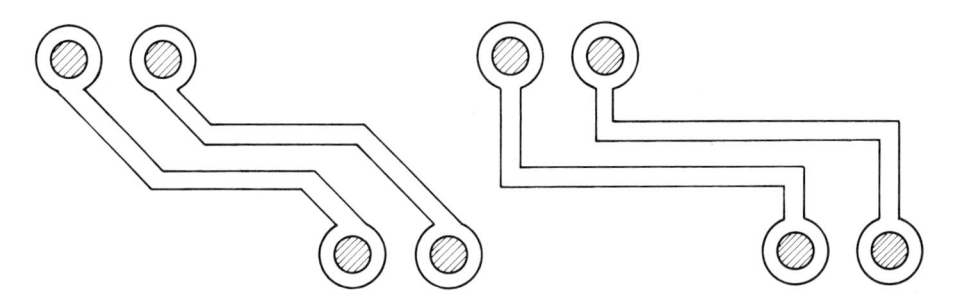

Abb. 21.11.: Aus löttechnischen Gründen sind Leiterzüge mit scharfen Ecken zu vermeiden

Es ist darauf zu achten, daß das Leiterbild beim Löten keine Zinnbrücken bilden kann. Bei eng aneinanderliegenden Leitern und in den Fällen, wo die Leiterzüge spitz an die Lötaugen herangeführt werden, plant man eine Lötmaske.

Aus Qualitätsgründen sind die Leiter so kurz wie möglich anzulegen. Je länger der Leiter, desto größer die Wahrscheinlichkeit einer Unterbrechung!

Wo es das Leiterbild zuläßt, sind die Mindest-Leiterbahnbreiten zu überschreiten. Je breiter der Leiter, desto geringer die Wahrscheinlichkeit einer Unterbrechung!

Leiterbreiten

Im Siebdruckprozeß werden Leiterbahnen bis 0,4 mm ± 0,10 mm Breite gedruckt. Die Vorzugsleiterbreite beträgt 0,8 mm. Im Fotoprozeß fertigt man Leiterbreiten unter 0,4 mm ± 0,05 mm. Der Leiterbildquerschnitt der auf rein additivem Weg hergestellten Leiterplatte entspricht annähernd einem Rechteck. Die Form der geätzten Leiterzüge bildet im Querschnitt annähernd ein Trapez (*Abb. 21.12.*). Das Verhältnis zwischen Leiterbreiten der Zeichnung und den Leiterbreiten der fertigen Leiterplatte ist abhängig von der gewünschten Kupferdicke und dem Herstellungsverfahren

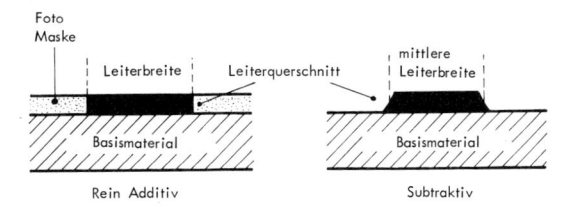

Abb. 21.12.: Form der Leiterzüge im Querschnitt

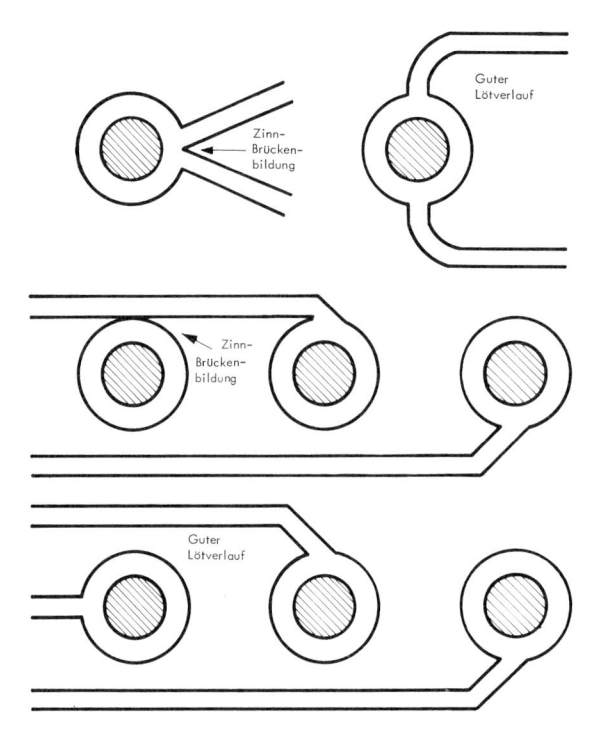

Abb. 21.13.: Leichte Zinnbrückenbildung durch falsch angelegte Leiterbahnen

Anlegen des Leiters an das Lötauge

Wie bereits in *Kapitel 21.3.1.* beschrieben, werden zwei Übergänge Lötauge/Leiter festgelegt. Wenn zwei Leiter auf ein Lötauge geführt werden, so sollen sie keinen spitzeren Winkel als 60 Grad bilden, da unter 60 Grad leicht Zinnbrücken entstehen können (*Abb. 21.13.*).

Abstand Leiter/Lötauge

Wo es das Leiterbild zuläßt, ist der Abstand von Lötauge zu Leiter so groß wie möglich zu wählen. Liegen die Lötaugenabstände eng beieinander und sind zwischen den Lötaugen Leiter zu führen, so besteht die Möglichkeit, die Lötaugen anzuschneiden oder die Leiter in diesem Bereich zu verengen (*Abb. 21.14.*).

Im Beispiel der angeschnittenen Lötaugen können leicht offene Augen entstehen (Abstand Lochrand/Lötaugenrand). Der zweite Fall bringt eine sichere Fertigung. Der minimale Abstand Leiter zu Lötaugenrand liegt bei 0,3 mm.

Abstand Leiter/Leiter

Die Abstände Leiter zu Leiter sind in den Fällen, wo die Möglichkeit hierzu besteht, so groß wie möglich zu wählen! Der minimale Abstand für die Fertigung im Siebdruckprozeß beträgt 0,4 mm ± 0,10 mm. Wird ein Abstand unter 0,4 mm gewünscht, ist das Fotoverfahren zu wählen. Die Fertigungstoleranz liegt bei ± 0,03 mm. Leiterbahnabstände können ab 0,2 mm gefertigt werden.

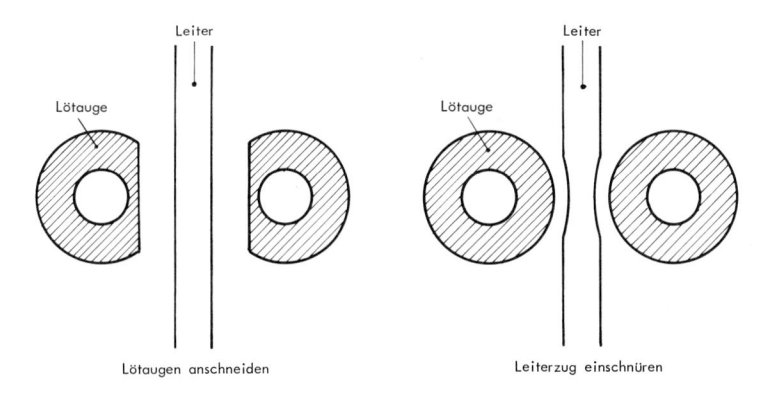

Abb. 21.14.: Führt ein Leiter zwischen nahe beieinanderliegenden Lötaugen durch, so ist der Leiter in diesem Bereich einzuschnüren

Abstand Leiter/Kontur/Leiter/Aussparung

Beim Anlegen des Leiterbildes ist darauf zu achten, daß Leiter nie unmittelbar am Rand der Leiterplatte entlang geführt werden, sondern so weit von der Kontur entfernt sind, daß bei ungünstigem Druck oder Stanzversatz der Leiter in voller Stärke erhalten bleibt.

Werden in der Leiterplatte Aussparungen angelegt, so ist in diesen Fällen ebenfalls der Leiter nie unmittelbar am Rand der Aussparung anzulegen. Insbesondere beim nachträglichen Stanzen der Durchbrüche, z.B. von Aufnahmelöchern für Spulenkörper innerhalb gedruckter Spulen besteht die Gefahr, daß die feinen Leiterzüge beschädigt werden. Ist der Durchbruch zur Aufnahme des Spulenkörpers nicht rund, sondern eckig, besteht die Möglichkeit, daß beim Ausstanzen von diesen Ecken ausgehend Risse entstehen und eng benachbarte Leiterzüge unterbrochen werden können.

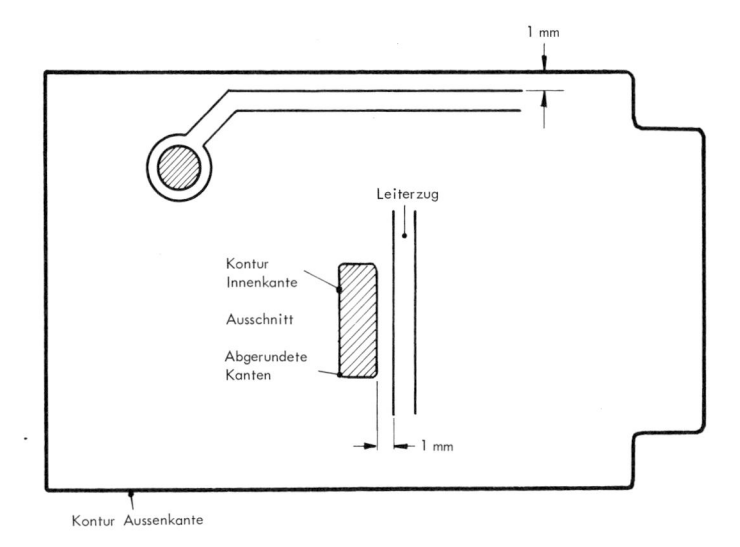

Abb. 21.15.: Der minimale Abstand von der Außenkontur zum Leiter und von Ausschnittkante zum Leiter sollte 1 mm betragen

In allen Fällen ist ein Abstand von mindestens 1 mm einzuhalten (*Abb. 21.15.*). Falls möglich, ist der Leiterzug zu verlegen. In Grenzfällen, bei breiten Leiterzügen oder Masseflächen kann der Abstand bis 0,5 mm reduziert werden. Eine Ausnahme bilden Steckleiterplatten mit bis an den Rand gehenden Kontaktflächen. Diese Bahnen müssen beim Anlegen des Leiterbildes über die Kanten der Leiterplatten hinausgehen, damit beim Ausstanzen oder Ausfräsen der Leiterplatte das Kupfer gleichmäßig am Rand stehen bleibt.

An die Außenmaße der Leiterplatte werden aus wirtschaftlichen Gründen von der Leiterplattenfertigung und der Weiterverarbeitung Forderung gestellt.

Jede Abweichung von der Rechteckform und der Außenkontur erfordern höhere Kosten für Konturwerkzeuge und ebenfalls eine schlechte Ausnutzung des Basismaterials.

Ebenso können in der Weiterverarbeitung keine universellen Bestückungs-, Kontaktier- und Prüfaufnahmesysteme verwendet werden.

21.3.3. Aufrastern von Masseflächen

Sowohl für beidseitige Leiterplatten als auch für einseitige Leiterplatten werden Masseflächen zur elektrischen Abschirmung benötigt. Die Flächen sind aus Qualitätsgründen in vorgegebene Muster aufzurastern (*Abb. 21.16.*).

Das Perforieren hat folgende Vorteile:

Einsparen von Lötzinn beim maschinellen Löten der Platten

Aufheben der inneren Spannung und Vermeidung von Blasenbildung während des Lötvorganges

Vermeiden der Blasenbildung beim Aushärten von additiv hergestellten Leiterplatten

Abb. 21.16.: Masseflächen werden durch Perforieren entschärft

21.3.4. Lochdurchmesser

Zum Erstellen der Lochgruppen werden Bohrmaschinen, Bohrautomaten und Stanzwerkzeuge eingesetzt (*Kap. 5.*). Die Lochdurchmesser werden beim Anlegen der Zeichnung nach drei Kriterien festgelegt:

Bei Bauelementen verschiedener Lieferfirmen wird der Lochdurchmesser gewählt, der dem größten Drahtdurchmesser entspricht

Werden hohe Stückzahlen benötigt, so ist das Erstellen eines Stanzwerkzeuges wirtschaft-

lich. *Es können mehrere Lochdurchmesser eingeplant werden, und es wird eine bessere Lötqualität erreicht*

Ist besondere Toleranz auf den Lochdurchmesser und die Qualität des Lochbildes zu legen, wird die Leiterplatte für das Bohren auf numerischen Bohrmaschinen geplant

In der Druckplattenfertigung sind aus Gründen der Bohrer- und Stempel-Lagerhaltung und der Verwechslungsgefahr Einheitsmaße festgelegt.

Einheitsmaße:

0,8 mm, 0,9 mm, 1,0 mm, 1,1 mm, 1,2 mm, 1,3 mm, 1,4 mm, 1,5 mm, 1,6 mm, 1,7 mm, 1,8 mm, 1,9 mm, 2,0 mm, usw.

Zwischenmaße sollen nicht eingesetzt werden. Diesen Einheitsmaßen sind die Bauelemente zuzuordnen. Es ist zu beachten, daß gestanzte Löcher andere Toleranzen haben als gebohrte Lochgruppen und beim Stanzen sich die Toleranz beim Einsatz von verschiedenen Basismaterialqualitäten ändert.

Basismaterial	Toleranz	
	Bohren	Stanzen
Phenolharzhartpapier	± 0,02 mm	+ 0,05 mm − 0,10 mm
Epoxidharzhartpapier	± 0,02 mm	+ 0,05 mm − 0,08 mm
Epoxidglasgewebe	± 0,02 mm	+ 0,05 mm − 0,05 mm

Der Lochdurchmesser ist für die Stanztechnik nicht unter 0,9 mm zu planen, da bei geringerem Lochdurchmesser die Stempel in den Werkzeugen brechen. Eine qualitätsgerechte Fertigung von Leiterplatten setzt voraus, daß die Leiterplatten (unter Berücksichtigung von bestückungs- und drucktechnischen Belangen) mit *möglichst wenig verschiedenen Lochdurchmessern entwickelt werden*. Kleine Bestückungslöcher bringen stanztechnische Schwierigkeiten und *erhöhten* Ausschuß in der Leiterplattenfertigung.

Lochqualität

Bauelemente, Kontaktstifte, Sockelbefestigungen, Anschlußdrähte für Kabelbäume usw. benötigen eine bestimmte Lochqualität. In der Additiv-Technik sind die Lochgruppen durchverkupfert. Dieses Veredeln gewährleistet neben der Verbindung Oberseite-Leiterplatte zu Unterseite-Leiterplatte auch einen sehr guten Halt des Bauelementes nach dem Lötvorgang. Es besteht in diesem Fall kein großer Unterschied in der Haltbarkeit zwischen

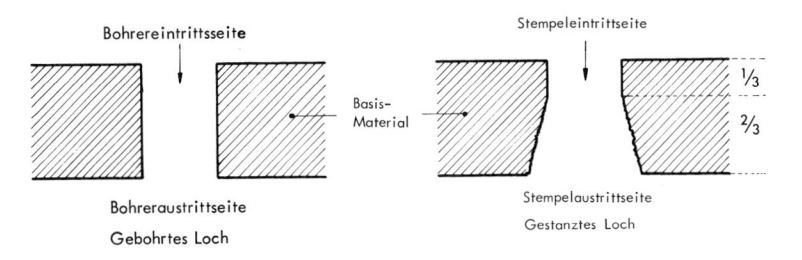

Abb. 21.17.: Querschnitt eines gebohrten und eines gestanzten Loches

einem gebohrten und einem gestanzten Loch. Im Falle der Subtraktiv-Technik wünscht man verschiedene Lochqualitäten. Das gebohrte Loch zeigt eine gerade Form, das gestanzte Loch dagegen eine Kegelform *(Abb. 21.17.)*.

Im ersten Drittel des Stanzloches ist der Schnitt gerade. Die restlichen zwei Drittel bilden einen Kegel mit gezackten Flächen. Die Kegelform ist zur Stempelaustrittseite hin geöffnet. Durch Ändern des Schnittspieles kann die Kegelform verändert werden. Der Lochdurchmesser der Stempelaustrittseite ist bei einem Schnittspiel von:

    0,1 mm ca. 0,10 mm größer als das Nennmaß
    0,2 mm ca. 0,25 mm größer als das Nennmaß
    0,4 mm ca. 0,45 mm größer als das Nennmaß

Wird eine bestimmte Festigkeit eines Bauelementes vor dem Lötvorgang gewünscht, kann durch Auswahl des Schnittspiels eine geeignete Lochform gefunden werden. Das Schnittspiel ist nach dem Festlegen in der Zeichnung mit anzugeben.

Rasteraufbau Lochbild

Die Lochgruppen sind nach einem Raster anzulegen. Dabei ist zu beobachten, daß der Lochmittelpunkt auf einen Kreuzungspunkt eines Rasters kommt *(Abb. 21.18.)*. Nur so ist gewährleistet, daß ein geringer Versatz von Lötauge zu Leiter entsteht und damit hoher Ausschuß vermieden wird. Die Lochgruppen sind auf Kreuzungspunkte eines Rasters zu legen. Eine Ausnahme bilden hier zusammengehörende Lochgruppen, bei denen der Abstand von Loch zu Loch nicht im Raster liegt. Es ist hierbei zu beachten, daß *mindestens ein Loch auf dem Raster liegen muß (Abb. 21.19.)*.

Nach dem Fertigstellen aller Zeichnungen ist zu prüfen (optisch und mechanisch), ob die außerhalb des Rasters liegenden Lochgruppen mit den Lötaugen übereinstimmen und keinen Versatz bilden.

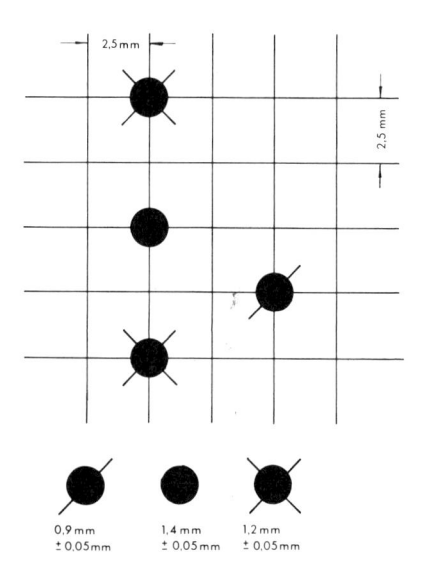

Abb. 21.18.: Der Lochmittelpunkt des Loches liegt auf dem Kreuzungspunkt eines Raster

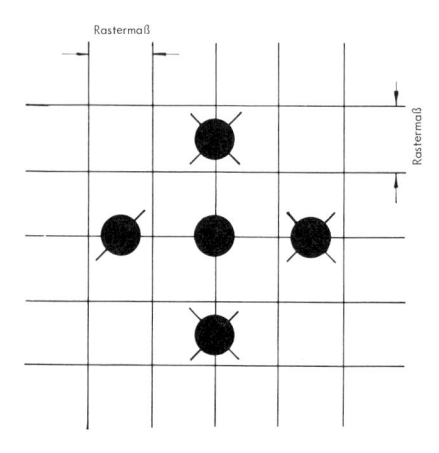

Abb. 21.19.: Liegen Lochgruppen nicht im gewünschten Raster, so ist ein Loch auf einem Kreuzungspunkt eines Rasters aufzuzeichnen

21.3.5. Lötstopbild

Der Lötstopdruck kann als zusätzlicher Arbeitsgang beim Erstellen der Leiterplatte zu weiterer Qualitätsminderung führen und sollte aus diesem Grunde nur dort eingesetzt werden, wo er aus löttechnischen Gründen oder bei geforderten elektrischen Werten unbedingt notwendig ist. Vor dem Anlegen der Lötstopvorlage liegt das Leiterbild mit Lötaugendurchmesser fest. Es ist beim Aussuchen des Lötstopaugendurchmessers auf die Lötaugendurchmesser zu achten. Das Lötstopauge darf nicht den Lötaugendurchmesser verkleinern. Der Druckversatz beim Aufbringen des Lötstoplackes ist zu berücksichtigen. Im Normalfall ist der Durchmesser des Lötstopauges um 0,2 mm größer als der Durchmesser des Lötauges anzulegen (*Abb. 21.20.*).

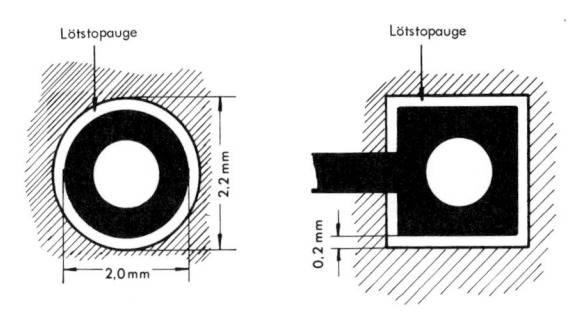

Abb. 21.20.: Der Durchmesser des Lötstopauges ist um 0,2 mm größer als das Lötauge

Sind Lochgruppen durch Kupferflächen miteinander verbunden, ist aus Gründen der Qualität ein gemeinsames Feld aufzubauen. Bei geringstem Fertigungsdruckversatz entstehen keine Ausschußzahlen durch Verkleinern des Lötauges und damit keine Qualitätseinbußen. Liegen Lochgruppen nahe beieinander, so kann ein gemeinsames Lötstopfeld gewählt werden, oder jedes Lötauge kann für sich ein Lötstopauge erhalten. Der erste Fall bringt Sicherheit in die Leiterplattenfertigung, hat aber den Nachteil einer eventuellen Lötbrückenbildung (*Abb. 21.21.*).

Die Entscheidung muß immer in Absprache mit dem Leiterplattenentwickler, dem Leiterplattenhersteller und dem Verarbeiter getroffen werden. Eine Rückkopplung erfolgt nach der Vorserienauswertung (*Kap. 21.5.*).

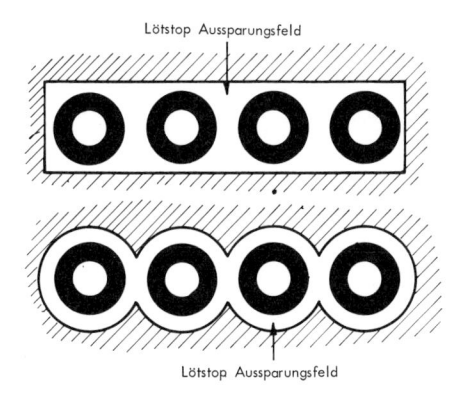

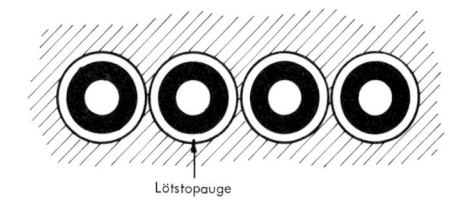

Abb. 21.21.: Für beieinanderliegende Lötaugen wählt man für das Lötstopbild ein gemeinsames Aussparungsfeld

21.3.6. Servicebild – Kennzeichnung

Der Service- oder Kennzeichnungsdruck bringt dem Bestückungs- und Kontrollpersonal eine sichere Hilfe und dem Servicefachmann eine schnellere Reparatur. Jedes Bauteil hat eine Symbolbezeichnung, die weitgehend genormt als auch firmenspezifisch sein kann. Beim Anlegen des Servicebildes ist darauf zu achten, daß die Schriftgröße mindestens 3 mm beträgt, da sonst während des Druckvorganges die Zahlen nicht mehr lesbar auf der Leiterplatte erscheinen. Alle Linien, Zahlen und Kennzeichen müssen von den Lochgruppen einen Abstand von 0,5 mm haben (*Abb. 21.22.*).

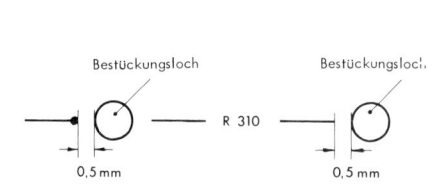

Abb. 21.22.: Der minimale Abstand des Servicedruckes vom Lochrand beträgt 0,5 mm

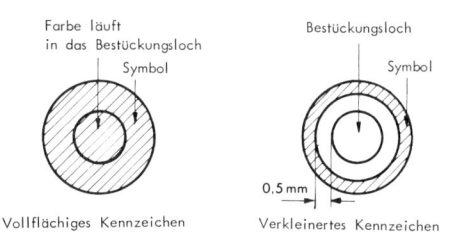

Abb. 21.23.: Vollflächige Kennzeichensymbole über Lochgruppen erniedrigen die Leiterplattenqualität

Werden diese Abstände nicht eingehalten und liegen die Linien direkt am Lochrand, gibt es größte Schwierigkeiten in der Leiterplattenfertigung und beim Einlöten der Bauelemente. Bei durchkontaktierten Platten wird der Lötfluß gehemmt, und bei Subtraktivplatten ergeben sich Farbansammlungen unter dem Siebgewebe. Es können keine großen Stückzahlen gefertigt werden, da die Farbe die Leiterplatten ständig verschmiert: – Schlechte Qualitäten sind die Folge. Runde, vollflächige Symbole über Lochgruppen sind aus diesem Grund nicht druckbar. Diese müssen als Ring um die Lochgruppen geplant werden (*Abb. 21.23.*).

Für Kondensatoren usw. werden auf der Leiterplatte ganzflächige Drucke benötigt. Aus Qualitätsgründen ist es unbedingt notwendig, diese Flächen zu perforieren, falls hohe Stückzahlen gefordert sind und die Servicedrucke in Durchlauftrockenöfen getrocknet werden (*Abb. 21.24.*). Bei perforierten Flächen wird eine schnellere Abtrocknung der Farbe erreicht.

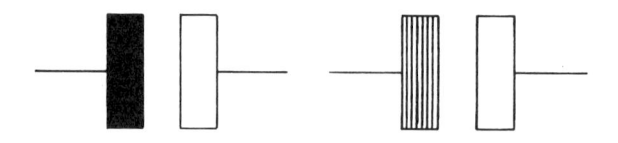

Abb. 21.24.: Aufgerasterte Kennzeichen lassen sich sicherer trocknen

21.3.7. Mehrfachnutzen

Jede Leiterplatte kann für sich allein in der Fertigung hergestellt werden. Für die unterschiedlichen Leiterplattengrößen werden hierzu viele Aufnahmesysteme in Maschinen und Anlagen benötigt. Dabei treten mehrere Fehler auf, und eine gleichbleibende

Konstruktionsunterlagen 405

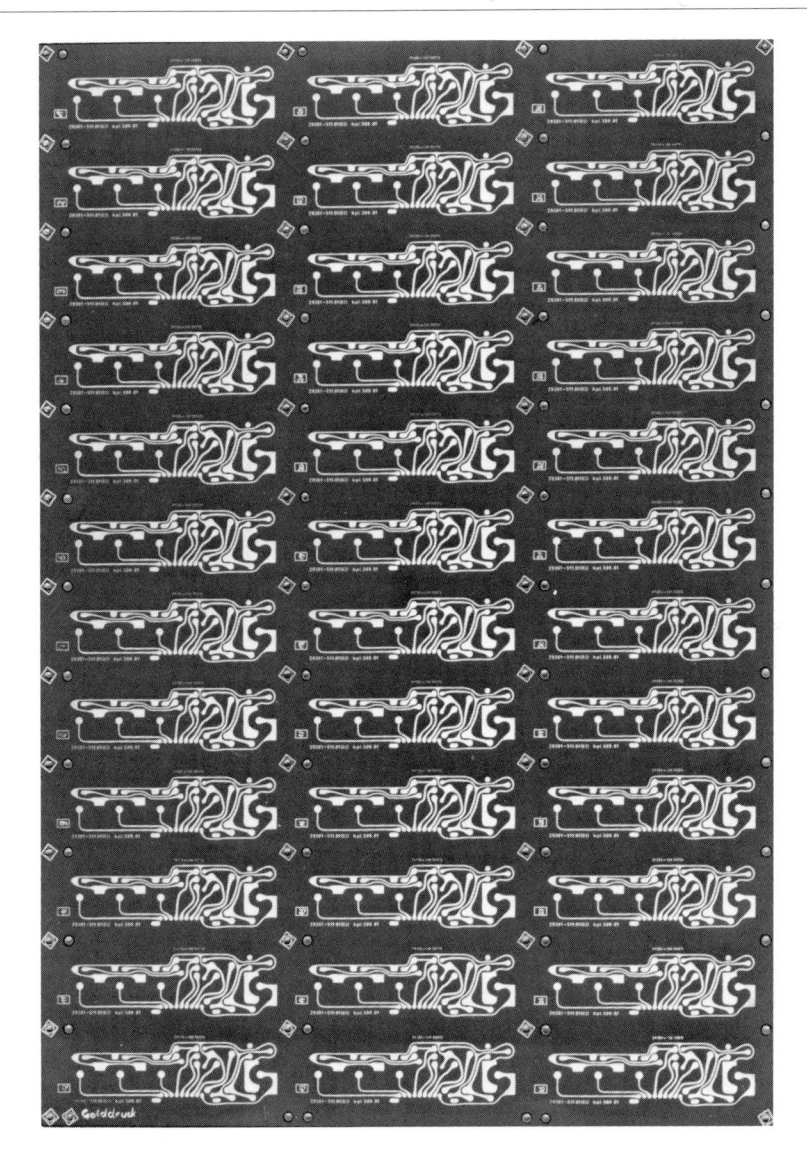

Abb. 21.25.: Mehrere Leiterplatten sind auf einer Einheitstafel angeordnet

Qualität ist kaum möglich. Der Aufbau eines Mehrfachnutzens in einem bestimmten Einheitsmaß ist aus Qualitätsgründen unbedingt notwendig. In dieser Einheitstafel sind mehrere Leiterplatten angeordnet (*Abb. 21.25.*). Die Standardisierung der Einheitstafel ist eine wichtige Aufgabe der Qualitätssicherung. Der Qualitätsvorteil liegt in folgenden Daten:
- *Für mehrere Einzelplatten nur ein Druck*
- *Einheitliches Passersystem in der Leiterplattenfertigung*
- *Hoher Grad an Automation und damit eine gute Leiterplattenqualität*
- *Erstellen von mehreren Teilnummern in einer Tafel*

– *Einsatz einer zusätzlichen Leiterplatte mit anderer Teilnummer in der Aussparung der Leiterplatte*
– *Durch Normung gute Qualität*
– *Gutes Überprüfen der Fertigungsqualität mit Hilfe der Pilotlöcher*

Die genormten Rasterlochungen in der Einheitstafel sind gleichzeitig Passerlöcher für die Bearbeitungsprozesse und Einhängelöcher für das Ausstanzen der Einzelplatten.

21.3.8. Kupfer-Oberflächenschutz

Der Qualitätsvorteil bei Einsatz von Leiterplatten besteht darin, daß alle Bauelemente in einem einzigen kurzen Arbeitsgang verlötet werden können. Das Einlöten muß sehr schnell gehen, damit die empfindlichen Bauteile nicht zu stark erwärmt werden.

Auch die mechanische Festigkeit der Lötverbindung muß so sicher sein, daß bei starken Erschütterungen ein zuverlässiger Kontakt bestehen bleibt. Die Lötfähigkeit der Lötaugen und der durchkontaktierten Löcher ist daher von größter Wichtigkeit. Reines Kupfer überzieht sich in der Atmosphäre sehr schnell mit einer Oxidschicht. Diese Schicht ist passiv gegenüber dem Lot während des Lötvorganges. Zum Erhalten der Lötfreudigkeit „konserviert" man die Leiterplatten mit einer gezielt aufgebrachten Schutzschicht auf der Kupferoberfläche. Diese Schicht muß später mit Hilfe des Fluxmittels abgelöst werden. Der zweite Weg besteht darin, daß man die Leiterplatten mit einem lötbaren Metall versieht, das keine Korrosionserscheinungen zeigt.

Kolophoniumhaltige Schutzlacke

Die Schutzlacke auf der Basis von Kolophonium haben durch Zusatz von Weichmachern die Eigenschaft, daß bei niederen Temperaturen der Lack nicht versprödet und dadurch die Lötfreudigkeit gemindert wird. Man sollte aber trotzdem die Leiterplatten nicht bei zu niederen Temperaturen um 0 °C und bei Frost lagern, da sich dann Risse in der Oberfläche des Schutzlackes bilden, in die Feuchtigkeit eindringt. Der Lack wird durch die Feuchtigkeit unterwandert, und dabei verlieren die Leiterplatten die Lötfreudigkeit.

Von großer Wichtigkeit sind auch die aggressiven Bestandteile der Atmosphäre, die auf Grund der Feuchtigkeitsaufnahme durch den Lack diffundieren und die Lagerzeit stark beeinflussen. Besonders wirksam sind Halogene in der Luft. Von großem Nachteil ist die leichte Zerstörbarkeit der Lacke durch Einfluß von Wärme, wie sie beim Anwärmen von Leiterplatten vor dem Stanzen auftreten kann. Die Lacke werden größtenteils bei 80 °C zerstört und verlieren die oxidationshemmenden Eigenschaften.

Die Lötbarkeit kann nach einer Lagerzeit von etwa einem Jahr unter Normalbedingungen noch gut sein. Im Normalfall nimmt die Schutzwirkung jedoch nach etwa 3–4 Monaten ab. Eine feuchte Industrieatmosphäre schafft andere Voraussetzungen als trockene Luft. Die Art des Beschichtens der Leiterplatten spielt für die Schutzwirkung keine Rolle. Beim Antrocknen sind allerdings Temperaturen über 60 °C zu vermeiden.

Wasserverdrängende Schutzlacke

Die Lagerzeit entspricht etwa der der kolophoniumhaltigen Schutzlacke. Der Qualitätsvorteil der Wasserverdränger besteht darin, daß nach dem Aktivieren und anschließendem Waschen die noch nasse, vom Wasserfilm geschützte Leiterplatte direkt ins Lackbad gebracht werden kann. Die Lackschichten sind sehr dünn.

Metallische Schutzüberzüge

Bei allen Schutzüberzügen ist es gleichgültig, auf welche Art sie hergestellt worden sind. Die Hauptsache ist, daß sie *dicht und porenfrei* sind und das Kupfer vollständig

Abb. 21.26. (Tabelle): Einfluß von Lagerbedingungen und -zeit auf die Lötbarkeit verschiedener Oberflächen

Oberflächen	Dicke	Lötbar nach dem Lagern		
		Normal-Bedingungen T = 21°C 38 % rel. Feuchte [MONATE]	Klima-Bedingungen T = 65°C 75 % rel. Feuchte [TAGE]	Wasserdampf [STUNDEN]
Kupfer ungeschützt	–	5	8	3
Kupfer mit kolophoniumhaltigen Lack geschützt	0,25 µ	>12	18	>48
Chemisch Zinn	0,5 µ	2	6	8
Galvanisch Zinn	1,25 µ	3	6	20
Galvanisch Zinn	2,5 µ	10	8	>48
Galvanisch Zinn	5 µ	>12	>30	>48
Galvanisch Zinn/Blei 60/40	7,5 µ	>12	21	>48
Galvanisch Zinn/Blei 60/40 Chemisch Zinn	7,5 µ 0,5 µ	>12	23	>48
Chemisch Gold	0,5 µ	2	5	12
Galvanisch Gold	5,0 µ	>12	>30	36
Chemisch Zinn	0,5 µ	2	6	8

abschließen. Die Lagerzeiten sind abhängig von der abgeschiedenen Metallschichtdicke, dem abgeschiedenen Metall und den Umgebungsbedingungen. (Abb. 21.26., Tabelle). Für das Veredeln der Kupferoberfläche eignen sich die Metalle: Silber, Gold, Nickel, Blei, Rhodium, die Legierungen und Schichtaufbauten dieser Metalle (Kap. 19.).

Galvanisches Veredeln
nach dem Ätzen der Leiterplatten
Der qualitativ große Vorteil dieses Verfahrens besteht darin, daß auch die Kanten der Leiterzüge mit der Edelmetallschicht überzogen werden. Es sind keine freien Kupferkanten mehr vorhanden, die oxidieren und das Lötverhalten verschlechtern können. Dient das galvanisch aufgebrachte Metall als Kontaktfläche, so kann der Kontaktschleifer sehr gut

über die abgerundeten Kanten schleifen. Es ist dabei zu beachten, daß alle Teile des Leiterbildes miteinander verbunden sein müssen, um ein galvanisches Abscheiden nach dem Ätzen zu ermöglichen. Von Nachteil ist das nicht exakt zu bestimmende Verbreitern der Leiter durch die galvanische Schicht. Beim Festlegen der Leiterbreiten und Lötaugen ist das Vergrößern mit zu berücksichtigen. Bei durchkontaktierten Leiterplatten verkleinert sich der Lochdurchmesser um den doppelten Betrag der abgeschiedenen Schichtdicke (*Abb. 21.27.*).

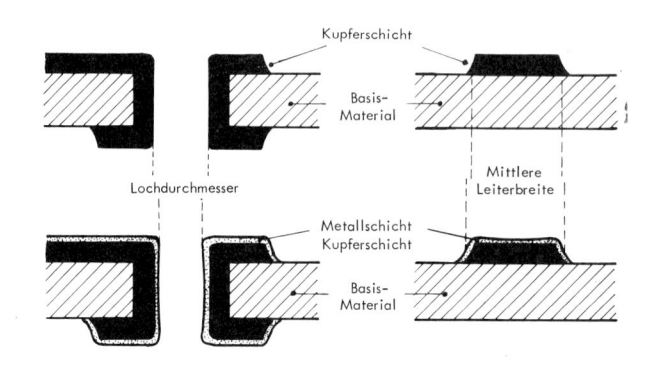

Abb. 21.27.: Eine nach dem Ätzen galvanisch abgeschiedene Metallschicht verkleinert den Lochdurchmesser und vergrößert die Leiterbreite

Galvanisches Veredeln
vor dem Ätzen der Leiterplatten

Die galvanische Schicht dient nicht nur zum Verbessern der Lagerfähigkeit oder als Kontaktfläche, sondern wird gleichzeitig als Ätzresist verwendet. Von Nachteil ist der starke Unterätzungsgrad und das Überstehen der galvanisierten Schicht. Dieser überlappende Teil bricht bei geringstem mechanischem Stoß ab, legt sich zwischen die Leiter und verbindet zwei Leiter miteinander. Unkontrollierte Verbindungen sind die Folge. Die Unterätzung kann bei einer Kupferdicke von 35 µm bis zu 60 µm betragen (*Abb. 21.28.*). Die mittlere Leiterbreite verändert sich und muß beim Anlegen der Zeichnungen mit berücksichtigt werden.

Chemisches Metallisieren nach dem Ätzen

Mit diesen Verfahren können die engsten Toleranzen eingehalten werden, da die chemisch abgeschiedene Metallschicht nur etwa 0,5 µm dick ist. Die Oberfläche ist aber nicht dicht und porenfrei; eine Korrosion läßt sich nicht verhindern. Die Schutzschicht ist nach etwa 2 Monaten unwirksam.

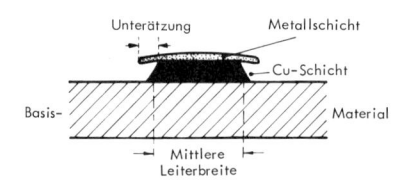

Abb. 21.28.: Querschnitt eines Leiters nach dem Ätzen; galvanisch abgeschiedenes Metall als Ätzresist

21.3.9. Kontakte

Durch Einbeziehen von Kontaktflächen in die Leiterplatte wird die Qualität eines elektrischen Gerätes verbessert. Mechanische Arbeitsgänge entfallen, da die Kontakte mit der Leiterplatte in einem Arbeitsgang hergestellt werden. Reines Kupfer eignet sich als Kontaktmaterial zeitlich begrenzt, oxidiert in kurzer Zeit und verändert den Oberflächenwiderstand. Die Kontakte müssen veredelt werden. Für die Auswahl des Metalles ist es wesentlich, ob ein ruhender oder ein bewegter Kontakt benötigt wird.

Die jeweils günstigste Veredelungsart ist nach folgenden Gesichtspunkten auszuwählen:
- Notwendiger Kontaktdruck
- Bewegte, ruhende Kontaktorte
- Oberflächenausführung des Gegenkontaktes
- Elektrische Belastung (Stromstärke, Spannung)
- Umwelteinflüsse
- Geforderte Lebensdauer
- Zuverlässigkeit

Steckkontakte

Beim Erstellen des Leiterbildes sind die Kontaktfinger 1–1,5 mm über den Rand der Leiterplatte hinwegzuzeichnen und am Ende miteinander zu verbinden, damit nach dem Ätzen der Leiterplatte ein elektrischer Kontakt zum Veredeln der Kontaktfinger gegeben ist. Der überstehende Teil wird nach dem Veredeln entfernt. Werden Steckkontakte auf der Ober- und Unterseite der Leiterplatte angeordnet, so ist auf völlige Deckung der Kontaktfinger beim Anlegen der Zeichnung zu achten. Der Abstand von Kontakt zu Kontakt richtet sich nach den Maßen der Buchsenleisten.

Schleifkontakte

Beim Anlegen der Schleifkontakte können Durchbrüche im Basismaterial mit eingeplant werden. Diese Unterbrechungen verhindern nach längerem Gebrauch der Schleifkontakte ein Verringern des Übergangswiderstandes durch abgetragenes Metall. Das Metall sammelt sich nicht in der Vertiefung zwischen beiden Kontaktbahnen, sondern fällt in den Basismaterialdurchbruch (*Abb. 21.29.*). Für Schleifkontakte eignet sich aus Qualitätsgründen das Veredeln nach dem Ätzen. Die Kanten sind abgerundet. Werden die Leiterplatten

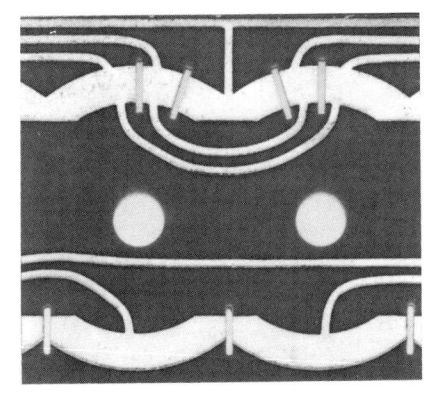

Abb. 21.29.: Durchbrüche im Basismaterial verhindern das Ansammeln von abgetragenem Metallstaub, welcher durch Abrieb mit Schleifkontakten anfällt

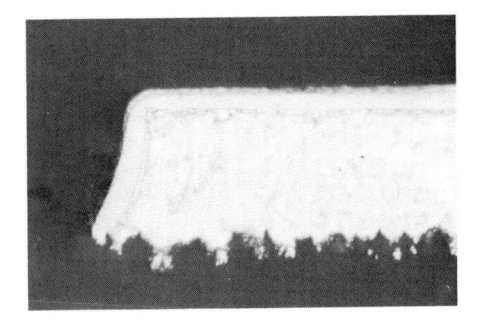

Abb. 21.30.: Abgerundete Kanten setzen Schleifkontakten keinen großen Widerstand entgegen

nach dem Ätzen noch poliert, so ist die Kante völlig rund und bietet dem Schleifschuh keinen großen mechanischen Widerstand (*Abb. 21.30.*).

Druckkontakte

Folgende qualitativ gute Verfahren können angewendet werden:
Beim Entwurf sind die Kontakte über einen später zu entfernenden Rand miteinander elektrisch zu verbinden. So können die Kontaktflächen *nach* dem Ätzen galvanisiert werden. Es bilden sich abgerundete Kanten und es kommt nicht zum Ausbilden eines Überhanges (Kap. 21.3.8.).

Das Veredeln der Kontakte erfolgt vor dem Ätzen der Leiterplatte. Dabei ist zu beachten, daß die negativgedruckte Kontaktfläche kleiner ist als die positivgedruckte Fläche auf Kupfer. Die Kupferfläche ist um 0,2–0,3 mm größer zu planen. Nach diesem Verfahren ist eine Unterätzung nicht möglich (*Abb. 21.31.*) Nachteilig ist ein notwendiger Oxidationsschutz, der das Kupfer der Leiterbahnen vor Oxidation schützt und auch auf der Kontaktfläche haftet. Vor oder nach dem Einlöten der Bauelemente ist dieser Lack zu entfernen.

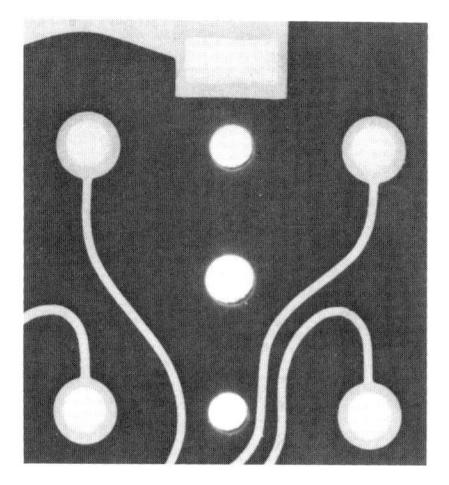

Abb. 21.31.: Veredelte Kontakte sind kleiner als die Kupferfläche

21.4. Labormusterplatten

Ist vom Entwickler der Entwurf des Leiterbildes festgelegt, dann wird ein erstes Leiterbildmuster angefertigt. An dieser Musterplatte werden die Funktionen überprüft und eine eventuell notwendige Korrektur des Leiterbildes durchgeführt.

Die Musterplatte wird vom zuständigen Entwickler kurzfristig benötigt. Durch Verkürzen der Herstellzeit wird ein rascher Entwicklungsabschluß erzielt. Das in der Musterfertigung eingesetzte Herstellungsverfahren muß nicht mit dem späteren Fertigungsverfahren übereinstimmen. Es kann zum Beispiel an Stelle des Siebdruckprozesses der Fotodruck eingesetzt werden. Entscheidend ist die kurze Lieferzeit. Für das Erstellen der Musterplatten gibt es in den meisten Fällen noch keine Stanzwerkzeuge, Bohrprogramme oder Zeichnungen; lediglich ein fertiges Leiterbild. Es sind deshalb für das Fertigen der Laborplatten Fachkräfte einzusetzen, die alle Fertigungsverfahren kennen und die Leiterplatte auf mögliche Fehler überprüfen.

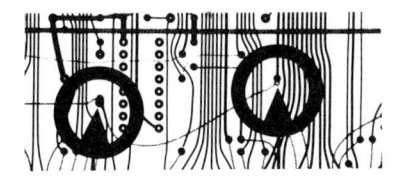

Abb. 21.32.: Leiterplattenoberseite und -unterseite sind deckungsgleich anzuordnen

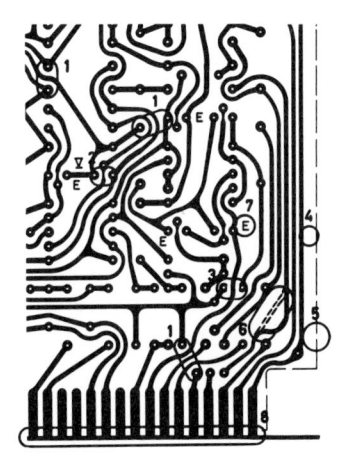

Abb. 21.33.: Leiterplatten sind nach wertanalytischen Gesichtspunkten zu überarbeiten

Das Labormuster dient zum Festlegen der Basismaterialqualität. Die Materialauswahl wird von der Zuverlässigkeit bestimmt. Der Entwickler prüft, ob hohe mechanische Festigkeiten erzielt werden müssen, oder ob die Platten lediglich ein wenig beanspruchtes Bauelement zu tragen haben. Der Fertigungsplaner der Leiterplattenfertigung überprüft das Labormuster nach allen in *Kapitel 21.3.* beschriebenen wertanalytischen Gesichtspunkten und legt mit dem Entwickler das Fertigungsverfahren fest (*Abb. 21.33.*).

Mit dem überarbeiteten Labormuster werden die Zeichnungsunterlagen erstellt, die Leiterplatte in Mehrfachnutzen geplant und eine Zeichnungs- oder Codiernummer vergeben. Für die Qualitätssicherung ist es günstig, die Nummern für den Leitungsdruck, Lötstopdruck, Kennzeichnungsdruck und für das Bohr- und Stanzbild miteinander zu verknüpfen. Die Leiterplatte mit der Komplettnummer 39300-297.00 setzt sich zum Beispiel aus folgenden Zeichnungsnummern zusammen:

```
Stanzteilzeichnung     : 39300-299.00 (Index 0)
Bohrprogramm           : 39300-298.00 (Index 0)
Leitungsdruck          : 39300-297.00 (Index 0)
Kennzeichnungsdruck    : 39300-296.00 (Index 0)
Lötstopdruck           : 39300-295.00 (Index 0)
```

21.5. Vorserie

Die Vorserie, als wichtiges Glied der Qualitätssicherung, dient zum Erstellen der Leiterplatten unter Fertigungsbedingungen und zum Abstimmen der verschiedenen Arbeitsprozesse. In der Vorserie durchlaufen die Leiterplatten das vom Entwickler und Arbeitsplaner festgelegte Verfahren. Eine gut funktionierende Fertigungskontrolle (Kap. 23.) registriert alle auftretenden Fehler, die die Qualität der Leiterplatte in der späteren Serienfertigung entscheidend beeinflussen. Nach Abschluß der Kontrolle wird die

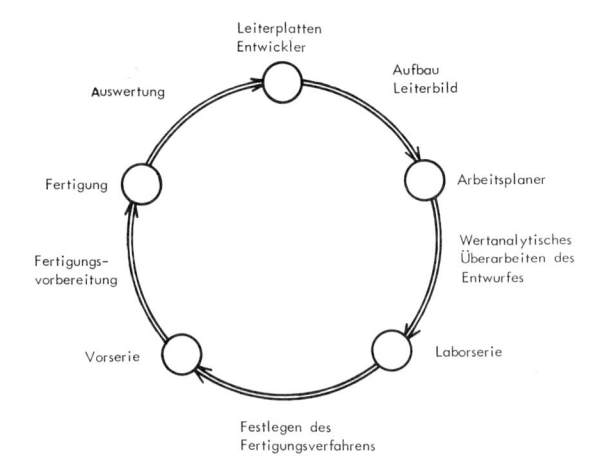

Abb. 21.34.: Regelkreis der Qualitätssicherung

fertige Leiterplatte in einer Vorserienbesprechung „analysiert". An diesem Gespräch nehmen folgende Personen teil:
- Entwickler
- Arbeitsplaner
- Kontrolleiter
- Fertigungsaufsicht

Hier erfolgt das Verknüpfen aller an der Leiterplatte beteiligten Stellen.

Der Regelkreis der Qualitätssicherung ist geschlossen (*Abb. 21.34.*). Alle Fertigungsunterlagen: – Meßprotokolle, Werkzeugkonzept, Vorserienbegleitkarte, Leitungsdruck-, Lötstopdruck- und Servicedruckdia, Kontrollergebnisse und Gesamtaufbau der Leiterplatte – werden überprüft (*Kap. 23.*) und aufgetretene Fehler sofort abgestellt. Besonderer Beachtung unterliegen die aufgetretenen Mängel an Druckversatz, Größe der Lötaugen, Leiterzugsbreiten und Führen der Leiter. Das Protokoll der Vorserienbesprechung dient der Serienfertigung als Grundlage.

21.6. Standardverfahren

Für das Herstellen von Leiterplatten gibt es sehr unterschiedliche Verfahren. Eine gute Qualität der Leiterplatte kann nur durch die Standardisierung der Leiterplattenfertigung und der Verfahren erreicht werden. Die Literatur beschreibt Jahr für Jahr immer wieder neue Herstellungsverfahren, die alle wirtschaftlich arbeiten und die bestehende Technik in den „Schatten" stellen sollen. Bei diesen Verfahren handelt es sich in den meisten Fällen um Entwicklungen, die in der Laborfertigung gute Ergebnisse liefern, aber den Normen der Serienfertigung nicht standhalten. Die Entwickler müssen sich an die bestehenden Verfahren der Leiterplattenfertigung halten.

21.7. DIN – NORMEN

Beim Aufbau der Leiterplatten ist die DIN NORM 40801 und 40802 zu beachten.
Die fertigen Leiterplatten müssen den Anforderungen nach DIN 40803 entsprechen.

Literaturverzeichnis zu Kapitel 21.:

[1] D. Bernier: Effect of Aging on Solderability of Various Plated Surfaces, Plating September (1974), Seite 844.

[2] Fred Bolleter: Flexibilität in der Schaltungstechnik; EIPC-Proceedings Juni 18–19 (1970), Seite 1–11.

[3] Walter Tölle: Sicherung der Qualität und Zuverlässigkeit, Radio Mentor-Elektronic, 42 (1976) 7, Seite 256–260.

[4] Paul Eisler: Technologie der Folien-Ätztechnik, gedruckte Schaltungen, Carl Hanser Verlag München (1961), Seite 120–121, 167–171.

[5] Clyde F. Coombs: Ir., Printed Circuits Handbook, Mc Graw-Hill Book Company New York (1967), Kapitel 1–32.

[6] Hans Kolbe & Co.: Konstruktion und Zeichenpraxis, 3 (1976), Datenblatt 10109.

[7] H. Claus: Qualitätsprobleme bei gedruckten Schaltungen in der Computerindustrie, EIPC-Proceedings (1970) Nov. 9, Seite 13–40.

[8] Dr. G. Herrmann: Moderne Grundig Fertigungstechnik, Grundig Technische Informationen (1975) 3, Seite 596–597.

[9] Karl-Heinz Marquardt: Friedrich Unger, Herstellung, Verfahren, Anwendungsmöglichkeiten und Probleme gedruckter Schaltungen. Sieb und Rakel Oberkirch, Seite 7–29.

[10] Dr. H.J. Steeg: Galvanische Abscheidung von Zinn- und Blei-Zinn-Auflagen bei der Herstellung von Leiterplatten, EIPC–Proceedings (1975) Dezbr. 45, Seite 8.

[11] Heino Pachschwöll: Konservierung der Lötfreudigkeit bei Leiterplatten, EIPC-Proceedings (1972) Juni 15.16., Seite 17–27.

[12] Wanke-Fabian, Technologie elektronischer Baugruppen, VEB-Verlag Technik, Berlin (1977), Seite 305-329.

[13] M. Köller, Auslegung von Leiterplatten zur automatischen Bestückung, VDI-Berichte Nr. 387, (1980), Seite 4–5.

22. Zuverlässigkeit der Grundfertigungsschritte

Beim Herstellen von Leiterplatten sind neben den Toleranzen der Basismaterialien *(Kap. 2 und 3.)* noch qualitätsbeeinflussende Größen wie die Schwankungen der Arbeitsprozesse zu berücksichtigen. Wenn für den Herstellungsprozeß Unterlagen zur Verfügung stehen, die nach wertanalytischen Überlegungen ausgearbeitet wurden *(Kap. 21)*, so kann die Qualität der Leiterplatten durch mögliche Produktionsschwankungen dennoch sehr unterschiedlich sein. Es gibt in der einfachen Leiterplattenfertigung eine große Anzahl von Produktionsunsicherheiten, die für das Qualitätsbild von großer Bedeutung sind. Diese Variationen sind durch gezieltes Überwachen der Fertigung auf ein Minimum einzuschränken. Nur mit Hilfe von genauen Arbeitsanweisungen für jede Maschine und jeden Arbeitsplatz können die Fehlerquellen auf ein Minimum reduziert werden.

Die Arbeitsanweisung enthält folgende Punkte:
- Titel
- Übersicht
- Anwendung
- Chemikalien und Hilfsmittel
- Ansatz der Lösungen und Wartung
- Beschreibung und Arbeitsweise der Anlage
- Reinigen der Anlage
- Durchzuführende Prüfungen
- Sicherheit

Beim Aufbau von Fertigungsverfahren sind Arbeitsprozesse zu planen, die größte Stabilität zeigen. (Zuverlässigkeitskriterien für die komplexen Fertigungsverfahren werden in den spezifischen Kapiteln abgehandelt.)

22.1. Filmvorlagen

Für das Erstellen des Originalfilmes können je nach Schwierigkeit der Leiterplatte mehrere Methoden angewendet werden *(Kap. 4)*.
- Zeichentechnik
- Klebetechnik
- Folienschneideverfahren
- Lichtzeichenverfahren

Das Lichtzeichenverfahren ist das zuverlässigste Verfahren. Die Genauigkeit der Originalfilme wird, außer vom gewählten Herstellverfahren, maßgeblich durch die Maßbeständigkeit des Filmträgermaterials bestimmt.

Die Maße eines Filmes ändern sich, wenn die relative Feuchtigkeit oder die Temperatur der Arbeitsräume geändert wird. Die Maßänderung ist erst dann abgeschlossen, wenn sich der Film den geänderten Bedingungen angeglichen hat. Damit eine gleichmäßige Qualität in der Fertigung gehalten wird, dürfen die Filme nicht unter unkontrollierten Bedingungen gelagert werden. Bei einer Temperaturänderung von 2 °C oder einer relativen Feuchtigkeitsänderung von 4 % bei einem 500 mm langen Film beträgt die Maßveränderung 25 µm.

Aus Qualitätsgründen ist der Originalfilm vor dem Anlegen des Mehrfachnutzens einer genauen optischen Kontrolle auf Kratzer (Verbindungen und Unterbrechungen) zu unterziehen. Nicht beachtete Kratzer führen zu Dauerfehlern in der Fertigung. Bei der Montage vom Originalfilm auf Mehrfachnutzen treten bei der Handmontage die größten Fehlerquellen auf. Die Toleranz liegt bei ± 200 µm beim Einzelbild. Dagegen bietet das Step- und Repeatverfahren über Automaten eine Genauigkeit von 2 µm pro Raster.

Der fertige Mehrfachnutzen auf Polyesterunterlage ist den Schwankungen der Raumtemperatur, der Temperatur beim Belichtungsprozeß und der relativen Luftfeuchtigkeit unterworfen, er verändert sich jeweils. Ist eine absolute Genauigkeit gefordert, so ist an Stelle des Polyesterfilms ein Glasmaster einzusetzen. Das Glasmaster hat einen Ausdehnungskoeffizienten, der vernachlässigt werden kann. Das zuverlässigste Verfahren für das Anlegen von Mehrfachnutzen ist die Montage durch Step- und Repeat-Automaten auf Glasmaster.

22.2. Subtraktiv-Verfahren Siebdruck

Mit dem Erstellen der Drucksiebe beginnt die Zuverlässigkeit des Siebdruckprozesses. Alle vom Sieb eingeschleppten Fehler werden als Serienfehler auf die Leiterplatte übertragen. Die Leiterbahnen müssen auf dem Siebgewebe als scharfe Konturen abgebildet sein und dürfen keine „Sägezähne" bilden *(Abb. 22.1.)*. Die Gleichmäßigkeit läßt sich nur durch die richtige Beschichtung und gutes Haften des Schablonenlackes auf dem Siebgewebe erzielen. Eine gute Haftfestigkeit ermöglicht zugleich das Drucken einer großen Anzahl von Leiterplatten mit einem Drucksieb.

An nicht genügend gereinigten Sieben wird keine Haftfestigkeit von Schablonenlacken oder -filmen erzielt. Eine große Anzahl von Fehlern bildet sich beim ungenügenden Anspannen des Siebgewebes auf die Druckrahmen. Die Spannkraft und das prozentuale Dehnen des Siebgewebes muß immer konstant gehalten werden. Durch ungenügendes

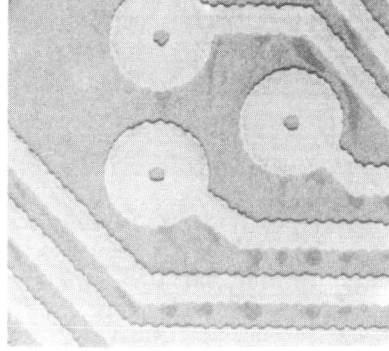

Abb. 22.1.: „Sägezähne" bilden sich bei schlechter Haftfestigkeit von Schablonenlacken auf Siebgeweben
Links: Gleichmäßige Leiterbahnen Rechts: Leiterbahnen mit „Sägezähnen"

Abb. 22.2.: Anlage zum vollautomatischen Beschichten der Drucksiebe mit Schablonenlacken (Werkfoto: Grundig AG)

Klimatisieren der Räume fällt die Zuverlässigkeit. Längenänderungen bringen Passerdifferenzen beim Druck.

Eine gleichmäßige Lackdicke wird im Siebdruckprozeß nur dann erreicht, wenn der Schablonenlack an allen Stellen auf dem Sieb die gleiche Dicke hat. Die Zuverlässigkeit steigt von der Handbeschichtung zur Automatenbeschichtung *(Abb. 22.2.)*. Mit dem Einsatz von Schablonenfilmen erhöht sich die Zuverlässigkeit. Wird ein Sieb zu lange oder zu kurz belichtet, dann verengen oder verbreitern sich die Leiterzüge, je nach eingesetztem Schablonenfilm oder -lack.

22.2.1. Siebdruck als Ätzresist

Im Siebdruckprozeß lassen sich Leiterbahnen bis 0,4 mm ± 0,10 mm Breite mit hoher Zuverlässigkeit drucken. Die Zuverlässigkeit wird bestimmt durch:

– Rakeldruck – Rakelgeschwindigkeit – Rakelform und -winkel – Aufbau des Drucksiebes – Temperatur und Viskosität des Lackes – Genauigkeit der Druckmaschine – Sieb Absprung – Oberflächenreinheit der Leiterplatte	– Schmutzteilchen der Luft – Luftumwälzung – Raumtemperatur – Raumfeuchte
Gezielte Messungen ergeben reproduzierbare Werte	Gezielte Baumaßnahmen erniedrigen den Fehleranteil

Am schwierigsten ist die Oberflächenreinheit der Leiterplatte zu bestimmen. Nicht sichtbare Fettreste oder entnetzende Bestandteile auf der Kupferoberfläche verhindern die Haftfestigkeit des Ätzresists; es bilden sich „Orangenhäute". Diese Entnetzungen können nur durch erneutes Reinigen der Leiterplatte beseitigt werden. Silikonhaltige Produkte bewirken ein völliges Entnetzen. Staubteilchen oder Basismaterialreste auf der Leiterplatte verstopfen während des Druckvorganges das Siebgewebe und führen zu Dauerfehlern.

Besondere Beachtung ist der Basismaterialkante an Phenolharz- oder Epoxydharzbasismaterial zu widmen. Beim Stanzen der Arbeitsformate bleiben bröselige Reste am Basismaterial haften. Diese lösen sich während des Druckvorganges und verstopfen das Siebgewebe; geschnittene Platten haben dagegen eine glatte Basismaterialkante und erhöhen die Zuverlässigkeit.

Rakel und Druckfarbe üben einen Druck auf das Siebgewebe und den Rahmen aus. Durch diesen Anpreßdruck wird ein geringes Dehnen des Siebgewebes bewirkt, das wesentliche Auswirkung auf den Passer hat. Die Dehnung beträgt ungefähr 0,1 % der Schablonengröße. Nur mit Hilfe einer Mikrofeineinstellung an den Siebdruckmaschinen läßt sich eine zuverlässige Reproduzierbarkeit erreichen. Beim Anheben des Siebgewebes von der Leiterplatte hinter der ausdruckenden Rakel bilden sich leicht Lackspritzer, die zu Verbindungen oder Unterbrechungen führen können. Nur das sofortige Anheben des Siebgewebes nach dem Ausdruck der Rakel verhindert diese Fehler.

Besonders zuverlässig ist das Drucken von doppelseitigen Leiterplatten mit ätzfesten Lacken, die eine genügende Elastizität aufweisen, so daß beim Druck der zweiten Seite der vorliegende erste Druck nicht verkratzt und beschädigt wird. Die ausgedruckte Farbe bildet beim Druck ein Trapez *(Abb. 22.3.)*.

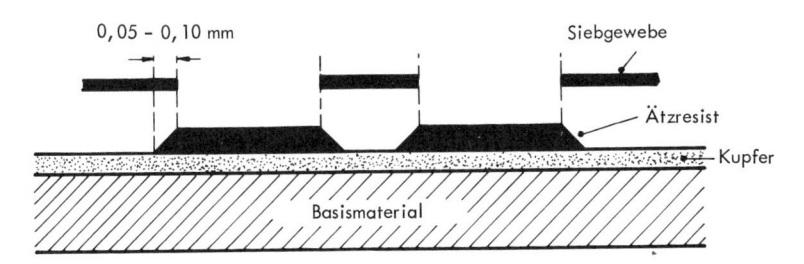

Abb. 22.3.: Die Siebdruckfarbe bildet nach dem Druck ein Trapez

22.2.2. Siebdruck als Galvanoresist

Der Fertigungsprozeß ist nur dann zuverlässig, wenn an Drucksiebe, Druckmaschinen, an die Reinheit der Basismaterialoberfläche und der Umgebungsbedingungen die gleichen Anforderungen gestellt werden wie beim Siebdruckprozeß *(Abb. 22.4.)* mit Ätzresist. Die Zuverlässigkeit wird weiterhin bestimmt durch:

- Konturenschärfe des Galvanoresists
- Beständigkeit gegenüber eingesetzten galvanischen Bädern mit den entsprechenden Spül-, Aktivier- und Dekapierbädern
- Haftfestigkeit zwischen der Kupfer- oder Basismaterialoberfläche und dem Galvanoresist
- Lackdicke: Zu geringe Lackdicke ermöglicht ein Durchschlagen in galvanischen Bädern und erlaubt ein Überlappen der galvanischen Schicht
- Lösbarkeit nach dem Galvanisierprozeß. Bürstvorgänge verändern die Oberflächenstruktur der veredelten Schicht.

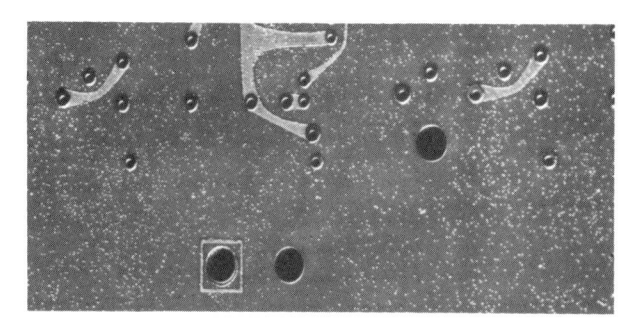

Abb. 22.4.: Zu dünne Galvanoresistschichten ergeben Durchschläge in galvanischen und chemischen Bädern

22.2.3. Lötstopdruck

Ein sehr zuverlässiges Arbeitsverfahren ist mit dem Einsatz von Einkomponenten-Lötstoplack gegeben. Fehlereinflüsse, wie Viskosität und Trocknungstemperatur lassen sich leicht kontrollieren. Dagegen ist der Zweikomponenten-Lötstoplack mit größeren Schwierigkeiten zu verarbeiten. Das Mischungsverhältnis der beiden Komponenten muß genau eingehalten, und die Topfzeit darf nicht überschritten werden. Ist die Viskosität zu gering, läuft der Lack auf die Lötaugen, und Lötschwierigkeiten entstehen *(Abb. 22.5.)*.

Abb. 22.5.: Der Lötstoplack „verläuft" bei zu geringer Viskosität

Bei zu hoher Viskosität werden die Leiterzüge nur unzureichend abgedeckt, besonders an Stellen hoher Leiterbahndicke. Diese Schwierigkeiten werden noch verstärkt, wenn die Leiterbahnen quer zur Rakelrichtung verlaufen. Bei Ein- und Zweikomponenten-Lötstoplacken ist das mögliche „Ausbluten" von Farbkomponenten auf die Lötaugen von großem Nachteil; dies führt zu Lötschwierigkeiten. Mit Hilfe von UV-Lacken läßt sich das Verfahren etwas sicherer gestalten; besonders der Einfluß der Trockentemperatur entfällt.

Der Einsatz von UV-Lötstoplacken gewinnt aus diesem Grund in der Leiterplattenindustrie mehr und mehr an Bedeutung. Neben den Vorteilen der sicheren Qualität ist er umweltfreundlicher, da keine Lösungsmittel während des Aushärtens frei werden. Ein weitaus zuverlässigeres Verfahren zum Aufbringen des Lötstoplackes ist ein „nicht-flüssiger" Lack, der als fester Film auf die Leiterplatte aufgebracht wird.

22.2.4. Service-Montagedruck

Das Aufbringen des Service- oder Montagedruckes im Siebdruckverfahren bereitet bei Vorlage von wertanalytisch überarbeiteten Filmvorlagen keine Schwierigkeiten. Der Arbeitsprozeß ist sehr zuverlässig, sowohl bei Ein- als auch bei Zweikomponentenlacken. Es muß allerdings darauf geachtet werden, daß physikalisch trocknende Farben nicht immer beständig gegenüber Lösungsmitteln sind, die zum Reinigen fertig bestückter Leiterplatten eingesetzt werden.

Der störende Einfluß der Trocken- oder Aushärtetemperatur auf das Basismaterial wird durch Einsatz von UV-Servicefarbe verringert.

22.3. Subtraktiv-Verfahren Fotodruck

Leiterbreiten unter 0,4 mm ± 0,05 mm fertigt man mit genügender Sicherheit nur mit Hilfe des Fotodruckes. Das Arbeitsverfahren ist dann sicher, wenn eine optimale Prozeßführung gewährleistet ist. Die Arbeitsschritte „Photoresist beschichten und belichten" sind aus Qualitätsgründen in vollklimatisierten und staubfreien Räumen auszuführen. Geringste Staubteilchen auf den Leiterplatten sind die Ursachen für Verbindungen oder Unterbrechungen. Ein qualitätsbestimmender Faktor ist das Reinigen der Leiterplattenoberfläche vor dem Beschichten mit Photoresist.

Reinigungsfehler während der Oberflächenvorbehandlung verringern die Haftfestigkeit des Photoresists, was zu Anätzungen oder, bei galvanischen Prozessen, zum Anheben und Galvanisieren unter der Resistschicht führt.

Verkratzte Oberflächen auf der Leiterplatte führen zu Unterbrechungen oder Durchbrüchen in der Resistschicht. Bei Einsatz von Flüssigresist sammelt sich in den Vertiefungen der Kupferoberfläche der Fotolack *(Abb. 22.6.)*. An den Kanten reißt die Fotoschicht ab, das Kupfer ist freigelegt und wird im Ätzprozeß angeätzt.

Erhebungen auf dem Basismaterial drücken durch die Fotoschicht und führen beim galvanischen Veredeln zu Durchbrüchen.

Nach dem Reinigen der Oberfläche darf die Trockentemperatur 50 °C nicht überschreiten; bei höheren Trocknungstemperaturen oxidiert das Kupfer sehr leicht.

Die Oberfläche muß nach dem Trocknen völlig trocken sein, da geringste Feuchtigkeitsrückstände zu einer schlechten Haftfestigkeit der Fotoschicht führen.

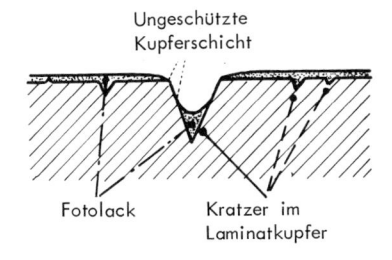

Abb. 22.6.: Tiefe Beschädigungen im Basismaterial sammeln den Flüssigresist. Es entstehen freie Kupferflächen

Eine schlechte Haftfestigkeit wird ebenfalls dann erzielt, wenn zum Trocknen ölhaltige Luft auf die Leiterplatte geblasen wird.

Der Photoresist ist nach dem Reinigen möglichst schnell auf die Leiterplatte aufzubringen. In der Luft befindliche Schmutzteilchen legen sich auf die Platten und verringern die Qualität.

Der die Zuverlässigkeit bestimmende Teil des Arbeitsverfahrens ist das Beschichten mit Photoresist. Die Schicht darf eine Minimaldicke nicht unterschreiten, da sie genügende Widerstandskraft gegen Ätz- und Galvanisierlösungen zeigen muß. Gleichmäßige Leiterbreiten benötigen eine gleichmäßige Photoresistschicht. Das zuverlässigste Beschichtungsverfahren ist das Aufbringen eines festen Fotofilmes. Damit ist eine gleichmäßig dicke Schicht über die gesamte Leiterplatte gewährleistet.

Von großem Vorteil in diesem Verfahren ist eine vorhandene Schutzschicht auf dem Fotofilm, die mechanische Beschädigungen verhindert. Das Walzenbeschichten ist für Flüssigfotolacke ein ebenfalls zuverlässiges Verfahren. Nachteilig ist die schlechte Schmutzaufnahme des flüssigen Lackes und die Viskositäts- und Festkörpervariation.

Von großem Vorteil ist eine vorhandene Schutzschicht auf dem Fotofilm, die vor Beschädigungen schützt. Das Walzenbeschichten ist für Flüssigfotolacke ein ebenfalls zuverlässiges Verfahren. Nachteilig sind die leichte Schmutzaufnahme des flüssigen Lackes und die Viskositäts- und Festkörpervariation.

Ein weniger zuverlässiges Beschichtungsverfahren ist die Tauchbeschichtung. Der qualitativ große Nachteil zeigt sich in der unterschiedlichen Dicke von oben nach unten (Keileffekt). Sind in der Leiterplatte bereits Lochgruppen, so bilden sich nach dem Tauchen Tropfnasen an den Lochgruppen. Je geringer die Ausziehgeschwindigkeit ist, desto gleichmäßiger ist die Schichtdicke. Das Beschichtungsverfahren mit geringster Zuverlässigkeit ist die Sprühbeschichtung. Es wird keine gleichmäßige Schichtdicke erzielt.

Das Trocknen der Leiterplatte nach dem Beschichten mit Flüssigresist ist von großer Wichtigkeit, da die Folgeprozesse Belichten und Entwickeln sehr eng miteinander verbunden sind. Sowohl Untertrocknung als auch Übertrocknung können bis zu einem gewissen Grad durch ein Überbelichten ausgeglichen werden. Ist die Trocknung unzureichend, wird die Haftfestigkeit der Resistschicht erniedrigt, und im Fotolack bilden sich Löcher. Bei zu hohem Eintrocknen kann der Fotolack völlig unempfindlich gegenüber Lichteinfluß werden.

Das Belichten der Photoresistschicht ist abhängig von der Lichtquelle, der Resistdicke und den Trockenbedingungen. Für ein zuverlässiges Fertigen ist das Bestimmen der jeweiligen Belichtungszeit unbedingt notwendig.

Bei Positivresistschichten führt ein Unterbelichten zum unvollständigen Entwickeln, und es verbleiben unlösliche Rückstände. Diese können durch verstärktes Entwickeln entfernt werden, dabei werden aber auch die unbelichteten Stellen angegriffen. Ein Überbelichten führt zu einem Reduzieren der Linienbreite.

Das Unterbelichten an Negativresistschichten führt zum Anlösen der belichteten Stellen, dagegen ein Überbelichten zum Verbreitern der entwickelten Resistschicht *(Abb. 22.7.)*.

Negativ- und Positivresistschichten werden während des Belichtungsvorganges durch Reflexion des Lichtes von der Kupferoberfläche „unterstrahlt". Weiterhin tritt Lichtstreuung in der Resistschicht auf.

Dabei zeigen Flüssigresistschichten ein besseres Auflösungsvermögen als Trockenresistschichten, bedingt durch die größere Resistschichtdicke und die zusätzliche Schutzfolie *(Abb. 22.7.)*. Die Zuverlässigkeit des Belichtungsvorganges wird durch paralleles Licht erhöht, welches bei Einsatz von Kollimatoren zwischen Lichtquelle und Filmvorlage erzielt wird. Die Ergebnisse sind in *Abb. 22.7.* sichtbar.

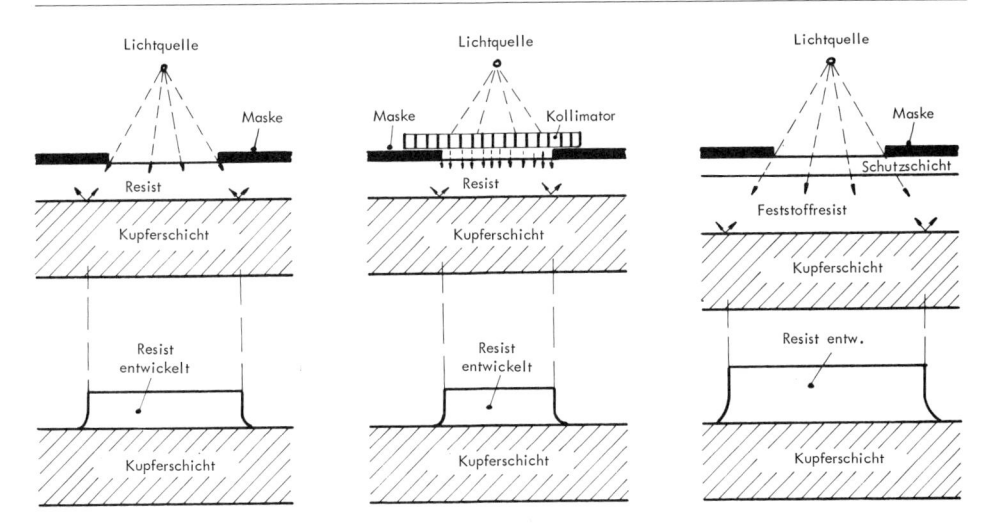

Abb. 22.7.: Flüssige Resistschichten haben ein anderes Auflösungsvermögen als Trockenresistschichten. Kollimatoren erhöhen die Zuverlässigkeit

22.3.1. Entwickeln und Strippen

Das Entwickeln und Strippen der belichteten Photoresistschichten ist sehr stark von der Temperatur, der Zeit und der Konzentration abhängig. Unentwickelte Stellen bilden Verbindungen oder Unterbrechungen auf den Leiterplatten. Nicht völlig entfernte Photoresistschichten führen zu schlechtem Lötverhalten.

22.3.2. Photoresist als Ätz- und Galvanoresist

Wird Photoresist als Ätzresist eingesetzt, so dauert das Einwirken der Ätzlösung nur wenige Minuten, dagegen ist er als Galvanoresist weitaus mehr Einflußgrößen ausgesetzt. An den Galvanoresist werden höhere Anforderungen gestellt. Von großem Einfluß ist die Dicke der Resistschicht. Bei ungenügender Schichtdicke bilden sich Durchschläge, die bewirken, daß Metallpartikel aus dem Resist herauswachsen.

Abb. 22.8.: Feststoffresistschichten haben einen besseren Flankenschutz als Flüssigresistschichten (Werkfoto: Du Pont)
Links: Flüssigresist als Galvanoresist Rechts: Feststoffresist als Galvanoresist

Durch Einsatz von Feststoffresistschichten wird die Zuverlässigkeit erhöht. Gleichzeitig haben diese dicken Schichten den Vorteil eines guten Flankenschutzes beim Abscheiden von metallischen Schichten, gegenüber einer sich bildenden Metallüberlappung an dünnen Resistschichten *(Abb. 22.8.)*.

22.4. Ätzprozeß

Die Wahl der Ätzlösung richtet sich nach der verwendeten Ätzresistschicht. Nicht alle Ätzresistschichten sind gleich beständig gegenüber allen Ätzchemikalien *(Kap. 9.)*. Nach Auswahl des notwendigen Ätzmediums ist die Qualität der Leiterplatte vom verwendeten Ätzverfahren abhängig.

Das Tauchätzverfahren ist in seiner Ätzwirkung sehr ungleichmäßig. Ein zuverlässiges Verfahren ist im Sprühätzen gegeben. Mit diesem Arbeitsprozeß wird eine hohe Präzision durch gleichmäßiges Versprühen des Ätzmediums über die gesamte Leiterplatte erreicht. Auf den Oberflächen findet hierbei ein schneller Austausch des an der Metalloberfläche mit Metall angereicherten Ätzmittels gegen frisches Ätzmittel statt. Gerade auf der Leiterplattenoberseite ist der schnelle Austausch notwendig, da sich an den Außenseiten der Leiterplatte sehr dicke abfließende Ätzmittelschichten bilden, die das Aufsprühen von frischem Ätzmedium in diesen Bereichen stark abbremsen und zu unterschiedlichen Ätzergebnissen führen können.

Ein hohes Ätzmittelfördervolumen, die Oszillation und die Fördergeschwindigkeit der Leiterplatte, beschleunigen das Abfließen an den Rändern, und man erhält gleichmäßige Ätzergebnisse. Von großem Einfluß auf die Zuverlässigkeit sind der Sprühdruck und der Aufsprühwinkel des Ätzmediums. Folgende Fehler treten bei nicht richtig eingestelltem Sprühwinkel und zu hohen Sprühdrücken auf:

Die Ätzresistschichen platzen ab. Es werden die Leiterzüge angeätzt oder ganz unterbrochen.

Die überhängende Ätzreserve platzt an den Ätzkanten ab, und man erhält nicht spezifizierte Leiterbreiten.

Der Unterätzungsgrad ist ungleichmäßig groß.

Genau spezifizierte Leiterbreiten erhält man nur bei gleichmäßiger Konzentration und Temperatur des Ätzmediums. Die Ätzzeit und der Grad der Unterätzung sind davon abhängig. Am zuverlässigsten sind Ätzmedien, die durch sofortiges Regenerieren immer die gewünschte Konzentration haben. Wird als Ätzreserve ein Photoresist oder ein Siebdrucklack eingesetzt, treten am trapezförmigen Leiterzug nach dem Entfernen des Resists keine großen Schwierigkeiten mehr auf. Mögliche Fehlerquellen sind unzureichendes Strippen des Resists, Einsatz von silikonhaltigen Entschäumern in den Stripperlösungen und unsachgemäßes Schützen der freien Kupferoberfläche. Dagegen kann das Ätzen von Leiterplatten mit Metallresist größere Schwierigkeiten bringen. Der nach dem Ätzen überstehende Metallresist neigt zum Abbrechen *(Abb. 22.9.)*. Dies hat zur Folge, daß der abgebrochene Überhang sich als Faden quer über die Leiterbahnen legen kann und Kurzschlüsse verursacht *(Abb. 22.10.)*.

Ein weiterer Nachteil des überhängenden Metallresists ist das schlechte Erkennen der tatsächlichen Kupferleiterbreite auf dem Basismaterial. Erst wenn die Bauelemente eingelötet werden, erkennt man im Falle von Sn/Pb nach dem „Schmelzen" des Ätzresists, daß die spezifizierte Leiterbreite unterschritten ist *(Abb. 22.9.)*. Die Zuverlässig-

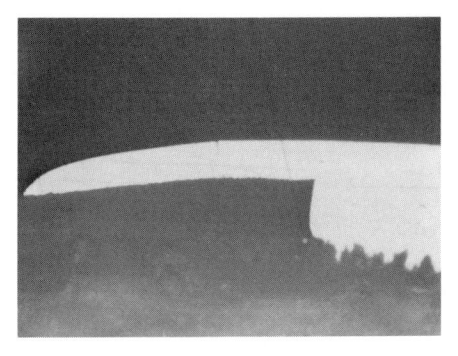

Abb. 22.9.: Metallresist als Ätzschutz. Das überstehende Metall neigt zum Abbrechen

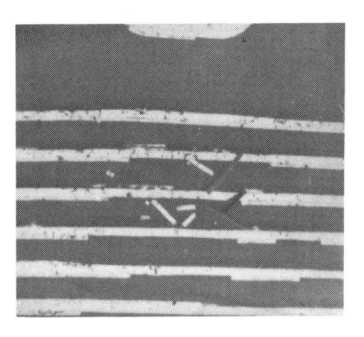

Abb. 22.10.: Ein abgebrochener Metallüberhang verursacht Kurzschluß

Abb. 22.11.: Die tatsächliche Kupferbreite wird nach dem Einlöten der Bauelemente erkannt

keit dieses Arbeitsverfahrens wird durch ein nachträgliches Aufschmelzen der Metallresistschicht nach dem Ätzprozeß erhöht. Dieser Aufschmelzprozeß ist nur bei einer Sn/Pb-Legierung (60/40) möglich.

Ein weiterer Nachteil des überhängenden Metallresists ist das schlechte Erkennen der tatsächlichen Kupferleiterbreite auf dem Basismaterial. Erst wenn die Bauelemente eingelötet werden, erkennt man im Falle von Sn/Pb nach dem „Schmelzen" des Ätzresists, daß die spezifizierte Leiterbreite unterschritten ist *(Abb. 22.11.)*. Die Zuverlässigkeit dieses Arbeitsverfahrens wird durch ein nachträgliches Aufschmelzen der Metallresistschicht nach dem Ätzprozeß erhöht.

22.5. Durchkontaktierte Leiterplatten

Eine gute Qualität von durchkontaktierten Leiterplatten ist dann gewährleistet, wenn das abgeschiedene Kupfer die Lochwandung völlig bedeckt und eine sichere Verbindung von Leiterplattenoberseite zur Unterseite gegeben ist. Das abgeschiedene Kupfer darf keine Einschlüsse oder Fehlstellen haben.

22.5.1. Haftvermittler

Bei rein additivem Verfahren ist beim Aufbringen des Haftvermittlers folgendes zu beachten:

Von entscheidendem Einfluß auf die Haftfestigkeit der später aufgebrachten Kupferschicht ist die Dicke des Haftgrundes. Auf zu dünnen oder zu dicken Schichten wird nicht die geforderte Haftfestigkeit erreicht. Die höchste Fehlermöglichkeit ist bei Zweikomponenten-Haftvermittlern gegeben, da neben der Gefahr des schlechten Mischens die Reaktionszeit beider Komponenten ein Ändern der Viskosität bringt, die bei der Auftragsdicke eine Rolle spielt. Die Viskosität und damit die Schichtdicke läßt sich weitaus zuverlässiger an Einkomponenten-Haftvermittlern einstellen.

Von den Auftragsverfahren Gießen, Spritzen, Tauchen, Siebdrucken und Streichen ist das erstgenannte Verfahren am zuverlässigsten. Die Schichtdicke ist an allen Stellen der Leiterplatte gleich, dagegen erhält man beim Tauchverfahren eine unterschiedliche Schichtdicke (Keilbildung) der Haftvermittlerschicht. Eingeschlossene Staub- oder Schmutzteile in der Schicht können zu Verbindungen oder Unterbrechungen auf der Leiterplatte führen. Nach dem Aufbringen der Haftvermittlerschicht wird diese bei hohen Temperaturen gehärtet. Temperatur und Zeit sind auf die notwendige Haftvermittlerschichtdicke abzustimmen und so zu wählen, daß der Haftgrund eine genügende Härte erhält.

Ist die Schicht zu hart, splittert sie beim Bohren oder Stanzen. Bei ungenügender Härte treten Schmiereffekte auf. Die beim Auftragen des Haftvermittlers auftretenden Probleme sind nicht bei den Verfahren gegeben, wo als Ausgangsprodukt kupferkaschierte Basismaterialien eingesetzt werden.

22.5.2. Bohren/Stanzen

Für das Abscheiden des Kupfers im Loch sind die Oberflächen der Lochwandung von entscheidendem Einfluß. Ein ideales Lochbild für das Verkupfern ist glatt, ist aber auch noch genügend rauh, um eine gute Haftfestigkeit zu ermöglichen. Das zuverlässigste Lochbild wird beim Bohren erreicht, wenn alle Einflußgrößen beachtet werden.

Ungenügende Spanabfuhr oder zu hohe Drehzahlen des Bohrers führen zum „Schmelzen" und „Schmieren" des Harzes. Die Löcher sehen sehr glatt aus, doch verankert sich die Seederschicht sehr schlecht, und eine ungleichmäßige und schlecht haftende Kupferschicht ist die Folge. Die Zuverlässigkeit läßt sich durch einen Anlöseprozeß der „Harzschmelze" nach dem Bohren erhöhen. Es eignet sich Dimethylformamid bei kaschierten Basismate-

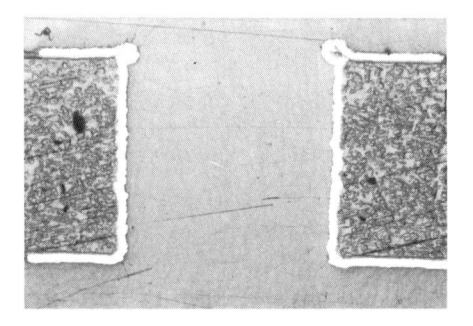

Abb. 22.12.: Nicht völlig durchbohrte Leiterplatten bilden einen Bohrgrat

rialien oder eine alkoholige Seederlösung anstelle einer wäßrigen Seederlösung bei rein additiven Prozessen. Während des Bohrens tritt Wärme auf, die an kupferkaschiertem Basismaterial abgeleitet wird, dagegen fehlt bei unkaschiertem Basismaterial die wärmeableitende Kupferschicht. Das bereits beschriebene „Schmelzen" tritt verstärkt auf, und an den Bohrrändern kann die Haftvermittlerschicht verkleben. Die Zuverlässigkeit läßt sich mit Hilfe von Aluminiumzwischenlagen als Wärmeableitschicht erhöhen. Beim Bohren ist darauf zu achten, daß die Leiterplatten völlig durchbohrt werden; besonders wenn im Paket gebohrt wird, tritt an der letzten Platte leicht ein Grat auf, wenn die Leiterplatte nicht völlig durchbohrt wird *(Abb. 22.12.)*. An diesen Stellen wird der Lötfluß gehemmt.

Die Zuverlässigkeit der Durchverkupferung an gestanzten Lochgruppen wird dann erhöht, wenn die Schnittluft am Stanzwerkzeug unter 1/10 mm liegt und vor dem chemischen Verkupfern eine Hochdruckspüle die Stanzreste völlig entfernt. Jeder fest anhaftende Stanzrest wird mitverkupfert. Der geforderte Lochdurchmesser kann hierdurch unterschritten werden.

22.6. Chemische Kupferbäder

Die Einflußgrößen beim Abscheiden des Kupfers sind je nach Arbeitsprozeß und Verfahren sehr unterschiedlich. So scheidet sich Kupfer aus chemisch arbeitenden Bädern nur dort ab, wo Impfkeime vorhanden sind.

Die Zuverlässigkeit steigt, wenn die Keime (Seeder) bereits in das Basismaterial mit eingearbeitet sind. Während des Kupferabscheidens verarmt die Badlösung an Kupferionen in direkter Umgebung der abgeschiedenen Schicht. Für einen sicheren Arbeitsprozeß ist es nun notwendig, die fehlenden Ionen schnell an die verarmte Stelle zu fördern. Dies wird durch Bewegen der Leiterplatte erreicht. Weitaus zuverlässiger sind Anlagen, die nach strömungstechnischen Gesichtspunkten gestaltet sind *(Abb. 22.13.)*. Durch folgende Einrichtungen wird eine Badbewegung in alle Richtungen aufgebaut.

    x-Achse: Hin- und hergehender mechanischer Transport der Warenträger
    y-Achse: Laminarströmung mit Hilfe von Umwälzpumpen
    z-Achse: Lufteinblasen von unten in bestimmten Zeitabständen

Diese Einrichtungen ermöglichen sehr zuverlässig den Stoffaustausch, ganz besonders den Flüssigkeitsaustausch in den Löchern mit kleinem Durchmesser. Die während des Abscheidens verbrauchten Chemikalien müssen dem Bad wieder zugeführt werden. Mit Hilfe von Handanalysemethoden lassen sich diese notwendigen Mengen bestimmen und werden dem Bad direkt zugeführt. Der große Nachteil dabei ist, daß das Bad zwischen den Analysen unterschiedliche Konzentration hat und dabei passiv oder zu schnell werden kann. Aus zu schnellen Bädern wird das abgeschiedene Kupfer porös und Abbauprodukte aus dem Bad mit eingeschlossen. Die Zuverlässigkeit des Verfahrens ist dann zu verbessern, wenn mit Hilfe einer Überwachungsautomatik die Analysen kontinuierlich durchgeführt und die fehlenden Chemikalien laufend zudosiert werden. Nach solchen Gesichtspunkten aufgebaute Verfahren sind wirtschaftlicher und ermöglichen das Abscheiden von Kupfer sowohl ganzflächig (Semiadditiv-Verfahren, Subtraktiv-Verfahren) als auch partiell (Volladditiv-Verfahren).

Es lassen sich ohne Schwierigkeiten Schichtdicken zwischen 1 und 100 µm abscheiden. Der qualitativ große Vorteil dieses Verfahrens besteht weiterhin darin, daß die abgeschiedene Schichtdicke über die gesamte Leiterplatte im Loch und am Leiter gleich ist.

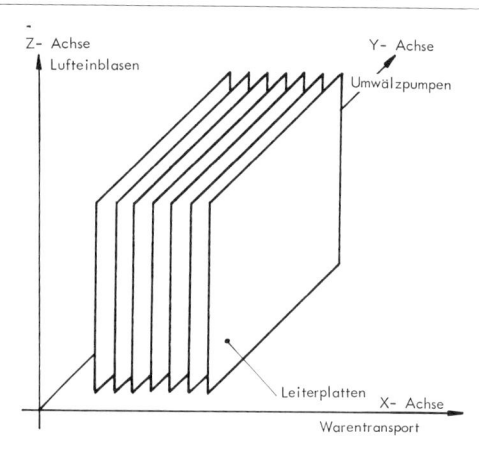

Abb. 22.13.: Aufbau eines nach strömungstechnischen Gesichtspunkten gestalteten chemischen Kupferbades

22.7. Galvanische Kupferbäder

Das galvanische Kupfer kann nur auf chemisch gewonnenen Metallschichten im Loch abgeschieden werden. Von großer Wichtigkeit sind die notwendigen Spül- und Reinigungsprozesse, damit eine gute Haftfestigkeit zwischen chemischer und galvanischer Kupferschicht gegeben ist. Geringste Verunreinigungen erniedrigen die Haftfestigkeit und führen zur Schichtentrennung.

Ein Nachteil der galvanischen Kupferbäder ist die unterschiedliche Schichtdickenverteilung im Loch und auf der Oberfläche der Leiterplatte. Damit eine nahezu 100%ige Streuung der Bäder erreicht wird, sind für ein zuverlässiges Abscheiden den Bädern Inhibitoren zuzusetzen. Die Analytik wird allerdings sehr erschwert. Sind im Bad zu viele Inhibitoren, kann an den Lochübergängen eine Kantenschwäche eintreten, die zum Abreißen des Kupfers am Lochübergang führt. Für ein zuverlässiges Fertigen ist unbedingte Voraussetzung, daß jede Leiterplatte in der Oberfläche genau bestimmt wird, um die nötige Stromdichte einzustellen. Ist die zu galvanisierende Oberfläche von Vorder- zu Rückseite der Leiterplatte verschieden, erhält man unterschiedliche Schichtdicken. Soll diese verringert bzw. in Grenzen vermieden werden, so bedarf es besonderer Vorkehrungen.

Abb. 22.14.: Unterbrechung der Kupferschicht am Lochübergang

Werden beim Ausscheiden des Kupfers aus chemischen und auch aus galvanischen Bädern alle Vorschriften eingehalten, so erhält man ein 99,95%iges Kupfer mit guter Duktilität. Geringe Variationen der Badkomponenten verändern diese.

Wird für die Leiterplatte ein Basismaterial mit geringer Dimensionsstabilität, insbesondere in der Z-Achse eingesetzt, erhält man An- und Abrisse am Lochübergang und im Loch. Die Verbindung von Leiterplattenoberseite zur -unterseite ist unterbrochen, der Lötfluß wird gehemmt *(Abb. 22.14.)*.

Die Gefahr einer Unterbrechung fällt mit dem Abnehmen des Basismaterialausdehnungskoeffizienten in der Z-Achse.

22.8. Verzinnen

Ein wenig zuverlässiges Verzinnen für Leiterplatten ist das Feuerverzinnen. Es werden keine gleichmäßigen Schichtdicken erreicht. Nachteilig ist die hohe Schmelztemperatur, die das Basismaterial versprören läßt. Beim Schmelzen werden die Bohrungen verschlossen. Diese Fehler treten aber nicht auf, wenn das Leiterbild chemisch verzinnt wird. Nachteilig ist die kurze Lagerfähigkeit der fertigen Leiterplatte und die damit verbundenen schlechten Löteigenschaften.

Wichtig für das Aufrechterhalten der Lötbarkeit ist die Zinndicke. Die Ursache der schlechten Lötbarkeit ist das allmähliche Ausbilden von Kupfer-Zinn-Legierungen. An dünnen Zinnschichten breitet sich die Legierung auf der Oberfläche des Zinns aus, und diese verhindert das Löten. Die Zuverlässigkeit wird durch das elektrolytische Verzinnen erhöht. Es können ohne Schwierigkeiten größere Schichtdicken abgeschieden werden. Sehr günstig verhalten sich glänzende Zinnauflagen, die einen niedrigen Kontaktwiderstand haben (Nachteil: Whisker).

Am zuverlässigsten ist das elektrolytische Abscheiden von Zinn mit einer Zwischenschicht aus Nickel. Das Unternickeln verhindert nicht nur eine Diffusion des Kupfers, sondern verhindert auch das Ausbilden von Whiskern *(Abb. 22.15.)*. Diese Whisker wachsen bei Reinzinn als Einkristall aus dem metallischen Zinn und führen bei engen Leiterbahnabständen zu Kurzschlüssen. Beim elektrolytischen Verzinnen ist aus Gründen einer guten

Abb. 22.15.: Whisker aus elektrolytisch abgeschiedenem Zinn

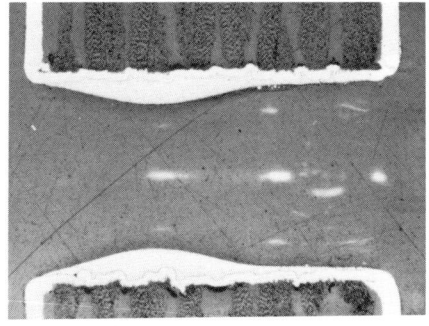

Abb. 22.16.: Paralleles Bewegen der Leiterplatte zur Anode führt beim galvanischen Abscheiden von Zinn zur Querschnittsverengung im Loch

Qualität besonders auf das Bewegen der Ware zu achten. Diese muß senkrecht zu den Anoden und sehr mäßig erfolgen. Wird die Ware parallel zu den Anoden bewegt, tritt in den Lochgruppen eine starke Querschnittsverengung auf *(Abb. 22.16.)*.

22.9. Galvanische Zinn-Blei-Bäder

Das elektrolytische Abscheiden von Zinn-Bleilegierungen ist von folgenden Faktoren abhängig:
- Verhältnis der Legierungsmetalle im Bad
- Kathodische Stromdichte
- Stärke der Elektrolytbewegung
- Stärke der Warenbewegung
- Badtemperatur
- Anodenzusammensetzung

Nur durch ständiges Überwachen dieser Parameter ist ein zuverlässiges Fertigen möglich. Sehr wichtig ist die leichte Oxidierbarkeit des zweiwertigen Zinns in den Bädern zu vierwertigem Zinn, welches nicht am Abscheideprozeß teilnimmt. Das zweiwertige Zinn muß durch Zinn (II)-Salze ständig ergänzt werden.

Beim Abscheiden der Zinn-Bleilegierung ist auf gleichmäßige Elektrolytbewegung zu achten, da sonst das Bleiabscheiden gefördert wird. Negativ auf die Zinn-Bleiabscheidung wirkt sich die örtlich unterschiedliche, kathodische Stromdichte aus, die auf der Leiterplatte nicht an allen Stellen eine eutektische Legierung abscheidet.

Die Zuverlässigkeit der fertigen Leiterplatte mit einer abgeschiedenen Zinn-Bleilegierung ist weitaus größer, wenn das Eutektikum nach dem Ätzen der Leiterplatte aufgeschmolzen wird. Neben den in *Kapitel 22* erwähnten Vorteilen bleibt die Lötfähigkeit nach dem Aufschmelzen nach langer Lagerzeit noch ausgezeichnet.

Literaturverzeichnis zu Kapitel 22

[1] G. Siewert: Herstellung von Vorlagen für Masken für integrierte Schaltungen, Dez. 12./13. (1974) E.I.P.C.-Proceedings, Seite 103.

[2] Dr. Werzinger: Siebdruckmaschinen für die Leiterplattenfertigung, Sept. (1971) 2. Kompendium für die Elektronik, Seite 106–111.

[3] H. Lendle: Gesichtspunkte für die Auswahl von Siebdruckfarben, Sept. (1971) 2. Kompendium für die Elektronik, Seite 142.

[4] Maurischat: Neues Konzept für Lötstopresist-Auftrag, Dez. 4./5. (1975) E.I.P.C.-Proceedings, Seite 113–118.

[5] Dr. Falko von Ungerer: Die Verwendung von nicht flüssigem Photoresist in der Elektronik, Sept. (1971) 2. Kompendium für die Elektronik, Seite 80–87.

[6] F. Stockley: Die Anwendung positiv arbeitender Photoresistlacke, Galvanotechnik 65 (1974) Nr. 3, Seite 183–191.

[7] Clyde F. Coombs: IR. (1967) Printed Circuits Handbook, McGraw Book Company New York, Kapitel 4–21/23 5–40.

[8] Dr. G. Kolf: Untersuchungen über die Galvanoresistenz von Copyrex-Fotolacken, Febr. 19./20. (1970) E.I.P.C.-Proceedings, Seite 56–59.

[9] M. Weinhold: Trockenresist für das Additiv-Verfahren, Dez. 12./13. (1974) E.I.P.C.-Proceedings, Seite 123–132.

[10] Günter Decker: Ätzmaschinen und Ätzverfahren zur Herstellung gedruckter Schaltungen, Febr. 19./20. (1970) E.I.P.C.-Proceedings, Seite 27–46.

Literaturverzeichnis zu Kapitel 22

[11] Paul Eisler: Technologie der Folien-Ätztechnik, gedruckte Schaltungen, Carl Hanser Verlag München (1961) Seite 65–76.

[12] Dr. Peter Boriss: Ätzen von gedruckten Schaltungen, Sept. (1971) 2. Kompendium für die Elektronik, Seite 118–130.

[13] H. Claus: Qualitätsprobleme bei gedruckten Schaltungen in der Computerindustrie, Nov. 9. (1970) E.I.P.C.-Proceedings, Seite 29–32.

[14] Dr. Ing. G. Herrmann: Leiterplatten-Herstellung, 65 (1974) Nr. 11., Galvanotechnik, Seite 950–955.

[15] Dipl. Chem. Detlev Denzer: Subtraktiv, Semiadditiv, Additiv, März (1975) JOT, Seite 20–24.

[16] Willi Metzger: Elektrolytische Cu-Bäder, 66 (1975) Nr. 9, Galvanotechnik, Seite 698–700.

[17] Dr. H.I. Steeg: Galvanische Abscheidung von Zinn- und Blei-Zinn-Auflagen bei der Herstellung von Leiterplatten, Dez. 4./5. (1975) E.I.P.C.-Proceedings, Seite 8–21.

[18] H. Maurischat: nichtflüssige Photopolymer-Resiste in der Anwendung, 65 (1974) Nr. 8, Galvanotechnik, Seite 671.

23. Organisation der Qualitätskontrolle

23.1. Aufbau der Qualitätskontrolle

Die Qualitätskontrolle befaßt sich mit allen qualitätssichernden Maßnahmen in der Leiterplattenfertigung. Folgende Gruppen sind für die Qualitätskontrolle verantwortlich:
>Wareneingangskontrolle
>Fertigungskontrolle
>Betriebslabor
>Endkontrolle

Die Wareneingangskontrolle kontrolliert nach aufgestellten und genormten Spezifikationen das eingehende Basismaterial, alle Chemikalien, Farben, Lacke und alle Hilfsmaterialien, die direkten oder indirekten Einfluß auf die Qualität der Leiterplatte haben. Entsprechen die Produkte nicht den geforderten Werten, werden sie nicht für die Leiterplattenfertigung freigegeben.

Die Fertigungskontrolle überwacht alle Leiterplattenherstell-Verfahren mit dem Ziel einer Null-Fehler-Fertigung. Alle Arbeitsprozesse sind eingeschlossen. Treten Fehler in der Endkontrolle mit größerer Häufigkeit auf, oder werden dort Abweichungen von der Spezifikation festgestellt, wird die Information sofort an die Fertigungskontrolle weitergemeldet. Hier wird der Fehler registriert und bei neuen Aufträgen besonders darauf geachtet.

Das Betriebslabor überwacht parallel zur Fertigungskontrolle alle chemischen und galvanischen Bäder und gibt die notwendigen Zusätze an. Gleichzeitig führt es chemische und physikalische Prüfungen der fertigen Leiterplatte durch.

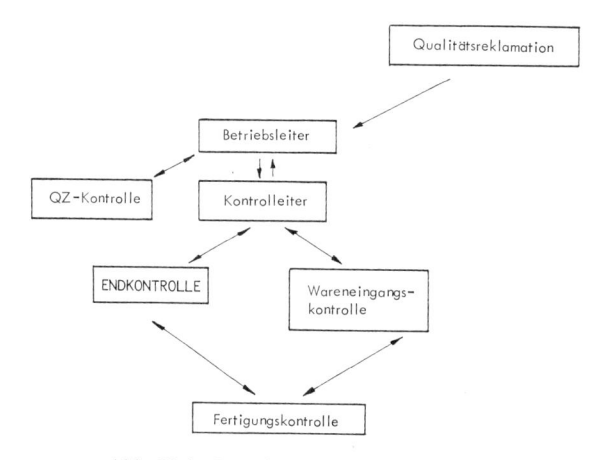

Abb. 23.1.: Regelkreis der Qualitätskontrolle

Die Endkontrolle hat keinen direktem Einfluß mehr auf die Fertigungsqualität der Leiterplatte, sondern sorgt allein für das Ausliefern von fehlerfreien Leiterplatten. Von großer Wichtigkeit ist ein QZ-Kontrolle, die eine nochmalige Stichkontrolle der bereits kontrollierten Platten durchführt. Die Angaben der QZ-Kontrolle sind ein Maß für die Auslieferungsqualität der Leiterplatten. Aus *Abb. 23.1.* ist der Regelkreis der Qualitätskontrolle ersichtlich.

23.2. Wareneingangskontrolle

Die Aufgabe der Wareneingangskontrolle besteht in der Überwachung der eingehenden Produkte, die direkt oder indirekt auf die Qualität der Leiterplatte Einfluß haben. Jedes zu prüfende Produkt wird nach genormten und nach den mit den entsprechenden Lieferanten festgelegten Prüfverfahren untersucht. Entsprechen die gefundenen Meßwerte nicht den Spezifikationen, werden die Produkte schriftlich beim Lieferanten reklamiert. Die Wareneingangsprüfung erstreckt sich auf folgende Punkte:

– Basismaterial
– Chemikalien/ Farben
– Hilfsmaterial

23.2.1. Eingangskontrolle des Basismaterials

Das Basismaterial als Grundmaterial der Leiterplattenfertigung ist einer sehr sorgfältigen Wareneingangskontrolle zu unterziehen *(Kap. 2. und 3.).* Die Eingangskontrolle und Prüfung erfolgt nach DIN 40 802 und DIN 53 488. Je nach Einsatzgebiet ist die Prüfung in drei Klassen aufzuteilen:

Klasse 1: Leiterplatten für Konsum-Produkte, wie Fernsehgeräte, Rundfunkgeräte, Spielwaren und nicht kritische Konsum-Produkte.
Klasse 2: Leiterplatten für Industrie-Produkte, wie Computer, Elektronische Anlagen, Meßinstrumente und nicht kritische Militärprodukte.
Klasse 3: Leiterplatten für Großcomputer und militärische Produkte.

Bei dieser Klassifizierung ist besonders die Oberflächenqualität zu beachten.

Neben der Eingangskontrolle des Basismaterials bringt für die Großserienfertigung ein zusätzlicher Fertigungsversuch eine weitere Sicherheit. Hierzu werden von dem zu prüfenden Basismaterial Muster in der Fertigung verarbeitet und die auftretenden Fehler registriert:

– Delamination
– Bedruckbarkeit
– Stanzbarkeit, Bohrverhalten
– Wölbung
– Schrumpfung
– Kupferabscheiden

Das Basismaterial wird nach positivem Abschluß der Wareneingangskontrolle für die Fertigung freigegeben.

23.2.2. Eingangskontrolle von Chemikalien und Farben

Eine sehr große Anzahl von Verfahrensschritten ist bis zur fertigen Leiterplatte erforderlich. Foto- und Siebdruck, das Aktivieren der Oberflächen, das stromlose und galvanische

Abb. 23.2. (Tabelle): Kontrolle von Chemikalien

Prüfprodukt	Analyse	Analysenverfahren	Produktionskontr.	Eingangskontr.
Trichloräthylen	Dichte	Aräometer	ja	ja
	p_H-Wert	p_H-Papier/Elektrometr.	ja	ja
Alt-Tri	Festkörpergehalt	Verdunstungsrückstand	ja	--
Natrium- und Ammonium Peroxodisulfat	Peroxodisulfat	Rücktitration von Eisen- (II)-Ionen mit 0,1n $KMnO_4$-Lsg.	ja	ja
	Kupfer-Gehalt	Komplexometrisch, Ionensensitive Meßtechnik	ja	--
$CuCl_2$-Ätzlösung	HCl-Gehalt	Neutralisationstitration mit 1 n NaOH in Gegenwart von Glyzerin	ja	--
	Kupfer-Gehalt	Komplexometrisch	ja	--
	Spez. Gewicht	Aräometer	ja	--
Salzsäure	HCl-Gehalt	Neutralisationstitration	--	ja
	Fluorid-Gehalt	Ionensensitive Fluoridelektrode	--	ja
Perhydrol	Peroxid-Gehalt	Titration mit $KMnO_4$	--	ja
Ammoniakalisches Ätzmittel	Kupfer-Gehalt	Rücktitration von freigesetztem Jod mit Thiosulfat	ja	--
	NH_3-Best	Rücktitration von im Überschuß zugesetzter H_2SO_4 mit Lauge	ja	--
	Chlorid-Bestimmung	Fällungstitration mit $AgNO_3$ in Chromathaltiger Lsg. nach Mohr Potentiometrische Best.	ja	--

Abscheiden bestimmter Metalle, wie Kupfer, Nickel, Gold, Silber, Blei, Zinn-Blei, das chemische Ätzen der Leiterbahnen und weitere zahlreiche Vor- und Zwischenarbeitsgänge. Es ist ersichtlich, daß die chemische Verfahrenstechnik eine überragende Stellung einnimmt. Die hierfür notwendigen Chemikalien müssen einer gezielten Eingangskontrolle unterzogen werden, damit alle Arbeitsgänge reproduzierbar sind und eine Qualitätsgarantie ermöglichen. Das Prüfen kann mit verhältnismäßig einfachen Mitteln durchgeführt werden.

Aus *Abb. 23.2. (Tabelle)* ist ersichtlich, welche Chemikalien in der Eingangskontrolle geprüft werden und welche Analysenverfahren notwendig sind. In Kapitel 23.4.3. sind die Verfahren zur Kontrolle der Farben angegeben.

23.2.3. Eingangskontrolle von Hilfsmaterialien

Hilfsstoffe müssen ebenso einer sorgfältigen Eingangskontrolle unterzogen werden, wie direktes Fertigungsmaterial. Sie sind bestimmend für die Qualität der Leiterplatte. Zu den Hilfsstoffen zählen:
- Siebgewebe
- Filmmaterial
- Siebbeschichtungen

Die Prüfverfahren richten sich nach den betrieblich geforderten Spezifikationen.

23.3. Fertigungskontrolle

Die Aufgabe der Fertigungskontrolle besteht im Überwachen bestehender Arbeitsverfahren nach betrieblich aufgestellten Richtlinien. Jede Fertigungsabteilung hat eine für diese Arbeitsprozesse ausgebildete Kontrollkraft. Von großem Vorteil ist das Rückkoppeln von

Abb. 23.3.: Die Qualitätskarte, ein wichtiges Hilfsmittel der Fertigungskontrolle zum Überwachen der Qualität

Fehlern aus der Endkontrolle oder aus Reklamationen; beim Kunden aufgetretene Fehler werden bei neuen Aufträgen gezielt überwacht. Die Fertigungskontrolle kann keine 100%ige Prüfung durchführen; das Prüfen erstreckt sich auf Stichproben an Maschinen und Teilen. Das Arbeitshilfsmittel ist eine Qualitäts-Karte *(Abb. 23.3.)*.

In dieser Prüfkarte sind die zu prüfenden Qualitätsmerkmale bei einem Arbeitsgang aufgeführt. Die festgestellten Fehler werden aufgezeigt, die Fertigung unterbrochen und der Fehler von der Fertigung abgestellt. In der Subtraktivtechnik werden die ersten gedruckten Platten nach dem Überprüfen durch die Fertigungskontrolle freigegeben. Dabei werden neben den Richtlinien der Qualitätskarte noch die Passergenauigkeit des Siebes oder des Filmes, das Leiterbild, der Druckindex, die Auftragshöhe und das Basismaterial kontrolliert. Im Fotoprozeß prüft die Fertigungskontrolle die Auflösung mit Hilfe eines Prüfdias *(Abb. 23.4.)*.

Nach dem Ätzen der Leiterplatte wird die Leiterbreite und der Unterätzungsgrad festgestellt. Entsprechen die Werte den Forderungen, wird der Auftrag für die Fertigung freigegeben.

Im Stanz- und Bohrprozess ist neben dem Kontrollieren und Abnehmen der ersten Platten das Überwachen des Lochdurchmessers und die Vollständigkeit der Löcher von großer

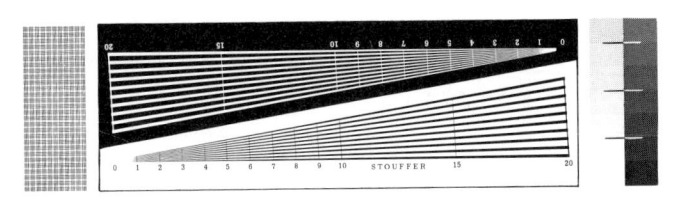

Abb. 23.4.: Mit Hilfe eines Prüfdias wird die Auflösung überprüft

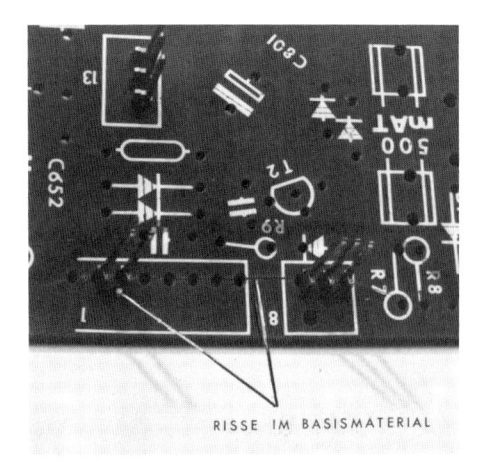

Abb. 23.5.: Liegen die Lochdurchmesser unter den geforderten Werten, reißt das Basismaterial nach dem Einstecken der Stifte

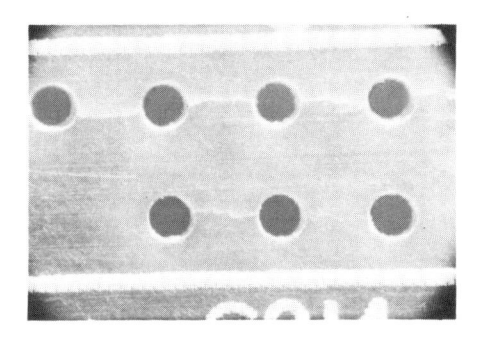

Abb. 23.6.: Falsche Stanztemperatur kann zum Reißen des Basismaterials führen

Wichtigkeit. Besonders beim Stanzen von Basismaterial der Phenolharzqualität wird bei falscher Temperaturbehandlung der minimale Lochdurchmesser unterschritten. Eingesteckte Stifte sprengen das Basismaterial *(Abb. 23.5.).*

Bei falscher Stanztemperatur kann bei nahe beieinanderliegenden Lochgruppen sogar das Basismaterial so stark delaminieren, daß das Kupfer mit aufbricht *(Abb. 23.6. und 23.7.)*

Die Fertigungskontrolle hat in ständigen Kontrollgängen die Qualität der gestanzten Leiterplatte auf Stanzmehl *(Abb. 23.8.)* und auf verstopfte Löcher zu prüfen *(Abb. 23.9.).* Das Stanzmehl kann sich beim Stanzen auf die Lötaugen pressen und die Lötqualität herabsetzen oder es wird beim Einsetzen der Bauteile mit auf das Lötauge gedrückt und ebenso die Lötqualität erniedrigt *(Abb. 23.10.).* Spätfehler sind die Folge. Verstopfte Löcher ergeben Schwierigkeiten beim automatischen Bestücken der Leiterplatten.

Die Fertigungskontrolle im Bereich der galvanischen und chemischen Metallabscheidungen wird vom Betriebslabor durchgeführt *(Kap. 23.4.).* Lediglich das Überwachen der eingestellten Stromdichten wird vom Fertigungskontrolleur mit übernommen.

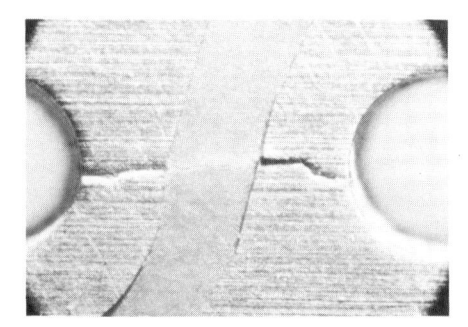

Abb. 23.7.: Nicht richtig eingestellte Stanztemperatur führt zum Reißen des Basismaterials und der Kupferschicht

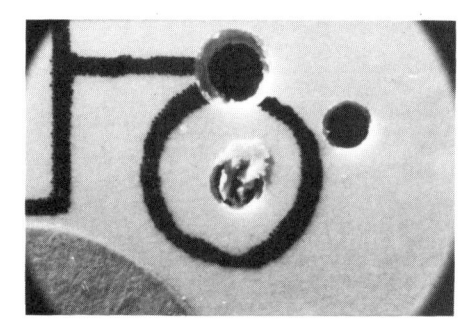

Abb. 23.8.: Rückstände von Stanzmehl ergeben Lötschwierigkeiten

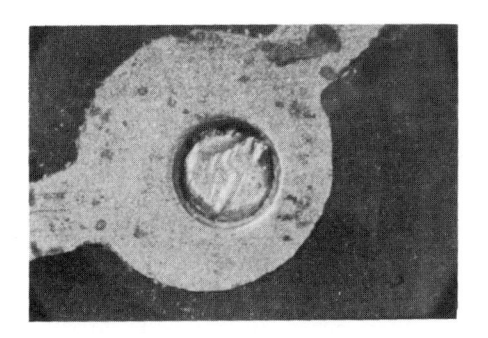

Abb. 23.9.: Durch Stanzabfall verstopfte Lochgruppen verhindern ein automatisches Bestücken mit Bauteilen

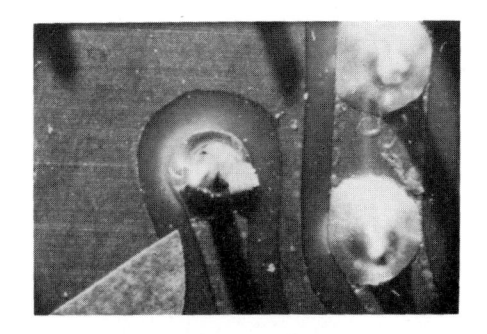

Abb. 23.10.: Stanzmehl lagert sich um das Bauteil und verhindert eine gleichmäßige Lotmeniskusbildung um das Bauteil und das Lötauge

23.4. Betriebslabor

Für den rein chemischen Teil der Leiterplattenfertigung trägt das Betriebslabor die Verantwortung einer Fertigungskontrolle. Es werden sowohl die Elektrolyte, die zum Aufbau der Metallschichten eingesetzt werden, als auch die abgeschiedenen Metalle überprüft. Ebenso erfolgt die Kontrolle von allen Druckfarben, Fotolacken und Schutzlacken.

23.4.1. Badprüfung

Für eine gleichmäßige Leiterplattenqualität ist die Kontrolle und das Einhalten der optimalen Arbeitsparameter in galvanischen und chemischen Bädern, wie Badkonzentration, Fremdsalzkonzentration und Stromdichte, unbedingte Voraussetzung.

23.4.2. Kontrolle abgeschiedener Metallschichten

Von großer Wichtigkeit ist das ständige Messen der Dicke der Leitschicht, der galvanisch aufgebrachten Metallschicht und, bei rein additiven Prozessen, der chemisch abgeschiedenen Kupferschichtdicke. Ein geeignetes Verfahren ist die chemische Analyse. Für die Produktionskontrolle eignet sich das Coulometrische Meßverfahren, das auf der Umkehrung des elektrochemischen Metallabscheidens beruht. Die Metalloberfläche wird dabei beschädigt. Beim Betarückstreuverfahren wird die zu messende Schicht nicht zerstört. Das Verfahren arbeitet mit einem Radionuklid, das Betastrahlen emittiert. Die vom zu messenden Metall zurückgestrahlten Betateilchen sind ein Maß für Schichtdicke.
Das in *Abb. 23.11.* dargestellte mikroprozeßorgesteuerte Schichtdickenmeßgerät hat einen auf die Schichtdickenmessung zugeschnittenen Datenverarbeitungsplatz, der die Kenngrößen der Messung und die Meßergebnisse in übersichtlicher Weise zur Beurteilung des Fertigungsloses anbietet.

Die Haftfestigkeit der abgeschiedenen Kupferschicht ist eine weitere Größe, die vom Betriebslabor kontinuierlich überprüft werden muß. Sie wird mit Hilfe eines Abschältestes, nach DIN 40 802, gemessen. Das Messen erfolgt im kalten Zustand und unter Lötbedingungen. Damit keine Platten für die durchzuführenden Tests zerstört werden, ist ein Prüfstreifen auf der Leiterplatte außerhalb des Leiterbildes unbedingt notwendig. Der

Abb. 23.11.: Mikroprozessorgesteuerter Meßplatz zur zerstörungsfreien Schichtdickenmessung an Leiterplatten (Werkfoto: Helmut Fischer GmbH u. Co., Sindelfingen)

Fehlerfrei

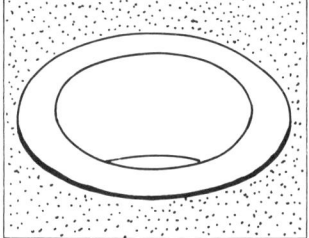

Noch brauchbar
Pro Leiterplatte werden 1 % Bohrungen mit je 2 Fehlstellen in der Durchmetallisierung zugelassen.
- wenn diese 20% des Lochdurchm. nicht überschreiten. (b+c= 1/5 a)
- wenn dadurch der Leiterübergang zum metallisierten Loch nicht beeinträchtigt wird.

Unbrauchbar
Die Durchverkupferung ist unbrauchbar
- wenn die Fehlstellen 20 % des Lochdurchmessers überschreiten
- wenn die Fehlstelle ringförmig um das Loch geht.

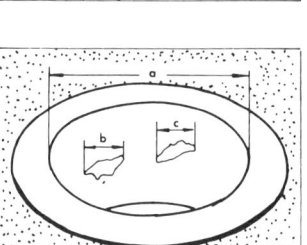

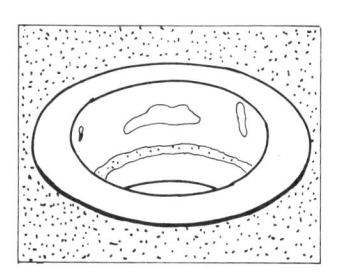

Abb. 23.12.: Mikroskopische Beurteilung von Fehlstellen im Lochzylinder

Prüfstreifen enthält Leiterbahnen zum Prüfen der Haftfestigkeit und Lochgruppen für das Testen des durchmetallisierten Loches. Der Zustand der in den Lochwandungen abgeschiedenen Metallschichten läßt sich mit Hilfe von Lochschliffen bestimmen. Das Schliffbild gibt genaue Auskunft über die Abscheidungsverhältnisse in den Bohrungen, ist aber kein Beweis für die Qualität der gesamten Leiterplatte.

Fehlstellen im Loch lassen sich nur nach optischen Verfahren bestimmen. In *Abb. 23.12.* sind Grenzwerte der Lochfehler aufgezeigt.

Vor Probeentnahme muß das Bad auf das Arbeitsvolumen gebracht und gründlich durchmischt werden. Bei vorheriger Salzzugabe ist erst das Lösen der Zugabe abzuwarten. Die Analysenvorschriften der Bäder sind in den Kapiteln 10. und 15. beschrieben. Nach dem Ausführen der Analysen werden die notwendigen Zusätze dem Bad zugegeben. Galvanische Bäder haben einen Stromdichtebereich, in dem sie optimal arbeiten. Zur Vermeidung von mangelhaften Niederschlägen wendet man nach Möglichkeit die höchste Stromdichte an, die der Elektrolyt zuläßt. Da Stromdichte I_D und die Stromstärke J durch die Beziehung

$$J = I_D \times F$$

miteinander verknüpft sind, muß man zum Ermitteln der erforderlichen Stromstärke auch die am Metallabscheiden beteiligte Oberfläche F kennen. Die Oberflächengröße dient als Grundlage für das Einstellen des Stromes, der vom Betriebslabor für jede Leiterplatte bestimmt wird. Der Laufkontrolleur überwacht die eingestellten Werte. Das Bestimmen der Oberflächengröße der Leiterplatte kann leitprobengebunden auf optoelektronischem Wege erfolgen.

Für das Erstellen von Schliffbildern wird der senkrechte und waagerechte Schnitt durchgeführt. Wird der Schnitt senkrecht zum Loch angelegt, muß der Schleifprozeß beim größten Lochquerschnitt abgebrochen werden, um genaue Angaben über die Schichtdicke machen zu können. Es werden hierbei An- und Abrisse im Lochzylinder und am Lochübergang und Fehlstellen im Lochzylinder festestellt *(Abb. 23.13.)*, die ein Maß für die Qulität der Leiterplatte sind. Die Schliffaufnahmen müssen im ungelöteten und gelöteten Zustand durchgeführt werden. Reproduzierbare Werte erhält man nach spezifischen Temperaturschocktests. Eine Testmethode ist im MIL-Standard-STD-202 D beschrieben.

Mit Hilfe des Querschliffs (Abb. 23.14.) kann die Qualität des durchmetallisierten Loches nicht festgestellt werden. Sehr gut lassen sich aber Fehlstellen durch Nachschleifen des

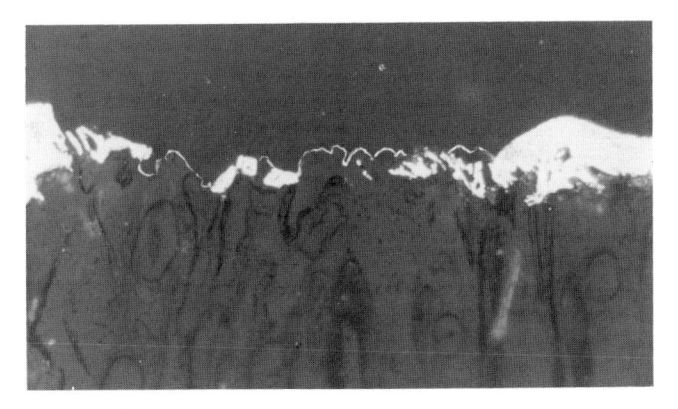

Abb. 23.13.: Senkrechter Schnitt zu einem verkupferten Stanzloch. Im Loch werden Fehlstellen festgestellt

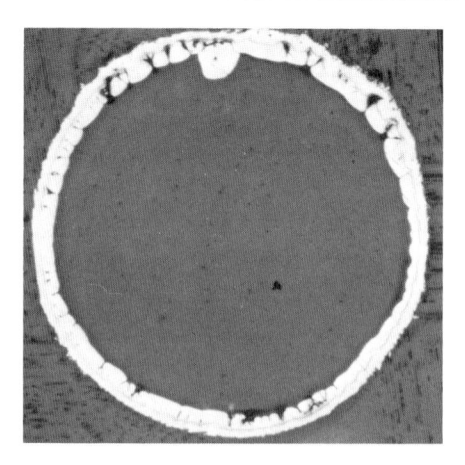

Abb. 23.14.: Waagerechter Schnitt zu einem verkupferten Loch. Die Metallschichtdicke läßt sich in der gesamten Lochwandung bestimmen

Schliffes verfolgen. Von Vorteil ist das Bestimmen der Metallschichtdicke über die gesamte Lochtiefe.

Sehr viele Fehlstellen können am Lochübergang auftreten. In *Abb. 23.15.* ist eine fehlerhafte Leiterplatte aufgezeigt. Diese Unterbrechung läßt sich nur mikroskopisch feststellen.

Vom Betriebslabor werden weitere Messungen an abgeschiedenen Schichten ausgeführt:
- Leitfähigkeit
- Dehnbarkeit
- Duktilität
- Härte
- Lötbarkeit
- Spezifischer Oberflächenwiderstand

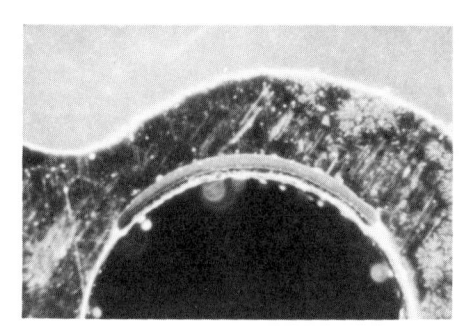

Abb. 23.15.: Unterbrechung am Übergang Loch-Lötauge

23.4.3. Kontrolle von Druckfarben, Fotolacken und Schutzlacken

Zur Qualitätssicherung in der Leiterplattenfertigung und der Zulieferung gleichmäßiger Produkte müssen folgende Kontrolluntersuchungen vom Betriebslabor unbedingt ausgeführt werden:

Prüfprodukt	Analyse	Analysen-Verfahren	Produktions-kontrolle	Eingangs-kontrolle
Druckfarben	Viskosität	Auslaufbecher Turboviskosimeter	ja	ja
Photolacke	Viskosität	Auslaufbecher Turboviskosimeter	ja	ja
	Flammpunkt	Abel-Pensky DIN-DVM 3661	ja	ja
	Dichte	Aräometer Pyknometer	ja	ja
	Festkörpergehalt	DIN 53 182	ja	ja
Schutzlacke	Wassergeh.	Karl Fischer-Titration	ja	ja
	Festkörpergehalt	DIN 53 182	ja	ja

23.5. Endkontrolle

Das Prüfen von Leiterplatten soll sicherstellen, daß alle Platten den gestellten Anforderungen genügen und keine geringwertige Schaltung ausgeliefert wird. Die Endkontrolle setzt sich aus folgenden Gruppen zusammen:

- Stichprobenkontrolle
- optische Vollprüfung
- elektrische Kontrolle

Die Stichkontrolle stellt Fehlerschwerpunkte fest, die sofort der Fertigungskontrolle gemeldet werden. Alle Leiterplatten, die einer Stichprobenkontrolle nach AQL nicht standhalten, werden einer Vollprüfung unterzogen.

23.5.1. Optische Vollprüfung

Die Leiterplatten werden mit Hilfe einer Lupe auf Fehlstellen geprüft. Es eignen sich Großfeldlupen, mit 3-facher Vergrößerung. Beim Prüfen ist auf folgende Fehler zu achten:

- Verbindungen zwischen den Leiterzügen und den Lötaugen
- Unterbrechungen von Leiterbahnen
- Abstand Leiter zu Plattenrand
- Lötaugenbreite
- Leiterbreite
- Lochdurchmesser
- Kupfer im Loch
- Lötstopdruckversatz
- Servicedruckversatz
- Abstand von Kontaktfingern
- Stanzfehler
- Verstopfte Lochgruppen
- Stanz- und Bohrversatz

Zum Bestimmen der Leiterbreiten können Meßlupen eingesetzt werden. Der Prüfplatz ist mit ausreichender Lichtquelle auszustatten und nach arbeitsanalytischen Überlegungen aufzubauen *(Abb. 23.16.)*.

440 Organisation der Qualitätskontrolle

Werden beim optischen Prüfen Fehler festgestellt, so sind diese Stellen zu kennzeichnen oder der Fehler ist sofort zu beseitigen. In *Abb. 23.17.* sind Grenzfälle an Leiterplatten aufgezeigt. Alle während des Prüfens festgestellten Fehler werden in ein Arbeitsblatt eingetragen, das zu einer täglichen Qualitätsbeurteilung dient *(Abb. 23.18.)*.

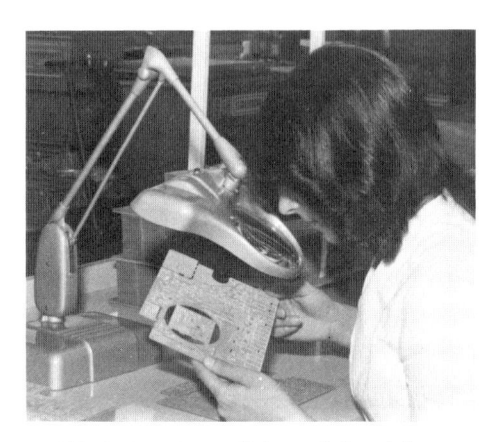

Abb. 23.16.: Kontrollplatz mit Leuchtlupe

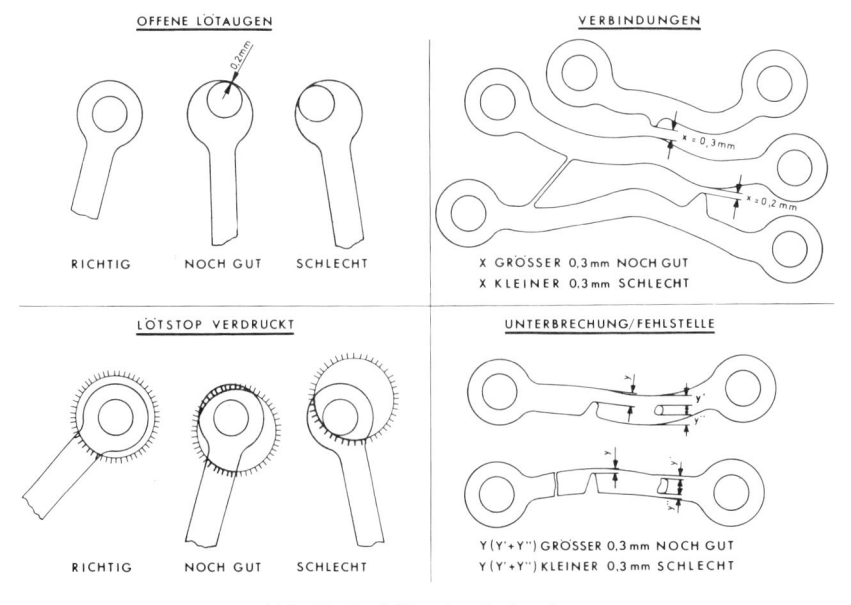

Abb. 23.17.: Mängel an Leiterplatten

DRUCKPLATTEN-
FERTIGUNG   Datum _____

Arbeitsblatt

Name _____   Verfahren _____

Leiterplatte-Zeichn.-Nr. _____   Vorkontrolle   ☐

Kontrollierte Stückzahl _____   Stückkontrolle   ☐

Ausgelieferte Stückzahl _____   Stichprobenkontrolle ☐

AUSFÄLLE

	Stück	%		Stück	%
Verfahrensfehler			Sonstige Fehler		
Ätzfehler			Lötstopp-Fehler		
Verbindungen			Montagedruck-Fehler		
Unterbrechungen					
Nacharbeit					

Erfaßt in Tagesmeldung ☐   Erfaßt auf Qualitätskarte ☐

ZUTREFFENDES ANKREUZEN   UNTERSCHRIFT

Abb. 23.18.: Die Fehler einer Leiterplatte werden in ein Arbeitsblatt eingetragen und zur Qualitätsbeurteilung ausgewertet

23.5.2. Elektrische Vollprüfung

Sehr schlecht wahrnehmbare Fehler und die Prüfung von großen Mengen lassen sich zuverlässig mit Hilfe von elektrischen Prüfgeräten auffinden. Die in *Abb. 23.19.* und *23.20.* aufgezeigten Prüfgeräte dienen zum elektrischen Prüfen von unbestückten einseitigen, doppelseitigen, durchkontaktierten oder Multilayer-Leiterplatten. Es werden dabei Kurzschlüsse, Unterbrechungen von Leiterbahnen sowie Induktivitäten auf L- und Q-Werte geprüft.

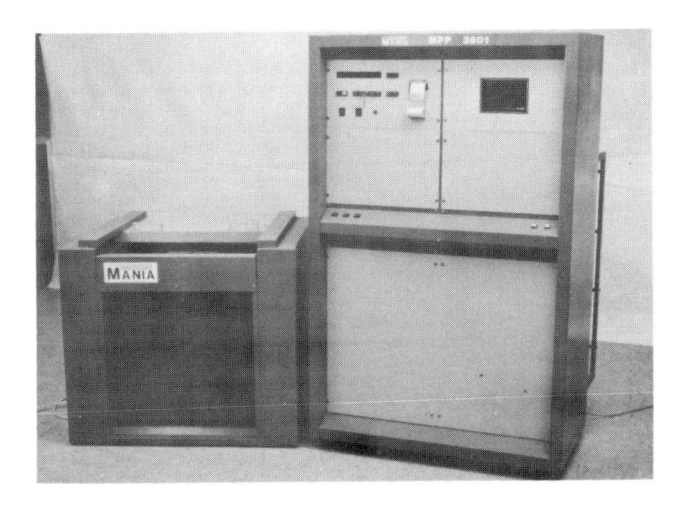

Abb. 23.19.: Elektrisches Prüfgerät mit einem Universaladapter zum Testen von Leiterplatten (System Mania)

Abb. 23.20.: Automatisches Prüfgerät zum elektrischen Testen von Leiterplatten
(System Fa. Luther u. Maelzer)

Das in *Abb. 23.19.* gezeigte Prüfsystem arbeitet mit einem Universaladapter. Die Prüfspannung beträgt 40 V und der Prüfstrom 400 mA. Die Anlage ist selbstprogrammierend durch eine „Gut"-Leiterplatte. Im *Abb. 23.20.* gezeigten System wird für jede Leiterplatte ein eigener Prüfadapter benötigt. Die Kontaktiersicherheit wird bei diesem System durch Ultraschall-Schwingungen erreicht. Durch die Rückstapelung der fehlerfreien Leiterplatten ist in allen Fällen sichergestellt, daß keine Vermischung von einwandfreien und fehlerhaften Platten erfolgt. Mit Hilfe dieses Systems lassen sich ebenfalls Druck- und Stanzversatz elektrisch überprüfen. Die Anlage ist selbstprogrammierend.

23.5.3. Prüfen auf Lötbarkeit

Neben dem optischen und elektrischen Prüfen der Leiterplatten ist das Testen auf Lötbarkeit von wesentlichem Einfluß auf die Qualität der bestückten Leiterplatte. Bei ungenügendem Oberflächenschutz oxidiert das Kupfer und wird schlecht lötbar.

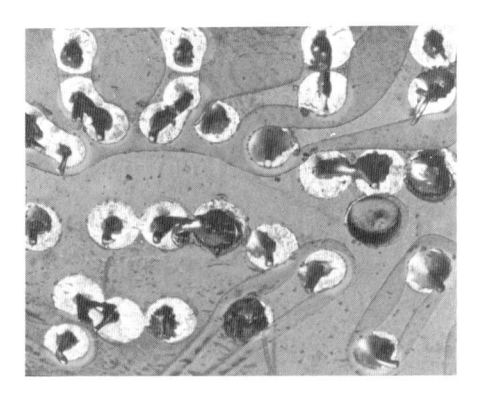

Abb. 23.20.: Automatisches Prüfgerät zum elektrischen Testen von Leiterplatten
(System Luther u. Maelzer)

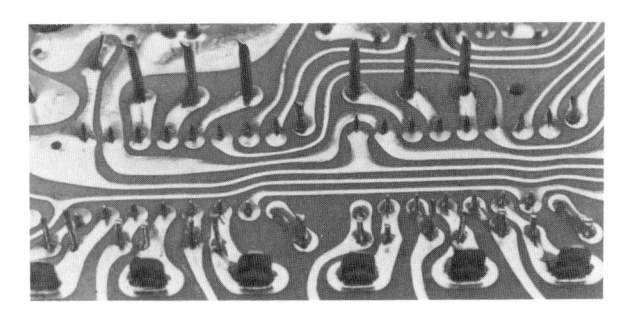

Abb. 23.22.: Gut geschützte Kupferschichten ergeben beim Löten einen gleichmäßigen Lotverlauf

Das Lot umschließt nicht völlig das Bauelement, es bilden sich Lötstellen mit schlechter Benetzung des Lotes zum Kupfer *(Abb. 23.21.)*.
Zum Erkennen solcher Fehler wird von kontrollierten Platten ein Löttest durchgeführt, der eine Aussage über das Lötverhalten zuläßt *(Abb. 23.22.)*.

Literaturverzeichnis zu Kapitel 23

[1] Karl-Heinz Marquardt: Gedruckte Schaltungen, Sieb und Rakel 12 (1975) Seite 449–450.
[2] D. Gardner Foulke: Analyse und Überwachung galvanischer Bäder, Galvanotechnik, 66 (1975) Nr. 6, Seite 462.
[3] Gerhard Büttner: Die elektrische Prüfung von Durchmetallisierungen als Kriterium für die Qualitätsbeurteilung von Leiterplatten, Nov. (1970) E.I.P.C. Proceedings, Seite 43–59.
[4] H. Nachtsheim: Qualitätskontrolle an durchmetallisierten Leiterplatten, Nov. (1976) Messen und rüfen/Automatik, Seite 642–646.
[5] Heinz Antener: Multiwire Performance and Reliability in Autophon, June (1976) Multiwire Symposium.
[6] Albert/Ott: Schichtdickenmessung im Anschluß an die galvanische und stromlose Metallabscheidung, Galvanotechnik 67 (1976) Nr. 1, Seite 27–36.
[7] Franz Kintschel: Chemische Prüfverfahren in der Leiterplattentechnik, Febr. (1977) Grundig Report.

24. Bestückung der Leiterplatten von Hand und mit Automaten

Im Jahre 1976 wurden weltweit noch 70 % aller elektrischen und mechanischen Bauteile auf Leiterplatten manuell bestückt. In den darauffolgenden fünf Jahren hat der Anteil manuell bestückter Bauteile deutlich zugunsten der Automatenbestückung abgenommen. Er kann nach dem Stand von 1981 mit ca. 40 % angesetzt werden.

Die Handbestückung und die damit verbundenen Vorbereitungs- und Bereitstellungsarbeitsgänge an Bauteilen verdienen jedoch nach wie vor Beachtung.

24.1. Handbestückung – Bauteile

Bei den bestückbaren Schaltungselementen und Baugruppen handelt es sich um passive oder aktive Bauteile unterschiedlicher Größe. Eine Klassifizierung in axiale und radiale Bauteile ist nach der Lage der Bauteilanschlüsse zum Bauteilkörper möglich.

Axiale Bauelemente wie Kondensatoren und Widerstände werden von den Herstellern vielfach bereits beidseitig in Streifen gegurtet angeliefert. Bei Bauteilen mit radial verlaufenden Anschlußdrähten wird eine einseitige Gurtung angewandt.

Großbauteile, wie Transformatoren, Sockel- und Steckerleisten, Übertrager, mechanische Befestigungs- oder Versteifungselemente werden vorzugsweise so ausgelegt, daß sie nach der Bestückung in die Leiterplatte durch Schränklappen oder Sicken fixierbar sind. Halbleiter-Bauelemente können in die Leiterplatte entweder direkt oder über Sockel-Steckverbindungen bestückt werden.

Abb. 24.1.: Vorrichtung zum Rahmen von Leiterplatten
(Werkfoto: Grundig, Fürth)

Leiterplatten sind in vielen Anwendungsfällen für die Weiterverarbeitung zu labil und müssen deshalb versteift werden. Dies kann durch Rahmen oder Versteifungsleisten erfolgen, die möglichst vor dem Bestückungsvorgang montiert und anschließend verschränkt, verschraubt oder gelötet werden.

Bei großen Leiterplatten, etwa ab 1/2 EDT-Format (330 x 260 mm), kann ein Rahmen gleichzeitig die Funktion eines Werkstückträgers übernehmen. Für das Aufrahmen von Leiterplatten werden Vorrichtungen verwendet, die sicheres und schonendes Einsetzen der Leiterplatten gewährleisten *(Abb. 24.1.).*

Seit einigen Jahren werden auch in der Unterhaltungsindustrie verbreitet Bausteine oder Module auf eine Grundplatte gesteckt. Für derartige Steckverbindungen unterschiedlicher Polzahl gibt es auf dem Markt ein reichhaltiges Angebot. Um seitenverkehrte Bestückung der Module auszuschließen, sind Kennstifte oder Markierungsnasen angebracht. Steckerstifte können aber auch einzeln direkt in die Leiterplatte eingezogen werden.

Für diesen Arbeitsgang stehen Maschinen und Vorrichtungen unterschiedlichen Automatisierungsgrades zur Verfügung *(Abb. 24.2. und 24.3.).*

Abb. 24.2.: Stifteinziehmaschine für Steckerstifte
(Werkfoto: Stocko, Wuppertal)

Großbauteile wie Transformatoren und Elektrolytkondensatoren müssen nach dem Bestückungsvorgang mechanisch gesichert werden. Dabei bieten sich Lösungen wie Verschränken oder Sichern durch Haltebügel an. Für den Schränkvorgang können wieder Hilfswerkzeuge oder Vorrichtungen eingesetzt werden, mit deren Hilfe die Arbeitskraft bei körperlich anstrengenden Arbeiten entlastet wird.

Bedrahtete Bauteile wie Kondensatoren, Widerstände, Dioden usw. können bei Handbestückung meist nicht im Anlieferungszustand verarbeitet werden. Vorbereitende Arbeitsgänge sind erforderlich, um die Bauteile bestückungsgerecht am Handbestückungsplatz zur Verfügung zu haben.

Abb. 24.3.: Automatische Stifteinziehmaschine zum Bestücken
von Stiften in eine Chassisplatte von Farbfernsehgeräten
(Werkfoto: Grundig, Fürth)

Es sind zahlreiche Maschinen bekannt, die aus gegurteten oder auch lose angelieferten axialen Bauelementen bestückungsgerechte elektrische Teile herstellen. Abbiegen auf Bestückungsmaß, Beschneiden der Drahtenden, Anbringen von Sicken sind Arbeitsgänge, die von Bauteile-Vorbereitungsmaschinen übernommen werden *(Abb. 24.4.)*.

Das Verschränken oder Sicken der bestückten Bauelemente auf der Leiterplatte ist eine wesentliche Voraussetzung für gute Qualität der gelöteten Leiterplatte.

Radiale Bauteile werden vor der manuellen Bestückung in die Leiterplatte ebenfalls vorbehandelt. Meist erfolgt aber schon vom Bauteilehersteller die Anlieferung in bestückungsgerechter Ausführung. Auch hier wird auf strammen Sitz der Bauteile in den Bestückungslöchern der Leiterplatte Wert gelegt.

Abb. 24.4.: Bauteilevorbereitungsmaschine für axiale
Bauteile (Werkfoto: Streckfuß KG,
Eggenstein b. Karlsruhe)

Die Anschlußdrähte von Transistoren werden vor dem Bestückungsvorgang auf das gewünschte Bestückungsraster vorgebogen. Mit diesem Arbeitsgang kann man eine elektrische Funktionsprüfung verbinden *(Abb. 24.5.)*.

Die Anschlüsse von integrierten Schaltkreisen können vor dem Einsetzen in die Leiterplatte auf Bestückungsmaß ausgerichtet und bei Bedarf auf Sollmaß beschnitten werden.

Abb. 24.5.: Transistor-Biegemaschine

24.2. Handbestückung – Materialbereitstellung

Bei einem gut ausgerüsteten industriellen Handarbeitsplatz wird die Bereitstellung des Montagegutes ebenso beachtet wie die Anordnung von Hilfswerkzeugen und Vorrichtungen. Montagegerechtes Anbieten von Bauteilen kann über Behälter erfolgen, die grifftechnisch günstig am Arbeitsplatz angeordnet sind. Bei diesen Greifbehältern rutscht das Bestückungsgut in eine Greifmulde nach und kann dort vereinzelt abgenommen werden.

Abb. 24.6.: Bestückungsteller aus Hart-Polyurethanschaum
(Werkfoto: Grundig, Fürth)

Mehrere Greifschalen können über- und nebeneinander am Arbeitsplatz angeordnet werden, wobei Zugriffzeiten und Greifwege nach den bekannten Methoden vorbestimmter Zeiten ermittelt und bei der Platzausrüstung berücksichtigt werden.

Oft ist es sinnvoll, das Bestückungsmaterial in Drehtellern unterzubringen, die ihrerseits unter oder über dem Arbeitsplatz angebracht sind. Geeignete Aufnahmen gestatten Mehrfachanordnungen und unterschiedliche Neigung der Bestückungsteller. Die Materialteller können durch variable oder feste, radial angeordnete Fächer unterteilt werden.

Neben Blech- und Aluminiumdruckgußtellern haben sich Ausführungen aus gezogenem Polystyrol und aus Hart-Polyurethanschaum in der Praxis bewährt *(Abb. 24.6.)*

Sind sehr viele Bauteile an einem einzigen Arbeitsplatz zu bestücken, so bietet sich die Materialbereitstellung über Paternoster-Behälter an. Die einzelnen Gehänge des Paternosters können dann wiederum in Fächer aufgeteilt werden *(Abb. 24.7.)*

Großbauteile werden zweckmäßig in Beistellwagen oder in Stapelmagazinen untergebracht. Konstante Greifwege können dabei duch Hubeinrichtungen sichergestellt werden. Die Höhenverstellung derartiger Vorrichtungen geschieht entweder last- oder arbeitstaktabhängig *(Abb. 24.8.).*

Abb. 24.7.: Materialbereitstellung über Paternoster (Werkfoto: Ferco, Mailand)

Abb. 24.8.: Bereitstellung von großen Bauteilen (Werkfoto: Bosch, Industrieausrüstung, Stuttgart)

Mit der Zahl der Bestückungsteile pro Arbeitsplatz steigt zwangsläufig auch die Gefahr von Fehlbestückungen. Bei Bestückungsaufgaben für Geräteanläufe und Kleinserien werden deshalb gerne Bestückungstische mit Bestückungshilfen eingesetzt. Diesen Bestückungseinrichtungen liegt der Gedanke zugrunde, das zu bestückende Bauteil der Bestückungsposition auf der Leiterplatte eindeutig zuzuordnen. Nach diesem Prinzip arbeiten alle auf dem Markt erhältlichen Einzelbestückungstische.

Die Bauteile werden in Schalen oder Bechern gelagert, welche über ein Endlostransportsystem im Bestückungstakt befördert werden. Dieses bewegliche Bestückungsmagazin gibt nur jeweils einen Materialbehälter durch ein Bestückungsfenster frei. Synchron zum freigegebenen Bauteil wird über eine Projektionseinheit die Bestückungsposition auf der Leiterplatte angezeigt. Zur Vermeidung von Verpolung und Schaltfehlern können verschiedene Anzeigesymbole gewählt werden. Die gängigen Bestückungstische unterscheiden sich in Anzahl und Größe der Materialbehälter. Eine sinnvolle Obergrenze liegt bei ca. 120 Materialbehältern.

Von einem zweckmäßig ausgestatteten Einzelbestückungstisch mit Bestückungshilfen werden automatischer Vor- und Rücklauf, automatische Nullstellung, schneller Durchlauf und Fußauslösung für den Behältertransport verlangt. Die Umrüstung und die Wartung müssen schnell und betriebssicher durchführbar sein.

Die Anzeige der Bestückungsposition auf der Leiterplatte erfolgt bei allen Modellen über optische Signale. Drei Verfahren verdienen dabei Beachtung: Die direkte Markierung durch Lichtleiter, die Filmprojektion und die Diaprojektion.

Bei der Markierung mit Lichtleitern erfolgt die Beleuchtung der zu bestückenden Lochgruppe mit einer Faseroptik direkt auf der Leiterplatte. Da die Beleuchtung von unten erfolgt, zwischen Ende des Lichtleiters und Leiterplatte bestimmte Mindestabstände jedoch nicht unterschritten werden dürfen, ist der Öffnungswinkel für die direkte Erkennung der Lichtmarke eingeengt. Die bekannten Basismaterialien für Leiterplatten sind zwar teilweise transparent, so daß eine Lichthofwirkung zustandekommt, die Bestückungsposition ist jedoch von oben nicht immer gut erkennbar.

Bei der Film- oder Diaprojektion wird von Bestückungsvorlagen für jeden Bestückungsvorgang ein verkleinertes Einzelbild erstellt. Diese Einzelbilder werden entwickelt und dann über einen Filmprojektor oder Diaprojektor auf die Leiterplatte in Originalgröße abgebildet. Die Film- und Diaprojektion kann von oben direkt auf die Bestückungsseite der Leiterplatte oder bei Verwendung eines Spiegels auch auf die Unterseite der Leiterplatte erfolgen.

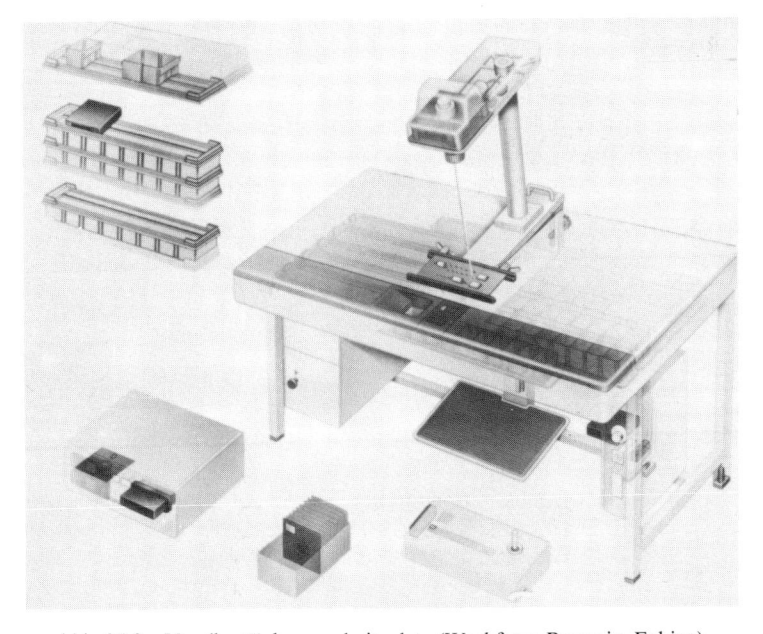

Abb. 24.9.: Handbestückungsarbeitsplatz (Werkfoto: Rayonic, Eching)

Ein Beispiel für einen Bestückungstisch mit Anzeige der Bestückungsposition von oben und zweckmäßiger Vorlagenerstellung ist der Handbestückungsarbeitsplatz der Firma *Royonic (Abb. 24.9.).*

Eine einfache, schnelle und äußerst kostengünstige Vorlagenerstellung ist mittels eines Pantographen möglich. Von einer fertigen Muster-Leiterplatte wird im gewünschten Verkleinerungsmaßstab von jeder Bestückungsposition ein entsprechendes Lochbild in einen Filmstreifen oder in ein Dia gestanzt. Diese gestanzte Vorlage wird dann auf die zu bestückende Leiterplatte projiziert, wobei die Polungskennzeichnung durch unterschiedliche Symbole erfolgen kann.

Diese Bestückungstische können durch Hinzunahme von Beschneide- und Biegevorrichtungen erweitert werden. Durch weitgehende Vermeidung von Fehlbestückungen und Wegfall von Anlernzeiten haben sich derartige Bestückungseinrichtungen in der Praxis sehr gut bewährt *(Abb. 24.10.).*

Abb. 24.10.: Bestückungseinrichtung mit optischer Anzeige durch Dia-Projektion
(Werkfoto: Grundig, Fürth)

24.3. Handbestückung – Beschneidetechnik

Bei der manuellen Bestückung werden nicht alle Bauteile vor dem Bestückungsvorgang auf ihre endgültige Länge in der Leiterplatte beschnitten. Es ist deshalb erforderlich, vor oder nach dem Lötvorgang überstehende Bauteilenden zu kürzen.

Das Beschneiden mit Scheren oder pneumatisch betriebenen Seitenschneidern nach dem Lötvorgang sei dabei nur der Vollständigkeit halber erwähnt. Soweit es Form und Stabilität der Bauteile zulassen, werden Bauteile vor dem Lötvorgang beschnitten, weil die mechanische Festigkeit der Lötstelle in jedem Fall unter dem Beschneidevorgang leidet. Die überstehenden Bauteilenden sollen möglichst in einem Arbeitsvorgang gekürzt werden.

Im industriellen Fertigungsablauf werden deshalb mechanisch oder pneumatisch betätigte Beschneidevorrichtungen eingesetzt, die nach folgendem Prinzip arbeiten: Unter die zu bestückende Leiterplatte wird eine Schnittplatte gelegt, deren Stärke dem gewünschten Drahtendenüberstand entspricht. In der Praxis werden Werte zwischen 1 und 3 mm gewählt. Die Bauteile werden durch die Bestückungslöcher in der Leiterplatte und durch Aussparungen in der Schnittplatte gesteckt.

Die bestückten Bauteile werden dann über einen Niederhalter fixiert. Dieser Niederhalter besteht aus einem Rahmen, der mit elastischem Material wie PE-Schaumstoff, Silikonkautschuk oder Weichpolyurethanschaum ausgelegt ist. Für spezielle Bestückungsaufgaben wird dieser Niederhalter einzeln abgegossen, um die Bestückungslandschaft möglichst formgetreu abzubilden. Ein Spannbügel sorgt für strammen Sitz der Bauteile auf der Leiterplatte.

In Einzelfällen werden die bestückten Leiterplatten auf der Bestückungsseite vor dem Beschneiden mit einer Schrumpffolie überzogen. Unter der Schnittplatte wird beim Beschneidevorgang ein Schneidemesser vorbeigeführt, welches die überstehenden Drahtenden abtrennt.

Eine entscheidende Rolle für die Schnittqualität spielt dabei die Schnittluft zwischen Schnittplatte und Schneidemesser. Dünne Drahtenden werden bei abgenutzter, mit Riefen durchzogener Schnittplatte und bei stumpfem Schneidebalken leicht abgerissen, gequetscht oder überhaupt nicht beschnitten.

An einem Schneidetisch müssen Sicherheitsvorkehrungen wie Messerabdeckung und Zweihandauslösung unbedingt berücksichtigt werden. Es ist sinnvoll, den Beschneidevorgang automatisch ablaufen zu lassen *(Abb. 24.11.)*.

Die Suche nach geeigneten Beschneideverfahren für bestückte Leiterplatten hat zu unterschiedlichen Lösungen geführt. Bandsägen, Kreissägen, rotierende Trennscheiben und oszillierende Messerköpfe sind erprobt und teilweise wieder verworfen worden. Verschiedene Ansätze, Leiterplatten mit einem Laserstrahl oder mit einem Elektronenstrahl im Vakuum zu beschneiden, haben entweder aus physikalischen, technischen oder wirtschaftlichen Gründen nicht den gewünschten Erfolg gebracht.

Bei Schneideversuchen mit dem Elektronenstrahl unter Vakuum haben sich die beim Trennvorgang verdampften Metallreste auf der Leiterplatte und auf den Bauteilen niedergeschlagen.

In der Praxis bewährte Verfahren zum Abtrennen überstehender Drahtenden arbeiten mit hochtourig drehenden Schneidscheiben. Die Schnittkanten der Scheiben können glatt oder gezahnt sein. Die Schneidscheiben bestehen zumindest am äußeren Radius aus Hartmetall. Über einen massiv gelagerten Antrieb werden die Scheiben auf Drehzahlen zwischen 7.000 und 10.000 Umdrehungen pro Minute gebracht.

Die zu beschneidende Leiterplatte wird über die Schneidscheibe geführt. Die erreichbare Schnittbreite ist durch den Scheibendurchmesser vorgegeben. Bei größeren Leiterplattenabmessungen wählt man mehrere versetzt angeordnete Scheiben.

Eine Vergrößerung der Schnittbreite kann auch durch die Oszillationsbewegung der Scheibenhalterung erreicht werden. Der Trennvorgang kann als Fräsen bezeichnet werden. Die Standzeit einer Scheibe beträgt etwa 1 Million Schnitte bei Kupferdrähten mit Durchmessern von 0,2 bis 0,8 mm. Danach muß die Scheibe geschliffen werden.

Voraussetzung für diese Art der Bauteile-Beschneidung sind jedoch mechanisch gut fixierte Bauteile. Bei gelöteten Leiterplatten ist dies der Fall. Durch den Fräsvorgang wird jedoch das Lot zumindest teilweise aufgeschmolzen und in Form von feinen Lotspritzern auf die Leiterplatte verteilt. In diese Lotspritzer werden zusätzlich gefräste Metallspäne eingebettet. Eine mechanische Reinigung der Leiterplatten oder nochmaliges Löten nach dem Beschneiden sind deshalb unbedingt zu empfehlen *(Abb. 24.12.)*.

Die Firma *Hollis* hat ein Verfahren vorgeschlagen, bei dem die Bauteile vor dem Schneidevorgang mit Wachs fixiert werden. Dieses Wachs kann gleichzeitig mit Fluxmitteln dotiert werden. Wachs und Fluxmittel werden bei der anschließenden Lötung weitgehend weggespült. In Einzelfällen müssen die Leiterplatten nach dem Löten gewaschen werden [1].

452 Bestückung der Leiterplatten

Abb. 24.11.: Automatischer Beschneide-
tisch mit Sicherheitsabdeckung
(Werkfoto: Grundig, Fürth)

Abb. 24.12.: Bauteile-Beschneide-
Einrichtung Holli Cutter-Tischgerät
(Werkfoto: Hollis Eng. Inc.)

Der Beschneidevorgang über Trennscheiben stellt für die mechanische Festigkeit von Lötstellen und Leiterbahnen eine große Belastung dar.

Um sicherzugehen, daß durch das Beschneiden kalte Lötstellen, ungewollte Brücken oder Spätschäden an Lötverbindungen vermieden werden, ist je ein Lötvorgang vor und nach dem Schneiden erforderlich. Die thermische Belastung der Bauteile kann dabei meist vernachlässigt werden. Die gelötete Leiterplatte ist nach dem zweiten Lötvorgang frei von Zinnspritzern und Metallspänen. Zusätzliche Kosten für die Handhabung entstehen nicht, wenn die Anlage im inline-Betrieb arbeitet.

24.4. Planung manueller Bestückungseinrichtungen

Aus den beschriebenen Fertigungsbausteinen können für die Leiterplattenmontage dem Bedarfsfall angepaßte Anlagen zusammengestellt werden. Entsprechend dem geplanten Arbeitsinhalt pro Arbeitsplatz werden Bestückungs- und Prüfaufgaben aufgeteilt oder an einzelnen Arbeitsplätzen konzentriert. Dies führt zu veränderten Arbeitsstrukturen, die in Einzel- oder Gruppenarbeitsplätzen oder in Bandanordnungen unterschiedlicher Geometrie aufgebaut werden können.

Für derartige Planungen sind die Zieldaten des zu montierenden Produktes, die Wirtschaftlichkeit der Lösungsalternativen und an vorrangiger Stelle die Bedürfnisse des arbeitenden Menschen im Fertigungslablauf entscheidend.

Zieldaten

Unter Zieldaten für eine Bestückungsaufgabe versteht man Angaben über die zu erwartenden Gesamt-Fertigungs-Stückzahlen, über Stückzahlen pro Zeiteinheit, Losgrößen, Möglichkeiten der Fertigung im Ein- oder Mehrschichtbetrieb, Angaben über die

Montage an einem oder mehreren Fertigungsorten und die Herstellkosten für das zu fertigende Produkt.

Für jede Bestückungsaufgabe ist es unerläßlich, Lösungsalternativen auf ihre Wirtschaftlichkeit zu überprüfen.

Auf der Basis der vorgegebenen Zieldaten erfordern Lösungen unterschiedlicher Anordnung und unterschiedlichen Mechanisierungsgrades unterschiedliche Investitionen. Es erweist sich als sehr vorteilhaft, diese Alternativlösungen in einem Kostendiagramm festzuhalten und die vorgesehene Lösung an den Zieldaten und den wirtschaftlichen Möglichkeiten des Unternehmens zu messen. Aus diesem Diagramm können dann Kostendeckungspunkt und Gewinnsituation für Alternativlösungen abgelesen werden [2]. Siehe *Abb. 24.13*.

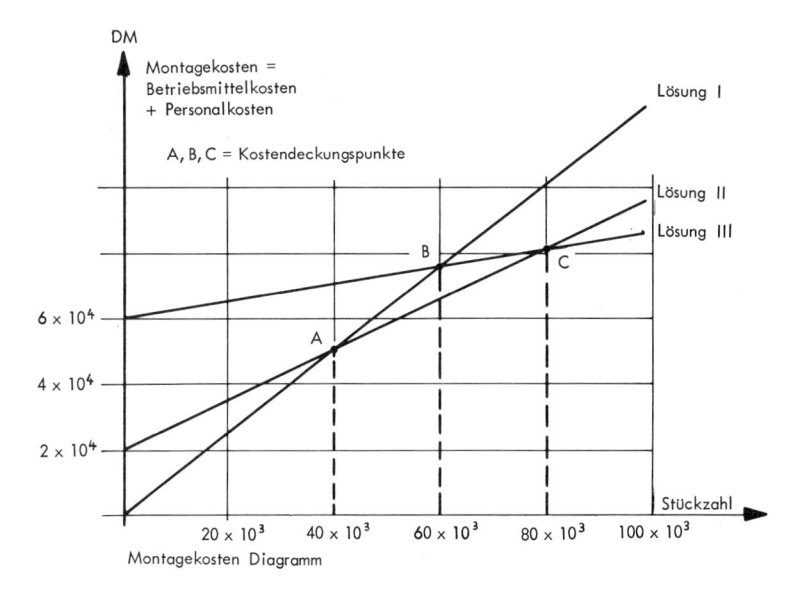

Abb. 24.13.: Montagekostendiagramm

Ergonomische Gesichtspunkte dürfen keinesfalls auf die Gestaltung von Arbeitstisch und Arbeitsstuhl beschränkt werden. Die Anordnung aller erforderlichen Hilfsvorrichtungen ist zu berücksichtigen; darüber hinaus gelten Argumente, die das Erfolgserlebnis am gefertigten Produkt für den im Produktionsablauf arbeitenden Menschen sicherstellen.

24.5. Automatische Bestückung von Leiterplatten

In diesem Abschnitt des Buches werden automatische Bestückungsmöglichkeiten für mechanische und elektrische Bauteile nachfolgender Spezifikation beschrieben:
- Axial oder radial bedrahtete Bauelemente, einschließlich Drahtbrücken und Stiften;
- Bauelemente im dual-in-line-Gehäuse;
- Bauelemente in MELF-Form und
- Bauelemente in Chip-Form.

Die Definition für axiale und radiale Bauelemente ist durch die Lage der Anschlußdrähte zum Bauteilekörper bereits gegeben worden.

Bauelemente im dual-in-line-Gehäuse sind vorzugsweise aktive, integrierte Schaltkreise, die in ein Kunststoffgehäuse eingebaut sind und deren Anschlußkontakte mit unterschiedlicher geradzahliger Polzahl in definierten Rasterschritten zweireihig und zueinander parallel ausgebildet sind.

MELF *(metal electrode face bonding)*-Bauteile haben vorzugsweise einen zylindrischen oder röhrenförmigen Bauteilekörper, an dessen Enden metallische lötfähige Elektroden angebracht sind.

Chip-Bauteile haben einen quaderförmigen Bauteilekörper mit definierten Kantenlängen. Die Elektroden aus lotfähiger Metallisierung liegen direkt am Bauteilkörper an und sind so ausgebildet, daß entweder die Auflageseite oder geeignete Stirnseiten zuverlässige Lötungen mit der Leiterplatte ermöglichen.

Die automatische Bestückung bedrahteter Bauelemente hat zögernd begonnen. 1975 war weltweit eine Bestückungskapazität von 10^{10} Bauteilen pro Jahr installiert.

Der Übergang von der Hand- zur Automatenbestückung ist in den letzten 5 Jahren stürmisch verlaufen. Einsatzschwerpunkte für die Automatenbestückung haben sich in Japan, USA und Westeuropa herausgebildet. Im Jahr 1981 werden weltweit ca. 70 % der bedrahteten aktiven und passiven Bauteile automatisch bestückt.

Der Trend für die automatische Bestückung bedrahteter Bauteile wird durch folgende Entwicklungstendenzen betimmt. Axial und radial bedrahtete Bauelemente werden wegen günstigerer Montage- und Bauteilkosten schrittweise durch chip- und MELF-Bauteile ersetzt. Hybridtechnik und höhere Integration verringern den Anteil diskreter Einzelbauteile.

Die Automatisierung des Bestückungsaufwandes auf Leiterplatten wird aus wirtschaftlichen Gründen ebenso betrieben wie aus Gründen der Qualitätsverbesserung und der Humanisierung des industriellen Arbeitsablaufs.

Die Senkung der direkten Bestückungskosten stellt nur einen Teil der möglichen Kosteneinsparungen bei Bestückungsaufgaben dar. Automatisch bestückte, vorgeprüfte Bauteile gewährleisten höhere Fertigungsqualität der Leiterplatten und reduzieren dadurch den Kontroll- und Reparaturaufwand.

Die Arbeitskraft kann somit auch im Leiterplatten-Montagebereich höherwertigen Prüfaufgaben zugeführt werden. Verordnungen über minimale Arbeitstakte und Bestrebungen, job enlargement und job enrichment einzuführen, zielen in die gleiche Richtung.

Überlegungen zur automatischen Bauteilebestückung müssen in der Gerätekonstruktion beginnen. Die Leiterplatte muß für die automatische Bestückung ausgelegt sein. Forderungen, die durch eine automatische Bestückung erzwungen werden, stellen eine manchmal erhebliche Einschränkung für den Entwurf der Leiterplatte dar. So sind bei den derzeit auf dem Markt vorhandenen Maschinen nur zwei zueinander senkrechte Bestückungsrichtungen auf der Leiterplatte zugelassen. Für stehende und liegende Bauteile müssen zwischen den Komponenten Mindestabstände gewährleistet sein. Die Durchmesser der Anschlußdrähte von Bauteilen sind eingegrenzt. Die Abmessungen der Bauteilkörper müssen gewisse Mindest- und Maximalwerte erfüllen. Axial und radial bedrahtete Bauteile müssen für die maschinelle Bestückung gegurtet sein. Die Gurtungsrichtlinien werden jedoch von den wesentlichen Bauteilelieferanten eingehalten.

Auf dem Markt sind nach dem Stand 1981 vier Anbieter für Bestückungsmaschinen bedrahteter Bauelemente führend: die Firmen *Universal Instruments* und *USM Dyna-Pert Assembly Division* in USA und die Firmen *TDK* und *Matsushita Electric Industrial Co.* in Japan. Europäische Hersteller haben nur geringe Bedeutung.

24.6. Automatische Bestückung axialer Bauteile

Unter dem Begriff axiale Bauteile werden, was die automatische Bestückung betrifft, alle Bauelemente eingeordnet, deren Anschlußdrähte axial gegurtet sind.

Die Entwicklung automatischer Bestückungsmaschinen ist über mehrere Stufen erfolgt. So sind zunächst Maschinen mit einem Bestückungskopf entwickelt worden, wobei die Positionierung der Leiterplatte über einen Koordinatenrasttisch oder über Pantographensteuerung erfolgt ist. Bei vielen Maschinen ist der Bestückungskopf stationär, und die Bestückungsposition auf der Leiterplatte wird in das Einsetzwerkzeug eingebracht. Grundsätzlich wird von gegurteten Bauteilen ausgegangen.

Für die automatische Bestückung axial gegurteter Bauteile sind 3 Maschinentypen bekannt.

Die Zusammenfügung einzelner Bestückungsköpfe, die jeweils nur 1 Bauteil aus einer Vorratsrolle bestücken über ein Leiterplattentransport- und Positioniersystem, wird als Conveyor-Bestückungsanlage bezeichnet.

Derartige Anlagen eignen sich für die Bestückung möglichst gleichbleibender Leiterplatten in sehr hohen Stückzahlen. Die Umstellzeiten bei Programmwechsel sind sehr hoch. Bei Ausfall einer Bestückungsstation bleibt die ganze Anlage stehen, wenn nicht ausreichend Puffer vorgesehen sind.

Ein anderes Maschinenkonzept arbeitet mit einem Bestückungskopf, der jedoch bis zu 40 unterschiedliche Bauteile aus Vorratsrollen auswählen kann und rechnergeführt entsprechend dem Bestückungsprogramm in die Bauteileposition auf der Leiterplatte einsetzt.

Dieses Maschinenkonzept wird von der Fa. *Matsushita-Panasert,* Japan, verfolgt. Es gestattet die Verkettung mit Bestückungsmaschinen für nicht axial gegurtete Bauteile über Zwischenpuffer und ermöglicht Bestückungstakte von ca. 0,6 sec.

Eine weit verbreitete Methode für die automatische Bestückung axial gegurteter Teile arbeitet mit einem Sequenzer, der aus unterschiedlichen Bauteilegurten für je eine Bauteilsorte zunächst eine der späteren Bestückungsfolge entsprechend gemischt bestückte Bauteilsequenz herstellt. Erst die gemischt gegurteten Bauteile werden anschließend einer Bestückungsmaschine zugeführt.

Die nachfolgenden Ausführungen behandeln eine Bestückungsanlage mit getrenntem Sequenzer, wie sie beispielsweise von der Fa. *Universal Instruments USA* hergestellt wird [1].

Gegurtete Bauteile laufen von Vorratsrollen eingangsseitig in die Schneidköpfe des Sequenzers ein. Das rechnergesteuerte Sequenzerprogramm bewirkt die Betätigung der Schneidköpfe in vorbestimmter Reihenfolge. Die Bauteile werden an ein Fördersystem übergeben und zu einem im gewünschten Bestückungsrhythmus gemischt bestückten Gurt zusammengefaßt. Eine elektrische Prüfung der Bauteile vor der Gurtung kann eingerichtet werden.

Dieser Gurt wird in der Bestückungsmaschine weiterverarbeitet, die im wesentlichen aus dem Positioniersystem, dem Bestückungskopf und dem Unterwerkzeug besteht und wieder rechnergesteuert arbeitet. Die Bauteilenden werden im Bestückungskopf geformt und geschnitten. Anschließend werden die Drahtenden in die Bestückungslöcher geführt und an der Leiterplattenunterseite umgebogen. Die Leiterplatte wird eingelegt und je nach Maschinentyp manuell, halbautomatisch oder programmgesteuert positioniert. Bei den Maschinen der Firmen Universal Instruments und DynaPert werden senkrecht zueinander liegende Bestückungspositionen auf der Leiterplatte durch Drehen der Leiterplattenaufnahme um 90° erreicht. Nach dem Ende des Bestückungsvorganges werden bestückte gegen unbestückte Leiterplatten ausgetauscht.

Eine Doppelbestückungsmaschine arbeitet synchron mit 2 Bestückungsköpfen und kann bis zu 22.000 Bauteile pro Stunde einsetzen. Die Steuerung erfolgt über einen Rechner. Ein Teletype-Gerät mit Lochstreifeneinlese- und Stanzstation übernimmt die Datenein- und -ausgabe. Schnelle Lochstreifenleser und -stanzer, schnelle Drucker und Datensichtgeräte können wahlweise angeschlossen werden. Die Speicherkapazität läßt sich durch Erweiterung des Kernspeichers oder durch den Einsatz von Floppy–Disk-Geräten oder Magnetbandcassetten beliebig erhöhen. Die Positionierung des Tisches und die Synchronisation der Werkezuge erfolgt über einen geschlossenen Regelkreis. Bei Maschinen der Fa. *Universal Instruments* sind in einem C-Bügel rechts und links je ein Bestückungskopf montiert. Die Köpfe stehen senkrecht über dem Positioniersystem. Die maximale Verfahrgeschwindigkeit beträgt 20 m pro Minute. Doppeldrehtische, die in 90°-Schritten drehbar sind, gestatten eine optimale Ausnutzung der Maschine. Bei Mehrfachnutzen auf jedem Bestückungsteller können Leiterplatten eingelegt und herausgenommen werden, während die Maschine bestückt. Sind zwei zueinander senkrechte Bestückungsrichtungen erforderlich, so werden diese nacheinander bearbeitet.

Erfahrungen mit Montagemaschinen dieses Typs haben gezeigt, daß unter Einbeziehung aller Neben- und Totzeiten die praktische Ausbringung über einen längeren Zeitraum betrachtet im Mittel bei 12.000 bis 14.000 Bestückungen pro Stunde liegt.

Ober- und Unterwerkzeuge werden von einem gemeinsamen Antrieb verstellt. Sie lassen sich auf jedes Abbiegemaß zwischen 5 mm und 33 mm programmiert einstellen. Vom Programm her wird auch ein Anschlag gesteuert, der den Einsetzhub der Oberwerkzeuge begrenzt und damit verschiedene Bauteile-Körperdurchmesser bei der Bestückung erfaßt.

Bei jedem Bestückungsvorgang erfolgt eine Einsetzprüfung. Dabei wird der Kontakt zwischen Oberwerkzeug und Unterwerkzeugen ausgenutzt, der über die Anschlußdrähte des im Werkzeug befindlichen Bauteils erfolgt. Wenn keine Kontaktgabe erfolgt, so wertet der Rechner diesen Fall als nicht bestücktes Bauteil, und die weitere Bestückung wird unterbrochen. Durch Drücken der Starttaste kann die Unterbrechung wieder aufgehoben werden.

Die Bedienung der Maschine beschränkt sich auf das Einlegen von unbestückten und das Herausnehmen von bestückten Platten. Zusätzlich müssen leere Bauteilerollen gegen volle ausgewechselt werden.

Bei der Umstellung der Bestückung von Leiterplatten müssen folgende Arbeitsschritte durchgeführt werden:

Zunächst wird das neue Programm eingelesen bzw. in den Arbeitsbereich des Rechners übertragen. Eine neue, der gewünschten Bestückungsfolge entsprechende Bauteilerolle wird aufgesteckt und deren Anfang wird in die Vorschubeinheit eingelegt. Die Leiterplattenaufnahme wird bei Veränderung der Leiterplattenaußenkontur ausgewechselt. Diese Umstellungsarbeiten können in wenigen Minuten durchgeführt werden.

Die Programmierinformation wird von der Leiterplattenzeichnung oder der Leiterplatte selbst übernommen. Es besteht die Möglichkeit, das Bestückungsprogramm direkt mit der Anlage zu erstellen. Die Bestückungsinformation je Bauteil muß die X-Koordinate als Mittel zwischen den beiden Bestückungslöchern, die Y-Koordinate und die Aussage über den Abstand der Bestückungslöcher enthalten. Darüber hinaus müssen die Befehle für die Anschläge des Einsetzhubs bei verschiedenen Körperdurchmessern und die gewünschten Prüfaufgaben eingegeben werden.

Die zur Maschinensteuerung eingesetzte Software bietet eine Reihe von Möglichkeiten zur Maschinen- und Fertigungsüberwachung.

Es können dynamische Fehlerdiagnosen mittels Rechner an der laufenden Maschine vorgenommen werden. Es werden automatische Produktionsprotokolle erstellt; Betriebszeiten, Fehlerzeiten und Bestückungsfehler werden registriert. Angaben über die Anzahl der verarbeiteten Platten und Bauteile und zusätzliche statistische Produktionsangaben stehen auf Abruf bereit.

Die Anwendung der maschinellen Bauteilebestückung ist nicht nur auf Fertigungen mit sehr hohen Stückzahlen einer einzigen Leiterplattentype beschränkt. Durch die schnelle Umrüstbarkeit ergeben sich wirtschaftliche Einsatzmöglichkeiten auch bei kleinen Losgrößen. Änderungen an bestehenden Platten können schnell, einfach und sicher durchgeführt werden.

Bestückungsmaschinen unterschiedlicher Bauart und Anlagengröße sind in folgenden Industriezweigen im Einsatz:

    Unterhaltungselektronik
    Computerindustrie
    Fernmeldeindustrie
    Automobilindustrie
    Steuer- und Regelungstechnik und
    Elektromedizin

Über die wirtschaftliche Nutzung automatischer Bestückungsmaschinen liegen deshalb schon konkrete Zahlen vor. Je nach Industriezweig und Einsatz im Einzel- oder Mehrschichtbetrieb ergeben sich Amortisationszeiten zwischen 1 und 2 1/2 Jahren [2].

Geometrische Bedingungen für die automatische Bestückung axialer Bauelemente
Es können axiale, nach DIN 40 810 gegurtete Bauelemente verarbeitet werden, die vorzugsweise auf Trommeln aufgerollt sind. Für den Sequenzereingang ist eine Bauteillänge einschließlich Anschlußdraht zwischen 60 und 100 mm gefordert. Die Bauteil-Körperlänge kann 27 mm betragen. Körperdurchmesser sind bis 9 mm zulässig. Der Durchmesser für die Anschlußdrähte soll 0,4 mm nicht unterschreiten und bei Kupferdrähten 1,0 m bzw. bei Stahldrähten 0,88 mm nicht überschreiten.

Der Gurtungsschritt liegt vorzugsweise bei 5 mm und die Gurtbandbreite soll 5–6 mm betragen. Die Schneideköpfe des Sequenzers können in Abhängigkeit vom Gurtinnenmaß auf 3 Eingangsklassen eingestellt werden. Das Raster oder Abbiegemaß ist zwischen 5 mm und 33 mm einstellbar, wobei die Schrittweite 0,0254 mm beträgt. Das kleinstmögliche Abbiegemaß zwischen dem Körperende des Bauteils und der Mitte des abgebogenen Anschlußdrahtes beträgt bei Verwendung spezieller Werkzeuge 1,5 mm.

Die Anordnung der Bauelemente auf der Leiterplatte soll vorzugsweise in einer Richtung geschehen. Zwei zueinander senkrechte Richtungen sind jedoch zulässig.

Liegt ein Abbiegemaß vor, so sind alle Bauteile ohne Verstellung des Bestückungskopfes einsetzbar. Werden dagegen mehrere Abbiegemaße verlangt, muß der Bestückungskopf verstellt werden. Die Bestückung ist jedoch in einem Durchgang möglich.

Da bei der automatischen Bestückung die Anschlußdrähte des Bauteiles durch Außenwerkzeuge bis zur Einsetzposition in der Leiterplatte geführt werden, erfordert dieser Vorgang einen Mindestfreiraum um das Bestückungsloch.

24.6.1. Maschinelle Bestückung axialer Bauteile in stehender Form (hair pin)

Bestückungsmaschinen der Firmen *Universal Instruments* und *Dyna Pert* können nach Umrüsten der Bestückungs- und Unterwerkzeuge axial gegurtete Bauteile auch in *hair pin*-Form bestücken. Wechselweise liegende und stehende Bestückungen sind jedoch mit einer Maschine nicht möglich.

Wegen der zusätzlichen Biegearbeiten an den Bauteilenden ist die Bestückungsleistung für Bauteile in stehender Form deutlich geringer als für liegende axiale Bauteile.

Es können gegurtete Axialbauteile verarbeitet werden, die den Gurtungsrichtlinien entsprechen und bestimmte Zusatzbedingungen erfüllen. Das Gurtinnenmaß ist auf Werte zwischen 52 und 72 mm eingeengt; der Drahtdurchmesser darf max. 0,8 mm und der Körperdurchmesser max. 3,2 mm betragen. Die Körperlänge ist auf 9,5 mm begrenzt.

Wegen des geforderten minimalen Gurtinnenmaßes von 52 mm an der Einsetzmaschine muß das Gurtinnenmaß am Sequenzer um die doppelte Streifenbreite des Gurtungsbandes größer sein. Die Biege- und Einsetzwerkzeuge sind auf ein festes Rastermaß von 5 mm eingestellt. Ein Raster von 3,8 mm ist nur bei Begrenzung bestimmter Bauteilmaße möglich.

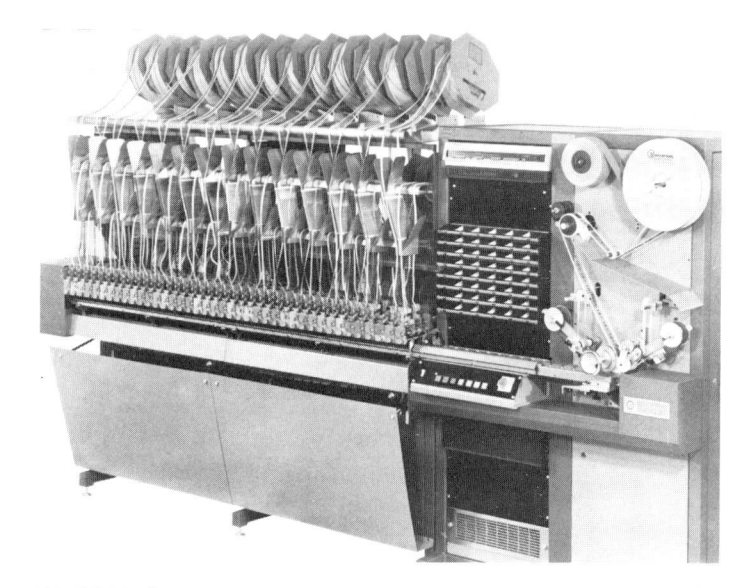

Abb. 24.14.: Sequenzer zum programmgesteuerten Umgurten von Bauteilen (Werkfoto: Universal Instruments (Deutschl.), Bad-Vilbel)

Abb. 24.15.: Doppelkopfbestückungsmaschine mit Drehteller (Werkfoto: Universal Instruments (Deutschl.), Bad-Vilbel)

Unterhalb der Leiterplatte können die Anschlußdrähte bei stehenden Bauteilen nur 90° abgebogen werden. Die Abbiegelänge richtet sich nach den Draht- und Lochdurchmessern; als Richtwert kann man 1,5 mm annehmen.

Auch bei der automatischen Leiterplattenbestückung mit stehenden Axialbauteilen werden die Anschlußdrähte des Bauteils durch Außenwerkzeuge bis zur Bestückungsposition in der Leiterplatte geführt. Um das Bestückungsloch muß deshalb wieder ein Freiraum bestehen bleiben.

Die Angaben darüber sind in den Prospekten und Arbeitsvorschriften der einschlägigen Firmen festgelegt.

Abb. 24.14. zeigt einen Sequenzer, *Abb. 24.15.* eine Doppelkopfbestückungsmaschine für axial gegurtete Bauteile. In *Abb. 24.16.* wird eine Bestückungsmaschine ohne Sequenzer vorgestellt.

Abb. 24.16.: Bestückungsmaschine für axiale Bauteile ohne Sequenzer
(Werkfoto: Matsushita-Panasert (Deutschl.), Hamburg)

24.7. Automatisches Bestücken von Bauelementen mit radialen Anschlüssen

Verschiedene elektrische passive Bauelemente wie Folien- und Keramikkondensatoren werden in stehender oder hängender Form durch die einzelnen Fertigungsstufen des Herstellungsprozesses geführt. Es ist deshalb sinnvoll, Bauteile in dieser Vorzugslage zu gurten und die so gewählte Ordnung für den Transport und die Weiterverarbeitung zu nutzen.

Der Anteil radial kontaktierter Bauelemente ist besonders bei Kondensatoren sehr hoch. Radial bedrahtete Bauteile beanspruchen auf der Leiterplatte weniger Platz als entsprechende Axialtypen.

Der Wunsch, auch diese Bauteile automatisch verarbeiten zu können, ist deshalb frühzeitig an die Bauelementeindustrie herangetragen worden. Nachdem die Gurtungsrichtlinien inzwischen festgelegt sind, liefern sowohl japanische als auch europäische Bauelementehersteller radial gegurtete Bauteile in ausreichenden Mengen.

Vorreiter für den Bau automatischer Bestückungsmaschinen für radial gegurtete Teile waren die Firmen *Matsushita-Panasert* und *TDK Electronics* Japan.

Die *Matsushita-Panasert-Maschine* arbeitet nach dem gleichen Prinzip wie die Axialbestückungsmaschinen aus der *Panasert*-Reihe. Die Magazinrollen für die radial gegurteten Bauteile sind wieder in die Bestückungsmaschine integriert. Der Bestückungskopf ist den Bedürfnissen für die Verarbeitung radial gegurteter Bauteile angepaßt.

Die Firma *TDK Electronics* Japan hat als Bauelementehersteller frühzeitig den Markt für Radialbestückungsmaschinen erkannt und vertreibt zusätzlich zu ihrem Bauteileprogramm geeignete Bestückungsmaschinen.

Die Bestückungsmaschinen der *TDK AVI-SERT*-Serie haben inzwischen mehrere Entwicklungsstufen durchlaufen. Das Modell *AVI-SERT VC-4* stellt in dieser Reihe für Radialbauteile derzeit den letzten Stand dar *(Abb. 24.17.)*.

Bei der *AVI-SERT-VC-4*-Maschine können bis zu 40 verschiedene Bauteilrollen in einem Vorrats-Magazin untergebracht werden. Die einzelnen Bauteile werden entsprechend der gewünschten Bestückungsfolge einem Paternostermagazin zugeführt, aus dem die Bauteile dann in den Bestückungskopf übernommen werden. Die Maschine ist in der Lage auch dreibeinige radial gegurtete Bauteile zu verarbeiten. Der Bestückungskopf ist um 90° drehbar, so daß Bestückungen in 2 zueinander senkrechten Lagen möglich sind. Die leere oder vorbestückte Leiterplatte wird aus einem Magazin automatisch entnommen. Die Bestückungsposition auf der Leiterplatte wird über einen programmierbaren Koordinatentisch angefahren. Nach der Bearbeitung wird die bestückte Leiterplatte wieder einem Magazin zugeführt.

Die gesamte Anlage ist rechnergeführt und ermöglicht eine Bestückungsfolge von ca. 0,6 sec pro Bauteil.

Aussagen über fehlende Bauteile, die Messung der wesentlichen Bauteileparameter und alle erforderlichen Management-Informationen sind über den Rechner auswertbar. An eine zentrale Rechnereinheit können bis zu 4 Bestückungsmaschinen angeschlossen werden. Bestückungsmaschinen der *AVI-SERT*-Baureihe können über Magazine untereinander oder mit Chip-Bestückungsanlagen verknüpft werden.

Abb. 24.17.: AVI-SERT VC-4 (Werkfoto: TDK Deutschland, Düsseldorf)

24.8. Automatische Bestückung von Chip-Bauteilen

Chip-Bauteile sind als quaderförmige unbedrahtete Schaltungselemente mit direkt anliegenden lötfähigen Elektroden bereits erwähnt worden. Eine mechanische Klassifizierung ist über Länge, Breite und Höhe des Chip-Quaders erfolgt und wird in entsprechenden Normungsvorschlägen festgehalten.

Chip-Bauteile werden in Zukunft große Bedeutung erlangen und besonders den Anteil axial bedrahteter Bauteile auf Leiterplatten reduzieren. Dafür sprechen folgende Gründe:

- Chip-Bauteile lassen bei entsprechender Großserienfertigung günstigere Herstellkosten erwarten.
- Chip-Bauteile ermöglichen hohe Packungsdichte auf der Leiterplatte und können durch das Lötbad gefahren werden.
- Bei Anwendung von Parallelbestückung können die Bestückungskosten gegenüber bedrahteten Bauteilen drastisch gesenkt werden.
- Entscheidend für die Verarbeitung von Chip-Bauteilen ist die Art der Magazinierung. Hier zeichnen sich zwei Entwicklungsrichtungen ab, die aller Voraussicht nach nebeneinander bestehen bleiben.
- Einer dieser Magazinierungsvorschläge sieht eine Filmrolle mit Fächern vor, in welche die Chip-Bauteile vereinzelt einsortiert sind.
- Eine zweite Lösung arbeitet mit einem Stangenmagazin, in welches die Chip-Bauteile vollflächig aufeinanderliegend eingefüllt werden.

Die Firma *Matsushita-Panasert* hat eine Chip-Bestückungsmaschine entwickelt, welche die Chip-Bauteile aus verschiedenen Filmrollen entnimmt und auf die Leiterplatte aufsetzt.

Die Arbeitsweise der Maschine ist so angelegt, daß ein Bestückungskopf zunächst auf die Leiterplatte eine definierte Klebermenge aufträgt. Synchron zu diesem Kleberauftrag setzt ein zweiter Bestückungskopf mittels eines Saugnapfes das Chip-Bauteil auf die kleberbeschichtete Stelle der Leiterplatte. Der Arbeitstakt der Panasert-Chip-Bestückungsmaschine ist auf die übrigen Bestückungsmaschinen der Panasertreihe abgestimmt und beträgt etwa 0,6 sec.

Die Firma *TDK Electronics* hat mit ihren Maschinen der *AVI MOUNT*-Serie einen anderen Weg beschritten. Dabei wird grundsätzlich von Chip-Bauteilen ausgegangen, die in genormten Stangenbehältern magaziniert sind.

Diese Stangenmagazine werden entsprechend dem gewünschten Bestückungsmuster in einen gerasterten Bestückungsrahmen eingesetzt. Je nach Chip-Größe können pro Rahmen

Abb. 24.18.: Chip-Montageanlagen AVI-Mount
(Werkfoto: TDK Deutschland, Düsseldorf)

bis zu 100 Bauteilemagazine eingesetzt und in einem Bestückungsgang auf die Leiterplatte übertragen werden. Für einen Bestückungszyklus werden 7 sec genannt.

Eine Chip-Montageanlage nach dem *AVI MOUNT*-Prinzip besteht aus einzelnen Stationen, die über eine Transportanlage miteinander verbunden sind.

Eine Ladeeinheit entnimmt die unbestückten Leiterplatten einem Magazin. Eine Siebdruckstation trägt entsprechend dem gewünschten Bestückungsmuster Kleber auf die Leiterplatte auf.

Die Stangenmagazine sind beidseitig offen, so daß die Chip-Bauteile im Bestückungsrahmen aus den Magazinen durch Stempel in die obere Abnahmeposition gedrückt werden können. Von hier nimmt ein Bestückungskopf mit Saugvorrichtungen die zu bestückenden Chip-Bauteile gleichzeitig auf und überträgt sie auf die Leiterplatte.

Die Bestückungsdichte mit nur einem Bestückungssystem ist durch das Magazinraster begrenzt. Eine höhere Packungsdichte ist durch eine zweite Bestückungsstation erreichbar, welche die Chip-Bauteile auf Lücke setzt. Die Bestückungsrahmen können unabhängig vom Arbeitstakt der Maschine mit vollen Bauteile-Stangenmagazinen beschickt werden.

Die Leiterplatte wird nach der Bestückung getrocknet und über eine Entladeeinheit wieder einem Stapelmagazin zugeführt *(Abb. 24.18. und Abb. 24.19.)*.

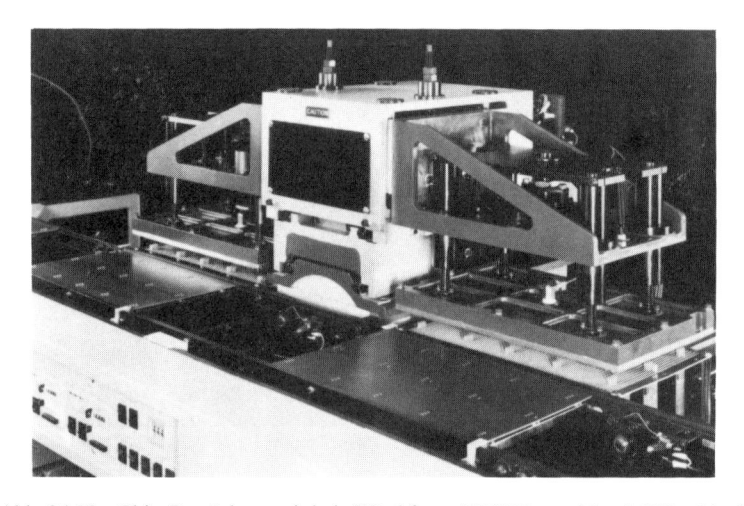

Abb. 24.19.: Chip-Bestückungseinheit (Werkfoto: TDK Deutschland, Düsseldorf)

Eine Verkettung der Chip-Bestückungsmaschine ist innerhalb der *TDK AVI-SERT-* und *AVI-MOUNT*-Baureihen wieder über die Stapelmagazine möglich.

Für die Montage von chip- und chip-ähnlichen Bauteilen verdient eine Maschine aus der Zevatech-Baureihe der Firma *Zevatron* Beachtung.

Diese vollautomatische mikroprozessorgesteuerte Maschine bestückt die chip-Bauteile sequentiell und zeichnet sich durch hohe Positioniergenauigkeit aus.

Der Bestückungskopf ist mit einem Vakuumgreifer und einer Zentrierzange für Übernahme und Ausrichtung der chip-Bauteile ausgerüstet.

Aufnahme- und Bestückungsposition für die Bauteile werden vom Bestückungskopf über ein Koordinatensystem angefahren.

Das Angebot der Bestückungselemente erfolgt aus Bauelementewagen, die ihrerseits lose oder magazinierte Bauteile in definierte Abnahmepositionen bringen. Durch leichte

Umrüst- und Programmierbarkeit läßt sich die Maschine schnell an unterschiedliche Bestückungs- und Montageprogramme anpassen.

Mit der Zevatech-Montagemaschine können bei mittleren Verfahrwegen bis zu 2.000 chip-Bauteile pro Stunde bestückt werden.

Abb. 24.20. zeigt eine Zevatech Chip-Bestückungsmaschine, *Abb. 24.21.* den dazugehörigen Bestückungskopf mit Vakuumsauger und Zentrierzange.

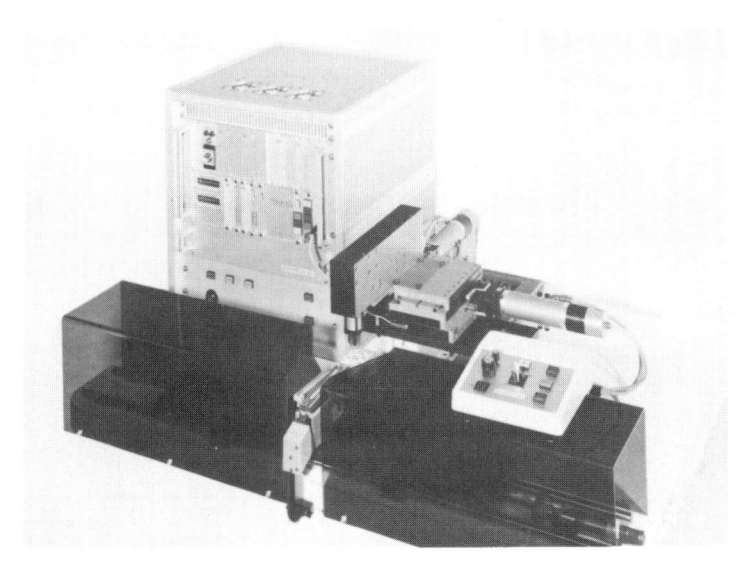

Abb. 24.20.: Chip-Montagemaschine (Werkfoto: Zeva)

Abb. 24.21.: Bestückungskopf der Zevatech Chip-Montagemaschine

24.8.1. Automatische Bestückung von MELF-Bauteilen

MELF-Bauteile *(metal electrodes face-bonding)* sind unbedrahtete, vorzugsweise zylinder- oder röhrenförmige Bauteile mit lötfähigen Metallbelägen an den Bauteilenden. Diese können ebenso wie Chip-Bauteile durch das Lötbad gefahren werden. Aus diesem Grund werden sie vorwiegend auf die Lötseite der Leiterplatten bestückt.

MELF-Bauteile sind als kostengünstige Zwischenlösung auf dem Weg vom bedrahteten Bauelement zum Chip-Bauteil entstanden. Die Vorteile liegen im günstigen Bauteilepreis und in den vorteilhaften Bestückungsmöglichkeiten. MELF-Bauteile werden in der Regel als Schüttgut angeliefert. Für die Bestückung sind geeignete Anlagen bekannt, mit welchen sie simultan auf die Leiterplatte aufgebracht werden können. Ein geeigneter Bestückungsablauf für MELF-Bauteile wird nach dem Konzept der Firma *Nitto Kogyo* beschrieben *(Abb. 24.22)*.

Die Bauteile werden typenweise lose in Vorratsbehälter gebracht. Aus den Vorratsbehältern rutschen sie über Schläuche in ein Zwischenmagazin. Das Zwischenmagazin besteht aus einer Schablone, deren Gestalt dem gewünschten Bestückungsmuster auf der Leiterplatte entspricht. Rüttler sorgen für einwandfrei vereinzelte Bauteile. Auf dem Weg vom Vorratsbehälter zum Zwischenmagazin ist eine Prüfung der Bauteile möglich.

Aus dem Zwischenmagazin werden die Bauteile in einem Arbeitsgang auf die Leiterplatte übertragen, deren Bestückungspositionen vorher mit Klebepunkten versehen wurden. Ein Transportsystem bietet die Zwischenmagazine nach erfolgter Bestückung wieder an und sorgt für automatische Beschickung und Entladung der Leiterplatten.

Die Anlage ist rechnergesteuert und gestattet bis zu 100 Bestückungsvorgänge gleichzeitig. Der Arbeitstakt wird mit etwa 10 sec angegeben.

Abb. 24.22.: MELF-Bestückungsautomat (Werkfoto: Nitto Kogyo, Tokyo)

24.9. Automatische Bestückung integrierter Schaltkreise

Integrierte Schaltkreise werden auch als „dip" *(dual inline package)*-Schaltkreise bezeichnet. Integrierte Schaltkreise unterschiedlicher, genormter Anschlußzahl werden vom Bauteilehersteller meist schon in Stangenmagazinen angeliefert, welche die Weiterverarbeitung in automatischen Bestückungsmaschinen ermöglichen.

Voraussetzung für die automatische Bestückung integrierter Schaltkreise ist eine besonders hohe mechanische Präzision der Kontakte.

Die Maschinen der Firmen *Universal Instruments, USM Corp., Panasert* usw., arbeiten ausnahmslos mit Magazinen, aus welchen die Schaltkreise ausgewählt und dem Bestückungskopf zugeführt werden. Der integrierte Schaltkreis wird über Werkzeuge exakt in die Bestückungsposition der Leiterplatte geführt. Bei Bedarf werden Bauteilenden beschnitten und verstemmt.

Integrierte Schaltkreise sollten vorzugsweise nur in einer Richtung bestückt werden.

Vor dem Einsetzen der integrierten Schaltkreise werden deren Anschlußbeine mechanisch gerichtet. Bei Bedarf können die statischen elektrischen Parameter über eine Prüfeinrichtung erfaßt werden.

In jedem Fall wird die Leiterpatte in das Bestückungswerkzeug der Maschine eingebracht. Nach der Bestückung können alle oder einzelne Bauteilbeine auf der Leiterplattenunterseite automatisch umgebogen werden. Die Positionierung der Leiterplatte erfolgt je nach Maschinentyp über Pantographensteuerung oder rechnergeführt.

Die Leistung vollautomatischer Maschinen liegt bei etwa 4.000 Bestückungen pro Stunde. Vorteile der automatischen Bestückung sind auch bei integrierten Schaltkreisen auf der Qualitäts- und Kostenseite zu sehen.

Literaturverzeichnis zu Kapitel 24

[1] Jordan, Techn. Information über "Holli-Cutter and Stabilizer Systems". Hollis Eng. Inc., Nashna, USA.

[2] Bruch, Erläuterung wirtschaftlicher Gesichtspunkte zur Automatisierung der Montage. Fachtagung Montage 1973, Vortrag Nr. 17.

25. Steckverbinder für Leiterplatten

25.1. Allgemeines

Ohne Leiterplatten kann man sich den Aufbau von Elektronik nicht mehr vorstellen, ob es sich um Kraftwerks-, Industrie-, nachrichtentechnische und medizinische Anlagen oder Geräte aus der Unterhaltungselektronik und dem Haushalt handelt. Die Elektronikbaugruppen müssen elektrisch angeschlossen und untereinander verbunden werden. Diese Verbindungen werden von lösbaren elektrischen Steckverbindern übernommen, um auch eine Austauschbarkeit zu gewährleisten.

Steckverbinder gibt es in einer Vielzahl von Typen und Ausführungen, selbst Spezialisten haben Mühe, diese zu überschauen. Die Anforderungen an Steckverbinder sind unterschiedlich, sie variieren in der Polzahl, haben verschiedene Steckprinzipien, sollen manchmal oder häufig gesteckt werden und eine bestimmte system- oder gerätebezogene Bauform haben. Hauptaufgaben eines Steckverbinders sind sichere Kontaktgabe mit relativ niedrigem Kontaktwiderstand, großer Stromtragfähigkeit und hoher Spannungsfestigkeit.

Bei der Wahl eines Steckverbinders wird von der Aufgabenstellung ausgegangen. Sie ist eine wesentliche Erleichterung für den Konstrukteur. Aufgrund der elektrischen Funktionen und der Anzahl der Bauelemente sowie den daraus resultierenden Signaleingängen und -ausgängen und den Stromversorgungsanschlüssen kann die Polzahl mit ihrer Stromtragfähigkeit sowie der Spannungsfestigkeit festgelegt werden.

Im Bereich der Industrieelektronik stehen zusätzlich die Normen nach IEC, DIN oder VG im Vordergrund, die bestimmte Anforderungen und Prüfungen sowie Bauformen vorschreiben, während es bei Haushaltsgeräten ganz allgemein keine Bauvorschriften gibt. Selbstverständlich ist es, daß bei allen Steckverbindern die VDE-Bestimmungen eingehalten werden müssen.

Die Wahl des Steckprinzipes bei Komplettsteckverbindern, ob direkt oder indirekt, normal oder invertiert, ist eine Ermessenssache des Produktherstellers. In der Industrieelektronik, besonders im europäischen Raum, ist es üblich, das indirekte, nach IEC und DIN genormte Steckprinzip zu verwenden. In der Nachrichtentechnik dagegen ist seit Jahren das umgedrehte (invertierte) Steckprinzip eingeführt. Die Direktsteckverbindung findet man hauptsächlich bei amerikanischen Produkten, besonders bei der Gerätetechnik, einschließlich Datenverarbeitungsanlagen.

Bei Einzelanschlüssen stellt sich die Frage, ob man die ankommenden Leitungen vercrimpt und anschließend aufsteckt, oder ob der Einzelleiter wie bei einer Reihenklemme angeschraubt oder geklemmt wird.

Eine weitere Möglichkeit ist der Anschluß des Leiters mittels eines Schneidklemmkontaktes. Bei dieser Verbindungstechnik entfällt das Abisolieren des Leiters. Außerdem wäre das Wickeln von Massivleitern sowie die Klammerverbindung von Massiv- und Litzenleiter auf Anschlußstiften, die fest in die Leiterplatte eingelötet sind, möglich. Diese beschriebenen Verbindungstechniken sind zwar lösbar, aber nicht im Sinne einer Steckverbindung; sie sollen hier nur erwähnt sein.

25.2. Bauformen

25.2.1. Direktes Steckprinzip

Ein direktes Steckprinzip liegt vor, wenn eine Leiterplatte mit dafür ausgebildeten Kontaktzungen, die den Anfang oder das Ende einer Leiterbahn bilden, direkt in eine Federleiste gesteckt wird. *(Abb. 25.1.)*.

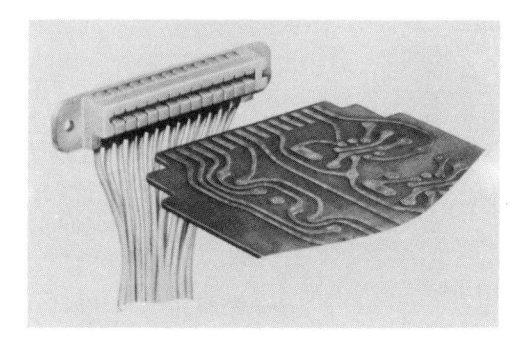

Abb. 25.1.: Beispiel eines Direkt-Steckverbinders
(Werkfoto: AMP-Inc.)

Die Kontaktzungen werden entsprechend dem Rastermaß der Federleiste angeordnet. Übliche Rasterabstände sind 5,08 mm; 3,81 mm; 2,54 mm und in einigen Ausnahmefällen 1,27 mm. Die Breite der Kontaktzungen richtet sich nach der Breite des Federkontaktes sowie den Luft- und Kriechstrecken nach VDE 0110.

Die Leiterplatte kann auf Bauteil- und/oder Lötseite mit Kontaktzungen belegt werden. Werden die Leiterplatten in einem Baugruppenträger z.B. nach IEC und DIN 41494 steckbar angeordnet, so kann nur eine Kante der Leiterplatte für Kontakte benützt werden. Damit sind bereits die Grenzen für die Anzahl von Kontakten aufgezeigt. Beispiel: Bei der genormten Leiterplatte 100 mm x 160 mm ist für den Steckverbinder eine Schmalseite der Leiterplatte (100 mm) vorgesehen. Will man das Rastermaß von 5,08 mm verwenden, so sind bei der Direktsteckverbindung und beidseitiger Belegung der Leiterplatte nur 32 Kontakte nach DIN 41613 möglich. Andere Ergebnisse werden erreicht, wenn es sich nicht um z.B. das Aufbausystem nach DIN 41494 handelt, sondern um bestimmte Geräte. Dort ist die Leiterplattengröße auf das Gerät und nicht auf eine Norm zugeschnitten. Das bedeutet, daß entsprechend der geforderten Kontaktzahl die passende Leiterplattenkante gewählt werden kann und der Direktsteckverbinder, auf Länge zugeschnitten, nur die Kontakte aufweist, die benötigt werden. Auch durch unterschiedliche Bestückung der Federleiste können andere Rasterteilungen erreicht werden, so daß schließlich ein gerätespezifischer Steckverbinder hergestellt und kostenoptimal ausgelegt werden kann.

25.2.1.1. Leiterplatte als Steckelement

Bei jeder Steckverbindung kommen beide benötigten Teile (Feder und Stift) vom gleichen Hersteller. Somit liegt auch die Verantwortung für eben diese Steckverbindung in einer Hand. Von diesem Zustand abweichend ergibt sich bei der Direktsteckverbindung für Leiterplatten die Tatsache, daß die zusammengehörenden Teile von verschiedenen Herstellern kommen, was unter Umständen zu Schwierigkeiten führt, wenn es um die Frage der Produkthaftung geht.

Hier sind genaue Lieferbedingungen und Qualitätssicherungsmaßnahmen zwischen Anwender und den Zulieferanten zu vereinbaren, was zu einem zusätzlichen Kostenaufwand führt. Die Hersteller von Federleisten geben für die Ausführung der Leiterplatten gewisse Vorgaben, viele beschränken sich meist auf die Leiterplattendicke und Stecktiefe, andere geben, ähnlich wie in DIN 41613 Teil 3, auch Werte über Anschrägung, Kontaktbreite und Rastermaße vor *(Abb. 25.2.)*.

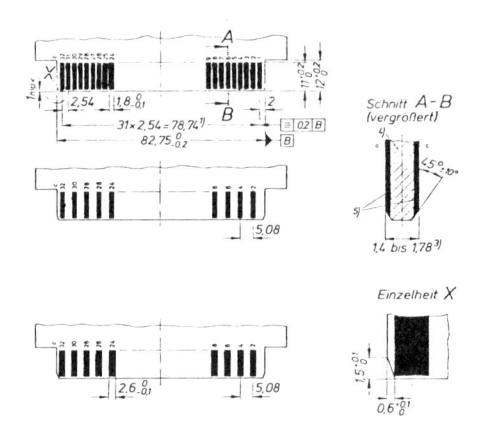

Abb. 25.2.: Auszug aus DIN 41 613 Teil 3

Die beiderseitige Anschrägung der Leiterplattenkante erleichtert das Einführen der Leiterplatte in die Federleiste und vermindert natürlich auch die Einsteckkraft. Bei Verwendung von Glasfaserepoxid für die Leiterplatte werden durch das Anschrägen die eingebetteten Glasfasern frei, die dann die Gefahr mit sich bringen, daß es auf der Kontaktfläche des Federkontaktes zu einem nicht erwünschten Abrieb kommt.

Durch Ausbrüche in der Leiterplatte, Weglassen von Kontakten in der Federleiste und dafür eingesetzte Füllstücke können auf eine einfache Weise Codierungen erreicht werden.

Die Kontaktzungen werden wie die Leiterbahnen bei der Herstellung der Leiterplatte behandelt und stellen somit keinen erhöhten Fertigungsaufwand dar. Aber aufgrund der geforderten Steckhäufigkeit sowie der Korrosionsbeständigkeit müssen die Kontaktzungen meist mit einer Goldauflage oberflächenvergütet werden. Außerdem muß die Kontaktzone beim Schwallöten der Leiterplatte abgedeckt werden. Nach dem Löten wird die Abdeckung weggenommen und die Kontakte werden gereinigt. Durch diese Maßnahmen entstehen weitere Fertigungsschritte und Kosten. Durch diese Maßnahmen entstehen weitere Fertigungsschritte und Kosten. Dieser Aufwand kann in der Größenordnung einer gleichpoligen Messerleiste der Indirektsteckverbindung liegen. Wenn es gelingt, ohne Oberflächenvergütung der Kontakte durch Verwendung von Zinn- oder Zinn/Blei-Auflagen auszukommen, entfällt der Mehraufwand. Man handelt sich durch diese „kostenlosen" Kontakte auf der Leiterplatte natürlich einige Nachteile gegenüber Goldkontakten ein. Dies sind: Geringere Steckhäufigkeit, höhere Steck- und Ziehkräfte und unter Umständen erhöhte Kontaktwiderstände, hervorgerufen durch Reibkorrosion. Außerdem müssen die verzinnten Federkontakte einen höheren Kontaktdruck aufweisen als vergleichsweise vergoldete Federkontakte.

25.2.1.2. Federleiste für Direktsteckung von Leiterplatten

Außer den in DIN 41613 festgelegten Federleisten für direktes Steckprinzip für Leiterplatten werden von vielen Herstellern von dieser Norm abweichende Federleisten mit den unterschiedlichsten Bauformen angeboten. Sie haben auch unterschiedliche Merkmale, z.B. Kontaktform *(Abb. 25.3.)*, Kontaktkraft, Federweg, Einstecktiefe der Leiterplatte und natürlich Polzahl sowie die Anschlußtechniken. Gerade bei der Kontaktform gibt es verschiedene Ansichten und Standpunkte. Selbst ein anerkannter Marktführer kommt nicht mit einer Kontaktform aus, weil (so der Hersteller) die Anforderungen der Anwender so unterschiedlich sind. Hinzu kommt, daß doch verhältnismäßig große Toleranzen bei der Leiterplattendicke mit gleichbleibenden Kontaktdruck aufgenommen werden sollen.

Wird die Leiterplatte beidseitig mit getrennten Kontakten versehen, so kann der Kontakt in der Federleiste nur einseitig an der Leiterplatte kontaktieren. Besonders bei Schwing- und Schockbeanspruchung kann sich dies sehr nachteilig auswirken. Wird nämlich durch Beschleunigungen der eine Kontakt an die Leiterplatte gedrückt, so muß naturgemäß der gegenüberliegende Kontakt abgehoben werden. Das führt dann zu unerwünschten Kontaktunterbrechungen. Manche Hersteller schlitzen oder spalten deshalb die Kontaktzunge, um einem Abheben des Kontaktes vorzubeugen und unter Umständen eine bessere, wenn möglich doppelte Kontaktgabe zu erreichen.

Je nach Ausbildung der Kontakte schwanken die Steckkräfte bei Steckverbindern mit 50 Kontakten und einer Leiterplatte mit 1,6 mm Dicke zwischen 35 N und 145 N. Bei der Auswahl einer Federleiste muß das vom Konstrukteur berücksichtigt werden. Auch bei der Messung von Kontaktdrücken kann man erhebliche Unterschiede feststellen, sie liegen pro Kontakt zwischen 0,6 N und 4,2 N. Diese Werte sind einem Federleisten-Kollektiv von 22

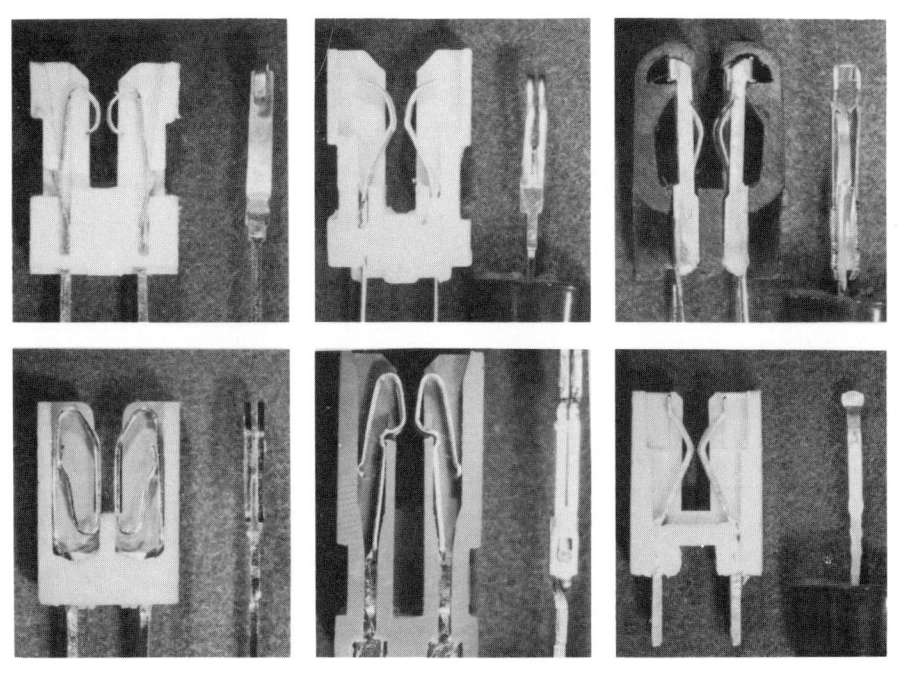

Abb. 25.3.: Typische Kontaktformen verschiedener Hersteller
(Werkfoto: Siemens)

verschiedenen Ausführungsformen von 12 Herstellern entnommen. Für die Kontakte wird in der Hauptsache Zinnbronze (CuSn) auf Grund der günstigen Federeigenschaften verwendet. Die Oberflächenvergütung in der kontaktgebenden Zone ist meist Gold über Nickel (Richtwert für 100 bis 300 Steckzyklen 0,75 µm Au über 1,25 µm Ni).

Bei den beschriebenen Ausführungen von Kontakten mit den geforderten Steckzyklen und der damit einbezogenen Handhabbarkeit ohne Hilfsmittel für Stecken und Ziehen dürfte die Kontaktzahl pro Steckverbinder bei 80 bis 100 liegen. Die Miniaturisierung von elektronischen Bauteilen schreitet jedoch fort, so daß auch die Packungsdichte auf einer Leiterplatte zunimmt und dementsprechend auch die Anzahl der Signaleingänge und -ausgänge. Sind also Kontakte in der Größenordnung von 150 bis 250 pro Leiterplatte notwendig, muß man mit Steckkräften im Bereich von 200 N bis 300 N rechnen. Ohne zusätzliche Steck- und Ziehhilfen ist die Bedienbarkeit nicht mehr gegeben. Werden außerdem unedele Kontaktoberflächen aus Kostengründen gefordert (z.B. Zinn), müssen die Kontaktdrücke vergrößert werden und demzufolge erhöhen sich auch die Steck- und Ziehkräfte um mindestens 50 %.

Diese Faktoren führten zu einer neuen Konstruktion von Federleisten für Direktsteckung von Leiterplatten. Die zweireihig angeordneten Kontakte der Federleiste werden mittels Hebel, Exzenter oder einem Keil auseinandergedrückt, so daß die Leiterplatte ohne Aufwendung von Kraft in die Federleiste gesteckt werden kann. Anschließend werden die Kontakte in die Ausgangsstellung zurückversetzt und drücken dann auf die Kontaktzungen der Leiterplatte *(Abb. 25.4.)*

Das gleiche Prinzip wird auch bei Stecksockeln für integrierte Schaltkreise verwendet.

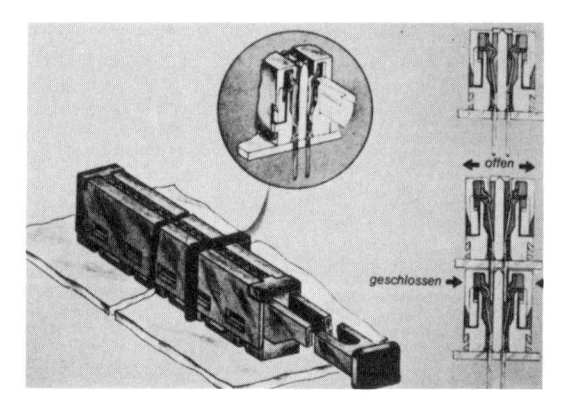

Abb. 25.4.: ZiF- (Zero insert Force-) Steckverbinder
(Werkfoto: AMP-Inc.)

25.2.2. Indirektes Steckprinzip

Beim indirekten Steckprinzip ist ein Teil der Steckverbindung (Stift- oder Federteil) fest mit der Leiterplatte (meist durch Löten) verbunden. Im Gegensatz zur Direktsteckverbindung, bei der auf beiden Seiten einer Leiterplatte von 100 mm x 160 mm (im Raster 5,08 mm) nur 32 Kontakte möglich sind, können bei der indirekten Steckverbindung auf gleicher Fläche bei gleichem Raster und gleichen Einbaumaßen je nach Reihenanordnung bis zu 48 Kontakte untergebracht werden. Bei einer Rasterteilung von 2,54 mm und dreireihiger Anordnung sind insgesamt 96 Kontakte (gegenüber der Direktsteckverbindung mit 64 Kontakten) möglich. Darin liegt ein großer Vorteil der Indirektsteckverbindung.

Im Bereich der Industrieelektronik befindet sich die Messerleiste auf der Leiterplatte und die dazugehörige Federleiste im Baugruppenträger. Das gilt auch für Frontstecker auf Leiterplatten. Im nachrichtentechnischen Bereich ist die Federleiste meist auf der Leiterplatte (man spricht hier von einer invertierten Ausführung) und die Messerleiste im Baugruppenträger oder auf einer Rückwandleiterplatte. Diese beiden Ausführungsformen sind auf der Bauteilseite der Leiterplatte und asymmetrisch zur Leiterplatte angeordnet *(Abb. 25.5.)*. Bei schnellen Datenverarbeitungsanlagen kommt man mit der asymmetrischen Anordnung der Federleiste auf der Leiterplatte nicht mehr aus, deshalb werden die Federkontakte in zwei Reihen symmetrisch zu beiden Seiten der Leiterplatte angeordnet *(Abb. 25.5)*. Dementsprechend ist auch die dazugehörige Stiftleiste ausgebildet.

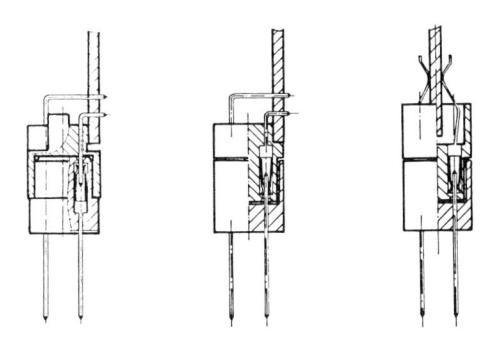

Abb. 25.5.: Ausführungsformen von indirekten Steckverbindungen

Gerade bei der indirekten Steckverbindung ist normungsmäßig sehr viel erreicht worden. In der DIN 41 612 Teil 1–5 und Teil 102; 103 wird eine komplette Steckverbinderfamilie für gedruckte Schaltungen beschrieben. Die Maße der verschiedenen Bauformen, sowie die Kennwerte, Anforderungen und Prüfungen sind festgelegt. In *Tabelle 25.1.* sind die elektrischen und mechanischen Kennwerte der Steckverbinderfamilie nach DIN 41 612 zusammengefaßt.

Neben den in *Tabelle 25.1.* aufgeführten Steckverbinderfamilien gibt es noch entsprechende Abarten, die es erlauben, neben der Wickelverbindung nach DIN 41 611 Teil 2 und Klammerverbindung nach DIN 41 611 Teil 4 auch andere Verbindungstechniken wie crimp-snap-in und Schneidklemmtechnik für Flachleitungen zuzulassen.

Es sind Bestrebungen im Gange, die DIN 41 612 auch auf die invertierte Version zu erweitern. (Eine DIN Vorlage ist bereits in Arbeit).

Eine weit verbreitete Version der Indirektsteckverbinder ist die sogenannte Subminiatur D-Steckverbinderfamilie. Trotz der breiten Anwendung gibt es hier keine zivile Normung. Sie ist als Standardsteckverbinder hauptsächlich in der Datenverarbeitung als RS 232- oder als V24-Schnittstelle und für den IEC-Bus vorgeschrieben und seit langer Zeit nur in MIL-Standard 24 308 festgelegt. Obwohl von vielen Herstellern unter verschiedenen Bezeichnungen angeboten, ist es möglich, hier eine große Anzahl von kompatiblen Ausführungen wählen zu können. Die Familie hat 9,- 15,- 25,- 37 und 50 polige Messer- und Federleisten *(Abb. 25.6.)*.

Die Vielseitigkeit dieser Konstruktion ist dadurch gekennzeichnet, daß man in das Gehäuse der Stift- oder Federleiste die Kontakteinsätze wahlweise für den jeweiligen Anwendungsfall setzen kann. Man kann in das Gehäuse auch gerade oder abgewickelte Stift- oder Federkontakte zum Einlöten in Leiterplatten einsetzen oder Kontakte mit

Tabelle 25.1: Elektrische und mechanische Kennwerte der Steckverbinderfamilie

Reihe (veraltete Bezeichnung)		1			2		3[1]
Arbeitsbezeichnung		Mini			Midi		Maxi[1]
Grundbauformen nach DIN 41612	einreihig (nicht genormt)	B	C	D	F	G	H[1]
Maximale Polzahl		32	64	96	32	48	64	15
Symbolische Darstellung der Bauformen		Maß a beträgt 3,55 mm[2]					
Kontaktreihenbezeichnung der Federleisten bei maximaler Polzahl		a	b+a	c+b+a	c+a	d+b+z	f+d+b+z	d+z
Wrapstiel-Abmessungen mm		0,6×0,6×13	1×1×20		1×1×22			Anschluß für Steckhülsen
Kleinstmögliche Teilung[3] mm		7,6	10,2	12,7	12,7	15,2	20,3	15,2
Vielfaches von 2,54 mm		3	4	5	5	6	8	6
Kriech-(K) und Luft-(L) Strecken[4] in mm	Kontakt zu Masse K	1,8		1,8		6,0		8
	Kontakt zu Masse L	1,6		1,6		3,5		4,5
	Kontakt zu Kontakt K	1,2		3,0		3,0 (teilw. 1,9)		8
	Kontakt zu Kontakt L	1,2		3,0		1,6		4,5
Anwendungsklasse Untere Grenztemperatur Obere Grenztemperatur Zulässige Feuchtebeanspruchung Betauung		FKD nach DIN 40040 $-55\,°C$ $+125\,°C$ maximal 100%, im Mittel $\leq 80\%$ zulässig					
Durchgangswiderstand mΩ		≤ 20			≤ 15		≤ 8
Maximale Strombelastbarkeit[5] in A bei Umgebungstemperatur							
$+20\,°C$		2			5,5		15
$+70\,°C$		1			4		12
$+100\,°C$		0,5			2,5		8
Prüfspannung (Kontakt zu Kontakt)		1000 V, 50 Hz			1550 V, 50 Hz		1150 V, 50 Hz	3100 V, 50 Hz
Betriebsspannung		je nach Sicherheitsbestimmung des Geräts (s. VDE 0110)					
Kriechstromfestigkeit nach DIN 53480[6]		KA1 oder KB200 oder KC160					
Isolationswiderstand bei Meßraumklima MΩ nach feuchter Wärme MΩ bei oberer Grenztemperatur MΩ		$\geq 10^6$ $\geq 10^4$ $\geq 10^5$					
Lebensdauer		≥ 500 Steckzyklen					
Dynamische Beanspruchung Schwingen 20gn bei 10 bis 2000 Hz Stoßen 50gn, 11,5 ms		keine Kontaktunterbrechung ≥ 1 ms					
Maximale Kraft zum Stecken und Ziehen N		30	60	90	40	75	100	90
Ungefähres Gewicht in g	Messerleiste	8	10	15	10	20	30	30
	Federleiste	10	12	20	20	40	60	40
Brennbarkeit		selbstverlöschend nach ≤ 10 s					

[1] Die Bauform H für besonders hohe Ströme und Spannungen ist als einziger Leistentyp der Steckverbinderfamilie nach DIN 41612 nicht im Siemens-Vertriebsprogramm und wurde nur der Vollständigkeit halber mit aufgeführt, damit alle Eigenschaften dieser Steckverbinderfamilie miteinander verglichen werden können.

[2] Maß a ist der Abstand von der Befestigungsloch-Mittellinie der Federleiste zur Bauelementeseite der Leiterplatte. Für die beiden nach dem indirekten Steckprinzip funktionierenden Steckverbinderfamilien gemäß DIN 41612 sowie DIN 41617 (13- bis 31polige Stiftsteckverbinder) ist das Maß a gleich groß.

[3] Unter Teilung wird hier das Maß von einer Federleiste zur anderen bei Reiheneinbau verstanden. Die Leistenbreite gestattet auch eine Teilung im Vielfachen von 2,5 mm.

[4] Zu beachten sind die Verringerungen der Luft- und Kriechstrecken bei eingebauten Steckverbindern durch Verdrahtung und Bahnführungen auf den Leiterplatten.

[5] Strombelastbarkeit aller Kontakte mit 20% Lastminderung (als Reserve für eine mögliche spätere Verschlechterung des Durchgangswiderstandes sowie für Exemplarstreuungen).

[6] Angabe nach dem Prüfverfahren KB bevorzugen.

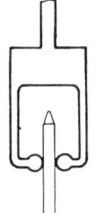

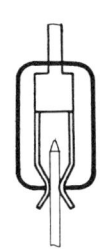

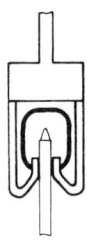

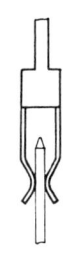

Abb. 25.6.: Subminiatur D-Steckverbinder (Werkfoto: AMP-Inc.)

Abb. 25.7.: Typische Kontaktformen

Anschlußstiften für die Wickeltechnik, für freie Verdrahtung, mit Löt- oder crimp-snap-in Anschluß. Die neueste Version besitzt Kontakte mit Anschlüssen in Schneidklemmtechnik.

Es sind zwar noch viele andere Konstruktionen für Indirektsteckungen auf dem Markt, sie haben sich aber in der Anlagentechnik und in genormten Aufbausystemen nur beschränkt durchgesetzt. Trotzdem haben sie aber ihre Daseinsberechtigung in der Gerätetechnik.

25.2.2.1. Federkontakte

Durch die Verwendung von gedruckten Schaltungen als Trägerelement für elektrische und elektronische Bauteile mußten die Konstrukteure auch entsprechende Steckverbinder entwickeln. Abgesehen davon, welches Steckprinzip verwendet wird, man geht von einem starren Steckteil aus. Dieser kann sowohl die Leiterplatte als auch ein Stiftteil sein, und demzufolge benötigt man das Gegenstück als federndes Teil, sprich Federkontakt. Für eine Stift- bzw. Messerleiste werden nur noch flache, rechteckige Profilstifte verwendet. Demzufolge auch entsprechende Federkontakte, die beidseitig und möglichst linienförmig am Kontaktstift anliegen. Die Profile für einen Kontaktstift sind sehr eng toleriert, so daß der Federkontakt einen geringen Federweg beschreiben muß, im Gegensatz zu Direktsteckverbindern und ihren Leiterplattentoleranzen.

Für einen niederohmigen elekrischen Kontakt und eine bestimmte geforderte Stromtragfähigkeit muß auch ein entsprechender Kontaktdruck vorhanden sein. Einen guten Kontaktdruck erreicht man natürlich mit einem guten Federmaterial, diese Materialien haben aber einen schlechteren Leitwert und umgekehrt. Zur Lösung dieses Problems arbeiten verschiedene Hersteller mit zwei Werkstoffen. Für die Stromübertragung wird ein gut leitfähiges Material verwendet und für den Kontaktdruck sorgt eine zusätzliche Feder *(Abb. 25.7.)*.

Der gewünschte relativ hohe Kontaktdruck hat natürlich auch einen Nachteil, nämlich die Einsteckkraft, die sich entsprechend erhöht. Hier helfen sich die Konstrukteure dadurch, daß sie dem Federkontakt im Isoliergehäuse bereits eine zwangsläufige Voröffnung geben.

Vor einigen Jahren hat man in vielen Fällen den Stift- als auch den Federkontakt einschließlich dem Anschlußstift für die Wickeltechnik und/oder Klammertechnik komplett vergoldet. Bei den hohen Goldpreisen ist dies reiflich zu überlegen. Deshalb gehen die Überlegungen in Richtung Goldeinsparung oder Ersatz von Gold durch andere Materialien.

Goldeinsparung wird erreicht, indem man nur noch die eigentliche Kontaktzone vergoldet. Außerdem kann eine Einsparung über die Schichtdicke des Goldauftrages herbeigeführt werden. Die allgemein gültige Forderung nach 400 bis 500 Steckzyklen erscheint überhöht. Ausreichend wäre sicher eine weitaus geringere Anzahl von Steckzyklen und das Vergolden mit ca. 0.8 µm Gold würde genügen. Allerdings kann bei galvanischer Beschichtung das Problem der Porenfreiheit auftreten. Die generelle Umstellung auf Silber mit seinem wesentlich besseren Leitwert ist wegen der Silbersulfidbildung nicht möglich.

Eine weitere Alternative wäre, anstelle von Gold den Werkstoff Palladium zu verwenden, der aufgrund seiner Härte mit entsprechend dünnerer Schicht als Gold galvanisch aufgetragen werden kann. Neuerdings wurde auch das galvanische Verfahren für eine Palladium-Nickel-Legierung auf den Markt gebracht. Schließlich wäre das galvanische Verzinnen zu erwägen, sicher die billigste Lösung. Aber auch hier gibt es einige Einschränkungen. Da bei Zinn ein höherer Kontaktdruck nötig ist, muß (wie bei der Direktsteckung) mit höheren Steckkräften gearbeitet werden, was zu einer geringeren Steckhäufigkeit führt. Bei Zinn-/Zinnkontakten ist außerdem zu beachten, daß bei Relativbewegungen zwischen Stift und Feder Reibkorrosion auftreten kann.

Bei einigen elektronischen Systemen (z.B. in der Hausleittechnik) werden bereits Steckverbinder nach DIN 41 612 und DIN 41 613 mit Zinnkontakten verwendet, trotz der vorher beschriebenen Einschränkungen und eventuellen Auswirkungen.

25.2.2.2. Einzelsteckverbinder

Der wohl bekannteste und am meisten verwendete Einzelsteckverbinder ist die Steckhülse nach DIN 46 247 und DIN 46 330 mit seinem genormten Gegenstück, dem Flachstecker nach DIN 46 342. Diese Steckverbinder gibt es in verschiedenen Breiten von 2,8-4,8-6,3 und 9,5 mm mit dazugehörigen Steckdicken von 0,5 bis 1,2 mm. Sie können je nach Stromtragfähigkeit mit den dementsprechendem Litzenleiter vercrimpt werden. Ursprünglich waren diese Verbinder für Geräteanschlüsse konzipiert, man findet sie z.B. in der Autoindustrie, bei Haushaltsgeräten, an Schaltern, Lampen, als Transistor- und Thyristoranschlüsse. Sie haben vor Jahren Eingang in die Elektronik gefunden, besonders bei Stromversorgungen als Netzanschlüsse mit hohen Strömen. Die Flachstecker sind so ausgebildet, daß sie direkt in die Leiterplatten eingelötet werden können *(Abb. 25.8.)*.

Die Steckhülsen haben eine steile Federcharakteristik und benötigen zum Aufstecken sehr hohe Kräfte. Dadurch haben sie den Vorteil, daß sie einen hohen Kontaktdruck aufweisen

Abb. 25.8.: Anwendungen von Steckhülsen
(Werkfoto: Siemens)

und an den Kontaktstellen „gasdicht" sind. Das macht sie gegenüber aggressiven Atmosphären unempfindlich. Sehr empfindlich sind sie jedoch beim unsachgemäßen, schrägen Aufstecken. Dadurch können die Federschenkel verbogen werden und zu einer relativ losen Verbindung führen, was zu hohen unerwünschten Kontaktwiderständen führt. Die Materialauswahl der Steckhülsen ist reiflich zu überlegen. Die Verwendung von Messing kann zu Spannungsrißkorrosion führen, bei verzinnten Oberflächen ist auf die Whiskersicherheit zu achten. Durch eine enge Reihenanordnung der Steckhülsen kann es durch Whiskerwachstum zu Berührungen und damit zu Kurzschlüssen kommen.

Eine Weiterentwicklung der Steckhülse mit einer wesentlich höheren Steckhäufigkeit, jedoch niedrigerem Kontaktdruck ist z.B. der sogenannte „Positiv-Lock" von AMP-Inc. *(Abb. 25.9.).* Die Neuerung bei dieser Ausführung liegt darin, daß durch Niederdrücken einer Blattfeder die Steckhülse kraftlos aufgesteckt und wieder abgezogen werden kann. Dadurch wird der Mensch entlastet und die Federbeine der Steckhülse können beim Aufstecken nicht verbogen werden.

Neben dem Stecken von Leitungen auf Leiterplatten bieten sich noch weitere Möglichkeiten als einfache lösbare Verbindungen an. Es sind die Schraub- oder Klemmanschlüsse mittels Reihenklemmen, die mit ihren Anschlußbeinen in die Leiterplatte eingelötet sind *(Abb. 25.10.).*

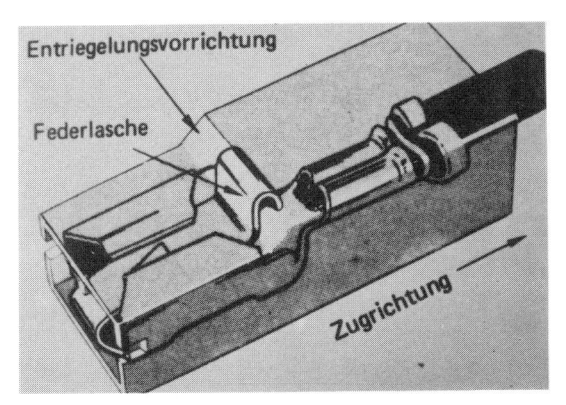

Abb. 25.9.: Steckhülse „Positiv-Lock"
(Werkfoto: AMP-Inc.)

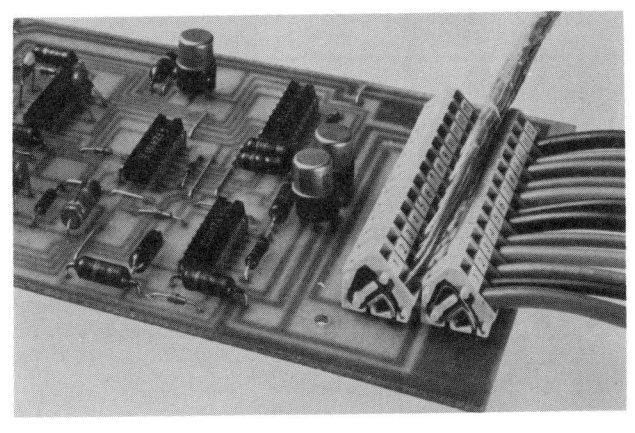

Abb. 25.10.: Klemmanschlüsse auf Leiterplatte
(Werkfoto: Wago)

25.3. Anforderungen und Prüfungen

Die Anforderungen an Steckverbinder werden vom Anwender in einem Lastenheft festgelegt oder sie sind bereits in einer Norm vorhanden. Dem Hersteller obliegt es, diese Anforderungen anhand von Prüfungen nachzuweisen. Je nach Einsatzfall der Steckverbinder können die Anforderungen unterschiedlich sein. Drei grundsätzliche Kriterien sind jedoch für jede Prüfung unerläßlich: Mechanische, klimatische und elektrische Eigenschaften.

Die Prüfung der mechanischen Eigenschaften umfaßt nicht nur die Maß- und Sichtprüfung anhand von Konstruktionszeichnungen, sondern auch das Prüfen der Stabilität, die Messung der Steck- und Ziehkräfte und, wenn gefordert, die Schwing- und Schockprüfung im eingebauten Zustand (z.B. nach DIN 41 630) oder eine mechanische Dauerbelastung mit den geforderten Steckzyklen. Auch die Brennbarkeit des verwendeten Kunststoffes muß ggf. untersucht werden.

Die klimatischen Eigenschaften basieren auf der Festlegung der entsprechenden Prüfklasse, z.B. nach DIN 40 045. Sie beinhalten den „Raschen Temperaturwechsel", die „Trockene" und die „Feuchte Wärme" eventuell auch „Kälte" und den „Unterdruck". Werden Steckverbinder in der Industrieelektronik eingesetzt, so sind weitere Klimabeanspruchungen mit Schadstoffen wie H_2S und SO_2 vorgeschrieben. Alle diese Prüfungen sind für Steckverbinder der Industrieelektronik und Nachrichtentechnik in DIN aufgezeigt.

Die elektrischen Eigenschaften umfassen die Strombelastbarkeit, Betriebsspannung, Kriechstromfestigkeit, den Isolationswiderstand, sowie die wichtigste Eigenschaft eines Steckverbinders, den Durchgangswiderstand *(Abb. 25.11.)*. Wichtig ist auch die Bezugsspannung für die Bemessung der Kriech- und Luftstrecken nach VDE 0110.

Die Anforderungen und die dazugehörigen Prüfungen sind für einwandfreie Steckverbinder notwendig, gleich welcher Konstruktion und welchem Einsatzfall sie unterliegen.

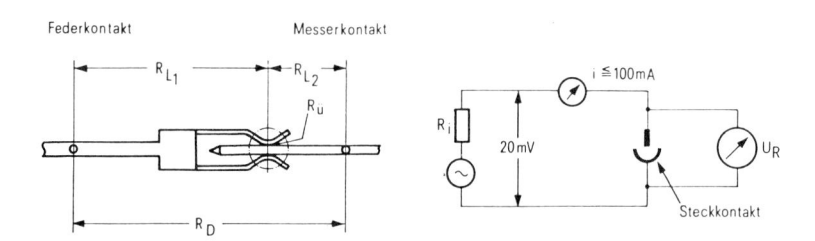

Abb. 25.11.: Meßschema

25.4. Zuverlässigkeit

Unter Zuverlässigkeit eines elektrisch-mechanischen Bauelementes (Steckverbinder) versteht man die Aufrechterhaltung der festgestellten Qualität über die gesamte Betriebszeit bzw. Lebensdauer. Von vielen Anwendern wird oft eine Zuverlässigkeitsangabe verlangt. Die Ausfallrate von Betriebssystemen setzt sich aus vielen einzelnen Werten zusammen. So müssen z.B. bei einem Prozeßrechner die Ausfallraten der elektronischen Bauelemente, der Steckverbinder und der eingesetzten Verbindungstechniken, der Befehlsgeber (Tasten und Schalter) und der Anzeigeelemente (Instrumente, Lampen usw.) berücksichtigt werden. *Tabelle 25.2.* vermittelt einige Erwartungswerte für die Ausfallraten bei Bezugsbedingungen von Steckverbindern und Verbindungstechniken. Diese Erwartungswerte gelten nur bei Bezugsbedingungen, sie können ein Vielfaches bei Betriebsbedingungen sein.

Tabelle 25.2.: Ausfallraten**)

Verbindungsstelle	Norm	Erwartungswert fit*)
löten manuell	–	1,0
löten maschinell	–	0,1
crimpen maschinell	DIN 41611 T. 3	0,26
Steckverbinder	DIN 41612	0,3/ beschaltete Kontaktstelle

**) Auszug aus Siemens-Norm

*) fit („failure in time") ist die Einheit der Erwartungswerte, Anzahl der Ausfälle pro 10^9 Bauelementstunden ($10^{-9} h^{-1}$).

Literaturverzeichnis zu Kapitel 25

[1] H. J. Stiller: bauteile report 15

26. Leiterplatten für Mikrogeräte, Verbindungstechnik
Ausführung und Verarbeitung

26.1. Einleitung

Mit den Fortschritten der Halbleitertechnologie, speziell der C-MOS-Technologie, die zu hohen Integrationsdichten und zu extrem niedrigem Leistungsbedarf führte, wurden für die Elektronik zahlreiche neue Anwendungsbereiche für Kleinstgeräte erschlossen. Zum Beispiel werden heute viele bisher der Mechanik zugeordnete Aufgaben einfacher und besser elektronisch gelöst, oder es konnten Geräte in ihren Abmessungen um viele Größenordnungen reduziert und somit oft ganz neuen Einsatzgebieten zugeführt werden. Zum Bereich der Mikrogerätetechnik zählen u.a.:

- Film- und Fototechnik
- Medizintechnik
- Uhrentechnik
- Wehrtechnik

Aus den Anforderungen der Mikrogerätetechnik ergaben sich rückwirkend zahlreiche neue Aufgabenstellungen, die mit den Möglichkeiten der bestehenden Leiterplatten- und Verbindungstechnik nicht immer zu lösen waren. Die neuen, zum Teil sehr spezifischen Lösungen führten zu einer eigenständigen Technologie von „Leiterplatten für Mikrogeräte" (*Abb. 26.1.*).

26.2. Besondere Anforderungen an Leiterplatten für Mikrogeräte

Viele Anforderungen sind aus der allgemeinen Leiterplattentechnologie direkt übertragbar, wobei in der Regel die Probleme der Strombelastbarkeit und der Durchschlagfestigkeit keine Rolle spielen. Die Betriebsspannungen der Geräte liegen häufig bei nur 1,5 V, die Leistungsaufnahme bei 1 µW.

Aus diesen Angaben heraus ergeben sich höchste Anforderungen an Übertragungs- und Isolationswiderstände. Ganz erhebliche Anforderungen werden von seiten der Formgebung, der mech. Festigkeit, der Maßgenauigkeit sowie der Verbindungstechnologie gestellt. Aufgrund der zum Teil sehr großen Stückzahlen spielen Gesichtspunkte der Wirtschaftlichkeit, wie Automatisierbarkeit und Prozeßzuverlässigkeit (Ausbeute) eine erhebliche Rolle.

Die wichtigsten spezifischen Anforderungen an die Leiterplatten für Mikrogeräte resultieren fast alle aus dem mechanischen Bereich.

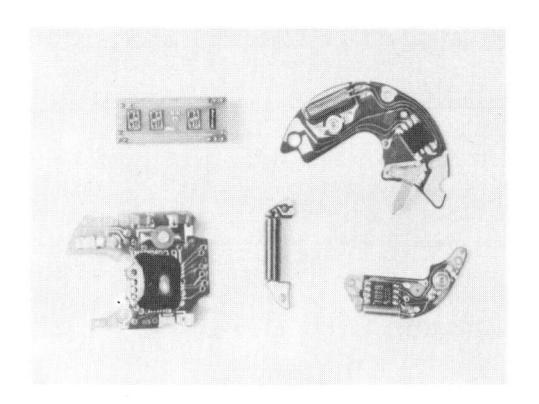

Abb. 26.1.: Verschiedene elektronische Funktionsgruppen für Mikrogeräte (Werkfoto: Junghans, Schramberg)

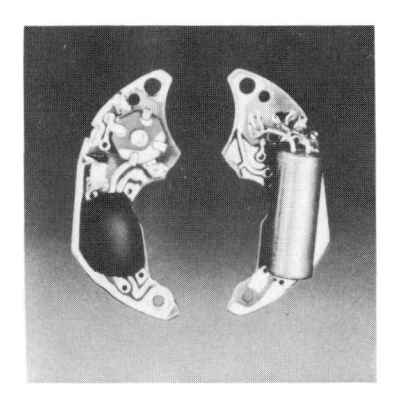

Abb. 26.2.: Zweiteilig bestückte Leiterplatte für eine Damenquarzarmbanduhr. Unregelmäßige Anordnung der Bauelemente wegen der vorgegebenen Leiterplattenform (Vergrößerung 3-fach) (Werkfoto: Junghans, Schramberg)

26.2.1. Formgebung, Rastermaße

Aufgrund des immer sehr beschränkten Raumangebotes kann die Form der Leiterplatte nie frei gewählt werden, sie wird durch die vorgegebene Geräteform (z.B. Armbanduhr, Hörgerät) weitgehend bestimmt. Dies setzt Materialien mit besten Formgebungsmöglichkeiten in Verbindung mit hoher Festigkeit voraus. Normmaße, auch Rastermaße für Bauelemente, sind in der Regel ohne Bedeutung, zur optimalen Raumausnutzung muß jedes Bauelement individuell angeordnet werden (*Abb. 26.2.*). Zusätzlich ist sehr oft wegen des äußerst niedrigen Leistungspegels die kürzestmögliche Leitungsführung einer regelmäßigen Anordnung der Bauelemente vorzuziehen.

26.2.2. Packungsdichte, Integration von Bauelementen in die Leiterplatte

Durch die vom Gerät vorgegebenen Raumverhältnisse ist es nur selten möglich, alle Bauelemente in einer Ebene anzuordnen (*Abb. 26.2.*). Im einfachsten Fall werden Leiterplattenvorder- und -rückseite bestückt. Sehr oft ist es aber auch notwendig, Bauelemente ganz oder teilweise in die Leiterplatte einzulassen. Ein typisches Beispiel stellt *Abb. 26.3.* dar. Ein Halbleiterchip ist in eine Leiterplatte eingesetzt, die Kontaktierung erfolgt über Drahtbondung, die Abdeckung mit einem Harztropfen.

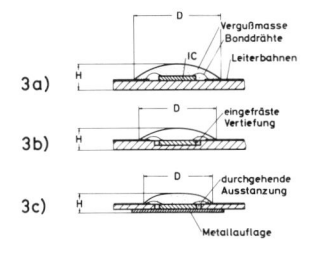

Abb. 26.3.: Einbaumöglichkeiten eines Halbleiterchip in eine Leiterplatte

Der Chip kann ohne weitere Vorkehrungen direkt auf die Leiterplatte gesetzt werden (*Abb. 26.3.a.*).

Nachteile: Große Gesamthöhe H, großer Abdeckdurchmesser D, die ungleiche Höhe der Bondstellen führt zu erhöhten Schwierigkeiten beim Bonden und zur Gefahr von Kurzschlüssen der Bonddrähte über die Chipkanten. Wesentlich besser ist dagegen eine Ausführung nach *Abb. 26.3.b.* Der Chip ist so weit in die Leiterplatte eingelassen, daß die Bondstellen etwa auf gleicher Höhe liegen. Es ergeben sich wesentlich günstigere Bedingungen für das Bonden, die Maße H und D sind kleiner als bei *Abb. 26.3.a.* Nachteilig fallen ins Gewicht: Kosten für die Ausfräsung, (die aber durch eine bessere Ausbeute durchaus wieder ausgeglichen werden können), sowie u.U. die etwas geringere mechanische Stabilität und ein reduzierter Lichtschutz des Halbleiters von der Rückseite.

Der kompakteste Aufbau wird mit einer Anordnung nach *Abb. 26.3.c.* erreicht. Eine Leiterplatte etwa gleicher Stärke wie der IC wird mit einer Ausstanzung zur Aufnahme des IC versehen. Im Gegensatz zu *Abb. 26.3.b.*, wo die Ausnehmung infolge des Fräserdurchmessers erheblich größer als der Chip sein muß, kann hier der Eckenradius praktisch entfallen, so daß D weiter reduziert wird. Der Chip ist auf einer mit der Leiterplatte verbundenen Metallauflage befestigt. Durch die höhere Festigkeit des Metalles ergibt sich eine weitere Verringerung der Gesamthöhe H. Das Metall verleiht dem Halbleiter zusätzlich optimalen Lichtschutz und kann, wenn notwendig, auch zur Wärmeabfuhr dienen.

26.2.3. Maßgenauigkeit, Toleranzen

Für rein elektronische Funktionsblöcke reicht die mit den üblichen Fertigungsverfahren der Leiterplattentechnologie erreichbare Genauigkeit zumeist aus. Als Richtwerte für in Massenproduktion hergestellte Teile können folgende Toleranzen angenommen werden:

- Leiterplatte, Dickentoleranz — ± 0,05 mm
- Lagentoleranz, gestanzte Löcher — ± 0,01 mm
- Lagentoleranz, gebohrte Löcher — ± 0,02 mm
- Löcher, Durchmessertoleranz — ± 0,03 mm
- Versatz Außenkontur-Leiterbahnen — ± 0,15 mm
- Versatz Außenkontur-gebohrte Löcher — ± 0,15 mm
- Versatz Leiterbahnen-gebohrte Löcher — ± 0,15 mm

Bei Stanzteilen läßt sich eine Zuordnung von etwa ± 0,01 mm zwischen der Außenkontur und funktionswichtigen nicht durchmetallisierten Löchern erreichen, wenn diese Löcher zusammen mit der Außenkontur in einem Komplettschnitt hergestellt werden können.

Für höhere Genauigkeitsanforderungen, wie sie z.B. bei automatischen Simultanbondverfahren oder bei Integration von mikromechanischen Funktionen bestehen, wurden spezielle Technologien, wie der Filmschaltungsträger oder das kunststoffumspritzte Metallgitter, entwickelt.

26.2.4. Mechanische Festigkeit

Mikrogeräte sind oft extremen Umwelteinflüssen ausgesetzt. Es ist mit Beschleunigungswerten in der Größenordnung von 3000 ... 5000 g zu rechnen. Das ist einer der Gründe, warum nur sehr festes und formstabiles Leiterplattenmaterial verwendet werden kann (Epoxid, Polyimid). In vielen Fällen wird sogar faserverstärktes Material eingesetzt. Bei Leiterplatten mit Schraubenbefestigung ist zusätzlich auf niedrigen Kaltfluß des Materials zu achten.

26.2.5. Gratbildungen, Kantenfestigkeit

Mikrogeräte mit integrierten mikromechanischen Funktionen (auch elektr. Schalter) sind äußerst störanfällig gegen Verschmutzung. Es ist bei der Konstruktion und der Herstellung der Leiterplatte auf absolute Gratfreiheit zu achten. Große Schwierigkeiten bereiten ausgerissene Stanzkanten von Leiterplatten, insbesondere bei Glasfaserverstärkung durch ausfallende Fasern.

26.3. Leiterplattentechnologien in Mikrogeräten

Überwiegend werden eingesetzt:
- Kupferbeschichtete Schichtpreßstoffe
- Kupferbeschichtete Filme
- Kunststoffumspritzte Metallgitter (*Lead Frame*)

Keramiksubstrate finden bei höchsten Ansprüchen an elektrische und thermische Eigenschaften Anwendung. Es ergeben sich sehr wirtschaftliche Lösungen, wenn eine Reihe von passiven Bauelementen in Dickschichttechnik aufgebracht werden kann. Sehr nachteilig können sich die schwierige Formgebung, Einspannprobleme sowie die begrenzte Stoßfestigkeit auswirken.

26.3.1. Leiterplatten aus Cu-beschichteten Schichtpreßstoffen [1] [2]

Den breitesten Anwendungsbereich, auch bei Mikrogeräten, hat nach wie vor der Cu-beschichtete Schichtpreßstoff. Seine Anwendungsmöglichkeiten werden aber begrenzt durch:
- Extreme Miniaturisierung
- Integrationsmöglichkeit mechanischer Funktionen
- Enge Toleranzforderungen
- Automatische Weiterverarbeitung
- Sauberkeit (Ausbruch von Glasfasern!)

Für Mikrogeräte wird fast ausschließlich Glas-Epoxid-Laminat der Ausführung G 10 verwendet. Für höhere Temperaturanforderungen steht auch Glas-Polyimid-Laminat zur Verfügung. Polyimid eignet sich sogar bedingt für das Thermokompressionsbonden.

26.3.1.1. Wichtige Materialanforderungen
- Hohe mechanische Festigkeit
- Gute Dimensionsstabilität
- Geringe Wasseraufnahme
- Optimale Oberflächenbeschaffenheit
- Hohe Temperaturfestigkeit
- Gute Stanzbarkeit
- Gute Stanzkantenqualität
- Gute Zerspanbarkeit
- Geringer Kaltfluß
- Geringe Dickentoleranz

Die verwendeten Materialstärken, ohne Cu-Auflagen, liegen zwischen etwa 0,1 und 0,8 mm. Kupferauflagen stehen in 10, 18 und 35 μm ein- und zweiseitig zur Verfügung.

Nachstehend die verfügbaren Materialdicken eines Basismaterialherstellers ohne Cu-Auflagen

    a) Standard-Dicken:
        0,11 – 0,33 – 0,44 – 0,55 – 0,66 m
    b) Zwischen-Dicken:
        0,12 – 0,18 – 0,28 – 0,39 – 0,50 – 0,61 mm
    c) Dicken-Toleranzen

Basis-Material-Dicke ohne Cu-Auflage mm	Toleranz (Klasse III) mm
0,12 ... 0,15	± 0,026
0,16 ... 0,30	± 0,038
0,31 ... 0,51	± 0,051
0,52 ... 0,70	± 0,064

Der gleiche Hersteller bietet zusätzlich ein Spezialmaterial an, bei dem die normale Glasfasereinlage durch ein Glasvlies ersetzt ist. Dieses Material zeichnet sich durch teilweise verbesserte mechanische Belastbarkeit aus. Es ist mit Vorteil bei dünnen Stanzstegen und bei Einfräsungen zu verwenden. Leider werden diese Vorteile durch eine etwas geringere Biegefestigkeit und höheren Kaltfluß erkauft.

26.3.2. Filmschaltungsträger [3] [4]

Zunehmende Bedeutung für kleinste Leiterplatten gewinnen sogenannte Filmschaltungsträger. Sie wurden für das TAB (Tape Automated Bonding) entwickelt. Beim TAB wird mittels eines Filmträgers ein Halbleiterchip auf einem üblichen Schaltungsträger (z.B. Leiterplatte, Keramiksubstrat, Lead-Frame) simultan kontaktiert. Dies erfolgt in der Regel in mehreren Schritten:

    a) Montage und damit Kontaktierung des Chips auf dem Filmträger, bekannt unter ILB (Inner-Lead-Bond)
    b) Ausstanzen des Chips mit dem Filmträger und einsetzen in den Schaltungsträger, bekannt unter OLB (Outer-Lead-Bond)

Bei Mikrogeräten wird fast immer auf das OLB verzichtet, d.h. der Filmträger wird gleichzeitig als Leiterplatte verwendet, er nimmt außer den Halbleitern auch die zusätzlich notwendigen Bauelemente und Kontaktstellen auf. Filmschaltungsträger sind sehr dünn und flexibel. Sie eignen sich somit für extrem kleine Geräte. Oft ist es jedoch notwendig, zur Erhöhung der mechanischen Stabilität, Abstützungen im Gerät vorzusehen.

26.3.2.1. Filme (Tapes)

Man unterscheidet die Filme nach der Anzahl ihrer Schichten.

Bezeichnung	Schichtfolge
1 Schicht Film	Metall
2 Schicht Film	Metall-Kunststoff
3 Schicht Film	Metall-Kleber-Kunststoff
4 Schicht Film	Metall-Kleber-Kunststoff-Kleber
5 Schicht Film	Metall-Kleber-Kunststoff-Kleber-Metall

Das 1-Schicht-Tape ist praktisch nur eine gestanzte oder geätzte Metallfolie in Filmformat und entspricht somit weitgehend einem in der Halbleitertechnologie üblichen Schaltungsträger (Lead-Frame). Größter Nachteil: Keine Testmöglichkeit im Band.

Für das 2-Schicht-Tape gibt es 2 unterschiedliche Herstellverfahren:

    a) Das Additivverfahren, bei dem man die Leiterbahnen in gewünschter Form auf dem Film aufwachsen läßt. Dieses Verfahren ist sehr teuer, ergibt aber eine gute Oberflächenqualität.

    b) Ein Verfahren, bei dem der Kunststoff in flüssiger Form auf die Metallfolie aufgebracht wird. Hierbei ist die Oberflächenqualität in vielen Fällen nicht ausreichend.

Bei Verwendung von Polyimid entstehen für die Mikroelektronik unbrauchbare Schaltungen. Polyimid kann bis zu 4 % Wasser aufnehmen und hat in diesem Zustand zu schlechte Isolationseigenschaften.

Der 3-Schicht-Film vermeidet durch die sehr gut isolierende Kleberzwischenschicht diesen Nachteil. Weiterhin kann die Kunststoffolie vor der Cu-Beschichtung mit individuellen Stanzöffnungen versehen werden. Es sind somit leicht, die für das TAB notwendigen, in die Stanzöffnungen ragenden, Leiterbahnen herstellbar. Aufgrund dieser Vorteile hat sich der 3-Schicht-Film heute voll durchgesetzt.

Die 4- und 5-Schicht-Filme sind nur Abarten des 3-Schicht-Films. Beim 4-Schicht-Film ist lediglich eine zusätzliche Kleberschicht, die den unterschiedlichsten Befestigungsaufgaben dienen kann, aufgebracht. Der 5-Schicht-Film ist das Gegenstück zur 2-seitig beschichteten Leiterplatte.

26.3.2.2. Anforderungen an das Trägermaterial

Die Anforderungen an Filmschaltungsträger und an Schichtpreßstoffe sind weitgehend identisch (siehe 26.3.1.1.). Es ergeben sich jedoch aus der Weiterverarbeitung und bei extrem dünnen Folien einige zusätzliche Forderungen wie:

- Dimensionsstabilität bei der automatischen Weiterverarbeitung (keine Dehnung in der Fläche oder Ausweitungen der Transportlöcher)
- Knickfestigkeit
- Annähernd gleicher Wärmeausdehnungskoeffizient von Filmträger und Leiterbeschichtung zur Vermeidung temperaturbedingter Verwölbungen

Der ideale Werkstoff wurde bisher noch nicht gefunden. Polyimid bietet einen annehmbaren Kompromiß, zumal es unter allen Kunststoffen die höchste Wärmebeständigkeit aufweist. So werden z. Zt., trotz des sehr hohen Preises, praktisch ausschließlich Polyimidfolien (*Kapton*®) verwendet.

26.3.2.3. Abmessungen von Filmträgermaterialien

Grundsätzlich sind die unterschiedlichsten Filmformate mit beliebig ausgebildeten Transportlöchern denkbar. Zur allgemeinen Vereinfachung versucht man auf bereits vorhandene Standards aus dem Amateur- und Kinofilmbereich zurückzugreifen. So sind u.a. die Filmbreiten 8 („Super 8"), 16 („Doppel-Super 8") und 35 mm im Einsatz. Für diese gebräuchlichen Breiten stehen viele Verarbeitungseinrichtungen, wie Spulen, Transporteinheiten, Kontrollgeräte usw. zur Verfügung.

Nachstehend die Normmaße für 16 mm Amateurfilm und für 35 mm Kinofilm. Es werden die Werte der US-Standards angegeben, da die Filme überwiegend aus den USA angeboten werden. Die Normen nach DIN und ISO sind praktisch deckungsgleich.

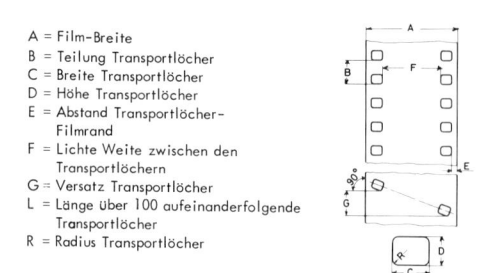

A = Film-Breite
B = Teilung Transportlöcher
C = Breite Transportlöcher
D = Höhe Transportlöcher
E = Abstand Transportlöcher-Filmrand
F = Lichte Weite zwischen den Transportlöchern
G = Versatz Transportlöcher
L = Länge über 100 aufeinanderfolgende Transportlöcher
R = Radius Transportlöcher

	USAS PH 22.17 (DIN 15 851 Blatt 1)		USAS PH 22.36 (DIN 15 501)	
	Inches	Millimeter	Inches	Millimeter
A	0,628 ± 0,001	15,95 ± 0,03	1,377 ± 0,001	34,975 ± 0,025
B	0,150 ± 0,0005	3,81 ± 0,013	0,187 ± 0,0005	4,75 ± 0,013
C	0,072 ± 0,0004	1,829 ± 0,01	0,11 ± 0,0004	2,794 ± 0,01
D	0,050 ± 0,0004	1,27 ± 0,01	0,078 ± 0,0004	1,981 ± 0,01
E	0,0355 ± 0,002	0,902 ± 0,051	0,079 ± 0,002	2,01 ± 0,05
F	0,413 ± 0,001	10,49 ± 0,03	0,999 ± 0,002	25,37 ± 0,05
G	0,001 max	0,03 max	0,001 max	0,03 max
L	15,00 ± 0,015	381,00 ± 0,38	18,7 ± 0,015	474,98 ± 0,38
G	0,01 ± 0,001	0,25 ± 0,03	0,02 ± 0,001	0,51 ± 0,03

Die für die Schaltung nutzbaren Breiten sind beim 35 mm Film etwa 21 mm und beim 16 mm Film ca. 8 mm.

Kaptonfolien gibt es in folgenden Dicken:
7,5 – 12,5 – 25 – 50 – 75 – 100 – 125 – 150 – 175 µm

Für Filmschaltungsträger wird überwiegend 125 µm verwendet. Die Kleberschicht besitzt in der Regel eine Dicke von 12,5 µm. Kupferfolien stehen in den Dicken 18 – 35 – 70 µm zur Verfügung. Am häufigsten sind die 35 µm Folien im Einsatz.

26.3.2.4. Erreichbare Lagetoleranzen

Polyimid ist wegen seiner großen Feuchtigkeitsaufnahme ein etwas kritischer Werkstoff. Trotzdem sind gegenüber der allgemeinen Leiterplattentechnologie erheblich geringere Toleranzen erzielbar. Dies bezieht sich in erster Linie auf den Versatz des Stanzbildes zum Leiterbild. Bei etwas Sorgfalt sind durchaus Werte von ± 0,03 mm möglich. Für höhere Genauigkeitsanforderungen ist der Einsatz von optisch-elektronischen Suchsystemen (Pattern Recognition Systems) zu empfehlen.

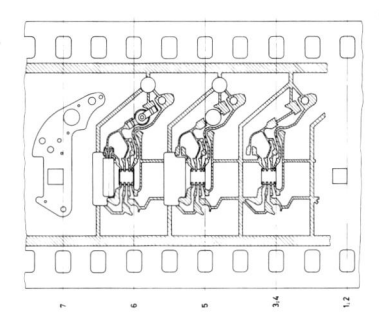

Abb. 26.4.: Arbeitsschritte zur Herstellung einer Filmschaltung

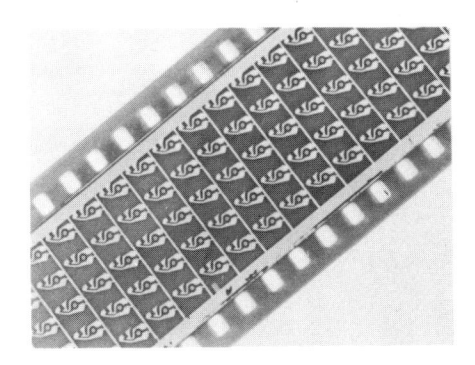

Abb. 26.5.: 5 Schaltungsträger für Motorspulen von Schrittmotoren in paralleler Anordnung auf 35 mm Film (Vergrößerung 1,4-fach (Werkfoto: Junghans, Schramberg)

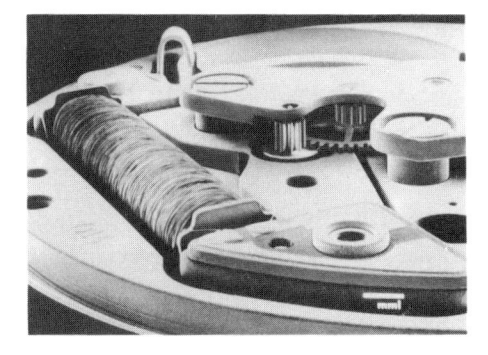

Abb. 26.6.: Filmschaltungsträger mit einem Schrittmotor einer Quarzarmbanduhr. Die Drähte sind widerstandsgeschweißt, die Schweißstellen mit Kunstharz abgedeckt (Werkfoto: Junghans, Schramberg)

26.3.2.5. Aufbau von Filmschaltungen

Abb. 26.4. zeigt grob die verschiedenen Herstellschritte einer 3-Schicht Filmschaltung:
1) Stanzen der Perforation
2) Stanzen von Öffnungen im Film
3) Beschichten mit Cu-Folie
4) Herstellung der Leiterbahnen
5) Trennstanzen von Leitern, die für den Herstellprozeß verbunden waren
6) Bestückung mit Bauelementen, prüfen, kennzeichnen
7) Ausschneiden

Die pro Filmschaltungsträger anfallenden Kosten sind, mit Ausnahme der Prüf- und Edelmetallkosten, weitgehend proportional der Filmlänge. Somit ist, zumal bei teurem Polyimid, eine optimale Flächenausnutzung unerläßlich. Die Optimierung ist nicht immer ganz einfach, aus Gründen der Herstelltechnik ist pro Schaltbild immer ein ganzzahliges Vielfaches der Transportlochteilung notwendig. Bei manchen Anwendungsfällen ist es durchaus möglich, mehrere Teile parallel anzuordnen. Bei einer Ausführung nach *Abb. 26.5.* ergeben sich so pro laufenden Meter über 1000 Einzelschaltungen.

Eine andere Möglichkeit, die eine vollautomatische Weiterverarbeitung erlaubt, zeigt *Abb. 26.7.* Hier sind zwei Teile nebeneinander, aber gegenläufig angeordnet.

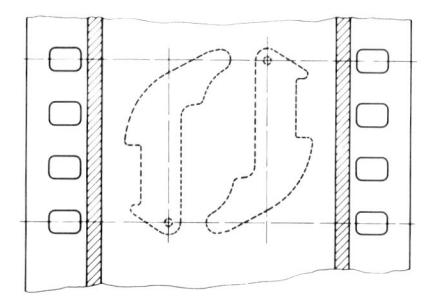

Abb. 26.7.: Gegenläufige Anordnung zweier Schaltungsträger auf einem Film

Abb. 26.8.: Kunststoffgespritztes Metallgitter für eine LED-Uhr. Vorder- und Rückseite, vergrößert

26.3.3. Kunststoffumspritzte Metallgitter (Lead-Frame) [5] [6] [7] [8] [16]

Metallgitter als Schaltungsträger sind in der Halbleitertechnik seit langer Zeit bekannt. Es war naheliegend, bei Mikrogeräten die Metallgitter und ihre Kunststoffumhüllung so auszuführen, daß außer dem Halbleiter weitere Bauelemente aufgenommen werden konnten, d.h. daß vollständige in sich abgeschlossene Funktionsblöcke ohne Leiterplatten entstanden. Ein typisches Beispiel für einen solchen Funktionsblock zeigt *Abb. 26.8.*

Es handelt sich dabei um eine Trägerplatte für eine LED-Armbanduhr. Diese Trägerplatte ist gleichzeitig Leiterplatte und Chassis für das ganze Gerät. Die Trägerplatte wird wie folgt gefertigt:

- Ätzen der Metallgitter im Streifen z.B. à 10 Stück
- Galvanisieren des Metallgitters
- Umspritzen des Metallgitters
- Freistanzen der „Kurzschlüsse"
- Entfernen überschüssiger Plastikmasse
- Einbau der Elektronikkomponenten
- Funktionsprüfung
- Ausschneiden der guten Teile aus dem Streifen

Dieses Flußdiagramm gibt bereits einen Eindruck der rationellen Fertigungsart von kunststoffumpritzten Metallgittern. Allerdings ist die Herstelltechnik sehr werkzeugintensiv, d.h. nur bei großen Serien wird volle Rentabilität erreicht. Das Metallgitter vermittelt den Baugruppen eine ausgezeichnete Dimensionsstabilität. Bei entsprechender Materialwahl sind durchaus Lagetoleranzen von besser als 0,01 mm erzielbar. Bei nachgestanzten Metallgittern kann man Lagetoleranzen und Durchmessertoleranzen von ± 0,005 mm erreichen. Es lassen sich somit auch hochpräzise mechanische Funktionen wie Zahnradgetriebe integrieren.

Auch eine Integration von Federelementen, z.B. Batteriekontakten ist möglich. Als Nachteile dieser Technologie ist neben den hohen Werkzeugkosten die fehlende Flexibilität zu betrachten. Die Konstruktion ist weitgehend auf die einmal gewählten Bauelemente fixiert.

26.3.3.1. Materialien für Metallgitter

Wenn keine besonderen mechanischen Anforderungen an das Metallgitter vorliegen, wird man ein für Systemträger übliches Material wie Kovar (28 Ni, 18 Co, 54 Fe) oder Alloy 42 (42 Ni, 58 Fe) wählen.

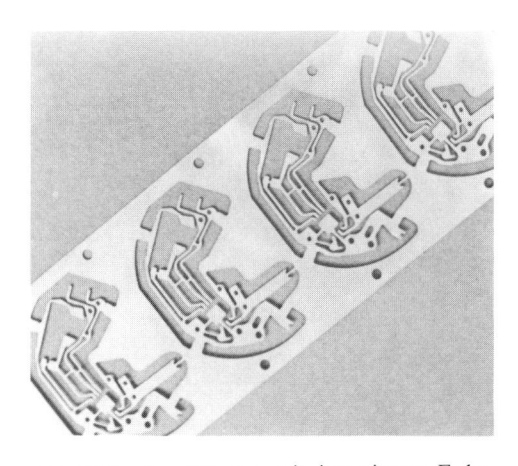

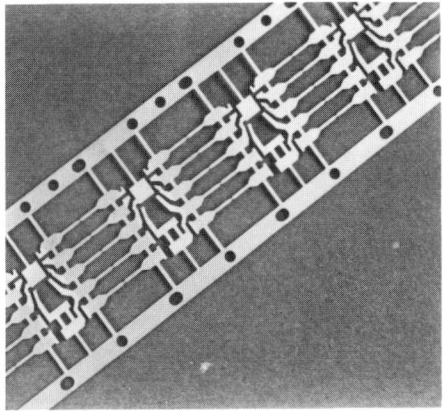

Abb. 26.9.: Lead-Frame mit integrierten Federkontakten aus federhartem Neusilber (Werkfoto: Junghans, Schramberg)

Abb. 26.10.: Lead-Frame aus Kovar für Baustein nach Abb. 26.11. (Werkfoto: Eurosil, München)

Bei hohen Anforderungen an Toleranzen oder Federeigenschaften haben sich aushärtbare Kupfer-Berylliumlegierungen oder hartgewalztes Neusilber (*ARCAP* ®) bewährt. Der große Unterschied des linearen Ausdehnungskoeffizienten dieser Materialien (18 ppm/K) zu dem von Silizium (3 ppm/K) wird bei aufgeklebten IC-Chips durch den Kleber aufgenommen.

Abb. 26.9. zeigt einen Metallschaltungsträger für einen Elektronikblock einer Quarzarmbanduhr. Als Material wird hartgewalztes *Arcap* verwendet. Die federnden Batterie- und Motorkontakte sind im Metallschaltungsträger integriert.

In *Abb 26.10.* wird ein in Alloy 42 gefertigter Metallschaltungsträger, ohne spezielle mechanische Anforderungen, dargestellt. Er ist Basis für einen quarzgesteuerten Taktgeber, bestehend aus einer C-MOS–Schaltung und einem laserabgleichbaren Stimmgabelquarz. Das Ganze ist zusammengefaßt in einem 8-poligen DIP, in das der Quarz rückseitig in eine Vertiefung eingebettet ist (*Abb. 26.11.*).

26.3.3.2. Materialien für die Umspritzung

Es bieten sich 2 Möglichkeiten an:

   a) Duroplastische Silikon- oder Epoxid-Einbettmassen, wie sie für Transistor- und IC-Gehäuse allgemein im Gebrauch sind.
   Vorteile: Halbleiter lassen sich direkt umspritzen
   Nachteile: Sehr umständliche Verarbeitung. Aufgrund der großen Formbelegungszeit (ca. 3 Min) viele Formnester notwendig.

Abb. 26.11.: Quarzgesteuerter Taktgeber in 8-poligem DIP
(Werkfoto: Eurosil, München)

b) Thermoplastische Massen. Die Technologie steht noch am Beginn. Die besten Ergebnisse wurden bisher mit Polyphenylensulfid (PPS, bekannt unter dem Handelsnamen *Ryton* ®) erzielt. Probleme ergeben sich noch bei direkter Einbettung von Halbleitern.
Vorteile: Gute automatische Verarbeitung. Hohe Maßhaltigkeit.
Nachteile: Direkte Einbettung von Halbleitern kritisch. Zur Verbesserung der mechanischen Festigkeit hoher Glasfaseranteil notwendig.

	Schichtpreßstoff	Filmträger	Kunststoffumspr. Metallträger
Miniaturisierbarkeit	begrenzt	sehr gut	sehr gut
Dimensionsstabilität	gut	gut	sehr gut
Lagetoleranzen	ausreichend	gut	sehr gut
Integrationsmögl. mech. Funktionen	begrenzt	nicht möglich	sehr gut
Stoßfestigkeit	gut	ausreichend	sehr gut
Mehrlagige Verdrahtung	möglich	bedingt möglich	nicht möglich
Flexibilität, Änderungsmöglichkeiten	sehr gut	bedingt	nicht möglich
Musterherstellung	sehr gut	gut	sehr schwierig
Mindeststückzahlen	niedrig	niedrig	hoch
Automatisierbarkeit	bedingt	sehr gut	sehr gut
Systemkosten bei optimaler Auslegung	günstig	sehr günstig	sehr günstig
Sauberkeit, Kantenfestigkeit	mäßig	sehr gut	gut
Löten	sehr gut	sehr gut	bedingt
Schrauben	bedingt	bedingt	sehr gut
Widerstandsschweißen	bedingt	gut	sehr gut
Bonden (Wire)	bedingt	gut	sehr gut
Bonden (simultan)	nicht möglich (evtl. Flap-Chip)	sehr gut	bedingt

26.4. Verbindungstechnologien

Die Verbindungstechnologie bei Leiterplatten für Mikrogeräte hat sich einerseits an den Geräteanforderungen und wirtschaftlichen Gesichtspunkten zu orientieren, andererseits wird sie sehr oft durch die verfügbaren Bauelemente und die Raumverhältnisse vorgegeben.

Im Normalfall wird man gekapselte, möglichst mit Anschlüssen versehene Bauelemente verwenden und diese mittels Löt- (bei Film- und Schichtpreßwerkstoffschaltungsträger) oder Schweißtechnik (bei Lead-Frame) verbinden. Sehr oft liegen die Verhältnisse komplizierter. Es kann durchaus vorkommen, daß bei einer Baugruppe, bestehend aus 3–4 Komponenten, jede Komponente in anderer Art und Weise verbunden werden muß.

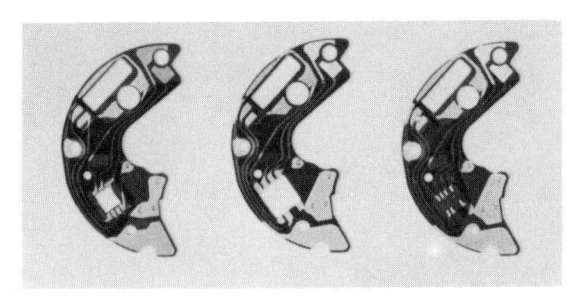

Abb. 26.12.: IC-Anschlußvarianten (Vergrößerung 1,6 : 1)
(Werkfoto: Schweizer, Schramberg)

Folgende Verbindungen sind üblich: *Löten, Kleben, Schweißen, Bonden.*
Abb. 26.12. zeigt drei Leiterplatten, die sich durch die Verwendung gleicher, aber verschieden zu kontaktierender Halbleiter unterscheiden. Es sind von links nach rechts:
- Flip-Chip-Version, äußerst schwierige Verbindungstechnik, führt zum kompaktesten Aufbau
- Lötversion, benötigt IC in Mini-Flat-Pack, einfachster Aufbau, größter Raumbedarf
- Drahtbond-Version, die Leiterplatte ist zur IC-Aufnahme durchgestanzt, es wird ein IC-Träger nach *Abb. 26.3.c.* verwendet.

26.4.1. Löten [9] [10]

Löten ist auch bei kleinsten Schaltungsträgern aus Schichtpreßstoff oder Film die einfachste und am häufigsten angewendete Verbindungstechnik, es eignet sich dagegen schlecht bei kunststoffumspritzten Metallgittern. Durch verschiedene Umstände bedingt, wie z.B. bei zweiseitig bestückten Leiterplatten, temperaturempfindlichen Bauelementen oder bei mangelnder Möglichkeit der Abdeckung von Flächen, die nicht verzinnt werden sollen (Kontaktstellen), können die üblichen Schlepp- und Tauchlötverfahren nicht zur Anwendung kommen.

Während für Muster- und Kleinserienbau die Handlötung (Lötkolben) durchaus zum Erfolg führen kann, hat man für die Serienfertigung eine Anzahl von Reflow-Verfahren entwickelt. In vielen Fällen reicht dazu eine auf den Leiterbahnen galvanisch abgeschiedene Lötschicht (Glanzzinn oder Blei-Zinn) mit einer Dicke von ca. 20 µm aus. Weiterhin kann man auch mit Lötpasten arbeiten. Diese Lötpasten können mittels Siebdruck, Tampondruck oder mit Dosiergeräten aufgebracht werden.

An Aufschmelzverfahren stehen zur Verfügung:
- Heizstrecken (Durchlaufofen, Infrarot)
- Impulswiderstandslötung
- Heißgaslötung

Heizstrecken arbeiten äußerst rationell, ergeben aber sehr große thermische Belastungen und sind somit nur selten anzuwenden. Die größte Bedeutung hat die Impulswiderstandslötung erreicht. Diese Methode hat sich aus dem Impulswiderstandsschweißen entwickelt und kann bei Verfahren mit direktem Stromdurchgang sogar mit den gleichen Geräten, bei dem überwiegend eingesetzten Impulsbügellöten durch die Verwendung einer anderen Elektrode (des „Impulsbügels") durchgeführt werden (*Abb. 26.13.*).

Für einige Sonder-Anwendungen, speziell dann, wenn das Impulsbügellöten versagt, hat das Heißgaslöten seine Bedeutung.

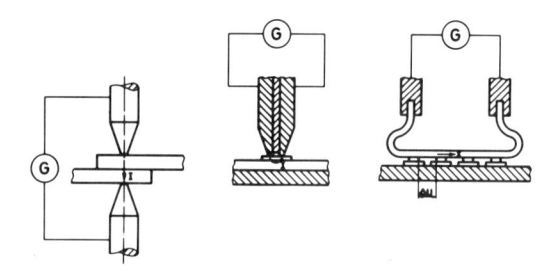

Abb. 26.13.: Impulswiderstandslötverfahren. Links und Mitte: Direkter Stromdurchgang, rechts: Impulsbügellötverfahren

26.4.1.1. Impulsbügellöten

Beim Impulsbügellöten (*Abb.26.13.*) werden die miteinander zu verlötenden Teile durch den Impulsbügel gegeneinander gepreßt. Der Impulsbügel, der aus Material mit hohem elektrischen Widerstand besteht, wird zur Lötung durch einen Stromimpuls erhitzt. Die Vorteile dieses Verfahrens:

- Geringe Wärmebelastung von Leiterplatte und Bauelementen
- Kurze Lötzeiten
- Individuelle Einstellmöglichkeiten
- Fixierung der Bauelemente bis zur Erstarrung des Lots
- Definierte Lothöhe
- Mehrere Punkte gleichzeitig lötbar
- Geeignet für Automatisierung

Das Verfahren verlangt möglichst flache, dünne Anschlüsse der Bauelemente. Zum besseren Lotfluß sollte etwas Flußmittel verwendet werden, u.U. genügt auch eine reduzierende Atmosphäre während der Schmelzphase. Die Lötzeiten liegen je nach Wärmeleistung und -bedarf bei etwa 0,5 ... 2 Sekunden. Beim gleichzeitigen Löten mehrerer Anschlüsse ist der Spannungsabfall ΔU (*Abb. 26.13.*) zwischen den einzelnen Anschlüssen am Impulsbügel zu beachten. Dieser kann bei empfindlichen Bauelementen Schwierigkeiten bereiten.

26.4.1.2. Heißgaslöten

Beim Heißgaslöten wird ein erhitzter, möglichst sauerstofffreier Gasstrahl, auf die Lötstelle gerichtet. Nachteilig gegenüber dem Impulslöten sind die schlechtere Dosierbarkeit, die

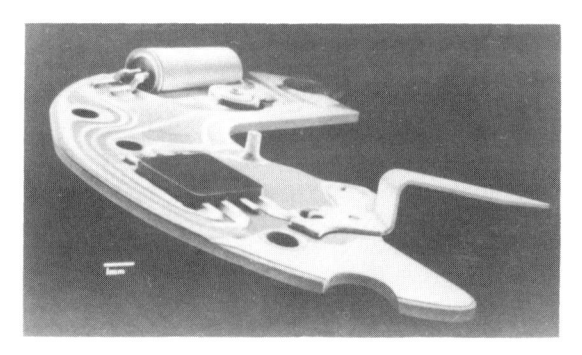

Abb. 26.14.: Elektronischer Baustein, Reflow-Lötung, Stift mit Heißgas, übrige Lötungen mit Impulsbügelverfahren gelötet (Werkfoto: Junghans, Schramberg)

höhere Wärmebelastung, sowie der Staudruck auf die Komponenten, der oft eine zusätzliche mechanische Fixierung während des Heißgaslötens bedingt. Vorteile hat das Heißgaslöten z.B. bei schlecht zugänglichen Lötstellen, bei druckempfindlichen Teilen und bei Teilen mit formbedingtem schlechtem Wärmeübergang. *Abb. 26.14.* zeigt einen nach dem Reflow-Verfahren hergestellten Baustein. Federbügel, IC, Quarz und Trimmer eignen sich sehr gut für die Impulsbügellösung, während der senkrecht stehende Stift in der Bildmitte besser mit Heißgas gelötet wird.

26.4.2. Kleben (leitfähig) [11]

Leitfähige Klebeverbindungen sind eine für Leiterplatten der Mikrotechnik äußerst wichtige Verbindungstechnik, für die es teilweise kaum eine Alternative gibt. Einige Beispiele:

- Bonden von Halbleiterchips (Die-Bonding)
- Bonden von LED-Anzeigen (*Abb. 26.1.*)
- Kontaktieren von anschlußlosen Quarzen (*Abb. 26.11.*)
- Kontaktieren von anschlußlosen passiven Bauelementen, speziell auf kunststoffumspritzten Metallgittern

Der Hauptanwendungsbereich liegt, wie die Aufstellung zeigt, in der Kontaktierung von anschlußlosen (leadless) Komponenten, speziell dann, wenn gewisse Temperaturgrenzen zu beachten sind.

Für die unterschiedlichen Aufgaben werden von verschiedenen Herstellern ganze Reihen von Ein- und Zweikomponentenklebern auf Epoxidbasis angeboten. Überwiegend wird Silber als leitender Füllstoff verwendet, für Spezialanwendungen steht auch Gold zur Verfügung. Die Kleber werden in der Regel im Siebdruck oder auch mit Dosiergeräten aufgebracht, die Aushärtung erfolgt bei erhöhter Temperatur. Nachstehend die wichtigsten Daten des sehr häufig verwendeten silbergefüllten Epoxid-Klebers H 20 E von EPO-TEK:

- Anzahl der Komponenten : 2
- Mischung : 1 : 1 (Vol.-Teile)
- Topfzeit : 100 Stunden
- Aushärtebedingungen :   5 Min bei 150 °C oder
  : 90 Min bei   8 °C
- Scherfestigkeit : 100 N/cm^2
- Lagerfähigkeit : 2 Jahre
- Verarbeitung : Siebdruck, Dosiergerät
- Spez. Widerstand : 1 bis 4 $\cdot 10^{-4}$ Ohm/cm

26.4.3. Schweißen [10]

Von den möglichen Schweißverfahren

- Ultraschallschweißen
- Laserschweißen
- Widerstandsschweißen

haben das Ultraschall- und das Laserschweißen nur untergeordnete Bedeutung, sie sind nur für ganz spezielle Aufgaben im Einsatz. Das Widerstandsschweißen besitzt dagegen einen ziemlich großen Anwendungsbereich, so z.B. bei der Kontaktierung von Bauelementen in kunststoffumspritzten Metallgittern.

Der Schweißerfolg ist stark materialabhängig. Gute Ergebnisse sind mit Materialien mit höherem spezifischen Widerstand, wie z.B. Eisen oder Nickeleisenlegierungen, erreichbar.

Zink oder zinkhaltige Materialien (z.B. Messing) sollten nicht geschweißt werden. Vorteilhaft arbeitet man bei Mikroschweißungen mit Impulsbetrieb, Geräte mit Phasenanschnitt sind weniger geeignet. Die Anordnung der Schweißelektroden ist in *Abb. 26.13.* gezeigt.

Ein interessantes Beispiel einer Widerstandsschweißung zeigt *Abb. 26.6.*. Die etwa 20 µm starken Drähte der Motorspule sind auf 35 µm Leiterbahnen geschweißt. Die Schweißstellen sind gegen Korrosion mit Kunstharz abgedeckt.

26.4.4. Bonden [11] [12] [13]

Mit Bonden wird ganz allgemein das Kontaktieren von Halbleiterbauelementen bezeichnet. Man unterscheidet zwischen dem Bonden der Chips auf den jeweiligen Träger (Die-Bonding), sowie dem Kontaktieren der Anschlüsse, für das mehrere Verfahren zur Verfügung stehen. Die gleiche Technik kann auch bei der Verarbeitung von Dünnschichtbauelementen angewendet werden.

26.4.4.1. Chipbonden

Chips werden auf ihre Träger aufgelötet, auflegiert oder aufgeklebt. Bei Leiterplatten für Mikrogeräte ist wegen der hohen Temperaturbelastung beider anderen Methoden in den meisten Fällen nur das Kleben möglich (*Abschnitt 26.4.2.*). Je nach Anforderung wird leitender oder nichtleitender Kleber verwendet. Die notwendigen Kleberschichtdicken bewegen sich im µm-Bereich.

26.4.4.2. Drahtbondverfahren (Wire-Bonding)

Das älteste und gebräuchlichste Verfahren zur Kontaktierung der Anschlüsse ist das Drahtbondverfahren. Es eignet sich für Leiterplatten aus Schichtpreßstoff und kunststoffumspritzte Metallträger. Der Einsatz bei Filmschaltungsträger ist wegen der Flexibilität dieser Schaltungsträger problematisch. Für Filmschaltungsträger werden deshalb überwiegend Simultanbondverfahren angewendet. Bei den Drahtbondverfahren unterscheidet man prinzipiell in:

- Thermokompressionsverfahren und
- Ultraschallverfahren

26.4.4.3. Thermokompressionsverfahren

Beim Thermokompressionsverfahren findet unter Anwendung von Druck und Temperatur ein Austausch von Atomen der beiden zu verbindenden Materialien statt. Es entsteht eine ausreichend feste, elektrisch sehr gute leitende Verbindung. Wegen der notwendigen hohen Temperatur von mindestens 300 °C, hat das Verfahren im vorliegenden Fall nur untergeordnete Bedeutung, lediglich bei Polyimidträgern besteht eine Anwendungsmöglichkeit.

26.4.4.4. Ultraschallverfahren

Ultraschallbondungen können bei Raumtemperatur durchgeführt werden. Die zur Verbindung notwendige Energie wird mittels Ultraschall, Druck und teilweise auch Temperatur zugeführt. Es haben sich 2 Verfahren durchgesetzt:

- Ultraschallbonden mit Aluminiumdraht
- Thermosonicbonden mit Golddraht

26.4.4.5. Ultraschallbonden mit Aluminiumdraht

Ultraschallbonden mit Aluminiumdraht (*Wedge-Wedge-Verfahren*) ist das vom Prozeß her am einfachsten zu beherrschende Verfahren für Leiterplatten. Wegen der „Wedges" können die Bondverbindungen jedoch nur so durchgeführt werden, daß beide „Wedges" in einer Richtung liegen. Dies erfordert bei nicht parallel liegenden Bondverbindungen zu Beginn jeder neuen Verbindung eine Justierung der Bondrichtung durch Drehung des Substrates. Aus diesem Grund sind für dieses Verfahren fast nur Handgeräte vorhanden. Die relativ schwierig herzustellenden Bondautomaten haben keine große Verbreitung gefunden.

Aluminiumbonddrähte stehen in einer Dicke von > 10 µm zur Verfügung. Überwiegend werden Drähte mit 25 µm (1 mil) eingesetzt.

Ultraschallaluminiumdrahtbondungen lassen sich auf Aluminium-, Silber- und Goldauflagen durchführen. Die Bond-Pads auf den Chips bestehen fast ausschließlich aus Aluminium. Die Metallisierung der Gegenanschlüsse auf dem Systemträger sind bei Metallgittern z.T. versilbert, meist aber, ebenso wie bei Leiterplatten, vergoldet.

Die Anforderungen an das Gold sind extrem hoch. Nur bei sehr reinem (besser als 99,99 %) und weichem Gold wird eine ausreichende Verbindung erzielt. Die Schichtdicke liegt je nach Anwendungsfall zwischen 0,5 und 2 µm. In vielen Fällen empfiehlt sich eine Unternickelung von ca. 1 ... 2 µm. Die Zugfestigkeit von Bonds mit 25 µm Al-Draht sollte über 0,05 N liegen.

26.4.4.6. Ultraschallbonden mit Golddraht (Thermosonic-Bondverfahren)

Mit Golddraht arbeitet das Goldball-Thermosonic-Bondverfahren. Es wird für den ersten Bond einer Verbindung eine kleine Goldkugel (Ball) an den Draht angeschmolzen. Es entsteht beim Ball-Bond eine Art Nagelkopf (Nailhead), von dem aus der Draht in beliebiger Richtung zum zweiten Bond weggeführt werden kann. Der zweite Bond wird als Wedge ausgeführt. Eine Drehbewegung des Substrates ist somit nicht notwendig. Das Verfahren eignet sich sehr gut für die Automatisierung, es arbeitet mit Ultraschall und bringt bei erhöhter Temperatur (knapp 100 °C und G 10-Leiterplatten) die besten Ergebnisse. Die Ausführung der Systemträger ist gleich wie beim Aluminiumultraschallverfahren, wobei die Anforderungen an das Gold auf den Leiterbahnen noch höher sind, so daß selbst bei G 10-Leiterplatten oft erhebliche Fertigungsschwierigkeiten auftreten. Die Zugfestigkeit der Bonds ist etwas geringer als bei Aluminiumdraht. Bei den hauptsächlich verwendeten Drahtstärken von 25 µm sollten Werte von 0,03 N nicht unterschritten werden.

26.4.4.7. Auswahl von Werkstoffen und Bondverfahren beim Drahtbonden

	Schichtpreßstoff G 10	Metallgitter
Bondverfahren	Al-Ultraschall	Au-Thermosonic
Metallisierung der Chips-Pads	Al (Au)	Al (Au)
Metallisierung der Anschlüsse des Schaltungsträgers	Au	Ag (Au)

26.4.4.8. Anforderungen an Bondverbindungen

Zur Qualitätsbeurteilung von Bondverbindungen wurden zahlreiche Kriterien erarbeitet. Eine sehr gute Zusammenfassung bietet der MIL-Standard MIL-S 19 500/486 A (USA F).

26.4.4.9. Simultanbondverfahren (Gang Bonding)

Versuche, das Drahtbonden mit seinen vielen Nachteilen (viel Raumbedarf, serieller Arbeitsablauf und damit hoher Zeitaufwand, geringe mechanische Festigkeit) abzulösen, sind seit langer Zeit im Gange. Es wurden verschiedene Verfahren entwickelt, alle Anschlüsse des Halbleiters gleichzeitig (simultan) mit denen des Schaltungsträgers zu verbinden. Bekannt wurden solche Verfahren unter Namen wie *„Flip-Chip"*, *„Beam-Lead"*, *„TAB"* (Tape Automated Bonding), *„Sicon"*.

Für Mikrogeräte haben das *Flip-Chip* und vor allen Dingen das *TAB*-Verfahren Bedeutung gewonnen. Beide gehen davon aus, daß die Bond-Pads auf den Chips mit Erhöhungen, den sogenannten Bumps, versehen sind und somit direkt mit den Anschlüssen des Schaltungsträgers verbunden werden können. Das Anschlußrasterverhältnis Chip/Schaltungsträger ist also 1 : 1.

Das gilt beim *TAB*-Verfahren allerdings nur dann, wenn auf das Outer-Lead-Bonding verzichtet wird, d.h., wenn das Tape gleichzeitig Gesamtschaltungsträger ist.

Die Bumps werden in speziellen, nicht einfachen Verfahren auf die Chips aufgebracht. Leider stehen aus diesem Grunde heute nur für ganz spezielle Anwendungsfälle entsprechende Chips zur Verfügung. Man hat deshalb auch versucht, die Bumps auf das Tape zu verlegen. Diese sehr einfache Lösung scheint aber erhebliche Bondprobleme zu beinhalten. Die Entwicklung ist noch nicht abgeschlossen.

Die Bumps sind etwa 20–25 µm hoch, ihre Grundfläche liegt überwiegend bei 100 x 100 µm. Der metallische Aufbau ist meistens sehr komplex. Für den Anwender ist in erster Linie die oberste Schicht von Interesse, die in der Regel aus Gold besteht.

Die Vorteile für Mikrogeräte, die mit den Simultanbondverfahren mit 1 : 1 Anschlußraster hergestellt wurden, sind:

- Geringster Flächenbedarf
- Niedrigste Bauhöhe
- Kürzeste Leiterführungen
- Nur 1 Bond pro Anschluß
- Hohe Festigkeit der einzelnen Anschlüsse

Gebondet wird hauptsächlich nach dem Reflow- und dem Thermokompressionsverfahren, teilweise wird auch Ultraschall angewendet. Die gegenüber Drahtbondungen stark vergrößerte Verbindungsflächen ergeben sehr gute Zugfestigkeitswerte. Bei 100 x 100 µm großen Pads kann man mit Werten von > 0,5 N/Verbindung rechnen.

26.4.4.10. Flip-Chip-Verfahren

Beim Flip-Chip-Verfahren wird ein mit Bumps versehener Chip direkt mit der Anschlußseite nach unten (upside down), also blind in den Schaltungsträger eingesetzt. Damit ist das Hauptproblem dieser Verbindungsart, die Justage, bereits angesprochen. Die Verbindung wird hauptsächlich über Reflow-Lötung hergestellt. Ein weiterer Nachteil liegt im unterschiedlichen Wärmeausdehnungskoeffizienten zwischen Silizium und G 10, der bei größeren Chips und extremen Bedingungen zu Störungen führen kann. Das Verfahren eignet sich für kleine Chips ($< 5 \ldots 6 \text{ mm}^2$) mit möglichst wenig Anschlüssen ($< 10 \ldots 12$), die nicht zu dicht beieinander liegen sollten. *Abb. 26.12.*, linkes Bild, zeigt eine Flip-Chip-Leiterplatte. Das Verfahren ist für die gegebenen Verhältnisse gut anzuwenden:

Leiterplattenmaterial : G 10
Chipgröße : 3,5 mm²
Zahl der Anschlüsse : 7
Leiterbahnen : 35 µm Cu/0,8 µm Sn
Verbindungstechnik : Reflow Soldering

26.4.4.11. TAB-Verfahren

Das *TAB*-Verfahren ist eine Weiterentwicklung des Flip-Chip-Verfahrens mit einem „durchsichtigen", flexiblen Schaltungsträger. Die exakte Justierung der Bondstellen ist durch das Loch im Schaltungsträger leicht möglich. *Abb. 26.4.* zeigt einen TAB-Schaltungsträger. Der Chip wird über seine Bumps mit den in das Loch ragenden Leiterbahnen kontaktiert. Durch die Justagemöglichkeit wird der Vorteil des Simultanbondens voll wirksam. Die notwendige Positioniergenauigkeit liegt bei 10 ... 20 µm. Es können eine große Anzahl von Anschlüssen gleichzeitig hergestellt werden. *Abb. 26.15.* zeigt ein Ausführungsbeispiel mit 160 Anschlüssen. Als Schaltungsträger verwendet man Kapton-Filme nach *Abschnitt 26.3.2.* Die Bondanschlüsse werden je nach Verbindungstechnik vergoldet oder verzinnt. Für das *TAB*-Verfahren stehen Einrichtungen sowohl für Labor als auch für vollautomatische Fertigungslinien zur Verfügung.

Abb. 26.15.: TAB-Tape mit 160 Anschlüssen (Werkfoto: Koltron)

Abb. 26.16.: TAB-gebondeter IC, Teilansicht (Werkfoto: Koltron)

26.4.4.12. Reflow-Bonden

Reflow-Bonden ist weitgehend mit dem im *Abschnitt 26.4.1.* beschriebenen Reflow-Löten identisch. Man geht von Au-Bumps auf den Chips und von verzinnten Leiterbahnen aus. Die Verzinnung erfolgt am bestem chemisch mit einer Schichtdicke von nur ca. 0,6 µm. Verzinnte Teile sollten innerhalb kürzester Zeit (2 Wochen) weiterverarbeitet werden. Eine Lagerung unter Sauerstoffabschluß kann die Lagerzeit etwas verlängern. Je frischer das Zinn und umso reiner dessen Oberfläche ist, desto eher kann beim Reflow-Bonden auf Flußmittel verzichtet werden. Flußmittel können zu Korrosionsschäden führen, man sollte sie nur im äußersten Notfall anwenden und anschließend sehr gut reinigen. In vielen Fällen genügt auch eine reduzierende Atmosphäre.

Zum Bonden wird der Chip genau auf die Anschlüsse des Schaltungsträgers gedrückt und mit Heißstempel, Heißgas oder Infrarot erwärmt. Die notwendige Anpreßkraft ist nicht sehr groß (0,10 ... 0,20 N/Anschluß), so daß auch Chips mit sehr vielen Anschlüssen ohne die Gefahr einer Beschädigung gebondet werden können. Man kann bei der vorgegebenen Au/Sn-Kombination eine reine Weichlötung durchführen, also soll nur soweit erwärmen, daß der Schmelzpunkt des Zinns von 232 °C kurzzeitig überschritten wird. Man kann aber auch die Lötparameter, wie Temperatur, Zeit und Lotmenge, so wählen, daß ein Eutektikum entsteht. Bei einem Legierungsverhältnis von 1 : 1 liegt der Schmelzpunkt der Legierung bereits über 400 °C. Wesentlich ist, daß die entstehende Legierung nicht zu spröde wird.

26.4.4.13. Thermokompressionsbonden (simultan)

Das simultane Thermokompressionsbonden (*TC*) arbeitet mit Au/Au-Metallisierung. Sowohl die Bumps als auch die Leiterbahnen sind also vergoldet. Durch einen mit Impulsheizung ausgerüsteten Stempel werden die Anschlüsse aufeinandergepreßt. Der notwendige Druck liegt bei 1 bis 2 N pro Bond. Voraussetzung für gute Ergebnisse sind in erster Linie die Reinheit und die Duktilität des Goldes, sowie optimale Planparallelität von Bondwerkzeug zu den zu verbindenden Teilen. Typische Basiswerte für eine *TAB*-Thermokompressionsbondung sind:

Bumpmaterial	: Gold
Bumpfläche	: 100 x 100 µm
Bumphöhe	: 25 µm
Goldüberzug der Leads	: 5 µm
Werkzeugtemperatur	: 450 °C
Werkzeugdruck	: 1,5 N/Bond
Verweilzeit des Werkzeuges	: 0,5 Sek.
Erreichbare Zugfestigkeit	: > 0,5 N/Bond

Gegenüber dem Reflow-Bonden besitzt *TC* den Vorteil absoluter Sauberkeit und eindeutiger Materialverhältnisse (Au-Au). Nachteilig wirken sich oft die hohe Bondtemperatur und zumindest bei dünnen Chips mit vielen Anschlüssen der sehr große Bonddruck aus.

Literaturverzeichnis zu Kapitel 26

[1] Cu-kaschierte Schichtpreßstoffe für die Mikroelektronik, (Firmenschrift), Isola, CH-4226 Breitenbach
[2] P. Schaller et L. Blanc, Le circuit imprimé de la montre electronique (Firmenschrift), Cicorel, CH-1007 Lausanne
[3] Walt Pastone: „Tape carrier packaging boasts almost unlimited potential", EDN Oct. 20. 1974
[4] Kapton®-Polyimidfolie, (Firmenschrift), A. Krempel, D-7000 Stuttgart
[5] Jean Claude Fatton: Calibres quartz extraplats réalisés en technologie „Grille Surmoulée. Aspect fiabilité. CIC 1979
[6] Peter Daly: A review of IC-bonding and assembly techniques in watches. CIC 1979
[7] Ryton® PPS, Firmenschrift Philips Petrol
[8] Hans Dominikhaus: Sortiment und Entwicklungstendenzen bei technischen Kunststoffen, Teil 2, Feinwerktechnik und Meßtechnik 88 (1980) 6
[9] R. Schraivogel, Application note: „Solder operation Sot 144", (Firmenschrift), Faselec Zürich/Schweiz
[10] Electronic Welding Equipment, Hughes Aircraft, Firmenschrift
[11] Alan Keizer: „Automated beam tape microinterconnection equipment", Firmenschrift The Jade Corp., Huntington Valley, Pernna 19 006, USA
[12] Kurt H. Schramm: „Das Film-Bonden", Elektronik 1979, Heft 4
[13] Timothy G. O'Neill: „The Status of Tape Automated Bonding". Semiconductor International, Febr. 1981
[10] Epo-Tek „H" Serien Solventless Epoxies for Mikroelectronics Applications, Firmenschrift Fa. Epoxy Technologie Inc., Watertown Mass., USA
[10] Arcap®, Firmenschrift Arcap Anticorrosion 92 802 Puteaux, Frankreich

27. Löttechnik

27.1. Definition des Lötvorganges

Das Verbinden metallischer Werkstoffe unter Zuhilfenahme eines geschmolzenen Zusatzmetalls wird als Löten bezeichnet.

Man unterscheidet Weich- und Hart-Lötverfahren, deren Definition über die erforderliche Löttemperatur erfolgt. Lötverfahren unterhalb 450 °C werden als Weichlötung bezeichnet.

Für die Lötung gedruckter Schaltungen werden wegen der Temperaturempfindlichkeit der Basismaterialien und der elektrischen Bauelemente ausschließlich Weichlote verwandt.

Der Lötvorgang selbst ist durch eine Betrachtung der physikalisch-chemischen Vorgänge an den Metallgrenzschichten erklärbar. Innerhalb der metallischen Struktur sind die Bindungskräfte abgesättigt. An der Grenzschicht Metall/Luft werden nicht abgesättigte Bindungskräfte durch Anlagerung von Sauerstoffmolekülen gebunden. Es bilden sich Oxidschichten, welche den Lötvorgang behindern. Zur Beseitigung der Oxidschicht werden deshalb vor der Lötung Flußmittel verwendet, welche die Aufgabe haben, die Oxidschicht über Reduktionsvorgänge zu beseitigen und neue Oxidation der Metalloberflächen zu verhindern [1].

Bringt man auf eine derart vorbereitete Metalloberfläche erhitztes flüssiges Lot, so wird die Metalloberfläche benetzt, und über Adhäsionskräfte kommt es zu einer Lot-Metall-Verbindung in Form einer Anlagerung. Bei höheren Temperaturen treten Diffusionsvorgänge zwischen Lot und Metall auf, die zu einer Legierungszone mit ausgezeichneten mechanischen Hafteigenschaften und guter elekrischer Leitfähigkeit führen. In der Diffusionszone können intermetallische Phasen mit verändertem Kristallgitter entstehen (z.b. Cu_6Sn_5 und Cu_3Sn).

27.2. Lote für die Massenlötung

Aus der Vielzahl der Weichlote werden diejenigen Lotlegierungen beschrieben, welche bei der Lötung von Leiterplatten Verwendung finden. In der Hauptsache sind dies Zweistofflegierungen aus Zinn und Blei mit einem Zinnanteil um 60 % und einem ergänzenden Bleianteil. Das Zustandsdiagramm von Zinn-Blei-Legierungen gibt einen guten Einblick in die Eigenschaften dieser Lotlegierungen und die daraus resultierende Eignung für den Lötvorgang. Die genannten Legierungen haben die Eigenschaft, daß der Legierungsschmelzpunkt niedriger ist als die Schmelzpunkte der an der Legierung beteiligten Komponenten.

Für die Lötung ist eine möglichst niedrige Arbeitstemperatur wegen der damit verbundenen geringeren thermischen Belastung für Bauteile und Basismaterial wünschenswert. Darüber hinaus ermöglicht ein schneller Übergang von der flüssigen zur festen Phase kurze Lötzeiten und geringe Störmöglichkeiten bei der Ausbildung der Lötstellen.

Bei der Betrachtung des Zweistoffsystems Zinn-Blei kann man im Zustandsdiagramm erkennen, daß ab 183 °C die Legierung vom festen in einen teigförmigen Zustand übergeht. In einem einzigen Punkt, bei einem Zinnanteil von 63 % und einem Bleianteil von 37 %, geht die Legierung bei 183 °C vom festen Zustand direkt in den flüssigen Zustand über, ohne die Phase des teigförmigen Zustandes zu durchlaufen. Dieser Punkt im Zustandsdiagramm einer Legierung wird als der eutektische Punkt bezeichnet. Die Legierung, deren prozentuale Zusammensetzung den geschilderten Zustand liefert, wird Eutektikum genannt.

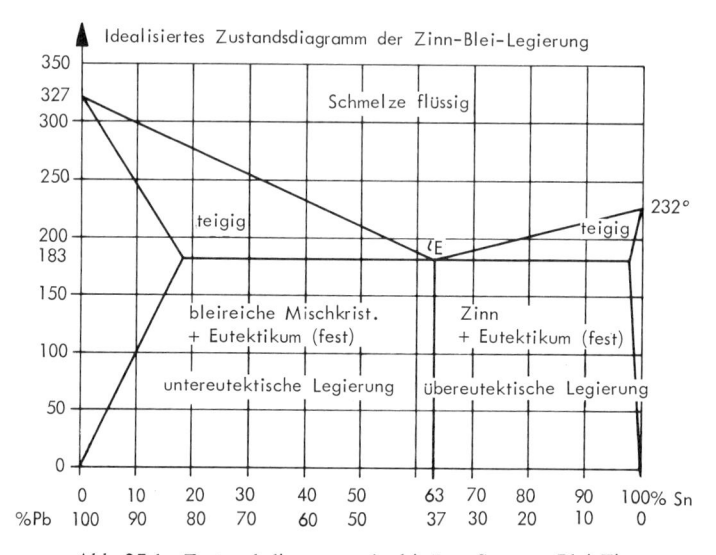

Abb. 27.1.: Zustandsdiagramm des binären Systems Blei-Zinn

Die eutektische Zinn-Blei-Legierung findet deshalb im industriellen Lötprozeß bevorzugt Anwendung. Es sind jedoch auch Legierungen mit einem Zinnanteil von 60 % und einem Bleianteil von 40 % weit verbreitet.

Die zur optimalen Lötung gegenüber der eutektischen Legierung erforderliche etwas höhere Temperatur und eine schmale teigige Übergangszone werden in Kauf genommen; zumal sich durch die Verschiebung des Legierungsanteils zugunsten des Bleis Preisvorteile für die Lotlegierung ergeben.

Von weit größerer Bedeutung für die Lötqualität sind Verunreinigungen des Lotes; hier sind vor allem Zink, Aluminium, Phosphor, Arsen und Schwefel zu erwähnen.

Beim Einsatz von Loten ist darauf zu achten, daß jungfräuliche Ausgangsmaterialien verwendet werden und daß die Lote nicht aus regenerierten Legierungsbestandteilen zusammengesetzt sind.

Die Leiterbahnen auf gedruckten Schaltungen bestehen ebenso wie viele Anschlüsse der elektrischen Bauteile aus Kupfer. Beim Lötvorgang wird Kupfer im Zinn-Blei-Lot gelöst. Das Eutektikum für die Zinn-Kupfer-Legierung liegt bei etwa 99 % Zinn und 1 % Kupfer. Bis zu diesem Legierungsverhältnis wird Kupfer von zinnhaltigen Loten begierig aufgenommen.

In maschinellen Lötanlagen steigt der Kupfergehalt durch Auflösung der Leiterbahnen im Zinn-Blei-Lot ständig. Der Kupferanteil im Lot soll 0,4 Gewichtsprozente nicht übersteigen, weil es sonst zu Lötstellenversprödungen kommt. Er kann jedoch durch ständige Zugabe neuen Lotes über lange Zeit in den gewünschten Grenzen gehalten werden.

Im Lot sollen andere metallische Verunreinigungen bestimmte Grenzwerte nicht überschreiten. So muß bei einem Goldanteil von über 0,5 % das Lot regeneriert werden. Aus wirtschaftlichen Gründen wird dies jedoch schon viel früher geschehen. Für den Eisengehalt im Lot werden z.B. 0,02 % und für Zink 0,005 % toleriert. In der DIN 17 07 sind viele Weichlote für Schwermetalle genormt und die Grenzkonzentrationen von Verunreinigungen festgelegt.

Für die Kolbenlötung von Leiterplatten werden Lote mit einem Zinngehalt zwischen 60 % und 63 % eingesetzt. Die übrigen Metallanteile bestehen vorwiegend aus Blei und weiteren Schwermetallzusätzen. Der Anteil und die Zusammensetzung der Schwermetallzusätze werden der jeweiligen Lötaufgabe angepaßt.

Lote für Kolbenlötungen werden als sogenannte Röhrenlote geliefert. Die Lotröhren sind mit Flußmitteln gefüllt. Röhrenlote unterscheiden sich im Schmelzpunkt, in der mechanischen Festigkeit, in der elektrischen Leitfähigkeit und in der Art der Flußmittel- und Aktivatorzusätze.

Beim Kolbenlöten mit Kupferfinnen kann durch Übersättigung des Lotes mit etwa 2 % Kupfer eine frühzeitige Zerstörung der Kolbenspitzen durch Erosion verhindert werden.

27.3. Flußmittel

Flußmittel werden in der Löttechnik verwendet, um die auf dem Lötgut befindlichen Oxidationsprodukte zu beseitigen und deren weitere Entstehung zu verhindern. Die gelösten Oxidhäute werden darüber hinaus durch das Flußmittel abgeschwemmt. Der Flußmittelfilm deckt die zu lötenden Metallflächen bis zum Einsetzen des Lötvorganges ab. Geeignete Flußmittel setzen zusätzlich die Oberflächenspannung des geschmolzenen Lotes herab.

Flußmittel enthalten mehr oder weniger aggressive Säuren oder spalten beim Erhitzen Säuren ab. Je nach Anwendungsbereich werden anorganische oder organische Flußmittel mit und ohne Kolophonium eingesetzt.

Anorganische Flußmittel enthalten anorganische Säuren mit guter thermischer Stabilität. Diese Flußmittel sind jedoch hochaggressiv und müssen nach dem Lötvorgang unbedingt abgewaschen werden, da sie sonst zu starker Korrosion auf der gelöteten Leiterplatte und an den Bauteilen führen. Auch die beim Lötvorgang abgespaltenen Flußmitteldämpfe wirken korrodierend.

Gute Lötergebnisse werden mit organischen kolophoniumhaltigen Flußmitteln erreicht. Kolophonium besteht aus mehreren organischen Säuren, von denen die Abictinsäure die wichtigste ist; ihr Beizvermögen ist bei den gebräuchlichen Löttemperaturen wirksam. Bei Temperaturen unterhalb des Schmelzpunktes von ca. 125 °C ist Kolophonium nicht aggressiv. Sein Aggregatzustand ist fest, wodurch zusätzlich ein gewisser Schutz für die Lötstelle eintritt.

Kolophonium kann in technischem Spiritus und in Isopropylalkohol gut gelöst werden. Kolophoniumhaltige Flußmittel können in einem Arbeitsbereich zwischen 150° und 300 °C eingesetzt werden; ihre reduzierende Wirkung und ihre Haltbarkeit sind begrenzt. Durch Zusatz von Aktivatoren kann die lötfördernde Wirkung dieser Flußmittel erhöht werden. Derartige Aktivatoren sind organische Säuren, organische Halogenverbindungen, Amine, Diamine und Harnstoffe.

Organische kolophoniumfreie Flußmittel haben als wirksame Substanzen organische Säuren. Als Lösungsmittel wird für diese Flußmittel auch Wasser verwendet. Sie zeichnen sich durch geringe Reduktionswirkung aus, haben aber den Vorteil, nach der Lötung nur geringe Korrosionswirkungen zu zeigen.

Während kolophoniumhaltige organische Flußmittel nach der Lötung auf dem Lötgut verbleiben können, müssen die übrigen Flußmittel nach dem Lötvorgang unbedingt abgewaschen werden.

Auf dem Markt werden sehr viele Flußmittel unterschiedlicher Zusammensetzung angeboten, so daß man für den jeweiligen Anwendungsfall das am besten geeignete Flußmittel auswählen kann.

27.4. Partielles Löten

Beim maschinellen Löten von Leiterplatten genügt es in vielen Fällen, nur die Lötaugen, in denen sich bestückte Bauteile befinden, zu löten, um einen sicheren mechanischen und elektrischen Kontakt zwischen Bauteileanschluß und Lötauge zu erzeugen. Auf den einzelnen Leiterbahnen ist der Lötauftrag aus Kostengründen oder wegen der Schlußgefahr zwischen benachbarten Leiterbahnen oft nicht erwünscht.

Auf die Lötseite der Leiterplatte wird deshalb vor der Bestückung ein druckfähiger Lötstoplack aufgebracht, der diejenigen Partien der Leiterplatte abdeckt, deren Leiterzüge nicht mit Lot überzogen werden sollen.

Lötstoplacke müssen gut auftragbar sein; sie sollen nach dem Eintrocknen nicht kleben und dürfen während des Lötvorganges weder durch das Flußmittel noch durch das Lot beseitigt werden. Lötstoplacke und Flußmittel müssen deshalb sorgfältig aufeinander abgestimmt sein.

27.5. Lötkrätze

Geschmolzenes Lot bildet beim Zusammentreffen mit Luft Oxidationsprodukte. Diese Oxidationsprodukte erzeugen mit anderen Verunreinigungen wie Lot- und Flußmittelrückständen eine Schlacke, die als Lötkrätze bezeichnet wird. Lötkrätze bildet sich besonders stark in maschinellen Lötanlagen, deren Oberfläche ständig erneuert wird. Der Krätzeanfall steigt mit der Tempratur und mit der Größe der jeweils neu entstehenden oxidfreien Lotoberfläche. Dem Krätzeanfall kann durch spezielle Lotbeigaben begegnet werden. Bekannt sind in diesem Zusammenhang die LDC-Lote (low dross characteristic) der Firma *Fry's Metals,* England. Diesen Loten wird auch eine geringere Zapfenbildung an den gelöteten Bauteilen und geringe Neigung zur Lotbrückenbildung zwischen benachbarten Bestückungselementen und zwischen Leiterbahnen nachgesagt.

Einige Hersteller von Wellenlötanlagen empfehlen, dem Lot geeignete Öle beizumengen, die mit dem Lot umgepumpt werden. Der Ölverbrauch ist jedoch nicht unbedeutend. Darüber hinaus müssen die gelöteten Leiterplatten nach der Lötung in vielen Fällen gewaschen werden.

Abdeckwachse und Abdeckharze werden eingesetzt, um die Lotoberfläche vor der angrenzenden Atmosphäre zu schützen und so den Krätzeanfall niedrig zu halten.

27.6. Lötbedingungen

Grundbedingung zur Erreichung einwandfreier Lötung ist die sichere Lötfähigkeit von Leiterplatten und Bauteilen.

Schon bei der Anlieferung des kupferkaschierten Basismaterials wird die Lötfähigkeit der Kupferfolie geprüft. Dabei muß das ungebeizte Kupfer mit halogenaktiviertem Flußmittel F-SW 26 volle Lotannahme zeigen. Das frisch gebeizte und sofort mit reinem Kolophonium-Flußmittel F-SW 31 nach DIN 85 11 gefluxte Kupfer muß volle Lotannahme bei glatter Lotoberfläche ermöglichen.

Die gebeizten Leiterplatten werden deshalb nach dem Herstellungsprozeß mit kolophoniumhaltigem Lack geschützt. Durch den Beizvorgang wird das Kupfer sauber, oxidfrei und damit aktiv und lötfreudig. Diese Aktivität bewirkt jedoch auch eine Oxidationsanfälligkeit, welche der Schutzlack besonders nach längerer Lagerzeit bei hoher Luftfeuchtigkeit nicht ganz verhindern kann.

Vor der Bestückung und der Lötung lange Zeit abgelagerter Leiterplatten ist es deshalb erforderlich, die Lötbarkeit zu testen. Ist dieser Test negativ, so wird der Schutzlack mit Alkohol abgewaschen; die Leiterplatten werden frisch gebeizt und mit neuem Schutzlack überzogen. Dieser Test wird mit 2–3 unbestückten Leiterplatten auf einer Lötmaschine unter Fertigungsbedingungen durchgeführt.

Leiterplatten mit Metall-Resist, der aus Zinn- oder Zinn-/Bleiauflagen besteht, sind längere Zeit lagerfähig. Doch auch hier ist zu beachten, daß Luftverunreinigungen wie Schwefeldioxid und Ozon die Lötbarkeit erheblich beeinträchtigen können. Diese Leiterplatten sollten daher in Kunststoffbeuteln, vor der Atmosphäre geschützt, gelagert werden.

In die Leiterplatten werden unterschiedliche Bauteile wie Widerstände, Kondensatoren, Transistoren, Tastenaggregate und Sockel bestückt und durch einen maschinellen Lötvorgang mit den Lötaugen der Leiterplatten verbunden.

Wie die Leiterplatten müssen auch die Bauteileanschlüsse einwandfrei löt- und lagerfähig sein. Feuerverzinnte Anschlußdrähte mit Reinzinn- oder Zinn-/Bleiauflagen sind gut löt- und lagerfähig. Die Stärke der Auflagen aller Anschlüsse soll zwischen 2 μm und 5 μm betragen. Versilberte Anschlüsse, z.B. Steckerstifte, sind ebenfalls gut lötfähig, wenn die Auflagestärke 3-6 μm beträgt. Die Lagerfähigkeit ist hier jedoch eingeschränkt, da Silber durch Schwefelverbindungen in der Atmosphäre zum Anlaufen neigt. Es bildet sich Silbersulfid, welches nicht lötbar ist. Bauteile mit versilberten Anschlüssen müssen daher in Kunststoffbeuteln verschweißt, transportiert und gelagert werden. Bauteile aus Messing, z.B. Lötösen, müssen vorverzinnt werden, damit das Lötbad nicht durch abgelegtes Zink während des Lötvorganges vergiftet wird. Alle Bauteil-Anschlüsse müssen frei von Lackresten sein.

Eine Vorprüfung der Lötbarkeit von Bauteilen ist unabdingbar. Runde Anschlußdrähte können nach der Lotkugelmethode oder wie alle übrigen Anschlüsse nach der Lötbad-Methode geprüft werden.

Bei der Lotkugel-Methode wird eine Lötzinntablette aus Weichlot L-Sn 60 Pb DIN 17 07 auf einem temperaturgesteuerten Aluminiumblock mit Eisenstift bei 235 °C ± 5 °C verschmolzen. Das Tablettengewicht richtet sich nach dem Durchmesser des Anschlußdrahtes, z.b. 75 mg Lot für Drahtdurchmesser von 0,25 mm bis 0,54 mm. Der Prüfling wird mit nicht aktiviertem Kolophonium-Flußmittel gefluxt und waagrecht in die Lotkugel bis zur Auflag[zügig eingeführt. Zur Ermittlung der Lötbarkeit des Prüflings wird die Zeitspanne zwischen den mittigen Teilen des Lotes und seinem Wiederzusammenfließen gemessen. Wenn diese Zeitspanne unter 2 s liegt, ist der Anschlußdraht gut lötfähig.

Bei der Lötbad-Methode werden die gefluxten Bauteile in ein kleines Lötbad getaucht. Anschließend wird das Lötbild mit der Lupe betrachtet. Mindestens 95 % der Oberfläche müssen mit Lot bedeckt sein, Entnetzungen dürfen dabei nicht auftreten. Das Lötbad enthält Weichlot L-Sn 60 Pb, DIN 17 07, die Badtemperatur beträgt 235 °C ± 5°C, und die Tauchzeit ist mit 2 s ± 0,5 s festgelegt. Das Flußmittel besteht aus 25 % nicht aktiviertem Kolophonium F-SW 31 DIN 85 11 und 75 % Isoprophylalkohol.

Bei der lötgerechten Leiterplattengestaltung hat der Geräteentwickler einige Richtlinien zu beachten.

Für die Subtraktiv-Technik im Siebdruckverfahren gilt eine Vorzugs-Leiterbreite von 0,8 mm. Die Mindestleiterbreite beträgt 0,5 mm. Die Wandstärke zwischen Lötaugendurchmesser und Lochdurchmesser soll 0,5 mm nicht unterschreiten.

Je größer das Gewicht der Bauteile ist, umso größer sollen auch die Lötaugen sein. Der Mindest-Augenabstand soll bei Leiterplatte mit bis zu 5 Lötstellen pro cm^2 1,0 mm und bei Mini-Leiterplatten mit mehr als 6 Lötstellen pro cm^2 0,6 mm betragen. Der kleinste Leiterbahnabstand soll bei Normalplatten 0,5 mm, bei Miniplatten 0,3 mm betragen.

Die Masseflächen auf Leiterplatten dürfen nicht größer sein als sie durch elektrische und thermische Bedingungen gefordert werden; bei Leiterplatten ohne Lötstoplack sollen sie gerastert sein.

Für die Subtraktiv-Technik im Photoverfahren wird eine Vorzugsleiterbreite von 0,2 mm angestrebt und eine Mindestleiterbreite von 0,1 mm gefordert. Die kleinsten Leiterabstände betragen 0,1 mm, die Lötaugenbreite soll 0,3 mm nicht unterschreiten.

Der Lochdurchmesser des Lötauges in der Leiterplatte soll im Normalfall 0,3 mm größer sein als der Durchmesser der zu bestückenden Drähte und Bauteileanschlüsse.

Zu große Unterschiede zwischen Bestückungsloch und Bauteileanschluß können zu Lötschwierigkeiten führen.

Bei Additivverfahren verengt sich das gebohrte oder gestanzte Loch in der Leiterplatte durch die Abscheidung von Kupfer an der Lochwandung.

Bei Additiv-Leiterplatten kann der Unterschied zwischen Loch- und Drahtdurchmesser größer sein als 0,3 mm, weil das im Loch aufsteigende Lot auch dünne Anschlußdrähte sicher verlötet [2].

27.7. Handlöttechnik

Mit dem Lötkolben wird überall dort gelötet, wo der Einatz automatischer Lötanlagen aus wirtschaftlichen und fertigungstechnischen Gründen nicht sinnvoll ist. Die Haupteinsatzgebiete für das Handlöten sind jedoch in der Einzelfertigung sowie in der Reparatur- und Servicetechnik zu finden. Lötkolben werden in verschiedenen Ausführungsformen mit Leistungen zwischen 15 und 450 Watt angeboten.

Die Geräte für die Handlöttechnik sind weiterentwickelt und verbessert worden, um den gestiegenen Anforderungen, welche die Elektronik an sie stellt, gerecht zu werden.

Die folgenden Ausführungen behandeln eingehend den temperaturgeregelten Lötkolben [3].

Die Hersteller von Lötgeräten bieten dem Anwender eine große Auswahl unterschiedlicher Lötkolben an, die jedoch nicht immer den Anforderungen zur Erzeugung einwandfreier und zuverlässiger Lötstellen entsprechen. Für den universellen Einsatz am Arbeitsplatz soll ein Lötgerät deshalb mit einer Einrichtung zur Temperaturvorwahl ausgestattet sein, um auch kritischen Lötaufgaben zu genügen.

Für weite Bereiche der Elektronik sind nur solche Lötkolben zu empfehlen, welche die eingestellte Temperatur auch bei Wärmeabgabe an die Lötstelle in engen Grenzen konstant halten.

Die Lötspitze muß auf jeden Fall potentialfrei sein, damit beim eigentlichen Lötvorgang keinerlei Fremdspannungen an die Anschlüsse der teilweise hochempfindlichen Bauelemente gelangen können. Bei Lötaufgaben an C-MOS, COS-MOS o.ä. Bausteinen muß die Potential-Gleichheit zwischen Lötkolbenspitze und Lötgut herstellbar sein.

Ein Lötgerät für die Handlöttechnik soll einfach in der Bedienung und in der Handhabung sein. Dazu gehören geringes Gewicht, kleine Abmessungen und kurze Entfernung vom Griff des Gerätes zur Lötspitze, um die Lötstelle sicher treffen zu können. Die Aufheizzeiten bei temperaturgeregelten Lötkolben sind im Vergleich zu konventionellen Kolben sehr gering. Je nach Höhe er vorgewählten Temperatur sind Heizzeiten von 10 bis 20 s möglich, so daß die Geräte selbst bei kleinen Lötpausen abgeschaltet werden können. Durch diese Maßnahme wird das Lötgerät geschont; darüber hinaus wird Energie gespart.

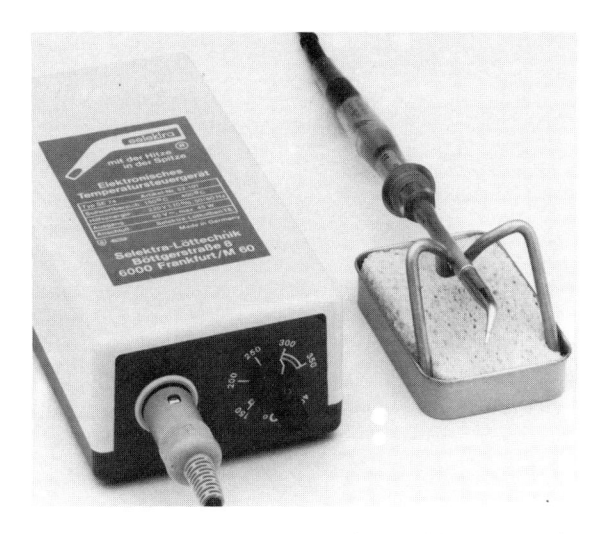

Abb. 27.2.: Lötkolben mit Regeltechnik (Werkfoto: Fa. Selektra)

Die Arbeitsweise der tempraturgeregelten Lötkolben ist im Prinzip bei allen Fabrikaten gleich. Unterschiede bestehen lediglich in Bauart, Leistung, Größe, Gewicht und Toleranz der Abweichung vom eingestellten Sollwert. Als Istwertgeber werden temperaturabhängige Widerstände und in neuerer Zeit auch Termoelemente eingesetzt. Letztere sind genauer und erfassen den Meßwert schneller; sie sind jedoch teurer und auch schwieriger einzubauen.

Die Abb. 27.2. zeigt einen temperaturgeregelten Lötkolben mit zugehörigem Regelgerät. Als Istwertgeber kommt hier ein Thermoelement zum Einsatz. Der Lötkolben wird über eine 4-adrige Anschlußleitung mit dem Regelgerät verbunden. Das Regelgerät enthält den Sicherheitstransformator mit Schutzwicklung für die Versorgung von Heizelement und Regelelektronik.

Die Handhabung eines solchen Gerätes ist sehr einfach. Der Lötkolben wird über das Regelgerät mit einem Netz verbunden. Die gewünschte Löttemperatur wird eingestellt, und nach 10 bis 20 s ist das Gerät arbeitsbereit.

Die Abb. 27.3. zeigt den Lötkopf eines temperaturgeregelten Lötkolbens im Schnitt. Mit den eingetragenen Zahlen werden die Funktionsstellen der Kolbenspitze gekennzeichnet:

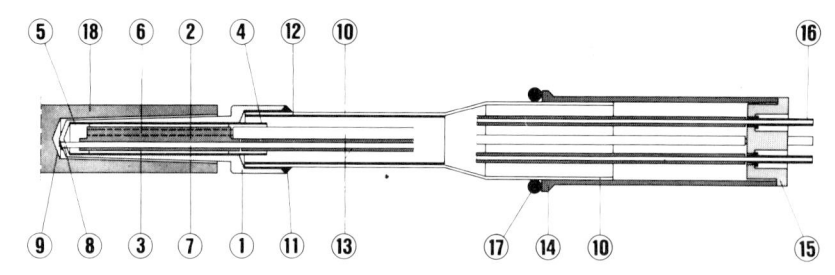

Abb. 27.3.: Lötkopf eines temperaturgeregelten Lötkolbens (Werkfoto: Fa. Selektra)

1) Heizpatrone
2) Heizelement
3) Träger des Heizelementes
4) Isolierschicht zwischen Heizelement und Heizpatrone
5) Isolierschicht zwischen Heizelement und Patronenspitze
6) Bohrung im Heizelemente-Träger für die Duchführung der Anschlußdrähte
7) Thermodraht
8) Thermodraht-Durchführung
9) Verbindungsstelle Thermodraht-Heizpatrone
10) Verbindungsrohr
11) Nahtstelle Verbindungsrohr-Heizpatrone
12) Isolierschicht zum Verbindungsrohr
13) Isolierung der Anschlußdrähte
14) Abschlußrohr
15) Anschlußstecker
16) Anschlußsteckerstifte
17) Dichtungsring
18) Lötspitze

Die eingebaute Regelung hält die vorgewählte Löttemperatur auch im Leerlauf des Lötkolbens konstant, was große Bedeutung für die Standzeit der Lötspitze hat. Spezielle Ablageeinrichtungen zur Temperaturableitung, wie sie bei herkömmlichen Lötkolben üblich sind, werden nicht benötigt. Es genügt eine einfache Ablage, die lediglich vor zufälligem Berühren der heißen Lötspitze schützt.

Dieser geregelte Lötkolben verhindert Beschädigungen an Bauteilen durch zu hohe Löttemperaturen und durch Übertragung von Fremdspannungen; er ist aber im Vergleich mit ungeregelten Lötgeräten wesentlich teurer.

Aus der Abbildung ist zu ersehen, daß die Konstuktion eines Lötkopfes mit eingebautem Thermoelement sehr aufwendig ist. Bei der Fertigung müssen kleinste Toleranzen eingehalten werden. Auf exakte Wärmeübertragung vom Heizelement zur Lötspitze wird besonders großer Wert gelegt. Bei dem abgebildeten Lötkolben handelt es sich um einen innenbeheizten Lötkolben. Mit dieser Art der Beheizung wird der beste Wirkungsgrad erzielt. Eine Besonderheit dieses Lötkolbens sei noch am Rande erwähnt: Er ist komplett wasserdicht! Er kann also gefahrlos nach Gebrauch im Wasserbad abgekühlt werden.

Die Standzeit von Lötkolbenspitzen nimmt mit steigender Leerlauftemperatur der Lötspitze ab. Temperaturen über 400 °C verkürzen die Standzeiten oberflächenveredelter Lötspitzen radikal.

Leiterplatten werden mit maximal 300 °C Kolbentemperatur gelötet, und dabei erhält man bei täglich 8-stündigem Betrieb Lötspitzenstandzeiten von mindestens 4 Wochen. Die Kolbenstandzeit hängt außer von der Löttemperatur noch von anderen Faktoren ab. Kupferlötspitzen erhalten einen galvanisch aufgebrachten Eisenüberzug. Er ist verhältnismäßig dünn und kann mechanisch leicht beschädigt werden. Das Lot frißt sich dann langsam durch die Eisenschicht und macht die Spitze nach kurzer Zeit unbrauchbar. Lötkolbenablagen sollen deshalb keine scharfen Kanten aufweisen, an denen die Lötspitzen beschädigt werden können.

Aggressive Flußmittel verkürzen ebenfalls die Standzeit der Kolbenspitze. Durch öfteres Reinigen der Kolbenspitze mit einem feuchten Schwamm kann die Lebensdauer beträchtlich verlängert werden.

Handlöttechnik

Für den beschriebenen temperaturgeregelten Lötkolben gibt es 25 verschiedene Lötspitzen. Sie sind jeweils für spezielle Lötaufgaben ausgelegt.

Die Spitzen sind ausnahmslos oberflächenveredelt. Das Basismaterial ist Elektrolytkupfer. Darauf wird galvanisch eine Eisenschicht aufgebracht, welche die Standzeit der Lötspitze erheblich verlängert. Die Eisenschicht wird noch zusätzlich mit einer Hartchromauflage geschützt; die lotannehmenden Teile der Lötspitze bleiben jedoch frei.

Es gibt gerade und gebogene Löteinsätze mit schmalen oder breiten Seitenflächen. Abb. 27.4. zeigt verschiedene Ausführungsformen von Lötspitzen.

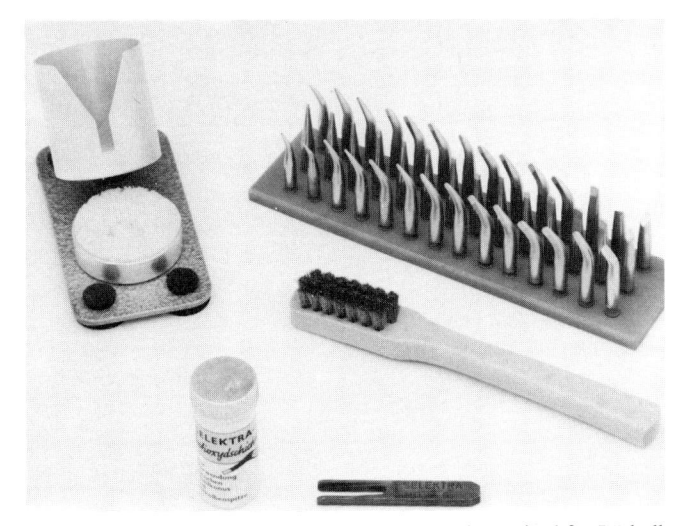

Abb. 27.4.: Lötkolbenspitzen, Kolbenablage und Pflegemittel für Lötkolben
(Werkfoto: Fa. Selektra)

Die Lotannahme kann einseitig oder zweiseitig sein. Die einseitige Lotannahme hat sich beim Löten von dicht beieinanderliegenden Lötstellen bewährt.

Lötspitzen mit Oberflächenveredelung benötigen weit geringere Pflege als einfache Kupferlötspitzen. Wird eine neue Lötspitze aufgezogen, so soll man schon während des Aufheizvorganges der Spitze an den zinnannehmenden Flächen genügend Lot zuführen. Zur Entfernung von Oxidresten ist es sinnvoll, vor jedem Lötvorgang die Lötspitze an einem feuchten Schwamm abzustreifen. Sie wird dadurch beim folgenden Lötvorgang neu verzinnt. Die durch Kolophoniumreste verschmutzte Lötspitze kann mit einer weichen Drahtbürste leicht gereinigt werden.

Der Kegel der Heizpatrone des Lötkolbens soll nach längerer Betriebszeit von Oxidationsrückständen befreit und mit einem Pflegemittel behandelt werden.

Handlötgeräte arbeiten bei Temperaturen, die etwa 100 °C über dem Erstarrungspunkt des gewählten Lotes liegen. Die Temperatur der Kolbenspitze ist wegen der Wärmeabgabe an die Lötstelle bei temperaturgeregelten Lötkolben etwa 30 °C höher als die geforderte Löttemperatur. Die vorgewählte Temperatur hält der geregelte Lötkolben in engen Grenzen konstant, da während der Gebrauchszeit die Wärmeverluste an der Lötstelle über die Regelung ausgeglichen werden.

Handlötgeräte erfordern je nach Lot und Geometrie der Lötstelle Lötzeiten zwischen 1 und 3 s.

Viele Bauelementehersteller schreiben dem Anwender in ihren Datenblättern Lote, Lötzeiten und Toleranzen für die Löttemperatur vor. Damit soll sichergestellt werden, daß die Bauteile durch den Lötvorgang nicht beschädigt oder zerstört werden. Die zuverlässigen Lötzeiten und Löttemperaturen sind dabei sehr oft eng toleriert.

Auf die Notwendigkeit der Potentialgleichheit zwischen Lötkolben und Lötgut bei MOS-Schaltkreisen ist bereits hingewiesen worden. MOS-Schaltkreise sind Metalloxid-Halbleiter, die sich durch kleine Kristallflächen und geringen Leistungsbedarf auszeichnen.

Das beschriebene Lötgerät der Firma *Selektra* besitzt eine separate Buchse, die über die Anschlußleitung des Lötkolbens direkt mit der Lötspitze verbunden ist. An diese Buchse kann das gewünschte Potential gelegt werden.

Über die Potentialausgleichsleitung können statische Ladungen von der Lötkolbenspitze ferngehalten werden. Bei Lötarbeiten an MOS-Schaltkreisen ist es sinnvoll, auch den Montagetisch und alle im Arbeitsbereich liegenden Teile und Geräte auf gleiches Potential zu legen. Die Lötkraft selbst kann über ein Metallarmband an die Potentialausgleichsleitung angeschlossen werden.

Im Servicebetrieb werden mit ungeregelten Lötkolben häufig Leiterplatten und Bauteile zerstört, weil die zulässigen Löttemperaturen nicht eingehalten werden.

Die Beanspruchung von Lötstellen ist im Reparaturfall oft höher als beim maschinellen Lötvorgang.

Neben geregelten und ungeregelten Lötkolben müssen für die Handlötung noch kleine Standlötbäder erwähnt werden. Sie werden bei der Bauteilevorbereitung, in der Spulenwickelei und beim Verzinnen von Draht- und Litzenenden eingesetzt. Die Temperatur dieser Bäder ist meist stufenlos einstellbar. Andere Ausführungsformen sind mit zwei Heizstufen ausgerüstet. Nur bei einfachen Tauchbädern ist keine Regelung der Badbeheizung vorgesehen.

In Ausnahmefällen wird das Lot in diesen Standbädern bis zu 500 °C erhitzt. Dies ist nötig, um den Lacküberzug lötfähiger Drähte partiell abzuschmelzen.

27.8. Maschinelle Lötverfahren

Bei der industriellen Leiterplattenverarbeitung stellt der Lötprozeß einen entscheidenden Kosten- und Qualitätsfaktor dar. Für die Massenlötung von Leiterplatten sind deshalb wirtschaftliche und betriebssichere Verfahren entwickelt worden, welche den jeweiligen Anwendungsfällen angepaßt werden können.

Die Entscheidung für ein bestimmtes Lötverfahren ist abhängig von der Art, der Größe und der Anzahl der zu lötenden Leiterplatten. Die Bestückungsdichte, die Leiterbahnbreite, der Leiterbahnabstand und die Länge der überstehenden Bauteilenden sind weitere Kriterien, die bei der Auswahl eines geeigneten Lötverfahrens zu beachten sind.

Bei allen maschinellen Lötverfahren werden sämtliche auf der Leiterplatte vorhandenen Verbindungsstellen in einem Arbeitsgang gelötet.

In der industriellen Praxis haben sich Tauch-Schlepp- und Wellenlötverfahren durchgesetzt. Das Tauch- und Schlepplötverfahren arbeitet mit einem ruhenden Lötbad, in welches die Leiterplatte eingebracht wird. Für diese Lötverfahren gibt es verschiedene Anwendungsfälle. Beim Tauchlöten wird die Leiterplatte senkrecht in das Lot eingetaucht mit dem Nachteil, daß Luftblasen und Fluxreste nur schlecht entweichen können. Diesem Nachteil kann durch eine kombinierte Horizontal- und Vertikalbewegung der Leiterplatten in Schlepplötanlagen begegnet werden. Auch die Anwendung eines zusätzlichen Vibrators, der die Lotoberfläche in Schwingungen versetzt, zielt auf die Beseitigung der genannten Lötschwierigkeiten ab.

In reinen Schleppbädern wird die Leiterplatte bei geringer Eintauchtiefe tangential über die Lotoberfläche geführt.

Wellenlötanlagen arbeiten nach einem anderen Verfahren. Hier wird das Lot umgepumpt und durch einen Trichter oder eine Düse über das Niveau im Lotvorratsbehälter bis zur Unterseite der Leiterplatte angehoben. Durch geeignete Wahl der Düsen können unterschiedliche Ablaufformen der sich ausbildenden Lötwelle erzielt werden.

Die Idee des Wellenlötens geht auf *R. Strauß* und dessen grundlegende Arbeiten bei der Firma *Fry's Metals*, London, zurück.

Das Schlepplöten war zeitlich vor dem Wellenlöten bekannt. In den vergangenen Jahren ist dem Wellenlötverfahren auch eine gewisse Vorrangstellung eingeräumt worden.

Verbesserungen an Schlepplötanlagen und einige bemerkenswerte Verfahrensschritte, die durch die Firma *Zevatron* eingeführt worden sind, haben Schlepplötanlagen zu einer echten Alternative zu Wellenlötanlagen werden lassen. Beide Verfahren werden deshalb genauer beschrieben. Der Lötprozeß wird von Arbeitsgängen begleitet, die für beide Lötverfahren gleichermaßen gelten. Hier müssen Auftragen und Trocknen von Flußmitteln, Transportieren, Beschneiden und Reinigen der Leiterplatten erwähnt werden.

27.8.1. Das Schlepplötverfahren zum automatischen Löten von Leiterplatten

Eine Schlepplötanlage zum automatischen Löten von Leiterplatten ist dadurch gekennzeichnet, daß deren Lötstation aus einem temperaturgeregelten Lötbad besteht, über dessen ruhende Lotoberfläche die zu lötende bestückte Leiterplatte „geschleppt" wird und dabei für eine definierte Zeit über die gesamte Leiterplattenunterseite Kontakt mit dem flüssigen Lot hat [4].

In Schleppbädern herrschen beim Auftreffen der Leiterplatte auf die Lötbadoberfläche und beim Abziehen der Leiterplatte die horizontalen Bewegungskomponenten vor. Beim Tauchlötverfahren dominieren die vertikalen Bewegungskomponenten.

Die Grundlage für moderne Schlepplötverfahren liegt in der Erkenntnis, daß es zur Optimierung eines automatisierten Lötprozesses für Leiterplatten notwendig ist, die Lötzeit unabhängig von der Transportgeschwindigkeit der Leiterplatte einzustellen.

Die Lötzeit wird bei vorgewählter Löttemperatur vom Wärmebedarf der bestückten Leiterplatte bestimmt. Die maximal erreichbare Lötgeschwindigkeit dagegen hängt vor allem von der Ablaufgeschwindigkeit des Lotes von der zu lötenden Leiterplatte ab. Diese Ablaufgeschwindigkeit wird von der Temperatur des Lotes, der Aktivität des Flußmittels, der Lötbarkeit von Leiterplatte und Bauelementen, dem Abzugswinkel und ganz wesentlich durch die Geometrie von Leiterführung und Anschlußdrähten auf der Lötseite der Leiterplatte bestimmt.

Zur konturenscharfen, brücken- und zapfenfreien Lötung einer gedruckten Schaltung muß die Ablaufgeschwindigkeit des Lotes zurück in das Lötbad mindestens gleich, besser größer sein als die Abreißgeschwindigkeit der Leiterplatte von der Lotoberfläche. Die geometrischen Verhältnisse sind in Abb. 27.5. gezeigt.

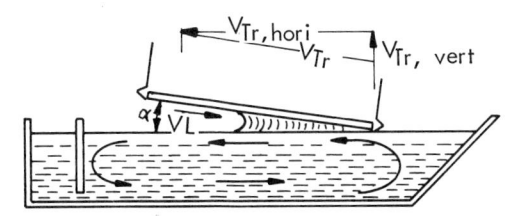

Abb. 27.5.: Abreißgeschwindigkeit in Schleppbädern

Diese Erkenntnis sagt aus, daß bei hoher Ablaufgeschwindigkeit des Lotes die Transportgeschwindigkeit und damit die Ausstoßleistung der Lötanlage größer sein kann als bei niedriger Ablaufgeschwindigkeit. Es muß demnach Ziel der Fertigung sein, die Transportgeschwindigkeit allein unter Berücksichtigung der vorgenannten Regel zu optimieren und davon unabhängig die erforderliche Lötzeit einzustellen. Die am Markt bekannten Schleppötsysteme bieten dafür die geeigneten Voraussetzungen.

Bei der in Abb. 27.6a dargestellten Ausführungsform sind die Transportgeschwindigkeit und die Kontaktstrecke der Leiterplatte auf der Lotoberfläche, der sogenannte Schleppweg, beide variabel und in den notwendigen Grenzen unabhängig voneinander einstellbar. Die maximale Abreißgeschwindigkeit wird entsprechend den löttechnischen Erfordernissen durch die Transportgeschwindigkeit bestimmt; die Lötzeit wird über die Schleppwegänderung eingestellt.

Bei diesem System sind unabhängig von der Transportgeschwindigkeit kürzeste Lötzeiten einstellbar. Da dieses Prinzip nicht taktgebunden ist, wird es vorzugsweise in schnellaufenden Schleppötanlagen mit hohen Ausstoßleistungen und Tranportgeschwindigkeit bis zu ca. 6 m/min eingesetzt.

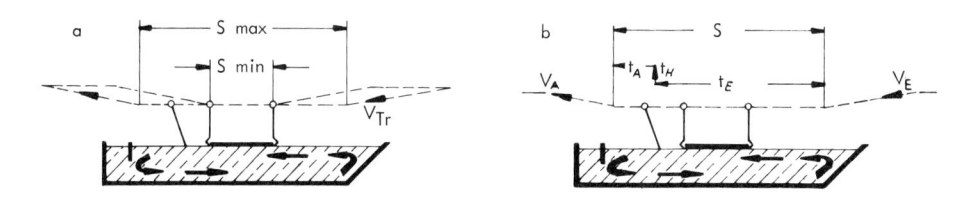

Abb. 27.6.: Weg- und zeitvariable Lötverfahren

Bei einer Variante dieses Lötsystems ist die Verweilzeit der Leiterplatte in der Lötstation taktgebunden. Die geometrischen Bedingungen sind in Abb. 27.6b dargestellt.

Einfahrgeschwindigkeit, Verweilzeit und Ausfahrgeschwindigkeit sind jeweils variabel. Die Abreißgeschwindigkeit wird allein über die Ausfahrgeschwindigkeit angepaßt. Die Lötzeiteinstellung erfolgt davon weitgehend unabhängig über die Verweilzeit und die entsprechende Wahl der Einfahrgeschwindigkeit.

Der Schleppweg ist bei diesem Prinzip konstant. Dadurch kann eine bestimmte Mindestlötzeit nicht unterschritten werden. Dieses Prinzip wird bei Schleppötanlagen für kleinere und mittlere Ausstoßleistungen eingesetzt. Je nach Art der Leiterplatten sind ca. 2–3 Lötvorgänge pro Minute möglich.

Aufbau und Verfahrensablauf bei Schleppötanlagen erlauben durch den Gesamtkontakt der Leiterplatte mit der Lotoberfläche eine relativ hohe Transportgeschwindigkeit, die in der Regel zwischen 2 und 6 m/min liegt. Die daraus resultierenden wichtigen Verfahrenskriterien werden im Anlagenaufbau bei *Zevatron*-Maschinen entsprechend berücksichtigt.

Der Ladevorgang muß möglichst ruckfrei erfolgen, damit lose bestücke Bauteile nicht wackeln oder herausfallen, wenn die Werkstückträger mit den Leiterplatten von dem vibrationsarmen Transportsystem übernommen werden. Für das Auftragen des Flußmittels werden in Schleppötanlagen meist Schaumfluxer, zunehmend jedoch auch Sprühfluxer, verwendet. Erwünscht ist eine gleichmäßige, dünne Flußmittelschicht, die schnell antrocknet.

Schaumfluxer müssen eine kräftige Schaumwelle erzeugen, damit die gleichmäßige Benetzung der Leiterplatten auch bei höheren Fahrgeschwindigkeiten gewährleistet ist.

Dies wird einerseits durch entsprechende Flußmittelwahl und andererseits durch genügend Luftzufuhr erreicht. Die Pumpen sind in der Regel in die Anlage eingebaut und arbeiten unabhängig vom Betriebspreßluftnetz.

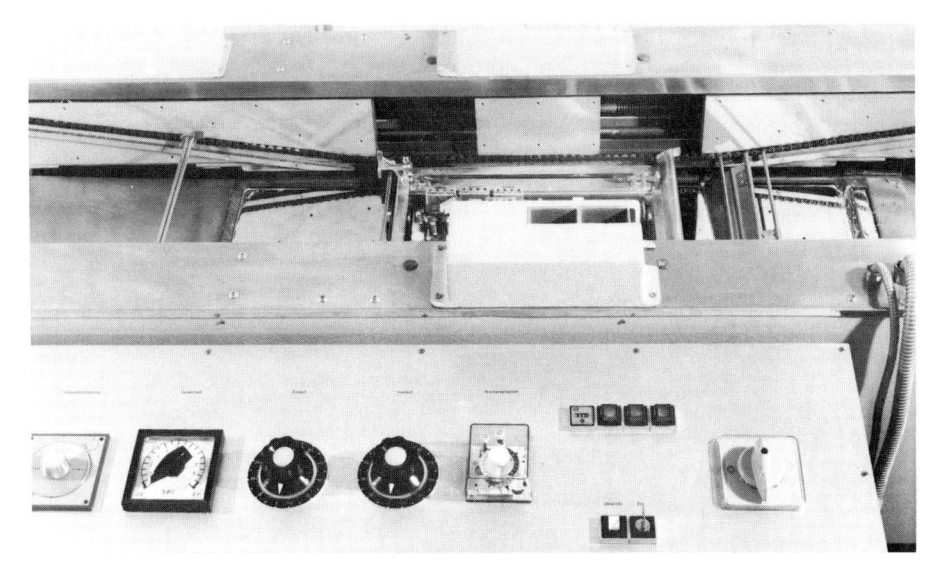

Abb. 27.7.: Lötanlage in einem Schlepplötbad (Werkfoto: Fa. Zevatron)

Die an die Fluxstation anschließende Trockenstrecke ist je nach Anlagentyp mit einer Primär- oder Sekundär-Infrarot-Trocknung, einer Heißlufttrocknung oder, bei Hochleistungsmaschinen, meist mit einer Kombination der genannten Heizsysteme ausgerüstet. Die Vortrockenenergie ist regelbar und in ihrer Gesamtleistung und Verteilung so ausgelegt, daß sie an die unterschiedlichen Flußmitteltypen und Fahrgeschwindigkeiten angepaßt werden kann.

In der Trockenstrecke sollen kolophoniumhaltige Flußmittel soweit angetrocknet werden, daß sie beim Kontakt mit dem Lot eine honigzähe Konsistenz haben. Kolophoniumfreie Flußmittel werden soweit angetrocknet, daß sie beim Lötvorgang nicht sofort verdampfen.

Die Lötstation besteht aus einem temperaturgeregelten Lötbad, dessen Oberfläche durch ständig mit dem Transportsystem umlaufende Abstreifer oxidfrei gehalten wird. Die Größe der Lötbäder richtet sich nach dem Anlagentyp. Sie sind sehr flach gehalten, so daß die Heizblöcke relativ dicht unter der Lotoberfläche liegen und somit einen raschen und gleichmäßigen Wärmenachschub gewährleisten. Der Loteinsatz in Schlepplötanlagen ist verhältnismäßig gering.

Der Einfahrwinkel der Leiterplatte in das Lötbad ist unkritisch und wie der Ausfahrwinkel auf einen Erfahrungswert zwischen 7° und 10° fest eingestellt. Für bestimmte Aufgaben werden jedoch auch Maschinen mit zwischen 5° und 15° verstellbaren Ausfahrwinkeln eingesetzt.

Das Lotniveau ist unkritisch, besonders wenn der Rahmen mit der zu lötenden Leiterplatte auf der Lotoberfläche schwimmt, eine Einstellung, die in der Praxis vielfach vorgenommen wird. Über eine Schwimmersteuerung läßt sich das Lotniveau durch eine automatische Lotzufuhr innerhalb $\pm$ 0,3 mm konstant halten.

Vor jedem Lötvorgang wird die Oxidschicht auf der Lotoberfläche mit einem Abstreifer entfernt. Durch die Schleppbewegung der Leiterplatte und durch den Oxidabstreifer ensteht im flüssigen Lot eine leichte Strömung, die für gleichmäßige Temperaturverhätnisse im gesamten Arbeitsbereich der Lotoberfläche sorgt. Im Verhältnis zur Transportgeschwindigkeit und zur Ablaufgeschwindigkeit des Lotes von der Leiterplatte ist die Fließgeschwindigkeit des Lotes auf der Badoberfläche vernachlässigbar.

Durch die genaue geometrische Definition der wichtigsten Parameter an der Lötstation lassen sich die einmal für eine bestimmte Aufgabe eingestellten Werte leicht reproduzieren. Diese Reproduzierbarkeit ist eine wichtige Voraussetzung für die Optimierung und Programmierung des automatisierten Lötprozesses. Das bedeutet für die Praxis, daß die Transportgeschwindigkeit auf einen bestimmten Wert einreguliert werden kann, wobei sich die Ablaufgeschwindigkeit des Lotes nach der löttechnisch am schwierigsten beherrschbaren Leiterplatte richtet. Die Lötanlage kann jetzt bei gleichbleibender Transportgeschwindigkeit und folglich auch bei gleichbleibender Ausstoßleistung und individuell jeder anfallenden Lötaufgabe angepaßt werden, indem die Lötzeit durch Veränderung des Schleppweges variiert wird. Daß heißt, daß z.B. eine einseitig kaschierte, mit empfindlichem Lötstoplack versehene Leiterplatte ohne Geschwindigkeitsänderung einer durchkontaktierten Leiterplatte mit wesentlich höherem Wärmebedarf folgen kann. Die Schleppwegänderung erfolgt durch einen Servomotor über Druckknopfsteuerung. Bei vorhandener Lötrahmencodierung kann der Schleppweg automatisch für jeden Lötrahmen individuell eingestellt werden.

Für die Praxis reichen in der Regel drei über Codierschalter einstellbare Vorwählpositionen der Schleppweglänge aus. Es bereitet jedoch keine Schwierigkeiten, für Sonderaufgaben weitere Positionen einzubauen und anzufahren.

Die jeweils angefahrene Schleppwegposition wird in cm angezeigt. Diese Methode erlaubt es auch, in freier Folge unterschiedliche Lotrahmenlängen zu fahren. Dies kann aus Kosten- und Handhabungsgründen im Bestückungsbereich sehr nützlich sein.

Mit diesem Prinzip sind unterschiedliche Leiterplatten jeweils auf die optimale Lötzeiteinstellung vorprogrammierbar und qualitätsbeeinflußende Einstellkompromisse entfallen.

Der Bewegungsablauf der Leiterplatte in der Lötstation läßt sich mit einem Schalter auf das vorbeschriebene taktgebundene Prinzip umstellen, was dann von Bedeutung ist, wenn z.B. für dicke Multilayer-Leiterplatten relativ lange Lötzeiten benötigt werden.

Schlepplötanlagen nach dem taktgebundenen Prinzip für die Großserienfertigung ständig gleichbleibender Leiterplatten sind in der Lötstation häufig mit einem starren Schleppweg ausgerüstet, dessen optimale Länge vorher im Versuch auf einer Anlage mit verstellbarem Schleppweg ermittelt wurde. Dadurch wird der Maschinenaufwand wesentlich geringer, ohne das Lötergebnis zu verschlechtern. Wenn später eine Produktionsumstellung erfolgt, kann der starre Schleppweg leicht gegen einen solchen mit anderer typenspezifischer Kontaktlänge ausgetauscht werden.

Die Entladestation ist von der Lötstation so weit entfernt, daß das Lot auf der Leiterplatten-Unterseite auch bei der höchsten Transportgeschwindigkeit erstarrt ist, wenn der Lötrahmen die Entnahmeposition erreicht hat. Besonders während der Erstarrungsphase des Lotes spielt der vibrationsfreie Transport des Rahmens eine erhebliche Rolle für die Sicherstellung einer einwandfreien Lötstelle.

Für eine Reihe von Sonderaufgaben wird das Schlepp-Tauchlöten eingesetzt. Dieser Entwicklung liegt die Nowendigkeit zugrunde, für bestimmte Lötaufgaben zusätzliche Bewegungsabläufe wählen zu können. Die Schlepp-Tauchlöteinrichtung wird über der Lötstation eines Schlepplötsystems montiert. Eine Hubvorrichtung übernimmt den Rahmen mit der Leiterplatte und führt damit die vorgewählten Bewegungsabläufe im Lötbad durch.

Betriebsarten mit der Hub-Tauch-Einrichtung:

Reines Tauchlöten: Dabei sind die Eintauchgeschwindigkeit, die Verweilzeit und die Abhebegeschwindigkeit einstellbar. Dieses Prinzip wird vor allem zum Verzinnen der Anschlußfahnen von Steckerleisten, Kontaktstiften und Bauteilanschlußdrähten verwendet. Damit können saubere und gleichmäßige Lötungen in stets reproduzierbarer Qualität erzeugt werden.

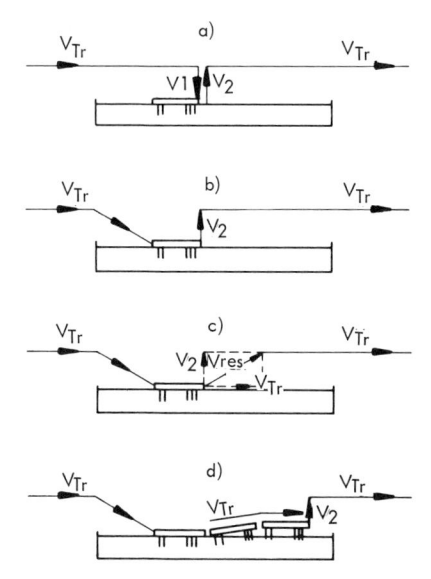

Abb. 27.8.: Betriebsarten mit der Hub-Taucheinrichtung

Schlepp-Tauchlöten I: Dabei wird das zu lötende Teil in einem reinen Schleppvorgang in das Lötbad eingeführt, es verbleibt für eine einstellbare Zeit im Lötbad und wird dann senkrecht abgehoben.

Schlepp-Tauchlöten II: Hier wird das zu lötende Teil oder die Leiterplatte in einem Schleppvorgang in das Lötbad eingefahren, verweilt die vorgewählte Zeit im Lötbad und wird dann mit einer aus horizontaler und vertikaler Geschwindigkeitskomponente resultierenden Geschwindigkeit ausgehoben. Die vertikale und horizontale Geschwindigkeit sind wiederum einstellbar, so daß sich praktisch jede resultierende Abreißgeschwindigkeit vom Lot einstellen läßt.

Anwendungsbeispiele sind Leiterplatten mit hoher Bestückungsdichte und Leiterplatten in Miniaturtechnik.

Schlepp-Tauchlöten III; wobei die zu lötenden Teile oder die Leiterplatten in einem reinen Schleppvorgang einlaufen, dort verweilen, die Lotoberfläche in einem kurzen Schleppvorgang unter einem wählbaren Winkel teilweise verlassen, wiederum in eine Horizontalbewegung übergehen und dann senkrecht abgehoben werden. Alle Geschwindigkeiten sind wiederum einstellbar.

Leiterplatten haben oft Prüfstifte oder wire-wrap-Stifte, die nach dem Lötvorgang keinerlei Lotverdickungen oder Fahnen an den Stiftenden aufweisen sollen, damit beim wire-wrap-Verfahren oder beim Kontaktieren in Steckverbindungen keine Schwierigkeiten auftreten.

Darüber hinaus sollen gelötete Leiterplatten möglichst frei von Lotbrücken und Lotzapfen sein. Diese Aufgabe kann mit dem Schlepp-Tauchlötverfahren III vorbildlich gelöst werden.

Schlepplötanlagen lassen sich leicht in komplette Produktionsanlagen einbauen. Sie arbeiten automatisch und erfordern nur sehr wenig Wartung.

Wenn Bestückungs- und Lötanlagen mit Werkstückträgern zur Aufnahme der Leiterplatten betrieben werden, ist es sinnvoll, die Werkstückträger über eine Transporteinrichtung zur Beladestation zurückzuführen.

Für bestimmte Fertigungen lassen sich die Werkstückträger auch fest in das Transportsystem einbauen. Die Leiterplatten werden zur Lötung in diese umlaufenden Rahmen eingelegt und nach der Lötung automatisch wieder ausgeschoben oder ausgeworfen. Kleinere Leiterplatten können während des Lötvorganges in Haltekörben liegen, wobei sie bei der Lötung auf der Lotoberfläche schwimmen. Dieses Verfahren wird erfolgreich in der Großserienfertigung für die Automobilelektronik, in der Uhrenindustrie und bei der Leiterplatten-Herstellung für Elektronenblitzgeräte eingesetzt.

27.8.2. Das Wellenlötverfahren zum maschinellen Löten von Leiterplatten

Bei Wellenlötanlagen besteht die Lötstation aus einem beheizbaren Lotvorratsbehälter. Mit einem Propeller wird das flüssige Lot durch Strömungskanäle und geeignet ausgebildete Austrittsdüsen über das Lotniveau im Vorratsbehälter angehoben um über den Rand der Austrittsdüse wieder zurück in den Vorratsbehälter zu fließen.

Die zu lötende Leiterplatte wird über den Scheitelpunkt der Lötwelle geführt.

Der Vorratsbehälter kann aus Sphäroguß, aus geschweißtem Edelstahl oder aus geschweißtem Stahlblech bestehen. Bei Stahlblechausführungen ist jedoch ein Schutzanstrich zur Vermeidung von Korrosion durch den Zinnanteil im Lot erforderlich.

Die Beheizung des Lotbehälters erfolgt bei Gußwannen durch Heißpatronen, die in Bohrungen eingeschoben werden. Geschweißte Wannen werden meist durch flächenförmige Heizplatten erwärmt. Gegen die Umgebung sind die Lotbehälter wärmeisoliert. Die Lotpumpen werden über stufenlos regelbare Getriebemotoren angetrieben.

Je nach Maschinentyp beträgt das Fassungsvermögen zwichen 1 kg und 500 kg Lot. Die Temperatur des Lotes ist regelbar und kann auch während des Lötvorganges bei einem Badvolumen von etwa 50 Litern und Arbeitstemperaturen zwischen 240 °C und 250 °C sicher mit einer Toleranz von ± 2 °C eingehalten werden. Beim Wellenlöten wird die Lötzeit bei vorgegebener Kontaktlänge zwischen Lötwelle und Leiterplatte nur von der Transportgeschwindigkeit der Leiterplatte über die Lötwelle bestimmt.

Zur Ausbildung einer einwandfreien Lötstelle werden sowohl mit Wellen- als auch mit Schlepplötanlagen bei Löttemperaturen zwischen 240 °C und 250 °C Lötzeiten zwischen 2 s und 4 s benötigt.

Da beim Wellenlöten nur diejenige Zone auf der Leiterplatte gelötet wird, die sich gerade über der Lötwelle befindet, geht die Ausdehnung der Lötwelle in Transportrichtung direkt auf die mit der Maschine erreichbare maximale Transportgeschwindigkeit ein. In der Praxis sind jedoch Wellenlötmaschinen und Schlepplötanlagen, was die erreichbare Transportgeschwindigkeit betrifft, durchaus miteinander vergleichbar. Normale Transportgeschwindigkeiten für Wellenlötmaschinen liegen zwischen 1 m/min und 3 m/min. In Einzelfällen sind aber auch auf Wellenmaschinen Vorschubgeschwindigkeiten von 6 m/min möglich ohne die Lötqualität zu gefährden.

Bis zur Einführung zeit- und weggesteuerter Schlepplötbäder mit variabler Ein- und Austauchstrecke war die Wellenlötmaschine wegen der geringeren Wärmebelastung für Leiterplatte und Bauteile der Schlepplötmaschine überlegen. Heute sind beide Maschinen, was die Wärmebelastung für das Lötgut betrifft, als gleichwertig zu bezeichnen.

Den unterschiedlichen Lötanforderungen kann bei Wellenmaschinen durch geeignete Wellenformen und durch günstige Wahl des Anstellwinkels für den Leiterplattentransport begegnet werden.

In der Praxis haben sich für Wellenlötmaschinen 4 Wellenformen bewährt: die einseitig ablaufende Welle, die beidseitig ablaufende Welle, die Stufenwelle und die Z-Welle.

Eine Lötwelle mit Sekundärwelleneffekt stellt eine Sonderform der Stufenwelle dar. Diese Wellenform eignet sich besonders zur Vermeidung von Lötfahnen an Bauteilenden und Leiterplattenstiften. Nach Durchlaufen der Hauptwelle taucht die Leiterplattenunterseite aus dem Lot auf. Die durch Adhäsion an der Leiterplatte haftende Lotschicht reißt ab; überstehende Stifte tauchen jedoch noch in das Lot der Welle ein. Über die Sekundärwelle wird das an den Stiften haftende Lot abgeschwemmt. Die Art des Lotabflußes ist dabei für die Ausbildung zapfen- und fahnenfreier Stifte sehr wichtig.

Von weit größerer Bedeutung als der Anfahrwinkel ist für eine gute Wellenlötung der Austauchpunkt der Leiterplatte aus der Lötwelle.

Flußmittelreste, die auf der Leiterplattenunterseite haften, werden bei Wellenanlagen leicht abgespült; Gasblasen zwischen Lot und Leiterplatten können leicht entweichen. Zum Zeitpunkt der Lötung trifft frisch ungepumptes oxidfreies Lot auf die zu lötende Leiterplatte. Die neu entstehende Oxidhaut reißt am Wellenkamm ab und fließt sofort in das Vorratsgefäß zurück.

Der Krätzeanfall ist bei Wellenlötanlagen durch die dauernd neu gebildete Lotoberfläche bedeutend höher als bei Schlepplötanlagen. Er kann aber durch einen kleinen Höhenunterschied zwischen Wellenkamm und Lotniveau im Vorratsbehälter verringert werden.

Lotverunreinigungen, die mit der Welle umgepumpt werden, beeinträchtigen die Lötqualität nicht, wenn die Betriebsvorschriften der Maschinenhersteller beachtet werden.

Bei Wellenmaschinen ist die Höhe des Lotspiegels über den Leitblechen der Austrittsdüse von Bedeutung. Wegen überstehender Drahtenden bei unbeschnittenen Leiterplatten muß eine bestimmte Lottiefe über der Austrittsdüse sichergestellt sein.

Zur Vermeidung unerwünschter Turbulenzen im Lot werden in den Strömungskanal des Vorratsbehälters und in die Düse Leitbleche und Gitter eingebracht.

Die Flügelstellung des Pumpenpropellers und der Drehzahlbereich der Lotpumpe müssen auf die Strömungsverhältnisse im Vorratsbehälter und in der Austrittsdüse abgestimmt sein. Pulsierende Lötwellen mit unerwünschten Turbulenzen und stark schwankendem Lotspiegel über der Austrittsdüse können zu einer Beeinträchtigung der Lötqualität führen.

Die Ausdehnung der Düse senkrecht zur Transportrichtung der Leiterplatte kann durch Düseneinsätze der jeweiligen Lötaufgabe angepaßt werden (*Abb. 27.9. und 27.10.*).

Abb. 27.9.: Düsenform für Lötwellen der Fa. Fry's Metals

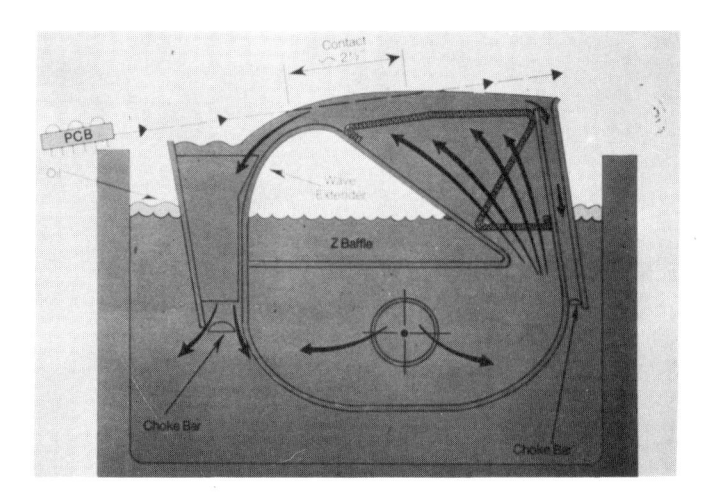

Abb. 27.10.: Lötwelle mit Z-Profil (Werkfoto: Fa. Hollis Eng.Inc.)

27.8.3. Der Aufbau einer automatischen Wellenlötanlage

Bei der automatischen Wellenlötanlage werden die zur maschinellen Lötung mit einer Lotwelle erforderlichen Arbeitsstationen sinnvoll zueinander angeordnet, mit einem Transportsystem verbunden und über einen Regelkreis automatisch gesteuert.
Abb. 27.11. zeigt ein Beispiel für eine derartige Lötanlage in Kompaktbauweise. Spurlage und Spurbreite für den Leiterplattentransport sind verstellbar. Die Lötparameter werden direkt an der Maschine eingestellt.

Abb. 27.11.: Kompakt-Wellenlötanlage System Hollis (Werkfoto: Fa. Cooper Industries Electronics, Westhausen)

In Schlepp- wie in Wellenlötanlagen wird die Leiterplatte vorzugsweise in Rahmen- oder Werkstückträgern über die einzelnen Stationen befördert. Als Transportsystem eignen sich umlaufende Endlosketten, an welchen sich Haken befinden, die den Lötrahmen mit der Leiterplatte übernehmen.

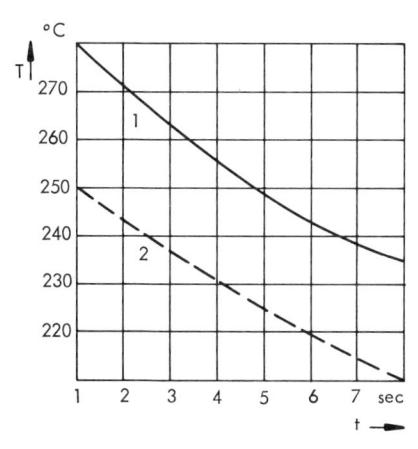

Abb. 27.12.: Temperatur-Zeit-Diagramm für den Lötvorgang

Sehr gute Transportergebnisse werden mit umlaufenden, endlosen Doppelgurtbändern erzielt. Sie laufen ruckfrei und sie gestatten einen kontinuierlichen Betrieb. Die Rahmen mit den zu lötenden Leiterplatten werden lose aufgelegt. Es gibt Gurtbänder, welche Umgebungstemperaturen von über 200 °C standhalten, die somit ohne Bedenken nahe an der beheizten Lötstation vorbeigeführt werden können.

Die gewählte Transporteinrichtung führt die Leiterplatte zunächst über eine Fluxstation, um die Leiterplattenunterseite mit Flußmitteln zu benetzen.

Die Fluxstation wird entsprechend der Lötaufgabe ausgelegt. Für Leiterplatten mit Durchbrüchen verwendet man Schaumfluxer, die einen feinporigen Schaum erzeugen. Das Flußmittel wird mit Preßluft durch poröse Steine gedrückt; dabei bildet sich eine Schaumwelle aus, welche die Leiterplattenunterseite benetzt.

Zum Fluxen von Leiterplatten mit offenen Reglern werden Sprühfluxer eingesetzt, bei welchen das Flußmittel über Düsen vernebelt wird. Diese Fluxer sind jedoch wegen möglicher Düsenverstopfung sehr störanfällig. Darüber hinaus müssen sie sorgfältig gewartet werden.

Abb. 27.13.: Lötwelle im Fertigungseinsatz (Werkfoto: Fa. Grundig)

Eine weitere Variante wird als Walzenfluxer bezeichnet. Ein rotierendes, zylindrisches, feinmaschiges Drahtsieb taucht in den Flußmittelbehälter ein und transportiert das an den Maschen hängende Flußmittel aus dem Vorratsbehälter. Über stabförmig angeordnete Düsen, die sich exzentrisch innerhalb des Zylindermantels befinden, wird Luft durch das rotierende Sieb geblasen und dadurch das Flußmittel auf die Unterseite der Leiterplatte verteilt.

Zum Auftragen des Flußmittels eignet sich auch eine rotierende Walze, die mit harten Borsten besetzt ist. Die Bürste taucht in den Vorratsbehälter ein und nimmt Flußmittel mit, das dann über eine Abstreifleiste auf die Leiterplattenunterseite geschleudert wird. Der Flußmittelauftrag kann dabei über die Drehzahl der Bürste, durch den Anstellwinkel und durch den Andruck der Abstreifleiste sehr fein reguliert werden.

Die gefluxte Leiterplatte wird nun über eine Wärmestrecke geführt, in der das Flußmittel trocknet und die Lösungsmittel verdunsten. Die Beheizung der Trockenzone erfolgt über direkt beheizte Stäbe oder über Wärmestrahler.

In der Lötstation wird die Leiterplatte über eine Lötwelle geführt, deren Niveau so eingestellt ist, daß während des Lötvorganges auf einer definierten Wegstrecke sicherer Kontakt des Lotes mit der Leiterplatte besteht. Die Welle darf jedoch auf keinen Fall die Bestückungsseite der Leiterplatte überspülen.

Nach dem Lötvorgang wird die Leiterplatte abgekühlt. Dies kann bei langsam laufenden Maschinen ohne Kühlaggregate erfolgen; bei schnell laufenden Lötanlagen mit kurzer Abkühlzone sind jedoch Kühlgebläse erforderlich.

In der Kühlzone erstarren die Lötstellen. Während des Abkühlprozesses soll die Leiterplatte möglichst wenig erschüttert werden, weil sonst mechanische Schäden an den Lötstellen auftreten können.

Am Ende der Lötanlage werden die gelöteten Leiterplatten je nach Anwendungsfall mit oder ohne Werkstückträger zur weiteren Bearbeitung transportiert. Dies kann mit automatischen Übergabestationen oder durch Arbeitskräfte erfolgen.

Die Steuerung für den Ablauf der einzelnen Funktionen befindet sich in einem Schaltschrank. Die Löttemperatur, die Lötzeit und die Transportgeschwindigkeit können vorgewählt werden. Die Lötwelle wird nur angehoben wenn Leiterplatten zur Lötung angeboten werden. Dadurch wird unnötige Krätzebildung vermieden.

Abb. 27.14.: Automat. Wellenlötanlage (Werkfoto: Fa. Grundig)

Die Arbeitsstationen der automatischen Lötanlage sind mit einer Haube abgedeckt, aus der die beim Lötvorgang freiwerdenden Dämpfe über eine Filteranlage abgesaugt werden.

Die Firma *Hollis Engineering Inc.* hat als erster Maschinenhersteller eine Lötanlage angeboten, die es gestattet, bestückte Leiterplatten mit überstehenden Bauteilenden im in-line-Betrieb zu beschneiden. Die Leiterplatte wird zunächst gefluxt und anschließend über eine Welle mit flüssigem Wachs geführt. Das erstarrte Wachs fixiert die Bauteilenden für den anschließenden Schneidevorgang, der mit Trennscheiben erfolgt.

Die beschnittene Leiterplatte wird anschließend mit einer Wellenanlage gelötet. Die Wachsreste schmelzen dabei im Lötbad.

Lötanlagen mit einer Einrichtung zum Beschneiden der Bauteilenden sind dann sinnvoll, wenn Bauteile manuell bestückt werden und wenn das Überstehen der Bauteilenden in engen Grenzen gehalten werden muß.

Anstelle der Wachsstation kann auch eine zweite Lötwelle oder ein Schlepplötbad eingesetzt werden. Die höhere thermische Belastung der Bauteile ist in vielen Fällen zulässig. Dafür entfällt das Reinigen der Leiterplatten von Wachsresten.

Gesteigerte Qualitätsanforderungen an die Geräte der Elektroindustrie erzwingen die Beseitigung jeder Störstelle im Fertigungsprozeß.

Je geringer der Abstand zwischen Leiterbahnen oder Lötaugen gewählt werden muß, um so größer wird die Gefahr von Lötbrüchen.

In diesem Zusammenhang ist das GBS- (*Guarranteed Bridgeless Soldering*) Lötsystem zu erwähnen. Dabei wird die Leiterplatte nach dem Verlassen der Lötwelle unter geeignetem Winkel mit einem Heißluftstrahl aus einer Flachdüse angeblasen. Der Heißluftstrahl bewirkt, daß die unerwünschten, noch flüssigen Brücken zwischen benachbarten Lötstellen aufgehen und von den Lötstellen überschüssiges Lot verdrängt wird.

Die Reinigung von Leiterplatten nach dem Lötvorgang verdient zunehmend Beachtung. Nicht entfernte Flußmittelreste sind aggressiv und können zu Spätausfällen bei Geräten führen.

In Wachs- oder Kolophoniumresten können Metallspäne eingebettet sein, die im Lauf der Zeit zu Schlüssen führen. An nicht gereinigten Leiterplatten setzt sich verstärkt Staub ab, der im Servicefall erst entfernt werden muß. Die chemische Industrie hat geeignete Lösungsmittel und Reinigungsverfahren zur Entfernung der in der Löttechnik vorkommenden Verunreinigungen entwickelt.

Abb. 27.15.: Lötanlage mit Wachsstation, Beschneideeinheit und Lötwelle (Werkfoto: Fa. Hollis Eng.Inc.)

Die Reinigung der Leiterplatten erfolgt normalerweise in kaskadenförmig angeordneten Spül- und Tauchbädern, wobei der Reinigungseffekt durch Anwendung von Wärme und Ultraschall noch beschleunigt werden kann. Die Leiterplatte verläßt die Anlage rückstandslos, fleckenfrei und trocken. Es ist aber stets darauf zu achten, daß weder elektrische Bauelemente, noch Kunststoffteile auf der Leiterplatte durch die verwendeten Reinigungsmittel angegriffen werden.

Wirtschaftlich arbeitende Reinigungssysteme sind mit der automatischen Lötanlage verkettet, so daß zusätzlich manuelle Arbeitsgänge entfallen können.

Abb. 27.16. Zeigt die schematische Darstellung einer Bestückungs- und Lötanlage für Leiterplatten von Farbfernsehgeräten. Das Bestücken der Leiterplatten erfolgt dabei auf einer Montagestraße mit Mitteltransportband. Auch die beiden Bestückungslinien sind mit Doppelgurtbändern ausgerüstet. Die Leiterplatten werden in einem rahmenförmigen Werkstückträger bestückt. Doppelgurtbänder, Werkstückträger, elastische Stopper und automatische Übergabestationen gewährleisten einen erschütterungsfreien Transport der mit Bauteilen bestücken Leiterplatten zur Lötmaschine. Die erste Übergabestation beschickt die Lötmaschine wahlweise aus zwei Bestückungsbändern; die Übergabestation nach der Lötanlage verteilt die gelöteten Leiterplatten sensorgesteuert auf zwei Nachmontagebänder [5].

27.9. Beurteilung des Lötbildes

Nach dem Lötvorgang soll die Leiterplatte zumindest stichprobenweise auf die erzielte Lötqualität überprüft werden.

Bei geeigneter Leiterplattenauslegung, gut lötfähigen Bauteilen und richtig eingestellten Lötanlagen sind sicher auch gute Lötergebnisse zu erwarten. Bei Anlagen mit automatischer Bauteilebestückung wird vielfach auf eine Sichtkontrolle nach der Lötung verzichtet.

Leider sind diese idealen Lötbedingungen nicht immer gegeben, so daß die optische Kontrolle des Lötergebnisses angezeigt ist.

Der Lotmeniskus zwischen Lötauge und Bauteilanschluß soll einen flachen Benetzungswinkel zeigen. Die Lötstelle muß gerade soviel Lot annehmen, daß sicherer elekrischer und mechanischer Kontakt zwischen Bauteil und Leiterplatte besteht.

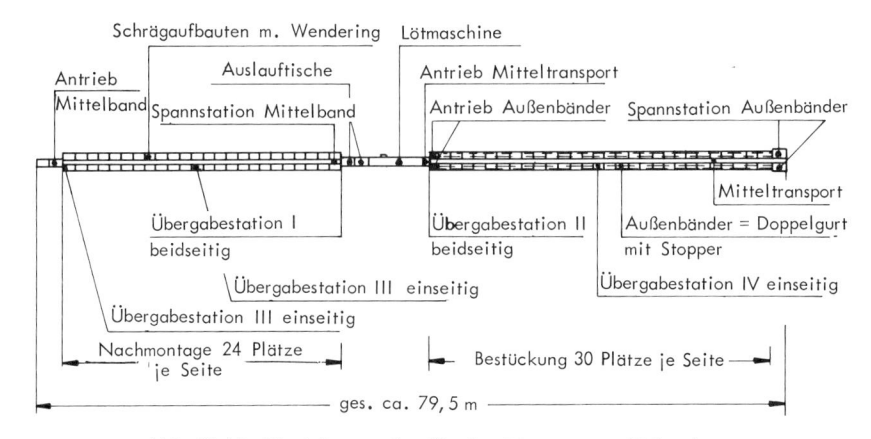

Abb. 27.16.: Einrichtungsplan für eine Montage- und Lötanlage

Das Nachlöten verdächtiger Löstellen mit dem Lötkolben ist aus Sicherheitsgründen auch bei teilweise gelöteten Anschlüssen zu empfehlen.

Gelötete Leiterplatten müssen auf lotfreie Zonen, Entnetzungsstellen, Lotanhäufungen, Lotbrücken und Unterbrechungen der Leiterbahnen überprüft werden. Besonders kritisch sind feine Lotfäden zwischen Lötaugen und benachbarten Leiterbahnen, die als Lotspinnweben bezeichnet werden.

Glänzende Lötstellen blenden häufig bei der Sichtkontrolle von Leiterplatten. Verschiedene Lotlrersteller bieten deshalb Lote mit Mattierungszusätzen an.

Für einen reibungslosen und fehlerfreien Fertigungsablauf ist es besonders wichtig, daß Lötfehler möglichst umgehend nach dem Lötvorgang erkannt werden.

Aus den Mängeln im Lötbild einer Leiterplatte können gezielte Rückschlüsse auf Leiterplattenmaterial, Bauteile und Lötverfahren gezogen werden, die zur raschen Behebung der Fehlerursachen beitragen.

Für das Auslöten falsch bestückter oder beschädigter Bauteile sind besondere Auslötgeräte und Vorrichtungen zum Absaugen des geschmolzenen Lotes bekannt.

Integrierte Schaltkreise können mit Lötkolben ausgelötet werden, deren Löteinsätze auf das Rastermaß der Schaltkreise abgestimmt sind.

Abb. 27.17.: Automat. Übergabestation (Werkfoto: Fa. Grundig)

Literaturvereichnis zu Kapitel 27.

[1] Schmidtke, Löttechnik in der Elektronik (1972), Sonderdruck aus „Der Elektroniker" Fachschriftenverlag Aargauer Tagblatt.
[2] Maier, Arbeitsvorschrift über maschinelles Löten von Leiterplatten (1977) Hausinformation Grundig AG.
[3] Petersen, Fritsch, Handlöttechnik (1977) Sonderinformation Selektra GmbH, Frankfurt.
[4] Wanner, Das Schlepplötverfahren zum automatischen Löten gedruckter Schaltungen (1976) Sonderdruck Zevatron GmbH, Arolsen.
[5] Bruch, Auswahlkriterien bei der Festlegung von Montagesystemen (1975) Fachvortrag 1. deutscher Montagekongress.

28. Elektrische Prüfung bestückter Leiterplatten

Die elektrische Prüfung bestückter und gelöteter Leiterplatten beinhaltet in der Regel die statische Bauteile- oder Baugruppenprüfung und die dynamische Funktionsprüfung.

Je nach Prüfaufwand und Typenvielfalt der Prüflinge werden Standardmeßgeräte, speziell für die Prüfaufgabe entwickelte Sondermeßmittel, oder universell einsetzbare automatische Testsysteme (ATS) verwendet.

28.1. Die statische Prüfung mit speziell entwickelten Prüfgeräten

Leiterplatten, die weitgehend mit passiven Bauelementen bestückt werden, sind ausreichend durch eine statische Prüfung kontrollierbar, bei der im Test hauptsächlich die elektrischen Werte von Bauelementen oder zusammengefaßten Bauelemente-Gruppen vermessen werden.

Diese Prüfungen beruhen fast immer auf dem „Spannungs-Vergleichs-Prinzip" zwischen dem Prüfling und Referenzsignalen in einem Gleich- oder Wechselstromkreis. Die Frequenz des Wechselstromkreises wird je nach Beschaffenheit der Bauelemente zwischen 50 Hz und 10.000 Hz gewählt.

Derartige Prüfgeräte bestehen aus 2 Hauptteilen, dem Adapter und dem Auswertegerät mit Anzeigeteil *(Abb. 28.1.)*.

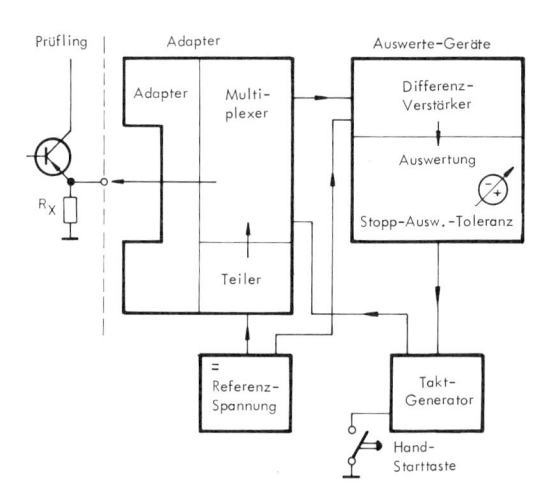

Abb. 28.1.: Blockschaltbild zur Prüfung von R_x

Abb. 28.2.: Adapter in waagerechter Ausführung für Leiterplatten ohne Flußmittelrückstände (Werkfoto: Grundig, Fürth)

Der Adapter hat die Aufgabe, den Prüfling an vorbestimmten Prüfpunkten mit federnden Stiften elektrisch zu kontaktieren und für die Dauer einer Prüfung festzuhalten *(Abb. 28.2. und 28.3.).*

Bei der Ausführung nach *Abb. 28.3.* fällt der Flußmittelstaub nicht in die Führungen der Kontaktstifte. Siehe auch *Abb. 28.6.*

In beiden Adapterausführungen werden die Leiterplatten, nach Betätigung des Spannhebels, gegen die Kontaktstifte gedrückt, wobei eine Parallelverschiebung des Druckrahmens bevorzugt wird, um die Kontaktstifte während des Schließvorganges nicht zu verbiegen. Die Stifte oder Kontaktnadeln lassen sich ca. 5 mm eindrücken. Der Kontaktdruck beträgt hierbei 100 p bis 300 p.

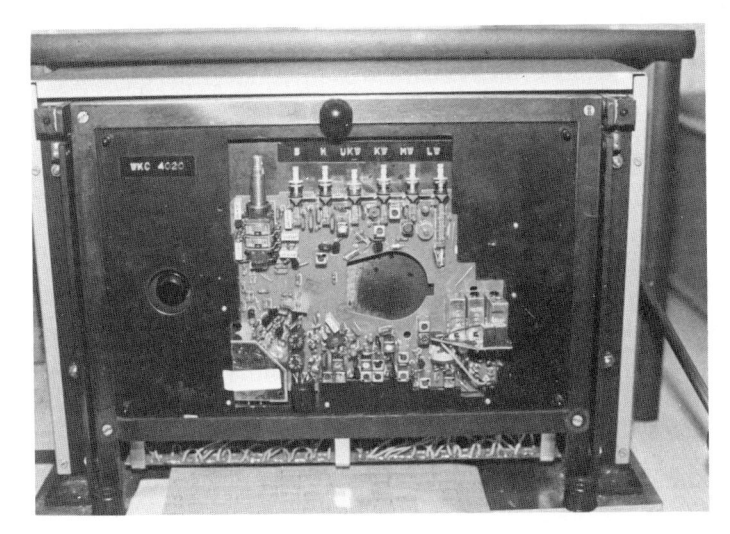

Abb. 28.3.: Adapter in senkrechter Ausführung für Leiterplatten mit Flußmittelrückständen (Werkfoto: Grundig, Fürth)

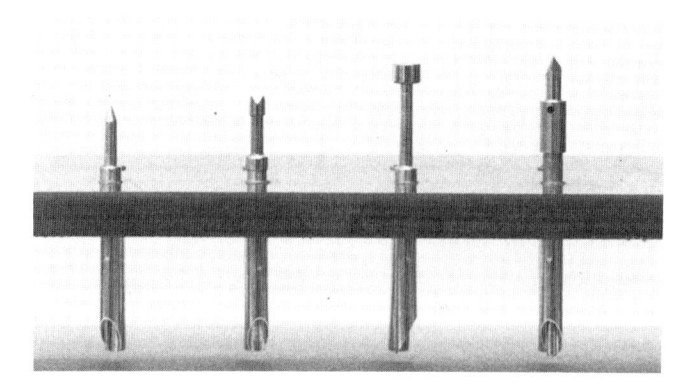

Abb. 28.4.: Ausführungsformen von Kontaktstiften

Die Leiterplatte wird, wenn dies bei ungünstigen Abmessungen erforderlich ist, mit Stützen gegen Durchbiegen gesichert, was besonders bei hoher Kontaktstiftbelegung zu empfehlen ist.

In der Praxis haben sich hauptsächlich 4 Kontaktformen bewährt, der Spitzkontakt, der Kronenkontakt, der Tellerkontakt und der Dreispitzkontakt *(Abb. 28.4.).*

Die Spitze wird vorwiegend zur Kontaktierung auf Lötstellen verwendet. Der Kronenkontakt wird auf Drahtstifte, der Tellerkontakt auf breite Stützpunkte aufgesetzt. Der Dreispitz wird mit gutem Erfolg zur Kontaktierung in Leiterplattenbohrungen verwendet.

Die Strombelastung soll besonders beim Spitzkontakt 0,1 A nicht übersteigen, damit eine hohe Standzeit von ca. 10^5 Schaltspielen erreicht werden kann. Höhere Ströme werden mit Hilfe mehrerer parallelgeschalteter Kontaktstifte übertragen.

Die Trägerplatte der Kontaktstifte besteht aus Isoliermaterial mittlerer Qualität. Ein Isolationswiderstand von $10^7 \Omega$ und eine Dielektrizitätskonstante von E = 10 sind deshalb durchaus ausreichend. Allerdings muß auf geringe Feuchtigkeitsaufnahme geachtet werden, um die dadurch auftretenden Meßwertschwankungen gering zu halten. In modernen Adaptern sind die Verbindungsleitungen zwischen Kontaktstift und Anschlußstecker auf die Trägerplatte aufgedruckt. Bei Induktivitäts- oder Kapazitätsmessungen werden dadurch Meßwertschwankungen weitgehend vermieden.

Das Einbringen bestückter Prüflinge in den Adapter erfolgt bis zu Tagesstückzahlen von 1.000 Einheiten noch manuell, da Automaten oft sehr kompliziert, teuer und störanfällig sind.

Dagegen lassen sich unbestückte Leiterpatten einfach und schnell auf pneumatischem Weg automatisch einlegen und adaptieren. Die Magazinierung ist bei diesen Leiterplatten problemlos.

Das Auswertegerät ist mit dem Adapter über ein mehradriges Kabel steckbar verbunden. Nach diesem Meßprinzip ist jeder Kontaktstift über einen einstellbaren Vorwiderstand an eine Meßoberspannung angeschlossen. Der Wert des Vorwiderstandes ist beispielsweise so eingestellt, daß am Kontaktstift nach Adaptierung des Musterprüflings immer eine Spannung von 1 V abfällt. Die Vorwiderstände aller Kontaktstifte sind auf einer steckbaren Karte zusammengefaßt und auf die jeweils zu prüfende Leiterplatte eingetrimmt. Diese „Programmplatte" im Europaformat kann bei einer Typenumstellung auf einen anderen Prüfling schnell ausgewechselt werden.

Eine hochstabile Spannungsquelle von 1 V dient in dem oben genannten Beispiel als

Vergleichswert für die Kontaktstift-Testspannung, die beide während eines Tests am Eingang eines nachfolgenden Differenzverstärkers anliegen.

Ein Taktgeber schaltet nacheinander den Eingang des Differenzverstärkers an alle Kontaktstifte und bleibt beim Überschreiten des festgesetzten Toleranzspielraumes stehen. Die Toleranz ist durch Umlöten auf einer weiteren steckbaren „Programmplatte" bequem und schnell zu verändern.

In *Abb. 28.5.* ist die Codierung der Programmplatte auf die Zahl 13 dargestellt. Die erforderlichen Lötverbindungen sind eingezeichnet.

Die Anzeige der nicht zulässigen Abweichung wird vom Prüfer am Meßinstrument des Auswertegerätes wahrgenommen und für eine spätere Reparatur auf der Leiterplatte markiert. Um beim Test die Lage des Fehlerortes auf dem Prüfling leicht zu finden, wird

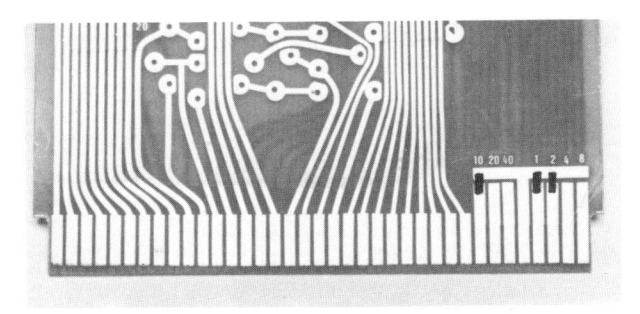

Abb. 28.5.: Programmplatte für die Prüfinstanz

Abb. 28.6.: Adapter mit Vorlage für die Fehleranzeige (Werkfoto: Grundig, Fürth)

die Fehlerposition an einer Vorlage der geprüften Leiterplatte über ein Leuchtsignal angezeigt.

In diesem Adapter kann die Reparatur sofort durch Herunterklappen von Halteplatte und Prüfling erfolgen. Nach der Reparatur wird das Leuchtsignal automatisch durch das Hochklappen der Halteplatte gelöscht.

Es können Wirkwiderstände, Scheinwiderstände und Dioden vermessen werden. Als Testsignale stehen eine Gleichspannung und für Scheinwiderstände eine 16kHz Wechselspannung zur Verfügung. 50 Meßstellen werden allgemein als ausreichend angesehen; dafür beträgt die reine Prüfzeit ca. 1,5 s. Dies gilt, wenn keine Einstellarbeiten an dem Prüfling erforderlich sind, was aber erfahrungsgemäß selten zutrifft. Die Ein- und Ausspannzeiten für die Prüflinge liegen insgesamt bei etwa 8 s.

Die Umrüstzeiten auf einen anderen Prüfling sind bei diesen Testgeräten, bis auf die Neuanfertigung der Nadelplatte des Adapters, gering. So müssen z.B. für die Umprogrammierung eines Kontaktstiftes auf einen anderen Meßwert im Mittel nur 5 min angesetzt werden. Damit hat sich das Prüfgerät als äußerst wirtschaftlich erwiesen und wird deshalb im Prüffeld häufig eingesetzt *(Abb. 28.6.)*.

28.2. Die dynamische Prüfung mit speziell entwickelten Prüfgeräten

Leiterplatten, die mit aktiven Bauelementen bestückt sind, werden einer Funktionsprüfung unterzogen, um die Eigenschaften der Prüflinge bei verschiedenen Frequenzen auf die geforderte Charakteristik hin überprüfen zu können. Diese Funktionsprüfer arbeiten halbautomatisch. Das jeweils gewählte Programm läuft durch Handauslösung automatisch ab. Am Eingang des Prüflings werden entsprechende Frequenzen und Spannungen automatisch angelegt.

Die Eingangsspannungen sind dabei nach der Programmvorlage so eingepegelt, daß am Ausgang der für gut befundenen Prüflinge Meßwerte innerhalb der vorgegebenen Toleranzen entstehen. Meßwerte außerhalb des zulässigen Anzeigebereiches werden für eine spätere Reparatur vermerkt.

Die genannten Halbautomaten bestehen in der Regel aus 4 Teilen, dem Adapter oder einer Anschlußleiste, einem Multiplexer, einem Stimuliteil und einem Programmteil mit Steckkarten und Tastenfeld.

Der Adapter stellt, wie bereits beschrieben, über seine Kontaktstifte die elektrischen Verbindungen mit dem Prüfling her. Der Prüfling kann aber auch über eine Anschlußleiste und Steckbuchsen angeschlossen werden. Nach Tastenwahl auf dem Programmfeld wird vom Prüfer der Multiplexer betätigt, der nach dem Programm einer Typensteckkarte die entsprechenden Frequenzen vom Stimuliteil an die Anschlußleiste für den Eingang des Prüflings durchschaltet.

Die Spannungen werden vom Multiplexer am Prüflingseingang so geteilt, daß am Ausgang des Prüflings stets der gleiche Spannungswert entsteht und somit eine Übersteuerung des Prüflings mit Sicherheit vermieden wird. Mit Hilfe dieses Testsystems lassen sich Durchlaßcharakteristiken an 12 Stellen vermessen und nach einer Liste vergleichen. Damit sind für die Praxis ausreichende Funktionsprüfungen für jedes Programm sichergestellt. Um bei Leistungsverstärkern den Klirrfaktor K_{ges} vermessen zu können, wird der Ausgangs-Spannungswert auf die Nennleistung des Prüflings bezogen. Die Meßfrequenz

Abb. 28.7.: Funktionsprüfer für HiFi-Verstärkermodelle (Werkfoto: Grundig, Fürth)

von 1 kHz wird hierbei am Objektausgang mit einem mehrkreisigen Filter um mehr als 80 dB unterdrückt. Der zugehörige Verstärker-Lastwiderstand, z.B. der Lautsprecher oder dessen Nachbildung, befinden sich hierbei in der Anschlußleiste oder im Adapter. Am Tastenfeld des in *Abb. 28.7.* dargestellten Funktionsprüfers für ein HiFi-Rundfunk-Empfangsgerät der Spitzenklasse sind folgende Programme für die Vermessung wählbar:

    Klangregister bei 40 Hz und 16 kHz
    Entzerrerkurve bei 4 Frequenzen
    Klirrfaktor bei 1 kHz
    Physiologie bei 3 Frequenzen
    TB-Aufnahme bei 1 kHz
    Eingangswiderstände bei 1 kHz
    Seitenrichtigkeit beider Kanäle
    Klangregler bei 2 Frequenzen
    AM-Tiefpaß bei 5,5 kHz und 11 kHz
    FM-Tiefpaß bei 15 kHz und 25 kHz
    Kopfhörer-Ausgangsspannung
    Stabilität auf Schwingneigung bei
    zunehmender Aussteuerung u. 40 Hz

Um diese Messungen frei von Nebeneffekten durchführen zu können, muß eine massefreie Leitungsverlegung innerhalb des Funktionsprüfers gewährleistet sein. Die beiden Eingänge des linken und rechten Kanals liegen vom Prüfling ausgehend über Anschlußleiste und Anzeigeteil nur an einem Punkt an Masse. Die Masseleitungen der Eingänge müssen jedoch unbedingt von denen der Ausgänge getrennt sein. Der Funktionsprüfer ist so aufgebaut, daß das jeweils am Tastenfeld wählbare Programm auf einer einsteckbaren Druckplatte untergebracht ist, die bei jedem Typenwechsel schnell ausgetauscht werden kann. Weitere steckbare Karten beinhalten den Stimuliteil mit 12 Testfrequenzen, dessen Ausgangsspannungen programmierbar ausgebildet sind und die vom Programm über den Multiplexer, der diodenmatriziert ist, angewählt werden können. Die hierzu erforderlichen Teiler sind mit Feldeffekt-Halbleiterschaltern ausgerüstet.

Durch Betätigung einer Starttaste am Tastenfeld läuft das Testprogramm an. Der Prüfer muß nun die einzelnen Meßwerte in bezug auf die vorgegebene Toleranzbreite nacheinander beurteilen.

Am Tastenfeld wird die jeweils betätigte Taste durch eine darüberliegende Leuchtdiode ebenso quittiert wie die am Test teilnehmenden Meßfrequenzen. Der Prüfer geht das Prüfprogramm nach einer Check-Liste durch, in der die einzelnen Reglerstellungen – beispielsweise beim Klangregistertest eines Rundfunkgerätes – auf besondere Eichpunkte gebracht werden müssen.

Wenn am Prüfling Einstellvorgänge an Spulen oder Potentiometern erforderlich sind, erweisen sich halbautomatische Prüfgeräte als zweckmäßiger und wirtschaftlicher Lösungsweg. Aus diesem Grund hat sich dieser Prüfgerätetyp bis heute in den Fertigungsstätten behaupten können. Die Umrüstkosten derartiger Prüfanlagen sind verhältnismäßig gering.

28.3. Automatische Testsysteme für bestückte Leiterplatten mit analogen und digitalen Komponenten

Automatische rechnergestützte Testsysteme (ATS) werden in zunehmendem Maße für die Prüfung von analogen, digitalen und hybriden Flachbaugruppen eingesetzt. Dabei handelt es sich um Funktionstester, mit denen die gesamte Funktion einer Flachbaugruppe auf Produktions- und Entwicklungsfehler überprüft werden kann *(Abb. 28.8.).*

Abb. 28.8.: Funktionsprüfsystem SPS 100 (Werkfoto: Siemens, Karlsruhe)

In den vergangenen Jahren wurde der Bereich der Testsysteme um den *In Circuit Tester* erweitert, der den Funktionstester entlastet, indem er viele, während des Fertigungsablaufs der Flachbaugruppe entstandene Fehler, wie Kurzschlüsse, offene Verbindungen, falsch bestückte oder fehlende Bauteile feststellt und zu einem hohen Prozentsatz das Auffinden defekter Bausteine ermöglicht.

Mittels eines Nadeladapters (überwiegend in Vakuumausführung) wird die Flachbaugruppe mit dem rechnergesteuerten *In Circuit Tester* verbunden. Dadurch können alle Bauteile elektrisch isoliert und einzeln auf ihre typischen Spezifikationen überprüft werden. Das Prüfprogramm enthält neben diesen Spezifikationen auch alle Informationen über die Verbindungen der Bauteile zueinander und über ihre Lage auf der Flachbaugruppe.

Es muß davon ausgegangen werden, daß etwa 80 % aller Fehlermöglichkeiten auf Fertigungsfehler zurückzuführen sind. Damit stellt sich die Kombination des Funktionstesters mit einem *In Circuit Tester* als sehr wirtschaftliches und produktionsunterstützendes Prüfverahren dar *(Abb. 28.9.).*

Abb. 28.9.: Incircuit Tester TS 800 (Werkfoto: Siemens, Karlsruhe)

Da auf dem Gebiet des *In Circuit Testers* eine rasante Entwicklung stattfindet, wird dieser Testsystemtyp ausführlich behandelt. Die Funktionsweise wird dabei am Beispiel des „Zehntel Troubleshooter TS 800" aus dem Siemens-Vertriebsprogramm erläutert.

Dem Prüfverfahren *In Circuit Test* liegt die Überlegung zugrunde, daß man bei der Serienprüfung von Flachbaugruppen Entwicklungsfehler ausschließen kann. Die Fehlersuche bleibt damit auf die Erkennung von Fertigungs- und Bauteilefehlern beschränkt.

Als Bauteilefehler gelten diejenigen Fehler, die bereits bei einer Wareneingangsprüfung der Einzelkomponenten erkennbar sind:

- defekte elektrische Bauteile und
- defekte Verbindungselemente (Leiterplatten, Stecker etc.).

Mit dem Begriff Verarbeitungsfehler sollen die Fehler bezeichnet werden, die bei der Fertigung einer Flachbaugruppe aus Einzelkomponenten auftreten können:

- Verbindungsfehler oder Lötfehler,
- Montagefehler, wie fehlende, falsche oder verkehrt eingesetzte Bauteile und
- Bauteilebeschädigungen während der Flachbaugruppenfertigung, z.B. durch Überhitzung der Bauteile und unzulässige Aufladung.

Weil Bauteilefehler auch noch als Folge von Verarbeitungsfehlern auftreten können, reicht es in der Regel nicht aus, alle Bauteile vor dem Zusammenbau zu Baugruppen gründlich zu prüfen und sich dann bei der Flachbaugruppenprüfung auf die Erkennung von Verbindungs- und Bestückungsfehlern zu beschränken. Man muß stets auch mit Bauteilfehlern in der fertigen Flachbaugruppe rechnen.

Es spricht einiges für die Überlegung, daß zur Erkennung von Verarbeitungsfehlern wenige und großzügig tolerierte Messungen genügen, wenn die Einzelbauteile vorgeprüft sind.

In vielen Fällen erscheint es vertretbar, ohne eine 100 %ige Vorprüfung die Bausteine nur im eingebauten Zustand zu überprüfen. Bei einer solchen Vereinfachung ist aber mit erhöhtem Fehlerschlupf zu rechnen. Diese Fehler müssen in nachfolgenden Prüfstufen, z.B. der dynamischen Funktionsprüfung der Flachbaugruppen mit einem Funktionstester oder einem nachgeschalteten Systemtest, abgefangen werden.

Das Aufgabenspektrum des *In Circuit Tests* ist somit im Erkennen von Kurzschlüssen, Durchgangsunterbrechungen, Montagefehlern und gravierenden Bauteilfehlern für die Praxis ausreichend beschrieben.

Diese Feststellungen gelten allgemein für alle auf dem Markt befindlichen universellen *In Circuit Tester*. Durch die rasante Entwicklung während der letzten Jahre auf dem Gebiet der digitalen IC-Bausteine muß die Anpassung der *In Circuit Tester* an die jeweiligen Prüfaufgaben jedoch immer weiter vorangetrieben werden. War die Leiterplatte früher nur mit einfachen analogen Komponenten, wie Widerständen und Transistoren bestückt, so setzt sich heute mehr und mehr die hybride Schaltungstechnik mit teilweise reinen Digital-Flachbaugruppen, unter Verwendung von LSI- und VLSI-IC-Bausteinen, durch.

Der *In Circuit Tester* wird jetzt öfter mit einem komplexen LSI-Schaltkreis konfrontiert, bei dem nur die Ein- bzw. Ausgänge zur Prüfung zur Verfügung stehen. Die Weiterentwicklung ging daher zwangsläufig in die digitale Richtung, um den Testanforderungen der neu auf dem Markt erscheinenden Digital-IC's (LSI, VLSI) gerecht zu werden.

Dabei verwendet man beim TS 800 folgende Methoden:
- Meßtechnische Isolierung oder auch „Back driving",
- Bitmustergenerator,
- Signatur Analyse,
- Data director,
- Automatische Programmgenerierung.

Back driving

Bei einer funktionellen Überprüfung einzelner Digitalbausteine, deren Eingänge eventuell mit den Ausgängen anderer Digital-IC's fest verbunden sind, stellt sich hier ein Hindernis entgegen. Das einzuprägende Signalmuster muß von seinem Stromwert und seiner Dauer her so aufgebaut sein, daß eine Überhitzung und damit Zerstörung eines Bausteins vermieden wird.

Theoretische und experimentelle Untersuchungen haben dabei folgendes ergeben: Bei den meisten Digitalbausteinen ist es möglich, ohne Rücksicht auf die Signale an ihren Eingängen kurzzeitig, d.h. bis in den ms-Bereich hinein, an einem oder mehreren Ausgängen High- bzw. Low-Pegel einzuprägen. Für diese Art der Signaleinprägung hat sich im Zusammenhang mit dem *In Circuit Test* der Begriff „Back driving" eingebürgert.

Bitmustergenerator

Das Erzeugen und Überprüfen der Prüfmuster oder der Wahrheitstabellen erfordert eine Auswahl bestimmter Programmsequenzen, die jeden elektrischen Zustand bzw. jede logische Kombinationsmöglichkeit eines Bausteins berücksichtigen sollen. Diese Auswahl kann bei sehr komplexen IC's aufwendig und zeitraubend sein, so daß man bei modernen Geräten wie dem TS 800 einen anderen Weg in Form eines Bitmustergenerators und der Signaturanalyse gewählt hat.

Hierbei handelt es sich um ein Verfahren der Fehlerabsicherung, das schon seit längerer Zeit bei der Datenfernübertragung und der Speicherung von Daten in Großspeichern zur Anwendung kommt.

Betrachtet man den Zusammenhang am Beispiel eines 3-zu-8-Bit-Encoders (74LS138), ergibt sich folgendes Bild *(Abb. 28.10.)*.

An den Eingängen A_0 bis A_2 werden die Bitmuster oder Frequenzen F_1, F_2 und F_3 angelegt.

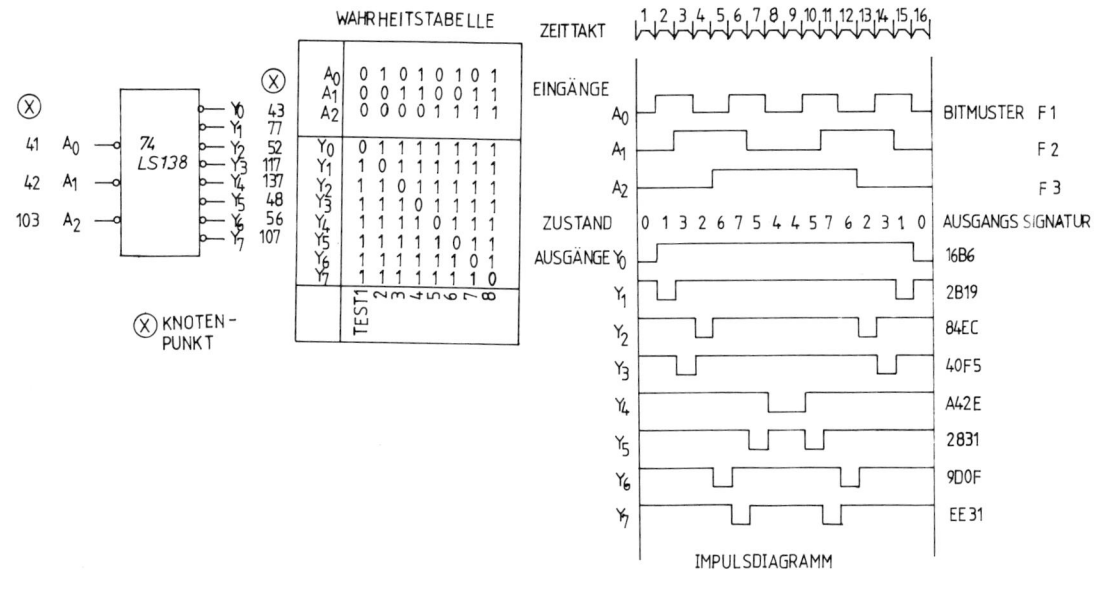

Abb. 28.10.: Impulsdiagramm (Werkfoto: Siemens, Karlsruhe)

Alle Rechteckimpulse wechseln zwischen den logischen Zuständen „0" und „1" ab. Am Eingang A_1 liegt ein Rechteckimpulszug mit der halben Frequenz des Eingangs A_0; A_2 wiederum hat die halbe Frequenz von A_1.

Eine Masterclock, die entweder systemintern oder vom Prüfling kommt und von der alle Frequenzen abgeleitet sind, überwacht die richtige Phasenabstimmung der Eingänge untereinander. So wird ein Prüfmuster erzeugt, das alle möglichen Kombinationen einschließt, solange wenigstens eine Periode der langsamsten Frequenz präsent ist.

Signatur Analyse

Die Ausgänge werden nun nacheinander einem signaturbildenden Register zugeleitet. Die n-Bit-Dateninformation wird hier in ein Polynom M(X) umgerechnet. Angewandt auf das Beispiel ergibt sich für Y_0 mit dem 16stelligen Ergebnis 0111111111111110 folgende Darstellung:

$$M(X) = X^{15} + X^{14} + X^{13} + X^{12} + X^{11} + X^{10} + X^9 + X^8 + X^7 + X^6 + X^5 + X^4 + X^3 + X^2 + X^1.$$

Dieser Wert wird jetzt mit einer Konstanten multipliziert und durch den Wert

$$P(X) = X^{16} + X^{12} + X^5 + 1$$

dividiert.

Aus der Division ergibt sich ein Quotient Q(X) und ein Restwert R(X). Dieser 16-Bit-Restwert stellt nun die Signatur einer ganz bestimmten Prüfkonfiguration dar.

Sie variiert jeweils bei Abänderung der Eingangs-Stimuli bzw. bei Änderung der Länge des Meßintervalls.

Zusammengefaßt ergibt sich folgende Formel:

$$\frac{X^{16} \cdot M(x)}{P(X)} = Q(x) + R(x)$$

Im Beispiel ergibt sich jetzt für Y_0 die Signatur 16B6.

Vergleicht man dieses Ergebnis jetzt mit dem im Prüfprogramm hinterlegten Signaturwert, so kann eine gut/schlecht-Aussage über einen Baustein – unter Umständen sogar bis hin zum Anschlußpin – erzielt werden. Die Wahrscheinlichkeit, daß ein defekter Baustein aufgrund der beschriebenen Art der Datenkomprimierung die richtige Signatur zeigt, ist bei Verwendung des 16-Bit-Signaturregisters kleiner als 0.002 %.

Diese Signaturanalyse eliminiert die Notwendigkeit, den gesamten Bitstrom des Ausgangs eines Bausteins im einzelnen zu analysieren und eventuell einen zeitraubenden Bit-für-Bit-Vergleich durchzuführen. Ein einfacher Vergleich einer vierstelligen hexadezimalen Zahl ist ausreichend.

Daraus folgt, daß ein Programmierer den genauen Inhalt eines R/PROM's nicht kennen muß. Er braucht nur einmal von einem guten PROM die Signatur automatisch abzulernen und diese dann in seinem Arbeitsprogramm zu hinterlegen. Eine spätere Neufestlegung dieser Signatur, bedingt durch Entwicklungsänderungen, ist sehr leicht und fast automatisch vorzunehmen.

Da dem Programmierer an allen 1024 hybriden Knotenpunkten des TS 800 alle Bitfrequenzen von F1 bis F14 jeweils im Verhältnis 1:2 zur Verfügung stehen, würde ein Programm für das Beispiel des 74LS138 wie folgt aussehen, wobei alle wichtigen Daten des Bauelements den entsprechenden Datenblättern entnommen werden können:

```
'IC 74LS138              CRC 84EC M52  'Y2
41, F1 'A0               CRC 40F5 M117 'Y3
42, F2 'A1               CRC A42E M137 'Y4
104, F3 'A2              CRC 2831 M48  'Y5
CRC 16B6 M43 'Y0         CRC 9D0F M56  'Y6
CRC 2B19 M77 'Y1         CRC EE31 M107 'Y7
```

Die oben angegebenen Informationen sind jetzt für den Tester ausreichend, um den Baustein funktionell zu testen. Ein einmal definiertes Programm kann jetzt durch eine einfache Handhabung in der Bibliothek niedergelegt werden. Sollte dieser Baustein bei einem anderen Arbeitsprogramm wieder benutzt werden, so reicht der Aufruf des Namens „74LS138" und die Zuordnung der Knotenpunkte innerhalb der Schaltung aus, um diesen Baustein zu programmieren.

Data director

Die erwähnte Methode der Erzeugung der Stimuli-Impulse durch den Bitmustergenerator reicht infolge der festen Abhängigkeit der einzelnen F-Frequenzen untereinander zur Stimulierung aller LSI-Bausteine nicht mehr vollständig aus. Hier kann eine sequentielle Stimulierung der unterschiedlichen Signale, wie ENABLE, CLOCK und anderer Kontroll-Signale, sowie eine Manipulation der Daten und Adressen notwendig werden. Der TS 800 wurde daher um eine Option, den „Data director", erweitert.

Dieser Data director ermöglicht dem Programmierer, den Prüfling in seiner eigenen Maschinensprache anzusprechen und die gewünschten Reaktionen des LSI mit der Signaturanalyse zu überprüfen. Der Data director teilt die Eingänge zu einem LSI in zwei Gruppen auf:

1. Data, z.B. OP Code-Instruktionen oder Adreßwörter, die meistens in gleichen Längen, von 4, 8, 16 oder mehr bit, aufgeteilt sind.
2. Kontroll-Funktionen, wie CLOCK, ALE, READY oder READ/WRITE.

Damit nun ein Prüfling Daten annehmen oder abgeben kann, müssen die Kontroll-Funktionen in einem ganz bestimmten, durch den Hersteller definierten Zyklus ablaufen. Dieser Ablauf wird durch ein sogenanntes „Protokoll" bestimmt. Dieses kann der Programmierer durch Makro- oder Mikro-Programme entsprechend den Angaben des

Herstellers definieren. Es enthält alle zeitlichen Abläufe und die hexadezimale mnemonische Darstellung des LSI.

Alle zeitlichen Abläufe werden dabei von einem gemeinsamen Takt, der auch von dem Taktgeber der zu prüfenden Flachbaugruppe abgeleitet sein kann, gebildet. Um nun ein bestimmtes Prüfprogramm aufzustellen, wird festgelegt, welche Instruktionen des LSI getestet werden sollen.

Zu jeder dieser Instruktionen gehört ein entsprechendes ,,Protokoll", das aufgrund des Datenbuches Takt für Takt zusammengestellt werden kann und dann als Makro- oder auch Mikrobefehl Verwendung findet.

Mit der Signaturanalyse kann dann das Ergebnis auf Richtigkeit abgefragt werden, wobei das Protokoll auch den Zeitpunkt der Messung und das richtige Schalten der TRI-STATE-Ein-/Ausgänge bei Daten- oder Adreßinformationen bzw. Kontrollfunktionen berücksichtigt.

Da die Daten- und Adreßinformationen normalerweise in festen Bit-Breiten spezifiziert sind, kann der Data director diese Leitungen auch in bytes bedienen. Dadurch kann der Programmierer die Eingänge durch Makrobefehle oder mnemonische Definitionen, die er dem Datenhandbuch entnimmt, aufrufen.

Diese Vereinfachung kommt der Programmierung und der leichten Aufstellung des Arbeitsprogramms zugute. Auch hier kann jedes einmal definierte Programm leicht in einer Bibliothek zur späteren Benutzung bei anderen Arbeitsprogrammen abgelagert werden.

Digitale Tests sollen so weit wie möglich in REAL-TIME ablaufen, um die Prüfzeiten in Grenzen zu halten und eine optimale Fehlererkennung zu ermöglichen.

Der Hardware- und Software-Aufbau des Data directors ermöglicht eine Ablaufgeschwindigkeit bis zu 4 MHz. Dies wurde dadurch erreicht, daß die einzelnen Prüfsequenzen direkt auf den Driver/Receiver-Baugruppen erzeugt bzw. durch den Rechner angestoßen werden. Während eines Prüfzyklus findet kein Zugriff zum Rechner statt, da der Datentransfer im allgemeinen langsamer als die vorzunehmende Prüfung ist. Man spricht hier von einem ,,Diversified System", d.h. der Rechner hinterlegt generell alle wichtigen Funktionen in externen Pufferspeichern, die dem Meß-/Stimuliteil direkt vorgelagert sind und löst dann den eigentlichen Prüfschritt nur aus.

Die ökonomische Anwendung des *In-Circuit-Tests* ist im wesentlichen davon abhängig, wie groß der Aufwand bei der Herstellung des Adapters und beim Programmieren des Systems ist. Es wurde bereits erwähnt, daß die Anwendung von Bibliotheken eine sehr große Hilfe sein kann. Dies ist aber nicht die einzige Möglichkeit zur Einsparung kostbarer Zeit. Dem Benutzer werden immer weiter ausgefeilte Programmgeneratoren zum Erstellen des Prüfprogramms zur Verfügung gestellt, um den Arbeitsaufwand so weit wie möglich einzuschränken.

So unterteilt sich heute die Erstellung des Arbeitsprogramms wie folgt:
- Eingabeliste, Zuordnung der Meßpunkte,
- Automatische Prüfprogrammgenerierung,
- Debugging mit Programmunterstützung und gleichzeitiges Messen und Überprüfen der editierten Angaben.

Eingabeliste

Schon bei der Eingabe der Komponenten und deren Parameter macht man von vielen Unterstützungen des Programmgenerators Gebrauch.

Wie erwähnt, genügt es, bei IC's meistens nur den Namen anzugeben. Die räumliche Zuordnung der Anschlüsse kann mit einem Clip von einem an den Tester angeschlossenen guten Prüfling automatisch abgelernt werden. Auch bei anderen einfachen Bausteinen kann die Zuordnung mit einer Sonde abgelernt werden. Die Bezeichnung bzw. Parametrierung eines Widerstandes wird zum Beispiel wie folgt angegeben:

R15 10K + 5, 33–50,

wobei R15 den Namen verkörpert, 10K steht für den elektrischen Wert, +5 beschreibt die Toleranz und 33–50 gibt die Knotenpunkte an. Festlegungen wie Durchgangsverbindungen und Unterbrechungen werden vollautomatisch von einer guten Baugruppe abgelernt.

Man hat hier also besonderen Wert darauf gelegt, die notwendige Eingabe der Komponentenliste auf ein Minimum zu beschränken. Viele Anwender sind dazu übergegangen, diese Listen durch eine flinke Schreibkraft eingeben zu lassen, um Programmierkosten einzusparen. So ist es möglich, diese Arbeiten je nach Größe des Prüflings in wenigen Stunden durchzuführen.

Automatische Prüfprogrammierung

Nach Fertigstellung der Eingabeliste erfolgt der Programmgeneratorlauf, in dem nun automatisch das Prüfprogramm erstellt, die GUARD-Punkte festgelegt und die Prüfmöglichkeiten untersucht werden.

Über einen gesonderten Drucker werden dann u.a. das Prüfprogramm und die Listen über Zuordnung der Bausteine zu den Knotenpunkten ausgegeben. Der Programmierer erhält auch Informationen über nicht durchführbare Prüfungen bzw. Abweichungen von den gewünschten Toleranzen.

Hierzu ein Beispiel: R1 = 5K liegt parallel mit R2 = 2K.

Eingegeben wurden beide Widerstände mit ihren Werten und einer Toleranz von ± 5 %. Meßtechnisch läßt sich jetzt aber nur der Gesamtwiderstand bestimmen. Eine Rückfrage des Programms ist notwendig, damit eine Abänderung auf z.B. den Gesamtwiderstand durchgeführt wird.

Debugging

Der Programmtest und die Optimierung werden Debugging genannt. Mit Hilfe eines guten Prüflings erledigt der Programmierer diese Arbeit auf dem Tester. Auch hier leistet der Programmgenerator wertvolle Hilfe, indem er angibt, welche Parameter nicht prüfbar sind und welche Gründe dafür verantwortlich sind.

Der Programmierer kann aufgrund seiner Kenntnisse über den Prüfling leicht Änderungen vornehmen und diese sofort durch Messungen nachprüfen. Die geänderten Werte werden durch Tastendruck als Segmente wieder in das Arbeitsprogramm eingefügt. Es erfolgt keine weitere Übersetzung bzw. kein weiterer Programmgeneratorlauf.

Sind alle vom Programmgenerator gewünschten Änderungen durchgeführt, kann sich der Programmierer an mehreren guten Leiterplatten davon überzeugen, ob sich sein Programm auch den jeweiligen Toleranzen der betreffenden Baugruppe anpaßt.

Wenn keine weiteren Eingriffe von außen mehr notwendig sind, arbeitet der Tester jetzt nur noch mit einer Start- und Notunterbrechungstaste.

Prüfablauf

Ein Prüfling wird auf den Adapter aufgelegt und die Starttaste wird gedrückt. Das Prüfprogramm schaltet selbsttätig das Vakuum ein, die Kontaktierung zwischen Prüfling und Tester ist hergestellt und eine Serie von Prüfvorgängen, beginnend mit Kurzschlußtest, Durchgangstest, Prüfung der analogen diskreten Bausteine wie Widerstände, Kondensatoren usw. läuft ab. Erst wenn diese Prüfungen zufriedenstellend durchgeführt wurden, wird seitens des Programms die Versorgungsspannung an die Baugruppe angelegt und die Prüfung komplexer analoger Komponenten kann ablaufen. Beim nachfolgenden Bustest wird geprüft, ob sich dieser auch freischalten läßt, indem er die an diesen Bus angeschlossenen IC's in einen TRI-STATE-HIGH-Zustand bringt.

Danach werden als letzter Test alle Digital-IC's geprüft. Nach Beendigung des gesamten Prüfablaufs werden alle Versorgungsspannungen und das Vakuum wieder abgeschaltet.

Ein Drucker gibt auf einem Papierstreifen alle gefundenen Fehler in knapper, der Reparaturwerkstatt verständlicher Form aus. Dabei werden fehlerhafte Bauteile nach Fehlerart und Lage des Fehlers auf der Leiterplatte beschrieben. Diese Informationen werden dem Prüfling mitgegeben.

Der gesamte Prüflauf kann je nach Größe der bestückten Leiterplatte und Anzahl der darauf befindlichen Bausteine zwischen 20 bis 50 s dauern.

Da man neben den Reparaturanweisungen noch statistische Aussagen über Produktionsqualität und Ausfallhäufigket der geprüften Bausteine haben möchte, können während jedes Prüflaufs alle wichtigen Daten gesammelt und in komprimierter Form auf einer Platte neben dem jeweiligen Prüfprogramm gespeichert werden. Diese Daten stehen zur weiteren Verarbeitung auf Abruf bereit. Sie können wertvolle Unterstützung bei der Analyse von Produktionseinbrüchen oder bei plötzlicher Fehlerhäufung an bestimmten Bausteinen leisten.

Herr *Wolfgang Singer,* Fa. Grundig AG, Fürth, hat mich mit seinen Beiträgen über typenspezifische Meßanlagen unterstützt.

Herr *Wilhelm Seemann,* Fa. Siemens AG, Karlsruhe, hat die Vorlage für den Abschnitt Leiterplattenprüfung mit automatischen Testsystemen gestaltet.

Beiden Herren danke ich als Hauptbearbeiter dieses Buchkapitels sehr herzlich für ihre Mitarbeit.

H. Bruch

29. Das Planen einer Leiterplattenfertigung

Die Planungsarbeit, die im Zusammenhang mit dem Erstellen einer Leiterplattenfertigung ausgeführt wird, ist zum größten Teil eine organisatorische Tätigkeit, bei der technische, wirtschaftliche, terminmäßige und Umweltfragen zu koordinieren sind. Das Planen läßt sich in die Planungsphase und die Ausführungsplanung unterteilen.

Die Planungsphase ist das wichtigste Glied im gesamten Ablauf. Hier können alle Möglichkeiten des Fertigungsaufbaus genau durchdacht und mehrmals ohne Kosten geändert werden. Vor Beginn der Planungsphase müssen die folgenden Fragen geklärt werden, die als Grundlage für den Aufbau der Leiterplattenfertigung dienen.

- Verfahrensauswahl (einheitliche Verfahren)
- Kapazität pro Verfahren (einschl. Wachstum)
- Fertigungstiefe (einschl. Wareneingangskontrolle, Siebherstellung, Versand usw.)

Seit Inkrafttreten des Abfallbeseitigungsgesetzes und des Immissionsschutzgesetzes müssen die diesbezüglichen Forderungen ebenfalls im Planungskonzept mit berücksichtigt werden.

- Abwasserreinigung
- Luftreinigung
- Abfallbeseitigung

Das Planen des Fertigungsaufbaues beginnt mit dem Erstellen eines schematischen Fließbildes über den Produktionsablauf (Arbeitsschema). Von der nach dem Materialfluß aufgebauten Fertigung werden nach dem Erstellen der Maschinenaufstellungs- und Versorgungspläne die Detailpläne für Abluft, Zuluft, Elektroanschluß usw. in Zusammenarbeit mit der Bauplanung ausgearbeitet.

In diesem Stadium werden bereits Maschinen und Anlagen bestellt. Die Ausführungsplanung erarbeitet Terminpläne, die von allen am Aufbau der Leiterplattenfertigung beteiligten Firmen akzeptiert und eingehalten werden müssen. Nach dem Aufbau aller Automaten erfolgt die Inbetriebnahme der Anlagen. Zu den Planungsaufgaben zählt auch die sorgfältige Auswahl der Fertigungssteuerung, die in das Konzept voll integriert werden muß.

29.1. Versorgung

Zum Erstellen von Leiterplatten sind viele mechanische, chemische und chemisch-technische Arbeitsprozesse notwendig. Für alle diese Verfahren wird eine große Anzahl von Produkten benötigt. Der mechanische Teil wird gespeist durch elektrische Energie, Druckluft und in wenigen Fällen durch Kühlwasser; dagegen werden die chemischen Bäder, die Ätz- und Beizanlagen mit einer Vielzahl an Hilfsstoffen, Zusatzchemikalien, Druckluft, verschiedenen Wasserqualitäten, elektrischer Energie und Kühlwasser versorgt. Die Versorgung der Anlagen richtet sich nach der geplanten Fertigungsgröße und den zur

Verfügung stehenden finanziellen Mitteln. Im folgenden Kapitel werden an Modellen die praktikablen Versorgungsmöglichkeiten für eine Leiterplattengroßfertigung und für eine Kleinserienfertigung dargestellt.

29.1.1. Direktversorgung

Die Versorgung der chemischen Anlagen kann direkt an den Bädern und Anlagen erfolgen (*Abb. 29.1.*). Für kleine Leiterplattenfertigungen ist diese Versorgung die sicherlich wirtschaftlichste Art.

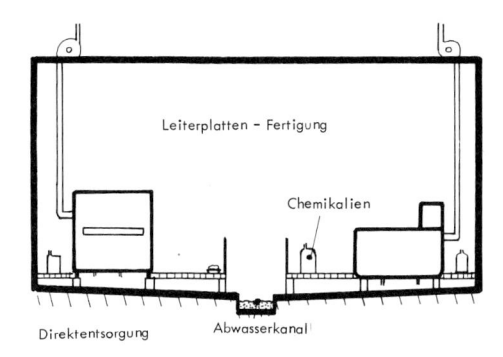

Abb. 29.1.: Chemikalien werden direkt in der Leiterplattenfertigung den Bädern zugesetzt

Eine oder zwei Arbeitskräfte bedienen alle Anlagen, übersehen die Stückzahlen und greifen rechtzeitig in den Fertigungsablauf ein, sobald Fehler an den Anlagen auftreten. Die Chemikalien stehen in flüssiger oder fester Form neben den Bädern. Das Bedienungspersonal führt die Analysen aus und setzt nach den Ergebnissen die Chemikalien zu, oder gibt die Zusätze nach den durchgesetzten Leiterplatten zu. Wird gereinigtes Wasser benötigt, so kann ein kleiner Ionenaustauscher direkt neben der Anlage stehen. Rohwasserleitungen werden auf dem Fußboden verlegt. Der elektrische Anschluß kommt von der Decke, ebenso der Druckluftanschluß vom Kleinkompressor.

Vorteil:

Der Aufbau ist sehr kostengünstig, da keinerlei Rohrleitungen und Ansatzbehälter für einen getrennten Versorgungstransport notwendig sind. Es entfallen alle Regel- und Dosieranlagen.

Nachteil:

Das Bedienungspersonal an den Anlagen ist verantwortlich für die Anzahl der Leiterplatten, für deren Qualität und gleichzeitig für die Bad-Zusammensetzung und Führung. Große Fehlerquellen entstehen durch ungenaues Überwachen und falsches Zusetzen von Chemikalien. Der Schwerpunkt der Arbeit kann nicht auf die herzustellende Leiterplatte gelegt werden. Von großem Nachteil ist auch die Vielzahl von offenen Chemikalienbehältern direkt in der Fertigung. Beim Zusetzen werden Chemikalien verschüttet; eventuell entstehende Dämpfe erniedrigen hierbei die Leiterplattenqualität. Eine Gefährdung der Arbeitskräfte ist nicht auszuschließen.

29.1.2. Zentralversorgung

Eine Zentralversorgung aller Anlagen mit Chemikalien, Wasser, Druckluft usw. wird immer dann geplant werden, wenn eine große Leiterplattenfabrik gebaut wird. Das Bedienungspersonal an den Anlagen steht nicht zur Verfügung, um Zusätze zu den Bädern zu machen. Die hohe Stückzahl erfordert den vollen Einsatz der Arbeitskräfte für das Bedienen der Anlagen. Geringste Fehler führen zu hohen Ausschußzahlen.

Die Chemikalienlösungen werden an zentraler Stelle angesetzt und über Rohrleitungssysteme zu den Bädern geleitet. Es können hierbei gleiche Chemikalien an mehreren Stellen benötigt und dann auch hingeführt werden. Ebenso erfolgt das Rückführen aller verbrauchten Chemikalien zur Versorgungsabteilung. Dort können sie gereinigt wieder für den Arbeitsprozeß eingesetzt oder entgiftet werden. Zur Zentralversorgung gehören auch die Abwasseranlage, notwendige Ionenaustauscheranlagen und Recyclinganlagen. Auch die Druckluftanlagen können von der Gruppe der Zentralversorgung überwacht werden.

Vorteile:
- gleichmäßige Fertigungsqualität der Leiterplatte
- geringste Kosten für Nacharbeit
- keine Spätfehler an Leiterplatten durch Fehlzusätze
- völlige Auslastung der Arbeitsanlagen
- keine Chemikalienbehälter in der Fertigung
- kein Verschütten von Zusatzchemikalien
- leichte Entgiftbarkeit der verbrauchten Chemikalien
- gute Recyclingsmöglichkeit

Nachteil:
- zusätzliche Versorgungsleitungen

Das Zuführen der Chemikalien, ebenso der Druckluft und der elekrischen Energie, kann von der Zentralversorgung durch mehrere Möglichkeiten zu den Anlagen hin erfolgen.

Kellerversorgung

Ist aus baulichen Gründen die Zentralversorgung von einem Kellergeschoß aus möglich, so ist diese Anordnung allen anderen Möglichkeiten vorzuziehen (siehe *Abb. 29.2.*).
Folgende Anlagen werden im Kellergeschoß aufgebaut:
- Chemikalienansetzbehälter
- Chemikalienvorratsbehälter
- Abwasseranlage mit Filterpresse
- Ionenaustauscheranlage
- Kompressoranlage für Druckluft
- Chemikalienrückgewinnungsanlagen

Die Versorgung geschieht vom Kellergeschoß aus durch die Decke an die Arbeitsprozesse. Für den Aufbau sind kurze Wegstrecken notwendig, so daß auch heiße Lösungen problemlos transpotiert werden können. Von großem Vorteil ist die hohe Flexibilität in der Fertigung. Anlagen und Prozeßabläufe lassen sich leicht verändern. Von Nachteil sind die hohen Baukosten.

Kanalversorgung

Die Versorgung von Anlagen über Kanäle kann auf zwei Arten erfolgen:
- über Kanäle, die im Fußboden eingelassen sind und von oben abgedeckt werden (nicht begehbar)
- über begehbare Kanäle unterhalb der Fertigungsebene mit Durchbrüchen in der Decke.

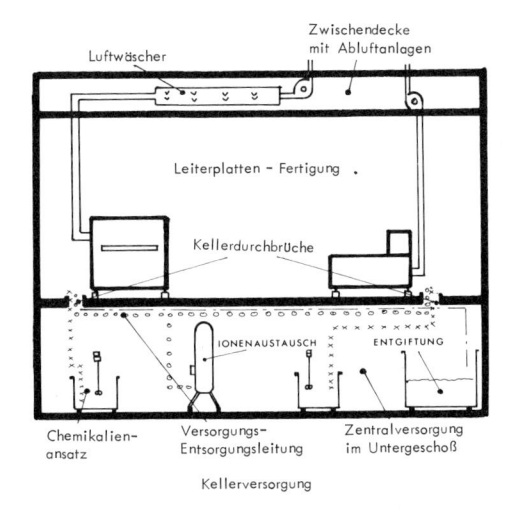

Abb. 29.2.: Unterhalb der Leiterplattenfertigung befinden sich alle notwendigen Versorgungsanlagen. Die Verbindung zu den Prozeßanlagen und Maschinen geschieht durch Öffnungen in der Decke

In diesen Kanälen werden die Rohrleitungen für die Chemikalienver- und -entsorgung, Elektrokabel und Druckluft verlegt. Die Kanäle sollen mit einer säurefesten Beschichtung ausgekleidet sein, damit bei einem eventuellen Rohrbruch keine säurehaltigen Lösungen den Boden zerstören. Der Nachteil einer Versorgung über Kanäle ist durch die Notwendigkeit bedingt, viele lange Rohrleitungen verlegen zu müssen. Als sehr positiv hat sich das in *Abb. 29.3.* dargestellte Planungskonzept herausgestellt. Die Chemikalienansätze befinden

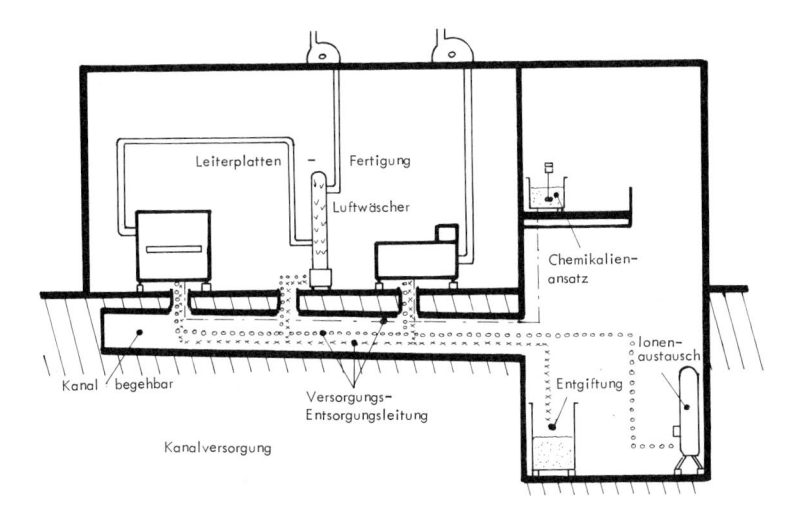

Abb. 29.3.: Die Versorgung der Leiterplattenfertigung mit Zusatzstoffen und Hilfsmitteln geschieht in Rohrleitungen unterhalb der Fertigungsebene über begehbare Kanäle hin zur Zentralversorgung

sich etwa 3 Meter über der Fertigungshöhe. Im freien Gefälle gelangen die Chemikalien in die Anlagen. Verbrauchte Lösungen und Chemikalien, Abwasser, Kühlwasser usw. werden im freien Gefälle in vorbereitete Auffangbehälter rückgeführt. Diese stehen etwa 3–4 Meter unter der Ebene der Leiterplattenfertigung. Nur durch Öffnen und Schließen von Ventilen wird der Transport erreicht. Es sind keine technisch zumeist anfällige Pumpen und Motore nötig.

29.2. Entsorgung

Die Entsorgung einer Leiterplattenfertigung ist nach dem Inkrafttreten der neuen Emissions- und Abgabegesetze weitaus schwieriger geworden, als dies noch vor Jahren der Fall war. Vom Gesetzgeber sind Auflagen festgelegt worden, die unbedingt erfüllt werden müssen. Eine Leiterplattenfertigung darf erst dann beginnen, wenn der Nachweis erbracht ist, daß die behördlichen Auflagen erfüllt sind. Sie müssen den bestimmten technischen Forderungen entsprechen. Werden die Grenzwerte nicht eingehalten, muß ein Betrieb mit hohen Strafen rechnen. Die Umweltschutzvorschriften sind unbedingt zu beachten und müssen in der Planung berücksichtigt sein.

Aus *Abb. 29.4. (Tabelle)* ist ersichtlich, welche Produktgruppen entsorgt werden müssen, damit die gesetzlichen Forderungen erfüllt werden.

Abb. 29.4.: (Tabelle): In der Leiterplattenfertigung fallen Schadstoffe an, die nicht in die Luft und das Abwasser abgegeben werden dürfen

Luft	Ätzlösungen	Konzentrate Elektrolyte	Spülwasser
– säurehaltige Abluft	– sauer	– sauer	– sauer
– ammoniakalische Abluft	– ammoniakalisch	– alkalisch	– alkalisch
– Trichloräthylen			– cyanidisch
– Methylenchlorid		– cyanidisch	– chromathaltig
		– mit Komplexmitteln	
– Chlorothene		– Chromate	– Kühlwasser
– organische Lösungsmittel aus Druckfarben und Photolacken			

29.2.1. Entsorgung der Luft

Für das Planen von Abluftanlagen sind seit dem Inkrafttreten der TA-Luft vom 25.6.1974 genaue Grenzwerte bekannt, nach denen die Anlagen ausgelegt werden können. Dabei ist zu beachten, daß die Abluft vollständig erfaßt werden muß. Die Wahl des Reinigungssystems hängt von folgenden Faktoren ab:
- von der Art, Menge, Temperatur und Konzentration der Abluft
- von der Wirtschaftlichkeit (Investitionskosten, Energiekosten und Waschflüssigkeits-Verbrauch)
- von den Verhältnissen am Aufstellungsort.

Abb. 29.5.: Abluftwaschanlagen verhindern die Emission von schädlichen Gasen und Dämpfen (Werkfoto: Grundig)

Abluft aus Ätzanlagen
Beim Ätzen von Leiterplatten entstehen je nach Ätzverfahren saure oder ammoniakalische Dämpfe, die von den Ätzanlagen abgesaugt werden müssen. Es ist beim Planen zu berücksichtigen, daß die Absaugrohre der beiden Ätzverfahren nicht miteinander verbunden und gemeinsam abgesaugt werden. Hierbei entstehen weiße Ammonchloridnebel.
Für das Reinigen der Abluft haben sich Sprühwäscher in der Praxis sehr gut bewährt, dabei muß ein möglichst intensives Berühren der Waschflüssigkeit mit der in der Abluft mitgetragenen Säure oder dem Ammoniak garantiert sein (*Abb. 29.5.*). Im Prinzip ist es gleichgültig, ob die Luft durch die Waschflüssigkeit über Lochböden wandert oder die Waschflüssigkeit über Düsen verteilt wird und der Abluft entgegenströmt. Je größer die Oberfläche, desto intensiver der Reinigungseffekt. Für das Reinigen der salzsäure-haltigen Abluft eignet sich als Waschflüssigkeit Wasser oder Natronlauge, für die ammoniakhaltige Ätzabluft Wasser. Die Waschflüssigkeit ist nach dem Erreichen von bestimmten Grenzwerten zu erneuern, wobei es gleichgültig ist, ob jeweils die gesamte Lösung erneuert wird, oder das Frischwasser der Lösung kontinuierlich zugesetzt wird. Mit Hilfe der Waschtürme können die in der TA-Luft geforderten Werte erreicht werden.

Abluft aus Reinigungsanlagen mit Chlorkohlenwasserstoffen
In der Leiterplattenfertigung ist in vielen Prozessen das Arbeiten mit organischen Lösungsmitteln unbedingt notwendig. Das Basismaterial wird vor dem Siebdruck- oder Fotoprozeß mit Trichloräthylen entfettet. Das Entwickeln von Fotolacken erfolgt ebenfalls mit Trichloräthylen, spezielle Feststoffresists werden mit Chlorothene NU entwickelt und mit Methylenchlorid gestrippt. Für alle diese organischen Lösungsmittel, mit denen auch teilweise in Dampfform gearbeitet wird, sind sehr geringe MAK-Werte zulässig.

An diesen Anlagen sind starke Absauganlagen zu planen. Ebenso sind beim Auslaß direkt ins Freie die folgenden Bedingungen einzuhalten, wobei die Grenzwerte natürlich nicht überschritten werden dürfen.

Die Ausblasstelle muß:

- 1,5 m über Dach
- 10,0 m über Erdboden
- 5,0 m über der Höhe

der in einem Radius von 50 m liegenden Gebäude außerhalb des Werksgeländes liegen.

Ein sehr großer Teil der Chlorkohlenwasserstoffe wird von der Reinigungsanlage in die Luft befördert. Nur mit Hilfe von Aktivkohle-Adsorptionsanlagen läßt sich die ausgeblasene Luft von den Chlorkohlenwasserstoffen reinigen, und so können die Forderungen der TA-Luft erfüllt werden (*Abb. 29.6.*). Der große Vorteil dieser Anlagen besteht neben dem Erfüllen der Umweltschutzbedingungen im Rückgewinnen der adsorbierten Chlorkohlenwasserstoffe und deren Wiedereinsatz.

Abb. 29.6.: Aktivkohle-Adsorptionsanlagen adsorbieren organische Lösungsmittel aus der Abluft. Die Lösungsmittel können wiedergewonnen werden (Werkfoto: Grundig)

29.2.2. Ätzlösungen

Beim Ätzen von Leiterplatten fallen je nach Einsatz saure oder alkalische Ätzmedien mit hoher Kupferkonzentration an. Diese verbrauchten Ätzlösungen können wegen des Kupfergehaltes, des Säure- oder Alkaligehaltes nicht direkt in das Abwasser geleitet werden. Beim Planen sind Behälter einzurichten, die diese Lösungen auffangen und speichern. Das Behältervolumen richtet sich nach der Anfallmenge und der Beseitigungsmethode. Die Behälter sind so aufzustellen, daß bei einem eventuellen Bruch die Ätzlösung in einer ätzbeständigen Auffangwanne aufgefangen werden kann und so nicht in das Abwasser oder Grundwasser gelangt. Das Volumen der Auffangwannen muß dem der Ätzbehälter entsprechen.

Saure Ätzlösungen

Für das Entsorgen von verbrauchten sauren Ätzlösungen gibt es mehrere Methoden, die je nach Abfallmenge und eventuellem Wiedereinsatz geplant werden können. Ätzlösungen aus Ammoniumperoxodisulfat sind aus abwassertechnischen Gründen nicht in das Planungskonzept aufzunehmen. Es eignet sich Natriumperoxodisulfat zum Ätzen. Das Kupfer kann aus diesen Lösungen sehr leicht elektrolytisch abgeschieden werden. Die zurückbleibende Schwefelsäurelösung wird neutralisiert. Für das am häufigsten eingesetzte Ätzmedium Kupferchlorid kann der Transport und Verkauf an eine Kupferhütte erfolgen. Dort erfolgt das Aufarbeiten der Ätzlösung.

Wird eine große Leiterplattenfertigung mit Subtraktiv- und Additiv-Technik geplant, so kann das abgeätzte Kupfer den Kupferbädern wieder zugesetzt werden. Es bieten sich 2 Lösungen an. Das Kupferchlorid kann den chemischen oder elektrolytischen Kupferbädern als Kupferchlorid oder als Sulfatsalz zugeführt werden.

Aus *Abb. 29.7.* ist der Sulfat-Kreislauf ersichtlich. Diese zukunftsweisende Lösung der Abfallbeseitigung und des Wiedereinsatzes kann sehr leicht in das Fertigungskonzept integriert werden.

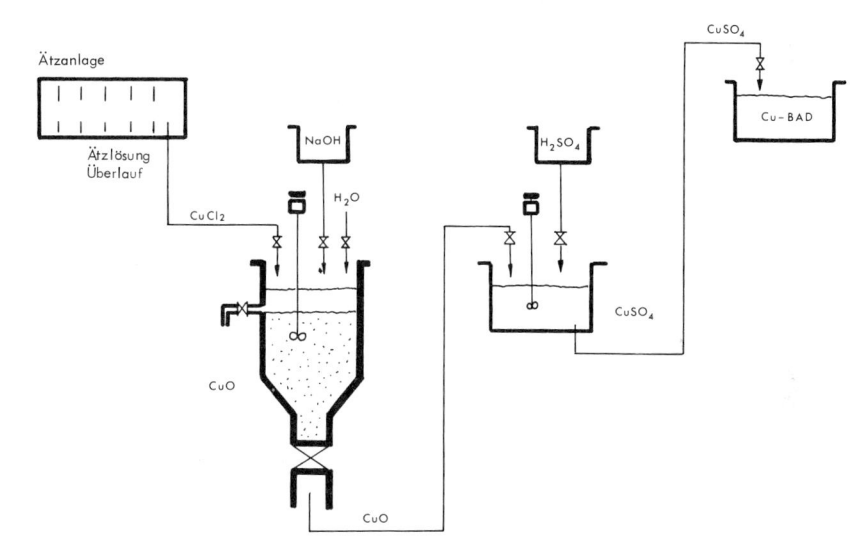

Abb. 29.7.: Aus Kupferchloridätzlösungen wird durch Neutralisieren und anschließendes Auflösen des entstehenden Kupferoxides in Schwefelsäure ein Kupfersulfat gewonnen, das als Kupferlieferant chemischen oder elektrolytischen Kupferbädern zugegeben werden kann

Alkalische Ätzlösungen

Die ammoniakalische Ätzlösung enthält freies Ammoniak und Ammoniumsalze. Während des Ätzprozesses steigt die Kupferkonzentration der Ätzlösung an. Ab einer Konzentration von 150–170 g/l Kupfer nimmt die Ätzwirkung ab. Zum Erreichen eines konstanten Ätzfaktors muß das Kupfer aus der Lösung entfernt werden. Drei Möglichkeiten stehen zur Verfügung.

Die einfachste Art besteht darin, auf dem Markt befindliche alkalische Ätzlösungen nach dem Aufbrauchen dem Lieferanten wieder zur Verfügung zu stellen. Dieser arbeitet die

Abb. 29.8.: Transmer-Processor. Anlage für 12 t Cu/Jahr Frontansicht. Flüssigkeits-
extraktionseinheit-Elektrolyseeinheit – Prozeßkontrollmodul
(Werkfoto: J. Sekinger, Oberkirch)

Lösung auf. Es entstehen keine Entsorgungsprobleme. Dieses Konzept ist dann zu empfehlen, wenn eine kleine Leiterplattenfertigung geplant wird.

Für große Leiterplattenfertigungen eignet sich das MECER-Verfahren. Es ist eine Flüssig-Flüssig-Extraktionstechnik, die kontinuierlich kupferhaltige ammoniakalische Ätzlösung behandelt (*Abb. 29.8.*).

Die Regenerationsanlage ist mit der Ätzanlage direkt verbunden. Durch diesen Prozeß wird nicht nur Kupfer aus der Ätzlösung wiedergewonnen, was zu einem deutlich reduzierten Verbrauch an Ätzlösung führt, sondern es wird auch das Spülwasser für den Reinigungsprozeß mitbehandelt. Die Anlage besteht im wesentlichen aus drei Arbeitsstufen: der Flüssig-Flüssig-Extraktion, der Elektrolyse und der Verdampfung. Der Prozeß wird automatisch von einer Kontrolleinheit gesteuert.

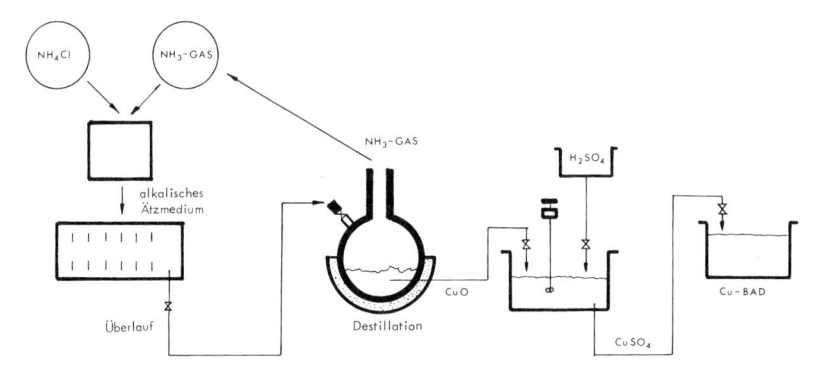

Abb. 29.9.: Beim Destillieren der ammoniakalischen Ätzlösung entweicht das Ammoniak, welches wieder der Ätzlösung zugeführt wird. Im Konzentrat verbleibt Kupferoxid, das nach dem Auswaschen und Auflösen in Schwefelsäure als Kupferlieferant für chemische und elektrolytische Kupferbäder dient

Für die Großserienfertigung bietet sich eine wirtschaftliche und zukunftsorientierte Lösung an (*Abb. 29.9.*). Die ammoniakalische Ätzlösung wird destilliert und das im Destillat übergehende Ammoniak der ammoniakalischen Ätzlösung wieder zugeführt. Das Ätzverfahren wird dadurch billiger. Im Konzentrat ist Kupferoxid, das den chemischen oder galvanischen Kupferbädern zugeführt wird. Es entfällt der Einkauf von Kupfersalzen.

29.2.3. Entsorgung von verbrauchten Konzentraten

Konzentrate können nicht direkt in das Abwasser geleitet werden, sie sind vor dem Einlauf in das Kanalnetz zu entgiften. Beim Planen ist diesem Thema besondere Beachtung zu widmen. Die Lebensdauer von Konzentraten kann durch folgende Maßnahmen verlängert und die Aufbereitung erleichtert werden:

– Ansetzen der Bäder mit entionisiertem Wasser und reinsten Chemikalien
– Einsatz von cyanidarmen oder cyanidfreien Bädern
– Verrohren und gezieltes „Entgiften" und Aufbereiten der Konzentrate.

Für kleine Leiterplattenfertigungen ist die Abgabe an eine zentrale Entgiftungsanstalt die sicherste Methode. Im Planungskonzept einer großen Leiterplattenfertigung müssen geeignete Verfahren vorgesehen werden. Die Bäder gleicher Zusammensetzung werden miteinander verrohrt und entgiftet.

Abb. 29.10.: Beim Vakuumdestillieren von chemischen oder galvanischen Bädern erhält man Konzentrate, die den Bädern als Rohstofflieferant wieder zugeführt werden. Aus gewonnenen Konzentraten lassen sich Schadstoffe leicht entfernen (Werkfoto: Grundig)

Chemisch reduktiv arbeitende Kupferbäder lassen sich vollständig durch Zugabe von Formaldehyd bei höherer Temperatur entkupfern. Das Kupfer fällt metallisch an. Formaldehyd kann abgedampft und zurückgewonnen und dem Prozeßbad wieder zugeführt werden. Durch Absenken des pH-Wertes wird der größte Teil des Komplexbildners ausgefällt. Die Kristallisation läßt sich durch Abkühlen auf Normaltemperatur beschleunigen. Nach dem Spülen des Rückstandes wird das feste Komplexmittel mit Natronlauge behandelt und dem Prozeß wieder zugeführt. Das im Filtrat verbleibende Natriumsulfat und Natriumformiat wird neutralisiert und separat abgeleitet.

Das völlige Trennen der Konzentrate von Wasser und Feststoff kann auch durch Vakuumverdampfer erfolgen (*Abb. 29.10.*). Es bildet sich Reinwasser (das zum Ansetzen neuer Bäder benutzt werden kann), und es entsteht gleichzeitig eine hochkonzentrierte Form des Bades, aus welchem sehr leicht die verwertbaren Bestandteile gewonnen und wieder dem Bad zugeführt werden.

Die umgekehrte Osmose, bei der salzhaltige Lösungen in Konzentrate und salzarme oder fast salzfreie Lösungen getrennt werden, ist für viele Bäder einzusetzen. Geeignete Membranen sind für die Bäder vor dem Einsatz zu erproben.

29.2.4. Entsorgung von Abfallschlämmen

Beim Entgiften von Konzentraten und Spülwassern entstehen in großen Mengen Metallhydroxidschlämme. Im Zuge der Neuordnung der Abfallbeseitigung ist es sehr schwierig geworden, diese Abfallschlämme ordnungsgemäß zu beseitigen. Dünnschlämme mit einem Wassergehalt von 98 bis 99 % werden heute nirgendwo mehr abgelagert. Erst die filtrierten

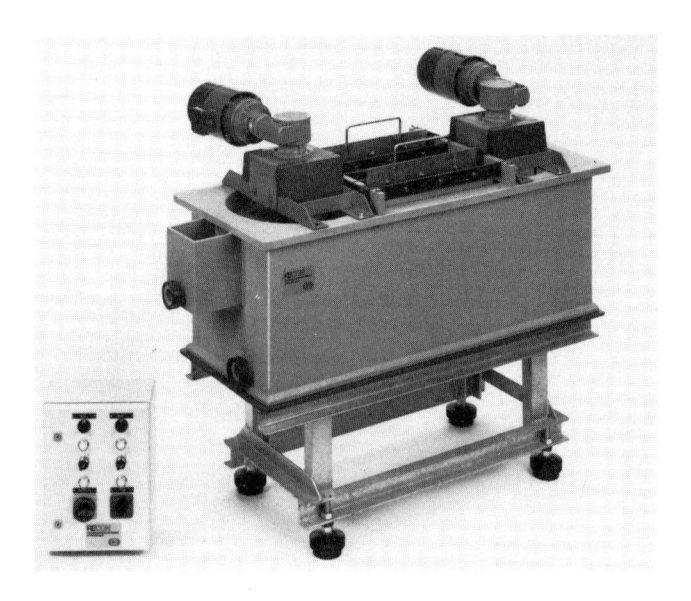

Abb. 29.11.: EMR-Elektrolysezelle zur Rückgewinnung von Ag, Au, Sn, Cu. Gold und andere Metalle werden als Folien oder Platten zurückgewonnen (Werkfoto: Recon-Verfahrenstechnik, Echterdingen)

Schlämme dürfen als stichfester „Kuchen" in Sondermülldeponien eingelagert werden. Beim Planen einer Leiterplattenfertigung können diese Schwierigkeiten und hohe Mülldeponiekosten durch gezieltes Verrohren der Konzentrate und Entgiftungswannen umgangen werden. Man erhält reine Schwermetallhydroxidschlämme, aus denen leicht die Metalle zurückzugewinnen sind. Verbleibende Kalziumsulfat-, Phosphat- oder Fluorschlämme bereiten bei der Deponie nur geringe Probleme, weil sich keine giftigen Schwermetalle mehr in das Grundwasser lösen können.

29.2.5. Edelmetallrückgewinnung

In der Leiterplattenfertigung ist die Rückgewinnung wertvoller Metalle aus Sparspülen oder aus aufzuarbeitenden Prozeßlösungen heute eine Notwendigkeit und muß in der Planungsphase mit berücksichtigt werden. Neben wirtschaftlichen Vorteilen werden Schlammanfall und Abwasserfracht gesenkt. Der Wert des rückgewonnenen Metalls ist weitgehend von seiner Reinheit und seinem Zustand abhängig. In *Abb. 29.11.* und *29.12.* sind Rückgewinnungsanlagen für Edelmetalle gezeigt.

Abb. 29.12.: WE Reaktor Goecomet Au zur elektrolytischen Rückgewinnung von Gold aus Spülwassern und verbrauchten Elektrolyten für die Feingold-, Hartgold- und Legierungsabscheidung (Werkfoto: der Goema Dr. Götzelmann KG, Stuttgart)

29.2.6. Abfallbörse

Mit dem Beginn der Ölkrise und dem Verknappen von Rohstoffen hat man auf Länderebene die Abfallbörsen eingeführt. Die Aufgabe der Börse besteht in dem Erfassen der Art und der Menge von Produktionsrückständen und deren Vermittlung für eine Wieder- oder Weiterverarbeitung an andere Unternehmen. Anfragen über den Ankauf von Abfällen aus der Leiterplattenfertigung können an die Industrie- und Handelskammern der Länder gerichtet werden. In vielen Fällen werden Abfallprodukte in anderen Betriebszweigen benötigt, so daß es sich erübrigt, das Entgiften im eigenen Betrieb auszuführen.

29.3. Abwasseraufbereitung und Kreislaufanlagen

Die Löt- und Lagerqualität der Leiterplatten hängt wesentlich von der Reinheit der verwendeten Spülwasser ab; dies gilt auch für die Produktionsstabilität der chemischen Arbeitsprozesse. Während des Spülvorganges wird die Leiterplatte von Schadstoffen befreit, die sich in Spülwässern anreichern. Ohne vorherige Entgiftung dürfen diese Spülwässer nicht in öffentliche Gewässer eingeleitet werden. Vom Gesetzgeber sind

Abb. 29.13. (Tabelle): Anforderungen an Abwasser

Angaben	Bundesrepublik Deutschland		Schweizer Verordnung vom 8.12.1975
	Normalanforderungen für Einleitung in die Gewässer (Stand 1970)	Richtlinien für Einleitung in öffentl. Abwasseranlagen (Stand 1970)	Anforderungen an Einlieferungen in eine öffentliche Abwasseranlage
Temperatur	30°C	bis 35°C	$\leq 60°C$
PH-Wert	6,5 – 9,0	6,5 – 9,5	6,5 – 9,0
Absetzbare Stoffe	0,3 ml/l nach 2 Std.	1,0 ml/l nach 0,5 Std. (Eisen u. Aluminium ohne Begrenzung – s. unten)	wird von Fall zu Fall festgelegt. – Kantonabhängig –
Petrolätherextrahierbare Öle und Fette	10 mg/l	verseifbar: 100 mg/l unverseifbar: 20 mg/l	Wird von Fall zu Fall festgelegt
Sulfate (SO_4)	keine Angabe	400 mg/l (in Einzelfällen höhere Werte zulässbar)	300 mg/l
Cyanid (CN) (durch Chlor zerstörbar)	0,1 mg/l	1,0 mg/l	0,5 mg/l
Freies Chlor	0,5 mg/l	keine Angabe	wird von Kanton zu Kanton festgelegt
Chrom (Cr)[1] Gesamt	2,0 mg/l	4,0 mg/l	2,0 mg/l
Chrom (Cr) 6 wertig	0,5 mg/l	0,5 mg/l	0,5 mg/l
Kupfer (Cu)[1]	1,0 mg/l	3,0 mg/l	1,0 mg/l
Nickel (Ni)[1]	3,0 mg/l	5,0 mg/l	2,0 mg/l
Zink (Zn)[1]	3,0 mg/l	5,0 mg/l	2,0 mg/l
Cadmium (Cd)[1]	3,0 mg/l	keine Angabe	0,1 mg/l
Eisen (Fe)[1]	2,0 mg/l	keine Begrenzung, soweit klärtechnische Schwierigkeiten nicht zu erwarten sind	
Aluminium (Al)[1]	keine Angabe		< 20 mg/l
Fluorid	20 mg/l		10 mg/l
1) gelöst und ungelöst			

Forderungen gestellt, die beim Planen der Abwasseranlage zu berücksichtigen sind. In vielen Ländern beziehen sich die Hauptaktivitäten der Umweltschutzgesetzgebung auf die Wasserwirtschaft.

Grundlage der Wassergesetzgebung in der Bundesrepublik Deutschland und in West-Berlin ist das Gesetz zur Ordnung des Wasserhaushaltes (*Wasserhaushaltsgesetz – WHG*) vom 27. Juli 1957 in der ab 1. 10. 1976 geltenden Fassung.

Ein weiteres Bundesgesetz auf dem Gebiet des Abwassers ist das Gesetz über Abgaben für das Einleiten von Abwasser in Gewässer (*Abwasserabgabengesetz – AbwAG*) vom 13. Sept. 1976. Entsprechende Anforderungen für das Planen einer Abwasseranlage sind jeweils bei der zuständigen Behörde anzufragen. In *Abb. 29.13.* (Tabelle) sind die Anforderungen in der Bundesrepublik Deutschland von 1970 und die Schweizer Verordnung vom 8. 12. 1975 aufgezeigt.

29.3.1. Anfallende Schadstoffe

Die beim Spülen von Leiterplatten anfallende Salzmenge geht dem Prozeßbad verloren und muß ersetzt werden. (Der Rohstoffverlust ist sehr hoch.) Das Spülwasser ist durch geeignete Maßnahmen von diesen Salzmengen zu befreien. Die Abwasserbehandlung erfordert einen hohen Aufwand, der durch Erniedrigen der zum Entgiften anfallenden Salzmenge sehr stark reduziert werden kann. Das Planen der Abwasseranlage beginnt mit dem Reduzieren dieser Salzfracht. Die Menge der verschleppten Stoffe hängt von folgenden Faktoren ab:

- Konzentration, Temperatur und Viskosität des Prozeßbades
- Geschwindigkeit, mit der die Leiterplatten aus dem Prozeßbad gehoben werden
- Abtropfzeit
- Gestellaufbau

Die trotz Einhalten der optimalen Bedingungen in das Spülwasser gehende Salzmenge kann weiterhin durch Aufbau von Standspülwannen reduziert werden. Das Wasser aus den Standspülen wird zum Auffüllen der Prozeßbäder oder zum Ansetzen neuer Chemikalien benutzt. Seit einem Jahr werden Ätzanlagen angeboten, die völlig abwasserfrei arbeiten. Hier sind mehrere Standspülwannen hintereinandergeschaltet. Mit Kupfer angereichertes Spülwasser der ersten Standspüle wird zum Ansetzen der Ätzlösungen herangezogen.

Aus den Standspülen lassen sich auch teure Elekrolyte wiedergewinnen. So läßt sich zum Beispiel das Silber mit Hilfe von elekrolytischen Verfahren aus den Standspülen herausholen, oder das Gold mit Hilfe von Ionenaustauschern. Auch Ultrafiltration, umgekehrte Osmose, Verdampferanlagen oder Zufuhr von Fällungschemikalien erniedrigen die zum Entgiften anstehende Salzfracht.

In cyanidischen Abwässern sind einfache Cyanide wie auch cyanidische Schwermetallkomplexe enthalten. Das Entgiften erfolgt durch Oxidation mit Hypochloritlösungen zu ungiftigen Cyanaten bei pH 11.

Die chromhaltigen Abwässer enthalten das giftige sechswertige Chrom, welches mit Natriumbisulfitlösung zu dreiwertigem Chrom reduziert wird. Bei der Neutralisation fällt unlösliches Chromhydroxid aus.

Saure und basische Abwässer werden neutralisiert. Die Schwermetalle fallen als Hydroxide aus.

Spülwasser mit metallischem Kupfer, wie sie bei der Reinigung von Leiterplatten in Bürstmaschinen anfallen, werden mit Hilfe von Kupferabscheider gereinigt *(Abb. 29.14.)*. Der große Vorteil beruht in der Wasserersparnis durch Rezirkulation und im Gewinnen von Abwasser, das den Gesetzlichen Vorschriften entspricht.

Abb. 29.14.: Kupferabscheider Cecumat für die Reinigung von Spülwasser aus Bürstmaschinen (Werkfoto Gebr. Schmid, Freudenstadt)

29.3.2. Methoden der Abwasseraufbereitung

Die Art und der Umfang einer Abwasseranlage oder einer Wasseraufbereitungsanlage richten sich nicht nur nach der Größe der zu planenden Leiterplattenfertigung, sondern auch nach den örtlich gestellten Anforderungen. Die gebräuchlichsten Verfahren sind:
- Standentgiftung
- Durchlaufentgiftung
- Ionenaustauscheranlagen
- Lancy-Verfahren.

Für eine kleine Leiterplattenfertigung ist die Standentgiftung die billigste Methode der Abwasseraufbereitung. Die Spülwässer werden in einem Behälter gesammelt und nacheinander den verschiedenen Behandlungsschritten unterworfen. Fallen größere Mengen an Abwasser an, plant man eine Durchlaufneutralisation mit Standentgiftung (*Abb. 29.15.*).

Man erhält in beiden Fällen weitgehend entgiftetes, aber mehr oder minder mit Salz angereichertes Abwasser. Das Entfernen der Schadstoffe durch Ausfällen gelingt nur bis zum Erreichen des Löslichkeitsproduktes. Für das Ausfällen muß eine Zeit von mindestens 4 Stunden zu Verfügung stehen. Das entgiftete Wasser wird nicht mehr in der Produktion eingesetzt.

Für eine Leiterplattenfabrik ist eine Kreislaufführung mit Hilfe von Ionenaustauschern eine gute Lösung. In allen Bereichen der Fertigung kann Wasser mit einem hohen Reinheitsgrad eingesetzt werden. Bei Ionenaustauscherkreislaufanlagen werden etwa 95 bis 98 % des Wassers zurückgewonnen, das als vollentsalztes Wasser der Produktion zur Verfügung steht. In das Kanalnetz gehen nur etwa 5 % des Kreislaufwassers als Abwasser. In *Abb. 29.16.* ist das Funktionsschema einer Kreislauf-Ionenaustauscheranlage mit Entgiftung, Neutralisation und Schlammfiltration aufgezeigt. Die geringen Mengen an Frischwasser machen das Verfahren sehr wirtschaftlich. Ein Nachteil der Ionenaustauscher ist die ins Abwasser gehende Salzfracht. Die aus den Austauschern kommenden, entgifteten Eluate verursachen eine starke Aufsalzung des Abwassers. Beim direkten Fällen der Schwermetalle wird je Äquivalent-Metall ein Äquivalent-Salz gebildet, dagegen bei Ionenaustauschern bereits zwei Äquivalente, in der Praxis bis zu drei Äquivalente. Es muß nicht nur die ursprünglich an das Metall gebundene, sondern auch die zum Eluieren des Metall aus dem Harz benötigte Säure neutralisiert werden.

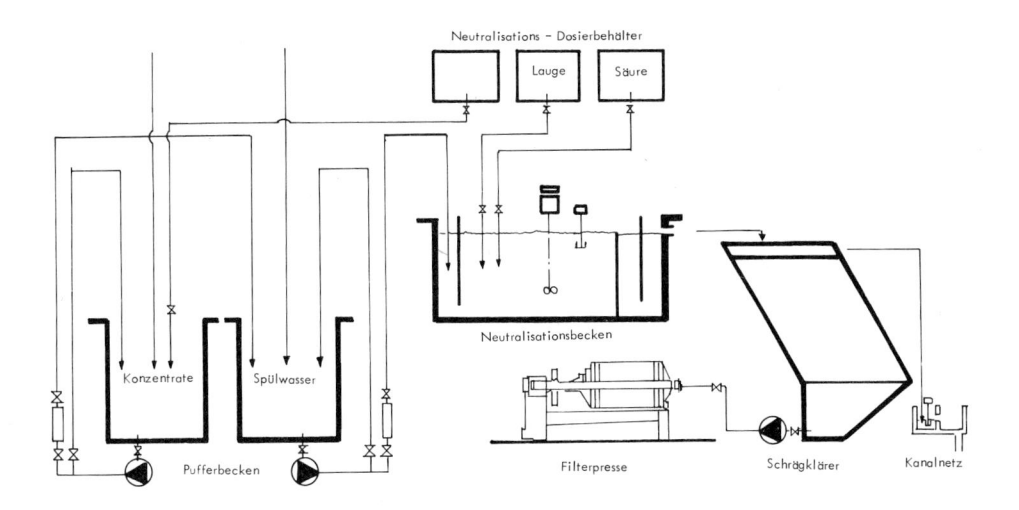

Abb. 29.15.: Schema einer Durchlaufneutralisation

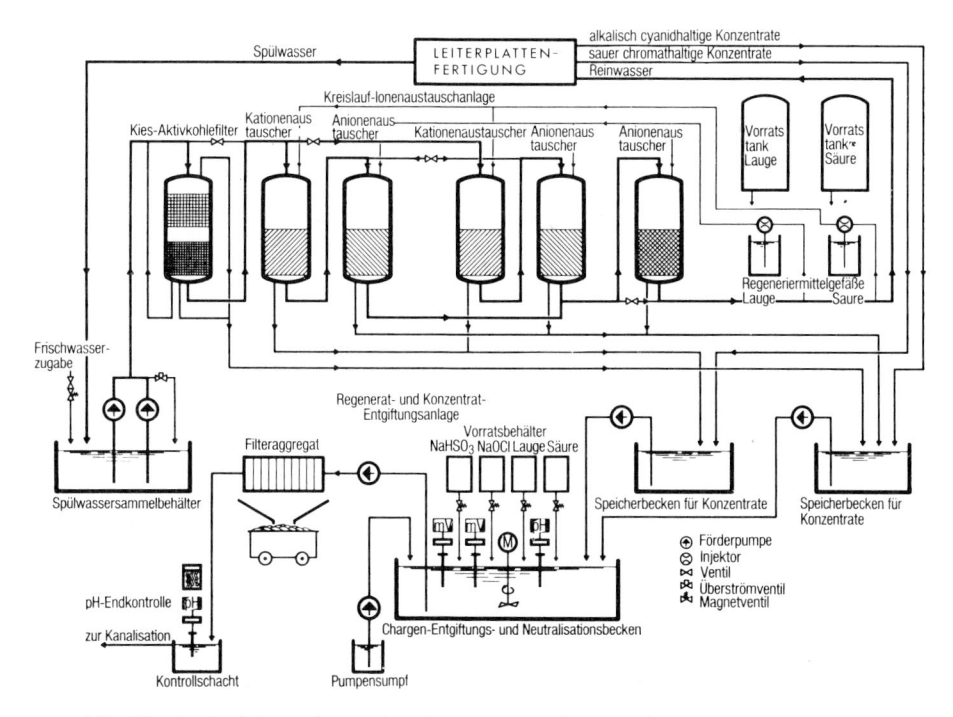

Abb. 29.16.: Funktionsschema einer Servo-Kreislaufanlage mit Entgiftung, Neutralisation und Filtration (Werkfoto: Hager u. Elsässer)

Eine im Moment günstig erscheinende Lösung für das Planen einer Abwasseranlage ist eine Kombination aus Ionenaustausch und Lancy-Verfahren. Beim Lancy-Verfahren wird nach dem Austragen der Leiterplatten aus dem Prozeßbad nicht mit Wasser gespült, sondern mit einer Entgiftungslösung. Diese Entgiftungslösung ist auf die Leiterplattenoberfläche als auch auf die zu entgiftende Lösung abgestimmt. Nach dem Spülen in der Entgiftungslösung wird mit desionisiertem Wasser gespült. Es gelangen dann aber keine Giftstoffe mehr in das Abwasser. Aus der Lancy-Entgiftungslösung können die Schwermetallhydroxide leicht entfernt oder sogar wiedergewonnen werden.

29.4. Materialfluß

Ein materialflußgerechter Arbeitsablauf verhindert in der Leiterplattenfertigung sehr große Fehler und Ungenauigkeiten. Bei unsachgemäßer Planung werden die Fertigungszeiten erhöht, die Qualität der Leiterplatten erniedrigt sich, und eine Fertigungssteuerung ist nur schlecht durchführbar.

Vor Beginn der Planung liegen die Verfahrensauswahl, die Kapazität der Verfahren und die Fertigungstiefe fest. Mit Hilfe dieser Daten wird ein schematisches Fließbild über den Produktionsablauf aller Verfahren erstellt. In dieses Arbeitsflußschema werden alle Arbeitsgänge aufgenommen. Gleiche Arbeitsprozesse in verschiedenen Verfahren müssen hervorgehoben werden, da diese beim Materialflußkonzept eine zentrale Lage einnehmen sollen und somit nur kurze Transportwege notwendig sind. Aus *Abb. 29.17. (Tabelle)* ist das Fließbild mit gemeinsamen Arbeitsprozessen von drei Verfahren aufgezeigt. Eine Untersuchung über den Materialfluß erfolgt mit Hilfe des Fließbildes nach dem Ausarbeiten eines Anlagenaufstellungsplanes. Die Maschinen, Bäder und Anlagen werden entsprechend ihren tatsächlichen Aufstellungsorten im Grundriß dargestellt. Der Materialfluß wird durch Pfeile eingezeichnet.

Aus dem in *Abb. 29.17. (Tabelle)* dargestellten Fließbild ergibt sich ein Aufstellungsgrundkonzept mit genau vorgeschriebener Flußrichtung *(Abb. 29.18.)*. Die Fertigung kann nur in dieser Richtung arbeiten, der Arbeitsablauf ist vorprogrammiert. Das Verfahren mit der größten Kapazität hat die kürzesten Transportwege.

Der Transport von Leiterplatten soll möglichst durch die Prozeßanlagen getätigt werden. Ein Transport von Anlagen zu Anlagen kann mit Hilfe von Transportwagen durchgeführt werden, auf denen die Leiterplatten aufeinander lagern. Nachteilig sind die Gefahr der Beschädigung der Leiterplatten und der große Platzbedarf. Die in *Abb. 29.19.* gezeigten Transportbehälter haben sich bewährt. Sie sind universell einsetzbar und können für alle Formate umgestellt werden. Die Seitenwände sind für die entsprechende Anordnung in Stapeln übereinander mit Führungsnuten ausgeführt, so daß eine kippsichere Zusammenstellung möglich ist.

29.5. Fertigungssteuerung

Im aufgezeigten Konzept wurde die Leiterplattenfertigung nach Materialfluß geplant. Eine Serienfertigung ist wegen der unterschiedlichen Auftragshöhe und der unterschiedlichen Verfahren nicht möglich. Die Leiterplattenfertigung muß auftragsgebunden gesteuert

Abb. 29.17. (Tabelle): Arbeitsablauf von drei Verfahren im Fließbild. Gemeinsame Arbeitsprozesse sind umrandet und miteinander verbunden

700 m²/Tag Siebdruck-Verfahren	200 m²/Tag Photodruck-Verfahren	100 m²/Tag MR-Verfahren Phototechnik
Einseiten-Ätztechnik	Einseiten-Ätztechnik	Durchkontaktierte Technik
Basismaterial schneiden ↓ Pilotlöcher lochen ↓ Basismaterial reinigen ↓ Siebdruck positiv ↓ Ätzen, Farbe abwaschen ↓	Basismaterial schneiden ↓ Pilotlöcher lochen ↓ Basismaterial reinigen ↓ Photoresist beschichten/ belichten/entwickeln ↓ Ätzen ↓ Photolack entfernen ↓	Basismaterial schneiden ↓ Pilotlöcher lochen ↓ Basismaterial reinigen ↓ Bohren ↓ Oberfläche reinigen ↓ Galvanik I, Photoresist beschichten, belichten, entwickeln ↓ Galvanik II ↓ Photolack strippen ↓ Ätzen ↓
Montagedruck mit Einbrennen ↓ Lötstopdruck mit Einbrennen ↓ Beizen/Oberfläche schützen ↓ Stanzen/Bohren ↓ Kontrolle ↓ Versand	Montagedruck mit Einbrennen ↓ Lötstopdruck mit Einbrennen ↓ Beizen/Oberfläche schützen ↓ Stanzen/Bohren ↓ Kontrolle ↓ Versand	Montagedruck mit Einbrennen ↓ Lötstopdruck mit Einbrennen ↓ Stanzen ↓ Kontrolle ↓ Versand

werden. Damit diese wirtschaftlich funktionieren kann, sind die folgenden Parameter zu optimieren:
- Durchlaufzeit
- Personalkapazität
- Maschinenkapazität
- Umrüstzeiten und Losgrößen.

Die Fertigungsvorbereitung setzt sich zweckmäßig aus zwei Abteilungen zusammen: der Fertigungsplanung und der Fertigungssteuerung. Die Aufgabe der Fertigungsplanung ist es, das Auftragsvolumen mit der Kapazität der Fertigung an Personen, Maschinen und Anlagen abzustimmen. Ein monatliche oder wöchentliche Auslastungsvorschau wird von der Planung erstellt und diese mit den Fertigungsabteilungen abgestimmt. Engpässe werden hier sofort festgestellt und geeignete Lösungen vorbereitet. Die Fertigung kann nur dann eine hohe Nutzung der Kapazitäten erreichen, wenn nach entsprechender Zielset-

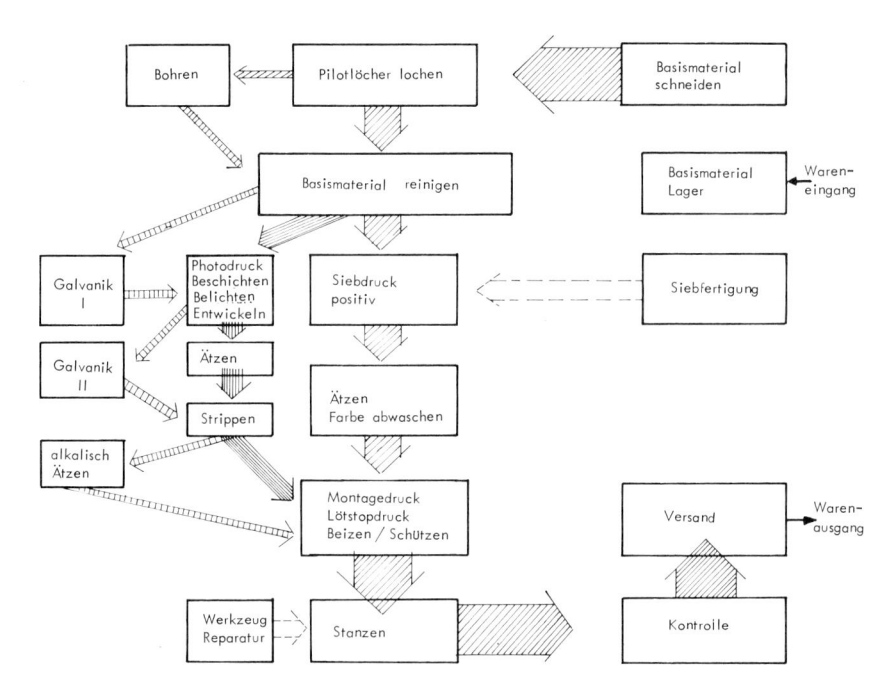

Abb. 29.18.: Aus dem Materialflußkonzept resultieren die Standorte von Maschinen und Anlagen. Die Transportmenge wird durch die Dicke der Pfeile angezeigt.

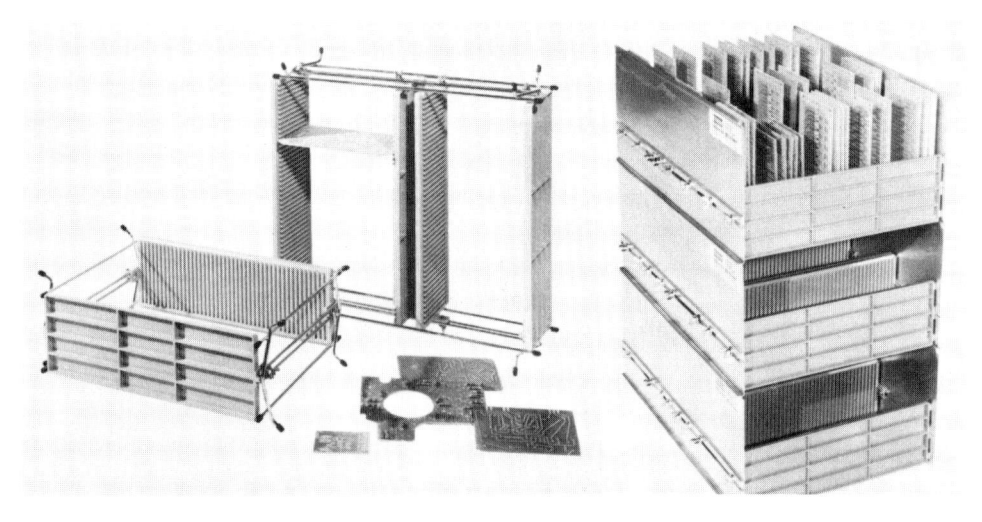

Abb. 29.19.: Transport und Stapelbehälter für Leiterplatten
(Werkfoto: Fa. MAV Horst Bittler, Berlin)

zung in der Fertigungsplanung eine gut funktionierende Fertigungssteuerung aufgebaut ist. Die Fertigungssteuerung muß lückenlos die Kapazitäten belegen und vom Basismaterial bis zum Versand der Leiterplatten jeden Arbeitsgang mitsteuern. Zum Steuern selbst eignen sich mehrere Systeme, vom telefonischen Abmelden der Arbeitsgänge an eine Leitstelle bis zur EDV-Anlage. Für die Leiterplattenfertigung eignet sich das folgende Anlagenkonzept:

Die von der Fertigungsplanung vorbereiteten Aufträge werden in der Fertigungssteuerung in einem Vorverteiler mit aufsteigendem Starttermin pro Auftrag und Verfahren geordnet. In diesem Stadium ist der Auftrag schon so weit bearbeitet, daß Basismaterial, Siebe, Bohrprogramme und Werkzeuge bestellt und Materialflußkarten, Steuerkarten und Lohnscheine angeheftet sind.

Zwei Wochen vor Starttermin werden die Aufträge nach Arbeitsgängen und -folgen aufgelöst und in einer Plantafel angeordnet. Es wird dabei die Arbeitsdauer berücksichtigt, die als genormter Zeitstrahl auf der Steuerkarte eingezeichnet ist. In der Fertigung sind mehrere Informationsstellen aufgebaut, wo für den entsprechenden Arbeitsgang die gleiche Steuerkarte in gleicher Reihenfolge gesteckt ist. Bei Veränderungen eines Auftrages werden die Steuerkarten in allen betroffenen Fertigungsabteilungen deckungsgleich geändert und der Fertigungssteuerung angepaßt. Daraus geht hervor, daß nicht nur in der Fertigung möglichst simultan die Änderungen durchgeführt, sondern auch für jeden Arbeitsgang zwei Steuerkarten vorhanden sein müssen. Nur so ist gewährleistet, daß der Ablauf in der Fertigung nach der Vorplanung der Fertigungssteuerung ausgeführt wird. In der Plantafel der Fertigungssteuerung kann der momentane Stand einer Leiterplatte bis hin zum Versand sofort erkannt werden.

Bei auftretenden Störungen in der Fertigung wird der Fehler der Fertigungssteuerung gemeldet und der in Arbeit befindliche Auftrag auf „Unterbrechung" gesteckt und nach

Abb. 29.20.: Im Werksverteiler der Fertigung stecken die Aufträge im entsprechenden Fach. Die Steuerung wird über alle Vorgänge in der Fertigung informiert
(Werkfoto: Grundig)

Behebung der Störung wieder über das Steuertelefon angemeldet (siehe *Abb. 29.20.*). Für das Einplanen der täglichen Fertigungskapazität wird von den Fertigungsstellen die jeweilige Anzahl der Arbeitskräfte an die Fertigungssteuerung gemeldet.

Literaturverzeichnis zu Kapitel 29

[1] Béla Aggteleky: Fabrikplanung (1971). Carl Hanser Verlag München.
[2] E. Frank: Möglichkeiten zur Lösung industrieller Abwasser- und Abluftprobleme. Chemie-Technik 4 (1975) 5, S. 182.
[3] K.-H. Meißner: Abluft-Reinigungsanlagen und Chrom-Rückgewinnung. Galvanotechnik 66 (1975) 12, S. 983.
[4] J. Zucker: Tricks für Tri., April 1973, JOT, S. 64.
[5] R. Weiner: Entwicklungen im Bereich Abwasser. Galvanotechnik 66 (1975) 8, S. 611.
[6] R. Weiner: Umweltfreundliche Arbeitsweise in der Oberflächentechnik, VDI-Z Band 117 (1975) 8, S. 361.
[7] K. Marquart: Wirtschaftliche Aufbereitung von Abwasser aus der metallverarbeitenden Industrie. Wasser, Luft und Betrieb, 16 (1972) 10.
[8] Sonderheft „Abwasser" der Fachzeitschrift Galvanotechnik 68 (1977) 8 (August) mit Adressenliste der öffentlichen Entsorgungsanstalten (Entgiftung und Ablagerung von Abfällen).
[9] D. Denzer: Umweltschutzprobleme – öffentlich-rechtliche Verpflichtungen. Galvanotechnik 72 (1981) Nr. 5, S. 521.

30. Leiterplattenauswahlkriterien für Entwickler, Anwender und Hersteller
Entscheidungsmatrix zur Verfahrensauswahl

In diesem Kapitel werden für Entwickler, Anwender und Hersteller in einer umfassenden Darstellung die Kriterien zur Verfahrensauswahl herausgearbeitet. Der Verfasser hat sich, in Zusammenarbeit mit allen Autoren, die Ziele:

- objektive Beurteilung
- verständliches Aufzeigen der wesentlichen Merkmale und
- Herausarbeiten der Unterschiede

der verschiedenen Verfahren gesetzt.

Für eine schnelle Vergleichsmöglichkeit und eine übersichtliche Relativierung der Verfahren untereinander wurde eine Entscheidungsmatrix entwickelt *(siehe 30.9)*. Die Gewichtung der einzelnen Parameter pro Herstellverfahren wurde nach der aus der Unternehmensplanung bekannten Delphi-Methode unter den Autoren vorgenommen. Damit ist es möglich, zu weitgehend verläßlichen, übereinstimmenden Aussagen einer Expertengruppe zu gelangen. Durch die wiederholte schriftliche strukturierte Gruppenbefragung ergab sich über das *„opinion-feedback"* diese Matrix.

30.1. Einseitentechnik

Das Standardverfahren, die Einseitentechnik, behauptet nach wie vor mengenmäßig seinen führenden Platz. In erster Linie sprechen die niedrigen Herstellkosten und die schnelle Anfertigung für den Einsatz dieser Technik. Einseitentechnik wird aus allen handelsüblichen Basismaterialien hergestellt. Am kostengünstigsten sind Leiterplatten aus Phenolharz-Papier-Laminat. Anwendungen mit niedriger Packungsdichte werden im Siebdruckverfahren realisiert.

Bei mittlerer Dichte wendet man die Fototechnik an. Auch die Feinleitertechnik ist einsetzbar, jedoch ist dabei zu berücksichtigen, daß die Lötaugen klein werden. Kleine Lötaugen haben nicht mehr hinreichende Haftfestigkeit auf dem Isolierstoff, da infolge der verringerten Fläche die wirksame Verbindung abnimmt. Das hat zur Folge, daß bei mechanischer Belastung (Biegung, Druck) vom Bauelement her, das Lötauge sich vom Laminat löst und die elektrische Verbindung am Übergang Lötauge-Leiterbahn durch das Abreißen des Kupferleiters unterbrochen wird.

Das Lötauge bildet bei der Ätztechnik die besondere Schwachstelle. Im Gegensatz dazu bieten die Leiterplatten mit durchmetallisierten Löchern im Loch eine mechanische Verstärkung der Verbindung Bauelement-Leiterplatte, die den üblichen Schwingungs- und Stoßbelastungen gewachsen ist. Es ist aus Zuverlässigkeitsgründen angezeigt, für Geräte, die sich im mobilen Einsatz befinden (z.B. Flugelektronik, Autoelektronik etc.), nur dann Leiterplatten in Ätztechnik einzusetzen, wenn die Lötaugen hinreichend groß zu gestalten sind. In allen Fällen von hohen mechanischen Belastungen ist die durchmetallisierte Leiterplatte aus Festigkeitsgründen der geätzten vorzuziehen.

Der Entwickler kann durch Zugprüfung in einer Prüfmaschine die Festigkeitswerte der einzelnen Technologien leicht ermitteln. Dieser Test sollte stichprobenweise auch in der Eingangskontrolle durchgeführt werden. Dazu werden Testlöcher mit genormtem Loch- und Lötaugendurchmesser auf der Platte angelegt und ein Draht im Durchmesser der Bauelementeanschlußdrähte einwandfrei eingelötet. In der Festigkeitsprüfmaschine wird das Kraft-Weg-Diagramm beim Ziehen des Drahtes vom Lötauge weg ermittelt. Gerade der Vergleich mit durchmetallisierten Löchern zeigt, daß die Festigkeit der Lötstelle hier um ein Vielfaches höher liegt.

Die Einseitentechnik ist auch, was die Qualität der Lötstellen betrifft, der Leiterplatte mit durchmetallisierten Löchern unterlegen. Diese Tatsache zeigt sich in der Notwendigkeit der Lötstellenkontrolle und des Nachlötens. Dabei muß die Ursache nicht in der Leiterplatte liegen. Sie liegt oft an der verminderten Lötbarkeit der Anschlußdrähte, deren mangelhafte Lotbenetzung dann zu „offenen" und „kalten" Lötstellen führt. Bei durchmetallisierten Löchern wird ein längeres Stück des Bauelementedrahtes mit Lot umgeben, das hat einen besseren Wärmekontakt und einwandfreie Lötstellen zur Folge.

30.2. Zweiseitentechnik

Können auf einer Seite nicht alle Leiterbahnen untergebracht werden, so werden auf der zweiten Seite diese ätztechnisch hergestellt. Die Zweiseitentechnik bietet zusätzlich:

- höhere Leiterbahnzahl und
- größere Packungsdichte

Die gegenüber Platten mit durchmetallisierten Löchern noch günstigen Herstellkosten werden durch die Zusatzkosten für das Durchverbinden teilweise egalisiert.

Als Nachteile sind neben den unter 30.1. angeführten Punkten zu erwähnen:

- Löten von Hand am Bauelement und damit das Herstellen der Durchverbindung zur Bauelementeseite oder
- Einziehen eines Drahtes und Verlöten von Hand auf der Bauelementeseite oder
- Niete anstelle des Drahtes einsetzen und verlöten

Neben den genannten Zusatzkosten, die bei vielen Durchverbindungen die Leiterplatte erheblich verteuern, stellt diese mechanisch geschaffene Durchverbindung auch qualitativ eine Schwachstelle dar. Wiederholt sind Platten im Langzeiteinsatz durch das Abreißen der Lötstelle am Übergang Lötauge-Niet ausgefallen.

30.3. Zweiseitentechnik mit Durchmetallisierung

Die unter diesen Begriff zusammenzufassenden Verfahren *(Kapitel 10.)* liefern nur auf Epoxid-Glasgewebe-Basismaterial die erforderliche Zuverlässigkeit. Als Folge vieler Ausfälle werden heute kaum noch Leiterplatten z.B. auf Phenolharzpapierbasismaterial nach den im *Kapitel 10.* beschriebenen Verfahren hergestellt.

Das Ausgangsmaterial ist in der Regel beidseitig mit 35 µm Kupfer kaschiert, besteht aus Epoxidglasgewebe mit seinen hohen Festigkeitswerten und der geringen Wärmeausdehnung in der Z-Achse (Dicke). Die Kupferkaschierung und das Basismaterial erfordern einen relativ hohen Materialeinstand, zusätzlich ist ein Chemikalienmehrverbrauch für das Abätzen des überschüssigen Kupfers zu berücksichtigen. Beim Abätzen der starken Kupferauflage werden die Leiterbahnen von beiden Seiten unterätzt. Das führt zum freien Überstehen der Zinn/Blei-Auflage, die abbrechen und einen Kurzschluß zur benachbarten Leiterbahn erzeugen kann. Dieser Nachteil kann durch das Aufschmelzen behoben werden.

Ein weiterer optischer Mangel soll hier nicht unerwähnt bleiben. Beim Einsatz einer Lötstopmaske verliert diese durch das Löten ihre einwandfreie Oberfläche. Die Ursache liegt im Flüssigwerden der Zinn- oder Zinn/Blei-Auflage auf den Leiterbahnen unter dem Lötstoplack. Der Lötstoplack weist über den Leiterbahnen nach dem Löten einen Orangenschaleneffekt auf. Dieser optische Mangel kann durch eine in der letzten Zeit eingeführte Verfahrensvariante vermieden werden.

Trotz dieser angeführten Probleme ist das Verfahren am weitesten verbreitet. Die Gründe hierfür sind:

- erforderliches Know-how nicht zu hoch und
- erstes Verfahren, das zuverlässige Durchmetallisierung möglich machte

Die Vorteile dieses Verfahrens gegenüber der reinen Ätztechnik sind:

- hohe Packungsdichte
- hohe Leiterbahndichte
- gute Lötstellenqualität und
- hohe mechanische Festigkeit der Lötstelle

30.4. Semiadditivtechnik

Die Semiadditivtechnik bietet breite Anwendungsmöglichkeiten. Sie umspannt:

- Siebdruck
- Fotodruck
- Feinleitertechnik
- Multilayertechnik bis vier Lagen und
- Metallkerntechnik

Als Basismaterialien werden auch ausgewählte Phenolharz- und Epoxidharz-Papier-Laminate verwendet. Der Aufbau der Kupferschicht auf chemischen und galvanischen Wegen macht es den Anwendern möglich, die erforderliche Kupferschichtstärke zu bestellen. Neben der üblichen Schichtstärke von 35 µm werden auch geringere Auflagen produziert. Höhere Schichtstärken kommen seltener zur Anfertigung, da gerade dann der Nachteil der Semiadditivtechnik gegenüber dem Volladditivverfahren in Erscheinung tritt.

Das elektrische Feld im galvanischen Kupferbad hat eine definierte Feldliniendichte. Treffen nun diese Feldlinien auf ein Flächenteil der Leiterplatte, das mit Leiterbahnen dicht belegt ist, so verteilen sie sich auf die im Flächenteil befindlichen Bahnen gleichmäßig, und in der vorgegebenen Zeit werden die Leiterbahnen mit einer Kupferstärke von 35 µm galvanisch erzeugt.

Liegt nun auf der Leiterplatte ein anderes Flächenteil gleicher Größe vor, das aber nur einen Leiter trägt, so konzentrieren sich alle auf das Flächenteil gerichteten Feldlinien auf diesen Leiter und scheiden auf ihm ein Vielfaches der Kupfermenge ab. Es wird immer wieder versucht, durch Blenden im Bad, durch eingestreute Masseflächen auf der Leiterplatte oder gleichmäßige Verteilung der Leiterbahnen auf der Platte, dieses Problem zu verringern. Jedoch sind die genannten Lösungsansätze nicht in allen Fällen einzusetzen und erfolgreich.

Die besonderen Vorteile der Semiadditivtechnik gegenüber dem unter 30.3. beschriebenen Verfahren sind:

- Feinleitertechnik
- Multilayer bis vier Lagen
- Metallkerntechnik
- Schichtstärke nach Bedarf
- kein Unterätzen
- kein Aufschmelzen notwendig, aber Heißverzinnen möglich
- kein Kräuseln der Lötstopmaske auf den Leitern
- Rework möglich, das Basismaterial ist mit den ersten Arbeitsgängen nicht verloren und
- Kupferrecycling einsetzbar

30.5. Volladditivtechnik

Die Volladditivtechnik ist wie die Semiadditivtechnik ein vielseitig einsetzbares Verfahren. Es wird in den Bereichen:

- Siebdruck
- Fotodruck
- Feinleitertechnik
- Multilayer bis vier Lagen
- Metallkerntechnik und
- resistfreie Fotoadditivverfahren

eingesetzt. Nicht möglich ist das galvanische Veredeln mit Zinn oder Zinn/Blei. Dieser Prozeß kann aber über das Heißverzinnen *(Hot-Air-Leveling)* in einem nachgeschalteten Arbeitsgang vollzogen werden. Die Vorteile der Volladditivtechnik sind:

- Feinleitertechnik
- Multilayer bis vier Lagen
- Metallkerntechnik
- Schichtstärken nach Bedarf (von 10 μm bis 100 μm)
- kein Unterätzen
- kein Aufschmelzen notwendig, aber ein Veredeln im Heißverzinnverfahren möglich
- kein Kräuseln der Lötstopmaske
- Rework möglich
- Kupferrecycling möglich
- kernkatalytisches Basismaterial, auch Phenolharz-Papier-Laminat, einsetzbar (dadurch entfällt der Bekeimungsprozeß)
- keine Schichtdickenunterschiede bei unterschiedlicher Leiterbahndichte
- keine Schichtdickenunterschiede zwischen Loch und Leiterbahn
- gut geeignet für die Eineinhalbseitentechnik (nur auf einer Seite Leiterbahnen, aber durchmetallisierte Löcher und
- weniger Arbeitsgänge in der Herstellung

30.6. Multilayertechnik

Leiterplatten höchster Packungs- und Verbindungsdichte erfordern den Einsatz der Multilayer- oder Multiwiretechnik *(siehe auch 16.6.)*. Diese Verfahren gewinnen ständig an

Einfluß und nehmen im Volumen stark zu. Die Integrierten Schaltungen höherer und höchster Integrationsdichte erfordern diese Verbindungstechniken. Bauelemente, IC's, der

LSI-Technik (Large Scale Integration)
VLSI-Technik (Very Large Scale Integration) und
ULSI-Technik (Ultra Large Scale Integration)

werden auf Multilayer- und Multiwireplatten bestückt.

Kann der Entwickler die notwendigen Verbindungen auf einer zweiseitigen Leiterplatte vorgeschriebener Größe nicht mehr unterbringen, oder ist es notwendig, daß eine Vielzahl von Leiterbahnen die Bauelemente auf den kürzesten Wegen (Schaltgeschwindigkeit, Hochfrequenzanwendung) miteinander verbinden, so bleibt nur der Einsatz von Multilayer- oder Multiwireplatten übrig.

Der Entwurf einer Multilayerschaltung erfordert einen hohen Zeitaufwand. Ebenso sind die Vorbereitungs- und die Anfertigungszeiten bis zur Lieferung der ersten Muster lang. Damit verbunden sind hohe Kosten für die Anfertigung der ersten Muster und kleiner Serien. Erst bei größeren Stückzahlen fallen die Stückkosten, da die Fixkosten auf eine größere Menge umgelegt werden können. Treten in einer Multilayerplatte Fehler auf, so ist es in manchen Fällen nicht möglich, diese zu beheben. Auch das Durchführen von Änderungen in den Verbindungen und der Leiterbahnführung aufgrund von Schaltungsmodifikationen kostet Zeit und bringt neue Fixkosten mit sich.

Die elektrische Zuverlässigkeit der Multilayerplatten aus qualifizierten Fertigungen ist als sehr gut zu bezeichnen.

30.7. Multiwiretechnik

Die Multiwireplatte, die keine konventionellen Leiterbahnen, sondern einen 0,10 oder 0,15 mm starken isolierten Kupferdraht als Verbindungselement trägt, ist eine ernsthafte Alternative zur Multilayerplatte. Das Qualitätsniveau entspricht dem der Multilayerplatten, und sie hat folgende Vorteile gegenüber diesen:

- niedrigere Entwurfskosten
- geringere Werkzeugkosten
- kurze Anfertigungszeit
- gute Reparierbarkeit
- kurze Änderungszeit und
- niedrige Änderungskosten

Bei kleinen bis mittleren Stückzahlen sind Kostenvorteile gegenüber Multilayerplatten gegeben.

30.8. Besondere Verfahren

Die besonderen Verfahren haben vom Volumen her noch keine große Bedeutung. Dennoch werden sie in die Entscheidungsmatrix zum Teil aufgenommen, da sie

- einige neue Anwendungen eröffnen, aber auch
- Restriktionen gegenüber den in großem Volumen eingeführten Verfahren aufweisen, die aus der Matrix zu entnehmen sind

Informationen über die in der Matrix nicht enthaltenen Verfahren sind im *Kapitel 18.* zu finden.

30.9. Entscheidungsmatrix zur Verfahrensauswahl

Nach dem Darstellen der Auswahlkriterien in den Punkten *30.1. bis 30.8.* werden nun in einer Matrix die besonderen Merkmale der einzelnen Verfahren relativ zueinander aufgezeigt. Mit dieser Matrix ist erstmalig ein Überblick über alle wichtigen Kriterien für Entwickler, Hersteller und Anwender gegeben. Die Angaben sind sicher noch zu ergänzen und zu erweitern. Für Anregungen sind wir den Lesern sehr dankbar und werden, nach dem Vorliegen von zahlreichen und qualifizierten Anregungen, zu gegebener Zeit eine neue Matrix als zweite Beilage für das Buch in der *Fachzeitschrift Galvanotechnik mit redaktionellem Teil Leiterplatten-Technik* bringen. Damit wird vom Verlag her sichergestellt, daß die Aktualität stets gewährleistet ist. Die Matrix befindet sich in der Tasche des Buchrückens.

Alphabetisches Sachverzeichnis

A

Abfallbeseitigung, 534
Abfallbörse, 545
Abluft aus Ätzanlagen, 539
Abreißgeschwindigkeit, 508
Abscheidungsgeschwindigkeit, 209, 255, 261, 263
Abstand Leiter/Aussparung, 399
− Leiter/Kontur, 399
− Leiter/Leiter, 398
− Leiter/Lötauge, 398
− von Lötaugen, 396
Abwasseraufbereitung, 546
Abwasserreinigung, 534
Abziehbare Lötstopplacke, 133
Acrylnitrilbutadien-Gummi-Vorpolymer, 247
Adapter, 521
Ätzen, 168
Ätzlösungen, 540
Ätzmaschinen, 182
Ätzprozess, 422
Ätzreserven, 127
Ätzresistschichten, 422
Ätztechnik, 162
Affinitätsbeziehung, 256
Aktivatoren, 261
Aktive Oberfläche, 339
Aktivieren, 204, 245
Alkalipersulfatlösung, 338
Alkalische Ätzmedien, 173
Alkalisch-entfernbare Galvano-Resists, 130
Alkalische Ätzlösungen, 541
Alloy 42, 486
Alterung, 370
Ammoniumpersulfat, 171
Anfertigungszeit, 285
Anforderungen an Leiterplatten für Mikrogeräte, 478
− an Steckverbinder, 476
Anlagen zur Vergoldung, 353
Anodenbezugsspannung, 256
Anorganische Flußmittel, 499
Antistatikmittel, 137
Arbeitsanweisung, 414
Arbeitsrichtlinien für das Bohren, 79
Arbeitssicherheit, 145
Arbeitsschutz, 148
Arbeitsstätten-Verordnung, 148
Aufbau von Filmschaltungen, 405
Aufrastern von Masseflächen, 400
Aufschmelzen, 242
Aufschmelzflüssigkeit, 371
Aufschmelzung, 358

Ausfahrgeschwindigkeit, 508
Auszugskraft, 287
Automatische Badüberwachung, 210
Automat. Bestücken von Bauelementen mit radialen Anschlüssen, 459
Automat. Bestückung von Chip-Bauteilen, 461
Automat. Bestückung axialer Bauteile, 455
−integrierter Schaltkreise, 465
−von Leiterplatten, 453
−von Melf-Bauteilen, 464
Automatische Prüfprogrammierung, 532
−Testsysteme, 526
Automatischer Bohrerwechsel, 82

B

Back driving, 528
Badführung, 260
Badkomponenten, 255
Badprüfung, 435
Basismaterial für Additiv-Technik, 49
Batch-Bäder, 240, 262
Beam-Lead, 494
Beizen des Haftvermittlers, 201
Beizlösung, 202
Belichten/Registrieren, 155
Belichtung, 112
Belichtungs-Registrier-Einheiten, 159
Benetzen, 366
Beschichten, 154
Beschneidetechnik, 450
Bestückung, 444
Beta-Rückstreu-Verfahren, 264
Betriebslabor, 430, 435
Betriebszuverlässigkeit, 252
Bezugsspannung, 256
Bindemittel, 25
Bindemittelgehalt, 144
Bitmustergenerator, 528
Bohrbarkeit, 48
Bohren, 424
Bohren mit Bohrbuchsen, 81
−von Leiterplatten, 75
Bohrer, 77
Bohrerstandzeit, 81
Bohrfräskopf, 333
Bohrmaschine, 76
Bohrprogramm, 285
Bonden, 492
Bondverbindungen, 494
Borstenwalzen, 166
Brennbarkeit, 34

Bruch, 342
Bruchelongation, 342
Bürststation, 165
Bürstwalzen, 166
Bumps, 494

C

CAD (Computer Aided Design), 236, 285
CAD-Entflechtungssysteme, 66
CAM (Computer Aided Manufacturing), 285
Cannizzaro-Reaktion, 207
Chemische Korrosion, 367
Chemische Kupferbäder, 425
   Metallabscheidung, 189
   (stromlose) Metallabscheidung, 362
   Reduktion, 207
   Verkupferung 206
Chemisches Metallisierungsbad, 243
   Verchromen, 261
   Vergolden, 261
Chipbonden, 492
Chromschwefelsäure-Lösung, 278
Circuit Tester, 526
C-MOS-Schaltung, 487
C-MOS-Technologie, 478
CNC-gesteuerte Bohrmaschine, 76
Codierung, 468
Composite-Materialien, 31
Computer-Entwurf, 333
   -Routing, 298
Cyanidische Goldbäder, 348
Cyanidkonzentrationsregelung, 267

D

Data director, 530
Debugging, 532
Deckungsgenauigkeit, 235
Desoxidation, 139
Desoxidieren, 186
Destilliereinheiten, 160
Dickentoleranz, 55
Dickschichten, 370
Die-Bonding, 491
Dielektrische Eigenschaften, 32
Differentialquotient, 264
Differenzätzung, 197, 214
Differenzmessung, 267
Diffusionszone, 366
Digitalisierung, 64
Digitalisiervorgang, 65
Dimensionsstabilität, 55, 71
Direkt-Film-Schablone, 107
Direkte Steckverbindung, 291
Direktes Steckprinzip, 467
Direktsteckverbindung, 466
Direktversorgung, 535
Doppeldeckschichtelektrode, 260
Dosiergerät, 489
Drahtbondverfahren, 492
Drahtraster, 303
Drahtverlegemaschine, 286
Druckbarkeit, 96
Druckkontakte, 410
Druckphase, 100
Druckvorgang, 117

Druckvorlage, 61
Dünnschichten, 369
Duktilität, 212, 262, 285, 340, 347
Duktilomat, 226
Durchkontaktierte Leiterplatten, 423
Durchlauf-Ätzmaschinen, 182
Durchlaufentgiftung, 548
Durchlauftrockner, 137
Durchlaufzeit, 551
Durchmessertoleranzen, 486
Durchmetallisierte Löcher, 241
Durchmetallisierung, 287
Durchschlagsfestigkeitsprüfung, 289
Durchschlagsspannung, 288
Duroplastische Silikon-oder Epoxid-
   Einbettmassen, 487
Dynamische Belastbarkeit, 252
Dynamische Prüfung, 522

E

EDB-Technik, 247
Edelmetallrückgewinnung, 545
Eigenschaften des Basismaterials, 31
Eineinhalbseiten-Volladditivtechnik, 252
Einfahrgeschwindigkeit, 508
Einfahrwinkel, 509
Eingabeliste, 531
Eingangskontrolle des Basismaterials, 432
Eingangskontrolle von Chemikalien und
   Farben, 431
   von Hilfmaterialien, 432
Einkauf, 240
Einrichtung für die Siebherstellung, 115
Einstecktiefe, 469
Eintauchsystem, 371
Einzelsteckverbinder, 474
Einzelverdrahtung, 19
Eisen(III)-chlorid (Fe Cl_3), 169
Elektrische Vollprüfung, 441
Elektrischer Widerstand, 31, 213
Elektrochemie, 263
Elektrodenreaktion, 256
Elektrolytbewegung, 339
Elektrolytisch-chemisches Verfahren, 173
Elektrolytische Korrosion, 367
   Metallabscheidung, 334
Elektronikblock, 487
Elektrophorese, 323
Elektrophoretische Beschichtung, 323
Elektrostatische Beschichtung, 323
ELO-CHEM-Verfahren, 173
Endkontrolle, 431, 439
End-Oberflächen, 226
Entfetter, 337
Entflechtungs-Systeme, 66
Entscheidungsmatrix, 555, 560
Entschichten, 115
Entsorgung, 538
Entsorgung der Luft, 538
Entsorgung von Abfallschlämmen, 543
Entsorgung von Konzentraten, 543
Entwickeln, 156
Entwicklungsmaschinen, 160
Entwicklungsphase, 390

Entwurfsskizze, 61
Epoxidharz-Glashartgewebe, 30
Epoxidharz-Hartpapier, 30
— Pulver, 319
Etagenpressen, 30
Explosionsgefahren, 145
Explosionsgrenzen, 146

F

Fachleitungen, 471
Farb- oder Pastenauftrag, 99
Farbintensitätsmessung, 267
Farbtrocknungsanlagen, 124
Federcharakteristik, 474
Federkontakte, 473
Federleiste, 467, 469
Federweg, 469
Fehlingsche Lösung, 261
Fein- und Feinstleitertechnik, 234
Fertigungskontrolle, 430, 432
Fertigungsphase, 390
Fertigungssteuerung, 550
Fertigungstiefe, 534
Fertigungsüberwachung, 229
Festkörpergehalt, 144
Fettspuren, 337
Feuchtigkeitswiderstandsmessung, 289
Feuergefahren, 145
Film, 90, 482
Filmschaltungsträger, 482
Filmvorlagen, 414
Flachleitung, 471
Flammpunkt, 145
Flexibilität, 285
Flip-Chip-Verfahren, 494
Flockungsmittel, 355
Fluorinert FC 70, 377
Flußdiagramm, 296
Flußmittel, 382, 499
Flüssig-Resiste, 152
Flüssig-Wellenprinzip, 372
Folgeschnitte, 87
Formaldehyd, 207
Fotoadditiv-Verfahren, 274
Fotoinitiator, 277
Fotoplotter, 68
Fotoredox-Reaktion, 277
Fotoresiste, 152
Fräsen von Leiterplatten, 83
Fräs- und Bohrverfahren, 331
Fräswerkzeuge, 84
Freon-TF, 377

G

Galvanische Kupferbäder, 426
— Metallabscheidung, 213
— Zinn-Blei-Bäder, 428
Galvano-Resists, 129
Gang Bonding, 494
Gelierzeiten, 59
Genauigkeitsanforderung, 480
Geruchs-Kontrolle, 144

Geschichte der Leiterplatten, 19
Gesundheitsgefahren, 146
Gewebe, 90, 91
Gießverfahren, 199
Glanzzinnbäder, 355
Glanzzusätze, 355
Glasgewebe, 25
Glasgewebetypen, 54
Glasumwandlungspunkt, 55
Gleichgewichtsspannungs-Stromausbeute-
  Diagramm, 256
Gold, 344
Goldball-Thermosonic-Bondverfahren, 493
Gratbildungen, 481
Großanlagen, 253

H

Haftfestigkeit, 57, 213, 215, 287
Haftfestigkeitsmessung, 289
Haftvermittler, 199, 275, 424
Haftvermittlersystem, 243
Haftvermögen der Kupferfolie, 44
Halbleiterchip, 479
Handbestückung, 444
Handlöttechnik, 502
Handlötung, 489
Hartglanzgoldbäder, 347
Harzfluß, 59
Heißgaslöten, 489, 490
Heißkleber, 285, 293
Heißtauchen, 369
Heißverzinnen / Schichtdicken-Ausgleich, 380
Herstellung der Druckform, 107
High-Feed-Bohren, 79
High-Flow-Prepreg, 220
Hochfrequenzleitung, 287
Hochfrequenzübertragungseigenschaften, 289
Hochtemperaturprüfung, 289
Höchstfrequenzbereich, 287
Hot air leveling, 379
Hub-Tauch-Einrichtung, 511

I

Impedanz, 290
Imprägnieren, 27
Impulsbügellöten, 489, 490
Impulswiderstandslötung, 489
in Circuit Tester
Indirekt-Schablone, 107
Indirektes Steckprinzip, 470
Infrarot-Trocknungsanlage, 138
Initiatormoleküle, 277
Inner-Lead-Bond, 482
Integration von Bauelementen in die
  Leiterplatte, 479
Invertiertes Steckprinzip, 466
Ionenaustauscheranlagen, 548
Ionenkopplung, 246
Ionen-Ladungsaustausch, 362
Ionensensitive Elektroden, 267
Iridium, 360

Isolationsdrucklacke, 134
Isolationswiderstandsmessung, 289
Isolierschicht, 313
Isolierstoffplatten, 20

K

Kaltfluß, 482
Kaltstanzbarkeit, 41
Kanalversorgung, 536
Kantenfestigkeit, 481
Kapazität pro Verfahren, 534
Katalysator, 261
Katalysatorlösung, 244
Katalysatormetall, 261
Katalysieren, 22, 274
Katalytisches Material, 244
Katalytische Zentren, 275
Kathodenbezugsspannung, 256
Kathodisches Metallabscheiden, 156
Kennzeichnungslacke, 133
Keramiksubstrate, 481
Kernkatalysiertes Basismaterial, 244, 288
Kettrichtung, 55
Kleben, 491
Kleberaufrauhung, 202
Klebergerüst, 246
Kleberrückstände, 288
Klebetechnik, 62
Klimatest, 288
Klimatische Einflüsse auf die Druckqualität 114
Kolophoniumhaltige Schutzlacke, 406
Kolorimetrisches Messen, 267
Kombinierte Schablone, 107
    Subtraktiv-Additiv-Technik, 188
Komparator-Meßsystem, 264
Komplettsteckverbinder, 466
Komplettschnitte, 87
Komplexbildner, 205
Konservierung, 140
Konstruktionsrichtlinien, 391
Konstruktionsunterlagen, 391
Kontaktbreite, 468
Kontakte, 409
Kontaktdrücke, 470, 473
Kontaktform, 469
Kontaktkraft, 469
Kontaktstrecke, 508
Kontaktverfahren, 363
Kontaktzungen, 467
Kontinuierlich laufende Titration, 269
Kontrolle von Metallschichten, 435
Kontrolle von Druckfarben, Fotolacken und Schutzlacken, 438
Konturenschneiden, 87
Kopierverfahren, 330
Koppelkapazitäten, 290
Kornfeinheit-Bestimmung, 145
Korrosion, 367
Korrosionswiderstand, 368
Kovar, 486
Kunststoffumspritzte Metallgitter, 481, 486
Kupfer-Berylliumlegierung, 487

Kupferchlorid ($CuCl_2$), 170
Kupferchloridlösung, 338
Kupferfolie, 25, 56
Kupferkaschierung, 22
Kupferkeimbild, 278
Kupfer-Oberflächenschutz, 406
Kupfer-Whisker, 356

L

Labor-Ätzmaschinen, 182
Labormusterplatte, 410
Lagetoleranzen, 484, 486
Laminatoren, 158
Laminatstärke, 54
Laminieren, 155, 223
Lancy-Verfahren, 548
Langzeitbäder, 262
Laserschweißen, 491
Layout, 63, 292
Layout-Erstellung, 64
Lead Frame-Technik, 481, 486
Legierungsbäder, 357
Leistungsbedarf, 478
Leiterbreiten, 397
Leiterplatte als Steckelement, 467
Leiterplattenauswahlkriterien, 555
Leiterplattenkante, 468
Leiterzugdichte, 23
Leiterzüge, 396
Leitfähige Klebeverbindung, 491
Leitkupferschicht, 206
Leitungsdichte, 302
Lichtdruckprozeß, 313
Lichtempfindliche Emulsionen, 69
Liebig, 261
Lochabriß, 342
Lochdurchmesser, 400
Lochen von Basismaterial, 41
Lochqualität, 401
Lochreinigung, 225
Lochtiefe, 241
Lochwandauskleidung, 320
Lot, 382
Lote für die Massenlötung, 497
Lotkugel-Methode, 501
Low-Flow-Prepreg, 220
Lösemittel-entfernbare Galvano-Resists, 129
Lötaugen, 393
Lötaugen eingeschnitten, 396
Lötbadbeständigkeit, 46
Lötbare Ätzreserven, 128
Lötbarkeit, 289, 347, 367
Lötbedingungen, 500
Löten, 489
Lötfähigkeit, 215
Lötkolben, 502
Lötkrätze, 500
Lötlacke, 141
Lötparameter, 365
Lötpasten, 489
Lötschutzlackierung, 140
Lötstelle, 365
Lötstoppbild, 403
Lötstoppdruck, 418

Lötstopplacke, 131
Lötstopplacke, 1-Komponenten, 131
Lötstopplacke, 2-Komponenten, 131
Lötstopplacke, UV-härtend, 132
Lötstoppmasken, 157
Löttechnik, 497
Lötverhalten, 46
Lötvorgang, 497
Luftreinigung, 534

M

Makrospannung, 343
Manuelle Bestückungseinrichtung, 452
Maschinelle Bestückg. axialer Bauteile, 457
− Lötverfahren, 506
Maschinenkapazität, 551
Maßbeständigkeit, 235
Maßgenauigkeit, 480
Maßgenauigkeit im Siebdruck, 95, 118
Materialanforderungen, 481
Materialbereitstellung, 447
Materialfluß, 550
Matrixverbindungen, 246
Mattzinnelektrolyte, 355
Measlingfestigkeit, 47
Mechanische Festigkeit, 480
Mehrfachelektroden, 258
Mehrfachnutzen, 68, 404
MEK-Wert, 147
Messerleiste, 468
Meßempfindlichkeit, 264
Meß- und Regeltechnik, 271
Meßverfahren, 263
Metallaufspritzen, 20
Metallionenkonzentrationsregelung, 267
Metallische Schutzüberzüge, 406
Metallisiertes Polyestergewebe, 95
Metallkern-Leiterplatten, 313
Metallresist-Abbrüche, 241
Mikrorauhigkeit, 245
MIK-Wert, 147
Mikrogerätetechnik, 478
Mikroschweißung, 492
Mikrospannung, 343
Molekular-Abstand, 246
Montagekosten, 241
Multilayer-(ML-) Fertigung, 217
Multilayer-Kern-Herstellung, 221
Multilayer-Laminat, 53
Multilayer-Leiterplatten, 284
Multilayer-Presse, 227
Multilayer-Volladditivtechnik, 249
Multiwire-Verlegemaschinen, 304
Multiwire-Technik, 23, 284

N

Nachreinigung, 371
Nadeladapter, 526
Nagelkopf, 493
Nailhead, 493
Natriumpersulfat, 338

NC-gesteuerte 1 Spindel- oder Mehrspindelbohrmaschinen, 76
Nernst-Gleichung, 256
Netzliste, 294
Neusilber, 487
Neutralreaktionen, 258
Nickel, 343
Nickeltechnik, 196

O

Oberflächenenergie, 367
Oberflächenveredelung, 337
Optische Vollprüfung, 439
Organische Zusätze, 340
Originalerstellung, 62
Osmium, 360
Outer Lead Bond, 482

P

Packungsdichte, 479
Palladium, 360
Palladiumchlorid-Aktivierung, 204
Papierschichtpreßstoffe, 25
Partielles Löten, 500
Passivieren, 255
PD-R-Verfahren, 277
Personalkapazität, 551
Persulfatlösungen, 337
Phenolharz-Hartpapier, 30
Photoformation, 327
Photoforming-Verfahren, 277
Photoresist, 421
Photosensitizer, 278
Phototape-Technik, 158
Physikalisch trocknende Lacksysteme, 128
Physikalische Eigenschaften chemisch abgeschiedener Kupferschichten, 212
pH-Wert, 210
− Messung, 266
Planen einer Leiterplattenfertigung, 534
Platin, 360
Platinmetalle, 360
Polyesterfolie, 62
Polyestergewebe, 94
Polyimid-Isolation, 285, 287
Polymere, 246
Porzellan-Glasurschicht, 323
Präzisions-Mikrodosier-Pumpe, 269
Prepreg, 30, 58, 285, 300, 322
Programme für das Bohren, 78
Programmplatte, 521
Prozeßzuverlässigkeit, 478
Prüfablauf, 532
Prüfen auf Lötbarkeit, 442
Prüfprogramm, 285
Prüfverfahren, 299
Pulverpreßverfahren, 334
Pulse plating-Verfahren, 347
Pyrophosphatkupferbäder, 339

Q

Qualitätskontrolle, 430
Qualitätssicherung, 386, 389
—von Siebdrucklacken u. Schutzlacken, 144
Quick-Etch-Verfahren, 214

R

Radionuklid, 264
Rahmen, 90
Randschärfe des Druckbildes, 96
Rasterskizze, 296
Rechtsvorschriften, 147
Reduktionsmittel, 257
Reduktionsmittelkonzentrationsregelung, 269
Reduktionsverfahren, 363
Reflow-Bonden, 495
—-Verfahren, 489
Regelanlagen, 263
Regeneration alkal. Ätzmedien, 180
—für saure Ätzmittel, 175
Reibkorrosion, 468
Reinigungsmittel, 136
Reproduzierbarkeit, 285
Repromaterial, 69
Reprotechnik, 68
Resisttechnik, 188
Risse in der Bohrung, 341
Rhodium, 360
Rollenschere, 74
Ruthenium, 360
Rückätzverfahren, 225
Rückgewinnung von Chromsäure, 203
Rütteltest, 289

S

Sägen, 73
—von Basismaterial, 75
Säulenführungsschnitte, 87
Saure Ätzlösungen, 541
— Entfettung, 337
Schadstoffe, 547
Schälhaftfestigkeit, 243
Schaumfluxer, 508
Schichtdickenrelation, 215
Schichtdickenunterschiede, 241
Schlagschere, 73
Schleifkontakte, 409
Schleifvlies-Lamellen-Walzen, 166
Schlepplötverfahren, 506
Schlepplötanlage z. automat. Löten, 507
Schleuderbeschichtung, 154
Schließphase, 100
Schneiden, 62, 73
Schneidklemmkontakte, 466
Schneidklemmtechnik, 473
Schnelle Reduktionsbäder, 262
Schnittspiel bei Stanzwerkzeugen, 89
Schrumpfung, 33
Schußrichtung, 55
Schutzlackieren, 186
Schweißen, 491
Schweißtechnik, 488
Seeder, 261
Selbstpassivieren, 259
Selbstspannende Rahmen, 102
Semiadditiv-Verfahren, 197, 326
Servicebild, 404
Service-Montagedruck, 419
Sicherheits-Vorschriften, 138
Siebdruck, 90, 489
Siebdruckanlagen, 121
Siebdruckfarben, 123
Siebdrucklacke, 125
Siebherstellung, 90
Siebrahmen, 102
Sieböffner, 137
Signalfluß, 297
Signatur Analyse, 529
Signierlacke, 133
Sikkative, 137
Silber, 359
Silbergefüllter Epoxid-Kleber, 491
Silberwanderung, 360
Silberwhisker, 356
Silver migration, 360
Simultanbondverfahren, 494
Smear-Effekt, 288
— Entfernung, 229
Solder Leveling, 381
Solder Mask, 157
Spanngeräte, 102
Spannungsmeßgeräte, 104
Spannungs-Vergleichs-Prinzip, 520
Spannvorgang, 106
Spezifikationen, 35
Split Axis Design, 77
Spontane Reduktion, 255
Spontaner Ausfall, 259
Spritzbeschichtung, 154
Spritzlackierverfahren mit Lötlack, 143
Sprödbruch, 345
Stabilbereich, 255
Stabiler Arbeitsbereich, 259
Stahlblechträger, 318
Standards, 35
Standentgiftung, 548
Stanzen, 424
—von Leiterplatten, 86
Stanz-Preß-Verfahren, 334
Stanzwerkzeuge, 87
Statische Prüfung, 520
Steckhülsen, 474
Steckkontakte, 409
Steckkraft, 474
Steckprinzipien, 274
Steckverbinder, 466
Stöchiometrische Voraussetzungen, 258
Strippen, 157
Strippmaschine, 161
Stromdichtebereich, 340
Stromlaufplan, 61
Stromlos abgeschiedenes Kupfer, 262
Stromloses Verfahren zur Metallabscheidung, 362
Stromtragfähigkeit, 473
Sudverfahren, 362

Sulfidische Deckschichten, 359
Synthetische Öle, 371

T

TAB, 494, 495
Tampondruck, 489
Tape Automated Bonding, 482
Tapes, 482
Tauchbeschichtung, 154
Tauchbeschichtungs-Verfahren, 324
Tauchlöten, 506
Tauchverfahren, 199
Tauchverfahren mit Lötlack, 142
Temperaturgeregelter Lötkolben, 503
Temperaturzyklen, 289
Tenside, 209
Tenting-Technik, 189
Tests, 41
Testverdrahtungsmuster, 287
Thermodynamisch-elektrochemische
—Grundlagen, 255
Thermokompressionsbonden, 481,494
Thermokompressionsverfahren, 492
Thermoplastische Massen, 488
Thermosonicbonden, 492
Tieftemperaturprüfung, 289
Titandioxid, 277
Titanmetallstreckkörbe, 340
Toleranzen, 54, 61, 480
Transferbeschichten, 199, 245
Transportgeschwindigkeit, 508
Transportlochteilung, 485
Transport von Leiterplatten, 550
Trennschichten, 288
Trocken-Resiste, 152
Trockner, 137
Trocknungsphase, 101

U

Überspannungen, 256
Ultraschall, 305
Ultraschallbonden, 492
Ultraschallschweißen, 491
Ultraschallverfahren, 492
Ultraschallverzögerungsmessung, 264
Umlufttrockner, 137
Umrüstzeiten auf Losgrößen, 551
Umschmelzen, 369
Umschmelzöl, 373
Umspritzung, 487
Umweltschutz, 147
Unfallverhütungsvorschriften, 148
Unterätzen, 241
Unterätzung, 215
Unterätzung von Leiterzügen, 185
UV-härtende Ätzreserven, 128
— Galvano-Resists, 130
UV-Härtungsanlagen, 138

V

Vapor Phase Technik, 376
VA-Stahlgewebe, 94
Verbindungsarten, 288
Verbindungskapazität, 302
Verbindungstechnologie, 488
Verbundfolie, 58
Verbund Kupferfolie-Basismaterial, 43
Verdickungsmittel, 137
Verdrahtungsprogramm, 285
Verdünnung, 136
Verfahrensauswahl, 537
Vergoldung direkter Steckverbindungen, 349
Verlaufmittel, 136
Verlaufphase, 100
Verlegealgorithmus, 303
Verlegegeometrie, 302
Verordnung üb.brennbare Flüssigkeiten, 147
—gefährliche Arbeitsstoffe, 148
Versorgung, 534
Verunreinigungen, 345
Verweilzeit, 508
Verwindung, 48
Verzinnen, 427
Verzögerer, 136
Visuelle Kontrolle, 144
Volladditiv-Technik, 241, 326
Vorbehandlung, 334
Vorhang-Gießmaschine, 245
Vorreinigung, 127, 153, 165, 371
Vorreinigungsmaschinen, 158
Vorserie, 411
Vorvergoldung, 349

W

Walzbeschichtung, 154
Walzenlackiermaschine, 245
Walzlackierverfahren mit Lötlack, 143
Walzverzinnen, 379
Wärmeausdehnung, 32
Wärmeausdehnungskoeffizient, 317
Wärmekontakt, 302
Wärmeleitfähigkeit, 315
Wärmequellen, 371
Wareneingangskontrolle, 430
Warmhaftfestigkeit, 243
Wasserstoffperoxid (H_2O_2) - Schwefelsaure
(H_2SO_4), 172
Wasserstoffspannung, 256
Wasserverdrängende Schutzlacke, 406
Systeme, 141
Wasserverdrängungslack, 141
Wedge-Wedge-Verfahren, 493
Wellenleitungen, 235
Wellenlötverfahren, 511
Whiskerbildung, 343, 356
Widerstandsschweißen, 491
Wiederverwertung, 216
Wirbelsinterverfahren, 313, 319

Wire-Bonding, 492
Wire Wrap-Technik, 284, 287
Wölbung, 33, 48

Z

Zeichnen, 62
Zeichnungsunterlage, 411
Zentralversorgung, 536
Zinn, 354
Zinn-Blei, 357
Zinndruck-Verfahren, 275
Zinnhaltige Aktivierung, 205
Zinn-Whisker, 356
Zündgruppen, 145
Zündquellen, 146
Zusammensetzung der Siebdrucklacke, 125
Zuverlässigkeit, 252, 414
Zuverlässigkeitsprüfung, 288
Zweifach-Elektroden, 258
Zweiphasen-Struktur, 246
Zweiraumkamera, 63
Zweiseitentechnik, 556

Verzeichnis der Abbildungen

Albert, Frankenthal, 121, 122
AMP-Inc., 467, 470, 473, 475
Argon Service, Milano/Italien, 122
Argus International, 374, 375
Autophon, Kassel, 293, 295

BASF, Mannheim, 160
Hans G. Becker, Offenbach a.M., 69
Friedrich Blasberg, Solingen, 195
G. Bopp & Co., Zürich/Schweiz, 95
Bosch Industrieausrüstung, Stuttgart, 448
Robert Bürkle, Freudenstadt, 186, 200, 228, 245

Chemcut, Solingen, 122, 127, 183, 386
Cooper Industries Electronics, Westhausen, 77, 79, 83, 514

Diceon Co., 382
Du Pont, Dreieich-Sprendlingen, 159, 160, 161, 421
Dynamit Nobel AG, Troisdorf, 88

Electrovert, Hamburg, 372, 384, 387
El-M-Te, Bensberg, 76
Eurosil, München, 487
Excellon Europa GmbH, Sprendlingen, 81, 82, 85

Felten & Guilleaume Dielektra AG, Köln und Arolsen, 28, 29, 44
Ferco, Mailand/Italien, 448
Helmut Fischer GmbH & Co., Sindelfingen, 436
Fry's Metals, 380, 513
FSL Deutschland GmbH, Münster/Dieburg, 167
Fuba, Gittelde, 240

Gerber Scientific Instruments, München, 68
GOEMA, Dr. Götzelmann KG, Stuttgart, 545
Grundig AG, Nürnberg und Feucht, 86, 251, 252, 416, 444, 446, 447, 450, 452, 515, 516, 519, 521, 523, 527, 539, 543, 553
Gyrex, Bochum, 384, 387

Hager & Elsässer, Stuttgart, 549
E. Harlacher, Urdorf/Schweiz, 109
Hawera Probst GmbH & Co., Ravensburg, 78, 80, 82
Hitachi Seiko, 306

Höllmüller, Herrenberg, 121, 124, 176
Hollis Eng. Inc., 452, 514, 517

Isola Werke AG, Düren, 29, 42, 45, 46

Junghans, Schramberg, 479, 485, 487, 490

Kernforschungsanlage, Jülich, 174
KLN-Ultraschallgesellschaft, Heppenheim, 142
Koltron, 495

Laif Elektronic, Hennef/Sieg, 182
Lauffer Maschinenfabrik, Horb, 228
Lea-Ronal, Pforzheim, 74, 86
Luther & Maelzer, Wunstorf, 442

3M Company, 378
Mania, Schmitten, 441
Heinrich Mantel, Wädenswil/Schweiz, 105, 116, 117
Matsushita-Panasert, Hamburg, 459
MAV Horst Bittler, Berlin, 552
Moderne elemat, Stuttgart, 85

Niederrheinische Lackfabrik, Krefeld, 133
Nitto Kogyo, Tokyo/Japan, 464
Norplex Europa, Wipperfürth, 232

PCK-Technology Glen Cove, Melville/USA, 249
Philips, Eindhoven/Holland, 276
Photocircuits-Kollmorgen, New York, 271, 272, 293, 304, 306, 307

Radiant Technology Co., 376
Rayonic, Eching, 449
Recon-Verfahrenstechnik, Echterdingen, 544
Redac-Racal-Elektronik, München, 67
Reno, Wuppertal, 116
Resco, Milano/Italien, 229
Revox-Studer, Bonndorf, 192

Schering AG, Berlin, 194, 204, 226, 252, 353
Dr.-Ing. Max Schlötter, Geislingen, 193
Gebr. Schmid, Freudenstadt, 124, 127, 168, 183, 184, 548
Schmoll, Königstein/Ts., 83
Schott Glaswerke, Mainz, 253

Schweizer, Schramberg, 489
Jürgen Seebach GmbH, Hannover, 333
Seidengaze, Zürich/Schweiz, 92, 126
J. Sekinger, Oberkirch, 123, 542
Selektra, Frankfurt, 503, 504, 505
Seriplastica GmbH, München, 106
Siemens AG, 231, 469, 474
Siemens AG, Karlsruhe, 526, 527, 529
Siemens AG, Nürnberg, 67, 69
Smid, Mühlhausen/Frankreich, 75
Stampede, Redemond, Washington, 335
Stocko, Wuppertal, 445
Streckfuß KG, Eggenstein b. Karlsruhe, 446
Svecia GmbH, Nürnberg, 122, 126

TDK Deutschland, Düsseldorf, 460, 461, 462
Transaco Maschine Co., Schweden, 184

Universal Instruments, Bad-Vilbel, 458

Wago, Minden, 475
Peter Walch, Lochham b. München, 69
Walther AG, Zöllikofen/Schweiz, 85
Western Electric, 377, 378
Wilms GmbH, Menden/Westf., 195

Zeva, Arolsen, 463
Zevatron, Arolsen, 509
Züricher Beuteltuchfabrik AG, Rüschlikon/
  Schweiz, 96, 106, 111, 112

Raum für Notizen

Raum für Notizen